JN026533

ポケット

# 農林水産統計

## ー令和4年版ー

## 2022

大臣官房統計部

令和 5 年 1 月

## 農林水産省

# 統計表目次

## 〔概況編〕

# 総目次

〔食料編〕

Ⅰ　食料消費と食料自給率
　1　食料需給

〔農業編〕

I 農用地及び農業用施設

〔農山村編〕

〔林業編〕

I 森林資源

〔水産業編〕

Ⅰ　漁業構造

Ⅱ　漁業労働力

# 利用者のために

1　本統計書は、国内外の農林水産業の現状を概観できるよう農林水産統計調査結果のみならず農林水産省の各種データのほか、他府省の統計をも広範囲に収録した総合統計書です。出先で利用できるよう携帯性を優先したＢ６サイズで製本し、速報値等も掲載しています。

　　なお、サイズに合わせて抜粋して掲載しているデータもありますが、原則７月末までに公表された統計データを編集しました。掲載している統計データは、本書発刊後、確定又は訂正される場合がありますので、利用に当たっては、各統計表の出典資料において確認の上、御利用ください。

2　統計表表示上の約束について
(1)　統計数値の四捨五入
　　　原則として、統計表の表示単位未満の数値は、四捨五入しました。
　　　なお、農林水産省統計部による耕地面積、農産物の生産量及び畜産の戸数に関する統計数値については、次表の四捨五入基準によって表示しました（ただし、表章上、単位を千ha等で丸めた場合は除く。）。したがって、計と内訳が一致しない場合があります。

| 原数 | 7桁以上 | 6桁 | 5桁 | 4桁 | 3桁以下 |
|---|---|---|---|---|---|
| 四捨五入する桁（下から） | 3桁 | 2桁 | 2桁 | 1桁 | 四捨五入しない |
| （例）四捨五入する数値（原数） | 1,234,567 | 123,456 | 12,345 | 1,234 | 123 |
| 四捨五入した数値（統計数値） | 1,235,000 | 123,500 | 12,300 | 1,230 | 123 |

　　　また、統計数値の四捨五入の関係から、構成比の内訳の計が100％にならない場合があります。

(2)　表中の記号
　　　「0」、「0.0」、「0.00」：　単位に満たないもの
　　　　　　（例：0.4t→0t、0.04千戸→0.0千戸、0.004人→0.00人）
　　　「－」：　事実のないもの
　　　「…」：　事実不詳又は調査を欠くもの
　　　「‥」：　未発表のもの
　　　「x」：　個人又は法人その他の団体に関する秘密を保護するため、統計数値を公表しないもの（(3)も参照）
　　　「△」：　負数又は減少したもの
　　　「nc」：　計算不能

(3)　秘匿措置について
　　　統計調査結果について、調査対象者数が2以下の場合には調査結果の秘密保護の観点から、当該結果を「x」表示とする秘匿措置を施しています。
　　　なお、全体（計）からの差引きにより、秘匿措置を講じた当該結果が推定できる場合には、本来秘匿措置を施す必要のない箇所についても「x」表示としています。

(4) 統計数値の出典

　　各統計表の脚注に作成機関名、資料名の順で表示しました。

　　なお、出典が団体等の場合、法人の種類名は原則省略しています。

(5) 年又は年次区分の表示

　　年又は年次区分を表章する場合、暦年にあっては年（令和4年、2022年）、
会計年度にあっては年度（令和4年度）とし、これら以外の年度にあっては、
具体の年度区分の名称を付しました。

年度の種類

| 年又は年度区分 | 期間 | 備考 |
|---|---|---|
| 暦年 | 1月〜12月 | |
| 会計年度 | 4月〜3月 | 始まる月の属する年をとる。 |
| 肥料年度 | 7月〜6月 | 〃 |
| 農薬年度 | 10月〜9月 | 終わる月の属する年をとる。 |
| 砂糖年度 | 10月〜9月 | 始まる月の属する年をとる。 |
| でん粉年度 | 10月〜9月 | 〃 |

(6) その他

　ア　累年数値で前年版までに掲載した数値と異なる数値を掲載した場合があ
りますが、これは修正された数値です。

　イ　貿易統計の金額

　　　財務省関税局「貿易統計」の金額については、輸出がFOB価格、輸入は
原則としてCIF価格です。

　　　FOB（free on board）価格：

　　　　　　　本船渡し価格（本船に約定品を積み込むまでの費用を売り
手が負担する取引条件）

　　　CIF（cost, insurance and freight）価格：

　　　　　　　保険料・運賃込み価格（本船に約定品を積み込むまでの費
用、仕向け港までの運賃及び保険料を売り手が負担する取引
条件）

　ウ　諸外国の国名については、出典元の表記に準じています。

　　　なお、掲載スペースの都合で簡略な表記としている場合があります。

## 3 地域区分
### (1) 全国農業地域

| 全国農業地域名 | 所属都道府県 |
|---|---|
| 北海道 | 北海道 |
| 東北 | 青森、岩手、宮城、秋田、山形、福島 |
| 北陸 | 新潟、富山、石川、福井 |
| 関東・東山 | 茨城、栃木、群馬、埼玉、千葉、東京、神奈川、山梨、長野 |
| 東海 | 岐阜、静岡、愛知、三重 |
| 近畿 | 滋賀、京都、大阪、兵庫、奈良、和歌山 |
| 中国 | 鳥取、島根、岡山、広島、山口 |
| 四国 | 徳島、香川、愛媛、高知 |
| 九州 | 福岡、佐賀、長崎、熊本、大分、宮崎、鹿児島 |
| 沖縄 | 沖縄 |

### (2) 地方農政局等管轄区域

| 地方農政局等名 | 管轄区域 |
|---|---|
| 北海道 | 北海道 |
| 東北 | (1)の東北と同じ |
| 関東 | 茨城、栃木、群馬、埼玉、千葉、東京、神奈川、山梨、長野、静岡 |
| 北陸 | (1)の北陸と同じ |
| 東海 | 岐阜、愛知、三重 |
| 近畿 | (1)の近畿と同じ |
| 中国四国 | 鳥取、島根、岡山、広島、山口、徳島、香川、愛媛、高知 |
| 九州 | (1)の九州と同じ |
| 沖縄 | 沖縄 |

## 4　農林業経営体の分類

| 用語 | 定義 |
|---|---|
| 農林業経営体 | 農林産物の生産を行うか又は委託を受けて農林業作業を行い、生産又は作業に係る面積・頭数が、次の規定のいずれかに該当する事業を行う者をいう。<br>　(1)　経営耕地面積が30 a 以上の規模の農業<br>　(2)　農作物の作付面積又は栽培面積、家畜の飼養頭羽数又は出荷羽数、その他の事業の規模が次の農林業経営体の基準以上の農業<br>　　　①露地野菜作付面積　　　　　　　　15 a<br>　　　②施設野菜栽培面積　　　　　　　 350㎡<br>　　　③果樹栽培面積　　　　　　　　　　10 a<br>　　　④露地花き栽培面積　　　　　　　　10 a<br>　　　⑤施設花き栽培面積　　　　　　　 250㎡<br>　　　⑥搾乳牛飼養頭数　　　　　　　　　1 頭<br>　　　⑦肥育牛飼養頭数　　　　　　　　　1 頭<br>　　　⑧豚飼養頭数　　　　　　　　　　 15頭<br>　　　⑨採卵鶏飼養羽数　　　　　　　　150羽<br>　　　⑩ブロイラー年間出荷羽数　　　 1,000羽<br>　　　⑪その他　　　　　　　調査期日前 1 年間における農業生産物の総販売額50万円に相当する事業の規模<br>　(3)　権原に基づいて育林又は伐採（立木竹のみを譲り受けてする伐採を除く。）を行うことができる山林（以下「保有山林」という。）の面積が 3 ha以上の規模の林業（調査実施年を計画期間に含む「森林経営計画」若しくは「森林施業計画」を策定している者又は調査期日前 5 年間に継続して林業を行い、育林若しくは伐採を実施した者に限る。）<br>　(4)　農作業の受託の事業<br>　(5)　委託を受けて行う育林若しくは素材生産又は立木を購入して行う素材生産の事業(ただし、素材生産については、調査期日前 1 年間に200㎡以上の素材を生産した者に限る。) |
| 農業経営体 | 「農林業経営体」のうち、(1)、(2)又は(4)のいずれかに該当する事業を行う者をいう。 |
| 林業経営体 | 「農林業経営体」のうち、(3)又は(5)のいずれかに該当する事業を行う者をいう。 |
| 個人経営体 | 個人（世帯）で事業を行う経営体をいう。<br>なお、法人化して事業を行う経営体は含まない。 |
| 団体経営体 | 個人経営体以外の経営体をいう。 |

資料：農林水産省統計部「2020年農林業センサス」（以下 5 まで同じ。）

## 5　農家等の分類

| 用語 | 定義 |
|---|---|
| 農家 | 　調査期日現在で、経営耕地面積が10a以上の農業を営む世帯又は経営耕地面積が10a未満であっても、調査期日前1年間における農産物販売金額が15万円以上あった世帯をいう。<br>　なお、「農業を営む」とは、営利又は自家消費のために耕種、養畜、養蚕、又は自家生産の農産物を原料とする加工を行うことをいう。 |
| 販売農家 | 　経営耕地面積が30a以上又は調査期日前1年間における農産物販売金額が50万円以上の農家をいう。 |
| （主副業別）<br>主業農家 | 　農家所得が主（農家所得の50%以上が農業所得）で、調査期日前1年間に自営農業に60日以上従事している65歳未満の世帯員がいる農家をいう。 |
| 準主業農家 | 　農外所得が主（農家所得の50%未満が農業所得）で、調査期日前1年間に自営農業に60日以上従事している65歳未満の世帯員がいる農家をいう。 |
| 副業的農家 | 　調査期日前1年間に自営農業に60日以上従事している65歳未満の世帯員がいない農家（主業農家及び準主業農家以外の農家）をいう。 |
| （専兼業別）<br>専業農家 | 　世帯員の中に兼業従事者（調査期日前1年間に他に雇用されて仕事に従事した者又は自営農業以外の自営業に従事した者）が1人もいない農家をいう。 |
| 兼業農家 | 　世帯員の中に兼業従事者が1人以上いる農家をいう。 |
| 第1種<br>兼業農家 | 　農業所得を主とする兼業農家をいう。 |
| 第2種<br>兼業農家 | 　農業所得を従とする兼業農家をいう。 |
| 自給的農家 | 　経営耕地面積が30a未満かつ調査期日前1年間における農作物販売金額が50万円未満の農家をいう。 |
| 土地持ち非農家 | 　農家以外で耕地及び耕作放棄地を合計で5a以上所有している世帯をいう。 |

6 大海区区分図

漁業の実態を地域別に明らかにするとともに、地域間の比較を容易にするため、海況、気象等の自然条件、水産資源の状況等を勘案して定めた区分（水域区分ではなく地域区分）をいいます。

① 北海道斜里郡斜里町と目梨郡羅臼町の境界
② 北海道松前郡松前町と福島町の境界
③ 青森県下北郡佐井村とむつ市の境界
④ 千葉県と茨城県の境界
⑤ 和歌山県と三重県の境界
⑥ 和歌山県日高郡美浜町と日高町の境界
⑦ 徳島県海部郡美波町と阿南市の境界
⑧ 愛媛県八幡浜市八幡浜漁業地区と川之石漁業地区の境界
⑨ 大分県大分市佐賀関漁業地区と神崎漁業地区の境界
⑩ 鹿児島県と宮崎県の境界
⑪ 福岡県北九州市旧門司漁業地区と田野浦漁業地区の境界
⑫ 山口県下関市下関漁業地区と壇ノ浦漁業地区の境界
⑬ 山口県と島根県の境界
⑭ 石川県と富山県の境界

注： 市町村については、平成31年1月1日現在である。

北海道太平洋北区： ①・②間に属する市区町村（太平洋側）
太平洋北区 ： ③・④間に属する市区町村
太平洋中区 ： ④・⑤間に属する市区町村
太平洋南区 ： ⑤・⑥間、⑦・⑧間及び⑨・⑩間に属する市区町村（太平洋側）
北海道日本海北区： ①・②間に属する市区町村（日本海側）
日本海北区 ： ③・⑭間に属する市区町村
日本海西区 ： ⑬・⑭間に属する市区町村
東シナ海区 ： ⑩・⑪間及び⑫・⑬間に属する市区町村（東シナ海側）並びに沖縄県
瀬戸内海区 ： ⑥・⑫間、⑦・⑧間及び⑨・⑩間に属する市区町村（瀬戸内海側）

## 7 漁業経営体の分類

| 用語 | 定義 |
|---|---|
| 漁業経営体 | 過去1年間に利潤又は生活の資を得るために、生産物を販売することを目的として、海面において水産動植物の採捕又は養殖の事業を行った世帯又は事業所をいう。<br>　ただし、過去1年間における漁業の海上作業従事日数が30日未満の個人経営体は除く。 |
| 個人経営体 | 個人で漁業を営んだものをいう。 |
| 団体経営体 | 個人経営体以外の漁業経営体をいう。 |
| 会社 | 会社法（平成17年法律第86号）第2条第1項に基づき設立された株式会社、合名会社、合資会社及び合同会社をいう。<br>　なお、特例有限会社は株式会社に含む。 |
| 漁業協同組合 | 水産業協同組合法（以下「水協法」という。）に基づき設立された漁協及び漁連をいう。<br>　なお、内水面組合（水協法第18条第2項に規定する内水面組合をいう。）は除く。） |
| 漁業生産組合 | 水協法第2条に規定する漁業生産組合をいう。 |
| 共同経営 | 二人以上の漁業経営体（個人又は法人）が、漁船、漁網等の主要生産手段を共有し、漁業経営を共同で行うものであり、その経営に資本又は現物を出資しているものをいう。<br>　これに該当する漁業経営体の調査は、代表者に対してのみ実施した。 |
| その他 | 都道府県の栽培漁業センターや水産増殖センター等、上記以外のものをいう。 |

資料：農林水産省統計部「2018年漁業センサス」

## 8 本統計書についてのお問合せ先

農林水産省大臣官房統計部統計企画管理官　統計広報推進班
電話　（代表）03-3502-8111（内線3589）
　　　（直通）03-6744-2037
ＦＡＸ　　　03-3501-9644

※　本書に関するご意見・ご要望は、上記問い合わせ先のほか、当省ホームページでも受け付けております。
【　https://www.contactus.maff.go.jp/j/form/tokei/kikaku/160815.html　】

概　　況　　編

# I 国内

## 1 土地と人口

### (1) 総面積、耕地面積、林野面積及び排他的経済水域面積

| 区分 | 単位 | 平成17年 | 22 | 27 | 令和2 | 3 |
|---|---|---|---|---|---|---|
| 1) 総面積 | 千ha | 37,791 | 37,795 | 37,797 | 37,798 | 37,797 |
| 　耕地面積 | 〃 | 4,692 | 4,593 | 4,496 | 4,372 | 4,349 |
| 2) 耕地率 | % | 12.6 | 12.3 | 12.1 | 11.7 | 11.7 |
| 　林野面積 | 千ha | 24,861 | 24,845 | 24,802 | 24,770 | … |
| 3) 林野率 | % | 66.7 | 66.6 | 66.5 | 66.4 | … |
| 4) 排他的経済水域面積<br>（領海を含む。） | 万km² | 447 | 447 | 447 | 447 | 447 |

資料：総面積は国土交通省国土地理院「全国都道府県市区町村別面積調」（各年10月1日現在）
　　　耕地面積及び耕地率は農林水産省統計部「耕地及び作付面積統計」（各年7月15日現在）
　　　林野面積及び林野率は農林水産省統計部「農林業センサス」（各年2月1日現在）
　　　排他的経済水域面積（領海を含む。）は国土交通省海上保安庁「日本の領海等概念図」
注：1)は、北方四島及び竹島を含み、河川・湖沼も含む。
　　2)は、総土地面積（北方四島及び竹島を除く。）に占める耕地面積の割合である。
　　3)は、総土地面積（北方四島及び竹島を除く。）に占める林野面積の割合である。
　　4)は、領海（領海の基線の陸地側内水域を含む。）＋排他的経済水域（接続水域を含む。）

### (2) 総世帯数、総農家数、林家数及び海面漁業経営体数（個人経営体）

| 区分 | 単位 | 平成17年 | 22 | 27 | 令和2 | 3 |
|---|---|---|---|---|---|---|
| 総世帯数 | 千戸 | 49,566.3 | 51,950.5 | 53,448.7 | 55,830.2 | … |
| 総農家数 | 〃 | 2,848.2 | 2,527.9 | 2,155.1 | 1,747.1 | … |
| 　販売農家数 | 〃 | 1,963.4 | 1,631.2 | 1,329.6 | 1,027.9 | … |
| 　自給的農家数 | 〃 | 884.7 | 896.7 | 825.5 | 719.2 | … |
| 林家数 | 〃 | 919.8 | 906.8 | 829.0 | 690.0 | … |
| 海面漁業経営体数（個人経営体） | 千経営体 | 118.9 | 98.3 | 80.6 | 65.3 | 60.8 |

資料：総世帯数は、総務省統計局「国勢調査」（各年10月1日現在）
　　　総農家数及び林家数は、農林水産省統計部「農林業センサス」（各年2月1日現在）
　　　海面漁業経営体数（個人経営体）は、平成17年から27年は農林水産省統計部「漁業就業動向調査」
　　　（各年11月1日現在）、令和2年及び3年は「漁業構造動態調査」（各年11月1日現在）
注：海面漁業経営体数（個人経営体）の令和3年は概数値

### (3) 総人口と個人経営体の世帯員数

単位：千人

| 区分 | 平成17年 | 22 | 27 | 2 | 3 |
|---|---|---|---|---|---|
| 総人口 | 127,768 | 128,057 | 127,095 | 126,146 | 125,502 |
| 個人経営体の世帯員数 | 8,370 | 6,503 | 4,880 | 3,490 | 3,219 |
| うち65歳以上の個人経営体の世帯員数 | 2,646 | 2,231 | 1,883 | 1,557 | 1,455 |

資料：総人口は総務省統計局「国勢調査」（各年10月1日現在）
　　　ただし、令和3年は、総務省統計局「人口推計」（各年10月1日現在）
　　　個人経営体の世帯員数（平成27年以前は販売農家の世帯員数）は、農林水産省統計部「農林業センサス」
　　　（各年2月1日現在）
　　　ただし、令和3年は、農林水産省統計部「農業構造動態調査」（2月1日現在）

1 土地と人口（続き）
(4) 都道府県別総世帯数・総人口・総面積

| 都道府県 | 令和2年 総人口 | | | 令和3年 総人口 | | | 令和2年 総世帯数 | 令和3年 総面積 |
|---|---|---|---|---|---|---|---|---|
| | 計 | 男 | 女 | 計 | 男 | 女 | | |
| | 千人 | 千人 | 千人 | 千人 | 千人 | 千人 | 千戸 | km² |
| 全国 | 126,146 | 61,350 | 64,797 | 125,502 | 61,019 | 64,483 | 55,830 | 377,975 |
| 北海道 | 5,225 | 2,465 | 2,760 | 5,183 | 2,446 | 2,737 | 2,477 | 83,424 |
| 青森 | 1,238 | 583 | 655 | 1,221 | 575 | 646 | 512 | 9,646 |
| 岩手 | 1,211 | 583 | 628 | 1,196 | 577 | 620 | 492 | 15,275 |
| 宮城 | 2,302 | 1,123 | 1,179 | 2,290 | 1,117 | 1,174 | 983 | 1) 7,282 |
| 秋田 | 960 | 452 | 507 | 945 | 446 | 499 | 385 | 11,638 |
| 山形 | 1,068 | 516 | 552 | 1,055 | 511 | 544 | 398 | 1) 9,323 |
| 福島 | 1,833 | 904 | 929 | 1,812 | 894 | 918 | 743 | 13,784 |
| 茨城 | 2,867 | 1,431 | 1,436 | 2,852 | 1,423 | 1,428 | 1,184 | 6,097 |
| 栃木 | 1,933 | 965 | 968 | 1,921 | 958 | 963 | 797 | 6,408 |
| 群馬 | 1,939 | 959 | 980 | 1,927 | 953 | 974 | 805 | 6,362 |
| 埼玉 | 7,345 | 3,652 | 3,693 | 7,340 | 3,646 | 3,694 | 3,163 | 1) 3,798 |
| 千葉 | 6,284 | 3,118 | 3,166 | 6,275 | 3,111 | 3,164 | 2,774 | 1) 5,157 |
| 東京 | 14,048 | 6,898 | 7,149 | 14,010 | 6,875 | 7,135 | 7,227 | 1) 2,194 |
| 神奈川 | 9,237 | 4,588 | 4,649 | 9,236 | 4,584 | 4,652 | 4,224 | 2,416 |
| 新潟 | 2,201 | 1,069 | 1,133 | 2,177 | 1,057 | 1,120 | 865 | 1) 12,584 |
| 富山 | 1,035 | 503 | 532 | 1,025 | 498 | 527 | 404 | 1) 4,248 |
| 石川 | 1,133 | 550 | 583 | 1,125 | 546 | 579 | 470 | 4,186 |
| 福井 | 767 | 374 | 393 | 760 | 371 | 389 | 292 | 4,191 |
| 山梨 | 810 | 397 | 413 | 805 | 395 | 410 | 339 | 1) 4,465 |
| 長野 | 2,048 | 1,000 | 1,048 | 2,033 | 994 | 1,040 | 832 | 1) 13,562 |
| 岐阜 | 1,979 | 960 | 1,018 | 1,961 | 952 | 1,009 | 781 | 1) 10,621 |
| 静岡 | 3,633 | 1,791 | 1,842 | 3,608 | 1,778 | 1,829 | 1,483 | 1) 7,777 |
| 愛知 | 7,542 | 3,762 | 3,781 | 7,517 | 3,746 | 3,771 | 3,238 | 1) 5,173 |
| 三重 | 1,770 | 864 | 906 | 1,756 | 857 | 898 | 743 | 1) 5,774 |
| 滋賀 | 1,414 | 697 | 716 | 1,411 | 696 | 715 | 571 | 1) 4,017 |
| 京都 | 2,578 | 1,231 | 1,347 | 2,561 | 1,223 | 1,339 | 1,191 | 4,612 |
| 大阪 | 8,838 | 4,236 | 4,602 | 8,806 | 4,216 | 4,590 | 4,136 | 1,905 |
| 兵庫 | 5,465 | 2,600 | 2,865 | 5,432 | 2,582 | 2,850 | 2,402 | 8,401 |
| 奈良 | 1,324 | 624 | 701 | 1,315 | 619 | 696 | 545 | 3,691 |
| 和歌山 | 923 | 435 | 488 | 914 | 431 | 483 | 394 | 4,725 |
| 鳥取 | 553 | 264 | 289 | 549 | 262 | 286 | 220 | 3,507 |
| 島根 | 671 | 324 | 347 | 665 | 322 | 343 | 270 | 6,708 |
| 岡山 | 1,888 | 908 | 980 | 1,876 | 902 | 974 | 801 | 1) 7,114 |
| 広島 | 2,800 | 1,357 | 1,443 | 2,780 | 1,347 | 1,432 | 1,244 | 8,479 |
| 山口 | 1,342 | 637 | 705 | 1,328 | 630 | 697 | 599 | 6,113 |
| 徳島 | 720 | 343 | 376 | 712 | 340 | 372 | 308 | 4,147 |
| 香川 | 950 | 459 | 491 | 942 | 455 | 487 | 407 | 1) 1,877 |
| 愛媛 | 1,335 | 633 | 702 | 1,321 | 627 | 694 | 601 | 5,676 |
| 高知 | 692 | 327 | 365 | 684 | 323 | 361 | 315 | 7,104 |
| 福岡 | 5,135 | 2,431 | 2,704 | 5,124 | 2,425 | 2,698 | 2,323 | 1) 4,987 |
| 佐賀 | 811 | 384 | 427 | 806 | 382 | 424 | 313 | 2,441 |
| 長崎 | 1,312 | 617 | 695 | 1,297 | 610 | 687 | 558 | 4,131 |
| 熊本 | 1,738 | 822 | 916 | 1,728 | 818 | 910 | 719 | 1) 7,409 |
| 大分 | 1,124 | 533 | 590 | 1,114 | 529 | 585 | 489 | 1) 6,341 |
| 宮崎 | 1,070 | 505 | 565 | 1,061 | 501 | 560 | 470 | 1) 7,735 |
| 鹿児島 | 1,588 | 748 | 840 | 1,576 | 743 | 833 | 728 | 1) 9,186 |
| 沖縄 | 1,467 | 723 | 745 | 1,468 | 723 | 745 | 615 | 2,282 |

資料：令和2年の総人口及び総世帯数は、総務省統計局「国勢調査」（10月1日現在）
　　　令和3年の総人口は、総務省統計局「人口推計」（10月1日現在）
　　　総面積は、国土交通省国土地理院「全国都道府県市区町村別面積調」（令和3年10月1日現在）
注：総面積は河川・湖沼を含む。
　　1)は、都県にまたがる境界未定地域があり、参考値である。

## (5) 人口動態（出生・死亡）

| 年次 | 出生数 | 死亡数 | 自然増減数 | 1）人口動態率（1,000分比） | | |
|---|---|---|---|---|---|---|
| | | | | 出生率 | 死亡率 | 自然増減率 |
| | 千人 | 千人 | 千人 | | | |
| 平成29年 | 946 | 1,341 | △ 394 | 7.6 | 10.8 | △ 3.2 |
| 30 | 918 | 1,362 | △ 444 | 7.4 | 11.0 | △ 3.6 |
| 令和元 | 865 | 1,381 | △ 516 | 7.0 | 11.2 | △ 4.2 |
| 2 | 841 | 1,373 | △ 532 | 6.8 | 11.1 | △ 4.3 |
| 3（概数） | 812 | 1,440 | △ 628 | 6.6 | 11.7 | △ 5.1 |

資料：厚生労働省「人口動態統計」
注：本表は、日本における日本人の事象（出生・死亡）を集計したものである。
　　1）は、年間出生数、死亡数及び自然増減数をそれぞれ10月1日現在の日本人人口で
　　除した1,000分比である。

## (6) 日本の将来推計人口

| 年次 | 人口 | | | | 割合 | | |
|---|---|---|---|---|---|---|---|
| | 計 | 0～14歳 | 15～64歳 | 65歳以上 | 0～14歳 | 15～64歳 | 65歳以上 |
| | 千人 | 千人 | 千人 | 千人 | % | % | % |
| 平成27年　（2015） | 127,095 | 15,945 | 77,282 | 33,868 | 12.5 | 60.8 | 26.6 |
| 32　（2020） | 125,325 | 15,075 | 74,058 | 36,192 | 12.0 | 59.1 | 28.9 |
| 37　（2025） | 122,544 | 14,073 | 71,701 | 36,771 | 11.5 | 58.5 | 30.0 |
| 42　（2030） | 119,125 | 13,212 | 68,754 | 37,160 | 11.1 | 57.7 | 31.2 |
| 47　（2035） | 115,216 | 12,457 | 64,942 | 37,817 | 10.8 | 56.4 | 32.8 |
| 52　（2040） | 110,919 | 11,936 | 59,777 | 39,206 | 10.8 | 53.9 | 35.3 |
| 57　（2045） | 106,421 | 11,384 | 55,845 | 39,192 | 10.7 | 52.5 | 36.8 |
| 62　（2050） | 101,923 | 10,767 | 52,750 | 38,406 | 10.6 | 51.8 | 37.7 |
| 67　（2055） | 97,441 | 10,123 | 50,276 | 37,042 | 10.4 | 51.6 | 38.0 |
| 72　（2060） | 92,840 | 9,508 | 47,928 | 35,403 | 10.2 | 51.6 | 38.1 |
| 77　（2065） | 88,077 | 8,975 | 45,291 | 33,810 | 10.2 | 51.4 | 38.4 |

資料：国立社会保障・人口問題研究所「日本の将来推計人口（平成29年推計）」（出生中位（死亡中位）推計）
注：　各年10月1日現在の総人口（日本における外国人を含む。）。平成27（2015）年は、総務省統計局
　　「平成27年国勢調査　年齢・国籍不詳をあん分した人口（参考表）」による。

## 2 雇用
## (1) 労働力人口（15歳以上）

| 年次 | 15歳以上人口 | 労働力人口 | | | | | | | 完全失業者 | 非労働力人口 | 労働力人口比率 |
|---|---|---|---|---|---|---|---|---|---|---|---|
| | | 計 | | | 就業者 | | | | | | |
| | | 計 | 男 | 女 | 計 | 男 | 女 | | | | |
| | （A） | （B） | | | | | | | | | （B）/（A） |
| | 万人 | 万人 | 万人 | 万人 | 万人 | 万人 | 万人 | 万人 | 万人 | % |
| 平成29年 | 11,108 | 6,720 | 3,784 | 2,937 | 6,530 | 3,672 | 2,859 | 190 | 4,382 | 60.5 |
| 30 | 11,101 | 6,830 | 3,817 | 3,014 | 6,664 | 3,717 | 2,946 | 166 | 4,263 | 61.5 |
| 令和元 | 11,092 | 6,886 | 3,828 | 3,058 | 6,724 | 3,733 | 2,992 | 162 | 4,197 | 62.1 |
| 2 | 11,080 | 6,868 | 3,823 | 3,044 | 6,676 | 3,709 | 2,968 | 191 | 4,204 | 62.0 |
| 3 | 11,044 | 6,860 | 3,803 | 3,057 | 6,667 | 3,687 | 2,980 | 193 | 4,175 | 62.1 |

資料：総務省統計局「労働力調査年報」（以下(3)まで同じ。）
注：1　毎月末日に終わる1週間（12月は20日から26日までの1週間）の活動状態を調査したものであり、
　　月別数値（1月～12月）の単純平均値である。（以下(3)まで同じ。）
　　2　労働力人口は、15歳以上人口のうち、就業者と完全失業者との合計である。

2 雇用 (続き)
(2) 産業別就業者数 (15歳以上)

単位：万人

| 産業分類 | 平成29年 | 30 | 令和元 | 2 | 3 |
|---|---|---|---|---|---|
| 全産業 | 6530 | 6664 | 6724 | 6676 | 6667 |
| 農業、林業 | 201 | 210 | 207 | 200 | 195 |
| 農業 | 195 | 203 | 200 | 194 | 189 |
| 林業 | 6 | 7 | 8 | 6 | 6 |
| 非農林業 | 6330 | 6454 | 6517 | 6477 | 6472 |
| 漁業 | 20 | 18 | 15 | 13 | 13 |
| 鉱業、採石業、砂利採取業 | 3 | 3 | 2 | 2 | 3 |
| 建設業 | 498 | 503 | 499 | 492 | 482 |
| 製造業 | 1052 | 1060 | 1063 | 1045 | 1037 |
| 電気・ガス・熱供給・水道業 | 29 | 28 | 28 | 32 | 34 |
| 情報通信業 | 213 | 220 | 229 | 240 | 256 |
| 運輸業、郵便業 | 340 | 341 | 347 | 347 | 350 |
| 卸売業、小売業 | 1075 | 1072 | 1059 | 1057 | 1062 |
| 金融業、保険業 | 168 | 163 | 166 | 166 | 166 |
| 不動産業、物品賃貸業 | 125 | 130 | 129 | 140 | 141 |
| 学術研究、専門・技術サービス業 | 230 | 239 | 240 | 244 | 252 |
| 宿泊業、飲食サービス業 | 391 | 416 | 420 | 391 | 369 |
| 生活関連サービス業、娯楽業 | 234 | 236 | 242 | 235 | 225 |
| 教育、学習支援業 | 315 | 321 | 334 | 339 | 346 |
| 医療、福祉 | 814 | 831 | 843 | 862 | 884 |
| 複合サービス事業 | 57 | 57 | 54 | 51 | 50 |
| サービス業 (他に分類されないもの) | 429 | 445 | 455 | 452 | 449 |
| 公務 (他に分類されるものを除く) | 229 | 232 | 241 | 247 | 248 |

(3) 農林業・非農林業、従業上の地位別就業者数 (15歳以上)

単位：万人

| 年次 | 就業者 | 農業、林業 | | | | | | | 非農林業 | | | | |
|---|---|---|---|---|---|---|---|---|---|---|---|---|---|
| | | 計 | 農業 | | | | 林業 | | | 漁業 | | | |
| | | | 小計 | 自営業主 | 家族従業者 | 雇用者 | | 雇用者 | | 小計 | 自営業主 | 家族従業者 | 雇用者 |
| 平成29年 | 6,530 | 201 | 195 | 89 | 54 | 52 | 6 | 5 | 6,330 | 20 | 8 | 4 | 8 |
| 30 | 6,664 | 210 | 203 | 94 | 57 | 52 | 7 | 6 | 6,454 | 18 | 7 | 4 | 7 |
| 令和元 | 6,724 | 207 | 200 | 90 | 55 | 55 | 8 | 7 | 6,517 | 15 | 6 | 3 | 6 |
| 2 | 6,676 | 200 | 194 | 87 | 54 | 53 | 6 | 5 | 6,477 | 13 | 5 | 2 | 6 |
| 3 | 6,667 | 195 | 189 | 84 | 52 | 52 | 6 | 5 | 6,472 | 13 | 5 | 2 | 6 |

(4)　産業別従業者数規模別民営事業所数（平成26年7月1日現在）

単位：事業所

| 産業分類 | 計 | 1～4人 | 5～9 | 10～29 |
|---|---|---|---|---|
| 1) 全産業 | 5,541,634 | 3,225,428 | 1,090,283 | 881,001 |
| 2) 農林漁業 | 32,822 | 11,671 | 9,621 | 9,264 |
| 2)農業, 林業 | 29,342 | 10,590 | 8,655 | 8,051 |
| 2)漁業 | 3,480 | 1,081 | 966 | 1,213 |
| 非農林漁業 | 5,508,812 | 3,213,757 | 1,080,662 | 871,737 |
| 鉱業, 採石業, 砂利採取業 | 1,980 | 830 | 513 | 514 |
| 建設業 | 515,079 | 291,229 | 127,382 | 79,466 |
| 製造業 | 487,061 | 235,442 | 98,837 | 96,116 |
| 電気・ガス・熱供給・水道業 | 4,506 | 1,151 | 787 | 1,182 |
| 情報通信業 | 66,236 | 30,763 | 12,813 | 12,700 |
| 運輸業、郵便業 | 134,118 | 40,936 | 23,650 | 40,449 |
| 卸売業、小売業 | 1,407,235 | 809,916 | 298,416 | 232,645 |
| 金融業、保険業 | 87,015 | 32,226 | 16,528 | 27,017 |
| 不動産業、物品賃貸業 | 384,240 | 317,540 | 41,263 | 18,623 |
| 学術研究、専門・技術サービス業 | 228,411 | 155,238 | 42,313 | 22,614 |
| 宿泊業、飲食サービス業 | 725,090 | 427,261 | 148,179 | 120,095 |
| 生活関連サービス業、娯楽業 | 486,006 | 378,202 | 55,811 | 37,108 |
| 教育、学習支援業 | 169,956 | 109,583 | 25,503 | 24,728 |
| 医療、福祉 | 418,640 | 144,445 | 118,768 | 107,438 |
| 複合サービス事業 | 34,848 | 14,179 | 12,343 | 6,251 |
| サービス業（他に分類されないもの） | 358,391 | 224,816 | 57,556 | 44,791 |

| 産業分類 | 30～49 | 50～99 | 100～299 | 300人以上 | 出向・派遣<br>従業者のみ |
|---|---|---|---|---|---|
| 1) 全産業 | 161,096 | 101,321 | 49,065 | 12,247 | 21,193 |
| 2) 農林漁業 | 1,348 | 587 | 142 | 7 | 182 |
| 2)農業, 林業 | 1,210 | 533 | 122 | 7 | 174 |
| 2)漁業 | 138 | 54 | 20 | – | 8 |
| 非農林漁業 | 159,748 | 100,734 | 48,923 | 12,240 | 21,011 |
| 鉱業, 採石業, 砂利採取業 | 67 | 20 | 9 | 3 | 24 |
| 建設業 | 10,074 | 4,789 | 1,429 | 238 | 472 |
| 製造業 | 23,817 | 17,903 | 10,772 | 3,371 | 803 |
| 電気・ガス・熱供給・水道業 | 352 | 464 | 407 | 77 | 86 |
| 情報通信業 | 3,648 | 2,997 | 2,079 | 756 | 480 |
| 運輸業、郵便業 | 13,233 | 9,569 | 4,633 | 718 | 930 |
| 卸売業、小売業 | 32,132 | 19,320 | 7,864 | 1,277 | 5,665 |
| 金融業、保険業 | 6,132 | 2,937 | 1,036 | 326 | 813 |
| 不動産業、物品賃貸業 | 2,371 | 1,170 | 594 | 162 | 2,517 |
| 学術研究、専門・技術サービス業 | 3,539 | 2,331 | 1,320 | 406 | 650 |
| 宿泊業、飲食サービス業 | 18,873 | 7,199 | 1,720 | 316 | 1,447 |
| 生活関連サービス業、娯楽業 | 7,284 | 4,231 | 1,165 | 147 | 2,058 |
| 教育、学習支援業 | 4,641 | 2,962 | 1,426 | 533 | 580 |
| 医療、福祉 | 22,003 | 15,602 | 7,551 | 1,975 | 858 |
| 複合サービス事業 | 503 | 532 | 751 | 218 | 71 |
| サービス業（他に分類されないもの） | 11,079 | 8,708 | 6,167 | 1,717 | 3,557 |

資料：総務省・経済産業省「平成26年経済センサス－基礎調査」
注：原則として、単一の経営者が事業を営んでいる1区画の場所を1事業所としている。
　　1)は、公務を除く。
　　2)は、個人経営の事業所を除く。

2 雇用（続き）
(5) 産業別月間給与額及び農畜産物の家族労働報酬
　　ア　産業別常用労働者一人平均月間現金給与額

単位：円

| 産業別 | 平成29年 | 30 | 令和元 | 2 | 3 |
|---|---|---|---|---|---|
| 調査産業計 | 316,966 | 323,553 | 322,612 | 318,387 | 319,461 |
| 建設業 | 389,037 | 405,221 | 416,315 | 417,398 | 416,278 |
| 製造業 | 383,658 | 392,305 | 391,044 | 377,584 | 384,765 |
| 電気・ガス | 555,821 | 557,255 | 563,261 | 566,175 | 572,188 |
| 情報通信業 | 486,425 | 498,273 | 492,792 | 491,153 | 487,110 |
| 運輸業、郵便業 | 344,573 | 356,637 | 361,528 | 343,692 | 344,926 |
| 卸売業、小売業 | 274,008 | 286,188 | 282,477 | 282,486 | 288,500 |
| 金融業、保険業 | 477,827 | 482,054 | 481,413 | 486,467 | 476,589 |
| 飲食サービス業等 | 124,059 | 126,227 | 125,083 | 117,574 | 117,182 |

資料：厚生労働省「毎月勤労統計調査年報」
注：1　調査産業は日本標準産業分類に基づく産業大分類のうち「A－農業、林業」、「B－漁業」、
　　　「S－公務」及び「T－分類不能の産業」を除く産業について調査したものであり、常用労働者
　　　5人以上の事業所におけるものである。
　　2　現金給与額は、所得税、社会保険料、組合費、購売代金等を差し引く前の金額である。

　　イ　主要農畜産物の生産に係る1日当たり家族労働報酬

単位：円

| 区分 | 平成28年産<br>（平成28年度） | 29 | 30 | 令和元<br>（令和元年） | 2 |
|---|---|---|---|---|---|
| 農作物 | | | | | |
| 米 | 4,933 | 5,875 | 6,210 | 7,126 | 5,425 |
| 小麦 | － | － | － | － | － |
| 原料用かんしょ | 4,040 | 2,708 | 1,865 | 2,370 | － |
| 原料用ばれいしょ | － | 2,150 | － | － | － |
| てんさい | － | － | － | － | － |
| さとうきび | 10,052 | 5,249 | 4,038 | 6,000 | 7,885 |
| 大豆 | － | － | － | － | － |
| 畜産物 | | | | | |
| 牛乳 | 24,983 | 25,604 | 25,219 | 25,081 | 24,464 |
| 子牛 | 22,951 | 19,764 | 17,538 | 17,272 | 11,917 |
| 去勢若齢肥育牛 | 40,829 | 20,436 | 8,143 | 11,649 | － |
| 乳用雄育成牛 | 64,811 | 41,777 | 38,564 | 29,718 | 10,571 |
| 乳用雄肥育牛 | 8,653 | － | － | － | － |
| 交雑種育成牛 | 69,944 | 13,692 | 66,738 | 52,066 | 29,128 |
| 交雑種肥育牛 | 34,451 | － | 221 | 15,591 | － |
| 肥育豚 | 32,098 | 38,841 | 23,156 | 22,091 | 30,705 |

資料：農作物は、農林水産省統計部「農業経営統計調査　農産物生産費統計」。
　　　畜産物は、農林水産省統計部「農業経営統計調査　畜産物生産費統計」。
注：1　農作物は年産、畜産物の平成30年までは年度、令和元年からは暦年の数値である。
　　2　1日当たり家族労働報酬は、家族労働報酬÷家族労働時間×8時間（1日換算）。
　　　ただし、家族労働報酬＝粗収益－（生産費総額－家族労働費）。
　　　なお、算出の結果、当該項目がマイナスになった場合は「－」表章としているので、
　　　利用に当たっては留意されたい。

## 3 食料自給率の推移

単位：％

| 年度 | 穀物（飼料用も含む。）自給率 | 主食用穀物自給率 | 1) 供給熱量ベースの総合食料自給率 | 2) 生産額ベースの総合食料自給率 | 3) 飼料自給率 | 4) 供給熱量ベースの食料国産率 | 5) 生産額ベースの食料国産率 |
|---|---|---|---|---|---|---|---|
| 昭和40年度 | 62 | 80 | 73 | 86 | 55 | 76 | 90 |
| 50 | 40 | 69 | 54 | 83 | 34 | 61 | 87 |
| 60 | 31 | 69 | 53 | 82 | 27 | 61 | 85 |
| 平成7 | 30 | 65 | 43 | 74 | 26 | 52 | 76 |
| 12 | 28 | 60 | 40 | 71 | 26 | 48 | 74 |
| 13 | 28 | 60 | 40 | 70 | 25 | 48 | 73 |
| 14 | 28 | 61 | 40 | 70 | 25 | 49 | 73 |
| 15 | 27 | 60 | 40 | 71 | 23 | 48 | 74 |
| 16 | 28 | 60 | 40 | 70 | 25 | 48 | 74 |
| 17 | 28 | 61 | 40 | 70 | 25 | 48 | 73 |
| 18 | 27 | 60 | 39 | 69 | 25 | 48 | 73 |
| 19 | 28 | 60 | 40 | 67 | 25 | 48 | 72 |
| 20 | 28 | 61 | 41 | 66 | 26 | 50 | 71 |
| 21 | 26 | 58 | 40 | 70 | 25 | 49 | 74 |
| 22 | 27 | 59 | 39 | 70 | 25 | 47 | 74 |
| 23 | 28 | 59 | 39 | 67 | 26 | 47 | 71 |
| 24 | 27 | 59 | 39 | 68 | 26 | 47 | 72 |
| 25 | 28 | 59 | 39 | 66 | 26 | 47 | 71 |
| 26 | 29 | 60 | 39 | 64 | 27 | 48 | 69 |
| 27 | 29 | 61 | 39 | 66 | 28 | 48 | 70 |
| 28 | 28 | 59 | 38 | 68 | 27 | 46 | 71 |
| 29 | 28 | 59 | 38 | 66 | 26 | 47 | 70 |
| 30 | 28 | 59 | 37 | 66 | 25 | 46 | 69 |
| 令和元 | 28 | 61 | 38 | 66 | 25 | 46 | 70 |
| 2 | 28 | 60 | 37 | 67 | 25 | 46 | 71 |
| 3（概算） | 29 | 61 | 38 | 63 | 25 | 47 | 69 |

資料：農林水産省大臣官房政策課食料安全保障室「食料需給表」
注：1) の算出は次式による。ただし、自給率では、畜産物に飼料自給率を、加工品に原料自給率を乗じる。
　　一方、4) の国産率では、加工品には原料自給率を乗じるが、畜産物には飼料自給率を乗じない。
　　　　自給率＝国産供給熱量／供給熱量×100（供給熱量ベース）
　　2) の算出は次式による。ただし、自給率では、畜産物は飼料輸入額を、加工品は原料輸入額を控除する。
　　一方、5) の国産率では、加工品は原料輸入額を控除するが、畜産物は飼料輸入額を控除しない。
　　　　自給率＝食料の国内生産額／食料の国内消費仕向額×100（生産額ベース）
　　3) は、ＴＤＮ（可消化養分総量）に換算した数量を用いて算出している。
　　4) 平成28年度以前の食料国産率の推移は、令和2年8月に、遡及して算定を行った。

## 4 物価・家計
### (1) 国内企業物価指数

令和2年＝100

| 類別 | 平成29年 | 30 | 令和元 | 2 | 3 |
|---|---|---|---|---|---|
| 総平均 | 98.4 | 101.0 | 101.2 | 100.0 | 104.5 |
| 工業製品 | 98.5 | 100.7 | 100.8 | 100.0 | 104.7 |
| 飲食料品 | 97.6 | 98.2 | 99.3 | 100.0 | 101.9 |
| 繊維製品 | 96.3 | 97.6 | 99.4 | 100.0 | 100.5 |
| 木材・木製品 | 98.7 | 101.2 | 100.8 | 100.0 | 131.7 |
| パルプ・紙・同製品 | 91.0 | 93.2 | 98.4 | 100.0 | 99.8 |
| 化学製品 | 104.9 | 107.9 | 104.6 | 100.0 | 105.7 |
| 石油・石炭製品 | 107.2 | 125.4 | 119.4 | 100.0 | 128.2 |
| プラスチック製品 | 97.8 | 98.9 | 100.4 | 100.0 | 100.1 |
| 窯業・土石製品 | 93.2 | 95.0 | 98.0 | 100.0 | 100.7 |
| 鉄鋼 | 93.7 | 98.5 | 100.7 | 100.0 | 113.9 |
| 非鉄金属 | 100.6 | 104.2 | 98.9 | 100.0 | 128.6 |
| 金属製品 | 93.2 | 95.7 | 98.2 | 100.0 | 101.5 |
| はん用機器 | 95.9 | 96.3 | 97.9 | 100.0 | 100.5 |
| 生産用機器 | 96.8 | 97.4 | 99.0 | 100.0 | 100.3 |
| 業務用機器 | 99.2 | 99.0 | 99.4 | 100.0 | 100.9 |
| 電子部品・デバイス | 99.3 | 99.3 | 99.2 | 100.0 | 101.2 |
| 電気機器 | 99.9 | 99.7 | 99.0 | 100.0 | 99.9 |
| 情報通信機器 | 102.3 | 101.2 | 99.6 | 100.0 | 98.8 |
| 輸送用機器 | 98.9 | 98.7 | 98.7 | 100.0 | 99.9 |
| その他工業製品 | 96.3 | 96.6 | 97.8 | 100.0 | 100.3 |
| 農林水産物 | 99.7 | 101.8 | 101.0 | 100.0 | 100.1 |
| 鉱産物 | 94.6 | 98.4 | 102.2 | 100.0 | 101.6 |
| 電力・都市ガス・水道 | 95.6 | 101.7 | 106.0 | 100.0 | 100.1 |
| スクラップ類 | 114.2 | 130.2 | 108.8 | 100.0 | 166.3 |

資料：日本銀行調査統計局「企業物価指数」（以下(2)まで同じ。）
注：　国内で生産した国内需要家向けの財を対象とし、生産者段階における出荷時点の価格を調査したものである。

### (2) 輸出・輸入物価指数

令和2年＝100

| 類別 | 平成29年 | 30 | 令和元 | 2 | 3 |
|---|---|---|---|---|---|
| 輸出総平均 | 105.9 | 107.4 | 103.3 | 100.0 | 108.3 |
| 繊維品 | 103.0 | 104.1 | 102.9 | 100.0 | 102.7 |
| 化学製品 | 122.0 | 129.1 | 113.5 | 100.0 | 117.3 |
| 金属・同製品 | 100.4 | 106.1 | 101.0 | 100.0 | 133.1 |
| はん用・生産用・業務用機器 | 101.8 | 101.8 | 100.7 | 100.0 | 102.4 |
| 電気・電子機器 | 108.3 | 106.0 | 101.8 | 100.0 | 100.8 |
| 輸送用機器 | 104.8 | 103.4 | 100.9 | 100.0 | 104.3 |
| その他産品・製品 | 105.6 | 115.4 | 112.5 | 100.0 | 110.9 |
| 輸入総平均 | 109.5 | 117.8 | 111.5 | 100.0 | 121.5 |
| 飲食料品・食料用農水産物 | 103.7 | 104.2 | 101.4 | 100.0 | 117.5 |
| 繊維品 | 102.6 | 102.5 | 101.2 | 100.0 | 103.0 |
| 金属・同製品 | 96.6 | 101.0 | 98.3 | 100.0 | 145.5 |
| 木材・木製品・林産物 | 103.0 | 111.4 | 106.4 | 100.0 | 136.8 |
| 石油・石炭・天然ガス | 123.0 | 154.1 | 139.8 | 100.0 | 152.8 |
| 化学製品 | 114.0 | 120.5 | 111.2 | 100.0 | 108.6 |
| はん用・生産用・業務用機器 | 98.7 | 102.3 | 102.0 | 100.0 | 103.6 |
| 電気・電子機器 | 115.4 | 113.2 | 106.3 | 100.0 | 105.5 |
| 輸送用機器 | 100.6 | 100.7 | 100.1 | 100.0 | 104.0 |
| その他産品・製品 | 103.2 | 104.2 | 102.6 | 100.0 | 109.9 |

注：　輸出物価指数は輸出品の通関段階における船積み時点の価格を、輸入物価指数は輸入品の通関段階における荷降ろし時点の価格を調査したものである。なお、指数は円ベースである。

(3)　農業物価指数
　　ア　農産物価格指数

平成27年＝100

| 類別 | 平成29年 | 30 | 令和元 | 2 | 3 |
|---|---|---|---|---|---|
| 総合 | 108.5 | 111.8 | 109.3 | 111.0 | 107.9 |
| 米 | 122.5 | 130.4 | 131.1 | 128.9 | 114.8 |
| 麦 | 114.4 | 142.6 | 138.5 | 144.1 | 153.8 |
| 雑穀 | 100.4 | 112.9 | 85.4 | 54.7 | 68.2 |
| 豆 | 97.3 | 100.0 | 109.8 | 111.7 | 103.8 |
| いも | 94.2 | 85.4 | 89.0 | 108.3 | 124.6 |
| 野菜 | 100.7 | 107.6 | 94.8 | 98.9 | 95.0 |
| 　果菜 | 97.6 | 102.9 | 97.5 | 105.3 | 95.8 |
| 　葉茎菜 | 103.0 | 110.3 | 93.0 | 91.7 | 93.7 |
| 　根菜 | 103.7 | 117.0 | 90.1 | 99.5 | 93.7 |
| 　まめ科野菜 | 102.4 | 105.2 | 97.7 | 102.1 | 101.6 |
| 果実 | 110.6 | 114.4 | 116.4 | 133.1 | 128.8 |
| 工芸農作物 | 110.2 | 102.8 | 99.5 | 95.0 | 108.3 |
| 花き | 101.5 | 103.8 | 109.1 | 101.1 | 106.6 |
| 畜産物 | 106.2 | 103.7 | 104.2 | 102.0 | 104.2 |
| 　鶏卵 | 94.0 | 85.4 | 80.2 | 81.3 | 102.2 |
| 　生乳 | 103.0 | 103.7 | 105.6 | 106.1 | 105.1 |
| 　肉畜 | 101.9 | 96.3 | 96.9 | 97.1 | 99.2 |
| 　子畜 | 125.2 | 122.6 | 121.9 | 108.1 | 113.1 |
| 　成畜 | 123.9 | 122.4 | 116.5 | 103.9 | 108.7 |
| 稲わら | 108.7 | 109.7 | 111.9 | 114.3 | 119.3 |

資料：農林水産省統計部「農業物価統計」（以下イまで同じ。）
注：1　農業物価指数は、農業経営体が販売する農産物の生産者価格及び農業経営体が購入する農業
　　　生産資材価格を毎月把握し、農業における投入・産出の物価変動を測定するものであり、農産
　　　物価格指数及び農業生産資材価格指数からなっている（以下イまで同じ。）。
　　2　指数の基準時は、平成27年（2015年）の1年間であり、指数の算定に用いるウエイトは、平
　　　成27年農業経営統計調査の「経営形態別経営統計（個別経営）」結果による全国1農業経営体
　　　当たり平均を用いて、農産物については農業粗収益から作成し、農業生産資材については農業
　　　経営費から作成した（以下イまで同じ。）。
　　3　指数採用品目数は、農産物122品目、農業生産資材141品目である（以下イまで同じ。）。
　　4　指数の算式は、ラスパイレス式（基準時加重相対法算式）である（以下イまで同じ。）。

　　イ　農業生産資材価格指数

平成27年＝100

| 類別 | 平成29年 | 30 | 令和元 | 2 | 3 |
|---|---|---|---|---|---|
| 総合 | 98.8 | 100.7 | 101.9 | 101.8 | 106.9 |
| 種苗及び苗木 | 101.1 | 101.5 | 102.8 | 105.5 | 106.3 |
| 畜産用動物 | 121.2 | 118.3 | 118.6 | 106.4 | 112.2 |
| 肥料 | 92.7 | 94.3 | 98.0 | 98.8 | 101.2 |
| 　無機質 | 92.6 | 94.2 | 98.0 | 98.8 | 101.2 |
| 　有機質 | 96.1 | 97.5 | 98.5 | 99.5 | 103.5 |
| 飼料 | 92.4 | 96.1 | 97.3 | 97.9 | 111.6 |
| 農業薬剤 | 99.4 | 99.4 | 100.5 | 102.3 | 102.5 |
| 諸材料 | 99.6 | 100.8 | 104.3 | 107.6 | 107.8 |
| 光熱動力 | 95.7 | 107.0 | 106.8 | 99.1 | 111.2 |
| 農機具 | 100.2 | 100.3 | 100.8 | 102.4 | 102.3 |
| 　小農具 | 100.5 | 100.6 | 101.6 | 103.5 | 103.9 |
| 　大農具 | 100.1 | 100.2 | 100.6 | 102.2 | 102.0 |
| 自動車・同関係料金 | 100.1 | 100.5 | 101.7 | 103.7 | 104.1 |
| 建築資材 | 101.3 | 102.4 | 104.4 | 106.1 | 119.8 |
| 農用被服 | 102.5 | 102.8 | 104.3 | 107.8 | 108.1 |
| 賃借料及び料金 | 100.3 | 100.8 | 101.6 | 103.8 | 105.0 |

4 物価・家計（続き）
(4) 消費者物価指数（全国）

令和2年＝100

| 種別 | 平成29年 | 30 | 令和元 | 2 | 3 |
|---|---|---|---|---|---|
| 総合 | 98.6 | 99.5 | 100.0 | 100.0 | 99.8 |
| 生鮮食品を除く総合 | 98.7 | 99.5 | 100.2 | 100.0 | 99.8 |
| 持家の帰属家賃を除く総合 | 98.3 | 99.5 | 100.0 | 100.0 | 99.7 |
| 生鮮食品及びエネルギーを除く総合 | 98.9 | 99.2 | 99.8 | 100.0 | 99.5 |
| 食料(酒類を除く)及びエネルギーを除く総合 | 99.6 | 99.7 | 100.1 | 100.0 | 99.2 |
| 食料 | 96.8 | 98.2 | 98.7 | 100.0 | 100.0 |
| 1)生鮮食品 | 96.3 | 99.9 | 96.8 | 100.0 | 98.8 |
| 生鮮食品を除く食料 | 97.0 | 97.9 | 99.0 | 100.0 | 100.2 |
| 穀類 | 97.4 | 99.0 | 99.9 | 100.0 | 98.8 |
| 米類 | 95.2 | 99.7 | 99.9 | 100.0 | 96.8 |
| パン | 98.8 | 99.5 | 100.3 | 100.0 | 99.5 |
| 麺類 | 97.4 | 96.9 | 99.1 | 100.0 | 99.7 |
| 他の穀類 | 99.7 | 100.2 | 100.8 | 100.0 | 100.0 |
| 魚介類 | 95.9 | 98.9 | 100.4 | 100.0 | 101.1 |
| うち生鮮魚介 | 97.9 | 100.5 | 101.0 | 100.0 | 101.6 |
| 肉類 | 97.8 | 98.2 | 99.0 | 100.0 | 100.9 |
| うち生鮮肉 | 96.2 | 97.3 | 98.6 | 100.0 | 101.3 |
| 乳卵類 | 95.5 | 97.6 | 99.7 | 100.0 | 99.9 |
| 牛乳・乳製品 | 94.9 | 96.8 | 99.7 | 100.0 | 99.3 |
| 卵 | 98.2 | 100.5 | 99.6 | 100.0 | 102.4 |
| 野菜・海藻 | 97.2 | 101.6 | 96.7 | 100.0 | 98.3 |
| うち生鮮野菜 | 98.8 | 103.7 | 95.5 | 100.0 | 97.2 |
| 果物 | 90.2 | 93.0 | 94.3 | 100.0 | 98.3 |
| うち生鮮果物 | 89.9 | 92.7 | 94.0 | 100.0 | 98.6 |
| 油脂・調味料 | 100.7 | 100.8 | 100.6 | 100.0 | 100.2 |
| 菓子類 | 96.1 | 96.0 | 97.9 | 100.0 | 101.0 |
| 調理食品 | 97.8 | 98.4 | 99.3 | 100.0 | 100.3 |
| 飲料 | 100.4 | 100.2 | 100.5 | 100.0 | 100.3 |
| うち茶類 | 101.8 | 101.3 | 100.8 | 100.0 | 99.3 |
| 酒類 | 99.4 | 99.8 | 99.3 | 100.0 | 99.8 |
| 外食 | 95.6 | 96.5 | 97.9 | 100.0 | 100.3 |
| 住居 | 99.3 | 99.2 | 99.4 | 100.0 | 100.6 |
| 光熱・水道 | 96.4 | 100.2 | 102.5 | 100.0 | 101.3 |
| 家具・家事用品 | 96.7 | 95.7 | 97.7 | 100.0 | 101.7 |
| 被服及び履物 | 98.3 | 98.5 | 98.9 | 100.0 | 100.4 |
| 保健医療 | 97.5 | 99.0 | 99.7 | 100.0 | 99.6 |
| 交通・通信 | 99.5 | 100.9 | 100.2 | 100.0 | 95.0 |
| 教育 | 109.6 | 110.1 | 108.4 | 100.0 | 100.0 |
| 教養娯楽 | 98.3 | 99.0 | 100.6 | 100.0 | 101.6 |
| 諸雑費 | 101.7 | 102.1 | 102.1 | 100.0 | 101.1 |
| 2)エネルギー | 96.3 | 103.0 | 104.4 | 100.0 | 103.9 |
| 教育関係費 | 106.8 | 107.2 | 106.2 | 100.0 | 100.1 |
| 教養娯楽関係費 | 98.4 | 99.1 | 100.6 | 100.0 | 101.5 |
| 情報通信関係費 | 103.3 | 101.2 | 99.4 | 100.0 | 81.8 |

資料：総務省統計局「消費者物価指数年報」
注：1)は、生鮮魚介、生鮮野菜及び生鮮果物である。
　　2)は、電気代、都市ガス代、プロパンガス、灯油及びガソリンである。

5　国民経済と農林水産業の産出額
(1)　国民経済計算
ア　国内総生産勘定（名目）

単位：10億円

| 項目 | 平成30年 | 令和元 | 2 |
|---|---|---|---|
| 国内総生産（生産側） | 556,293.8 | 558,491.2 | 538,155.4 |
| 雇用者報酬 | 281,235.3 | 286,784.6 | 283,245.4 |
| 営業余剰・混合所得 | 99,620.2 | 91,101.3 | 73,709.5 |
| 固定資本減耗 | 132,398.1 | 134,454.5 | 135,632.6 |
| 生産・輸入品に課される税 | 45,914.8 | 46,470.3 | 47,919.0 |
| （控除）補助金 | 2,938.2 | 3,024.3 | 3,164.7 |
| 統計上の不突合 | 63.6 | 2,704.9 | 813.6 |
| 国内総生産（支出側） | 556,293.8 | 558,491.2 | 538,155.4 |
| 民間最終消費支出 | 304,901.6 | 304,634.1 | 289,498.7 |
| 政府最終消費支出 | 108,897.8 | 111,288.1 | 113,185.2 |
| 総固定資本形成 | 140,301.3 | 142,822.2 | 136,497.7 |
| 在庫変動 | 2,082.0 | 1,361.4 | 274.0 |
| 財貨・サービスの輸出 | 101,946.5 | 97,430.9 | 83,729.2 |
| （控除）財貨・サービスの輸入 | 101,835.4 | 99,045.3 | 85,029.4 |
| （参考） | | | |
| 海外からの所得 | 33,412.8 | 34,382.0 | 29,924.7 |
| （控除）海外に対する所得 | 12,123.6 | 12,566.2 | 10,408.5 |
| 国民総所得 | 577,583.0 | 580,307.0 | 557,671.6 |

資料：内閣府経済社会総合研究所「国民経済計算年報」（以下エまで同じ。）
注：　この数値は、平成23年に国際連合によって勧告された国際基準（2008SNA）に基づき推計された結果
　　である（以下エまで同じ。）。

5 国民経済と農林水産業の産出額（続き）
(1) 国民経済計算（続き）
イ 国内総生産（支出側、名目・実質：連鎖方式）

単位：10億円

| 項目 | 平成30年 | | 令和元 | | 2 | |
|---|---|---|---|---|---|---|
| | 名目 | 実質 | 名目 | 実質 | 名目 | 実質 |
| 国内総生産（支出側） | 556,293.8 | 554,439.5 | 558,491.2 | 553,106.9 | 538,155.4 | 528,178.9 |
| 民間最終消費支出 | 304,901.6 | 302,635.0 | 304,634.1 | 300,998.0 | 289,498.7 | 285,180.9 |
| 家計最終消費支出 | 297,964.6 | 295,703.3 | 297,389.6 | 293,775.3 | 280,843.1 | 276,535.4 |
| 国内家計最終消費支出 | 300,375.8 | 297,986.7 | 299,999.9 | 296,160.9 | 281,352.5 | 276,857.3 |
| 居住者家計の海外での直接購入 | 1,854.5 | 1,908.5 | 1,961.3 | 2,092.3 | 529.9 | 566.3 |
| （控除）非居住者家計の国内での直接購入 | 4,265.7 | 4,194.6 | 4,571.6 | 4,470.8 | 1,039.4 | 1,016.5 |
| 対家計民間非営利団体最終消費支出 | 6,937.0 | 6,930.2 | 7,244.5 | 7,223.4 | 8,655.6 | 8,663.0 |
| 政府最終消費支出 | 108,897.8 | 108,431.2 | 111,288.1 | 110,503.0 | 113,185.2 | 113,041.9 |
| 総資本形成 | 142,383.3 | 140,631.7 | 144,183.5 | 141,347.4 | 136,771.7 | 134,174.5 |
| 総固定資本形成 | 140,301.3 | 138,588.5 | 142,822.2 | 139,968.0 | 136,497.7 | 133,568.5 |
| 民間 | 112,089.9 | 111,015.4 | 113,736.0 | 111,935.6 | 106,048.5 | 104,389.8 |
| 住宅 | 20,411.8 | 19,834.5 | 21,511.4 | 20,645.7 | 20,021.3 | 19,015.9 |
| 企業設備 | 91,678.1 | 91,203.7 | 92,224.6 | 91,297.7 | 86,027.1 | 85,388.5 |
| 公的 | 28,211.4 | 27,572.9 | 29,086.2 | 28,029.6 | 30,449.2 | 29,125.5 |
| 住宅 | 638.4 | 622.4 | 579.8 | 555.7 | 564.2 | 534.9 |
| 企業設備 | 6,721.7 | 6,611.9 | 6,707.1 | 6,527.9 | 6,841.7 | 6,649.3 |
| 一般政府 | 20,851.3 | 20,338.7 | 21,799.3 | 20,944.5 | 23,043.3 | 21,938.0 |
| 在庫変動 | 2,082.0 | 2,077.3 | 1,361.4 | 1,399.6 | 274.0 | 614.2 |
| 民間企業 | 2,095.0 | 2,101.7 | 1,411.5 | 1,487.0 | 288.7 | 650.9 |
| 原材料 | 323.2 | 298.3 | 27.8 | 34.4 | 592.2 | 805.3 |
| 仕掛品 | 532.9 | 551.7 | 245.8 | 274.7 | 176.9 | 196.5 |
| 製品 | 593.8 | 596.3 | 420.6 | 427.5 | △ 194.7 | △ 184.1 |
| 流通品 | 645.1 | 653.0 | 717.4 | 765.4 | △ 285.8 | △ 181.0 |
| 公的 | △ 12.9 | △ 11.2 | △ 50.1 | △ 57.0 | △ 14.7 | △ 24.1 |
| 公的企業 | 13.6 | 13.8 | 22.3 | 22.7 | 17.5 | 18.4 |
| 一般政府 | △ 26.5 | △ 23.9 | △ 72.5 | △ 74.8 | △ 32.2 | △ 39.2 |
| 財貨・サービスの純輸出 | 111.1 | 2,875.6 | △ 1,614.5 | 323.6 | △ 1,300.2 | △ 4,518.9 |
| 財貨・サービスの輸出 | 101,946.5 | 105,465.2 | 97,430.9 | 103,927.0 | 83,729.2 | 91,661.9 |
| 財貨の輸出 | 81,226.3 | 84,172.0 | 75,775.3 | 81,639.5 | 67,370.1 | 74,664.5 |
| サービスの輸出 | 20,720.2 | 21,293.8 | 21,655.6 | 22,277.2 | 16,359.2 | 17,108.5 |
| （控除）財貨・サービスの輸入 | 101,835.4 | 102,589.6 | 99,045.3 | 103,603.5 | 85,029.4 | 96,180.8 |
| 財貨の輸入 | 80,099.8 | 80,824.8 | 75,625.0 | 80,046.7 | 64,359.5 | 74,790.9 |
| サービスの輸入 | 21,735.6 | 21,791.1 | 23,420.4 | 23,573.2 | 20,669.9 | 21,428.7 |

注：1 実質値は、平成27暦年連鎖価格である。
    2 「財貨・サービスの純輸出」の実質値は、連鎖方式での計算ができないため
      「財貨・サービスの輸出」－「財貨・サービスの輸入」により求めている。

ウ 国民所得の分配（名目）

単位：10億円

| 項目 | 平成30年 | 令和元 | 2 |
|---|---|---|---|
| 国民所得（要素費用表示） | 402,144.7 | 399,701.7 | 376,471.1 |
| 雇用者報酬 | 281,350.2 | 286,892.4 | 283,352.2 |
| 賃金・俸給 | 238,647.6 | 243,182.6 | 239,770.4 |
| 雇主の社会負担 | 42,702.5 | 43,709.8 | 43,581.8 |
| 雇主の現実社会負担 | 40,463.3 | 41,852.4 | 41,739.2 |
| 雇主の帰属社会負担 | 2,239.2 | 1,857.4 | 1,842.5 |
| 財産所得（非企業部門） | 26,027.4 | 25,782.8 | 25,486.2 |
| 一般政府 | △ 1,145.9 | △ 482.1 | △ 541.0 |
| 利子 | △ 3,170.2 | △ 2,628.7 | △ 2,464.4 |
| 法人企業の分配所得（受取） | 2,343.7 | 2,487.4 | 2,281.3 |
| その他の投資所得（受取） | 0.4 | 0.4 | 0.3 |
| 賃貸料 | △ 319.8 | △ 341.2 | △ 358.3 |
| 家計 | 26,824.4 | 25,956.9 | 25,717.6 |
| 利子 | 4,493.8 | 6,253.3 | 6,277.5 |
| 配当（受取） | 8,798.9 | 6,479.6 | 6,357.4 |
| その他の投資所得（受取） | 10,356.0 | 10,049.7 | 9,780.0 |
| 賃貸料（受取） | 3,175.6 | 3,174.2 | 3,302.7 |
| 対家計民間非営利団体 | 349.0 | 308.0 | 309.6 |
| 利子 | 115.1 | 106.5 | 98.7 |
| 配当（受取） | 197.4 | 166.0 | 174.3 |
| その他の投資所得（受取） | 1.7 | 1.6 | 1.6 |
| 賃貸料 | 34.7 | 33.9 | 35.1 |
| 企業所得（企業部門の第1次所得バランス） | 94,767.1 | 87,026.5 | 67,632.7 |
| 民間法人企業 | 61,110.0 | 54,493.1 | 36,674.4 |
| 非金融法人企業 | 50,637.9 | 44,198.6 | 26,325.1 |
| 金融機関 | 10,472.1 | 10,294.5 | 10,349.3 |
| 公的企業 | 2,619.2 | 2,009.1 | 1,689.6 |
| 非金融法人企業 | 686.0 | 289.2 | △ 412.9 |
| 金融機関 | 1,933.2 | 1,719.9 | 2,102.5 |
| 個人企業 | 31,037.9 | 30,524.4 | 29,268.7 |
| 農林水産業 | 2,191.0 | 2,050.5 | 1,882.3 |
| その他の産業（非農林水産・非金融） | 8,472.7 | 8,370.8 | 7,363.4 |
| 持ち家 | 20,374.2 | 20,103.1 | 20,023.1 |

注： 「企業所得（第1次所得バランス）」は、営業余剰・混合所得（純）に財産所得の受取を加え、
財産所得の支払を控除したものである。

5 国民経済と農林水産業の産出額（続き）
(1) 国民経済計算（続き）
エ 経済活動別国内総生産（名目・実質：連鎖方式）

単位：10億円

| 項目 | 平成30年 | | 令和元 | | 2 | |
|---|---|---|---|---|---|---|
| | 名目 | 実質 | 名目 | 実質 | 名目 | 実質 |
| 国内総生産 | 556,293.8 | 554,439.5 | 558,491.2 | 553,106.9 | 538,155.4 | 528,178.9 |
| 計 | 553,271.0 | 552,646.5 | 553,308.0 | 548,327.3 | 535,607.3 | 523,419.2 |
| 農林水産業 | 5,810.0 | 4,806.9 | 5,768.7 | 4,997.3 | 5,619.8 | 4,688.7 |
| 農業 | 4,782.8 | 3,977.3 | 4,803.1 | 4,242.6 | 4,658.5 | 3,957.5 |
| 林業 | 248.6 | 216.1 | 246.9 | 217.2 | 232.7 | 207.0 |
| 水産業 | 778.6 | 610.3 | 718.7 | 539.7 | 728.6 | 523.1 |
| 鉱業 | 383.6 | 397.2 | 381.0 | 374.6 | 384.0 | 365.1 |
| 製造業 | 114,706.5 | 118,608.9 | 112,026.5 | 115,765.2 | 106,273.7 | 108,093.8 |
| うち食料品 | 13,468.8 | 13,596.4 | 13,554.5 | 13,507.1 | 13,210.7 | 12,932.2 |
| 電気・ガス・水道・廃棄物処理業 | 16,276.4 | 16,940.4 | 16,988.2 | 16,532.9 | 17,636.2 | 16,348.8 |
| 建設業 | 29,845.6 | 29,407.2 | 30,457.2 | 29,356.8 | 31,861.8 | 30,154.1 |
| 卸売・小売業 | 70,631.7 | 70,052.9 | 69,151.4 | 67,726.5 | 67,906.2 | 64,341.8 |
| 運輸・郵便業 | 29,542.7 | 28,849.0 | 29,814.0 | 28,553.1 | 23,399.2 | 21,399.5 |
| 宿泊・飲食サービス業 | 14,305.1 | 13,615.2 | 13,765.2 | 12,705.8 | 9,500.9 | 8,742.3 |
| 情報通信業 | 27,167.1 | 27,600.2 | 27,063.7 | 27,773.1 | 27,461.9 | 28,124.9 |
| 金融・保険業 | 22,734.4 | 23,118.0 | 22,540.9 | 22,742.4 | 23,144.4 | 24,330.3 |
| 不動産業 | 65,231.5 | 65,390.0 | 65,653.3 | 66,002.2 | 65,908.7 | 65,858.5 |
| 専門・科学技術、業務支援サービス業 | 44,978.1 | 43,633.5 | 46,300.5 | 44,184.2 | 45,001.5 | 42,015.9 |
| 公務 | 27,491.7 | 26,894.7 | 27,887.7 | 27,096.2 | 27,930.5 | 27,259.0 |
| 教育 | 19,156.5 | 18,902.8 | 19,248.7 | 18,984.6 | 19,219.5 | 18,965.6 |
| 保健衛生・社会事業 | 42,762.7 | 42,595.5 | 43,711.4 | 43,376.8 | 44,215.3 | 43,668.5 |
| その他のサービス | 22,247.3 | 21,965.6 | 22,549.6 | 22,174.9 | 20,143.6 | 19,512.7 |
| 輸入品に課される税・関税 | 9,784.3 | 9,660.4 | 9,670.8 | 9,587.1 | 9,517.6 | 9,421.4 |
| (控除)総資本形成に係る消費税 | 6,825.2 | 6,520.5 | 7,192.4 | 6,483.2 | 7,783.0 | 6,019.7 |
| 国内総生産(不突合を含まず) | 556,230.2 | 555,793.7 | 555,786.4 | 551,437.9 | 537,341.8 | 526,844.6 |
| 統計上の不突合 | 63.6 | △ 1,354.2 | 2,704.9 | 1,669.0 | 813.6 | 1,334.3 |

注：1 実質値は、平成27暦年連鎖価格である。
2 「統計上の不突合」の実質値は、連鎖方式での計算ができないため、
「国内総生産」－「国内総生産（不突合を含まず。）」により求めている。

(2)　農業・食料関連産業の経済計算
　　ア　農業・食料関連産業の国内生産額

単位：10億円

| 項目 | 平成30年 | 令和元 | 2（概算） |
|---|---|---|---|
| 農業・食料関連産業 | 117,506.5 | 118,418.3 | 109,005.3 |
| 農林漁業 | 12,621.7 | 12,474.5 | 12,388.6 |
| 　農業 | 10,859.7 | 10,773.7 | 10,821.2 |
| 　林業（特用林産物） | 231.1 | 221.3 | 230.5 |
| 　漁業 | 1,530.9 | 1,479.5 | 1,336.9 |
| 関連製造業 | 39,947.1 | 39,812.0 | 38,745.9 |
| 　食品製造業 | 37,846.6 | 37,698.5 | 36,630.7 |
| 　資材供給産業 | 2,100.6 | 2,113.5 | 2,115.2 |
| 関連投資 | 2,332.2 | 2,491.2 | 2,428.2 |
| 関連流通業 | 34,039.4 | 34,658.2 | 34,851.7 |
| 外食産業 | 28,566.1 | 28,982.4 | 20,591.0 |
| 1)　（参考）全経済活動 | 1,049,419.9 | 1,047,424.8 | 981,735.3 |

資料：農林水産省統計部「農業・食料関連産業の経済計算」（以下ウまで同じ。）
注：1)は、内閣府「国民経済計算」による経済活動別の産出額の合計である。

　　イ　農業・食料関連産業の国内総生産

単位：10億円

| 項目 | 平成30年 | 令和元 | 2（概算） |
|---|---|---|---|
| 農業・食料関連産業 | 54,336.6 | 53,858.5 | 47,339.8 |
| 農林漁業 | 5,854.9 | 5,513.9 | 5,338.6 |
| 　農業 | 4,924.9 | 4,699.5 | 4,577.9 |
| 　林業（特用林産物） | 107.4 | 102.1 | 106.1 |
| 　漁業 | 822.6 | 712.3 | 654.6 |
| 関連製造業 | 14,231.8 | 14,198.2 | 13,283.1 |
| 　食品製造業 | 13,754.7 | 13,722.3 | 12,819.2 |
| 　資材供給産業 | 477.1 | 475.9 | 463.9 |
| 関連投資 | 1,155.0 | 1,231.7 | 1,178.0 |
| 関連流通業 | 22,487.0 | 22,438.2 | 21,538.0 |
| 外食産業 | 10,607.9 | 10,476.4 | 6,002.2 |
| 1)　（参考）全経済活動 | 556,293.8 | 558,491.2 | 538,155.4 |

注：1)は、内閣府「国民経済計算」による国内総生産（GDP）の値である。

5 国民経済と農林水産業の産出額（続き）
(2) 農業・食料関連産業の経済計算（続き）
　　ウ　農業の経済計算
　　　(ア)　農業生産

単位：10億円

| 項目 | 平成30年 | 令和元 | 2 （概算） |
|---|---|---|---|
| 農業生産額 | 10,859.7 | 10,773.7 | 10,821.2 |
| 中間投入 | 5,934.8 | 6,074.3 | 6,243.3 |
| 農業総生産 | 4,924.9 | 4,699.5 | 4,577.9 |
| 固定資本減耗 | 1,471.8 | 1,491.8 | 1,498.8 |
| 間接税 | 427.7 | 413.2 | 416.6 |
| 経常補助金（控除） | 776.3 | 798.0 | 944.7 |
| 農業純生産 | 3,801.6 | 3,592.5 | 3,607.3 |

　　　(イ)　農業総資本形成（名目）

単位：10億円

| 項目 | 平成30年 | 令和元 | 2 （概算） |
|---|---|---|---|
| 農業総資本形成 | 2,477.4 | 2,392.1 | 2,687.0 |
| 農業総固定資本形成 | 2,519.1 | 2,475.7 | 2,784.2 |
| 土地改良 | 853.5 | 985.4 | 1,042.8 |
| 農業用建物 | 448.0 | 292.7 | 481.3 |
| 機機具 | 1,025.7 | 1,016.2 | 1,089.2 |
| 動植物の成長 | 191.9 | 181.4 | 170.8 |
| 在庫純増 | △ 41.7 | △ 83.6 | △ 97.2 |

## (3) 農林水産業の産出額・所得
### ア 農業総産出額及び生産農業所得

| | 部門 | 単位 | 平成28年 | 29 | 30 | 令和元 | 2 |
|---|---|---|---|---|---|---|---|
| 実数 | 農業総産出額 | 億円 | 92,025 | 92,742 | 90,558 | 88,938 | 89,370 |
| | 耕種計 | 〃 | 59,801 | 59,605 | 57,815 | 56,300 | 56,562 |
| | 米 | 〃 | 16,549 | 17,357 | 17,416 | 17,426 | 16,431 |
| | 麦類 | 〃 | 312 | 420 | 398 | 527 | 508 |
| | 雑穀 | 〃 | 80 | 93 | 90 | 106 | 75 |
| | 豆類 | 〃 | 554 | 687 | 623 | 758 | 690 |
| | いも類 | 〃 | 2,372 | 2,102 | 1,955 | 1,992 | 2,370 |
| | 野菜 | 〃 | 25,567 | 24,508 | 23,212 | 21,515 | 22,520 |
| | 果菜類 | 〃 | 10,512 | 10,014 | 10,289 | 9,676 | 10,149 |
| | 葉茎菜類 | 〃 | 11,031 | 10,832 | 9,622 | 8,955 | 9,296 |
| | 根菜類 | 〃 | 4,024 | 3,662 | 3,301 | 2,885 | 3,074 |
| | 果実 | 〃 | 8,333 | 8,450 | 8,406 | 8,399 | 8,741 |
| | 花き | 〃 | 3,529 | 3,438 | 3,327 | 3,264 | 3,080 |
| | 工芸農作物 | 〃 | 1,871 | 1,930 | 1,786 | 1,699 | 1,553 |
| | その他作物 | 〃 | 635 | 620 | 603 | 614 | 595 |
| | 畜産計 | 〃 | 31,626 | 32,522 | 32,129 | 32,107 | 32,372 |
| | 肉用牛 | 〃 | 7,391 | 7,312 | 7,619 | 7,880 | 7,385 |
| | 乳用牛 | 〃 | 8,703 | 8,955 | 9,110 | 9,193 | 9,247 |
| | うち生乳 | 〃 | 7,391 | 7,402 | 7,474 | 7,628 | 7,797 |
| | 豚 | 〃 | 6,122 | 6,494 | 6,062 | 6,064 | 6,619 |
| | 鶏 | 〃 | 8,754 | 9,031 | 8,606 | 8,231 | 8,334 |
| | うち鶏卵 | 〃 | 5,148 | 5,278 | 4,812 | 4,549 | 4,546 |
| | ブロイラー | 〃 | 3,441 | 3,578 | 3,608 | 3,510 | 3,621 |
| | その他畜産物 | 〃 | 657 | 730 | 731 | 740 | 787 |
| | 加工農産物 | 〃 | 598 | 615 | 615 | 530 | 436 |
| | 生産農業所得 | 〃 | 37,558 | 37,616 | 34,873 | 33,215 | 33,433 |
| (参考) | 農業総産出額に占める生産農業所得の割合 | % | 40.8 | 40.6 | 38.5 | 37.3 | 37.4 |
| 構成比 | 農業総産出額 | % | 100.0 | 100.0 | 100.0 | 100.0 | 100.0 |
| | 耕種計 | 〃 | 65.0 | 64.3 | 63.8 | 63.3 | 63.3 |
| | 米 | 〃 | 18.0 | 18.7 | 19.2 | 19.6 | 18.4 |
| | 麦類 | 〃 | 0.3 | 0.5 | 0.4 | 0.6 | 0.6 |
| | 雑穀 | 〃 | 0.1 | 0.1 | 0.1 | 0.1 | 0.1 |
| | 豆類 | 〃 | 0.6 | 0.7 | 0.7 | 0.9 | 0.8 |
| | いも類 | 〃 | 2.6 | 2.3 | 2.2 | 2.2 | 2.7 |
| | 野菜 | 〃 | 27.8 | 26.4 | 25.6 | 24.2 | 25.2 |
| | 果菜類 | 〃 | 11.4 | 10.8 | 11.4 | 10.9 | 11.4 |
| | 葉茎菜類 | 〃 | 12.0 | 11.7 | 10.6 | 10.1 | 10.4 |
| | 根菜類 | 〃 | 4.4 | 3.9 | 3.6 | 3.2 | 3.4 |
| | 果実 | 〃 | 9.1 | 9.1 | 9.3 | 9.4 | 9.8 |
| | 花き | 〃 | 3.8 | 3.7 | 3.7 | 3.7 | 3.4 |
| | 工芸農作物 | 〃 | 2.0 | 2.1 | 2.0 | 1.9 | 1.7 |
| | その他作物 | 〃 | 0.7 | 0.7 | 0.7 | 0.7 | 0.7 |
| | 畜産計 | 〃 | 34.4 | 35.1 | 35.5 | 36.1 | 36.2 |
| | 肉用牛 | 〃 | 8.0 | 7.9 | 8.4 | 8.9 | 8.3 |
| | 乳用牛 | 〃 | 9.5 | 9.7 | 10.1 | 10.3 | 10.3 |
| | うち生乳 | 〃 | 8.0 | 8.0 | 8.3 | 8.6 | 8.7 |
| | 豚 | 〃 | 6.7 | 7.0 | 6.7 | 6.8 | 7.4 |
| | 鶏 | 〃 | 9.5 | 9.7 | 9.5 | 9.3 | 9.3 |
| | うち鶏卵 | 〃 | 5.6 | 5.7 | 5.3 | 5.1 | 5.1 |
| | ブロイラー | 〃 | 3.7 | 3.9 | 4.0 | 3.9 | 4.1 |
| | その他畜産物 | 〃 | 0.7 | 0.8 | 0.8 | 0.8 | 0.9 |
| | 加工農産物 | 〃 | 0.6 | 0.7 | 0.7 | 0.6 | 0.5 |

資料 : 農林水産省統計部「生産農業所得統計」（以下イまで同じ。）

注 : 1 農業総産出額は、当該年に生産された農産物の生産量（自家消費分を含む。）から農業に再投入される種子、飼料などの中間生産物を控除した品目別生産数量に、品目別農家庭先販売価格を乗じて推計したものである。

2 生産農業所得は、1の農業総産出額に農業経営統計調査から得られる係数（※）を乗じ、経常補助金の実額を加算したものである。

※ $\dfrac{農業粗収益（経常補助金を除く。）－物的経費（減価償却費及び間接税を含む。）}{農業粗収益（経常補助金を除く。）}$

## 5 国民経済と農林水産業の産出額（続き）

### (3) 農林水産業の産出額・所得（続き）

#### イ 都道府県別農業産出額及び生産農業所得（令和2年）

| 都道府県 | | 計 | 農業産出額 耕種 | | | | | | | | | |
|---|---|---|---|---|---|---|---|---|---|---|---|---|
| | | | 小計 | 米 | 麦類 | 雑穀 | 豆類 | いも類 | 野菜 | 果実 | 花き | 工芸農作物 |
| | | 億円 | 億円 | 億円 | 億円 | 億円 | 億円 | 億円 | 億円 | 億円 | 億円 | 億円 |
| 北海道 | (1) | 12,667 | 5,329 | 1,198 | 328 | 23 | 332 | 649 | 2,145 | 69 | 129 | 414 |
| 青森 | (2) | 3,262 | 2,378 | 548 | 0 | 1 | 11 | 27 | 821 | 906 | 17 | 32 |
| 岩手 | (3) | 2,741 | 1,112 | 566 | 2 | 4 | 11 | 6 | 292 | 142 | 44 | 37 |
| 宮城 | (4) | 1,902 | 1,176 | 795 | 2 | 0 | 33 | 8 | 275 | 30 | 26 | 1 |
| 秋田 | (5) | 1,898 | 1,532 | 1,078 | x | 3 | 16 | 6 | 301 | 89 | 26 | 8 |
| 山形 | (6) | 2,508 | 2,128 | 837 | x | 4 | 11 | 4 | 465 | 729 | 68 | 3 |
| 福島 | (7) | 2,116 | 1,667 | 762 | 0 | 4 | 4 | 29 | 480 | 299 | 68 | 11 |
| 茨城 | (8) | 4,417 | 3,055 | 756 | 6 | 5 | 15 | 362 | 1,645 | 97 | 145 | 8 |
| 栃木 | (9) | 2,875 | 1,643 | 662 | 42 | 8 | 10 | 18 | 756 | 71 | 60 | 4 |
| 群馬 | (10) | 2,463 | 1,383 | 152 | 13 | 1 | 3 | 13 | 1,004 | 80 | 46 | 61 |
| 埼玉 | (11) | 1,678 | 1,432 | 327 | 10 | 1 | 2 | 29 | 831 | 54 | 151 | 14 |
| 千葉 | (12) | 3,853 | 2,657 | 641 | 1 | 1 | 81 | 245 | 1,383 | 111 | 161 | 5 |
| 東京 | (13) | 229 | 210 | 1 | x | 0 | 0 | 10 | 129 | 32 | 32 | 1 |
| 神奈川 | (14) | 659 | 510 | 31 | 0 | 0 | 2 | 17 | 345 | 64 | 41 | 1 |
| 新潟 | (15) | 2,526 | 2,040 | 1,503 | x | 1 | 12 | 33 | 321 | 92 | 67 | 10 |
| 富山 | (16) | 629 | 547 | 434 | 2 | 3 | 12 | 5 | 54 | 23 | 11 | 0 |
| 石川 | (17) | 535 | 446 | 281 | 1 | 0 | 4 | 17 | 101 | 34 | 6 | 1 |
| 福井 | (18) | 451 | 406 | 284 | 5 | 3 | 3 | 13 | 80 | 12 | 4 | 0 |
| 山梨 | (19) | 974 | 891 | 58 | 0 | 0 | 1 | 7 | 117 | 650 | 36 | 1 |
| 長野 | (20) | 2,697 | 2,402 | 413 | 3 | 9 | 5 | 20 | 891 | 894 | 132 | 1 |
| 岐阜 | (21) | 1,093 | 681 | 206 | 4 | 0 | 6 | 4 | 339 | 54 | 59 | 5 |
| 静岡 | (22) | 1,887 | 1,350 | 172 | x | 0 | 1 | 43 | 582 | 254 | 153 | 119 |
| 愛知 | (23) | 2,893 | 2,059 | 274 | 9 | 0 | 9 | 11 | 1,011 | 195 | 497 | 12 |
| 三重 | (24) | 1,043 | 620 | 270 | 6 | 0 | 7 | 7 | 145 | 70 | 37 | 31 |
| 滋賀 | (25) | 619 | 512 | 353 | 5 | 1 | 18 | 6 | 105 | 6 | 12 | 5 |
| 京都 | (26) | 642 | 493 | 171 | 0 | 0 | 6 | 6 | 250 | 19 | 9 | 26 |
| 大阪 | (27) | 311 | 292 | 65 | 0 | 0 | 0 | 4 | 141 | 65 | 13 | 0 |
| 兵庫 | (28) | 1,478 | 886 | 420 | 1 | 0 | 26 | 9 | 349 | 38 | 36 | 1 |
| 奈良 | (29) | 395 | 335 | 95 | 0 | 0 | 1 | 4 | 113 | 75 | 36 | 5 |
| 和歌山 | (30) | 1,104 | 1,068 | 78 | x | 0 | 0 | 2 | 141 | 759 | 53 | 6 |
| 鳥取 | (31) | 764 | 474 | 150 | x | 0 | 1 | 10 | 214 | 64 | 30 | 2 |
| 島根 | (32) | 620 | 366 | 189 | 1 | 1 | 3 | 6 | 101 | 43 | 16 | 2 |
| 岡山 | (33) | 1,414 | 828 | 284 | 8 | 0 | 10 | 7 | 223 | 264 | 23 | 1 |
| 広島 | (34) | 1,190 | 703 | 236 | x | 0 | 1 | 18 | 247 | 168 | 25 | 1 |
| 山口 | (35) | 589 | 407 | 145 | 2 | 0 | 2 | 10 | 160 | 49 | 27 | 1 |
| 徳島 | (36) | 955 | 700 | 123 | x | 0 | 0 | 82 | 352 | 95 | 33 | 4 |
| 香川 | (37) | 808 | 488 | 121 | 3 | 0 | 0 | 9 | 242 | 69 | 27 | 5 |
| 愛媛 | (38) | 1,226 | 968 | 150 | 2 | 0 | 1 | 8 | 197 | 532 | 28 | 3 |
| 高知 | (39) | 1,113 | 1,030 | 114 | x | 0 | 0 | 21 | 711 | 111 | 58 | 7 |
| 福岡 | (40) | 1,977 | 1,584 | 344 | 27 | 0 | 20 | 12 | 707 | 239 | 159 | 22 |
| 佐賀 | (41) | 1,219 | 873 | 227 | 22 | 0 | 19 | 7 | 343 | 197 | 33 | 17 |
| 長崎 | (42) | 1,491 | 957 | 104 | 2 | 0 | 1 | 124 | 471 | 140 | 68 | 33 |
| 熊本 | (43) | 3,407 | 2,186 | 361 | 7 | 0 | 7 | 56 | 1,221 | 338 | 86 | 79 |
| 大分 | (44) | 1,208 | 771 | 187 | 4 | 0 | 3 | 23 | 351 | 131 | 44 | 19 |
| 宮崎 | (45) | 3,348 | 1,170 | 173 | x | 0 | 1 | 70 | 681 | 129 | 60 | 41 |
| 鹿児島 | (46) | 4,772 | 1,582 | 208 | x | 0 | 2 | 305 | 562 | 98 | 113 | 270 |
| 沖縄 | (47) | 910 | 512 | 5 | x | 1 | 0 | 9 | 127 | 60 | 74 | 225 |

| その他作物 | 畜産 | | | | | | | | | 加工農産物 | 生産農業所得 | （参考）農業産出額に占める生産農業所得の割合 |
|---|---|---|---|---|---|---|---|---|---|---|---|---|
| | 小計 | 肉用牛 | 乳用牛 | 生乳 | 豚 | 鶏 | 鶏卵 | ブロイラー | その他畜産物（養蚕を含む。） | | | |
| 億円 | 億円 | 億円 | 億円 | 億円 | 億円 | 億円 | 億円 | 億円 | 億円 | 億円 | 億円 | % | |
| 41 | 7,337 | 960 | 4,983 | 4,026 | 512 | 322 | 172 | 149 | 560 | – | 4,985 | 39.4 | (1) |
| 16 | 883 | 144 | 93 | 83 | 224 | 411 | 179 | 217 | 13 | 0 | 1,211 | 37.1 | (2) |
| 9 | 1,628 | 259 | 264 | 238 | 314 | 781 | 135 | 612 | 10 | 0 | 974 | 35.5 | (3) |
| 5 | 724 | 245 | 138 | 124 | 141 | 199 | 132 | 58 | 1 | 2 | 719 | 37.8 | (4) |
| x | 365 | 58 | 29 | 26 | 192 | 80 | 67 | x | 6 | 0 | 631 | 33.2 | (5) |
| x | 376 | 115 | 85 | 74 | 137 | 35 | 13 | x | 4 | 3 | 932 | 37.2 | (6) |
| 11 | 434 | 118 | 89 | 76 | 85 | 141 | 109 | 18 | 2 | 15 | 765 | 36.2 | (7) |
| 16 | 1,270 | 150 | 211 | 193 | 397 | 509 | 452 | 37 | 2 | 92 | 1,606 | 36.4 | (8) |
| 13 | 1,225 | 213 | 463 | 394 | 322 | 224 | 207 | x | 3 | 7 | 1,120 | 39.0 | (9) |
| 11 | 1,079 | 146 | 259 | 214 | 465 | 199 | 126 | 61 | 12 | 1 | 992 | 40.3 | (10) |
| 14 | 245 | 36 | 69 | 58 | 60 | 75 | 74 | x | 4 | 1 | 657 | 39.2 | (11) |
| 30 | 1,194 | 94 | 255 | 223 | 447 | 388 | 295 | 47 | 11 | 2 | 1,293 | 33.6 | (12) |
| x | 20 | 2 | 12 | 10 | 2 | 2 | 2 | – | 1 | 0 | 96 | 41.9 | (13) |
| 9 | 147 | 12 | 41 | 36 | 52 | 41 | 40 | – | 1 | 2 | 264 | 40.1 | (14) |
| x | 485 | 35 | 57 | 51 | 139 | 253 | 179 | 25 | 1 | 1 | 945 | 37.4 | (15) |
| 2 | 78 | 11 | 14 | 13 | 20 | 32 | 32 | – | 0 | 5 | 229 | 36.4 | (16) |
| 1 | 88 | 13 | 24 | 22 | 15 | 35 | 34 | – | 0 | 1 | 205 | 38.3 | (17) |
| 1 | 44 | 8 | 8 | 7 | 2 | 26 | 24 | 2 | 0 | 1 | 183 | 40.6 | (18) |
| 21 | 78 | 12 | 24 | 21 | 12 | 29 | 15 | 14 | 1 | 5 | 367 | 37.7 | (19) |
| 32 | 269 | 60 | 114 | 99 | 46 | 42 | 15 | 25 | 8 | 26 | 1,063 | 39.4 | (20) |
| 5 | 411 | 115 | 43 | 39 | 79 | 172 | 127 | 19 | 3 | 1 | 421 | 38.5 | (21) |
| x | 451 | 73 | 115 | 103 | 68 | 162 | 121 | 31 | 33 | 86 | 684 | 36.2 | (22) |
| 40 | 831 | 100 | 213 | 186 | 266 | 220 | 181 | 28 | 33 | 4 | 1,112 | 38.4 | (23) |
| 47 | 419 | 79 | 73 | 64 | 86 | 181 | 161 | 14 | 0 | 4 | 378 | 36.2 | (24) |
| 2 | 106 | 64 | 26 | 22 | 4 | 12 | 10 | x | – | 2 | 248 | 40.1 | (25) |
| 4 | 125 | 15 | 41 | 36 | 8 | 60 | 45 | 10 | 2 | 24 | 222 | 34.6 | (26) |
| 4 | 19 | 2 | 13 | 12 | 2 | 2 | 1 | – | – | 0 | 111 | 35.7 | (27) |
| 6 | 592 | 167 | 119 | 101 | 17 | 287 | 171 | 86 | 1 | 0 | 527 | 35.7 | (28) |
| 6 | 55 | 11 | 32 | 29 | 3 | 9 | 9 | x | 0 | 4 | 139 | 35.2 | (29) |
| x | 35 | 7 | 6 | 6 | 1 | 17 | 11 | 5 | 4 | 0 | 453 | 41.0 | (30) |
| x | 290 | 54 | 81 | 73 | 46 | 108 | 21 | 87 | 1 | 0 | 275 | 36.0 | (31) |
| 4 | 253 | 85 | 97 | 86 | 27 | 40 | 29 | 11 | 4 | 1 | 249 | 40.2 | (32) |
| 8 | 585 | 96 | 146 | 133 | 21 | 322 | 228 | 78 | 1 | 0 | 469 | 33.2 | (33) |
| x | 487 | 70 | 63 | 55 | 94 | 256 | 229 | 18 | 3 | 0 | 398 | 33.4 | (34) |
| 11 | 182 | 45 | 21 | 18 | 21 | 92 | 48 | 36 | 4 | 0 | 244 | 41.4 | (35) |
| x | 255 | 63 | 37 | 31 | 40 | 113 | 20 | 70 | 2 | 0 | 334 | 35.0 | (36) |
| 11 | 320 | 48 | 52 | 44 | 26 | 194 | 129 | 44 | 1 | 0 | 290 | 35.9 | (37) |
| 48 | 258 | 25 | 40 | 36 | 128 | 63 | 40 | 23 | 3 | 0 | 467 | 38.1 | (38) |
| x | 82 | 15 | 26 | 24 | 22 | 18 | 8 | 9 | 1 | 1 | 354 | 31.8 | (39) |
| 56 | 383 | 66 | 95 | 78 | 51 | 164 | 111 | 25 | 8 | 10 | 921 | 46.6 | (40) |
| 8 | 342 | 162 | 20 | 17 | 52 | 105 | 12 | 91 | 3 | 4 | 628 | 51.5 | (41) |
| 13 | 532 | 234 | 58 | 49 | 129 | 109 | 42 | 67 | 2 | 2 | 593 | 39.8 | (42) |
| 30 | 1,192 | 400 | 339 | 290 | 227 | 196 | 81 | 95 | 30 | 29 | 1,495 | 43.9 | (43) |
| 9 | 430 | 117 | 89 | 79 | 105 | 117 | 38 | 62 | 2 | 8 | 528 | 43.7 | (44) |
| x | 2,157 | 708 | 95 | 80 | 521 | 830 | 97 | 700 | 3 | 21 | 1,112 | 33.2 | (45) |
| x | 3,120 | 1,151 | 106 | 89 | 856 | 1,005 | 273 | 699 | 3 | 70 | 1,415 | 29.7 | (46) |
| x | 397 | 198 | 36 | 35 | 115 | 46 | 32 | 14 | 3 | 0 | 318 | 34.9 | (47) |

5 国民経済と農林水産業の産出額（続き）
(3) 農林水産業の産出額・所得（続き）
ウ 市町村別農業産出額（推計）（令和2年）

| 順位 | 都道府県 | 市町村 | 農業産出額 | 主要部門 | | | | (参考)令和元年 | |
| | | | | 1位 | | 2位 | | 順位 | 農業産出額 |
| | | | | 部門 | 産出額 | 部門 | 産出額 | | |
| | | | 億円 | | 億円 | | 億円 | | 億円 |
| 1 | 宮崎県 | 都城市 | 864.6 | 豚 | 283.5 | 肉用牛 | 187.3 | 1 | 877.0 |
| 2 | 愛知県 | 田原市 | 824.7 | 花き | 304.3 | 野菜 | 299.4 | 2 | 851.1 |
| 3 | 北海道 | 別海町 | 662.6 | 乳用牛 | 635.2 | 野菜 | 17.0 | 3 | 668.2 |
| 4 | 茨城県 | 鉾田市 | 640.0 | 野菜 | 335.1 | いも類 | 148.5 | 4 | 613.0 |
| 5 | 新潟県 | 新潟市 | 569.9 | 米 | 326.5 | 野菜 | 139.6 | 5 | 564.5 |
| 6 | 千葉県 | 旭市 | 489.0 | 豚 | 194.8 | 野菜 | 153.0 | 6 | 490.2 |
| 7 | 静岡県 | 浜松市 | 471.3 | 果実 | 142.5 | 野菜 | 122.5 | 7 | 470.2 |
| 8 | 栃木県 | 那須塩原市 | 456.5 | 乳用牛 | 230.7 | 鶏卵 | 67.5 | 11 | 443.9 |
| 9 | 熊本県 | 熊本市 | 451.4 | 野菜 | 239.0 | 果実 | 77.5 | 10 | 447.1 |
| 10 | 青森県 | 弘前市 | 449.7 | 果実 | 382.6 | 米 | 36.8 | 8 | 461.2 |
| 11 | 鹿児島県 | 鹿屋市 | 439.7 | 肉用牛 | 172.3 | 豚 | 104.0 | 9 | 454.6 |
| 12 | 鹿児島県 | 曽於市 | 423.9 | 豚 | 163.7 | 肉用牛 | 122.0 | 12 | 438.3 |
| 13 | 愛知県 | 豊橋市 | 387.1 | 野菜 | 198.8 | 豚 | 54.2 | 13 | 382.1 |
| 14 | 熊本県 | 菊池市 | 383.0 | 豚 | 107.5 | 肉用牛 | 91.1 | 14 | 375.6 |
| 15 | 群馬県 | 前橋市 | 357.4 | 豚 | 81.3 | 野菜 | 80.1 | 15 | 350.3 |
| 16 | 岩手県 | 一関市 | 352.0 | ブロイラー | 93.9 | 豚 | 86.6 | 19 | 338.0 |
| 17 | 鹿児島県 | 大崎町 | 342.1 | 豚 | 134.1 | ブロイラー | 124.0 | 18 | 341.6 |
| 18 | 熊本県 | 八代市 | 341.3 | 野菜 | 246.1 | 米 | 47.0 | 17 | 344.8 |
| 19 | 鹿児島県 | 南九州市 | 325.1 | 鶏卵 | 77.6 | 工芸農作物 | 53.5 | 16 | 348.2 |
| 20 | 宮城県 | 登米市 | 324.7 | 米 | 133.5 | 肉用牛 | 91.0 | 20 | 332.8 |
| 21 | 千葉県 | 香取市 | 317.4 | いも類 | 79.8 | 米 | 74.0 | 22 | 314.6 |
| 22 | 宮崎県 | 宮崎市 | 315.5 | 野菜 | 179.6 | 肉用牛 | 40.8 | 23 | 313.9 |
| 23 | 鹿児島県 | 出水市 | 311.0 | 鶏卵 | 101.3 | ブロイラー | 72.6 | 21 | 314.9 |
| 24 | 埼玉県 | 深谷市 | 309.0 | 野菜 | 198.7 | 鶏卵 | 23.6 | 28 | 290.3 |
| 25 | 山形県 | 鶴岡市 | 307.4 | 米 | 141.6 | 野菜 | 101.0 | 25 | 312.6 |
| 26 | 宮崎県 | 小林市 | 304.2 | 肉用牛 | 108.8 | 豚 | 69.4 | 24 | 313.3 |
| 27 | 秋田県 | 横手市 | 293.9 | 米 | 139.3 | 野菜 | 45.2 | 26 | 295.6 |
| 28 | 北海道 | 北見市 | 292.8 | 野菜 | 160.3 | 乳用牛 | 42.8 | 29 | 286.4 |
| 29 | 福岡県 | 久留米市 | 285.6 | 野菜 | 126.2 | 米 | 35.4 | 27 | 292.1 |
| 30 | 栃木県 | 大田原市 | 285.0 | 米 | 78.8 | 野菜 | 72.6 | 31 | 283.7 |

資料：農林水産省統計部「市町村別農業産出額（推計）」（以下エまで同じ。）
注：農業産出額の上位30市町村を掲載した。

エ　部門別市町村別農業産出額（推計）（令和2年）

| 順位 | 米 | | | 豆類 | | | いも類 | | |
|---|---|---|---|---|---|---|---|---|---|
| | 都道府県 | 市町村 | 農業産出額 | 都道府県 | 市町村 | 農業産出額 | 都道府県 | 市町村 | 農業産出額 |
| | | | 億円 | | | 億円 | | | 億円 |
| 1 | 新潟県 | 新潟市 | 326.5 | 北海道 | 音更町 | 27.6 | 茨城県 | 鉾田市 | 148.5 |
| 2 | 秋田県 | 大仙市 | 159.8 | 千葉県 | 八街市 | 23.6 | 千葉県 | 成田市 | 88.8 |
| 3 | 新潟県 | 長岡市 | 158.3 | 北海道 | 帯広市 | 21.3 | 茨城県 | 行方市 | 83.2 |
| 4 | 新潟県 | 上越市 | 151.4 | 北海道 | 芽室町 | 18.2 | 千葉県 | 香取市 | 79.8 |
| 5 | 山形県 | 鶴岡市 | 141.6 | 北海道 | 幕別町 | 14.2 | 長崎県 | 雲仙市 | 51.6 |

| 順位 | 野菜 | | | 果実 | | | 花き | | |
|---|---|---|---|---|---|---|---|---|---|
| | 都道府県 | 市町村 | 農業産出額 | 都道府県 | 市町村 | 農業産出額 | 都道府県 | 市町村 | 農業産出額 |
| | | | 億円 | | | 億円 | | | 億円 |
| 1 | 茨城県 | 鉾田市 | 335.1 | 青森県 | 弘前市 | 382.6 | 愛知県 | 田原市 | 304.3 |
| 2 | 愛知県 | 田原市 | 299.4 | 山梨県 | 笛吹市 | 213.7 | 埼玉県 | 羽生市 | x |
| 3 | 熊本県 | 八代市 | 246.1 | 山形県 | 東根市 | 146.7 | 静岡県 | 浜松市 | 58.9 |
| 4 | 熊本県 | 熊本市 | 239.0 | 山梨県 | 甲州市 | 146.4 | 茨城県 | 神栖市 | x |
| 5 | 愛知県 | 豊橋市 | 198.8 | 静岡県 | 浜松市 | 142.5 | 福岡県 | 久留米市 | 34.0 |

| 順位 | 工芸農作物 | | | 肉用牛 | | | 乳用牛 | | |
|---|---|---|---|---|---|---|---|---|---|
| | 都道府県 | 市町村 | 農業産出額 | 都道府県 | 市町村 | 農業産出額 | 都道府県 | 市町村 | 農業産出額 |
| | | | 億円 | | | 億円 | | | 億円 |
| 1 | 沖縄県 | 宮古島市 | 105.9 | 宮崎県 | 都城市 | 187.3 | 北海道 | 別海町 | 635.2 |
| 2 | 鹿児島県 | 南九州市 | 53.5 | 鹿児島県 | 鹿屋市 | 172.3 | 北海道 | 中標津町 | 240.4 |
| 3 | 北海道 | 北見市 | 24.0 | 鹿児島県 | 曽於市 | 122.0 | 北海道 | 標茶町 | 233.1 |
| 4 | 北海道 | 網走市 | 23.8 | 宮崎県 | 小林市 | 108.8 | 栃木県 | 那須塩原市 | 230.7 |
| 5 | 北海道 | 帯広市 | 23.8 | 鹿児島県 | 指宿市 | 93.6 | 北海道 | 清水町 | 161.9 |

| 順位 | 豚 | | | 鶏卵 | | | ブロイラー | | |
|---|---|---|---|---|---|---|---|---|---|
| | 都道府県 | 市町村 | 農業産出額 | 都道府県 | 市町村 | 農業産出額 | 都道府県 | 市町村 | 農業産出額 |
| | | | 億円 | | | 億円 | | | 億円 |
| 1 | 宮崎県 | 都城市 | 283.5 | 鹿児島県 | 出水市 | 101.3 | 宮崎県 | 日向市 | 215.0 |
| 2 | 千葉県 | 旭市 | 194.8 | 新潟県 | 村上市 | 87.6 | 宮崎県 | 都城市 | 165.7 |
| 3 | 群馬県 | 桐生市 | 169.6 | 香川県 | 三豊市 | 79.9 | 鹿児島県 | 大崎町 | 124.0 |
| 4 | 鹿児島県 | 曽於市 | 163.7 | 鹿児島県 | 南九州市 | 77.6 | 鹿児島県 | 垂水市 | 107.2 |
| 5 | 鹿児島県 | 大崎町 | 134.1 | 静岡県 | 富士宮市 | 77.6 | 青森県 | 横浜町 | x |

注：農業産出額の各部門別上位5市町村を掲載した。

5　国民経済と農林水産業の産出額（続き）
(3)　農林水産業の産出額・所得（続き）
　　オ　林業産出額及び生産林業所得（全国）

単位：億円

| 区分 | 平成28年 | 29 | 30 | 令和元 | 2 |
|---|---|---|---|---|---|
| 林業産出額 | 4,702.6 | 4,860.2 | 5,017.3 | 4,972.8 | 4,830.6 |
| 　木材生産 | 2,370.0 | 2,560.9 | 2,648.3 | 2,700.0 | 2,464.3 |
| 　　製材用素材等 | 2,150.2 | 2,250.0 | 2,289.2 | 2,304.3 | 1,953.3 |
| 　　輸出丸太 | 67.9 | 96.4 | 111.6 | 109.2 | 123.9 |
| 　　燃料用チップ素材 | 151.9 | 214.5 | 247.6 | 286.6 | 387.1 |
| 　薪炭生産 | 54.9 | 54.4 | 55.4 | 58.1 | 59.6 |
| 　栽培きのこ類生産 | 2,213.9 | 2,197.6 | 2,253.7 | 2,166.7 | 2,259.6 |
| 　林野副産物採取 | 63.8 | 47.4 | 59.9 | 48.0 | 47.1 |
| (参考)生産林業所得 | 2,601.1 | 2,694.0 | 2,664.5 | 2,643.5 | 2,535.7 |
| 　うち木材生産 | 1,461.1 | 1,578.3 | 1,509.6 | 1,539.0 | 1,404.6 |

資料：農林水産省統計部「林業産出額」（以下カまで同じ。）
注：1　林業産出額は、当該年に生産された品目別生産量に、品目別の販売価格（木材生産は山元土場価格、それ以外の品目は庭先販売価格）を乗じて推計したものである。
　　2　生産林業所得は、1の林業産出額に林業経営統計調査、産業連関構造調査（栽培きのこ生産業投入調査）等から得られる所得率を乗じて推計したものである。

　　カ　都道府県別林業産出額（令和2年）

単位：億円

| 都道府県 | 林業産出額 | 部門別林業産出額 | | | | 都道府県 | 林業産出額 | 部門別林業産出額 | | | |
|---|---|---|---|---|---|---|---|---|---|---|---|
| | | 木材生産 | 薪炭生産 | 栽培きのこ類生産 | 林野副産物採取 | | | 木材生産 | 薪炭生産 | 栽培きのこ類生産 | 林野副産物採取 |
| 合計 | 4,286.4 | 1,943.7 | 37.8 | 2,259.6 | 45.3 | 三重 | 46.5 | 32.0 | 0.5 | 13.5 | 0.5 |
| 北海道 | 387.7 | 279.3 | 2.0 | 96.9 | 9.4 | 滋賀 | 8.1 | 4.4 | 0.0 | 3.5 | 0.3 |
| 青森 | 78.6 | 74.4 | 0.2 | 2.9 | 1.1 | 京都 | 23.2 | 11.6 | 0.1 | 10.9 | 0.6 |
| 岩手 | 178.2 | 130.7 | 4.5 | 39.4 | 3.6 | 大阪 | 3.1 | 0.5 | x | 2.4 | x |
| 宮城 | 849.0 | 43.8 | 0.2 | 40.6 | 0.4 | 兵庫 | 32.2 | 20.4 | 0.2 | 8.4 | 3.2 |
| 秋田 | 141.5 | 100.2 | 0.1 | 40.5 | 0.7 | 奈良 | 23.0 | 14.7 | 1.8 | 6.1 | 0.4 |
| 山形 | 66.0 | 24.5 | 0.4 | 39.6 | 1.5 | 和歌山 | 38.5 | 14.0 | 8.4 | 15.8 | 0.4 |
| 福島 | 101.2 | 68.8 | 0.1 | 32.1 | 0.2 | 鳥取 | 36.8 | 22.6 | 0.3 | 13.1 | 0.7 |
| 茨城 | 69.9 | 39.2 | 0.1 | 30.4 | 0.2 | 島根 | 58.9 | 39.7 | 1.0 | 17.5 | 0.7 |
| 栃木 | 101.3 | 58.7 | 0.2 | 42.3 | 0.1 | 岡山 | 60.9 | 44.6 | 0.1 | 14.4 | 1.8 |
| 群馬 | 60.4 | 17.2 | 0.2 | 43.0 | 0.0 | 広島 | 71.9 | 27.4 | 0.0 | 43.3 | 1.2 |
| 埼玉 | 14.6 | 4.5 | 0.0 | 10.0 | 0.0 | 山口 | 32.7 | 23.0 | 0.6 | 8.8 | 0.4 |
| 千葉 | 24.3 | 4.1 | 0.0 | 19.8 | 0.3 | 徳島 | 103.7 | 28.1 | 0.2 | 74.8 | 0.6 |
| 東京 | 3.4 | 1.9 | 0.0 | 1.5 | 0.1 | 香川 | 46.5 | 0.8 | 0.2 | 45.2 | 0.2 |
| 神奈川 | 4.8 | 1.1 | 0.0 | 3.7 | 0.0 | 愛媛 | 67.5 | 55.0 | 0.4 | 11.6 | 0.5 |
| 新潟 | 481.0 | 10.3 | 0.1 | 469.4 | 1.2 | 高知 | 72.9 | 50.0 | 8.8 | 12.9 | 1.3 |
| 富山 | 38.9 | 7.1 | 0.2 | 31.4 | 0.1 | 福岡 | 145.7 | 18.7 | 0.4 | 125.7 | 0.9 |
| 石川 | 24.8 | 13.2 | 0.1 | 11.0 | 0.6 | 佐賀 | 14.3 | 12.5 | x | 1.1 | x |
| 福井 | 15.5 | 10.2 | 0.1 | 5.1 | 0.1 | 長崎 | 63.9 | 10.0 | 0.1 | 53.0 | 0.8 |
| 山梨 | 13.5 | 10.4 | 0.0 | 3.0 | 0.1 | 熊本 | 134.8 | 114.2 | 1.6 | 18.7 | 0.3 |
| 長野 | 598.2 | 46.3 | 0.2 | 545.6 | 6.1 | 大分 | 160.4 | 103.8 | 1.1 | 54.9 | 0.6 |
| 岐阜 | 75.3 | 45.6 | 0.5 | 28.1 | 1.2 | 宮崎 | 255.0 | 197.7 | 1.6 | 54.7 | 0.9 |
| 静岡 | 115.7 | 30.7 | 0.2 | 84.5 | 0.4 | 鹿児島 | 70.4 | 54.8 | 0.8 | 14.0 | 0.8 |
| 愛知 | 28.7 | 20.8 | 0.1 | 7.7 | 0.1 | 沖縄 | 7.2 | 0.2 | 0.1 | 6.9 | 0.0 |

注：　都道府県別林業産出額には、オで推計している木材生産におけるパルプ工場へ入荷されるパルプ用素材、輸出丸太及び燃料用チップ素材の産出額、薪炭生産におけるまきの産出額、林野副産物採取における木ろう及び生うるしの産出額を含まない。また、全国値には含まない木材生産における県外移出されたしいたけ原木の産出額を含む。
　　このため、都道府県別林業産出額の合計は、オにおける林業産出額（全国）とは一致しない。

キ　漁業産出額及び生産漁業所得

単位：億円

| 区分 | 平成28年 | 29 | 30 | 令和元 | 2 |
|---|---|---|---|---|---|
| 漁業産出額計 | 15,600 | 15,736 | 15,392 | 14,684 | 13,223 |
| 海面漁業 | 9,621 | 9,609 | 9,364 | 8,691 | 7,755 |
| 海面養殖業 | 4,887 | 4,979 | 4,861 | 4,802 | 4,368 |
| 内水面漁業 | 198 | 198 | 185 | 164 | 165 |
| 1)内水面養殖業 | 894 | 949 | 982 | 1,027 | 935 |
| 生産漁業所得 | 8,010 | 8,141 | 7,948 | 7,166 | 6,421 |
| (参考) | | | | | |
| 種苗生産額（海面） | 210 | 271 | 199 | 205 | 191 |
| 種苗生産額（内水面） | 47 | 49 | 46 | 30 | 28 |

資料：農林水産省統計部「漁業・養殖業生産統計年報（併載：漁業産出額）」（以下クまで同じ。）
注：1　漁業産出額は、当該年に漁獲（収穫）された水産物の魚種別の数量に、魚種別産地市場価格
　　　等を乗じて推計したものである。
　　2　生産漁業所得は、1の漁業産出額に漁業経営調査又は産業連関構造調査（内水面養殖業投入
　　　調査）から得られる所得率を乗じて漁業産出額全体の所得を推計したものである。
　　1)は、平成30年からにしきごいを含む。

ク　都道府県別海面漁業・養殖業産出額（令和2年）

単位：億円

| 都道府県 | 海面 | | | 都道府県 | 海面 | | |
|---|---|---|---|---|---|---|---|
| | 計 | 漁業 | 養殖業 | | 計 | 漁業 | 養殖業 |
| 合計 | 12,103 | 7,735 | 4,368 | 大阪 | 37 | 36 | 1 |
| 北海道 | 2,021 | 1,801 | 220 | 兵庫 | 488 | 237 | 252 |
| 青森 | 454 | 348 | 106 | 和歌山 | 127 | 62 | 65 |
| 岩手 | 306 | 238 | 68 | 鳥取 | 207 | 185 | 21 |
| 宮城 | 718 | 487 | 231 | 島根 | 175 | 169 | 6 |
| 秋田 | 27 | 26 | 0 | 岡山 | 67 | 16 | 51 |
| 山形 | 22 | 22 | - | 広島 | 226 | 61 | 164 |
| 福島 | 99 | 99 | 0 | 山口 | 141 | 123 | 17 |
| 茨城 | 225 | x | x | 徳島 | 97 | 45 | 52 |
| 千葉 | 252 | 232 | 19 | 香川 | 167 | 55 | 112 |
| 東京 | 150 | x | x | 愛媛 | 756 | 170 | 586 |
| 神奈川 | 145 | 141 | 4 | 高知 | 424 | 240 | 184 |
| 新潟 | 104 | 98 | 7 | 福岡 | 305 | 89 | 217 |
| 富山 | 116 | 116 | 0 | 佐賀 | 306 | 33 | 273 |
| 石川 | 153 | 149 | 3 | 長崎 | 893 | 564 | 328 |
| 福井 | 76 | 72 | 5 | 熊本 | 334 | 47 | 287 |
| 静岡 | 459 | 432 | 26 | 大分 | 325 | 94 | 232 |
| 愛知 | 160 | 131 | 29 | 宮崎 | 309 | 224 | 85 |
| 三重 | 361 | 212 | 149 | 鹿児島 | 649 | 182 | 467 |
| 京都 | 39 | 29 | 10 | 沖縄 | 184 | 94 | 90 |

注：　都道府県別海面漁業産出額には、キで推計している捕鯨業を含まない。このため、都道府県別
　　海面漁業産出額の合計は、キにおける漁業産出額計とは一致しない。

## 6 農林漁業金融

### (1) 系統の農林漁業関連向け貸出金残高（令和3年3月末現在）

単位：億円

| 金融機関 | 総貸出額 | 計 | 農業関連 | 林業関連 | 漁業関連 |
|---|---|---|---|---|---|
| 組合金融機関 | 517,346 | 26,136 | 21,391 | 75 | 4,670 |
| 農林中金 | 201,822 | 6,141 | 5,078 | 75 | 988 |
| 信農連 | 85,978 | 4,537 | 4,537 | – | – |
| 信漁連 | 4,488 | 2,820 | – | – | 2,820 |
| 農協 | 223,826 | 11,775 | 11,775 | – | – |
| 漁協 | 1,232 | 862 | – | – | 862 |

資料：農林中央金庫「農林漁業金融統計」（以下(2)まで同じ。）
注：1 億円未満切り捨てである。
　　2 「総貸出額」は、貸出金合計である。
　　3 「農業関連」は、農業者、農業法人及び農業関連団体等に対する農業生産・農業経営に必要な資金、
　　　農産物の生産・加工・流通に関係する事業に必要な資金等である。
　　4 「林業関連」の農林中金は、森林組合＋林業者＋施設法人。
　　5 「漁業関連」には、水産業者に対する水産業関係資金以外の貸出金残高（生活資金等）を含まない。
　　　また、公庫転貸資金のうち、転貸漁協における漁業者向け貸出金を含む。
　　6 本表の中では略称を用いており、正式名称は次のとおりである（略称：正式名称）。
　　　農林中金：農林中央金庫、信農連：都道府県信用農業協同組合連合会
　　　信漁連：都道府県信用漁業協同組合連合会
　　　農協：農業協同組合、漁協：漁業協同組合

### (2) 他業態の農林漁業に対する貸出金残高（令和3年3月末現在）

単位：億円

| 金融機関 | 総貸出額 | 計 | 農業・林業 | 漁業 |
|---|---|---|---|---|
| 民間金融機関 | 6,222,890 | 12,408 | 9,939 | 2,469 |
| 国内銀行銀行勘定 | 5,390,608 | 9,964 | 8,013 | 1,951 |
| 信用金庫 | 784,372 | 2,028 | 1,510 | 518 |
| その他 | 47,910 | 416 | 416 | 0 |
| 政府系金融機関 | 620,779 | 34,398 | 31,586 | 2,812 |
| 日本政策金融公庫 | | | | |
| （農林水産事業） | 34,854 | 30,357 | 28,386 | 1,971 |
| 沖縄振興開発金融公庫 | 10,320 | 223 | 184 | 39 |
| その他 | 575,605 | 3,818 | 3,016 | 802 |

注：1 民間金融機関のその他は、国内銀行信託勘定及び国内銀行海外店勘定である。
　　2 政府系金融機関のその他は、商工組合中央金庫、日本政策投資銀行、日本政策金融公庫（国民生活
　　　事業、中小企業事業）及び国際協力銀行である。

(3) 制度金融

　ア　日本政策金融公庫農林水産事業資金

　(ｱ)　年度別資金種目別貸付件数・金額(事業計画分類、全国)(各年度末現在)

| 区分 | 令和元年度 | | 2 | | 3 | |
|---|---|---|---|---|---|---|
| | 件数 | 金額 | 件数 | 金額 | 件数 | 金額 |
| | 件 | 100万円 | 件 | 100万円 | 件 | 100万円 |
| 合計 | 14,831 | 483,955 | 24,164 | 705,831 | 16,760 | 500,771 |
| 経営構造改善計 | 10,445 | 346,968 | 9,908 | 325,418 | 9,248 | 339,690 |
| 農業経営基盤強化 | 7,809 | 295,650 | 7,619 | 283,960 | 7,061 | 301,259 |
| 青年等就農 | 2,290 | 13,259 | 1,994 | 13,902 | 1,885 | 14,016 |
| 経営体育成強化 | 152 | 5,415 | 184 | 4,948 | 154 | 4,285 |
| 林業構造改善事業推進 | 1 | 50 | − | − | 1 | 8 |
| 林業経営育成 | 2 | 77 | − | − | 5 | 104 |
| 漁業経営改善支援 | 52 | 15,964 | 34 | 14,856 | 40 | 8,367 |
| 中山間地域活性化 | 131 | 16,104 | 74 | 7,677 | 99 | 11,571 |
| 振興山村・過疎地域経営改善 | 1 | 137 | − | − | 1 | 20 |
| 農業改良 | 7 | 313 | 3 | 76 | 2 | 59 |
| 基盤整備計 | 2,973 | 38,085 | 2,917 | 37,696 | 2,941 | 39,850 |
| 農業基盤整備 | 1,675 | 9,924 | 1,643 | 8,817 | 1,632 | 9,013 |
| 補助 | 1,523 | 7,287 | 1,518 | 6,837 | 1,509 | 6,420 |
| 非補助 | 152 | 2,637 | 125 | 1,980 | 123 | 2,594 |
| 畜産基盤整備 | 23 | 8,855 | 21 | 7,741 | 25 | 10,618 |
| 担い手育成農地集積 | 1,070 | 11,748 | 1,073 | 11,496 | 1,101 | 11,051 |
| 林業基盤整備 | 177 | 7,004 | 157 | 9,243 | 161 | 8,791 |
| 造林 | 116 | 2,367 | 104 | 3,758 | 108 | 3,361 |
| 林道 | − | − | − | − | − | − |
| 利用間伐推進 | 61 | 4,637 | 53 | 5,485 | 53 | 5,430 |
| 伐採調整 | − | − | − | − | − | − |
| 森林整備活性化 | 26 | 374 | 22 | 242 | 21 | 216 |
| 漁業基盤整備 | 2 | 180 | 1 | 160 | 1 | 160 |
| 一般施設計 | 408 | 78,032 | 426 | 75,931 | 405 | 72,766 |
| 農林漁業施設 | 238 | 30,917 | 265 | 24,884 | 236 | 32,925 |
| 農業施設 | 51 | 17,077 | 59 | 13,133 | 49 | 22,401 |
| 林業施設 | 127 | 11,414 | 137 | 9,495 | 134 | 8,935 |
| 水産施設 | 60 | 2,425 | 68 | 2,233 | 53 | 1,589 |
| 農山漁村経営改善 | − | − | 1 | 23 | − | − |
| 畜産経営環境調和推進 | 2 | 195 | 2 | 197 | − | − |
| 特定農産加工 | 66 | 15,260 | 67 | 24,107 | 79 | 16,077 |
| 食品産業品質管理高度化促進 | 12 | 3,127 | 19 | 2,701 | 7 | 972 |
| 水産加工 | 43 | 5,741 | 32 | 5,687 | 35 | 3,559 |
| 食品流通改善 | 40 | 17,323 | 34 | 9,393 | 42 | 14,513 |
| 食品安定供給施設整備 | 1 | 70 | − | − | − | − |
| 新規用途事業等 | − | − | 1 | 401 | 1 | 340 |
| 塩業 | − | − | − | − | − | − |
| 農業競争力強化支援 | 6 | 5,400 | 6 | 8,561 | 5 | 4,380 |
| 経営維持安定計 | 992 | 19,156 | 10,903 | 266,052 | 4,160 | 47,998 |
| 漁業経営安定 | 1 | 430 | − | − | − | − |
| 農林漁業セーフティネット | 991 | 18,726 | 10,903 | 266,052 | 4,160 | 47,998 |
| 農業 | 829 | 14,004 | 8,144 | 174,739 | 3,617 | 35,548 |
| 林業 | 2 | 33 | 182 | 7,496 | 26 | 662 |
| 漁業 | 160 | 4,689 | 2,577 | 83,817 | 517 | 11,789 |
| 災害 | 13 | 1,713 | 10 | 735 | 6 | 467 |

資料：日本政策金融公庫農林水産事業「業務統計年報」 (以下(ｲ)まで同じ。)

注：沖縄県を含まない。

6 農林漁業金融（続き）
 (3) 制度金融（続き）
  ア 日本政策金融公庫農林水産事業資金（続き）
   (イ) 年度別資金種目別貸付金残高件数・金額（農林漁業分類、全国）
    （各年度末現在）

| 区分 | 令和元年度 | | 2 | | 3 | |
|---|---|---|---|---|---|---|
| | 件数 | 金額 | 件数 | 金額 | 件数 | 金額 |
| | 件 | 100万円 | 件 | 100万円 | 件 | 100万円 |
| 合計 | 160,221 | 3,196,102 | 168,581 | 3,485,435 | 169,623 | 3,551,732 |
| 農業計 | 126,553 | 2,013,111 | 133,015 | 2,223,131 | 134,578 | 2,308,189 |
| 農業経営基盤強化 | 64,424 | 1,385,549 | 65,037 | 1,444,816 | 65,183 | 1,515,345 |
| 青年等就農 | 10,368 | 51,724 | 12,143 | 60,976 | 13,677 | 69,205 |
| 経営体育成強化 | 2,633 | 37,059 | 2,631 | 37,084 | 2,580 | 36,011 |
| 農業改良 | 1,479 | 12,109 | 1,129 | 8,644 | 726 | 5,870 |
| 農地等取得 | 1,028 | 1,437 | 673 | 904 | 450 | 582 |
| 未墾地取得 | − | − | − | − | − | − |
| 土地利用型農業経営体質強化 | 6 | 3 | 4 | 2 | 1 | 0 |
| 振興山村・過疎地域経営改善 | 3 | 3 | 1 | 0 | − | − |
| 農業構造改善事業推進 | − | − | − | − | − | − |
| 農業構造改善支援 | 3 | 5 | 2 | 2 | − | − |
| 総合施設 | 5 | 22 | 1 | 2 | − | − |
| 畑作営農改善 | − | − | − | − | − | − |
| 農業基盤整備 | 25,128 | 110,257 | 23,405 | 106,631 | 22,091 | 101,106 |
| 畜産基盤整備 | 57 | 19,070 | 62 | 20,417 | 64 | 19,787 |
| 担い手育成農地集積 | 11,699 | 69,965 | 11,277 | 70,326 | 11,124 | 71,204 |
| 農林漁業施設 | 825 | 282,249 | 805 | 271,474 | 786 | 268,868 |
| 畜産経営環境調和推進 | 23 | 2,018 | 20 | 1,936 | 19 | 1,525 |
| 農林漁業セーフティネット（農業） | 7,557 | 55,716 | 14,827 | 216,650 | 17,230 | 236,141 |
| 農業経営維持安定 | 1,159 | 4,900 | 1,017 | 3,584 | 699 | 2,281 |
| 自作農維持 | 204 | 37 | 29 | 11 | 4 | 5 |
| ＣＤＳ譲受債権 | 9 | 58 | 14 | 90 | 8 | 45 |
| 林業計 | 28,140 | 626,788 | 27,572 | 615,496 | 26,601 | 592,434 |
| 林業構造改善事業推進 | 2 | 72 | 2 | 67 | 3 | 70 |
| 林業経営育成 | 132 | 2,470 | 120 | 2,360 | 112 | 2,213 |
| 振興山村・過疎地域経営改善 | 12 | 777 | 12 | 721 | 9 | 710 |
| 林業基盤整備 | 18,338 | 326,726 | 17,754 | 327,290 | 17,054 | 324,977 |
| 森林整備活性化 | 2,356 | 26,785 | 2,363 | 25,560 | 2,345 | 23,874 |
| 農林漁業施設 | 729 | 73,368 | 806 | 72,919 | 858 | 72,234 |
| 林業経営安定 | 6,538 | 196,161 | 6,306 | 178,860 | 5,992 | 160,401 |
| 農林漁業セーフティネット（林業） | 33 | 429 | 209 | 7,718 | 228 | 7,955 |
| 漁業計 | 2,657 | 112,299 | 5,083 | 197,109 | 5,436 | 201,274 |
| 漁業経営改善支援 | 419 | 74,359 | 414 | 79,888 | 412 | 78,762 |
| 漁業経営再建整備 | − | − | − | − | − | − |
| 振興山村・過疎地域経営改善 | 7 | 302 | 7 | 222 | 6 | 167 |
| 沿岸漁業構造改善事業推進 | − | − | − | − | − | − |
| 漁業基盤整備 | 23 | 1,857 | 18 | 1,722 | 14 | 1,504 |
| 農林漁業施設 | 417 | 13,639 | 449 | 13,793 | 459 | 13,535 |
| 漁船 | 67 | 6,042 | 60 | 4,776 | 47 | 3,776 |
| 漁業経営安定 | 1 | 409 | 1 | 367 | 1 | 324 |
| 沿岸漁業経営安定 | 41 | 95 | 16 | 57 | 8 | 41 |
| 農林漁業セーフティネット（漁業） | 1,682 | 15,596 | 4,118 | 96,285 | 4,489 | 103,165 |
| 加工流通計 | 2,871 | 443,904 | 2,911 | 449,699 | 3,008 | 449,835 |
| 中山間地域活性化 | 1,065 | 97,302 | 1,088 | 94,112 | 1,120 | 94,332 |
| 特定農産加工 | 700 | 134,312 | 708 | 141,848 | 746 | 141,318 |
| 食品産業品質管理高度化促進 | 108 | 19,576 | 121 | 20,082 | 122 | 19,202 |
| 水産加工 | 458 | 43,778 | 464 | 44,620 | 477 | 43,283 |
| 食品流通改善 | 472 | 132,383 | 460 | 125,142 | 471 | 124,513 |
| 食品安定供給施設整備 | 31 | 2,275 | 28 | 1,760 | 28 | 1,362 |
| 新規用途事業等 | 3 | 10 | 3 | 409 | 3 | 748 |
| 塩業 | 14 | 3,383 | 13 | 3,029 | 12 | 2,690 |
| 乳業施設 | 5 | 1,293 | 5 | 791 | 4 | 588 |
| 農業競争力強化支援 | 15 | 9,592 | 21 | 17,906 | 25 | 21,797 |

イ　農業近代化資金及び漁業近代化資金の融資残高及び利子補給承認額
　　（各年度末現在）

単位：100万円

| 年度 | 農業近代化資金 | | 漁業近代化資金 | |
|---|---|---|---|---|
| | 融資残高<br>（12月末） | 利子補給承認額 | 融資残高<br>（12月末） | 利子補給承認額 |
| 平成28年度 | 151,221 | 47,942 | 112,072 | 34,988 |
| 29 | 165,728 | 59,255 | 120,909 | 40,947 |
| 30 | 181,798 | 61,283 | 131,514 | 40,213 |
| 令和元 | 194,758 | 65,717 | 142,273 | 48,215 |
| 2 | 198,881 | 61,750 | 155,587 | 45,492 |

資料：農林水産省経営局、水産庁資料

ウ　農業信用基金協会、漁業信用基金協会及び農林漁業信用基金（林業）
　　が行う債務保証残高（各年度末現在）

単位：100万円

| 年度 | 農業信用基金協会 | 漁業信用基金協会 | （独）農林漁業信用基金<br>（林業） |
|---|---|---|---|
| 平成29年度 | 6,586,229 | 205,027 | 35,115 |
| 30 | 6,812,185 | 205,613 | 35,938 |
| 令和元 | 7,063,162 | 205,102 | 38,951 |
| 2 | 7,394,624 | 219,503 | 38,093 |
| 3 | ‥ | ‥ | 31,347 |

資料：農林水産省経営局、水産庁、農林漁業信用基金資料
注：　この制度は、農林漁業者が農業近代化資金等、必要な資金を借り入れることにより融資機関に対し
　　て負担する債務を農業信用基金協会、漁業信用基金協会及び（独）農林漁業信用基金（林業）が保証
　　するものである。

エ　林業・木材産業改善資金、沿岸漁業改善資金貸付残高
　　（各年度末現在）

単位：100万円

| 年度 | 林業・木材産業改善資金 | 沿岸漁業改善資金 |
|---|---|---|
| 平成28年度 | 4,017 | 4,937 |
| 29 | 4,019 | 4,151 |
| 30 | 4,125 | 3,375 |
| 令和元 | 4,017 | 2,762 |
| 2 | 3,782 | 2,070 |

資料：農林水産省林野庁、水産庁資料
注：　この制度は、農林漁業者等が経営改善等を目的として新たな技術の
　　導入等に取り組む際に必要な資金を、都道府県が無利子で貸付を行う
　　ものである。

6 農林漁業金融（続き）
(3) 制度金融（続き）
   オ 災害資金融資状況（令和3年12月末現在）

単位：100万円

| 災害種類 | | | 被害見込金額 | 融資枠 | 貸付実行額 |
|---|---|---|---:|---:|---:|
| 昭和62年 | 8月28日～9月1日 | 暴風雨 | 62,956 | 2,700 | 2,229 |
| 63 | 6月下旬～10月上旬 | 低温等 | 365,400 | 28,000 | 20,810 |
| 平成2 | 9月11日～20日 | 豪雨及び暴風雨 | 59,989 | 2,700 | 1,415 |
| 3 | 9月12日～28日 | 暴風雨及び豪雨 | 471,165 | 25,000 | 17,558 |
| | 7月中旬～8月中旬 | 低温 | 166,100 | 6,000 | 3,798 |
| 5 | 北海道南西沖地震 | | 9,756 | 2,000 | 9 |
| | 5月下旬～9月上旬 | 天災 | 1,236,294 | 200,000 | 37,140 |
| 6 | 5月上旬～10月中旬 | 干ばつ | 151,722 | 3,000 | 369 |
| 10 | 9月15日～10月2日 | 前線による豪雨及び暴風雨 | 107,675 | 3,000 | 789 |
| 11 | 9月13日～25日 | 豪雨及び暴風雨 | 98,611 | 7,000 | 745 |
| 15 | 5月中旬～9月上旬 | 低温及び日照不足 | 393,800 | 21,000 | 3,003 |
| 16 | 8月17日～9月8日 | 天災 | 171,825 | 8,000 | 1,076 |
| 23 | 東北地方太平洋沖地震 | | 333,800 | 117,500 | － |

資料：農林水産省経営局資料
注： 「天災融資法」による融資であり、地震・台風・干ばつ・低温などの気象災害が政令で
　　災害指定された場合を対象としている。

(4) 組合の主要勘定（各年度末現在）
   ア 農協信用事業の主要勘定、余裕金系統利用率及び貸率

| 年度 | 貸方 | | | | | | | | 借方 |
|---|---|---|---|---|---|---|---|---|---|
| | 貯金 | | | 借入金 | | | | 3) 払込済出資金 | 現金 |
| | 計 | 1) 当座性 | 2) 定期性 | 計 | 信用事業 | 経済事業 | 共済事業 | | |
| | 億円 | 億円 | 億円 | 億円 | 億円 | 億円 | 億円 | 億円 | 億円 |
| 平成28年度 | 984,244 | 326,829 | 657,415 | 5,335 | 3,652 | 759 | 924 | 15,567 | 4,143 |
| 29 | 1,013,060 | 345,262 | 667,797 | 6,331 | 4,625 | 825 | 881 | 15,647 | 4,011 |
| 30 | 1,032,245 | 366,077 | 666,168 | 6,487 | 5,610 | 857 | 20 | 15,724 | 4,188 |
| 令和元 | 1,041,148 | 390,053 | 651,095 | 7,084 | 6,247 | 836 | 1 | 15,735 | 4,338 |
| 2 | 1,068,700 | 432,495 | 636,205 | 7,171 | 6,367 | 804 | 0 | 15,715 | 4,336 |

| 年度 | 借方（続き） | | | | | | | | | |
|---|---|---|---|---|---|---|---|---|---|---|
| | 預け金 | 系統 | 有価証券・金銭の信託 | 4) 貸出金 | | | 公庫貸付金 | 経済未収金 | 固定資産 | 外部出資 |
| | | | | 計 | 短期 | 長期 | | | | |
| | 億円 | 億円 | 億円 | 億円 | 億円 | 億円 | 億円 | 億円 | 億円 | 億円 |
| 平成28年度 | 736,284 | 734,097 | 40,802 | 216,836 | 8,249 | 206,909 | 1,678 | 5,052 | 32,017 | 38,230 |
| 29 | 766,447 | 764,084 | 39,208 | 217,493 | 7,705 | 208,167 | 1,621 | 5,083 | 32,083 | 38,437 |
| 30 | 786,095 | 783,492 | 39,370 | 217,725 | 6,925 | 209,245 | 1,556 | 5,022 | 31,728 | 40,857 |
| 令和元 | 789,293 | 787,115 | 40,308 | 220,099 | 6,663 | 211,987 | 1,449 | 4,934 | 31,238 | 42,369 |
| 2 | 805,220 | 802,718 | 47,418 | 223,826 | 5,759 | 216,736 | 1,331 | 4,882 | 31,078 | 44,321 |

資料：農林中央金庫「農林漁業金融統計」（以下イまで同じ。）
注：1)は、当座・普通・購買・貯蓄・通知・出資予約・別段貯金である。
　　2)は、定期貯金・譲渡性貯金・定期積金である。
　　3)は、回転出資金を含む。
　　4)の短期は1年以下、長期は1年を超えるものである。

イ 漁協信用事業の主要勘定、余裕金系統利用率及び貯貸率

| 年度 | 貸方 | | | | | | | | 借方 |
|---|---|---|---|---|---|---|---|---|---|
| | 貯金 | | | 借入金 | | | | 払込済出資金 | 現金 |
| | 計 | 1)当座性 | 2)定期性 | 計 | 公庫 | 信用事業 | 経済事業 | | |
| | 億円 | 億円 | 億円 | 億円 | 億円 | 億円 | 億円 | 億円 | 億円 |
| 平成28年度 | 7,936 | 3,644 | 4,293 | 827 | 9 | 621 | 206 | 1,075 | 53 |
| 29 | 7,779 | 3,529 | 4,249 | 789 | 8 | 581 | 208 | 1,060 | 55 |
| 30 | 7,784 | 3,531 | 4,252 | 740 | 8 | 544 | 196 | 986 | 58 |
| 令和元 | 7,629 | 3,416 | 4,213 | 736 | 6 | 531 | 205 | 989 | 66 |
| 2 | 7,585 | 3,530 | 4,056 | 713 | 6 | 504 | 209 | 982 | 61 |

| 年度 | 借方（続き） | | | | | | | 事業未収金 | 固定資産 | 外部出資 |
|---|---|---|---|---|---|---|---|---|---|---|
| | 預け金 | 系統 | 有価証券 | 3)貸出金 | | | | | | |
| | | | | 計 | 公庫 | 短期 | 長期 | | | |
| | 億円 | 億円 | 億円 | 億円 | 億円 | 億円 | 億円 | 億円 | 億円 | 億円 |
| 平成28年度 | 8,013 | 7,931 | 4 | 1,481 | 77 | 397 | 1,084 | 202 | 698 | 330 |
| 29 | 7,862 | 7,778 | 4 | 1,418 | 67 | 387 | 1,031 | 209 | 679 | 327 |
| 30 | 7,846 | 7,764 | − | 1,353 | 58 | 378 | 975 | 184 | 695 | 359 |
| 令和元 | 7,666 | 7,602 | − | 1,308 | 46 | 365 | 942 | 171 | 727 | 360 |
| 2 | 7,681 | 7,601 | − | 1,232 | 38 | 341 | 891 | 182 | 720 | 398 |

注：水産加工業協同組合を含む。
　　1)は、当座・普通・貯蓄・別段・出資予約貯金である。
　　2)は、定期貯金・定期積金である。
　　3)の短期は1年以下、長期は1年を超えるものである。

## 7 財政
### (1) 国家財政
#### ア 一般会計歳出予算

単位：億円

| 年度 | 総額 | 地方交付税交付金等 | 一般歳出 | 防衛関係費 | 社会保障関係費 | 中小企業対策費 |
|---|---|---|---|---|---|---|
| 平成30年度 | 977,128 | 155,150 | 588,958 | 51,911 | 329,732 | 1,771 |
| 31 | 1,014,571 | 159,850 | 599,359 | 52,066 | 340,627 | 1,740 |
| 令和2 | 1,026,580 | 158,093 | 617,184 | 52,625 | 358,121 | 1,723 |
| 3 | 1,066,097 | 159,489 | 669,023 | 53,145 | 358,343 | 1,726 |
| 4 | 1,075,964 | 158,825 | 673,746 | 53,687 | 362,735 | 1,713 |

資料：財務省資料
注：1　各年度とも当初予算額である。
　　2　計数整理の結果、異動を生じることがある。
　　3　一般会計歳出予算総額の平成31年度及び令和2年度は、「臨時、特別の措置」の金額を含む。
　　4　令和3年度は、4年度との比較対象のため組み替えてある。

7 財政 （続き）
(1) 国家財政 （続き）
　イ 農林水産関係予算

単位：億円

| 年度 | 計 | 公共事業費 | 農業農村整備事業費 | 非公共事業費 |
|---|---|---|---|---|
| 平成30年度 | 23,021 | 6,860 | 3,211 | 16,161 |
| 31 | 23,108 | 6,966 | 3,260 | 16,142 |
| 令和2 | 23,109 | 6,989 | 3,264 | 16,120 |
| 3 | 22,853 | 6,978 | 3,317 | 15,875 |
| 4 | 22,777 | 6,981 | 3,322 | 15,796 |

資料：農林水産省資料（以下カまで同じ。）
注：1 各年度とも当初予算額である（以下ウまで同じ。）。
　　2 計数整理の結果、異動を生じることがある。
　　3 平成31年度及び令和2年度は、「臨時、特別の措置」を除いた金額。
　　4 令和3年度は、4年度との比較対象のため組み替えてある。

　ウ 農林水産省所管一般会計歳出予算（主要経費別）

単位：100万円

| 区分 | 令和3年度 | 4 |
|---|---|---|
| 農林水産省所管 | 2,919,039 | 2,104,262 |
| 　文教及び科学振興費 | | |
| 　　科学技術振興費 | 103,236 | 94,341 |
| 　公共事業関係費 | | |
| 　　治山治水対策事業費 | 86,689 | 61,709 |
| 　　農林水産基盤整備事業費 | 625,458 | 443,012 |
| 　災害復旧等事業費 | 103,348 | 19,934 |
| 　食料安定供給関係費 | 1,769,946 | 1,270,121 |
| 　その他の事項経費 | 230,361 | 215,144 |

注： 令和3年度予算額は、4年度との比較対象のため組み替え掲載したので、
　　　成立予算額とは符合しない。

　エ 農林水産省所管特別会計

単位：億円

| 会計 | 歳入 | | | | |
|---|---|---|---|---|---|
| | 決算額 | | | 当初予算 | |
| | 平成30年度 | 令和元 | 2 | 3 | 4 |
| 食料安定供給 | 9,700 | 9,678 | 9,265 | 12,250 | 13,423 |
| 国有林野事業債務管理 | 3,489 | 3,564 | 3,634 | 3,616 | 3,546 |

| 会計 | 歳出 | | | | |
|---|---|---|---|---|---|
| | 決算額 | | | 当初予算 | |
| | 平成30年度 | 令和元 | 2 | 3 | 4 |
| 食料安定供給 | 8,138 | 8,507 | 8,210 | 12,164 | 13,406 |
| 国有林野事業債務管理 | 3,489 | 3,564 | 3,634 | 3,616 | 3,546 |

オ 農林水産関係公共事業予算

単位：億円

| 区分 | 平成30年度 | 31 | 令和2 | 3 | 4 |
|---|---|---|---|---|---|
| 公共事業関係費 | 6,860 | 6,966 | 6,989 | 6,995 | 6,981 |
| 一般公共事業費計 | 6,667 | 6,770 | 6,793 | 6,797 | 6,782 |
| 農業農村整備 | 3,211 | 3,260 | 3,264 | 3,333 | 3,322 |
| 林野公共 | 1,800 | 1,827 | 1,830 | 1,868 | 1,869 |
| 治山 | 597 | 606 | 607 | 619 | 620 |
| 森林整備 | 1,203 | 1,221 | 1,223 | 1,248 | 1,248 |
| 水産基盤整備 | 700 | 710 | 711 | 726 | 727 |
| 海岸 | 40 | 45 | 45 | 63 | 81 |
| 農山漁村地域整備交付金 | 917 | 927 | 943 | 807 | 784 |
| 災害復旧等事業費 | 193 | 196 | 196 | 198 | 200 |

注： 1 各年度とも当初予算額である。
　　 2 計数整理の結果、異動を生じることがある。

カ 農林水産関係機関別財政投融資計画

単位：億円

| 機関 | 平成30年度 | 31 | 令和2 | 3 | 4 |
|---|---|---|---|---|---|
| 計 | 4,908 | 5,379 | 5,268 | 7,061 | 6,336 |
| 株式会社　日本政策金融公庫 | 4,830 | 5,300 | 5,200 | 7,000 | 6,270 |
| 国立研究開発法人<br>　　森林研究・整備機構 | 58 | 57 | 56 | 51 | 49 |
| 食料安定供給特別会計<br>　（国営土地改良事業勘定） | 20 | 22 | 12 | 10 | 8 |
| 全国土地改良事業団体連合会 | － | － | － | － | 9 |

注： 1 各年度とも当初計画額である。
　　 2 株式会社日本政策金融公庫の金額は、農林水産業者向け業務の財政投融資計画額である。

7 財政（続き）
(2) 地方財政
ア 歳入決算額

単位：億円

| 区分 | 令和元 | | | 2 | | |
|---|---|---|---|---|---|---|
| | 都道府県 | 市町村 | 純計額 | 都道府県 | 市町村 | 純計額 |
| 歳入合計 | 509,140 | 614,051 | 1,032,459 | 618,941 | 780,341 | 1,300,472 |
| 地方税 | 207,036 | 205,079 | 412,115 | 205,246 | 203,010 | 408,256 |
| 地方譲与税 | 21,848 | 4,290 | 26,138 | 18,000 | 4,323 | 22,323 |
| 地方特例交付金 | 1,558 | 3,125 | 4,683 | 84,289 | 1,413 | 2,256 |
| 地方交付税 | 86,313 | 81,080 | 167,392 | 88,781 | 81,109 | 169,890 |
| 市町村たばこ税都道府県交付金 | 9 | – | – | 9 | – | – |
| 利子割交付金 | – | 185 | – | – | 190 | – |
| 配当割交付金 | – | 990 | – | – | 907 | – |
| 株式等譲渡所得割交付金 | – | 582 | – | – | 1,044 | – |
| 地方消費税交付金 | – | 22,756 | – | – | 27,770 | – |
| ゴルフ場利用税交付金 | – | 300 | – | – | 273 | – |
| 特別地方消費税交付金 | – | 0 | – | – | – | – |
| 自動車取得税交付金 | – | 734 | – | – | 1 | – |
| 軽油引取税交付金 | – | 1,290 | – | – | 1,281 | – |
| 分担金、負担金 | 2,791 | 5,962 | 5,160 | 2,775 | 4,784 | 3,946 |
| 使用料、手数料 | 8,500 | 13,191 | 21,691 | 8,126 | 11,721 | 19,847 |
| 国庫支出金 | 59,252 | 98,602 | 157,854 | 123,493 | 250,531 | 374,024 |
| 交通安全対策特別交付金 | 282 | 207 | 489 | 308 | 226 | 533 |
| 都道府県支出金 | – | 41,659 | – | – | 45,698 | – |
| 財産収入 | 2,203 | 4,138 | 6,341 | 1,769 | 3,766 | 5,536 |
| 寄附金 | 202 | 5,330 | 5,531 | 384 | 7,131 | 7,514 |
| 繰入金 | 15,036 | 22,512 | 37,548 | 15,878 | 22,652 | 38,530 |
| 繰越金 | 13,999 | 17,063 | 31,061 | 15,348 | 17,682 | 33,031 |
| 諸収入 | 34,103 | 20,741 | 47,749 | 70,918 | 27,260 | 92,180 |
| 地方債 | 56,009 | 52,948 | 108,705 | 67,063 | 55,773 | 122,607 |
| 特別区財政調整交付金 | – | 10,992 | – | – | 9,874 | – |

資料：総務省自治財政局「地方財政白書」（以下イまで同じ。）

イ 歳出決算額

単位：億円

| 区分 | 令和元 | | | 2 | | |
|---|---|---|---|---|---|---|
| | 都道府県 | 市町村 | 純計額 | 都道府県 | 市町村 | 純計額 |
| 歳出合計 | 493,390 | 594,363 | 997,022 | 597,063 | 756,335 | 1,254,588 |
| 議会費 | 780 | 3,394 | 4,168 | 755 | 3,309 | 4,062 |
| 総務費 | 31,091 | 71,564 | 96,700 | 29,971 | 202,302 | 225,346 |
| 民生費 | 81,829 | 217,867 | 265,337 | 97,297 | 224,856 | 286,942 |
| 衛生費 | 15,813 | 49,298 | 63,540 | 40,401 | 52,785 | 91,202 |
| 労働費 | 1,508 | 983 | 2,443 | 2,320 | 987 | 3,264 |
| 農林水産業費 | 24,376 | 13,786 | 33,192 | 25,061 | 14,077 | 34,106 |
| 　農業費 | 5,119 | 5,422 | 8,726 | 5,270 | 5,660 | 8,978 |
| 　畜産業費 | 1,369 | 760 | 1,750 | 1,343 | 670 | 1,745 |
| 　農地費 | 9,078 | 4,723 | 11,865 | 9,494 | 4,641 | 12,173 |
| 　林業費 | 6,011 | 1,544 | 7,095 | 6,060 | 1,731 | 7,310 |
| 　水産業費 | 2,798 | 1,337 | 3,756 | 2,894 | 1,375 | 3,901 |
| 商工費 | 30,314 | 17,935 | 47,821 | 85,102 | 31,338 | 115,336 |
| 土木費 | 59,044 | 64,290 | 121,274 | 62,955 | 65,820 | 126,902 |
| 消防費 | 2,425 | 19,341 | 20,920 | 2,336 | 19,730 | 21,250 |
| 警察費 | 33,587 | － | 33,558 | 33,216 | － | 33,211 |
| 教育費 | 101,810 | 74,820 | 175,235 | 101,953 | 80,461 | 180,961 |
| 災害復旧費 | 5,908 | 4,755 | 10,090 | 5,960 | 4,867 | 10,047 |
| 公債費 | 66,465 | 55,272 | 121,414 | 66,176 | 54,763 | 120,636 |
| 諸支出金 | 317 | 1,055 | 1,328 | 300 | 1,036 | 1,322 |
| 前年度繰上充用金 | － | 3 | 3 | － | 2 | 2 |
| 利子割交付金 | 185 | － | － | 190 | － | － |
| 配当割交付金 | 990 | － | － | 907 | － | － |
| 株式等譲渡所得割交付金 | 582 | － | － | 1,044 | － | － |
| 地方消費税交付金 | 22,756 | － | － | 27,770 | － | － |
| ゴルフ場利用税交付金 | 300 | － | － | 273 | － | － |
| 特別地方消費税交付金 | 0 | － | － | － | － | － |
| 自動車取得税交付金 | 734 | － | － | 1 | － | － |
| 軽油引取税交付金 | 1,290 | － | － | 1,281 | － | － |
| 特別区財政調整交付金 | 10,992 | － | － | 9,874 | － | － |

8 日本の貿易
(1) 貿易相手国上位10か国の推移 （暦年ベース）
    ア 輸出入

| 区分 | 2017(平成29年) 国名 | | 2018(30) 国名 | | 2019(令和元) 国名 | | 2020(2) 国名 | | 2021(3) 国名 | |
|---|---|---|---|---|---|---|---|---|---|---|
| | 金額 | 割合 | 金額 | 割合 | 金額 | 割合 | 金額 | 割合 | 金額 | 割合 |
| | 億円 | % | 億円 | % | 億円 | % | 億円 | % | 億円 | % |
| 輸出入総額（順位） | 1,536,657 | 100.0 | 1,641,821 | 100.0 | 1,555,312 | 100.0 | 1,364,100 | 100.0 | 1,678,521 | 100.0 |
| 1 | 中国 | | 中国 | | 中国 | | 中国 | | 中国 | |
| | 333,490 | 21.7 | 350,914 | 21.4 | 331,357 | 21.3 | 325,898 | 23.9 | 383,619 | 22.9 |
| 2 | 米国 | | 米国 | | 米国 | | 米国 | | 米国 | |
| | 232,037 | 15.1 | 244,851 | 14.9 | 238,947 | 15.4 | 200,644 | 14.7 | 237,345 | 14.1 |
| 3 | 韓国 | | 韓国 | | 韓国 | | 韓国 | | 台湾 | |
| | 91,280 | 5.9 | 93,430 | 5.7 | 82,709 | 5.3 | 76,082 | 5.6 | 96,699 | 5.8 |
| 4 | 台湾 | | 台湾 | | 台湾 | | 台湾 | | 韓国 | |
| | 74,056 | 4.8 | 76,767 | 4.7 | 76,162 | 4.9 | 76,021 | 5.6 | 92,907 | 5.5 |
| 5 | オーストラリア | | オーストラリア | | オーストラリア | | タイ | | オーストラリア | |
| | 61,606 | 4.0 | 69,390 | 4.2 | 65,374 | 4.2 | 52,626 | 3.9 | 74,082 | 4.4 |
| 6 | タイ | | タイ | | タイ | | オーストラリア | | タイ | |
| | 58,507 | 3.8 | 63,332 | 3.9 | 60,557 | 3.9 | 51,267 | 3.8 | 65,168 | 3.9 |
| 7 | ドイツ | | ドイツ | | ドイツ | | ベトナム | | ドイツ | |
| | 47,518 | 3.1 | 51,749 | 3.2 | 49,277 | 3.2 | 41,810 | 3.1 | 48,745 | 2.9 |
| 8 | 香港 | | サウジアラビア | | ベトナム | | ドイツ | | ベトナム | |
| | 41,787 | 2.7 | 41,871 | 2.6 | 42,479 | 2.7 | 41,515 | 3.0 | 46,213 | 2.8 |
| 9 | ベトナム | | ベトナム | | 香港 | | 香港 | | 香港 | |
| | 37,672 | 2.5 | 41,494 | 2.5 | 38,905 | 2.5 | 35,004 | 2.6 | 40,106 | 2.4 |
| 10 | インドネシア | | インドネシア | | アラブ首長国連邦 | | マレーシア | | マレーシア | |
| | 37,329 | 2.4 | 41,220 | 2.5 | 36,382 | 2.3 | 30,451 | 2.2 | 38,783 | 2.3 |

資料：財務省関税局「貿易統計」 （以下(3)まで同じ。）
注：2021 （令和3年） 値は、確々報値（暫定値）で月別値の合計である。
　　割合は総額に対する構成比である。 （以下ウまで同じ。）

イ　輸出

| 区分 | 2017(平成29年) | | 2018(30) | | 2019(令和元) | | 2020(2) | | 2021(3) | |
|---|---|---|---|---|---|---|---|---|---|---|
| | 国名 | | 国名 | | 国名 | | 国名 | | 国名 | |
| | 金額 | 割合 | 金額 | 割合 | 金額 | 割合 | 金額 | 割合 | 金額 | 割合 |
| | 億円 | % | 億円 | % | 億円 | % | 億円 | % | 億円 | % |
| 輸出総額(順位) | 782,865 | 100.0 | 814,788 | 100.0 | 769,317 | 100.0 | 683,991 | 100.0 | 830,914 | 100.0 |
| 1 | 米国 | | 中国 | | 米国 | | 中国 | | 中国 | |
| | 151,135 | 19.3 | 158,977 | 19.5 | 152,545 | 19.8 | 150,820 | 22.0 | 179,844 | 21.6 |
| 2 | 中国 | | 米国 | | 中国 | | 米国 | | 米国 | |
| | 148,897 | 19.0 | 154,702 | 19.0 | 146,819 | 19.1 | 126,108 | 18.4 | 148,314 | 17.8 |
| 3 | 韓国 | | 韓国 | | 韓国 | | 韓国 | | 台湾 | |
| | 59,752 | 7.6 | 57,926 | 7.1 | 50,438 | 6.6 | 47,665 | 7.0 | 59,881 | 7.2 |
| 4 | 台湾 | | 台湾 | | 台湾 | | 台湾 | | 韓国 | |
| | 45,578 | 5.8 | 46,792 | 5.7 | 46,885 | 6.1 | 47,391 | 6.9 | 57,696 | 6.9 |
| 5 | 香港 | | 香港 | | 香港 | | 香港 | | 香港 | |
| | 39,741 | 5.1 | 38,323 | 4.7 | 36,654 | 4.8 | 34,146 | 5.0 | 38,904 | 4.7 |
| 6 | タイ | | タイ | | タイ | | タイ | | タイ | |
| | 33,004 | 4.2 | 35,625 | 4.4 | 32,906 | 4.3 | 27,226 | 4.0 | 36,246 | 4.4 |
| 7 | シンガポール | | シンガポール | | ドイツ | | シンガポール | | ドイツ | |
| | 25,406 | 3.2 | 25,841 | 3.2 | 22,051 | 2.9 | 18,876 | 2.8 | 22,790 | 2.7 |
| 8 | ドイツ | | ドイツ | | シンガポール | | ドイツ | | シンガポール | |
| | 21,246 | 2.7 | 23,056 | 2.8 | 21,988 | 2.9 | 18,752 | 2.7 | 22,006 | 2.6 |
| 9 | オーストラリア | | オーストラリア | | ベトナム | | ベトナム | | ベトナム | |
| | 17,956 | 2.3 | 18,862 | 2.3 | 17,971 | 2.3 | 18,258 | 2.7 | 20,968 | 2.5 |
| 10 | ベトナム | | ベトナム | | オーストラリア | | マレーシア | | マレーシア | |
| | 16,881 | 2.2 | 18,142 | 2.2 | 15,798 | 2.1 | 13,435 | 2.0 | 17,137 | 9.5 |

8　日本の貿易（続き）
(1)　貿易相手国上位10か国の推移（暦年ベース）（続き）
　　ウ　輸入

| 区分 | 2017(平成29年) | | 2018(30) | | 2019(令和元) | | 2020(2) | | 2021(3) | |
|---|---|---|---|---|---|---|---|---|---|---|
| | 国名 | | 国名 | | 国名 | | 国名 | | 国名 | |
| | 金額 | 割合 | 金額 | 割合 | 金額 | 割合 | 金額 | 割合 | 金額 | 割合 |
| | 億円 | % | 億円 | % | 億円 | % | 億円 | % | 億円 | % |
| 輸入総額（順位） | 753,792 | 100.0 | 827,033 | 100.0 | 785,995 | 100.0 | 680,108 | 100.0 | 847,607 | 100.0 |
| 1 | 中国 | | 中国 | | 中国 | | 中国 | | 中国 | |
| | 184,593 | 24.5 | 191,937 | 23.2 | 184,537 | 23.5 | 175,077 | 25.7 | 203,775 | 24.0 |
| 2 | 米国 | | 米国 | | 米国 | | 米国 | | 米国 | |
| | 80,903 | 10.7 | 90,149 | 10.9 | 86,402 | 11.0 | 74,536 | 11.0 | 89,031 | 10.5 |
| 3 | オーストラリア | | オーストラリア | | オーストラリア | | オーストラリア | | オーストラリア | |
| | 43,650 | 5.8 | 50,528 | 6.1 | 49,576 | 6.3 | 38,313 | 5.6 | 57,337 | 6.8 |
| 4 | 韓国 | | サウジアラビア | | 韓国 | | 台湾 | | 台湾 | |
| | 31,527 | 4.2 | 37,329 | 4.5 | 32,271 | 4.1 | 28,629 | 4.2 | 36,818 | 4.3 |
| 5 | サウジアラビア | | 韓国 | | サウジアラビア | | 韓国 | | 韓国 | |
| | 31,150 | 4.1 | 35,505 | 4.3 | 30,158 | 3.8 | 28,416 | 4.2 | 35,212 | 4.2 |
| 6 | 台湾 | | アラブ首長国連邦 | | 台湾 | | タイ | | サウジアラビア | |
| | 28,478 | 3.8 | 30,463 | 3.7 | 29,276 | 3.7 | 25,401 | 3.7 | 30,193 | 3.6 |
| 7 | ドイツ | | 台湾 | | アラブ首長国連邦 | | ベトナム | | アラブ首長国連邦 | |
| | 26,272 | 3.5 | 29,975 | 3.6 | 28,555 | 3.6 | 23,551 | 3.5 | 29,776 | 3.5 |
| 8 | タイ | | ドイツ | | タイ | | ドイツ | | タイ | |
| | 25,502 | 3.4 | 28,693 | 3.5 | 27,651 | 3.5 | 22,763 | 3.3 | 28,922 | 3.4 |
| 9 | アラブ首長国連邦 | | タイ | | ドイツ | | サウジアラビア | | ドイツ | |
| | 23,288 | 3.1 | 27,707 | 3.4 | 27,226 | 3.5 | 19,696 | 2.9 | 25,955 | 3.1 |
| 10 | インドネシア | | インドネシア | | ベトナム | | アラブ首長国連邦 | | ベトナム | |
| | 22,307 | 3.0 | 23,789 | 2.9 | 24,509 | 3.1 | 17,502 | 2.6 | 25,245 | 3.0 |

(2) 品目別輸出入額の推移（暦年ベース）
ア 輸出額

単位：兆円

| 区分 | 平成30年 (2018年) | 令和元 (2019) | 2 (2020) | 3 (2021) | 備考（令和3年） |
|---|---|---|---|---|---|
| 輸出総額 | 81.5 | 76.9 | 68.4 | 83.1 | |
| 1) 食料品 | 0.7 | 0.8 | 0.8 | 1.0 | |
| 原料品 | 1.2 | 1.0 | 1.0 | 1.4 | |
| 鉱物性燃料 | 1.3 | 1.4 | 0.7 | 1.0 | |
| 化学製品 | 8.9 | 8.7 | 8.5 | 10.6 | |
| 原料別製品 | 9.1 | 8.4 | 7.5 | 9.9 | 鉄鋼 3.8兆円 |
| | | | | | 非鉄金属 2.0兆円 |
| 一般機械 | 16.5 | 15.1 | 13.1 | 16.4 | 原動機 2.5兆円 |
| | | | | | 半導体等製造装置 3.4兆円 |
| | | | | | ポンプ・遠心分離機 1.4兆円 |
| 電気機器 | 14.1 | 13.2 | 12.9 | 15.3 | 半導体等電子部品 4.9兆円 |
| | | | | | 電気回路等の機器 2.1兆円 |
| | | | | | 電気計測機器 1.8兆円 |
| 輸送用機器 | 18.9 | 18.1 | 14.5 | 16.2 | 自動車 10.7兆円 |
| | | | | | 自動車の部分品 3.6兆円 |
| | | | | | 船舶 1.0兆円 |
| | | | | | 航空機類 0.2兆円 |
| その他 | 10.7 | 10.2 | 9.3 | 11.3 | 科学光学機器 2.3兆円 |
| | | | | | 写真用・映画用材料 0.6兆円 |

注：令和3年値は、確々報値（暫定値）で月別値の合計である。（以下(3)まで同じ。）
　　1)は、飲料及びたばこを含む。

8 日本の貿易（続き）
(2) 品目別輸出入額の推移（暦年ベース）（続き）
イ 輸入額

単位：兆円

| 区分 | 平成30年<br>(2018年) | 令和元<br>(2019) | 2<br>(2020) | 3<br>(2021) | 備考（令和3年） |
|---|---|---|---|---|---|
| 輸入総額 | 82.7 | 78.6 | 68.0 | 84.8 | |
| 1) 食料品 | 7.2 | 7.2 | 6.7 | 7.4 | 肉類 1.6兆円 |
| 原料品 | 5.0 | 4.9 | 4.7 | 6.9 | 非鉄金属鉱 2.0兆円 |
| 鉱物性燃料 | 19.3 | 17.0 | 11.3 | 17.0 | 原粗油 6.9兆円 |
| | | | | | 液化天然ガス 4.3兆円 |
| | | | | | 石炭 2.8兆円 |
| | | | | | 石油製品 2.1兆円 |
| 化学製品 | 8.6 | 8.2 | 7.9 | 9.7 | 医薬品 4.2兆円 |
| 原料別製品 | 7.5 | 7.1 | 6.6 | 8.3 | 非鉄金属 2.8兆円 |
| 一般機械 | 7.9 | 7.6 | 7.0 | 7.7 | 電算機類(含周辺機器) 2.4兆円 |
| | | | | | 原動機 1.0兆円 |
| 電気機器 | 12.3 | 12.0 | 11.4 | 13.6 | 半導体等電子部品 3.4兆円 |
| | | | | | 通信機 3.3兆円 |
| 輸送用機器 | 3.5 | 3.6 | 2.6 | 3.3 | 自動車 1.4兆円 |
| その他 | 11.4 | 11.2 | 10.0 | 10.9 | 衣類・同付属品 2.8兆円 |
| | | | | | 科学光学機器 1.9兆円 |

注：1)は、飲料及びたばこを含む。

### (3) 州別輸出入額

単位：10億円

| 年次 | 総額 | アジア州 | ヨーロッパ州 | 北アメリカ州 | 南アメリカ州 | アフリカ州 | 大洋州 |
|---|---|---|---|---|---|---|---|
| 輸出 | | | | | | | |
| 平成29年 | 78,286 | 45,359 | 10,440 | 18,392 | 951 | 843 | 2,301 |
| 30 | 81,479 | 47,312 | 10,966 | 18,827 | 1,072 | 900 | 2,402 |
| 令和元 | 76,932 | 43,801 | 10,650 | 18,434 | 1,009 | 984 | 2,053 |
| 2 | 68,399 | 41,117 | 9,078 | 14,995 | 674 | 848 | 1,688 |
| 3 | 83,091 | 50,301 | 10,707 | 17,772 | 1,062 | 1,055 | 2,194 |
| 輸入 | | | | | | | |
| 平成29年 | 75,379 | 45,414 | 11,584 | 10,376 | 2,105 | 931 | 4,969 |
| 30 | 82,703 | 49,775 | 12,734 | 11,399 | 2,145 | 991 | 5,659 |
| 令和元 | 78,600 | 46,384 | 12,607 | 10,935 | 2,168 | 918 | 5,587 |
| 2 | 68,011 | 40,326 | 10,773 | 9,589 | 2,040 | 922 | 4,359 |
| 3 | 84,761 | 49,636 | 13,100 | 11,457 | 2,626 | 1,529 | 6,412 |

### (4) 農林水産物輸出入概況

| 区分 | 平成29年<br>(2017年) | 30<br>(2018) | 令和元<br>(2019) | 2<br>(2020) | 3 (2021)<br>実数 | 3 (2021)<br>対前年<br>増減率 |
|---|---|---|---|---|---|---|
| | 100万円 | 100万円 | 100万円 | 100万円 | 100万円 | ％ |
| 1) 輸出　（FOB） | | | | | | |
| 　総額　　　　（A） | 78,286,457 | 81,478,753 | 76,931,665 | 68,399,121 | 83,091,372 | 21.5 |
| 　農林水産物計（B） | 807,060 | 906,757 | 912,095 | 925,649 | 1,162,597 | 25.6 |
| 　　農産物 | 496,645 | 566,061 | 587,753 | 655,185 | 804,093 | 22.7 |
| 　　林産物 | 35,489 | 37,602 | 37,038 | 42,910 | 56,975 | 32.8 |
| 　　水産物 | 274,925 | 303,095 | 287,305 | 227,553 | 301,529 | 32.5 |
| 　総額に対する割合<br>　（B）／（A）（％） | 1.0 | 1.1 | 1.2 | 1.4 | 1.4 | — |
| 2) 輸入　（CIF） | | | | | | |
| 　総額　　　　（C） | 75,379,231 | 82,703,304 | 78,599,510 | 68,010,832 | 84,760,730 | 24.6 |
| 　農林水産物計（D） | 9,373,216 | 9,668,791 | 9,519,761 | 8,896,539 | 10,175,454 | 14.4 |
| 　　農産物 | 6,425,870 | 6,621,999 | 6,594,559 | 6,212,921 | 7,038,843 | 13.3 |
| 　　林産物 | 1,172,217 | 1,255,818 | 1,184,811 | 1,218,764 | 1,526,689 | 25.3 |
| 　　水産物 | 1,775,129 | 1,790,974 | 1,740,391 | 1,464,855 | 1,609,922 | 9.9 |
| 　総額に対する割合<br>　（D）／（C）（％） | 12.4 | 11.7 | 12.1 | 13.1 | 12.0 | — |
| 貿易収支（A－C） | 2,907,226 | △ 1,224,552 | △1,667,845 | 388,289 | △ 1,669,358 | — |
| うち農林水産物<br>　　　　　（B－D） | △ 8,566,156 | △ 8,762,033 | △8,607,665 | △ 7,970,891 | △ 9,012,857 | 13.1 |

資料：農林水産省輸出・国際局「農林水産物輸出入概況」（以下(6)まで同じ。）
注：財務省が発表している「貿易統計」を基に、我が国の農林水産物輸出入概況を取りまとめたものである。
　　1)は、FOB価格（free on board、運賃・保険料を含まない価格）である。
　　2)は、CIF価格（cost, insurance and freight、運賃・保険料込みの価格）である。
　　2017年〜2020年は確定、2021年は確々報の数値である。

8 日本の貿易（続き）
(5) 農林水産物の主要国・地域別輸出入実績
　ア 輸出額

| 順位 | | 国・地域名 | | 平成29年 (2017年) | | 30 (2018) | |
|---|---|---|---|---|---|---|---|
| 令和2 | 3 | | | 輸出額 | 構成比 | 輸出額 | 構成比 |
| | | | | 100万円 | % | 100万円 | % |
| 2 | 1 | 中華人民共和国 | (1) | 100,715 | 12.5 | 133,756 | 14.8 |
| 1 | 2 | 香港 | (2) | 187,690 | 23.3 | 211,501 | 23.3 |
| 3 | 3 | アメリカ合衆国 | (3) | 111,547 | 13.8 | 117,644 | 13.0 |
| 4 | 4 | 台湾 | (4) | 83,784 | 10.4 | 90,342 | 10.0 |
| 5 | 5 | ベトナム | (5) | 39,516 | 4.9 | 45,790 | 5.0 |
| 6 | 6 | 大韓民国 | (6) | 59,669 | 7.4 | 63,479 | 7.0 |
| 7 | 7 | タイ | (7) | 39,057 | 4.8 | 43,518 | 4.8 |
| 8 | 8 | シンガポール | (8) | 26,131 | 3.2 | 28,370 | 3.1 |
| 9 | 9 | オーストラリア | (9) | 14,805 | 1.8 | 16,129 | 1.8 |
| 10 | 10 | フィリピン | (10) | 14,375 | 1.8 | 16,546 | 1.8 |
| 11 | 11 | オランダ | (11) | 13,425 | 1.7 | 13,777 | 1.5 |
| 14 | 12 | カンボジア | (12) | 5,789 | 0.7 | 7,469 | 0.8 |
| 12 | 13 | マレーシア | (13) | 7,669 | 1.0 | 8,648 | 1.0 |
| 13 | 14 | カナダ | (14) | 9,764 | 1.2 | 10,009 | 1.1 |
| 16 | 15 | フランス | (15) | 7,212 | 0.9 | 7,452 | 0.8 |
| 17 | 16 | ドイツ | (16) | 6,710 | 0.8 | 7,220 | 0.8 |
| 15 | 17 | インドネシア | (17) | 6,485 | 0.8 | 6,716 | 0.7 |
| 19 | 18 | 英国 | (18) | 7,156 | 0.9 | 7,202 | 0.8 |
| 18 | 19 | ロシア | (19) | 3,873 | 0.5 | 5,011 | 0.6 |
| 20 | 20 | アラブ首長国連邦 | (20) | 6,533 | 0.8 | 3,370 | 0.4 |
| 参考 | | EU | (21) | 45,249 | 5.6 | 47,918 | 5.3 |
| 金額上位20か国計 | | | (22) | 751,906 | 93.2 | 843,950 | 93.1 |
| 農林水産物計 | | | (23) | 807,060 | 100.0 | 906,757 | 100.0 |

注：EUの数値について、2017年〜2020年は28か国、2021年は英国を除いた27か国を合計したものである。
　2017年〜2020年は確定、2021年は確々報の数値である。（以下イまで同じ。）

　イ 輸入額

| 順位 | | 国・地域名 | | 平成29年 (2017年) | | 30 (2018) | |
|---|---|---|---|---|---|---|---|
| 令和2 | 3 | | | 輸入額 | 構成比 | 輸入額 | 構成比 |
| | | | | 100万円 | % | 100万円 | % |
| 1 | 1 | アメリカ合衆国 | (1) | 1,711,605 | 18.3 | 1,807,695 | 18.7 |
| 2 | 2 | 中華人民共和国 | (2) | 1,210,978 | 12.9 | 1,247,749 | 12.9 |
| 3 | 3 | カナダ | (3) | 562,739 | 6.0 | 587,478 | 6.1 |
| 4 | 4 | タイ | (4) | 569,389 | 6.1 | 571,550 | 5.9 |
| 5 | 5 | オーストラリア | (5) | 538,619 | 5.7 | 570,337 | 5.9 |
| 8 | 6 | インドネシア | (6) | 363,181 | 3.9 | 371,431 | 3.8 |
| 6 | 7 | ベトナム | (7) | 262,757 | 2.8 | 276,353 | 2.9 |
| 9 | 8 | イタリア | (8) | 288,511 | 3.1 | 328,141 | 3.4 |
| 7 | 9 | ブラジル | (9) | 298,394 | 3.2 | 262,507 | 2.7 |
| 10 | 10 | 大韓民国 | (10) | 273,499 | 2.9 | 277,858 | 2.9 |
| 12 | 11 | フィリピン | (11) | 227,475 | 2.4 | 240,013 | 2.5 |
| 11 | 12 | チリ | (12) | 270,929 | 2.9 | 269,868 | 2.8 |
| 13 | 13 | ニュージーランド | (13) | 209,019 | 2.2 | 213,082 | 2.2 |
| 14 | 14 | フランス | (14) | 209,212 | 2.2 | 217,434 | 2.2 |
| 16 | 15 | ロシア | (15) | 187,114 | 2.0 | 201,263 | 2.1 |
| 15 | 16 | マレーシア | (16) | 205,569 | 2.2 | 198,398 | 2.1 |
| 17 | 17 | メキシコ | (17) | 123,447 | 1.3 | 132,795 | 1.4 |
| 18 | 18 | スペイン | (18) | 123,618 | 1.3 | 127,598 | 1.3 |
| 19 | 19 | ノルウェー | (19) | 105,982 | 1.1 | 106,768 | 1.1 |
| 20 | 20 | 台湾 | (20) | 103,580 | 1.1 | 103,896 | 1.1 |
| 参考 | | EU | (21) | 1,317,083 | 14.1 | 1,376,317 | 14.2 |
| 金額上位20か国計 | | | (22) | 7,845,615 | 83.7 | 8,112,217 | 83.9 |
| 農林水産物計 | | | (23) | 9,373,216 | 100.0 | 9,668,791 | 100.0 |

| 令和元（2019） | | 2（2020） | | 3（2021） | | | |
|---|---|---|---|---|---|---|---|
| 輸出額 | 構成比 | 輸出額 | 構成比 | 輸出額 | 構成比 | 対前年増減率 | |
| 100万円 | ％ | 100万円 | ％ | 100万円 | ％ | ％ | |
| 153,679 | 16.8 | 164,476 | 17.8 | 222,346 | 19.1 | 35.2 | (1) |
| 203,684 | 22.3 | 206,625 | 22.3 | 219,026 | 18.8 | 6.0 | (2) |
| 123,785 | 13.6 | 119,173 | 12.9 | 168,269 | 14.5 | 41.2 | (3) |
| 90,384 | 9.9 | 98,053 | 10.6 | 124,465 | 10.7 | 26.9 | (4) |
| 45,385 | 5.0 | 53,482 | 5.8 | 58,491 | 5.0 | 9.4 | (5) |
| 50,144 | 5.5 | 41,512 | 4.5 | 52,663 | 4.5 | 26.9 | (6) |
| 39,504 | 4.3 | 40,257 | 4.3 | 44,066 | 3.8 | 9.5 | (7) |
| 30,566 | 3.4 | 29,643 | 3.2 | 40,918 | 3.5 | 38.0 | (8) |
| 17,383 | 1.9 | 16,526 | 1.8 | 22,992 | 2.0 | 39.1 | (9) |
| 15,384 | 1.7 | 15,401 | 1.7 | 20,720 | 1.8 | 34.5 | (10) |
| 14,352 | 1.6 | 14,231 | 1.5 | 19,503 | 1.7 | 37.0 | (11) |
| 10,873 | 1.2 | 10,599 | 1.1 | 19,464 | 1.7 | 83.6 | (12) |
| 10,600 | 1.2 | 12,197 | 1.3 | 17,500 | 1.5 | 43.5 | (13) |
| 10,988 | 1.2 | 10,913 | 1.2 | 14,165 | 1.2 | 29.8 | (14) |
| 7,880 | 0.9 | 7,703 | 0.8 | 12,695 | 1.1 | 64.8 | (15) |
| 7,219 | 0.8 | 7,451 | 0.8 | 11,486 | 1.0 | 54.2 | (16) |
| 6,914 | 0.8 | 7,844 | 0.8 | 10,880 | 0.9 | 38.7 | (17) |
| 6,787 | 0.7 | 5,589 | 0.6 | 7,242 | 0.6 | 29.6 | (18) |
| 3,612 | 0.4 | 6,793 | 0.7 | 6,137 | 0.5 | △9.7 | (19) |
| 3,460 | 0.4 | 3,584 | 0.4 | 5,748 | 0.5 | 60.4 | (20) |
| 49,438 | 5.4 | 49,296 | 5.3 | 62,857 | 5.4 | 27.5 | (21) |
| 852,582 | 93.5 | 872,051 | 94.2 | 1,098,775 | 94.5 | 26.0 | (22) |
| 912,095 | 100.0 | 925,649 | 100.0 | 1,162,597 | 100.0 | 25.6 | (23) |

| 令和元（2019） | | 2（2020） | | 3（2021） | | | |
|---|---|---|---|---|---|---|---|
| 輸入額 | 構成比 | 輸入額 | 構成比 | 輸入額 | 構成比 | 対前年増減率 | |
| 100万円 | ％ | 100万円 | ％ | 100万円 | ％ | ％ | |
| 1,647,011 | 17.3 | 1,557,937 | 17.5 | 1,868,062 | 18.4 | 19.9 | (1) |
| 1,190,996 | 12.5 | 1,190,688 | 13.4 | 1,321,439 | 13.0 | 11.0 | (2) |
| 569,486 | 6.0 | 519,499 | 5.8 | 679,161 | 6.7 | 30.7 | (3) |
| 566,117 | 5.9 | 519,335 | 5.8 | 559,083 | 5.5 | 7.7 | (4) |
| 546,299 | 5.7 | 454,575 | 5.1 | 545,043 | 5.4 | 19.9 | (5) |
| 357,090 | 3.8 | 333,249 | 3.7 | 419,986 | 4.1 | 26.0 | (6) |
| 296,534 | 3.1 | 342,937 | 3.9 | 380,307 | 3.7 | 10.9 | (7) |
| 303,270 | 3.2 | 311,631 | 3.5 | 372,730 | 3.7 | 19.6 | (8) |
| 362,068 | 3.8 | 339,873 | 3.8 | 309,900 | 3.0 | △8.8 | (9) |
| 289,127 | 3.0 | 278,046 | 3.1 | 276,592 | 2.7 | △0.5 | (10) |
| 241,038 | 2.5 | 219,498 | 2.5 | 262,118 | 2.6 | 19.4 | (11) |
| 276,679 | 2.9 | 251,193 | 2.8 | 241,107 | 2.4 | △4.0 | (12) |
| 224,534 | 2.4 | 209,373 | 2.4 | 231,172 | 2.3 | 10.4 | (13) |
| 226,414 | 2.4 | 198,750 | 2.2 | 224,025 | 2.2 | 12.7 | (14) |
| 184,216 | 1.9 | 152,971 | 1.7 | 208,369 | 2.0 | 36.2 | (15) |
| 191,552 | 2.0 | 178,459 | 2.0 | 207,002 | 2.0 | 16.0 | (16) |
| 143,615 | 1.5 | 137,560 | 1.5 | 150,333 | 1.5 | 9.3 | (17) |
| 135,872 | 1.4 | 120,157 | 1.4 | 139,907 | 1.4 | 16.4 | (18) |
| 110,448 | 1.2 | 96,993 | 1.1 | 114,690 | 1.1 | 18.2 | (19) |
| 101,974 | 1.1 | 90,502 | 1.0 | 100,983 | 1.0 | 11.6 | (20) |
| 1,393,506 | 14.6 | 1,280,023 | 14.4 | 1,378,945 | 13.6 | 7.7 | (21) |
| 7,964,338 | 83.7 | 7,503,224 | 84.3 | 8,612,010 | 84.6 | 14.8 | (22) |
| 9,519,761 | 100.0 | 8,896,539 | 100.0 | 10,175,454 | 100.0 | 14.4 | (23) |

8 日本の貿易（続き）
(6) 主要農林水産物の輸出入実績（令和3年金額上位20品目）
　　ア 輸出数量・金額

| 農林水産物順位 | 区分 | 単位 | 数量 | 金額 | 農林水産物順位 | 区分 | 単位 | 数量 | 金額 |
|---|---|---|---|---|---|---|---|---|---|
| | | | | 100万円 | | | | | 100万円 |
| 1 | アルコール飲料 | | | | 6 | ぶり（生鮮・冷蔵・冷凍） | | | |
| | 平成29年(2017) | kl | 168,938 | 54,503 | | 平成29年(2017) | t | 9,047 | 15,380 |
| | 30 (2018) | 〃 | 175,495 | 61,827 | | 30 (2018) | 〃 | 9,000 | 15,765 |
| | 令和元 (2019) | 〃 | 152,983 | 66,083 | | 令和元 (2019) | 〃 | 29,509 | 22,920 |
| | 2 (2020) | 〃 | 113,945 | 71,030 | | 2 (2020) | 〃 | 37,673 | 17,262 |
| | 3 (2021) | 〃 | 152,717 | 114,658 | | 3 (2021) | 〃 | 44,875 | 24,620 |
| | 中華人民共和国 | 〃 | 24,876 | 32,025 | | アメリカ合衆国 | 〃 | 9,444 | 15,802 |
| | アメリカ合衆国 | 〃 | 19,056 | 23,811 | | ベトナム | 〃 | 20,290 | 2,962 |
| | 香港 | 〃 | 11,372 | 14,758 | | 香港 | 〃 | 955 | 1,537 |
| 2 | ホタテ貝（生鮮・冷蔵・冷凍・塩蔵・乾燥） | | | | 7 | 菓子（米菓を除く） | | | |
| | 平成29年(2017) | t | 47,817 | 46,254 | | 平成29年(2017) | t | 13,694 | 18,222 |
| | 30 (2018) | 〃 | 84,443 | 47,675 | | 30 (2018) | 〃 | 14,998 | 20,364 |
| | 令和元 (2019) | 〃 | 84,004 | 44,672 | | 令和元 (2019) | 〃 | 14,423 | 20,156 |
| | 2 (2020) | 〃 | 77,558 | 31,397 | | 2 (2020) | 〃 | 13,503 | 18,809 |
| | 3 (2021) | 〃 | 115,701 | 63,943 | | 3 (2021) | 〃 | 16,537 | 24,422 |
| | 中華人民共和国 | 〃 | 94,188 | 33,665 | | 中華人民共和国 | 〃 | 4,287 | 6,722 |
| | 台湾 | 〃 | 3,015 | 8,686 | | 香港 | 〃 | 3,275 | 4,809 |
| | アメリカ合衆国 | 〃 | 1,872 | 6,010 | | アメリカ合衆国 | 〃 | 2,301 | 3,703 |
| 3 | 牛肉 | | | | 8 | さば（生鮮・冷蔵・冷凍） | | | |
| | 平成29年(2017) | t | 2,707 | 19,156 | | 平成29年(2017) | t | 232,084 | 21,885 |
| | 30 (2018) | 〃 | 3,560 | 24,731 | | 30 (2018) | 〃 | 249,517 | 26,690 |
| | 令和元 (2019) | 〃 | 4,340 | 29,675 | | 令和元 (2019) | 〃 | 169,458 | 20,612 |
| | 2 (2020) | 〃 | 4,845 | 28,874 | | 2 (2020) | 〃 | 171,739 | 20,444 |
| | 3 (2021) | 〃 | 7,879 | 53,678 | | 3 (2021) | 〃 | 176,729 | 22,025 |
| | カンボジア | 〃 | 2,218 | 15,748 | | ベトナム | 〃 | 46,684 | 6,140 |
| | アメリカ合衆国 | 〃 | 1,178 | 10,252 | | ナイジェリア | 〃 | 25,117 | 3,254 |
| | 香港 | 〃 | 1,383 | 7,564 | | タイ | 〃 | 25,647 | 2,714 |
| 4 | ソース混合調味料 | | | | 9 | 丸太 | | | |
| | 平成29年(2017) | t | 55,156 | 29,590 | | 平成29年(2017) | 千㎥ | 971 | 13,683 |
| | 30 (2018) | 〃 | 60,097 | 32,539 | | 30 (2018) | 〃 | 1,137 | 14,800 |
| | 令和元 (2019) | 〃 | 63,191 | 33,657 | | 令和元 (2019) | 〃 | 1,130 | 14,714 |
| | 2 (2020) | 〃 | 66,350 | 36,542 | | 2 (2020) | 〃 | 1,384 | 16,339 |
| | 3 (2021) | 〃 | 78,831 | 43,519 | | 3 (2021) | 〃 | 1,459 | 21,059 |
| | アメリカ合衆国 | 〃 | 14,893 | 9,462 | | 中華人民共和国 | 〃 | 1,219 | 17,095 |
| | 台湾 | 〃 | 14,681 | 7,724 | | 大韓民国 | 〃 | 123 | 2,068 |
| | 大韓民国 | 〃 | 7,313 | 3,878 | | 台湾 | 〃 | 94 | 1,504 |
| 5 | 清涼飲料水 | | | | 10 | 緑茶 | | | |
| | 平成29年(2017) | kl | 104,979 | 24,505 | | 平成29年(2017) | t | 4,642 | 14,357 |
| | 30 (2018) | 〃 | 109,560 | 28,167 | | 30 (2018) | 〃 | 5,102 | 15,333 |
| | 令和元 (2019) | 〃 | 126,747 | 30,391 | | 令和元 (2019) | 〃 | 5,108 | 14,642 |
| | 2 (2020) | 〃 | 145,238 | 34,164 | | 2 (2020) | 〃 | 5,274 | 16,188 |
| | 3 (2021) | 〃 | 168,997 | 40,576 | | 3 (2021) | 〃 | 6,179 | 20,418 |
| | 中華人民共和国 | 〃 | 33,055 | 10,375 | | アメリカ合衆国 | 〃 | 2,254 | 10,301 |
| | アメリカ合衆国 | 〃 | 28,607 | 6,069 | | ドイツ | 〃 | 506 | 2,021 |
| | 香港 | 〃 | 27,042 | 5,611 | | 台湾 | 〃 | 1,497 | 1,703 |

注：品目ごとの国（地域）は、令和3年の品目ごとの輸出金額の上位3位までを掲載した。
　　2017年～2020年は確定、2021年は確々報の数値である。（以下iまで同じ。）

| 農林水産物順位 | 区分 | 単位 | 数量 | 金額 | 農林水産物順位 | 区分 | 単位 | 数量 | 金額 |
|---|---|---|---|---|---|---|---|---|---|
| | | | | 100万円 | | | | | 100万円 |
| 11 | かつお・まぐろ類(生鮮・冷蔵・冷凍) | | | | 16 | 粉乳 | | | |
| | 平成29年(2017) | t | 37,434 | 14,262 | | 平成29年(2017) | t | 5,357 | 8,398 |
| | 30 (2018) | 〃 | 56,076 | 17,943 | | 30 (2018) | 〃 | 5,953 | 8,827 |
| | 令和元 (2019) | 〃 | 41,654 | 15,261 | | 令和元 (2019) | 〃 | 7,449 | 11,263 |
| | 2 (2020) | 〃 | 63,910 | 20,388 | | 2 (2020) | 〃 | 9,524 | 13,714 |
| | 3 (2021) | 〃 | 58,380 | 20,413 | | 3 (2021) | 〃 | 10,731 | 13,918 |
| | タイ | 〃 | 41,313 | 7,726 | | ベトナム | 〃 | 5,748 | 9,293 |
| | 中華人民共和国 | 〃 | 835 | 2,548 | | 香港 | 〃 | 699 | 1,262 |
| | 香港 | 〃 | 452 | 2,328 | | 台湾 | 〃 | 1,381 | 1,256 |
| 12 | 真珠 | | | | 17 | 播種用の種等 | | | |
| | 平成29年(2017) | kg | 32,386 | 32,331 | | 平成29年(2017) | t | 1,222 | 15,166 |
| | 30 (2018) | 〃 | 31,030 | 34,601 | | 30 (2018) | 〃 | 1,002 | 12,751 |
| | 令和元 (2019) | 〃 | 34,321 | 32,897 | | 令和元 (2019) | 〃 | 990 | 13,108 |
| | 2 (2020) | 〃 | 11,620 | 7,604 | | 2 (2020) | 〃 | 898 | 12,516 |
| | 3 (2021) | 〃 | 17,397 | 17,078 | | 3 (2021) | 〃 | 613 | 12,422 |
| | 香港 | 〃 | 12,750 | 12,510 | | 中華人民共和国 | 〃 | 185 | 3,778 |
| | アメリカ合衆国 | 〃 | 1,473 | 1,952 | | デンマーク | 〃 | 1 | 1,424 |
| | タイ | 〃 | 548 | 702 | | アメリカ合衆国 | 〃 | 48 | 1,340 |
| 13 | りんご | | | | 18 | スープ ブロス | | | |
| | 平成29年(2017) | t | 28,724 | 10,948 | | 平成29年(2017) | t | 15,580 | 9,498 |
| | 30 (2018) | 〃 | 34,236 | 13,970 | | 30 (2018) | 〃 | 18,667 | 11,510 |
| | 令和元 (2019) | 〃 | 35,888 | 14,492 | | 令和元 (2019) | 〃 | 17,624 | 10,982 |
| | 2 (2020) | 〃 | 26,927 | 10,702 | | 2 (2020) | 〃 | 16,610 | 10,673 |
| | 3 (2021) | 〃 | 37,729 | 16,212 | | 3 (2021) | 〃 | 18,409 | 11,827 |
| | 台湾 | 〃 | 27,194 | 11,825 | | アメリカ合衆国 | 〃 | 2,469 | 2,045 |
| | 香港 | 〃 | 8,706 | 3,503 | | 台湾 | 〃 | 3,300 | 1,977 |
| | タイ | 〃 | 920 | 404 | | 香港 | 〃 | 2,735 | 1,463 |
| 14 | なまこ(調製) | | | | 19 | 練り製品 | | | |
| | 平成29年(2017) | t | 749 | 20,740 | | 平成29年(2017) | t | 11,451 | 9,520 |
| | 30 (2018) | 〃 | 627 | 21,070 | | 30 (2018) | 〃 | 12,957 | 10,667 |
| | 令和元 (2019) | 〃 | 613 | 20,775 | | 令和元 (2019) | 〃 | 12,776 | 11,168 |
| | 2 (2020) | 〃 | 671 | 18,117 | | 2 (2020) | 〃 | 11,639 | 10,382 |
| | 3 (2021) | 〃 | 400 | 15,515 | | 3 (2021) | 〃 | 12,981 | 11,258 |
| | 香港 | 〃 | 259 | 12,033 | | アメリカ合衆国 | 〃 | 4,331 | 4,035 |
| | 台湾 | 〃 | 52 | 1,755 | | 香港 | 〃 | 3,372 | 2,671 |
| | 中華人民共和国 | 〃 | 81 | 1,524 | | 中華人民共和国 | 〃 | 1,994 | 1,704 |
| 15 | たばこ | | | | 20 | 小麦粉 | | | |
| | 平成29年(2017) | t | 8,491 | 13,820 | | 平成29年(2017) | 千t | 168 | 7,233 |
| | 30 (2018) | 〃 | 7,170 | 18,513 | | 30 (2018) | 〃 | 164 | 7,428 |
| | 令和元 (2019) | 〃 | 5,574 | 16,375 | | 令和元 (2019) | 〃 | 168 | 8,266 |
| | 2 (2020) | 〃 | 6,565 | 14,203 | | 2 (2020) | 〃 | 167 | 8,338 |
| | 3 (2021) | 〃 | 3,954 | 14,553 | | 3 (2021) | 〃 | 175 | 10,033 |
| | 香港 | 〃 | 1,569 | 7,486 | | 香港 | 〃 | 37 | 2,576 |
| | 台湾 | 〃 | 398 | 3,836 | | 中華人民共和国 | 〃 | 24 | 2,253 |
| | 中華人民共和国 | 〃 | 46 | 973 | | シンガポール | 〃 | 47 | 1,506 |

8 日本の貿易（続き）
(6) 主要農林水産物の輸出入実績（令和3年金額上位20品目）（続き）
　　イ 輸入数量・金額

| 農林水産物順位 | 区分 | 単位 | 数量 | 金額 | 農林水産物順位 | 区分 | 単位 | 数量 | 金額 |
|---|---|---|---|---|---|---|---|---|---|
| | | | | 100万円 | | | | | 100万円 |
| 1 | たばこ | | | | 6 | 製材 | | | |
| | 平成29年(2017) | t | 125,888 | 529,660 | | 平成29年(2017) | 千㎥ | 6,323 | 250,953 |
| | 30　(2018) | 〃 | 119,339 | 589,391 | | 30　(2018) | 〃 | 5,968 | 258,419 |
| | 令和元　(2019) | 〃 | 117,652 | 598,699 | | 令和元　(2019) | 〃 | 5,700 | 229,387 |
| | 2　(2020) | 〃 | 108,990 | 580,975 | | 2　(2020) | 〃 | 4,933 | 184,475 |
| | 3　(2021) | 〃 | 105,606 | 596,703 | | 3　(2021) | 〃 | 4,830 | 283,080 |
| | イタリア | 〃 | 20,899 | 239,564 | | カナダ | 〃 | 1,226 | 97,294 |
| | 大韓民国 | 〃 | 21,362 | 92,792 | | ロシア | 〃 | 846 | 43,545 |
| | セルビア | 〃 | 11,557 | 78,023 | | スウェーデン | 〃 | 756 | 36,692 |
| 2 | とうもろこし | | | | 7 | アルコール飲料 | | | |
| | 平成29年(2017) | 千t | 15,306 | 345,799 | | 平成29年(2017) | kl | 674,899 | 286,763 |
| | 30　(2018) | 〃 | 15,802 | 372,183 | | 30　(2018) | 〃 | 596,358 | 292,552 |
| | 令和元　(2019) | 〃 | 15,983 | 384,109 | | 令和元　(2019) | 〃 | 582,447 | 305,597 |
| | 2　(2020) | 〃 | 15,772 | 351,652 | | 2　(2020) | 〃 | 522,563 | 256,223 |
| | 3　(2021) | 〃 | 15,240 | 520,078 | | 3　(2021) | 〃 | 500,522 | 278,200 |
| | アメリカ合衆国 | 〃 | 11,098 | 378,018 | | フランス | 〃 | 66,660 | 117,552 |
| | ブラジル | 〃 | 2,347 | 73,926 | | 英国 | 〃 | 38,110 | 35,355 |
| | アルゼンチン | 〃 | 1,114 | 41,647 | | アメリカ合衆国 | 〃 | 36,332 | 26,659 |
| 3 | 豚肉 | | | | 8 | 鶏肉調製品 | | | |
| | 平成29年(2017) | t | 932,069 | 491,047 | | 平成29年(2017) | t | 486,935 | 252,135 |
| | 30　(2018) | 〃 | 924,993 | 486,795 | | 30　(2018) | 〃 | 513,789 | 267,049 |
| | 令和元　(2019) | 〃 | 958,997 | 505,078 | | 令和元　(2019) | 〃 | 512,642 | 263,773 |
| | 2　(2020) | 〃 | 891,848 | 475,106 | | 2　(2020) | 〃 | 469,734 | 237,907 |
| | 3　(2021) | 〃 | 903,468 | 488,191 | | 3　(2021) | 〃 | 481,335 | 246,991 |
| | アメリカ合衆国 | 〃 | 245,888 | 132,427 | | タイ | 〃 | 298,880 | 159,503 |
| | カナダ | 〃 | 228,627 | 125,302 | | 中華人民共和国 | 〃 | 176,267 | 84,576 |
| | スペイン | 〃 | 121,058 | 65,457 | | ベトナム | 〃 | 2,619 | 1,517 |
| 4 | 牛肉 | | | | 9 | 大豆 | | | |
| | 平成29年(2017) | t | 573,978 | 350,476 | | 平成29年(2017) | 千t | 3,218 | 173,527 |
| | 30　(2018) | 〃 | 608,551 | 384,716 | | 30　(2018) | 〃 | 3,236 | 170,090 |
| | 令和元　(2019) | 〃 | 616,435 | 385,119 | | 令和元　(2019) | 〃 | 3,392 | 167,316 |
| | 2　(2020) | 〃 | 601,132 | 357,372 | | 2　(2020) | 〃 | 3,163 | 159,160 |
| | 3　(2021) | 〃 | 585,276 | 407,857 | | 3　(2021) | 〃 | 3,271 | 227,701 |
| | アメリカ合衆国 | 〃 | 232,852 | 171,993 | | アメリカ合衆国 | 〃 | 2,482 | 170,296 |
| | オーストラリア | 〃 | 238,626 | 165,381 | | ブラジル | 〃 | 495 | 32,022 |
| | カナダ | 〃 | 49,722 | 28,103 | | カナダ | 〃 | 272 | 22,600 |
| 5 | 生鮮・乾燥果実 | | | | 10 | さけ・ます（生鮮・冷蔵・冷凍） | | | |
| | 平成29年(2017) | t | 1,749,744 | 324,809 | | 平成29年(2017) | t | 226,593 | 223,529 |
| | 30　(2018) | 〃 | 1,790,047 | 347,827 | | 30　(2018) | 〃 | 235,131 | 225,671 |
| | 令和元　(2019) | 〃 | 1,830,003 | 347,049 | | 令和元　(2019) | 〃 | 240,941 | 221,816 |
| | 2　(2020) | 〃 | 1,864,790 | 346,894 | | 2　(2020) | 〃 | 250,762 | 200,760 |
| | 3　(2021) | 〃 | 1,915,112 | 357,915 | | 3　(2021) | 〃 | 245,257 | 220,002 |
| | フィリピン | 〃 | 1,010,113 | 98,111 | | チリ | 〃 | 160,569 | 124,921 |
| | アメリカ合衆国 | 〃 | 215,536 | 89,561 | | ノルウェー | 〃 | 43,156 | 55,095 |
| | ニュージーランド | 〃 | 123,509 | 51,387 | | ロシア | 〃 | 22,151 | 19,967 |

| 農林水産物順位 | 区分 | 単位 | 数量 | 金額 | 農林水産物順位 | 区分 | 単位 | 数量 | 金額 |
|---|---|---|---|---|---|---|---|---|---|
| | | | | 100万円 | | | | | 100万円 |
| 11 | 木材チップ | | | | 16 | 菜種 | | | |
| | 平成29年(2017) | 千t | 12,170 | 236,339 | | 平成29年(2017) | 千t | 2,441 | 129,334 |
| | 30 (2018) | 〃 | 12,449 | 251,996 | | 30 (2018) | 〃 | 2,337 | 124,270 |
| | 令和元 (2019) | 〃 | 12,171 | 260,013 | | 令和元 (2019) | 〃 | 2,359 | 112,531 |
| | 2 (2020) | 〃 | 9,491 | 188,669 | | 2 (2020) | 〃 | 2,252 | 103,038 |
| | 3 (2021) | 〃 | 10,996 | 216,087 | | 3 (2021) | 〃 | 2,342 | 175,889 |
| | ベトナム | 〃 | 4,132 | 69,601 | | カナダ | 〃 | 2,124 | 156,440 |
| | オーストラリア | 〃 | 1,947 | 44,353 | | オーストラリア | 〃 | 218 | 19,371 |
| | チリ | 〃 | 1,060 | 24,246 | | アメリカ合衆国 | 〃 | 0 | 49 |
| 12 | 冷凍野菜 | | | | 17 | 天然ゴム | | | |
| | 平成29年(2017) | t | 1,010,554 | 187,689 | | 平成29年(2017) | 千t | 703 | 150,139 |
| | 30 (2018) | 〃 | 1,053,718 | 195,680 | | 30 (2018) | 〃 | 714 | 122,524 |
| | 令和元 (2019) | 〃 | 1,091,248 | 201,473 | | 令和元 (2019) | 〃 | 734 | 122,641 |
| | 2 (2020) | 〃 | 1,033,989 | 187,074 | | 2 (2020) | 〃 | 560 | 89,728 |
| | 3 (2021) | 〃 | 1,073,908 | 203,846 | | 3 (2021) | 〃 | 698 | 144,982 |
| | 中華人民共和国 | 〃 | 503,489 | 99,066 | | インドネシア | 〃 | 476 | 92,691 |
| | アメリカ合衆国 | 〃 | 296,762 | 47,251 | | タイ | 〃 | 197 | 46,849 |
| | タイ | 〃 | 42,830 | 10,904 | | ベトナム | 〃 | 11 | 2,456 |
| 13 | 小麦 | | | | 18 | ナチュラルチーズ | | | |
| | 平成29年(2017) | 千t | 5,706 | 171,467 | | 平成29年(2017) | t | 263,437 | 124,770 |
| | 30 (2018) | 〃 | 5,652 | 181,103 | | 30 (2018) | 〃 | 276,177 | 136,179 |
| | 令和元 (2019) | 〃 | 5,331 | 160,592 | | 令和元 (2019) | 〃 | 293,570 | 138,536 |
| | 2 (2020) | 〃 | 5,374 | 162,764 | | 2 (2020) | 〃 | 282,507 | 130,725 |
| | 3 (2021) | 〃 | 5,126 | 195,832 | | 3 (2021) | 〃 | 278,249 | 134,789 |
| | アメリカ合衆国 | 〃 | 2,267 | 88,320 | | オーストラリア | 〃 | 61,172 | 26,909 |
| | カナダ | 〃 | 1,798 | 69,534 | | ニュージーランド | 〃 | 59,947 | 26,445 |
| | オーストラリア | 〃 | 1,056 | 37,561 | | アメリカ合衆国 | 〃 | 38,472 | 21,155 |
| 14 | かつお・まぐろ類（生鮮・冷蔵・冷凍） | | | | 19 | 鶏肉 | | | |
| | 平成29年(2017) | t | 247,448 | 205,313 | | 平成29年(2017) | t | 569,466 | 150,911 |
| | 30 (2018) | 〃 | 221,216 | 200,102 | | 30 (2018) | 〃 | 560,321 | 131,260 |
| | 令和元 (2019) | 〃 | 219,530 | 190,906 | | 令和元 (2019) | 〃 | 562,888 | 135,675 |
| | 2 (2020) | 〃 | 210,583 | 159,750 | | 2 (2020) | 〃 | 534,995 | 117,267 |
| | 3 (2021) | 〃 | 198,844 | 186,149 | | 3 (2021) | 〃 | 595,803 | 131,706 |
| | 台湾 | 〃 | 51,663 | 36,371 | | ブラジル | 〃 | 433,265 | 88,948 |
| | 中華人民共和国 | 〃 | 26,389 | 24,210 | | タイ | 〃 | 143,576 | 38,995 |
| | 大韓民国 | 〃 | 18,213 | 19,987 | | アメリカ合衆国 | 〃 | 16,040 | 3,060 |
| 15 | えび（活・生鮮・冷蔵・冷凍） | | | | 20 | コーヒー豆（生豆） | | | |
| | 平成29年(2017) | t | 174,939 | 220,481 | | 平成29年(2017) | t | 406,330 | 149,169 |
| | 30 (2018) | 〃 | 158,488 | 194,108 | | 30 (2018) | 〃 | 401,144 | 127,636 |
| | 令和元 (2019) | 〃 | 159,079 | 182,774 | | 令和元 (2019) | 〃 | 436,546 | 125,290 |
| | 2 (2020) | 〃 | 150,406 | 160,034 | | 2 (2020) | 〃 | 391,611 | 113,347 |
| | 3 (2021) | 〃 | 158,714 | 178,382 | | 3 (2021) | 〃 | 402,100 | 131,404 |
| | インド | 〃 | 42,375 | 39,816 | | ブラジル | 〃 | 146,243 | 44,548 |
| | ベトナム | 〃 | 27,543 | 34,565 | | コロンビア | 〃 | 47,670 | 22,680 |
| | インドネシア | 〃 | 24,357 | 29,344 | | ベトナム | 〃 | 100,325 | 19,362 |

## Ⅱ 海外

### 1 農業関係指標の国際比較

| 項目 | 単位 | 米国 | カナダ | EU-27 | フランス | ドイツ | 英国 |
|---|---|---|---|---|---|---|---|
| **基本指標** | | | | | | | |
| 人口 | 万人 | 32,710 | 3,707 | 44,454 | 6,499 | 8,312 | 6,714 |
| 国土面積 | 100万ha | 983 | 988 | 425 | 55 | 36 | 24 |
| 名目GDP（暦年） | 億米ドル | 208,937 | 16,440 | 155,372 | 26,303 | 38,464 | 27,642 |
| 実質GDP成長率（暦年） | ％ | △ 3.4 | △ 5.2 | △ 5.9 | △ 8.0 | △ 4.6 | △ 9.3 |
| 消費者物価上昇率 | 〃 | 1.2 | 0.7 | 0.7 | 0.5 | 0.4 | 0.9 |
| 失業率 | 〃 | 8.1 | 9.6 | 8.0 | 8.0 | 3.8 | 4.5 |
| **農業指標** | | | | | | | |
| 農林水産業総生産 | 億米ドル | 1,745 | 297 | 2,524 | 420 | 283 | 161 |
| 名目GDP対比 | ％ | 0.8 | 1.8 | 1.6 | 1.6 | 0.7 | 0.6 |
| 農林水産業就業者数 | 万人 | 219 | 29 | 883 | 70 | 51 | 35 |
| 全産業就業者数対比 | ％ | 1.4 | 1.5 | 4.4 | 2.5 | 1.2 | 1.0 |
| 農用地面積 | 100万ha | 406 | 58 | 165 | 29 | 17 | 18 |
| 　耕地面積 | 〃 | 160 | 39 | 111 | 19 | 12 | 6 |
| | | (2017年) | (2016年) | (2016年) | (2016年) | (2016年) | (2016年) |
| 農業経営体数 | 万戸 | 204.2 | 19.3 | 1,028.3 | 45.7 | 27.6 | 18.5 |
| 平均経営面積 | ha／戸 | 178.5 | 332.0 | 15.2 | 60.9 | 60.5 | 90.1 |
| 国民一人当たり農用地面積 | ha／人 | 1.24 | 1.56 | 0.37 | 0.45 | 0.20 | 0.27 |
| 農用地の国土面積対比 | ％ | 41.3 | 5.9 | 38.8 | 52.7 | 47.2 | 75.0 |
| **農産物自給率** | | (2018年) | (2018年) | − | (2018年) | (2018年) | (2018年) |
| 穀物 | ％ | 128 | 197 | − | 176 | 101 | 82 |
| 　うち食用 | 〃 | 156 | 379 | − | 169 | 115 | 79 |
| 　　　　小麦 | 〃 | 152 | 406 | − | 183 | 124 | 83 |
| いも類 | 〃 | 101 | 154 | − | 130 | 134 | 87 |
| 豆類 | 〃 | 191 | 337 | − | 77 | 11 | 45 |
| 肉類 | 〃 | 114 | 136 | − | 103 | 122 | 77 |
| 牛乳・乳製品 | 〃 | 102 | 97 | − | 104 | 106 | 88 |
| 砂糖 | 〃 | 78 | 41 | − | 348 | 118 | 57 |
| 野菜 | 〃 | 86 | 59 | − | 72 | 42 | 43 |
| 果実 | 〃 | 67 | 25 | − | 65 | 37 | 13 |
| **貿易** | | | | | | | |
| 総輸出額 | 億米ドル | 14,303 | 3,884 | 51,982 | 4,886 | 13,859 | 3,957 |
| 　農産物輸出額 | 〃 | 1,479 | 508 | 5,567 | 659 | 795 | 267 |
| 　総輸出額対比 | ％ | 10.3 | 13.1 | 10.7 | 13.5 | 5.7 | 6.7 |
| 総輸入額 | 億米ドル | 24,054 | 4,049 | 49,189 | 5,828 | 11,732 | 6,432 |
| 　農産物輸入額 | 〃 | 1,465 | 359 | 4,871 | 562 | 958 | 618 |
| 　総輸入額対比 | ％ | 6.1 | 8.9 | 9.9 | 9.6 | 8.2 | 9.7 |
| 貿易収支 | 億米ドル | △ 9,751 | △ 165 | 2,793 | △ 942 | 2,127 | △ 2,385 |
| 　農産物貿易収支 | 〃 | 14 | 149 | 696 | 97 | △ 162 | △ 351 |
| **農業予算額** | | (2020年) | (2020-21年) | (2020年) | (2020年) | (2020年) | (2020年) |
| | | 億米ドル | 億加ドル | 億ユーロ | 億ユーロ | 億ユーロ | 億ポンド |
| 　各国通貨ベース | − | 596 | 30 | 592 | 143 | 72 | 42 |
| 　円ベース | 億円 | 63,635 | 2,390 | 72,461 | 17,503 | 8,813 | 5,773 |
| 　国家予算対比 | ％ | 0.9 | 0.5 | − | 3.7 | 1.6 | 0.4 |
| 　農業生産額対比 | 〃 | 14.6 | 3.7 | 14.3 | 18.7 | 12.5 | 14.4 |
| **為替レート** | | 米ドル | 加ドル | ユーロ | ユーロ | ユーロ | ポンド |
| 　2021年 | 円 | 109.76 | 87.56 | 129.62 | 129.62 | 129.62 | 150.92 |
| 　2020年 | 〃 | 106.77 | 79.66 | 122.40 | 122.40 | 122.40 | 137.45 |
| 　2019年 | 〃 | 109.01 | 82.16 | 122.04 | 122.04 | 122.04 | 139.42 |

資料：FAO「FAOSTAT」（2022年6月10日現在）、UN「National Accounts Main Aggregates Database」（2022年6月10日現在）、
　　　「Comtrade Database」（2022年6月10日現在）、IMF「World Economic Outlook Database（April 2022）」、
　　　ILO「ILOSTAT」（2022年6月10日現在）、農林水産省「農業構造動態調査」「食料需給表」「輸出・国際局資料」、
　　　内閣府「海外経済データ」、三菱UFJリサーチ＆コンサルティング「外国為替相場」。
　　　中国は、香港、マカオ及び台湾を除く。
注：耕地面積（Cropland area）は、耕作可能地面積（Arable area）と永年作物地面積（Land under permanent crops area）の合計。

| 豪州 | ニュージーランド | 中国 | 韓国 | 日本 | 備考（項目ごとの資料について） |
|---|---|---|---|---|---|
| 2,490 | 474 | 142,765 | 5,117 | 12,720 | FAOSTAT、2018年。 |
| 774 | 27 | 956 | 10 | 38 | FAOSTAT、2019年。内水面を含む。 |
| 14,235 | 2,120 | 147,228 | 16,379 | 50,578 | National Accounts Main Aggregates Database、2020年。 |
| △ 2.2 | △ 2.1 | 2.2 | △ 0.9 | △ 4.5 | World Economic Outlook Database、2020年。各国通貨ベース。 |
| 0.9 | 1.7 | 2.4 | 0.5 | △ 0.03 | World Economic Outlook Database、2020年。 |
| 6.5 | 4.6 | 4.2 | 3.9 | 2.8 | World Economic Outlook Database、2021年。 |
| 323 | 122 | 11,753 | 300 | 540 | National Accounts Main Aggregates Database、2020年。 |
| 2.3 | 5.8 | 8.0 | 1.8 | 1.1 | GDP（名目）における農林水産業部分である。 |
| 33 | 15 | 19,438 | 140 | 228 | ILOSTAT、2019年。 |
| 2.6 | 5.8 | 25.3 | 5.1 | 3.4 | ILOSTAT、2019年。 |
| 362 | 10 | 528 | 2 | 4 | FAOSTAT、2019年。 |
| 31 | 1 | 135 | 2 | 4 | 輸出・国際局資料、日本は農業構造動態調査。 |
| (2019-20年) | (2021年) | (2019年) | (2021年) | (2021年) | |
| 8.8 | 5.0 | 18,757.8 | 103.1 | 103.1 | |
| 4,294.8 | 267.4 | 0.7 | 1.5 | 3.2 | |
| 14.54 | 2.11 | 0.37 | 0.04 | 0.03 | |
| 46.8 | 37.0 | 55.2 | 20.0 | 10.5 | 食料需給表。日本は、2020年度概算値。 |
| (2018年) | – | – | – | -(2020年度) | |
| 239 | – | – | – | 28 | |
| 232 | – | – | – | 63 | |
| 240 | – | – | – | 15 | |
| 91 | – | – | – | 73 | |
| 274 | – | – | – | 8 | |
| 164 | – | – | – | 53 | |
| 109 | – | – | – | 61 | |
| 375 | – | – | – | 36 | |
| 92 | – | – | – | 80 | |
| 102 | – | – | – | 38 | |
| 2,450 | 389 | 25,891 | 5,127 | 6,413 | Comtrade Database、2020年。FAOSTAT、2020年。 |
| 306 | 249 | 557 | 72 | 59 | EUは域内貿易を含む。 |
| 12.5 | 64.0 | 2.2 | 1.4 | 0.9 | |
| 2,120 | 371 | 20,696 | 4,675 | 6,354 | |
| 150 | 48 | 1,577 | 275 | 569 | |
| 7.1 | 13.1 | 7.6 | 5.9 | 9.0 | |
| 331 | 18 | 5,195 | 452 | 59 | |
| 155 | 201 | △ 1,020 | △ 203 | △ 510 | 輸出・国際局資料。EUは27カ国。米国・カナダ・フランス・ド |
| (2020-21年) | (2020-21年) | (2020年) | (2020年) | (2020年) | イツ・英国・豪州・ニュージーランド・中国は実績ベース。 |
| 億豪ドル | 億NZドル | 億人民元 | 兆ウォン | 億円 | EU・韓国は当初予算ベース。日本は当初予算ベース（一般会 |
| 32 | 10 | 23,948 | 215,000 | 17,285 | 計）。米国の農業予算は、栄養支援プログラム（フードスタン |
| 2,639 | 797 | 370,476 | 19,350 | 17,285 | プ）を含まない。フランス、ドイツ、英国の農業予算は共 |
| 0.5 | 0.7 | 9.7 | 4.2 | 1.2 | 通農業政策予算であり、EUからの当該国分予算の |
| 3.7 | 3.2 | 17.4 | 35.3 | 16.0 | 積み上げではない。フランス、ドイツ、英国の農業予算は共通農業政策支出額であり、EUからの当該国分支出額を含む。豪州、ニュージーランド、中国、韓国は、林業・水産業を含む。 |
| 豪ドル | NZドル | 人民元 | ウォン | – | 外国為替相場。 |
| 82.47 | 79.66 | 17.02 | 0.1 | – | |
| 73.67 | 71.40 | 15.47 | 0.09 | – | |
| 75.82 | 73.90 | 15.78 | 0.09 | – | |

2　土地と人口
(1)　農用地面積（2019年）

単位：千ha

| 国名 | 1)陸地面積 | 2)耕地 | 3)永年作物地 |
|---|---|---|---|
| **世界** | 13,030,087 | 1,383,346 | 170,236 |
| インド | 297,319 | 156,067 | 13,250 |
| アメリカ合衆国 | 914,742 | 157,737 | 2,700 |
| 中国 | 938,821 | 118,881 | 16,000 |
| ロシア | 1,637,687 | 121,649 | 1,793 |
| ブラジル | 835,814 | 55,762 | 7,756 |
| インドネシア | 187,752 | 26,300 | 25,000 |
| ナイジェリア | 91,077 | 34,000 | 6,500 |
| カナダ | 896,559 | 38,648 | 167 |
| ウクライナ | 57,940 | 32,924 | 853 |
| アルゼンチン | 273,669 | 32,633 | 1,068 |
| **日本** | 36,450 | 4,124 | 273 |

資料：総務省統計局「世界の統計 2022」（以下（2）まで同じ。）
注：1　土地利用の定義は国によって異なる場合がある。
　　2　日本を除き、耕地と永年作物地の合計が多い10か国を抜粋している。
　　1)は、内水面（主要な河川及び湖沼）及び沿岸水域を除いた総土地面積である。
　　2)は、一時的に作物の収穫が行われている土地、採草地、放牧地及び休閑地の合計。
　　3)は、ココア、コーヒーなどの収穫後の植替えが必要ない永年性作物を長期間にわ
　　たり栽培・収穫している土地である。

(2)　世界人口の推移

単位：100万人

| 年次 | 1)世界 | アジア | 2)日本 | 3)北アメリカ | 南アメリカ | ヨーロッパ | アフリカ | オセアニア |
|---|---|---|---|---|---|---|---|---|
| 1950年 | 2,536 | 1,405 | 84 | 173 | 169 | 549 | 228 | 13 |
| 2000 | 6,143 | 3,741 | 127 | 312 | 522 | 726 | 811 | 31 |
| 2015 | 7,380 | 4,433 | 127 | 357 | 624 | 743 | 1,182 | 40 |
| 2030 | 8,548 | 4,974 | 119 | 391 | 706 | 741 | 1,688 | 48 |
| 2050 | 9,735 | 5,290 | 102 | 425 | 762 | 710 | 2,489 | 57 |

注：　1)は、各年7月1日現在の推計人口及び将来推計人口（中位推計値）である。
　　　2)は、各年10月1日現在の常住人口である。1950～2015年は国勢調査人口であり、2030年及
　　び2050年は国立社会保障・人口問題研究所による将来推計人口（中位推計値）である。
　　　外国の軍人・外交官及びその家族を除く。
　　　3)は、アメリカ合衆国，カナダ，グリーンランド，サンピエール島・ミクロン島及び
　　バミューダ島のみの合計。

3 雇用
　就業者の産業別構成比 (2020年)

単位：%

| 国名 | 農林、漁業 | 鉱業 | 製造業 | 電気、ガス、水道 | 建設 | 4)卸売・小売 | 宿泊、飲食 | 運輸、倉庫、通信 | 金融、保険 | 5)不動産業、事業活動 | 6)その他 |
|---|---|---|---|---|---|---|---|---|---|---|---|
| 1) アメリカ | 1.7 | 0.3 | 10.1 | 1.3 | 7.6 | 12.7 | 5.7 | 10.5 | 5.4 | 12.2 | 32.4 |
| カナダ | 1.9 | 1.3 | 9.3 | 0.8 | 7.5 | 16.4 | 5.2 | 7.0 | 5.0 | 14.3 | 31.2 |
| フランス | 2.3 | 0.1 | 11.5 | 1.5 | 6.7 | 12.6 | 3.7 | 8.6 | 3.6 | 11.2 | 38.4 |
| ドイツ | 1.3 | 0.2 | 19.9 | 1.6 | 5.5 | 12.1 | 3.1 | 8.3 | 3.1 | 10.5 | 34.4 |
| 2) イギリス | 1.0 | − | 8.7 | − | 6.8 | 12.0 | 5.0 | 9.5 | 4.2 | 14.0 | 38.9 |
| 3) オーストラリア | 2.8 | 1.9 | 7.4 | 1.2 | 9.2 | 13.9 | 6.3 | 8.6 | 3.8 | 11.8 | 33.1 |
| ニュージーランド | 6.0 | 0.2 | 9.6 | 1.0 | 9.9 | 14.1 | 5.4 | 7.9 | 3.2 | 12.7 | 29.0 |
| 韓国 | 5.0 | 0.1 | 16.7 | 0.7 | 7.5 | 13.8 | 8.3 | 8.3 | 3.1 | 10.9 | 24.9 |
| 3) 日本 | 3.2 | 0.0 | 16.0 | 1.0 | 7.4 | 16.3 | 5.9 | 9.2 | 2.8 | 10.4 | 27.8 |

資料：労働政策研究・研修機構「データブック国際労働比較2022」
注：1　産業分類は、国際標準産業分類 (ISIC-rev.4) による。
　　2　15歳以上を対象とした。
　　1)は、16歳以上を対象とした。
　　2)は、「その他」に「鉱業」及び「電気、ガス、水道」を含む。
　　3)は、自己使用のための生産労働者を除く。
　　4)は、自動車、オートバイ修理業を含む。
　　5)は、専門、科学及び技術サービス、管理・支援サービス業を含む。
　　6)は、その他のサービス業、雇い主としての世帯活動、並びに世帯による自家利用のための
　　分別不能な財及びサービス生産活動、治外法権機関及び団体の活動が対象。

## 4　食料需給
### (1)　主要国の主要農産物の自給率

単位：%

| 国名 | 年次 | 2)<br>穀類 | いも類 | 豆類 | 野菜類 | 果実類 | 肉類 | 卵類 | 3)<br>牛乳・<br>乳製品 | 4)<br>魚介類 | 砂糖類 | 油脂類 |
|---|---|---|---|---|---|---|---|---|---|---|---|---|
| アメリカ | 2019 | 116 | 102 | 172 | 84 | 61 | 114 | 104 | 101 | 64 | 65 | 89 |
| カナダ | 2019 | 185 | 138 | 314 | 59 | 24 | 139 | 91 | 95 | 93 | 11 | 297 |
| ドイツ | 2019 | 101 | 124 | 13 | 41 | 31 | 120 | 70 | 106 | 27 | 126 | 94 |
| スペイン | 2019 | 57 | 65 | 10 | 216 | 139 | 145 | 117 | 89 | 59 | 31 | 63 |
| フランス | 2019 | 187 | 138 | 79 | 68 | 64 | 102 | 98 | 104 | 29 | 204 | 85 |
| イタリア | 2019 | 61 | 55 | 39 | 151 | 104 | 81 | 99 | 86 | 17 | 15 | 33 |
| オランダ | 2019 | 11 | 181 | 0 | 325 | 39 | 326 | 166 | 162 | 129 | 161 | 48 |
| スウェーデン | 2019 | 137 | 85 | 83 | 34 | 5 | 70 | 102 | 83 | 69 | 95 | 21 |
| イギリス | 2019 | 97 | 89 | 53 | 42 | 12 | 75 | 94 | 89 | 65 | 57 | 54 |
| スイス | 2019 | 45 | 84 | 38 | 48 | 40 | 78 | 63 | 101 | 2 | 66 | 37 |
| オーストラリア | 2019 | 181 | 92 | 198 | 93 | 103 | 166 | 98 | 106 | 33 | 331 | 92 |
| 日本 1) | 2019 | 28 | 73 | 7 | 79 | 38 | 52 | 96 | 59 | 53 | 34 | 13 |
| | 2020 | 28 | 73 | 8 | 80 | 38 | 53 | 97 | 61 | 55 | 36 | 13 |
| | 2021 | 29 | 72 | 8 | 79 | 39 | 53 | 97 | 63 | 57 | 36 | 14 |

資料：農林水産省大臣官房政策課食料安全保障室「食料需給表」（以下（4）まで同じ。）。
注：1　日本以外の各国の自給率は、ＦＡＯ「Food Balance Sheets」等を基に農林水産省大臣官房
　　　　政策課食料安全保障室で試算した。また、試算に必要な飼料のデータがある国に対して試算して
　　　　いる（以下（4）まで同じ。）。
　　2　日本の年次は年度である。（以下（4）まで同じ。）
　　1）日本の2021年度の数値は、概算値である（以下（4）まで同じ。）。
　　2）のうち、米については玄米に換算している。
　　3）は、生乳換算によるものであり、バターを含む。
　　4）は、飼肥料も含む魚介類全体についての自給率である。

### (2)　主要国の一人1年当たり供給食料

単位：kg

| 国名 | 年次 | 1)<br>穀類 | いも類 | 豆類 | 野菜類 | 果実類 | 肉類 | 卵類 | 2)<br>牛乳・<br>乳製品 | 魚介類 | 3)<br>砂糖類 | 油脂類 |
|---|---|---|---|---|---|---|---|---|---|---|---|---|
| アメリカ | 2019 | 112.1 | 53.0 | 7.2 | 107.5 | 111.5 | 128.4 | 16.4 | 261.2 | 22.1 | 33.1 | 21.0 |
| カナダ | 2019 | 118.8 | 83.7 | 14.3 | 101.9 | 100.7 | 93.7 | 15.5 | 246.1 | 21.8 | 34.5 | 26.5 |
| ドイツ | 2019 | 117.8 | 64.6 | 3.1 | 88.5 | 80.2 | 76.4 | 12.0 | 282.4 | 12.6 | 36.7 | 17.2 |
| スペイン | 2019 | 114.2 | 59.5 | 8.1 | 119.2 | 100.5 | 106.0 | 13.3 | 188.5 | 42.4 | 32.6 | 31.3 |
| フランス | 2019 | 145.5 | 50.6 | 3.1 | 96.3 | 96.7 | 80.4 | 11.5 | 296.8 | 34.2 | 35.6 | 18.4 |
| イタリア | 2019 | 162.6 | 36.3 | 5.9 | 99.6 | 135.0 | 75.4 | 11.3 | 239.6 | 29.8 | 31.9 | 27.8 |
| オランダ | 2019 | 96.6 | 76.4 | 9.0 | 71.1 | 105.6 | 52.3 | 19.9 | 397.8 | 21.9 | 35.9 | 18.4 |
| スウェーデン | 2019 | 111.0 | 54.6 | 3.6 | 83.9 | 62.7 | 70.5 | 14.0 | 305.2 | 32.4 | 33.7 | 8.7 |
| イギリス | 2019 | 133.3 | 77.0 | 5.6 | 79.3 | 81.2 | 79.0 | 11.3 | 246.2 | 18.5 | 29.8 | 15.1 |
| スイス | 2019 | 104.7 | 46.5 | 2.5 | 88.7 | 85.8 | 70.7 | 10.3 | 347.5 | 16.7 | 41.5 | 25.5 |
| オーストラリア | 2019 | 98.5 | 49.7 | 4.3 | 85.7 | 72.9 | 115.5 | 8.3 | 269.6 | 26.1 | 36.7 | 25.5 |
| 日本 | 2019 | 102.3 | 22.8 | 9.2 | 102.9 | 46.2 | 50.6 | 20.6 | 95.2 | 44.4 | 17.8 | 20.3 |
| | 2020 | 99.2 | 21.4 | 9.2 | 102.0 | 46.7 | 50.7 | 20.2 | 94.4 | 41.9 | 16.6 | 20.0 |
| | 2021 | 99.9 | 21.8 | 8.9 | 99.0 | 44.1 | 51.5 | 20.2 | 94.4 | 41.2 | 16.9 | 19.2 |

注：供給粗食料ベースの数値である。
　　1）のうち、米については玄米に換算している。
　　2）は、生乳換算によるものであり、バターを含む。
　　3）は、日本は精糖換算数量、日本以外は粗糖換算数量である。

(3)　主要国の一人1日当たり供給栄養量

| 国名 | 年次 | 熱量 | | | たんぱく質 | | | 脂質 | | | PFC供給熱量比率 | | |
|---|---|---|---|---|---|---|---|---|---|---|---|---|---|
| | | 実数 | 比率 | | 実数 | 動物性 | | 実数 | 油脂類 | | たんぱく質(P) | 脂質(F) | 炭水化物(C) |
| | | | 動物性 | 植物性 | | 実数 | 比率 | | 実数 | 比率 | | | |
| | | kcal | % | % | g | g | % | g | g | % | % | % | % |
| アメリカ | 2019 | 3,695.0 | 30 | 70 | 113.0 | 75.7 | 67 | 179.7 | 87.1 | 48 | 12.2 | 43.8 | 44.0 |
| カナダ | 2019 | 3,420.0 | 28 | 72 | 106.4 | 60.7 | 57 | 155.6 | 78.1 | 50 | 12.4 | 40.9 | 46.6 |
| ドイツ | 2019 | 3,322.0 | 32 | 68 | 100.6 | 61.6 | 61 | 149.1 | 69.2 | 46 | 12.1 | 40.4 | 47.5 |
| スペイン | 2019 | 3,158.0 | 27 | 73 | 105.7 | 67.3 | 64 | 154.5 | 83.9 | 54 | 13.4 | 44.0 | 42.6 |
| フランス | 2019 | 3,363.0 | 33 | 67 | 105.5 | 61.7 | 59 | 150.9 | 57.5 | 38 | 12.5 | 40.4 | 47.1 |
| イタリア | 2019 | 3,381.0 | 25 | 75 | 101.7 | 54.3 | 53 | 150.0 | 82.9 | 55 | 12.0 | 39.9 | 48.1 |
| オランダ | 2019 | 3,183.0 | 36 | 64 | 105.4 | 68.9 | 65 | 137.0 | 50.1 | 37 | 13.2 | 38.7 | 48.0 |
| スウェーデン | 2019 | 2,998.0 | 34 | 66 | 101.9 | 66.0 | 65 | 132.2 | 50.7 | 38 | 13.6 | 39.7 | 46.7 |
| イギリス | 2019 | 3,238.0 | 30 | 70 | 103.4 | 58.1 | 56 | 138.2 | 55.3 | 40 | 12.8 | 38.4 | 48.8 |
| スイス | 2019 | 3,200.0 | 35 | 65 | 94.6 | 60.1 | 64 | 159.0 | 64.2 | 40 | 11.8 | 44.7 | 43.5 |
| オーストラリア | 2019 | 3,238.0 | 33 | 67 | 102.0 | 68.6 | 67 | 158.6 | 70.1 | 44 | 12.6 | 44.1 | 43.3 |
| 日本 | 2019 | 2,332.9 | 22 | 78 | 79.4 | 44.7 | 56 | 82.6 | 39.6 | 48 | 13.6 | 31.9 | 54.5 |
| | 2020 | 2,271.0 | 22 | 78 | 78.1 | 43.8 | 56 | 82.0 | 39.4 | 48 | 13.8 | 32.5 | 53.7 |
| | 2021 | 2,264.9 | 22 | 78 | 77.7 | 43.8 | 56 | 80.7 | 38.2 | 47 | 13.7 | 32.1 | 54.2 |

注：酒類等を含まない。

(4)　主要国の供給熱量総合食料自給率の推移

単位：%

| 国名 | 1961年昭和36年 | 1971 46 | 1981 56 | 1991平成3 | 2001 13 | 2011 23 | 2012 24 | 2013 25 | 2014 26 | 2015 27 | 2016 28 | 2017 29 | 2018 30 | 2019令和元 | 2020 2 | 2021 3 |
|---|---|---|---|---|---|---|---|---|---|---|---|---|---|---|---|---|
| アメリカ | 119 | 118 | 162 | 124 | 122 | 127 | 126 | 130 | 133 | 129 | 138 | 131 | 132 | 121 | — | — |
| カナダ | 102 | 134 | 171 | 178 | 142 | 258 | 244 | 264 | 232 | 255 | 257 | 255 | 266 | 233 | — | — |
| ドイツ | 67 | 73 | 80 | 92 | 99 | 92 | 96 | 95 | 100 | 93 | 91 | 95 | 86 | 84 | — | — |
| スペイン | 93 | 100 | 86 | 94 | 94 | 96 | 73 | 93 | 80 | 83 | 89 | 83 | 100 | 82 | — | — |
| フランス | 99 | 114 | 137 | 145 | 121 | 129 | 134 | 127 | 124 | 132 | 119 | 130 | 125 | 131 | — | — |
| イタリア | 90 | 82 | 83 | 81 | 69 | 61 | 61 | 60 | 59 | 62 | 63 | 59 | 60 | 58 | — | — |
| オランダ | 67 | 70 | 83 | 73 | 67 | 66 | 68 | 69 | 72 | 64 | 64 | 70 | 65 | 61 | — | — |
| スウェーデン | 90 | 88 | 95 | 83 | 85 | 71 | 70 | 69 | 80 | 77 | 76 | 78 | 63 | 81 | — | — |
| イギリス | 42 | 50 | 66 | 77 | 61 | 72 | 67 | 63 | 74 | 71 | 65 | 68 | 65 | 70 | — | — |
| スイス | — | — | — | — | 54 | 57 | 55 | 51 | 56 | 52 | 48 | 52 | 51 | 50 | — | — |
| オーストラリア | 204 | 211 | 256 | 209 | 265 | 205 | 229 | 223 | 213 | 214 | 202 | 233 | 200 | 169 | — | — |
| 日本 | 78 | 58 | 52 | 46 | 40 | 39 | 39 | 39 | 39 | 39 | 38 | 38 | 37 | 38 | 37 | 38 |

注：1　供給熱量総合食料自給率は、総供給熱量に占める国産供給熱量の割合である。
　　　なお、畜産物については、飼料自給率を考慮している。
　　2　酒類等を含まない。
　　3　この表における「−」は未集計である。
　　4　スイスについてはスイス農業庁「農業年次報告書」による。

## 5 物価
### (1) 生産者物価指数 (2020年)

2010年＝100

| 国名 | 国内供給品 | 国内生産品 | 農林水産物 | 工業製品 | 輸入品 |
|---|---|---|---|---|---|
| アメリカ合衆国 | … | 105.3 | 4) 104.6 | 103.7 | … |
| カナダ | … | … | 5) 128.0 | 7)8) 99.6 | … |
| フランス | 3) 101.6 | … | 5)6) 123.1 | 105.7 | 3) 96.1 |
| ドイツ | … | … | 5) 114.1 | 107.9 | … |
| 2) イギリス | … | … | 120.1 | 7) 108.2 | 114.7 |
| オーストラリア | 116.1 | … | 155.3 | 7)9) 121.1 | … |
| ニュージーランド | … | … | 130.7 | 7)9)10) 114.3 | … |
| 2) 韓国 | 102.3 | 100.8 | 124.9 | 7) 99.6 | … |
| 1)2) 日本 | 95.2 | 100.3 | 107.9 | 100.4 | 84.7 |

資料：総務省統計局「世界の統計2022」（以下(3)まで同じ。）
注： 生産者物価指数（ＰＰＩ：Producer Price Index）：生産地から出荷される時点又は生産過程
に入る時点における、財・サービス価格の変化を示す指数。通常「取引価格」であり、控除できな
い間接税を含み、補助金を除く。産業の範囲は国により異なるが、農林水産業、鉱工業、製造業、
電気・ガス・水供給業などである。
ここでは次の分類による。
　　国内供給品
　　　国内市場向け国内生産品
　　　　農林水産物
　　　　工業製品
　　輸入品
1)は、企業物価指数。日本銀行「企業物価指数（2015年基準）」による。
2)は、2015年＝100。
3)は、農林水産業を除く。
4)は、食料・飼料を除く。
5)は、農業のみである。
6)は、海外県（仏領ギアナ、グアドループ島、マルチニーク島、マヨット島及びレユニオン）を含む。
7)は、製造業のみである。
8)は、2015年1月＝100。
9)は、輸出品を含む。
10)は、サービス業を含む。

### (2) 消費者物価指数

2010年＝100

| 国名 | 2017年 | 2018 | 2019 | 2020 |
|---|---|---|---|---|
| 1) アメリカ合衆国 | 112.4 | 115.2 | 117.2 | 118.7 |
| カナダ | 112.0 | 114.5 | 116.8 | 117.6 |
| 2) フランス | 106.9 | 108.8 | 110.0 | 110.6 |
| ドイツ | 109.4 | 111.2 | 112.9 | 113.4 |
| イギリス | 114.9 | 117.6 | 119.6 | 120.8 |
| 1) オーストラリア | 115.7 | 117.9 | 119.8 | 120.8 |
| ニュージーランド | 110.7 | 112.4 | 114.2 | 116.2 |
| 1) 韓国 | 113.1 | 114.7 | 115.2 | 115.8 |
| 3)4) 日本 | 98.6 | 99.5 | 100.0 | 100.0 |

注： 消費者が購入する財・サービスを一定量に固定し、これに要する費用の変化を指数値で示したもの。
国によって、対象とする地域、調査世帯等が限定される場合がある。
1)は、一部地域を除く。
2)は、海外県（仏領ギアナ、グアドループ島、マルチニーク島及びレユニオン）を含む。
3)は、総務省統計局「2020年基準消費者物価指数」による。
4)は、2020年＝100とする。

## (3) 国際商品価格指数・主要商品価格

| 品目（産地・取引市場など） | 7) 価格／単位 | 2010年 | 2013 | 2014 | 2015 | 2016 |
|---|---|---|---|---|---|---|
| 国際商品価格指数(2010年=100) | | | | | | |
| 一次産品(総合)(ウエイト:1,000) | ― | 100.0 | 120.3 | 112.9 | 73.0 | 65.7 |
| 1)エネルギーを除く一次産品 | ― | 100.0 | 104.7 | 100.6 | 83.0 | 81.5 |
| 2)食料　　（ウエイト:167) | ― | 100.0 | 118.0 | 113.1 | 93.7 | 95.7 |
| 3)飲料　　（ウエイト:18) | ― | 100.0 | 83.7 | 101.0 | 97.9 | 93.0 |
| 4)農産原材料（ウエイト:77) | ― | 100.0 | 108.8 | 111.0 | 96.0 | 90.5 |
| 5)金属　　（ウエイト:107) | ― | 100.0 | 90.4 | 81.2 | 62.6 | 59.2 |
| 6)エネルギー　（ウエイト:631) | ― | 100.0 | 130.4 | 120.7 | 66.6 | 55.6 |
| 主要商品価格 | | | | | | |
| 米(タイ産:バンコク) | ドル／t | 520.6 | 518.8 | … | … | … |
| 小麦(アメリカ産:カンザスシティ) | ドル／t | 194.5 | 265.8 | 242.5 | 185.6 | 143.2 |
| とうもろこし(アメリカ産:メキシコ湾岸アメリカ港) | ドル／t | 186.0 | 259.0 | 192.9 | 169.8 | 159.2 |
| 大豆(アメリカ産:ロッテルダム先物取引) | ドル／t | 384.9 | 517.2 | 457.8 | 347.4 | 362.7 |
| バナナ(中央アメリカ・エクアドル産:アメリカ輸入価格) | ドル／t | 881.4 | 926.4 | 931.9 | 958.7 | 1,002.4 |
| 牛肉(オーストラリア・ニュージーランド産:アメリカ輸入価格:冷凍骨なし) | セント／ポンド | 152.5 | 183.6 | 224.1 | 200.5 | 178.2 |
| 羊肉(ニュージーランド産:ロンドン卸売価格:冷凍) | セント／ポンド | 145.7 | 106.7 | 130.6 | 107.9 | 106.9 |
| 落花生油(ロッテルダム) | ドル／t | 1,403.9 | 1,773.0 | 1,313.0 | 1,336.9 | 1,502.3 |
| 大豆油(オランダ港:先物取引) | ドル／t | 924.8 | 1,011.1 | 812.7 | 672.2 | 721.2 |
| パーム油(マレーシア産:北西ヨーロッパ先物取引) | ドル／t | 859.9 | 764.2 | 739.4 | 565.1 | 639.8 |
| 砂糖(自由市場:ニューヨーク先物取引) | セント／ポンド | 20.9 | 17.7 | 17.1 | 13.2 | 18.5 |
| たばこ(アメリカ輸入価格:非加工品) | ドル／t | 4,333.2 | 4,588.8 | 4,990.8 | 4,908.3 | 4,806.2 |
| コーヒー(アザーマイルド:ニューヨーク) | セント／ポンド | 194.4 | 141.1 | 202.8 | 160.5 | 164.5 |
| 茶(ケニア産:ロンドン競売価格) | セント／kg | 316.7 | 266.0 | 237.9 | 340.4 | 287.4 |
| ココア豆(ニューヨーク・ロンドン国際取引価格) | ドル／t | 3,130.6 | 2,439.1 | 3,062.8 | 3,135.2 | 2,892.0 |
| 綿花(リバプールインデックスA) | セント／ポンド | 103.5 | 90.4 | 83.1 | 70.4 | 74.2 |
| 原皮(アメリカ産:シカゴ卸売価格) | セント／ポンド | 72.0 | 94.7 | 110.2 | 87.7 | 74.1 |
| ゴム(マレーシア産:シンガポール港) | セント／ポンド | 165.7 | 126.8 | 88.8 | 70.7 | 74.5 |
| 羊毛(オーストラリア・ニュージーランド産、イギリス:粗い羊毛) | セント／kg | 820.1 | 1,117.0 | 1,034.6 | 927.8 | 1,016.4 |
| 鉄鉱石(中国産:天津港) | ドル／t | 146.7 | 135.4 | 97.4 | 56.1 | 58.6 |
| 金(ロンドン:純度99.5%) | ドル／トロイオンス | 1,224.7 | 1,411.5 | 1,265.6 | 1,160.7 | 1,249.0 |
| 銀(ニューヨーク:純度99.9%) | セント／トロイオンス | 2,015.3 | 2,385.0 | 1,907.1 | 1,572.1 | 1,714.7 |
| 銅(ロンドン金属取引所) | ドル／t | 7,538.4 | 7,331.5 | 6,863.4 | 5,510.5 | 4,867.9 |
| ニッケル(ロンドン金属取引所) | ドル／t | 21,810.0 | 15,030.0 | 16,893.4 | 11,862.6 | 9,595.2 |
| 鉛(ロンドン金属取引所) | ドル／t | 2,148.2 | 2,139.7 | 2,095.5 | 1,787.8 | 1,866.7 |
| 亜鉛(ロンドン金属取引所) | ドル／t | 2,160.4 | 1,910.2 | 2,161.0 | 1,931.7 | 2,090.0 |
| すず(ロンドン金属取引所) | ドル／t | 20,367.2 | 22,281.6 | 21,898.9 | 16,066.6 | 17,933.8 |
| アルミニウム(ロンドン金属取引所) | ドル／t | 2,173.0 | 1,846.7 | 1,867.4 | 1,664.7 | 1,604.2 |
| 原油(各スポットの価格平均値) | ドル／バーレル | 79.0 | 104.1 | 96.2 | 50.8 | 42.8 |

注：国際商品価格指数：国際的に取引される主要商品の市場価格に基づき、ＩＭＦが算出したものである。
　　1)は、燃料及び貴金属を除く45品目によるものである。
　　2)は、穀類、肉類、魚介類、果実類、植物油、豆類、砂糖などである。
　　3)は、ココア豆、コーヒー及び茶である。
　　4)は、綿花、原皮、ゴム、木材及び羊毛である。
　　5)は、アルミニウム、銅、鉄鉱石、鉛、ニッケル、すず、ウラン及び亜鉛である。
　　6)は、石炭、天然ガス及び石油である。
　　7)は、取引市場で通常使用される数量単位当たりの価格である。

6　国民経済と農林水産業
(1)　各国の国内総生産

| 国名 | 2017年 | | 2018 | |
|---|---|---|---|---|
| | 名目GDP | 一人当たり | 名目GDP | 一人当たり |
| | 10億米ドル | 米ドル | 10億米ドル | 米ドル |
| アメリカ | 19,480 | 59,886 | 20,527 | 62,770 |
| カナダ | 1,649 | 45,192 | 1,725 | 46,626 |
| フランス | 2,589 | 40,054 | 2,790 | 43,021 |
| ドイツ | 3,690 | 44,637 | 3,979 | 47,995 |
| 英国 | 2,701 | 40,904 | 2,905 | 43,719 |
| オーストラリア | 1,382 | 55,785 | 1,417 | 56,293 |
| ニュージーランド | 204 | 42,283 | 210 | 42,777 |
| 中国 | 12,265 | 8,760 | 13,842 | 9,849 |
| 韓国 | 1,623 | 31,601 | 1,725 | 33,433 |
| 日本 | 4,931 | 38,903 | 5,038 | 39,826 |

資料：内閣府経済財政分析統括官「海外経済データ」（令和4年7月）
　　　（IMF "World Economic Outlook Datebase,April 2022"）

(2)　農業生産指数

(2014～2016年＝100)

| 国名 | 1)総合 | | | 2)食料 | | | 1人当たり食料 | | |
|---|---|---|---|---|---|---|---|---|---|
| | 2017年 | 2018 | 2019 | 2017年 | 2018 | 2019 | 2017年 | 2018 | 2019 |
| 世界 | 104.5 | 105.7 | 106.6 | 104.4 | 105.6 | 106.2 | 102.1 | 102.2 | 101.7 |
| アメリカ合衆国 | 102.5 | 103.5 | 100.5 | 102.0 | 103.2 | 99.7 | 100.6 | 101.3 | 97.2 |
| カナダ | 107.9 | 108.0 | 110.6 | 108.2 | 108.4 | 111.0 | 106.2 | 105.3 | 107.0 |
| フランス | 101.7 | 96.8 | 98.0 | 101.4 | 96.5 | 97.2 | 100.7 | 95.7 | 96.2 |
| ドイツ | 97.5 | 91.5 | 93.6 | 97.5 | 91.6 | 93.7 | 96.5 | 90.1 | 91.7 |
| イギリス | 102.2 | 99.4 | 103.5 | 102.2 | 99.4 | 103.6 | 100.9 | 97.5 | 101.0 |
| オーストラリア | 105.0 | 96.6 | 88.7 | 104.0 | 94.2 | 88.2 | 101.3 | 90.5 | 83.8 |
| ニュージーランド | 97.1 | 99.3 | 100.8 | 97.3 | 99.7 | 101.4 | 95.5 | 96.9 | 97.8 |
| 中国 | 102.7 | 104.2 | 104.1 | 102.9 | 104.3 | 103.5 | 101.9 | 102.8 | 101.6 |
| 韓国 | 97.4 | 99.1 | 100.5 | 97.4 | 99.1 | 100.5 | 96.8 | 98.4 | 99.7 |
| 日本 | 99.8 | 99.5 | 99.8 | 99.8 | 99.4 | 99.8 | 100.2 | 100.0 | 100.7 |

資料：総務省統計局「世界の統計　2022」
注：　ラスパイレス式による。農畜産物一次産品のうち、家畜飼料、種子及びふ化用卵などを除く。
　　　FAOにおける指数の作成においては、1商品1価格とし、為替レートの影響を受けないよう、
　　　国際商品価格を用いて推計している。
　　　1)は、全ての農作物及び畜産物である。
　　　2)は、食用かつ栄養分を含有する品目であり、コーヒー、茶などを除く。

| 2019 | | 2020 | | 2021 | |
|---|---|---|---|---|---|
| 名目ＧＤＰ | 一人当たり | 名目ＧＤＰ | 一人当たり | 名目ＧＤＰ | 一人当たり |
| 10億米ドル | 米ドル | 10億米ドル | 米ドル | 10億米ドル | 米ドル |
| 21,373 | 65,052 | 20,894 | 63,078 | 22,998 | 69,231 |
| 1,742 | 46,404 | 1,645 | 43,307 | 1,991 | 52,079 |
| 2,730 | 41,939 | 2,622 | 40,162 | 2,935 | 44,853 |
| 3,889 | 46,800 | 3,843 | 46,216 | 4,226 | 50,795 |
| 2,880 | 43,121 | 2,759 | 41,127 | 3,188 | 47,203 |
| 1,387 | 54,255 | 1,357 | 52,848 | 1,633 | 63,529 |
| 211 | 42,329 | 211 | 41,428 | 248 | 48,424 |
| 14,341 | 10,170 | 14,863 | 10,525 | 17,458 | 12,359 |
| 1,651 | 31,937 | 1,638 | 31,638 | 1,799 | 34,801 |
| 5,123 | 40,590 | 5,040 | 40,049 | 4,937 | 39,340 |

## (3) 平均経営面積及び農地面積の各国比較

| 区分 | 単位 | 日本(概算値) | 米国 | ＥＵ(27) | ドイツ | フランス | 英国 | 豪州 |
|---|---|---|---|---|---|---|---|---|
| 平均経営面積 | ha | 3.2 | 178.5 | 15.2 | 60.5 | 60.9 | 90.1 | 4,294.8 |
| 日本＝1 | 倍 | 1 | 56 | 5 | 19 | 19 | 28 | 1,342 |
| 農地面積 | 万ha | 435 | 40,581 | 16,493 | 1,667 | 2,862 | 1,752 | 36,248 |
| 国土面積に占める割合 | % | 11.7 | 41.3 | 38.8 | 47.2 | 52.7 | 75.0 | 46.8 |

資料： 農林水産省統計部「令和3年農業構造動態調査」、「令和3年耕地及び作付面積統計」、
　　　　FAOSTAT、国際部資料
注： 1　日本の平均経営面積及び農地面積には、採草・放牧地等を含まない。
　　　2　日本の平均経営面積は1経営体当たりの経営耕地面積である（農業経営体）。
　　　3　日本の「国土面積に占める割合」は、北方領土等を除いた国土面積に対する割合である。

6　国民経済と農林水産業（続き）
(4)　農業生産量（2019年）

| 順位 | 1) 穀類 | | 2) 米 | | 3) 小麦 | |
|---|---|---|---|---|---|---|
| | 国名 | 生産量 | 国名 | 生産量 | 国名 | 生産量 |
| | | 千 t | | 千 t | | 千 t |
| | 世界 | 2,978,982 | 世界 | 755,474 | 世界 | 765,770 |
| 1 | 中国 | 612,720 | 中国 | 209,614 | 中国 | 133,596 |
| 2 | アメリカ合衆国 | 421,549 | インド | 177,645 | インド | 103,596 |
| 3 | インド | 324,301 | インドネシア | 54,604 | ロシア | 74,453 |
| 4 | ブラジル | 121,223 | バングラデシュ | 54,586 | アメリカ合衆国 | 52,258 |
| 5 | ロシア | 117,868 | ベトナム | 43,449 | フランス | 40,605 |
| 6 | インドネシア | 85,297 | タイ | 28,357 | カナダ | 32,348 |
| 7 | アルゼンチン | 84,949 | ミャンマー | 26,270 | ウクライナ | 28,370 |
| 8 | ウクライナ | 74,442 | フィリピン | 18,815 | パキスタン | 24,349 |
| 9 | フランス | 70,379 | パキスタン | 11,115 | ドイツ | 23,063 |
| 10 | カナダ | 61,135 | カンボジア | 10,886 | アルゼンチン | 19,460 |
| 11 | バングラデシュ | 59,182 | 日本 | 10,527 | トルコ | 19,000 |
| 12 | ベトナム | 48,208 | ブラジル | 10,369 | オーストラリア | 17,598 |
| 13 | ドイツ | 44,302 | ナイジェリア | 8,435 | イラン | 16,800 |
| 14 | パキスタン | 43,260 | アメリカ合衆国 | 8,377 | イギリス | 16,225 |
| (15) | （日本） | 11,830 | エジプト | 6,690 | （日本） | 1,037 |

| 順位 | 大麦 | | ライ麦 | | えん麦 | |
|---|---|---|---|---|---|---|
| | 国名 | 生産量 | 国名 | 生産量 | 国名 | 生産量 |
| | | 千 t | | 千 t | | 千 t |
| | 世界 | 158,980 | 世界 | 12,801 | 世界 | 23,104 |
| 1 | ロシア | 20,489 | ドイツ | 3,238 | ロシア | 4,424 |
| 2 | フランス | 13,565 | ポーランド | 2,416 | カナダ | 4,237 |
| 3 | ドイツ | 11,592 | ロシア | 1,428 | ポーランド | 1,210 |
| 4 | カナダ | 10,383 | デンマーク | 884 | フィンランド | 1,187 |
| 5 | ウクライナ | 8,917 | ベラルーシ | 756 | オーストラリア | 1,135 |
| 6 | オーストラリア | 8,819 | 中国 | 511 | イギリス | 1,076 |
| 7 | イギリス | 8,048 | ウクライナ | 335 | ブラジル | 920 |
| 8 | スペイン | 7,744 | カナダ | 333 | スペイン | 841 |
| 9 | トルコ | 7,600 | トルコ | 310 | アメリカ合衆国 | 771 |
| 10 | アルゼンチン | 5,117 | アメリカ合衆国 | 270 | スウェーデン | 671 |
| 11 | カザフスタン | 3,830 | スペイン | 262 | アルゼンチン | 572 |
| 12 | アメリカ合衆国 | 3,692 | スウェーデン | 221 | ドイツ | 519 |
| 13 | デンマーク | 3,625 | オーストリア | 200 | 中国 | 495 |
| 14 | イラン | 3,600 | ラトビア | 191 | ウクライナ | 422 |
| (15) | （日本） | 223 | フィンランド | 185 | （日本） | 0 |

資料：総務省統計局「世界の統計　2022」（以下 9 (4) まで同じ。）
注：1　生産量の多い15か国を掲載した。ただし、日本が16位以下で出典資料に記載されている場合
　　　には、15位の国に代えて括弧付きで掲載した。
　　2　暫定値又は推計値には「＊」を付した。
　　1)は、米、小麦、大麦、ライ麦、えん麦、とうもろこしなどである。
　　2)は、脱穀、選別後の米粒である。
　　3)には、スペルト麦を含む。

| 順位 | とうもろこし 国名 | 生産量 | 4)いも類 国名 | 生産量 | ばれいしょ 国名 | 生産量 |
|---|---|---|---|---|---|---|
| | | 千t | | 千t | | 千t |
| | 世界 | 1,148,487 | 世界 | 861,042 | 世界 | 370,437 |
| 1 | アメリカ合衆国 | 347,048 | 中国 | 150,551 | 中国 | 91,819 |
| 2 | 中国 | 260,779 | ナイジェリア | 117,650 | インド | 50,190 |
| 3 | ブラジル | 101,139 | インド | 56,322 | ロシア | 22,075 |
| 4 | アルゼンチン | 56,861 | コンゴ民主共和国 | 41,977 | ウクライナ | 20,269 |
| 5 | ウクライナ | 35,880 | ガーナ | 32,409 | アメリカ合衆国 | 19,182 |
| 6 | インドネシア | 30,693 | タイ | 31,628 | ドイツ | 10,602 |
| 7 | インド | 27,715 | ブラジル | 22,249 | バングラデシュ | 9,655 |
| 8 | メキシコ | 27,228 | ロシア | 22,075 | フランス | 8,560 |
| 9 | ルーマニア | 17,432 | アメリカ合衆国 | 20,634 | オランダ | 6,961 |
| 10 | ロシア | 14,282 | ウクライナ | 20,269 | ポーランド | 6,482 |
| 11 | カナダ | 13,404 | インドネシア | 18,186 | ベラルーシ | 6,105 |
| 12 | フランス | 12,845 | カンボジア | 13,823 | カナダ | 5,410 |
| 13 | 南アフリカ | 11,276 | タンザニア | 13,130 | ペルー | 5,331 |
| 14 | ナイジェリア | 11,000 | マラウイ | 12,796 | イギリス | 5,252 |
| (15) | (日本) | 0 | (日本) | 3,278 | (日本) | 2,173 |

| 順位 | かんしょ 国名 | 生産量 | 大豆 国名 | 生産量 | 5)落花生 国名 | 生産量 |
|---|---|---|---|---|---|---|
| | | 千t | | 千t | | 千t |
| | 世界 | 91,821 | 世界 | 333,672 | 世界 | 48,757 |
| 1 | 中国 | 51,794 | ブラジル | 114,269 | 中国 | 17,520 |
| 2 | マラウイ | 5,909 | アメリカ合衆国 | 96,793 | インド | 6,727 |
| 3 | ナイジェリア | 4,145 | アルゼンチン | 55,264 | ナイジェリア | 4,450 |
| 4 | タンザニア | 3,922 | 中国 | 15,724 | スーダン | 2,828 |
| 5 | ウガンダ | 1,949 | インド | 13,268 | アメリカ合衆国 | 2,493 |
| 6 | インドネシア | 1,806 | パラグアイ | 8,520 | ミャンマー | 1,616 |
| 7 | エチオピア | 1,756 | カナダ | 6,045 | セネガル | 1,421 |
| 8 | アンゴラ | 1,680 | ロシア | 4,360 | アルゼンチン | 1,337 |
| 9 | アメリカ合衆国 | 1,450 | ウクライナ | 3,699 | ギニア | 958 |
| 10 | ベトナム | 1,402 | ボリビア | 2,991 | チャド | 939 |
| 11 | ルワンダ | 1,248 | ウルグアイ | 2,828 | タンザニア | 680 |
| 12 | インド | 1,156 | 南アフリカ | 1,170 | ブラジル | 581 |
| 13 | マダガスカル | 1,113 | イタリア | 1,043 | ニジェール | 544 |
| 14 | ブルンジ | 1,023 | インドネシア | 940 | ガーナ | 536 |
| (15) | (日本) | 749 | (日本) | 218 | (日本) | 12 |

注：4)は、ばれいしょ、かんしょ、キャッサバ、ヤム芋、タロ芋などである。
　　5)は、殻付きである。

## 6　国民経済と農林水産業（続き）
### (4)　農業生産量（2019年）（続き）

| 順位 | 6)キャベツ | | トマト | | きゅうり | |
|---|---|---|---|---|---|---|
| | 国名 | 生産量 | 国名 | 生産量 | 国名 | 生産量 |
| | | 千 t | | 千 t | | 千 t |
| | 世界 | 70,150 | 世界 | 180,766 | 世界 | 87,805 |
| 1 | 中国 | 33,514 | 中国 | 62,765 | 中国 | 70,288 |
| 2 | インド | 9,127 | インド | 19,007 | トルコ | 1,917 |
| 3 | ロシア | 2,623 | トルコ | 12,842 | ロシア | 1,626 |
| 4 | 韓国 | 2,574 | アメリカ合衆国 | 10,859 | ウクライナ | 1,034 |
| 5 | ウクライナ | 1,733 | エジプト | 6,752 | イラン | 872 |
| 6 | インドネシア | 1,413 | イタリア | 5,253 | ウズベキスタン | 855 |
| 7 | 日本 | 1,381 | イラン | 5,249 | メキシコ | 826 |
| 8 | ベトナム | 1,053 | スペイン | 5,001 | スペイン | 739 |
| 9 | アメリカ合衆国 | 985 | メキシコ | 4,272 | アメリカ合衆国 | 678 |
| 10 | ポーランド | 899 | ブラジル | 3,918 | 日本 | 548 |
| 11 | ケニア | 829 | ナイジェリア | 3,816 | ポーランド | 519 |
| 12 | トルコ | 820 | ロシア | 3,015 | カザフスタン | 495 |
| 13 | ドイツ | 722 | ウクライナ | 2,224 | インドネシア | 436 |
| 14 | ウズベキスタン | 703 | ウズベキスタン | 2,120 | オランダ | 410 |
| (15) | 台湾 | 637 | （日本） | 715 | 韓国 | 395 |

| 順位 | たまねぎ | | オレンジ | | りんご | |
|---|---|---|---|---|---|---|
| | 国名 | 生産量 | 国名 | 生産量 | 国名 | 生産量 |
| | | 千 t | | 千 t | | 千 t |
| | 世界 | 99,968 | 世界 | 78,700 | 世界 | 87,236 |
| 1 | 中国 | 24,908 | ブラジル | 17,074 | 中国 | 42,425 |
| 2 | インド | 22,819 | 中国 | 10,436 | アメリカ合衆国 | 4,998 |
| 3 | アメリカ合衆国 | 3,170 | インド | 9,509 | トルコ | 3,619 |
| 4 | エジプト | 3,081 | アメリカ合衆国 | 4,833 | ポーランド | 3,081 |
| 5 | トルコ | 2,200 | メキシコ | 4,737 | インド | 2,316 |
| 6 | パキスタン | 2,080 | スペイン | 3,227 | イタリア | 2,304 |
| 7 | スーダン | 1,919 | エジプト | 3,197 | イラン | 2,241 |
| 8 | バングラデシュ | 1,803 | インドネシア | 2,563 | ロシア | 1,951 |
| 9 | イラン | 1,779 | イラン | 2,309 | フランス | 1,754 |
| 10 | ロシア | 1,670 | トルコ | 1,700 | チリ | 1,621 |
| 11 | アルジェリア | 1,614 | 南アフリカ | 1,686 | ブラジル | 1,223 |
| 12 | 韓国 | 1,594 | イタリア | 1,650 | ウクライナ | 1,154 |
| 13 | インドネシア | 1,580 | パキスタン | 1,615 | ウズベキスタン | 1,124 |
| 14 | ブラジル | 1,557 | アルジェリア | 1,200 | ドイツ | 991 |
| (15) | （日本） | 1,319 | （日本） | 10 | （日本） | 702 |

注：6)には、白菜、赤キャベツ、芽キャベツ、ちりめんキャベツなどを含む。

| 順位 | 7)ぶどう 国名 | 生産量 | 8)バナナ 国名 | 生産量 | 9)コーヒー豆 国名 | 生産量 |
|---|---|---|---|---|---|---|
| | | 千 t | | 千 t | | 千 t |
| | **世界** | 77,137 | 世界 | 116,782 | 世界 | 10,036 |
| 1 | 中国 | 14,284 | インド | 30,460 | ブラジル | 3,009 |
| 2 | イタリア | 7,900 | 中国 | 11,656 | ベトナム | 1,684 |
| 3 | アメリカ合衆国 | 6,233 | インドネシア | 7,281 | コロンビア | 885 |
| 4 | スペイン | 5,745 | ブラジル | 6,813 | インドネシア | 761 |
| 5 | フランス | 5,490 | エクアドル | 6,583 | エチオピア | 483 |
| 6 | トルコ | 4,100 | フィリピン | 6,050 | ホンジュラス | 476 |
| 7 | インド | 3,041 | グアテマラ | 4,342 | ペルー | 363 |
| 8 | チリ | 2,702 | アンゴラ | 4,037 | インド | 320 |
| 9 | アルゼンチン | 2,520 | タンザニア | 3,407 | ウガンダ | 254 |
| 10 | 南アフリカ | 1,993 | コロンビア | 2,914 | グアテマラ | 225 |
| 11 | イラン | 1,946 | コスタリカ | 2,437 | ニカラグア | 174 |
| 12 | エジプト | 1,626 | メキシコ | 2,227 | ラオス | 166 |
| 13 | ウズベキスタン | 1,603 | ベトナム | 2,194 | メキシコ | 166 |
| 14 | オーストラリア | 1,554 | ルワンダ | 1,851 | 中国 | 120 |
| (15) | **(日本)** | 173 | **(日本)** | 0 | コスタリカ | 84 |

| 順位 | 10)ココア豆 国名 | 生産量 | 11)茶 国名 | 生産量 | 葉たばこ 国名 | 生産量 |
|---|---|---|---|---|---|---|
| | | 千 t | | 千 t | | 千 t |
| | **世界** | 5,596 | 世界 | 6,497 | 世界 | 6,686 |
| 1 | コートジボワール | 2,180 | 中国 | 2,777 | 中国 | 2,611 |
| 2 | ガーナ | 812 | インド | 1,390 | インド | 804 |
| 3 | インドネシア | 784 | ケニア | 459 | ブラジル | 770 |
| 4 | ナイジェリア | 350 | スリランカ | 300 | ジンバブエ | 258 |
| 5 | エクアドル | 284 | ベトナム | 269 | アメリカ合衆国 | 212 |
| 6 | カメルーン | 280 | トルコ | 261 | インドネシア | 197 |
| 7 | ブラジル | 259 | インドネシア | 138 | ザンビア | 154 |
| 8 | ペルー | 136 | ミャンマー | 132 | バングラデシュ | 129 |
| 9 | コロンビア | 102 | イラン | 91 | タンザニア | 117 |
| 10 | ドミニカ共和国 | 89 | バングラデシュ | 91 | アルゼンチン | 106 |
| 11 | パプアニューギニア | 46 | アルゼンチン | 86 | パキスタン | 104 |
| 12 | ウガンダ | 35 | 日本 | 82 | モザンビーク | 103 |
| 13 | メキシコ | 28 | ウガンダ | 73 | マラウイ | 102 |
| 14 | インド | 24 | タンザニア | 63 | 北朝鮮 | 91 |
| (15) | ベネズエラ | 24 | タイ | 59 | **(日本)** | 17 |

注：7)には、ワイン用を含む。
　　8)は、料理用を除く。
　　9)は、生の豆である。
　　10)は、生の豆及び焙煎済みの豆である。
　　11)は、緑茶、紅茶などである。

## 6　国民経済と農林水産業（続き）
### (4)　農業生産量（2019年）（続き）

| 順位 | 12) 牛 | | 12) 豚 | | 12) 羊 | |
|---|---|---|---|---|---|---|
| | 国名 | 飼養頭数 | 国名 | 飼養頭数 | 国名 | 飼養頭数 |
| | | 千頭 | | 千頭 | | 千頭 |
| | **世界** | 1,511,021 | **世界** | 850,320 | **世界** | 1,238,720 |
| 1 | ブラジル | 214,660 | 中国 | 310,407 | 中国 | 163,490 |
| 2 | インド | 193,463 | アメリカ合衆国 | 78,658 | インド | 74,261 |
| 3 | アメリカ合衆国 | 94,805 | ブラジル | 40,557 | オーストラリア | 65,755 |
| 4 | 中国 | 63,392 | スペイン | 31,246 | ナイジェリア | 46,893 |
| 5 | エチオピア | 63,284 | ドイツ | 26,053 | イラン | 41,304 |
| 6 | アルゼンチン | 54,461 | ロシア | 23,727 | スーダン | 40,896 |
| 7 | パキスタン | 47,821 | ミャンマー | 21,604 | チャド | 35,864 |
| 8 | メキシコ | 35,225 | ベトナム | 19,616 | トルコ | 35,195 |
| 9 | スーダン | 31,489 | メキシコ | 18,365 | イギリス | 33,580 |
| 10 | チャド | 30,612 | カナダ | 14,399 | モンゴル | 32,267 |
| 11 | タンザニア | 27,821 | フランス | 13,510 | エチオピア | 31,849 |
| 12 | コロンビア | 27,240 | デンマーク | 12,728 | パキスタン | 30,859 |
| 13 | オーストラリア | 24,723 | フィリピン | 12,709 | アルジェリア | 29,429 |
| 14 | バングラデシュ | 24,187 | オランダ | 11,921 | ケニア | 27,441 |
| (15) | **（日本）** | 3,835 | **（日本）** | 9,156 | **（日本）** | 16 |

| 順位 | 12) 鶏 | | 牛乳 | | 13) 鶏卵 | |
|---|---|---|---|---|---|---|
| | 国名 | 飼養羽数 | 国名 | 生産量 | 国名 | 生産量 |
| | | 100万羽 | | 千 t | | 千 t |
| | **世界** | 25,915 | **世界** | 715,923 | **世界** | 83,484 |
| 1 | 中国 | 5,146 | アメリカ合衆国 | 99,057 | 中国 | 28,454 |
| 2 | インドネシア | 3,725 | インド | 90,000 | アメリカ合衆国 | 6,707 |
| 3 | アメリカ合衆国 | 1,972 | ブラジル | 35,890 | インド | 5,775 |
| 4 | ブラジル | 1,467 | ドイツ | 33,080 | インドネシア | 4,753 |
| 5 | パキスタン | 1,321 | 中国 | 32,012 | ブラジル | 3,158 |
| 6 | イラン | 1,091 | ロシア | 31,091 | メキシコ | 2,950 |
| 7 | インド | 808 | フランス | 24,931 | 日本 | 2,640 |
| 8 | メキシコ | 581 | ニュージーランド | 21,872 | ロシア | 2,492 |
| 9 | ロシア | 497 | コロンビア | 21,847 | トルコ | 1,244 |
| 10 | ミャンマー | 395 | トルコ | 20,782 | ウクライナ | 954 |
| 11 | ベトナム | 383 | パキスタン | 20,606 | パキスタン | 895 |
| 12 | トルコ | 343 | イギリス | 15,552 | コロンビア | 863 |
| 13 | 日本 | 323 | オランダ | 14,555 | マレーシア | 833 |
| 14 | バングラデシュ | 287 | ポーランド | 14,503 | アルゼンチン | 830 |
| (15) | タイ | 281 | **（日本）** | 7,314 | スペイン | 811 |

注：12) は、家畜・家きんである。
　　13) には、ふ化用を含む。

| 順位 | はちみつ | | 生繭 | | 実綿 | |
|---|---|---|---|---|---|---|
| | 国名 | 生産量 | 国名 | 生産量 | 国名 | 生産量 |
| | | t | | t | | 千 t |
| | 世界 | 1,852,598 | 世界 | 679,306 | 世界 | 82,589 |
| 1 | 中国 | 444,100 | 中国 | 409,513 | 中国 | 23,505 |
| 2 | トルコ | 109,330 | インド | 171,090 | インド | 18,550 |
| 3 | カナダ | 80,345 | タイ | 56,000 | アメリカ合衆国 | 12,956 |
| 4 | アルゼンチン | 78,927 | ウズベキスタン | 21,374 | ブラジル | 6,893 |
| 5 | イラン | 75,463 | ベトナム | 6,738 | パキスタン | 4,495 |
| 6 | アメリカ合衆国 | 71,179 | イラン | 6,000 | ウズベキスタン | 2,694 |
| 7 | ウクライナ | 69,937 | ブラジル | 3,057 | トルコ | 2,200 |
| 8 | インド | 67,141 | 北朝鮮 | 2,101 | オーストラリア | 1,627 |
| 9 | ロシア | 63,526 | インドネシア | 725 | メキシコ | 917 |
| 10 | メキシコ | 61,986 | アゼルバイジャン | 644 | アルゼンチン | 873 |
| 11 | エチオピア | 53,782 | タジキスタン | 563 | ベナン | 792 |
| 12 | ブラジル | 45,981 | アフガニスタン | 500 | ブルキナファソ | 724 |
| 13 | タンザニア | 30,937 | キルギス | 394 | マリ | 711 |
| 14 | 韓国 | 29,518 | カンボジア | 281 | トルクメニスタン | 582 |
| (15) | (日本) | 2,753 | (日本) | 92 | タジキスタン | 403 |

| 順位 | 14)亜麻 | | 15)ジュート | | 16)天然ゴム | |
|---|---|---|---|---|---|---|
| | 国名 | 生産量 | 国名 | 生産量 | 国名 | 生産量 |
| | | t | | t | | 千 t |
| | 世界 | 1,085,734 | 世界 | 3,375,884 | 世界 | 14,617 |
| 1 | フランス | 850,350 | インド | 1,709,460 | タイ | 4,840 |
| 2 | ベルギー | 94,000 | バングラデシュ | 1,600,474 | インドネシア | 3,449 |
| 3 | ベラルーシ | 46,245 | 中国 | 29,934 | ベトナム | 1,185 |
| 4 | ロシア | 38,464 | ウズベキスタン | 15,233 | インド | 1,001 |
| 5 | 中国 | 17,550 | ネパール | 10,578 | 中国 | 840 |
| 6 | オランダ | 13,360 | 南スーダン | 3,515 | コートジボワール | 665 |
| 7 | イギリス | 8,199 | ジンバブエ | 2,730 | マレーシア | 640 |
| 8 | エジプト | 7,525 | エジプト | 2,237 | フィリピン | 432 |
| 9 | チリ | 3,201 | ベトナム | 535 | グアテマラ | 351 |
| 10 | アルゼンチン | 2,695 | ブータン | 341 | ミャンマー | 265 |
| 11 | イタリア | 1,960 | ペルー | 260 | ブラジル | 217 |
| 12 | ポーランド | 1,550 | カンボジア | 247 | カンボジア | 175 |
| 13 | ウクライナ | 540 | エルサルバドル | 169 | ナイジェリア | 150 |
| 14 | 台湾 | 93 | カメルーン | 107 | メキシコ | 80 |
| (15) | トルコ | 2 | タイ | 32 | スリランカ | 75 |

注：14)は、茎から取り出した繊維であり、麻くずを含む。
　　15)には、ジュート類似繊維を含む。
　　16)には、安定化又は濃縮したラテックス及び加硫ゴムラテックスを含む。

## 6 国民経済と農林水産業（続き）
### (5) 工業生産量

| 順位 | 食品 | | | | | | | | |
|---|---|---|---|---|---|---|---|---|---|
| | 1) 牛肉 | | | 1) 豚肉 | | | 4) 鳥肉 | | |
| | 国名 | 年次 | 生産量 | 国名 | 年次 | 生産量 | 国名 | 年次 | 生産量 |
| | | | 千t | | | 千t | | | 千t |
| 1 | ブラジル | 2015 | 8,471 | ドイツ | 2016 | 8,387 | ブラジル | 2015 | 10,843 |
| 2 | イタリア | 2016 | 1,597 | スペイン | 2016 | 4,882 | ロシア | 2016 | 4,444 |
| 3 | 2) スーダン | 2014 | 1,476 | ブラジル | 2015 | 2,760 | ポーランド | 2016 | 2,627 |
| 4 | ドイツ | 2016 | 1,242 | オランダ | 2016 | 2,157 | ドイツ | 2016 | 1,928 |
| 5 | フランス | 2016 | 1,113 | イタリア | 2016 | 2,098 | トルコ | 2016 | 1,916 |
| 6 | スペイン | 2016 | 777 | ロシア | 2016 | 2,042 | オランダ | 2016 | 1,890 |
| 7 | イギリス | 2016 | 758 | ポーランド | 2016 | 1,645 | スペイン | 2016 | 1,830 |
| 8 | アイルランド | 2016 | 659 | 3) 日本 | 2016 | 1,279 | イギリス | 2014 | 1,667 |
| 9 | 3) ニュージーランド | 2016 | 648 | デンマーク | 2016 | 1,241 | ペルー | 2016 | 1,514 |
| (10) | 3) (日本) | 2016 | 464 | ベルギー | 2016 | 505 | メキシコ | 2016 | 1,333 |

| 順位 | 食品（続き） | | | | | | | | |
|---|---|---|---|---|---|---|---|---|---|
| | 5) 冷凍魚類 | | | 8) 塩干魚類 | | | 9) 大豆油 | | |
| | 国名 | 年次 | 生産量 | 国名 | 年次 | 生産量 | 国名 | 年次 | 生産量 |
| | | | 千t | | | 千t | | | 千t |
| 1 | 6) ロシア | 2016 | 4,029 | 日本 | 2016 | 484 | 10) 中国 | 2014 | * 11,700 |
| 2 | ベトナム | 2016 | 1,763 | ポーランド | 2016 | 113 | 10) アメリカ合衆国 | 2014 | 9,706 |
| 3 | 7) 日本 | 2016 | 1,402 | イギリス | 2016 | 79 | アルゼンチン | 2016 | 8,670 |
| 4 | ペルー | 2016 | 275 | アイスランド | 2016 | 63 | ブラジル | 2015 | 6,575 |
| 5 | アイスランド | 2016 | 257 | ポルトガル | 2016 | 42 | 10) インド | 2014 | * 1,247 |
| 6 | チリ | 2016 | 211 | スペイン | 2016 | 34 | 10) パラグアイ | 2014 | * 713 |
| 7 | イギリス | 2016 | 155 | リトアニア | 2016 | 34 | ロシア | 2016 | 640 |
| 8 | トルコ | 2016 | 100 | デンマーク | 2016 | 31 | スペイン | 2015 | 524 |
| 9 | ポルトガル | 2016 | 95 | ドイツ | 2016 | 28 | 10) ボリビア | 2014 | 475 |
| (10) | スーダン | 2014 | 91 | エクアドル | 2016 | 27 | 10) 日本 | 2016 | 442 |

注：1 生産量の多い10か国を掲載した。ただし、日本が11位以下で出典資料に記載
　　　されている場合には、10位の国に代えて（ ）付きで掲載した。
　　2 暫定値又は推計値には「＊」を付した。
　　1)は、生鮮、冷蔵又は冷凍の肉である。
　　2)は、牛肉以外を含む。
　　3)は、枝肉としての重量である。
　　4)は、生鮮、冷蔵又は冷凍の家きんの肉であり、食用くず肉を含む。
　　5)は、冷凍の魚類及び魚類製品である。
　　6)は、魚の缶詰を含む。
　　7)は、魚のすり身を含む。
　　8)は、乾燥・塩漬・燻製の魚及び魚粉である。
　　9)は、未精製のものである。
　　10)は、精製されたものを含む。

| 順位 | 食品（続き） | | | | | | | | |
|---|---|---|---|---|---|---|---|---|---|
| | 11）マーガリン | | | 12）バター | | | 13）チーズ | | |
| | 国名 | 年次 | 生産量 | 国名 | 年次 | 生産量 | 国名 | 年次 | 生産量 |
| | | | 千t | | | 千t | | | 千t |
| 1 | ブラジル | 2015 | 809 | ドイツ | 2016 | 528 | フランス | 2016 | 2,021 |
| 2 | ロシア | 2016 | 495 | フランス | 2016 | 426 | イタリア | 2016 | 1,424 |
| 3 | ドイツ | 2016 | 349 | ロシア | 2016 | 253 | ロシア | 2016 | 1,390 |
| 4 | エジプト | 2015 | 288 | イギリス | 2016 | 221 | ブラジル | 2015 | 1,063 |
| 5 | オランダ | 2016 | 227 | ポーランド | 2016 | 193 | ポーランド | 2016 | 851 |
| 6 | 日本 | 2016 | 225 | イタリア | 2016 | 133 | オランダ | 2016 | 613 |
| 7 | ベルギー | 2016 | 181 | ベラルーシ | 2016 | 118 | トルコ | 2016 | 611 |
| 8 | メキシコ | 2016 | 143 | ブラジル | 2015 | 108 | イギリス | 2016 | 552 |
| 9 | ウクライナ | 2016 | 135 | ウクライナ | 2016 | 103 | スペイン | 2016 | 495 |
| (10) | イタリア | 2016 | 127 | （日本） | 2016 | 66 | （日本） | 2016 | 144 |

| 順位 | 食品（続き） | | | | | | | | |
|---|---|---|---|---|---|---|---|---|---|
| | 14）小麦粉 | | | 15）粗糖 | | | 18）蒸留酒 | | |
| | 国名 | 年次 | 生産量 | 国名 | 年次 | 生産量 | 国名 | 年次 | 生産量 |
| | | | 千t | | | 千t | | | 100kL |
| 1 | アメリカ合衆国 | 2016 | 19,933 | 16）ブラジル | 2016 | 38,987 | 日本 | 2016 | 33,868 |
| 2 | トルコ | 2016 | 9,383 | 16）インド | 2016 | 24,794 | ブラジル | 2015 | 18,747 |
| 3 | ロシア | 2016 | 9,124 | 16）タイ | 2016 | 9,258 | イギリス | 2014 | 8,403 |
| 4 | ブラジル | 2016 | 8,285 | 16）アメリカ合衆国 | 2016 | 7,752 | 19）ロシア | 2016 | 8,125 |
| 5 | パキスタン | 2015 | 6,003 | 17）ロシア | 2016 | 6,045 | ボスニア・ヘルツェゴビナ | 2016 | 7,876 |
| 6 | インドネシア | 2016 | 5,841 | 16）パキスタン | 2016 | 5,612 | ドイツ | 2016 | 3,738 |
| 7 | ドイツ | 2016 | 5,461 | メキシコ | 2016 | 5,597 | ウクライナ | 2016 | 2,493 |
| 8 | イタリア | 2016 | 5,382 | 16）オーストラリア | 2016 | 4,619 | メキシコ | 2016 | 2,275 |
| 9 | 日本 | 2016 | 4,860 | 16）グアテマラ | 2016 | 2,904 | スペイン | 2016 | 1,522 |
| (10) | フランス | 2016 | 4,220 | 16）インドネシア | 2016 | 2,225 | アルゼンチン | 2016 | 1,510 |

注：11）は、液体マーガリンを除く。
　　12）は、ミルクから得たバターその他の油脂及びデイリースプレッドである。
　　13）は、凝乳（カード）を含む。
　　14）は、小麦又はメスリン（小麦とライ麦を混合したもの。）から製造されたものである。
　　15）は、てん菜糖及び甘しょ糖であり、香味料又は着色料を添加したものを除く。
　　16）は、精製糖を含む。
　　17）は、グラニュー糖である。
　　18）は、ウィスキー、ラム酒、ジン、ウォッカ、リキュール、コーディアルなどである。
　　19）は、ウォッカ及びリキュールである。

## 6 国民経済と農林水産業（続き）
### (5) 工業生産量 （続き）

| 順位 | 食品（続き） | | | | | | | | |
|---|---|---|---|---|---|---|---|---|---|
| | 20) ワイン | | | 22) ビール | | | 23) ミネラルウォーター | | |
| | 国名 | 年次 | 生産量 | 国名 | 年次 | 生産量 | 国名 | 年次 | 生産量 |
| | | | 100kL | | | 100kL | | | 100kL |
| 1 | スペイン | 2016 | 41,878 | 中国 | 2016 | 450,644 | ドイツ | 2014 | 128,128 |
| 2 | ポルトガル | 2016 | 11,287 | ブラジル | 2015 | 140,274 | トルコ | 2016 | 119,805 |
| 3 | アルゼンチン | 2016 | 9,416 | メキシコ | 2016 | 104,422 | スペイン | 2016 | 74,899 |
| 4 | 21) ロシア | 2016 | 8,867 | ドイツ | 2016 | 83,139 | ロシア | 2016 | 59,867 |
| 5 | チリ | 2016 | 7,222 | ロシア | 2016 | 78,274 | ブラジル | 2015 | 53,569 |
| 6 | ドイツ | 2016 | 7,130 | イギリス | 2016 | 51,470 | ポーランド | 2016 | 43,200 |
| 7 | 21) 日本 | 2016 | 3,798 | ポーランド | 2016 | 40,498 | 日本 | 2016 | 31,762 |
| 8 | ブラジル | 2015 | 3,276 | ベトナム | 2016 | 38,451 | 韓国 | 2015 | 27,606 |
| 9 | ウクライナ | 2016 | 2,881 | スペイン | 2016 | 37,005 | ルーマニア | 2016 | 19,292 |
| (10) | ハンガリー | 2016 | 1,866 | 日本 | 2016 | 26,659 | ウクライナ | 2016 | 17,715 |

| 順位 | 食品（続き） | | | 繊維 | | | | | |
|---|---|---|---|---|---|---|---|---|---|
| | 24) ソフトドリンク | | | 25) 毛糸 | | | 26) 綿糸 | | |
| | 国名 | 年次 | 生産量 | 国名 | 年次 | 生産量 | 国名 | 年次 | 生産量 |
| | | | 100kL | | | t | | | 千t |
| 1 | メキシコ | 2016 | 197,600 | トルコ | 2016 | 68,049 | パキスタン | 2015 | 3,360 |
| 2 | 日本 | 2016 | 170,734 | イタリア | 2016 | 42,328 | トルコ | 2016 | 1,248 |
| 3 | ブラジル | 2015 | 162,452 | イギリス | 2014 | 15,566 | ブラジル | 2015 | 486 |
| 4 | ドイツ | 2016 | 121,886 | 日本 | 2016 | 11,050 | ウズベキスタン | 2016 | 367 |
| 5 | イギリス | 2015 | 83,405 | リトアニア | 2016 | 10,666 | 韓国 | 2015 | 254 |
| 6 | ロシア | 2016 | 61,025 | ポーランド | 2016 | 5,591 | スペイン | 2016 | 69 |
| 7 | フランス | 2016 | 55,332 | チェコ | 2016 | 5,518 | ロシア | 2016 | 58 |
| 8 | スペイン | 2016 | 51,126 | ロシア | 2016 | 5,118 | メキシコ | 2016 | 58 |
| 9 | ポーランド | 2016 | 42,937 | ポルトガル | 2016 | 3,545 | 日本 | 2016 | 55 |
| (10) | トルコ | 2016 | 40,350 | スペイン | 2015 | 3,538 | イタリア | 2016 | 37 |

注：20) は、グレーブマスト、スパークリングワイン、ベルモット酒及び香味付けしたワインを含む。
　　21) は、その他の果実酒を含む。
　　22) は、麦芽から製造されたものである。
　　23) は、無加糖・無香料のミネラルウォーター及び炭酸水である。
　　24) は、水及びフルーツジュースを除く。
　　25) は、紡毛糸、梳毛糸及び獣毛糸である。
　　26) は、縫糸以外である。

| 順位 | 木材・パルプ・紙 | | | | | | | | |
|---|---|---|---|---|---|---|---|---|---|
| | 27) 製材 | | | 29) 合板 | | | 30) 木材パルプ | | |
| | 国名 | 年次 | 生産量 | 国名 | 年次 | 生産量 | 国名 | 年次 | 生産量 |
| | | | 千㎥ | | | 千㎥ | | | 千t |
| 1 | アメリカ合衆国 | 2016 | 55,627 | 中国 | 2016 | ＊117,317 | アメリカ合衆国 | 2016 | ＊42,242 |
| 2 | カナダ | 2016 | ＊48,161 | アメリカ合衆国 | 2016 | 9,398 | ブラジル | 2016 | 18,210 |
| 3 | 中国 | 2016 | 34,375 | ロシア | 2016 | 3,812 | カナダ | 2016 | 8,914 |
| 4 | 28) ロシア | 2016 | 23,736 | インドネシア | 2016 | ＊3,800 | 日本 | 2016 | 8,030 |
| 5 | スウェーデン | 2016 | 21,449 | 日本 | 2016 | 3,063 | 中国 | 2016 | ＊7,479 |
| 6 | ドイツ | 2016 | ＊21,109 | ブラジル | 2016 | ＊2,700 | インドネシア | 2016 | ＊6,400 |
| 7 | フィンランド | 2016 | 11,370 | インド | 2016 | ＊2,521 | ロシア | 2016 | 5,555 |
| 8 | オーストリア | 2016 | 9,256 | マレーシア | 2016 | 2,484 | フィンランド | 2016 | 5,119 |
| 9 | ブラジル | 2016 | ＊8,600 | トルコ | 2016 | 2,395 | チリ | 2016 | 4,238 |
| (10) | 日本 | 2016 | 8,419 | カナダ | 2016 | 2,205 | スウェーデン | 2016 | 3,816 |

| 順位 | 化学・石油・セメント | | | | | | 機械器具 | | |
|---|---|---|---|---|---|---|---|---|---|
| | 窒素質肥料 | | | 33) カリ質肥料 | | | 34) コンバイン | | |
| | 国名 | 年次 | 生産量 | 国名 | 年次 | 生産量 | 国名 | 年次 | 生産量 |
| | | | 千t | | | t | | | 台 |
| 1 | 中国 | 2016 | 41,055 | 31) ロシア | 2016 | 7,770,000 | 日本 | 2016 | 20,867 |
| 2 | 31) ロシア | 2016 | 9,475 | 中国 | 2016 | 6,650,200 | ロシア | 2016 | 6,057 |
| 3 | ポーランド | 2016 | 4,752 | ベラルーシ | 2016 | 6,180,050 | メキシコ | 2016 | 4,437 |
| 4 | ブラジル | 2014 | 3,376 | 韓国 | 2016 | 717,634 | ブラジル | 2015 | 1,894 |
| 5 | 32) パキスタン | 2015 | 2,626 | ポーランド | 2015 | 57,956 | ポーランド | 2016 | 1,135 |
| 6 | エジプト | 2015 | 2,384 | ウクライナ | 2016 | 4,767 | アルゼンチン | 2016 | 649 |
| 7 | オランダ | 2016 | 2,290 | カザフスタン | 2016 | 1,455 | アルジェリア | 2015 | 603 |
| 8 | トルコ | 2016 | 1,771 | チリ | 2016 | 474 | カザフスタン | 2016 | 544 |
| 9 | ウクライナ | 2016 | 1,670 | ポルトガル | 2016 | 1 | クロアチア | 2016 | 381 |
| (10) | ドイツ | 2016 | 1,339 | | | | フィンランド | 2016 | 367 |

注：27）は、針葉樹の木材を加工したものであり、厚さ6ミリメートルを超えるものである。
　　28）は、非針葉樹の木材を加工したものを含む。
　　29）は、合板、ベニヤパネルと同様の集成材である。
　　30）は、化学パルプ（ソーダパルプ及び硫酸塩パルプ）である。
　　31）は、有効成分100％である。
　　32）は、窒素100％である。
　　33）は、カーナライト、カリ岩塩及び天然カリウム塩を除く。
　　34）は、収穫脱穀機である。

6 国民経済と農林水産業（続き）
(6) 肥料使用量

単位：千 t

| 国名 | 1)窒素質肥料 | | | 2)りん酸質肥料 | | | 3)カリ質肥料 | | |
|---|---|---|---|---|---|---|---|---|---|
| | 2017年 | 2018 | 2019 | 2017年 | 2018 | 2019 | 2017年 | 2018 | 2019 |
| 世界 | 109,172 | 107,734 | 107,736 | 44,404 | 43,811 | 43,405 | 38,969 | 38,945 | 37,391 |
| 中国 | 29,545 | 28,141 | 26,738 | 11,960 | 10,930 | 10,221 | 11,315 | 10,779 | 10,245 |
| インド | 16,958 | 17,628 | 18,864 | 6,854 | 6,968 | 7,465 | 2,779 | 2,779 | 2,641 |
| アメリカ合衆国 | 11,582 | 11,627 | 11,672 | 4,010 | 3,983 | 3,974 | 4,554 | 4,409 | 4,305 |
| ブラジル | 4,557 | 4,594 | 4,912 | 4,574 | 5,107 | 4,860 | 6,256 | 6,686 | 6,774 |
| インドネシア | 2,952 | 3,237 | 2,928 | 785 | 817 | 840 | 2,088 | 2,165 | 1,733 |
| パキスタン | 3,447 | 3,447 | 3,505 | 1,258 | 1,258 | 1,100 | 54 | 54 | 47 |
| カナダ | 2,471 | 2,769 | 2,568 | 1,023 | 1,130 | 1,082 | 427 | 427 | 427 |
| フランス | 2,234 | 2,248 | 2,131 | 451 | 430 | 416 | 463 | 451 | 470 |
| ロシア | 1,513 | 1,542 | 1,727 | 590 | 600 | 601 | 370 | 390 | 419 |
| ベトナム | 1,563 | 1,573 | 1,494 | 873 | 750 | 731 | 764 | 579 | 511 |
| 日本 | 386 | 369 | 369 | 355 | 338 | 338 | 272 | 270 | 270 |

注： 1 日本を除き、2019年の窒素質肥料、りん酸質肥料及びカリ質肥料の合計が多い10か国
を抜粋している。
　　 2 植物栄養素 (N、P、K) の成分量である。
1)は、硫酸アンモニア、硝酸アンモニア、尿素などである。
2)は、過りん酸石灰、熔成りん肥などである。
3)は、硫酸カリ，塩化カリなどである。

7 林業
(1) 森林の面積

| 国名 | 2)陸地面積 | 3)森林面積 (2020年) | | |
| | | 総面積 | 陸地に占める割合 | 人工林 |
| --- | --- | --- | --- | --- |
| | 千ha | 千ha | % | 千ha |
| ロシア | 1,637,687 | 815,312 | 49.8 | 18,880 |
| ブラジル | 835,814 | 496,620 | 59.4 | 11,224 |
| カナダ | 909,351 | 346,928 | 38.2 | 18,163 |
| アメリカ合衆国 | 914,742 | 309,795 | 33.9 | 27,521 |
| 1) 中国 | 942,470 | 219,978 | 23.3 | 84,696 |
| オーストラリア | 768,230 | 134,005 | 17.4 | 2,390 |
| コンゴ民主共和国 | 226,705 | 126,155 | 55.6 | 58 |
| インドネシア | 187,752 | 92,133 | 49.1 | 4,526 |
| ペルー | 128,000 | 72,330 | 56.5 | 1,088 |
| インド | 297,319 | 72,160 | 24.3 | 13,269 |
| 日本 | 36,456 | 24,935 | 68.4 | 10,184 |

注 : 日本を除き、2020年の森林面積が多い10か国を抜粋している。
　　1)は、香港、マカオ及び台湾を含む。
　　2)は、内水面（主要な河川及び湖沼）を除いた総土地面積である。
　　3)は、高さ5メートル以上の樹木で覆われた0.5ヘクタール以上の土地で、林地に対する
　　樹冠面積が10パーセント以上のものである（現在、幼木であっても、将来樹幹面積10パー
　　セント、高さ5メートル以上に達すると予想されるものを含む。）。人工林を含む。
　　国立公園、自然保護地域、各種保護地域、防風林、ゴム園などを含み、果樹林などのように、
　　農林業としての利用目的が明確なものを除く。

(2) 木材生産量 (2019年)

単位 : 千m³

| 国名 | 1)総量 | 薪炭材 | 2)用材 | 製材・ベニヤ材 |
| --- | --- | --- | --- | --- |
| 世界 | 3,964,117 | 1,944,145 | 2,019,972 | 1,148,714 |
| アメリカ合衆国 | 459,129 | 71,427 | 387,702 | 187,160 |
| インド | 351,761 | 302,244 | 49,517 | 47,804 |
| 中国 | 340,119 | 159,882 | 180,237 | 96,352 |
| ブラジル | 266,288 | 123,299 | 142,989 | 55,421 |
| ロシア | 218,400 | 15,206 | 203,194 | 136,198 |
| カナダ | 141,568 | 1,750 | 139,817 | 121,335 |
| インドネシア | 123,757 | 40,411 | 83,346 | 33,114 |
| エチオピア | 116,082 | 113,147 | 2,935 | 11 |
| コンゴ民主共和国 | 91,313 | 86,702 | 4,611 | 329 |
| ドイツ | 77,821 | 23,697 | 54,124 | 41,334 |
| ナイジェリア | 76,563 | 66,541 | 10,022 | 7,600 |
| スウェーデン | 75,472 | 5,460 | 70,012 | 37,469 |
| チリ | 63,717 | 16,122 | 47,595 | 21,507 |
| フィンランド | 63,667 | 8,013 | 55,654 | 23,211 |
| ベトナム | 57,335 | 20,000 | 37,335 | 16,300 |
| ガーナ | 49,853 | 47,639 | 2,214 | 1,464 |
| フランス | 49,631 | 24,186 | 25,445 | 16,808 |
| ウガンダ | 49,507 | 44,177 | 5,330 | 3,553 |
| メキシコ | 46,173 | 38,522 | 7,651 | 6,671 |
| ポーランド | 43,268 | 5,069 | 38,199 | 17,000 |
| 日本 | 30,349 | 6,932 | 23,417 | 17,620 |

注 : 1　加工前の生産量である。
　　2　日本を除き、木材生産量が多い20か国を抜粋している。
　　1)は、森林及び森林外から伐採・回収されたすべての樹木であり、倒木を含む。
　　2)は、製材・ベニヤ材、パルプ材などの産業用素材である。

## 8　水産業
### (1)　水産物生産量－漁獲・養殖 (2019年)

単位：千 t

| 国名 | 水産物 合計 | 水産物 漁獲・採集 | 水産物 2)養殖 | 魚類・甲殻類・軟体類 合計 | 魚類・甲殻類・軟体類 漁獲 | 魚類・甲殻類・軟体類 2)養殖 | 藻類 合計 | 藻類 採集 | 藻類 2)養殖 |
|---|---|---|---|---|---|---|---|---|---|
| 世界 | 213,653 | 93,581 | 120,072 | 177,834 | 92,498 | 85,336 | 35,819 | 1,083 | 34,736 |
| 世界（海洋） | 148,206 | 81,493 | 66,713 | 112,443 | 80,409 | 32,034 | 35,762 | 1,083 | 34,679 |
| 中国 | 50,566 | 12,329 | 38,237 | 30,269 | 12,154 | 18,115 | 20,297 | 174 | 20,122 |
| インドネシア | * 19,042 | * 7,002 | * 12,040 | * 9,079 | * 6,957 | * 2,122 | * 9,963 | * 45 | * 9,918 |
| アメリカ合衆国 | 5,021 | 4,785 | 236 | 5,017 | 4,781 | 236 | 3 | 3 | 0 |
| ペルー | 4,930 | 4,833 | 97 | 4,893 | 4,796 | 97 | 36 | 36 | – |
| ロシア | 4,793 | 4,729 | 65 | 4,774 | 4,720 | 54 | 20 | 9 | 11 |
| ベトナム | 4,757 | 3,285 | 1,472 | 4,743 | 3,285 | 1,458 | 13 | … | 13 |
| インド | 4,593 | 3,690 | 903 | 4,570 | 3,672 | 898 | 24 | 18 | * 5 |
| 日本 | 4,121 | 3,209 | 912 | 3,708 | 3,142 | 567 | 412 | 67 | 346 |
| フィリピン | 3,937 | 1,899 | 2,037 | 2,436 | 1,899 | 537 | 1,500 | 0 | 1,500 |
| ノルウェー | 3,925 | 2,472 | 1,453 | 3,762 | 2,309 | 1,453 | 163 | 163 | 0 |
| 1) 世界（内水面） | 65,447 | 12,089 | 53,359 | 65,391 | 12,089 | 53,302 | 57 | 0 | 56 |
| 中国 | 32,028 | 1,841 | 30,186 | 31,973 | 1,841 | 30,131 | 55 | 0 | 55 |
| インド | * 8,684 | 1,787 | * 6,897 | * 8,684 | 1,787 | * 6,897 | … | … | … |
| インドネシア | * 4,350 | * 522 | * 3,828 | * 4,350 | * 522 | * 3,828 | … | … | … |
| バングラデシュ | 3,506 | 1,236 | 2,271 | 3,506 | 1,236 | 2,271 | … | … | … |
| ベトナム | 3,128 | 144 | 2,984 | 3,128 | 144 | 2,984 | … | … | … |
| ミャンマー | 1,917 | * 887 | 1,029 | 1,917 | * 887 | 1,029 | … | … | … |
| エジプト | * 1,668 | 298 | * 1,370 | * 1,668 | 298 | * 1,370 | … | … | … |
| カンボジア | * 815 | * 524 | * 290 | * 815 | * 524 | * 290 | … | … | … |
| ブラジル | 755 | * 225 | 530 | 755 | * 225 | 530 | … | … | … |
| ウガンダ | 706 | 603 | 103 | 706 | 603 | 103 | … | … | … |
| 日本 | 54 | 22 | 32 | 54 | 22 | 32 | … | … | … |

注：1　海洋及び内水面の水産物合計が多い10か国と内水面の日本を抜粋している。
　　2　ＦＡＯ水棲（すいせい）動植物国際標準統計分類（ISSCAAP）による。漁獲・採集及び
　　養殖による水産物の生体重量である。食用以外の商業用・産業用・レクリエーション用を
　　含むが、鯨、アザラシ、ワニ、さんご、真珠、海綿などを除く。
　　3　暫定値又は推計値には「＊」を付した。
　　1)は、湖沼、河川、池など陸地内の水面での漁業である。
　　2)は、所有権を明確にして人工的に魚介類や藻類の発生・生育を図る給餌養殖、広い海域
　　へ種苗（稚魚）をまいて成長させ、成魚にして捕獲する栽培漁業などである。

(2)　水産物生産量－種類別（2019年）

単位：t

| 国名 | 計 | 養殖 | 漁獲 | | | |
|---|---|---|---|---|---|---|
| | | | 計 | 魚類 | | |
| | | | | さけ・ます類 | ひらめ・かれい類 | たら類 |
| 世界 | 213,652,952 | 120,071,580 | 92,498,001 | 1,065,420 | 948,100 | 9,253,763 |
| 中国 | 82,593,140 | 68,423,247 | 13,995,443 | … | … | … |
| インドネシア | * 23,392,225 | * 15,868,400 | * 7,479,325 | … | * 22,115 | … |
| インド | * 13,277,400 | * 7,800,300 | 5,458,700 | … | 50,013 | 92 |
| ベトナム | 7,884,586 | 4,455,557 | 3,429,029 | … | … | … |
| アメリカ合衆国 | 5,293,935 | 490,305 | 4,800,499 | 383,699 | 254,811 | 2,062,276 |
| ロシア | 5,231,426 | 248,293 | 4,974,162 | 540,668 | 131,415 | 2,571,982 |
| ペルー | 5,005,237 | 153,940 | 4,814,950 | 107 | 1,306 | 54,604 |
| フィリピン | 4,412,284 | 2,358,238 | 2,053,681 | … | 699 | … |
| バングラデシュ | 4,384,219 | 2,488,600 | 1,895,619 | … | … | … |
| 日本 | 4,174,289 | 943,729 | 3,163,760 | 105,748 | 47,897 | 207,090 |

| 国名 | 漁獲（続き） | | | | | | 採集 |
|---|---|---|---|---|---|---|---|
| | 魚類（続き） | | 甲殻類 | | 軟体類 | その他 | 藻類 |
| | にしん・いわし類 | かつお・まぐろ類 | 1)かに類 | えび類 | いか・たこ類 | | |
| 世界 | 16,615,513 | 8,376,586 | 1,522,576 | 3,415,898 | 3,735,781 | 47,564,363 | 1,083,370 |
| 中国 | 735,486 | 481,933 | 647,462 | 1,049,126 | 1,002,016 | 10,079,420 | 174,450 |
| インドネシア | * 442,275 | 1,362,585 | * 198,900 | * 295,150 | * 251,890 | * 4,906,410 | * 44,500 |
| インド | 619,616 | 178,573 | 56,198 | 438,823 | 217,699 | 3,897,686 | 18,400 |
| ベトナム | … | 447,460 | 50,360 | 32,121 | 371,693 | 2,527,395 | … |
| アメリカ合衆国 | 577,016 | 244,199 | 93,681 | 83,957 | 53,938 | 1,046,922 | 3,131 |
| ロシア | 762,268 | 1,500 | 53,039 | 44,399 | 98,228 | 770,663 | 8,971 |
| ペルー | 3,506,776 | 122,738 | 1,449 | 50,228 | 539,181 | 538,561 | 36,348 |
| フィリピン | 378,296 | 552,942 | 32,393 | 43,720 | 52,178 | 993,453 | 365 |
| バングラデシュ | … | 4,253 | … | … | … | 1,891,366 | … |
| 日本 | 803,400 | * 395,373 | 22,973 | 13,100 | 109,800 | 1,458,380 | 66,800 |

注：1　水産物生産量が多い10か国を抜粋している。
　　2　暫定値又は推計値には「＊」を付した。
　1)は、タラバガニ（ヤドカリ類に属する。）を除く。

8 水産業（続き）
(3) 水産物生産量－海域別漁獲量 (2019年)

単位：千 t

| 海域・国（地域） | 漁獲量 | 海域・国（地域） | 漁獲量 | 海域・国（地域） | 漁獲量 |
|---|---|---|---|---|---|
| 世界 | 80,409 | 地中海、黒海 | | 太平洋北西部 | |
| | | トルコ | 432 | 中国 | 11,547 |
| 北極海 | | イタリア | 175 | ロシア | 3,422 |
| ロシア | 1 | チュニジア | * 107 | 日本 | 2,878 |
| | | アルジェリア | 100 | 韓国 | 882 |
| 大西洋北西部 | | | | 台湾 | 335 |
| アメリカ合衆国 | 881 | 大西洋南西部 | | 北朝鮮 | * 204 |
| カナダ | 549 | アルゼンチン | 801 | 香港 | * 123 |
| グリーンランド | 180 | ブラジル | * 466 | | |
| （日本） | 3 | スペイン | 132 | 太平洋北東部 | |
| | | 中国 | * 101 | アメリカ合衆国 | 2,979 |
| 大西洋北東部 | | （日本） | 0 | カナダ | 182 |
| ノルウェー | 2,076 | | | | |
| ロシア | 1,016 | 大西洋南東部 | | 太平洋中西部 | |
| アイスランド | 905 | ナミビア | 464 | インドネシア | * 4,975 |
| フェロー諸島 | 648 | 南アフリカ | 442 | ベトナム | 3,285 |
| デンマーク | 626 | アンゴラ | 386 | フィリピン | 1,899 |
| イギリス | 613 | （日本） | 10 | タイ | 1,040 |
| フランス | 335 | | | マレーシア | 669 |
| オランダ | 299 | 大西洋南氷洋 | | パプアニューギニア | 273 |
| スペイン | 275 | ノルウェー | 230 | 韓国 | 264 |
| アイルランド | 209 | （日本） | 0 | 台湾 | 253 |
| ドイツ | 189 | | | キリバス | 225 |
| ポーランド | 181 | インド洋西部 | | 日本 | * 195 |
| スウェーデン | 178 | インド | 2,194 | ミクロネシア連邦 | 184 |
| ポルトガル | 142 | イラン | 678 | カンボジア | * 137 |
| フィンランド | 139 | オマーン | 579 | アメリカ合衆国 | 108 |
| （日本） | 6 | パキスタン | 344 | マーシャル諸島 | 102 |
| | | モザンビーク | 275 | | |
| 大西洋中西部 | | スペイン | 187 | 太平洋中東部 | |
| アメリカ合衆国 | 658 | セーシェル | 135 | メキシコ | 1168 |
| メキシコ | 248 | モルディブ | 135 | パナマ | 169 |
| ベネズエラ | * 221 | イエメン | * 131 | アメリカ合衆国 | 155 |
| （日本） | 3 | （日本） | 7 | （日本） | 6 |
| | | | | | |
| 大西洋中東部 | | インド洋東部 | | 太平洋南西部 | |
| モロッコ | 1,419 | インドネシア | * 1,982 | ニュージーランド | 409 |
| モーリタニア | * 706 | インド | 1,478 | （日本） | * 12 |
| セネガル | 473 | ミャンマー | * 1,064 | | |
| ナイジェリア | 452 | マレーシア | 784 | 太平洋南東部 | |
| ギニア | 310 | バングラデシュ | 660 | ペルー | 4,796 |
| ガーナ | 303 | タイ | 371 | チリ | 1,951 |
| カメルーン | 266 | スリランカ | 370 | エクアドル | 506 |
| ベリーズ | 201 | オーストラリア | 113 | 中国 | * 364 |
| シエラレオネ | * 200 | （日本） | 8 | （日本） | * 7 |
| ロシア | 180 | | | | |
| ジョージア | * 162 | インド洋南氷洋 | | 太平洋南氷洋 | |
| スペイン | 118 | フランス | 6 | 韓国 | 0 |
| （日本） | 7 | （日本） | 0 | | |

注： 1 水産物生産量－漁獲・養殖のうち、魚類、甲殻類及び軟体類の海洋における漁獲量
　　　　10万トン以上の国（漁獲量10万トン以上の国がない海域については漁獲量第1位の国）
　　　　について、海域ごとに掲載した。日本については漁獲量が10万トン未満であっても
　　　　括弧付きで掲載した。
　　　2 暫定値又は推計値には「＊」を付した。

9 貿易

(1) 国際収支 (2020年)

単位：100万米ドル

| 国 (地域) | 経常収支 | 1)貿易・サービス収支 | 2)第一次所得収支 | 3)第二次所得収支 |
|---|---|---|---|---|
| アメリカ合衆国 | △ 616,087 | △ 676,679 | 188,463 | △ 127,871 |
| カナダ | △ 29,722 | △ 33,663 | 7,362 | △ 3,421 |
| ユーロ圏 | 287,516 | 435,282 | 37,715 | △ 185,481 |
| フランス | △ 49,060 | △ 48,562 | 49,379 | △ 49,877 |
| ドイツ | 268,526 | 221,505 | 106,189 | △ 59,166 |
| イギリス | △ 95,421 | △ 10,819 | △ 48,445 | △ 36,157 |
| オーストラリア | 34,373 | 50,873 | △ 15,430 | △ 1,070 |
| 中国 | 273,980 | 369,673 | △ 105,173 | 9,480 |
| 韓国 | 75,276 | 65,755 | 12,050 | △ 2,530 |
| **日本** | **164,497** | **△ 6,200** | **194,643** | **△ 23,946** |

| 国 (地域) | 4)資本移転等収支 | 5)金融収支 | 外貨準備 | 誤差脱漏 |
|---|---|---|---|---|
| アメリカ合衆国 | △ 5,487 | △ 652,992 | 8,968 | △ 31,418 |
| カナダ | △ 36 | △ 27,441 | △ 699 | 2,317 |
| ユーロ圏 | △ 3,610 | 300,946 | 15,106 | 17,038 |
| フランス | 2,300 | △ 58,847 | 4,538 | △ 12,087 |
| ドイツ | △ 5,648 | 268,018 | △ 67 | 5,140 |
| イギリス | △ 2,359 | △ 124,163 | △ 4,224 | △ 26,383 |
| オーストラリア | △ 726 | 29,761 | △ 16,214 | △ 3,884 |
| 中国 | △ 77 | … | … | … |
| 韓国 | △ 339 | 77,116 | 17,392 | 2,180 |
| **日本** | **△ 1,721** | **141,821** | **8,603** | **△ 20,955** |

注： 一定期間における当該国のあらゆる対外経済取引を体系的に記録したもの（国際通貨基金
（IMF）の国際収支マニュアル第6版による。）。
　　1)は、生産活動の成果である諸品目の取引を計上。貿易収支は、財貨の取引（輸出入）を
計上する項目で、一般商品、仲介貿易商品及び非貨幣用金に区分。輸出、輸入ともにFOB
価格。サービス収支は、輸送、旅行及びその他サービスに区分される。
　　2)は、生産過程に関連した所得及び財産所得を計上。雇用者報酬、投資収益及びその他第
一次所得に区分される。
　　3)は、経常移転による所得の再配分を計上。「移転」とは、「交換」と対比させる取引の
概念であり、当事者の一方が経済的価値のあるものを無償で相手方に提供する取引である。
　　4)は、資本移転及び非金融非生産資産の取得処分を計上。
　　5)は、直接投資、証券投資、金融派生商品、その他投資及び外貨準備から構成される。資
産・負債が増加した場合は「プラス」、減少した場合は「マイナス」となる。

9 貿易（続き）
(2) 商品分類別輸出入額（2020年）

単位：100万米ドル

| 商品分類 | 1) アメリカ合衆国 (一般貿易方式) | | カナダ (一般貿易方式) | | 3) フランス (特別貿易方式) | |
|---|---|---|---|---|---|---|
| | 輸出 | 輸入 | 輸出 | 2) 輸入 | 輸出 | 輸入 |
| 総額 | 1,430,254 | 2,405,382 | 388,252 | 404,486 | 488,562 | 582,775 |
| 食料品及び動物（食用） | 105,781 | 126,286 | 42,756 | 31,697 | 48,202 | 51,766 |
| 飲料及びたばこ | 6,459 | 28,128 | 1,298 | 4,610 | 17,191 | 5,874 |
| 非食品原材料 | 79,151 | 35,727 | 38,084 | 9,763 | 10,584 | 12,222 |
| 鉱物性燃料 | 154,965 | 129,940 | 68,755 | 20,018 | 9,197 | 40,160 |
| 動植物性油脂 | 3,240 | 6,665 | 3,441 | 921 | 1,519 | 2,065 |
| 化学製品 | 212,729 | 283,402 | 35,818 | 50,265 | 101,857 | 85,086 |
| 工業製品 | 117,502 | 259,547 | 44,642 | 51,259 | 47,652 | 74,866 |
| 機械類、輸送用機器 | 466,957 | 984,591 | 94,945 | 164,746 | 168,716 | 204,815 |
| 雑製品 | 145,395 | 413,381 | 21,869 | 50,718 | 64,048 | 93,818 |
| その他 | 138,073 | 137,715 | 36,643 | 20,490 | 19,596 | 12,104 |

| 商品分類 | 中国 (一般貿易方式) | | 韓国 (一般貿易方式) | | 日本 (一般貿易方式) | |
|---|---|---|---|---|---|---|
| | 輸出 | 輸入 | 輸出 | 輸入 | 輸出 | 輸入 |
| 総額 | 2,590,601 | 2,055,591 | 512,710 | 467,498 | 641,283 | 635,402 |
| 食料品及び動物（食用） | 64,481 | 98,344 | 6,420 | 27,545 | 6,263 | 54,422 |
| 飲料及びたばこ | 2,478 | 6,214 | 1,822 | 1,344 | 1,128 | 8,242 |
| 非食品原材料 | 14,993 | 294,334 | 6,156 | 28,915 | 9,508 | 43,050 |
| 鉱物性燃料 | 32,117 | 267,535 | 25,399 | 86,553 | 7,627 | 105,481 |
| 動植物性油脂 | 1,405 | 10,647 | 90 | 1,299 | 230 | 1,452 |
| 化学製品 | 169,194 | 213,332 | 74,401 | 50,971 | 78,964 | 72,878 |
| 工業製品 | 436,458 | 169,060 | 61,899 | 45,883 | 70,944 | 59,470 |
| 機械類、輸送用機器 | 1,258,812 | 828,598 | 293,243 | 173,574 | 364,204 | 189,163 |
| 雑製品 | 582,123 | 145,201 | 41,512 | 50,419 | 52,842 | 89,791 |
| その他 | 28,541 | 22,325 | 1,768 | 996 | 49,573 | 11,453 |

注：1 商品分類は、標準国際貿易分類（ＳＩＴＣ：Standard International Trade Classification）
　　　第4版の大分類による。
　　2 貿易方式は、保税倉庫の品物の記録方法により、一般的に「一般貿易方式」又は「特別貿易方
　　　式」が用いられる。各方式の定義は次のとおりである。輸送途中で通過した国、商品の積替えは
　　　計上されない。
　　　　　一般貿易方式：輸出…(1) 国産品（全部又は一部が国内で生産・加工された商品）の輸出。
　　　　　　　　　　　　　　　(2) 市場に流通していた外国商品の再輸出。
　　　　　　　　　　　　　　　(3) 保税倉庫に保管されていた外国商品の再輸出の合計。
　　　　　　　　　　　輸入…(1) 国内での消費・加工を目的とする商品の輸入。
　　　　　　　　　　　　　　　(2) 外国商品の保税倉庫への搬入の合計。
　　　　　特別貿易方式：輸出…(1) 国産品（全部又は一部が国内で生産・加工された商品）の輸出。
　　　　　　　　　　　　　　　(2) 市場に流通していた外国商品の再輸出の合計。
　　　　　　　　　　　輸入…(1) 国内での消費・加工を目的とする商品の輸入。
　　　　　　　　　　　　　　　(2) 国内での消費を目的とする外国商品の保税倉庫からの搬出
　　　　　　　　　　　　　　　　の合計。
　　3 輸出額は、ＦＯＢ価格（free on board：本船渡し価格）である。
　　4 輸入額は、ＣＩＦ価格（cost, insurance and freight：保険料・運賃込み価格）である。
1)は、プエルトリコ及び米領バージン諸島を含む。
2)は、ＦＯＢ価格である。
3)は、モナコを含む。
4)は、ＣＩＦ価格及びＦＯＢ価格である。

単位：100万米ドル

| ドイツ<br>（特別貿易方式） | | イギリス<br>（一般貿易方式） | | オーストラリア<br>（一般貿易方式） | | ニュージーランド<br>（一般貿易方式） | |
|---|---|---|---|---|---|---|---|
| 輸出 | 輸入 | 輸出 | 輸入 | 輸出 | 2）輸入 | 輸出 | 4）輸入 |
| 1,385,852 | 1,173,167 | 395,692 | 634,175 | 245,046 | 211,973 | 38,877 | 37,098 |
| 69,815 | 81,260 | 19,253 | 52,413 | 24,504 | 12,882 | 23,610 | 4,163 |
| 8,403 | 9,807 | 8,234 | 8,596 | 2,248 | 2,518 | 1,537 | 552 |
| 22,370 | 40,929 | 7,799 | 14,906 | 95,551 | 2,460 | 4,278 | 690 |
| 25,201 | 72,972 | 26,151 | 33,674 | 34,098 | 17,231 | 292 | 3,157 |
| 2,842 | 3,626 | 673 | 1,926 | 360 | 559 | 128 | 238 |
| 236,515 | 174,484 | 66,217 | 68,801 | 7,654 | 23,148 | 1,803 | 4,341 |
| 165,125 | 144,023 | 42,302 | 68,732 | 9,992 | 24,295 | 1,909 | 4,367 |
| 641,561 | 434,505 | 137,210 | 193,744 | 10,120 | 84,908 | 2,420 | 13,824 |
| 162,123 | 158,362 | 50,795 | 91,862 | 5,064 | 33,147 | 1,638 | 5,266 |
| 51,897 | 53,199 | 37,058 | 99,523 | 55,455 | 10,825 | 1,262 | 502 |

## (3)　貿易依存度

単位：％

| 国（地域） | 輸出依存度 | | | | | 輸入依存度 | | | | |
|---|---|---|---|---|---|---|---|---|---|---|
| | 2013年 | 2014 | 2015 | 2016 | 2017 | 2013年 | 2014 | 2015 | 2016 | 2017 |
| アメリカ合衆国 | 9.4 | 9.3 | 8.2 | 7.8 | 7.9 | 13.9 | 13.8 | 12.7 | 12.0 | 12.3 |
| カナダ | 25.2 | 26.5 | 26.3 | 25.7 | 25.7 | 25.6 | 26.3 | 27.6 | 27.0 | 26.8 |
| ユーロ圏 | 19.1 | 19.1 | 19.4 | 19.0 | 19.7 | 17.6 | 17.3 | 17.2 | 16.5 | 17.6 |
| フランス | 20.7 | 20.4 | 20.8 | 20.4 | 20.7 | 24.3 | 23.8 | 23.6 | 23.2 | 24.1 |
| ドイツ | 38.4 | 38.3 | 39.3 | 38.4 | 39.2 | 31.4 | 30.9 | 31.2 | 30.4 | 31.5 |
| イギリス | 17.4 | 15.8 | 15.2 | 15.2 | 16.6 | 23.5 | 21.9 | 21.4 | 22.0 | 23.3 |
| オーストラリア | 16.7 | 16.5 | 15.2 | 15.2 | 16.7 | 16.0 | 16.3 | 16.9 | 15.5 | 16.5 |
| 中国 | 22.9 | 22.2 | 20.4 | 19.1 | 18.9 | 20.2 | 18.6 | 15.0 | 14.2 | 15.3 |
| 韓国 | 40.8 | 38.6 | 35.9 | 33.0 | 35.3 | 37.6 | 35.4 | 29.8 | 27.1 | 29.4 |
| 日本 | 13.9 | 14.2 | 14.2 | 13.1 | 14.3 | 16.1 | 16.7 | 14.8 | 12.3 | 13.8 |

注：国内総生産（ＧＤＰ）に対する輸出額（FOB価格）及び輸入額（CIF価格）の割合である。

(4)　主要商品別輸出入額

単位：100万米ドル

| 区分 | 米 | | | 3) 小麦、メスリン | | | 6) とうもろこし | | |
|---|---|---|---|---|---|---|---|---|---|
| | 国名 | 2019年 | 2020 | 国名 | 2019年 | 2020 | 国名 | 2019年 | 2020 |
| **輸出** | | | | | | | | | |
| 1 | インド | 6,801 | 7,980 | ロシア | 6,403 | 7,918 | 1) アメリカ合衆国 | 8,013 | 9,575 |
| 2 | タイ | 4,206 | 3,710 | 1) アメリカ合衆国 | 6,266 | 6,318 | アルゼンチン | 5,949 | 6,047 |
| 3 | ベトナム | 2,434 | 2,791 | カナダ | 5,381 | 6,299 | ブラジル | 7,290 | 5,853 |
| 4 | パキスタン | 2,270 | 2,101 | 2) フランス | 4,355 | 4,544 | ウクライナ | 5,218 | 4,885 |
| 5 | 1) アメリカ合衆国 | 1,877 | 1,889 | ウクライナ | 3,658 | 3,594 | 2) フランス | 1,372 | 1,717 |
| 6 | 中国 | 1,059 | 917 | オーストラリア | 2,483 | 2,698 | ルーマニア | 1,391 | 1,226 |
| 7 | ミャンマー | 782 | 773 | ドイツ | 1,252 | 2,119 | ハンガリー | 860 | 1,016 |
| 8 | イタリア | 619 | 715 | アルゼンチン | 2,296 | 2,029 | セルビア | 551 | 665 |
| 9 | ブラジル | 368 | 504 | カザフスタン | 1,003 | 1,137 | 南アフリカ | 280 | 566 |
| 10 | （日本） | 56 | 59 | ポーランド | 432 | 1,046 | （日本） | 0 | 0 |
| **輸入** | | | | | | | | | |
| 1 | 中国 | 1,254 | 1,459 | エジプト | 3,024 | 2,694 | 日本 | 3,524 | 3,293 |
| 2 | サウジアラビア | 1,415 | 1,404 | インドネシア | 2,799 | 2,616 | 7) メキシコ | 3,190 | 3,090 |
| 3 | 1) アメリカ合衆国 | 1,086 | 1,284 | 4) トルコ | 2,302 | 2,335 | 中国 | 1,062 | 2,490 |
| 4 | フィリピン | 1,145 | 862 | ナイジェリア | 901 | 2,260 | ベトナム | 2,313 | 2,402 |
| 5 | イギリス | 531 | 625 | ナイジェリア | 1,266 | 2,151 | 韓国 | 2,353 | 2,371 |
| 6 | 2) フランス | 541 | 589 | イタリア | 1,823 | 2,043 | エジプト | 1,930 | 1,881 |
| 7 | マレーシア | 453 | 586 | フィリピン | 1,847 | 1,573 | スペイン | 1,946 | 1,653 |
| 8 | アラブ首長国連邦 | 535 | 565 | 日本 | 1,473 | 1,525 | オランダ | 1,355 | 1,290 |
| 9 | 南アフリカ | 449 | 548 | 5) ブラジル | 1,626 | 1,459 | コロンビア | 1,191 | 1,222 |
| 10 | 日本 | 490 | 503 | モロッコ | 960 | 1,422 | イタリア | 1,261 | 1,197 |

| 区分 | 8) 野菜、いも、豆類 | | | 9) 果実、ナッツ | | | 茶、マテ茶 | | |
|---|---|---|---|---|---|---|---|---|---|
| | 国名 | 2019年 | 2020 | 国名 | 2019年 | 2020 | 国名 | 2019年 | 2020 |
| **輸出** | | | | | | | | | |
| 1 | メキシコ | 7,430 | 8,380 | 1) アメリカ合衆国 | 14,835 | 14,057 | 中国 | 2,181 | 2,169 |
| 2 | 中国 | 7,879 | 8,065 | スペイン | 9,735 | 10,783 | スリランカ | 1,346 | 1,354 |
| 3 | オランダ | 7,972 | 7,891 | オランダ | 6,813 | 7,759 | ケニア | 1,134 | 1,241 |
| 4 | スペイン | 7,388 | 7,871 | 中国 | 5,958 | 6,832 | インド | 872 | 747 |
| 5 | カナダ | 4,375 | 5,508 | メキシコ | 7,185 | 6,749 | アラブ首長国連邦 | 301 | 322 |
| 6 | 1) アメリカ合衆国 | 4,697 | 4,820 | チリ | 6,211 | 6,023 | ドイツ | 329 | 312 |
| 7 | ベルギー | 2,379 | 2,388 | ベトナム | 5,622 | 4,955 | ポーランド | 262 | 274 |
| 8 | 2) フランス | 2,451 | 2,369 | イタリア | 4,506 | 4,709 | 1) アメリカ合衆国 | 284 | 257 |
| 9 | イタリア | 1,754 | 1,745 | イタリア | 3,651 | 3,962 | オランダ | 247 | 247 |
| 10 | （日本） | 63 | 81 | （日本） | 228 | 211 | （日本） | 152 | 177 |
| **輸入** | | | | | | | | | |
| 1 | 1) アメリカ合衆国 | 11,419 | 12,724 | 1) アメリカ合衆国 | 18,628 | 18,330 | 1) アメリカ合衆国 | 687 | 686 |
| 2 | ドイツ | 6,584 | 7,097 | ドイツ | 10,054 | 11,566 | パキスタン | 497 | 590 |
| 3 | イギリス | 4,296 | 4,357 | 中国 | 11,285 | 11,565 | ロシア | 454 | 438 |
| 4 | 2) フランス | 3,416 | 3,516 | オランダ | 7,195 | 7,916 | イギリス | 376 | 373 |
| 5 | 7) カナダ | 3,343 | 3,326 | イギリス | 6,085 | 6,176 | 2) フランス | 261 | 263 |
| 6 | オランダ | 2,770 | 2,785 | 2) フランス | 5,370 | 5,876 | サウジアラビア | 253 | 256 |
| 7 | 中国 | 1,722 | 2,125 | ロシア | 5,001 | 5,083 | ドイツ | 267 | 242 |
| 8 | 日本 | 2,232 | 2,094 | 7) カナダ | 4,521 | 4,655 | 香港 | 221 | 242 |
| 9 | ベルギー | 2,155 | 2,063 | 香港 | 4,561 | 4,025 | オランダ | 187 | 208 |
| 10 | イタリア | 1,970 | 1,850 | （日本） | 3,184 | 3,249 | （日本） | 212 | 182 |

注：1　商品名は標準国際貿易分類（ＳＩＴＣ）による。

　　2　主要商品の輸出入額上位10か国を掲載した。ただし、日本が11位以下の場合は、10位の国に代えて括弧付きで掲載した。

1)は、プエルトリコ及び米領バージン諸島を含む。　　2)は、モナコを含む。

3)は、未製粉のもの。メスリンは、小麦とライ麦を混合したものである。

4)は、ＣＩＦ価格及びＦＯＢ価格である。　　5)は、2019年のみＦＯＢ価格である。

6)は、未製粉のもの。種子を含み、スイートコーンは除く。

7)は、ＦＯＢ価格である。

8)は、生鮮、冷蔵、冷凍又は簡単な保存状態にしたものであり、いも、豆類は乾燥品を含む。

9)は、生鮮又は乾燥品であり、採油用ナッツを除く。

単位：100万米ドル

| 区分 | コーヒー、代用品 | | | アルコール飲料 | | | 採油用種子 | | |
|---|---|---|---|---|---|---|---|---|---|
| | 国名 | 2019年 | 2020 | 国名 | 2019年 | 2020 | 国名 | 2019年 | 2020 |
| 輸出 | | | | | | | | | |
| 1 | ブラジル | 5,167 | 5,530 | 2) フランス | 16,951 | 15,039 | ブラジル | 26,347 | 28,961 |
| 2 | ドイツ | 3,251 | 3,424 | イタリア | 9,187 | 9,093 | 1) アメリカ合衆国 | 19,766 | 26,884 |
| 3 | 10) スイス | 2,686 | 3,056 | イギリス | 9,436 | 7,537 | カナダ | 4,877 | 6,727 |
| 4 | コロンビア | 2,609 | 2,802 | メキシコ | 6,560 | 7,115 | アルゼンチン | 3,927 | 3,160 |
| 5 | ベトナム | 2,674 | 2,444 | スペイン | 4,304 | 4,167 | パラグアイ | 1,629 | 2,216 |
| 6 | イタリア | 1,815 | 1,762 | 1) アメリカ合衆国 | 4,300 | 3,959 | ウクライナ | 2,499 | 1,775 |
| 7 | 2) フランス | 1,446 | 1,622 | ドイツ | 4,077 | 3,474 | オランダ | 1,107 | 1,641 |
| 8 | インドネシア | 1,484 | 1,346 | オランダ | 3,454 | 3,467 | ロシア | 735 | 1,314 |
| 9 | オランダ | 1,026 | 1,080 | ベルギー | 2,467 | 2,465 | インド | 1,231 | 1,274 |
| 10 | （日本） | 68 | 140 | （日本） | 606 | 666 | （日本） | 25 | 15 |
| 輸入 | | | | | | | | | |
| 1 | 1) アメリカ合衆国 | 6,259 | 6,177 | 1) アメリカ合衆国 | 22,287 | 21,474 | 中国 | 38,280 | 43,080 |
| 2 | ドイツ | 3,554 | 3,831 | イギリス | 6,297 | 6,299 | ドイツ | 4,413 | 4,824 |
| 3 | 2) フランス | 2,948 | 3,100 | ドイツ | 5,272 | 5,118 | オランダ | 3,082 | 3,734 |
| 4 | イタリア | 1,710 | 1,579 | 中国 | 4,961 | 4,131 | 7) メキシコ | 2,181 | 3,008 |
| 5 | 7) カナダ | 1,346 | 1,371 | 7) カナダ | 3,438 | 3,420 | 日本 | 2,982 | 2,886 |
| 6 | オランダ | 1,287 | 1,344 | 2) フランス | 3,397 | 3,151 | 4) トルコ | 1,912 | 2,175 |
| 7 | 日本 | 1,409 | 1,342 | オランダ | 2,750 | 2,867 | アルゼンチン | 1,611 | 1,989 |
| 8 | イギリス | 1,387 | 1,336 | ロシア | 2,703 | 2,516 | エジプト | 1,905 | 1,796 |
| 9 | スペイン | 1,041 | 1,094 | 日本 | 2,804 | 2,400 | タイ | 1,243 | 1,713 |
| 10 | ロシア | 1,027 | 1,037 | シンガポール | 2,455 | 2,173 | スペイン | 1,615 | 1,673 |

| 区分 | 綿花 | | | 牛肉 | | | 9) 肉類（牛肉以外） | | |
|---|---|---|---|---|---|---|---|---|---|
| | 国名 | 2019年 | 2020 | 国名 | 2019年 | 2020 | 国名 | 2019年 | 2020 |
| 輸出 | | | | | | | | | |
| 1 | 1) アメリカ合衆国 | 6,221 | 6,030 | ブラジル | 6,546 | 7,447 | 1) アメリカ合衆国 | 10,413 | 11,303 |
| 2 | ブラジル | 2,652 | 3,246 | オーストラリア | 7,520 | 6,615 | ブラジル | 8,456 | 8,115 |
| 3 | インド | 1,147 | 1,560 | 1) アメリカ合衆国 | 6,925 | 6,554 | スペイン | 6,444 | 7,962 |
| 4 | ベナン | 457 | 459 | インド | 3,109 | 2,795 | ドイツ | 7,046 | 6,614 |
| 5 | ギリシャ | 593 | 453 | アルゼンチン | 3,074 | 2,707 | オランダ | 6,360 | 6,425 |
| 6 | オーストラリア | 1,088 | 309 | オランダ | 2,795 | 2,555 | カナダ | 3,213 | 3,786 |
| 7 | ブルキナファソ | 352 | 263 | ニュージーランド | 2,376 | 2,399 | ポーランド | 4,102 | 3,785 |
| 8 | トルコ | 305 | 219 | カナダ | 2,183 | 2,203 | デンマーク | 3,254 | 3,612 |
| 9 | メキシコ | 150 | 194 | アイルランド | 2,153 | 2,201 | オーストラリア | 3,843 | 3,436 |
| 10 | （日本） | 6 | 8 | （日本） | 272 | 271 | （日本） | 28 | 36 |
| 輸入 | | | | | | | | | |
| 1 | 中国 | 3,605 | 3,590 | 中国 | 8,228 | 10,179 | 中国 | 10,443 | 19,932 |
| 2 | ベトナム | 2,453 | 2,215 | 1) アメリカ合衆国 | 5,595 | 6,430 | 日本 | 7,170 | 6,783 |
| 3 | 4) トルコ | 1,597 | 1,673 | 日本 | 3,527 | 3,343 | ドイツ | 4,369 | 4,020 |
| 4 | パキスタン | 711 | 1,318 | 韓国 | 2,923 | 2,896 | 香港 | 3,561 | 3,399 |
| 5 | インドネシア | 1,119 | 777 | ドイツ | 2,214 | 2,107 | イギリス | 3,247 | 2,907 |
| 6 | インド | 1,344 | 369 | イタリア | 2,179 | 1,985 | 2) フランス | 2,983 | 2,825 |
| 7 | タイ | 377 | 228 | 香港 | 1,811 | 1,834 | 1) アメリカ合衆国 | 2,930 | 2,745 |
| 8 | マレーシア | 303 | 218 | オランダ | 1,866 | 1,680 | 7) メキシコ | 3,190 | 2,717 |
| 9 | 7) メキシコ | 318 | 214 | イギリス | 1,267 | 1,273 | イタリア | 2,877 | 2,562 |
| 10 | （日本） | 142 | 96 | エジプト | 1,524 | 1,254 | オランダ | 2,048 | 2,064 |

注：10) は、リヒテンシュタインを含む。
　　11) は、生鮮、冷蔵又は冷凍したものであり、牛肉その他のくず肉を含む。

9 貿易（続き）
(4) 主要商品別輸出入額（続き）

単位：100万米ドル

| 区分 | 12) 羊毛 | | | 製材、まくら木 | | | パルプ、くず紙 | | |
|---|---|---|---|---|---|---|---|---|---|
| | 国名 | 2019年 | 2020 | 国名 | 2019年 | 2020 | 国名 | 2019年 | 2020 |
| 輸出 | | | | | | | | | |
| 1 | オーストラリア | 2,219 | 1,529 | カナダ | 6,460 | 7,893 | 1) アメリカ合衆国 | 8,518 | 7,627 |
| 2 | 中国 | 820 | 583 | ロシア | 4,629 | 4,349 | ブラジル | 7,477 | 5,987 |
| 3 | 南アフリカ | 362 | 308 | スウェーデン | 3,100 | 3,443 | カナダ | 6,021 | 4,981 |
| 4 | ニュージーランド | 345 | 243 | 1) アメリカ合衆国 | 3,268 | 2,920 | インドネシア | 2,783 | 2,536 |
| 5 | モンゴル | 372 | 232 | ドイツ | 2,584 | 2,828 | スウェーデン | 2,728 | 2,508 |
| 6 | チェコ | 230 | 148 | フィンランド | 1,993 | 1,842 | フィンランド | 2,668 | 2,155 |
| 7 | ドイツ | 155 | 135 | オーストリア | 1,625 | 1,586 | チリ | 2,728 | 2,088 |
| 8 | イタリア | 223 | 130 | ブラジル | 1,262 | 1,277 | オランダ | 1,302 | 1,144 |
| 9 | ウルグアイ | 187 | 94 | チリ | 1,056 | 987 | ロシア | 1,122 | 1,087 |
| 10 | （日本） | 1 | 0 | （日本） | 58 | 66 | （日本） | 666 | 592 |
| 輸入 | | | | | | | | | |
| 1 | 中国 | 2,660 | 1,904 | 1) アメリカ合衆国 | 7,531 | 9,795 | 中国 | 19,240 | 16,906 |
| 2 | イタリア | 1,007 | 577 | 中国 | 8,676 | 7,804 | ドイツ | 4,096 | 3,184 |
| 3 | チェコ | 294 | 171 | イギリス | 2,235 | 2,235 | 1) アメリカ合衆国 | 3,591 | 3,114 |
| 4 | ドイツ | 240 | 162 | 日本 | 2,365 | 1,936 | インド | 2,442 | 1,809 |
| 5 | インド | 252 | 158 | ドイツ | 1,642 | 1,737 | イタリア | 2,347 | 1,742 |
| 6 | 韓国 | 188 | 114 | オランダ | 1,319 | 1,337 | 韓国 | 1,724 | 1,306 |
| 7 | ルーマニア | 149 | 107 | イタリア | 1,342 | 1,222 | オランダ | 1,417 | 1,291 |
| 8 | ブルガリア | 154 | 103 | 2) フランス | 1,261 | 1,213 | インドネシア | 1,543 | 1,250 |
| 9 | ポーランド | 118 | 81 | ベトナム | 873 | 808 | 2) フランス | 1,288 | 1,080 |
| 10 | （日本） | 148 | 79 | ベルギー | 703 | 759 | 日本 | 1,362 | 1,062 |

| 区分 | 13) 魚類 | | | 15) 甲殻類、軟体動物 | | | 16) 真珠、貴石、半貴石 | | |
|---|---|---|---|---|---|---|---|---|---|
| | 国名 | 2019年 | 2020 | 国名 | 2019年 | 2020 | 国名 | 2019年 | 2020 |
| 輸出 | | | | | | | | | |
| 1 | 14) ノルウェー | 10,598 | 9,810 | インド | 5,279 | 4,323 | インド | 22,721 | 16,031 |
| 2 | 中国 | 7,931 | 6,575 | エクアドル | 3,913 | 3,829 | 香港 | 16,563 | 12,561 |
| 3 | チリ | 5,436 | 4,625 | 中国 | 3,609 | 3,296 | 1) アメリカ合衆国 | 20,126 | 11,651 |
| 4 | スウェーデン | 4,017 | 3,870 | ベトナム | 2,485 | 2,475 | アラブ首長国連邦 | 11,954 | 8,918 |
| 5 | 1) アメリカ合衆国 | 3,511 | 2,912 | インドネシア | 1,857 | 1,952 | ベルギー | 11,613 | 8,333 |
| 6 | ロシア | 2,895 | 2,798 | アルゼンチン | 1,255 | 1,211 | イスラエル | 11,504 | 5,514 |
| 7 | ベトナム | 3,336 | 2,703 | スペイン | 1,270 | 1,094 | ボツワナ | 4,739 | 3,749 |
| 8 | オランダ | 2,443 | 2,353 | タイ | 1,026 | 876 | ロシア | 3,787 | 3,264 |
| 9 | デンマーク | 2,080 | 2,148 | モロッコ | 799 | 822 | 10) スイス | 2,780 | 1,720 |
| 10 | （日本） | 945 | 926 | （日本） | 547 | 401 | （日本） | 436 | 145 |
| 輸入 | | | | | | | | | |
| 1 | 1) アメリカ合衆国 | 9,576 | 8,774 | 1) アメリカ合衆国 | 5,792 | 5,620 | インド | 23,705 | 16,891 |
| 2 | 日本 | 7,530 | 6,422 | 中国 | 5,981 | 4,649 | 1) アメリカ合衆国 | 22,446 | 14,021 |
| 3 | 中国 | 6,547 | 5,006 | 日本 | 3,102 | 2,826 | 香港 | 19,738 | 13,135 |
| 4 | スウェーデン | 4,381 | 4,201 | スペイン | 3,094 | 2,687 | アラブ首長国連邦 | 11,252 | 8,757 |
| 5 | 2) フランス | 3,425 | 3,277 | イタリア | 1,816 | 1,511 | ベルギー | 10,415 | 8,153 |
| 6 | スペイン | 3,084 | 2,960 | 韓国 | 1,448 | 1,446 | 中国 | 8,575 | 6,481 |
| 7 | ドイツ | 2,915 | 2,634 | 2) フランス | 1,237 | 1,152 | イスラエル | 4,762 | 2,891 |
| 8 | タイ | 2,207 | 2,445 | 香港 | 1,178 | 925 | ボツワナ | 1,861 | 1,998 |
| 9 | 韓国 | 2,392 | 2,327 | タイ | 607 | 654 | 10) スイス | 3,217 | 1,953 |
| 10 | ポーランド | 2,320 | 2,308 | オランダ | 567 | 579 | （日本） | 1,256 | 748 |

注：12)は、羊以外の獣毛及びウールトップを含む。
　　13)は、生鮮、冷蔵又は冷凍したものである。
　　14)は、スヴァールバル諸島及びヤンマイエン島を含む。
　　15)は、生鮮、冷蔵又は冷凍であり、塩漬けなどを含む。
　　16)は、未加工品、合成品及び再生品を含む。製品は除く。

食 料 編

## I　食料消費と食料自給率

### 1　食料需給

#### (1)　令和3年度食料需給表（概算値）

| 品目 | 2)国内生産量 | 3)外国貿易 輸入量 | 輸出量 | 4)在庫の増減量 | 国内消費仕向量 | 加工用 | 5)純食料 | 一人1年当たり供給量 | 一人1日当たり供給量 |
|---|---|---|---|---|---|---|---|---|---|
| | 千t | 千t | 千t | 千t | 千t | 千t | 千t | kg | g |
| 穀類 | 9,599 | 23,675 | 90 | 205 | 32,101 | 4,415 | 10,614 | 84.6 | 231.7 |
| 米 | 8,226 | 878 | 90 | △ 59 | 8,195 | 226 | 6,459 | 51.5 | 141.0 |
| 小麦 | 1,097 | 5,375 | 0 | 51 | 6,421 | 275 | 3,966 | 31.6 | 86.6 |
| 大麦 | 213 | 1,658 | 0 | △ 22 | 1,893 | 807 | 26 | 0.2 | 0.6 |
| はだか麦 | 22 | 15 | 0 | 1 | 36 | 6 | 17 | 0.1 | 0.4 |
| 1)雑穀 | 41 | 15,749 | 0 | 234 | 15,556 | 3,101 | 146 | 1.2 | 3.2 |
| いも類 | 2,848 | 1,140 | 28 | 0 | 3,960 | 982 | 2,465 | 19.6 | 53.8 |
| でん粉 | 2,243 | 141 | 0 | △ 19 | 2,403 | 504 | 1,899 | 15.1 | 41.5 |
| 豆類 | 312 | 3,464 | 0 | △ 121 | 3,897 | 2,613 | 1,086 | 8.7 | 23.7 |
| 野菜 | 11,015 | 2,895 | 23 | 0 | 13,887 | 0 | 10,754 | 85.7 | 234.8 |
| 果実 | 2,599 | 4,157 | 84 | 12 | 6,660 | 18 | 4,070 | 32.4 | 88.8 |
| 肉類 | 3,484 | 3,138 | 19 | 9 | 6,594 | 0 | 4,271 | 34.0 | 93.2 |
| 鶏卵 | 2,582 | 115 | 24 | 0 | 2,673 | 0 | 2,156 | 17.2 | 47.1 |
| 牛乳及び乳製品 | 7,646 | 4,690 | 64 | 110 | 12,162 | 0 | 11,847 | 94.4 | 258.6 |
| 魚介類 | 3,770 | 3,650 | 828 | △ 49 | 6,641 | 0 | 2,914 | 23.2 | 63.6 |
| 海藻類 | 81 | 39 | 2 | 0 | 118 | 16 | 102 | 0.8 | 2.2 |
| 砂糖類 | | | | | | | 2,120 | 16.9 | 46.3 |
| 粗糖 | 143 | 1,018 | 0 | △ 16 | 1,177 | 1,177 | 0 | 0.0 | 0.0 |
| 精糖 | 1,733 | 412 | 2 | 16 | 2,127 | 22 | 2,086 | 16.6 | 45.5 |
| 含みつ糖 | 27 | 6 | 0 | 4 | 29 | 0 | 29 | 0.2 | 0.6 |
| 糖みつ | 84 | 140 | 0 | 3 | 221 | 66 | 5 | 0.0 | 0.1 |
| 油脂類 | 2,012 | 991 | 33 | △ 24 | 2,994 | 471 | 1,749 | 13.9 | 38.2 |
| 植物油脂 | 1,673 | 958 | 19 | △ 74 | 2,686 | 346 | 1,692 | 13.5 | 36.9 |
| 動物油脂 | 339 | 33 | 14 | 50 | 308 | 125 | 57 | 0.5 | 1.2 |
| みそ | 465 | 0 | 20 | △ 1 | 446 | 0 | 445 | 3.5 | 9.7 |
| しょうゆ | 708 | 3 | 49 | 1 | 661 | 0 | 659 | 5.3 | 14.4 |

資料：農林水産省大臣官房政策課食料安全保障室「食料需給表」（以下(4)まで同じ。）

注：1　この食料需給表は、ＦＡＯの作成手引に準拠して作成したものである。
　　2　計測期間は、原則、令和3年4月から令和4年3月までの1年間である。
　　3　一人当たりの供給量算出に用いた総人口は、総務省統計局による推計人口（令和3年10月1日現在）である。
　　4　「事実のないもの」及び「単位に満たないもの」は、全て「0」と表示した。
　　1)は、とうもろこし、こうりゃん、その他の雑穀の計である。
　　2)は、輸入した原材料により国内で生産された製品を含む。
　　3)のうち、いわゆる加工食品は、生鮮換算して計上している。なお、全く国内に流通しないものや、全く食料になり得ないものなどは計上していない。
　　4)は、当年度末繰越量と当年度始め持越量との差である。
　　5)は、粗食料に歩留率を乗じたもので、人間の消費に直接に利用可能な食料の実際の数量を表している。

1　食料需給（続き）

(2)　国民一人1日当たりの熱量・たんぱく質・脂質供給量

| 品目 | 令和元年度 | | | 2 | | | 3（概算値） | | |
|---|---|---|---|---|---|---|---|---|---|
| | 熱量 | たんぱく質 | 脂質 | 熱量 | たんぱく質 | 脂質 | 熱量 | たんぱく質 | 脂質 |
| | kcal | g | g | kcal | g | g | kcal | g | g |
| 計 | 2,332.9 | 79.4 | 82.6 | 2,271.0 | 78.1 | 82.0 | 2,264.9 | 77.7 | 80.7 |
| 穀類 | 814.3 | 18.5 | 3.0 | 789.1 | 18.0 | 2.9 | 794.9 | 18.1 | 2.9 |
| 米 | 495.9 | 8.8 | 1.3 | 475.6 | 8.5 | 1.3 | 482.2 | 8.6 | 1.3 |
| 小麦 | 303.6 | 9.2 | 1.6 | 300.2 | 9.1 | 1.6 | 298.7 | 9.1 | 1.6 |
| 大麦 | 1.8 | 0.0 | 0.0 | 1.6 | 0.0 | 0.0 | 1.9 | 0.0 | 0.0 |
| はだか麦 | 1.5 | 0.0 | 0.0 | 1.2 | 0.0 | 0.0 | 1.2 | 0.0 | 0.0 |
| 1) 雑穀 | 11.5 | 0.3 | 0.1 | 10.6 | 0.3 | 0.1 | 10.9 | 0.3 | 0.1 |
| いも類 | 39.5 | 1.0 | 0.1 | 37.6 | 0.9 | 0.1 | 38.2 | 0.9 | 0.1 |
| でん粉 | 161.6 | 0.0 | 0.3 | 146.9 | 0.0 | 0.2 | 149.3 | 0.0 | 0.3 |
| 豆類 | 96.2 | 7.5 | 5.0 | 97.4 | 7.6 | 5.1 | 93.9 | 7.3 | 4.9 |
| 野菜 | 67.5 | 3.0 | 0.5 | 66.8 | 3.0 | 0.5 | 64.7 | 2.9 | 0.5 |
| 果実 | 63.3 | 0.8 | 1.3 | 64.9 | 0.9 | 1.4 | 64.2 | 0.9 | 1.5 |
| 肉類 | 177.1 | 17.0 | 12.8 | 178.1 | 17.1 | 12.9 | 180.0 | 17.4 | 12.9 |
| 鶏卵 | 68.0 | 5.8 | 4.9 | 66.8 | 5.7 | 4.8 | 66.8 | 5.7 | 4.8 |
| 牛乳及び乳製品 | 163.9 | 8.3 | 9.6 | 162.9 | 8.3 | 9.6 | 162.9 | 8.3 | 9.6 |
| 魚介類 | 90.9 | 13.5 | 4.4 | 83.7 | 12.7 | 3.9 | 83.2 | 12.4 | 4.0 |
| 海藻類 | 5.1 | 0.6 | 0.1 | 5.6 | 0.7 | 0.1 | 5.0 | 0.6 | 0.1 |
| 砂糖類 | 189.9 | 0.0 | 0.0 | 177.5 | 0.0 | 0.0 | 180.6 | 0.0 | 0.0 |
| 精糖 | 187.3 | 0.0 | 0.0 | 175.4 | 0.0 | 0.0 | 178.1 | 0.0 | 0.0 |
| 含みつ糖 | 2.4 | 0.0 | 0.0 | 1.9 | 0.0 | 0.0 | 2.2 | 0.0 | 0.0 |
| 糖みつ | 0.2 | 0.0 | 0.0 | 0.1 | 0.0 | 0.0 | 0.3 | 0.0 | 0.0 |
| 油脂類 | 350.8 | 0.0 | 39.6 | 349.3 | 0.0 | 39.4 | 338.5 | 0.0 | 38.2 |
| 植物油脂 | 337.1 | 0.0 | 38.0 | 335.9 | 0.0 | 37.9 | 327.6 | 0.0 | 36.9 |
| 動物油脂 | 13.7 | 0.0 | 1.6 | 13.4 | 0.0 | 1.5 | 10.9 | 0.0 | 1.2 |
| みそ | 18.2 | 1.2 | 0.6 | 18.1 | 1.2 | 0.6 | 17.7 | 1.2 | 0.6 |
| しょうゆ | 11.6 | 1.2 | 0.0 | 10.9 | 1.1 | 0.0 | 10.9 | 1.1 | 0.0 |

注：1　一人当たり算出に用いた各年度の総人口（各年10月1日現在）は、次のとおりである。
　　令和元年度：1億2,656万人、2年度：1億2,615万人、3年度：1億2,550万人
　　2　令和元年度以降の供給熱量は、「日本食品標準成分表2020年版（八訂）」を参照しているが、単位熱量の
　　算定方法が大幅に改訂されているため、それ以前と比較する場合は留意されたい。
　　1)は、とうもろこし、こうりゃん、その他の雑穀の計である。

(3)　国民一人1年当たり供給純食料

単位：kg

| 品目 | 平成29年度 | 30 | 令和元 | 2 | 3（概算値） |
|---|---|---|---|---|---|
| 穀類 | 88.7 | 87.2 | 86.9 | 84.0 | 84.6 |
| うち米 | 54.1 | 53.4 | 53.1 | 50.8 | 51.5 |
| 小麦 | 33.0 | 32.2 | 32.2 | 31.8 | 31.6 |
| いも類 | 21.1 | 19.6 | 20.5 | 19.3 | 19.6 |
| でん粉 | 15.9 | 16.0 | 16.4 | 14.9 | 15.1 |
| 豆類 | 8.7 | 8.8 | 8.9 | 8.9 | 8.7 |
| 野菜 | 89.8 | 90.1 | 89.3 | 88.6 | 85.7 |
| 果実 | 34.2 | 35.4 | 33.9 | 34.1 | 32.4 |
| 肉類 | 32.7 | 33.2 | 33.4 | 33.5 | 34.0 |
| 鶏卵 | 17.3 | 17.4 | 17.5 | 17.2 | 17.2 |
| 牛乳及び乳製品 | 93.2 | 95.0 | 95.2 | 94.4 | 94.4 |
| 魚介類 | 24.4 | 23.6 | 25.2 | 23.6 | 23.2 |
| 海藻類 | 0.9 | 0.9 | 0.8 | 0.9 | 0.8 |
| 砂糖類 | 18.2 | 18.1 | 17.8 | 16.6 | 16.9 |
| 油脂類 | 14.1 | 14.1 | 14.5 | 14.4 | 13.9 |
| みそ | 3.7 | 3.6 | 3.7 | 3.6 | 3.5 |
| しょうゆ | 5.7 | 5.6 | 5.5 | 5.2 | 5.3 |

注：純食料は、粗食料に歩留率を乗じたもので、人間の消費に直接利用可能な食料の実際の数量である。

(4) 食料の自給率（主要品目別）

単位：％

| 品目 | 平成29年度 | 30 | 令和元 | 2 | 3<br>（概算値） |
|---|---|---|---|---|---|
| 1) 米 | 96 | 97 | 97 | 97 | 98 |
| 小麦 | 14 | 12 | 16 | 15 | 17 |
| 豆類 | 9 | 7 | 7 | 8 | 8 |
| うち大豆 | 7 | 6 | 6 | 6 | 7 |
| 野菜 | 79 | 78 | 79 | 80 | 79 |
| 果実 | 40 | 38 | 38 | 38 | 39 |
| 2) 肉類（鯨肉を除く。） | 52 | 51 | 52 | 53 | 53 |
| | (8) | (7) | (7) | (7) | (8) |
| 2) うち牛肉 | 36 | 36 | 35 | 36 | 38 |
| | (10) | (10) | (9) | (9) | (10) |
| 2) 鶏卵 | 96 | 96 | 96 | 97 | 97 |
| | (12) | (12) | (12) | (11) | (13) |
| 2) 牛乳及び乳製品 | 60 | 59 | 59 | 61 | 63 |
| | (26) | (25) | (25) | (26) | (27) |
| 3) 魚介類 | 52 | 55 | 53 | 55 | 57 |
| 砂糖類 | 32 | 34 | 34 | 36 | 36 |
| 4) 穀物（飼料用も含む。）自給率 | 28 | 28 | 28 | 28 | 29 |
| 5) 主食用穀物自給率 | 59 | 59 | 61 | 60 | 61 |
| 6) 供給熱量ベースの<br>総合食料自給率 | 38<br>(36) | 37<br>(35) | 38<br>(35) | 37<br>(34) | 38<br>‥ |
| 7) 生産額ベースの総合食料自給率 | 66 | 66 | 66 | 67 | 63 |
| 8) 供給熱量ベースの食料国産率 | 47 | 46 | 46 | 46 | 47 |
| 9) 生産額ベースの食料国産率 | 70 | 69 | 70 | 71 | 69 |

注： 1)については、国内生産と国産米在庫の取崩しで国内需要に対応している実態を踏まえ、平成10年
　　度から国内生産量に国産米在庫取崩し量を加えた数量を用いて、次式により品目別自給率、穀物自給
　　率及び主食用穀物自給率を算出した。
　　　自給率＝国産供給量（国内生産量＋国産米在庫取崩し量）／国内消費仕向量×100（重量ベース）
　　2)の（　）書きは、飼料自給率を考慮した値である。
　　3)は、飼肥料も含む魚介類全体についての自給率である。
　　4)の自給率＝穀物の国内生産量／穀物の国内消費仕向量×100（重量ベース）
　　5)の自給率＝主食用穀物の国内生産量／主食用穀物の国内消費仕向量×100（重量ベース）
　　6)の自給率＝国産供給熱量／供給熱量×100（供給熱量ベース）
　　　ただし、自給率では、畜産物に飼料自給率を、加工品に原料自給率を乗じる。一方、8)の
　　国産率では加工品には原料自給率を乗じるが、畜産物には飼料自給率を乗じない。
　　　下段の（　）書きは、参考として、酒類を含む供給熱量総合食料自給率を示したものである。
　　　ただし、算出に当たっては、国産供給熱量について把握可能な国産原料を基に試算した。
　　7)の自給率＝食料の国内生産額／食料の国内消費仕向額×100（生産額ベース）
　　　ただし、自給率では、畜産物は飼料輸入額を、加工品は原料輸入額を控除する。一方、9)の
　　国産率では、加工品は原料輸入額を控除するが、畜産物は飼料輸入額を控除しない。

1 食料需給（続き）
〔参考〕カロリーベースと生産額ベースの食料自給率(図)

カロリーベースと生産額ベース

供給熱量 2,265kcal／人・日
[国産供給熱量 860kcal／人・日]

供給熱量割合[%]

【令和3年度】
（カロリーベース食料自給率 38%）

※ラウンドの関係で合計と内訳が一致しない場合がある。
資料：農林水産省大臣官房政策課食料安全保障室資料

## の食料自給率（令和３年度）

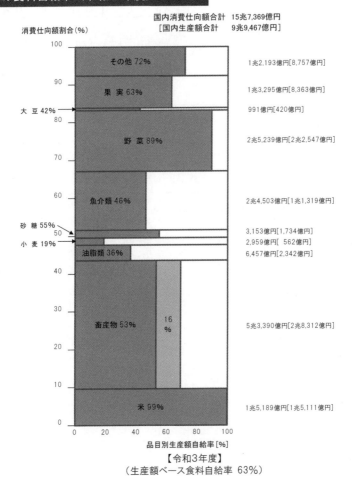

国内消費仕向額合計　15兆7,369億円
［国内生産額合計　9兆9,467億円］

消費仕向額割合(%)

| | |
|---|---|
| その他 72% | 1兆2,193億円[8,757億円] |
| 果 実 63% | 1兆3,295億円[8,363億円] |
| 大 豆 42% | 991億円[420億円] |
| 野 菜 89% | 2兆5,239億円[2兆2,547億円] |
| 魚介類 46% | 2兆4,503億円[1兆1,319億円] |
| 砂 糖 55% | 3,153億円[1,734億円] |
| 小 麦 19% | 2,959億円[ 562億円] |
| 油脂類 36% | 6,457億円[2,342億円] |
| 畜産物 53%　　16% | 5兆3,390億円[2兆8,312億円] |
| 米 99% | 1兆5,189億円[1兆5,111億円] |

品目別生産額自給率[%]

【令和3年度】
（生産額ベース食料自給率 63%）

## 1 食料需給（続き）

### (5) 食料自給力指標の推移（国民一人1日当たり）

単位：kcal

| 区分 | | 昭和40年度 | 50 | 60 | 平成7 | 17 | 27 | 29 | 30 | 令和元 | 2 | 3（概算値） |
|---|---|---|---|---|---|---|---|---|---|---|---|---|
| 米・小麦中心の作付け | 再生利用可能な荒廃農地においても作付けする場合 | － | － | － | － | － | 1,744 | 1,729 | 1,727 | 1,761 | 1,755 | 1,755 |
| | 現在の農地で作付けする場合 | 2,056 | 1,976 | 2,020 | 1,847 | 1,773 | 1,698 | 1,693 | 1,691 | 1,726 | 1,718 | 1,717 |
| いも類中心の作付け | 再生利用可能な荒廃農地においても作付けする場合 | － | － | － | － | － | 2,598 | 2,567 | 2,546 | 2,562 | 2,490 | 2,418 |
| | 現在の農地で作付けする場合 | 3,141 | 2,836 | 2,877 | 2,790 | 2,730 | 2,538 | 2,520 | 2,500 | 2,516 | 2,442 | 2,374 |

資料：農林水産省大臣官房政策課食料安全保障室資料(以下(6)まで同じ。)

注：1 食料自給力は、「我が国農林水産業が有する食料の潜在生産能力」を表す。

　　2 食料自給力指標とは、国内の農地等をフル活用した場合、国内生産のみでどれだけの食料を生産することが可能か（食料の潜在生産能力）を試算した指標である。

　　　なお、食料自給力指標については、次の2パターンを示すこととしている。

　　　　米・小麦中心の作付け：　栄養バランスを考慮しつつ、米・小麦を中心に熱量効率を最大化して作付けする場合

　　　　いも類中心の作付け　：　栄養バランスを考慮しつつ、いも類を中心に熱量効率を最大化して作付けする場合

　　3 「再生利用可能な荒廃農地においても作付けする場合」については、再生利用可能な荒廃農地面積のデータが存在する平成21年度以降について試算している。

## (6)　都道府県別食料自給率

単位：％

| 区分 | カロリーベース 令和元年度 | カロリーベース 令和2年度（概算値） | 生産額ベース 令和元年度 | 生産額ベース 令和2年度（概算値） | 区分 | カロリーベース 令和元年度 | カロリーベース 令和2年度（概算値） | 生産額ベース 令和元年度 | 生産額ベース 令和2年度（概算値） |
|---|---|---|---|---|---|---|---|---|---|
| 全国 | 38 | 37 | 66 | 67 | 三重 | 39 | 38 | 64 | 60 |
| 北海道 | 216 | 217 | 211 | 216 | 滋賀 | 49 | 47 | 38 | 36 |
| 青森 | 123 | 125 | 241 | 250 | 京都 | 12 | 11 | 19 | 19 |
| 岩手 | 107 | 105 | 199 | 216 | 大阪 | 1 | 1 | 6 | 6 |
| 宮城 | 73 | 72 | 96 | 91 | 兵庫 | 15 | 15 | 38 | 35 |
| 秋田 | 205 | 200 | 163 | 158 | 奈良 | 14 | 13 | 23 | 23 |
| 山形 | 145 | 143 | 191 | 189 | 和歌山 | 28 | 27 | 110 | 116 |
| 福島 | 78 | 77 | 93 | 94 | 鳥取 | 61 | 60 | 135 | 142 |
| 茨城 | 66 | 68 | 122 | 126 | 島根 | 61 | 60 | 106 | 105 |
| 栃木 | 71 | 71 | 110 | 112 | 岡山 | 36 | 35 | 62 | 63 |
| 群馬 | 32 | 32 | 96 | 99 | 広島 | 21 | 21 | 39 | 39 |
| 埼玉 | 10 | 10 | 17 | 17 | 山口 | 29 | 24 | 44 | 42 |
| 千葉 | 24 | 24 | 60 | 54 | 徳島 | 41 | 41 | 116 | 118 |
| 東京 | 0 | 0 | 3 | 3 | 香川 | 33 | 33 | 92 | 87 |
| 神奈川 | 2 | 2 | 12 | 12 | 愛媛 | 35 | 34 | 114 | 112 |
| 新潟 | 109 | 111 | 112 | 111 | 高知 | 43 | 43 | 170 | 170 |
| 富山 | 76 | 75 | 63 | 59 | 福岡 | 19 | 17 | 36 | 36 |
| 石川 | 47 | 46 | 50 | 48 | 佐賀 | 72 | 85 | 136 | 151 |
| 福井 | 66 | 64 | 59 | 54 | 長崎 | 39 | 38 | 145 | 142 |
| 山梨 | 19 | 18 | 85 | 89 | 熊本 | 56 | 55 | 159 | 163 |
| 長野 | 53 | 51 | 134 | 129 | 大分 | 42 | 40 | 114 | 108 |
| 岐阜 | 25 | 24 | 43 | 44 | 宮崎 | 60 | 61 | 284 | 301 |
| 静岡 | 15 | 15 | 53 | 54 | 鹿児島 | 78 | 77 | 275 | 283 |
| 愛知 | 12 | 11 | 32 | 30 | 沖縄 | 34 | 32 | 63 | 64 |

## 2　国民栄養

### (1)　栄養素等摂取量の推移　（総数、一人1日当たり）

| 栄養素 | 単位 | 平成27年 | 28 | 29 | 30 | 令和元 |
|---|---|---|---|---|---|---|
| エネルギー | kcal | 1,889 | 1,865 | 1,897 | 1,900 | 1,903 |
| たんぱく質 | g | 69.1 | 68.5 | 69.4 | 70.4 | 71.4 |
| 　うち動物性 | 〃 | 37.3 | 37.4 | 37.8 | 38.9 | 40.1 |
| 脂質 | 〃 | 57.0 | 57.2 | 59.0 | 60.4 | 61.3 |
| 　うち動物性 | 〃 | 28.7 | 29.1 | 30.0 | 31.8 | 32.4 |
| 炭水化物 | 〃 | 258 | 253 | 255 | 251 | 248 |
| カルシウム | mg | 517 | 502 | 514 | 505 | 505 |
| 鉄 | 〃 | 7.6 | 7.4 | 7.5 | 7.5 | 7.6 |
| ビタミンA | 2) μ gRAE | 534 | 524 | 519 | 518 | 534 |
| 〃　B₁ | mg | 0.86 | 0.86 | 0.87 | 0.90 | 0.95 |
| 〃　B₂ | 〃 | 1.17 | 1.15 | 1.18 | 1.16 | 1.18 |
| 〃　C | 〃 | 98 | 89 | 94 | 95 | 94 |
| 1) 穀類エネルギー比率 | ％ | 41.2 | 40.9 | 40.4 | 40.0 | 39.5 |
| 1) 動物性たんぱく質比率 | 〃 | 52.3 | 52.8 | 52.7 | 53.5 | 54.3 |

資料：厚生労働省健康局「令和元年　国民健康・栄養調査報告」（以下(3)まで同じ。）
注：1　平成28年は抽出率等を考慮した全国補正値である。
　　2　令和2、3年は新型コロナウイルス感染症の影響により調査中止（以下(3)まで同じ。）。
　　1)は、個々人の計算値を平均したものである。
　　2)RAEとは、レチノール活性当量である。

2 国民栄養（続き）
(2) 食品群別摂取量（1歳以上、年齢階級別、一人1日当たり平均値）（令和元年）

単位：g

| 食品群 | 摂取量 | | | | | | | | | | |
|---|---|---|---|---|---|---|---|---|---|---|---|
| | 計 | 1〜<br>6歳 | 7〜14 | 15〜19 | 20〜29 | 30〜39 | 40〜49 | 50〜59 | 60〜69 | 70〜79 | 80歳<br>以上 |
| 穀類 | 410.7 | 257.9 | 429.1 | 524.4 | 448.8 | 432.4 | 433.6 | 413.1 | 401.7 | 388.7 | 388.1 |
| いも類 | 50.2 | 36.1 | 52.9 | 61.3 | 41.3 | 42.5 | 48.2 | 42.6 | 51.1 | 61.3 | 51.9 |
| 砂糖・甘味料類 | 6.3 | 4.0 | 5.7 | 6.1 | 5.8 | 5.5 | 5.9 | 6.0 | 6.7 | 7.3 | 7.4 |
| 豆類 | 60.6 | 31.0 | 43.9 | 40.8 | 46.8 | 44.8 | 51.7 | 64.6 | 76.7 | 76.1 | 65.1 |
| 種実類 | 2.5 | 1.5 | 1.7 | 1.3 | 1.3 | 2.9 | 2.1 | 3.0 | 3.2 | 3.2 | 2.2 |
| 野菜類 | 269.8 | 129.0 | 241.1 | 243.4 | 222.6 | 239.5 | 246.8 | 268.6 | 307.1 | 323.1 | 284.2 |
| 果実類 | 96.4 | 93.2 | 73.9 | 66.3 | 46.9 | 43.9 | 55.2 | 70.6 | 118.6 | 159.4 | 141.7 |
| きのこ類 | 16.9 | 8.3 | 14.6 | 13.9 | 14.2 | 15.8 | 15.1 | 15.1 | 22.4 | 19.6 | 16.4 |
| 藻類 | 9.9 | 5.8 | 5.8 | 7.7 | 7.0 | 8.0 | 8.8 | 10.5 | 11.4 | 12.5 | 12.8 |
| 魚介類 | 64.1 | 29.7 | 45.2 | 43.3 | 50.8 | 50.8 | 52.8 | 59.2 | 77.7 | 88.9 | 73.8 |
| 肉類 | 103.0 | 63.1 | 110.1 | 168.3 | 130.7 | 116.1 | 130.3 | 106.9 | 94.5 | 81.5 | 66.5 |
| 卵類 | 40.4 | 19.6 | 33.5 | 54.7 | 38.9 | 37.7 | 40.4 | 40.1 | 43.7 | 44.5 | 38.4 |
| 乳類 | 131.2 | 211.7 | 302.7 | 149.1 | 111.9 | 77.5 | 96.0 | 101.3 | 117.3 | 127.8 | 127.5 |
| 油脂類 | 11.2 | 6.4 | 9.0 | 15.3 | 12.4 | 12.3 | 12.8 | 12.1 | 11.4 | 10.3 | 8.8 |
| 菓子類 | 25.7 | 23.5 | 35.9 | 34.6 | 21.9 | 26.5 | 22.6 | 24.3 | 25.2 | 25.1 | 24.3 |
| 嗜好飲料類 | 618.5 | 235.6 | 315.5 | 442.3 | 523.4 | 629.6 | 702.9 | 727.8 | 753.5 | 662.2 | 551.3 |
| 調味料・香辛料類 | 62.5 | 32.4 | 53.1 | 59.1 | 63.5 | 64.1 | 60.6 | 62.8 | 71.2 | 67.8 | 57.2 |

(3) 朝食欠食率の推移 （20歳以上、性・年齢階級別）

単位：%

| 区分 | | 平成27年 | 28 | 29 | 30 | 令和元 |
|---|---|---|---|---|---|---|
| 男性 | 計 | 12.9 | 14.2 | 13.6 | 13.9 | 14.3 |
| | 20〜29歳 | 24.0 | 37.4 | 30.6 | 29.9 | 27.9 |
| | 30〜39 | 25.6 | 26.5 | 23.3 | 28.3 | 27.1 |
| | 40〜49 | 23.8 | 25.6 | 25.8 | 24.5 | 28.5 |
| | 50〜59 | 16.4 | 18.0 | 19.4 | 18.0 | 22.0 |
| | 60〜69 | 8.0 | 6.7 | 7.6 | 8.2 | 9.6 |
| | 70歳以上 | 4.2 | 3.3 | 3.4 | 3.7 | 3.4 |
| 女性 | 計 | 9.6 | 10.4 | 9.7 | 8.6 | 10.2 |
| | 20〜29歳 | 25.3 | 23.1 | 23.6 | 18.9 | 18.1 |
| | 30〜39 | 14.4 | 19.5 | 15.1 | 12.7 | 22.4 |
| | 40〜49 | 13.7 | 14.9 | 15.3 | 12.6 | 17.1 |
| | 50〜59 | 11.8 | 11.7 | 11.4 | 13.0 | 14.4 |
| | 60〜69 | 6.7 | 6.2 | 8.1 | 5.3 | 6.8 |
| | 70歳以上 | 3.8 | 4.1 | 3.7 | 3.7 | 4.5 |

注：平成28年は抽出率等を考慮した全国補正値である。

## 3 産業連関表からみた最終消費としての飲食費
〔参考〕 飲食費のフロー（平成27年）

資料： 農林水産省統計部「平成27年（2015年）農林漁業及び関連産業を中心とした産業連関表（飲食費のフローを含む。）」

注：1 総務省等10府省庁「平成27年産業連関表」を基に農林水産省で推計。

注：2 旅館・ホテル、病院、学校給食等での食事は「外食」に計上するのではなく、使用された食材費を最終消費額として、それぞれ「生鮮品等」及び「加工品」に計上している。

注：3 加工食品のうち、精穀（精米・精麦等）、食肉（各種肉類）及び冷凍魚介類は加工度が低いため、最終消費においては「生鮮品等」として取り扱っている。

注：4 ┆┄┄┆内は、各々の流通段階で発生する流通経費（商業マージン及び運賃）である。

注：5 ▨ は食用農林水産物の輸入、■ は加工食品の輸入を表している。

## 3 産業連関表からみた最終消費としての飲食費（続き）
### (1) 飲食費の帰属額及び帰属割合の推移

| 区分 | 平成7年 | | 12 | | 17 | | 23 | | 27 | |
|---|---|---|---|---|---|---|---|---|---|---|
| | 金額 | 構成比 | 金額 | 構成比 | 金額 | 構成比 | 金額 | 構成比 | 金額 | 構成比 |
| | 10億円 | ％ | 10億円 | ％ | 10億円 | ％ | 10億円 | ％ | 10億円 | ％ |
| 合計 | 82,455 | 100.0 | 80,611 | 100.0 | 78,374 | 100.0 | 76,204 | 100.0 | 83,846 | 100.0 |
| 農林漁業 | 12,798 | 15.5 | 11,405 | 14.1 | 10,582 | 13.5 | 10,477 | 13.7 | 11,274 | 13.4 |
| 　国内生産 | 11,655 | 14.1 | 10,245 | 12.7 | 9,374 | 12.0 | 9,174 | 12.0 | 9,677 | 11.5 |
| 　輸入食用農林水産物 | 1,143 | 1.4 | 1,160 | 1.4 | 1,208 | 1.5 | 1,303 | 1.7 | 1,598 | 1.9 |
| 食品製造業 | 24,995 | 30.3 | 25,509 | 31.6 | 24,346 | 31.1 | 23,966 | 31.5 | 26,986 | 32.2 |
| 　国内生産 | 20,398 | 24.7 | 20,681 | 25.7 | 18,876 | 24.1 | 18,051 | 23.7 | 19,792 | 23.6 |
| 　輸入加工食品 | 4,597 | 5.6 | 4,829 | 6.0 | 5,471 | 7.0 | 5,916 | 7.8 | 7,194 | 8.6 |
| 食品関連流通業 | 27,587 | 33.5 | 27,397 | 34.0 | 27,868 | 35.6 | 26,615 | 34.9 | 29,482 | 35.2 |
| 外食産業 | 17,075 | 20.7 | 16,299 | 20.2 | 15,577 | 19.9 | 15,146 | 19.9 | 16,104 | 19.2 |

資料： 農林水産省統計部「平成27年（2015年）農林漁業及び関連産業を中心とした産業連関表
　　　 （飲食費のフローを含む。）」（以下(2)まで同じ。）
注： 平成23年以前については、最新の「平成27年産業連関表」の概念等に合わせて再推計した
　　 数値である（以下(2)まで同じ。）。

### (2) 食用農林水産物・輸入加工食品の仕向額

| 区分 | 仕向額 | | | |
|---|---|---|---|---|
| | 平成23年 | | | |
| | 計 | 国産食用農林水産物 | 輸入食用農林水産物 | 輸入加工食品 |
| | 10億円 | 10億円 | 10億円 | 10億円 |
| 合計 | 16,393 | 9,174 | 1,303 | 5,916 |
| （構成比％） | (100.0) | (56.0) | (7.9) | (36.1) |
| 最終消費向け | 6,488 | 2,920 | 264 | 3,304 |
| 食品製造業向け | 7,789 | 5,407 | 926 | 1,456 |
| 外食産業向け | 2,116 | 847 | 113 | 1,156 |

| 区分 | 仕向額（続き） | | | |
|---|---|---|---|---|
| | 27 | | | |
| | 計 | 国産食用農林水産物 | 輸入食用農林水産物 | 輸入加工食品 |
| | 10億円 | 10億円 | 10億円 | 10億円 |
| 合計 | 18,468 | 9,677 | 1,598 | 7,194 |
| （構成比％） | (100.0) | (52.4) | (8.7) | (39.0) |
| 最終消費向け | 7,423 | 3,160 | 373 | 3,889 |
| 食品製造業向け | 8,455 | 5,605 | 1,106 | 1,744 |
| 外食産業向け | 2,590 | 912 | 118 | 1,560 |

| 区分 | 増減率 | | | |
|---|---|---|---|---|
| | 計 | 国産食用農林水産物 | 輸入食用農林水産物 | 輸入加工食品 |
| | ％ | ％ | ％ | ％ |
| 合計 | 12.7 | 5.5 | 22.6 | 21.6 |
| （構成比％） | … | … | … | … |
| 最終消費向け | 14.4 | 8.2 | 41.3 | 17.7 |
| 食品製造業向け | 8.6 | 3.7 | 19.4 | 19.8 |
| 外食産業向け | 22.4 | 7.7 | 4.4 | 34.9 |

4 家計消費支出
(1) 1世帯当たり年平均1か月間の支出（二人以上の世帯）

単位：円

| 区分 | 平成29年 | 30 | 令和元 | 2 | 3 |
|---|---|---|---|---|---|
| 消費支出 | 283,027 | 287,315 | 293,379 | 277,926 | 279,024 |
| 食料 | 72,866 | 73,977 | 75,258 | 76,440 | 75,761 |
| 穀類 | 6,143 | 6,266 | 6,345 | 6,670 | 6,389 |
| 米 | 1,885 | 1,948 | 1,857 | 1,929 | 1,763 |
| パン | 2,456 | 2,511 | 2,643 | 2,591 | 2,576 |
| 麺類 | 1,348 | 1,374 | 1,411 | 1,654 | 1,585 |
| 他の穀類 | 454 | 432 | 435 | 496 | 465 |
| 魚介類 | 6,079 | 5,870 | 5,884 | 6,224 | 6,031 |
| 生鮮魚介 | 3,495 | 3,357 | 3,349 | 3,552 | 3,461 |
| 塩干魚介 | 1,101 | 1,052 | 1,044 | 1,099 | 1,035 |
| 魚肉練製品 | 676 | 647 | 663 | 690 | 685 |
| 他の魚介加工品 | 806 | 813 | 828 | 884 | 850 |
| 肉類 | 7,355 | 7,408 | 7,272 | 8,102 | 7,901 |
| 生鮮肉 | 5,974 | 6,038 | 5,876 | 6,583 | 6,422 |
| 加工肉 | 1,381 | 1,369 | 1,396 | 1,519 | 1,478 |
| 乳卵類 | 3,794 | 3,785 | 3,811 | 4,107 | 4,022 |
| 牛乳 | 1,273 | 1,244 | 1,263 | 1,323 | 1,245 |
| 乳製品 | 1,743 | 1,762 | 1,791 | 1,946 | 1,927 |
| 卵 | 778 | 779 | 758 | 838 | 850 |
| 野菜・海藻 | 8,763 | 8,894 | 8,491 | 9,237 | 8,793 |
| 生鮮野菜 | 5,885 | 5,985 | 5,621 | 6,213 | 5,893 |
| 乾物・海藻 | 701 | 719 | 720 | 748 | 703 |
| 大豆加工品 | 1,101 | 1,108 | 1,093 | 1,147 | 1,099 |
| 他の野菜・海藻加工品 | 1,076 | 1,083 | 1,057 | 1,128 | 1,098 |
| 果物 | 2,802 | 2,826 | 2,869 | 3,024 | 3,035 |
| 生鮮果物 | 2,560 | 2,569 | 2,603 | 2,726 | 2,735 |
| 果物加工品 | 243 | 257 | 266 | 298 | 300 |
| 油脂・調味料 | 3,493 | 3,529 | 3,554 | 3,907 | 3,823 |
| 油脂 | 359 | 361 | 375 | 415 | 405 |
| 調味料 | 3,134 | 3,168 | 3,179 | 3,492 | 3,418 |
| 菓子類 | 5,472 | 5,664 | 6,027 | 6,260 | 6,469 |
| 調理食品 | 9,635 | 9,917 | 10,397 | 10,757 | 11,363 |
| 主食的調理食品 | 3,982 | 4,094 | 4,354 | 4,490 | 4,802 |
| 他の調理食品 | 5,653 | 5,822 | 6,043 | 6,266 | 6,561 |
| 飲料 | 4,289 | 4,435 | 4,698 | 4,864 | 4,953 |
| 茶類 | 996 | 1,041 | 1,095 | 1,112 | 1,101 |
| コーヒー・ココア | 899 | 894 | 945 | 984 | 1,014 |
| 他の飲料 | 2,394 | 2,500 | 2,658 | 2,768 | 2,838 |
| 酒類 | 3,138 | 3,138 | 3,184 | 3,700 | 3,601 |
| 外食 | 11,902 | 12,247 | 12,726 | 9,587 | 9,380 |
| 一般外食 | 11,072 | 11,407 | 11,875 | 8,853 | 8,536 |
| 学校給食 | 830 | 840 | 850 | 734 | 844 |
| 住居 | 16,555 | 16,915 | 17,094 | 17,365 | 18,329 |
| 光熱・水道 | 21,535 | 22,019 | 21,951 | 21,836 | 21,530 |
| 家具・家事用品 | 10,560 | 10,839 | 11,486 | 12,538 | 11,932 |
| 被服及び履物 | 10,806 | 10,791 | 10,779 | 8,799 | 8,709 |
| 保健医療 | 12,873 | 13,227 | 13,933 | 14,211 | 14,238 |
| 交通・通信 | 39,691 | 42,107 | 43,632 | 39,910 | 39,702 |
| 教育 | 11,062 | 11,785 | 11,492 | 10,290 | 11,902 |
| 教養娯楽 | 27,958 | 27,581 | 29,343 | 24,285 | 24,545 |
| その他の消費支出 | 59,120 | 58,074 | 58,412 | 52,251 | 52,377 |

資料：総務省統計局「家計調査結果」（以下(2)まで同じ。）

4 家計消費支出（続き）

(2) 1世帯当たり年間の品目別購入数量（二人以上の世帯）

| 区分 | 単位 | 平成29年 | 30 | 令和元 | 2 | 3 |
|---|---|---|---|---|---|---|
| 食料 | | | | | | |
| 　穀類 | | | | | | |
| 　　米 | kg | 67.27 | 65.75 | 62.20 | 64.53 | 60.80 |
| 　　パン | g | 44,840 | 44,526 | 46,011 | 45,857 | 44,345 |
| 　　麺類 | 〃 | 33,934 | 33,867 | 33,169 | 38,021 | 36,208 |
| 　　他の穀類 | 〃 | 9,066 | 8,450 | 8,281 | 9,455 | 8,730 |
| 　魚介類 | | | | | | |
| 　　生鮮魚介 | 〃 | 24,771 | 23,465 | 22,966 | 23,910 | 22,964 |
| 　　塩干魚介 | 〃 | 7,595 | 6,946 | 6,719 | 7,238 | 6,616 |
| 　　他の魚介加工品 | | | | | | |
| 　　　かつお節・削り節 | 〃 | 236 | 227 | 220 | 223 | 209 |
| 　肉類 | | | | | | |
| 　　生鮮肉 | 〃 | 47,792 | 49,047 | 48,694 | 53,573 | 52,227 |
| 　　加工肉 | | | | | | |
| 　　　ソーセージ | 〃 | 5,315 | 5,301 | 5,322 | 5,742 | 5,544 |
| 　乳卵類 | | | | | | |
| 　　牛乳 | L | 78.03 | 76.24 | 75.80 | 78.17 | 74.19 |
| 　　乳製品 | | | | | | |
| 　　　チーズ | g | 3,309 | 3,488 | 3,548 | 4,051 | 4,074 |
| 　　卵 | 〃 | 31,264 | 31,933 | 31,746 | 34,000 | 32,860 |
| 　野菜・海藻 | | | | | | |
| 　　生鮮野菜 | 〃 | 170,627 | 165,301 | 164,507 | 175,433 | 169,692 |
| 　　乾物・海藻 | | | | | | |
| 　　　わかめ | 〃 | 876 | 865 | 861 | 866 | 745 |
| 　　大豆加工品 | | | | | | |
| 　　　豆腐 | 丁 | 80.16 | 83.66 | 80.83 | 84.41 | 83.74 |
| 　　他の野菜・海藻加工品 | | | | | | |
| 　　　だいこん漬 | g | 1,447 | 1,300 | 1,282 | 1,340 | 1,368 |
| 　果物 | | | | | | |
| 　　生鮮果物 | 〃 | 75,060 | 71,231 | 71,998 | 71,697 | 71,287 |
| 　油脂・調味料 | | | | | | |
| 　　油脂 | 〃 | 9,544 | 9,206 | 9,422 | 9,969 | 9,839 |
| 　　調味料 | | | | | | |
| 　　　しょう油 | mL | 5,249 | 4,981 | 4,708 | 4,832 | 4,963 |
| 　飲料 | | | | | | |
| 　　茶類 | | | | | | |
| 　　　緑茶 | g | 850 | 798 | 791 | 827 | 759 |
| 　　　紅茶 | 〃 | 188 | 173 | 186 | 189 | 193 |
| 　　コーヒー・ココア | | | | | | |
| 　　　コーヒー | 〃 | 2,427 | 2,478 | 2,515 | 2,756 | 2,835 |
| 　酒類 | | | | | | |
| 　　発泡酒・ビール風アルコール飲料 | L | 27.98 | 26.43 | 27.15 | 31.35 | 27.06 |

注：数量の公表があるもののうち、(1)の品目に準じて抜粋して掲載した。

## II　6次産業化等

### 1　六次産業化・地産地消法に基づく認定事業計画の概要

#### (1)　地域別の認定件数（令和4年6月30日時点）

単位：件

| 地方農政局等 | 総合化事業計画の認定件数 | 農畜産物関係 | 林産物関係 | 水産物関係 | 研究開発・成果利用事業計画の認定件数 |
|---|---|---|---|---|---|
| 合計 | 2,620 | 2,318 | 105 | 197 | 29 |
| 北海道 | 163 | 154 | 3 | 6 | 1 |
| 東北 | 380 | 344 | 12 | 24 | 4 |
| 関東 | 454 | 414 | 18 | 22 | 12 |
| 北陸 | 127 | 121 | 2 | 4 | 1 |
| 東海 | 250 | 213 | 15 | 22 | 0 |
| 近畿 | 388 | 352 | 13 | 23 | 3 |
| 中国四国 | 330 | 272 | 13 | 45 | 2 |
| 九州 | 467 | 393 | 28 | 46 | 6 |
| 沖縄 | 61 | 55 | 1 | 5 | 0 |

資料：農林水産省農村振興局資料（以下(3)まで同じ。）
注：令和4年6月30日時点での累計である（以下(3)まで同じ。）。

#### (2)　総合化事業計画の事業内容割合（令和4年6月30日時点）

単位：%

| 内容 | 割合 |
|---|---|
| 加工 | 18.2 |
| 直売 | 2.9 |
| 輸出 | 0.4 |
| レストラン | 0.4 |
| 加工・直売 | 68.8 |
| 加工・直売・レストラン | 7.1 |
| 加工・直売・輸出 | 2.2 |

#### (3)　総合化事業計画の対象農林水産物割合（令和4年6月30日時点）

単位：%

| 内容 | 割合 |
|---|---|
| 野菜 | 31.2 |
| 果樹 | 18.6 |
| 畜産物 | 12.6 |
| 米 | 11.7 |
| 水産物 | 5.7 |
| 豆類 | 4.4 |
| その他 | 3.8 |
| 林産物 | 3.8 |
| 麦類 | 2.4 |
| 茶 | 2.0 |
| そば | 1.8 |
| 花き | 1.7 |
| 野生鳥獣 | 0.3 |

注：複数の農林水産物を対象としている総合化事業計画については、その対象となる農林水産物全てを重複して対象とした。

## 2　農業及び漁業生産関連事業の取組状況
### (1)　年間販売金額及び年間販売金額規模別事業体数割合

| 区分 | 総額 | 1事業体当たり年間販売金額 | 事業体数 | 計 | |
|---|---|---|---|---|---|
| | 100万円 | 万円 | 事業体 | | ％ |
| 令和元年度　農業生産関連事業計 | 2,077,254 | 3,242 | 64,070 | 100.0 | |
| 令和2 | 2,032,947 | 3,169 | 64,160 | 100.0 | |
| 農産加工 | 918,659 | 2,797 | 32,840 | 100.0 | |
| 農産物直売所 | 1,053,477 | 4,464 | 23,600 | 100.0 | |
| 観光農園 | 29,320 | 573 | 5,120 | 100.0 | |
| 農家民宿 | 3,623 | 286 | 1,270 | 100.0 | |
| 農家レストラン | 27,868 | 2,097 | 1,330 | 100.0 | |
| 令和元年度　漁業生産関連事業計 | 230,102 | 6,367 | 3,610 | 100.0 | |
| 令和2 | 212,102 | 5,905 | 3,590 | 100.0 | |
| 水産加工 | 165,971 | 11,102 | 1,500 | 100.0 | |
| 水産物直売所 | 31,530 | 3,836 | 820 | 100.0 | |
| 漁家民宿 | 5,174 | 610 | 850 | 100.0 | |
| 漁家レストラン | 9,427 | 2,208 | 430 | 100.0 | |

資料：農林水産省統計部「6次産業化総合調査」（以下3(2)まで同じ。）
注：事業体数は、1の位を四捨五入している。

### (2)　従事者数及び雇用者の男女別割合

| 区分 | 計 | 役員・家族 | 雇用者 | |
|---|---|---|---|---|
| | | | 小計 | 常雇い |
| | 100人 | 100人 | 100人 | 100人 |
| 令和元年度　農業生産関連事業計 | 4,377 | 1,711 | 2,666 | 1,446 |
| 令和2 | 4,019 | 1,650 | 2,369 | 1,375 |
| 農産加工 | 1,692 | 737 | 955 | 527 |
| 農産物直売所 | 1,828 | 714 | 1,114 | 734 |
| 観光農園 | 331 | 136 | 195 | 46 |
| 農家民宿 | 42 | 27 | 15 | 4 |
| 農家レストラン | 126 | 35 | 90 | 64 |
| 令和元年度　漁業生産関連事業計 | 295 | 94 | 201 | 127 |
| 令和2 | 291 | 102 | 189 | 126 |
| 水産加工 | 160 | 47 | 113 | 79 |
| 水産物直売所 | 62 | 24 | 39 | 26 |
| 漁家民宿 | 32 | 20 | 12 | 3 |
| 漁家レストラン | 37 | 11 | 26 | 17 |

### (3)　産地別年間仕入金額（農産物直売所は販売金額）（令和2年度）

単位：100万円

| 区分 | 計 | 自家生産物 | 購入農産物（農産物直売所は他の農家の農産物等） | | |
|---|---|---|---|---|---|
| | | | 自都道府県産 | 他都道府県産 | 輸入品 |
| 農産加工 | 375,023 | 100,473 | 196,425 | 61,810 | 16,315 |
| 農産物直売所 | 934,510 | 143,535 | 691,193 | 94,392 | 5,389 |

注：1　産地別年間仕入金額は、農産物の仕入金額の合計である。
　　　なお、農産物直売所は、生鮮食品、農産加工品及び花き・花木の販売金額の合計である。
　　2　「自家生産物」は、農業経営体のみの結果である。

| 年間販売金額規模別事業体数割合 | | | | | |
|---|---|---|---|---|---|
| 100万円未満 | 100～500 | 500～1,000 | 1,000～5,000 | 5,000万～1億 | 1億円以上 |
| % | % | % | % | % | % |
| 37.9 | 28.0 | 11.3 | 13.2 | 3.3 | 6.2 |
| **38.2** | **27.9** | **12.0** | **12.7** | **3.0** | **6.2** |
| 49.3 | 29.6 | 8.0 | 8.7 | 1.5 | 2.9 |
| 21.3 | 26.4 | 16.9 | 17.7 | 5.3 | 12.5 |
| 43.8 | 27.3 | 14.6 | 12.4 | 1.5 | 0.4 |
| 67.4 | 17.9 | 8.2 | 5.5 | 0.9 | 0.1 |
| 18.3 | 20.9 | 16.6 | 32.8 | 7.4 | 4.0 |
| 19.3 | 30.2 | 12.4 | 23.4 | 7.0 | 7.7 |
| **18.7** | **30.7** | **13.9** | **22.5** | **7.0** | **7.2** |
| 22.4 | 31.2 | 7.7 | 18.4 | 9.0 | 11.4 |
| 10.2 | 28.7 | 13.6 | 28.6 | 9.2 | 9.6 |
| 22.4 | 36.9 | 22.6 | 17.8 | 0.4 | – |
| 14.8 | 20.8 | 19.0 | 34.2 | 9.1 | 2.1 |

| | 雇用者の男女別割合 | | | |
|---|---|---|---|---|
| 臨時雇い | 常雇い | | 臨時雇い | |
| | 男性 | 女性 | 男性 | 女性 |
| 100人 | % | % | % | % |
| 1,220 | 27.5 | 72.5 | 33.9 | 66.1 |
| **994** | **31.0** | **69.0** | **30.9** | **69.1** |
| 429 | 39.2 | 60.8 | 34.7 | 65.3 |
| 380 | 25.0 | 75.0 | 26.2 | 73.8 |
| 148 | 42.1 | 57.9 | 33.4 | 66.6 |
| 11 | 28.3 | 71.7 | 23.1 | 76.9 |
| 26 | 25.9 | 74.1 | 23.8 | 76.2 |
| 74 | 41.7 | 58.3 | 33.5 | 66.5 |
| **63** | **40.7** | **59.3** | **34.8** | **65.2** |
| 34 | 43.0 | 57.0 | 41.7 | 58.3 |
| 13 | 40.1 | 59.9 | 33.0 | 67.0 |
| 8 | 20.8 | 79.2 | 14.1 | 85.9 |
| 9 | 35.1 | 64.9 | 30.3 | 69.7 |

2　農業及び漁業生産関連事業の取組状況（続き）
(4)　都道府県別農業生産関連事業の年間販売金額及び事業体数（令和2年度）

| 区分 | 農業生産関連事業計 | | 農産加工 | | | | | | 総額 |
| | 総額 | 事業体数 | 総額 | 事業体数 | 農業経営体 | | 農業協同組合等 | | |
| | | | | | 総額 | 農業経営体数 | 総額 | 事業体数 | |
| | 100万円 | 事業体 | 100万円 | 事業体 | 100万円 | 経営体 | 100万円 | 事業体 | 100万円 |
| 全国 | 2,032,947 | 64,160 | 918,659 | 32,840 | 384,220 | 31,390 | 534,439 | 1,460 | 1,053,477 |
| 北海道 | 153,995 | 3,110 | 120,391 | 1,280 | 28,899 | 1,190 | 91,492 | 100 | 29,959 |
| 青森 | 27,187 | 1,210 | 12,127 | 740 | 7,688 | 720 | 4,439 | 30 | 14,708 |
| 岩手 | 28,105 | 1,490 | 9,229 | 930 | 9,064 | 920 | 165 | 10 | 17,613 |
| 宮城 | 26,870 | 1,230 | 8,955 | 670 | 4,506 | 650 | 4,449 | 30 | 16,847 |
| 秋田 | 16,409 | 1,290 | 5,756 | 760 | 5,054 | 710 | 701 | 40 | 10,076 |
| 山形 | 33,005 | 1,640 | 8,906 | 710 | 6,179 | 680 | 2,727 | 30 | 22,930 |
| 福島 | 51,456 | 2,160 | 17,595 | 1,190 | 5,647 | 1,110 | 11,949 | 80 | 32,713 |
| 茨城 | 54,763 | 2,220 | 11,754 | 1,340 | 8,594 | 1,290 | 3,160 | 50 | 41,205 |
| 栃木 | 57,064 | 1,420 | 22,507 | 660 | 8,669 | 620 | 13,838 | 40 | 32,583 |
| 群馬 | 55,361 | 1,890 | 26,444 | 630 | 8,598 | 610 | 17,847 | 20 | 26,605 |
| 埼玉 | 53,795 | 1,740 | 9,651 | 640 | 8,169 | 630 | 1,482 | 10 | 42,316 |
| 千葉 | 68,003 | 2,640 | 21,367 | 860 | 4,812 | 840 | 16,555 | 30 | 44,389 |
| 東京 | 57,090 | 980 | 41,778 | 200 | x | x | x | x | 14,030 |
| 神奈川 | 31,794 | 1,540 | 5,010 | 420 | 3,369 | 410 | 1,641 | 10 | 25,547 |
| 新潟 | 35,150 | 1,950 | 11,430 | 1,050 | 7,236 | 1,020 | 4,195 | 40 | 22,290 |
| 富山 | 9,645 | 720 | 2,210 | 460 | 1,542 | 440 | 668 | 30 | 6,634 |
| 石川 | 22,511 | 660 | 8,545 | 450 | 4,806 | 420 | 3,738 | 40 | 13,266 |
| 福井 | 14,533 | 720 | 4,710 | 530 | 3,263 | 490 | 1,447 | 40 | 9,237 |
| 山梨 | 54,351 | 1,930 | 33,645 | 500 | x | x | x | x | 17,643 |
| 長野 | 71,453 | 4,110 | 24,212 | 2,380 | 11,342 | 2,310 | 12,870 | 70 | 42,968 |
| 岐阜 | 46,432 | 1,290 | 19,749 | 680 | 10,021 | 660 | 9,729 | 20 | 25,742 |
| 静岡 | 100,298 | 2,520 | 58,975 | 1,220 | 24,682 | 1,160 | 34,294 | 60 | 39,372 |
| 愛知 | 67,394 | 1,470 | 8,897 | 710 | 5,239 | 690 | 3,658 | 20 | 55,801 |
| 三重 | 44,814 | 1,150 | 22,122 | 670 | 13,403 | 640 | 8,719 | 30 | 20,376 |
| 滋賀 | 15,905 | 890 | 4,097 | 600 | 3,128 | 580 | 969 | 30 | 11,000 |
| 京都 | 20,083 | 1,100 | 6,237 | 620 | 5,228 | 590 | 1,009 | 30 | 13,175 |
| 大阪 | 20,697 | 580 | 1,534 | 230 | 1,393 | 220 | 142 | 10 | 18,381 |
| 兵庫 | 35,228 | 2,010 | 7,137 | 1,110 | 6,487 | 1,090 | 650 | 30 | 26,133 |
| 奈良 | 15,837 | 500 | 3,554 | 220 | 3,535 | 210 | 19 | 10 | 11,582 |
| 和歌山 | 36,631 | 1,830 | 18,289 | 1,530 | 12,200 | 1,510 | 6,089 | 20 | 17,876 |
| 鳥取 | 36,042 | 670 | 21,644 | 380 | 2,710 | 360 | 18,934 | 20 | 13,979 |
| 島根 | 13,659 | 970 | 5,322 | 610 | 3,858 | 590 | 1,465 | 20 | 7,759 |
| 岡山 | 23,609 | 1,130 | 4,230 | 730 | 2,453 | 680 | 1,777 | 50 | 18,327 |
| 広島 | 25,961 | 1,170 | 11,450 | 570 | 3,084 | 560 | 8,366 | 20 | 13,628 |
| 山口 | 52,482 | 1,130 | 34,994 | 450 | 3,698 | 390 | 31,296 | 70 | 16,367 |
| 徳島 | 17,420 | 600 | 6,585 | 390 | 5,858 | 370 | 727 | 10 | 10,503 |
| 香川 | 33,118 | 430 | 22,620 | 280 | 12,205 | 270 | 10,415 | 10 | 10,261 |
| 愛媛 | 75,983 | 1,010 | 46,974 | 640 | 7,486 | 620 | 39,488 | 10 | 28,438 |
| 高知 | 38,036 | 720 | 14,015 | 400 | 3,106 | 350 | 10,910 | 50 | 23,640 |
| 福岡 | 82,477 | 1,650 | 30,821 | 730 | 5,915 | 670 | 24,906 | 60 | 50,228 |
| 佐賀 | 30,193 | 540 | 14,970 | 280 | 3,638 | 270 | 11,332 | 10 | 14,183 |
| 長崎 | 24,891 | 690 | 8,998 | 370 | 2,888 | 360 | 6,110 | 20 | 15,327 |
| 熊本 | 79,034 | 1,680 | 40,032 | 950 | 14,807 | 890 | 25,225 | 60 | 37,477 |
| 大分 | 27,531 | 980 | 10,215 | 520 | 6,469 | 500 | 3,746 | 20 | 16,363 |
| 宮崎 | 62,915 | 1,110 | 44,380 | 660 | 17,353 | 640 | 27,027 | 20 | 17,217 |
| 鹿児島 | 66,593 | 1,320 | 40,110 | 700 | 15,745 | 650 | 24,365 | 50 | 24,997 |
| 沖縄 | 17,208 | 380 | 4,480 | 190 | 3,048 | 180 | 1,432 | 20 | 11,786 |

注：事業体数及び農業経営体数は、1の位を四捨五入している。

| 事業体数 | 農産物直売所 | | | | 観光農園 | | 農家民宿 | | 農家レストラン | |
| | 農業経営体 | | 農業協同組合等 | | | | | | | |
| | 総額 | 農業経営体数 | 総額 | 事業体数 | 総額 | 経営体数 | 総額 | 農業経営体数 | 総額 | 事業体数 |
| 事業体 | 100万円 | 経営体 | 100万円 | 事業体 | 100万円 | 経営体 | 100万円 | 経営体 | 100万円 | 事業体 |
| 23,600 | 190,183 | 13,550 | 863,294 | 10,050 | 29,320 | 5,120 | 3,623 | 1,270 | 27,868 | 1,330 |
| 1,410 | 13,751 | 1,000 | 16,208 | 420 | 1,476 | 200 | 188 | 110 | 1,980 | 110 |
| 290 | 2,502 | 140 | 12,206 | 160 | 176 | 80 | 17 | 70 | 159 | 10 |
| 450 | 3,931 | 190 | 13,682 | 260 | 695 | 40 | 138 | 30 | 431 | 40 |
| 470 | 2,003 | 220 | 14,844 | 250 | 99 | 40 | 10 | 10 | 959 | 40 |
| 440 | 2,496 | 220 | 7,580 | 220 | 199 | 40 | 30 | 30 | 347 | 20 |
| 680 | 5,729 | 510 | 17,201 | 170 | 615 | 200 | 12 | 20 | 541 | 40 |
| 660 | 4,309 | 410 | 28,404 | 240 | 348 | 130 | 213 | 140 | 587 | 50 |
| 650 | 4,651 | 360 | 36,553 | 280 | 1,265 | 210 | x | x | x | x |
| 570 | 2,924 | 320 | 29,660 | 250 | 1,207 | 140 | 25 | 20 | 741 | 30 |
| 960 | 5,208 | 750 | 21,397 | 210 | 1,322 | 260 | 224 | 20 | 765 | 20 |
| 850 | 7,527 | 620 | 34,789 | 220 | 1,281 | 220 | 15 | 10 | 531 | 30 |
| 1,410 | 11,050 | 1,120 | 33,338 | 300 | 1,444 | 310 | 54 | 20 | 750 | 30 |
| 620 | 2,841 | 500 | 11,189 | 120 | 425 | 130 | 69 | 10 | 788 | 20 |
| 870 | 6,535 | 630 | 19,012 | 240 | 869 | 230 | x | x | x | x |
| 720 | 7,064 | 350 | 15,226 | 370 | 556 | 80 | 232 | 50 | 641 | 40 |
| 210 | 1,781 | 80 | 4,853 | 130 | 103 | 20 | 24 | 0 | 674 | 30 |
| 160 | 2,827 | 50 | 10,439 | 110 | 218 | 20 | 39 | 20 | 444 | 10 |
| 130 | 959 | 40 | 8,278 | 100 | 141 | 20 | 158 | 20 | 287 | 20 |
| 850 | 6,226 | 730 | 11,416 | 110 | 2,505 | 540 | 81 | 10 | 478 | 30 |
| 1,000 | 4,182 | 560 | 38,786 | 440 | 2,007 | 470 | 758 | 190 | 1,508 | 80 |
| 520 | 3,035 | 260 | 22,707 | 260 | 541 | 50 | 139 | 20 | 261 | 30 |
| 1,070 | 10,122 | 670 | 29,250 | 410 | 1,306 | 180 | 45 | 10 | 600 | 40 |
| 620 | 5,455 | 340 | 50,346 | 280 | 1,515 | 100 | 20 | 10 | 1,160 | 40 |
| 380 | 9,903 | 210 | 10,474 | 170 | 868 | 60 | 172 | 10 | 1,276 | 20 |
| 200 | 4,267 | 90 | 6,733 | 100 | 203 | 60 | 97 | 20 | 508 | 20 |
| 370 | 2,098 | 170 | 11,077 | 200 | 298 | 70 | 62 | 20 | 310 | 20 |
| 270 | 1,142 | 120 | 17,239 | 150 | 426 | 70 | x | x | x | x |
| 610 | 2,781 | 210 | 23,352 | 410 | 1,022 | 190 | 226 | 40 | 709 | 50 |
| 220 | 2,501 | 100 | 9,081 | 130 | 323 | 40 | x | x | x | x |
| 220 | 1,733 | 80 | 16,143 | 140 | 285 | 60 | 31 | 10 | 150 | 10 |
| 200 | 830 | 100 | 13,148 | 100 | 260 | 60 | 4 | 20 | 155 | 10 |
| 290 | 1,224 | 110 | 6,535 | 180 | 216 | 40 | 16 | 10 | 326 | 20 |
| 320 | 3,451 | 140 | 14,876 | 180 | 590 | 60 | 16 | 10 | 446 | 20 |
| 470 | 1,176 | 210 | 12,452 | 260 | 636 | 70 | 47 | 30 | 200 | 30 |
| 540 | 3,323 | 290 | 13,044 | 250 | 705 | 100 | 3 | 10 | 413 | 20 |
| 160 | 1,036 | 50 | 9,467 | 110 | 61 | 20 | 7 | 20 | 263 | 20 |
| 120 | 1,135 | 40 | 9,126 | 80 | 65 | 10 | 1 | 0 | 171 | 10 |
| 280 | 1,627 | 80 | 26,811 | 200 | 275 | 60 | 7 | 10 | 290 | 30 |
| 280 | 2,401 | 70 | 21,239 | 210 | 235 | 20 | 21 | 10 | 124 | 20 |
| 720 | 7,002 | 440 | 43,226 | 280 | 715 | 160 | 6 | 10 | 707 | 30 |
| 200 | 1,301 | 60 | 12,882 | 140 | 186 | 40 | 14 | 10 | 841 | 20 |
| 240 | 1,961 | 80 | 13,366 | 160 | 79 | 20 | 57 | 50 | 430 | 20 |
| 610 | 10,200 | 320 | 27,277 | 290 | 379 | 60 | 10 | 20 | 1,135 | 40 |
| 350 | 2,472 | 90 | 13,890 | 260 | 248 | 40 | 75 | 50 | 630 | 20 |
| 330 | 3,778 | 170 | 13,439 | 160 | 196 | 60 | 17 | 30 | 1,105 | 30 |
| 500 | 4,651 | 220 | 20,346 | 280 | 348 | 60 | 20 | 30 | 1,118 | 50 |
| 120 | 1,080 | 60 | 10,706 | 60 | 388 | 20 | 112 | 40 | 443 | 20 |

2 農業及び漁業生産関連事業の取組状況（続き）
(5) 都道府県別漁業生産関連事業の年間販売金額及び事業体数（令和2年度）

| 区分 | 漁業生産関連事業計 | | 水産加工 | | 水産物直売所 | | 漁家民宿 | | 漁家レストラン | |
|---|---|---|---|---|---|---|---|---|---|---|
| | 総額 | 事業体数 | 総額 | 事業体数 | 総額 | 事業体数 | 総額 | 漁業経営体数 | 総額 | 事業体数 |
| | 100万円 | 事業体 | 100万円 | 事業体 | 100万円 | 事業体 | 100万円 | 経営体 | 100万円 | 事業体 |
| 全国 | 212,102 | 3,590 | 165,971 | 1,500 | 31,530 | 820 | 5,174 | 850 | 9,427 | 430 |
| 北海道 | 53,829 | 380 | 47,603 | 220 | 5,522 | 90 | 227 | 40 | 477 | 20 |
| 青森 | 10,756 | 90 | 9,824 | 30 | 701 | 20 | 105 | 20 | 125 | 10 |
| 岩手 | 1,925 | 60 | 1,681 | 40 | 96 | 10 | 66 | 10 | 82 | 10 |
| 宮城 | 4,733 | 100 | 4,151 | 30 | 327 | 30 | 229 | 30 | 26 | 0 |
| 秋田 | 626 | 20 | 216 | 10 | 367 | 10 | 21 | 0 | 21 | 0 |
| 山形 | 305 | 20 | 117 | 0 | x | x | 43 | 10 | x | x |
| 福島 | 721 | 10 | x | x | x | x | 35 | 0 | x | x |
| 茨城 | 4,974 | 10 | x | x | x | x | x | x | x | x |
| 千葉 | 4,901 | 60 | 2,886 | 10 | 897 | 20 | 81 | 10 | 1,037 | 10 |
| 東京 | 373 | 40 | 108 | 10 | x | x | 214 | 30 | x | x |
| 神奈川 | 2,745 | 140 | 1,258 | 60 | 825 | 40 | 25 | 10 | 637 | 20 |
| 新潟 | 1,593 | 100 | 536 | 20 | 805 | 20 | 151 | 50 | 100 | 10 |
| 富山 | 220 | 10 | 86 | 10 | 109 | 0 | – | – | 25 | 0 |
| 石川 | 1,762 | 80 | 682 | 20 | 697 | 20 | 112 | 20 | 272 | 20 |
| 福井 | 1,944 | 210 | 358 | 30 | 113 | 10 | 1,450 | 160 | 23 | 10 |
| 静岡 | 3,001 | 200 | 1,156 | 50 | 1,009 | 40 | 336 | 70 | 499 | 40 |
| 愛知 | 753 | 40 | 381 | 10 | x | x | 298 | 30 | x | x |
| 三重 | 14,362 | 140 | 12,343 | 40 | 1,175 | 20 | 458 | 50 | 386 | 30 |
| 京都 | 2,121 | 60 | 1,780 | 10 | 76 | 10 | 198 | 40 | 67 | 10 |
| 大阪 | 1,085 | 20 | 170 | 10 | 826 | 10 | – | – | 89 | 0 |
| 兵庫 | 4,406 | 100 | 2,406 | 30 | 1,541 | 40 | 199 | 20 | 260 | 10 |
| 和歌山 | 5,175 | 40 | 2,350 | 10 | 2,323 | 10 | 62 | 10 | 440 | 10 |
| 鳥取 | 3,408 | 30 | 2,610 | 10 | 720 | 10 | x | x | x | x |
| 島根 | 722 | 50 | 601 | 30 | x | x | 20 | 10 | x | x |
| 岡山 | 2,031 | 40 | 1,026 | 10 | 928 | 20 | 31 | 0 | 47 | 0 |
| 広島 | 8,530 | 150 | 6,458 | 50 | 1,878 | 80 | 11 | 10 | 183 | 20 |
| 山口 | 1,926 | 100 | 1,473 | 50 | 357 | 30 | 53 | 20 | 43 | 10 |
| 徳島 | 4,378 | 60 | 4,007 | 40 | 334 | 10 | 16 | 0 | 21 | 0 |
| 香川 | 4,808 | 50 | 4,544 | 30 | 179 | 10 | 8 | 10 | 77 | 10 |
| 愛媛 | 4,909 | 130 | 4,190 | 80 | 454 | 20 | 171 | 20 | 94 | 10 |
| 高知 | 1,234 | 40 | 968 | 20 | 16 | 0 | 15 | 10 | 235 | 10 |
| 福岡 | 2,765 | 140 | 471 | 50 | 1,416 | 50 | 38 | 10 | 841 | 40 |
| 佐賀 | 4,052 | 50 | 3,483 | 20 | 454 | 10 | 47 | 10 | 67 | 10 |
| 長崎 | 11,360 | 310 | 9,257 | 210 | 1,868 | 40 | 122 | 50 | 114 | 10 |
| 熊本 | 3,460 | 100 | 2,855 | 70 | 183 | 20 | 12 | 10 | 410 | 10 |
| 大分 | 5,847 | 60 | 5,207 | 30 | 554 | 20 | 24 | 10 | 63 | 10 |
| 宮崎 | 10,006 | 50 | 8,165 | 20 | 759 | 10 | 31 | 10 | 1,051 | 10 |
| 鹿児島 | 16,232 | 200 | 13,290 | 100 | 2,074 | 40 | 160 | 30 | 709 | 30 |
| 沖縄 | 4,121 | 140 | 1,918 | 30 | 1,454 | 40 | 91 | 30 | 658 | 30 |

注：事業体数及び漁業経営体数は、1の位を四捨五入している。

3　直接販売における販売先別年間販売金額（令和2年度）
(1)　農業経営体による農産物の直接販売における販売先別年間販売金額

単位：100万円

| 区分 | 直接販売による農産物の販売先 | | | | | |
|---|---|---|---|---|---|---|
| | 計 | 卸売市場 | 小売業 | 食品製造業 | 外食産業 | 消費者に直接販売 |
| 年間販売金額 | 2,877,489 | 1,040,075 | 690,372 | 589,163 | 81,192 | 476,686 |

注：　年間販売金額は、農業経営体が卸売市場、小売業、食品製造業、外食産業及び消費者に直接販売した金額の合計である。

(2)　漁業経営体による水産物の直接販売における販売先別年間販売金額

単位：100万円

| 区分 | 直接販売による水産物の販売先 | | | | | |
|---|---|---|---|---|---|---|
| | 計 | 消費地卸売市場 | 小売業 | 食品製造業 | 外食産業 | 消費者に直接販売 |
| 年間販売金額 | 298,510 | 153,779 | 52,416 | 43,130 | 11,670 | 37,514 |

注：　年間販売金額は、漁業経営体が消費地卸売市場、小売業、食品製造業、外食産業及び消費者に直接販売した金額の合計である。

4 農業生産関連事業を行っている経営体の事業種類別経営体数
   (令和2年2月1日現在)
(1) 農業経営体

単位：経営体

| 全国・農業地域 | 農業生産関連事業を行っている実経営体数 | 事業種類別 | | | | | | | | |
|---|---|---|---|---|---|---|---|---|---|---|
| | | 農産物の加工 | 小売業 | 観光農園 | 貸農園・体験農園等 | 農家民宿 | 農家レストラン | 海外への輸出 | 再生可能エネルギー発電 | その他 |
| 全国 | 88,700 | 29,950 | 56,220 | 5,275 | 1,533 | 1,215 | 1,244 | 412 | 1,588 | 7,255 |
| 北海道 | 2,740 | 1,165 | 1,346 | 207 | 103 | 117 | 115 | 39 | 154 | 217 |
| 都府県 | 85,960 | 28,785 | 54,874 | 5,068 | 1,430 | 1,098 | 1,129 | 373 | 1,434 | 7,038 |
| 東北 | 12,092 | 4,517 | 7,372 | 566 | 119 | 209 | 181 | 70 | 141 | 883 |
| 北陸 | 5,916 | 2,269 | 3,757 | 151 | 51 | 80 | 85 | 49 | 31 | 393 |
| 関東・東山 | 22,499 | 6,968 | 13,639 | 2,576 | 650 | 279 | 266 | 113 | 456 | 2,412 |
| 東海 | 11,275 | 3,030 | 8,325 | 385 | 130 | 46 | 116 | 38 | 222 | 789 |
| 近畿 | 10,001 | 3,945 | 5,807 | 483 | 250 | 105 | 144 | 34 | 152 | 854 |
| 中国 | 9,621 | 2,642 | 6,952 | 344 | 77 | 91 | 88 | 13 | 119 | 560 |
| 四国 | 4,411 | 1,567 | 2,952 | 106 | 32 | 47 | 61 | 13 | 79 | 291 |
| 九州 | 9,753 | 3,696 | 5,857 | 436 | 109 | 201 | 175 | 41 | 230 | 820 |
| 沖縄 | 392 | 151 | 213 | 21 | 12 | 40 | 13 | 2 | 4 | 36 |

資料：農林水産省統計部「2020年農林業センサス」（以下(2)まで同じ。）

(2) 農業経営体のうち団体経営体

単位：経営体

| 全国・農業地域 | 農業生産関連事業を行っている実経営体数 | 事業種類別 | | | | | | | | |
|---|---|---|---|---|---|---|---|---|---|---|
| | | 農産物の加工 | 小売業 | 観光農園 | 貸農園・体験農園等 | 農家民宿 | 農家レストラン | 海外への輸出 | 再生可能エネルギー発電 | その他 |
| **全国** | 7,971 | 4,027 | 4,247 | 717 | 301 | 87 | 462 | 180 | 286 | 777 |
| 北海道 | 670 | 362 | 293 | 50 | 25 | 29 | 67 | 14 | 47 | 68 |
| 都府県 | 7,301 | 3,665 | 3,954 | 667 | 276 | 58 | 395 | 166 | 239 | 709 |
| 東北 | 1,021 | 567 | 507 | 91 | 24 | 12 | 53 | 28 | 26 | 103 |
| 北陸 | 739 | 371 | 433 | 46 | 20 | 5 | 43 | 29 | 10 | 53 |
| 関東・東山 | 1,528 | 724 | 788 | 201 | 89 | 16 | 86 | 38 | 63 | 187 |
| 東海 | 843 | 376 | 515 | 73 | 28 | 1 | 42 | 14 | 37 | 84 |
| 近畿 | 779 | 374 | 423 | 81 | 51 | 8 | 54 | 17 | 20 | 75 |
| 中国 | 783 | 380 | 446 | 82 | 24 | 5 | 32 | 6 | 16 | 62 |
| 四国 | 363 | 206 | 188 | 23 | 6 | 2 | 18 | 7 | 12 | 36 |
| 九州 | 1,125 | 612 | 582 | 63 | 26 | 5 | 59 | 25 | 55 | 100 |
| 沖縄 | 120 | 55 | 72 | 7 | 8 | 4 | 8 | 2 | - | 9 |

## Ⅲ 食品産業の構造
### 1 食品製造業の構造と生産状況
#### (1) 事業所数 (従業者4人以上の事業所)

単位：事業所

| 区分 | 平成27年 | 28 | 29 | 30 | 令和元 |
|---|---|---|---|---|---|
| 製造業計 | 217,601 | 191,339 | 188,249 | 185,116 | 181,877 |
| うち食料品製造業 | 28,239 | 25,466 | 24,892 | 24,440 | 23,648 |
| 畜産食料品製造業 | 2,661 | 2,452 | 2,477 | 2,446 | 2,419 |
| 水産食料品製造業 | 5,920 | 5,324 | 5,154 | 5,060 | 4,824 |
| 野菜缶詰・果実缶詰・農産保存食料品製造業 | 1,801 | 1,588 | 1,545 | 1,501 | 1,448 |
| 調味料製造業 | 1,557 | 1,442 | 1,430 | 1,424 | 1,401 |
| 糖類製造業 | 139 | 125 | 128 | 128 | 129 |
| 精穀・製粉業 | 742 | 649 | 641 | 645 | 639 |
| パン・菓子製造業 | 5,355 | 5,018 | 4,932 | 4,823 | 4,669 |
| 動植物油脂製造業 | 206 | 190 | 186 | 191 | 190 |
| その他の食料品製造業 | 9,858 | 8,678 | 8,399 | 8,222 | 7,929 |
| 飲料・たばこ・飼料製造業 | 4,759 | 3,996 | 3,975 | 3,967 | 3,898 |
| うち清涼飲料製造業 | 635 | 527 | 540 | 546 | 540 |
| 酒類製造業 | 1,542 | 1,466 | 1,464 | 1,459 | 1,455 |
| 茶・コーヒー製造業（清涼飲料を除く。） | 1,475 | 1,103 | 1,088 | 1,055 | 1,003 |

資料： 経済産業省「工業統計調査」。ただし、平成27年は「経済センサス-活動調査」による。
以下(3)まで同じ。

#### (2) 従業者数 (従業者4人以上の事業所)

単位：人

| 区分 | 平成27年 | 28 | 29 | 30 | 令和元 |
|---|---|---|---|---|---|
| 製造業計 | 7,497,792 | 7,571,369 | 7,697,321 | 7,778,124 | 7,717,646 |
| うち食料品製造業 | 1,109,819 | 1,130,444 | 1,138,973 | 1,145,915 | 1,136,951 |
| 畜産食料品製造業 | 157,302 | 158,331 | 162,992 | 163,941 | 162,897 |
| 水産食料品製造業 | 146,567 | 142,620 | 139,355 | 139,372 | 137,979 |
| 野菜缶詰・果実缶詰・農産保存食料品製造業 | 46,004 | 46,371 | 45,571 | 44,784 | 44,066 |
| 調味料製造業 | 49,366 | 53,293 | 52,236 | 52,383 | 53,940 |
| 糖類製造業 | 6,148 | 6,455 | 6,656 | 6,723 | 6,785 |
| 精穀・製粉業 | 14,470 | 14,934 | 14,772 | 15,267 | 15,279 |
| パン・菓子製造業 | 247,269 | 254,702 | 258,413 | 257,049 | 253,250 |
| 動植物油脂製造業 | 9,961 | 10,376 | 10,012 | 10,254 | 10,257 |
| その他の食料品製造業 | 432,732 | 443,362 | 448,966 | 456,142 | 452,498 |
| 飲料・たばこ・飼料製造業 | 103,075 | 101,827 | 102,129 | 103,561 | 103,462 |
| うち清涼飲料製造業 | 29,283 | 29,308 | 28,873 | 30,533 | 30,938 |
| 酒類製造業 | 34,563 | 35,196 | 35,490 | 35,248 | 34,595 |
| 茶・コーヒー製造業（清涼飲料を除く。） | 19,608 | 18,524 | 18,875 | 18,668 | 18,611 |

### (3) 製造品出荷額等（従業者4人以上の事業所）

単位：100万円

| 区分 | 平成27年 | 28 | 29 | 30 | 令和元 |
|---|---|---|---|---|---|
| 製造業計 | 313,128,563 | 302,035,590 | 319,166,725 | 331,809,377 | 322,533,418 |
| うち食料品製造業 | 28,102,190 | 28,426,447 | 29,055,931 | 29,781,548 | 29,857,188 |
| 畜産食料品製造業 | 6,677,706 | 6,535,162 | 6,749,891 | 6,875,274 | 6,850,275 |
| 水産食料品製造業 | 3,502,112 | 3,399,052 | 3,383,333 | 3,362,009 | 3,355,362 |
| 野菜缶詰・果実缶詰・農産保存食料品製造業 | 789,450 | 766,849 | 818,220 | 858,195 | 821,962 |
| 調味料製造業 | 1,860,209 | 1,980,981 | 2,041,406 | 2,039,633 | 2,058,869 |
| 糖類製造業 | 534,341 | 529,719 | 549,169 | 547,044 | 531,232 |
| 精穀・製粉業 | 1,304,133 | 1,311,420 | 1,358,701 | 1,442,742 | 1,459,327 |
| パン・菓子製造業 | 5,142,128 | 5,149,542 | 5,248,559 | 5,443,131 | 5,475,803 |
| 動植物油脂製造業 | 989,221 | 958,875 | 969,020 | 1,020,948 | 1,002,124 |
| その他の食料品製造業 | 7,302,890 | 7,794,848 | 7,937,631 | 8,192,572 | 8,302,235 |
| 飲料・たばこ・飼料製造業 | 10,240,415 | 9,773,607 | 9,515,514 | 9,781,259 | 9,601,994 |
| うち清涼飲料製造業 | 2,326,029 | 2,148,023 | 2,228,200 | 2,465,110 | 2,462,333 |
| 酒類製造業 | 3,487,204 | 3,511,912 | 3,397,399 | 3,334,467 | 3,270,412 |
| 茶・コーヒー製造業（清涼飲料を除く。） | 597,305 | 581,248 | 613,863 | 592,985 | 569,935 |

## 2 海外における現地法人企業数及び売上高（農林漁業、食料品製造業）

### (1) 現地法人企業数（国・地域別）（令和2年度実績）

単位：社

| 区分 | 全地域 | 北米 | アメリカ | カナダ | 中南米 | ブラジル | メキシコ | アルゼンチン | アジア | 中国 |
|---|---|---|---|---|---|---|---|---|---|---|
| 計 | 25,703 | 3,235 | 3,008 | 227 | 1,387 | 294 | 412 | 35 | 17,342 | 7,486 |
| 製造業 | 11,070 | 1,135 | 1,063 | 72 | 393 | 130 | 210 | 11 | 8,529 | 3,849 |
| 1) うち食料品 | 498 | 74 | 69 | 5 | 14 | 7 | 1 | 1 | 342 | 162 |
| 非製造業 | 14,633 | 2,100 | 1,945 | 155 | 994 | 164 | 202 | 24 | 8,813 | 3,637 |
| うち農林漁業 | 99 | 8 | 7 | 1 | 22 | 8 | 2 | 1 | 37 | 12 |

| 区分 | アジア（続き） | | | | | | | | | |
|---|---|---|---|---|---|---|---|---|---|---|
| | 中国（続き） | | ASEAN4 | | | | | NIEs3 | | |
| | 中国本土 | 香港 | | フィリピン | マレーシア | タイ | インドネシア | | 台湾 | 韓国 |
| 計 | 6,303 | 1,183 | 4,894 | 595 | 790 | 2,362 | 1,147 | 2,852 | 950 | 785 |
| 製造業 | 3,651 | 198 | 2,703 | 312 | 401 | 1,324 | 666 | 886 | 377 | 324 |
| 1) うち食料品 | 155 | 7 | 95 | 3 | 12 | 50 | 30 | 41 | 13 | 11 |
| 非製造業 | 2,652 | 985 | 2,191 | 283 | 389 | 1,038 | 481 | 1,966 | 573 | 461 |
| うち農林漁業 | 12 | – | 14 | 1 | 2 | 3 | 8 | 3 | 2 | 1 |

資料：経済産業省「第51回 海外事業活動基本調査」（以下(2)まで同じ。）
注：1)は、食料品製造業、飲料製造業、たばこ製造業及び飼料・有機質肥料製造業である。

2 海外における現地法人企業数及び売上高（農林漁業、食料品製造業）（続き）
(1) 現地法人企業数（国・地域別）（令和2年度実績）（続き）

単位：社

| 区分 | アジア（続き） NIEs3(続き) シンガポール | インド | ベトナム | 中東 | 欧州 | EU | フランス | ドイツ | イタリア | オランダ |
|---|---|---|---|---|---|---|---|---|---|---|
| 計 | 1,117 | 616 | 1,188 | 155 | 2,913 | 2,047 | 275 | 586 | 151 | 376 |
| 製造業 | 185 | 302 | 677 | 25 | 853 | 617 | 98 | 145 | 48 | 61 |
| 1)うち食料品 | 17 | 9 | 30 | – | 46 | 27 | 9 | 7 | 2 | 5 |
| 非製造業 | 932 | 314 | 511 | 130 | 2,060 | 1,430 | 177 | 441 | 103 | 315 |
| うち農林漁業 | – | 2 | 5 | 3 | 12 | 7 | 1 | – | – | 1 |

| 区分 | 欧州（続き） EU（続き） ベルギー | スペイン | イギリス | スイス | ロシア | オセアニア | オーストラリア | ニュージーランド | アフリカ | BRICs | ASEAN10 |
|---|---|---|---|---|---|---|---|---|---|---|---|
| 計 | 105 | 104 | 573 | 58 | 129 | 506 | 395 | 66 | 165 | 7,342 | 7,414 |
| 製造業 | 32 | 40 | 159 | 7 | 31 | 89 | 65 | 18 | 46 | 4,114 | 3,632 |
| 1)うち食料品 | 2 | – | 17 | 2 | – | 20 | 14 | 5 | 2 | 171 | 146 |
| 非製造業 | 73 | 64 | 414 | 51 | 98 | 417 | 330 | 48 | 119 | 3,228 | 3,782 |
| うち農林漁業 | – | 2 | 1 | 1 | – | 13 | 9 | 4 | 4 | 22 | 19 |

(2) 現地法人の売上高（令和2年度実績）

単位：100万円

| 区分 | 計 | 日本向け輸出額 | 親企業向け | その他の企業向け |
|---|---|---|---|---|
| 計 | 240,902,630 | 20,475,667 | 17,323,725 | 3,151,942 |
| 製造業 | 112,790,400 | 11,859,049 | 10,699,420 | 1,159,629 |
| 1)うち食料品 | 4,637,232 | 345,304 | 264,727 | 80,577 |
| 非製造業 | 128,112,230 | 8,616,618 | 6,624,305 | 1,992,313 |
| うち農林漁業 | 349,739 | 61,675 | 60,176 | 1,499 |

| 区分 | 現地販売額 | 日系企業向け | 地場企業向け | その他の企業向け |
|---|---|---|---|---|
| 計 | 142,854,501 | 35,832,274 | 92,051,533 | 14,970,694 |
| 製造業 | 61,162,470 | 25,985,668 | 30,477,871 | 4,698,931 |
| 1)うち食料品 | 3,748,505 | 210,689 | 3,491,007 | 46,809 |
| 非製造業 | 81,692,031 | 9,846,606 | 61,573,662 | 10,271,763 |
| うち農林漁業 | 228,125 | 49,404 | 172,637 | 6,084 |

| 区分 | 第三国向け輸出額 | 北米 | アジア | 欧州 | その他の地域 |
|---|---|---|---|---|---|
| 計 | 77,572,462 | 23,852,698 | 27,568,794 | 16,125,158 | 10,025,812 |
| 製造業 | 39,768,881 | 10,409,536 | 18,025,529 | 7,528,157 | 3,805,659 |
| 1)うち食料品 | 543,423 | 51,516 | 142,342 | 295,952 | 53,613 |
| 非製造業 | 37,803,581 | 13,443,162 | 9,543,265 | 8,597,001 | 6,220,153 |
| うち農林漁業 | 59,939 | 7,030 | 23,206 | 24,071 | 5,632 |

注：1)は、食料品製造業、飲料製造業、たばこ製造業及び飼料・有機質肥料製造業である。

## 3 食品卸売業の構造と販売状況
### (1) 事業所数

単位：事業所

| 区分 | 平成16年 | 19 | 24 | 26 | 28 |
|---|---|---|---|---|---|
| 卸売業計 | 375,269 | 334,799 | 371,663 | 382,354 | 364,814 |
| うち各種商品卸売業 | 1,245 | 1,200 | 1,619 | 1,490 | 1,410 |
| 管理、補助的経済活動を行う事業所 | … | … | 10 | 26 | 58 |
| 従業者が常時100人以上の各種商品卸売業 | 28 | 26 | 30 | 23 | 29 |
| その他の各種商品卸売業 | 1,217 | 1,174 | 1,579 | 1,441 | 1,323 |
| 飲食料品卸売業 | 84,539 | 76,058 | 73,006 | 76,653 | 70,613 |
| 管理、補助的経済活動を行う事業所 | … | … | 1,016 | 1,171 | 1,480 |
| 農畜産物・水産物卸売業 | 39,485 | 37,844 | 35,066 | 36,480 | 33,461 |
| うち米麦卸売業 | … | 2,837 | 2,263 | 2,488 | 2,375 |
| 雑穀・豆類卸売業 | … | 972 | 811 | 818 | 817 |
| 米麦卸売業、雑穀・豆類卸売業（格付不能） | … | … | 714 | 749 | … |
| 野菜卸売業 | … | 8,277 | 7,119 | 7,286 | 7,542 |
| 果実卸売業 | … | 2,224 | 1,637 | 1,671 | 1,692 |
| 野菜卸売業、果実卸売業（格付不能） | … | … | 2,071 | 2,202 | … |
| 食肉卸売業 | 8,125 | 7,438 | 6,445 | 7,077 | 6,368 |
| 生鮮魚介卸売業 | 13,033 | 10,682 | 10,660 | 11,090 | 10,390 |
| その他の農畜産物・水産物卸売業 | 2,634 | 5,414 | 3,346 | 3,099 | 2,732 |
| 食料・飲料卸売業 | 45,054 | 38,214 | 36,924 | 39,002 | 35,672 |
| うち砂糖・味そ・しょう油卸売業 | … | 1,421 | 1,156 | 963 | 1,070 |
| 酒類卸売業 | … | 3,031 | 2,561 | 2,502 | 2,720 |
| 乾物卸売業 | … | 3,553 | 2,247 | 2,253 | 2,424 |
| 菓子・パン類卸売業 | … | 6,004 | 4,364 | 4,579 | 4,364 |
| 飲料卸売業 | … | 2,934 | 1,941 | 1,913 | 2,100 |
| 茶類卸売業 | … | 2,322 | 1,635 | 1,607 | 1,822 |
| 牛乳・乳製品卸売業 | … | … | 2,621 | 2,678 | 2,392 |
| その他の食料・飲料卸売業 | … | 18,949 | 11,607 | 12,249 | 13,880 |
| 食料・飲料卸売業（格付不能） | … | … | 8,792 | 10,258 | … |

資料： 経済産業省「商業統計」（平成24年及び28年の数値は、平成24年及び28年経済センサス
活動調査の数値である。（以下4(3)まで同じ。）

3　食品卸売業の構造と販売状況（続き）
(2)　従業者数

単位：千人

| 区分 | 平成16年 | 19 | 24 | 26 | 28 |
|---|---|---|---|---|---|
| 卸売業計 | 3,804 | 3,526 | 3,822 | 3,932 | 3,942 |
| うち各種商品卸売業 | 38 | 33 | 41 | 37 | 39 |
| 　管理、補助的経済活動を行う事業所 | … | … | 0 | 1 | 0 |
| 　従業者が常時100人以上の各種商品卸売業 | 24 | 20 | 24 | 20 | 25 |
| 　その他の各種商品卸売業 | 14 | 13 | 16 | 16 | 14 |
| 　飲食料品卸売業 | 887 | 820 | 759 | 797 | 772 |
| 　管理、補助的経済活動を行う事業所 | … | … | 13 | 11 | 12 |
| 　農畜産物・水産物卸売業 | 406 | 393 | 348 | 364 | 346 |
| 　うち米麦卸売業 | … | 26 | 16 | 19 | 18 |
| 　　雑穀・豆類卸売業 | … | 7 | 7 | 6 | 7 |
| 　　米麦卸売業、雑穀・豆類卸売業（格付不能） | … | … | 8 | 5 | … |
| 　　野菜卸売業 | … | 105 | 89 | 92 | 101 |
| 　　果実卸売業 | … | 22 | 17 | 18 | 18 |
| 　　野菜卸売業、果実卸売業（格付不能） | … | … | 22 | 24 | … |
| 　　食肉卸売業 | 75 | 74 | 60 | 67 | 66 |
| 　　生鮮魚介卸売業 | 129 | 106 | 98 | 102 | 95 |
| 　　その他の農畜産物・水産物卸売業 | 24 | 53 | 31 | 32 | 27 |
| 　食料・飲料卸売業 | 482 | 427 | 397 | 422 | 414 |
| 　うち砂糖・味そ・しょう油卸売業 | … | 11 | 9 | 7 | 8 |
| 　　酒類卸売業 | … | 42 | 34 | 31 | 39 |
| 　　乾物卸売業 | … | 26 | 17 | 15 | 18 |
| 　　菓子・パン類卸売業 | … | 58 | 42 | 47 | 48 |
| 　　飲料卸売業 | … | 43 | 32 | 24 | 36 |
| 　　茶類卸売業 | … | 19 | 12 | 10 | 14 |
| 　　牛乳・乳製品卸売業 | … | … | 28 | 23 | 28 |
| 　　その他の食料・飲料卸売業 | … | 228 | 140 | 152 | 176 |
| 　　食料・飲料卸売業（格付不能） | … | … | 84 | 112 | … |

注：　従業者数とは、「個人業主」、「無給家族従業者」、「有給役員」及び「常用雇用者」の計
　　であり、臨時雇用者は含まない。

## (3) 年間商品販売額

単位：10億円

| 区分 | 平成16年 | 19 | 24 | 26 | 28 |
|---|---|---|---|---|---|
| 卸売業計 | 405,497 | 413,532 | 365,481 | 356,652 | 436,523 |
| うち各種商品卸売業 | 49,031 | 49,042 | 30,740 | 25,890 | 30,127 |
| 従業者が常時100人以上の各種商業卸売業 | 46,210 | 46,827 | 27,760 | 23,869 | 27,580 |
| その他の各種商品卸売業 | 2,821 | 2,216 | 2,980 | 2,021 | 2,546 |
| 飲食料品卸売業 | 86,390 | 75,649 | 71,452 | 71,553 | 88,997 |
| うち農畜産物・水産物卸売業 | 42,578 | 34,951 | 29,196 | 30,695 | 36,837 |
| うち米麦卸売業 | … | 3,476 | 1,948 | 2,741 | 3,335 |
| 雑穀・豆類卸売業 | … | 650 | 1,131 | 957 | 1,033 |
| 野菜卸売業 | … | 7,985 | 7,480 | 8,459 | 9,650 |
| 果実卸売業 | … | 1,817 | 1,286 | 1,587 | 1,765 |
| 食肉卸売業 | 6,222 | 6,389 | 4,827 | 5,590 | 8,368 |
| 生鮮魚介卸売業 | 11,789 | 9,709 | 7,200 | 8,163 | 9,138 |
| その他の農畜産物・水産物卸売業 | 1,888 | 4,925 | 2,520 | 3,195 | 3,289 |
| 食料・飲料卸売業 | 43,812 | 40,698 | 42,256 | 40,859 | 52,059 |
| うち砂糖・味そ・しょう油卸売業 | … | 1,200 | 1,253 | 1,090 | 1,311 |
| 酒類卸売業 | … | 7,909 | 7,981 | 7,331 | 8,976 |
| 乾物卸売業 | … | 1,259 | 1,001 | 711 | 963 |
| 菓子・パン類卸売業 | … | 3,696 | 3,294 | 3,850 | 4,286 |
| 飲料卸売業 | … | 4,214 | 3,772 | 3,384 | 4,366 |
| 茶類卸売業 | … | 764 | 659 | 458 | 820 |
| 牛乳・乳製品卸売業 | … | … | 3,324 | 2,404 | 3,725 |
| その他の食料・飲料卸売業 | … | 21,657 | 19,948 | 21,629 | 26,088 |

注：平成19年以前の数値は、各調査年の前年4月1日から調査年3月31日までの1年間の数値である。

4　食品小売業の構造と販売状況
(1)　事業所数

単位：事業所

| 区分 | 平成16年 | 19 | 24 | 26 | 28 |
|---|---|---|---|---|---|
| 小売業計 | 1,238,049 | 1,137,859 | 1,033,358 | 1,024,881 | 990,246 |
| うち各種商品小売業 | 5,556 | 4,742 | 3,014 | 4,199 | 3,275 |
| 　　管理、補助的経済活動を行う事業所 | … | … | 105 | 117 | 149 |
| 　　百貨店、総合スーパー | 1,983 | 1,856 | 1,427 | 1,706 | 1,590 |
| 　　その他の各種商品小売業<br>　　（従業者が常時50人未満のもの） | 3,573 | 2,886 | 1,482 | 2,376 | 1,536 |
| 　飲食料品小売業 | 444,596 | 389,832 | 317,983 | 308,248 | 299,120 |
| 　　管理、補助的経済活動を行う事業所 | … | … | 1,477 | 1,507 | 1,884 |
| 　　各種食料品小売業 | 38,531 | 34,486 | 29,504 | 26,970 | 27,442 |
| 　　野菜・果実小売業 | 27,709 | 23,950 | 20,986 | 19,443 | 18,397 |
| 　　食肉小売業 | 14,824 | 13,682 | 12,534 | 11,604 | 11,058 |
| 　　鮮魚小売業 | 23,021 | 19,713 | 15,833 | 14,050 | 13,705 |
| 　　酒小売業 | 60,191 | 47,696 | 37,277 | 33,478 | 32,233 |
| 　　菓子・パン小売業 | 77,653 | 66,205 | 62,077 | 62,113 | 61,922 |
| 　　その他の飲食料品小売業 | 202,667 | 184,100 | 138,295 | 139,083 | 132,479 |
| 　　1)コンビニエンスストア | 42,372 | 42,644 | 30,343 | 34,414 | 49,463 |
| 　　米穀類小売業 | 20,956 | 16,769 | 12,027 | 10,030 | 9,792 |

注：1)は、飲食料品を中心とするものに限る。

(2)　従業者数

単位：千人

| 区分 | 平成16年 | 19 | 24 | 26 | 28 |
|---|---|---|---|---|---|
| 小売業計 | 7,762 | 7,579 | 7,404 | 7,686 | 7,654 |
| うち各種商品小売業 | 541 | 523 | 364 | 405 | 357 |
| 　　管理、補助的経済活動を行う事業所 | … | … | 19 | 22 | 14 |
| 　　百貨店、総合スーパー | 517 | 496 | 334 | 357 | 331 |
| 　　その他の各種商品小売業<br>　　（従業者が常時50人未満のもの） | 24 | 27 | 11 | 26 | 12 |
| 　飲食料品小売業 | 3,151 | 3,083 | 2,849 | 2,958 | 3,012 |
| 　　管理、補助的経済活動を行う事業所 | … | … | 40 | 56 | 43 |
| 　　各種食料品小売業 | 856 | 872 | 942 | 906 | 1,025 |
| 　　野菜・果実小売業 | 104 | 88 | 88 | 89 | 85 |
| 　　食肉小売業 | 59 | 56 | 60 | 58 | 59 |
| 　　鮮魚小売業 | 79 | 69 | 64 | 59 | 56 |
| 　　酒小売業 | 177 | 137 | 111 | 100 | 95 |
| 　　菓子・パン小売業 | 367 | 342 | 342 | 369 | 370 |
| 　　その他の飲食料品小売業 | 1,509 | 1,519 | 1,202 | 1,321 | 1,280 |
| 　　1)コンビニエンスストア | 601 | 622 | 437 | 529 | 749 |
| 　　米穀類小売業 | 53 | 42 | 30 | 25 | 25 |

注：　従業者数とは、「個人業主」、「無給家族従業者」、「有給役員」及び「常用雇用者」の計
　　であり、臨時雇用者は含まない。
　　1)は、飲食料品を中心とするものに限る。

### (3)　年間商品販売額

単位：10億円

| 区分 | 平成16年 | 19 | 24 | 26 | 28 |
|---|---|---|---|---|---|
| 小売業計 | 133,279 | 134,705 | 114,852 | 122,177 | 145,104 |
| うち各種商品小売業 | 16,913 | 15,653 | 10,997 | 11,517 | 12,879 |
| うち百貨店、総合スーパー | 16,409 | 15,156 | 10,823 | 10,936 | 12,635 |
| その他の各種商品小売業（従業者が常時50人未満のもの） | 505 | 497 | 174 | 580 | 245 |
| 飲食料品小売業 | 41,334 | 40,813 | 32,627 | 32,207 | 41,568 |
| うち各種食料品小売業 | 17,085 | 17,107 | 15,338 | 14,834 | 20,552 |
| 野菜・果実小売業 | 1,215 | 998 | 824 | 861 | 971 |
| 食肉小売業 | 690 | 656 | 633 | 584 | 729 |
| 鮮魚小売業 | 949 | 858 | 654 | 585 | 728 |
| 酒小売業 | 3,329 | 2,490 | 1,535 | 1,354 | 1,564 |
| 菓子・パン小売業 | 2,269 | 2,072 | 1,655 | 1,850 | 2,392 |
| その他の飲食料品小売業 | 15,799 | 16,633 | 11,989 | 12,139 | 14,632 |
| 1)コンビニエンスストア | 6,876 | 6,856 | 5,452 | 6,404 | 8,722 |
| 米穀類小売業 | 666 | 446 | 310 | 261 | 242 |

注：平成19年以前の数値は、各調査年の前年4月1日から調査年3月31日までの1年間の数値である。
　　1)は、飲食料品を中心とするものに限る。

## 5　外食産業の構造と市場規模
### (1)　事業所数及び従業者数

| 区分 | 平成28年 | |
|---|---|---|
| | 事業所数 | 従業者数 |
| | 事業所 | 人 |
| **飲食店** | 590,847 | 4,120,279 |
| うち管理、補助的経済活動を行う事業所 | 2,524 | 27,630 |
| 食堂・レストラン | 50,329 | 431,759 |
| 専門料理店 | 171,166 | 1,501,336 |
| うち日本料理店 | 49,481 | 486,240 |
| 中華料理店 | 52,672 | 375,791 |
| 焼肉店 | 18,977 | 193,906 |
| その他の専門料理店 | 50,036 | 445,399 |
| そば・うどん店 | 29,137 | 202,629 |
| すし店 | 22,557 | 255,323 |
| 酒場、ビヤホール | 124,976 | 708,177 |
| バー、キャバレー、ナイトクラブ | 95,674 | 343,630 |
| 喫茶店 | 67,198 | 328,893 |
| その他の飲食店 | 27,276 | 320,810 |
| ハンバーガー店 | 5,506 | 165,991 |
| お好み焼・焼きそば・たこ焼店 | 15,647 | 65,113 |
| 他に分類されない飲食店 | 6,123 | 89,706 |
| **持ち帰り・配達飲食サービス業** | 56,050 | 557,209 |
| うち管理、補助的経済活動を行う事業所 | 432 | 7,856 |
| 持ち帰り飲食サービス業 | 12,300 | 82,665 |
| 配達飲食サービス業 | 43,318 | 466,688 |

資料：総務省統計局「平成28年経済センサス-活動調査」

5 外食産業の構造と市場規模（続き）
(2) 市場規模

単位：億円

| 区分 | 平成28年 | 29 | 30 | 令和元 | 2 |
|---|---|---|---|---|---|
| 外食産業計 | 254,553 | 256,804 | 257,342 | 262,684 | 182,005 |
| 給食主体部門 | 204,320 | 206,907 | 207,899 | 212,535 | 155,338 |
| 営業給食 | 170,664 | 173,116 | 174,287 | 178,997 | 127,065 |
| 飲食店 | 139,464 | 142,215 | 142,800 | 145,776 | 109,780 |
| 食堂・レストラン | 99,325 | 101,155 | 101,049 | 103,221 | 73,780 |
| そば・うどん店 | 12,499 | 12,856 | 13,016 | 13,144 | 9,613 |
| すし店 | 15,187 | 15,231 | 15,445 | 15,466 | 12,639 |
| その他の飲食店 | 12,453 | 12,973 | 13,290 | 13,945 | 13,748 |
| 機内食等 | 2,672 | 2,698 | 2,714 | 2,726 | 824 |
| 宿泊施設 | 28,528 | 28,203 | 28,773 | 30,495 | 16,461 |
| 集団給食 | 33,656 | 33,791 | 33,612 | 33,538 | 28,273 |
| 学校 | 4,899 | 4,882 | 4,883 | 4,826 | 4,011 |
| 事業所 | 17,495 | 17,527 | 17,316 | 17,256 | 13,860 |
| 社員食堂等給食 | 12,126 | 12,113 | 11,923 | 11,876 | 9,678 |
| 弁当給食 | 5,369 | 5,414 | 5,393 | 5,380 | 4,182 |
| 病院 | 7,917 | 7,954 | 7,917 | 7,894 | 7,485 |
| 保育所給食 | 3,345 | 3,428 | 3,496 | 3,562 | 2,917 |
| 料飲主体部門 | 50,233 | 49,897 | 49,443 | 50,149 | 26,667 |
| 喫茶店・居酒屋等 | 21,518 | 21,663 | 21,661 | 21,922 | 14,544 |
| 喫茶店 | 11,256 | 11,454 | 11,646 | 11,784 | 8,055 |
| 居酒屋・ビヤホール等 | 10,262 | 10,209 | 10,015 | 10,138 | 6,489 |
| 料亭・バー等 | 28,715 | 28,234 | 27,782 | 28,227 | 12,123 |
| 料亭 | 3,432 | 3,375 | 3,321 | 3,373 | 1,449 |
| バー・キャバレー・ナイトクラブ | 25,283 | 24,859 | 24,461 | 24,854 | 10,674 |
| 料理品小売業 | 75,444 | 76,166 | 76,602 | 77,594 | 75,110 |
| 弁当給食を除く | 70,075 | 70,752 | 71,209 | 72,214 | 70,928 |
| 弁当給食 | 5,369 | 5,414 | 5,393 | 5,380 | 4,182 |
| 外食産業（料理品小売業を含む。） | 324,628 | 327,556 | 328,551 | 334,898 | 252,933 |

資料：日本フードサービス協会「令和2年外食産業市場規模推計について」
注：1　数値は、同協会の推計である。
　　2　市場規模推計値には消費税を含む。
　　3　料理品小売業の中には、スーパー、百貨店等のテナントとして入店している場合の
　　　売上高は含むが、総合スーパー、百貨店が直接販売している売上高は含まない。
　　4　平成30年及び令和元年の市場規模については、法人交際費等の確定値を反映している。

## Ⅳ　食品の流通と利用

### 1　食品製造業の加工原材料の内訳の推移

| 区分 | | 単位 | 平成23年 | 27 |
|---|---|---|---|---|
| 計 | （金額） | 10億円 | 7,788 | 8,455 |
| 〃 | （比率） | ％ | 100.0 | 100.0 |
| 国産食用農林水産物 | （金額） | 10億円 | 5,407 | 5,605 |
| 〃 | （比率） | ％ | 69.4 | 66.3 |
| 輸入食用農林水産物 | （金額） | 10億円 | 926 | 1,106 |
| 〃 | （比率） | ％ | 11.9 | 13.1 |
| 輸入加工食品 | （金額） | 10億円 | 1,456 | 1,744 |
| 〃 | （比率） | ％ | 18.7 | 20.6 |

資料：　農林水産省統計部「平成27年（2015年）農林漁業及び関連産業を中心とした産業連関表
　　　　（飲食費のフローを含む。）」
注：1　総務省等10府省庁「産業連関表」を基に農林水産省が推計した。
　　2　平成23年については、最新の「平成27年産業連関表」の概念等に合わせて再推計した数
　　　値である。

### 2　業態別商品別の年間商品販売額（平成26年）

単位：100万円

| 業態分類 | 計 | 1)百貨店、総合スーパー | 飲食料品小売 | | | |
|---|---|---|---|---|---|---|
| | | | 小計 | 野菜 | 果実 | 食肉 |
| **合計** | 36,962,551 | 4,655,825 | 32,306,727 | 2,529,360 | 1,041,794 | 2,372,816 |
| 1)　百貨店 | 1,354,859 | 1,354,859 | … | … | … | … |
| 1)　総合スーパー | 3,300,965 | 3,300,965 | | | | |
| 専門スーパー | 14,386,082 | … | 14,386,082 | 1,626,143 | 655,680 | 1,543,945 |
| うち食料品スーパー | 14,196,304 | … | 14,196,304 | 1,624,264 | 655,456 | 1,543,890 |
| コンビニエンスストア | 4,419,822 | … | 4,419,822 | 30,448 | 10,986 | 16,985 |
| うち終日営業店 | 3,962,474 | … | 3,962,474 | 18,636 | 6,078 | 4,955 |
| 広義ドラッグストア | 994,853 | … | 994,853 | 2,620 | 189 | 2,544 |
| うちドラッグストア | 691,014 | … | 691,014 | 1,491 | 19 | 1,208 |
| その他のスーパー | 2,626,360 | … | 2,626,360 | 215,054 | 90,330 | 191,781 |
| うち各種商品取扱店 | 77,299 | … | 77,299 | 399 | 204 | 445 |
| 専門店 | 3,421,666 | … | 3,421,666 | 195,730 | 104,250 | 279,946 |
| うち食料品専門店 | 3,406,895 | … | 3,406,895 | 195,461 | 104,202 | 279,930 |
| 家電大型専門店 | － | … | － | － | － | － |
| 中心店 | 3,751,083 | … | 3,751,083 | 319,189 | 130,364 | 218,624 |
| うち食料品中心店 | 3,376,187 | … | 3,376,187 | 310,560 | 126,535 | 213,898 |
| その他の小売店 | 69,681 | … | 69,681 | 1,480 | 859 | 5,295 |
| うち各種商品取扱店 | 55,272 | … | 55,272 | 352 | 255 | 4,003 |
| 無店舗販売 | 2,637,180 | … | 2,637,180 | 138,695 | 49,135 | 113,696 |
| うち通信・カタログ販売、インターネット販売 | 1,565,793 | … | 1,565,793 | 125,752 | 45,728 | 104,938 |

資料：経済産業省大臣官房調査統計グループ「平成26年商業統計表　業態別統計編（小売業）」
注：平成25年1月1日から同年12月31日までの1年間の当該事業所における有体商品の販売額である。
　1)は、百貨店、総合スーパー商品分類による集計のため、他の一般商品分類には計上されない。

2 業態別商品別の年間商品販売額（平成26年）（続き）

単位：100万円

| 業態分類 | 飲食料品小売（続き） | | | | | |
|---|---|---|---|---|---|---|
| | 卵・鳥肉 | 鮮魚 | 酒 | 菓子(製造) | 菓子(非製造) | パン(製造) |
| 合計 | 575,385 | 2,306,081 | 2,790,294 | 754,798 | 2,520,376 | 501,979 |
| 1) 百貨店 | ... | ... | ... | ... | ... | ... |
| 1) 総合スーパー | ... | ... | ... | ... | ... | ... |
| 専門スーパー | 379,521 | 1,418,809 | 1,116,742 | 92,448 | 850,145 | 75,117 |
| うち食料品スーパー | 379,512 | 1,418,612 | 1,075,261 | 86,650 | 838,778 | 74,904 |
| コンビニエンスストア | 5,717 | 13,444 | 352,811 | 21,529 | 543,067 | 48,273 |
| うち終日営業店 | 2,630 | 4,383 | 303,209 | 16,112 | 473,051 | 18,295 |
| 広義ドラッグストア | 5,137 | 332 | 106,155 | 2,254 | 101,522 | 410 |
| うちドラッグストア | 1,502 | 144 | 58,314 | 2,240 | 66,131 | 397 |
| その他のスーパー | 41,817 | 207,000 | 295,690 | 39,256 | 230,397 | 244,485 |
| うち各種商品取扱店 | 179 | 190 | 998 | 40 | 7,829 | 43 |
| 専門店 | 58,934 | 290,184 | 324,018 | 526,643 | 407,737 | 98,795 |
| うち食料品専門店 | 58,908 | 290,110 | 323,166 | 526,565 | 406,664 | 98,729 |
| 家電大型専門店 | - | - | - | - | - | - |
| 中心店 | 48,714 | 247,445 | 531,535 | 67,087 | 298,521 | 34,340 |
| うち食料品中心店 | 46,476 | 242,413 | 497,588 | 62,333 | 261,928 | 33,132 |
| その他の小売店 | 198 | 1,643 | 1,560 | 5,580 | 16,237 | 560 |
| うち各種商品取扱店 | 14 | 120 | 1,013 | 4,099 | 14,497 | 294 |
| 無店舗販売 | 35,348 | 127,224 | 61,784 | - | 72,750 | |
| うち通信・カタログ販売、インターネット販売 | 34,023 | 115,009 | 36,709 | - | 64,528 | |

| 業態分類 | 飲食料品小売（続き） | | | | | |
|---|---|---|---|---|---|---|
| | パン(非製造) | 牛乳 | 飲料(牛乳を除く・茶類飲料を含む) | 茶類(葉・粉・豆などのもの) | 料理品(他から仕入れたもの又は作り置きのもの) | 米穀類 |
| 合計 | 987,793 | 639,084 | 2,987,959 | 330,084 | 3,536,985 | 747,292 |
| 1) 百貨店 | ... | ... | ... | ... | ... | ... |
| 1) 総合スーパー | ... | ... | ... | ... | ... | ... |
| 専門スーパー | 466,145 | 296,243 | 605,341 | 98,545 | 1,194,592 | 282,201 |
| うち食料品スーパー | 464,559 | 296,233 | 560,683 | 98,301 | 1,192,564 | 275,750 |
| コンビニエンスストア | 324,298 | 113,413 | 876,637 | 24,668 | 1,398,078 | 27,578 |
| うち終日営業店 | 282,210 | 107,248 | 798,787 | 20,981 | 1,326,504 | 24,923 |
| 広義ドラッグストア | 27,255 | 20,345 | 85,328 | 8,178 | 3,202 | 24,595 |
| うちドラッグストア | 14,217 | 12,244 | 65,903 | 3,876 | 2,337 | 16,121 |
| その他のスーパー | 52,269 | 18,572 | 134,710 | 32,707 | 255,776 | 45,458 |
| うち各種商品取扱店 | 276 | 62 | 4,678 | 1,190 | 504 | 458 |
| 専門店 | 13,223 | 74,304 | 136,978 | 58,937 | 311,830 | 141,049 |
| うち食料品専門店 | 13,085 | 74,199 | 134,353 | 58,642 | 311,321 | 139,414 |
| 家電大型専門店 | - | - | - | - | - | - |
| 中心店 | 81,460 | 77,019 | 248,505 | 61,742 | 331,656 | 158,244 |
| うち食料品中心店 | 73,900 | 74,935 | 213,774 | 56,468 | 313,595 | 124,591 |
| その他の小売店 | 668 | 163 | 3,283 | 1,730 | 4,879 | 1,130 |
| うち各種商品取扱店 | 336 | 81 | 3,067 | 1,465 | 4,835 | 442 |
| 無店舗販売 | 22,476 | 39,026 | 897,178 | 43,576 | 36,971 | 67,036 |
| うち通信・カタログ販売、インターネット販売 | 14,789 | 34,317 | 68,570 | 16,226 | 25,429 | 56,857 |

単位：100万円

| 業態分類 | 飲食料品小売（続き） | | | | | |
| --- | --- | --- | --- | --- | --- | --- |
| | 豆腐・かまぼこ等加工食品 | 乾物 | めん類（チルドめんを含む・冷凍めんを除く） | 乳製品 | 冷凍食品（冷凍めんを含む） | 他の飲食料品 |
| **合計** | **1,222,351** | **398,432** | **530,632** | **462,097** | **437,678** | **4,633,456** |
| 1) 百貨店 | … | … | … | … | … | … |
| 1) 総合スーパー | … | … | … | … | … | … |
| 専門スーパー | 796,198 | 215,069 | 245,021 | 269,573 | 227,639 | 1,930,962 |
| うち食料品スーパー | 795,846 | 214,956 | 243,417 | 269,237 | 227,281 | 1,860,150 |
| コンビニエンスストア | 31,079 | 17,330 | 117,460 | 21,220 | 39,063 | 385,739 |
| うち終日営業店 | 26,168 | 15,463 | 109,192 | 18,721 | 36,368 | 348,560 |
| 広義ドラッグストア | 15,461 | 6,367 | 28,743 | 57,288 | 22,899 | 474,030 |
| うちドラッグストア | 4,439 | 2,258 | 13,736 | 42,099 | 7,797 | 374,539 |
| その他のスーパー | 78,676 | 30,098 | 30,599 | 27,021 | 27,051 | 337,613 |
| うち各種商品取扱店 | 471 | 165 | 669 | 297 | 209 | 57,993 |
| 専門店 | 77,887 | 34,415 | 20,841 | 13,512 | 8,791 | 243,661 |
| うち食料品専門店 | 77,856 | 34,355 | 20,098 | 13,484 | 8,754 | 237,598 |
| 家電大型専門店 | − | − | − | − | − | − |
| 中心店 | 138,539 | 75,592 | 59,823 | 38,530 | 31,581 | 552,573 |
| うち食料品中心店 | 136,715 | 72,563 | 50,007 | 37,723 | 29,088 | 397,965 |
| その他の小売店 | 606 | 1,186 | 784 | 160 | 238 | 21,444 |
| うち各種商品取扱店 | 378 | 1,065 | 710 | 56 | 120 | 18,069 |
| 無店舗販売 | 83,906 | 18,376 | 27,360 | 34,793 | 80,417 | 687,433 |
| うち通信・カタログ販売、インターネット販売 | 80,962 | 17,052 | 23,623 | 10,257 | 78,017 | 613,006 |

## 3 食品の多様な販売経路
### (1) 卸売市場経由率の推移（重量ベース、推計）

単位：%

| 区分 | 平成27年度 | 28 | 29 | 30 | 令和元 |
|---|---|---|---|---|---|
| 青果 | 57.5 | 56.7 | 55.1 | 54.4 | 53.6 |
| 国産青果 | 81.2 | 79.5 | 78.5 | 79.2 | 76.9 |
| 水産物 | 52.1 | 52.0 | 49.2 | 47.1 | 46.5 |
| 食肉 | 9.2 | 8.6 | 8.3 | 8.2 | 7.8 |
| 花き | 76.9 | 75.6 | 75.0 | 73.6 | 70.2 |

資料：農林水産省大臣官房新事業・食料産業部「卸売市場をめぐる情勢について」（令和4年8月）
注： 農林水産省「食料需給表」、「青果物卸売市場調査報告」等により推計。卸売市場経由率は、国内で流通した加工品を含む国産及び輸入の青果、水産物等のうち、卸売市場（水産物についてはいわゆる産地市場は除く。）を経由したものの数量割合（花きについては金額割合）の推計値である。

### (2) 自動販売機の普及台数（令和3年）

単位：台

| 機種・中身商品例 | 普及台数 |
|---|---|
| 計 | 4,003,600 |
| 自動販売機 | 2,708,000 |
| 飲料自動販売機 | 2,254,400 |
| 清涼飲料（缶ボトル） | 1,999,000 |
| 乳飲料（紙パック） | 101,000 |
| コーヒー・ココア（カップ） | 134,000 |
| 酒・ビール | 20,400 |
| 食品自動販売機（インスタント麺・冷凍食品・アイスクリーム・菓子他） | 72,800 |
| たばこ自動販売機 | 116,000 |
| 券類自動販売機（乗車券、食券・入場券他） | 62,400 |
| 日用品雑貨自動販売機（カード、衛生用品、新聞、玩具他） | 202,900 |
| 自動サービス機（両替機、精算機、コインロッカー・各種貸出機他） | 1,295,100 |

資料：日本自動販売システム機械工業会資料
注：普及台数は令和3年12月末現在である。

(3)　消費者向け電子商取引市場規模

単位：億円

| 業種 | 2020年 | 2021 |
|---|---|---|
| 物販系分野 | 122,333 | 132,865 |
| 　食品、飲料、酒類 | 22,086 | 25,199 |
| 　生活家電、ＡＶ機器、ＰＣ・周辺機器等 | 23,489 | 24,584 |
| 　書籍、映像・音楽ソフト | 16,238 | 17,518 |
| 　化粧品、医薬品 | 7,787 | 8,552 |
| 　生活雑貨、家具、インテリア | 21,322 | 22,752 |
| 　衣類・服装雑貨等 | 22,203 | 24,279 |
| 　自動車、自動二輪車、パーツ等 | 2,784 | 3,016 |
| 　その他 | 6,423 | 6,964 |
| サービス系分野 | 45,832 | 46,424 |
| 　旅行サービス | 15,494 | 14,003 |
| 　飲食サービス | 5,975 | 4,938 |
| 　チケット販売 | 1,922 | 3,210 |
| 　金融サービス | 6,689 | 7,122 |
| 　理美容サービス | 6,229 | 5,959 |
| 　フードデリバリーサービス | 3,487 | 4,794 |
| 　その他（医療、保険、住居関連、教育等） | 6,036 | 6,398 |

資料：　経済産業省商務情報政策局「令和3年度デジタル取引環境整備事業（電子商取引に関する市場調査）報告書」

## V 食品の価格形成

### 1 青果物の流通経費等

(1) 集出荷団体の流通経費等 (100kg当たり) (平成29年度)

| 区分 | | | 単位 | 集出荷団体の販売収入 | | | | | | |
|---|---|---|---|---|---|---|---|---|---|---|
| | | | | 計 | 卸売価格 | 荷主交付金・出荷奨励金等 | その他の入金 | 計 | 小計 | 選別・荷造労働費(生産者)を除いた集出荷経費 |
| 青果物平均 | (金額) | (1) | 円 | 17,870 | 17,553 | 179 | 138 | 6,387 | 3,320 | 2,464 |
| (調査対象16品目) | (構成比) | (2) | % | 100.0 | 98.2 | 1.0 | 0.8 | 35.7 | 18.6 | 13.8 |
| 野菜平均 | (金額) | (3) | 円 | 16,076 | 15,739 | 182 | 155 | 5,994 | 3,034 | 2,070 |
| (調査対象14品目) | (構成比) | (4) | % | 100.0 | 97.9 | 1.1 | 1.0 | 37.3 | 18.9 | 12.9 |
| だいこん | (金額) | (5) | 円 | 10,917 | 10,710 | 163 | 45 | 4,790 | 2,405 | 1,703 |
| 〃 | (構成比) | (6) | % | 100.0 | 98.1 | 1.5 | 0.4 | 43.9 | 22.0 | 15.6 |
| にんじん | (金額) | (7) | 円 | 11,639 | 11,077 | 156 | 406 | 5,403 | 2,694 | 1,980 |
| 〃 | (構成比) | (8) | % | 100.0 | 95.2 | 1.3 | 3.5 | 46.4 | 23.1 | 17.0 |
| はくさい | (金額) | (9) | 円 | 8,550 | 8,407 | 87 | 55 | 3,945 | 1,925 | 1,201 |
| 〃 | (構成比) | (10) | % | 100.0 | 98.3 | 1.0 | 0.6 | 46.1 | 22.5 | 14.0 |
| キャベツ | (金額) | (11) | 円 | 11,232 | 10,845 | 156 | 230 | 4,346 | 2,146 | 1,387 |
| 〃 | (構成比) | (12) | % | 100.0 | 96.6 | 1.4 | 2.1 | 38.7 | 19.1 | 12.3 |
| ほうれんそう | (金額) | (13) | 円 | 65,032 | 64,517 | 508 | 8 | 27,930 | 19,361 | 5,093 |
| 〃 | (構成比) | (14) | % | 100.0 | 99.2 | 0.8 | 0.0 | 42.9 | 29.8 | 7.8 |
| ね ぎ | (金額) | (15) | 円 | 45,756 | 45,207 | 500 | 49 | 19,208 | 12,759 | 4,569 |
| 〃 | (構成比) | (16) | % | 100.0 | 98.8 | 1.1 | 0.1 | 42.0 | 27.9 | 10.0 |
| な す | (金額) | (17) | 円 | 37,906 | 37,452 | 430 | 24 | 10,424 | 5,113 | 3,966 |
| 〃 | (構成比) | (18) | % | 100.0 | 98.8 | 1.1 | 0.1 | 27.5 | 13.5 | 10.5 |
| トマト | (金額) | (19) | 円 | 34,353 | 33,681 | 456 | 215 | 11,471 | 5,514 | 4,982 |
| 〃 | (構成比) | (20) | % | 100.0 | 98.0 | 1.3 | 0.6 | 33.4 | 16.1 | 14.5 |
| きゅうり | (金額) | (21) | 円 | 33,186 | 32,437 | 501 | 248 | 9,344 | 5,175 | 3,216 |
| 〃 | (構成比) | (22) | % | 100.0 | 97.7 | 1.5 | 0.7 | 28.2 | 15.6 | 9.7 |
| ピーマン | (金額) | (23) | 円 | 47,726 | 46,554 | 680 | 492 | 10,797 | 4,748 | 3,959 |
| 〃 | (構成比) | (24) | % | 100.0 | 97.5 | 1.4 | 1.0 | 22.6 | 9.9 | 8.3 |
| さといも | (金額) | (25) | 円 | 32,491 | 31,993 | 469 | 29 | 8,765 | 4,361 | 3,356 |
| 〃 | (構成比) | (26) | % | 100.0 | 98.5 | 1.4 | 0.1 | 27.0 | 13.4 | 10.3 |
| たまねぎ | (金額) | (27) | 円 | 8,534 | 8,486 | 33 | 15 | 3,586 | 1,528 | 1,490 |
| 〃 | (構成比) | (28) | % | 100.0 | 99.4 | 0.4 | 0.2 | 42.0 | 17.9 | 17.5 |
| レタス | (金額) | (29) | 円 | 16,216 | 15,709 | 179 | 328 | 6,972 | 3,607 | 2,193 |
| 〃 | (構成比) | (30) | % | 100.0 | 96.9 | 1.1 | 2.0 | 43.0 | 22.2 | 13.5 |
| ばれいしょ | (金額) | (31) | 円 | 13,431 | 13,393 | 38 | 0 | 4,555 | 1,864 | 1,836 |
| 〃 | (構成比) | (32) | % | 100.0 | 99.7 | 0.3 | 0 | 33.9 | 13.9 | 13.7 |
| 果実平均 | (金額) | (33) | 円 | 31,332 | 31,165 | 160 | 6 | 9,337 | 5,468 | 5,422 |
| (調査対象2品目) | (構成比) | (34) | % | 100.0 | 99.5 | 0.5 | 0.0 | 29.8 | 17.5 | 17.3 |
| みかん | (金額) | (35) | 円 | 31,499 | 31,276 | 214 | 9 | 7,771 | 3,626 | 3,578 |
| 〃 | (構成比) | (36) | % | 100.0 | 99.3 | 0.7 | 0.0 | 24.7 | 11.5 | 11.4 |
| りんご | (金額) | (37) | 円 | 31,166 | 31,056 | 107 | 3 | 10,899 | 7,304 | 7,261 |
| 〃 | (構成比) | (38) | % | 100.0 | 99.6 | 0.3 | 0.0 | 35.0 | 23.4 | 23.3 |

資料：農林水産省統計部「食品流通段階別価格形成調査」（以下2(5)ウまで同じ。）
注：1 集出荷・販売経費計、集出荷経費計及び生産者受取収入には、生産者による選別・荷造
労働費が重複して含まれる。
　2 構成比は、1集出荷団体当たりの数値を用い算出しているため、表中の数値（100kg当
たり）を用い算出した値と一致しない場合がある。
　1)は、卸売代金送金料及び負担金である。

| | 集出荷・販売経費 | | | | | | | | | |
|---|---|---|---|---|---|---|---|---|---|---|
| 集出荷経費 | | | | 販売経費 | | | | | 生産者受取収入 | |
| 包装・荷造材料費 | 選別・荷造労働費 | | その他集出荷経費 | 小計 | 出荷運送料 | 卸売手数料 | 上部団体手数料 | 1)その他 | | |
| | 生産者 | 集出荷団体 | | | | | | | | |
| 1,140 | 856 | 478 | 845 | 3,067 | 1,528 | 1,262 | 207 | 70 | 12,339 | (1) |
| 6.4 | 4.8 | 2.7 | 4.7 | 17.2 | 8.6 | 7.1 | 1.2 | 0.4 | 69.1 | (2) |
| 1,070 | 964 | 383 | 617 | 2,960 | 1,496 | 1,213 | 188 | 62 | 11,047 | (3) |
| 6.7 | 6.0 | 2.4 | 3.8 | 18.4 | 9.3 | 7.5 | 1.2 | 0.4 | 68.7 | (4) |
| 1,041 | 702 | 279 | 383 | 2,385 | 1,377 | 869 | 123 | 15 | 6,830 | (5) |
| 9.5 | 6.4 | 2.6 | 3.5 | 21.8 | 12.6 | 8.0 | 1.1 | 0.1 | 62.6 | (6) |
| 641 | 714 | 623 | 716 | 2,709 | 1,681 | 875 | 109 | 43 | 6,950 | (7) |
| 5.5 | 6.1 | 5.4 | 6.2 | 23.3 | 14.4 | 7.5 | 0.9 | 0.4 | 59.7 | (8) |
| 862 | 724 | – | 339 | 2,021 | 1,178 | 676 | 99 | 68 | 5,329 | (9) |
| 10.1 | 8.5 | – | 4.0 | 23.6 | 13.8 | 7.9 | 1.2 | 0.8 | 62.3 | (10) |
| 1,076 | 759 | 1 | 310 | 2,200 | 1,216 | 832 | 106 | 46 | 7,645 | (11) |
| 9.6 | 6.8 | 0.0 | 2.8 | 19.6 | 10.8 | 7.4 | 0.9 | 0.4 | 68.1 | (12) |
| 3,567 | 14,268 | 108 | 1,417 | 8,570 | 2,421 | 4,895 | 1,216 | 38 | 51,370 | (13) |
| 5.5 | 21.9 | 0.2 | 2.2 | 13.2 | 3.7 | 7.5 | 1.9 | 0.1 | 79.0 | (14) |
| 2,065 | 8,190 | 678 | 1,827 | 6,449 | 2,161 | 3,429 | 646 | 214 | 34,738 | (15) |
| 4.5 | 17.9 | 1.5 | 4.0 | 14.1 | 4.7 | 7.5 | 1.4 | 0.5 | 75.9 | (16) |
| 1,718 | 1,147 | 1,209 | 1,039 | 5,310 | 1,790 | 3,181 | 296 | 44 | 28,630 | (17) |
| 4.5 | 3.0 | 3.2 | 2.7 | 14.0 | 4.7 | 8.4 | 0.8 | 0.1 | 75.5 | (18) |
| 2,552 | 532 | 1,142 | 1,287 | 5,957 | 2,502 | 2,977 | 428 | 49 | 23,413 | (19) |
| 7.4 | 1.5 | 3.3 | 3.7 | 17.3 | 7.3 | 8.7 | 1.2 | 0.1 | 68.2 | (20) |
| 1,125 | 1,959 | 1,072 | 1,019 | 4,169 | 1,291 | 2,358 | 414 | 106 | 25,801 | (21) |
| 3.4 | 5.9 | 3.2 | 3.1 | 12.6 | 3.9 | 7.1 | 1.2 | 0.3 | 77.7 | (22) |
| 1,975 | 789 | 1,015 | 968 | 6,050 | 1,793 | 3,639 | 448 | 169 | 37,718 | (23) |
| 4.1 | 1.7 | 2.1 | 2.0 | 12.7 | 3.8 | 7.6 | 0.9 | 0.4 | 79.0 | (24) |
| 1,023 | 1,005 | 1,059 | 1,275 | 4,404 | 1,300 | 2,540 | 535 | 30 | 24,731 | (25) |
| 3.1 | 3.1 | 3.3 | 3.9 | 13.6 | 4.0 | 7.8 | 1.6 | 0.1 | 76.1 | (26) |
| 581 | 38 | 403 | 506 | 2,058 | 1,404 | 509 | 124 | 21 | 4,986 | (27) |
| 6.8 | 0.4 | 4.7 | 5.9 | 24.1 | 16.5 | 6.0 | 1.5 | 0.2 | 58.4 | (28) |
| 1,261 | 1,414 | 82 | 850 | 3,365 | 1,628 | 1,324 | 177 | 236 | 10,657 | (29) |
| 7.8 | 8.7 | 0.5 | 5.2 | 20.8 | 10.0 | 8.2 | 1.1 | 1.5 | 65.7 | (30) |
| 625 | 28 | 620 | 591 | 2,691 | 1,628 | 898 | 149 | 16 | 8,904 | (31) |
| 4.7 | 0.2 | 4.6 | 4.4 | 20.0 | 12.1 | 6.7 | 1.1 | 0.1 | 66.3 | (32) |
| 1,672 | 46 | 1,194 | 2,556 | 3,870 | 1,765 | 1,627 | 353 | 124 | 22,040 | (33) |
| 5.3 | 0.1 | 3.8 | 8.2 | 12.4 | 5.6 | 5.2 | 1.1 | 0.4 | 70.3 | (34) |
| 1,230 | 48 | 806 | 1,542 | 4,145 | 1,548 | 2,129 | 372 | 95 | 23,776 | (35) |
| 3.9 | 0.2 | 2.6 | 4.9 | 13.2 | 4.9 | 6.8 | 1.2 | 0.3 | 75.5 | (36) |
| 2,113 | 43 | 1,580 | 3,568 | 3,595 | 1,981 | 1,127 | 334 | 153 | 20,310 | (37) |
| 6.8 | 0.1 | 5.1 | 11.4 | 11.5 | 6.4 | 3.6 | 1.1 | 0.5 | 65.2 | (38) |

1 青果物の流通経費等（続き）
(2) 生産者の出荷先別販売金額割合
    （青果物全体）

単位：％

| 区分 | 販売金額割合 |
|---|---|
| 計 | 100.0 |
| 集出荷団体（農協等） | 71.0 |
| 卸売市場 | 11.8 |
| 小売業 | 4.3 |
| 食品製造業 | 2.4 |
| 外食産業 | 0.7 |
| 消費者に直接販売 | 7.8 |
| 　自営の直売 | 4.3 |
| 　その他の直売所 | 3.3 |
| 　インターネット | 0.2 |
| その他 | 2.0 |

(3) 集出荷団体の出荷先別販売金額割合
    （青果物全体）

単位：％

| 区分 | 販売金額割合 |
|---|---|
| 計 | 100.0 |
| 卸売市場 | 73.8 |
| 小売業 | 5.3 |
| 食品製造業 | 4.0 |
| 外食産業 | 0.6 |
| 卸売業者（市場外流通） | 6.7 |
| その他 | 9.7 |

(4) 小売業者の仕入先別仕入金額割合（調査対象16品目）

単位：％

| 区分 | 計 | 卸売市場の仲卸業者 | 卸売市場の卸売業者 | 集出荷団体 | 生産者 | その他 |
|---|---|---|---|---|---|---|
| 青果物計（調査対象16品目） | 100.0 | 68.5 | 15.8 | 7.1 | 3.1 | 5.5 |

(5)　青果物の各流通段階の価格形成及び小売価格に占める各流通経費等の割合
　　（調査対象16品目）　（100kg当たり）　（試算値）
　　ア　4つの流通段階を経由（集出荷団体、卸売業者、仲卸業者及び小売業者）

| 区分 | 生産者受取価格 | 集出荷団体 | | 仲卸業者 | | 小売業者 | |
|---|---|---|---|---|---|---|---|
| | | 卸売価格 | 卸売手数料 | 仕入金額に対する販売金額の割合 | 仲卸価格 | 仕入金額に対する販売金額の割合 | 小売価格 |
| | (2)-(9)-(10) | | | | (2)×(4) | | (5)×(6) |
| | (1) | (2) | (3) | (4) | (5) | (6) | (7) |
| | 円 | 円 | 円 | % | 円 | % | 円 |
| 青果物（調査対象16品目） | 12,022 | 17,553 | 1,262 | 114.9 | 20,168 | 125.6 | 25,331 |

| 区分 | 流通経費 | | | | |
|---|---|---|---|---|---|
| | 計 | 集出荷団体経費 | 卸売経費（卸売手数料） | 仲卸経費 | 小売経費 |
| | (9)+(10)+(11)+(12) | | (3) | (5)-(2) | (7)-(5) |
| | (8) | (9) | (10) | (11) | (12) |
| | 円 | 円 | 円 | 円 | 円 |
| 青果物（調査対象16品目） | 13,309 | 4,269 | 1,262 | 2,615 | 5,163 |

| 区分 | 小売価格に占める各流通経費等の割合 | | | | | | |
|---|---|---|---|---|---|---|---|
| | 計 | 生産者受取価格 | 流通経費 | | | | |
| | | | 小計 | 集出荷団体経費 | 卸売経費（卸売手数料） | 仲卸経費 | 小売経費 |
| | | (1)/(7) | (8)/(7) | (9)/(7) | (10)/(7) | (11)/(7) | (12)/(7) |
| | (13) | (14) | (15) | (16) | (17) | (18) | (19) |
| | % | % | % | % | % | % | % |
| 青果物（調査対象16品目） | 100.0 | 47.5 | 52.5 | 16.9 | 5.0 | 10.3 | 20.4 |
| | | | (100.0) | (32.1) | (9.5) | (19.6) | (38.8) |

注：1　卸売経費（卸売手数料）、仲卸経費及び小売経費は利潤等を含む。
　　2　生産者受取価格は、生産者による選別・荷造労働費を含み、荷主交付金・出荷奨励
　　　金等及びその他の入金は含まない。
　　3　（　）内は、青果物（調査対象16品目）の流通経費計を100.0％とした各経費の割合
　　　である。

1 青果物の流通経費等（続き）
(5) 青果物の各流通段階の価格形成及び小売価格に占める各流通経費等
  の割合（調査対象16品目）（100kg当たり）（試算値）（続き）
  イ 生産者が小売業者に直接販売

| 区分 | 生産者 | 小売業者 | | 流通経費 | 小売価格に占める<br>流通経費等の割合 | | |
|---|---|---|---|---|---|---|---|
| | 小売業者へ<br>の販売価格<br>（生産者<br>受取価格） | 仕入金額<br>に対する<br>販売金額<br>の割合 | 小売価格 | 小売経費 | 計 | 生産者<br>受取価格 | 小売経費 |
| | | | (1)×(2) | (3)-(1) | | (1)/(3) | (4)/(3) |
| | (1)<br>円 | (2)<br>% | (3)<br>円 | (4)<br>円 | (5)<br>% | (6)<br>% | (7)<br>% |
| 青果物<br>（調査対象16品目） | 13,982 | 129.0 | 18,037 | 4,055 | 100.0 | 77.5 | 22.5 |

注：1 小売経費は利潤等を含む。
　　2 小売価格及び小売経費は、小売業者が生産者から仕入れたと回答のあった青果物の
　　　 仕入金額に対する販売金額の割合を用いて試算している。
　　3 生産者受取価格は、生産者が行う選別・荷造労働費や包装・荷造材料費、商品を小
　　　 売業者へ搬送する運送費や労働費等の経費が一部含まれている場合がある。

　ウ 生産者が消費者に直接販売

| 区分 | 生産者<br>受取価格 | 消費者に直接販売 | | 販売価格に占める流通経費等の割合 | | |
|---|---|---|---|---|---|---|
| | | 販売価格 | | 計 | 生産者<br>受取価格 | 販売経費 |
| | | | 販売経費 | | | |
| | (2)-(3) | | | | (1)/(2) | (3)/(2) |
| | (1)<br>円 | (2)<br>円 | (3)<br>円 | (4)<br>% | (5)<br>% | (6)<br>% |
| 青果物<br>（調査対象16品目） | 11,761 | 14,679 | 2,918 | 100.0 | 80.1 | 19.9 |

注： 生産者受取価格は、生産者が行う選別・荷造労働費や包装・荷造材料費、商品を直売所へ
　　 搬送する運送費や労働費等の経費が一部含まれている場合がある。

## 2 水産物の流通経費等
### (1) 産地卸売業者の流通経費等（1業者当たり平均）（平成29年度）
#### ア 販売収入、産地卸売手数料及び生産者への支払金額

| 区分 | 1業者当たり | 100kg当たり | 販売収入に占める割合 | 産地卸売手数料等に占める割合 |
|---|---|---|---|---|
| | 千円 | 円 | % | % |
| 販売収入① | | | | |
| 1) 産地卸売金額又は産地卸売価格 | 7,627,360 | 25,639 | 100.0 | - |
| 産地卸売手数料等計② | 349,972 | 1,176 | 4.6 | 100.0 |
| 産地卸売手数料 | 253,996 | 854 | 3.3 | 72.6 |
| 2) その他の手数料 | 32,148 | 108 | 0.4 | 9.2 |
| 3) 買付販売差額 | 63,828 | 215 | 0.8 | 18.2 |
| 4) 生産者への支払金額（①-②） | 7,277,388 | 24,463 | 95.4 | - |

注：割合は、1業者当たりの数値を用い算出している（以下イまで同じ。）。
　　1) は、買入れたものを販売した際の金額を含む。
　　2) は、産地卸売業者が水揚料、選別料等を産地卸売手数料以外に産地卸売金額から控除
　している場合の手数料である。
　　3) は、買入れたものを販売した際の差額である。
　　4) は、水産物の販売収入から産地卸売手数料等を控除した金額である。

#### イ 産地卸売経費

| 区分 | 1業者当たり | 100kg当たり | 販売収入に占める割合 | 産地卸売経費に占める割合 |
|---|---|---|---|---|
| | 千円 | 円 | % | % |
| 計 | 297,223 | 999 | 3.9 | 100.0 |
| 包装・荷造材料費 | 11,337 | 38 | 0.1 | 3.8 |
| 運送費 | 5,027 | 17 | 0.1 | 1.7 |
| 集荷費 | 921 | 3 | 0.0 | 0.3 |
| 保管費 | 9,388 | 32 | 0.1 | 3.2 |
| 事業管理費 | 255,440 | 859 | 3.3 | 85.9 |
| 廃棄処分費 | 90 | 0 | 0.0 | 0.0 |
| 支払利息 | 3,944 | 13 | 0.1 | 1.3 |
| その他の事業管理費 | 251,406 | 845 | 3.3 | 84.6 |
| 交付金 | 15,110 | 51 | 0.2 | 5.1 |

注：産地卸売経費は、水産物の取扱いに係る経費であり、それ以外の商品の経費は除いた。

2 水産物の流通経費等（続き）
(2) 産地出荷業者の流通経費等（1業者当たり平均）（平成29年度）

| 区分 | 1業者当たり | 販売収入に占める割合 | 産地出荷経費に占める割合 |
|---|---|---|---|
| | 千円 | % | % |
| 販売収入計 | 1,556,295 | 100.0 | – |
| 1)販売金額 | 1,554,993 | 99.9 | – |
| 完納奨励金<br>（売買参加者交付金） | 1,043 | 0.1 | – |
| 出荷奨励金 | 259 | 0.0 | – |
| 仕入金額 | 1,211,052 | 77.8 | – |
| 産地出荷経費計 | 309,851 | 19.9 | 100.0 |
| 卸売手数料 | 28,106 | 1.8 | 9.1 |
| 包装材料費 | 48,910 | 3.1 | 15.8 |
| 車両燃料費 | 3,343 | 0.2 | 1.1 |
| 支払運賃 | 69,803 | 4.5 | 22.5 |
| 商品保管費 | 11,127 | 0.7 | 3.6 |
| 商品廃棄処分費 | 18 | 0.0 | 0.0 |
| 支払利息 | 4,056 | 0.3 | 1.3 |
| その他の産地出荷経費 | 144,488 | 9.3 | 46.6 |

注： 産地出荷経費は、水産物の仕入・販売に係る経費で、それ以外の商品の仕入・
販売経費は除いた。
1)は、消費地市場での卸売金額以外に産地の小売業者等に販売した金額を含む。

(3) 漁業者の出荷先別販売金額割合（水産物全体）

単位：%

| 区分 | 販売金額割合 |
|---|---|
| 計 | 100.0 |
| 卸売市場 | 77.5 |
| 　産地卸売市場 | 67.7 |
| 　消費地卸売市場 | 9.8 |
| 小売業 | 5.5 |
| 食品製造業 | 5.4 |
| 外食産業 | 0.6 |
| 消費者に直接販売 | 3.1 |
| 　自営の直売 | 0.9 |
| 　その他の直売所 | 2.2 |
| 　インターネット | 0.0 |
| その他 | 7.9 |

(4) 小売業者の仕入先別仕入金額割合（調査対象10品目）

単位：%

| 区分 | 計 | 消費地卸売市場 | | 産地卸売市場 | | 生産者<br>（漁業者） | その他 |
|---|---|---|---|---|---|---|---|
| | | 仲卸業者 | 卸売業者 | 産地出<br>荷業者 | 産地卸<br>売業者 | | |
| 水産物計<br>（調査対象10品目） | 100.0 | 44.3 | 24.4 | 8.1 | 9.4 | 4.4 | 9.4 |

2 水産物の流通経費等（続き）
(5) 水産物の各流通段階の価格形成及び小売価格に占める各流通経費等の割合
（調査対象10品目）（100kg当たり）（試算値）
ア 5つの流通段階を経由（産地卸売業者、産地出荷業者、卸売業者、仲卸業者及び小売業者）

| 区分 | 生産者受取価格 | 産地卸売業者 | | 産地出荷業者 | | | 仲卸業者 | | 小売業者 | |
|---|---|---|---|---|---|---|---|---|---|---|
| | | 産地卸売金額に対する生産者への支払金額の割合 | 産地卸売価格 | 仕入金額に対する卸売金額の割合 | 卸売価格 | 卸売手数料 | 仕入金額に対する販売金額の割合 | 仲卸価格 | 仕入金額に対する販売金額の割合 | 小売価格 |
| | | | (3)×(2) | | (3)×(4) | | | (5)×(7) | | (8)×(9) |
| | (1) | (2) | (3) | (4) | (5) | (6) | (7) | (8) | (9) | (10) |
| | 円 | % | 円 | % | 円 | 円 | % | 円 | % | 円 |
| 水産物（調査対象10品目） | 25,955 | 95.4 | 27,207 | 177.9 | 48,401 | 1,929 | 116.4 | 56,339 | 145.8 | 82,142 |

| 区分 | 流通経費 | | | | | |
|---|---|---|---|---|---|---|
| | 計 | 産地卸売経費 | 産地出荷業者経費 | 卸売経費（卸売手数料） | 仲卸経費 | 小売経費 |
| | (12)+(13)+(14)+(15)+(16) | (3)-(1) | (5)-(3)-(6) | (6) | (8)-(5) | (10)-(8) |
| | (11) | (12) | (13) | (14) | (15) | (16) |
| | 円 | 円 | 円 | 円 | 円 | 円 |
| 水産物（調査対象10品目） | 56,187 | 1,252 | 19,265 | 1,929 | 7,938 | 25,803 |

| 区分 | 小売価格に占める流通経費等の割合 | | | | | | | | |
|---|---|---|---|---|---|---|---|---|---|
| | 計 | 生産者受取価格 | 産地卸売価格 | 流通経費 | | | | | |
| | | | | 小計 | 産地卸売経費 | 産地出荷業者経費 | 卸売経費（卸売手数料） | 仲卸経費 | 小売経費 |
| | | (1)/(10) | (3)/(10) | (11)/(10) | (12)/(10) | (13)/(10) | (14)/(10) | (15)/(10) | (16)/(10) |
| | (17) | (18) | (19) | (20) | (21) | (22) | (23) | (24) | (25) |
| | % | % | % | % | % | % | % | % | % |
| 水産物（調査対象10品目） | 100.0 | 31.6 | 33.1 | 68.4 | 1.5 | 23.5 | 2.3 | 9.7 | 31.4 |
| | | | | (100.0) | (2.2) | (34.3) | (3.4) | (14.1) | (45.9) |

注：1 各流通段階の流通経費は利潤等を含む。
　　2 （ ）内は、流通経費計を100.0％とした各流通経費の割合である。

### イ　漁業者が小売業者に直接販売

| 区分 | 漁業者 小売業者への販売価格（生産者受取価格） | 小売業者 仕入金額に対する販売金額の割合 | 小売価格 (1)×(2) | 流通経費 小売経費 (3)-(1) | 小売価格に占める流通経費等の割合 計 | 生産者受取価格 (1)/(3) | 小売経費 (4)/(3) |
|---|---|---|---|---|---|---|---|
| | (1) 円 | (2) ％ | (3) 円 | (4) 円 | (5) ％ | (6) ％ | (7) ％ |
| 水産物（調査対象10品目） | 34,754 | 149.6 | 51,992 | 17,238 | 100.0 | 66.8 | 33.2 |

注： 1　小売経費は利潤等を含む。
　　 2　小売価格及び小売経費は、小売業者が漁業者から仕入れたと回答のあった水産物の
　　　　仕入金額に対する販売金額の割合を用いて試算している。
　　 3　生産者受取価格は、漁業者が行う選別・荷造労働費や包装・荷造材料費、商品を
　　　　小売業者へ搬送する運送費や労働費等の経費が一部含まれている場合がある。

### ウ　漁業者が消費者に直接販売

| 区分 | 生産者受取価格 (2)-(3) | 消費者に直接販売 販売価格 | 販売経費 | 販売価格に占める流通経費等の割合 計 | 生産者受取価格 (1)/(2) | 販売経費 (3)/(2) |
|---|---|---|---|---|---|---|
| | (1) 円 | (2) 円 | (3) 円 | (4) ％ | (5) ％ | (6) ％ |
| 水産物（調査対象10品目） | 33,226 | 36,545 | 3,319 | 100.0 | 90.9 | 9.1 |

注：　生産者受取価格は、漁業者が行う選別・荷造労働費や包装・荷造材料費、商品を
　　　直売所へ搬送する運送費や労働費等の経費が一部含まれている場合がある。

## 3 食料品年平均小売価格（東京都区部・大阪市）（令和3年）

単位：円

| 類・品目 | 数量単位 | 令和3年 東京都区部 | 令和3年 大阪市 | 銘柄 |
|---|---|---|---|---|
| **穀類** | | | | |
| うるち米（コシヒカリ） | 1袋 | 2,344 | 2,249 | 国内産、精米、単一原料米、5kg袋入り、コシヒカリ |
| うるち米（コシヒカリ以外） | 〃 | 2,127 | 2,140 | 国内産、精米、単一原料米、5kg袋入り、コシヒカリを除く。 |
| 食パン | 1kg | 434 | 463 | 普通品 |
| あんパン | 100g | 92 | 84 | あずきあん入り、丸型、普通品 |
| カップ麺 | 1個 | 161 | 157 | 中華タイプ、78g入り |
| 中華麺 | 1kg | 405 | 383 | 蒸し中華麺、焼きそば、3食（麺450g）入り、ソース味 |
| **魚介類** | | | | |
| まぐろ | 100g | 455 | 438 | めばち又はきはだ、刺身用、さく、赤身 |
| さけ | 〃 | 363 | 396 | 「トラウトサーモン」又は「アトランティックサーモン（ノルウェーサーモン）」、刺身用、さく又はブロック |
| ぶり | 〃 | 289 | 318 | 切り身（刺身用を除く。） |
| えび | 〃 | 312 | 287 | 輸入品、冷凍、「パック包装」又は「真空包装」、無頭（10～14尾入り） |
| 塩さけ | 〃 | 228 | 189 | ぎんざけ、切り身 |
| かまぼこ | 〃 | 164 | 141 | 蒸かまぼこ、板付き、80～140g、普通品 |
| 魚介漬物 | 〃 | 217 | 206 | みそ漬、さわら又はさけ、並 |
| 魚介缶詰 | 1缶 | 123 | 134 | まぐろ缶詰、油漬、きはだまぐろ、フレーク、70g入り、3缶又は4缶パック |
| **肉類** | | | | |
| 牛肉 | 100g | 913 | 706 | 国産品、ロース |
| 豚肉 | 〃 | 243 | 249 | 国産品、バラ（黒豚を除く。） |
| 鶏肉 | 〃 | 131 | 136 | ブロイラー、もも肉 |
| ソーセージ | 〃 | 176 | 184 | ウインナーソーセージ、袋入り、JAS規格品・特級 |
| **乳卵類** | | | | |
| 牛乳 | 1本 | 216 | 217 | 牛乳、店頭売り、1,000mL紙容器入り |
| ヨーグルト | 1個 | 163 | 158 | プレーンヨーグルト、400g入り |
| 鶏卵 | 1パック | 228 | 244 | 白色卵、サイズ混合、10個入りパック詰 |
| **野菜・海藻** | | | | |
| キャベツ | 1kg | 160 | 166 | |
| ねぎ | 〃 | 737 | 802 | 白ねぎ |
| レタス | 〃 | 419 | 465 | 玉レタス |
| たまねぎ | 〃 | 279 | 266 | 赤たまねぎを除く。 |
| きゅうり | 〃 | 575 | 589 | |
| トマト | 〃 | 688 | 669 | ミニトマト（プチトマト）を除く。 |
| 生しいたけ | 〃 | 1,599 | 1,885 | |
| 干しのり | 1袋 | 447 | 467 | 焼きのり、全形10枚袋入り、普通品 |
| 豆腐 | 1kg | 241 | 242 | 木綿豆腐、並 |
| 納豆 | 1パック | 94 | 105 | 糸ひき納豆、大豆納豆、小粒又は極小粒、「50g×3個」又は「45g×3個」 |

資料：総務省統計局「小売物価統計調査年報（動向編）」
注： 2020年基準消費者物価指数の小分類ごとに、主として全国のウエイトが大きい品目を農林水産省統計部において抜粋している。

単位：円

| 類・品目 | 数量単位 | 令和3年 東京都区部 | 大阪市 | 銘柄 |
|---|---|---|---|---|
| **果物** | | | | |
| りんご | 1 kg | 568 | 576 | 「ふじ」又は「つがる」、1個200～400 g |
| みかん | 〃 | 688 | 698 | 温州みかん（ハウスみかんを除く。）、1個70～130 g |
| いちご | 〃 | 1,914 | 1,976 | 国産品 |
| バナナ | 〃 | 248 | 261 | フィリピン産（高地栽培などを除く。） |
| **油脂・調味料** | | | | |
| 食用油 | 1本 | 310 | 322 | キャノーラ（なたね）油、1,000 gポリ容器入り |
| 乾燥スープ | 1箱 | 332 | 332 | 粉末、ポタージュ、コーンクリーム、箱入り（8袋、145.6 g入り） |
| つゆ・たれ | 1本 | 271 | 329 | めんつゆ、希釈用、3倍濃縮、1Lポリ容器入り |
| **菓子類** | | | | |
| ケーキ | 1個 | 464 | 451 | いちごショートケーキ、1個（70～120 g） |
| せんべい | 100 g | 123 | 117 | うるち米製せんべい、しょう油味、個装タイプ袋入り、普通品 |
| チョコレート | 〃 | 210 | 210 | 板チョコレート、50～55 g |
| アイスクリーム | 1個 | 261 | 266 | バニラアイスクリーム、110mLカップ入り |
| **調理食品** | | | | |
| 弁当 | 〃 | 565 | 537 | 持ち帰り弁当、幕の内弁当、並 |
| 〃 | 〃 | 474 | 523 | 持ち帰り弁当、からあげ弁当、並 |
| すし（弁当） | 1パック | 748 | 632 | にぎりずし（飲食店を除く。）、8～10個入り、並 |
| サラダ | 100 g | 155 | 163 | ポテトサラダ、並 |
| からあげ | 〃 | 194 | 199 | 鶏肉、骨なし、並 |
| **飲料** | | | | |
| 茶飲料 | 1本 | 83 | 86 | 緑茶飲料、525mLペットボトル入り |
| 野菜ジュース | 〃 | 92 | 90 | 野菜汁・果汁100％（野菜汁60～65％入り）、200mL紙容器入り |
| 炭酸飲料 | 1000mL | 224 | 204 | コーラ、350～500mLペットボトル入り |
| 乳酸菌飲料 | 1本 | 86 | 86 | 配達、80mLプラスチック容器入り、全国統一価格品目 |
| **酒類** | | | | |
| 焼酎 | 〃 | 1,605 | 1,620 | 単式蒸留しょうちゅう、主原料は麦又はさつまいも、1,800mL紙容器入り、アルコール分25度 |
| ビール | 1パック | 1,119 | 1,149 | 淡色、350mL缶入り、6缶入り |
| ビール風アルコール飲料 | 〃 | 742 | 766 | 350mL缶入り、6缶入り |
| **外食** | | | | |
| 中華そば | 1杯 | 542 | 626 | ラーメン、しょう油味（豚骨しょう油味を含む。） |
| すし | 1人前 | 1,393 | 1,174 | にぎりずし、並 |
| 焼肉 | 〃 | 924 | 855 | 牛カルビ、並 |
| ビール | 1本 | 582 | 531 | 居酒屋におけるビール、淡色、中瓶500mL |

## Ⅵ 食の安全に関する取組

### 1 有機農産物の認証・格付

#### (1) 有機農産物等認証事業者の認証件数（令和4年3月31日現在）

| 区分 | 認証件数 | | | | | （参考） 農家 |
|---|---|---|---|---|---|---|
| | 計 | 生産行程管理者 | | 小分け業者 | 輸入業者 | |
| | | | 有機農産物 | | | |
| | 事業体 | 事業体 | 事業体 | 事業体 | 事業体 | 戸 |
| 計 | 8,748 | 7,086 | 4,020 | 1,270 | 392 | |
| 全国計 | 5,378 | 4,210 | 2,649 | 776 | 392 | 3,703 |
| 北海道 | 495 | 430 | 282 | 61 | 4 | 304 |
| 青森 | 18 | 17 | 14 | 1 | 0 | 26 |
| 岩手 | 19 | 17 | 15 | 2 | 0 | 26 |
| 宮城 | 78 | 63 | 54 | 13 | 2 | 77 |
| 秋田 | 50 | 45 | 39 | 5 | 0 | 67 |
| 山形 | 62 | 54 | 44 | 8 | 0 | 118 |
| 福島 | 77 | 72 | 65 | 5 | 0 | 103 |
| 茨城 | 122 | 110 | 93 | 12 | 0 | 110 |
| 栃木 | 71 | 59 | 45 | 10 | 2 | 63 |
| 群馬 | 94 | 79 | 48 | 13 | 2 | 84 |
| 埼玉 | 106 | 56 | 27 | 35 | 15 | 44 |
| 千葉 | 143 | 102 | 78 | 34 | 7 | 118 |
| 東京 | 383 | 86 | 14 | 104 | 193 | 34 |
| 神奈川 | 132 | 30 | 9 | 56 | 46 | 27 |
| 新潟 | 141 | 123 | 113 | 18 | 0 | 152 |
| 富山 | 24 | 22 | 16 | 2 | 0 | 19 |
| 石川 | 48 | 37 | 29 | 10 | 1 | 37 |
| 福井 | 24 | 20 | 15 | 4 | 0 | 31 |
| 山梨 | 55 | 51 | 39 | 4 | 0 | 40 |
| 長野 | 128 | 114 | 86 | 8 | 6 | 109 |
| 岐阜 | 57 | 45 | 23 | 8 | 4 | 23 |
| 静岡 | 281 | 239 | 82 | 38 | 4 | 133 |
| 愛知 | 138 | 91 | 25 | 37 | 10 | 39 |

資料：農林水産省大臣官房新事業・食品産業部資料（以下(3)ウまで同じ。）
注：1　令和4年4月末現在において報告があったものについて令和4年3月31日分まで集計し
　　　たものである。
　　2　数字は、登録認証機関から報告があった農家戸数を積み上げた数値であるため、実際の
　　　農家戸数よりも少ないことがある。
　　3　生産行程管理者には個人で認証事業者になる以外にも複数の農家がグループになって認
　　　証事業者となる場合がある。
　　4　農家戸数は報告のあった個人農家とグループ構成員を積み上げた数値である。

#### (2) 有機登録認証機関数の推移（各年度末現在）

単位：機関

| 区分 | 平成29年度 | 30 | 令和元 | 2 | 3 |
|---|---|---|---|---|---|
| 計 | 69 | 68 | 68 | 69 | 68 |
| 登録認証機関数 | 56 | 56 | 53 | 52 | 51 |
| 登録外国認証機関数 | 13 | 12 | 15 | 17 | 19 |

| 区分 | 認証件数 | | | | | (参考)農家 |
|---|---|---|---|---|---|---|
| | 計 | 生産行程管理者 | | 小分け業者 | 輸入業者 | |
| | | | 有機農産物 | | | |
| | 事業体 | 事業体 | 事業体 | 事業体 | 事業体 | 戸 |
| 三重 | 67 | 56 | 30 | 11 | 0 | 87 |
| 滋賀 | 54 | 47 | 35 | 5 | 2 | 39 |
| 京都 | 172 | 141 | 66 | 25 | 6 | 70 |
| 大阪 | 159 | 64 | 14 | 57 | 38 | 14 |
| 兵庫 | 252 | 189 | 132 | 37 | 26 | 158 |
| 奈良 | 76 | 57 | 37 | 16 | 3 | 55 |
| 和歌山 | 61 | 59 | 39 | 2 | 0 | 103 |
| 鳥取 | 47 | 43 | 23 | 4 | 0 | 33 |
| 島根 | 92 | 88 | 62 | 4 | 0 | 70 |
| 岡山 | 81 | 76 | 56 | 4 | 1 | 107 |
| 広島 | 77 | 66 | 35 | 9 | 2 | 41 |
| 山口 | 34 | 31 | 22 | 3 | 0 | 26 |
| 徳島 | 53 | 51 | 32 | 2 | 0 | 43 |
| 香川 | 42 | 32 | 16 | 8 | 2 | 22 |
| 愛媛 | 93 | 80 | 62 | 9 | 4 | 62 |
| 高知 | 49 | 48 | 36 | 1 | 0 | 68 |
| 福岡 | 205 | 149 | 33 | 45 | 11 | 47 |
| 佐賀 | 62 | 58 | 21 | 4 | 0 | 45 |
| 長崎 | 44 | 44 | 19 | 0 | 0 | 42 |
| 熊本 | 242 | 225 | 184 | 16 | 1 | 210 |
| 大分 | 90 | 84 | 54 | 6 | 0 | 92 |
| 宮崎 | 137 | 130 | 76 | 7 | 0 | 97 |
| 鹿児島 | 339 | 332 | 233 | 7 | 0 | 308 |
| 沖縄 | 104 | 98 | 77 | 6 | 0 | 80 |
| 外国 | 3,370 | 2,876 | 1,371 | 494 | － | － |

1 有機農産物の認証・格付（続き）
(3) 認証事業者に係る格付実績（令和2年度）
　ア　有機農産物

単位：t

| 区分 | 国内で格付されたもの | 1)外国で格付されたもの | 区分 | 国内で格付されたもの | 1)外国で格付されたもの |
|---|---|---|---|---|---|
| 計 | 78,723 | 3,377,041 | 緑茶（生葉・荒茶） | 6,724 | 1,158 |
| 野菜 | 48,956 | 94,952 | その他茶葉 | 161 | 11,734 |
| 果実 | 2,633 | 409,933 | コーヒー生豆 | 0 | 39,933 |
| 米 | 8,719 | 5,473 | ナッツ類 | 0 | 23,360 |
| 麦 | 1,064 | 3,385 | さとうきび | 50 | 2,538,675 |
| 大豆 | 1,171 | 31,859 | こんにゃく芋 | 542 | 32 |
| その他豆類 | 118 | 9,507 | パームフルーツ | 0 | 147,101 |
| 雑穀類 | 132 | 14,707 | その他の農産物 | 8,454 | 45,232 |

注：1　有機食品の検査認証制度に基づき、登録認証機関から認証を受けた事業者が格付または
　　　格付の表示を行った有機農産物及び有機農産物加工食品の令和2年度における実績として
　　　報告された数値を令和4年4月1日現在で集計。
　　2　格付または格付の表示を行った事業者は当該認証を行った登録認証機関に6月末日まで
　　　にその実績を報告。事業者からの報告を受けた登録認証機関は9月末日までにそれらを取
　　　りまとめ、農林水産大臣に報告。
　　3　外国で格付されたものには、外国において、有機JAS認証事業者が有機JAS格付を
　　　行ったもの及び同等性のある国・地域（EU加盟国、オーストラリア、アメリカ合衆国、
　　　アルゼンチン、英国、ニュージーランド、スイス、カナダ及び台湾）において、有機JA
　　　S制度と同等の制度に基づいて認証を受けた事業者が有機格付を行って我が国に輸入され
　　　たものを含む。
　　1)は、主に外国で有機加工食品の原料として使用されているが、それ以外にも、外国で
　　消費されたもの、日本以外に輸出されたもの及び有機加工食品以外の食品に加工されたもの
　　も含む。

　イ　有機加工食品

単位：t

| 区分 | 国内で格付されたもの | 1)外国で格付されたもの | 区分 | 国内で格付されたもの | 1)外国で格付されたもの |
|---|---|---|---|---|---|
| 計 | 106,644 | 385,868 | みそ | 2,446 | 237 |
| 冷凍野菜 | 190 | 7,332 | しょうゆ | 6,338 | 0 |
| 野菜びん・缶詰 | 100 | 6,734 | ピーナッツ製品 | 228 | 308 |
| 野菜水煮 | 531 | 10,973 | その他豆類の調整品 | 3,713 | 2,188 |
| その他野菜加工品 | 2,098 | 4,416 | 乾めん類 | 101 | 45 |
| 果実飲料 | 2,333 | 18,696 | 緑茶（仕上げ茶） | 4,844 | 183 |
| その他果実加工品 | 1,070 | 25,406 | コーヒー豆 | 3,252 | 2,145 |
| 野菜飲料 | 3,867 | 15,887 | ナッツ類加工品 | 1,688 | 7,415 |
| 茶系飲料 | 11,585 | 20 | こんにゃく | 1,098 | 1 |
| コーヒー飲料 | 1,183 | 62 | 砂糖 | 44 | 170,918 |
| 豆乳 | 32,965 | 2,092 | 糖みつ | 55 | 1,546 |
| 豆腐 | 9,654 | 0 | 牛乳 | 729 | 0 |
| 納豆 | 1,939 | 0 | その他の加工食品 | 14,592 | 109,266 |

注：1)は、外国で消費されたものや日本以外に輸出されたものも含む。

### ウ　国内の総生産量と格付数量

| 区分 | 総生産量 | 格付数量（国内） | （参考）有機の割合 |
|---|---|---|---|
| | t | t | % |
| 野菜（スプラウト類を含む） | 14,367,000 | 53,362 | 0.37 |
| 果実 | 2,685,000 | 2,633 | 0.10 |
| 米 | 8,145,000 | 8,719 | 0.11 |
| 麦 | 1,170,000 | 1,064 | 0.09 |
| 大豆 | 219,000 | 1,171 | 0.53 |

注：総生産量は、「令和2年度食料需給表（概算値）」による。

## 2　食品表示法の食品表示基準に係る指示及び命令件数

単位：件

| 年度 | 国 | | | | | | | |
|---|---|---|---|---|---|---|---|---|
| | 計 | 生鮮 | | | | | | 加工 |
| | | 小　計 | 畜産物 | 農産物 | 水産物 | 米 | | |
| 平成29年度 | 11 | 4 | － | － | 4 | － | | 7 |
| 30 | 12 | 2 | － | － | － | 2 | | 10 |
| 令和元 | 3 | － | － | － | － | － | | 3 |
| 2 | 5 | 2 | － | － | － | 2 | | 3 |
| 3 | 10 | 3 | － | 1 | 2 | － | | 7 |

| 年度 | 都道府県 | | | | | | | |
|---|---|---|---|---|---|---|---|---|
| | 計 | 生鮮 | | | | | | 加工 |
| | | 小　計 | 畜産物 | 農産物 | 水産物 | 米 | | |
| 平成29年度 | 10 | 6 | － | 3 | 2 | 1 | | 4 |
| 30 | 11 | 4 | 1 | 1 | 2 | 0 | | 7 |
| 令和元 | 7 | 3 | － | 1 | 1 | 1 | | 4 |
| 2 | 7 | 2 | 1 | 1 | － | － | | 5 |
| 3 | 11 | 7 | 2 | 2 | 3 | － | | 4 |

資料：消費者庁、国税庁及び農林水産省「食品表示法の食品表示基準に係る指示及び命令件数」
注：　同一事業者に対して複数の食品に対する改善指示を同時に実施した事例があることから、全
　　体の件数と品目毎の件数の合計とは一致しない場合がある。

3 食品製造業におけるHACCPに沿った衛生管理の導入状況（令和3年度）
(1) HACCPに沿った衛生管理の導入状況（食品販売金額規模別）

単位：％

| 区分 | すべて又は一部の工場・工程（ライン）で導入している | 導入途中の工場がある | 今後導入予定 |
|---|---|---|---|
| 全体 | 61.9 | 5.2 | 32.8 |
| 1億円未満 | 51.5 | 5.7 | 42.8 |
| 1〜50 | 80.7 | 4.6 | 14.6 |
| 50億円以上 | 100.0 | − | − |

資料： 農林水産省統計部「食品製造業におけるHACCPに沿った衛生管理の導入状況
　　　実態調査」（以下(3)まで同じ。）
注：これは、令和3年10月1日現在の結果である（以下(3)まで同じ。）。

(2) HACCPに沿った衛生管理の
　　導入による効果（又は期待する効果）
　　（複数回答）

単位：％

| 区分 | 割合 |
|---|---|
| 品質・安全性の向上 | 78.5 |
| 事故対策コストの削減 | 29.5 |
| 製品ロスの削減 | 15.6 |
| 取引の増加 | 15.3 |
| 製品の輸出が可能（有利） | 7.9 |
| 製品価格の上昇 | 6.5 |
| 製品イメージの向上 | 32.5 |
| 企業の信用度やイメージの向上 | 42.0 |
| 従業員の意識の向上 | 60.7 |
| 監査や査察の負担軽減 | 8.6 |
| クレームの減少 | 37.8 |
| 他社との差別化 | 10.7 |
| その他 | 0.8 |
| 特に効果はない | 11.0 |

(3) HACCPに沿った衛生管理の導入
　　に当たっての問題点（複数回答）

単位：％

| 区分 | 割合 |
|---|---|
| 従業員に研修・指導を受けさせたいが適切な機会がない | 22.3 |
| 従業員に研修を受けさせる時間的余裕がない | 31.0 |
| 従業員に研修を受けさせる金銭的余裕がない | 22.5 |
| HACCP導入手続きの手間（金銭以外の手間） | 29.4 |
| HACCPの管理手順が複雑（金銭以外の手間） | 29.5 |
| HACCP導入後に係るモニタリングや記録管理コスト（金銭的問題） | 24.6 |
| HACCP導入の効果（取引先の信頼獲得など）が得られるか不透明 | 14.8 |
| HACCPを指導できる人材がいない | 17.8 |
| HACCP導入までに係る費用（コンサルタントや認証手数料など金銭的問題） | 30.6 |
| 施設・設備の整備（初期投資）に係る資金 | 45.4 |
| その他 | 4.1 |
| 特に問題点はない | 21.3 |

農　業　編

## I　農用地及び農業用施設

### 1　耕地面積

#### (1)　田畑別耕地面積（各年7月15日現在）

単位：千ha

| 年次 | 計 | 田 | | | 畑 |
|---|---|---|---|---|---|
| | | 小計 | 本地 | けい畔 | |
| 平成29年 | 4,444 | 2,418 | 2,284 | 134 | 2,026 |
| 30 | 4,420 | 2,405 | 2,273 | 133 | 2,014 |
| 令和元 | 4,397 | 2,393 | 2,261 | 132 | 2,004 |
| 2 | 4,372 | 2,379 | 2,248 | 131 | 1,993 |
| 3 | 4,349 | 2,366 | 2,236 | 130 | 1,983 |

資料：農林水産省統計部「耕地及び作付面積統計」（以下2まで同じ。）
注：1　この調査は、対地標本実測調査による。
　　2　耕地とは、農作物の栽培を目的とする土地をいい、けい畔を含む。
　　3　田とは、たん水設備（けい畔など）と、これに所要の用水を供給し得る設備（用水源・用水路など）を有する耕地をいう。
　　　本地とは、直接農作物の栽培に供される土地で、けい畔を除いた耕地をいい、けい畔とは、耕地の一部にあって、主として本地の維持に必要なものをいう。畑とは、田以外の耕地をいい、通常、畑と呼ばれている普通畑のほか、樹園地及び牧草地を含む。

#### (2)　全国農業地域別種類別耕地面積（各年7月15日現在）

| 年次・全国農業地域 | 田 | 畑 | | | | 水田率 |
|---|---|---|---|---|---|---|
| | | 計 | 普通畑 | 樹園地 | 牧草地 | |
| | 千ha | 千ha | 千ha | 千ha | 千ha | ％ |
| 平成29年 | 2,418 | 2,026 | 1,142 | 283 | 601 | 54.4 |
| 30 | 2,405 | 2,014 | 1,138 | 278 | 599 | 54.4 |
| 令和元 | 2,393 | 2,004 | 1,134 | 273 | 597 | 54.4 |
| 2 | 2,379 | 1,993 | 1,130 | 268 | 595 | 54.4 |
| 3 | 2,366 | 1,983 | 1,126 | 263 | 593 | 54.4 |
| 北海道 | 222 | 921 | 418 | 3 | 500 | 19.4 |
| 東北 | 594 | 230 | 128 | 46 | 57 | 72.1 |
| 北陸 | 275 | 32 | 26 | 5 | 2 | 89.5 |
| 関東・東山 | 392 | 308 | 253 | 46 | 9 | 56.0 |
| 東海 | 149 | 98 | 58 | 38 | 3 | 60.3 |
| 近畿 | 169 | 49 | 17 | 31 | 0 | 77.7 |
| 中国 | 179 | 52 | 35 | 14 | 3 | 77.6 |
| 四国 | 85 | 45 | 16 | 29 | 0 | 65.6 |
| 九州 | 302 | 214 | 149 | 51 | 14 | 58.5 |
| 沖縄 | 1 | 36 | 28 | 2 | 6 | 2.2 |

注：1　樹園地とは、果樹、茶などの木本性作物を1a以上集団的（規則的、連続的）に栽培する畑をいう。なお、ホップ園、バナナ園、パインアップル園及びたけのこ栽培を行う竹林を含む。
　　2　牧草地とは、牧草の栽培を専用とする畑をいう。
　　3　水田率とは、耕地面積（田畑計）のうち、田面積が占める割合である。

1 耕地面積（続き）
(3) 都道府県別耕地面積及び耕地率（令和3年7月15日現在）

| 全国・都道府県 | 計 | 田 | 畑 | | | | 耕地率 |
| | | | 小計 | 普通畑 | 樹園地 | 牧草地 | |
|---|---|---|---|---|---|---|---|
| | 千ha | 千ha | 千ha | 千ha | 千ha | 千ha | ％ |
| 全国 | 4,349 | 2,366 | 1,983 | 1,126 | 263 | 593 | 11.7 |
| 北海道 | 1,143 | 222 | 921 | 418 | 3 | 500 | 14.6 |
| 青森 | 150 | 79 | 70 | 35 | 22 | 13 | 15.5 |
| 岩手 | 149 | 94 | 55 | 25 | 3 | 27 | 9.8 |
| 宮城 | 126 | 103 | 22 | 15 | 1 | 6 | 17.2 |
| 秋田 | 146 | 128 | 18 | 12 | 2 | 4 | 12.6 |
| 山形 | 116 | 92 | 24 | 12 | 10 | 2 | 12.4 |
| 福島 | 137 | 97 | 40 | 29 | 6 | 5 | 10.0 |
| 茨城 | 162 | 95 | 67 | 61 | 6 | 0 | 26.6 |
| 栃木 | 122 | 95 | 27 | 22 | 2 | 2 | 19.0 |
| 群馬 | 66 | 25 | 41 | 37 | 3 | 1 | 10.4 |
| 埼玉 | 74 | 41 | 33 | 30 | 3 | 0 | 19.4 |
| 千葉 | 123 | 73 | 50 | 47 | 3 | 0 | 23.8 |
| 東京 | 6 | 0 | 6 | 5 | 1 | 0 | 2.9 |
| 神奈川 | 18 | 4 | 15 | 11 | 3 | － | 7.5 |
| 新潟 | 168 | 149 | 19 | 16 | 2 | 1 | 13.4 |
| 富山 | 58 | 55 | 3 | 2 | 1 | 0 | 13.7 |
| 石川 | 41 | 34 | 7 | 5 | 1 | 1 | 9.7 |
| 福井 | 40 | 36 | 4 | 3 | 1 | 0 | 9.5 |
| 山梨 | 23 | 8 | 16 | 5 | 10 | 1 | 5.2 |
| 長野 | 105 | 52 | 53 | 36 | 15 | 3 | 7.8 |
| 岐阜 | 55 | 42 | 13 | 9 | 3 | 1 | 5.2 |
| 静岡 | 62 | 22 | 40 | 15 | 24 | 1 | 7.9 |
| 愛知 | 73 | 42 | 32 | 26 | 5 | 0 | 14.2 |
| 三重 | 58 | 44 | 14 | 8 | 5 | 0 | 10.0 |
| 滋賀 | 51 | 47 | 4 | 3 | 1 | 0 | 12.7 |
| 京都 | 30 | 23 | 7 | 4 | 3 | 0 | 6.4 |
| 大阪 | 12 | 9 | 4 | 2 | 2 | － | 6.5 |
| 兵庫 | 73 | 67 | 6 | 4 | 2 | 0 | 8.7 |
| 奈良 | 20 | 14 | 6 | 2 | 3 | 0 | 5.4 |
| 和歌山 | 32 | 9 | 22 | 2 | 20 | 0 | 6.7 |
| 鳥取 | 34 | 23 | 11 | 9 | 1 | 1 | 9.7 |
| 島根 | 36 | 29 | 7 | 5 | 1 | 1 | 5.4 |
| 岡山 | 63 | 49 | 13 | 9 | 4 | 1 | 8.8 |
| 広島 | 53 | 40 | 13 | 7 | 5 | 1 | 6.2 |
| 山口 | 45 | 37 | 7 | 5 | 2 | 0 | 7.3 |
| 徳島 | 28 | 19 | 9 | 5 | 4 | 0 | 6.8 |
| 香川 | 29 | 24 | 5 | 2 | 3 | 0 | 15.6 |
| 愛媛 | 46 | 22 | 25 | 5 | 19 | 0 | 8.1 |
| 高知 | 26 | 20 | 6 | 3 | 3 | 0 | 3.7 |
| 福岡 | 79 | 64 | 15 | 7 | 8 | 0 | 15.9 |
| 佐賀 | 51 | 42 | 9 | 4 | 4 | 0 | 20.7 |
| 長崎 | 46 | 21 | 25 | 19 | 5 | 0 | 11.1 |
| 熊本 | 108 | 66 | 41 | 22 | 13 | 6 | 14.5 |
| 大分 | 55 | 39 | 16 | 9 | 4 | 3 | 8.6 |
| 宮崎 | 65 | 35 | 30 | 25 | 4 | 1 | 8.4 |
| 鹿児島 | 113 | 35 | 78 | 62 | 13 | 3 | 12.3 |
| 沖縄 | 37 | 1 | 36 | 28 | 2 | 6 | 16.0 |

## 2 耕地の拡張・かい廃面積

| 年次 | 田畑計 | | | 田 | | | 畑 | | |
|---|---|---|---|---|---|---|---|---|---|
| | 拡張<br>(増加要因) | かい廃<br>(減少要因) | 荒廃<br>農地 | 拡張<br>(増加要因) | かい廃<br>(減少要因) | 荒廃<br>農地 | 拡張<br>(増加要因) | かい廃<br>(減少要因) | 荒廃<br>農地 |
| 平成29年 | 6,060 | 32,500 | 19,300 | 3,340 | 16,600 | 8,860 | 4,500 | 17,600 | 10,400 |
| 30 | 9,230 | 33,700 | 14,500 | 3,990 | 17,000 | 6,150 | 6,560 | 18,000 | 8,330 |
| 令和元 | 9,240 | 31,700 | 13,200 | 4,040 | 15,900 | 5,330 | 6,460 | 17,000 | 7,920 |
| 2 | 8,240 | 33,000 | 15,100 | 3,730 | 17,700 | 6,120 | 6,350 | 17,200 | 9,020 |
| 3 | 7,410 | 30,800 | 12,800 | 3,480 | 16,700 | 5,190 | 6,020 | 16,100 | 7,610 |

注: 1 数値は、前年7月15日からその年の7月14日までの間に発生したものである。
　　2 この表は、耕地面積の増減内容を巡回・見積り等の方法で調査した結果である。そのため対地標本
　　　実測調査による「1 耕地面積」とは調査方法が相違する。

## 3　都道府県別の田畑整備状況（令和２年）（推計値）

| 局名及び都道府県名 | 田面積 ① | 30a程度以上区画整備済面積 ② | 割合 ③=②/① | 50a以上区画整備済面積 ④ | 割合 ⑤=④/① | 畑面積 ⑥ | 末端農道整備済面積 ⑦ | 割合 ⑧=⑦/⑥ | 畑地かんがい施設整備済面積 ⑨ | 割合 ⑩=⑨/⑥ | 区画整備済面積 ⑪ | 割合 ⑫=⑪/⑥ |
|---|---|---|---|---|---|---|---|---|---|---|---|---|
| | ha | ha | % | ha | % | ha | ha | % | ha | % | ha | % |
| 全国 | 2,379,000 | 1,593,641 | 67.0 | 268,429 | 11.3 | 1,993,000 | 1,561,705 | 78.4 | 490,155 | 24.6 | 1,284,890 | 64.5 |
| 北海道開発局 | 222,000 | 216,206 | 97.4 | 64,614 | 29.1 | 921,400 | 892,671 | 96.9 | 227,095 | 24.6 | 880,483 | 95.6 |
| 北海道 | 222,000 | 216,206 | 97.4 | 64,614 | 29.1 | 921,400 | 892,671 | 96.9 | 227,095 | 24.6 | 880,483 | 95.6 |
| 東北農政局 | 595,800 | 407,585 | 68.4 | 89,442 | 15.0 | 231,300 | 139,598 | 60.4 | 20,251 | 8.8 | 96,497 | 41.7 |
| 青森県 | 79,400 | 53,238 | 67.1 | 4,595 | 5.8 | 70,400 | 44,107 | 62.7 | 4,318 | 6.1 | 37,440 | 53.2 |
| 岩手県 | 94,000 | 49,797 | 53.0 | 10,343 | 11.0 | 55,500 | 33,952 | 61.2 | 2,226 | 4.0 | 24,595 | 44.3 |
| 宮城県 | 103,700 | 72,399 | 69.8 | 31,728 | 30.6 | 22,100 | 7,531 | 34.1 | 911 | 4.1 | 4,405 | 19.9 |
| 秋田県 | 128,700 | 88,502 | 68.8 | 32,176 | 25.0 | 18,000 | 9,543 | 53.0 | 2,757 | 15.3 | 6,050 | 33.6 |
| 山形県 | 92,200 | 71,684 | 77.7 | 3,773 | 4.1 | 24,700 | 14,002 | 56.7 | 3,006 | 12.2 | 7,822 | 31.7 |
| 福島県 | 97,900 | 71,965 | 73.5 | 6,826 | 7.0 | 40,500 | 30,463 | 75.2 | 7,033 | 17.4 | 16,184 | 40.0 |
| 関東農政局 | 416,100 | 275,794 | 66.3 | 26,063 | 6.3 | 350,400 | 206,445 | 58.9 | 73,156 | 20.9 | 117,257 | 33.5 |
| 茨城県 | 96,100 | 76,726 | 79.8 | 3,908 | 4.1 | 67,600 | 25,028 | 37.0 | 3,419 | 5.1 | 10,470 | 15.5 |
| 栃木県 | 95,500 | 63,050 | 66.0 | 10,200 | 10.7 | 26,600 | 12,843 | 48.3 | 2,484 | 9.3 | 8,261 | 31.1 |
| 群馬県 | 25,300 | 15,589 | 61.6 | 377 | 1.5 | 41,500 | 27,332 | 65.9 | 11,605 | 28.0 | 26,395 | 63.6 |
| 埼玉県 | 41,100 | 21,849 | 53.2 | 3,019 | 7.3 | 33,000 | 20,681 | 62.7 | 8,279 | 25.1 | 13,186 | 40.0 |
| 千葉県 | 73,000 | 47,744 | 65.4 | 6,734 | 9.2 | 50,500 | 30,722 | 60.8 | 7,467 | 14.8 | 15,509 | 30.7 |
| 東京都 | 228 | 0 | 0 | 0 | 0 | 6,310 | 1,638 | 26.0 | 562 | 8.9 | 25 | 0.4 |
| 神奈川県 | 3,610 | 132 | 3.7 | 22 | 0.6 | 14,800 | 5,310 | 35.9 | 1,251 | 8.4 | 3,792 | 25.6 |
| 山梨県 | 7,750 | 3,736 | 48.2 | 121 | 1.6 | 15,700 | 13,909 | 88.6 | 6,601 | 42.0 | 3,443 | 21.9 |
| 長野県 | 51,900 | 36,250 | 69.8 | 600 | 1.2 | 53,400 | 31,111 | 58.3 | 15,884 | 29.7 | 18,876 | 35.3 |
| 静岡県 | 21,700 | 10,718 | 49.4 | 1,081 | 5.0 | 41,100 | 37,870 | 92.1 | 15,605 | 38.0 | 17,300 | 42.1 |
| 北陸農政局 | 275,700 | 198,562 | 72.0 | 36,331 | 13.2 | 32,200 | 20,291 | 63.0 | 11,376 | 35.3 | 14,461 | 44.9 |
| 新潟県 | 150,100 | 95,006 | 63.3 | 27,728 | 18.5 | 19,000 | 10,568 | 55.6 | 5,560 | 29.3 | 7,388 | 38.9 |
| 富山県 | 55,500 | 47,889 | 86.3 | 2,130 | 3.8 | 2,700 | 1,795 | 66.5 | 895 | 33.2 | 727 | 26.9 |
| 石川県 | 33,900 | 21,976 | 64.8 | 2,980 | 8.8 | 6,870 | 5,276 | 76.8 | 3,064 | 44.6 | 3,921 | 57.1 |
| 福井県 | 36,300 | 33,690 | 92.8 | 3,493 | 9.6 | 3,710 | 2,652 | 71.5 | 1,857 | 50.0 | 2,425 | 65.4 |
| 東海農政局 | 128,500 | 83,796 | 65.2 | 10,120 | 7.9 | 58,700 | 42,349 | 72.1 | 26,549 | 45.2 | 34,038 | 58.0 |
| 岐阜県 | 42,500 | 22,508 | 53.0 | 3,248 | 7.6 | 13,000 | 8,005 | 61.6 | 3,670 | 28.2 | 6,382 | 49.1 |
| 愛知県 | 41,800 | 30,181 | 72.2 | 4,896 | 11.7 | 31,900 | 26,707 | 83.7 | 19,550 | 61.3 | 22,787 | 71.4 |
| 三重県 | 44,200 | 31,107 | 70.4 | 1,976 | 4.5 | 13,800 | 7,637 | 55.3 | 3,329 | 24.1 | 4,869 | 35.3 |

資料：農林水産省統計部「耕地及び作付面積統計」、農林水産省農村振興局「農業基盤情報基礎調査」
注：1　田及び畑の面積は「耕地及び作付面積統計」による令和2年7月15日時点の値。
　　2　各整備済面積は「農業基盤情報基礎調査」による令和2年3月31日時点の推計値。
　　3　「区画整備済」とは、区画の形状が原則として方形に整備されている状態をいう。
　　4　「末端農道整備済」とは、畑に幅員3m以上の農道が接している状態をいう。

| 局名及び都道府県名 | 田面積 ① | 30a程度以上区画整備済面積 ② | 割合 ③=②/① | 50a以上区画整備済面積 ④ | 割合 ⑤=④/① | 畑面積 ⑥ | 末端農道整備済面積 ⑦ | 割合 ⑧=⑦/⑥ | 畑地かんがい施設整備済面積 ⑨ | 割合 ⑩=⑨/⑥ | 区画整備済面積 ⑪ | 割合 ⑫=⑪/⑥ |
|---|---|---|---|---|---|---|---|---|---|---|---|---|
| | ha | ha | % | ha | % | ha | ha | % | ha | % | ha | % |
| 近畿農政局 | 169,600 | 101,622 | 59.9 | 8,573 | 5.1 | 48,800 | 24,052 | 49.3 | 14,638 | 30.0 | 9,179 | 18.8 |
| 滋賀県 | 47,400 | 42,285 | 89.2 | 3,162 | 6.7 | 3,850 | 2,447 | 63.6 | 1,232 | 32.0 | 1,867 | 48.5 |
| 京都府 | 23,200 | 10,374 | 44.7 | 1,215 | 5.2 | 6,640 | 2,189 | 33.0 | 1,689 | 25.4 | 1,453 | 21.9 |
| 大阪府 | 8,750 | 1,375 | 15.7 | 242 | 2.8 | 3,780 | 1,178 | 31.2 | 670 | 17.7 | 380 | 10.0 |
| 兵庫県 | 66,900 | 44,643 | 66.7 | 3,759 | 5.6 | 6,140 | 3,038 | 49.5 | 2,160 | 35.2 | 1,921 | 31.3 |
| 奈良県 | 14,100 | 2,548 | 18.1 | 161 | 1.1 | 5,880 | 3,117 | 53.0 | 1,473 | 25.0 | 1,996 | 33.9 |
| 和歌山県 | 9,330 | 397 | 4.3 | 33 | 0.4 | 22,500 | 12,083 | 53.7 | 7,414 | 33.0 | 1,563 | 6.9 |
| 中国四国農政局 | 266,500 | 119,102 | 44.7 | 13,660 | 5.1 | 98,000 | 57,982 | 59.2 | 34,149 | 34.8 | 20,230 | 20.6 |
| 鳥取県 | 23,400 | 15,308 | 65.4 | 494 | 2.1 | 11,000 | 8,838 | 80.3 | 5,269 | 47.9 | 6,066 | 55.1 |
| 島根県 | 29,400 | 14,318 | 48.7 | 1,352 | 4.6 | 7,000 | 4,573 | 65.3 | 2,133 | 30.5 | 3,148 | 45.0 |
| 岡山県 | 50,000 | 25,152 | 50.3 | 5,689 | 11.4 | 13,600 | 6,370 | 46.8 | 4,453 | 32.7 | 3,018 | 22.2 |
| 広島県 | 40,200 | 22,904 | 57.0 | 1,753 | 4.4 | 13,300 | 7,699 | 57.9 | 2,684 | 20.2 | 2,307 | 17.3 |
| 山口県 | 37,300 | 18,936 | 50.8 | 2,378 | 6.4 | 7,590 | 3,135 | 41.3 | 1,507 | 19.9 | 1,203 | 15.8 |
| 徳島県 | 19,400 | 2,978 | 15.4 | 186 | 1.0 | 9,100 | 5,234 | 57.5 | 1,607 | 17.7 | 1,024 | 11.3 |
| 香川県 | 24,700 | 6,362 | 25.8 | 296 | 1.2 | 4,970 | 2,727 | 54.9 | 2,158 | 43.4 | 1,202 | 24.2 |
| 愛媛県 | 22,100 | 6,317 | 28.6 | 617 | 2.8 | 25,000 | 18,117 | 72.5 | 13,091 | 52.4 | 1,290 | 5.2 |
| 高知県 | 20,100 | 6,827 | 34.0 | 895 | 4.5 | 6,490 | 1,289 | 19.9 | 1,246 | 19.2 | 973 | 15.0 |
| 九州農政局 | 304,300 | 190,457 | 62.6 | 19,528 | 6.4 | 216,100 | 144,765 | 67.0 | 60,537 | 28.0 | 86,972 | 40.2 |
| 福岡県 | 64,200 | 43,048 | 67.1 | 3,544 | 5.5 | 15,600 | 9,853 | 63.2 | 2,456 | 15.7 | 2,990 | 19.2 |
| 佐賀県 | 42,000 | 35,931 | 85.6 | 5,178 | 12.3 | 8,800 | 8,014 | 91.1 | 5,140 | 58.4 | 3,395 | 38.6 |
| 長崎県 | 21,100 | 7,242 | 34.3 | 706 | 3.3 | 25,000 | 15,188 | 60.8 | 6,676 | 26.7 | 4,515 | 18.1 |
| 熊本県 | 67,100 | 45,683 | 68.1 | 3,464 | 5.2 | 42,000 | 23,691 | 56.4 | 9,111 | 21.7 | 7,229 | 17.2 |
| 大分県 | 39,000 | 22,488 | 57.7 | 3,151 | 8.1 | 15,800 | 10,948 | 69.3 | 5,302 | 33.6 | 7,986 | 50.5 |
| 宮崎県 | 34,900 | 14,773 | 42.3 | 523 | 1.5 | 30,300 | 18,372 | 60.6 | 7,732 | 25.5 | 14,442 | 47.7 |
| 鹿児島県 | 36,100 | 21,292 | 59.0 | 2,961 | 8.2 | 78,700 | 58,699 | 74.6 | 24,119 | 30.6 | 46,415 | 59.0 |
| 沖縄総合事務局 | 817 | 517 | 63.2 | 97 | 11.9 | 36,100 | 33,552 | 92.9 | 22,404 | 62.1 | 25,773 | 71.4 |
| 沖縄県 | 817 | 517 | 63.2 | 97 | 11.9 | 36,100 | 33,552 | 92.9 | 22,404 | 62.1 | 25,773 | 71.4 |

## 4 農業経営体の経営耕地面積規模別経営耕地面積 (各年2月1日現在)

単位：ha

| 区分 | 計 | 3.0ha未満 | 3.0～10.0 | 10.0～20.0 | 20.0～30.0 | 30.0～50.0 | 50.0ha以上 |
|---|---|---|---|---|---|---|---|
| 平成27年 | 3,451,444 | 1,147,103 | 661,536 | 349,760 | 249,503 | 354,751 | 688,792 |
| 令和2 | 3,232,882 | 858,694 | 586,236 | 354,282 | 261,860 | 380,548 | 791,262 |
| うち団体経営体 | 756,897 | 10,639 | 36,220 | 65,216 | 76,114 | 132,322 | 436,386 |

資料：農林水産省統計部「農林業センサス」（以下7(2)まで同じ。）

## 5 経営耕地の状況 (各年2月1日現在)

| 年次・全国農業地域 | 田 | | | 畑（樹園地を除く。） | | | 樹園地 | | |
|---|---|---|---|---|---|---|---|---|---|
| | 経営体数 | 面積 | 1経営体当たり面積 | 経営体数 | 面積 | 1経営体当たり面積 | 経営体数 | 面積 | 1経営体当たり面積 |
| | 千経営体 | 千ha | ha | 千経営体 | 千ha | ha | 千経営体 | 千ha | ha |
| 平成27年 | 1,145 | 1,947 | 1.7 | 834 | 1,316 | 1.6 | 271 | 189 | 0.7 |
| 令和2 | 840 | 1,785 | 2.1 | 561 | 1,289 | 2.3 | 200 | 159 | 0.8 |
| 北海道 | 15 | 181 | 12.4 | 30 | 845 | 28.6 | 1 | 2 | 2.1 |
| 都府県 | 826 | 1,604 | 1.9 | 531 | 443 | 0.8 | 199 | 157 | 0.8 |
| 東北 | 165 | 482 | 2.9 | 102 | 106 | 1.0 | 34 | 30 | 0.9 |
| 北陸 | 72 | 235 | 3.3 | 31 | 14 | 0.4 | 5 | 3 | 0.5 |
| 関東・東山 | 170 | 290 | 1.7 | 143 | 141 | 1.0 | 46 | 29 | 0.6 |
| 東海 | 67 | 103 | 1.5 | 53 | 27 | 0.5 | 25 | 22 | 0.9 |
| 近畿 | 88 | 115 | 1.3 | 38 | 10 | 0.3 | 21 | 19 | 0.9 |
| 中国 | 85 | 112 | 1.3 | 46 | 18 | 0.4 | 16 | 6 | 0.4 |
| 四国 | 50 | 49 | 1.0 | 25 | 10 | 0.4 | 20 | 15 | 0.7 |
| 九州 | 129 | 219 | 1.7 | 81 | 100 | 1.2 | 30 | 33 | 1.1 |
| 沖縄 | 0 | 0 | 1.7 | 10 | 18 | 1.8 | 1 | 1 | 0.8 |

注： この面積は、「耕地及び作付面積統計」の標本実測調査による耕地面積とは異なる（以下7(2)まで同じ。）。

## 6 1経営体当たりの経営耕地面積 (各年2月1日現在)

| 区分 | 平成27年 | | | 令和2 | | |
|---|---|---|---|---|---|---|
| | 経営耕地のある経営体数 | 経営耕地総面積 | 1経営体当たり経営耕地面積 | 経営耕地のある経営体数 | 経営耕地総面積 | 1経営体当たり経営耕地面積 |
| | 千経営体 | 千ha | ha | 千経営体 | 千ha | ha |
| 全国 | 1,361 | 3,451 | 2.5 | 1,059 | 3,233 | 3.1 |
| 北海道 | 40 | 1,050 | 26.5 | 34 | 1,028 | 30.2 |
| 都府県 | 1,322 | 2,401 | 1.8 | 1,025 | 2,204 | 2.2 |
| 東北 | 245 | 663 | 2.7 | 191 | 618 | 3.2 |
| 北陸 | 103 | 265 | 2.6 | 75 | 251 | 3.3 |
| 関東・東山 | 296 | 498 | 1.7 | 232 | 459 | 2.0 |
| 東海 | 124 | 168 | 1.4 | 91 | 151 | 1.7 |
| 近畿 | 129 | 155 | 1.2 | 103 | 143 | 1.4 |
| 中国 | 125 | 155 | 1.2 | 96 | 136 | 1.4 |
| 四国 | 81 | 86 | 1.1 | 65 | 74 | 1.1 |
| 九州 | 204 | 386 | 1.9 | 161 | 352 | 2.2 |
| 沖縄 | 15 | 25 | 1.7 | 11 | 19 | 1.8 |

7　借入耕地、貸付耕地のある経営体数と面積（各年2月1日現在）
(1)　借入耕地

| 年次・<br>全国<br>農業地域 | 計 | | 田 | | 畑<br>（樹園地を除く。） | | 樹園地 | |
|---|---|---|---|---|---|---|---|---|
| | 実経営体数 | 面積 | 経営体数 | 面積 | 経営体数 | 面積 | 経営体数 | 面積 |
| | 千経営体 | 千ha | 千経営体 | 千ha | 千経営体 | 千ha | 千経営体 | 千ha |
| 平成27年 | 502 | 1,164 | 373 | 781 | 163 | 355 | 47 | 28 |
| 令和2 | 379 | 1,257 | 274 | 835 | 131 | 394 | 38 | 28 |
| 北海道 | 16 | 257 | 5 | 41 | 13 | 216 | 0 | 0 |
| 都府県 | 363 | 1,000 | 268 | 794 | 118 | 178 | 38 | 28 |
| 東北 | 58 | 260 | 46 | 213 | 17 | 44 | 5 | 3 |
| 北陸 | 35 | 146 | 32 | 140 | 6 | 6 | 1 | 1 |
| 関東・東山 | 77 | 188 | 49 | 129 | 34 | 54 | 9 | 5 |
| 東海 | 28 | 77 | 18 | 63 | 10 | 9 | 6 | 6 |
| 近畿 | 38 | 64 | 32 | 59 | 7 | 3 | 4 | 3 |
| 中国 | 32 | 65 | 27 | 56 | 7 | 7 | 3 | 1 |
| 四国 | 21 | 25 | 15 | 20 | 5 | 3 | 4 | 2 |
| 九州 | 69 | 168 | 50 | 114 | 27 | 47 | 6 | 7 |
| 沖縄 | 5 | 7 | 0 | 0 | 5 | 6 | 0 | 0 |

(2)　貸付耕地

| 年次・<br>全国<br>農業地域 | 計 | | 田 | | 畑<br>（樹園地を除く。） | | 樹園地 | |
|---|---|---|---|---|---|---|---|---|
| | 実経営体数 | 面積 | 経営体数 | 面積 | 経営体数 | 面積 | 経営体数 | 面積 |
| | 千経営体 | 千ha | 千経営体 | 千ha | 千経営体 | 千ha | 千経営体 | 千ha |
| 平成27年 | 315 | 188 | 217 | 112 | 120 | 70 | 19 | 6 |
| 令和2 | 228 | 166 | 164 | 97 | 71 | 64 | 14 | 6 |
| 北海道 | 4 | 33 | 1 | 5 | 3 | 29 | 0 | 0 |
| 都府県 | 224 | 133 | 162 | 92 | 68 | 35 | 14 | 5 |
| 東北 | 42 | 42 | 34 | 31 | 9 | 10 | 2 | 1 |
| 北陸 | 16 | 10 | 14 | 9 | 2 | 1 | 0 | 0 |
| 関東・東山 | 59 | 31 | 36 | 19 | 26 | 11 | 4 | 1 |
| 東海 | 24 | 10 | 17 | 6 | 7 | 2 | 2 | 1 |
| 近畿 | 18 | 6 | 15 | 5 | 3 | 1 | 2 | 1 |
| 中国 | 17 | 7 | 14 | 5 | 3 | 1 | 1 | 0 |
| 四国 | 10 | 3 | 7 | 2 | 2 | 1 | 1 | 0 |
| 九州 | 38 | 23 | 25 | 14 | 14 | 8 | 2 | 1 |
| 沖縄 | 1 | 1 | 0 | 0 | 0 | 0 | 0 | 0 |

## 8　荒廃農地
### (1)　荒廃農地等面積の推移

単位：ha

| 全国・都道府県 | 荒廃農地面積 | | | | | | 再生利用された面積 | |
|---|---|---|---|---|---|---|---|---|
| | 計 | 農用地区域 | 再生利用が可能な荒廃農地 | 農用地区域 | 再生利用が困難と見込まれる荒廃農地 | 農用地区域 | | 農用地区域 |
| 平成24年 | 262,378 | … | 141,005 | … | 121,373 | … | 13,629 | … |
| 25 | 264,508 | 126,007 | 132,903 | 75,869 | 131,606 | 50,138 | 14,916 | 9,936 |
| 26 | 273,454 | 128,292 | 130,090 | 74,581 | 143,364 | 53,711 | 10,123 | 6,556 |
| 27 | 283,119 | 130,971 | 123,839 | 71,700 | 159,279 | 59,272 | 11,371 | 7,145 |
| 28 | 281,219 | 132,196 | 97,992 | 58,591 | 183,227 | 73,605 | 16,894 | 10,623 |
| 29 | 282,922 | 133,266 | 92,454 | 55,768 | 190,468 | 77,498 | 11,023 | 6,959 |
| 30 | 279,970 | 132,919 | 91,524 | 55,349 | 188,446 | 77,570 | 9,988 | 6,474 |
| 令和元 | 283,536 | 135,520 | 91,161 | 55,823 | 192,376 | 79,697 | 8,453 | 5,238 |
| 2 | 281,831 | 136,231 | 90,238 | 55,436 | 191,593 | 80,795 | 8,448 | 5,398 |
| 増減率(%) 元/30 | 101% | 102% | 100% | 101% | 102% | 103% | 85% | 81% |
| 2/元 | 99% | 101% | 99% | 99% | 100% | 101% | 100% | 103% |

資料：農林水産省農村振興局「令和2年の荒廃農地面積について」（以下(2)まで同じ。）

注：1　荒廃農地面積の調査期日は各年11月30日現在、再生利用された面積の調査期間は前年12月1日から当年11月30日である。

　　2　本表の数値は、東京電力福島第一原子力発電所事故の影響により避難指示のあった福島県下6町村のほか、東京都下1村の計7町村を除く、1,712市町村の調査結果を集計したもの。

　　3　「荒廃農地」とは、「現に耕作に供されておらず、耕作の放棄により荒廃し、通常の農作業では作物の栽培が客観的に不可能となっている農地」をいう。

　　4　「再生利用が可能な荒廃農地」とは、「抜根、整地、区画整理、客土等により再生することによって、通常の農作業による耕作が可能となる荒廃農地」をいう。

　　5　「再生利用が困難と見込まれる荒廃農地」とは、「森林の様相を呈しているなど農地に復元するための物理的な条件整備が著しく困難なもの、又は周囲の状況から見て、その土地を農地として復元しても継続して利用することができないと見込まれるものに相当する荒廃農地」をいう。

(2) 都道府県別荒廃農地等面積 (令和 2 年)

単位：ha

| 全国・都道府県 | 荒廃農地面積 | | | | | | 再生利用された面積 | |
|---|---|---|---|---|---|---|---|---|
| | 計 | 農用地区域 | 再生利用が可能な荒廃農地 | 農用地区域 | 再生利用が困難と見込まれる荒廃農地 | 農用地区域 | | 農用地区域 |
| 全国 | 281,831 | 136,231 | 90,238 | 55,436 | 191,593 | 80,795 | 8,448 | 5,398 |
| 北海道 | 2,093 | 1,218 | 669 | 485 | 1,424 | 733 | 50 | 40 |
| 青森 | 5,503 | 3,707 | 2,829 | 2,138 | 2,673 | 1,568 | 266 | 217 |
| 岩手 | 4,073 | 2,968 | 2,087 | 1,460 | 1,986 | 1,508 | 220 | 159 |
| 宮城 | 6,137 | 3,087 | 2,349 | 1,494 | 3,788 | 1,593 | 230 | 109 |
| 秋田 | 1,042 | 813 | 421 | 362 | 620 | 451 | 125 | 113 |
| 山形 | 2,443 | 1,782 | 1,267 | 1,048 | 1,176 | 734 | 58 | 42 |
| 福島 | 12,968 | 7,229 | 6,553 | 4,103 | 6,415 | 3,126 | 430 | 258 |
| 茨城 | 11,393 | 4,434 | 5,499 | 2,539 | 5,894 | 1,894 | 731 | 354 |
| 栃木 | 2,258 | 914 | 1,369 | 668 | 889 | 246 | 120 | 63 |
| 群馬 | 9,058 | 4,617 | 2,175 | 1,415 | 6,883 | 3,202 | 229 | 171 |
| 埼玉 | 3,493 | 1,991 | 2,466 | 1,586 | 1,028 | 404 | 296 | 221 |
| 千葉 | 13,457 | 4,877 | 6,466 | 3,316 | 6,992 | 1,561 | 330 | 194 |
| 東京 | 3,096 | 1,087 | 334 | 196 | 2,762 | 891 | 66 | 35 |
| 神奈川 | 1,441 | 605 | 666 | 326 | 775 | 278 | 115 | 64 |
| 山梨 | 6,695 | 3,670 | 2,270 | 1,592 | 4,425 | 2,079 | 252 | 196 |
| 長野 | 15,289 | 8,217 | 4,097 | 2,600 | 11,192 | 5,617 | 464 | 319 |
| 静岡 | 6,668 | 3,643 | 3,802 | 2,528 | 2,866 | 1,116 | 251 | 163 |
| 新潟 | 2,534 | 1,294 | 263 | 194 | 2,272 | 1,100 | 41 | 29 |
| 富山 | 352 | 140 | 172 | 115 | 180 | 25 | 25 | 19 |
| 石川 | 5,086 | 2,583 | 665 | 530 | 4,421 | 2,053 | 20 | 13 |
| 福井 | 777 | 335 | 217 | 146 | 560 | 190 | 31 | 23 |
| 岐阜 | 1,850 | 804 | 586 | 377 | 1,264 | 427 | 102 | 63 |
| 愛知 | 4,740 | 2,151 | 2,342 | 1,408 | 2,398 | 744 | 339 | 232 |
| 三重 | 6,343 | 1,752 | 2,643 | 1,144 | 3,700 | 608 | 58 | 29 |
| 滋賀 | 1,764 | 1,064 | 587 | 424 | 1,177 | 640 | 38 | 25 |
| 京都 | 3,129 | 992 | 415 | 247 | 2,714 | 745 | 81 | 52 |
| 大阪 | 346 | 117 | 163 | 68 | 183 | 49 | 38 | 11 |
| 兵庫 | 2,217 | 1,586 | 877 | 710 | 1,341 | 875 | 99 | 67 |
| 奈良 | 1,461 | 668 | 589 | 257 | 871 | 411 | 92 | 39 |
| 和歌山 | 3,434 | 2,446 | 1,137 | 744 | 2,297 | 1,702 | 97 | 53 |
| 鳥取 | 3,462 | 1,438 | 933 | 681 | 2,529 | 757 | 118 | 74 |
| 島根 | 6,851 | 3,210 | 1,368 | 847 | 5,482 | 2,363 | 96 | 53 |
| 岡山 | 11,269 | 5,786 | 2,904 | 1,745 | 8,365 | 4,040 | 258 | 144 |
| 広島 | 8,012 | 3,170 | 690 | 426 | 7,322 | 2,744 | 73 | 48 |
| 山口 | 9,405 | 4,471 | 1,868 | 929 | 7,536 | 3,542 | 84 | 44 |
| 徳島 | 3,034 | 1,801 | 1,261 | 894 | 1,774 | 907 | 51 | 35 |
| 香川 | 7,488 | 2,126 | 1,057 | 673 | 6,432 | 1,453 | 77 | 50 |
| 愛媛 | 14,533 | 6,298 | 1,886 | 1,098 | 12,647 | 5,200 | 130 | 72 |
| 高知 | 2,021 | 942 | 695 | 507 | 1,326 | 436 | 50 | 37 |
| 福岡 | 5,100 | 2,738 | 1,937 | 1,263 | 3,163 | 1,475 | 168 | 85 |
| 佐賀 | 7,219 | 4,700 | 2,014 | 1,549 | 5,205 | 3,152 | 64 | 39 |
| 長崎 | 17,004 | 7,724 | 3,369 | 1,947 | 13,635 | 5,777 | 480 | 312 |
| 熊本 | 9,559 | 4,100 | 3,561 | 1,838 | 5,999 | 2,262 | 252 | 122 |
| 大分 | 12,135 | 6,052 | 1,907 | 1,216 | 10,227 | 4,836 | 291 | 207 |
| 宮崎 | 2,860 | 1,992 | 1,254 | 960 | 1,605 | 1,032 | 145 | 111 |
| 鹿児島 | 17,144 | 6,288 | 5,425 | 2,898 | 11,719 | 3,390 | 359 | 216 |
| 沖縄 | 3,592 | 2,604 | 2,132 | 1,746 | 1,460 | 858 | 462 | 376 |

## 9 農地調整
### (1) 農地の権利移動

| 年次 | 農地法第3条による権利移動（許可・届出） | | | | | | | |
| | | | 所有権耕地<br>有償所有権移転 | | 所有権耕地<br>無償所有権移転 | | 賃借権の設定 | |
| | 件数 | 面積 | 件数 | 面積 | 件数 | 面積 | 件数 | 面積 |
|---|---|---|---|---|---|---|---|---|
| | 件 | ha | 件 | ha | 件 | ha | 件 | ha |
| 平成27年 | 66,855 | 53,560 | 35,447 | 9,887 | 16,126 | 9,508 | 6,880 | 7,307 |
| 28 | 61,509 | 49,057 | 34,238 | 9,358 | 13,889 | 8,145 | 6,491 | 7,805 |
| 29 | 61,324 | 51,018 | 35,281 | 9,709 | 14,094 | 8,325 | 5,866 | 8,141 |
| 30 | 58,454 | 46,259 | 33,902 | 9,763 | 13,298 | 7,925 | 5,275 | 7,485 |
| 令和元 | 59,671 | 43,993 | 34,404 | 10,054 | 13,479 | 7,572 | 5,943 | 8,044 |

| 年次 | 農地法第3条（続き） | | 農業経営基盤強化促進法による権利移動 | | | | | |
| | 使用貸借による<br>権利の設定 | | | | 所有権耕地<br>有償所有権移転 | | 1)利用権の設定 | |
| | 件数 | 面積 | 件数 | 面積 | 件数 | 面積 | 件数 | 面積 |
|---|---|---|---|---|---|---|---|---|
| | 件 | ha | 件 | ha | 件 | ha | 件 | ha |
| 平成27年 | 7,767 | 26,168 | 442,703 | 245,942 | 12,717 | 22,224 | 426,574 | 221,624 |
| 28 | 6,427 | 23,140 | 388,086 | 211,803 | 12,755 | 19,669 | 373,061 | 190,205 |
| 29 | 5,699 | 24,163 | 396,388 | 213,678 | 13,922 | 22,960 | 379,913 | 188,707 |
| 30 | 5,484 | 20,225 | 378,658 | 203,917 | 13,438 | 20,687 | 362,671 | 180,780 |
| 令和元 | 5,230 | 17,597 | 365,089 | 191,013 | 14,728 | 23,541 | 346,825 | 165,326 |

資料：農林水産省経営局「農地の移動と転用」（以下(3)まで同じ。）
注：1 この農地移動は、「農地の権利移動・借貸等調査」の結果である。なお、農地とは、耕作の
目的に供される土地をいう。
　　2 面積は、土地登記簿の地積である。
　　1)は、賃借権の設定、使用貸借による権利の設定及び農業経営の委託を受けることにより取得
する権利の設定の合計である。

### (2) 農業経営基盤強化促進法による利用権設定

| 年次 | 計 | | | | 賃借権設定 | | | |
| | 件数 | 面積 | | | 件数 | 面積 | | |
| | | 計 | 田 | 畑 | | 計 | 田 | 畑 |
|---|---|---|---|---|---|---|---|---|
| | 件 | ha | ha | ha | 件 | ha | ha | ha |
| 平成27年 | 426,574 | 221,624 | 158,131 | 63,493 | 322,444 | 185,638 | 132,869 | 52,769 |
| 28 | 373,061 | 190,205 | 134,291 | 55,915 | 279,988 | 157,301 | 112,185 | 45,116 |
| 29 | 379,913 | 188,707 | 136,533 | 52,173 | 283,534 | 156,808 | 114,485 | 42,323 |
| 30 | 362,671 | 180,780 | 127,780 | 53,000 | 263,182 | 147,421 | 104,288 | 43,133 |
| 令和元 | 346,825 | 165,326 | 113,852 | 51,474 | 254,075 | 135,489 | 93,847 | 41,642 |

| 年次 | 使用貸借による権利の設定 | | | | 経営受委託 | | | |
| | 件数 | 面積 | | | 件数 | 面積 | | |
| | | 計 | 田 | 畑 | | 計 | 田 | 畑 |
|---|---|---|---|---|---|---|---|---|
| | 件 | ha | ha | ha | 件 | ha | ha | ha |
| 平成27年 | 104,130 | 35,986 | 25,262 | 10,724 | - | - | - | - |
| 28 | 93,065 | 32,902 | 22,103 | 10,799 | 8 | 3 | 3 | - |
| 29 | 96,379 | 31,899 | 22,047 | 9,852 | - | - | - | - |
| 30 | 99,489 | 33,359 | 23,492 | 9,867 | - | - | - | - |
| 令和元 | 92,750 | 29,838 | 20,005 | 9,833 | - | - | - | - |

(3) 農地の転用面積

ア 田畑別農地転用面積

単位：ha

| 年次 | 農地の転用面積 | | | | | | | 農地法第5条による採草放牧地の転用面積 |
|---|---|---|---|---|---|---|---|---|
| | 計 | 1)農地法第4、5条による農地転用（許可、届出、協議） | | | 農地法第4、5条該当以外の農地転用 | | | |
| | | 小計 | 田 | 畑 | 小計 | 田 | 畑 | |
| 平成27年 | 16,508 | 11,609 | 5,394 | 6,215 | 4,899 | 2,373 | 2,526 | 21 |
| 28 | 16,443 | 11,567 | 5,294 | 6,273 | 4,876 | 2,241 | 2,634 | 24 |
| 29 | 17,681 | 11,383 | 5,338 | 6,045 | 6,297 | 2,189 | 4,109 | 27 |
| 30 | 17,305 | 11,658 | 5,732 | 5,927 | 5,646 | 2,045 | 3,601 | 25 |
| 令和元 | 16,778 | 11,697 | 5,626 | 6,071 | 5,081 | 1,953 | 3,128 | 29 |

注：1)は、大臣許可分と市街化区域内の届出分を含む。また、協議分を含む。

イ 農地転用の用途別許可・届出・協議面積（田畑計）

単位：ha

| 年次 | 計 | 住宅用地 | 公的施設用地 | 工鉱業（工場）用地 | 商業サービス等用地 | その他の業務用地 | 植林 | その他 |
|---|---|---|---|---|---|---|---|---|
| 平成27年 | 11,608 | 4,000 | 296 | 272 | 948 | 5,555 | 259 | 280 |
| 28 | 11,567 | 4,019 | 324 | 299 | 887 | 5,485 | 363 | 190 |
| 29 | 11,383 | 3,917 | 274 | 385 | 848 | 5,701 | 249 | 10 |
| 30 | 11,658 | 3,937 | 255 | 423 | 914 | 5,934 | 181 | 15 |
| 令和元 | 11,697 | 3,747 | 257 | 470 | 786 | 6,250 | 176 | 11 |

注：1 農地法第4条及び第5条による農地転用面積である。なお、協議面積を含む。
　　2 転用の目的が2種以上にわたるときは、その主な用途で区分した。

ウ 転用主体別農地転用面積（田畑計）

単位：ha

| 年次 | 計 | 国（公社・公団等を含む。） | 地方公共団体（公社・公団等を含む。） | 農協 | その他の法人団体（農地所有適格法人を除く。） | 農家（農地所有適格法人を含む。） | 農家以外の個人 |
|---|---|---|---|---|---|---|---|
| 平成27年 | 16,508 | 281 | 1,039 | 50 | 5,867 | 4,553 | 4,718 |
| 28 | 16,443 | 255 | 1,159 | 73 | 5,968 | 3,597 | 5,392 |
| 29 | 17,681 | 203 | 1,152 | 80 | 5,834 | 5,838 | 4,574 |
| 30 | 17,305 | 296 | 1,370 | 48 | 6,254 | 4,595 | 4,742 |
| 令和元 | 16,778 | 240 | 1,265 | 31 | 6,265 | 3,797 | 5,180 |

注：大臣許可分と農地法第4条及び第5条以外の転用も含む転用総面積である。
　　ただし、第5条による採草放牧地の転用は含まない。

## 10　農地価格

### (1)　耕作目的田畑売買価格（令和3年5月1日現在）

単位：千円

| 中田中畑別・ブロック | 自作地を自作地として売る場合（10a当たり平均価格） | | | | | | |
|---|---|---|---|---|---|---|---|
| | 都市計画法の線引きをしていない市町村 | | 都市計画法の線引きをしている市町村 | | | | 市街化区域 |
| | | | 市街化調整区域 | | 非線引き都市計画区域 | | |
| | 農用地区域内 | 農用地区域外 | 農用地区域内 | 農用地区域外 | 農用地区域内 | 農用地区域外 | |
| **中田　全国** | 1,112 | 1,313 | 2,957 | 4,297 | 1,051 | 1,087 | 27,006 |
| 北海道 | 243 | 207 | 435 | 771 | 232 | 413 | 5,500 |
| 東北 | 519 | 575 | 1,345 | 1,473 | 625 | 552 | 13,727 |
| 関東 | 1,390 | 1,622 | 1,491 | 2,274 | 986 | 1,001 | 33,701 |
| 東海 | 2,209 | 2,607 | 6,565 | 8,352 | 1,529 | 1,496 | 36,514 |
| 北信 | 1,310 | 1,598 | 2,208 | 3,055 | 850 | 772 | 16,551 |
| 近畿 | 1,886 | 2,393 | 3,203 | 5,879 | 1,023 | 1,114 | 39,310 |
| 中国 | 678 | 666 | 4,012 | 5,695 | 1,103 | 1,222 | 20,762 |
| 四国 | 1,680 | 1,635 | 4,142 | 5,031 | 1,687 | 1,731 | 26,608 |
| 九州 | 801 | 803 | 1,696 | 2,608 | 903 | 1,083 | 15,100 |
| 沖縄 | 868 | 503 | – | – | – | – | – |
| **中畑　全国** | 825 | 1,027 | 2,846 | 3,877 | 740 | 763 | 28,447 |
| 北海道 | 115 | 119 | 472 | 797 | 196 | 357 | 5,372 |
| 東北 | 309 | 383 | 1,167 | 1,230 | 451 | 394 | 14,394 |
| 関東 | 1,529 | 1,804 | 1,941 | 2,465 | 986 | 912 | 41,219 |
| 東海 | 2,010 | 2,330 | 6,417 | 8,435 | 1,119 | 1,166 | 37,164 |
| 北信 | 899 | 1,138 | 1,952 | 2,870 | 569 | 559 | 17,628 |
| 近畿 | 1,351 | 1,647 | 3,027 | 5,469 | 829 | 824 | 41,849 |
| 中国 | 405 | 414 | 2,727 | 3,730 | 736 | 825 | 18,085 |
| 四国 | 933 | 880 | 3,417 | 3,296 | 1,027 | 1,081 | 24,104 |
| 九州 | 557 | 634 | 1,514 | 2,177 | 539 | 646 | 12,364 |
| 沖縄 | 1,255 | 2,994 | 5,410 | 15,023 | – | – | 51,517 |

資料：全国農業会議所「田畑売買価格等に関する調査結果 令和3年」（以下(2)まで同じ。）
注：1　売買価格の算定基準は、調査時点で売り手・買い手の双方が妥当とみて実際に取り引きされるであろう価格である（以下(2)まで同じ。）
　　2　耕作目的売買価格は、農地を農地として利用する目的の売買価格である。
　　3　中田及び中畑とは、調査地区において収量水準や生産条件等が標準的な田や畑をいう（以下(2)まで同じ。）
　　4　ブロックについて、「関東」は、茨城、栃木、群馬、埼玉、千葉、東京、神奈川及び山梨であり、「北信」は、新潟、富山、石川、福井及び長野である。その他のブロックは、全国農業地域区分に準じる。

### (2)　使用目的変更（転用）田畑売買価格（令和3年5月1日現在）

単位：円

| 区分 | 全国（3.3㎡当たり平均価格） | | | |
|---|---|---|---|---|
| | 都市計画法の線引きをしていない市町村 | 都市計画法の線引きをしている市町村 | | 市街化区域 |
| | | 市街化調整区域 | 非線引き都市計画区域 | |
| **田**　住宅用 | 39,731 | 61,274 | 34,799 | 171,740 |
| 商業・工業用地用 | 33,429 | 53,214 | 38,459 | 152,550 |
| 国県道・高速道・鉄道用 | 19,588 | 44,623 | 42,365 | 98,157 |
| 1) 公共施設用地用 | 23,335 | 48,678 | 37,559 | 143,091 |
| **畑**　住宅用 | 38,394 | 59,247 | 32,285 | 174,432 |
| 商業・工業用地用 | 30,669 | 50,055 | 34,819 | 163,876 |
| 国県道・高速道・鉄道用 | 19,184 | 45,818 | 33,340 | 82,183 |
| 1) 公共施設用地用 | 23,128 | 43,622 | 39,702 | 359,650 |

注：使用目的変更売買価格は、農地を農地以外のものとする目的の売買価格である。
　　1)は、学校・公園・運動場・公立病院・公民館など公共施設用地用である。

## 11 耕地利用
### (1) 耕地利用率

単位：%

| 全国<br>農業地域 | 平成30年 | | | 令和元 | | | 2 | | |
|---|---|---|---|---|---|---|---|---|---|
| | 計 | 田 | 畑 | 計 | 田 | 畑 | 計 | 田 | 畑 |
| 全国 | 91.6 | 93.0 | 90.0 | 91.4 | 92.8 | 89.8 | 91.3 | 92.9 | 89.4 |
| 北海道 | 99.0 | 94.6 | 100.1 | 98.9 | 93.1 | 100.3 | 98.8 | 93.6 | 100.0 |
| 東北 | 83.6 | 87.1 | 74.7 | 83.6 | 87.2 | 74.2 | 83.3 | 87.0 | 73.5 |
| 北陸 | 89.6 | 91.0 | 77.2 | 89.4 | 91.1 | 75.3 | 89.3 | 91.1 | 73.9 |
| 関東・東山 | 90.6 | 95.5 | 84.4 | 90.7 | 95.9 | 83.9 | 90.4 | 96.1 | 83.2 |
| 東海 | 88.9 | 93.6 | 82.0 | 88.9 | 93.7 | 81.8 | 88.6 | 93.7 | 81.1 |
| 近畿 | 87.7 | 88.9 | 83.9 | 87.7 | 88.9 | 83.8 | 87.3 | 88.4 | 83.4 |
| 中国 | 77.2 | 78.0 | 74.2 | 76.0 | 76.8 | 72.9 | 76.0 | 77.1 | 71.9 |
| 四国 | 84.7 | 87.4 | 79.9 | 84.0 | 86.5 | 79.6 | 83.6 | 85.8 | 79.1 |
| 九州 | 102.2 | 113.9 | 85.8 | 101.9 | 113.7 | 85.2 | 102.0 | 114.4 | 84.5 |
| 沖縄 | 83.9 | 103.3 | 83.3 | 82.9 | 94.6 | 82.6 | 84.6 | 92.5 | 84.5 |

資料：農林水産省統計部「耕地及び作付面積統計」（以下(4)まで同じ。）
注：耕地利用率とは、耕地面積を「100」とした作付（栽培）延べ面積の割合である。

### (2) 農作物作付（栽培）延べ面積

単位：千ha

| 農作物種類 | 平成28年 | 29 | 30 | 令和元 | 2 |
|---|---|---|---|---|---|
| 作付（栽培）延べ面積 | 4,102 | 4,074 | 4,048 | 4,019 | 3,991 |
| 1）水稲 | 1,478 | 1,465 | 1,470 | 1,469 | 1,462 |
| 2）麦類（4麦計） | 276 | 274 | 273 | 273 | 276 |
| 3）そば | 61 | 63 | 64 | 65 | 67 |
| 3）大豆 | 150 | 150 | 147 | 144 | 142 |
| なたね | 2 | 2 | 2 | 2 | 2 |
| 4）その他作物 | 2,136 | 2,120 | 2,093 | 2,066 | 2,043 |

注： 農作物作付（栽培）延べ面積とは、農林水産省統計部で収穫量調査を行わない作物を含む全作物
の作付（栽培）面積の合計である。
なお、平成29年（産）から、表章範囲を変更したことから、平成28年のその他作物の値は、再集
計した結果である。
1）は、子実用である。
2）は、4麦（子実用）合計面積である。
3）は、乾燥子実（未成熟との兼用を含む。）である。
4）は、陸稲、かんしょ、小豆、いんげん、らっかせい、野菜、果樹、茶、飼料作物、桑、花き、
花木、種苗等である。

### (3) 夏期における田本地の利用面積（全国）

単位：千ha

| 農作物種類 | 平成28年 | 29 | 30 | 令和元 | 2 |
|---|---|---|---|---|---|
| 水稲作付田 | 1,611 | 1,600 | 1,592 | 1,584 | 1,575 |
| 水稲以外の作物のみの作付田 | 416 | 412 | 407 | 403 | 400 |
| 夏期全期不作付地 | 270 | 273 | 273 | 274 | 273 |

注：夏期全期とは、おおむね水稲の栽培期間である。なお、青刈り水稲は、水稲に含む。

11　耕地利用（続き）
(4)　都道府県別農作物作付（栽培）延べ面積・耕地利用率（田畑計、令和2年）

| 全国・都道府県 | 作付（栽培）延べ面積 | 水稲 | 麦類（4麦計） | 大豆 | そば | なたね | その他作物 | 耕地利用率 |
|---|---|---|---|---|---|---|---|---|
| | ha | ha | ha | ha | ha | ha | ha | % |
| 全国 | 3,991,000 | 1,462,000 | 276,200 | 141,700 | 66,600 | 1,830 | 2,043,000 | 91.3 |
| 北海道 | 1,129,000 | 102,300 | 124,200 | 38,900 | 25,700 | 1,040 | 837,300 | 98.8 |
| 青森 | 120,000 | 45,200 | 779 | 4,840 | 1,670 | 202 | 67,300 | 80.1 |
| 岩手 | 120,300 | 50,400 | 3,810 | 4,320 | 1,680 | 22 | 60,100 | 80.5 |
| 宮城 | 113,700 | 68,300 | 2,270 | 10,800 | 606 | x | 31,700 | 90.4 |
| 秋田 | 124,200 | 87,600 | 284 | 8,650 | 3,980 | 25 | 23,600 | 84.7 |
| 山形 | 105,500 | 64,700 | x | 4,830 | 5,320 | 7 | 30,600 | 90.2 |
| 福島 | 105,000 | 65,300 | 431 | 1,390 | 3,790 | 100 | 33,900 | 75.9 |
| 茨城 | 149,000 | 67,800 | 7,590 | 3,350 | 3,510 | 8 | 66,700 | 91.1 |
| 栃木 | 120,000 | 59,200 | 12,700 | 2,250 | 3,030 | 25 | 42,800 | 98.4 |
| 群馬 | 60,500 | 15,500 | 7,650 | 275 | 587 | 11 | 36,400 | 90.6 |
| 埼玉 | 64,700 | 31,900 | 5,990 | 657 | 342 | 18 | 25,800 | 87.3 |
| 千葉 | 110,100 | 55,400 | 772 | 822 | 219 | 2 | 52,900 | 89.1 |
| 東京 | 6,100 | 124 | x | 4 | 3 | x | 5,950 | 93.4 |
| 神奈川 | 17,300 | 2,990 | 44 | 37 | 25 | x | 14,200 | 94.0 |
| 新潟 | 146,700 | 119,500 | x | 4,180 | 1,270 | x | 21,600 | 86.8 |
| 富山 | 52,600 | 37,100 | 3,270 | 4,270 | 517 | 19 | 7,370 | 90.4 |
| 石川 | 34,600 | 24,800 | 1,430 | 1,630 | 377 | x | 6,350 | 84.8 |
| 福井 | 41,100 | 25,100 | 4,800 | 1,800 | 3,400 | x | 6,060 | 102.8 |
| 山梨 | 20,200 | 4,880 | 114 | 216 | 193 | x | 14,800 | 86.3 |
| 長野 | 88,600 | 31,800 | 2,750 | 1,960 | 4,600 | 12 | 47,400 | 84.1 |
| 岐阜 | 47,400 | 22,500 | 3,600 | 2,860 | 341 | − | 18,100 | 85.4 |
| 静岡 | 54,800 | 15,500 | x | 223 | 71 | 2 | 38,300 | 87.3 |
| 愛知 | 66,900 | 27,400 | 5,720 | 4,370 | 33 | 40 | 29,300 | 90.8 |
| 三重 | 52,500 | 27,100 | 6,910 | 4,350 | 124 | 34 | 14,000 | 90.5 |
| 滋賀 | 52,300 | 31,100 | 7,680 | 6,510 | 565 | 31 | 6,410 | 102.1 |
| 京都 | 24,000 | 14,300 | 247 | 302 | 121 | − | 9,060 | 80.5 |
| 大阪 | 9,990 | 4,700 | 2 | 15 | 1 | x | 5,270 | 79.9 |
| 兵庫 | 59,900 | 36,500 | 2,350 | 2,110 | 211 | 13 | 18,800 | 82.1 |
| 奈良 | 15,800 | 8,480 | 114 | 137 | 26 | 1 | 7,060 | 79.0 |
| 和歌山 | 28,700 | 6,250 | x | 28 | 3 | − | 22,400 | 90.3 |
| 鳥取 | 26,400 | 12,900 | x | 624 | 330 | 5 | 12,400 | 77.0 |
| 島根 | 28,300 | 17,100 | 674 | 780 | 638 | 8 | 9,080 | 77.7 |
| 岡山 | 49,300 | 29,800 | 3,250 | 1,540 | 192 | 8 | 14,500 | 77.5 |
| 広島 | 39,600 | 22,600 | x | 430 | 302 | x | 15,900 | 74.0 |
| 山口 | 33,200 | 18,900 | 2,120 | 870 | 71 | x | 11,200 | 73.9 |
| 徳島 | 24,200 | 11,000 | x | 10 | 40 | − | 13,100 | 84.9 |
| 香川 | 23,900 | 11,700 | 2,900 | 60 | 31 | x | 9,220 | 80.5 |
| 愛媛 | 40,600 | 13,400 | 2,110 | 348 | 31 | x | 24,700 | 86.4 |
| 高知 | 21,400 | 11,300 | x | 75 | 4 | − | 9,990 | 80.5 |
| 福岡 | 91,300 | 34,900 | 22,100 | 8,220 | 89 | 32 | 26,000 | 114.6 |
| 佐賀 | 67,300 | 23,900 | 21,200 | 7,750 | 34 | 40 | 14,300 | 132.5 |
| 長崎 | 44,200 | 11,100 | 1,970 | 409 | 162 | 12 | 30,500 | 95.9 |
| 熊本 | 105,000 | 33,300 | 7,170 | 2,420 | 670 | 42 | 61,400 | 96.2 |
| 大分 | 49,500 | 20,200 | 5,110 | 1,410 | 228 | 31 | 22,600 | 90.5 |
| 宮崎 | 67,800 | 16,000 | x | 223 | 242 | 4 | 51,100 | 104.0 |
| 鹿児島 | 105,900 | 19,300 | x | 346 | 1,180 | 17 | 84,700 | 92.2 |
| 沖縄 | 31,300 | 650 | x | x | 69 | − | 30,500 | 84.6 |

注：1　農作物作付（栽培）延べ面積とは、農林水産省統計部で収穫量調査を行わない作物を含む全作物の作付（栽培）面積の合計である。
　　2　耕地利用率とは、耕地面積を「100」とした作付（栽培）延べ面積の割合である。

12 採草地・放牧地の利用（耕地以外） （各年2月1日現在）
(1) 農業経営体

| 年次・<br>全国<br>農業地域 | 採草地・放牧地 | |
|---|---|---|
| | 経営体数 | 面積 |
| | 経営体 | ha |
| 平成27年 | 18,556 | 47,934 |
| **令和2** | **18,975** | **53,086** |
| 北海道 | 1,302 | 15,042 |
| 都府県 | 17,673 | 38,044 |
| 東北 | 4,786 | 15,094 |
| 北陸 | 727 | 910 |
| 関東・東山 | 4,711 | 7,229 |
| 東海 | 754 | 1,197 |
| 近畿 | 1,039 | 1,026 |
| 中国 | 1,811 | 4,566 |
| 四国 | 670 | 655 |
| 九州 | 3,110 | 7,146 |
| 沖縄 | 65 | 220 |

資料：農林水産省統計部「農林業センサス」 （以下(2)まで同じ。）
注： 過去1年間に耕地以外の山林、原野等を採草地や放牧地として
利用した土地である。 （以下(2)まで同じ。）

(2) 農業経営体のうち団体経営体

| 年次・<br>全国<br>農業地域 | 採草地・放牧地 | |
|---|---|---|
| | 経営体数 | 面積 |
| | 経営体 | ha |
| 平成27年 | 461 | 13,473 |
| **令和2** | **793** | **11,825** |
| 北海道 | 220 | 4,412 |
| 都府県 | 573 | 7,413 |
| 東北 | 139 | 3,042 |
| 北陸 | 21 | 53 |
| 関東・東山 | 137 | 2,020 |
| 東海 | 28 | 348 |
| 近畿 | 29 | 70 |
| 中国 | 59 | 242 |
| 四国 | 20 | 105 |
| 九州 | 134 | 1,439 |
| 沖縄 | 6 | 93 |

13 都道府県別の基幹的農業水利施設数・水路延長（令和2年）（推計値）

| 局名及び都道府県名 | 点施設合計 | 貯水池 | 頭首工 | 水門等 | 管理設備 | 機場 | 線施設合計 | 水路 | パイプライン | 集水渠 |
|---|---|---|---|---|---|---|---|---|---|---|
| | 箇所 | 箇所 | 箇所 | 箇所 | 箇所 | 箇所 | km | km | km | km |
| 全国 | 7,656 | 1,292 | 1,953 | 1,134 | 295 | 2,982 | 51,472 | 51,411 | 17,503 | 61 |
| 北海道開発局 | 617 | 114 | 210 | 24 | 5 | 264 | 12,321 | 12,321 | 5,054 | 0 |
| 北海道 | 617 | 114 | 210 | 24 | 5 | 264 | 12,321 | 12,321 | 5,054 | 0 |
| 東北農政局 | 1,593 | 297 | 505 | 151 | 58 | 582 | 8,779 | 8,778 | 1,454 | 1 |
| 青森県 | 229 | 37 | 85 | 11 | 6 | 90 | 1,330 | 1,330 | 156 | 0 |
| 岩手県 | 159 | 37 | 58 | 11 | 7 | 46 | 1,355 | 1,355 | 327 | 0 |
| 宮城県 | 335 | 44 | 60 | 42 | 3 | 186 | 1,692 | 1,692 | 109 | 0 |
| 秋田県 | 282 | 77 | 95 | 42 | 3 | 65 | 1,482 | 1,481 | 204 | 1 |
| 山形県 | 322 | 50 | 79 | 28 | 19 | 146 | 1,743 | 1,743 | 442 | 0 |
| 福島県 | 266 | 52 | 128 | 17 | 20 | 49 | 1,177 | 1,177 | 216 | 0 |
| 関東農政局 | 1,657 | 161 | 386 | 393 | 51 | 666 | 9,880 | 9,851 | 3,125 | 29 |
| 茨城県 | 376 | 13 | 36 | 110 | 5 | 212 | 1,449 | 1,449 | 552 | 0 |
| 栃木県 | 135 | 17 | 82 | 4 | 6 | 26 | 1,142 | 1,128 | 181 | 13 |
| 群馬県 | 122 | 19 | 59 | 19 | 2 | 23 | 777 | 777 | 242 | 0 |
| 埼玉県 | 173 | 8 | 46 | 48 | 10 | 61 | 1,380 | 1,380 | 205 | 0 |
| 千葉県 | 418 | 29 | 22 | 115 | 9 | 243 | 1,533 | 1,533 | 725 | 0 |
| 東京都 | 2 | 0 | 2 | 0 | 0 | 0 | 25 | 25 | 0 | 0 |
| 神奈川県 | 9 | 0 | 5 | 4 | 0 | 0 | 115 | 115 | 5 | 0 |
| 山梨県 | 46 | 8 | 10 | 8 | 2 | 18 | 212 | 197 | 87 | 15 |
| 長野県 | 228 | 45 | 100 | 39 | 12 | 32 | 2,120 | 2,120 | 744 | 0 |
| 静岡県 | 148 | 22 | 24 | 46 | 5 | 51 | 1,126 | 1,126 | 384 | 0 |
| 北陸農政局 | 877 | 79 | 168 | 162 | 51 | 417 | 5,228 | 5,217 | 941 | 11 |
| 新潟県 | 618 | 42 | 90 | 139 | 38 | 309 | 2,763 | 2,763 | 291 | 0 |
| 富山県 | 73 | 15 | 34 | 9 | 6 | 9 | 1,188 | 1,187 | 131 | 1 |
| 石川県 | 102 | 18 | 20 | 9 | 1 | 54 | 458 | 458 | 73 | 0 |
| 福井県 | 84 | 4 | 24 | 5 | 6 | 45 | 818 | 808 | 445 | 10 |
| 東海農政局 | 582 | 83 | 101 | 70 | 14 | 314 | 4,231 | 4,231 | 2,006 | 1 |
| 岐阜県 | 147 | 20 | 31 | 21 | 2 | 73 | 835 | 835 | 217 | 1 |
| 愛知県 | 273 | 36 | 17 | 27 | 12 | 181 | 2,664 | 2,664 | 1,475 | 0 |
| 三重県 | 162 | 27 | 53 | 22 | 0 | 60 | 732 | 732 | 314 | 0 |

資料：農林水産省農村振興局「農業基盤情報基礎調査」

注：1　基幹的農業水利施設とは、農業用排水のための利用に供される施設であって、その受益面積
　　　が100ha以上のものである。

　　2　調査結果は令和2年3月31日時点の推計値であり、平成15年以降に農業農村整備事業以外で新
　　　設・廃止された施設については考慮していない。

| 局名及び都道府県名 | 点施設合計 | 貯水池 | 頭首工 | 水門等 | 管理設備 | 機場 | 線施設合計 | 水路 | パイプライン | 集水渠 |
|---|---|---|---|---|---|---|---|---|---|---|
| | 箇所 | 箇所 | 箇所 | 箇所 | 箇所 | 箇所 | km | km | km | km |
| 近畿農政局 | 388 | 88 | 109 | 33 | 37 | 121 | 2,374 | 2372 | 1129 | 2 |
| 滋賀県 | 132 | 22 | 27 | 12 | 23 | 48 | 776 | 774 | 455 | 1 |
| 京都府 | 43 | 5 | 14 | 9 | 1 | 14 | 153 | 153 | 39 | 0 |
| 大阪府 | 17 | 8 | 4 | 2 | 0 | 3 | 110 | 110 | 23 | 0 |
| 兵庫県 | 106 | 35 | 41 | 10 | 7 | 13 | 650 | 649 | 237 | 1 |
| 奈良県 | 37 | 8 | 12 | 0 | 3 | 14 | 344 | 344 | 235 | 0 |
| 和歌山県 | 53 | 10 | 11 | 0 | 3 | 29 | 341 | 341 | 140 | 0 |
| 中国四国農政局 | 790 | 237 | 159 | 97 | 27 | 270 | 3,506 | 3,499 | 1,390 | 7 |
| 鳥取県 | 66 | 15 | 31 | 6 | 3 | 11 | 314 | 311 | 140 | 3 |
| 島根県 | 75 | 9 | 9 | 14 | 3 | 40 | 295 | 295 | 52 | 0 |
| 岡山県 | 198 | 48 | 33 | 19 | 11 | 87 | 948 | 948 | 325 | 0 |
| 広島県 | 49 | 23 | 6 | 4 | 1 | 15 | 210 | 209 | 149 | 1 |
| 山口県 | 56 | 17 | 14 | 5 | 0 | 20 | 130 | 130 | 38 | 0 |
| 徳島県 | 88 | 4 | 8 | 36 | 2 | 38 | 360 | 358 | 176 | 2 |
| 香川県 | 127 | 80 | 24 | 2 | 1 | 20 | 436 | 436 | 166 | 0 |
| 愛媛県 | 106 | 36 | 24 | 8 | 6 | 32 | 669 | 669 | 334 | 0 |
| 高知県 | 25 | 5 | 10 | 3 | 0 | 7 | 143 | 143 | 11 | 0 |
| 九州農政局 | 1,101 | 212 | 312 | 204 | 45 | 328 | 4,843 | 4,832 | 2,116 | 11 |
| 福岡県 | 236 | 57 | 87 | 49 | 6 | 37 | 774 | 774 | 218 | 0 |
| 佐賀県 | 153 | 47 | 22 | 19 | 2 | 63 | 641 | 640 | 308 | 1 |
| 長崎県 | 66 | 23 | 4 | 7 | 4 | 28 | 155 | 155 | 109 | 0 |
| 熊本県 | 253 | 20 | 58 | 66 | 3 | 106 | 848 | 848 | 223 | 0 |
| 大分県 | 110 | 26 | 46 | 11 | 11 | 16 | 621 | 611 | 123 | 10 |
| 宮崎県 | 122 | 11 | 49 | 35 | 10 | 17 | 693 | 693 | 381 | 0 |
| 鹿児島県 | 161 | 28 | 46 | 17 | 9 | 61 | 1,112 | 1,112 | 753 | 0 |
| 沖縄総合事務局 | 51 | 21 | 3 | 0 | 7 | 20 | 311 | 311 | 288 | 0 |
| 沖縄県 | 51 | 21 | 3 | 0 | 7 | 20 | 311 | 311 | 288 | 0 |

## Ⅱ 農業経営体

### 1 農業経営体数（各年2月1日現在）

単位：千経営体

| 年次・<br>全国農業地域 | 農業経営体 | 団体経営体 |
|---|---|---|
| 平成30年 | 1,220.5 | 35.5 |
| 31 | 1,188.8 | 36.0 |
| 令和2 | 1,075.7 | 38.4 |
| 3 | 1,030.9 | 39.5 |
| 4 | 975.1 | 40.1 |
| 北海道 | 33.0 | 4.7 |
| 都府県 | 942.0 | 35.4 |
| うち東北 | 174.5 | 6.6 |
| 北陸 | 67.8 | 4.0 |
| 関東・東山 | 216.9 | 6.3 |
| 東海 | 83.9 | 2.9 |
| 近畿 | 93.4 | 3.1 |
| 中国 | 86.0 | 3.1 |
| 四国 | 60.1 | 1.6 |
| 九州 | 150.2 | 7.3 |
| 沖縄 | 9.0 | 0.4 |

資料： 令和2年は農林水産省統計部「2020年農林業センサス」、
令和2年以外は農林水産省統計部「農業構造動態調査」
注：団体経営体の平成31年以前は組織経営体の数値。

### 2 組織形態別経営体数（農業経営体のうち団体経営体）（各年2月1日現在）

単位：千経営体

| 年次・<br>全国農業地域 | 計 | 法人化している | | | | | 法人化<br>して<br>いない |
|---|---|---|---|---|---|---|---|
| | | 小計 | 農事組合<br>法人 | 会社 | 各種団体 | その他<br>の法人 | |
| 令和3年 | 39.5 | 31.6 | 7.5 | 20.9 | 2.0 | 1.2 | 7.8 |
| 4 | 40.1 | 32.2 | 7.7 | 21.2 | 2.0 | 1.2 | 7.9 |
| 北海道 | 4.7 | 4.4 | 0.3 | 3.8 | 0.2 | 0.2 | 0.3 |
| 都府県 | 35.4 | 27.8 | 7.4 | 17.5 | 1.8 | 1.0 | 7.6 |
| うち東北 | 6.6 | 4.5 | 1.4 | 2.6 | 0.3 | 0.1 | 2.1 |
| 北陸 | 4.0 | 3.0 | 1.5 | 1.3 | 0.2 | 0.0 | 1.0 |
| 関東・東山 | 6.3 | 5.5 | 0.9 | 4.1 | 0.3 | 0.3 | 0.7 |
| 東海 | 2.9 | 2.5 | 0.5 | 1.8 | 0.2 | 0.2 | 0.4 |
| 近畿 | 3.1 | 2.1 | 0.6 | 1.3 | 0.1 | 0.1 | 1.0 |
| 中国 | 3.1 | 2.5 | 1.0 | 1.2 | 0.2 | 0.1 | 0.6 |
| 四国 | 1.6 | 1.4 | 0.3 | 0.9 | 0.1 | 0.0 | 0.2 |
| 九州 | 7.3 | 5.9 | 1.2 | 4.0 | 0.4 | 0.2 | 1.4 |
| 沖縄 | 0.4 | 0.4 | 0.1 | 0.3 | 0.1 | 0.0 | 0.0 |

資料：農林水産省統計部「農業構造動態調査」（以下4(2)まで同じ。）

3 経営耕地面積規模別経営体数（各年２月１日現在）
(1) 農業経営体

単位：千経営体

| 年次・<br>全国農業地域 | 計 | 1)1.0ha<br>未満 | 1.0〜<br>5.0 | 5.0〜<br>10.0 | 10.0〜<br>20.0 | 20.0〜<br>30.0 | 30.0ha<br>以上 |
|---|---|---|---|---|---|---|---|
| 令和３年 | 1,030.9 | 534.5 | 391.2 | 48.5 | 26.4 | 11.1 | 19.2 |
| 4 | 975.1 | 507.3 | 365.5 | 46.4 | 25.6 | 10.7 | 19.6 |
| 北海道 | 33.0 | 2.7 | 4.3 | 3.6 | 5.4 | 4.3 | 12.7 |
| 都府県 | 942.0 | 504.5 | 361.1 | 42.8 | 20.2 | 6.4 | 7.0 |
| うち東北 | 174.5 | 64.2 | 85.8 | 13.1 | 6.9 | 2.2 | 2.1 |
| 北陸 | 67.8 | 25.6 | 32.6 | 4.9 | 2.5 | 0.9 | 1.3 |
| 関東・東山 | 216.9 | 115.8 | 86.0 | 8.5 | 4.3 | 1.1 | 1.2 |
| 東海 | 83.9 | 58.3 | 21.3 | 2.3 | 1.0 | 0.4 | 0.7 |
| 近畿 | 93.4 | 62.6 | 27.4 | 1.9 | 0.9 | 0.4 | 0.3 |
| 中国 | 86.0 | 58.7 | 23.2 | 2.4 | 1.0 | 0.4 | 0.4 |
| 四国 | 60.1 | 40.9 | 17.9 | 0.8 | 0.3 | 0.1 | 0.0 |
| 九州 | 150.2 | 74.2 | 62.9 | 8.2 | 3.0 | 0.9 | 0.9 |
| 沖縄 | 9.0 | 4.5 | 3.9 | 0.6 | 0.3 | 0.0 | 0.2 |

注：1)は、経営耕地面積なしを含む。

(2) 農業経営体のうち団体経営体

単位：千経営体

| 年次・<br>全国農業地域 | 計 | 1)1.0ha<br>未満 | 1.0〜<br>5.0 | 5.0〜<br>10.0 | 10.0〜<br>20.0 | 20.0〜<br>30.0 | 30.0ha<br>以上 |
|---|---|---|---|---|---|---|---|
| 令和３年 | 39.5 | 12.2 | 7.3 | 3.9 | 4.9 | 3.4 | 7.8 |
| 4 | 40.1 | 12.6 | 7.2 | 3.9 | 4.9 | 3.4 | 8.0 |
| 北海道 | 4.7 | 0.8 | 0.3 | 0.2 | 0.4 | 0.4 | 2.6 |
| 都府県 | 35.4 | 11.8 | 6.9 | 3.7 | 4.5 | 3.0 | 5.5 |
| うち東北 | 6.6 | 2.0 | 0.7 | 0.5 | 0.9 | 0.7 | 1.7 |
| 北陸 | 4.0 | 0.8 | 0.4 | 0.4 | 0.6 | 0.6 | 1.2 |
| 関東・東山 | 6.3 | 2.5 | 1.6 | 0.6 | 0.6 | 0.3 | 0.7 |
| 東海 | 2.9 | 1.0 | 0.7 | 0.3 | 0.3 | 0.2 | 0.4 |
| 近畿 | 3.1 | 1.1 | 0.7 | 0.5 | 0.4 | 0.2 | 0.3 |
| 中国 | 3.1 | 1.0 | 0.6 | 0.4 | 0.5 | 0.3 | 0.4 |
| 四国 | 1.6 | 0.7 | 0.5 | 0.2 | 0.1 | 0.1 | 0.0 |
| 九州 | 7.3 | 2.6 | 1.6 | 0.7 | 0.9 | 0.6 | 0.8 |
| 沖縄 | 0.4 | 0.3 | 0.1 | 0.1 | 0.1 | 0.0 | 0.2 |

注：1)は、経営耕地面積なしを含む。

4 農産物販売金額規模別経営体数（各年2月1日現在）
(1) 農業経営体

単位：千経営体

| 年次・<br>全国農業地域 | 計 | 1)50万<br>円未満 | 50～100 | 100～500 | 500～<br>1,000 | 1,000～<br>3,000 | 3,000～<br>5,000 | 5,000～<br>1億 | 1億円<br>以上 |
|---|---|---|---|---|---|---|---|---|---|
| 令和3年 | 1,030.9 | 355.2 | 169.8 | 286.9 | 88.3 | 87.4 | 20.9 | 13.9 | 8.4 |
| 4 | 975.1 | 347.7 | 162.8 | 256.9 | 79.3 | 84.1 | 20.9 | 14.1 | 9.1 |
| 北海道 | 33.0 | 1.9 | 0.8 | 4.6 | 3.3 | 9.5 | 5.4 | 5.1 | 2.6 |
| 都府県 | 942.0 | 345.8 | 162.0 | 252.3 | 76.1 | 74.7 | 15.6 | 9.0 | 6.5 |
| うち東北 | 174.5 | 44.5 | 33.9 | 60.1 | 18.6 | 12.8 | 2.3 | 1.4 | 0.8 |
| 北陸 | 67.8 | 17.3 | 14.9 | 24.4 | 5.1 | 4.3 | 0.9 | 0.6 | 0.3 |
| 関東・東山 | 216.9 | 75.9 | 36.6 | 56.9 | 18.9 | 19.5 | 4.6 | 2.7 | 1.8 |
| 東海 | 83.9 | 38.6 | 12.3 | 16.4 | 5.6 | 7.2 | 2.0 | 0.9 | 0.8 |
| 近畿 | 93.4 | 47.1 | 14.6 | 20.5 | 5.3 | 4.6 | 0.7 | 0.4 | 0.2 |
| 中国 | 86.0 | 46.3 | 14.9 | 17.4 | 3.2 | 3.1 | 0.6 | 0.4 | 0.3 |
| 四国 | 60.1 | 25.8 | 9.1 | 15.5 | 4.5 | 3.9 | 0.7 | 0.3 | 0.2 |
| 九州 | 150.2 | 48.5 | 23.7 | 37.7 | 14.2 | 18.5 | 3.7 | 2.2 | 1.9 |
| 沖縄 | 9.0 | 2.1 | 2.0 | 3.2 | 0.8 | 0.7 | 0.0 | 0.2 | 0.0 |

注：1)は、販売なしを含む。

(2) 農業経営体のうち団体経営体

単位：千経営体

| 年次・<br>全国農業地域 | 計 | 1)50万<br>円未満 | 50～100 | 100～500 | 500～<br>1,000 | 1,000～<br>3,000 | 3,000～<br>5,000 | 5,000～<br>1億 | 1億円<br>以上 |
|---|---|---|---|---|---|---|---|---|---|
| 令和3年 | 39.5 | 6.8 | 1.3 | 4.2 | 3.6 | 8.1 | 4.4 | 4.9 | 6.1 |
| 4 | 40.1 | 6.7 | 1.3 | 4.3 | 3.7 | 8.3 | 4.4 | 4.9 | 6.4 |
| 北海道 | 4.7 | 0.7 | 0.1 | 0.2 | 0.2 | 0.7 | 0.7 | 0.9 | 1.3 |
| 都府県 | 35.4 | 6.0 | 1.2 | 4.1 | 3.5 | 7.6 | 3.8 | 4.0 | 5.1 |
| うち東北 | 6.6 | 1.4 | 0.2 | 0.7 | 0.6 | 1.5 | 0.7 | 0.7 | 0.7 |
| 北陸 | 4.0 | 0.5 | 0.1 | 0.4 | 0.3 | 1.3 | 0.6 | 0.4 | 0.3 |
| 関東・東山 | 6.3 | 0.9 | 0.2 | 0.7 | 0.6 | 1.1 | 0.7 | 0.8 | 1.2 |
| 東海 | 2.9 | 0.3 | 0.1 | 0.3 | 0.2 | 0.5 | 0.3 | 0.4 | 0.7 |
| 近畿 | 3.1 | 0.6 | 0.2 | 0.6 | 0.4 | 0.7 | 0.2 | 0.2 | 0.2 |
| 中国 | 3.1 | 0.6 | 0.1 | 0.4 | 0.5 | 0.8 | 0.2 | 0.3 | 0.3 |
| 四国 | 1.6 | 0.3 | 0.1 | 0.2 | 0.2 | 0.3 | 0.1 | 0.2 | 0.2 |
| 九州 | 7.3 | 1.3 | 0.2 | 0.7 | 0.7 | 1.4 | 0.8 | 0.9 | 1.4 |
| 沖縄 | 0.4 | 0.1 | 0.0 | 0.0 | 0.1 | 0.1 | 0.0 | 0.1 | 0.0 |

注：1)は、販売なしを含む。

## 5 農産物販売金額1位の部門別経営体数（各年2月1日現在）
### (1) 農業経営体

単位：千経営体

| 年次 | 計 | 稲作 | 1)畑作 | 露地野菜 | 施設野菜 |
|---|---|---|---|---|---|
| 平成30年 | 1,131.6 | 624.0 | 60.5 | 127.2 | 75.6 |
| 31 | 1,103.2 | 607.1 | 58.9 | 123.6 | 74.9 |
| 令和2 | 978.2 | 542.9 | 55.0 | 104.2 | 61.0 |
| 3 | 950.2 | 519 | 52.7 | 102.9 | 62.3 |
| 4 | 899.9 | 485.4 | 50.4 | 99.3 | 59.1 |

| 年次 | 果樹類 | 酪農 | 肉用牛 | 2)その他 |
|---|---|---|---|---|
| 平成30年 | 142.6 | 14.9 | 33.3 | 53.5 |
| 31 | 139.8 | 14.3 | 32.4 | 52.1 |
| 令和2 | 128.7 | 12.8 | 28.0 | 45.6 |
| 3 | 126.2 | 12.9 | 27.9 | 46 |
| 4 | 121.2 | 12.4 | 27.1 | 44.8 |

資料： 令和2年は農林水産省統計部「2020年農林業センサス」、
令和2年以外は農林水産省統計部「農業構造動態調査」（以下(2)まで同じ。）。
注： 1)は、「麦類作」、「雑穀・いも類・豆類」及び「工芸農作物」部門が1位の経営体の
合計である。
2)は、「花き・花木」、「その他の作物」、「養豚」、「養鶏」及び「その他の畜産」
部門が1位の経営体の合計である。

### (2) 農業経営体のうち団体経営体

単位：千経営体

| 年次 | 計 | 稲作 | 1)畑作 | 露地野菜 | 施設野菜 |
|---|---|---|---|---|---|
| 平成30年 | 28.4 | 12.0 | 3.3 | 2.0 | 2.1 |
| 31 | 29.2 | 12.7 | 3.3 | 2.0 | 2.3 |
| 令和2 | 32.9 | 12.1 | 3.8 | 2.8 | 2.4 |
| 3 | 34.1 | 12.6 | 3.9 | 2.8 | 2.6 |
| 4 | 34.8 | 12.5 | 4.2 | 2.9 | 2.6 |

| 年次 | 果樹類 | 酪農 | 肉用牛 | 2)その他 |
|---|---|---|---|---|
| 平成30年 | 1.3 | 0.8 | 1.1 | 5.8 |
| 31 | 1.3 | 0.8 | 1.0 | 5.7 |
| 令和2 | 1.7 | 1.7 | 1.8 | 6.5 |
| 3 | 1.7 | 1.8 | 1.8 | 6.8 |
| 4 | 1.7 | 1.8 | 2.0 | 7.0 |

注： 1)は、「麦類作」、「雑穀・いも類・豆類」及び「工芸農作物」部門が1位の経営体の合計である。
2)は、「花き・花木」、「その他の作物」、「養豚」、「養鶏」及び「その他の畜産」部門が1位
の経営体の合計である。

6 農業経営組織別経営体数（各年2月1日現在）
(1) 農業経営体

単位：千経営体

| 年次・全国農業地域 | 計 | 販売のあった経営体 | 1)単一経営経営体 | | | | |
|---|---|---|---|---|---|---|---|
| | | | 小計 | 稲作 | 2)畑作 | 露地野菜 | 施設野菜 |
| 令和3年 | 1,030.9 | 950.2 | 774.2 | 457.2 | 33.0 | 65.5 | 42.6 |
| 4 | 975.1 | 899.9 | 731.7 | 428.8 | 30.8 | 61.9 | 41.1 |
| 北海道 | 33.0 | 31.9 | 18.1 | 4.3 | 1.6 | 1.8 | 1.6 |
| 都府県 | 942.0 | 867.9 | 713.6 | 424.6 | 29.3 | 60.2 | 39.5 |
| うち東北 | 174.5 | 165.5 | 133.9 | 92.5 | 3.0 | 7.1 | 2.9 |
| 北陸 | 67.8 | 65.6 | 59.0 | 53.3 | 0.5 | 1.1 | 0.6 |
| 関東・東山 | 216.9 | 198.2 | 160.9 | 82.9 | 5.4 | 23.8 | 10.0 |
| 東海 | 83.9 | 73.5 | 62.4 | 31.1 | 4.4 | 6.2 | 5.2 |
| 近畿 | 93.4 | 84.7 | 70.1 | 46.8 | 1.6 | 5.2 | 1.8 |
| 中国 | 86.0 | 78.9 | 66.9 | 51.5 | 0.7 | 3.1 | 1.7 |
| 四国 | 60.1 | 54.9 | 44.3 | 21.9 | 0.9 | 4.3 | 4.1 |
| 九州 | 150.2 | 137.8 | 108.2 | 44.7 | 8.9 | 8.8 | 12.6 |
| 沖縄 | 9.0 | 8.9 | 7.8 | 0.0 | 4.0 | 0.6 | 0.6 |

| 年次・全国農業地域 | 1)単一経営経営体（続き） | | | | 4)複合経営経営体 | 販売のなかった経営体 |
|---|---|---|---|---|---|---|
| | 果樹類 | 酪農 | 肉用牛 | 3)その他 | | |
| 令和3年 | 106.3 | 11.5 | 22.0 | 35.8 | 176.0 | 80.7 |
| 4 | 102.3 | 10.9 | 21.1 | 34.8 | 168.2 | 75.1 |
| 北海道 | 0.7 | 5.0 | 1.1 | 2.2 | 13.8 | 1.1 |
| 都府県 | 101.6 | 5.9 | 20.0 | 32.6 | 154.4 | 74.0 |
| うち東北 | 19.1 | 1.4 | 4.2 | 3.8 | 31.6 | 9.0 |
| 北陸 | 2.2 | 0.1 | 0.1 | 1.2 | 6.6 | 2.2 |
| 関東・東山 | 26.3 | 2.0 | 1.3 | 9.2 | 37.3 | 18.6 |
| 東海 | 8.9 | 0.4 | 0.7 | 5.5 | 11.1 | 10.4 |
| 近畿 | 12.0 | 0.2 | 0.9 | 1.7 | 14.6 | 8.7 |
| 中国 | 7.0 | 0.4 | 1.1 | 1.4 | 12.0 | 7.3 |
| 四国 | 10.8 | 0.2 | 0.2 | 1.9 | 10.6 | 5.2 |
| 九州 | 14.7 | 1.1 | 10.4 | 7.1 | 29.6 | 12.4 |
| 沖縄 | 0.8 | 0.0 | 1.0 | 0.9 | 1.1 | 0.1 |

資料：農林水産省統計部「農業構造動態調査」（以下(2)まで同じ。）
注： 1)は、農産物販売金額のうち、主位部門の販売金額が8割以上の経営体をいう。
　　 2)は、「麦類作」、「雑穀・いも類・豆類」及び「工芸農作物」部門の単一経営経営体の合計である。
　　 3)は、「花き・花木」、「その他の作物」、「養豚」、「養鶏」及び「その他の畜産」部門の単一経営経営体の合計である。
　　 4)は、農産物販売金額のうち、主位部門の販売金額が8割未満の経営体をいう。

## (2)　農業経営体のうち団体経営体

単位：千経営体

| 年次・全国農業地域 | 計 | 販売のあった経営体 | 1)単一経営経営体 | | | | |
|---|---|---|---|---|---|---|---|
| | | | 小計 | 稲作 | 2)畑作 | 露地野菜 | 施設野菜 |
| 令和3年 | 39.5 | 34.1 | 26.4 | 8.9 | 2.5 | 1.8 | 1.9 |
| 4 | 40.1 | 34.8 | 26.3 | 8.7 | 2.6 | 1.8 | 1.9 |
| 北海道 | 4.7 | 4.1 | 2.5 | 0.2 | 0.2 | 0.2 | 0.1 |
| 都府県 | 35.4 | 30.7 | 23.8 | 8.5 | 2.5 | 1.7 | 1.8 |
| うち東北 | 6.6 | 5.4 | 4.2 | 1.7 | 0.5 | 0.2 | 0.2 |
| 北陸 | 4.0 | 3.6 | 2.9 | 2.3 | 0.2 | 0.1 | 0.1 |
| 関東・東山 | 6.3 | 5.6 | 4.4 | 0.8 | 0.4 | 0.5 | 0.4 |
| 東海 | 2.9 | 2.7 | 2.3 | 0.6 | 0.3 | 0.1 | 0.3 |
| 近畿 | 3.1 | 2.8 | 2.0 | 1.0 | 0.3 | 0.2 | 0.1 |
| 中国 | 3.1 | 2.7 | 2.1 | 1.1 | 0.1 | 0.1 | 0.1 |
| 四国 | 1.6 | 1.4 | 1.1 | 0.2 | 0.1 | 0.2 | 0.1 |
| 九州 | 7.3 | 6.1 | 4.4 | 0.8 | 0.6 | 0.3 | 0.5 |
| 沖縄 | 0.4 | 0.4 | 0.3 | 0.0 | 0.1 | 0.0 | 0.0 |

| 年次・全国農業地域 | 1)単一経営経営体（続き） | | | | 4)複合経営経営体 | 販売のなかった経営体 |
|---|---|---|---|---|---|---|
| | 果樹類 | 酪農 | 肉用牛 | 3)その他 | | |
| 令和3年 | 1.5 | 1.6 | 1.7 | 6.4 | 7.7 | 5.4 |
| 4 | 1.5 | 1.6 | 1.8 | 6.4 | 8.5 | 5.2 |
| 北海道 | 0.1 | 0.8 | 0.3 | 0.7 | 1.6 | 0.6 |
| 都府県 | 1.4 | 0.8 | 1.5 | 5.7 | 6.9 | 4.6 |
| うち東北 | 0.2 | 0.1 | 0.2 | 1.0 | 1.2 | 1.2 |
| 北陸 | 0.1 | 0.0 | 0.0 | 0.3 | 0.7 | 0.4 |
| 関東・東山 | 0.3 | 0.2 | 0.2 | 1.6 | 1.2 | 0.6 |
| 東海 | 0.1 | 0.1 | 0.2 | 0.6 | 0.4 | 0.2 |
| 近畿 | 0.2 | 0.0 | 0.1 | 0.2 | 0.8 | 0.3 |
| 中国 | 0.2 | 0.1 | 0.1 | 0.3 | 0.6 | 0.5 |
| 四国 | 0.2 | 0.0 | 0.0 | 0.3 | 0.3 | 0.2 |
| 九州 | 0.2 | 0.2 | 0.5 | 1.3 | 1.7 | 1.2 |
| 沖縄 | 0.1 | 0.0 | 0.0 | 0.1 | 0.1 | 0.0 |

注：　1)は、農産物販売金額のうち、主位部門の販売金額が8割以上の経営体をいう。
　　　2)は、「麦類作」、「雑穀・いも類・豆類」及び「工芸農作物」部門の単一経営経営体の合計である。
　　　3)は、「花き・花木」、「その他の作物」、「養豚」、「養鶏」及び「その他の畜産」部門の単一経営経営体の合計である。
　　　4)は、農産物販売金額のうち、主位部門の販売金額が8割未満の経営体をいう。

7 農産物の出荷先別経営体数（各年2月1日現在）
(1) 農業経営体

単位：経営体

| 年次・全国農業地域 | 販売のあった実経営体数 | 農協 | 農協以外の集出荷団体 | 卸売市場 | 小売業者 | 食品製造業・外食産業 | 消費者に直接販売 | その他 |
|---|---|---|---|---|---|---|---|---|
| 平成27年 | 1,245,232 | 910,722 | 157,888 | 137,090 | 104,684 | 34,944 | 236,655 | 96,812 |
| 令和2 | 978,210 | 704,393 | 143,875 | 111,845 | 96,161 | 40,242 | 207,600 | 76,646 |
| 北海道 | 33,541 | 29,034 | 6,004 | 3,112 | 3,306 | 1,905 | 4,547 | 2,205 |
| 都府県 | 944,669 | 675,359 | 137,871 | 108,733 | 92,855 | 38,337 | 203,053 | 74,441 |
| 東北 | 182,282 | 147,227 | 30,996 | 21,116 | 12,886 | 4,453 | 27,409 | 9,495 |
| 北陸 | 72,580 | 63,347 | 8,882 | 2,901 | 4,411 | 1,974 | 12,462 | 5,367 |
| 関東・東山 | 212,275 | 135,749 | 33,298 | 26,929 | 29,367 | 7,325 | 53,618 | 17,286 |
| 東海 | 80,238 | 51,594 | 10,328 | 11,056 | 8,159 | 3,106 | 22,770 | 8,303 |
| 近畿 | 90,379 | 62,589 | 10,723 | 8,852 | 10,557 | 4,215 | 26,105 | 10,216 |
| 中国 | 86,412 | 64,699 | 11,200 | 5,539 | 7,868 | 2,799 | 19,831 | 8,038 |
| 四国 | 59,001 | 43,621 | 6,228 | 7,416 | 4,661 | 1,500 | 12,870 | 4,491 |
| 九州 | 150,604 | 101,770 | 23,607 | 24,398 | 14,308 | 9,082 | 27,246 | 10,836 |
| 沖縄 | 10,898 | 4,763 | 2,609 | 526 | 638 | 3,883 | 742 | 409 |

資料：農林水産省統計部「農林業センサス」 （以下13(2)まで同じ。）

(2) 農業経営体のうち団体経営体

単位：経営体

| 年次・全国農業地域 | 販売のあった実経営体数 | 農協 | 農協以外の集出荷団体 | 卸売市場 | 小売業者 | 食品製造業・外食産業 | 消費者に直接販売 | その他 |
|---|---|---|---|---|---|---|---|---|
| 平成27年 | 28,833 | 17,687 | 5,196 | 5,393 | 6,025 | 4,271 | 8,499 | 3,676 |
| 令和2 | 32,863 | 20,515 | 7,239 | 6,142 | 7,576 | 5,983 | 10,771 | 4,267 |
| 北海道 | 3,738 | 2,649 | 930 | 467 | 615 | 520 | 731 | 600 |
| 都府県 | 29,125 | 17,866 | 6,309 | 5,675 | 6,961 | 5,463 | 10,040 | 3,667 |
| 東北 | 5,008 | 3,409 | 1,148 | 799 | 935 | 802 | 1,430 | 535 |
| 北陸 | 3,412 | 2,866 | 775 | 414 | 698 | 515 | 1,236 | 413 |
| 関東・東山 | 5,305 | 2,600 | 1,180 | 1,328 | 1,533 | 1,088 | 1,945 | 722 |
| 東海 | 2,617 | 1,404 | 468 | 589 | 786 | 536 | 1,056 | 385 |
| 近畿 | 2,625 | 1,664 | 520 | 407 | 693 | 518 | 1,249 | 366 |
| 中国 | 2,620 | 1,783 | 590 | 425 | 664 | 554 | 1,087 | 404 |
| 四国 | 1,349 | 748 | 227 | 349 | 363 | 251 | 494 | 161 |
| 九州 | 5,794 | 3,240 | 1,324 | 1,299 | 1,190 | 1,083 | 1,415 | 629 |
| 沖縄 | 395 | 152 | 77 | 65 | 99 | 116 | 128 | 52 |

8　農産物売上1位の出荷先別経営体数（各年2月1日現在）
(1)　農業経営体

単位：経営体

| 年次・全国農業地域 | 計 | 農協 | 農協以外の集出荷団体 | 卸売市場 | 小売業者 | 食品製造業・外食産業 | 消費者に直接販売 | その他 |
|---|---|---|---|---|---|---|---|---|
| 平成27年 | 1,245,232 | 824,001 | 108,287 | 78,642 | 59,184 | 18,494 | 109,555 | 47,069 |
| 令和2 | 978,210 | 628,783 | 94,861 | 62,175 | 51,405 | 15,610 | 87,718 | 37,658 |
| 北海道 | 33,541 | 26,881 | 2,040 | 1,229 | 889 | 258 | 1,089 | 1,155 |
| 都府県 | 944,669 | 601,902 | 92,821 | 60,946 | 50,516 | 15,352 | 86,629 | 36,503 |
| 東北 | 182,282 | 133,293 | 19,701 | 10,420 | 6,034 | 1,394 | 7,826 | 3,614 |
| 北陸 | 72,580 | 58,992 | 5,392 | 1,076 | 1,797 | 400 | 3,524 | 1,399 |
| 関東・東山 | 212,275 | 119,660 | 23,264 | 16,185 | 17,778 | 2,049 | 24,567 | 8,772 |
| 東海 | 80,238 | 45,417 | 7,384 | 6,255 | 4,066 | 1,033 | 11,170 | 4,913 |
| 近畿 | 90,379 | 54,122 | 6,589 | 5,074 | 5,515 | 1,453 | 12,316 | 5,310 |
| 中国 | 86,412 | 58,251 | 7,728 | 2,808 | 4,584 | 737 | 8,700 | 3,604 |
| 四国 | 59,001 | 39,514 | 4,048 | 3,900 | 2,477 | 587 | 6,030 | 2,445 |
| 九州 | 150,604 | 88,560 | 16,529 | 14,869 | 7,934 | 4,329 | 12,164 | 6,219 |
| 沖縄 | 10,898 | 4,093 | 2,186 | 359 | 331 | 3,370 | 332 | 227 |

(2)　農業経営体のうち団体経営体

単位：経営体

| 年次・全国農業地域 | 計 | 農協 | 農協以外の集出荷団体 | 卸売市場 | 小売業者 | 食品製造業・外食産業 | 消費者に直接販売 | その他 |
|---|---|---|---|---|---|---|---|---|
| 平成27年 | 28,833 | 14,642 | 2,870 | 2,768 | 2,385 | 1,621 | 2,732 | 1,815 |
| 令和2 | 32,863 | 16,371 | 3,868 | 2,901 | 2,905 | 1,877 | 2,935 | 2,006 |
| 北海道 | 3,738 | 2,248 | 410 | 190 | 209 | 124 | 159 | 398 |
| 都府県 | 29,125 | 14,123 | 3,458 | 2,711 | 2,696 | 1,753 | 2,776 | 1,608 |
| 東北 | 5,008 | 2,859 | 597 | 366 | 348 | 259 | 331 | 248 |
| 北陸 | 3,412 | 2,353 | 328 | 138 | 227 | 90 | 198 | 78 |
| 関東・東山 | 5,305 | 1,918 | 701 | 640 | 641 | 365 | 653 | 387 |
| 東海 | 2,617 | 1,042 | 271 | 295 | 312 | 161 | 351 | 185 |
| 近畿 | 2,625 | 1,284 | 240 | 162 | 238 | 158 | 401 | 142 |
| 中国 | 2,620 | 1,354 | 270 | 176 | 261 | 150 | 275 | 134 |
| 四国 | 1,349 | 589 | 130 | 187 | 145 | 88 | 129 | 81 |
| 九州 | 5,794 | 2,622 | 863 | 713 | 484 | 408 | 376 | 328 |
| 沖縄 | 395 | 102 | 58 | 34 | 40 | 74 | 62 | 25 |

9　販売目的の作物の類別作付（栽培）経営体数と作付（栽培）面積
（各年2月1日現在）
(1)　農業経営体

| 年次・全国農業地域 | 稲 | | 麦類 | | 雑穀 | | いも類 | |
|---|---|---|---|---|---|---|---|---|
| | 経営体数 | 面積 | 経営体数 | 面積 | 経営体数 | 面積 | 経営体数 | 面積 |
| | 経営体 | ha | 経営体 | ha | 経営体 | ha | 経営体 | ha |
| 平成27年 | 952,684 | 1,313,713 | 49,229 | 263,073 | 36,814 | 58,170 | 86,885 | 86,122 |
| 令和2 | 714,341 | 1,288,213 | 40,422 | 269,638 | 24,413 | 61,367 | 54,529 | 79,876 |
| 北海道 | 10,844 | 103,244 | 12,297 | 121,063 | 3,077 | 24,989 | 7,512 | 48,941 |
| 都府県 | 703,497 | 1,184,969 | 28,125 | 148,574 | 21,336 | 36,379 | 47,017 | 30,934 |
| 東北 | 150,434 | 371,953 | 1,780 | 7,943 | 9,240 | 16,133 | 5,749 | 948 |
| 北陸 | 68,094 | 196,203 | 1,991 | 9,631 | 2,120 | 4,977 | 2,118 | 361 |
| 関東・東山 | 143,969 | 217,786 | 8,901 | 36,961 | 5,113 | 9,873 | 14,673 | 8,981 |
| 東海 | 53,275 | 69,973 | 2,944 | 16,040 | 564 | 598 | 3,806 | 617 |
| 近畿 | 72,871 | 80,268 | 2,533 | 10,295 | 670 | 888 | 2,896 | 209 |
| 中国 | 73,178 | 83,010 | 1,410 | 6,541 | 1,891 | 1,611 | 3,121 | 400 |
| 四国 | 39,688 | 33,058 | 1,164 | 5,277 | 255 | 100 | 2,263 | 1,076 |
| 九州 | 101,785 | 132,369 | 7,392 | 55,871 | 1,438 | 2,125 | 12,138 | 18,209 |
| 沖縄 | 203 | 348 | 10 | 15 | 45 | 74 | 253 | 132 |

| 年次・全国農業地域 | 豆類 | | 工芸農作物 | | 野菜類 | |
|---|---|---|---|---|---|---|
| | 経営体数 | 面積 | 経営体数 | 面積 | 経営体数 | 面積 |
| | 経営体 | ha | 経営体 | ha | 経営体 | ha |
| 平成27年 | 96,447 | 160,010 | 56,994 | 126,683 | 381,982 | 272,470 |
| 令和2 | 67,388 | 165,392 | 51,175 | 120,425 | 282,543 | 264,734 |
| 北海道 | 10,411 | 67,392 | 7,518 | 60,481 | 14,447 | 52,189 |
| 都府県 | 56,977 | 98,000 | 43,657 | 59,944 | 268,096 | 212,545 |
| 東北 | 13,459 | 33,460 | 4,646 | 3,418 | 44,307 | 30,604 |
| 北陸 | 4,459 | 11,634 | 939 | 599 | 10,930 | 7,232 |
| 関東・東山 | 10,345 | 9,151 | 5,177 | 5,565 | 75,591 | 79,719 |
| 東海 | 3,464 | 10,355 | 8,520 | 11,580 | 25,770 | 16,817 |
| 近畿 | 9,464 | 9,316 | 2,528 | 2,326 | 22,869 | 11,641 |
| 中国 | 7,037 | 3,590 | 1,924 | 797 | 17,473 | 8,089 |
| 四国 | 1,282 | 531 | 1,771 | 941 | 20,128 | 11,508 |
| 九州 | 7,393 | 19,946 | 11,624 | 23,498 | 48,525 | 45,393 |
| 沖縄 | 74 | 18 | 6,528 | 11,220 | 2,503 | 1,543 |

| 年次・全国農業地域 | 花き類・花木 | | 果樹類 | | その他の作物 | |
|---|---|---|---|---|---|---|
| | 経営体数 | 面積 | 経営体数 | 面積 | 経営体数 | 面積 |
| | 経営体 | ha | 経営体 | ha | 経営体 | ha |
| 平成27年 | 54,830 | 27,504 | 221,924 | 145,418 | 47,593 | 88,045 |
| 令和2 | 42,784 | 23,528 | 172,528 | 126,819 | 63,131 | 162,443 |
| 北海道 | 1,263 | 978 | 1,118 | 2,112 | 3,537 | 51,144 |
| 都府県 | 41,521 | 22,550 | 171,410 | 124,708 | 59,594 | 111,299 |
| 東北 | 5,861 | 2,460 | 33,351 | 29,223 | 14,946 | 35,682 |
| 北陸 | 1,909 | 809 | 4,675 | 2,590 | 3,486 | 7,286 |
| 関東・東山 | 10,999 | 7,937 | 42,757 | 25,875 | 15,023 | 27,107 |
| 東海 | 6,288 | 3,034 | 15,752 | 9,293 | 3,433 | 6,828 |
| 近畿 | 3,673 | 1,330 | 17,902 | 15,763 | 3,201 | 3,405 |
| 中国 | 3,094 | 910 | 13,088 | 5,747 | 4,379 | 7,057 |
| 四国 | 2,496 | 904 | 17,981 | 13,585 | 1,905 | 2,081 |
| 九州 | 6,336 | 4,189 | 24,353 | 21,547 | 13,064 | 21,462 |
| 沖縄 | 845 | 976 | 1,551 | 1,085 | 157 | 390 |

## (2)　農業経営体のうち団体経営体

| 年次・<br>全国<br>農業地域 | 稲 | | 麦類 | | 雑穀 | | いも類 | |
|---|---|---|---|---|---|---|---|---|
| | 経営体数 | 面積 | 経営体数 | 面積 | 経営体数 | 面積 | 経営体数 | 面積 |
| | 経営体 | ha | 経営体 | ha | 経営体 | ha | 経営体 | ha |
| 平成27年 | 13,126 | 196,753 | 5,829 | 91,452 | 2,551 | 18,672 | 2,212 | 9,883 |
| 令和2 | 15,254 | 250,185 | 6,351 | 102,231 | 2,716 | 25,297 | 2,181 | 12,349 |
| 北海道 | 729 | 14,701 | 1,201 | 21,589 | 344 | 7,791 | 679 | 7,518 |
| 都府県 | 14,525 | 235,484 | 5,150 | 80,641 | 2,372 | 17,506 | 1,502 | 4,831 |
| 東北 | 2,748 | 63,903 | 363 | 5,638 | 684 | 7,400 | 109 | 336 |
| 北陸 | 2,723 | 60,443 | 848 | 7,340 | 558 | 3,219 | 117 | 88 |
| 関東・東山 | 1,740 | 23,231 | 805 | 13,615 | 433 | 4,170 | 320 | 994 |
| 東海 | 1,038 | 17,999 | 481 | 9,147 | 87 | 414 | 126 | 154 |
| 近畿 | 1,645 | 16,358 | 745 | 7,014 | 156 | 627 | 142 | 35 |
| 中国 | 1,600 | 19,605 | 395 | 4,126 | 264 | 824 | 129 | 56 |
| 四国 | 493 | 2,981 | 210 | 2,417 | 21 | 26 | 76 | 104 |
| 九州 | 2,530 | 30,931 | 1,301 | 31,334 | 168 | 824 | 473 | 3,059 |
| 沖縄 | 8 | 32 | 2 | 10 | 1 | 0 | 10 | 5 |

| 年次・<br>全国<br>農業地域 | 豆類 | | 工芸農作物 | | 野菜類 | |
|---|---|---|---|---|---|---|
| | 経営体数 | 面積 | 経営体数 | 面積 | 経営体数 | 面積 |
| | 経営体 | ha | 経営体 | ha | 経営体 | ha |
| 平成27年 | 6,455 | 62,205 | 1,666 | 14,758 | 8,738 | 32,224 |
| 令和2 | 6,693 | 69,484 | 2,464 | 19,208 | 10,429 | 44,800 |
| 北海道 | 994 | 11,003 | 714 | 9,871 | 1,166 | 11,252 |
| 都府県 | 5,699 | 58,480 | 1,750 | 9,337 | 9,263 | 33,548 |
| 東北 | 1,368 | 20,980 | 176 | 503 | 1,443 | 5,724 |
| 北陸 | 919 | 7,975 | 101 | 127 | 1,033 | 1,829 |
| 関東・東山 | 507 | 3,452 | 160 | 357 | 1,819 | 8,193 |
| 東海 | 355 | 5,641 | 263 | 1,552 | 880 | 2,152 |
| 近畿 | 852 | 5,219 | 156 | 593 | 862 | 1,409 |
| 中国 | 502 | 1,936 | 145 | 272 | 922 | 1,936 |
| 四国 | 56 | 288 | 79 | 206 | 530 | 2,101 |
| 九州 | 1,138 | 12,987 | 549 | 5,120 | 1,670 | 10,042 |
| 沖縄 | 2 | 0 | 121 | 607 | 104 | 163 |

| 年次・<br>全国<br>農業地域 | 花き類・花木 | | 果樹類 | | その他の作物 | |
|---|---|---|---|---|---|---|
| | 経営体数 | 面積 | 経営体数 | 面積 | 経営体数 | 面積 |
| | 経営体 | ha | 経営体 | ha | 経営体 | ha |
| 平成27年 | 2,260 | 4,180 | 2,578 | 6,267 | 3,082 | 31,377 |
| 令和2 | 2,331 | 5,153 | 2,864 | 7,650 | 5,606 | 62,002 |
| 北海道 | 146 | 266 | 137 | 578 | 453 | 23,803 |
| 都府県 | 2,185 | 4,886 | 2,727 | 7,072 | 5,153 | 38,200 |
| 東北 | 297 | 419 | 414 | 1,250 | 1,185 | 13,688 |
| 北陸 | 185 | 122 | 205 | 282 | 648 | 3,185 |
| 関東・東山 | 631 | 2,268 | 576 | 1,632 | 780 | 6,226 |
| 東海 | 297 | 403 | 210 | 651 | 443 | 3,484 |
| 近畿 | 144 | 125 | 250 | 589 | 387 | 1,474 |
| 中国 | 145 | 175 | 280 | 589 | 673 | 3,429 |
| 四国 | 113 | 152 | 275 | 775 | 141 | 571 |
| 九州 | 342 | 989 | 416 | 1,106 | 883 | 6,093 |
| 沖縄 | 31 | 233 | 101 | 198 | 13 | 49 |

10　販売目的の家畜等を飼養している経営体数と飼養頭羽数（各年2月1日現在）
(1)　農業経営体

| 年次・全国農業地域 | 乳用牛 | | 肉用牛 | | 豚 | | 採卵鶏 | | ブロイラー | |
|---|---|---|---|---|---|---|---|---|---|---|
| | 経営体数 | 飼養頭数 | 経営体数 | 飼養頭数 | 経営体数 | 飼養頭数 | 経営体数 | 飼養羽数 | 経営体数 | 出荷羽数 |
| | 経営体 | 頭 | 経営体 | 頭 | 経営体 | 頭 | 経営体 | 100羽 | 経営体 | 100羽 |
| 平成27年 | 18,186 | 1,403,278 | 50,974 | 2,288,824 | 3,673 | 7,881,616 | 4,181 | 1,514,816 | 1,808 | 6,085,260 |
| 令和2 | 13,792 | 1,321,553 | 40,078 | 2,258,314 | 2,729 | 7,657,553 | 3,010 | 1,741,645 | 1,600 | 5,561,601 |
| 北海道 | 5,543 | 810,699 | 3,072 | 515,774 | 171 | 584,721 | 133 | 71,458 | 13 | 398,370 |
| 都府県 | 8,249 | 510,854 | 37,006 | 1,742,540 | 2,558 | 7,072,832 | 2,877 | 1,670,187 | 1,587 | 5,163,231 |
| 東北 | 2,149 | 97,451 | 10,396 | 307,328 | 408 | 1,335,772 | 370 | 219,659 | 356 | 1,326,564 |
| 北陸 | 258 | 11,490 | 394 | 17,711 | 106 | 248,395 | 122 | 169,734 | 16 | 58,780 |
| 関東・東山 | 2,478 | 162,899 | 3,110 | 242,178 | 807 | 2,141,945 | 736 | 462,329 | 116 | 186,845 |
| 東海 | 547 | 52,054 | 1,107 | 113,388 | 229 | 409,581 | 337 | 202,208 | 66 | 193,374 |
| 近畿 | 388 | 22,781 | 1,289 | 86,320 | 36 | 34,488 | 241 | 95,944 | 75 | 168,404 |
| 中国 | 584 | 44,853 | 2,201 | 107,647 | 57 | 200,530 | 241 | 179,977 | 54 | 328,420 |
| 四国 | 255 | 15,695 | 528 | 47,316 | 95 | 310,770 | 214 | 76,280 | 130 | 375,372 |
| 九州 | 1,513 | 100,295 | 16,504 | 773,195 | 730 | 2,269,068 | 579 | 253,939 | 766 | 2,494,977 |
| 沖縄 | 77 | 3,336 | 1,477 | 47,457 | 90 | 122,283 | 37 | 10,118 | 8 | 30,495 |

(2)　農業経営体のうち団体経営体

| 年次・全国農業地域 | 乳用牛 | | 肉用牛 | | 豚 | | 採卵鶏 | | ブロイラー | |
|---|---|---|---|---|---|---|---|---|---|---|
| | 経営体数 | 飼養頭数 | 経営体数 | 飼養頭数 | 経営体数 | 飼養頭数 | 経営体数 | 飼養羽数 | 経営体数 | 出荷羽数 |
| | 経営体 | 頭 | 経営体 | 頭 | 経営体 | 頭 | 経営体 | 100羽 | 経営体 | 100羽 |
| 平成27年 | 1,455 | 353,449 | 2,191 | 955,555 | 1,378 | 6,344,889 | 1,093 | 1,367,073 | 429 | 4,150,278 |
| 令和2 | 1,843 | 505,558 | 2,816 | 1,160,190 | 1,385 | 6,736,712 | 1,065 | 1,646,968 | 498 | 3,964,553 |
| 北海道 | 857 | 310,129 | 624 | 370,310 | 121 | 562,380 | 50 | 70,242 | 9 | 382,900 |
| 都府県 | 986 | 195,429 | 2,192 | 789,880 | 1,264 | 6,174,332 | 1,015 | 1,576,726 | 489 | 3,581,653 |
| 東北 | 151 | 28,682 | 349 | 112,711 | 222 | 1,240,689 | 105 | 212,587 | 120 | 947,180 |
| 北陸 | 38 | 3,435 | 63 | 7,217 | 60 | 217,234 | 64 | 169,024 | 10 | 55,603 |
| 関東・東山 | 271 | 55,028 | 372 | 133,212 | 373 | 1,788,662 | 272 | 445,974 | 33 | 116,652 |
| 東海 | 82 | 24,962 | 228 | 65,342 | 110 | 325,950 | 110 | 179,172 | 29 | 170,897 |
| 近畿 | 57 | 8,535 | 121 | 51,915 | 17 | 27,143 | 81 | 90,392 | 17 | 140,307 |
| 中国 | 94 | 23,203 | 205 | 70,192 | 33 | 191,816 | 101 | 177,291 | 26 | 295,391 |
| 四国 | 34 | 7,527 | 66 | 23,894 | 60 | 290,035 | 62 | 69,268 | 27 | 311,853 |
| 九州 | 252 | 43,161 | 718 | 312,608 | 361 | 2,003,546 | 201 | 224,773 | 224 | 1,516,864 |
| 沖縄 | 7 | 896 | 70 | 12,789 | 28 | 89,257 | 19 | 8,245 | 3 | 26,905 |

11 施設園芸に利用したハウス・ガラス室のある経営体数と
施設面積（各年2月1日現在）
(1) 農業経営体

| 年次・<br>全国<br>農業地域 | ハウス・ガラス室 | |
|---|---|---|
| | 経営体数 | 面積 |
| | 経営体 | a |
| 平成27年 | 174,729 | 3,825,443 |
| 令和2 | 139,540 | 3,279,578 |
| 北海道 | 8,222 | 263,250 |
| 都府県 | 131,318 | 3,016,328 |
| 東北 | 21,802 | 302,430 |
| 北陸 | 5,044 | 70,429 |
| 関東・東山 | 33,740 | 802,802 |
| 東海 | 13,239 | 332,963 |
| 近畿 | 8,711 | 151,760 |
| 中国 | 9,128 | 149,860 |
| 四国 | 9,425 | 204,858 |
| 九州 | 28,239 | 943,347 |
| 沖縄 | 1,990 | 57,879 |

(2) 農業経営体のうち団体経営体

| 年次・<br>全国<br>農業地域 | ハウス・ガラス室 | |
|---|---|---|
| | 経営体数 | 面積 |
| | 経営体 | a |
| 平成27年 | 6,534 | 350,293 |
| 令和2 | 7,900 | 416,242 |
| 北海道 | 749 | 33,043 |
| 都府県 | 7,151 | 383,199 |
| 東北 | 1,070 | 45,711 |
| 北陸 | 680 | 19,978 |
| 関東・東山 | 1,589 | 95,342 |
| 東海 | 751 | 42,136 |
| 近畿 | 543 | 17,354 |
| 中国 | 649 | 27,554 |
| 四国 | 423 | 22,381 |
| 九州 | 1,302 | 104,087 |
| 沖縄 | 144 | 8,655 |

12　農作業の受託料金収入規模別経営体数（各年2月1日現在）
(1)　農業経営体

単位：経営体

| 区分 | 計 | 1) 50万円未満 | 50～100 | 100～300 | 300～500 | 500～1,000 | 1,000～3,000 | 3,000万円以上 |
|---|---|---|---|---|---|---|---|---|
| 平成27年 | 1,377,266 | 1,337,939 | 14,917 | 13,731 | 3,555 | 3,235 | 2,496 | 1,393 |
| 令和2 | 1,075,705 | 1,040,422 | 14,037 | 12,060 | 3,485 | 2,587 | 1,913 | 1,201 |
| 北海道 | 34,913 | 32,756 | 590 | 632 | 219 | 203 | 221 | 292 |
| 都府県 | 1,040,792 | 1,007,666 | 13,447 | 11,428 | 3,266 | 2,384 | 1,692 | 909 |

注：経営を受託したものは耕地の借入れとなり農作業の受託に含まない（以下13まで同じ。）。
　　1)は、収入なしの経営体を含む。

(2)　農業経営体のうち団体経営体

単位：経営体

| 区分 | 計 | 1) 50万円未満 | 50～100 | 100～300 | 300～500 | 500～1,000 | 1,000～3,000 | 3,000万円以上 |
|---|---|---|---|---|---|---|---|---|
| 平成27年 | 37,302 | 25,590 | 1,858 | 3,356 | 1,467 | 1,829 | 1,912 | 1,290 |
| 令和2 | 38,363 | 28,111 | 1,908 | 2,956 | 1,376 | 1,467 | 1,430 | 1,115 |
| 北海道 | 4,347 | 3,420 | 108 | 173 | 97 | 115 | 165 | 269 |
| 都府県 | 34,016 | 24,691 | 1,800 | 2,783 | 1,279 | 1,352 | 1,265 | 846 |

注：1)は、収入なしの経営体を含む。

13 農作業を受託した経営体の事業部門別経営体数（各年2月1日現在）
(1) 農業経営体

単位：経営体

| 年次・全国農業地域 | 実経営体数 | 耕種部門の作業を受託した経営体数 | | | | |
|---|---|---|---|---|---|---|
| | | 実経営体数 | 水稲作 | 麦作 | 大豆作 | 野菜作 |
| 平成27年 | 110,969 | 109,546 | 98,287 | 3,979 | 4,056 | 1,842 |
| **令和2** | **90,686** | **89,487** | **80,838** | **3,367** | **3,467** | **1,993** |
| 北海道 | 3,581 | 3,093 | 1,071 | 1,025 | 705 | 221 |
| 都府県 | 87,105 | 86,394 | 79,767 | 2,342 | 2,762 | 1,772 |
| 東北 | 24,138 | 23,962 | 22,477 | 213 | 892 | 293 |
| 北陸 | 10,268 | 10,250 | 9,952 | 197 | 352 | 106 |
| 関東・東山 | 15,233 | 15,122 | 13,796 | 592 | 214 | 419 |
| 東海 | 6,251 | 6,208 | 5,596 | 260 | 175 | 142 |
| 近畿 | 7,707 | 7,686 | 7,152 | 280 | 341 | 176 |
| 中国 | 8,209 | 8,172 | 7,779 | 119 | 125 | 122 |
| 四国 | 2,993 | 2,968 | 2,668 | 67 | 19 | 148 |
| 九州 | 12,016 | 11,758 | 10,334 | 614 | 644 | 356 |
| 沖縄 | 290 | 268 | 13 | － | － | 10 |

| 年次・全国農業地域 | 耕種部門の作業を受託した経営体数（続き） | | | | 畜産部門の作業を受託した経営体数 | 酪農ヘルパー |
|---|---|---|---|---|---|---|
| | 果樹作 | 飼料用作物作 | 工芸農作物作 | その他の作物作 | | |
| 平成27年 | 2,377 | 2,405 | 1,376 | 3,983 | 1,822 | 377 |
| **令和2** | **1,986** | **2,084** | **1,131** | **2,289** | **1,574** | **265** |
| 北海道 | 19 | 527 | 133 | 497 | 579 | 123 |
| 都府県 | 1,967 | 1,557 | 998 | 1,792 | 995 | 142 |
| 東北 | 518 | 610 | 42 | 416 | 274 | 44 |
| 北陸 | 84 | 32 | 8 | 130 | 22 | 8 |
| 関東・東山 | 525 | 167 | 44 | 415 | 146 | 37 |
| 東海 | 149 | 45 | 103 | 240 | 45 | 10 |
| 近畿 | 211 | 35 | 66 | 127 | 25 | 3 |
| 中国 | 137 | 110 | 14 | 173 | 52 | 5 |
| 四国 | 157 | 23 | 17 | 39 | 31 | 6 |
| 九州 | 175 | 531 | 475 | 240 | 373 | 27 |
| 沖縄 | 11 | 4 | 229 | 12 | 27 | 2 |

13 農作業を受託した経営体の事業部門別経営体数（各年2月1日現在）（続き）
(2) 農業経営体のうち団体経営体

単位：経営体

| 年次・全国農業地域 | 実経営体数 | 耕種部門の作業を受託した経営体数 | | | | |
|---|---|---|---|---|---|---|
| | | 実経営体数 | 水稲作 | 麦作 | 大豆作 | 野菜作 |
| 平成27年 | 14,806 | 14,226 | 11,378 | 1,512 | 1,640 | 598 |
| 令和2 | 13,506 | 12,965 | 10,598 | 1,112 | 1,301 | 632 |
| | | | | | | |
| 北海道 | 1,129 | 851 | 311 | 289 | 179 | 84 |
| 都府県 | 12,377 | 12,114 | 10,287 | 823 | 1,122 | 548 |
| 東北 | 2,644 | 2,569 | 2,103 | 81 | 330 | 76 |
| 北陸 | 1,913 | 1,904 | 1,787 | 98 | 174 | 39 |
| 関東・東山 | 1,471 | 1,433 | 1,193 | 147 | 79 | 104 |
| 東海 | 880 | 860 | 749 | 92 | 59 | 32 |
| 近畿 | 1,315 | 1,306 | 1,180 | 85 | 129 | 48 |
| 中国 | 1,451 | 1,437 | 1,339 | 49 | 56 | 40 |
| 四国 | 419 | 408 | 334 | 13 | 8 | 51 |
| 九州 | 2,175 | 2,094 | 1,598 | 258 | 287 | 154 |
| 沖縄 | 109 | 103 | 4 | - | - | 4 |

| 年次・全国農業地域 | 耕種部門の作業を受託した経営体数（続き） | | | | 畜産部門の作業を受託した経営体数 | |
|---|---|---|---|---|---|---|
| | 果樹作 | 飼料用作物作 | 工芸農作物作 | その他の作物作 | | 酪農ヘルパー |
| 平成27年 | 620 | 549 | 455 | 792 | 638 | 113 |
| 令和2 | 380 | 569 | 390 | 684 | 617 | 107 |
| | | | | | | |
| 北海道 | 8 | 191 | 49 | 146 | 313 | 58 |
| 都府県 | 372 | 378 | 341 | 538 | 304 | 49 |
| 東北 | 119 | 129 | 17 | 154 | 89 | 15 |
| 北陸 | 9 | 14 | 3 | 67 | 11 | 2 |
| 関東・東山 | 53 | 51 | 11 | 108 | 44 | 8 |
| 東海 | 14 | 15 | 27 | 38 | 22 | 8 |
| 近畿 | 44 | 11 | 18 | 46 | 10 | 1 |
| 中国 | 32 | 42 | 6 | 46 | 15 | - |
| 四国 | 33 | 5 | 7 | 12 | 11 | 2 |
| 九州 | 63 | 111 | 162 | 65 | 95 | 13 |
| 沖縄 | 5 | - | 90 | 2 | 7 | - |

14　5年以内の後継者の確保状況別経営体数（令和2年2月1日現在）
(1) 農業経営体

単位：経営体

| 全国・農業地域 | 計 | 5年以内に農業を引き継ぐ後継者を確保している | | | | 5年以内に農業経営を引き継がない | 確保していない |
|---|---|---|---|---|---|---|---|
| | | 小計 | 親族 | 親族以外の経営内部の人材 | 経営外部の人材 | | |
| **全国** | 1,075,705 | 262,278 | 250,158 | 8,712 | 3,408 | 49,060 | 764,367 |
| 北海道 | 34,913 | 7,357 | 6,747 | 462 | 148 | 3,477 | 24,079 |
| 都府県 | 1,040,792 | 254,921 | 243,411 | 8,250 | 3,260 | 45,583 | 740,288 |
| 東北 | 194,193 | 50,464 | 48,203 | 1,628 | 633 | 8,173 | 135,556 |
| 北陸 | 76,294 | 19,288 | 17,246 | 1,430 | 612 | 3,704 | 53,302 |
| 関東・東山 | 235,938 | 53,779 | 52,401 | 901 | 477 | 10,536 | 171,623 |
| 東海 | 92,650 | 23,433 | 22,609 | 583 | 241 | 4,024 | 65,193 |
| 近畿 | 103,835 | 27,399 | 25,892 | 1,062 | 445 | 4,882 | 71,554 |
| 中国 | 96,594 | 24,442 | 23,278 | 855 | 309 | 3,787 | 68,365 |
| 四国 | 65,418 | 16,353 | 15,948 | 269 | 136 | 2,698 | 46,367 |
| 九州 | 164,560 | 37,325 | 35,434 | 1,497 | 394 | 7,045 | 120,190 |
| 沖縄 | 11,310 | 2,438 | 2,400 | 25 | 13 | 734 | 8,138 |

資料：農林水産省統計部「2020年農林業センサス」（以下(2)まで同じ。）

(2) 農業経営体のうち団体経営体

単位：経営体

| 全国・農業地域 | 計 | 5年以内に農業を引き継ぐ後継者を確保している | | | | 5年以内に農業経営を引き継がない | 確保していない |
|---|---|---|---|---|---|---|---|
| | | 小計 | 親族 | 親族以外の経営内部の人材 | 経営外部の人材 | | |
| **全国** | 38,363 | 16,332 | 7,921 | 7,201 | 1,210 | 3,937 | 18,094 |
| 北海道 | 4,347 | 1,631 | 1,107 | 425 | 99 | 565 | 2,151 |
| 都府県 | 34,016 | 14,701 | 6,814 | 6,776 | 1,111 | 3,372 | 15,943 |
| 東北 | 6,308 | 2,698 | 1,230 | 1,277 | 191 | 565 | 3,045 |
| 北陸 | 3,844 | 1,934 | 588 | 1,211 | 135 | 372 | 1,538 |
| 関東・東山 | 5,943 | 2,374 | 1,510 | 695 | 169 | 700 | 2,869 |
| 東海 | 2,864 | 1,244 | 702 | 449 | 93 | 326 | 1,294 |
| 近畿 | 3,004 | 1,332 | 368 | 848 | 116 | 283 | 1,389 |
| 中国 | 3,127 | 1,233 | 406 | 695 | 132 | 299 | 1,595 |
| 四国 | 1,566 | 643 | 359 | 222 | 62 | 170 | 753 |
| 九州 | 6,925 | 3,108 | 1,545 | 1,358 | 205 | 607 | 3,210 |
| 沖縄 | 435 | 135 | 106 | 21 | 8 | 50 | 250 |

## Ⅲ 個人経営体

### 1 主副業別経営体数（個人経営体）（各年2月1日現在）

単位：千経営体

| 年次 ・ 都道府県 | 計 | 主業 | 準主業 | 副業的 |
|---|---|---|---|---|
| 令和3年 | 991.4 | 222.4 | 135.8 | 633.1 |
| 4 | 935.0 | 204.7 | 126.0 | 604.3 |
| 北海道 | 28.3 | 21.3 | 0.7 | 6.4 |
| 青森 | 25.9 | 10.3 | 3.3 | 12.3 |
| 岩手 | 30.2 | 5.5 | 5.7 | 19.0 |
| 宮城 | 24.7 | 4.5 | 4.3 | 15.9 |
| 秋田 | 24.1 | 4.7 | 4.1 | 15.3 |
| 山形 | 24.3 | 6.7 | 3.9 | 13.8 |
| 福島 | 38.7 | 6.4 | 5.9 | 26.4 |
| 茨城 | 39.1 | 9.0 | 3.9 | 26.2 |
| 栃木 | 29.2 | 6.3 | 5.4 | 17.5 |
| 群馬 | 18.6 | 4.5 | 1.5 | 12.6 |
| 埼玉 | 25.5 | 3.7 | 4.3 | 17.4 |
| 千葉 | 31.5 | 8.3 | 4.4 | 18.8 |
| 東京 | 4.8 | 0.4 | 2.1 | 2.3 |
| 神奈川 | 10.9 | 1.8 | 2.5 | 6.5 |
| 新潟 | 37.3 | 5.7 | 7.8 | 23.8 |
| 富山 | 9.7 | 0.8 | 1.3 | 7.7 |
| 石川 | 8.3 | 0.9 | 1.3 | 6.1 |
| 福井 | 8.5 | 0.7 | 0.9 | 6.9 |
| 山梨 | 14.0 | 3.5 | 1.4 | 9.1 |
| 長野 | 37.0 | 7.5 | 4.8 | 24.7 |
| 岐阜 | 18.8 | 1.7 | 2.4 | 14.8 |
| 静岡 | 22.7 | 5.4 | 2.8 | 14.5 |
| 愛知 | 23.3 | 6.4 | 2.6 | 14.3 |
| 三重 | 16.2 | 1.8 | 2.1 | 12.3 |
| 滋賀 | 11.1 | 1.2 | 1.8 | 8.1 |
| 京都 | 12.4 | 1.2 | 2.2 | 9.0 |
| 大阪 | 6.8 | 0.6 | 1.3 | 4.9 |
| 兵庫 | 33.8 | 3.1 | 5.1 | 25.5 |
| 奈良 | 9.8 | 1.1 | 1.2 | 7.4 |
| 和歌山 | 16.5 | 5.4 | 1.6 | 9.5 |
| 鳥取 | 11.1 | 1.5 | 1.7 | 8.0 |
| 島根 | 12.4 | 1.0 | 1.7 | 9.7 |
| 岡山 | 26.3 | 2.3 | 3.4 | 20.6 |
| 広島 | 19.5 | 1.8 | 2.7 | 15.0 |
| 山口 | 13.6 | 1.0 | 1.5 | 11.0 |
| 徳島 | 13.1 | 2.7 | 1.4 | 9.0 |
| 香川 | 15.3 | 1.6 | 1.7 | 12.0 |
| 愛媛 | 18.5 | 4.0 | 2.0 | 12.5 |
| 高知 | 11.6 | 3.8 | 0.9 | 7.0 |
| 福岡 | 24.9 | 6.4 | 2.9 | 15.6 |
| 佐賀 | 12.3 | 3.5 | 1.6 | 7.2 |
| 長崎 | 16.7 | 5.3 | 1.8 | 9.7 |
| 熊本 | 30.3 | 10.6 | 3.1 | 16.6 |
| 大分 | 16.7 | 2.6 | 1.7 | 12.3 |
| 宮崎 | 17.1 | 5.6 | 1.3 | 10.3 |
| 鹿児島 | 24.8 | 7.7 | 2.6 | 14.6 |
| 沖縄 | 8.6 | 3.0 | 1.2 | 4.4 |

資料：農林水産省統計部「農業構造動態調査」（以下4まで同じ。）

## 2　農業経営組織別経営体数（個人経営体）（各年2月1日現在）

単位：千経営体

| 年次・全国農業地域 | 計 | 販売のあった経営体 | 1)単一経営経営体 | | | | | |
|---|---|---|---|---|---|---|---|---|
| | | | 小計 | 稲作 | 2)畑作 | 露地野菜 | 施設野菜 |
| 令和3年 | 991.4 | 916.1 | 747.8 | 448.3 | 30.5 | 63.7 | 40.7 |
| 4 | 935.0 | 865.1 | 705.4 | 420.1 | 28.2 | 60.1 | 39.2 |
| 北海道 | 28.3 | 27.8 | 15.6 | 4.1 | 1.4 | 1.6 | 1.5 |
| 都府県 | 906.6 | 837.2 | 689.8 | 416.1 | 26.8 | 58.5 | 37.7 |
| うち東北 | 167.9 | 160.1 | 129.7 | 90.8 | 2.5 | 6.9 | 2.7 |
| 北陸 | 63.8 | 62.0 | 56.1 | 51.0 | 0.3 | 1.0 | 0.5 |
| 関東・東山 | 210.6 | 192.6 | 156.5 | 82.1 | 5.0 | 23.3 | 9.6 |
| 東海 | 81.0 | 70.8 | 60.1 | 30.5 | 4.1 | 6.1 | 4.9 |
| 近畿 | 90.3 | 81.9 | 68.1 | 45.8 | 1.3 | 5.0 | 1.7 |
| 中国 | 82.9 | 76.2 | 64.8 | 50.4 | 0.6 | 3.0 | 1.6 |
| 四国 | 58.5 | 53.5 | 43.2 | 21.7 | 0.8 | 4.1 | 4.0 |
| 九州 | 142.9 | 131.7 | 103.8 | 43.9 | 8.3 | 8.5 | 12.1 |
| 沖縄 | 8.6 | 8.5 | 7.5 | 0.0 | 3.9 | 0.6 | 0.6 |

| 年次・全国農業地域 | 1)単一経営経営体（続き） | | | | 4)複合経営経営体 | 販売のなかった経営体 |
|---|---|---|---|---|---|---|
| | 果樹類 | 酪農 | 肉用牛 | 3)その他 | | |
| 令和3年 | 104.8 | 9.9 | 20.3 | 29.4 | 168.3 | 75.3 |
| 4 | 100.8 | 9.3 | 19.3 | 28.4 | 159.7 | 69.9 |
| 北海道 | 0.6 | 4.2 | 0.8 | 1.5 | 12.2 | 0.5 |
| 都府県 | 100.2 | 5.1 | 18.5 | 26.9 | 147.5 | 69.4 |
| うち東北 | 18.9 | 1.3 | 4.0 | 2.8 | 30.4 | 7.8 |
| 北陸 | 2.1 | 0.1 | 0.1 | 0.9 | 5.9 | 1.8 |
| 関東・東山 | 26.0 | 1.8 | 1.1 | 7.6 | 36.1 | 18.0 |
| 東海 | 8.8 | 0.3 | 0.5 | 4.9 | 10.7 | 10.2 |
| 近畿 | 11.8 | 0.2 | 0.8 | 1.5 | 13.8 | 8.4 |
| 中国 | 6.8 | 0.3 | 1.0 | 1.1 | 11.4 | 6.8 |
| 四国 | 10.6 | 0.2 | 0.2 | 1.6 | 10.3 | 5.0 |
| 九州 | 14.5 | 0.9 | 9.9 | 5.8 | 27.9 | 11.2 |
| 沖縄 | 0.7 | 0.0 | 1.0 | 0.8 | 1.0 | 0.1 |

注：　1)は、農産物販売金額のうち、主位部門の販売金額が8割以上の経営体をいう。
　　　2)は、「麦類作」、「雑穀・いも類・豆類」及び「工芸農作物」部門の単一経営経営体の合計である。
　　　3)は、「花き・花木」、「その他の作物」、「養豚」、「養鶏」及び「その他の畜産」部門の単一経営経営体の合計である。
　　　4)は、農産物販売金額のうち、主位部門の販売金額が8割未満の経営体をいう。

3 経営耕地面積規模別経営体数（個人経営体）（各年2月1日現在）

単位：千経営体

| 年次・全国農業地域 | 計 | 1) 1.0ha未満 | 1.0〜5.0 | 5.0〜10.0 | 10.0〜20.0 | 20.0〜30.0 | 30.0ha以上 |
|---|---|---|---|---|---|---|---|
| 令和3年 | 991.4 | 522.3 | 383.9 | 44.6 | 21.5 | 7.7 | 11.4 |
| 4 | 935.0 | 494.7 | 358.3 | 42.5 | 20.7 | 7.3 | 11.6 |
| 北海道 | 28.3 | 1.9 | 4.0 | 3.4 | 5.0 | 3.9 | 10.1 |
| 都府県 | 906.6 | 492.7 | 354.2 | 39.1 | 15.7 | 3.4 | 1.5 |
| 東北 | 167.9 | 62.2 | 85.1 | 12.6 | 6.0 | 1.5 | 0.4 |
| 北陸 | 63.8 | 24.8 | 32.2 | 4.5 | 1.9 | 0.3 | 0.1 |
| 関東・東山 | 210.6 | 113.3 | 84.4 | 7.9 | 3.7 | 0.8 | 0.5 |
| 東海 | 81.0 | 57.3 | 20.6 | 2.0 | 0.7 | 0.2 | 0.3 |
| 近畿 | 90.3 | 61.5 | 26.7 | 1.4 | 0.5 | 0.2 | 0.0 |
| 中国 | 82.9 | 57.7 | 22.6 | 2.0 | 0.5 | 0.1 | 0.0 |
| 四国 | 58.5 | 40.2 | 17.4 | 0.6 | 0.2 | 0.0 | 0.0 |
| 九州 | 142.9 | 71.6 | 61.3 | 7.5 | 2.1 | 0.3 | 0.1 |
| 沖縄 | 8.6 | 4.2 | 3.8 | 0.5 | 0.2 | 0.0 | 0.0 |

注：1)は、経営耕地面積なしを含む。

4 農産物販売金額規模別経営体数（個人経営体）（各年2月1日現在）

単位：千経営体

| 年次・全国農業地域 | 計 | 1) 50万円未満 | 50〜100 | 100〜500 | 500〜1,000 | 1,000〜3,000 | 3,000〜5,000 | 5,000〜1億 | 1億円以上 |
|---|---|---|---|---|---|---|---|---|---|
| 令和3年 | 991.4 | 348.4 | 168.5 | 282.7 | 84.7 | 79.3 | 16.5 | 9.0 | 2.3 |
| 4 | 935.0 | 341.0 | 161.5 | 252.6 | 75.6 | 75.8 | 16.5 | 9.2 | 2.7 |
| 北海道 | 28.3 | 1.2 | 0.7 | 4.4 | 3.1 | 8.8 | 4.7 | 4.2 | 1.3 |
| 都府県 | 906.6 | 339.8 | 160.8 | 248.2 | 72.6 | 67.1 | 11.8 | 5.0 | 1.4 |
| 東北 | 167.9 | 43.1 | 33.7 | 59.4 | 18.0 | 11.3 | 1.6 | 0.7 | 0.1 |
| 北陸 | 63.8 | 16.8 | 14.8 | 24.0 | 4.8 | 3.0 | 0.3 | 0.2 | 0.0 |
| 関東・東山 | 210.6 | 75.0 | 36.4 | 56.2 | 18.3 | 18.4 | 3.9 | 1.9 | 0.6 |
| 東海 | 81.0 | 38.3 | 12.2 | 16.1 | 5.4 | 6.7 | 1.7 | 0.5 | 0.1 |
| 近畿 | 90.3 | 46.5 | 14.4 | 19.9 | 4.9 | 3.9 | 0.5 | 0.2 | 0.0 |
| 中国 | 82.9 | 45.7 | 14.8 | 17.0 | 2.7 | 2.3 | 0.4 | 0.1 | 0.0 |
| 四国 | 58.5 | 25.5 | 9.0 | 15.3 | 4.3 | 3.6 | 0.6 | 0.1 | 0.0 |
| 九州 | 142.9 | 47.2 | 23.5 | 37.0 | 13.5 | 17.1 | 2.9 | 1.3 | 0.5 |
| 沖縄 | 8.6 | 2.0 | 2.0 | 3.2 | 0.7 | 0.6 | 0.0 | 0.1 | 0.0 |

注：1)は、販売なしを含む。

5　農産物販売金額1位の部門別経営体数（個人経営体）（各年2月1日現在）

単位：千経営体

| 年次 | 計 | 稲作 | 1)畑作 | 露地野菜 | 施設野菜 |
|---|---|---|---|---|---|
| 平成30年 | 1,089.2 | 609.4 | 56.4 | 122.9 | 72.9 |
| 31 | 1,059.0 | 591.5 | 54.9 | 118.7 | 72.1 |
| 令和2 | 945.3 | 530.8 | 51.2 | 101.4 | 58.5 |
| 3 | 916.1 | 506.4 | 48.8 | 100.1 | 59.7 |
| 4 | 865.1 | 472.9 | 46.2 | 96.4 | 56.5 |

| 年次 | 果樹類 | 酪農 | 肉用牛 | 2)その他 |
|---|---|---|---|---|
| 平成30年 | 134.5 | 14.1 | 32.1 | 46.9 |
| 31 | 132.0 | 13.5 | 31.4 | 45.0 |
| 令和2 | 126.9 | 11.1 | 26.2 | 39.2 |
| 3 | 124.5 | 11.1 | 26.1 | 39.2 |
| 4 | 119.5 | 10.6 | 25.1 | 37.8 |

資料：　令和2年は農林水産省統計部「2020年農林業センサス」、
　　　　令和2年以外は農林水産省統計部「農業構造動態調査」
注：　1)は、「麦類作」、「雑穀・いも類・豆類」及び「工芸農作物」部門が1位の経営体の合計である。
　　　2)は、「花き・花木」、「その他の作物」、「養豚」、「養鶏」及び「その他の畜産」部門が1位の
　　経営体の合計である。

6　家族経営構成別経営体数（個人経営体）（各年2月1日現在）

単位：経営体

| 年次・全国農業地域 | 計 | 一世代家族経営 | 一人家族経営 | 夫婦家族経営 | 二世代家族経営 | 三世代等家族経営 |
|---|---|---|---|---|---|---|
| 平成27年 | 1,339,964 | 928,739 | 449,764 | 471,728 | 380,691 | 30,534 |
| 令和2 | 1,037,342 | 749,035 | 385,563 | 357,403 | 267,316 | 20,991 |
| 北海道 | 30,566 | 15,721 | 4,601 | 10,895 | 13,451 | 1,394 |
| 都府県 | 1,006,776 | 733,314 | 380,962 | 346,508 | 253,865 | 19,597 |
| 東北 | 187,885 | 127,524 | 63,046 | 63,328 | 55,643 | 4,718 |
| 北陸 | 72,450 | 54,017 | 33,655 | 20,079 | 17,307 | 1,126 |
| 関東・東山 | 229,995 | 163,544 | 78,572 | 83,431 | 61,512 | 4,939 |
| 東海 | 89,786 | 63,265 | 31,637 | 31,263 | 24,447 | 2,074 |
| 近畿 | 100,831 | 77,617 | 47,090 | 30,070 | 21,809 | 1,405 |
| 中国 | 93,467 | 73,918 | 41,484 | 31,954 | 18,454 | 1,095 |
| 四国 | 63,852 | 48,523 | 24,205 | 23,961 | 14,313 | 1,016 |
| 九州 | 157,635 | 115,576 | 55,646 | 58,872 | 38,881 | 3,178 |
| 沖縄 | 10,875 | 9,330 | 5,627 | 3,550 | 1,499 | 46 |

資料：農林水産省統計部「農林業センサス」（以下7まで同じ。）

7 農業労働力保有状態別経営体数（個人経営体）（各年2月1日現在）

単位：経営体

| 年次・全国農業地域 | 計 | 専従者あり | | | | | | |
|---|---|---|---|---|---|---|---|---|
| | | 小計 | 65歳未満の専従者がいる | | | 男女の専従者がいる | 専従者は男だけ | 専従者は女だけ |
| | | | 小計 | 60歳未満の男の専従者がいる | 60歳未満の女の専従者がいる | | | |
| 平成27年 | 1,339,964 | 705,848 | 350,093 | 196,534 | 128,499 | 377,852 | 254,657 | 73,339 |
| 令和2 | 1,037,342 | 589,725 | 261,355 | 160,004 | 88,687 | 302,866 | 238,332 | 48,527 |
| 北海道 | 30,566 | 27,855 | 21,946 | 17,534 | 11,889 | 21,263 | 5,868 | 724 |
| 都府県 | 1,006,776 | 561,870 | 239,409 | 142,470 | 76,798 | 281,603 | 232,464 | 47,803 |
| 東北 | 187,885 | 109,954 | 49,051 | 27,371 | 13,475 | 55,319 | 45,514 | 9,121 |
| 北陸 | 72,450 | 31,987 | 12,062 | 7,064 | 2,318 | 11,659 | 18,328 | 2,000 |
| 関東・東山 | 229,995 | 138,349 | 60,425 | 37,207 | 20,758 | 74,928 | 52,027 | 11,394 |
| 東海 | 89,786 | 49,300 | 20,377 | 12,141 | 7,754 | 26,066 | 18,086 | 5,148 |
| 近畿 | 100,831 | 46,277 | 17,919 | 10,461 | 5,679 | 19,718 | 22,268 | 4,291 |
| 中国 | 93,467 | 42,119 | 11,599 | 6,017 | 2,826 | 17,061 | 20,185 | 4,873 |
| 四国 | 63,852 | 36,539 | 14,728 | 8,736 | 4,729 | 18,539 | 14,421 | 3,579 |
| 九州 | 157,635 | 99,030 | 49,289 | 31,132 | 18,509 | 55,803 | 36,303 | 6,924 |
| 沖縄 | 10,875 | 8,315 | 3,959 | 2,341 | 750 | 2,510 | 5,332 | 473 |

| 年次・全国農業地域 | 専従者なし | | | | |
|---|---|---|---|---|---|
| | 小計 | 男女の準専従者がいる | 準専従者は男だけ | 準専従者は女だけ | 準専従者もいない |
| 平成27年 | 634,116 | 123,352 | 204,056 | 44,105 | 262,603 |
| 令和2 | 447,617 | 73,463 | 158,823 | 24,003 | 191,328 |
| 北海道 | 2,711 | 763 | 689 | 208 | 1,051 |
| 都府県 | 444,906 | 72,700 | 158,134 | 23,795 | 190,277 |
| 東北 | 77,931 | 14,830 | 28,960 | 4,225 | 29,916 |
| 北陸 | 40,463 | 5,617 | 16,743 | 1,378 | 16,725 |
| 関東・東山 | 91,646 | 16,813 | 31,802 | 5,132 | 37,899 |
| 東海 | 40,486 | 6,913 | 13,177 | 2,512 | 17,884 |
| 近畿 | 54,554 | 6,217 | 19,316 | 2,414 | 26,607 |
| 中国 | 51,348 | 7,795 | 17,295 | 3,085 | 23,173 |
| 四国 | 27,313 | 4,349 | 8,637 | 1,786 | 12,541 |
| 九州 | 58,605 | 9,817 | 20,873 | 3,118 | 24,797 |
| 沖縄 | 2,560 | 349 | 1,331 | 145 | 735 |

注：1 専従者とは、調査期日前1年間に自営農業に150日以上従事した者をいう。
　　2 準専従者とは、調査期日前1年間に自営農業に60～149日従事した者をいう。

## Ⅳ　農業労働力

### 1　農業経営体の労働力（各年2月1日現在）

#### (1)　農業経営体

| 年次・全国農業地域 | 世帯員・役員・構成員 | 雇用者 | | | | | | | | |
| --- | --- | --- | --- | --- | --- | --- | --- | --- | --- | --- |
| | | 雇い入れた経営体数 | 実人数 | 延べ人日 | 常雇い | | | 臨時雇い（手伝い等を含む。） | | |
| | | | | | 雇い入れた経営体数 | 実人数 | 延べ人日 | 雇い入れた経営体数 | 実人数 | 延べ人日 |
| | 千人 | 千経営体 | 千人 | 千人日 | 千経営体 | 千人 | 千人日 | 千経営体 | 千人 | 千人日 |
| 平成27年 | … | 314 | 1,677 | 68,036 | 54 | 220 | 43,215 | 290 | 1,456 | 24,821 |
| 令和2 | 2,706 | 156 | 1,104 | 53,255 | 37 | 157 | 32,252 | 139 | 948 | 21,003 |
| 北海道 | 98 | 12 | 109 | 5,494 | 4 | 15 | 3,289 | 11 | 94 | 2,205 |
| 都府県 | 2,608 | 144 | 995 | 47,761 | 33 | 141 | 28,963 | 128 | 854 | 18,798 |
| 東北 | 520 | 32 | 260 | 7,942 | 4 | 19 | 3,765 | 31 | 241 | 4,177 |
| 北陸 | 207 | 9 | 67 | 2,424 | 2 | 7 | 1,482 | 8 | 59 | 942 |
| 関東・東山 | 585 | 32 | 219 | 12,886 | 9 | 40 | 8,356 | 27 | 178 | 4,530 |
| 東海 | 237 | 12 | 73 | 4,859 | 4 | 16 | 3,226 | 10 | 57 | 1,633 |
| 近畿 | 256 | 12 | 72 | 2,896 | 2 | 7 | 1,419 | 11 | 65 | 1,477 |
| 中国 | 233 | 9 | 55 | 2,913 | 2 | 10 | 1,882 | 8 | 45 | 1,031 |
| 四国 | 152 | 9 | 60 | 3,211 | 2 | 9 | 1,948 | 8 | 51 | 1,263 |
| 九州 | 398 | 27 | 184 | 10,150 | 7 | 31 | 6,575 | 23 | 153 | 3,575 |
| 沖縄 | 20 | 1 | 6 | 479 | 0 | 1 | 310 | 1 | 5 | 170 |

資料：農林水産省統計部「農林業センサス」（以下(2)まで同じ。）
注：平成27年は、農業経営のために雇った人のみを把握（以下(2)まで同じ。）。

#### (2)　農業経営体のうち団体経営体

| 年次・全国農業地域 | 役員・構成員 | 雇用者 | | | | | | | | |
| --- | --- | --- | --- | --- | --- | --- | --- | --- | --- | --- |
| | | 雇い入れた経営体数 | 実人数 | 延べ人日 | 常雇い | | | 臨時雇い（手伝い等を含む。） | | |
| | | | | | 雇い入れた経営体数 | 実人数 | 延べ人日 | 雇い入れた経営体数 | 実人数 | 延べ人日 |
| | 千人 | 千経営体 | 千人 | 千人日 | 千経営体 | 千人 | 千人日 | 千経営体 | 千人 | 千人日 |
| 平成27年 | … | 25 | 299 | 33,634 | 16 | 128 | 26,997 | 18 | 171 | 6,637 |
| 令和2 | 195 | 24 | 311 | 30,996 | 15 | 109 | 22,844 | 17 | 202 | 8,152 |
| 北海道 | 17 | 3 | 34 | 3,535 | 2 | 11 | 2,477 | 2 | 23 | 1,058 |
| 都府県 | 178 | 21 | 277 | 27,462 | 13 | 98 | 20,368 | 15 | 179 | 7,094 |
| 東北 | 35 | 4 | 52 | 4,221 | 2 | 15 | 2,974 | 3 | 37 | 1,247 |
| 北陸 | 22 | 2 | 33 | 1,829 | 1 | 6 | 1,268 | 2 | 26 | 561 |
| 関東・東山 | 28 | 4 | 54 | 6,596 | 3 | 25 | 5,209 | 3 | 29 | 1,388 |
| 東海 | 13 | 2 | 24 | 2,677 | 1 | 10 | 2,038 | 1 | 14 | 639 |
| 近畿 | 17 | 2 | 25 | 1,671 | 1 | 5 | 984 | 1 | 20 | 687 |
| 中国 | 17 | 2 | 24 | 2,160 | 1 | 8 | 1,573 | 1 | 15 | 587 |
| 四国 | 7 | 1 | 15 | 1,978 | 1 | 6 | 1,460 | 1 | 9 | 518 |
| 九州 | 38 | 4 | 49 | 6,045 | 3 | 21 | 4,635 | 3 | 28 | 1,410 |
| 沖縄 | 1 | 0 | 2 | 286 | 0 | 1 | 228 | 0 | 1 | 57 |

2 世帯員数、農業従事者数、基幹的農業従事者数

(1) 年齢階層別世帯員数(個人経営体)(各年2月1日現在)

単位:千人

| 年次・全国農業地域 | 計 | 39歳以下 | 40〜49 | 50〜59 | 60〜64 | 65〜69 | 70〜74 | 75歳以上 |
|---|---|---|---|---|---|---|---|---|
| 令和2年 | 3,489.7 | 837.2 | 343.5 | 423.9 | 328.0 | 415.9 | 370.1 | 771.1 |
| 3 | 3,218.5 | 756.9 | 326.7 | 384.2 | 295.9 | 344.9 | 395.9 | 714.1 |
| 北海道 | 103.7 | 30.4 | 12.2 | 14.0 | 9.1 | 9.7 | 9.9 | 18.4 |
| 都府県 | 3,114.9 | 726.5 | 314.4 | 370.2 | 286.8 | 335.1 | 386.0 | 695.7 |
| 東北 | 628.5 | 155.7 | 65.9 | 73.8 | 60.4 | 68.4 | 73.4 | 130.8 |
| 北陸 | 239.6 | 62.9 | 26.4 | 28.0 | 21.2 | 24.6 | 28.1 | 48.6 |
| 関東・東山 | 723.0 | 170.6 | 75.5 | 85.9 | 63.6 | 75.9 | 87.7 | 163.7 |
| 東海 | 292.6 | 71.9 | 30.5 | 35.6 | 26.0 | 29.1 | 34.4 | 65.2 |
| 近畿 | 304.8 | 70.0 | 30.0 | 37.7 | 27.7 | 33.3 | 39.8 | 66.5 |
| 中国 | 262.4 | 53.8 | 25.4 | 28.0 | 23.5 | 30.2 | 37.6 | 64.0 |
| 四国 | 178.6 | 34.3 | 16.6 | 20.3 | 16.3 | 20.0 | 25.7 | 45.4 |
| 九州 | 462.5 | 103.2 | 42.3 | 57.9 | 45.3 | 50.7 | 56.6 | 106.6 |
| 沖縄 | 22.8 | 4.2 | 1.8 | 3.1 | 3.0 | 3.1 | 2.8 | 4.9 |

資料: 令和2年は農林水産省統計部「2020年農林業センサス」、
令和3年は農林水産省統計部「農業構造動態調査」(以下2(3)まで同じ。)

(2)　年齢階層別の農業従事者数（個人経営体）（各年2月1日現在）

単位：千人

| 年次・全国農業地域 | 男女計 | | | | | | | |
|---|---|---|---|---|---|---|---|---|
| | 計 | 39歳以下 | 40〜49 | 50〜59 | 60〜64 | 65〜69 | 70〜74 | 75歳以上 |
| 令和2年 | 2,493.7 | 279.1 | 242.5 | 359.3 | 303.0 | 392.3 | 350.2 | 567.2 |
| 3 | 2,294.1 | 248.4 | 228.0 | 323.4 | 273.1 | 324.0 | 375.2 | 521.9 |
| 北海道 | 75.9 | 12.1 | 11.1 | 13.3 | 8.8 | 9.4 | 9.6 | 11.6 |
| 都府県 | 2,218.2 | 236.4 | 217.0 | 310.0 | 264.3 | 314.5 | 365.6 | 510.3 |
| 東北 | 441.1 | 52.1 | 46.1 | 63.0 | 55.9 | 65.1 | 69.5 | 89.4 |
| 北陸 | 165.6 | 22.1 | 17.7 | 23.1 | 19.5 | 23.2 | 26.2 | 33.9 |
| 関東・東山 | 515.0 | 53.6 | 51.4 | 71.4 | 58.7 | 71.4 | 83.8 | 124.8 |
| 東海 | 200.9 | 19.6 | 19.8 | 28.4 | 23.5 | 27.2 | 32.5 | 50.1 |
| 近畿 | 218.6 | 23.8 | 21.1 | 31.5 | 25.5 | 30.8 | 37.4 | 48.5 |
| 中国 | 191.3 | 17.2 | 16.8 | 22.8 | 21.7 | 28.4 | 35.7 | 48.6 |
| 四国 | 134.4 | 12.4 | 11.7 | 17.1 | 15.2 | 18.3 | 24.7 | 34.9 |
| 九州 | 335.5 | 34.5 | 30.8 | 50.3 | 41.8 | 47.6 | 53.5 | 77.0 |
| 沖縄 | 15.8 | 1.2 | 1.4 | 2.6 | 2.5 | 2.6 | 2.4 | 3.2 |

| 年次・全国農業地域 | 男 | | | | | | | |
|---|---|---|---|---|---|---|---|---|
| | 小計 | 39歳以下 | 40〜49 | 50〜59 | 60〜64 | 65〜69 | 70〜74 | 75歳以上 |
| 令和2年 | 1,398.7 | 184.0 | 149.5 | 194.4 | 158.4 | 211.9 | 198.3 | 302.2 |
| 3 | 1,285.8 | 166.0 | 141.4 | 176.9 | 143.6 | 169.0 | 210.4 | 278.4 |
| 北海道 | 42.1 | 7.7 | 6.3 | 7.0 | 4.7 | 4.8 | 5.5 | 6.2 |
| 都府県 | 1,243.7 | 158.5 | 135.2 | 169.9 | 138.8 | 164.2 | 204.9 | 272.2 |
| 東北 | 247.9 | 34.6 | 28.7 | 34.5 | 28.9 | 33.9 | 40.3 | 47.0 |
| 北陸 | 95.2 | 15.3 | 11.3 | 13.0 | 10.8 | 11.8 | 15.3 | 17.8 |
| 関東・東山 | 287.3 | 35.5 | 31.3 | 39.2 | 30.6 | 37.4 | 46.6 | 66.8 |
| 東海 | 110.5 | 12.9 | 12.2 | 15.2 | 12.0 | 13.8 | 17.8 | 26.6 |
| 近畿 | 122.7 | 15.7 | 13.2 | 16.9 | 13.6 | 16.2 | 20.6 | 26.7 |
| 中国 | 107.2 | 12.0 | 10.8 | 12.6 | 11.2 | 14.7 | 19.7 | 26.1 |
| 四国 | 73.7 | 8.7 | 7.2 | 9.7 | 7.5 | 9.3 | 13.1 | 18.0 |
| 九州 | 188.7 | 23.0 | 19.1 | 27.2 | 22.6 | 25.6 | 29.9 | 41.3 |
| 沖縄 | 10.5 | 0.9 | 1.0 | 1.8 | 1.6 | 1.6 | 1.6 | 2.1 |

| 年次・全国農業地域 | 女 | | | | | | | |
|---|---|---|---|---|---|---|---|---|
| | 小計 | 39歳以下 | 40〜49 | 50〜59 | 60〜64 | 65〜69 | 70〜74 | 75歳以上 |
| 令和2年 | 1,094.9 | 95.1 | 93.0 | 164.9 | 144.6 | 180.4 | 151.9 | 265.0 |
| 3 | 1,008.3 | 82.4 | 86.6 | 146.5 | 129.5 | 155.0 | 164.8 | 243.5 |
| 北海道 | 33.8 | 4.4 | 4.8 | 6.3 | 4.1 | 4.6 | 4.1 | 5.4 |
| 都府県 | 974.5 | 77.9 | 81.8 | 140.1 | 125.5 | 150.3 | 160.7 | 238.1 |
| 東北 | 193.2 | 17.5 | 17.4 | 28.5 | 27.0 | 31.2 | 29.2 | 42.4 |
| 北陸 | 70.4 | 6.8 | 6.4 | 10.1 | 8.7 | 11.4 | 10.9 | 16.1 |
| 関東・東山 | 227.7 | 18.1 | 20.1 | 32.2 | 28.1 | 34.0 | 37.2 | 58.0 |
| 東海 | 90.4 | 6.7 | 7.6 | 13.2 | 11.5 | 13.4 | 14.7 | 23.5 |
| 近畿 | 95.9 | 8.1 | 7.9 | 14.6 | 11.9 | 14.6 | 16.8 | 21.8 |
| 中国 | 84.1 | 5.2 | 6.0 | 10.2 | 10.5 | 13.7 | 16.0 | 22.5 |
| 四国 | 60.7 | 3.7 | 4.5 | 7.4 | 7.7 | 9.0 | 11.6 | 16.9 |
| 九州 | 146.8 | 11.5 | 11.7 | 23.1 | 19.2 | 22.0 | 23.6 | 35.7 |
| 沖縄 | 5.3 | 0.3 | 0.4 | 0.8 | 0.9 | 1.0 | 0.8 | 1.1 |

2 世帯員数、農業従事者数、基幹的農業従事者数（続き）
(3) 自営農業従事日数階層別の農業従事者数（個人経営体）（各年2月1日現在）

単位：千人

| 年次・全国農業地域 | 男女計 | | | | |
|---|---|---|---|---|---|
| | 計 | 149日以下 | 150〜199 | 200〜249 | 250日以上 |
| 令和2年 | 2,493.7 | 1,468.3 | 214.1 | 226.3 | 585.1 |
| 3 | 2,294.1 | 1,369.3 | 190.9 | 205.6 | 528.2 |
| 北海道 | 75.9 | 13.9 | 8.2 | 14.1 | 39.7 |
| 都府県 | 2,218.2 | 1,355.5 | 182.6 | 191.5 | 488.5 |
| 東北 | 441.1 | 276.3 | 40.6 | 44.5 | 79.6 |
| 北陸 | 165.6 | 123.6 | 14.4 | 12.5 | 15.0 |
| 関東・東山 | 515.0 | 291.5 | 39.7 | 47.0 | 136.8 |
| 東海 | 200.9 | 123.3 | 14.7 | 15.7 | 47.3 |
| 近畿 | 218.6 | 151.3 | 17.6 | 14.8 | 34.9 |
| 中国 | 191.3 | 135.6 | 16.1 | 13.5 | 26.0 |
| 四国 | 134.4 | 76.3 | 11.9 | 13.0 | 33.2 |
| 九州 | 335.5 | 171.7 | 25.5 | 28.8 | 109.7 |
| 沖縄 | 15.8 | 5.9 | 2.0 | 1.8 | 6.1 |

| 年次・全国農業地域 | 男 | | | | |
|---|---|---|---|---|---|
| | 小計 | 149日以下 | 150〜199 | 200〜249 | 250日以上 |
| 令和2年 | 1,398.7 | 767.2 | 126.9 | 132.5 | 372.2 |
| 3 | 1,285.8 | 712.0 | 115.1 | 120.5 | 338.2 |
| 北海道 | 42.0 | 6.5 | 4.5 | 7.5 | 23.6 |
| 都府県 | 1,243.8 | 705.6 | 110.6 | 113.1 | 314.6 |
| 東北 | 247.5 | 144.6 | 24.8 | 26.4 | 51.6 |
| 北陸 | 95.8 | 68.4 | 9.3 | 7.9 | 10.2 |
| 関東・東山 | 286.8 | 148.0 | 23.6 | 27.4 | 87.9 |
| 東海 | 110.3 | 62.8 | 8.7 | 9.1 | 29.8 |
| 近畿 | 122.5 | 80.4 | 10.8 | 8.8 | 22.6 |
| 中国 | 107.0 | 71.7 | 9.9 | 8.2 | 17.2 |
| 四国 | 75.0 | 38.9 | 7.2 | 7.6 | 21.3 |
| 九州 | 188.4 | 87.0 | 15.1 | 16.6 | 69.7 |
| 沖縄 | 10.5 | 3.7 | 1.3 | 1.2 | 4.3 |

| 年次・全国農業地域 | 女 | | | | |
|---|---|---|---|---|---|
| | 小計 | 149日以下 | 150〜199 | 200〜249 | 250日以上 |
| 令和2年 | 1,094.9 | 701.1 | 87.2 | 93.8 | 212.9 |
| 3 | 1,008.3 | 657.4 | 75.8 | 85.1 | 190.0 |
| 北海道 | 33.9 | 7.4 | 3.8 | 6.7 | 16.1 |
| 都府県 | 974.4 | 650.0 | 72.0 | 78.4 | 174.0 |
| 東北 | 193.6 | 131.7 | 15.9 | 18.1 | 27.9 |
| 北陸 | 69.8 | 55.3 | 5.2 | 4.6 | 4.8 |
| 関東・東山 | 228.2 | 143.6 | 16.1 | 19.6 | 48.9 |
| 東海 | 90.6 | 60.5 | 6.0 | 6.6 | 17.5 |
| 近畿 | 96.1 | 71.0 | 6.8 | 6.0 | 12.3 |
| 中国 | 84.3 | 63.9 | 6.2 | 5.3 | 8.9 |
| 四国 | 59.3 | 37.3 | 4.8 | 5.4 | 11.9 |
| 九州 | 147.1 | 84.7 | 10.4 | 12.1 | 40.0 |
| 沖縄 | 5.4 | 2.2 | 0.7 | 0.6 | 1.8 |

(4) 年齢階層別の基幹的農業従事者数（個人経営体）（各年2月1日現在）

単位：千人

| 年次・<br>全国農業地域 | 男女計 | | | | | | | |
|---|---|---|---|---|---|---|---|---|
| | 計 | 39歳以下 | 40〜49 | 50〜59 | 60〜64 | 65〜69 | 70〜74 | 75歳以上 |
| 令和3年 | 1,302.1 | 65.8 | 81.8 | 120.9 | 128.3 | 205.1 | 290.0 | 410.3 |
| 4 | 1,225.5 | 60.8 | 78.9 | 112.1 | 113.8 | 164.9 | 291.7 | 403.2 |
| 北海道 | 69.3 | 10.0 | 10.4 | 12.6 | 8.5 | 8.1 | 9.8 | 10.1 |
| 都府県 | 1,156.2 | 50.8 | 68.7 | 99.6 | 105.3 | 156.8 | 282.0 | 393.2 |
| 東北 | 219.3 | 9.7 | 11.9 | 17.1 | 22.3 | 34.0 | 56.6 | 67.7 |
| 北陸 | 65.6 | 1.6 | 2.5 | 4.1 | 5.0 | 9.6 | 19.8 | 23.0 |
| 関東・東山 | 294.8 | 14.1 | 19.6 | 27.6 | 25.9 | 40.0 | 66.7 | 100.8 |
| 東海 | 104.8 | 4.4 | 5.9 | 9.1 | 9.4 | 13.6 | 24.5 | 37.9 |
| 近畿 | 98.3 | 3.6 | 5.0 | 7.4 | 7.8 | 12.4 | 25.4 | 36.7 |
| 中国 | 84.8 | 1.8 | 3.7 | 3.7 | 5.8 | 10.4 | 24.0 | 35.4 |
| 四国 | 73.6 | 3.0 | 4.4 | 6.3 | 6.3 | 8.9 | 18.4 | 26.3 |
| 九州 | 204.3 | 12.0 | 14.8 | 22.9 | 21.3 | 26.3 | 44.3 | 62.8 |
| 沖縄 | 10.7 | 0.5 | 0.9 | 1.4 | 1.4 | 1.6 | 2.3 | 2.6 |

| 年次・<br>全国農業地域 | 男 | | | | | | | |
|---|---|---|---|---|---|---|---|---|
| | 小計 | 39歳以下 | 40〜49 | 50〜59 | 60〜64 | 65〜69 | 70〜74 | 75歳以上 |
| 令和3年 | 789.9 | 49.4 | 54.2 | 69.3 | 70.4 | 119.0 | 178.9 | 248.5 |
| 4 | 745.3 | 45.5 | 52.7 | 65.0 | 62.9 | 95.8 | 178.5 | 244.8 |
| 北海道 | 39.5 | 6.4 | 6.2 | 6.7 | 4.6 | 4.3 | 5.5 | 5.8 |
| 都府県 | 705.8 | 39.2 | 46.5 | 58.2 | 58.3 | 91.5 | 173.1 | 239.0 |
| 東北 | 131.8 | 7.7 | 8.3 | 10.0 | 12.0 | 18.8 | 34.6 | 40.2 |
| 北陸 | 43.7 | 1.5 | 1.8 | 3.2 | 3.2 | 6.1 | 13.0 | 15.0 |
| 関東・東山 | 178.4 | 11.2 | 13.2 | 16.4 | 13.7 | 23.6 | 39.5 | 60.9 |
| 東海 | 61.4 | 3.2 | 3.7 | 5.1 | 4.9 | 7.6 | 14.6 | 22.4 |
| 近畿 | 61.9 | 2.9 | 3.3 | 4.2 | 4.3 | 7.5 | 16.8 | 22.8 |
| 中国 | 53.7 | 1.5 | 3.0 | 2.0 | 3.5 | 6.4 | 15.3 | 22.0 |
| 四国 | 44.5 | 2.2 | 2.9 | 3.7 | 3.6 | 5.0 | 11.1 | 15.9 |
| 九州 | 123.0 | 8.6 | 9.6 | 13.0 | 12.1 | 15.3 | 26.5 | 38.0 |
| 沖縄 | 7.5 | 0.3 | 0.7 | 1.0 | 1.0 | 1.1 | 1.6 | 1.9 |

| 年次・<br>全国農業地域 | 女 | | | | | | | |
|---|---|---|---|---|---|---|---|---|
| | 小計 | 39歳以下 | 40〜49 | 50〜59 | 60〜64 | 65〜69 | 70〜74 | 75歳以上 |
| 令和3年 | 512.3 | 16.3 | 27.5 | 51.5 | 57.9 | 86.1 | 111.1 | 161.8 |
| 4 | 480.2 | 15.2 | 26.2 | 47.2 | 50.8 | 69.1 | 113.2 | 158.4 |
| 北海道 | 29.9 | 3.5 | 4.2 | 5.9 | 3.9 | 3.8 | 4.3 | 4.3 |
| 都府県 | 450.4 | 11.6 | 22.2 | 41.2 | 47.0 | 65.4 | 108.9 | 154.1 |
| 東北 | 87.5 | 1.9 | 3.6 | 7.1 | 10.3 | 15.2 | 22.0 | 27.5 |
| 北陸 | 22.0 | 0.3 | 0.7 | 0.9 | 1.8 | 3.4 | 6.8 | 8.1 |
| 関東・東山 | 116.4 | 3.0 | 6.4 | 11.2 | 12.2 | 16.4 | 27.2 | 39.9 |
| 東海 | 43.4 | 1.1 | 2.1 | 4.0 | 4.5 | 6.0 | 10.0 | 15.5 |
| 近畿 | 36.4 | 0.7 | 1.7 | 3.2 | 3.5 | 4.9 | 8.6 | 13.8 |
| 中国 | 31.1 | 0.3 | 0.7 | 1.7 | 2.3 | 4.0 | 8.6 | 13.4 |
| 四国 | 29.1 | 0.7 | 1.5 | 2.7 | 2.8 | 3.8 | 7.2 | 10.4 |
| 九州 | 81.2 | 3.5 | 5.2 | 9.9 | 9.2 | 11.0 | 17.8 | 24.9 |
| 沖縄 | 0.2 | 0.2 | 0.2 | 0.5 | 0.4 | 0.5 | 0.7 | 0.6 |

資料：農林水産省統計部「農業構造動態調査」
注：　基幹的農業従事者とは、15歳以上の世帯員のうち、ふだん仕事として主に自営農業に従事して
いる者をいう。

3　農作業死亡事故件数

| 区分 | 平成28年 | | 29 | | 30 | | 令和元 | | 2 | |
|---|---|---|---|---|---|---|---|---|---|---|
| | 件数 | 割合 | 件数 | 割合 | 件数 | 割合 | 件数 | 割合 | 件数 | 割合 |
| | 人 | ％ | 人 | ％ | 人 | ％ | 人 | ％ | 人 | ％ |
| 事故発生件数計 | 312 | 100.0 | 304 | 100.0 | 274 | 100.0 | 281 | 100.0 | 270 | 100.0 |
| 農業機械作業に係る事故 | 217 | 69.6 | 211 | 69.4 | 164 | 59.9 | 184 | 65.5 | 186 | 68.9 |
| 乗用型トラクター | 87 | 27.9 | 92 | 30.3 | 73 | 26.6 | 80 | 28.5 | 81 | 30.0 |
| 歩行型トラクター | 35 | 11.2 | 28 | 9.2 | 24 | 8.8 | 22 | 7.8 | 26 | 9.6 |
| 農用運搬車 | 37 | 11.9 | 26 | 8.6 | 18 | 6.6 | 26 | 9.3 | 15 | 5.6 |
| 自脱型コンバイン | 7 | 2.2 | 11 | 3.6 | 8 | 2.9 | 9 | 3.2 | 12 | 4.4 |
| 動力防除機 | 10 | 3.2 | 6 | 2.0 | 8 | 2.9 | 8 | 2.8 | 9 | 3.3 |
| 動力刈払機 | 10 | 3.2 | 12 | 3.9 | 6 | 2.2 | 7 | 2.5 | 7 | 2.6 |
| 農用高所作業機 | – | – | – | – | – | – | – | – | 3 | 1.1 |
| その他 | 31 | 9.9 | 36 | 11.8 | 27 | 9.9 | 32 | 11.4 | 33 | 12.2 |
| 農業用施設作業に係る事故 | 14 | 4.5 | 13 | 4.3 | 13 | 4.7 | 17 | 6.0 | 8 | 3.0 |
| 機械・施設以外の作業に係る事故 | 81 | 26.0 | 80 | 26.3 | 97 | 35.4 | 80 | 28.5 | 76 | 28.1 |
| 性別 | | | | | | | | | | |
| 男 | 257 | 82.4 | 266 | 87.5 | 225 | 82.1 | 241 | 85.8 | 232 | 85.9 |
| 女 | 55 | 17.6 | 38 | 12.5 | 49 | 17.9 | 40 | 14.2 | 38 | 14.1 |
| 年齢階層別 | | | | | | | | | | |
| 30歳未満 | 2 | 0.6 | 3 | 1.0 | 3 | 1.1 | 2 | 0.7 | 6 | 2.2 |
| 30〜39歳 | 0 | 0.0 | 1 | 0.3 | 2 | 0.7 | 1 | 0.4 | 5 | 1.9 |
| 40〜49歳 | 5 | 1.6 | 6 | 2.0 | 4 | 1.5 | 2 | 0.7 | 3 | 1.1 |
| 50〜59歳 | 20 | 6.4 | 18 | 5.9 | 12 | 4.4 | 14 | 5.0 | 15 | 5.6 |
| 60〜64歳 | 31 | 9.9 | 19 | 6.3 | 16 | 5.8 | 14 | 5.0 | 12 | 4.4 |
| 65歳以上 | 254 | 81.4 | 256 | 84.2 | 237 | 86.5 | 248 | 88.3 | 229 | 84.8 |
| 65〜69歳 | 34 | 10.9 | 44 | 14.5 | 26 | 9.5 | 41 | 14.6 | 33 | 12.2 |
| 70〜79歳 | 101 | 32.4 | 84 | 27.6 | 67 | 24.5 | 89 | 31.7 | 101 | 37.4 |
| 80歳以上 | 119 | 38.1 | 128 | 42.1 | 144 | 52.6 | 118 | 42.0 | 95 | 35.2 |
| 不明 | – | – | 1 | 0.3 | – | – | 0 | 0.0 | 0 | 0.0 |

資料：農林水産省農産局「令和2年に発生した農作業死亡事故」（令和4年2月16日プレスリリース）

# V　農業の担い手

## 1　人・農地プラン実質化の取組状況（令和4年3月末現在）

| 区分 | 単位 | 合計 | 実質化<br>されている<br>地区 | 工程表を作成し、<br>実質化に取り組む<br>地区 |
|---|---|---|---|---|
| 令和3年度 | 地区 | 21,884 | 18,287 | 3,597 |
| 地区内農地面積 | 万ha | 403 | 367 | 35 |

資料：農林水産省経営局「人・農地プラン実質化の取組状況（令和4年3月末現在）」
注：　農地面積は、市町村の報告ベースであり、耕地及び作付面積統計による耕地面積とは必ず
しも一致しない。

## 2　農地中間管理機構の借入・転貸面積の状況

| 年次 | 年間集積<br>目標面積 | 機構の借入面積 | 2)機構の転貸面積 | |
|---|---|---|---|---|
| | | 1)各年度末<br>までに<br>権利発生 | 1)各年度末<br>までに<br>権利発生 | 新規集積<br>面積 |
| 平成29年度 | 149,210 | 43,546 | 46,540 | 17,244 |
| 30 | 149,210 | 40,686 | 43,845 | 16,364 |
| 令和元 | 149,210 | 35,437 | 39,937 | 15,480 |
| 2 | 149,210 | 46,466 | 56,963 | 18,572 |
| 3 | 149,210 | 48,629 | 57,373 | 19,685 |

資料：農林水産省経営局「農地中間管理機構の実績等に関する資料」（令和3年度版）
注：1)は、過年度に計画公告（又は認可公告）し、各年度に権利発生したものを含む。
　　2)は、過年度に機構が借り入れて、各年度に転貸したものを含む。

3 認定農業者（農業経営改善計画の認定状況）
(1) 基本構想作成及び認定農業者数（各年3月末現在）

| 年次 | 基本構想策定市町村数 | 認定市町村数 | 認定農業者数 | 法人 | 女性 | 共同申請 |
|---|---|---|---|---|---|---|
| | 市町村 | 市町村 | 経営体 | 経営体 | 経営体 | 経営体 |
| 平成29年 | 1,665 | 1,629 | 242,304 | 22,182 | 5,870 | 12,832 |
| 30 | 1,669 | 1,637 | 240,665 | 23,648 | 5,853 | 13,638 |
| 31 | 1,669 | 1,638 | 239,043 | 24,965 | 5,921 | 14,164 |
| 令和2 | 1,672 | 1,641 | 233,806 | 26,080 | 5,869 | 14,656 |
| 3 | 1,672 | 1,637 | 227,444 | 27,114 | 5,643 | 15,007 |

資料：農林水産省経営局資料「認定農業者の認定状況」（以下(5)まで同じ。）
注： 1 認定農業者とは、農業経営基盤強化促進法に基づき農業経営改善計画を市町村等に提出
し認定を受けている者である。なお、認定農業者数には、特定農業法人で認定農業者とみ
なされている者も含む（以下(5)まで同じ。）。
2 令和2年4月から、農業経営を営む区域が、市町村の区域内の場合は市町村長が、都道
府県内の複数市町村にまたがる場合は都道府県知事が、地方農政局の管区内の複数都道府
県にまたがる場合又は複数の地方農政局の管区にまたがる場合は地方農政局長又は農林水
産大臣が、認定する。（以下(5)まで同じ。）
3 基本構想とは、農業経営基盤強化促進法に基づき、市町村が策定する地域の実情に即し
て効率的かつ安定的な農業経営の目標等を内容とするものである。

(2) 年齢階層別の農業経営改善計画認定状況（各年3月末現在）

| 年次 | 単位 | 計 | 29歳以下 | 30～39 | 40～49 | 50～59 | 60～64 | 65歳以上 |
|---|---|---|---|---|---|---|---|---|
| 認定数 | | | | | | | | |
| 平成29年 | 経営体 | 207,290 | 1,327 | 12,503 | 30,778 | 55,119 | 40,216 | 67,347 |
| 30 | 〃 | 203,379 | 1,157 | 11,844 | 29,413 | 51,667 | 37,784 | 71,514 |
| 31 | 〃 | 199,914 | 1,097 | 11,513 | 28,660 | 48,509 | 35,534 | 74,601 |
| 令和2 | 〃 | 193,070 | 1,032 | 11,250 | 27,908 | 45,071 | 32,618 | 75,191 |
| 3 | 〃 | 185,323 | 1,085 | 11,056 | 27,465 | 40,972 | 29,671 | 75,074 |
| 構成比 | | | | | | | | |
| 平成29年 | ％ | 100.0 | 0.6 | 6.0 | 14.8 | 26.6 | 19.4 | 32.5 |
| 30 | 〃 | 100.0 | 0.6 | 5.8 | 14.5 | 25.4 | 18.6 | 35.2 |
| 31 | 〃 | 100.0 | 0.5 | 5.8 | 14.3 | 24.3 | 17.8 | 37.3 |
| 令和2 | 〃 | 100.0 | 0.5 | 5.8 | 14.5 | 23.3 | 16.9 | 38.9 |
| 3 | 〃 | 100.0 | 0.6 | 6.0 | 14.8 | 22.1 | 16.0 | 40.5 |

注：法人、共同申請による農業経営改善計画の認定数を除く。

(3) 法人形態別の農業経営改善計画認定状況（各年3月末現在）

| 年次 | 法人計 | | 農事組合法人 | | 特例有限会社 | | 株式会社 | | その他 | |
|---|---|---|---|---|---|---|---|---|---|---|
| | 認定数 | 構成比 | 認定数 | 構成比 | 認定数 | 構成比 | 認定数 | 構成比 | 認定数 | 構成比 |
| | 経営体 | % | 経営体 | % | 経営体 | % | 経営体 | % | 経営体 | % |
| 平成29年 | 22,136 | 100.0 | 5,782 | 26.1 | 7,974 | 36.0 | 7,709 | 34.8 | 671 | 3.0 |
| 30 | 23,612 | 100.0 | 6,135 | 26.0 | 7,913 | 33.5 | 8,766 | 37.1 | 798 | 3.4 |
| 31 | 24,950 | 100.0 | 6,350 | 25.5 | 7,848 | 31.5 | 9,846 | 39.5 | 906 | 3.6 |
| 令和2 | 26,066 | 100.0 | 6,486 | 24.9 | 7,793 | 29.9 | 10,747 | 41.2 | 1,040 | 4.0 |
| 3 | 27,103 | 100.0 | 6,591 | 24.3 | 7,586 | 28.0 | 11,787 | 43.5 | 1,139 | 4.2 |

注：特定農業法人で認定農業者とみなされている法人を含まない。

(4) 営農類型別の農業経営改善計画認定状況（各年3月末現在）

単位：経営体

| 営農類型 | 平成29年 | 30 | 31 | 令和2 | 3 |
|---|---|---|---|---|---|
| 計 | 242,258 | 240,629 | 239,028 | 233,792 | 227,433 |
| 単一経営計 | 131,327 | 130,281 | 129,993 | 128,907 | 129,892 |
| 稲作 | 38,777 | 39,954 | 39,501 | 38,402 | 38,320 |
| 麦類作 | 524 | 395 | 410 | 449 | 457 |
| 雑穀・いも類・豆類 | 1,650 | 1,549 | 1,601 | 1,667 | 1,617 |
| 工芸農作物 | 4,912 | 4,775 | 4,621 | 4,357 | 4,335 |
| 露地野菜 | 16,202 | 15,899 | 15,787 | 15,758 | 16,559 |
| 施設野菜 | 19,676 | 18,523 | 18,774 | 19,072 | 19,688 |
| 果樹類 | 17,579 | 17,309 | 17,344 | 17,485 | 17,686 |
| 花き・花木 | 6,962 | 6,651 | 6,527 | 6,637 | 6,394 |
| その他の作物 | 1,484 | 1,587 | 1,709 | 1,763 | 1,742 |
| 酪農 | 10,637 | 10,416 | 10,172 | 9,698 | 9,504 |
| 肉用牛 | 7,842 | 8,236 | 8,432 | 8,537 | 8,690 |
| 養豚 | 2,219 | 2,172 | 2,156 | 2,090 | 2,014 |
| 養鶏 | 2,008 | 2,000 | 2,025 | 2,009 | 2,014 |
| その他の畜産 | 855 | 815 | 934 | 983 | 865 |
| 養蚕 | … | … | … | … | 7 |
| 複合経営 | 110,931 | 110,348 | 109,035 | 104,885 | 97,541 |

注：1 単一経営経営体とは、農産物販売金額1位部門の販売金額が総販売金額の8割以上を占め
　　る経営体をいう。
　　2 複合経営経営体とは、農産物販売金額の1位部門が総販売金額の8割未満の経営体をいう。
　　3 特定農業法人で認定農業者とみなされている法人を含まない。

3 認定農業者（農業経営改善計画の認定状況）（続き）
(5) ブロック別認定農業者数（各年3月末現在）

単位：経営体

| 地方農政局名等 | 平成29年 | 30 | 31 | 令和2 | 3 |
|---|---|---|---|---|---|
| 全国 | 242,304 | 240,665 | 239,043 | 233,806 | 227,444 |
| 北海道 | 30,497 | 30,146 | 29,741 | 28,978 | 28,369 |
| 東北農政局 | 51,850 | 51,323 | 50,886 | 48,897 | 46,619 |
| 関東農政局 | 50,983 | 51,067 | 51,225 | 50,862 | 49,924 |
| 北陸農政局 | 19,960 | 20,017 | 19,629 | 19,173 | 18,125 |
| 東海農政局 | 8,947 | 8,774 | 8,827 | 8,749 | 8,560 |
| 近畿農政局 | 11,612 | 11,523 | 11,400 | 11,076 | 10,791 |
| 中国四国農政局 | 19,541 | 19,361 | 19,330 | 19,152 | 18,916 |
| 九州農政局 | 47,449 | 47,023 | 46,686 | 45,651 | 44,827 |
| 沖縄 | 1,465 | 1,431 | 1,319 | 1,268 | 1,278 |
| 国（本省） | － | － | － | － | 35 |

4 法人等
(1) 農地所有適格法人数 （各年1月1日現在）

単位：法人

| 年次 | 総数 | 組織別 | | | | | |
|---|---|---|---|---|---|---|---|
| | | 特例有限会社 | 合名会社 | 合資会社 | 合同会社 | 1)農事組合法人 | 株式会社 |
| 平成29年 | 17,140 | 6,283 | 16 | 47 | 388 | 4,961 | 5,445 |
| 30 | 18,236 | 6,289 | 14 | 44 | 446 | 5,249 | 6,194 |
| 31 | 19,213 | 6,277 | 13 | 42 | 530 | 5,489 | 6,862 |
| 令和2 | 19,550 | 6,021 | 14 | 36 | 575 | 5,571 | 7,333 |
| 3 | 20,045 | 5,639 | 10 | 33 | 687 | 5,608 | 8,068 |

| 年次 | 主要業種別 | | | | | | |
|---|---|---|---|---|---|---|---|
| | 米麦作 | 果樹 | 畜産 | そ菜 | 工芸作物 | 花き・花木 | その他 |
| 平成29年 | 7,285 | 1,187 | 2,903 | 3,250 | 542 | 835 | 1,138 |
| 30 | 7,841 | 1,251 | 3,083 | 3,452 | 564 | 868 | 1,177 |
| 31 | 8,314 | 1,312 | 3,264 | 3,635 | 595 | 879 | 1,214 |
| 令和2 | 8,669 | 1,321 | 3,267 | 3,624 | 585 | 857 | 1,227 |
| 3 | 9,276 | 1,337 | 3,373 | 3,889 | 549 | 764 | 857 |

資料：農林水産省経営局資料（以下(2)まで同じ。）
注： 「農地所有適格法人」とは、平成28年4月1日の改正法の施行に伴い農地法第2条第3項に規定
された農業経営を行うために農地を取得できる法人のことであり、平成28年3月31日以前における
「農業生産法人」のことである。
1)は、農業協同組合法に基づく農事組合法人のうち、農地法第2条第3項各号の要件のすべてを
備えて農地等の所有権及び使用収益権の取得を認められたものである。したがって、「(3) 農事組
合法人」とは上の目的以外の農事組合法人（例えば養鶏専業のように宅地の名目でできるもの）が
計上されているので一致しない。

(2) 一般法人の農業参入数（各年12月末現在）

単位：法人

| 区分 | 平成28年 | 29 | 30 | 令和元 | 2 |
|---|---|---|---|---|---|
| 参入法人数 | 2,676 | 3,030 | 3,286 | 3,669 | 3,867 |

注：平成15年4月以降に農地のリース方式で参入した一般法人数である。
　　なお、平成21年の農地法改正によりリース方式による参入を全面自由化した。

(3) 農事組合法人（各年3月31日現在）
　ア 総括表

単位：法人

| 年次 | 総数 | 単一・複合作目別 | | 事業種別 | | | |
|---|---|---|---|---|---|---|---|
| | | 単一作目 | 複合作目 | 第1号法人 | | 第2号法人 | 第1号及び第2号法人 |
| | | | | 出資 | 非出資 | | |
| 平成30年 | 9,458 | 5,924 | 3,534 | 827 | 246 | 1,073 | 7,312 |
| 31 | 9,416 | 5,756 | 3,660 | 762 | 230 | 1,049 | 7,375 |
| 令和2 | 9,355 | 5,590 | 3,765 | 718 | 222 | 1,005 | 7,410 |
| 3 | 9,320 | 5,504 | 3,816 | 689 | 216 | 968 | 7,447 |
| 4 | 9,286 | 5,434 | 3,852 | 669 | 207 | 949 | 7,461 |

資料：農林水産省経営局「農業協同組合等現在数統計」（以下イまで同じ。）
注：1　この法人数は、各年3月31日までに行政庁に届け出たものの数値である。
　　2　第1号法人とは、農業に係る共同利用施設の設置又は農作業の共同化に関する事業を行う農事組合法人である。
　　3　第2号法人とは、農業の経営（これと併せて行う林業の経営を含む。）を行う農事組合法人である。
　　4　第1号及び第2号法人とは、上記1号・2号の事業を併せて行う農事組合法人である。

　イ 主要業種別農事組合法人数

単位：法人

| 年次 | 単一作目 | | | | | | | | | | 複合作目 |
|---|---|---|---|---|---|---|---|---|---|---|---|
| | | 畜産 | | | | 果樹 | 野菜 | 工芸 | 普通作 | 養蚕 | |
| | | 酪農 | 肉用牛 | 養豚 | 養鶏 | | | | | | |
| 平成30年 | 5,924 | 293 | 279 | 202 | 154 | 349 | 566 | 277 | 2,924 | 35 | 3,534 |
| 31 | 5,756 | 267 | 256 | 180 | 142 | 341 | 531 | 264 | 2,974 | 21 | 3,660 |
| 令和2 | 5,590 | 253 | 242 | 162 | 132 | 311 | 499 | 236 | 3,000 | 14 | 3,765 |
| 3 | 5,504 | 239 | 231 | 153 | 124 | 300 | 485 | 233 | 3,024 | 11 | 3,816 |
| 4 | 5,434 | 228 | 220 | 146 | 118 | 301 | 460 | 230 | 3,048 | 11 | 3,852 |

5 集落営農（各年2月1日現在）
(1) 組織形態別集落営農数

単位：集落営農

| 年次・都道府県 | 計 | 法人 | | | | 非法人 |
| | | 農事組合法人 | 会社 | | その他 | |
| | | | 株式会社 | 合名・合資・合同会社 | | |
|---|---|---|---|---|---|---|
| 令和2年 | 14,832 | 4,788 | 597 | 43 | 30 | 9,374 |
| 3 | 14,490 | 4,885 | 600 | 48 | 31 | 8,926 |
| 4 | 14,364 | 4,984 | 621 | 52 | 37 | 8,670 |
| 北海道 | 208 | 12 | 22 | 2 | – | 172 |
| 青森 | 178 | 60 | 2 | – | – | 116 |
| 岩手 | 610 | 195 | 24 | 3 | 3 | 385 |
| 宮城 | 818 | 172 | 59 | 1 | – | 586 |
| 秋田 | 738 | 305 | 34 | 2 | – | 397 |
| 山形 | 472 | 124 | 16 | – | 2 | 330 |
| 福島 | 424 | 45 | 23 | 8 | 4 | 344 |
| 茨城 | 138 | 22 | 10 | – | – | 106 |
| 栃木 | 238 | 38 | 4 | – | – | 196 |
| 群馬 | 117 | 96 | – | – | 1 | 20 |
| 埼玉 | 80 | 28 | 5 | – | – | 47 |
| 千葉 | 88 | 59 | 4 | – | – | 25 |
| 東京 | – | – | – | – | – | – |
| 神奈川 | 5 | – | 1 | – | – | 4 |
| 新潟 | 716 | 303 | 86 | 1 | – | 326 |
| 富山 | 711 | 469 | 6 | – | – | 236 |
| 石川 | 292 | 140 | 21 | – | – | 131 |
| 福井 | 581 | 218 | 37 | 10 | 3 | 313 |
| 山梨 | 5 | 2 | – | – | – | 3 |
| 長野 | 361 | 77 | 24 | 2 | 7 | 251 |
| 岐阜 | 317 | 172 | 26 | – | 5 | 114 |
| 静岡 | 30 | 4 | 4 | – | – | 22 |
| 愛知 | 106 | 11 | – | 1 | 2 | 92 |
| 三重 | 307 | 71 | 6 | 2 | 2 | 226 |
| 滋賀 | 673 | 355 | 4 | 2 | – | 312 |
| 京都 | 323 | 43 | 43 | 3 | – | 234 |
| 大阪 | 8 | 1 | – | – | – | 7 |
| 兵庫 | 881 | 112 | 53 | 1 | 2 | 713 |
| 奈良 | 42 | 10 | 2 | 1 | 1 | 28 |
| 和歌山 | 8 | 1 | – | – | – | 7 |
| 鳥取 | 308 | 80 | 3 | 1 | 1 | 223 |
| 島根 | 531 | 241 | 9 | 3 | – | 278 |
| 岡山 | 273 | 85 | 3 | – | 1 | 184 |
| 広島 | 651 | 233 | 30 | 4 | – | 384 |
| 山口 | 326 | 226 | 11 | 2 | – | 87 |
| 徳島 | 26 | 9 | 1 | – | – | 16 |
| 香川 | 231 | 113 | – | 1 | – | 117 |
| 愛媛 | 122 | 46 | 6 | – | – | 70 |
| 高知 | 181 | 29 | 4 | – | 1 | 147 |
| 福岡 | 563 | 280 | 5 | 1 | – | 277 |
| 佐賀 | 507 | 86 | 1 | – | 1 | 419 |
| 長崎 | 105 | 60 | – | – | – | 45 |
| 熊本 | 394 | 100 | 8 | 1 | – | 285 |
| 大分 | 464 | 196 | 13 | – | 1 | 254 |
| 宮崎 | 99 | 28 | 6 | – | – | 65 |
| 鹿児島 | 101 | 27 | 5 | – | – | 69 |
| 沖縄 | 7 | – | – | – | – | 7 |

資料：農林水産省統計部「集落営農実態調査」（以下(7)まで同じ。）
注：1 集落営農とは、「集落」を単位として、農業生産過程における一部又は全部についての共同化・統一化に関する合意の下に実施される営農を行う組織（農業用機械の所有のみを共同で行う取組及び栽培協定又は用排水の管理の合意のみの取組を行うものを除く。）である。
　　2 東日本大震災の影響により、宮城県、福島県において営農活動を休止している又は営農活動の状況が把握できなかった集落営農については、当該県の結果には含まない。

(2) 現況集積面積（経営耕地面積＋農作業受託面積）規模別集落営農数

単位：集落営農

| 年次・都道府県 | 計 | 5ha未満 | 5〜10 | 10〜20 | 20〜30 | 30〜50 | 50〜100 | 100ha以上 |
|---|---|---|---|---|---|---|---|---|
| 令和2年 | 14,832 | 2,004 | 2,037 | 3,437 | 2,537 | 2,639 | 1,522 | 656 |
| 3 | 14,490 | 1,983 | 1,967 | 3,268 | 2,555 | 2,555 | 1,503 | 659 |
| 4 | 14,364 | 1,977 | 1,889 | 3,256 | 2,452 | 2,611 | 1,506 | 673 |
| 北海道 | 208 | 10 | 3 | 9 | 6 | 12 | 24 | 144 |
| 青森 | 178 | 5 | 14 | 41 | 30 | 34 | 39 | 15 |
| 岩手 | 610 | 44 | 39 | 96 | 89 | 165 | 128 | 49 |
| 宮城 | 818 | 55 | 87 | 156 | 129 | 188 | 149 | 54 |
| 秋田 | 738 | 12 | 38 | 149 | 160 | 211 | 130 | 38 |
| 山形 | 472 | 50 | 67 | 78 | 56 | 86 | 86 | 49 |
| 福島 | 424 | 66 | 53 | 90 | 81 | 71 | 52 | 11 |
| 茨城 | 138 | 4 | 26 | 28 | 22 | 31 | 23 | 4 |
| 栃木 | 238 | 22 | 21 | 34 | 47 | 63 | 42 | 9 |
| 群馬 | 117 | 6 | 7 | 22 | 29 | 31 | 19 | 3 |
| 埼玉 | 80 | 9 | 4 | 20 | 14 | 15 | 12 | 6 |
| 千葉 | 88 | 6 | 6 | 20 | 17 | 17 | 18 | 4 |
| 東京 | − | − | − | − | − | − | − | − |
| 神奈川 | 5 | 4 | − | 1 | − | − | − | − |
| 新潟 | 716 | 52 | 75 | 171 | 146 | 162 | 94 | 16 |
| 富山 | 711 | 27 | 61 | 138 | 166 | 236 | 68 | 15 |
| 石川 | 292 | 25 | 39 | 73 | 75 | 56 | 23 | 1 |
| 福井 | 581 | 55 | 76 | 141 | 115 | 119 | 59 | 16 |
| 山梨 | 5 | 1 | 3 | 1 | − | − | − | − |
| 長野 | 361 | 84 | 53 | 51 | 37 | 44 | 46 | 46 |
| 岐阜 | 317 | 36 | 35 | 65 | 41 | 72 | 49 | 19 |
| 静岡 | 30 | 12 | 7 | 3 | 1 | 4 | 2 | 1 |
| 愛知 | 106 | 15 | 12 | 23 | 11 | 20 | 11 | 14 |
| 三重 | 307 | 57 | 40 | 59 | 54 | 55 | 32 | 10 |
| 滋賀 | 673 | 158 | 93 | 166 | 121 | 96 | 35 | 4 |
| 京都 | 323 | 157 | 64 | 60 | 25 | 11 | 6 | − |
| 大阪 | 8 | 5 | − | 1 | − | 1 | 1 | − |
| 兵庫 | 881 | 264 | 205 | 248 | 99 | 49 | 12 | 4 |
| 奈良 | 42 | 14 | 4 | 10 | 7 | 3 | 2 | 2 |
| 和歌山 | 8 | 1 | 1 | 2 | 1 | 3 | − | − |
| 鳥取 | 308 | 57 | 55 | 97 | 48 | 37 | 11 | 3 |
| 島根 | 531 | 99 | 132 | 169 | 66 | 44 | 17 | 4 |
| 岡山 | 273 | 58 | 55 | 85 | 48 | 23 | 4 | − |
| 広島 | 651 | 108 | 94 | 175 | 132 | 99 | 38 | 5 |
| 山口 | 326 | 27 | 30 | 107 | 75 | 56 | 21 | 10 |
| 徳島 | 26 | 5 | 12 | 5 | 4 | − | − | − |
| 香川 | 231 | 56 | 71 | 69 | 12 | 13 | 6 | 4 |
| 愛媛 | 122 | 18 | 22 | 36 | 18 | 17 | 7 | 4 |
| 高知 | 181 | 98 | 38 | 24 | 13 | 3 | 5 | − |
| 福岡 | 563 | 16 | 50 | 153 | 119 | 137 | 60 | 28 |
| 佐賀 | 507 | 6 | 22 | 96 | 124 | 152 | 69 | 38 |
| 長崎 | 105 | 15 | 12 | 38 | 20 | 6 | 9 | 5 |
| 熊本 | 394 | 13 | 36 | 82 | 82 | 100 | 62 | 19 |
| 大分 | 464 | 111 | 100 | 133 | 77 | 30 | 13 | − |
| 宮崎 | 99 | 11 | 11 | 15 | 17 | 17 | 15 | 13 |
| 鹿児島 | 101 | 23 | 16 | 16 | 15 | 21 | 6 | 4 |
| 沖縄 | 7 | − | − | − | 3 | 1 | 1 | 2 |

5 集落営農（各年2月1日現在）（続き）
(3) 農産物等の生産・販売活動別集落営農数（複数回答）

単位：集落営農

| 年次・全国農業地域 | 計（実数） | 農産物等の生産・販売活動（複数回答） | | | | | | |
|---|---|---|---|---|---|---|---|---|
| | | 小計（実数） | 水稲・陸稲を生産・販売 | 麦、大豆、てん菜、原料用ばれいしょのうち、いずれかを生産・販売 | そばを生産・販売 | 野菜を生産・販売 | その他の作物（畜産物を含む。）を生産・販売 | 農産加工品の生産・販売 |
| 令和2年 | 14,832 | 11,551 | 9,213 | 6,582 | … | … | 5,684 | 624 |
| 3 | 14,490 | 11,443 | 9,212 | 6,439 | 1,617 | 2,395 | 4,547 | 631 |
| 4 | 14,364 | 11,446 | 9,286 | 6,375 | 1,727 | 2,519 | 4,257 | 642 |
| 北海道 | 208 | 66 | 16 | 30 | 28 | 17 | 36 | 4 |
| 東北 | 3,240 | 2,772 | 2,050 | 1,276 | 530 | 631 | 1,171 | 119 |
| 北陸 | 2,300 | 2,076 | 1,859 | 1,188 | 420 | 558 | 630 | 86 |
| 関東・東山 | 1,032 | 934 | 588 | 585 | 257 | 135 | 250 | 78 |
| 東海 | 760 | 588 | 496 | 351 | 38 | 108 | 153 | 38 |
| 近畿 | 1,935 | 1,501 | 1,219 | 844 | 113 | 341 | 497 | 75 |
| 中国 | 2,089 | 1,372 | 1,220 | 593 | 191 | 416 | 727 | 157 |
| 四国 | 560 | 380 | 296 | 189 | 8 | 95 | 159 | 28 |
| 九州 | 2,233 | 1,757 | 1,542 | 1,319 | 142 | 218 | 634 | 57 |
| 沖縄 | 7 | – | – | – | – | – | – | – |

(4) 農産物等の生産・販売以外の活動別集落営農数（複数回答）

単位：集落営農

| 年次・全国農業地域 | 計（実数） | 農産物等の生産・販売以外の活動（複数回答） | | | | 集落内の営農を一括管理・運営している |
|---|---|---|---|---|---|---|
| | | 機械の共同所有・共同利用を行う | 防除・収穫等の農作業受託を行う | 農家の出役により、共同で農作業（農業機械を利用した農作業以外）を行う | 作付け地の団地化など、集落内の土地利用調整を行う | |
| 令和2年 | 14,832 | 12,014 | 6,528 | 7,670 | 8,429 | 4,182 |
| 3 | 14,490 | 12,746 | 6,494 | 7,469 | 8,214 | 4,128 |
| 4 | 14,364 | 12,819 | 6,278 | 7,344 | 8,123 | 4,046 |
| 北海道 | 208 | 195 | 90 | 89 | 34 | 20 |
| 東北 | 3,240 | 2,716 | 1,015 | 1,631 | 2,027 | 824 |
| 北陸 | 2,300 | 2,204 | 787 | 1,596 | 1,497 | 846 |
| 関東・東山 | 1,032 | 894 | 367 | 509 | 535 | 288 |
| 東海 | 760 | 627 | 474 | 401 | 496 | 265 |
| 近畿 | 1,935 | 1,697 | 1,197 | 993 | 1,122 | 471 |
| 中国 | 2,089 | 1,963 | 1,090 | 1,009 | 949 | 690 |
| 四国 | 560 | 527 | 309 | 199 | 129 | 58 |
| 九州 | 2,233 | 1,989 | 943 | 917 | 1,334 | 584 |
| 沖縄 | 7 | 7 | 6 | – | – | – |

## (5)　経理の共同化の状況別集落営農数（複数回答）

単位：集落営農

| 年次・全国農業地域 | 計（実数） | いずれかの収支に係る経理を共同で行っている（複数回答） | | | | | | |
| --- | --- | --- | --- | --- | --- | --- | --- | --- |
| | | 小計 | 農業機械の利用・管理に係る収支 | オペレータなどの賃金等に係る収支 | 資材の購入に係る収支 | 生産物の出荷・販売に係る収支 | 農業共済に係る収支 | 農業経営収入保険に係る収支 |
| 令和2年 | 14,832 | 14,139 | 13,069 | 12,660 | 11,779 | 11,513 | 10,850 | |
| 3 | 14,490 | 14,066 | 13,391 | 12,435 | 11,631 | 11,403 | 8,944 | 1,784 |
| 4 | 14,364 | 13,977 | 13,417 | 12,472 | 11,638 | 11,390 | 8,878 | 2,141 |
| 北海道 | 208 | 205 | 198 | 183 | 108 | 66 | 68 | 14 |
| 東北 | 3,240 | 3,085 | 2,937 | 2,742 | 2,781 | 2,772 | 2,048 | 466 |
| 北陸 | 2,300 | 2,297 | 2,278 | 2,270 | 2,159 | 2,077 | 1,746 | 531 |
| 関東・東山 | 1,032 | 1,010 | 960 | 1,005 | 988 | 934 | 787 | 113 |
| 東海 | 760 | 678 | 649 | 634 | 623 | 588 | 478 | 81 |
| 近畿 | 1,935 | 1,903 | 1,790 | 1,584 | 1,423 | 1,477 | 1,267 | 181 |
| 中国 | 2,089 | 2,041 | 2,009 | 1,703 | 1,410 | 1,351 | 840 | 435 |
| 四国 | 560 | 546 | 526 | 461 | 376 | 374 | 223 | 80 |
| 九州 | 2,233 | 2,205 | 2,063 | 1,883 | 1,770 | 1,751 | 1,421 | 240 |
| 沖縄 | 7 | 7 | 7 | 7 | － | － | － | － |

## (6)　経営所得安定対策への加入状況

単位：集落営農

| 年次・全国農業地域 | 計 | 加入している | 加入していない |
| --- | --- | --- | --- |
| 令和2年 | 14,832 | 10,347 | 4,485 |
| 3 | 14,490 | 10,070 | 4,420 |
| 4 | 14,364 | 10,016 | 4,348 |
| 北海道 | 208 | 49 | 159 |
| 東北 | 3,240 | 2,585 | 655 |
| 北陸 | 2,300 | 1,835 | 465 |
| 関東・東山 | 1,032 | 861 | 171 |
| 東海 | 760 | 480 | 280 |
| 近畿 | 1,935 | 1,122 | 813 |
| 中国 | 2,089 | 1,167 | 922 |
| 四国 | 560 | 265 | 295 |
| 九州 | 2,233 | 1,652 | 581 |
| 沖縄 | 7 | － | 7 |

5 集落営農（各年2月1日現在）（続き）
(7) 実質化している人・農地プランにおける位置付け状況

単位：集落営農

| 年次・<br>全国農業地域 | 計 | 実質化している人・農地プランの | |
|---|---|---|---|
| | | 中心経営体として位置づけ<br>られている | 中心経営体として位置づけ<br>られていない |
| **令和4年** | 14,364 | 7,326 | 7,038 |
| 北海道 | 208 | 67 | 141 |
| 東北 | 3,240 | 1,850 | 1,390 |
| 北陸 | 2,300 | 1,515 | 785 |
| 関東・東山 | 1,032 | 561 | 471 |
| 東海 | 760 | 358 | 402 |
| 近畿 | 1,935 | 792 | 1,143 |
| 中国 | 2,089 | 760 | 1,329 |
| 四国 | 560 | 291 | 269 |
| 九州 | 2,233 | 1,132 | 1,101 |
| 沖縄 | 7 | － | 7 |

## 6　新規就農者
### (1)　年齢別就農形態別新規就農者数（令和3年）

単位：人

| 区分 | 男女計 | | | | | | |
|---|---|---|---|---|---|---|---|
| | 計 | 新規自営農業就農者 | | 新規雇用就農者 | | | 新規参入者 |
| | | | 新規学卒就農者 | 小計 | 農家出身 | 非農家出身 | |
| 計 | 52,290 | 36,890 | 800 | 11,570 | 1,480 | 10,100 | 3,830 |
| 49歳以下 | 18,420 | 7,190 | 800 | 8,540 | 930 | 7,620 | 2,690 |
| 15〜19歳 | 910 | 200 | 200 | 700 | 70 | 640 | 10 |
| 20〜29 | 6,100 | 1,930 | 550 | 3,700 | 420 | 3,280 | 470 |
| 30〜39 | 5,740 | 2,480 | 50 | 2,170 | 280 | 1,900 | 1,080 |
| 40〜49 | 5,680 | 2,580 | − | 1,970 | 170 | 1,800 | 1,130 |
| 50〜59 | 5,880 | 3,870 | − | 1,470 | 220 | 1,250 | 540 |
| 60〜64 | 9,760 | 8,700 | − | 820 | 170 | 650 | 240 |
| 65歳以上 | 18,230 | 17,130 | − | 740 | 170 | 570 | 360 |

| 区分 | 男 | | | | | | |
|---|---|---|---|---|---|---|---|
| | 計 | 新規自営農業就農者 | | 新規雇用就農者 | | | 新規参入者 |
| | | | 新規学卒就農者 | 小計 | 農家出身 | 非農家出身 | |
| 計 | 39,530 | 28,860 | 660 | 7,550 | 1,210 | 6,340 | 3,130 |
| 49歳以下 | 12,880 | 5,280 | 660 | 5,410 | 740 | 4,670 | 2,190 |
| 15〜19歳 | 680 | 180 | 180 | 490 | 50 | 450 | 10 |
| 20〜29 | 4,380 | 1,490 | 470 | 2,490 | 330 | 2,160 | 410 |
| 30〜39 | 3,870 | 1,640 | 10 | 1,370 | 230 | 1,140 | 860 |
| 40〜49 | 3,950 | 1,980 | − | 1,060 | 140 | 920 | 920 |
| 50〜59 | 4,210 | 2,880 | − | 900 | 190 | 710 | 430 |
| 60〜64 | 7,470 | 6,700 | − | 570 | 110 | 460 | 200 |
| 65歳以上 | 14,980 | 14,010 | − | 670 | 170 | 500 | 310 |

| 区分 | 女 | | | | | | |
|---|---|---|---|---|---|---|---|
| | 計 | 新規自営農業就農者 | | 新規雇用就農者 | | | 新規参入者 |
| | | | 新規学卒就農者 | 小計 | 農家出身 | 非農家出身 | |
| 計 | 12,750 | 8,030 | 150 | 4,020 | 270 | 3,760 | 700 |
| 49歳以下 | 5,540 | 1,910 | 150 | 3,130 | 180 | 2,950 | 500 |
| 15〜19歳 | 230 | 20 | 20 | 210 | 20 | 190 | − |
| 20〜29 | 1,720 | 440 | 90 | 1,210 | 80 | 1,120 | 60 |
| 30〜39 | 1,870 | 850 | 40 | 800 | 50 | 760 | 230 |
| 40〜49 | 1,730 | 610 | − | 910 | 30 | 880 | 210 |
| 50〜59 | 1,670 | 990 | − | 570 | 30 | 540 | 110 |
| 60〜64 | 2,290 | 2,000 | − | 250 | 60 | 190 | 40 |
| 65歳以上 | 3,250 | 3,120 | − | 70 | − | 70 | 60 |

資料：農林水産省統計部「令和3年新規就農者調査」
注：1　新規自営農業就農者とは、個人経営体の世帯員で、調査期日前1年間の生活の主な状態が、
　　　「学生」から「自営農業への従事が主」になった者及び「他に雇われて勤務が主」から「自営農業への従事が主」になった者をいう。
　　2　新規雇用就農者とは、調査期日前1年間に新たに法人等に常雇い（年間7か月以上）として雇用されることにより、農業に従事することとなった者（外国人技能実習生及び特定技能で受け入れた外国人並びに雇用される直前の就農状態が農業従事者であった場合を除く。）をいう。
　　3　新規参入者とは、土地や資金を独自に調達（相続・贈与等により親の農地を譲り受けた場合を除く。）し、調査期日前1年間に新たに農業経営を開始した経営の責任者及び共同経営者をいう。

6 新規就農者（続き）
(2) 卒業者の農林業就業者数（各年3月卒業）

単位：人

| 区分 | 農業、林業就業者 | | 区分 | 農業、林業就業者 | |
|---|---|---|---|---|---|
| | 令和2年 | 3 | | 令和2年 | 3 |
| 中学校 | | | 大学 | | |
| 計 | (76) | (95) | 計 | 1,000 | 1,164 |
| 男 | (65) | (83) | 男 | 649 | 754 |
| 女 | (11) | (12) | 女 | 351 | 410 |
| 特別支援学校中学部 | | | 大学院修士課程 | | |
| 計 | (1) | (-) | 計 | 177 | 211 |
| 男 | (-) | (-) | 男 | 129 | 133 |
| 女 | (1) | (-) | 女 | 48 | 78 |
| 高等学校（全日・定時制） | | | 大学院博士課程 | | |
| 計 | 1,260 | 1,439 | 計 | 29 | 35 |
| 男 | 879 | 979 | 男 | 19 | 29 |
| 女 | 381 | 460 | 女 | 10 | 6 |
| 高等学校（通信制） | | | 大学院専門職学位課程 | | |
| 計 | 109 | 119 | 計 | 4 | 3 |
| 男 | 79 | 79 | 男 | 3 | 3 |
| 女 | 30 | 40 | 女 | 1 | 0 |
| 中等教育学校（後期課程） | | | 短期大学 | | |
| 計 | - | 1 | 計 | 60 | 62 |
| 男 | - | 1 | 男 | 34 | 35 |
| 女 | - | - | 女 | 26 | 27 |
| 特別支援学校高等部 | | | 高等専門学校 | | |
| 計 | 93 | 99 | 計 | - | 9 |
| 男 | 72 | 83 | 男 | - | 6 |
| 女 | 21 | 16 | 女 | - | 3 |

資料：文部科学省総合教育政策局「学校基本調査」
注：1 卒業後の状況調査における、産業別の就職者数である。
　　2 進学しかつ就職した者を含む。
　　3 中学校及び特別支援学校（中学部）は漁業就業者の区分をされていないため、農業・林業を
　　　含む一次産業への就業者を（ ）で掲載した。

7 女性の就業構造・経営参画状況
(1) 基幹的農業従事者等に占める女性の割合

単位：千人

| 区分 | 平成12年 | 17 | 22 | 27 | 令和2 | 3 |
|---|---|---|---|---|---|---|
| 総人口 | 126,925.8 | 127,768.0 | 128,057.4 | 127,094.7 | 126,226.6 | 125,502.0 |
| うち女性 | 64,815.1 | 65,419.0 | 65,729.6 | 65,253.0 | 64,866.6 | 64,483.0 |
| 女性の割合（%） | 51.1 | 51.2 | 51.3 | 51.3 | 51.4 | 51.4 |
| 1) 世帯員数 | 10,467.4 | 8,370.5 | 6,503.2 | 4,904.2 | 3,489.7 | 3,218.5 |
| うち女性 | 5,338.4 | 4,254.8 | 3,294.3 | 2,461.7 | 1,724.8 | 1,591.3 |
| 女性の割合（%） | 51.0 | 50.8 | 50.7 | 50.2 | 49.4 | 49.4 |
| 1) 基幹的農業従事者数 | 2,399.6 | 2,240.7 | 2,051.4 | 1,756.8 | 1,363.0 | 1,302.1 |
| うち女性 | 1,139.9 | 1,026.5 | 903.4 | 750.8 | 540.9 | 512.3 |
| 女性の割合（%） | 47.5 | 45.8 | 44.0 | 42.7 | 39.7 | 39.3 |

資料：総人口は総務省統計局「国勢調査」（各年10月1日現在）
　　　令和3年は「人口推計」（令和3年10月1日現在）
　　　総人口以外は農林水産省統計部「農林業センサス」（各年2月1日現在）
　　　令和3年は「農業構造動態調査」（令和3年2月1日現在）
注：1)は、平成12〜22年は販売農家、平成27〜令和3年は個人経営体の数値である。


(2) 経営方針の決定参画者の有無別経営体数（個人経営体）
　　（令和2年2月1日現在）

単位：経営体

| 区分 | 経営方針の決定参画者がいる | | | | いない |
|---|---|---|---|---|---|
| | | 男女の経営方針決定参画者がいる | 男の経営方針決定参画者がいる | 女の経営方針決定参画者がいる | |
| 男の経営者 | 348,271 | 73,721 | 37,365 | 237,185 | 627,788 |
| 女の経営者 | 17,746 | 3,305 | 12,223 | 2,218 | 43,537 |

資料：農林水産省統計部「2020年農林業センサス」


(3) 認定農業者に占める女性の割合（各年3月末現在）

単位：人、%

| 区分 | | 平成29年 | 30 | 31 | 令和2 | 3 |
|---|---|---|---|---|---|---|
| 認定農業者 | a | 242,304 | 240,665 | 239,043 | 233,806 | 227,444 |
| うち女性 | b | 11,102 | 11,327 | 11,493 | 11,738 | 11,610 |
| うち女性のみ | | 5,870 | 5,853 | 5,921 | 5,869 | 5,643 |
| 1) うち夫婦共同申請 | | 5,232 | 5,474 | 5,572 | 5,869 | 5,967 |
| 女性の比率 | b/a（%） | 4.6 | 4.7 | 4.8 | 5.0 | 5.1 |

資料：農林水産省経営局資料
注：1)は、夫婦での共同申請である。


(4) 家族経営協定締結農家数（各年3月31日現在）

単位：戸

| 区分 | 平成29年 | 30 | 31 | 令和2 | 3 |
|---|---|---|---|---|---|
| 全国 | 57,155 | 57,605 | 58,182 | 58,799 | 59,162 |

資料：農林水産省経営局「家族経営協定に関する実態調査」

## 8 農業委員会、農協への女性の参画状況

単位：人

| 区分 | 平成29年 | 30 | 令和元 | 2 | 3 |
|---|---|---|---|---|---|
| 農業委員数 | 26,119 | 23,196 | 23,125 | 23,201 | 23,177 |
| 男 | 23,346 | 20,449 | 20,337 | 20,340 | 20,308 |
| 女 | 2,773 | 2,747 | 2,788 | 2,861 | 2,869 |
| 農協個人正組合員数 | 4,283,685 | 4,225,505 | 4,154,980 | 4,073,527 | ‥ |
| 男 | 3,343,334 | 3,280,089 | 3,214,195 | 3,138,745 | ‥ |
| 女 | 940,351 | 945,416 | 940,785 | 934,782 | ‥ |
| 農協役員数 | 17,272 | 16,916 | 16,241 | 15,565 | ‥ |
| 男 | 15,945 | 15,569 | 14,883 | 14,158 | ‥ |
| 女 | 1,327 | 1,347 | 1,358 | 1,407 | ‥ |

資料：農業委員数は農林水産省経営局資料
　　　農業委員数以外は農林水産省統計部、経営局「農業協同組合及び同連合会一斉調査結果」
注：　農業委員数は、各年10月1日現在である。農協（総合農協）は、各年4月1日～翌年3月末
　　　までの間に終了した事業年度ごとの数値である。

## 9 農業者年金への加入状況
### (1) 加入区分別（各年度末現在）

単位：人

| 区分 | 被保険者総数 | 通常加入 | 政策支援加入 | | | | | | 6)未分類 |
|---|---|---|---|---|---|---|---|---|---|
| | | | 小計 | 1)区分1 | 2)区分2 | 3)区分3 | 4)区分4 | 5)区分5 | |
| 平成29年度 | 47,208 | 35,276 | 11,697 | 5,030 | 359 | 6,044 | 238 | 26 | 235 |
| 30 | 46,942 | 35,291 | 11,418 | 4,942 | 435 | 5,898 | 124 | 19 | 233 |
| 令和元 | 46,327 | 35,127 | 10,899 | 4,767 | 407 | 5,600 | 106 | 19 | 301 |
| 2 | 45,862 | 35,130 | 10,478 | 4,716 | 371 | 5,293 | 81 | 17 | 254 |
| 3 | 45,190 | 34,841 | 10,118 | 4,615 | 331 | 5,067 | 85 | 20 | 231 |

資料：農業者年金基金調べ（以下(2)まで同じ。）
注：　1)は、認定農業者及び青色申告者の両方に該当している者である。
　　　2)は、認定就農者及び青色申告者の両方に該当している者である。
　　　3)は、区分1又は区分2の者と家族経営協定を締結した配偶者又は直系卑属である。
　　　4)は、認定農業者又は青色申告者のどちらか一方に該当し、3年以内に区分1に該当することを約束
　　　した者である。
　　　5)は、農業を営む者の直系卑属の後継者（35歳未満）であって、35歳まで（25歳未満の者は10年以内）
　　　に区分1に該当することを約束した者である。
　　　6)は、これまで加入していた区分で政策支援加入が不該当になり、新たな保険料額の決定がなされて
　　　いない者である。

### (2) 年齢階層別被保険者数（令和3年度末現在）

単位：人

| 区分 | 計 | 20～29歳 | 30～39 | 40～49 | 50～59歳 |
|---|---|---|---|---|---|
| 被保険者数 | 45,190 | 1,972 | 10,598 | 17,236 | 15,384 |

## Ⅵ 農業経営

### 1 営農類型別にみた農業所得等の比較（令和2年）

#### (1) 全農業経営体（全国・1経営体当たり平均）

単位：千円

| 区分 | 農業粗収益 | 農業経営費 | 農業所得 |
|---|---|---|---|
| **全農業経営体** | 9,922 | 8,686 | 1,236 |
| 水田作経営 | 3,450 | 3,271 | 179 |
| 畑作経営 | 11,838 | 10,119 | 1,719 |
| 露地野菜作経営 | 10,737 | 8,678 | 2,059 |
| 施設野菜作経営 | 17,183 | 13,316 | 3,867 |
| 果樹作経営 | 6,828 | 4,796 | 2,032 |
| 露地花き作経営 | 8,493 | 6,524 | 1,969 |
| 施設花き作経営 | 17,778 | 15,556 | 2,222 |
| 酪農経営 | 87,545 | 79,801 | 7,744 |
| 繁殖牛経営 | 17,943 | 16,016 | 1,927 |
| 肥育牛経営 | 124,212 | 126,346 | △ 2,134 |
| 養豚経営 | 235,681 | 210,838 | 24,843 |
| 採卵養鶏経営 | 272,899 | 261,090 | 11,809 |
| ブロイラー養鶏経営 | 125,128 | 117,967 | 7,161 |

資料：農林水産省統計部「農業経営統計調査　営農類型別経営統計」（以下10まで同じ。）
注：1　全農業経営体とは、個人経営体と法人経営体の合計である。
　　2　営農類型別経営統計は、農業生産物の販売を目的とする農業経営体の作物別販売収入を「水田
　　作」、「畑作」、「露地野菜作」等に区分し、最も収入が大きい区分により経営体を営農類型別
　　に分類し集計したものである。
　　　なお、「水田(畑)作」の収入は、稲、麦類、雑穀、いも類、豆類及び工芸農作物のうち、水田
　　(畑)で作付けした作物の収入である。
　　　また、水田作経営をはじめとする13の営農類型にその他経営を加えて「経営形態別経営統計」
　　として農業全体の経営収支を、個人・法人・主業等の経営形態により集計している。

#### (2) 個人経営体（全国・1経営体当たり平均）

単位：千円

| 区分 | 農業粗収益 | 農業経営費 | 農業所得 |
|---|---|---|---|
| **個人経営体** | 7,002 | 5,827 | 1,175 |
| 水田作経営 | 2,806 | 2,680 | 126 |
| 畑作経営 | 10,160 | 8,287 | 1,873 |
| 露地野菜作経営 | 9,513 | 7,337 | 2,176 |
| 施設野菜作経営 | 15,572 | 11,454 | 4,118 |
| 果樹作経営 | 6,573 | 4,549 | 2,024 |
| 露地花き作経営 | 7,409 | 5,349 | 2,060 |
| 施設花き作経営 | 13,746 | 10,922 | 2,824 |
| 酪農経営 | 63,307 | 55,918 | 7,389 |
| 繁殖牛経営 | 16,551 | 14,607 | 1,944 |
| 肥育牛経営 | 62,120 | 60,901 | 1,219 |
| 養豚経営 | 59,790 | 49,786 | 10,004 |
| 採卵養鶏経営 | 36,461 | 35,071 | 1,390 |
| ブロイラー養鶏経営 | 80,648 | 73,503 | 7,145 |

注：個人経営体とは、世帯による農業経営を行う農業経営体のうち、法人格を有しない経営体をいう。

1 営農類型別にみた農業所得等の比較（令和2年）（続き）
(3) 主業経営体（全国・1経営体当たり平均）

単位：千円

| 区分 | 農業粗収益 | 農業経営費 | 農業所得 |
|---|---|---|---|
| **主業経営体** | 19,925 | 15,769 | 4,156 |
| 水田作経営 | 13,937 | 11,152 | 2,785 |
| 畑作経営 | 21,750 | 17,334 | 4,416 |
| 露地野菜作経営 | 17,109 | 12,933 | 4,176 |
| 施設野菜作経営 | 19,879 | 14,676 | 5,203 |
| 果樹作経営 | 11,399 | 7,641 | 3,758 |
| 露地花き作経営 | 14,105 | 9,960 | 4,145 |
| 施設花き作経営 | 19,143 | 15,023 | 4,120 |

注： 主業経営体とは、農業所得が主（農業所得が「農業＋農業生産関連事業＋農外所得」の50%以上）
で、自営農業（ゆい・手伝い・手間替出・共同作業出を含む。）に60日以上従事している65歳未満の
者がいる個人経営体をいう。

(4) 法人経営体（全国・1経営体当たり平均）

単位：千円

| 区分 | 農業粗収益 | 農業経営費 | 農業所得 |
|---|---|---|---|
| **法人経営体** | 111,013 | 107,779 | 3,234 |
| 水田作経営 | 44,109 | 40,367 | 3,742 |
| 畑作経営 | 42,861 | 44,232 | △ 1,371 |
| 露地野菜作経営 | 58,762 | 61,316 | △ 2,554 |
| 施設野菜作経営 | 58,043 | 60,144 | △ 2,101 |
| 果樹作経営 | 27,471 | 25,208 | 2,263 |
| 露地花き作経営 | 43,266 | 44,170 | △ 904 |
| 施設花き作経営 | 71,020 | 76,696 | △ 5,676 |
| 酪農経営 | 249,999 | 239,890 | 10,109 |
| 繁殖牛経営 | 79,268 | 78,269 | 999 |
| 肥育牛経営 | 358,243 | 373,016 | △ 14,773 |
| 養豚経営 | 400,859 | 362,081 | 38,778 |
| 採卵養鶏経営 | 528,729 | 505,649 | 23,080 |
| ブロイラー養鶏経営 | 224,322 | 217,120 | 7,202 |

注： 法人経営体は、法人格を有する農業経営体をいい、具体的には会社法（平成17年法律第86号）に基
づく株式会社、合名・合資会社及び合同会社並びに農業協同組合法（平成22年法律第132号）に基づ
く農事組合法人等が該当する。

# Ⅵ　農業経営

## 【参考】　営農類型別経営統計

### ○令和元年調査からの見直し

〔調査対象区分の見直し〕

　農業経営における法人化推進の動きを踏まえ、平成30年までは個別経営体に含んでいた一戸一法人を組織法人経営体に統合し、新たに個人経営体と法人経営体の区分に変更した。

#### 新旧調査対象区分の比較

注：法人経営体のうち組織法人は、農事組合法人及び会社組織による経営体をいう。

〔税務申告資料の活用〕

　個人経営体、法人経営体ともに調査項目及び表章項目を会計基準に則った項目に統一し、調査票を税務申告資料から転記する形式に変更した。これにより農業における経営収支を他産業と比較することを可能とした。

　具体的には、従来、個別経営体と組織法人経営体で統一されていなかった調査項目及び表章項目の名称を、原則、税務申告資料における「事業収支の概要」や「損益計算書」の各項目の名称に統一した。

### ○主業経営体の経営収支（令和２年）

注：1　事業収入とは、1年間事業を行ったことにより得られた総収益額（売上高）をいい、農業収入、農業生産関連事業収入及び農外事業（林業、漁業、商工業等）収入の合計をいう。

　　2　事業支出とは、事業収入を得るために、直接的に要した費用（生産原価）及び間接的に関係する事務、営業活動等に要した費用（販売費及び一般管理費）の合計をいい、農業支出、農業生産関連事業支出及び農外事業（林業、漁業、商工業等）支出の合計をいう。

　　3　営業外収益とは、営業活動以外の経常的収益をいい、農業共済・制度受取金、配当利子及び手当等が含まれる。

　　4　農業粗収益とは、1年間の農業経営によって得られた総収益額をいい、農業現金収入（農産物の販売収入）、現物外部取引価額（現物労賃及び物々交換によって支払手段とした農産物等の評価額）、農業生産関連事業消費額、農業生産現物家計消費額（家計消費に仕向けられた自家生産農産物の評価額）、年末未処分農産物の在庫価額、共済・補助金等受取金等の合計額から、年始め未処分農産物の在庫価額を控除した金額をいう。

　　5　農業経営費とは、農業粗収益を得るために要した資材や料金の一切をいう。

## 2 農業経営総括表
### (全農業経営体・1経営体当たり平均)

| 年次・全国農業地域 | 事業 | | | | | |
|---|---|---|---|---|---|---|
| | 事業収入 | 事業支出 | 営業利益 | 付加価値額 | 事業従事者 | 労働生産性<br>(事業従事者<br>1人当たり<br>付加価値額) |
| | 千円 | 千円 | 千円 | 千円 | 人 | 千円 |
| 令和元年 | 13,225 | 12,400 | 825 | 2,959 | 4.27 | 693 |
| 2 | 10,459 | 9,853 | 606 | 3,017 | 4.37 | 690 |
| 北海道 | 38,235 | 38,902 | △ 667 | 13,069 | 6.73 | 1,942 |
| 都府県 | 9,358 | 8,703 | 655 | 2,619 | 4.28 | 612 |
| 東北 | 8,285 | 8,019 | 266 | 2,102 | 4.69 | 448 |
| 北陸 | 6,966 | 6,776 | 190 | 2,445 | 4.31 | 567 |
| 関東・東山 | 11,384 | 10,004 | 1,380 | 3,388 | 4.20 | 807 |
| 東海 | 11,085 | 9,689 | 1,396 | 3,687 | 4.27 | 863 |
| 近畿 | 6,720 | 6,448 | 272 | 1,550 | 3.74 | 414 |
| 中国 | 6,214 | 6,284 | △ 70 | 1,571 | 4.29 | 366 |
| 四国 | 5,628 | 5,248 | 380 | 1,243 | 3.75 | 331 |
| 九州 | 14,455 | 13,711 | 744 | 3,921 | 4.57 | 858 |
| 沖縄 | 3,986 | 3,633 | 353 | 1,582 | 2.58 | 613 |

| 年次・全国農業地域 | 農業 | | | 農業生産関連事業 | | |
|---|---|---|---|---|---|---|
| | 粗収益 | 経営費 | 所得 | 収入 | 支出 | 所得 |
| | 千円 | 千円 | 千円 | 千円 | 千円 | 千円 |
| 令和元年 | 9,253 | 8,065 | 1,188 | 287 | 241 | 46 |
| 2 | 9,922 | 8,686 | 1,236 | 232 | 219 | 13 |
| 北海道 | 44,772 | 38,732 | 6,040 | 34 | 65 | △ 31 |
| 都府県 | 8,544 | 7,499 | 1,045 | 239 | 226 | 13 |
| 東北 | 8,050 | 7,118 | 932 | 80 | 77 | 3 |
| 北陸 | 7,149 | 6,348 | 801 | 175 | 163 | 12 |
| 関東・東山 | 9,549 | 8,221 | 1,328 | 318 | 288 | 30 |
| 東海 | 10,039 | 8,714 | 1,325 | 160 | 177 | △ 17 |
| 近畿 | 5,014 | 4,365 | 649 | 254 | 245 | 9 |
| 中国 | 5,298 | 5,076 | 222 | 827 | 773 | 54 |
| 四国 | 4,451 | 3,785 | 666 | 169 | 167 | 2 |
| 九州 | 14,908 | 13,089 | 1,819 | 86 | 88 | △ 2 |
| 沖縄 | 3,866 | 3,371 | 495 | 30 | 18 | 12 |

注：1 付加価値額＝（事業収入＋制度受取金）－（事業支出－（農業の雇人費＋農業の地代・賃借料
　　　　＋農業の利子割引料＋農業生産関連事業の雇人費））
　　2 労働生産性＝付加価値額÷事業従事者数
　　3 農業所得＝農業粗収益－農業経営費
　　4 農業生産関連事業所得＝農業生産関連事業収入－農業生産関連事業支出

## 3 農業経営の分析指標
### (全農業経営体・1経営体当たり平均)

| 年次・全国農業地域 | 農業依存度 | 農業所得率 | 付加価値額 | 付加価値率 | 農業固定資産 | |
|---|---|---|---|---|---|---|
| | | | | | 装備率 | 回転率 |
| | % | % | 千円 | % | 千円 | 回 |
| 令和元年 | 69.8 | 12.8 | 2,480 | 26.8 | 1,324 | 1.67 |
| 2 | 76.2 | 12.5 | 2,651 | 26.7 | 1,336 | 1.73 |
| 北海道 | 91.6 | 13.5 | 12,528 | 28.0 | 3,478 | 1.92 |
| 都府県 | 73.4 | 12.2 | 2,260 | 26.5 | 1,204 | 1.70 |
| 東北 | 90.7 | 11.6 | 2,087 | 25.9 | 971 | 1.81 |
| 北陸 | 85.9 | 11.2 | 2,325 | 32.5 | 1,040 | 1.61 |
| 関東・東山 | 62.8 | 13.9 | 2,610 | 27.3 | 1,455 | 1.60 |
| 東海 | 59.6 | 13.2 | 2,804 | 27.9 | 1,272 | 1.86 |
| 近畿 | 70.9 | 12.9 | 1,331 | 26.5 | 1,293 | 1.07 |
| 中国 | 39.9 | 4.2 | 1,110 | 21.0 | 773 | 1.66 |
| 四国 | 102.1 | 15.0 | 1,242 | 27.9 | 630 | 1.94 |
| 九州 | 85.4 | 12.2 | 3,687 | 24.7 | 1,754 | 1.88 |
| 沖縄 | 77.0 | 12.8 | 1,426 | 36.9 | 995 | 1.52 |

| 年次・全国農業地域 | 収益性(農業) | | | 生産性(農業) | | |
|---|---|---|---|---|---|---|
| | 農業労働収益性(農業従事者1人当たり農業所得) | 農業固定資産額千円当たり農業所得 | 経営耕地面積10a当たり農業所得 | 農業労働生産性(農業従事者1人当たり付加価値額) | 農業固定資産額千円当たり付加価値額 | 経営耕地面積10a当たり付加価値額 |
| | 千円 | 円 | 千円 | 千円 | 円 | 千円 |
| 令和元年 | 283 | 214 | 35 | 592 | 447 | 74 |
| 2 | 288 | 216 | 35 | 618 | 462 | 75 |
| 北海道 | 900 | 259 | 23 | 1,867 | 537 | 48 |
| 都府県 | 250 | 208 | 40 | 541 | 449 | 86 |
| 東北 | 203 | 209 | 26 | 455 | 468 | 58 |
| 北陸 | 187 | 180 | 20 | 544 | 523 | 57 |
| 関東・東山 | 324 | 223 | 51 | 637 | 437 | 100 |
| 東海 | 313 | 246 | 60 | 661 | 520 | 127 |
| 近畿 | 178 | 138 | 39 | 366 | 283 | 80 |
| 中国 | 54 | 70 | 12 | 269 | 348 | 61 |
| 四国 | 183 | 290 | 57 | 341 | 541 | 107 |
| 九州 | 402 | 229 | 64 | 816 | 465 | 130 |
| 沖縄 | 194 | 195 | 23 | 559 | 562 | 66 |

注:1 農業依存度=農業所得÷(農業所得+農業生産関連事業所得+農外事業所得)×100
　　2 農業所得率=農業所得÷農業粗収益×100
　　3 付加価値額=農業粗収益-〔農業経営費-(雇人費+地代・賃借料+利子割引料)〕
　　4 農業固定資産装備率=農業固定資産額÷農業従事者数

## 4 農業経営収支
### (全農業経営体・1経営体当たり平均)

単位：千円

| 年次・全国農業地域 | | 農業粗収益 | | | | | | | | |
|---|---|---|---|---|---|---|---|---|---|---|
| | | | 作物収入 | | | | | | | |
| | | | 稲作 | 麦類 | 豆類 | いも類 | 野菜 | 果樹 | 工芸農作物 | 花き |
| | (1) | (2) | (3) | (4) | (5) | (6) | (7) | (8) | (9) | (10) |
| 令和元年 | 9,253 | 5,069 | 1,307 | 61 | 74 | 210 | 1,870 | 757 | 269 | 300 |
| 2 | 9,922 | 5,398 | 1,335 | 68 | 71 | 233 | 2,093 | 821 | 252 | 299 |
| 北海道 | 44,772 | 18,363 | 5,102 | 1,235 | 1,289 | 2,266 | 6,250 | 263 | 1,417 | 176 |
| 都府県 | 8,544 | 4,884 | 1,186 | 22 | 23 | 151 | 1,929 | 843 | 206 | 303 |
| 東北 | 8,050 | 4,528 | 1,862 | 2 | 23 | 21 | 1,250 | 911 | 133 | 140 |
| 北陸 | 7,149 | 5,331 | 3,629 | 16 | 55 | 1 | 785 | 256 | 7 | 228 |
| 関東・東山 | 9,549 | 5,688 | 960 | 36 | 17 | 278 | 2,786 | 793 | 129 | 348 |
| 東海 | 10,039 | 6,248 | 770 | 19 | 20 | 5 | 2,976 | 693 | 497 | 1,075 |
| 近畿 | 5,014 | 3,514 | 799 | 13 | 42 | 9 | 1,130 | 1,129 | 133 | 233 |
| 中国 | 5,298 | 2,404 | 795 | 17 | 20 | 4 | 739 | 719 | 8 | 45 |
| 四国 | 4,451 | 3,353 | 450 | 12 | 0 | 133 | 1,596 | 997 | 12 | 83 |
| 九州 | 14,908 | 6,762 | 633 | 52 | 27 | 516 | 3,096 | 1,070 | 593 | 409 |
| 沖縄 | 3,866 | 2,458 | 12 | – | 1 | 25 | 584 | 345 | 1,171 | 319 |

| 年次・全国農業地域 | 農業粗収益（続き） | | | | | | 農作業受託収入 | 共済・補助金等受取金 |
|---|---|---|---|---|---|---|---|---|
| | 畜産収入 | | | | | | | |
| | | 酪農 | 肉用牛 | 養豚 | 鶏卵 | ブロイラー養鶏 | | |
| | (11) | (12) | (13) | (14) | (15) | (16) | (17) | (18) |
| 令和元年 | 3,114 | 986 | 964 | 530 | 401 | 161 | 99 | 794 |
| 2 | 3,318 | 1,048 | 939 | 566 | 512 | 179 | 121 | 944 |
| 北海道 | 18,364 | 10,615 | 4,130 | 835 | 1,187 | – | 317 | 7,231 |
| 都府県 | 2,723 | 669 | 813 | 555 | 486 | 186 | 114 | 695 |
| 東北 | 2,609 | 579 | 654 | 468 | 733 | 168 | 117 | 666 |
| 北陸 | 846 | 180 | 113 | 108 | 427 | – | 160 | 676 |
| 関東・東山 | 2,939 | 1,187 | 529 | 708 | 471 | 22 | 104 | 660 |
| 東海 | 2,633 | 862 | 690 | 363 | 661 | 23 | 265 | 784 |
| 近畿 | 732 | 300 | 370 | – | 46 | 16 | 129 | 543 |
| 中国 | 2,080 | 500 | 425 | 222 | 784 | 143 | 91 | 555 |
| 四国 | 739 | 134 | 294 | 156 | 90 | 59 | 32 | 242 |
| 九州 | 6,680 | 824 | 2,837 | 1,655 | 428 | 919 | 67 | 1,290 |
| 沖縄 | 974 | – | 960 | 14 | – | – | 128 | 287 |

単位：千円

| 年次・全国農業地域 | 農業経営費 | | | | | | | | |
|---|---|---|---|---|---|---|---|---|---|
| | 雇人費 | 種苗費 | もと畜費 | 肥料費 | 飼料費 | 農薬衛生費 | 諸材料費 | 動力光熱費 |
| | (19) | (20) | (21) | (22) | (23) | (24) | (25) | (26) | (27) |
| 令和元年 | 8,065 | 837 | 248 | 507 | 420 | 1,247 | 431 | 324 | 505 |
| 2 | 8,686 | 918 | 262 | 492 | 448 | 1,327 | 465 | 349 | 491 |
| 北海道 | 38,732 | 3,156 | 1,115 | 2,332 | 2,660 | 6,280 | 1,977 | 1,258 | 1,330 |
| 都府県 | 7,499 | 829 | 228 | 419 | 361 | 1,131 | 406 | 313 | 458 |
| 東北 | 7,118 | 752 | 179 | 369 | 359 | 998 | 435 | 301 | 381 |
| 北陸 | 6,348 | 733 | 309 | 66 | 410 | 399 | 394 | 231 | 364 |
| 関東・東山 | 8,221 | 967 | 298 | 392 | 366 | 1,252 | 447 | 388 | 478 |
| 東海 | 8,714 | 1,134 | 304 | 364 | 468 | 1,089 | 442 | 398 | 645 |
| 近畿 | 4,365 | 469 | 164 | 167 | 306 | 305 | 234 | 164 | 260 |
| 中国 | 5,076 | 605 | 118 | 268 | 212 | 1,039 | 239 | 175 | 273 |
| 四国 | 3,785 | 403 | 119 | 160 | 225 | 317 | 211 | 164 | 295 |
| 九州 | 13,089 | 1,272 | 297 | 1,219 | 498 | 2,710 | 640 | 496 | 852 |
| 沖縄 | 3,371 | 404 | 50 | 41 | 238 | 364 | 211 | 106 | 196 |

| 年次・全国農業地域 | 農業経営費（続き） | | | | | | | | |
|---|---|---|---|---|---|---|---|---|---|
| | 修繕費 | 農具費 | 作業用衣料費 | 地代・賃借料 | 土地改良費 | 租税公課 | 利子割引料 | 荷造運賃手数料 | 農業雑支出 |
| | (28) | (29) | (30) | (31) | (32) | (33) | (34) | (35) | (36) |
| 令和元年 | 410 | 98 | 28 | 425 | 65 | 239 | 30 | 670 | 714 |
| 2 | 435 | 104 | 29 | 465 | 70 | 233 | 32 | 874 | 728 |
| 北海道 | 1,924 | 275 | 66 | 3,109 | 333 | 983 | 223 | 3,892 | 3,956 |
| 都府県 | 376 | 97 | 28 | 361 | 59 | 203 | 25 | 755 | 601 |
| 東北 | 367 | 93 | 28 | 379 | 98 | 173 | 24 | 725 | 603 |
| 北陸 | 420 | 114 | 22 | 768 | 135 | 179 | 23 | 422 | 500 |
| 関東・東山 | 428 | 105 | 33 | 295 | 54 | 243 | 20 | 838 | 665 |
| 東海 | 443 | 107 | 34 | 323 | 33 | 269 | 22 | 914 | 756 |
| 近畿 | 237 | 81 | 24 | 204 | 37 | 164 | 9 | 471 | 425 |
| 中国 | 267 | 82 | 15 | 253 | 22 | 133 | 30 | 375 | 377 |
| 四国 | 194 | 57 | 19 | 169 | 26 | 109 | 4 | 509 | 266 |
| 九州 | 534 | 126 | 35 | 539 | 46 | 300 | 57 | 1,375 | 955 |
| 沖縄 | 172 | 59 | 15 | 513 | 37 | 70 | 14 | 219 | 284 |

## 5　営農類型別の農業経営（令和2年）
### (1)　農業経営収支の総括　　（全農業経営体・1経営体当たり平均）

| 区分 | | 1)営農類型規模 | 農業 | | | | 所得 |
|---|---|---|---|---|---|---|---|
| | | | 粗収益 | 共済・補助金等受取金 | 経営費 | 共済等の掛金・拠出金 | |
| | | a、㎡、頭、羽 | 千円 | 千円 | 千円 | 千円 | 千円 |
| 水田作経営（全国） | (1) | 241.3 | 3,450 | 622 | 3,271 | 52 | 179 |
| 北海道 | (2) | 1,088.4 | 17,604 | 3,961 | 13,704 | 280 | 3,900 |
| 都府県 | (3) | 212.8 | 2,978 | 511 | 2,921 | 44 | 57 |
| 畑作経営（全国） | (4) | 558.5 | 11,838 | 2,226 | 10,119 | 160 | 1,719 |
| 北海道 | (5) | 3,371.9 | 50,512 | 16,118 | 42,627 | 972 | 7,885 |
| 都府県 | (6) | 235.2 | 7,394 | 629 | 6,387 | 66 | 1,007 |
| 野菜作経営（全国） | (7) | 126.6 | 13,120 | 859 | 10,394 | 133 | 2,726 |
| 露地野菜作経営 | (8) | 162.1 | 10,737 | 768 | 8,678 | 115 | 2,059 |
| 施設野菜作経営 | (9) | 4,479.1 | 17,183 | 1,022 | 13,316 | 164 | 3,867 |
| 果樹作経営（全国） | (10) | 95.2 | 6,828 | 335 | 4,796 | 76 | 2,032 |
| 花き作経営（全国） | (11) | 56.1 | 14,156 | 602 | 12,029 | 95 | 2,127 |
| 露地花き作経営 | (12) | 68.4 | 8,493 | 487 | 6,524 | 53 | 1,969 |
| 施設花き作経営 | (13) | 4,089.6 | 17,778 | 674 | 15,556 | 122 | 2,222 |
| 酪農経営（全国） | (14) | 65.7 | 87,545 | 5,074 | 79,801 | 1,913 | 7,744 |
| 北海道 | (15) | 104.3 | 137,321 | 10,225 | 123,027 | 3,525 | 14,294 |
| 都府県 | (16) | 52.3 | 70,227 | 3,282 | 64,765 | 1,352 | 5,462 |
| 肉用牛経営（全国） | (17) | 66.1 | 38,847 | 4,968 | 37,722 | 812 | 1,125 |
| 繁殖牛経営 | (18) | 27.0 | 17,943 | 2,560 | 16,016 | 566 | 1,927 |
| 肥育牛経営 | (19) | 203.0 | 124,212 | 14,802 | 126,346 | 1,815 | △ 2,134 |
| 養豚経営（全国） | (20) | 3,189.2 | 235,681 | 5,280 | 210,838 | 1,473 | 24,843 |
| 採卵養鶏経営（全国） | (21) | 81,480 | 272,899 | 12,416 | 261,090 | 2,986 | 11,809 |
| ブロイラー養鶏経営（全国） | (22) | 261,309 | 125,128 | 2,214 | 117,967 | 334 | 7,161 |

注：1　農業所得＝農業粗収益－農業経営費
　　2　農業生産関連事業所得＝農業生産関連事業収入－農業生産関連事業支出
　　3　農外事業所得とは、農外事業における営業利益のことをいう。
　　4　農外事業所得＝農外事業収入－農外事業支出
1)は、営農類型別に次のとおり。
　水田作経営は、水田作作付延べ面積で単位は a（アール）である。
　畑作経営は、畑作作付延べ面積で単位は a（アール）である。
　野菜作経営は、野菜作作付延べ面積で単位は a（アール）である。
　露地野菜作経営は、露地野菜作作付延べ面積で単位は a（アール）である。
　施設野菜作経営は、施設野菜作作付延べ面積で単位は㎡である。
　果樹作経営は、果樹植栽面積で単位は a（アール）である。
　花き作経営は、花き作作付延べ面積で単位は a（アール）である。
　露地花き作経営は、露地花き作作付延べ面積で単位は a（アール）である。
　施設花き作経営は、施設花き作作付延べ面積で単位は㎡である。
　酪農経営は、月平均搾乳牛頭数で単位は頭である。
　肉用牛経営は、月平均繁殖めす牛飼養頭数と月平均肥育牛飼養頭数を足した飼養頭数で単位は頭である。
　繁殖牛経営は、月平均繁殖めす牛飼養頭数で単位は頭である。
　肥育牛経営は、月平均肥育牛飼養頭数で単位は頭である。
　養豚経営は、月平均肥育豚飼養頭数で単位は頭である。
　採卵養鶏経営は、月平均採卵鶏飼養羽数で単位は羽である。
　ブロイラー養鶏経営は、ブロイラー販売羽数で単位は羽である。

| 農業生産関連事業 | | | 農外事業 | | | |
|---|---|---|---|---|---|---|
| 収入 | 支出 | 所得 | 収入 | 支出 | 所得 | |
| 千円 | 千円 | 千円 | 千円 | 千円 | 千円 | |
| 18 | 17 | 1 | 699 | 501 | 198 | (1) |
| 4 | 1 | 3 | 52 | 7 | 45 | (2) |
| 18 | 17 | 1 | 720 | 517 | 203 | (3) |
| 874 | 846 | 28 | 1,130 | 748 | 382 | (4) |
| 4 | 3 | 1 | 1,203 | 110 | 1,093 | (5) |
| 973 | 943 | 30 | 1,122 | 821 | 301 | (6) |
| 245 | 261 | △ 16 | 2,472 | 1,678 | 794 | (7) |
| 276 | 274 | 2 | 3,291 | 2,274 | 1,017 | (8) |
| 192 | 242 | △ 50 | 1,078 | 663 | 415 | (9) |
| 365 | 310 | 55 | 1,492 | 1,261 | 231 | (10) |
| 71 | 82 | △ 11 | 2,276 | 1,646 | 630 | (11) |
| 6 | 7 | △ 1 | 2,719 | 2,504 | 215 | (12) |
| 112 | 129 | △ 17 | 1,993 | 1,097 | 896 | (13) |
| 868 | 878 | △ 10 | 481 | 82 | 399 | (14) |
| 5 | 7 | △ 2 | 1,317 | 86 | 1,231 | (15) |
| 1,170 | 1,181 | △ 11 | 190 | 81 | 109 | (16) |
| 29 | 35 | △ 6 | 1,297 | 396 | 901 | (17) |
| 21 | 21 | 0 | 477 | 309 | 168 | (18) |
| 61 | 100 | △ 39 | 4,645 | 750 | 3,895 | (19) |
| 14,846 | 14,669 | 177 | 15,514 | 13,651 | 1,863 | (20) |
| 11,480 | 8,853 | 2,627 | 19,668 | 11,035 | 8,633 | (21) |
| 106 | 285 | △ 179 | 54 | 4 | 50 | (22) |

5 営農類型別の農業経営（令和2年）（続き）
(2) 農業粗収益（全農業経営体・1経営体当たり平均）

| 区分 | | 計 | 作物収入 | | | | | | 農業粗収益 |
|---|---|---|---|---|---|---|---|---|---|
| | | | 計 | 稲作 | 麦類 | 豆類 | いも類 | 野菜 | 果樹 |
| 水田作経営（全国） | (1) | 3,450 | 2,561 | 2,089 | 43 | 46 | 21 | 240 | 25 |
| 北海道 | (2) | 17,604 | 13,438 | 10,179 | 463 | 467 | 284 | 1,574 | 75 |
| 都府県 | (3) | 2,978 | 2,198 | 1,817 | 29 | 32 | 12 | 195 | 24 |
| 畑作経営（全国） | (4) | 11,838 | 8,999 | 231 | 484 | 511 | 2,984 | 1,137 | 42 |
| 北海道 | (5) | 50,512 | 33,162 | 349 | 4,627 | 4,715 | 10,518 | 5,869 | 4 |
| 都府県 | (6) | 7,394 | 6,223 | 217 | 9 | 28 | 2,119 | 593 | 46 |
| 野菜作経営（全国） | (7) | 13,120 | 12,028 | 691 | 57 | 38 | 126 | 10,875 | 74 |
| 露地野菜作経営 | (8) | 10,737 | 9,758 | 553 | 53 | 41 | 167 | 8,656 | 66 |
| 施設野菜作経営 | (9) | 17,183 | 15,892 | 924 | 60 | 34 | 59 | 14,651 | 87 |
| 果樹作経営（全国） | (10) | 6,828 | 6,331 | 180 | 0 | 0 | 2 | 166 | 5,963 |
| 花き作経営（全国） | (11) | 14,156 | 13,502 | 416 | – | 1 | 9 | 303 | 58 |
| 露地花き作経営 | (12) | 8,493 | 7,974 | 535 | – | 4 | 3 | 311 | 38 |
| 施設花き作経営 | (13) | 17,778 | 17,039 | 340 | – | – | 12 | 298 | 71 |
| 酪農経営（全国） | (14) | 87,545 | 1,344 | 223 | 89 | 179 | 164 | 186 | – |
| 北海道 | (15) | 137,321 | 3,584 | 38 | 346 | 626 | 637 | 427 | – |
| 都府県 | (16) | 70,227 | 562 | 287 | – | 23 | – | 101 | – |
| 肉用牛経営（全国） | (17) | 38,847 | 1,410 | 732 | 90 | 142 | 105 | 171 | 51 |
| 繁殖牛経営 | (18) | 17,943 | 1,207 | 578 | 94 | 143 | 78 | 141 | 50 |
| 肥育牛経営 | (19) | 124,212 | 2,252 | 1,370 | 73 | 139 | 212 | 295 | 57 |
| 養豚経営（全国） | (20) | 235,681 | 1,760 | 442 | 33 | 38 | 417 | 735 | 82 |
| 採卵養鶏経営（全国） | (21) | 272,899 | 411 | 90 | 3 | – | – | 295 | 23 |
| ブロイラー養鶏経営（全国） | (22) | 125,128 | 140 | 97 | – | 1 | – | 38 | 0 |

単位：千円

| 工芸農作物 | 花き | 畜産収入 | | | | | | その他 | 共済・補助金等受取金 | |
|---|---|---|---|---|---|---|---|---|---|---|
| | | | 酪農 | 肉用牛 | 養豚 | 鶏卵 | ブロイラー養鶏 | | | |
| 24 | 29 | 9 | – | 9 | – | – | – | 880 | 622 | (1) |
| 100 | 156 | – | – | – | – | – | – | 4,166 | 3,961 | (2) |
| 22 | 25 | 9 | – | 9 | – | – | – | 771 | 511 | (3) |
| 3,532 | 11 | 110 | – | 108 | 1 | – | – | 2,729 | 2,226 | (4) |
| 6,717 | 5 | 299 | – | 294 | 5 | – | – | 17,051 | 16,118 | (5) |
| 3,164 | 13 | 87 | – | 86 | – | – | – | 1,084 | 629 | (6) |
| 39 | 45 | 25 | – | 22 | 0 | 2 | – | 1,067 | 859 | (7) |
| 55 | 50 | 27 | – | 24 | – | 3 | – | 952 | 768 | (8) |
| 13 | 37 | 22 | – | 18 | 0 | 1 | – | 1,269 | 1,022 | (9) |
| 3 | 8 | 2 | – | – | – | – | – | 495 | 335 | (10) |
| 14 | 12,624 | – | – | – | – | – | – | 654 | 602 | (11) |
| 35 | 7,019 | – | – | – | – | – | – | 519 | 487 | (12) |
| – | 16,211 | – | – | – | – | – | – | 739 | 674 | (13) |
| 95 | – | 79,940 | 79,504 | 399 | – | – | – | 6,261 | 5,074 | (14) |
| 366 | – | 119,865 | 119,338 | 527 | – | – | – | 13,872 | 10,225 | (15) |
| – | – | 66,052 | 65,648 | 354 | – | – | – | 3,613 | 3,282 | (16) |
| 87 | 0 | 32,406 | 100 | 32,048 | 72 | 21 | – | 5,031 | 4,968 | (17) |
| 91 | 0 | 13,743 | 73 | 13,475 | 89 | 26 | – | 2,993 | 2,560 | (18) |
| 75 | – | 108,606 | 212 | 107,883 | – | – | – | 13,354 | 14,802 | (19) |
| – | – | 225,870 | 360 | 90 | 218,136 | 6,785 | – | 8,051 | 5,280 | (20) |
| – | – | 259,274 | – | – | – | 255,856 | – | 13,214 | 12,416 | (21) |
| – | – | 122,738 | – | 254 | – | – | 122,453 | 2,250 | 2,214 | (22) |

5 営農類型別の農業経営（令和2年）（続き）
(3) 農業経営費（全農業経営体・1経営体当たり平均）

農業

| 区分 | | 雇人費 | 種苗費 | もと畜費 | 肥料費 | 飼料費 | 農薬衛生費 | 諸材料費 | 動力光熱費 |
|---|---|---|---|---|---|---|---|---|---|
| 水田作経営（全国） | (1) | 3,271 | 236 | 135 | 0 | 292 | 3 | 246 | 108 | 196 |
| 北海道 | (2) | 13,704 | 620 | 466 | 0 | 1,434 | – | 1,082 | 570 | 656 |
| 都府県 | (3) | 2,921 | 223 | 124 | 0 | 253 | 3 | 218 | 93 | 181 |
| 畑作経営（全国） | (4) | 10,119 | 1,077 | 437 | 11 | 1,269 | 28 | 939 | 357 | 609 |
| 北海道 | (5) | 42,627 | 2,826 | 2,807 | 56 | 5,826 | 136 | 4,036 | 919 | 1,140 |
| 都府県 | (6) | 6,387 | 876 | 165 | 6 | 745 | 16 | 583 | 292 | 548 |
| 野菜作経営（全国） | (7) | 10,394 | 1,483 | 501 | 3 | 756 | 6 | 528 | 757 | 771 |
| 露地野菜作経営 | (8) | 8,678 | 1,151 | 474 | 2 | 709 | 4 | 527 | 566 | 423 |
| 施設野菜作経営 | (9) | 13,316 | 2,048 | 547 | 5 | 836 | 8 | 530 | 1,082 | 1,363 |
| 果樹作経営（全国） | (10) | 4,796 | 640 | 65 | 0 | 261 | 0 | 457 | 283 | 394 |
| 花き作経営（全国） | (11) | 12,029 | 2,013 | 1,168 | – | 449 | – | 504 | 1,079 | 1,488 |
| 露地花き作経営 | (12) | 6,524 | 1,142 | 555 | – | 372 | – | 483 | 411 | 362 |
| 施設花き作経営 | (13) | 15,556 | 2,570 | 1,561 | – | 498 | – | 518 | 1,507 | 2,208 |
| 酪農経営（全国） | (14) | 79,801 | 6,260 | 456 | 3,637 | 1,306 | 32,941 | 2,697 | 2,039 | 3,060 |
| 北海道 | (15) | 123,027 | 10,601 | 854 | 6,300 | 3,951 | 41,959 | 2,687 | 3,664 | 4,577 |
| 都府県 | (16) | 64,765 | 4,751 | 317 | 2,711 | 386 | 29,804 | 2,700 | 1,473 | 2,533 |
| 肉用牛経営（全国） | (17) | 37,722 | 1,768 | 220 | 11,114 | 385 | 10,673 | 1,061 | 843 | 923 |
| 繁殖牛経営 | (18) | 16,016 | 750 | 246 | 1,378 | 405 | 4,466 | 812 | 539 | 647 |
| 肥育牛経営 | (19) | 126,346 | 5,924 | 111 | 50,865 | 303 | 36,016 | 2,077 | 2,086 | 2,048 |
| 養豚経営（全国） | (20) | 210,838 | 29,239 | 153 | 8,181 | 249 | 96,390 | 11,036 | 2,075 | 9,549 |
| 採卵養鶏経営（全国） | (21) | 261,090 | 34,672 | 17 | 32,437 | 16 | 121,417 | 3,182 | 2,864 | 7,783 |
| ブロイラー養鶏経営（全国） | (22) | 117,967 | 7,609 | 11 | 18,701 | 38 | 66,325 | 2,528 | 1,679 | 4,855 |

単位：千円

| 経営費 | | | | | | | | | | |
|---|---|---|---|---|---|---|---|---|---|---|
| 修繕費 | 農具費 | 作業用衣料費 | 地代・賃借料 | 土地改良費 | 租税公課 | 利子割引料 | 荷造運賃手数料 | 農業雑支出 | 共済等の掛金・拠出金 | |
| 277 | 69 | 16 | 374 | 84 | 128 | 9 | 139 | 293 | 52 | (1) |
| 978 | 218 | 49 | 1,401 | 487 | 633 | 89 | 1,087 | 1,832 | 280 | (2) |
| 253 | 64 | 15 | 340 | 70 | 111 | 6 | 107 | 242 | 44 | (3) |
| 716 | 119 | 41 | 1,039 | 63 | 292 | 50 | 922 | 962 | 160 | (4) |
| 2,927 | 277 | 88 | 6,012 | 135 | 970 | 281 | 4,781 | 4,724 | 972 | (5) |
| 462 | 101 | 36 | 468 | 55 | 214 | 23 | 479 | 530 | 66 | (6) |
| 507 | 145 | 49 | 449 | 60 | 356 | 30 | 2,052 | 888 | 133 | (7) |
| 474 | 122 | 44 | 404 | 60 | 305 | 22 | 1,758 | 714 | 115 | (8) |
| 564 | 184 | 57 | 527 | 61 | 444 | 42 | 2,551 | 1,183 | 164 | (9) |
| 258 | 108 | 40 | 103 | 33 | 172 | 16 | 965 | 459 | 76 | (10) |
| 514 | 106 | 46 | 315 | 33 | 379 | 55 | 1,797 | 960 | 95 | (11) |
| 314 | 95 | 36 | 265 | 34 | 214 | 16 | 1,053 | 594 | 53 | (12) |
| 642 | 113 | 52 | 347 | 33 | 485 | 81 | 2,274 | 1,194 | 122 | (13) |
| 2,959 | 479 | 81 | 3,037 | 107 | 1,520 | 290 | 6,791 | 7,523 | 1,913 | (14) |
| 5,283 | 604 | 114 | 7,172 | 237 | 2,567 | 600 | 11,511 | 12,194 | 3,525 | (15) |
| 2,150 | 435 | 70 | 1,599 | 61 | 1,155 | 182 | 5,150 | 5,898 | 1,352 | (16) |
| 1,036 | 197 | 35 | 1,039 | 84 | 483 | 211 | 1,612 | 2,447 | 812 | (17) |
| 799 | 169 | 35 | 811 | 84 | 370 | 69 | 773 | 1,758 | 566 | (18) |
| 2,001 | 313 | 35 | 1,968 | 83 | 942 | 793 | 5,040 | 5,262 | 1,815 | (19) |
| 6,456 | 853 | 71 | 4,403 | 51 | 2,253 | 790 | 12,736 | 15,301 | 1,473 | (20) |
| 4,750 | 547 | 50 | 3,266 | 4 | 2,450 | 1,567 | 14,824 | 14,999 | 2,986 | (21) |
| 1,502 | 520 | 56 | 2,485 | 7 | 1,422 | 95 | 3,446 | 3,228 | 334 | (22) |

5 営農類型別の農業経営（令和2年）（続き）
(4) 労働力、労働投下量、経営土地（全農業経営体・1経営体当たり平均）

| 区分 | | 農業従事者数 | | | 自営農業労働時間 | | | 農業生産 |
|---|---|---|---|---|---|---|---|---|
| | | 計 | 有給役員・家族 | 雇用者 | 計 | 有給役員・家族 | 雇用者 | 計 |
| | | 人 | 人 | 人 | 時間 | 時間 | 時間 | 時間 |
| 水田作経営（全国） | (1) | 3.62 | 2.44 | 1.18 | 987 | 854 | 133 | 6 |
| 北海道 | (2) | 6.60 | 2.68 | 3.92 | 2,778 | 2,347 | 431 | 3 |
| 都府県 | (3) | 3.52 | 2.43 | 1.09 | 926 | 802 | 124 | 6 |
| 畑作経営（全国） | (4) | 5.18 | 2.48 | 2.70 | 3,001 | 2,374 | 627 | 148 |
| 北海道 | (5) | 6.53 | 3.07 | 3.46 | 4,497 | 3,503 | 994 | 5 |
| 都府県 | (6) | 5.02 | 2.41 | 2.61 | 2,834 | 2,246 | 588 | 164 |
| 野菜作経営（全国） | (7) | 4.88 | 2.60 | 2.28 | 4,890 | 3,684 | 1,206 | 54 |
| 露地野菜作経営 | (8) | 4.53 | 2.54 | 1.99 | 4,024 | 3,142 | 882 | 53 |
| 施設野菜作経営 | (9) | 5.47 | 2.70 | 2.77 | 6,355 | 4,601 | 1,754 | 52 |
| 果樹作経営（全国） | (10) | 5.45 | 2.39 | 3.06 | 3,165 | 2,577 | 588 | 69 |
| 花き作経営（全国） | (11) | 5.12 | 2.48 | 2.64 | 5,364 | 3,821 | 1,543 | 31 |
| 露地花き作経営 | (12) | 4.47 | 2.26 | 2.21 | 4,041 | 3,145 | 896 | 6 |
| 施設花き作経営 | (13) | 5.52 | 2.61 | 2.91 | 6,205 | 4,254 | 1,951 | 47 |
| 酪農経営（全国） | (14) | 5.32 | 2.72 | 2.60 | 8,260 | 5,402 | 2,858 | 224 |
| 北海道 | (15) | 6.42 | 2.93 | 3.49 | 10,765 | 6,641 | 4,124 | 5 |
| 都府県 | (16) | 4.94 | 2.65 | 2.29 | 7,396 | 4,973 | 2,423 | 301 |
| 肉用牛経営（全国） | (17) | 3.58 | 2.40 | 1.18 | 3,983 | 3,088 | 895 | 9 |
| 繁殖牛経営 | (18) | 3.29 | 2.40 | 0.89 | 3,531 | 3,019 | 512 | 8 |
| 肥育牛経営 | (19) | 4.73 | 2.39 | 2.34 | 5,839 | 3,375 | 2,464 | 18 |
| 養豚経営（全国） | (20) | 7.70 | 2.45 | 5.25 | 13,216 | 4,410 | 8,806 | 2,365 |
| 採卵養鶏経営（全国） | (21) | 13.34 | 2.48 | 10.86 | 22,432 | 5,003 | 17,429 | 1,049 |
| ブロイラー養鶏経営（全国） | (22) | 4.40 | 2.09 | 2.31 | 5,947 | 3,442 | 2,505 | 59 |

| 関連事業労働時間 | | 経営耕地面積 | | | | | |
|---|---|---|---|---|---|---|---|
| 有給役員・家族 | 雇用者 | 計 | 田 | 普通畑 | 樹園地 | 牧草地 | |
| 時間 | 時間 | a | a | a | a | a | |
| 3 | 3 | 311.7 | 284.1 | 25.5 | 1.9 | 0.2 | (1) |
| 2 | 1 | 1,468.9 | 1,257.7 | 203.6 | 7.6 | – | (2) |
| 3 | 3 | 272.8 | 251.4 | 19.5 | 1.7 | 0.2 | (3) |
| 57 | 91 | 727.2 | 71.3 | 576.7 | 77.2 | 2.0 | (4) |
| 5 | – | 4,045.3 | 188.1 | 3,837.1 | 0.8 | 19.3 | (5) |
| 63 | 101 | 345.9 | 57.9 | 202.1 | 85.9 | 0.0 | (6) |
| 16 | 38 | 290.7 | 154.9 | 130.0 | 4.3 | 1.5 | (7) |
| 16 | 37 | 294.7 | 125.3 | 163.6 | 4.6 | 1.2 | (8) |
| 15 | 37 | 284.0 | 205.3 | 72.9 | 3.8 | 2.0 | (9) |
| 28 | 41 | 149.3 | 32.3 | 13.1 | 103.8 | 0.1 | (10) |
| 7 | 24 | 143.0 | 86.4 | 48.8 | 7.8 | – | (11) |
| 5 | 1 | 175.5 | 96.9 | 62.2 | 16.4 | – | (12) |
| 8 | 39 | 122.1 | 79.6 | 40.2 | 2.3 | – | (13) |
| 19 | 205 | 2,885.3 | 200.1 | 599.3 | 0.1 | 2,085.8 | (14) |
| 5 | – | 8,209.8 | 173.6 | 1,534.4 | – | 6,501.8 | (15) |
| 23 | 278 | 1,033.1 | 209.3 | 274.0 | 0.1 | 549.7 | (16) |
| 2 | 7 | 694.4 | 299.9 | 150.0 | 2.5 | 242.0 | (17) |
| – | 8 | 722.4 | 304.0 | 155.3 | 2.0 | 261.1 | (18) |
| 11 | 7 | 580.8 | 283.2 | 128.7 | 4.7 | 164.2 | (19) |
| 52 | 2,313 | 252.7 | 87.4 | 158.4 | 1.9 | 5.0 | (20) |
| 80 | 969 | 40.8 | 21.5 | 18.7 | 0.6 | – | (21) |
| 1 | 58 | 73.9 | 41.2 | 32.6 | 0.1 | – | (22) |

5 営農類型別の農業経営（令和2年）（続き）
(5) 営農類型の部門別農業経営（個人経営体・1経営体当たり平均）

| 区分 | 部門粗収益 | 部門経営費 | 部門所得 | 部門労働時間 | 家族 | 1)当該部門作付規模 | 2)当該部門生産量 |
|---|---|---|---|---|---|---|---|
| | 千円 | 千円 | 千円 | 時間 | 時間 | a、㎡ | kg、本 |
| 畑作経営（北海道） | | | | | | | |
| ばれいしょ作部門 | 13,469 | 8,887 | 4,582 | 1,007 | 858 | 886.4 | 345,967 |
| 畑作経営（都府県の主要地域） | | | | | | | |
| かんしょ作部門（関東・東山） | 20,255 | 11,891 | 8,364 | 5,017 | 3,465 | 357.8 | 97,277 |
| かんしょ作部門（九州） | 9,208 | 7,470 | 1,738 | 3,906 | 3,279 | 406.8 | 84,350 |
| ばれいしょ作部門（関東・東山） | 5,423 | 2,307 | 3,116 | 631 | 554 | 100.0 | 34,343 |
| ばれいしょ作部門（九州） | 15,079 | 9,743 | 5,336 | 2,876 | 2,452 | 265.2 | 75,130 |
| 茶作部門（東海） | 7,234 | 7,652 | △ 418 | 2,062 | 1,902 | 330.2 | 12,315 |
| 茶作部門（近畿） | 11,341 | 14,233 | △ 2,892 | 3,970 | 2,986 | 420.5 | 14,792 |
| 茶作部門（九州） | 13,681 | 11,908 | 1,773 | 3,441 | 3,023 | 486.5 | 16,055 |
| 露地野菜作経営（全国） | | | | | | | |
| 露地きゅうり作部門 | 4,033 | 2,511 | 1,522 | 1,758 | 1,494 | 20.1 | 14,476 |
| 露地大玉トマト作部門 | 5,099 | 3,244 | 1,855 | 1,872 | 1,733 | 21.5 | 16,253 |
| 露地なす作部門 | 3,408 | 2,127 | 1,281 | 1,546 | 1,350 | 11.5 | 9,520 |
| 露地キャベツ作部門 | 14,698 | 10,442 | 4,256 | 2,817 | 2,542 | 331.3 | 159,943 |
| 露地ほうれんそう作部門 | 5,999 | 3,984 | 2,015 | 2,673 | 2,012 | 121.5 | 11,357 |
| 露地たまねぎ作部門 | 15,516 | 14,215 | 1,301 | 2,425 | 2,014 | 385.7 | 214,617 |
| 露地レタス作部門 | 11,450 | 9,260 | 2,190 | 3,324 | 2,166 | 255.7 | 72,841 |
| 露地はくさい作部門 | 16,957 | 11,699 | 5,258 | 2,730 | 1,554 | 310.7 | 265,387 |
| 露地白ねぎ作部門 | 9,664 | 6,789 | 2,875 | 3,362 | 2,415 | 114.5 | 28,316 |
| 露地だいこん作部門 | 12,355 | 9,990 | 2,365 | 3,019 | 1,838 | 296.1 | 162,871 |
| 露地にんじん作部門 | 13,682 | 9,407 | 4,275 | 2,940 | 2,071 | 238.5 | 108,949 |
| 施設野菜作経営（全国） | | | | | | | |
| 施設きゅうり作部門 | 21,008 | 15,565 | 5,443 | 6,793 | 4,044 | 4,736.7 | 63,398 |
| 施設大玉トマト作部門 | 16,498 | 12,997 | 3,501 | 5,189 | 3,799 | 4,225.5 | 52,613 |
| 施設ミニトマト作部門 | 18,014 | 14,105 | 3,909 | 6,252 | 3,522 | 3,829.8 | 28,318 |
| 施設なす作部門 | 15,080 | 10,359 | 4,721 | 5,250 | 4,322 | 3,212.4 | 42,117 |
| 果樹作経営（全国） | | | | | | | |
| りんご作部門 | 9,669 | 6,212 | 3,457 | 4,196 | 3,016 | 173.9 | 41,930 |
| 露地温州みかん作部門 | 9,672 | 6,869 | 2,803 | 3,441 | 2,631 | 165.5 | 43,122 |
| 施設温州みかん作部門 | 10,141 | 6,583 | 3,558 | 1,973 | 1,791 | 2,177.8 | 11,831 |
| 露地ぶどう作部門 | 6,046 | 3,369 | 2,677 | 2,661 | 2,186 | 62.7 | 7,404 |
| 施設ぶどう作部門 | 6,311 | 3,631 | 2,680 | 2,860 | 2,716 | 4,012.0 | 4,390 |
| 日本なし作部門 | 8,320 | 5,616 | 2,704 | 3,360 | 2,811 | 96.2 | 17,999 |
| もも作部門 | 4,687 | 2,892 | 1,795 | 2,066 | 1,674 | 65.5 | 8,288 |
| かき作部門 | 9,153 | 6,945 | 2,208 | 2,240 | 1,144 | 104.5 | 28,249 |
| うめ作部門 | 3,496 | 1,662 | 1,834 | 1,097 | 879 | 63.1 | 7,792 |
| おうとう作部門 | 3,273 | 1,928 | 1,345 | 1,502 | 933 | 36.9 | 1,272 |
| キウイフルーツ作部門 | 2,562 | 1,343 | 1,219 | 1,144 | 1,043 | 51.5 | 5,490 |
| すもも作部門 | 2,116 | 1,595 | 521 | 1,251 | 1,113 | 37.0 | 4,078 |
| 施設花き作経営（全国） | | | | | | | |
| 施設ばら作部門 | 18,482 | 16,029 | 2,453 | 5,964 | 4,634 | 3,928.9 | 240,624 |

注： 1)及びその単位は、部門別に次のとおり。
　　　畑作経営の各部門は作付延べ面積であり、単位はa（アール）である。
　　　露地野菜作経営の各部門は作付延べ面積であり、単位はa（アール）である。
　　　施設野菜作経営の各部門は作付延べ面積であり、単位は㎡である。
　　　果樹作経営の各部門は結果樹面積であり、単位は施設温州みかん作部門及び施設ぶどう作部門にあっては
　　　㎡、それ以外の部門にあってはa（アール）である。
　　　施設ばら部門は作付延べ面積であり、単位は㎡である。
　　　2)の単位は、畑作経営、露地野菜作経営、施設野菜作経営及び果樹作経営の各部門にあってはkg、施設
　　　ばら作部門にあっては本である。

## 6　主副業別の農業経営（令和2年）
### (1)　農業経営の概要（個人経営体・1経営体当たり平均）

| 区分 | | 経営耕地面積 | 農業従事者数 | 農業粗収益 | 農業経営費 | 農業所得 | 農業生産関連事業所得 | 農外事業所得 | 農業依存度 | 農業所得率 |
|---|---|---|---|---|---|---|---|---|---|---|
| | | a | 人 | 千円 | 千円 | 千円 | 千円 | 千円 | % | % |
| 全国 | 主業経営体 | 667.7 | 5.48 | 19,925 | 15,769 | 4,156 | 2 | 72 | 98.3 | 20.9 |
| | 準主業経営体 | 226.8 | 4.17 | 6,016 | 5,415 | 601 | 55 | 2,365 | 19.9 | 10.0 |
| | 副業的経営体 | 181.6 | 3.49 | 2,822 | 2,584 | 238 | 9 | 271 | 45.9 | 8.4 |
| 北海道 | 主業経営体 | 2,599.1 | 5.38 | 38,682 | 31,187 | 7,495 | 3 | 27 | 99.6 | 19.4 |
| | 準主業経営体 | x | x | x | x | x | x | x | x | x |
| | 副業的経営体 | 1,007.5 | 8.44 | 10,035 | 7,663 | 2,372 | △ 1 | 71 | 97.1 | 23.6 |
| 都府県 | 主業経営体 | 415.0 | 5.50 | 17,469 | 13,757 | 3,712 | 2 | 77 | 97.9 | 21.2 |
| | 準主業経営体 | 225.1 | 4.10 | 6,056 | 5,415 | 641 | 55 | 2,377 | 20.9 | 10.6 |
| | 副業的経営体 | 171.9 | 3.43 | 2,739 | 2,527 | 212 | 9 | 273 | 42.9 | 7.7 |
| 東北 | 主業経営体 | 560.4 | 6.09 | 14,092 | 11,466 | 2,626 | 4 | △ 14 | 100.4 | 18.6 |
| | 準主業経営体 | 452.9 | 5.08 | 13,474 | 13,246 | 228 | 62 | 613 | 25.2 | 1.7 |
| | 副業的経営体 | 237.2 | 3.90 | 2,989 | 2,721 | 268 | 2 | 27 | 90.2 | 9.0 |
| 北陸 | 主業経営体 | 690.1 | 4.41 | 13,611 | 10,839 | 2,772 | − | 329 | 89.4 | 20.4 |
| | 準主業経営体 | 498.9 | 4.42 | 7,439 | 6,530 | 909 | − | 0 | 100.0 | 12.2 |
| | 副業的経営体 | 238.3 | 3.37 | 3,203 | 2,840 | 363 | 2 | 48 | 87.9 | 11.3 |
| 関東・東山 | 主業経営体 | 408.6 | 5.07 | 18,509 | 14,507 | 4,002 | △ 4 | 139 | 96.7 | 21.6 |
| | 準主業経営体 | 201.3 | 3.93 | 4,489 | 4,022 | 467 | 151 | 4,062 | 10.0 | 10.4 |
| | 副業的経営体 | 188.3 | 3.42 | 3,377 | 2,910 | 467 | 30 | 611 | 42.1 | 13.8 |
| 東海 | 主業経営体 | 317.1 | 5.77 | 21,184 | 16,305 | 4,879 | 41 | 138 | 96.5 | 23.0 |
| | 準主業経営体 | 308.1 | 4.13 | 13,096 | 11,420 | 1,676 | △ 173 | 2,695 | 39.9 | 12.8 |
| | 副業的経営体 | 112.2 | 3.25 | 2,149 | 2,210 | △ 61 | 0 | 1,075 | nc | nc |
| 近畿 | 主業経営体 | 268.3 | 5.82 | 14,396 | 10,746 | 3,650 | 14 | 80 | 97.5 | 25.4 |
| | 準主業経営体 | 83.7 | 3.57 | 4,998 | 3,924 | 1,074 | − | 2,013 | 34.8 | 21.5 |
| | 副業的経営体 | 115.5 | 2.69 | 1,785 | 1,842 | △ 57 | − | 182 | nc | nc |
| 中国 | 主業経営体 | 266.8 | 5.29 | 12,755 | 9,273 | 3,482 | 4 | 10 | 99.6 | 27.3 |
| | 準主業経営体 | 81.2 | 4.06 | 2,996 | 2,537 | 459 | − | 1,069 | 30.0 | 15.3 |
| | 副業的経営体 | 125.3 | 3.56 | 1,552 | 1,682 | △ 130 | 0 | 195 | nc | nc |
| 四国 | 主業経営体 | 192.9 | 5.91 | 14,578 | 10,515 | 4,063 | △ 65 | 87 | 99.5 | 27.9 |
| | 準主業経営体 | 80.0 | 3.37 | 3,510 | 2,579 | 931 | 7 | 205 | 81.5 | 26.5 |
| | 副業的経営体 | 96.2 | 3.10 | 1,562 | 1,557 | 5 | 13 | △ 124 | nc | 0.3 |
| 九州 | 主業経営体 | 405.1 | 5.41 | 21,954 | 17,727 | 4,227 | 5 | 30 | 99.2 | 19.3 |
| | 準主業経営体 | 327.0 | 5.28 | 4,768 | 4,398 | 370 | △ 32 | 914 | 29.6 | 7.8 |
| | 副業的経営体 | 170.2 | 3.55 | 4,142 | 3,751 | 391 | 4 | 195 | 66.3 | 9.4 |
| 沖縄 | 主業経営体 | 424.1 | 2.86 | 10,290 | 9,023 | 1,267 | 2 | 6 | 99.4 | 12.3 |
| | 準主業経営体 | 191.8 | 1.54 | 3,446 | 3,105 | 341 | − | 0 | 100.0 | 9.9 |
| | 副業的経営体 | 156.3 | 2.31 | 1,860 | 1,503 | 357 | 6 | 175 | 66.4 | 19.2 |

注：1　農業所得＝農業粗収益−農業経営費
　　2　農業生産関連事業所得＝農業生産関連事業収入−農業生産関連事業支出
　　3　農外事業所得とは、農外事業における営業利益のことをいう。
　　4　農外事業所得＝農外事業収入−農外事業支出
　　5　農業依存度＝農業所得÷（農業所得＋農業生産関連事業所得＋農外事業所得）×100
　　6　農業所得率＝農業所得÷農業粗収益×100

6 主副業別の農業経営（令和2年）（続き）
(2) 経営概況及び分析指標（個人経営体・1経営体当たり平均）

| 区分 | | 付加価値額 | 農業固定資産装備率 | 収益性（農業） | | | 生産性（農業） | | |
|---|---|---|---|---|---|---|---|---|---|
| | | | | 農業労働収益性（農業従事者1人当たり農業所得） | 農業固定資産額千円当たり農業所得 | 経営耕地面積10a当たり農業所得 | 農業労働生産性（農業従事者1人当たり付加価値額） | 農業固定資産額千円当たり付加価値額 | 経営耕地面積10a当たり付加価値額 |
| | | 千円 | 千円 | 千円 | 円 | 千円 | 千円 | 円 | 千円 |
| 全国 | 主業経営体 | 5,990 | 1,786 | 758 | 425 | 62 | 1,093 | 612 | 90 |
| | 準主業経営体 | 1,097 | 1,685 | 144 | 86 | 26 | 263 | 156 | 48 |
| | 副業的経営体 | 514 | 749 | 69 | 91 | 13 | 147 | 197 | 28 |
| 北海道 | 主業経営体 | 11,476 | 3,669 | 1,393 | 380 | 29 | 2,133 | 581 | 44 |
| | 準主業経営体 | x | x | x | x | x | x | x | x |
| | 副業的経営体 | 3,259 | 645 | 281 | 436 | 24 | 386 | 599 | 32 |
| 都府県 | 主業経営体 | 5,265 | 1,543 | 675 | 437 | 89 | 957 | 620 | 127 |
| | 準主業経営体 | 1,137 | 1,704 | 156 | 92 | 28 | 277 | 163 | 51 |
| | 副業的経営体 | 481 | 752 | 62 | 82 | 12 | 140 | 187 | 28 |
| 東北 | 主業経営体 | 3,981 | 1,178 | 431 | 366 | 47 | 654 | 555 | 71 |
| | 準主業経営体 | 1,497 | 1,328 | 45 | 34 | 5 | 295 | 222 | 33 |
| | 副業的経営体 | 584 | 526 | 68 | 131 | 11 | 150 | 285 | 25 |
| 北陸 | 主業経営体 | 4,467 | 1,700 | 628 | 370 | 40 | 1,013 | 596 | 65 |
| | 準主業経営体 | 1,479 | 2,636 | 206 | 78 | 18 | 335 | 127 | 30 |
| | 副業的経営体 | 775 | 831 | 107 | 130 | 15 | 230 | 277 | 33 |
| 関東・東山 | 主業経営体 | 5,666 | 1,963 | 790 | 402 | 98 | 1,118 | 569 | 139 |
| | 準主業経営体 | 787 | 1,405 | 119 | 85 | 23 | 200 | 143 | 39 |
| | 副業的経営体 | 764 | 911 | 136 | 150 | 25 | 223 | 245 | 41 |
| 東海 | 主業経営体 | 6,842 | 1,591 | 845 | 532 | 154 | 1,186 | 745 | 216 |
| | 準主業経営体 | 2,857 | 2,455 | 406 | 165 | 54 | 692 | 282 | 93 |
| | 副業的経営体 | 126 | 729 | nc | nc | nc | 39 | 53 | 11 |
| 近畿 | 主業経営体 | 4,948 | 1,151 | 628 | 545 | 136 | 850 | 739 | 184 |
| | 準主業経営体 | 1,441 | 563 | 301 | 534 | 128 | 404 | 717 | 172 |
| | 副業的経営体 | 74 | 1,451 | nc | nc | nc | 28 | 19 | 6 |
| 中国 | 主業経営体 | 4,488 | 969 | 658 | 679 | 131 | 848 | 875 | 168 |
| | 準主業経営体 | 1,010 | 419 | 113 | 270 | 57 | 249 | 594 | 124 |
| | 副業的経営体 | 13 | 546 | nc | nc | nc | 4 | 7 | 1 |
| 四国 | 主業経営体 | 5,234 | 865 | 688 | 795 | 211 | 886 | 1,024 | 271 |
| | 準主業経営体 | 1,167 | 739 | 277 | 374 | 116 | 346 | 469 | 146 |
| | 副業的経営体 | 167 | 469 | 2 | 3 | 1 | 54 | 115 | 17 |
| 九州 | 主業経営体 | 5,918 | 1,913 | 781 | 408 | 104 | 1,094 | 572 | 146 |
| | 準主業経営体 | 601 | 4,175 | 70 | 17 | 11 | 114 | 27 | 18 |
| | 副業的経営体 | 781 | 931 | 110 | 118 | 23 | 220 | 236 | 46 |
| 沖縄 | 主業経営体 | 3,346 | 2,599 | 443 | 170 | 30 | 1,170 | 450 | 79 |
| | 準主業経営体 | 834 | 2,764 | 222 | 80 | 18 | 542 | 196 | 43 |
| | 副業的経営体 | 776 | 458 | 154 | 337 | 23 | 336 | 733 | 50 |

注：1 付加価値額＝農業粗収益－〔農業経営費－（雇人費＋地代・賃借料＋利子割引料）〕
2 農業固定資産装備率＝農業固定資産額÷農業従事者数

7　認定農業者のいる農業経営体の農業経営（令和2年）
　　（個人経営体・1経営体当たり平均）

| 区分 | 経営耕地面積 | 農業従事者数 | 農業粗収益 | 農業経営費 | 農業所得 | 農業生産関連事業所得 | 農外事業所得 | 農業依存度 | 農業所得率 |
|---|---|---|---|---|---|---|---|---|---|
| | a | 人 | 千円 | 千円 | 千円 | 千円 | 千円 | % | % |
| **全国** | 613.1 | 4.97 | 15,639 | 12,698 | 2,941 | 18 | 262 | 91.3 | 18.8 |
| 北海道 | 2,323.0 | 5.30 | 33,418 | 26,877 | 6,541 | 2 | 54 | 99.2 | 19.6 |
| 都府県 | 425.0 | 4.95 | 13,683 | 11,137 | 2,546 | 19 | 285 | 89.3 | 18.6 |

| 区分 | 付加価値額 | 農業固定資産装備率 | 収益性（農業） | | | 生産性（農業） | | |
|---|---|---|---|---|---|---|---|---|
| | | | 農業労働収益性（農業従事者1人当たり農業所得） | 農業固定資産額千円当たり農業所得 | 経営耕地面積10 a当たり農業所得 | 農業労働生産性（農業従事者1人当たり付加価値額） | 農業固定資産額千円当たり付加価値額 | 経営耕地面積10 a当たり付加価値額 |
| | 千円 | 千円 | 千円 | 円 | 千円 | 千円 | 円 | 千円 |
| **全国** | 4,431 | 1,718 | 592 | 344 | 48 | 892 | 519 | 72 |
| 北海道 | 9,950 | 3,223 | 1,234 | 383 | 28 | 1,877 | 583 | 43 |
| 都府県 | 3,825 | 1,535 | 514 | 335 | 60 | 773 | 503 | 90 |

注：1　農業所得＝農業粗収益－農業経営費
　　2　農業生産関連事業所得＝農業生産関連事業収入－農業生産関連事業支出
　　3　農外事業所得とは、農外事業における営業利益のことをいう。
　　4　農外事業所得＝農外事業収入－農外事業支出
　　5　農業依存度＝農業所得÷（農業所得＋農業生産関連事業所得＋農外事業所得）×100
　　6　農業所得率＝農業所得÷農業粗収益×100
　　7　付加価値額＝農業粗収益－〔農業経営費－（雇人費＋地代・賃借料＋利子割引料）〕
　　8　農業固定資産装備率＝農業固定資産額÷農業従事者数

8 法人経営体の水田作経営の農業経営収支（令和2年）
（全国・1経営体当たり平均）

| 区分 | 単位 | 水田作経営 | 集落営農 |
|---|---|---|---|
| 農業粗収益 | 千円 | 44,109 | 43,681 |
| うち稲作収入 | 〃 | 22,794 | 24,539 |
| 農作業受託収入 | 〃 | 4,168 | 2,006 |
| 共済・補助金等受取金 | 〃 | 12,723 | 13,314 |
| 農業経営費 | 〃 | 40,367 | 37,514 |
| うち雇人費 | 〃 | 10,870 | 8,139 |
| 種苗費 | 〃 | 1,545 | 1,768 |
| 肥料費 | 〃 | 3,013 | 3,199 |
| 農薬衛生費 | 〃 | 2,561 | 2,736 |
| 動力光熱費 | 〃 | 1,331 | 1,099 |
| 修繕費 | 〃 | 2,632 | 2,415 |
| 地代・賃借料 | 〃 | 8,515 | 9,464 |
| 減価償却費 | 〃 | 3,719 | 3,141 |
| 農業所得 | 〃 | 3,742 | 6,167 |
| 農業所得率 | ％ | 8.5 | 14.1 |
| 農業従事者1人当たり農業所得 | 千円 | 213 | 265 |
| 経営概況 | | | |
| 水田作作付延べ面積 | a | 3,137.8 | 3,384.5 |
| 農業従事者数 | 人 | 17.61 | 23.26 |
| 自営農業労働時間 | 時間 | 6,990 | 6,515 |

注： 1 農業所得率＝農業所得÷農業粗収益×100
2 農業従事者1人当たり農業所得（農業労働収益性）＝農業所得÷農業従事者数
3 水田作作付延べ面積は、稲、麦類、雑穀、豆類、いも類及び工芸農作物を水田に作付けた
延べ面積である。

9 法人経営体の水田作経営以外の耕種経営（令和2年）
（全国・1経営体当たり平均）

| 区分 | 単位 | 畑作経営 | 露地野菜作経営 | 施設野菜作経営 | 果樹作経営 | 露地花き作経営 | 施設花き作経営 |
|---|---|---|---|---|---|---|---|
| 農業粗収益 | 千円 | 42,861 | 58,762 | 58,043 | 27,471 | 43,266 | 71,020 |
| うち麦類収入 | 〃 | 1,925 | 302 | 132 | 22 | － | － |
| 豆類収入 | 〃 | 1,381 | 136 | 159 | 20 | － | － |
| いも類収入 | 〃 | 7,879 | 763 | 70 | 70 | － | － |
| 工芸農作物収入 | 〃 | 14,346 | 185 | 2 | 39 | 320 | － |
| 野菜収入 | 〃 | 2,626 | 48,253 | 49,207 | 616 | 1,509 | 1,483 |
| 果樹収入 | 〃 | － | 107 | 152 | 22,092 | － | 2 |
| 花き収入 | 〃 | 21 | 5 | 100 | － | 39,684 | 68,717 |
| 共済・補助金等受取金 | 〃 | 8,709 | 5,379 | 4,346 | 1,188 | 2,293 | 115 |
| 農業経営費 | 〃 | 44,232 | 61,316 | 60,144 | 25,208 | 44,170 | 76,696 |
| うち雇人費 | 〃 | 13,291 | 23,015 | 23,850 | 11,608 | 16,427 | 23,820 |
| 種苗費 | 〃 | 1,478 | 2,464 | 1,905 | 334 | 4,974 | 10,764 |
| 肥料費 | 〃 | 4,812 | 3,726 | 1,765 | 600 | 1,252 | 1,080 |
| 農薬衛生費 | 〃 | 2,735 | 2,799 | 1,157 | 1,205 | 1,212 | 980 |
| 諸材料費 | 〃 | 816 | 2,673 | 2,546 | 888 | 2,775 | 7,703 |
| 動力光熱費 | 〃 | 2,925 | 1,869 | 5,631 | 1,192 | 1,343 | 7,000 |
| 修繕費 | 〃 | 2,746 | 2,057 | 1,915 | 683 | 1,271 | 1,421 |
| 地代・賃借料 | 〃 | 5,080 | 4,322 | 3,860 | 1,061 | 2,907 | 2,566 |
| 減価償却費 | 〃 | 3,724 | 4,365 | 4,886 | 1,900 | 2,462 | 3,935 |
| 農業所得 | 〃 | △ 1,371 | △ 2,554 | △ 2,101 | 2,263 | △ 904 | △ 5,676 |
| 農業所得率 | ％ | nc | nc | nc | 8.2 | nc | nc |
| 農業従事者1人当たり農業所得 | 千円 | nc | nc | nc | 160 | nc | nc |
| 経営概況 | | | | | | | |
| 作付延べ面積 | a、㎡ | 2,024.7 | 1,109.2 | 13,718.6 | 367.3 | 221.5 | 8,454.2 |
| 農業従事者数 | 人 | 11.62 | 15.18 | 15.98 | 14.19 | 11.50 | 14.59 |
| 自営農業労働時間 | 時間 | 7,842 | 15,523 | 17,971 | 8,502 | 11,794 | 19,138 |

注： 1 農業所得率＝農業所得÷農業粗収益×100
　　 2 農業従事者1人当たり農業所得（農業労働収益性）＝農業所得÷農業従事者数
　　 3 作付延べ面積及びその単位は、営農類型別に次のとおり。
　　　　畑作経営は稲、麦類、雑穀、豆類、いも類及び工芸農作物を畑に作付けた延べ面積であり、
　　　　単位はa（アール）である。
　　　　露地野菜作経営は露地野菜作付延べ面積であり、単位はa（アール）である。
　　　　施設野菜作経営は施設野菜作付延べ面積であり、単位は㎡である。
　　　　果樹作経営は、果樹植栽面積であり、単位はa（アール）である。
　　　　露地花き作経営は露地花き作付延べ面積であり、単位はa（アール）である。
　　　　施設花き作経営は施設花き作付延べ面積であり、単位は㎡である。

## 10 法人経営体の畜産経営（令和2年）
（全国・1経営体当たり平均）

| 区分 | 単位 | 酪農経営 | 繁殖牛経営 | 肥育牛経営 | 養豚経営 | 採卵養鶏経営 | ブロイラー養鶏経営 |
|---|---|---|---|---|---|---|---|
| 農業粗収益 | 千円 | 249,999 | 79,268 | 358,243 | 400,859 | 528,729 | 224,322 |
| うち酪農収入 | 〃 | 225,750 | – | 1,008 | 698 | – | – |
| 肥育牛収入 | 〃 | 128 | 7,715 | 305,551 | – | – | – |
| 自家生産和牛収入 | 〃 | 98 | 48,005 | 10,121 | 174 | – | – |
| 養豚収入 | 〃 | – | – | – | 370,899 | – | – |
| 鶏卵収入 | 〃 | – | – | – | 13,157 | 495,489 | – |
| ブロイラー養鶏収入 | 〃 | – | – | – | – | – | 217,862 |
| 共済・補助金等受取金 | 〃 | 18,837 | 16,477 | 41,494 | 7,561 | 23,829 | 6,215 |
| 農業経営費 | 〃 | 239,890 | 78,269 | 373,016 | 362,081 | 505,649 | 217,120 |
| うち雇人費 | 〃 | 36,472 | 17,259 | 25,806 | 55,120 | 69,515 | 22,023 |
| もと畜費 | 〃 | 14,967 | 4,955 | 146,164 | 14,413 | 62,711 | 32,842 |
| 飼料費 | 〃 | 88,451 | 20,958 | 106,982 | 161,892 | 232,007 | 115,818 |
| 農薬衛生費 | 〃 | 9,093 | 3,769 | 6,594 | 18,585 | 6,167 | 3,603 |
| 動力光熱費 | 〃 | 8,359 | 2,469 | 6,016 | 16,228 | 15,026 | 8,174 |
| 修繕費 | 〃 | 7,822 | 2,919 | 6,324 | 10,921 | 8,725 | 2,417 |
| 地代・賃借料 | 〃 | 11,134 | 4,400 | 7,584 | 8,029 | 6,482 | 6,435 |
| 減価償却費 | 〃 | 34,203 | 12,573 | 11,331 | 26,281 | 32,494 | 6,311 |
| 農業所得 | 〃 | 10,109 | 999 | △ 14,773 | 38,778 | 23,080 | 7,202 |
| 農業所得率 | ％ | 4.0 | 1.3 | nc | 9.7 | 4.4 | 3.2 |
| 農業従事者1人当たり農業所得 | 千円 | 883 | 156 | nc | 3,429 | 1,032 | 1,071 |
| 経営概況 | | | | | | | |
| 飼養頭羽数 | 頭・羽 | 177.6 | 119.3 | 608.1 | 5,482.2 | 158,528 | 479,125 |
| 農業従事者数 | 人 | 11.45 | 6.38 | 8.45 | 11.31 | 22.37 | 6.72 |
| 自営農業労働時間 | 時間 | 19,637 | 9,875 | 13,857 | 20,657 | 39,057 | 10,210 |

注：1 農業所得率＝農業所得÷農業粗収益×100
  2 農業従事者1人当たり農業所得（農業労働収益性）＝農業所得÷農業従事者数
  3 飼養頭羽数及びその単位は、営農類型別に次のとおり。
   酪農経営は月平均搾乳牛飼養頭数であり、単位は頭である。
   繁殖牛経営は月平均繁殖めす牛飼養頭数であり、単位は頭である。
   肥育牛経営は月平均肥育牛飼養頭数であり、単位は頭である。
   養豚経営は月平均肥育豚飼養頭数であり、単位は頭である。
   採卵養鶏経営は月平均採卵鶏飼養羽数であり、単位は羽である。
   ブロイラー養鶏経営はブロイラー販売羽数であり、単位は羽である。

## 11 経営所得安定対策等（収入減少影響緩和交付金を除く。）の支払実績
（令和4年4月末時点）

### (1) 交付金別支払額

単位：億円

| 区分 | 畑作物の直接支払交付金 | 水田活用の直接支払交付金 |
|---|---|---|
| 令和元年度 | 2,197 | 2,938 |
| 2 | 2,058 | 2,960 |
| 3 | 2,263 | 3,280 |
| 対前年度差 | 205 | 320 |

### (2) 交付金別支払対象者数

単位：件

| 区分 | 畑作物の直接支払交付金 | 水田活用の直接支払交付金 |
|---|---|---|
| 令和元年度 | 42,072 | 318,329 |
| 2 | 41,188 | 303,354 |
| 3 | 40,629 | 295,978 |
| 対前年度差 | △ 559 | △ 7,376 |

資料：農林水産省農産局資料（以下(3)まで同じ。）

(3) 支払面積、数量
 ア 畑作物の直接支払交付金の支払数量

単位：t

| 区分 | 合計 | 麦 | 小麦 | 二条大麦 | 六条大麦 | はだか麦 |
|---|---|---|---|---|---|---|
| 令和元年度 | 5,996,123 | 1,153,884 | 1,006,216 | 79,497 | 49,004 | 19,167 |
| 2 | 5,901,427 | 1,064,894 | 914,163 | 82,414 | 49,079 | 19,238 |
| 3 | 6,195,626 | 1,208,109 | 1,051,462 | 89,771 | 45,915 | 20,961 |
| 対前年度差 | 294,199 | 143,215 | 137,299 | 7,358 | △ 3,164 | 1,723 |

| 区分 | 大豆 | てん菜 | でん粉原料用ばれいしょ | そば | なたね |
|---|---|---|---|---|---|
| 令和元年度 | 190,755 | 3,853,772 | 755,983 | 37,762 | 3,966 |
| 2 | 194,397 | 3,912,122 | 686,919 | 39,614 | 3,481 |
| 3 | 220,693 | 4,060,597 | 667,469 | 35,636 | 3,122 |
| 対前年度差 | 26,296 | 148,475 | △ 19,450 | △ 3,978 | △ 359 |

 イ 水田活用の直接支払交付金における戦略作物（基幹作物）の支払面積

単位：ha

| 区分 | 合計 | 麦 | 大豆 | 飼料作物 | 新規需要米 | WCS用稲 |
|---|---|---|---|---|---|---|
| 令和元年度 | 417,346 | 97,211 | 85,173 | 71,916 | 119,583 | 42,083 |
| 2 | 415,233 | 98,448 | 83,731 | 71,776 | 119,449 | 42,462 |
| 3 | 410,289 | 78,478 | 71,119 | 71,836 | 166,763 | 43,898 |
| 対前年度差 | △ 4,944 | △ 19,970 | △ 12,612 | 60 | 47,314 | 1,436 |

| 区分 | 新規需要米（続き）米粉用米 | 飼料用米 | 加工用米 | （参考）そば | （参考）なたね | （参考）新市場開拓用米 |
|---|---|---|---|---|---|---|
| 令和元年度 | 5,280 | 72,220 | 43,462 | 27,217 | 866 | 4,111 |
| 2 | 6,321 | 70,665 | 41,830 | 27,648 | 835 | 5,901 |
| 3 | 7,579 | 115,286 | 22,092 | 27,152 | 712 | 5,401 |
| 対前年度差 | 1,258 | 44,621 | △ 19,737 | △ 496 | △ 123 | △ 500 |

注： 参考として記載したそば、なたね及び新市場開拓用米については、
　　産地交付金の支払対象面積（基幹作物）であり、合計には含まない。

12 経営所得安定対策等（収入減少影響緩和交付金）の支払実績
　　（令和3年7月末時点）

| 区分 | 加入件数 | 補塡件数 | 補塡額計 |
|---|---|---|---|
| | 件 | 件 | 億円 |
| 令和元年度 | 98,957 | 19,771 | 68.9 |
| 2 | 86,032 | 4,829 | 3.6 |
| 3 | 76,663 | 27,417 | 49.3 |
| 対前年度差 | △ 9,369 | 22,588 | 46 |

資料：農林水産省農産局資料
注：1 補塡額計は、国費と農業者拠出（3：1）の合計である。
　　2 収入減少影響緩和交付金の支払は生産年の翌年度に行われる。
　　　例えば、令和3年度の補塡額は令和2年産に対する支払実績である。

## Ⅶ　農業生産資材

### 1　農業機械

#### (1)　農業機械の価格指数

平成27年＝100

| 品目 | 銘柄等級 | 平成29年 | 30 | 令和元 | 2 | 3 |
|---|---|---|---|---|---|---|
| 刈払機（草刈機） | 肩かけ、エンジン付、1.5PS程度 | 100.2 | 100.3 | 100.8 | 102.4 | 102.1 |
| 動力田植機（4条植） | 土付苗用（乗用型） | 100.4 | 100.5 | 101.0 | 102.4 | 102.4 |
| 動力噴霧機 | 2.0〜3.5PS（可搬型） | 99.8 | 99.8 | 100.1 | 101.6 | 101.6 |
| 動力耕うん機 | 駆動けん引兼用型(5〜7PS) | 100.1 | 100.0 | 100.5 | 101.6 | 101.9 |
| 乗用型トラクタ（15PS内外） | 水冷型 | 99.9 | 99.9 | 100.5 | 102.0 | 101.8 |
| 〃　　　（25PS内外） | 〃 | 100.3 | 100.4 | 100.9 | 102.2 | 102.0 |
| 〃　　　（35PS内外） | 〃 | 100.1 | 100.0 | 100.5 | 101.9 | 102.1 |
| トレーラー（積載量500kg程度） | 定置式 | 101.1 | 101.1 | 102.1 | 103.7 | 104.3 |
| 自走式運搬車 | クローラー式、歩行型、500kg | 100.6 | 100.6 | 101.1 | 102.4 | 102.5 |
| バインダー（2条刈り） | | 99.9 | 99.5 | 99.9 | 101.4 | 101.5 |
| コンバイン（2条刈り） | 自脱型 | 100.1 | 100.2 | 100.6 | 101.9 | 101.9 |
| 動力脱穀機 | 自走式、こき胴幅40〜50cm | 99.9 | 99.9 | 100.4 | 101.5 | 101.5 |
| 動力もみすり機 | ロール型、全自動30型 | 100.2 | 100.4 | 100.9 | 102.3 | 102.2 |
| 通風乾燥機（16石型） | 立型循環式 | 100.1 | 100.1 | 100.5 | 102.0 | 102.0 |
| 温風式暖房機 | 毎時75,000kcal、1,000㎡、重油焚き | 99.8 | 100.1 | 101.0 | 103.2 | 103.2 |
| ロータリー | 乗用トラクター20〜30PS、作業幅150cm | 99.8 | 100.0 | 100.5 | 101.8 | 101.9 |

資料：農林水産省統計部「農業物価統計」

### (2) 農業用機械器具、食料品加工機械等の生産台数

単位：台

| 区分 | 平成29年 | 30 | 令和元年 | 2 | 3 |
|---|---|---|---|---|---|
| 農業用機械器具 | | | | | |
| 整地用機器及び付属品 | | | | | |
| 　動力耕うん機（歩行用トラクタを含む。） | 122,577 | 116,898 | 107,890 | 93,859 | 110,301 |
| 　装輪式トラクタ | 139,689 | 143,145 | 144,556 | 123,870 | 162,170 |
| 　　20PS未満 | 14,199 | 12,133 | 8,151 | 8,559 | 7,732 |
| 　　20PS以上30PS未満 | 43,989 | 48,173 | 47,165 | 40,104 | 60,218 |
| 　　30PS以上 | 81,501 | 82,839 | 89,240 | 75,207 | 94,220 |
| 栽培用機器 | | | | | |
| 　田植機 | 23,801 | 23,513 | 23,728 | 21,358 | 20,450 |
| 管理用機器 | | | | | |
| 　動力噴霧機及び動力散粉機<br>　（ミスト機・煙霧機を含む。） | 77,093 | 81,802 | 76,945 | 125,922 | 142,169 |
| 収穫調整用機器 | | | | | |
| 　刈払機（芝刈機を除く。） | 900,190 | 875,286 | 750,682 | 738,031 | 856,208 |
| 　コンバイン（刈取脱穀結合機） | 16,539 | 14,631 | 16,266 | 13,418 | 14,183 |
| 　籾すり機 | 9,968 | 10,855 | 10,581 | 8,647 | 7,580 |
| 　農業用乾燥機 | 15,931 | 14,786 | 14,905 | 12,628 | 12,826 |
| | | | | | |
| 食料品加工機械（手動のものを除く。） | 49,591 | 49,119 | 44,452 | 40,266 | 44,149 |
| 穀物処理機械 | 26,258 | 24,215 | 21,193 | 19,872 | 21,755 |
| 　精米麦機械 | 17,135 | 15,701 | 13,591 | 11,998 | 12,080 |
| 　製パン・製菓機械 | 9,123 | 8,514 | 7,602 | 7,874 | 9,675 |
| 醸造用機械（酒類・しょう油・味噌用に限る。） | 2,543 | 4,010 | 3,060 | 2,326 | 2,451 |
| 牛乳加工・乳製品製造用機械 | 15,257 | 15,088 | 14,300 | 12,557 | 13,706 |
| 肉類・水産加工機械 | 5,533 | 5,806 | 5,899 | 5,511 | 6,237 |

資料：経済産業省調査統計グループ「2021年 経済産業省生産動態統計年報」

## 1 農業機械（続き）
### (3) 農業機械輸出実績

| 品目 | 令和2年 | | 3 | |
|---|---|---|---|---|
| | 台数 | 金額 | 台数 | 金額 |
| | 台 | 千円 | 台 | 千円 |
| 合計 | - | 224,521,846 | - | 301,174,348 |
| 農具計 | | 2,454,377 | | 2,909,048 |
| 1) スペード及びショベル | 9,851 | 74,333 | 12,409 | 106,021 |
| 1) つるはし、くわ、レーキ | 5,216 | 51,827 | 5,130 | 54,132 |
| 2) その他の農具 | | 2,328,217 | | 2,748,895 |
| 耕うん整地用機械計 | - | 165,424,613 | - | 232,636,558 |
| プラウ | 474 | 66,304 | 714 | 50,933 |
| ディスクハロー | 30 | 13,994 | 15 | 8,354 |
| 播種機、植付機、移植機 | 5,404 | 6,759,106 | 5,119 | 7,079,844 |
| 肥料散布機計 | 709 | 139,175 | 359 | 101,021 |
| 堆肥散布機 | 120 | 30,430 | 121 | 49,043 |
| 施肥機 | 589 | 108,745 | 238 | 51,978 |
| 耕うん整地用機械の部分品 | | 3,008,602 | | 1,691,997 |
| 農業用歩行式トラクタ | 29,760 | 1,718,782 | 39,971 | 2,450,488 |
| 3) 農業用トラクタ計 | 90,138 | 153,721,650 | 119,293 | 221,253,921 |
| 18kW以下 | 22,062 | 20,715,602 | 28,187 | 28,192,695 |
| 18kW超 22kW以下 | 11,504 | 12,544,867 | 16,825 | 19,991,179 |
| 22kW超 37kW以下 | 16,941 | 25,168,677 | 20,399 | 31,686,492 |
| 37kW超 75kW以下 | 35,764 | 79,530,393 | 46,506 | 109,019,013 |
| 75kW超 130kW以下 | | | 7,376 | 32,364,542 |
| 130kW超 | 3,867 | 15,762,111 | - | - |
| 防除用農機計 | - | 1,065,649 | - | 996,841 |
| 動力噴霧機 | 31,124 | 1,022,522 | 29,430 | 966,760 |
| その他の防除用農機 | 19,340 | 43,127 | 16,591 | 30,081 |
| 収穫調製用農機計 | | 44,731,427 | | 50,919,938 |
| 4) 芝生刈込機 | 21,738 | 5,975,799 | 26,660 | 7,275,469 |
| 5) 刈払機 | 399,437 | 9,132,902 | 446,111 | 11,778,213 |
| 6) 草刈機 | 6,855 | 638,760 | 3,620 | 742,997 |
| 7) モーア等の草刈機 | 105,919 | 2,313,310 | 132,048 | 2,478,677 |
| 乾草製造用機械 | 36 | 15,574 | 24 | 11,185 |
| 8) ベーラー | 2,265 | 1,746,437 | 2,915 | 2,248,229 |
| コンバイン | 3,394 | 13,568,665 | 3,340 | 13,008,600 |
| 脱穀機 | 21 | 5,749 | 3 | 1,335 |
| 根菜類・塊茎収穫機 | 153 | 89,160 | 116 | 65,420 |
| その他の収穫機 | 2,032 | 762,851 | 3,384 | 627,264 |
| 果実・野菜等の洗浄用選別用等機械 | 148 | 1,581,025 | 116 | 1,319,340 |
| 農林園芸用の機械に使用する刃及びナイフ | - | 2,904,684 | - | 3,605,805 |
| 収穫調製用農機の部分品 | - | 5,996,511 | - | 7,757,404 |
| 食糧加工農機計 | | 1,091,042 | | 1,004,210 |
| 種穀物の洗浄用選別用等機械 | 432 | 560,378 | 299 | 460,977 |
| 精米麦機 | 318 | 237,223 | 230 | 195,114 |
| その他の穀物加工用機械 | 239 | 114,874 | 222 | 116,821 |
| 食糧加工機の部分品 | - | 178,567 | - | 231,298 |
| チェンソー | 237,255 | 4,457,726 | 311,474 | 5,940,549 |
| チェンソーの部分品 | - | 5,297,012 | - | 6,763,586 |
| 9) 農業用トレーラ又はセミトレーラ | - | - | 3 | 3,618 |
| 参考: 10) 除雪機 | 10,208 | 2,794,769 | 10,272 | 2,923,882 |

資料：日本農業機械工業会「農業機械輸出実績」
注： 1 財務省「貿易統計」の集計値であり、金額はFOB価格（本船渡し価格）である。
　　 2 "－"の台数においては、集計していないものを含む。
　　 1)の台数の単位は、DZ（ダース）である。
　　 2)は、なた・せんていばさみ・おの類その他手道具を含む。
　　 3)は、中古のものを除く。
　　 4)は、動力駆動式のもので水平面上を回転して刈り込むものである。
　　 5)は、輸出品目番号8467.89.000のみを集計している。
　　 6)は、動力駆動式で回転式以外のもの及び人力式のものである。
　　 7)は、トラクタ装着用のカッターバーを含む。
　　 8)は、ピックアップベーラーを含む。
　　 9)は、積込機構付き又は荷卸機構付きのものに限る。
　　 10)は、合計額には算入していない。

## (4) 農業機械輸入実績

| 品目 | 令和2年 | | 3 | |
| --- | --- | --- | --- | --- |
| | 台数 | 金額 | 台数 | 金額 |
| | 台 | 千円 | 台 | 千円 |
| 合計 | - | 65,297,761 | - | 75,818,363 |
| 農具計 | - | 4,639,310 | - | 5,801,426 |
| 1)スペード及びショベル | - | 535,158 | - | 968,775 |
| 1)つるはし、くわ、レーキ | - | 849,580 | - | 955,435 |
| 2)その他の農具 | - | 3,254,572 | - | 3,877,216 |
| 耕うん整地用機械計 | - | 27,355,098 | - | 32,271,852 |
| プラウ | 344 | 493,927 | 270 | 359,447 |
| ディスクハロー | 715 | 779,885 | 1,020 | 911,742 |
| その他の耕うん整地用機械 | 18,878 | 1,581,091 | 25,186 | 1,804,738 |
| 播種機、植付機、移植機 | 8,238 | 1,159,348 | 11,275 | 1,699,512 |
| 肥料散布機計 | 13,198 | 1,406,909 | 14,091 | 1,400,521 |
| 堆肥散布機 | 510 | 572,005 | 414 | 705,070 |
| 施肥機 | 12,688 | 834,904 | 13,677 | 695,451 |
| 耕うん整地用機械の部分品 | - | 5,436,152 | - | 6,664,470 |
| 3)農業用トラクタ計 | 1,899 | 16,497,786 | 1,880 | 19,431,422 |
| 18kW以下 | 103 | 111,111 | 12 | 19,925 |
| 18kW超 37kW以下 | 38 | 90,935 | 54 | 92,168 |
| 37kW超 52kW以下 | 13 | 28,859 | 7 | 13,468 |
| 52kW超 75kW以下 | 231 | 1,107,877 | 289 | 1,488,948 |
| 75kW超 130kW以下 | 1,188 | 10,543,171 | 1,169 | 11,416,926 |
| 130kW超 | 326 | 4,615,833 | 349 | 6,399,987 |
| 4)防除用農機 | 632,510 | 855,268 | 840,770 | 1,151,223 |
| 収穫調製用農機計 | - | 28,376,041 | - | 31,870,258 |
| 5)草刈機（回転式） | 471,359 | 9,015,331 | 432,101 | 8,568,132 |
| 6)草刈機 | 74,364 | 816,620 | 72,761 | 710,601 |
| 7)モーア等の草刈機 | 14,289 | 3,425,115 | 13,640 | 4,456,081 |
| 乾草製造用機械 | 648 | 811,672 | 913 | 1,315,784 |
| 8)ベーラー | 556 | 2,155,514 | 566 | 2,639,155 |
| コンバイン | 182 | 1,906,752 | 190 | 2,237,996 |
| 脱穀機 | 148 | 11,885 | 149 | 3,995 |
| 根菜類・塊茎収穫機 | 44 | 621,347 | 25 | 478,371 |
| その他の収穫機 | 201 | 2,021,778 | 240 | 2,031,901 |
| 果実・野菜等の洗浄用選別用等機械 | 48 | 563,686 | 58 | 735,456 |
| 農林園芸用の機械に使用する刃及びナイフ | - | 1,690,158 | - | 1,856,660 |
| 収穫調製用農機の部分品 | - | 5,336,183 | - | 6,836,126 |
| 食糧加工農機計 | - | 942,578 | - | 1,019,705 |
| 種穀物の洗浄用選別用等機械 | 179 | 377,863 | 501 | 383,515 |
| 食糧加工機の部分品 | - | 564,715 | - | 636,190 |
| チェンソー | 98,724 | 1,341,217 | 158,695 | 1,973,335 |
| チェンソーの部分品 | - | 1,577,568 | - | 1,470,312 |
| 9)農業用トレーラ又はセミトレーラ | - | 210,681 | - | 260,252 |

資料：日本農業機械工業会「農業機械輸入実績」
注：1　財務省「貿易統計」の集計値であり、金額はＣＩＦ価格（保険料・運賃込み価格）である。
　　2　"－"の台数は、集計していないものを含む。
　　　1)の実績は、金額のみの集計である。
　　　2)は、なた・せんていばさみ・おの類その他手道具を含む。
　　　3)は、ハロー・スカリファイヤー・カルチベータ・除草機・ホーを含む。
　　　4)は、農業用又は園芸用のものである。
　　　5)は、輸入品目番号8433.11.000動力駆動式のもので水平面上を回転して刈り込むもの及び
　　8467.89.000の手持工具その他のものを含む。
　　　6)は、動力駆動式のもので回転式以外のもの及び人力式のものである。
　　　7)は、トラクタ装着用のカッターバーを含む。
　　　8)は、ピックアップベーラーを含む。
　　　9)は、積込機構付き又は荷卸機構付きのものに限る。

2　肥料
(1)　主要肥料・原料の生産量

| 肥料別 | 単位 | 平成26 肥料年度 | 27 | 28 | 29 | 30 |
|---|---|---|---|---|---|---|
| 硫安 | t | 1,125,979 | 934,631 | 943,633 | 941,579 | 916,748 |
| 尿素 | 〃 | 304,768 | 382,269 | 424,466 | 394,438 | 381,805 |
| 石灰窒素 | 〃 | 37,957 | 43,818 | 39,780 | 48,625 | 38,244 |
| 過りん酸石灰 | 〃 | 107,076 | 84,628 | 101,540 | 90,124 | 85,916 |
| 重過りん酸石灰 | 〃 | 9,035 | 4,216 | 8,831 | 6,470 | 7,108 |
| よう成りん肥 | 〃 | 31,270 | 34,053 | 28,091 | 26,805 | 25,808 |
| (重)焼成りん肥 | 〃 | 47,017 | 39,615 | 34,124 | 40,697 | 36,017 |
| 高度化成 | 〃 | 720,239 | 698,838 | 736,857 | 740,611 | 735,209 |
| ＮＫ化成 | 〃 | 36,896 | 29,694 | 35,873 | 32,869 | 32,025 |
| 普通化成 | 〃 | 205,638 | 192,296 | 198,962 | 198,872 | 185,352 |
| 1) 硫酸 | 100%H₂SO₄千t | 6,443 | 6,295 | 6,342 | 6,222 | 6,352 |
| アンモニア | NH3千t | 956 | 876 | 896 | 856 | 826 |

資料：農林水産省農産局技術普及課資料（以下(2)ウまで同じ。）
注：1　肥料年度は、7月から翌年の6月までである（以下(2)ウまで同じ。）。
　　2　生産量には、工業用として使用されたものを含む。
　　1)は、会計年度である。


(2)　肥料種類別の需給
　　ア　窒素質肥料

単位：Ｎt

| 区分 | 平成26 肥料年度 | 27 | 28 | 29 | 30 |
|---|---|---|---|---|---|
| 生産・輸入 | 667,615 | 643,137 | 669,053 | 677,966 | 677,650 |
| 内需 | 541,270 | 561,786 | 574,099 | 576,453 | 581,991 |
| 　硫安 | 105,567 | 103,431 | 116,969 | 104,630 | 109,568 |
| 　尿素 | 267,407 | 316,392 | 322,267 | 323,540 | 336,291 |
| 　硝安 | 6,230 | 6,755 | 7,946 | 6,297 | 5,785 |
| 　塩安 | 13,149 | 0 | 0 | 0 | 0 |
| 　高度化成 | 34,279 | 30,638 | 33,243 | 29,959 | 24,041 |
| 　輸入化成 | 25,869 | 15,535 | 4,916 | 17,376 | 10,928 |
| 　輸入りん安 | 78,504 | 77,245 | 77,164 | 84,374 | 85,297 |
| 　石灰窒素 | 9,829 | 11,471 | 10,444 | 9,946 | 10,014 |
| 　その他 | 435 | 319 | 1,150 | 331 | 68 |
| 輸出 | 132,755 | 98,086 | 94,082 | 100,656 | 88,053 |
| 在庫 | 92,569 | 73,082 | 73,396 | 74,251 | 81,856 |

注：1　各肥料とも純成分換算数量である（以下ウまで同じ。）。
　　2　工業用を含む。

イ　りん酸質肥料

単位：P$_2$O$_5$ t

| 区分 | 平成26肥料年度 | 27 | 28 | 29 | 30 |
|---|---|---|---|---|---|
| 生産・輸入 | 342,471 | 328,517 | 315,450 | 343,484 | 326,303 |
| 内需 | 354,358 | 327,650 | 299,687 | 341,364 | 315,323 |
| 　高度化成 | 83,428 | 75,097 | 81,399 | 77,847 | 74,006 |
| 　普通化成 | 14,997 | 12,805 | 13,188 | 11,883 | 10,610 |
| 　過りん酸石灰 | 4,445 | 2,452 | 2,788 | 3,711 | 2,077 |
| 　重過りん酸石灰 | 372 | 294 | 543 | 597 | 465 |
| 　重焼りん | 9,723 | 7,166 | 8,433 | 7,877 | 7,637 |
| 　液肥 | 3,381 | 3,132 | 3,525 | 2,970 | 2,718 |
| 　よう成りん肥 | 17,981 | 19,031 | 17,898 | 19,997 | 18,570 |
| 　その他 | 8,083 | 6,745 | 7,975 | 6,555 | 6,521 |
| 　配合肥料等 | 186,470 | 186,933 | 160,231 | 192,472 | 182,763 |
| 　輸入化成 | 25,478 | 13,995 | 3,707 | 17,454 | 9,956 |
| 輸出 | 2,326 | 2,575 | 2,824 | 2,901 | 3,158 |
| 在庫 | 84,322 | 82,614 | 95,553 | 94,772 | 102,595 |

ウ　カリ質肥料

単位：K$_2$O t

| 区分 | 平成26肥料年度 | 27 | 28 | 29 | 30 |
|---|---|---|---|---|---|
| 輸入生産 | 273,953 | 231,054 | 214,659 | 252,024 | 242,764 |
| 　輸入　塩化カリ | 200,421 | 180,017 | 166,043 | 194,158 | 189,532 |
| 　　　　硫酸カリ | 53,226 | 34,493 | 29,827 | 40,497 | 36,020 |
| 　　　　化成肥料 | 20,306 | 16,544 | 18,789 | 17,368 | 17,212 |
| 　生産　硫酸カリ | 0 | 0 | 0 | 0 | 0 |
| 内需 | 288,066 | 220,602 | 228,606 | 250,010 | 227,735 |
| 　塩化カリ | 206,489 | 169,037 | 189,763 | 191,909 | 178,608 |
| 　硫酸カリ | 54,630 | 35,383 | 33,722 | 40,003 | 37,743 |
| 　化成肥料 | 26,947 | 16,182 | 5,121 | 18,099 | 11,383 |
| 　国産硫酸カリ原料塩化カリ | 0 | 0 | 0 | 0 | 0 |
| 輸出 | 2,061 | 2,402 | 2,839 | 3,039 | 3,137 |
| 在庫 | 79,516 | 87,566 | 70,780 | 69,754 | 81,646 |

注：　国内生産の硫酸カリは輸入塩化カリを原料としているので、需給表上「生産硫酸カリ」と
　　　内需欄の「国産硫酸カリ原料塩化カリ」とは重複している。

2　肥料（続き）
(3)　肥料の価格指数

平成27年＝100

| 類別品目 | 銘柄等級 | 平成29年 | 30 | 令和元 | 2 | 3 |
|---|---|---|---|---|---|---|
| 肥料 | | 92.7 | 94.3 | 98.0 | 98.8 | 101.2 |
| 　無機質 | | 92.6 | 94.2 | 98.0 | 98.8 | 101.2 |
| 　　硫安 | N21% | 87.4 | 89.7 | 93.1 | 95.0 | 99.1 |
| 　　石灰窒素 | N21%、粉状品 | 100.8 | 103.3 | 109.2 | 114.2 | 114.6 |
| 　　尿素 | N46% | 80.5 | 84.9 | 91.1 | 91.0 | 94.3 |
| 　　過りん酸石灰 | 可溶性りん酸17%以上 | 97.5 | 99.1 | 103.4 | 105.4 | 108.1 |
| 　　よう成りん肥 | く溶性りん酸20% | 97.7 | 99.7 | 104.0 | 106.2 | 108.9 |
| 　　重焼りん肥 | く溶性りん酸35% | 95.8 | 97.4 | 100.4 | 101.8 | 104.4 |
| 　　複合肥料 | | 91.7 | 93.2 | 96.9 | 97.3 | 99.7 |
| 　　　高度化成 | N15%・P15%・K15% | 88.5 | 89.9 | 94.1 | 94.2 | 96.8 |
| 　　　普通化成 | N8%・P8%・K5% | 94.3 | 95.9 | 99.0 | 100.6 | 102.0 |
| 　　　配合肥料 | 〃 | 94.9 | 96.5 | 99.6 | 100.2 | 102.6 |
| 　　　固形肥料 | N5%・P5%・K5% | 95.2 | 96.9 | 99.9 | 100.9 | 104.0 |
| 　　消石灰 | アルカリ分60%以上 | 98.0 | 99.1 | 102.2 | 104.1 | 104.7 |
| 　　炭酸カルシウム | 〃　　53〜60%未満 | 99.3 | 99.3 | 104.0 | 105.5 | 106.7 |
| 　　けい酸石灰 | 可溶性けい酸20%、アルカリ分35%内外 | 98.5 | 99.6 | 101.8 | 104.9 | 108.4 |
| 　　水酸化苦土 | 苦土50〜60% | 101.7 | 108.3 | 117.6 | 119.6 | 121.4 |
| 　有機質 | | 96.1 | 97.5 | 98.5 | 99.5 | 103.5 |
| 　　なたね油かす | | 92.9 | 96.0 | 97.6 | 97.2 | 108.0 |
| 　　鶏ふん | 乾燥鶏ふん | 98.3 | 98.5 | 99.2 | 101.0 | 100.4 |

資料：農林水産省統計部「農業物価統計」

(4)　肥料の輸出入

| 品名 | 令和2年 | | 3 | |
|---|---|---|---|---|
| | 数量 | 価額 | 数量 | 価額 |
| | t | 千円 | t | 千円 |
| 輸出 | | | | |
| 肥料 | 629,311 | 12,693,636 | 723,898 | 18,617,142 |
| 　うち窒素肥料 | 401,187 | 5,614,211 | 456,264 | 10,406,849 |
| 　　うち硫酸アンモニウム | 357,120 | 3,250,527 | 410,004 | 7,532,464 |
| 　　　尿素 | 37,988 | 1,715,288 | 40,778 | 2,256,079 |
| 輸入 | | | | |
| 肥料 | 1,815,045 | 73,084,218 | 1,811,329 | 98,825,420 |
| 　うちカリ肥料 | 565,658 | 21,919,498 | 600,983 | 26,324,005 |
| 　　うち塩化カリウム | 436,628 | 16,278,614 | 504,106 | 21,155,735 |
| 　　　硫酸カリウム | 73,532 | 3,708,473 | 71,289 | 4,215,245 |

資料：財務省関税局「貿易統計」
注：令和3年値は、確々報値（暫定値）である。

3 土壌改良資材
    土壌改良資材の農業用払出量

単位：t

| 資材名 | 平成28年 | 29 | 30 | 令和元 | 2 |
|---|---|---|---|---|---|
| 合計 | 363,085 | 346,649 | 263,849 | 274,361 | 231,777 |
| 泥炭 | 41,408 | 44,258 | 25,897 | 28,047 | 23,416 |
| バークたい肥 | 222,754 | 219,690 | 160,346 | 165,367 | 147,909 |
| 腐植酸質資材 | 16,466 | 16,092 | 14,831 | 16,889 | 15,673 |
| 木炭 | 4,860 | 4,563 | 3,488 | 3,395 | 2,860 |
| けいそう土焼成粒 | 558 | 500 | 508 | 508 | 501 |
| ゼオライト | 42,707 | 30,541 | 27,038 | 23,676 | 20,113 |
| バーミキュライト | 11,220 | 9,867 | 10,257 | 11,272 | 6,795 |
| パーライト | 22,050 | 19,268 | 19,930 | 23,649 | 12,698 |
| ベントナイト | 853 | 1,667 | 1,519 | 1,514 | 1,773 |
| ＶＡ菌根菌資材 | 8 | 6 | 2 | 6 | 5 |
| ポリエチレンイミン系資材 | 201 | 197 | 33 | 38 | 34 |
| ポリビニルアルコール系資材 | － | － | － | － | － |

資料：農林水産省統計部「土壌改良資材の農業用払出量調査」
注： 農業用払出量は、当該年の1月から12月の間に農業用に払い出された政令指定土壌改良資材の数量
　　である。

4 農薬
(1) 登録農薬数の推移

単位：件

| 区分 | 平成28農薬年度 | 29 | 30 | 令和元 | 2 |
|---|---|---|---|---|---|
| 合計 | 4,314 | 4,317 | 4,282 | 4,290 | 4,275 |
| 殺虫剤 | 1,088 | 1,062 | 1,069 | 1,059 | 1,046 |
| 殺菌剤 | 885 | 896 | 888 | 888 | 885 |
| 殺虫殺菌剤 | 498 | 481 | 475 | 458 | 413 |
| 除草剤 | 1,515 | 1,551 | 1,526 | 1,558 | 1,606 |
| 農薬肥料 | 68 | 69 | 68 | 68 | 68 |
| 殺そ剤 | 23 | 23 | 23 | 23 | 21 |
| 植物成長調整剤 | 92 | 93 | 91 | 93 | 96 |
| 殺虫・殺菌植調剤 | 1 | 1 | 1 | 1 | 1 |
| その他 | 144 | 141 | 141 | 142 | 139 |

資料：農林水産省消費・安全局資料（以下(2)まで同じ。）

(2) 農薬出荷量の推移

単位：t、kl

| 区分 | 平成28農薬年度 | 29 | 30 | 令和元 | 2 |
|---|---|---|---|---|---|
| 合計 | 228,050 | 227,680 | 223,230 | 221,844 | 222,136 |
| 殺虫剤 | 73,381 | 73,340 | 73,174 | 71,727 | 68,622 |
| 殺菌剤 | 41,753 | 41,852 | 39,287 | 39,763 | 38,290 |
| 殺虫殺菌剤 | 18,001 | 17,543 | 16,648 | 16,130 | 16,961 |
| 除草剤 | 83,001 | 82,955 | 81,713 | 81,570 | 85,674 |
| 農薬肥料 | 4,721 | 4,925 | 5,347 | 5,590 | 6,012 |
| 殺そ剤 | 336 | 324 | 309 | 291 | 267 |
| 植物成長調整剤 | 1,477 | 1,532 | 1,496 | 1,562 | 1,480 |
| 殺虫・殺菌植調剤 | 9 | 10 | 10 | 8 | 7 |
| その他 | 5,371 | 5,200 | 5,245 | 5,203 | 4,822 |

注： 1 出荷量に石灰窒素は含まない。
　　 2 数量の合計はkl＝tとして集計した。

## (3)　農薬の価格指数

平成27年＝100

| 類別品目 | 銘柄等級 | 平成29年 | 30 | 令和元 | 2 | 3 |
|---|---|---|---|---|---|---|
| 農業薬剤 | | 99.4 | 99.4 | 100.5 | 102.3 | 102.5 |
| 殺虫剤 | | 99.2 | 99.6 | 101.5 | 103.3 | 103.3 |
| D－D剤 | D－D 92% | 100.5 | 105.4 | 109.5 | 112.2 | 112.8 |
| MEP乳剤 | MEP 50% | 98.3 | 98.4 | 98.4 | 99.7 | 99.7 |
| アセフェート粒剤 | アセフェート 5% | 100.2 | 100.5 | 102.9 | 104.7 | 104.8 |
| ホスチアゼート粒剤 | ホスチアゼート 1.5% | 99.1 | 98.4 | 98.6 | 99.7 | 99.9 |
| エマメクチン安息香酸塩乳剤 | エマメクチン安息香酸塩 1% | 99.4 | 98.1 | 97.3 | 98.8 | 98.5 |
| クロルピクリンくん蒸剤 | クロルピクリン 80% | 97.8 | 97.8 | 104.3 | 106.7 | 106.8 |
| クロルフェナピル水和剤 | クロルフェナピル 10% | 99.0 | 98.9 | 99.6 | 101.0 | 100.9 |
| 殺菌剤 | | 99.7 | 99.3 | 100.0 | 101.9 | 102.1 |
| TPN水和剤 | TPN 40% | 98.6 | 98.5 | 98.8 | 100.2 | 101.4 |
| マンゼブ水和剤 | マンゼブ 75% | 101.2 | 100.9 | 102.0 | 103.7 | 103.4 |
| ダゾメット粉粒剤 | ダゾメット 98% | 100.1 | 99.8 | 100.6 | 102.4 | 102.7 |
| チオファネートメチル水和剤 | チオファネートメチル 70% | 99.3 | 98.8 | 100.4 | 102.1 | 102.4 |
| フルアジナム水和剤 | フルアジナム 50% | 99.9 | 99.9 | 99.9 | 102.8 | 103.2 |
| アゾキシストロビン水和剤 | アゾキシストロビン 20% | 98.8 | 98.3 | 98.2 | 99.9 | 99.7 |
| 殺虫殺菌剤 | | 99.9 | 100.1 | 100.1 | 101.7 | 101.9 |
| フィプロニル・プロベナゾール粒剤 | フィプロニル 0.6%、プロベナゾール 24% | 99.7 | 100.4 | 100.0 | 101.2 | 101.7 |
| ジノテフラン・プロベナゾール粒剤 | ジノテフラン 2%、プロベナゾール 24% | 99.9 | 99.7 | 100.2 | 101.7 | 101.7 |
| チアメトキサム・ピロキロン粒剤 | チアメトキサム 2%、ピロキロン 12% | 100.2 | 100.1 | 100.2 | 102.1 | 102.3 |
| 除草剤 | | 99.3 | 99.1 | 99.9 | 101.8 | 102.1 |
| グリホサートイソプロピルアミン塩液剤 | グリホサートイソプロピルアミン塩 41% | 100.3 | 100.3 | 101.7 | 103.5 | 104.1 |
| イマゾスルフロン・ピラクロニル・ブロモブチド粒剤 | イマゾスルフロン 0.9%、ピラクロニル 2%、ブロモブチド 9% | 99.1 | 99.0 | 99.8 | 101.4 | 101.7 |
| グルホシネート液剤 | グルホシネート 18.5% | 99.0 | 98.9 | 99.9 | 101.5 | 101.5 |
| ジクワット・パラコート液剤 | ジクワット 7%、パラコート 5% | 99.1 | 98.6 | 98.7 | 101.6 | 102.3 |
| グリホサートカリウム塩液剤 | グリホサートカリウム塩 48% | 99.2 | 98.9 | 99.5 | 101.1 | 101.0 |

資料：農林水産省統計部「農業物価統計」

4 農薬（続き）
(4) 農薬の輸出入

| 区分 | 令和元農薬年度 | | 2 | |
|---|---|---|---|---|
| | 数量 | 価額 | 数量 | 価額 |
| | t、kl | 100万円 | t、kl | 100万円 |
| 輸出 | | | | |
| 合計 | 40,459 | 136,164 | 45,534 | 133,040 |
| 原体 | 27,051 | 100,971 | 31,462 | 94,410 |
| 製剤 | 13,408 | 35,193 | 14,073 | 38,630 |
| 殺虫剤 | 9,339 | 49,364 | 10,266 | 49,345 |
| 原体 | 5,781 | 36,974 | 6,590 | 37,583 |
| 製剤 | 3,558 | 12,389 | 3,676 | 11,762 |
| 殺菌剤 | 12,927 | 32,338 | 15,520 | 35,289 |
| 原体 | 5,820 | 21,164 | 8,165 | 21,184 |
| 製剤 | 7,107 | 11,174 | 7,355 | 14,105 |
| 除草剤 | 17,863 | 52,039 | 19,537 | 47,285 |
| 原体 | 15,233 | 40,591 | 16,640 | 34,722 |
| 製剤 | 2,630 | 11,448 | 2,897 | 12,563 |
| その他 | 330 | 2,423 | 212 | 1,121 |
| 原体 | 217 | 2,242 | 67 | 921 |
| 製剤 | 113 | 181 | 144 | 200 |
| 輸入 | | | | |
| 合計 | 45,247 | 96,214 | 46,305 | 98,285 |
| 原体 | 19,233 | 66,084 | 15,850 | 65,395 |
| 製剤 | 26,014 | 30,130 | 30,455 | 32,890 |
| 殺虫剤 | 11,708 | 29,732 | 11,168 | 28,594 |
| 原体 | 5,561 | 21,413 | 4,417 | 20,697 |
| 製剤 | 6,147 | 8,319 | 6,751 | 7,897 |
| 殺菌剤 | 9,957 | 21,768 | 7,637 | 20,675 |
| 原体 | 6,692 | 14,976 | 4,285 | 14,118 |
| 製剤 | 3,265 | 6,792 | 3,352 | 6,557 |
| 除草剤 | 23,210 | 43,748 | 27,179 | 48,023 |
| 原体 | 6,790 | 29,230 | 6,967 | 30,054 |
| 製剤 | 16,421 | 14,518 | 20,212 | 17,969 |
| その他 | 372 | 966 | 322 | 992 |
| 原体 | 190 | 465 | 182 | 525 |
| 製剤 | 181 | 502 | 140 | 467 |

資料：農林水産省消費・安全局資料
注：数量の合計は t ＝kl として集計した。

## Ⅷ　農作物

1　総括表

(1)　生産量

| 区分 | 令和2年産 | | | 3 | | |
|---|---|---|---|---|---|---|
| | 作付面積 | 10a当たり収量 | 収穫量 | 作付面積 | 10a当たり収量 | 収穫量 |
| | ha | kg | t | ha | kg | t |
| 1)　水稲（子実用） | 1,462,000 | 531 | 7,763,000 | 1,403,000 | 539 | 7,563,000 |
| 2)　小麦（子実用） | 212,600 | 447 | 949,300 | 220,000 | 499 | 1,097,000 |
| 2)　二条大麦（子実用） | 39,300 | 368 | 144,700 | 38,200 | 413 | 157,600 |
| 2)　六条大麦（子実用） | 18,000 | 314 | 56,600 | 18,100 | 304 | 55,100 |
| 2)　はだか麦（子実用） | 6,330 | 322 | 20,400 | 6,820 | 324 | 22,100 |
| 　　かんしょ | 33,100 | 7)　2,080 | 7)　687,600 | 7)　32,400 | 7)　2,070 | 7)　671,900 |
| 3)　ばれいしょ | 7)　71,900 | 7)　3,070 | 7)　2,205,000 | 7)　70,900 | 7)　3,070 | 7)　2,175,000 |
| 　　そば（乾燥子実） | 66,600 | 67 | 44,800 | 65,500 | 62 | 40,900 |
| 　　大豆（乾燥子実） | 141,700 | 154 | 218,900 | 146,200 | 169 | 246,500 |
| 3)　野菜 | 7)　448,700 | … | 7)　13,045,000 | 7)　443,200 | … | 7)　12,876,000 |
| 4)　みかん | 37,800 | 2,030 | 765,800 | 7)　37,000 | 7)　2,020 | 7)　749,000 |
| 4)　りんご | 35,800 | 2,130 | 763,300 | 7)　35,300 | 7)　1,880 | 7)　661,900 |
| 5)　てんさい | 56,800 | 6,890 | 3,912,000 | 57,700 | 7,040 | 4,061,000 |
| 6)　さとうきび | 22,500 | 5,940 | 1,336,000 | 23,300 | 5,830 | 1,359,000 |
| 　　飼料作物（牧草） | 719,200 | 7)　3,370 | 7)　24,244,000 | 7)　717,600 | 7)　3,340 | 7)　23,979,000 |

資料：農林水産省統計部「作物統計」、「野菜生産出荷統計」、「果樹生産出荷統計」

注：1)の収穫量は玄米 t である。
　　2)の収穫量は玄麦 t である。
　　3)の令和3年産は概数値である。
　　4)の作付面積は結果樹面積である。令和3年産は概数値である。
　　5)は北海道の調査結果である。
　　6)の作付面積は収穫面積である。鹿児島県及び沖縄県の調査結果である。
　　7)は主産県の調査結果から推計したものである。

1 総括表（続き）
(2) 10 a 当たり生産費（令和 3 年産）

単位：円

| 区分 | 物財費 | 労働費 | 費用合計 | 生産費（副産物価額差引） | 支払利子・地代算入生産費 | 資本利子・地代全額算入生産費 |
|---|---|---|---|---|---|---|
| 米 | *77,777 | *34,729 | *112,506 | *109,989 | *115,444 | *129,186 |
| 小麦 | 53,779 | 5,959 | 59,738 | 57,055 | 59,861 | 67,967 |
| 二条大麦 | 38,287 | 7,485 | 45,772 | 45,542 | 49,865 | 54,445 |
| 六条大麦 | 28,057 | 5,549 | 33,606 | 33,425 | 39,663 | 41,993 |
| はだか麦 | 34,690 | 11,288 | 45,978 | 45,809 | 49,424 | 52,483 |
| そば | *25,552 | *4,975 | *30,527 | *30,524 | *33,171 | *38,384 |
| 大豆 | *44,682 | *10,906 | *55,588 | *55,126 | *59,585 | *67,195 |
| 1) 原料用ばれいしょ | *67,874 | *15,386 | *83,260 | *83,260 | *85,356 | *95,449 |
| 2) 原料用かんしょ | *59,889 | *81,196 | *141,085 | *141,085 | *146,331 | *154,810 |
| 1) てんさい | *73,662 | *20,628 | *94,290 | *94,290 | *96,242 | *106,245 |
| 3) さとうきび | *84,821 | *42,546 | *127,367 | *127,332 | *133,915 | *143,176 |
| なたね | 36,265 | 6,159 | 42,424 | 42,424 | 43,749 | 53,440 |

資料：農林水産省統計部「農業経営統計調査 農産物生産費統計」
注：1 生産費とは、生産物の一定単位量の生産のために消費した経済費用の合計をいう。ここでいう
   費用の合計とは、生産物の生産に要した材料、賃借料及び料金、用役等（労働・固定資産等）の
   価額の合計である。
  2 本調査は、2015年農林業センサスに基づく農業経営体のうち、世帯による農業経営を行い、米
   は、玄米を600kg以上販売、米以外は、調査該当作目を10 a 以上作付けし、販売した経営体（個別
   経営）を対象に実施した。
   なお、二条大麦、六条大麦、はだか麦及びなたねについては平成26年度経営所得安定対策等加入
   申請者情報の経営体のうち、世帯による農業経営を行い、調査該当作目を10 a 以上作付けし、販売
   した経営体（個別経営）を対象に実施した。
  3 「＊」を付した米、そば、大豆、原料用ばれいしょ、原料用かんしょ、てんさい及びさとうきび
   の値は、令和2年産の結果である。
1)の調査対象地域は北海道である。
2)の調査対象地域は鹿児島県である。
3)の調査対象地域は鹿児島県及び沖縄県である。

## 2 米

### (1) 販売目的の水稲の作付面積規模別経営体数
（令和2年2月1日現在）

単位：経営体

| 区分 | 作付経営体数 | 1.0ha未満 | 1.0～2.0 | 2.0～3.0 | 3.0～5.0 | 5.0～10.0 | 10.0ha以上 |
|---|---|---|---|---|---|---|---|
| 全国 | 713,792 | 449,804 | 131,919 | 46,208 | 36,164 | 28,002 | 21,695 |
| 北海道 | 10,843 | 627 | 735 | 763 | 1,538 | 3,173 | 4,007 |
| 都府県 | 702,949 | 449,177 | 131,184 | 45,445 | 34,626 | 24,829 | 17,688 |

資料：農林水産省統計部「2020年農林業センサス」

### (2) 水稲作受託作業経営体数及び受託面積（各年2月1日現在）
#### ア 農業経営体

| 全国農業地域 | 平成27年 | | 令和2 | |
|---|---|---|---|---|
| | 経営体数 | 受託面積 | 経営体数 | 受託面積 |
| | 千経営体 | 千ha | 千経営体 | 千ha |
| 全国 | 98.3 | 1,250.3 | 80.8 | 1,122.5 |
| 北海道 | 1.1 | 107.1 | 1.1 | 112.8 |
| 都府県 | 97.1 | 1,143.2 | 79.8 | 1,009.6 |
| 東北 | 27.5 | 291.0 | 22.5 | 262.3 |
| 北陸 | 11.7 | 167.0 | 10.0 | 156.7 |
| 関東・東山 | 16.9 | 200.5 | 13.8 | 160.8 |
| 東海 | 6.9 | 90.8 | 5.6 | 71.7 |
| 近畿 | 8.5 | 66.7 | 7.2 | 63.3 |
| 中国 | 9.7 | 95.9 | 7.8 | 97.5 |
| 四国 | 3.3 | 32.9 | 2.7 | 22.9 |
| 九州 | 12.7 | 198.1 | 10.3 | 174.4 |
| 沖縄 | 0.0 | 0.2 | 0.0 | 0.1 |

資料：農林水産省統計部「農林業センサス」（以下イまで同じ。）

#### イ 農業経営体のうち団体経営体

| 全国農業地域 | 平成27年 | | 令和2 | |
|---|---|---|---|---|
| | 経営体数 | 受託面積 | 経営体数 | 受託面積 |
| | 千経営体 | 千ha | 千経営体 | 千ha |
| 全国 | 11.4 | 851.4 | 10.6 | 754.7 |
| 北海道 | 0.3 | 92.0 | 0.3 | 96.0 |
| 都府県 | 11.1 | 759.4 | 10.3 | 658.7 |
| 東北 | 2.2 | 173.7 | 2.1 | 153.4 |
| 北陸 | 1.9 | 128.7 | 1.8 | 124.2 |
| 関東・東山 | 1.3 | 130.2 | 1.2 | 99.2 |
| 東海 | 0.8 | 53.3 | 0.7 | 39.5 |
| 近畿 | 1.2 | 43.5 | 1.2 | 41.8 |
| 中国 | 1.4 | 63.3 | 1.3 | 69.8 |
| 四国 | 0.3 | 23.6 | 0.3 | 15.9 |
| 九州 | 1.9 | 143.0 | 1.6 | 114.9 |
| 沖縄 | 0.0 | 0.2 | 0.0 | 0.0 |

2 米（続き）

(3) 生産量

ア 年次別及び全国農業地域別

| 年産<br>・<br>全国<br>農業地域 | 水陸稲計 | | 水稲 | | | | | 陸稲 | | |
|---|---|---|---|---|---|---|---|---|---|---|
| | 作付<br>面積 | 収穫量<br>（玄米） | 作付<br>面積 | 10a<br>当たり<br>収量 | 収穫量<br>（玄米） | 10a当<br>たり平<br>均年収量 | 作況<br>指数 | 作付<br>面積 | 10a<br>当たり<br>収量 | 収穫量<br>（玄米） |
| | 千ha | 千t | 千ha | kg | 千t | kg | | 千ha | kg | 千t |
| 大正9年 | 3,101 | 9,481 | 2,960 | 311 | 9,205 | … | … | 140.3 | 197 | 276.2 |
| 昭和5年 | 3,212 | 10,031 | 3,079 | 318 | 9,790 | 285 | 112 | 133.4 | 181 | 241.8 |
| 15 | 3,152 | 9,131 | 3,004 | 298 | 8,955 | 314 | 95 | 147.7 | 119 | 175.6 |
| 25 | 3,011 | 9,651 | 2,877 | 327 | 9,412 | 330 | 99 | 133.9 | 178 | 238.4 |
| 35 | 3,308 | 12,858 | 3,124 | 401 | 12,539 | 371 | 108 | 184.0 | 173 | 319.9 |
| 45 | 2,923 | 12,689 | 2,836 | 442 | 12,528 | 431 | 103 | 87.4 | 184 | 160.8 |
| 55 | 2,377 | 9,751 | 2,350 | 412 | 9,692 | 471 | 87 | 27.2 | 215 | 58.6 |
| 平成2年 | 2,074 | 10,499 | 2,055 | 509 | 10,463 | 494 | 103 | 18.9 | 189 | 35.7 |
| 12 | 1,770 | 9,490 | 1,763 | 537 | 9,472 | 518 | 104 | 7.1 | 256 | 18.1 |
| 22 | 1,628 | 8,483 | 1,625 | 522 | 8,478 | 530 | 98 | 2.9 | 189 | 5.5 |
| 23 | 1,576 | 8,402 | 1,574 | 533 | 8,397 | 530 | 101 | 2.4 | 220 | 5.2 |
| 24 | 1,581 | 8,523 | 1,579 | 540 | 8,519 | 530 | 102 | 2.1 | 172 | 3.6 |
| 25 | 1,599 | 8,607 | 1,597 | 539 | 8,603 | 530 | 102 | 1.7 | 249 | 4.3 |
| 26 | 1,575 | 8,439 | 1,573 | 536 | 8,435 | 530 | 101 | 1.4 | 257 | 3.6 |
| 27 | 1,506 | 7,989 | 1,505 | 531 | 7,986 | 531 | 100 | 1.2 | 233 | 2.7 |
| 28 | 1,479 | 8,044 | 1,478 | 544 | 8,042 | 531 | 103 | 0.9 | 218 | 2.1 |
| 29 | 1,466 | 7,824 | 1,465 | 534 | 7,822 | 532 | 100 | 0.8 | 236 | 1.9 |
| 30 | 1,470 | 7,782 | 1,470 | 529 | 7,780 | 532 | 98 | 0.8 | 232 | 1.7 |
| 令和元年 | 1,470 | 7,764 | 1,469 | 528 | 7,762 | 533 | 99 | 0.7 | 228 | 1.6 |
| 2 | 1,462 | 7,765 | 1,462 | 531 | 7,763 | 535 | 99 | 0.6 | 236 | 1.5 |
| 3 | 1,404 | 7,564 | 1,403 | 539 | 7,563 | 535 | 101 | 0.6 | 230 | 1.3 |
| 北海道 | … | … | 96 | 597 | 574 | 552 | 108 | … | … | … |
| 東北 | … | … | 363 | 581 | 2,110 | 568 | 102 | … | … | … |
| 北陸 | … | … | 202 | 531 | 1,072 | 540 | 97 | … | … | … |
| 関東・東山 | … | … | 253 | 545 | 1,380 | 538 | 101 | … | … | … |
| 東海 | … | … | 90 | 493 | 442 | 502 | 98 | … | … | … |
| 近畿 | … | … | 99 | 503 | 500 | 508 | 99 | … | … | … |
| 中国 | … | … | 99 | 517 | 511 | 519 | 99 | … | … | … |
| 四国 | … | … | 46 | 482 | 221 | 482 | 101 | … | … | … |
| 九州 | … | … | 155 | 485 | 752 | 501 | 99 | … | … | … |
| 沖縄 | … | … | 1 | 325 | 2 | 309 | 105 | … | … | … |

資料：農林水産省統計部「作物統計」（以下イまで同じ。）

注：1 作付面積は子実用である（以下イまで同じ。）。

　　2 昭和5年及び昭和15年産の10a当たり平年収量は、過去7か年の実績値のうち、最高・最低を
　　　除いた5か年平均により算出した。

　　3 昭和15年産～昭和45年産は、沖縄県を含まない。

　　4 水稲の作況指数は、10a当たり平年収量に対する10a当たり収量の比率である。
　　　なお、平成26年産以前の作況指数は1.70mmのふるい目幅で選別された玄米を基に算出し、平成
　　　27年産から令和元年産までの作況指数は、全国農業地域ごとに、過去5か年間に農家等が実際に
　　　使用したふるい目幅の分布において、大きいものから数えて9割を占めるまでの目幅以上に選別
　　　された玄米を基に算出していた。令和2年産以降の作況指数は、都道府県ごとに、過去5か年間
　　　に農家等が実際に使用したふるい目幅の分布において、最も多い使用割合の目幅以上に選別され
　　　た玄米を基に算出した数値である。（以下イまで同じ。）。

　　5 陸稲の作付面積調査及び収穫量調査は主産県調査であり、3年又は6年周期で全国調査を実施
　　　している。令和3年産については、作付面積調査及び収穫量調査ともに主産県を対象に調査
　　　を実施した。主産県とは、直近の全国調査年である令和2年産調査における全国の作付面積のお
　　　おむね80％を占めるまでの上位都道府県である。全国の収穫量については、主産県の調査結果か
　　　ら推計したものである。

イ　都道府県別（令和3年産）

| 全国・都道府県 | 水稲 | | | | 陸稲 | |
|---|---|---|---|---|---|---|
| | 作付面積 | 10a当たり収量 | 収穫量（玄米） | 作況指数 | 作付面積 | 収穫量（玄米） |
| | ha | kg | t | | ha | t |
| 全国 | 1,403,000 | 539 | 7,563,000 | 101 | 553 | 1,270 |
| 北海道 | 96,100 | 597 | 573,700 | 108 | … | … |
| 青森 | 41,700 | 616 | 256,900 | 102 | … | … |
| 岩手 | 48,400 | 555 | 268,600 | 103 | … | … |
| 宮城 | 64,600 | 547 | 353,400 | 101 | … | … |
| 秋田 | 84,800 | 591 | 501,200 | 102 | … | … |
| 山形 | 62,900 | 626 | 393,800 | 104 | … | … |
| 福島 | 60,500 | 555 | 335,800 | 101 | … | … |
| 茨城 | 63,500 | 543 | 344,800 | 103 | 402 | 969 |
| 栃木 | 54,800 | 549 | 300,900 | 101 | 130 | 259 |
| 群馬 | 14,900 | 492 | 73,300 | 99 | … | … |
| 埼玉 | 30,000 | 508 | 152,400 | 103 | … | … |
| 千葉 | 50,600 | 549 | 277,800 | 101 | … | … |
| 東京 | 120 | 405 | 486 | 98 | … | … |
| 神奈川 | 2,920 | 492 | 14,400 | 99 | … | … |
| 新潟 | 117,200 | 529 | 620,000 | 96 | … | … |
| 富山 | 36,300 | 551 | 200,000 | 99 | … | … |
| 石川 | 23,800 | 527 | 125,400 | 101 | … | … |
| 福井 | 24,500 | 515 | 126,200 | 99 | … | … |
| 山梨 | 4,850 | 532 | 25,800 | 97 | … | … |
| 長野 | 31,500 | 603 | 189,900 | 97 | … | … |
| 岐阜 | 21,600 | 478 | 103,200 | 98 | … | … |
| 静岡 | 15,300 | 506 | 77,400 | 97 | … | … |
| 愛知 | 26,400 | 496 | 130,900 | 98 | … | … |
| 三重 | 26,300 | 495 | 130,200 | 99 | … | … |
| 滋賀 | 30,100 | 519 | 156,200 | 100 | … | … |
| 京都 | 14,200 | 504 | 71,600 | 99 | … | … |
| 大阪 | 4,620 | 490 | 22,600 | 99 | … | … |
| 兵庫 | 35,800 | 491 | 175,800 | 98 | … | … |
| 奈良 | 8,440 | 512 | 43,200 | 100 | … | … |
| 和歌山 | 6,100 | 497 | 30,300 | 100 | … | … |
| 鳥取 | 12,600 | 505 | 63,600 | 98 | … | … |
| 島根 | 16,800 | 521 | 87,500 | 100 | … | … |
| 岡山 | 28,800 | 524 | 150,900 | 99 | … | … |
| 広島 | 22,200 | 522 | 115,900 | 99 | … | … |
| 山口 | 18,400 | 506 | 93,100 | 101 | … | … |
| 徳島 | 10,300 | 465 | 47,900 | 98 | … | … |
| 香川 | 11,300 | 501 | 56,600 | 101 | … | … |
| 愛媛 | 13,200 | 510 | 67,300 | 104 | … | … |
| 高知 | 11,000 | 451 | 49,600 | 98 | … | … |
| 福岡 | 34,600 | 473 | 163,700 | 98 | … | … |
| 佐賀 | 23,300 | 510 | 118,800 | 100 | … | … |
| 長崎 | 10,800 | 470 | 50,800 | 99 | … | … |
| 熊本 | 32,300 | 484 | 156,300 | 97 | … | … |
| 大分 | 19,600 | 487 | 95,500 | 99 | … | … |
| 宮崎 | 15,900 | 489 | 77,800 | 100 | … | … |
| 鹿児島 | 18,600 | 479 | 89,100 | 100 | … | … |
| 沖縄 | 666 | 325 | 2,160 | 105 | … | … |

2 米（続き）
(4) 新規需要米等の用途別作付・生産状況

| 用途 | 令和元年産 | | 2 | | 3 | |
|---|---|---|---|---|---|---|
| | 生産量 | 作付面積 | 生産量 | 作付面積 | 生産量 | 作付面積 |
| | t | ha | t | ha | t | ha |
| 計 | 439,544 | 124,477 | 446,901 | 126,205 | 741,209 | 174,497 |
| 米粉用 | 27,964 | 5,306 | 33,391 | 6,346 | 41,615 | 7,632 |
| 飼料用 | 389,264 | 72,509 | 380,502 | 70,883 | 662,724 | 115,744 |
| 1）WCS用稲（稲発酵粗飼料用稲） | － | 42,450 | － | 42,791 | － | 44,248 |
| 新市場開拓用米（輸出用米等） | 22,316 | 4,097 | 33,008 | 6,089 | 26,869 | 6,748 |
| 2）その他（わら専用稲、青刈り用稲） | － | 114 | － | 96 | － | 124 |
| | | | | | | |
| （参考） | | | | | | |
| 加工用米 | 252,926 | 46,737 | 243,188 | 45,208 | 262,200 | 47,641 |

資料：農林水産省農産局「新規需要米等の用途別作付・生産状況の推移」
注： 1）は、子実を採らない用途であるため生産量はない。
　　 2）は、試験研究用途等のものであり、わら専用稲、青刈り用稲については子実を採らない用途
　　であるため生産量はない。

(5) 米の収穫量、販売量、在庫量等（令和3年）

単位：kg

| 区分 | 収穫量 | 購入量 | 販売量 | 無償譲渡量 | 自家消費量 | 令和4年<br>5月31日現在<br>の在庫量 |
|---|---|---|---|---|---|---|
| 計 | 8,317 | 110 | 7,455 | 237 | 344 | 379 |
| 水稲うるち米 | 8,121 | 97 | 7,278 | 226 | 333 | 369 |
| 水稲もち米 | 196 | 14 | 176 | 11 | 11 | 10 |

資料：農林水産省統計部「生産者の米穀在庫等調査」
注：1 1農業経営体当たりの平均値であり、玄米換算した数値である。
　　2 令和3年6月1日から令和4年5月31日までの期間を対象に調査した。

(6) 米の需給調整
　　需給調整の取組状況の推移（全国）

| 年産 | 生産数量<br>目標<br>① | 主食用米<br>生産量<br>② | 差<br>②－① | ①を面積換算<br>したもの<br>③ | 主食用米<br>作付面積<br>④ | 差<br>④－③ | 作況指数 |
|---|---|---|---|---|---|---|---|
| | 万 t | 万 t | 万 t | 万ha | 万ha | 万ha | |
| 平成29年産 | 735 | 731 | △ 4 | 138.7 | 137.0 | △ 1.7 | 100 |
| 30 | － | 733 | － | － | 138.6 | － | 98 |
| 令和元 | － | 726 | － | － | 137.9 | － | 99 |
| 2 | － | 723 | － | － | 136.6 | － | 99 |
| 3 | － | 701 | － | － | 130.3 | － | 101 |

資料：農林水産省農産局「全国の生産数量目標、主食用米生産量等の推移」

(7) 需給
　　ア　米需給表

| 年度 | 国内<br>生産量<br>（玄米） | 外国貿易<br>（玄米） | | 在庫の<br>増減量<br>（玄米） | 国内消費<br>仕向量<br>（玄米） | 純食料<br>（主食用） | 1)一人1年<br>当たり供給量 | 一人1日<br>当たり<br>供給量<br>（主食用） |
|---|---|---|---|---|---|---|---|---|
| | | 輸入量 | 輸出量 | | | | | |
| | 千 t | 千 t | 千 t | 千 t | 千 t | 千 t | kg | g |
| 平成29年度 | 8,324 | 888 | 95 | △ 162 | 8,616 | 6,633 | 54.1　(52.3) | 143.2 |
| 30 | 8,208 | 787 | 115 | △ 41 | 8,443 | 6,549 | 53.4　(51.7) | 141.6 |
| 令和元 | 8,154 | 870 | 121 | △ 9 | 8,300 | 6,510 | 53.1　(51.4) | 140.5 |
| 2 | 8,145 | 814 | 110 | 250 | 7,855 | 6,199 | 50.8　(49.1) | 134.6 |
| 3　（概算値） | 8,226 | 878 | 90 | △ 59 | 8,195 | 6,245 | 51.5　(49.8) | 136.3 |

資料：農林水産省大臣官房政策課食料安全保障室「食料需給表」
注：国内生産量から国内消費仕向量までは玄米であり、純食料からは精米である。
　1)の（　）内は、菓子、穀粉を含まない主食用の数値である。

(7) 需給（続き）

イ 政府所有米需給実績

単位：万玄米t

| 区分 | 国産米 | | | | | | | 輸入米（MA米） | | | | | | |
|---|---|---|---|---|---|---|---|---|---|---|---|---|---|---|
| | 期首持越 | 買入 | 販売 | | | | | 期首持越 | 輸入 | 販売 | | | | |
| | | | 計 | 主食用 | 加工用 | 援助用 | 飼料用 | | | 計 | 主食用 | 加工用 | 援助用 | 飼料用 |
| 平成28年度 | 91 | 23 | 23 | – | – | 3 | 20 | 71 | 80 | 87 | 1 | 12 | 4 | 70 |
| 29 | 91 | 19 | 19 | – | – | 7 | 12 | 64 | 79 | 89 | 5 | 19 | 2 | 63 |
| 30 | 91 | 12 | 12 | – | – | 5 | 7 | 54 | 77 | 71 | 9 | 18 | 5 | 39 |
| 令和元 | 91 | 18 | 18 | – | – | 4 | 14 | 60 | 76 | 76 | 4 | 17 | 5 | 50 |
| 2 | 91 | 21 | 21 | – | – | 4 | 17 | 60 | 76 | 74 | 5 | 14 | 2 | 53 |

資料：農林水産省農産局資料（以下ウまで同じ。）
注： 1 年度は、国内産については当年7月から翌年6月までであり、輸入米については前年11月から当年10月までである。（以下ウまで同じ。）
　　 2 輸入米（MA米）の加工用については、食用不適品、バイオエタノール用に販売したものを含む。（以下ウまで同じ。）
　　 3 精米で販売したものは玄米換算している。（以下ウまで同じ。）

ウ 政府所有米売却実績

単位：万玄米t

| 用途 | 平成30年度 | | 令和元 | | 2 | |
|---|---|---|---|---|---|---|
| | 国内米 | 輸入米 | 国内米 | 輸入米 | 国内米 | 輸入米 |
| 計 | 12 | 71 | 18 | 76 | 21 | 74 |
| 主食用 | – | 9 | – | 4 | – | 5 |
| 加工用 | – | 18 | – | 17 | – | 14 |
| 飼料用 | 7 | 39 | 14 | 50 | 17 | 53 |
| 援助用 | 5 | 5 | 4 | 5 | 4 | 2 |

エ　輸出入実績
（ア）　輸出入量及び金額

| 品目名 | 令和2年 | | 3 | |
|---|---|---|---|---|
| | 数量 | 金額 | 数量 | 金額 |
| | t | 千円 | t | 千円 |
| 輸出 | | | | |
| 　穀物 | | | | |
| 　　米 | 40,938 | 6,287,756 | 43,119 | 6,952,938 |
| 輸入 | | | | |
| 　穀物 | | | | |
| 　　米 | 676,826 | 53,748,741 | 662,685 | 57,089,812 |
| 　穀粉・挽割含む | | | | |
| 　　米粉 | 84 | 22,628 | 61 | 15,609 |

資料：財務省関税局「貿易統計」をもとに農林水産省統計部にて作成。（以下（ウ）まで同じ。）

（イ）　米の国別輸出量

単位：t

| 区分 | 令和2年 | 3 |
|---|---|---|
| 米 | 40,938 | 43,119 |
| うち香港 | 6,978 | 8,938 |
| 　シンガポール | 3,696 | 4,972 |
| 　アメリカ合衆国 | 1,989 | 2,244 |

注：　令和3年の輸出入量が多い国・地域について、上位3か国を
　掲載した（以下（ウ）まで同じ。）。

（ウ）　米の国別輸入量

単位：t

| 区分 | 令和2年 | 3 |
|---|---|---|
| 米 | 676,826 | 662,685 |
| うちアメリカ合衆国 | 317,151 | 319,671 |
| 　タイ | 272,036 | 271,592 |
| 　中華人民共和国 | 74,611 | 61,486 |

2 米（続き）
(8) 被害
水稲

| 年産 | 冷害 | | 日照不足 | | 高温障害 | |
|---|---|---|---|---|---|---|
| | 被害面積 | 被害量（玄米） | 被害面積 | 被害量（玄米） | 被害面積 | 被害量（玄米） |
| | 千ha | 千t | 千ha | 千t | 千ha | 千t |
| 平成30年産 | 111 | 36 | 1,045 | 252 | 653 | 94 |
| 令和元 | 81 | 12 | 1,185 | 238 | 699 | 94 |
| 2 | 47 | 9 | 1,235 | 238 | 568 | 63 |
| 3 | 20 | 5 | 1,107 | 221 | 331 | 37 |

| 年産 | いもち病 | | ウンカ | | カメムシ | |
|---|---|---|---|---|---|---|
| | 被害面積 | 被害量（玄米） | 被害面積 | 被害量（玄米） | 被害面積 | 被害量（玄米） |
| | 千ha | 千t | 千ha | 千t | 千ha | 千t |
| 平成30年産 | 211 | 49 | 48 | 7 | 109 | 13 |
| 令和元 | 240 | 56 | 111 | 41 | 143 | 18 |
| 2 | 294 | 78 | 128 | 71 | 141 | 17 |
| 3 | 300 | 83 | 39 | 5 | 115 | 12 |

資料：農林水産省統計部「作物統計」

(9) 保険・共済
ア 水稲

| 区分 | 単位 | 平成29年産 | 30 | 令和元（概数値） | 2（概数値） | 3（概数値） |
|---|---|---|---|---|---|---|
| 引受組合等数 | 組合 | 142 | 128 | 108 | 66 | 55 |
| 引受戸数 | 千戸 | 1,302 | 1,230 | 958 | 892 | 828 |
| 引受面積 | 千ha | 1,438 | 1,430 | 1,178 | 1,097 | 975 |
| 共済金額 | 100万円 | 945,943 | 957,958 | 817,549 | 790,790 | 709,412 |
| 共済掛金 | 〃 | 8,696 | 7,754 | 5,964 | 5,976 | 5,539 |
| 支払対象戸数 | 千戸 | 46 | 43 | 77 | 93 | 28 |
| 支払対象面積 | 千ha | 29 | 62 | 51 | 48 | 13 |
| 支払共済金 | 100万円 | 3,717 | 7,325 | 15,872 | 11,635 | 2,752 |

資料：農林水産省経営局「農作物共済統計表」。ただし、令和元年産〜3年産は経営局資料（以下イまで同じ。）。
注：農業保険法による農作物共済の実績である（以下イまで同じ。）。

イ 陸稲

| 区分 | 単位 | 平成29年産 | 30 | 令和元（概数値） | 2（概数値） | 3（概数値） |
|---|---|---|---|---|---|---|
| 引受組合等数 | 組合 | 10 | 9 | 5 | 5 | 5 |
| 引受戸数 | 戸 | 68 | 56 | 30 | 18 | 16 |
| 引受面積 | ha | 29 | 28 | 13 | 7 | 8 |
| 共済金額 | 100万円 | 8 | 8 | 3 | 2 | 2 |
| 共済掛金 | 〃 | 1 | 1 | 0 | 0 | 0 |
| 支払対象戸数 | 戸 | 12 | 17 | 7 | 3 | 4 |
| 支払対象面積 | ha | 7 | 9 | 3 | 1 | 2 |
| 支払共済金 | 100万円 | 1 | 2 | 0 | 0 | 0 |

(10) 生産費
　　ア　米生産費

| 区分 | 令和元年産 | | 2 | | |
|---|---|---|---|---|---|
| | 10 a 当たり | 玄米60kg 当たり | 10 a 当たり | 玄米60kg 当たり | 費目割合 |
| | 円 | 円 | 円 | 円 | ％ |
| 物財費 | 78,449 | 9,180 | 77,777 | 9,060 | 69.1 |
| 　種苗費 | 3,707 | 433 | 3,542 | 412 | 3.1 |
| 　肥料費 | 9,065 | 1,059 | 9,030 | 1,053 | 8.0 |
| 　農業薬剤費 | 7,670 | 898 | 7,774 | 906 | 6.9 |
| 　光熱動力費 | 4,745 | 556 | 4,517 | 526 | 4.0 |
| 　その他の諸材料費 | 1,987 | 232 | 1,972 | 230 | 1.8 |
| 　土地改良及び水利費 | 4,333 | 507 | 4,545 | 529 | 4.0 |
| 　賃借料及び料金 | 11,495 | 1,347 | 11,147 | 1,297 | 9.9 |
| 　物件税及び公課諸負担 | 2,241 | 263 | 2,044 | 238 | 1.8 |
| 　建物費 | 3,640 | 426 | 3,834 | 447 | 3.4 |
| 　自動車費 | 3,720 | 435 | 3,608 | 420 | 3.2 |
| 　農機具費 | 25,452 | 2,978 | 25,304 | 2,949 | 22.5 |
| 　生産管理費 | 394 | 46 | 460 | 53 | 0.4 |
| 労働費 | 34,247 | 4,007 | 34,729 | 4,044 | 30.9 |
| 費用合計 | 112,696 | 13,187 | 112,506 | 13,104 | 100.0 |
| 副産物価額 | 2,701 | 315 | 2,517 | 293 | － |
| 生産費（副産物価額差引） | 109,995 | 12,872 | 109,989 | 12,811 | － |
| 支払利子 | 164 | 19 | 146 | 17 | － |
| 支払地代 | 5,289 | 619 | 5,309 | 618 | － |
| 支払利子・地代算入生産費 | 115,448 | 13,510 | 115,444 | 13,446 | － |
| 自己資本利子 | 5,141 | 601 | 5,161 | 601 | － |
| 自作地地代 | 8,916 | 1,044 | 8,581 | 999 | － |
| 資本利子・地代全額算入生産費 | 129,505 | 15,155 | 129,186 | 15,046 | － |

資料：農林水産省統計部「農業経営統計調査　農産物生産費統計」（以下エまで同じ。）
注：1　生産費とは、生産物の一定単位量の生産のために消費した経済費用の合計をいう。ここでいう
　　　費用の合計とは、生産物の生産に要した材料、賃借料及び料金、用役等（労働・固定資産等）の
　　　価額の合計である。
　　2　本調査は、2015年農林業センサスに基づく農業経営体のうち、世帯による農業経営を行い、玄
　　　米を600kg以上販売する経営体（個別経営）を対象に実施した（以下エまで同じ。）。
　　3　費目割合は、10a当たり生産費を用いて計算した値である。

　　イ　全国農業地域別米生産費（10 a 当たり）（令和2年産）

単位：円

| 区分 | 北海道 | 東北 | 北陸 | 関東・東山 | 東海 | 近畿 | 中国 | 四国 | 九州 |
|---|---|---|---|---|---|---|---|---|---|
| 物財費 | 72,412 | 72,644 | 80,913 | 76,245 | 83,604 | 83,171 | 98,865 | 84,443 | 81,288 |
| 労働費 | 27,506 | 29,827 | 32,310 | 39,122 | 49,324 | 39,907 | 55,545 | 38,356 | 34,676 |
| 費用合計 | 99,918 | 102,471 | 113,223 | 115,367 | 132,928 | 123,078 | 154,410 | 122,799 | 115,964 |
| 生産費（副産物価額差引） | 95,806 | 99,365 | 111,032 | 113,792 | 131,496 | 120,965 | 152,082 | 121,346 | 113,329 |
| 支払利子・地代算入生産費 | 98,066 | 104,597 | 120,002 | 118,820 | 137,194 | 124,953 | 154,780 | 124,150 | 118,162 |
| 資本利子・地代全額算入生産費 | 113,016 | 118,406 | 133,659 | 134,405 | 147,751 | 136,346 | 166,308 | 137,504 | 131,255 |

(10) 生産費 (続き)
　　ウ 作付規模別米生産費 (10 a 当たり) (令和2年産)

| 区分 | 単位 | 平均 | 0.5ha 未満 | 0.5〜 1.0 | 1.0〜 3.0 | 3.0〜 5.0 | 5.0〜 10.0 |
|---|---|---|---|---|---|---|---|
| 物財費 | 円 | 77,777 | 121,676 | 103,029 | 81,320 | 71,817 | 68,286 |
| うち肥料費 | 〃 | 9,030 | 10,562 | 8,923 | 9,534 | 8,529 | 8,540 |
| 農業薬剤費 | 〃 | 7,774 | 9,016 | 8,183 | 7,968 | 7,377 | 7,596 |
| 土地改良及び水利費 | 〃 | 4,545 | 2,895 | 4,020 | 3,621 | 4,877 | 6,611 |
| 賃借料及び料金 | 〃 | 11,147 | 25,855 | 21,940 | 11,482 | 7,969 | 10,440 |
| 農機具費 | 〃 | 25,304 | 35,613 | 30,965 | 28,121 | 26,193 | 19,392 |
| 労働費 | 〃 | 34,729 | 69,725 | 54,564 | 37,862 | 30,317 | 25,584 |
| 費用合計 | 〃 | 112,506 | 191,401 | 157,593 | 119,182 | 102,134 | 93,870 |
| 生産費 (副産物価額差引) | 〃 | 109,989 | 189,118 | 155,043 | 116,959 | 100,018 | 90,623 |
| 支払利子・地代算入生産費 | 〃 | 115,444 | 190,194 | 156,464 | 119,775 | 106,072 | 99,206 |
| 資本利子・地代全額算入生産費 | 〃 | 129,186 | 211,582 | 175,037 | 135,671 | 119,447 | 110,333 |
| 1経営体当たり作付面積 | a | 186.3 | 35.4 | 73.0 | 174.0 | 395.0 | 680.6 |
| 主産物数量 | kg | 516 | 462 | 477 | 506 | 515 | 527 |
| 投下労働時間 | 時間 | 22.81 | 45.84 | 36.17 | 25.27 | 20.57 | 16.33 |

| 区分 | 単位 | 3.0ha 以上 | 5.0ha 以上 | 10.0ha 以上 | 15.0ha 以上 | 20.0ha 以上 | 30.0ha 以上 |
|---|---|---|---|---|---|---|---|
| 物財費 | 円 | 66,888 | 64,744 | 62,528 | 61,569 | 59,489 | 57,166 |
| うち肥料費 | 〃 | 8,659 | 8,717 | 8,825 | 9,122 | 9,128 | 9,453 |
| 農業薬剤費 | 〃 | 7,481 | 7,528 | 7,485 | 7,572 | 7,615 | 7,628 |
| 土地改良及び水利費 | 〃 | 5,266 | 5,433 | 4,697 | 4,555 | 4,248 | 4,215 |
| 賃借料及び料金 | 〃 | 7,455 | 7,230 | 5,221 | 4,178 | 3,332 | 3,942 |
| 農機具費 | 〃 | 21,811 | 19,904 | 20,226 | 19,933 | 19,680 | 17,614 |
| 労働費 | 〃 | 25,950 | 24,055 | 23,097 | 22,385 | 21,099 | 19,236 |
| 費用合計 | 〃 | 92,838 | 88,799 | 85,625 | 83,954 | 80,588 | 76,402 |
| 生産費 (副産物価額差引) | 〃 | 90,159 | 85,875 | 82,903 | 81,205 | 78,120 | 73,737 |
| 支払利子・地代算入生産費 | 〃 | 98,148 | 94,705 | 91,886 | 89,949 | 87,879 | 82,525 |
| 資本利子・地代全額算入生産費 | 〃 | 109,139 | 104,659 | 101,106 | 99,509 | 97,308 | 92,679 |
| 1経営体当たり作付面積 | a | 714.3 | 1,101.3 | 1,795.7 | 2,224.4 | 2,664.2 | 3,717.2 |
| 主産物数量 | kg | 533 | 540 | 549 | 547 | 533 | 546 |
| 投下労働時間 | 時間 | 16.76 | 15.14 | 14.41 | 13.73 | 12.93 | 11.48 |

| 10.0〜<br>15.0 | 15.0〜<br>20.0 | 20.0〜<br>30.0 | 30.0〜<br>50.0 | 50.0ha<br>以上 |
|---|---|---|---|---|
| 64,913 | 65,603 | 60,413 | 58,564 | 51,555 |
| 8,088 | 9,114 | 8,997 | 9,403 | 9,667 |
| 7,271 | 7,485 | 7,612 | 7,505 | 8,131 |
| 5,053 | 5,151 | 4,263 | 4,598 | 2,666 |
| 7,812 | 5,822 | 3,090 | 4,527 | 1,594 |
| 20,956 | 20,426 | 20,499 | 17,996 | 16,071 |
| 24,865 | 24,892 | 21,837 | 19,734 | 17,237 |
| 89,778 | 90,495 | 82,250 | 78,298 | 68,792 |
| 87,125 | 87,197 | 79,861 | 75,759 | 65,619 |
| 96,705 | 93,964 | 90,005 | 83,499 | 78,617 |
| 105,079 | 103,778 | 99,147 | 94,132 | 86,850 |
| 1,213.6 | 1,683.4 | 2,395.3 | 3,402.6 | 5,915.0 |
| 551 | 575 | 528 | 543 | 563 |
| 16.15 | 15.22 | 13.49 | 11.12 | 12.91 |

エ　全国農業地域別米の労働時間（10 a 当たり）（令和 2 年産）

単位：時間

| 区分 | 全国 | 北海道 | 東北 | 北陸 | 関東・<br>東山 | 東海 | 近畿 | 中国 | 四国 | 九州 |
|---|---|---|---|---|---|---|---|---|---|---|
| 投下労働時間 | 22.81 | 15.32 | 21.06 | 21.69 | 24.24 | 29.25 | 24.25 | 37.08 | 28.21 | 24.08 |
| うち家族 | 20.66 | 13.29 | 18.80 | 19.88 | 21.39 | 27.69 | 22.56 | 34.51 | 26.72 | 21.87 |
| 直接労働時間 | 21.60 | 14.48 | 19.99 | 20.05 | 23.31 | 27.37 | 22.99 | 35.10 | 26.81 | 23.25 |
| 間接労働時間 | 1.21 | 0.84 | 1.07 | 1.64 | 0.93 | 1.88 | 1.26 | 1.98 | 1.40 | 0.83 |

## 2 米（続き）

### (10) 生産費（続き）

オ 認定農業者がいる15ha以上の個別経営及び稲作主体の組織法人経営の生産費

| 区分 | 単位 | (参考) 平成23年産 平均（個別経営） | 29 認定農業者がいる15ha以上の個別経営 | 稲作主体の組織法人経営 |
|---|---|---|---|---|
| 60kg当たり | | | | |
| 物財費 | 円 | 9,478 | 6,802 | 7,812 |
| うち 肥料費 | 〃 | 1,018 | 996 | 937 |
| 農業薬剤費 | 〃 | 848 | 739 | 856 |
| 賃借料及び料金 | 〃 | 1,325 | 554 | 2,102 |
| 農機具費 | 〃 | 3,060 | 2,240 | 1,989 |
| 労働費 | 〃 | 4,191 | 2,488 | 2,863 |
| 費用合計 | 〃 | 13,669 | 9,290 | 10,675 |
| 副産物価額 | 〃 | 318 | 424 | 458 |
| 生産費（副産物価額差引） | 〃 | 13,351 | 8,866 | 10,217 |
| 支払利子 | 〃 | 35 | 43 | 32 |
| 支払地代 | 〃 | 533 | 937 | 1,223 |
| 支払利子・地代算入生産費 | 〃 | 13,919 | 9,846 | 11,472 |
| 自己資本利子 | 〃 | 712 | 419 | 305 |
| 自作地地代 | 〃 | 1,370 | 730 | 82 |
| 資本利子・地代全額算入生産費 | 〃 | 16,001 | 10,995 | 11,859 |
| 10a当たり全算入生産費 | 〃 | 139,721 | 97,503 | 100,541 |
| 1経営体当たり作付面積 | a | 141.8 | 2,099.1 | 2,235.0 |
| 10a当たり収量 | kg | 523 | 533 | 509 |
| 10a当たり労働時間 | 時間 | 26.11 | 13.79 | 15.32 |

資料：農林水産省統計部「農業経営統計調査 農産物生産費統計」
注： 「成長戦略実行計画・成長戦略フォローアップ・成長戦略フォローアップ工程表」（令和3年6月
18日閣議決定）において、「今後10年間（2023年まで）で資材・流通面等での産業界の努力も反映し
て担い手のコメの生産コストを2011年全国平均比4割削減する（2011年産：16,001円/60kg）」とい
う目標を掲げているところ。当該目標においては担い手の考え方を以下のとおり設定している。
※担い手の考え方
・ 認定農業者がいる15ha以上の個別経営：認定農業者のうち、農業就業者1人当たりの稲作に係
る農業所得が他産業所得と同等の個別経営（水稲作付面積15ha以上層）
・ 稲作主体の組織法人経営：米の販売金額が第1位となる稲作主体の組織法人経営

カ 飼料用米の生産費

| 区分 | 単位 | 令和元年産 平均 | 令和元年産 認定農業者がいる経営体のうち、作付規模15.0ha以上 | 2 平均 | 2 認定農業者がいる経営体のうち、作付規模15.0ha以上 |
|---|---|---|---|---|---|
| 10a当たり | | | | | |
| 費用合計 | 円 | 105,970 | 77,110 | 103,600 | 77,520 |
| うち 物財費 | 〃 | 74,160 | 56,980 | 71,930 | 57,110 |
| 労働費 | 〃 | 31,810 | 20,130 | 31,670 | 20,410 |
| 生産費（副産物価額差引） | 〃 | 105,330 | 76,470 | 102,770 | 76,690 |
| 支払利子・地代算入生産費 | 〃 | 110,780 | 85,340 | 108,230 | 85,430 |
| 資本利子・地代全額算入生産費 | 〃 | 124,840 | 95,610 | 121,970 | 94,990 |
| 60kg当たり全算入生産費 | 〃 | 13,450 | 10,300 | 13,120 | 10,210 |

資料：農林水産省統計部「農業経営統計調査 農産物生産費統計」
注： 1 飼料用米の生産費は、米生産費統計の調査対象経営体のうち、飼料用米の作付けがある
経営体を対象に、各費目別の食用米の費用（10a当たり）を100とした場合の割合を聞き取
り、これを米生産費の「全国平均値（ア 米生産費を参照）」及び「認定農業者がいる経
営体のうち作付規模15.0ha以上（オ 認定農業者がいる15ha以上の個別経営及び稲作主体
の組織法人経営の生産費を参照）」に乗じることにより算出した。
2 60kg当たり全算入生産費は、聞き取りを行った経営体の飼料用米の10a当たり収量の平
均値を用いて算出した。

| 30 | | 令和元 | | 2 | |
|---|---|---|---|---|---|
| 認定農業者が<br>いる15ha以上<br>の個別経営 | 稲作主体の<br>組織法人経営 | 認定農業者が<br>いる15ha以上<br>の個別経営 | 稲作主体の<br>組織法人経営 | 認定農業者が<br>いる15ha以上<br>の個別経営 | 稲作主体の<br>組織法人経営 |
| 6,849 | 7,852 | 6,704 | 7,685 | 6,742 | 7,587 |
| 993 | 920 | 1,012 | 958 | 1,000 | 985 |
| 774 | 892 | 815 | 876 | 829 | 977 |
| 493 | 2,011 | 486 | 1,744 | 456 | 1,507 |
| 2,240 | 2,012 | 2,148 | 2,107 | 2,184 | 2,115 |
| 2,554 | 2,847 | 2,392 | 2,752 | 2,450 | 2,595 |
| 9,403 | 10,699 | 9,096 | 10,437 | 9,192 | 10,182 |
| 338 | 402 | 358 | 352 | 302 | 311 |
| 9,065 | 10,297 | 8,738 | 10,085 | 8,890 | 9,871 |
| 40 | 39 | 27 | 34 | 29 | 33 |
| 1,079 | 1,212 | 952 | 1,273 | 929 | 1,265 |
| 10,184 | 11,548 | 9,717 | 11,392 | 9,848 | 11,169 |
| 385 | 310 | 403 | 279 | 416 | 311 |
| 725 | 84 | 731 | 50 | 631 | 49 |
| 11,294 | 11,942 | 10,851 | 11,721 | 10,895 | 11,529 |
| 96,377 | 100,002 | 98,374 | 99,425 | 99,509 | 98,521 |
| 2,192.7 | 2,321.5 | 2,215.5 | 2,435.3 | 2,224.4 | 2,485.1 |
| 511 | 502 | 543 | 509 | 547 | 512 |
| 13.77 | 14.92 | 13.40 | 14.21 | 13.73 | 14.06 |

## (11) 価格
### ア 農産物価格指数

平成27年＝100

| 品目・銘柄等級 | 平成29年 | 30 | 令和元 | 2 | 3 |
|---|---|---|---|---|---|
| うるち玄米（1等） | 124.3 | 132.6 | 133.0 | 130.7 | 115.8 |
| もち玄米（1等） | 88.6 | 95.0 | 100.4 | 101.0 | 98.7 |

資料：農林水産省統計部「農業物価統計」

2　米（続き）

(11)　価格（続き）

イ　米の相対取引価格（玄米60kg当たり）

単位：円

| 産地 | 品種銘柄<br>（地域区分） | 価格 | 産地 | 品種銘柄<br>（地域区分） | 価格 | 産地 | 品種銘柄<br>（地域区分） | 価格 |
|---|---|---|---|---|---|---|---|---|
| | 全銘柄平均　平成28年産 | 14,307 | 千葉 | ふさおとめ | 13,364 | 島根 | きぬむすめ | 14,500 |
| | 28 | 15,595 | 山梨 | コシヒカリ | 18,259 | 島根 | つや姫 | 15,234 |
| | 29 | 15,688 | 長野 | コシヒカリ | 14,964 | 岡山 | アケボノ | 13,238 |
| | 令和元 | 15,716 | 長野 | あきたこまち | 14,871 | 岡山 | きぬむすめ | 14,452 |
| | 2 | 14,529 | 静岡 | コシヒカリ | 15,531 | 岡山 | あきたこまち | 14,538 |
| | | | 静岡 | きぬむすめ | 14,776 | 広島 | コシヒカリ | 14,965 |
| | | | 静岡 | あいちのかおり | 14,726 | 広島 | あきさかり | 13,988 |
| 北海道 | ななつぼし | 14,382 | 新潟 | コシヒカリ（一般） | 16,490 | 広島 | あきろまん | 14,146 |
| 北海道 | ゆめぴりか | 16,945 | 新潟 | コシヒカリ（魚沼） | 20,336 | 山口 | コシヒカリ | 15,215 |
| 北海道 | きらら397 | 13,379 | 新潟 | コシヒカリ（佐渡） | 17,072 | 山口 | ひとめぼれ | 14,484 |
| 青森 | まっしぐら | 12,677 | 新潟 | コシヒカリ（岩船） | 16,969 | 山口 | ヒノヒカリ | 14,413 |
| 青森 | つがるロマン | 13,374 | 新潟 | こしいぶき | 14,297 | 徳島 | コシヒカリ | 14,947 |
| 岩手 | ひとめぼれ | 14,381 | 富山 | コシヒカリ | 15,452 | 徳島 | あきさかり | 12,059 |
| 岩手 | あきたこまち | 13,323 | 富山 | てんたかく | 14,462 | 香川 | コシヒカリ | 15,406 |
| 岩手 | 銀河のしずく | 15,319 | 石川 | コシヒカリ | 14,596 | 香川 | ヒノヒカリ | 14,866 |
| 宮城 | ひとめぼれ | 14,094 | 石川 | ゆめみづほ | 13,743 | 香川 | おいでまい | 15,406 |
| 宮城 | つや姫 | 14,466 | 福井 | コシヒカリ | 15,602 | 愛媛 | コシヒカリ | 15,456 |
| 宮城 | ササニシキ | 13,748 | 福井 | ハナエチゼン | 14,365 | 愛媛 | ひとめぼれ | 14,837 |
| 秋田 | あきたこまち | 14,453 | 福井 | あきさかり | 14,215 | 愛媛 | あきたこまち | 14,775 |
| 秋田 | めんこいな | 13,096 | 岐阜 | ハツシモ | 14,943 | 高知 | コシヒカリ | 15,530 |
| 秋田 | ひとめぼれ | 13,280 | 岐阜 | コシヒカリ | 15,250 | 高知 | ヒノヒカリ | 14,436 |
| 山形 | はえぬき | 13,968 | 岐阜 | あさひの夢 | 13,573 | 福岡 | 夢つくし | 16,322 |
| 山形 | つや姫 | 18,537 | 愛知 | あいちのかおり | 13,685 | 福岡 | ヒノヒカリ | 15,430 |
| 山形 | ひとめぼれ | 15,288 | 愛知 | コシヒカリ | 14,785 | 福岡 | 元気つくし | 16,169 |
| 福島 | コシヒカリ（中通り） | 13,245 | 愛知 | 大地の風 | 14,024 | 佐賀 | 夢しずく | 14,453 |
| 福島 | コシヒカリ（会津） | 14,929 | 三重 | コシヒカリ（一般） | 14,861 | 佐賀 | さがびより | 15,106 |
| 福島 | コシヒカリ（浜通り） | 13,720 | 三重 | コシヒカリ（伊賀） | 15,361 | 佐賀 | ヒノヒカリ | 14,266 |
| 福島 | ひとめぼれ | 13,081 | 三重 | キヌヒカリ | 13,960 | 長崎 | ヒノヒカリ | 14,802 |
| 福島 | 天のつぶ | 12,429 | 滋賀 | コシヒカリ | 15,258 | 長崎 | にこまる | 15,090 |
| 茨城 | コシヒカリ | 13,324 | 滋賀 | キヌヒカリ | 14,202 | 長崎 | コシヒカリ | 15,891 |
| 茨城 | あきたこまち | 13,564 | 滋賀 | みずかがみ | 15,117 | 熊本 | ヒノヒカリ | 15,410 |
| 茨城 | あさひの夢 | 12,737 | 京都 | コシヒカリ | 15,763 | 熊本 | 森のくまさん | 15,056 |
| 栃木 | コシヒカリ | 13,665 | 京都 | キヌヒカリ | 14,817 | 熊本 | コシヒカリ | 16,257 |
| 栃木 | あさひの夢 | 12,507 | 兵庫 | コシヒカリ | 16,212 | 大分 | ヒノヒカリ | 15,335 |
| 栃木 | とちぎの星 | 12,164 | 兵庫 | ヒノヒカリ | 15,434 | 大分 | ひとめぼれ | 15,258 |
| 群馬 | あさひの夢 | 12,387 | 兵庫 | コシヒカリ | 13,976 | 大分 | つや姫 | 15,391 |
| 群馬 | ゆめまつり | 12,024 | 兵庫 | ヒノヒカリ | 13,804 | 宮崎 | コシヒカリ | 15,292 |
| 埼玉 | 彩のかがやき | 11,797 | 奈良 | ヒノヒカリ | 14,630 | 宮崎 | ヒノヒカリ | 15,960 |
| 埼玉 | 彩のきずな | 11,986 | 鳥取 | きぬむすめ | 14,230 | 鹿児島 | ヒノヒカリ | 16,595 |
| 埼玉 | コシヒカリ | 12,490 | 鳥取 | コシヒカリ | 14,947 | 鹿児島 | あきほなみ | 17,073 |
| 千葉 | コシヒカリ | 13,523 | 鳥取 | ひとめぼれ | 13,978 | 鹿児島 | コシヒカリ | 16,323 |
| 千葉 | ふさこがね | 13,086 | 島根 | コシヒカリ | 15,397 | | | |

資料：農林水産省農産局「米穀の取引に関する報告」

注：1　「米穀の取引に関する報告」の報告対象業者は、全農、道県経済連、県単一農協、道県出荷団体
　　　　（年間の玄米仕入数量が5,000トン以上）、出荷業者（年間の直接販売数量が5,000トン以上）であ
　　　　る。

　　　2　各産地の全銘柄平均価格は、報告対象産地品種銘柄ごとの前年産検査数量ウェイトで加重平均に
　　　　より算定している。

　　　3　産地品種銘柄ごとの価格は、出荷業者と卸売業者等との間で数量と価格が決定された主食用の相
　　　　対取引契約の価格（運賃、包装代、消費税を含む1等米の価格）を加重平均したものである。

　　　4　価格に含む消費税は、平成26年4月から令和元年9月までは8%、令和元年10月は軽減税率の対象で
　　　　ある米の品代等は8%、運賃等は10%で算定している。

　　　5　加重平均に際しては、新潟、長野、静岡以東（東日本）の産地品種銘柄については受渡地を東日
　　　　本としているものを、富山、岐阜、愛知以西（西日本）の産地品種銘柄については受渡地を西日本
　　　　としているものを対象としている。

　　　6　相対取引価格は、個々の契約内容に応じて設定される大口割引等の割引などが適用された価格で
　　　　あり、実際の引取状況に応じて価格調整（等級及び付加価値等（栽培方法等））が行われることが
　　　　ある。また、算定に当たっては、契約価格に運賃を含めない産地在庫の取引分も対象としている。

　　　7　令和2年産の産地品種銘柄別価格は、2年産米の出回りから翌年10月までの平均価格である。

ウ 米の年平均小売価格

単位：円

| 品目 | 銘柄 | 数量単位 | 都市 | 平成29年 | 30 | 令和元 | 2 | 3 |
|---|---|---|---|---|---|---|---|---|
| うるち米<br>(「コシヒカリ」) | 国内産、精米、単一原料米、5kg袋入り | 1袋 | 東京都区部 | 2,388 | 2,451 | 2,456 | 2,426 | 2,344 |
| | | | 大阪市 | 2,271 | 2,371 | 2,420 | 2,379 | 2,249 |
| うるち米<br>(「コシヒカリ」を除く。) | 国内産、精米、単一原料米、5kg袋入り | 〃 | 東京都区部 | 2,132 | 2,232 | 2,234 | 2,246 | 2,127 |
| | | | 大阪市 | 2,100 | 2,305 | 2,270 | 2,251 | 2,140 |
| もち米 | 国内産、精米、「単一原料米」又は「複数原料米」、1～2kg袋入り | 1kg | 東京都区部 | 616 | 607 | 601 | 615 | 628 |
| | | | 大阪市 | 574 | 566 | 575 | 565 | 563 |

資料：総務省統計局「小売物価統計調査年報」

エ 1世帯当たり年間の米の支出金額及び購入数量 (二人以上の世帯・全国)

| 品目 | 平成29年 | | 30 | | 令和元 | | 2 | | 3 | |
|---|---|---|---|---|---|---|---|---|---|---|
| | 金額 | 数量 | 金額 | 数量 | 金額 | 数量 | 金額 | 数量 | 金額 | 数量 |
| | 円 | kg | 円 | kg | 円 | kg | 円 | kg | 円 | kg |
| 米 | 23,681 | 67.27 | 24,314 | 65.75 | 23,212 | 62.20 | 23,920 | 64.53 | 21,862 | 60.80 |

資料：総務省統計局「家計調査年報」

## (12) 加工

ア 米穀粉の生産量

単位：t

| 種類 | 平成29年 | 30 | 令和元 | 2 | 3 |
|---|---|---|---|---|---|
| 計 | 94,860 | 93,956 | 91,179 | 91,076 | 84,964 |
| 上新粉 | 47,257 | 45,643 | 43,345 | 40,559 | 35,918 |
| もち粉 | 9,592 | 9,663 | 9,406 | 8,280 | 8,812 |
| 白玉粉 | 5,246 | 4,821 | 4,742 | 4,851 | 4,062 |
| 寒梅粉 | 1,535 | 1,534 | 1,560 | 1,485 | 1,492 |
| らくがん粉・みじん粉 | 945 | 984 | 1,120 | 1,013 | 993 |
| だんご粉 | 1,166 | 1,310 | 1,159 | 1,114 | 1,016 |
| 菓子種 | 2,419 | 2,506 | 2,508 | 2,528 | 2,183 |
| 新規米粉 | 26,700 | 27,495 | 27,339 | 31,246 | 30,488 |

資料：農林水産省大臣官房政策課食料安全保障室「食品産業動態調査」 (以下イまで同じ。)

イ 加工米飯の生産量

単位：t

| 種類 | 平成29年 | 30 | 令和元 | 2 | 3 |
|---|---|---|---|---|---|
| 計 | 373,142 | 390,170 | 398,750 | 404,707 | 409,034 |
| レトルト米飯 | 27,807 | 28,163 | 27,474 | 27,245 | 27,885 |
| 無菌包装米飯 | 161,068 | 170,218 | 182,797 | 197,185 | 206,179 |
| 冷凍米飯 | 174,025 | 181,559 | 178,068 | 171,307 | 166,099 |
| チルド米飯 | 4,832 | 4,845 | 4,520 | 3,894 | 3,624 |
| 缶詰米飯 | 526 | 553 | 526 | 422 | 422 |
| 乾燥米飯 | 4,884 | 4,832 | 5,365 | 4,654 | 4,825 |

## 3 麦類
### (1) 麦類作経営体（各年2月1日現在）
#### ア 販売目的の麦類の種類別経営体数

単位：経営体

| 年次・<br>全国農業地域 | 小麦 | 二条大麦 | 六条大麦 | はだか麦 |
|---|---|---|---|---|
| 平成27年 | 37,694 | … | … | |
| 令和2 | 30,976 | 8,054 | 3,617 | 1,604 |
| 北海道 | 12,261 | 394 | 12 | 25 |
| 都府県 | 18,715 | 7,660 | 3,605 | 1,579 |
| 東北 | 1,624 | 32 | 131 | 33 |
| 北陸 | 228 | 9 | 1,767 | 12 |
| 関東・東山 | 5,402 | 3,281 | 1,014 | 102 |
| 東海 | 2,517 | 123 | 240 | 123 |
| 近畿 | 2,174 | 64 | 310 | 62 |
| 中国 | 714 | 565 | 60 | 154 |
| 四国 | 610 | 12 | 15 | 690 |
| 九州 | 5,437 | 3,574 | 67 | 403 |
| 沖縄 | 9 | − | 1 | − |

資料：農林水産省統計部「農林業センサス」（以下イまで同じ。）

#### イ 販売目的の麦類の作付面積規模別経営体数

単位：経営体

| 区分 | 計 | 0.1ha未満 | 0.1〜0.5 | 0.5〜1.0 | 1.0〜3.0 | 3.0〜5.0 | 5.0ha以上 |
|---|---|---|---|---|---|---|---|
| 麦類 | | | | | | | |
| 平成27年 | 49,229 | 1,273 | 8,832 | 6,949 | 11,080 | 5,163 | 15,932 |
| 令和2 | 40,422 | 1,228 | 5,184 | 4,331 | 8,686 | 4,712 | 16,281 |
| うち小麦 | | | | | | | |
| 平成27年 | 37,694 | 1,049 | 6,693 | 4,811 | 7,774 | 4,062 | 13,305 |
| 令和2 | 30,976 | 771 | 4,057 | 3,149 | 6,045 | 3,613 | 13,341 |

### (2) 生産量
#### ア 麦種類別収穫量（子実用）

| 年産 | 4麦計 | | 小麦 | | | 二条大麦 | | |
|---|---|---|---|---|---|---|---|---|
| | 作付面積 | 収穫量<br>（玄麦） | 作付面積 | 10a当たり<br>収量 | 収穫量<br>（玄麦） | 作付面積 | 10a当たり<br>収量 | 収穫量<br>（玄麦） |
| | 千ha | 千t | 千ha | kg | 千t | 千ha | kg | 千t |
| 平成29年産 | 274 | 1,092 | 212 | 427 | 907 | 38 | 313 | 120 |
| 30 | 273 | 940 | 212 | 361 | 765 | 38 | 318 | 122 |
| 令和元 | 273 | 1,260 | 212 | 490 | 1,037 | 38 | 386 | 147 |
| 2 | 276 | 1,171 | 213 | 447 | 949 | 39 | 368 | 145 |
| 3 | 283 | 1,332 | 220 | 499 | 1,097 | 38 | 413 | 158 |

| 年産 | 六条大麦 | | | はだか麦 | | |
|---|---|---|---|---|---|---|
| | 作付面積 | 10a当たり<br>収量 | 収穫量<br>（玄麦） | 作付面積 | 10a当たり<br>収量 | 収穫量<br>（玄麦） |
| | 千ha | kg | 千t | 千ha | kg | 千t |
| 平成29年産 | 18 | 290 | 52 | 5 | 256 | 13 |
| 30 | 17 | 225 | 39 | 5 | 258 | 14 |
| 令和元 | 18 | 315 | 56 | 6 | 351 | 20 |
| 2 | 18 | 314 | 57 | 6 | 322 | 20 |
| 3 | 18 | 304 | 55 | 7 | 324 | 22 |

資料：農林水産省統計部「作物統計」（以下イまで同じ。）
注：作付面積は子実用である（以下イまで同じ。）。

イ　令和3年産都道府県別麦類の収穫量（子実用）

| 全国・都道府県 | 小麦 | | 二条大麦 | | 六条大麦 | | はだか麦 | |
|---|---|---|---|---|---|---|---|---|
| | 作付面積 | 収穫量（玄麦） | 作付面積 | 収穫量（玄麦） | 作付面積 | 収穫量（玄麦） | 作付面積 | 収穫量（玄麦） |
| | ha | t | ha | t | ha | t | ha | t |
| 全国 | 220,000 | 1,097,000 | 38,200 | 157,600 | 18,100 | 55,100 | 6,820 | 22,100 |
| 北海道 | 126,100 | 728,400 | 1,740 | 7,760 | x | x | 498 | 1,460 |
| 青森 | 701 | 1,720 | – | – | x | x | – | – |
| 岩手 | 3,720 | 7,850 | – | – | 76 | 201 | – | – |
| 宮城 | 1,110 | 4,360 | x | x | 1,280 | 4,450 | – | – |
| 秋田 | 272 | 626 | – | – | – | – | – | – |
| 山形 | 83 | 187 | – | – | x | x | – | – |
| 福島 | 408 | 1,070 | 7 | 12 | 33 | 59 | x | x |
| 茨城 | 4,510 | 13,800 | 1,010 | 3,110 | 1,530 | 4,450 | 325 | 926 |
| 栃木 | 2,290 | 8,060 | 8,650 | 35,300 | 1,640 | 4,580 | 42 | 117 |
| 群馬 | 5,430 | 21,000 | 1,670 | 6,730 | 520 | 1,790 | 3 | 9 |
| 埼玉 | 5,080 | 20,000 | 702 | 2,940 | 160 | 773 | 111 | 320 |
| 千葉 | 791 | 2,750 | – | – | 34 | 145 | 5 | 17 |
| 東京 | 14 | 23 | 1 | 2 | – | – | x | x |
| 神奈川 | 42 | 109 | – | – | x | x | x | x |
| 新潟 | 69 | 159 | – | – | 132 | 333 | – | – |
| 富山 | 50 | 98 | x | x | 3,310 | 10,200 | x | x |
| 石川 | 102 | 184 | x | x | 1,440 | 4,710 | – | – |
| 福井 | 110 | 216 | – | – | 4,780 | 13,300 | x | x |
| 山梨 | 76 | 237 | – | – | 41 | 88 | – | – |
| 長野 | 2,220 | 6,260 | 10 | 22 | 603 | 2,240 | – | – |
| 岐阜 | 3,370 | 10,700 | – | – | 274 | 480 | – | – |
| 静岡 | 744 | 2,310 | 18 | 46 | 1 | 1 | x | x |
| 愛知 | 5,780 | 29,400 | – | – | 104 | 462 | 19 | 49 |
| 三重 | 6,980 | 22,800 | – | – | 132 | 462 | 29 | 80 |
| 滋賀 | 6,210 | 20,900 | 58 | 258 | 1,480 | 5,030 | 90 | 284 |
| 京都 | 174 | 320 | 96 | 265 | – | – | – | – |
| 大阪 | 2 | 2 | – | – | x | x | x | x |
| 兵庫 | 1,730 | 4,200 | 1 | 1 | 276 | 811 | 164 | 271 |
| 奈良 | 117 | 336 | – | – | – | – | x | x |
| 和歌山 | 3 | 5 | – | – | 1 | 1 | 0 | 0 |
| 鳥取 | 77 | 255 | 89 | 259 | x | x | 5 | 10 |
| 島根 | 132 | 251 | 502 | 1,510 | 12 | 11 | 42 | 137 |
| 岡山 | 968 | 3,880 | 2,120 | 8,880 | 1 | 2 | 225 | 671 |
| 広島 | 167 | 296 | x | x | 104 | 211 | 83 | 145 |
| 山口 | 1,550 | 5,720 | 232 | 733 | – | – | 435 | 983 |
| 徳島 | 54 | 195 | 45 | 95 | x | x | 32 | 32 |
| 香川 | 2,220 | 9,170 | x | x | – | – | 909 | 2,900 |
| 愛媛 | 214 | 743 | – | – | – | – | 1,860 | 6,940 |
| 高知 | 4 | 6 | 5 | 18 | – | – | 3 | 5 |
| 福岡 | 16,000 | 78,100 | 5,790 | 25,400 | – | – | 482 | 1,970 |
| 佐賀 | 11,600 | 56,700 | 9,970 | 45,700 | – | – | 249 | 1,100 |
| 長崎 | 651 | 2,250 | 1,160 | 4,520 | – | – | 227 | 502 |
| 熊本 | 5,150 | 21,600 | 2,230 | 7,380 | 14 | 34 | 131 | 389 |
| 大分 | 2,790 | 9,820 | 1,740 | 5,640 | 8 | 23 | 813 | 2,690 |
| 宮崎 | 103 | 133 | 67 | 201 | x | x | 14 | 18 |
| 鹿児島 | 33 | 73 | 225 | 743 | x | x | 25 | 56 |
| 沖縄 | 12 | 16 | 2 | 2 | – | – | – | – |

3 麦類（続き）
(3) 需給
　ア 麦類需給表

| 年度種類別 | | 国内生産量（玄麦） | 外国貿易（玄麦） | | 在庫の増減量（玄麦） | 国内消費仕向量（玄麦） | | | | 一人1年当たり供給量 |
|---|---|---|---|---|---|---|---|---|---|---|
| | | | 輸入量 | 輸出量 | | | 粗食料 | 飼料用 | 加工用 | |
| | | 千 t | 千 t | 千 t | 千 t | 千 t | 千 t | 千 t | 千 t | kg |
| 平成29年度 | 小麦 | 907 | 6,064 | 0 | 269 | 6,702 | 5,376 | 860 | 280 | 33.0 |
| | 大麦 | 172 | 1,777 | 0 | △ 3 | 1,952 | 62 | 971 | 912 | 0.2 |
| | はだか麦 | 13 | 26 | 0 | 6 | 33 | 25 | 0 | 7 | 0.1 |
| 30 | 小麦 | 765 | 5,653 | 0 | △ 107 | 6,525 | 5,227 | 818 | 269 | 32.2 |
| | 大麦 | 161 | 1,790 | 0 | 14 | 1,937 | 50 | 954 | 926 | 0.2 |
| | はだか麦 | 14 | 33 | 0 | 5 | 42 | 35 | 0 | 5 | 0.2 |
| 令和元 | 小麦 | 1,037 | 5,462 | 0 | 26 | 6,473 | 5,226 | 780 | 269 | 32.2 |
| | 大麦 | 202 | 1,689 | 0 | 30 | 1,861 | 55 | 914 | 885 | 0.2 |
| | はだか麦 | 20 | 39 | 0 | 16 | 43 | 36 | 0 | 5 | 0.2 |
| 2 | 小麦 | 949 | 5,521 | 0 | 58 | 6,412 | 5,136 | 835 | 262 | 31.8 |
| | 大麦 | 201 | 1,649 | 0 | 40 | 1,810 | 48 | 958 | 798 | 0.2 |
| | はだか麦 | 20 | 25 | 0 | 9 | 36 | 29 | 0 | 5 | 0.1 |
| 3（概算値） | 小麦 | 1,097 | 5,375 | 0 | 51 | 6,421 | 5,085 | 883 | 275 | 31.6 |
| | 大麦 | 213 | 1,658 | 0 | △ 22 | 1,893 | 57 | 1,023 | 807 | 0.2 |
| | はだか麦 | 22 | 15 | 0 | 1 | 36 | 29 | 0 | 6 | 0.1 |

資料：農林水産省大臣官房政策課食料安全保障室「食料需給表」
注：　国内生産量から国内消費仕向量までは玄麦であり、一人1年当たり供給量は小麦については小麦粉であり、大麦、はだか麦については精麦である。

　イ 輸出入実績
　　(ｱ) 輸出入量及び金額

| 品目名 | 令和2年 | | 3 | |
|---|---|---|---|---|
| | 数量 | 金額 | 数量 | 金額 |
| | t | 千円 | t | 千円 |
| 輸出 | | | | |
| 穀粉・加工穀物 | | | | |
| 　小麦粉 | 167,373 | 8,337,883 | 174,635 | 10,033,487 |
| 輸入 | | | | |
| 穀物 | | | | |
| 　1)小麦 | 5,373,855 | 162,763,547 | 5,126,074 | 195,832,147 |
| 　1)大麦・はだか麦 | 1,209,211 | 32,360,755 | 1,148,481 | 35,602,805 |
| 穀粉・挽割含む | | | | |
| 　小麦粉 | 3,558 | 369,539 | 3,359 | 401,005 |

資料：財務省関税局「貿易統計」をもとに農林水産省統計部にて作成。（以下(ｲ)まで同じ。）
注：1)は、種用及び飼料用を含む。

　　(ｲ) 小麦（玄麦）の国別輸入量

単位：t

| 区分 | 令和2年 | 3 |
|---|---|---|
| 小麦 | 5,373,855 | 5,126,074 |
| うちアメリカ合衆国 | 2,631,580 | 2,266,604 |
| 　カナダ | 1,937,513 | 1,797,990 |
| 　オーストラリア | 797,212 | 1,055,654 |

注：令和3年の輸入量が多い国・地域について、上位3か国を掲載した。

## ウ 麦類の政府買入れ及び民間流通

単位：千 t

| 会計年度 | 供給（玄麦） | | | | | | | | |
|---|---|---|---|---|---|---|---|---|---|
| | 合計 | | | 持越し | | | 買入れ | | |
| | 計 | 内麦 | 外麦 | 小計 | 内麦 | 外麦 | 小計 | 内麦 | 外麦 |
| **大麦・はだか麦** | | | | | | | | | |
| 平成28年度 | 250 | – | 250 | – | – | – | 250 | – | 250 |
| | (169) | (169) | | (77) | (77) | | (92) | (92) | |
| 29 | 236 | – | 236 | – | – | – | 236 | – | 236 |
| | (170) | (170) | | (64) | (64) | | (106) | (106) | |
| 30 | 279 | – | 279 | – | – | – | 279 | – | 279 |
| | (179) | (179) | | (76) | (76) | | (103) | (103) | |
| 令和元 | 250 | – | 250 | – | – | – | 250 | – | 250 |
| | (222) | (222) | | (81) | (81) | | (141) | (141) | |
| **2** | **205** | **–** | **205** | **–** | **–** | **–** | **205** | **–** | **205** |
| | **(252)** | **(252)** | | **(109)** | **(109)** | | **(143)** | **(143)** | |
| **小麦** | | | | | | | | | |
| 平成28年度 | 4,859 | – | 4,859 | – | – | – | 4,859 | – | 4,859 |
| | (1,410) | (1,410) | | (676) | (676) | | (734) | (734) | |
| 29 | 5,242 | – | 5,242 | – | – | – | 5,242 | – | 5,242 |
| | (1,311) | (1,311) | | (466) | (466) | | (845) | (845) | |
| 30 | 4,890 | – | 4,890 | – | – | – | 4,890 | – | 4,890 |
| | (1,246) | (1,246) | | (543) | (543) | | (703) | (703) | |
| 令和元 | 4,727 | – | 4,727 | – | – | – | 4,727 | – | 4,727 |
| | (1,496) | (1,496) | | (529) | (529) | | (967) | (967) | |
| **2** | **4,698** | **–** | **4,698** | **–** | **–** | **–** | **4,698** | **–** | **4,698** |
| | **(1,539)** | **(1,539)** | | **(668)** | **(668)** | | **(871)** | **(871)** | |

| 会計年度 | 需要（玄麦） | | | | | | | | |
|---|---|---|---|---|---|---|---|---|---|
| | 合計 | | | 主食用 | | | その他 | | |
| | 計 | 内麦 | 外麦 | 小計 | 内麦 | 外麦 | 小計 | 内麦 | 外麦 |
| **大麦・はだか麦** | | | | | | | | | |
| 平成28年度 | 250 | – | 250 | 176 | – | 176 | 74 | – | 74 |
| | (105) | (105) | | (78) | (78) | | (27) | (27) | |
| 29 | 236 | – | 236 | 159 | – | 159 | 77 | – | 77 |
| | (94) | (94) | | (71) | (71) | | (23) | (23) | |
| 30 | 279 | – | 279 | 185 | – | 185 | 94 | – | 94 |
| | (98) | (98) | | (73) | (73) | | (25) | (25) | |
| 令和元 | 250 | – | 250 | 149 | – | 149 | 101 | – | 101 |
| | (115) | (115) | | (90) | (90) | | (25) | (25) | |
| **2** | **205** | **–** | **205** | **107** | **–** | **107** | **98** | **–** | **98** |
| | **(141)** | **(141)** | | **(110)** | **(110)** | | **(31)** | **(31)** | |
| **小麦** | | | | | | | | | |
| 平成28年度 | 4,859 | – | 4,859 | 4,779 | – | 4,779 | 80 | – | 80 |
| | (944) | (944) | | (923) | (923) | | (21) | (21) | |
| 29 | 5,242 | – | 5,242 | 5,149 | – | 5,149 | 93 | – | 93 |
| | (769) | (769) | | (751) | (751) | | (18) | (18) | |
| 30 | 4,890 | – | 4,890 | 4,807 | – | 4,807 | 83 | – | 83 |
| | (717) | (717) | | (700) | (700) | | (17) | (17) | |
| 令和元 | 4,727 | – | 4,727 | 4,644 | – | 4,644 | 83 | – | 83 |
| | (827) | (827) | | (809) | (809) | | (18) | (18) | |
| **2** | **4,698** | **–** | **4,698** | **4,628** | **–** | **4,628** | **70** | **–** | **70** |
| | **(866)** | **(866)** | | **(846)** | **(846)** | | **(20)** | **(20)** | |

資料：農林水産省農産局資料
注：1 主要食糧の需給及び価格の安定に関する法律の一部改正（平成19年4月施行）により、
　　内麦の無制限買入制度が廃止された。
　　2 （ ）内の数値は、民間流通麦で外数である。

### 3 麦類（続き）
#### (4) 保険・共済

| 区分 | 単位 | 平成29年産 | 30 | 令和元<br>（概算値） | 2<br>（概算値） | 3<br>（概算値） |
|---|---|---|---|---|---|---|
| 引受組合等数 | 組合 | 138 | 116 | 96 | 86 | 56 |
| 引受戸数 | 千戸 | 39 | 37 | 32 | 29 | 26 |
| 引受面積 | 千ha | 267 | 266 | 235 | 222 | 205 |
| 共済金額 | 100万円 | 127,064 | 129,958 | 123,215 | 126,076 | 117,804 |
| 共済掛金 | 〃 | 11,498 | 11,785 | 9,166 | 9,450 | 8,553 |
| 支払対象戸数 | 千戸 | 16 | 20 | 13 | 37 | 9 |
| 支払対象面積 | 千ha | 75 | 124 | 2 | 3 | 1 |
| 支払共済金 | 100万円 | 6,706 | 15,518 | 3,816 | 19,732 | 4,006 |

資料：農林水産省経営局「農作物共済統計表」。ただし、令和元年産～３年産は経営局資料。
注：農業保険法による農作物共済の実績である。

#### (5) 生産費
##### ア 小麦生産費

| 区分 | 単位 | 令和2年産 10a<br>当たり | 令和2年産 60kg<br>当たり | 3 10a<br>当たり | 3 60kg<br>当たり | 費目<br>割合 |
|---|---|---|---|---|---|---|
| | | | | | | % |
| 物財費 | 円 | 52,811 | 6,414 | 53,779 | 5,742 | 90.0 |
| 種苗費 | 〃 | 3,474 | 422 | 3,650 | 389 | 6.1 |
| 肥料費 | 〃 | 10,061 | 1,223 | 9,532 | 1,018 | 16.0 |
| 農業薬剤費 | 〃 | 5,549 | 674 | 5,422 | 579 | 9.1 |
| 光熱動力費 | 〃 | 1,988 | 242 | 2,204 | 235 | 3.7 |
| その他の諸材料費 | 〃 | 507 | 62 | 567 | 61 | 0.9 |
| 土地改良及び水利費 | 〃 | 983 | 119 | 1,133 | 121 | 1.9 |
| 賃借料及び料金 | 〃 | 15,646 | 1,900 | 16,449 | 1,757 | 27.5 |
| 物件税及び公課諸負担 | 〃 | 1,351 | 164 | 1,322 | 141 | 2.2 |
| 建物費 | 〃 | 1,087 | 131 | 1,077 | 114 | 1.8 |
| 自動車費 | 〃 | 1,765 | 214 | 1,657 | 177 | 2.8 |
| 農機具費 | 〃 | 10,085 | 1,224 | 10,448 | 1,116 | 17.5 |
| 生産管理費 | 〃 | 315 | 39 | 318 | 34 | 0.5 |
| 労働費 | 〃 | 6,281 | 762 | 5,959 | 637 | 10.0 |
| 費用合計 | 〃 | 59,092 | 7,176 | 59,738 | 6,379 | 100.0 |
| 生産費（副産物価額差引） | 〃 | 56,601 | 6,874 | 57,055 | 6,092 | － |
| 支払利子・地代算入生産費 | 〃 | 59,232 | 7,194 | 59,861 | 6,392 | － |
| 資本利子・地代全額算入生産費 | 〃 | 67,348 | 8,180 | 67,967 | 7,258 | － |
| 1経営体当たり作付面積 | a | 813.3 | － | 865.4 | － | － |
| 主産物数量 | kg | 495 | － | 562 | － | － |
| 投下労働時間 | 時間 | 3.50 | 0.39 | 3.43 | 0.34 | － |

資料：農林水産省統計部「農業経営統計調査 農産物生産費統計」（以下エまで同じ。）。
注：1 生産費とは、生産物の一定単位量の生産のために消費した経済費用の合計をいう。ここでいう費
用の合計とは、生産物の生産に要した材料、賃借料及び料金、用役等（労働・固定資産等）の価額
の合計である（以下エまで同じ。）。
2 本調査は、小麦については2015年農林業センサスに基づく農業経営体、二条大麦、六条大麦及び
はだか麦については平成26年度経営所得安定対策等加入申請情報の経営体のうち、世帯による農
業経営を行い、調査該当麦を10a以上作付けし、販売した経営体（個別経営）を対象に実施した
（以下エまで同じ。）。
3 費目割合は、10a当たり生産費を用いて計算した値である（以下エまで同じ。）。

イ 二条大麦生産費

| 区分 | 単位 | 令和2年産 | | 3 | | |
|---|---|---|---|---|---|---|
| | | 10 a 当たり | 50kg 当たり | 10 a 当たり | 50kg 当たり | 費目割合 |
| | | | | | | % |
| 物財費 | 円 | 37,535 | 4,932 | 38,287 | 4,616 | 83.6 |
| 種苗費 | 〃 | 3,211 | 422 | 3,512 | 424 | 7.7 |
| 肥料費 | 〃 | 7,362 | 967 | 7,658 | 924 | 16.7 |
| 農業薬剤費 | 〃 | 2,335 | 307 | 2,312 | 279 | 5.1 |
| 光熱動力費 | 〃 | 1,759 | 231 | 1,955 | 236 | 4.3 |
| その他の諸材料費 | 〃 | 91 | 12 | 95 | 11 | 0.2 |
| 土地改良及び水利費 | 〃 | 494 | 65 | 516 | 62 | 1.1 |
| 賃借料及び料金 | 〃 | 10,470 | 1,375 | 11,294 | 1,363 | 24.7 |
| 物件税及び公課諸負担 | 〃 | 759 | 100 | 709 | 85 | 1.5 |
| 建物費 | 〃 | 756 | 100 | 769 | 92 | 1.7 |
| 自動車費 | 〃 | 1,213 | 159 | 1,105 | 133 | 2.4 |
| 農機具費 | 〃 | 8,949 | 1,176 | 8,211 | 989 | 17.9 |
| 生産管理費 | 〃 | 136 | 18 | 151 | 18 | 0.3 |
| 労働費 | 〃 | 7,478 | 982 | 7,485 | 903 | 16.4 |
| 費用合計 | 〃 | 45,013 | 5,914 | 45,772 | 5,519 | 100.0 |
| 生産費（副産物価額差引） | 〃 | 44,733 | 5,877 | 45,542 | 5,491 | − |
| 支払利子・地代算入生産費 | 〃 | 49,126 | 6,454 | 49,865 | 6,012 | − |
| 資本利子・地代全額算入生産費 | 〃 | 53,804 | 7,069 | 54,445 | 6,564 | − |
| 1経営体当たり作付面積 | a | 323.1 | − | 314.3 | − | |
| 主産物数量 | kg | 380 | − | 415 | − | |
| 投下労働時間 | 時間 | 4.57 | 0.60 | 4.72 | 0.55 | |

ウ 六条大麦生産費

| 区分 | 単位 | 令和2年産 | | 3 | | |
|---|---|---|---|---|---|---|
| | | 10 a 当たり | 50kg 当たり | 10 a 当たり | 50kg 当たり | 費目割合 |
| | | | | | | % |
| 物財費 | 円 | 29,769 | 5,290 | 28,057 | 4,821 | 83.5 |
| 種苗費 | 〃 | 2,568 | 456 | 2,529 | 434 | 7.5 |
| 肥料費 | 〃 | 8,099 | 1,440 | 8,226 | 1,414 | 24.5 |
| 農業薬剤費 | 〃 | 2,159 | 384 | 2,065 | 355 | 6.1 |
| 光熱動力費 | 〃 | 1,509 | 268 | 1,618 | 278 | 4.8 |
| その他の諸材料費 | 〃 | − | − | − | − | − |
| 土地改良及び水利費 | 〃 | 664 | 118 | 838 | 144 | 2.5 |
| 賃借料及び料金 | 〃 | 4,805 | 854 | 4,489 | 771 | 13.4 |
| 物件税及び公課諸負担 | 〃 | 576 | 102 | 526 | 90 | 1.6 |
| 建物費 | 〃 | 1,255 | 223 | 836 | 144 | 2.5 |
| 自動車費 | 〃 | 705 | 125 | 686 | 117 | 2.0 |
| 農機具費 | 〃 | 7,320 | 1,301 | 6,094 | 1,048 | 18.1 |
| 生産管理費 | 〃 | 109 | 19 | 150 | 26 | 0.4 |
| 労働費 | 〃 | 6,068 | 1,077 | 5,549 | 954 | 16.5 |
| 費用合計 | 〃 | 35,837 | 6,367 | 33,606 | 5,775 | 100.0 |
| 生産費（副産物価額差引） | 〃 | 35,619 | 6,328 | 33,425 | 5,744 | − |
| 支払利子・地代算入生産費 | 〃 | 40,595 | 7,212 | 39,663 | 6,816 | − |
| 資本利子・地代全額算入生産費 | 〃 | 43,534 | 7,734 | 41,993 | 7,217 | − |
| 1経営体当たり作付面積 | a | 450.0 | − | 507.0 | − | |
| 主産物数量 | kg | 282 | − | 292 | − | |
| 投下労働時間 | 時間 | 3.64 | 0.63 | 3.43 | 0.57 | |

(5) 生産費（続き）
エ はだか麦生産費

| 区分 | 単位 | 令和2年産 | | 3 | | |
|---|---|---|---|---|---|---|
| | | 10a 当たり | 60kg 当たり | 10a 当たり | 60kg 当たり | 費目 割合 |
| | | | | | | % |
| 物財費 | 円 | 34,513 | 5,904 | 34,690 | 5,417 | 75.4 |
| 種苗費 | 〃 | 3,250 | 556 | 3,709 | 580 | 8.1 |
| 肥料費 | 〃 | 7,364 | 1,260 | 6,483 | 1,013 | 14.1 |
| 農業薬剤費 | 〃 | 3,425 | 586 | 3,562 | 556 | 7.7 |
| 光熱動力費 | 〃 | 2,198 | 376 | 2,323 | 363 | 5.1 |
| その他の諸材料費 | 〃 | - | - | - | - | - |
| 土地改良及び水利費 | 〃 | 29 | 5 | 23 | 4 | 0.1 |
| 賃借料及び料金 | 〃 | 6,161 | 1,054 | 6,023 | 941 | 13.1 |
| 物件税及び公課諸負担 | 〃 | 678 | 116 | 704 | 110 | 1.5 |
| 建物費 | 〃 | 1,219 | 209 | 723 | 113 | 1.6 |
| 自動車費 | 〃 | 1,170 | 200 | 985 | 153 | 2.1 |
| 農機具費 | 〃 | 8,896 | 1,521 | 10,000 | 1,560 | 21.7 |
| 生産管理費 | 〃 | 123 | 21 | 155 | 24 | 0.3 |
| 労働費 | 〃 | 10,955 | 1,876 | 11,288 | 1,763 | 24.6 |
| 費用合計 | 〃 | 45,468 | 7,780 | 45,978 | 7,180 | 100.0 |
| 生産費（副産物価額差引） | 〃 | 45,323 | 7,755 | 45,809 | 7,153 | - |
| 支払利子・地代算入生産費 | 〃 | 49,342 | 8,443 | 49,424 | 7,717 | - |
| 資本利子・地代全額算入生産費 | 〃 | 52,033 | 8,903 | 52,483 | 8,195 | - |
| 1経営体当たり作付面積 | a | 418.5 | - | 403.9 | - | - |
| 主産物数量 | kg | 351 | - | 384 | - | - |
| 投下労働時間 | 時間 | 7.14 | 1.20 | 7.74 | 1.19 | - |

(6) 価格
ア 農産物価格指数

平成27年＝100

| 年次 | 小麦 | ビール麦 （二条大麦） | 六条大麦 | はだか麦 |
|---|---|---|---|---|
| | 1等 | 2等 | 1等 | 1等 |
| 平成29年 | 119.3 | 100.6 | 97.8 | 111.8 |
| 30 | 155.6 | 106.0 | 98.0 | 137.4 |
| 令和元 | 152.1 | 99.9 | 100.1 | 122.3 |
| 2 | 160.6 | 100.8 | 100.0 | 91.9 |
| 3 | 175.2 | 101.5 | 92.5 | 58.1 |

資料：農林水産省統計部「農業物価統計」

イ　民間流通麦の入札における落札決定状況（令和４年産）

単位：円

| 麦種・産地・銘柄・地域区分 | | | １ｔ当たり指標価格（加重平均） | 麦種・産地・銘柄・地域区分 | | | １ｔ当たり指標価格（加重平均） |
|---|---|---|---|---|---|---|---|
| 小麦 | | | | 小粒（六条）大麦 | | | |
| 北海道 | 春よ恋 | 全地区 | 68,431 | 宮城 | シュンライ | 全地区 | 35,754 |
| 北海道 | きたほなみ | 全地区 | 49,742 | 宮城 | ミノリムギ | 全地区 | 35,754 |
| 北海道 | ゆめちから | 全地区 | 50,966 | 宮城 | ホワイトファイバー | 全地区 | 38,858 |
| 北海道 | はるきらり | 全地区 | 58,846 | 茨城 | カシマムギ | 全地区 | 45,268 |
| 岩手 | ゆきちから | 全地区 | 35,621 | 茨城 | カシマゴール | 全地区 | 39,490 |
| 宮城 | シラネコムギ | 全地区 | 43,570 | 栃木 | シュンライ | 全地区 | 38,455 |
| 茨城 | さとのそら | 全地区 | 44,180 | 群馬 | シュンライ | 全地区 | 37,816 |
| 群馬 | つるぴかり | 全地区 | 50,851 | 富山 | ファイバースノウ | 全地区 | 46,166 |
| 群馬 | さとのそら | 全地区 | 46,469 | 石川 | ファイバースノウ | Ⅰ地区 | 43,666 |
| 埼玉 | あやひかり | 全地区 | 45,693 | 福井 | ファイバースノウ | 全地区 | 46,353 |
| 埼玉 | さとのそら | 全地区 | 43,250 | 福井 | はねうまもち | 全地区 | 46,548 |
| 岐阜 | イワイノダイチ | 全地区 | 45,172 | 長野 | ファイバースノウ | 全地区 | 37,868 |
| 岐阜 | さとのそら | 全地区 | 44,911 | 滋賀 | ファイバースノウ | Ⅰ地区 | 35,620 |
| 愛知 | きぬあかり | 全地区 | 47,120 | 滋賀 | ファイバースノウ | Ⅱ地区 | 34,640 |
| 愛知 | ゆめあかり | 全地区 | 42,382 | 兵庫 | シュンライ | 全地区 | 39,268 |
| 滋賀 | 農林６１号 | 全地区 | 48,752 | | | | |
| 滋賀 | ふくさやか | 全地区 | 45,139 | 大粒（二条）大麦 | | | |
| 滋賀 | びわほなみ | 全地区 | 49,108 | 茨城 | ミカモゴールデン | 全地区 | 28,479 |
| 香川 | さぬきの夢2009 | 全地区 | 48,006 | 栃木 | ニューサチホゴールデン | 全地区 | 29,769 |
| 福岡 | シロガネコムギ | 全地区 | 47,749 | 岡山 | スカイゴールデン | 全地区 | 35,396 |
| 福岡 | チクゴイズミ | 全地区 | 43,425 | 岡山 | サチホゴールデン | 全地区 | 36,753 |
| 福岡 | ミナミノカオリ | 全地区 | 52,263 | 佐賀 | サチホゴールデン | 全地区 | 39,523 |
| 佐賀 | シロガネコムギ | 全地区 | 47,001 | 佐賀 | はるか二条 | 全地区 | 39,602 |
| 佐賀 | チクゴイズミ | 全地区 | 42,996 | | | | |
| 大分 | チクゴイズミ | 全地区 | 42,802 | はだか麦 | | | |
| | | | | 香川 | イチバンボシ | 全地区 | 35,161 |
| | | | | 愛媛 | ハルヒメボシ | 全地区 | 35,639 |
| | | | | 大分 | トヨノカゼ | 全地区 | 35,790 |

資料：全国米麦改良協会「令和４年産　民間流通麦の入札における落札決定状況（公表）」
注：1　地域区分とは、上場に係る産地別銘柄について、売り手が、特定の地域を産地として
　　　区分し、事前に民間流通連絡協議会の了承を得た区分である。
　　2　指標価格は、落札価格を落札数量で加重平均したものである。
　　3　消費税（地方消費税を含む。）相当額を除いた金額である。

(7)　加工
　　　小麦粉の用途別生産量

単位：千ｔ

| 年度 | 計 | パン用 | めん用 | 菓子用 | 工業用 | 家庭用 | その他 |
|---|---|---|---|---|---|---|---|
| 平成28年度 | 4,860 | 1,961 | 1,625 | 514 | 59 | 157 | 544 |
| 29 | 4,877 | 1,956 | 1,618 | 527 | 58 | 150 | 568 |
| 30 | 4,834 | 1,917 | 1,590 | 532 | 57 | 151 | 588 |
| 令和元 | 4,795 | 1,913 | 1,548 | 528 | 60 | 147 | 599 |
| 2 | 4,664 | 1,857 | 1,504 | 510 | 59 | 139 | 595 |

資料：農林水産省農産局貿易業務課資料
注：生産量は、それぞれの製品の重量である。

4　いも類
(1)　販売目的のかんしょ・ばれいしょの作付経営体数
　　（各年2月1日現在）

単位：経営体

| 区分 | かんしょ | ばれいしょ |
|---|---|---|
| 平成27年 | 31,366 | 66,871 |
| 令和2 | 21,303 | 40,371 |

資料：農林水産省統計部「農林業センサス」

(2)　生産量
　ア　かんしょの収穫量

| 年産・都道府県 | 作付面積 | 10 a 当たり収量 | 収穫量 |
|---|---|---|---|
| | ha | kg | t |
| 平成29年産 | 35,600 | 2,270 | 807,100 |
| 30 | 35,700 | 1) 2,230 | 1) 796,500 |
| 令和元 | 1) 34,300 | 1) 2,180 | 1) 748,700 |
| 2 | 33,100 | 1) 2,080 | 1) 687,600 |
| 3 | 1) 32,400 | 1) 2,070 | 1) 671,900 |
| 主要生産県 | | | |
| 鹿児島 | 10,300 | 1,850 | 190,600 |
| 茨城 | 7,220 | 2,620 | 189,200 |
| 千葉 | 3,800 | 2,300 | 87,400 |
| 宮崎 | 3,020 | 2,350 | 71,000 |
| 徳島 | 1,090 | 2,490 | 27,100 |

資料：農林水産省統計部「作物統計」
注：主要生産県は、令和3年産収穫量の上位5県を掲載した。
　　1)は、主産県の調査結果から推計したものである。
　　なお、主産県とは、直近の全国調査年における全国の作付面積のおおむね80%を占めるまでの
　　上位都道府県である。

　イ　ばれいしょの収穫量

| 年産 | 春植えばれいしょ | | 秋植えばれいしょ | |
|---|---|---|---|---|
| | 作付面積 | 収穫量 | 作付面積 | 収穫量 |
| | ha | t | ha | t |
| 平成29年産 | 74,500 | 2,355,000 | 2,640 | 40,100 |
| 30 | 74,000 | 2,215,000 | 2,510 | 45,600 |
| 令和元 | 72,000 | 2,357,000 | 2,410 | 41,800 |
| 2 | 69,600 | 2,167,000 | 2,310 | 38,900 |
| 3 （概算値） | 68,500 | 2,139,000 | 2,400 | 36,300 |

資料：農林水産省統計部「野菜生産出荷統計」

(3)　需給
　ア　いも需給表

| 年度・種類別 | | 国内生産量 | 外国貿易 | | 国内消費仕向量 | | | | 一人1年当たり供給量 |
|---|---|---|---|---|---|---|---|---|---|
| | | | 輸入量 | 輸出量 | | 粗食料 | 飼料用 | 加工用 | |
| | | 千 t | 千 t | 千 t | 千 t | 千 t | 千 t | 千 t | kg |
| 平成29年度 | 計 | 3,202 | 1,154 | 16 | 4,340 | 2,970 | 4 | 1,142 | 21.1 |
| | かんしょ | 807 | 63 | 9 | 861 | 525 | 2 | 320 | 3.8 |
| | ばれいしょ | 2,395 | 1,091 | 7 | 3,479 | 2,445 | 2 | 822 | 17.3 |
| 30 | 計 | 3,057 | 1,159 | 18 | 4,198 | 2,749 | 7 | 1,130 | 19.6 |
| | かんしょ | 797 | 55 | 11 | 841 | 510 | 2 | 312 | 3.7 |
| | ばれいしょ | 2,260 | 1,104 | 7 | 3,357 | 2,239 | 5 | 818 | 15.9 |
| 令和元 | 計 | 3,148 | 1,179 | 20 | 4,307 | 2,883 | 5 | 1,169 | 20.5 |
| | かんしょ | 749 | 56 | 13 | 792 | 486 | 2 | 289 | 3.5 |
| | ばれいしょ | 2,399 | 1,123 | 7 | 3,515 | 2,397 | 3 | 880 | 17.0 |
| 2 | 計 | 2,893 | 1,099 | 26 | 3,966 | 2,704 | 5 | 1,015 | 19.3 |
| | かんしょ | 688 | 47 | 17 | 718 | 482 | 2 | 218 | 3.5 |
| | ばれいしょ | 2,205 | 1,052 | 9 | 3,248 | 2,222 | 3 | 797 | 15.9 |
| **3** | **計** | **2,848** | **1,140** | **28** | **3,960** | **2,734** | **6** | **982** | **19.6** |
| **（概算値）** | **かんしょ** | **672** | **52** | **16** | **708** | **484** | **2** | **207** | **3.5** |
| | **ばれいしょ** | **2,176** | **1,088** | **12** | **3,252** | **2,250** | **4** | **775** | **16.1** |

資料：農林水産省大臣官房政策課食料安全保障室「食料需給表」

　イ　いもの用途別消費量

単位：千 t

| 年度 | 1)生産数量 | 農家自家食用 | 飼料用 | 種子用 | 市場販売用 | 加工食品用 | でん粉用 | 2)アルコール用 | 減耗 |
|---|---|---|---|---|---|---|---|---|---|
| かんしょ | | | | | | | | | |
| 平成29年度 | 807 | 47 | 2 | 9 | 345 | 70 | 104 | 213 | 17 |
| 30 | 797 | 41 | 2 | 10 | 347 | 72 | 96 | 213 | 17 |
| 令和元 | 749 | 38 | 2 | 9 | 332 | 64 | 98 | 189 | 17 |
| 2 | 688 | 34 | 2 | 11 | 321 | 86 | 77 | 139 | 17 |
| 3 | 672 | 33 | 2 | 10 | 326 | 78 | 76 | 129 | 18 |
| ばれいしょ | | | | | | | | | |
| 平成29年度 | 2,395 | 132 | 2 | 137 | 567 | 629 | 783 | － | 144 |
| 30 | 2,260 | 139 | 4 | 134 | 457 | 534 | 732 | － | 259 |
| 令和元 | 2,399 | 120 | 3 | 127 | 520 | 617 | 821 | － | 188 |
| 2 | 2,205 | 96 | 3 | 121 | 443 | 581 | 735 | － | 225 |
| 3（概算値） | 2,175 | 113 | 4 | 119 | 454 | 577 | 716 | － | 193 |

資料：農林水産省農産局調べ
注：1)は、農林水産省統計部「作物統計調査」の結果資料による。
　　2)は、焼酎用、醸造用の計である。

4 いも類（続き）
(3) 需給（続き）
　ウ 輸出入量及び金額

| 品目名 | 令和2年 | | 3 | |
|---|---|---|---|---|
| | 数量 | 金額 | 数量 | 金額 |
| | t | 千円 | t | 千円 |
| 輸出 | | | | |
| 　かんしょ（生鮮・冷蔵・冷凍・乾燥） | 5,268 | 2,062,205 | 5,603 | 2,333,013 |
| 　うち香港 | 2,712 | 1,020,777 | 2,282 | 908,397 |
| 　　タイ | 1,139 | 482,683 | 1,862 | 784,593 |
| 　　シンガポール | 917 | 365,789 | 860 | 391,308 |
| 輸入 | | | | |
| 　ばれいしょ（生鮮・冷蔵） | 23,198 | 1,423,816 | 47,390 | 3,199,024 |
| 　うちアメリカ合衆国 | 23,198 | 1,423,816 | 47,390 | 3,199,024 |
| | － | － | － | － |
| | － | － | － | － |

資料：財務省関税局「貿易統計」をもとに農林水産省統計部にて作成。
注：令和3年の輸出入量が多い国・地域について、上位3か国を掲載した。

(4) 保険・共済

| 区分 | 単位 | ばれいしょ | |
|---|---|---|---|
| | | 令和2年産 （概数値） | 3 （概数値） |
| 引受組合等数 | 組合 | 12 | 12 |
| 引受戸数 | 戸 | 5,240 | 4,960 |
| 引受面積 | ha | 40,531 | 38,377 |
| 共済金額 | 100万円 | 41,494 | 38,833 |
| 共済掛金 | 〃 | 1,469 | 1,316 |
| 支払対象戸数 | 戸 | 1,677 | 1,936 |
| 支払対象面積 | ha | 9,790 | 11,125 |
| 支払共済金 | 100万円 | 986 | 1,838 |

資料：農林水産省経営局資料
注：農業保険法による畑作物共済の実績である。

(5)　生産費
　ア　原料用かんしょ生産費

| 区分 | 単位 | 令和元年産 | | 2 | | |
|---|---|---|---|---|---|---|
| | | 10 a 当たり | 100kg当たり | 10a当たり | 100kg当たり | 費目割合 |
| | | | | | | % |
| 物財費 | 円 | 57,855 | 2,182 | 59,889 | 2,750 | 42.4 |
| 種苗費 | 〃 | 2,327 | 88 | 3,190 | 146 | 2.3 |
| 肥料費 | 〃 | 10,250 | 387 | 10,490 | 482 | 7.4 |
| 農業薬剤費 | 〃 | 8,746 | 330 | 9,706 | 446 | 6.9 |
| 光熱動力費 | 〃 | 4,621 | 174 | 4,408 | 202 | 3.1 |
| その他の諸材料費 | 〃 | 6,409 | 242 | 6,392 | 294 | 4.5 |
| 土地改良及び水利費 | 〃 | 274 | 10 | 228 | 10 | 0.2 |
| 賃借料及び料金 | 〃 | 966 | 36 | 851 | 39 | 0.6 |
| 物件税及び公課諸負担 | 〃 | 1,574 | 60 | 1,470 | 67 | 1.0 |
| 建物費 | 〃 | 2,294 | 87 | 2,694 | 124 | 1.9 |
| 自動車費 | 〃 | 4,012 | 151 | 3,542 | 162 | 2.5 |
| 農機具費 | 〃 | 16,106 | 607 | 16,643 | 765 | 11.8 |
| 生産管理費 | 〃 | 276 | 10 | 275 | 13 | 0.2 |
| 労働費 | 〃 | 78,682 | 2,971 | 81,196 | 3,728 | 57.6 |
| 費用合計 | 〃 | 136,537 | 5,153 | 141,085 | 6,478 | 100.0 |
| 生産費（副産物価額差引） | 〃 | 136,537 | 5,153 | 141,085 | 6,478 | － |
| 支払利子・地代算入生産費 | 〃 | 141,745 | 5,349 | 146,331 | 6,718 | － |
| 資本利子・地代全額算入生産費 | 〃 | 150,651 | 5,686 | 154,810 | 7,107 | － |
| 1 経営体当たり作付面積 | a | 98.5 | － | 103.4 | － | － |
| 主産物数量 | kg | 2,648 | － | 2,178 | － | － |
| 投下労働時間 | 時間 | 57.28 | 2.17 | 56.58 | 2.59 | － |

資料：農林水産省統計部「農業経営統計調査　農産物生産費統計」（以下イまで同じ。）
注：1　調査対象地域は鹿児島県である。
　　2　生産費とは、生産物の一定単位量の生産のために消費した経済費用の合計をいう。
　　　　ここでいう費用の合計とは、生産物の生産に要した材料、賃借料及び料金、用役等（労働・固定資産等）の価額の合計である（以下イまで同じ。）。
　　3　本調査は、2015年農林業センサスに基づく農業経営体のうち、世帯による農業経営を行い、調査対象作目を10a以上作付けし、販売した経営体（個別経営）を対象に実施した（以下イまで同じ。）。
　　4　費目割合は、10a当たり生産費を用いて計算した値である（以下イまで同じ。）。

　イ　原料用ばれいしょ生産費

| 区分 | 単位 | 令和元年産 | | 2 | | |
|---|---|---|---|---|---|---|
| | | 10 a 当たり | 100kg当たり | 10a当たり | 100kg当たり | 費目割合 |
| | | | | | | % |
| 物財費 | 円 | 65,494 | 1,498 | 67,874 | 1,711 | 81.5 |
| 種苗費 | 〃 | 14,734 | 337 | 15,637 | 394 | 18.8 |
| 肥料費 | 〃 | 10,546 | 241 | 10,943 | 276 | 13.1 |
| 農業薬剤費 | 〃 | 11,266 | 258 | 11,023 | 278 | 13.2 |
| 光熱動力費 | 〃 | 3,476 | 80 | 2,961 | 75 | 3.6 |
| その他の諸材料費 | 〃 | 157 | 4 | 236 | 6 | 0.3 |
| 土地改良及び水利費 | 〃 | 417 | 10 | 239 | 6 | 0.3 |
| 賃借料及び料金 | 〃 | 1,426 | 33 | 2,293 | 58 | 2.8 |
| 物件税及び公課諸負担 | 〃 | 2,272 | 52 | 2,209 | 56 | 2.7 |
| 建物費 | 〃 | 1,412 | 33 | 1,526 | 38 | 1.8 |
| 自動車費 | 〃 | 2,482 | 57 | 2,528 | 64 | 3.0 |
| 農機具費 | 〃 | 16,746 | 381 | 17,780 | 448 | 21.4 |
| 生産管理費 | 〃 | 560 | 12 | 499 | 12 | 0.6 |
| 労働費 | 〃 | 14,761 | 339 | 15,386 | 389 | 18.5 |
| 費用合計 | 〃 | 80,255 | 1,837 | 83,260 | 2,100 | 100.0 |
| 生産費（副産物価額差引） | 〃 | 80,255 | 1,837 | 83,260 | 2,100 | － |
| 支払利子・地代算入生産費 | 〃 | 82,825 | 1,896 | 85,356 | 2,153 | － |
| 資本利子・地代全額算入生産費 | 〃 | 92,523 | 2,118 | 95,449 | 2,407 | － |
| 1 経営体当たり作付面積 | a | 780.6 | － | 787.8 | － | － |
| 主産物数量 | kg | 4,372 | － | 3,968 | － | － |
| 投下労働時間 | 時間 | 8.07 | 0.17 | 8.34 | 0.20 | － |

注：調査対象地域は北海道である。

4 いも類（続き）
(6) 価格
ア 農産物価格指数

平成27年＝100

| 年次 | かんしょ | | ばれいしょ | | |
|---|---|---|---|---|---|
| | 食用 | 加工用 | 食用 | 加工用 | 種子用 |
| 平成29年 | 86.6 | 93.3 | 99.0 | 101.1 | 85.9 |
| 30 | 91.3 | 94.4 | 75.0 | 102.5 | 95.5 |
| 令和元 | 102.2 | 87.2 | 76.5 | 102.5 | 87.8 |
| 2 | 110.2 | 90.5 | 113.2 | 98.5 | 88.4 |
| 3 | 120.8 | 93.4 | 143.3 | 87.4 | 88.4 |

資料：農林水産省統計部「農業物価統計」

イ でん粉用原料用かんしょ交付金単価（1 t 当たり）

単位：円

| 品種 | 令和3年産 | 4 |
|---|---|---|
| アリアケイモ、九州200号、コガネセンガン、こないしん、コナホマレ、こなみずき、サツマアカ、サツマスターチ、シロサツマ、シロユタカ、ダイチノユメ、ハイスターチ及びミナミユタカ | 27,660 | 28,980 |
| その他の品種 | 24,870 | 25,950 |

資料：農林水産省農産局地域作物課資料

ウ 1kg当たり卸売価格（東京都）

単位：円

| 品目 | 平成28年 | 29 | 30 | 令和元 | 2 |
|---|---|---|---|---|---|
| かんしょ | 236 | 217 | 228 | 256 | 268 |
| ばれいしょ | 185 | 158 | 112 | 117 | 159 |

資料：農林水産省統計部「青果物卸売市場調査報告」
注：東京都の卸売市場における卸売価額を卸売数量で除して求めた価格である。

エ 1kg当たり年平均小売価格（東京都区部）

単位：円

| 品目 | 平成29年 | 30 | 令和元 | 2 | 3 |
|---|---|---|---|---|---|
| さつまいも | 469 | 486 | 541 | 543 | 599 |
| じゃがいも | 388 | 329 | 340 | 388 | 430 |

資料：総務省統計局「小売物価統計調査年報」

5 雑穀・豆類
(1) 販売目的のそば・豆類の作付経営体数（各年2月1日現在）

単位：経営体

| 区分 | そば | 大豆 | 小豆 |
|---|---|---|---|
| 平成27年 | 28,187 | 70,837 | 23,805 |
| 令和2 | 21,057 | 49,731 | 13,765 |

資料：農林水産省統計部「農林業センサス」

5 雑穀・豆類（続き）
(2) 小豆・らっかせい・いんげん（乾燥子実）の生産量

| 年産・都道府県 | 小豆 | | | らっかせい | | | いんげん | | |
|---|---|---|---|---|---|---|---|---|---|
| | 作付面積 | 10a当たり収量 | 収穫量 | 作付面積 | 10a当たり収量 | 収穫量 | 作付面積 | 10a当たり収量 | 収穫量 |
| | ha | kg | t | ha | kg | t | ha | kg | t |
| 平成29年産 | 1) 22,700 | 1) 235 | 1) 53,400 | 1) 6,420 | 1) 240 | 1) 15,400 | 1) 7,150 | 1) 236 | 1) 16,900 |
| 30 | 23,700 | 178 | 42,100 | 6,370 | 245 | 15,600 | 7,350 | 133 | 9,760 |
| 令和元 | 1) 25,500 | 1) 232 | 1) 59,100 | 1) 6,330 | 1) 196 | 1) 12,400 | 1) 6,860 | 1) 195 | 1) 13,400 |
| 2 | 1) 26,600 | 1) 195 | 1) 51,900 | 1) 6,320 | 1) 212 | 1) 13,200 | 1) 7,370 | 1) 67 | 1) 4,920 |
| 3 | 23,300 | 1) 181 | 1) 42,200 | 6,020 | 1) 246 | 1) 14,800 | 7,130 | 1) 101 | 1) 7,200 |
| 北海道 | 19,000 | 206 | 39,100 | 8 | … | … | 6,660 | 103 | 6,860 |
| 青森 | 119 | … | … | x | … | … | 4 | … | … |
| 岩手 | 200 | … | … | 0 | … | … | 13 | … | … |
| 宮城 | 99 | … | … | 1 | … | … | 1 | … | … |
| 秋田 | 104 | … | … | 0 | … | … | 16 | … | … |
| 山形 | 50 | … | … | 5 | … | … | 9 | … | … |
| 福島 | 163 | … | … | 8 | … | … | 15 | … | … |
| 茨城 | 113 | … | … | 489 | 280 | 1,370 | 36 | … | … |
| 栃木 | 61 | … | … | 33 | … | … | 3 | … | … |
| 群馬 | 165 | … | … | 30 | … | … | 98 | … | … |
| 埼玉 | 95 | … | … | 27 | … | … | – | … | … |
| 千葉 | 73 | … | … | 4,890 | 255 | 12,500 | – | … | … |
| 東京 | – | … | … | 0 | … | … | – | … | … |
| 神奈川 | 10 | … | … | 140 | … | … | 1 | … | … |
| 新潟 | 96 | … | … | 21 | … | … | 20 | … | … |
| 富山 | 17 | … | … | 3 | … | … | 7 | … | … |
| 石川 | 157 | … | … | 1 | … | … | 25 | … | … |
| 福井 | 52 | … | … | 2 | … | … | 9 | … | … |
| 山梨 | 40 | … | … | 39 | … | … | 45 | … | … |
| 長野 | 126 | … | … | 3 | … | … | 151 | … | … |
| 岐阜 | 47 | … | … | 22 | … | … | 0 | … | … |
| 静岡 | 12 | … | … | 16 | … | … | – | … | … |
| 愛知 | 22 | … | … | 15 | … | … | 1 | … | … |
| 三重 | 26 | … | … | 22 | … | … | – | … | … |
| 滋賀 | 189 | 108 | 204 | 3 | … | … | 1 | … | … |
| 京都 | 458 | 79 | 362 | 1 | … | … | 2 | … | … |
| 大阪 | 0 | … | … | 0 | … | … | – | … | … |
| 兵庫 | 754 | 69 | 520 | 4 | … | … | 1 | … | … |
| 奈良 | 24 | … | … | 1 | … | … | – | … | … |
| 和歌山 | 1 | … | … | 0 | … | … | – | … | … |
| 鳥取 | 133 | … | … | 5 | … | … | – | … | … |
| 島根 | 156 | … | … | 0 | … | … | 1 | … | … |
| 岡山 | 277 | … | … | 3 | … | … | 0 | … | … |
| 広島 | 107 | … | … | 9 | … | … | 3 | … | … |
| 山口 | 26 | … | … | 1 | … | … | – | … | … |
| 徳島 | 8 | … | … | 0 | … | … | 1 | … | … |
| 香川 | 18 | … | … | 5 | … | … | 0 | … | … |
| 愛媛 | 32 | … | … | 3 | … | … | 1 | … | … |
| 高知 | 8 | … | … | 6 | … | … | 2 | … | … |
| 福岡 | 31 | … | … | 5 | … | … | – | … | … |
| 佐賀 | 31 | … | … | 3 | … | … | – | … | … |
| 長崎 | 33 | … | … | 32 | … | … | – | … | … |
| 熊本 | 95 | … | … | 18 | … | … | – | … | … |
| 大分 | 53 | … | … | 23 | … | … | – | … | … |
| 宮崎 | 20 | … | … | 28 | … | … | – | … | … |
| 鹿児島 | 1 | … | … | 85 | … | … | – | … | … |
| 沖縄 | – | … | … | 8 | … | … | – | … | … |

資料：農林水産省統計部「作物統計」（以下(3)まで同じ。）
注： 1)は、主産県の調査結果から推計したものである。
　　主産県とは、直近の全国調査年における作付面積が全国の作付面積のおおむね80％を占めるまでの
　　上位都道府県及び畑作物共済事業（らっかせいを除く。）を実施する都道府県である。

## (3)　そば・大豆（乾燥子実）の生産量

| 年産・都道府県 | そば | | | 大豆 | | |
|---|---|---|---|---|---|---|
| | 作付面積 | 10a当たり収量 | 収穫量 | 作付面積 | 10a当たり収量 | 収穫量 |
| | ha | kg | t | ha | kg | t |
| 平成29年産 | 62,900 | 55 | 34,400 | 150,200 | 168 | 253,000 |
| 30 | 63,900 | 45 | 29,000 | 146,600 | 144 | 211,300 |
| 令和元 | 65,400 | 65 | 42,600 | 143,500 | 152 | 217,800 |
| 2 | 66,600 | 67 | 44,800 | 141,700 | 154 | 218,900 |
| 3 | 65,500 | 62 | 40,900 | 146,200 | 169 | 246,500 |
| 北海道 | 24,300 | 71 | 17,300 | 42,000 | 251 | 105,400 |
| 青森 | 1,700 | 57 | 969 | 5,070 | 162 | 8,210 |
| 岩手 | 1,660 | 85 | 1,410 | 4,530 | 147 | 6,660 |
| 宮城 | 621 | 26 | 161 | 11,000 | 202 | 22,200 |
| 秋田 | 4,240 | 51 | 2,160 | 8,820 | 158 | 13,900 |
| 山形 | 5,430 | 67 | 3,640 | 4,740 | 154 | 7,300 |
| 福島 | 3,910 | 59 | 2,310 | 1,410 | 129 | 1,820 |
| 茨城 | 3,430 | 60 | 2,060 | 3,360 | 118 | 3,960 |
| 栃木 | 3,090 | 69 | 2,130 | 2,350 | 148 | 3,480 |
| 群馬 | 585 | 69 | 404 | 278 | 150 | 417 |
| 埼玉 | 331 | 54 | 179 | 619 | 94 | 582 |
| 千葉 | 206 | 43 | 89 | 876 | 96 | 841 |
| 東京 | 3 | 40 | 1 | 4 | 125 | 5 |
| 神奈川 | 33 | 34 | 11 | 37 | 149 | 55 |
| 新潟 | 1,250 | 51 | 638 | 4,090 | 190 | 7,770 |
| 富山 | 544 | 68 | 370 | 4,250 | 167 | 7,100 |
| 石川 | 354 | 34 | 120 | 1,620 | 138 | 2,240 |
| 福井 | 3,390 | 36 | 1,220 | 1,740 | 158 | 2,750 |
| 山梨 | 183 | 58 | 106 | 212 | 114 | 242 |
| 長野 | 4,460 | 56 | 2,500 | 2,010 | 149 | 2,990 |
| 岐阜 | 349 | 36 | 126 | 2,960 | 102 | 3,020 |
| 静岡 | 85 | 56 | 48 | 244 | 82 | 200 |
| 愛知 | 21 | 27 | 6 | 4,470 | 138 | 6,170 |
| 三重 | 79 | 71 | 56 | 4,530 | 90 | 4,080 |
| 滋賀 | 563 | 63 | 355 | 6,490 | 133 | 8,630 |
| 京都 | 126 | 41 | 52 | 318 | 97 | 308 |
| 大阪 | x | 42 | x | 15 | 73 | 11 |
| 兵庫 | 201 | 34 | 68 | 2,280 | 76 | 1,730 |
| 奈良 | 27 | 42 | 11 | 134 | 112 | 150 |
| 和歌山 | 3 | 46 | 1 | 27 | 93 | 25 |
| 鳥取 | 337 | 32 | 108 | 667 | 110 | 734 |
| 島根 | 608 | 23 | 140 | 783 | 103 | 806 |
| 岡山 | 172 | 35 | 60 | 1,550 | 82 | 1,270 |
| 広島 | 308 | 16 | 49 | 408 | 67 | 273 |
| 山口 | 68 | 22 | 15 | 870 | 107 | 931 |
| 徳島 | 46 | 30 | 14 | 15 | 93 | 14 |
| 香川 | 38 | 32 | 12 | 67 | 72 | 48 |
| 愛媛 | 31 | 87 | 27 | 346 | 148 | 512 |
| 高知 | 4 | 46 | 2 | 73 | 62 | 45 |
| 福岡 | 85 | 44 | 37 | 8,190 | 88 | 7,210 |
| 佐賀 | 34 | 59 | 20 | 7,850 | 96 | 7,540 |
| 長崎 | 159 | 48 | 76 | 400 | 41 | 164 |
| 熊本 | 661 | 85 | 562 | 2,500 | 109 | 2,730 |
| 大分 | 217 | 48 | 104 | 1,440 | 96 | 1,380 |
| 宮崎 | 235 | 90 | 212 | 218 | 115 | 251 |
| 鹿児島 | 1,240 | 71 | 880 | 345 | 99 | 342 |
| 沖縄 | 46 | 73 | 34 | x | x | x |

5 雑穀・豆類（続き）
(4) 需給
　ア　雑穀・豆類需給表

| 年度・種類別 | | 国内生産量 | 外国貿易 | | 国内消費仕向量 | | | | 一人1年当たり供給量 |
|---|---|---|---|---|---|---|---|---|---|
| | | | 輸入量 | 輸出量 | | 粗食料 | 飼料用 | 加工用 | |
| | | 千t | 千t | 千t | 千t | 千t | 千t | 千t | kg |
| 平成29年度 | 雑穀 | 34 | 16,384 | 0 | 15,978 | 259 | 12,316 | 3,382 | 1.3 |
| | 豆類 | 339 | 3,511 | 0 | 3,974 | 1,148 | 81 | 2,660 | 8.7 |
| | うち大豆 | 253 | 3,218 | 0 | 3,573 | 821 | 81 | 2,599 | 6.5 |
| 30 | 雑穀 | 29 | 16,450 | 0 | 16,366 | 276 | 12,581 | 3,488 | 1.3 |
| | 豆類 | 280 | 3,533 | 0 | 3,955 | 1,153 | 83 | 2,627 | 8.8 |
| | うち大豆 | 211 | 3,236 | 0 | 3,567 | 844 | 83 | 2,562 | 6.7 |
| 令和元 | 雑穀 | 43 | 16,858 | 0 | 16,468 | 255 | 12,747 | 3,447 | 1.2 |
| | 豆類 | 303 | 3,645 | 0 | 4,056 | 1,163 | 84 | 2,719 | 8.9 |
| | うち大豆 | 218 | 3,359 | 0 | 3,683 | 858 | 84 | 2,663 | 6.8 |
| 2 | 雑穀 | 45 | 15,889 | 0 | 15,945 | 231 | 12,724 | 2,974 | 1.1 |
| | 豆類 | 290 | 3,411 | 0 | 3,843 | 1,165 | 84 | 2,512 | 8.9 |
| | うち大豆 | 219 | 3,139 | 0 | 3,498 | 888 | 84 | 2,455 | 7.0 |
| 3 | 雑穀 | 41 | 15,749 | 0 | 15,556 | 243 | 12,192 | 3,101 | 1.2 |
| （概算値） | 豆類 | 312 | 3,464 | 0 | 3,897 | 1,122 | 80 | 2,613 | 8.7 |
| | うち大豆 | 247 | 3,224 | 0 | 3,564 | 841 | 80 | 2,571 | 6.7 |

資料：農林水産省大臣官房政策課食料安全保障室「食料需給表」
注：雑穀は、とうもろこし、こうりゃん及びその他の雑穀の計である。


　イ　大豆の用途別消費量

単位：千t

| 年次 | 計 | 製油用 | 食品用 | 飼料用 | 輸出用 |
|---|---|---|---|---|---|
| 平成29年 | 3,529 | 2,432 | 988 | 109 | 0 |
| 30 | 3,494 | 2,393 | 1,018 | 83 | 0 |
| 令和元 | 3,608 | 2,494 | 1,030 | 84 | 0 |
| 2 | 3,427 | 2,290 | 1,053 | 84 | 0 |
| 3 | 3,492 | 2,414 | 998 | 80 | 0 |

資料：農林水産省大臣官房新事業・食品産業部食品製造課資料


　ウ　輸入数量及び金額

| 品目 | 令和2年 | | 3 | |
|---|---|---|---|---|
| | 数量 | 金額 | 数量 | 金額 |
| | t | 千円 | t | 千円 |
| 乾燥した豆（さやなし） | | | | |
| 　小豆 | 25,515 | 3,885,948 | 22,673 | 4,021,809 |
| 　いんげん豆 | 12,618 | 1,754,467 | 12,030 | 1,791,250 |
| 穀物・穀粉調製品 | | | | |
| 　そば | 31,784 | 2,436,466 | 28,165 | 2,513,650 |
| 植物性油脂（原料） | | | | |
| 　大豆 | 3,163,360 | 159,160,006 | 3,271,214 | 227,701,164 |
| 　落花生（調製していないもの） | 32,018 | 7,021,183 | 27,808 | 6,175,534 |

資料：財務省関税局「貿易統計」をもとに農林水産省統計部にて作成。

(5) 保険・共済

| 区分 | 単位 | 大豆 | | 小豆 | | いんげん | | そば | |
|---|---|---|---|---|---|---|---|---|---|
| | | 令和2年産（概算値） | 3（概算値） | 令和2年産（概算値） | 3（概算値） | 令和2年産（概算値） | 3（概算値） | 令和2年産（概算値） | 3（概算値） |
| 引受組合等数 | 組合 | 56 | 50 | 7 | 7 | 4 | 4 | 17 | 16 |
| 引受戸数 | 戸 | 22,789 | 20,490 | 4,456 | 3,931 | 1,494 | 1,433 | 3,585 | 2,928 |
| 引受面積 | ha | 90,150 | 83,409 | 18,649 | 15,468 | 6,141 | 5,870 | 18,615 | 13,147 |
| 共済金額 | 100万円 | 40,863 | 36,386 | 11,538 | 10,545 | 3,150 | 3,097 | 3,500 | 2,699 |
| 共済掛金 | 〃 | 3,508 | 3,112 | 812 | 699 | 363 | 346 | 374 | 277 |
| 支払対象戸数 | 戸 | 10,093 | 8,644 | 613 | 870 | 526 | 809 | 851 | 859 |
| 支払対象面積 | ha | 35,903 | 24,980 | 2,049 | 2,963 | 2,327 | 2,947 | 3,729 | 4,413 |
| 支払共済金 | 100万円 | 3,287 | 2,712 | 232 | 563 | 539 | 599 | 203 | 287 |

資料：農林水産省経営局資料
注：農業保険法による畑作物共済の実績である。

(6) 生産費
　ア　そば生産費

| 区分 | 単位 | 令和元年産 | | 2 | | |
|---|---|---|---|---|---|---|
| | | 10a当たり | 45kg当たり | 10a当たり | 45kg当たり | 費目割合 |
| | | | | | | % |
| 物財費 | 円 | 24,141 | 16,241 | 25,552 | 16,531 | 83.7 |
| 　種苗費 | 〃 | 3,032 | 2,039 | 2,779 | 1,798 | 9.1 |
| 　肥料費 | 〃 | 3,207 | 2,158 | 3,288 | 2,127 | 10.8 |
| 　農業薬剤費 | 〃 | 428 | 288 | 472 | 305 | 1.5 |
| 　光熱動力費 | 〃 | 1,505 | 1,013 | 1,411 | 913 | 4.6 |
| 　その他の諸材料費 | 〃 | 32 | 21 | 108 | 70 | 0.4 |
| 　土地改良及び水利費 | 〃 | 1,113 | 749 | 1,255 | 812 | 4.1 |
| 　賃借料及び料金 | 〃 | 6,214 | 4,181 | 5,710 | 3,695 | 18.7 |
| 　物件税及び公課諸負担 | 〃 | 715 | 482 | 889 | 575 | 2.9 |
| 　建物費 | 〃 | 644 | 433 | 647 | 419 | 2.1 |
| 　自動車費 | 〃 | 874 | 588 | 1,188 | 768 | 3.9 |
| 　農機具費 | 〃 | 6,268 | 4,216 | 7,661 | 4,956 | 25.1 |
| 　生産管理費 | 〃 | 109 | 73 | 144 | 93 | 0.5 |
| 労働費 | 〃 | 5,147 | 3,463 | 4,975 | 3,221 | 16.3 |
| 費用合計 | 〃 | 29,288 | 19,704 | 30,527 | 19,752 | 100.0 |
| 生産費（副産物価額差引） | 〃 | 29,288 | 19,704 | 30,524 | 19,750 | ― |
| 支払利子・地代算入生産費 | 〃 | 32,106 | 21,600 | 33,171 | 21,463 | ― |
| 資本利子・地代全額算入生産費 | 〃 | 37,041 | 24,920 | 38,384 | 24,837 | ― |
| 1経営体当たり作付面積 | a | 248.0 | ― | 264.7 | ― | ― |
| 主産物数量 | kg | 67 | ― | 69 | ― | ― |
| 投下労働時間 | 時間 | 3.16 | 2.11 | 3.06 | 1.94 | ― |

資料：農林水産省統計部「農業経営統計調査　農産物生産費統計」（以下イまで同じ。）
注：1　生産費とは、生産物の一定単位量の生産のために消費した経済費用の合計をいう。ここでいう費用
　　　の合計とは、生産物の生産に要した材料、賃借料及び料金、用役等（労働・固定資産等）の価額の合
　　　計である（以下イまで同じ。）。
　　2　本調査は、2015年農林業センサスに基づく農業経営体のうち、世帯による農業経営を行い、調査対
　　　象作目を10a以上作付けし、販売した経営体（個別経営）を対象に実施した（以下イまで同じ。）。
　　3　費目割合は、10a当たり生産費を用いて計算した値である（以下イまで同じ。）。

5 雑穀・豆類 （続き）
(6) 生産費 （続き）
イ 大豆生産費

| 区分 | 単位 | 令和元年産 | | 2 | | |
|---|---|---|---|---|---|---|
| | | 10a<br>当たり | 60kg<br>当たり | 10a<br>当たり | 60kg<br>当たり | 費目<br>割合 |
| | | | | | | ％ |
| 物財費 | 円 | 43,433 | 13,315 | 44,682 | 12,972 | 80.4 |
| 種苗費 | 〃 | 3,910 | 1,198 | 3,896 | 1,131 | 7.0 |
| 肥料費 | 〃 | 6,019 | 1,845 | 6,243 | 1,813 | 11.2 |
| 農業薬剤費 | 〃 | 5,871 | 1,800 | 6,506 | 1,889 | 11.7 |
| 光熱動力費 | 〃 | 2,511 | 770 | 2,207 | 641 | 4.0 |
| その他の諸材料費 | 〃 | 188 | 58 | 231 | 67 | 0.4 |
| 土地改良及び水利費 | 〃 | 1,544 | 473 | 1,547 | 449 | 2.8 |
| 賃借料及び料金 | 〃 | 7,982 | 2,447 | 8,525 | 2,475 | 15.3 |
| 物件税及び公課諸負担 | 〃 | 1,157 | 355 | 1,123 | 326 | 2.0 |
| 建物費 | 〃 | 976 | 298 | 1,183 | 342 | 2.1 |
| 自動車費 | 〃 | 1,443 | 443 | 1,415 | 411 | 2.5 |
| 農機具費 | 〃 | 11,565 | 3,546 | 11,487 | 3,335 | 20.7 |
| 生産管理費 | 〃 | 267 | 82 | 319 | 93 | 0.6 |
| 労働費 | 〃 | 11,317 | 3,468 | 10,906 | 3,168 | 19.6 |
| 費用合計 | 〃 | 54,750 | 16,783 | 55,588 | 16,140 | 100.0 |
| 生産費（副産物価額差引） | 〃 | 54,552 | 16,723 | 55,126 | 16,006 | － |
| 支払利子・地代算入生産費 | 〃 | 58,828 | 18,034 | 59,585 | 17,301 | － |
| 資本利子・地代全額算入生産費 | 〃 | 66,608 | 20,419 | 67,195 | 19,510 | － |
| 1経営体当たり作付面積 | a | 408.2 | － | 416.4 | － | － |
| 主産物数量 | kg | 195 | － | 206 | － | － |
| 投下労働時間 | 時間 | 6.87 | 2.13 | 6.40 | 1.89 | － |

(7) 農産物価格指数

平成27年＝100

| 品目・銘柄等級 | 平成29年 | 30 | 令和元 | 2 | 3 |
|---|---|---|---|---|---|
| そば（玄そば） | 100.4 | 112.9 | 85.4 | 54.7 | 68.2 |
| 大豆（黄色大豆） | 82.0 | 75.2 | 84.3 | 97.1 | 94.5 |
| 小豆（普通小豆） | 138.9 | 161.2 | 178.0 | 158.2 | 133.8 |
| らっかせい（殻付2等程度） | 75.4 | 79.9 | 76.4 | 74.8 | 79.1 |

資料：農林水産省統計部「農業物価統計」

6 野菜
(1) 野菜作経営体（各年2月1日現在）
　ア　販売目的の主要野菜の作物別作付経営体数

単位：経営体

| 区分 | トマト | なす | きゅうり | キャベツ | はくさい | ほうれんそう | ねぎ |
|---|---|---|---|---|---|---|---|
| 平成27年 | 81,044 | 86,591 | 86,244 | 91,731 | 108,604 | 78,335 | 94,947 |
| 令和2 | 46,653 | 42,366 | 45,201 | 48,824 | 47,459 | 41,871 | 49,674 |

| 区分 | たまねぎ | だいこん | にんじん | さといも | レタス | ピーマン | すいか | いちご |
|---|---|---|---|---|---|---|---|---|
| 平成27年 | 82,705 | 121,585 | 53,865 | 72,766 | 33,700 | 39,707 | 30,666 | 23,470 |
| 令和2 | 43,802 | 53,558 | 26,964 | 37,137 | 20,113 | 20,146 | 14,248 | 16,260 |

資料：農林水産省統計部「農林業センサス」（以下ウまで同じ。）

　イ　販売目的の野菜（露地）の作付面積規模別経営体数

単位：経営体

| 区分 | 計 | 0.1ha未満 | 0.1〜0.2 | 0.2〜0.3 | 0.3〜0.5 | 0.5〜1.0 | 1.0ha以上 |
|---|---|---|---|---|---|---|---|
| 平成27年 | 330,725 | 85,138 | 69,764 | 39,632 | 43,161 | 40,932 | 52,098 |
| 令和2 | 231,526 | 44,716 | 44,833 | 28,514 | 32,607 | 33,020 | 47,836 |

　ウ　販売目的の野菜（施設）の作付面積規模別経営体数

単位：経営体

| 区分 | 計 | 0.1ha未満 | 0.1〜0.2 | 0.2〜0.3 | 0.3〜0.5 | 0.5〜1.0 | 1.0ha以上 |
|---|---|---|---|---|---|---|---|
| 平成27年 | 110,983 | 39,708 | 21,449 | 16,534 | 16,693 | 11,012 | 5,587 |
| 令和2 | 95,761 | 34,075 | 18,986 | 14,163 | 14,048 | 9,255 | 5,234 |

6 野菜（続き）
(2) 生産量及び出荷量
ア 主要野菜の生産量、出荷量及び産出額

| 年産 | だいこん | | | | かぶ | | | |
|---|---|---|---|---|---|---|---|---|
| | 作付面積 | 収穫量 | 出荷量 | 産出額 | 作付面積 | 収穫量 | 出荷量 | 産出額 |
| | ha | t | t | 億円 | ha | t | t | 億円 |
| 平成28年産 | 32,300 | 1,362,000 | 1,105,000 | 1,213 | 4,510 | 128,700 | 106,300 | 142 |
| 29 | 32,000 | 1,325,000 | 1,087,000 | 1,118 | 4,420 | 119,300 | 98,800 | 150 |
| 30 | 31,400 | 1,328,000 | 1,089,000 | 818 | 4,300 | 117,700 | 97,900 | 158 |
| 令和元 | 30,900 | 1,300,000 | 1,073,000 | 772 | 4,210 | 112,600 | 93,300 | 116 |
| 2 | 29,800 | 1,254,000 | 1,035,000 | 795 | 4,160 | 104,800 | 87,100 | 116 |

| 年産 | にんじん | | | | ごぼう | | | |
|---|---|---|---|---|---|---|---|---|
| | 作付面積 | 収穫量 | 出荷量 | 産出額 | 作付面積 | 収穫量 | 出荷量 | 産出額 |
| | ha | t | t | 億円 | ha | t | t | 億円 |
| 平成28年産 | 17,800 | 566,800 | 502,800 | 763 | 8,040 | 137,600 | 117,800 | 340 |
| 29 | 17,900 | 596,500 | 533,700 | 627 | 7,950 | 142,100 | 122,800 | 275 |
| 30 | 17,200 | 574,700 | 512,500 | 608 | 7,710 | 135,300 | 117,200 | 324 |
| 令和元 | 17,000 | 594,900 | 533,800 | 467 | 7,540 | 136,800 | 119,400 | 212 |
| 2 | 16,800 | 585,900 | 525,900 | 578 | 7,320 | 126,900 | 111,000 | 282 |

| 年産 | れんこん | | | | さといも | | | |
|---|---|---|---|---|---|---|---|---|
| | 作付面積 | 収穫量 | 出荷量 | 産出額 | 作付面積 | 収穫量 | 出荷量 | 産出額 |
| | ha | t | t | 億円 | ha | t | t | 億円 |
| 平成28年産 | 3,930 | 59,800 | 49,900 | 293 | 12,200 | 154,600 | 98,600 | 407 |
| 29 | 3,970 | 61,500 | 51,600 | 259 | 12,000 | 148,600 | 97,000 | 349 |
| 30 | 4,000 | 61,300 | 51,600 | 222 | 11,500 | 144,800 | 95,300 | 353 |
| 令和元 | 3,910 | 52,700 | 44,500 | 205 | 11,100 | 140,400 | 92,100 | 338 |
| 2 | 3,920 | 55,000 | 46,400 | 204 | 10,700 | 139,500 | 92,400 | 344 |

| 年産 | やまのいも | | | | はくさい | | | |
|---|---|---|---|---|---|---|---|---|
| | 作付面積 | 収穫量 | 出荷量 | 産出額 | 作付面積 | 収穫量 | 出荷量 | 産出額 |
| | ha | t | t | 億円 | ha | t | t | 億円 |
| 平成28年産 | 7,120 | 145,700 | 120,800 | 487 | 17,300 | 888,700 | 715,800 | 698 |
| 29 | 7,150 | 159,300 | 134,300 | 503 | 17,200 | 880,900 | 726,800 | 706 |
| 30 | 7,120 | 157,400 | 134,400 | 455 | 17,000 | 889,900 | 734,400 | 424 |
| 令和元 | 7,130 | 172,700 | 145,500 | 423 | 16,700 | 874,800 | 726,500 | 422 |
| 2 | 6,930 | 170,500 | 144,300 | 417 | 16,600 | 892,300 | 741,100 | 475 |

| 年産 | こまつな | | | | キャベツ | | | |
|---|---|---|---|---|---|---|---|---|
| | 作付面積 | 収穫量 | 出荷量 | 産出額 | 作付面積 | 収穫量 | 出荷量 | 産出額 |
| | ha | t | t | 億円 | ha | t | t | 億円 |
| 平成28年産 | 6,890 | 113,600 | 99,100 | 344 | 34,600 | 1,446,000 | 1,298,000 | 1,284 |
| 29 | 7,010 | 112,100 | 99,200 | 322 | 34,800 | 1,428,000 | 1,280,000 | 1,244 |
| 30 | 7,250 | 115,600 | 102,500 | 320 | 34,600 | 1,467,000 | 1,319,000 | 1,039 |
| 令和元 | 7,300 | 114,900 | 102,100 | 284 | 34,600 | 1,472,000 | 1,325,000 | 913 |
| 2 | 7,550 | 121,900 | 109,400 | 290 | 34,000 | 1,434,000 | 1,293,000 | 1,044 |

資料：農林水産省統計部「野菜生産出荷統計」（以下イまで同じ。）、産出額は「生産農業所得統計」
注： 出荷量とは、収穫量から生産者が自家消費した量、贈与した量、収穫後の減耗量及び種子用
又は飼料用として販売した量を差し引いた重量をいう。

| 年産 | ちんげんさい | | | | ほうれんそう | | | |
|---|---|---|---|---|---|---|---|---|
| | 作付面積 | 収穫量 | 出荷量 | 産出額 | 作付面積 | 収穫量 | 出荷量 | 産出額 |
| | ha | t | t | 億円 | ha | t | t | 億円 |
| 平成28年産 | 2,220 | 44,100 | 38,700 | 120 | 20,700 | 247,300 | 207,300 | 1,068 |
| 29 | 2,200 | 43,100 | 38,000 | 113 | 20,500 | 228,100 | 193,300 | 1,113 |
| 30 | 2,170 | 42,000 | 37,500 | 109 | 20,300 | 228,300 | 194,800 | 878 |
| 令和元 | 2,140 | 41,100 | 36,100 | 95 | 19,900 | 217,800 | 184,900 | 856 |
| 2 | 2,150 | 41,400 | 36,800 | 99 | 19,600 | 213,900 | 182,700 | 837 |

| 年産 | ふき | | | | みつば | | | |
|---|---|---|---|---|---|---|---|---|
| | 作付面積 | 収穫量 | 出荷量 | 産出額 | 作付面積 | 収穫量 | 出荷量 | 産出額 |
| | ha | t | t | 億円 | ha | t | t | 億円 |
| 平成28年産 | 571 | 11,200 | 9,380 | 31 | 979 | 15,300 | 14,300 | 87 |
| 29 | 557 | 10,700 | 9,130 | 29 | 957 | 15,400 | 14,400 | 86 |
| 30 | 538 | 10,200 | 8,560 | 27 | 931 | 15,000 | 14,000 | 79 |
| 令和元 | 518 | 9,300 | 7,850 | 26 | 891 | 14,000 | 13,200 | 70 |
| 2 | 498 | 8,980 | 7,660 | 24 | 874 | 13,400 | 12,400 | 62 |

| 年産 | しゅんぎく | | | | みずな | | | |
|---|---|---|---|---|---|---|---|---|
| | 作付面積 | 収穫量 | 出荷量 | 産出額 | 作付面積 | 収穫量 | 出荷量 | 産出額 |
| | ha | t | t | 億円 | ha | t | t | 億円 |
| 平成28年産 | 1,960 | 30,000 | 24,200 | 159 | 2,510 | 43,600 | 39,400 | 151 |
| 29 | 1,930 | 29,000 | 23,500 | 169 | 2,460 | 42,100 | 38,000 | 148 |
| 30 | 1,880 | 28,000 | 22,600 | 161 | 2,510 | 43,100 | 39,000 | 152 |
| 令和元 | 1,830 | 26,900 | 21,800 | 143 | 2,480 | 44,400 | 39,800 | 134 |
| 2 | 1,830 | 27,400 | 22,600 | 138 | 2,490 | 43,800 | 38,900 | 122 |

| 年産 | セルリー | | | | アスパラガス | | | |
|---|---|---|---|---|---|---|---|---|
| | 作付面積 | 収穫量 | 出荷量 | 産出額 | 作付面積 | 収穫量 | 出荷量 | 産出額 |
| | ha | t | t | 億円 | ha | t | t | 億円 |
| 平成28年産 | 585 | 33,500 | 31,600 | 75 | 5,420 | 30,400 | 26,800 | 320 |
| 29 | 580 | 32,200 | 30,600 | 72 | 5,330 | 26,200 | 23,000 | 297 |
| 30 | 573 | 31,100 | 29,500 | 68 | 5,170 | 26,500 | 23,200 | 296 |
| 令和元 | 552 | 31,400 | 30,000 | 64 | 5,010 | 26,800 | 23,600 | 291 |
| 2 | 540 | 29,500 | 28,100 | 64 | 4,800 | 26,700 | 23,600 | 287 |

| 年産 | カリフラワー | | | | ブロッコリー | | | |
|---|---|---|---|---|---|---|---|---|
| | 作付面積 | 収穫量 | 出荷量 | 産出額 | 作付面積 | 収穫量 | 出荷量 | 産出額 |
| | ha | t | t | 億円 | ha | t | t | 億円 |
| 平成28年産 | 1,220 | 20,400 | 17,200 | 42 | 14,600 | 142,300 | 127,900 | 502 |
| 29 | 1,230 | 20,100 | 17,000 | 43 | 14,900 | 144,600 | 130,200 | 511 |
| 30 | 1,200 | 19,700 | 16,600 | 39 | 15,400 | 153,800 | 138,900 | 485 |
| 令和元 | 1,230 | 21,400 | 18,300 | 38 | 16,000 | 169,500 | 153,700 | 488 |
| 2 | 1,220 | 21,000 | 18,000 | 36 | 16,600 | 174,500 | 158,200 | 512 |

6 野菜（続き）
(2) 生産量及び出荷量（続き）
ア 主要野菜の生産量、出荷量及び産出額（続き）

| 年産 | レタス | | | | ねぎ | | | |
|---|---|---|---|---|---|---|---|---|
| | 作付面積 | 収穫量 | 出荷量 | 産出額 | 作付面積 | 収穫量 | 出荷量 | 産出額 |
| | ha | t | t | 億円 | ha | t | t | 億円 |
| 平成28年産 | 21,600 | 585,700 | 555,200 | 963 | 22,600 | 464,800 | 375,600 | 1,709 |
| 29 | 21,800 | 583,200 | 542,300 | 1,018 | 22,600 | 458,800 | 374,400 | 1,657 |
| 30 | 21,700 | 585,600 | 553,200 | 778 | 22,400 | 452,900 | 370,300 | 1,466 |
| 令和元 | 21,200 | 578,100 | 545,600 | 794 | 22,400 | 465,300 | 382,500 | 1,329 |
| 2 | 20,700 | 563,900 | 531,600 | 741 | 22,000 | 441,100 | 364,100 | 1,545 |

| 年産 | にら | | | | たまねぎ | | | |
|---|---|---|---|---|---|---|---|---|
| | 作付面積 | 収穫量 | 出荷量 | 産出額 | 作付面積 | 収穫量 | 出荷量 | 産出額 |
| | ha | t | t | 億円 | ha | t | t | 億円 |
| 平成28年産 | 2,120 | 62,100 | 56,200 | 335 | 25,800 | 1,243,000 | 1,107,000 | 1,083 |
| 29 | 2,060 | 59,600 | 53,900 | 343 | 25,600 | 1,228,000 | 1,099,000 | 961 |
| 30 | 2,020 | 58,500 | 52,900 | 345 | 26,200 | 1,155,000 | 1,042,000 | 1,037 |
| 令和元 | 2,000 | 58,300 | 52,900 | 289 | 25,900 | 1,334,000 | 1,211,000 | 917 |
| 2 | 1,980 | 57,000 | 51,500 | 312 | 25,500 | 1,357,000 | 1,218,000 | 958 |

| 年産 | にんにく | | | | きゅうり | | | |
|---|---|---|---|---|---|---|---|---|
| | 作付面積 | 収穫量 | 出荷量 | 産出額 | 作付面積 | 収穫量 | 出荷量 | 産出額 |
| | ha | t | t | 億円 | ha | t | t | 億円 |
| 平成28年産 | 2,410 | 21,100 | 14,700 | 241 | 10,900 | 550,300 | 470,600 | 1,538 |
| 29 | 2,430 | 20,700 | 14,500 | 253 | 10,800 | 559,500 | 483,200 | 1,375 |
| 30 | 2,470 | 20,200 | 14,400 | 242 | 10,600 | 550,000 | 476,100 | 1,485 |
| 令和元 | 2,510 | 20,800 | 15,000 | 180 | 10,300 | 548,100 | 474,700 | 1,326 |
| 2 | 2,530 | 21,200 | 15,000 | 204 | 10,100 | 539,200 | 468,000 | 1,507 |

| 年産 | かぼちゃ | | | | なす | | | |
|---|---|---|---|---|---|---|---|---|
| | 作付面積 | 収穫量 | 出荷量 | 産出額 | 作付面積 | 収穫量 | 出荷量 | 産出額 |
| | ha | t | t | 億円 | ha | t | t | 億円 |
| 平成28年産 | 16,000 | 185,300 | 145,600 | 313 | 9,280 | 306,000 | 236,100 | 886 |
| 29 | 15,800 | 201,300 | 161,000 | 289 | 9,160 | 307,800 | 241,400 | 848 |
| 30 | 15,200 | 159,300 | 125,200 | 312 | 8,970 | 300,400 | 236,100 | 907 |
| 令和元 | 15,300 | 185,600 | 149,700 | 261 | 8,650 | 301,700 | 239,500 | 851 |
| 2 | 14,800 | 186,600 | 151,000 | 301 | 8,420 | 297,000 | 236,400 | 919 |

| 年産 | トマト | | | | ピーマン | | | |
|---|---|---|---|---|---|---|---|---|
| | 作付面積 | 収穫量 | 出荷量 | 産出額 | 作付面積 | 収穫量 | 出荷量 | 産出額 |
| | ha | t | t | 億円 | ha | t | t | 億円 |
| 平成28年産 | 12,100 | 743,200 | 670,200 | 2,574 | 3,270 | 144,800 | 127,000 | 511 |
| 29 | 12,000 | 737,200 | 667,800 | 2,422 | 3,250 | 147,000 | 129,800 | 485 |
| 30 | 11,800 | 724,200 | 657,100 | 2,367 | 3,220 | 140,300 | 124,500 | 546 |
| 令和元 | 11,600 | 720,600 | 653,800 | 2,154 | 3,200 | 145,700 | 129,500 | 513 |
| 2 | 11,400 | 706,000 | 640,900 | 2,240 | 3,160 | 143,100 | 127,400 | 597 |

| 年産 | スイートコーン | | | | さやいんげん | | | |
|---|---|---|---|---|---|---|---|---|
| | 作付面積 | 収穫量 | 出荷量 | 産出額 | 作付面積 | 収穫量 | 出荷量 | 産出額 |
| | ha | t | t | 億円 | ha | t | t | 億円 |
| 平成28年産 | 24,000 | 196,200 | 150,700 | 359 | 5,650 | 39,500 | 25,700 | 297 |
| 29 | 22,700 | 231,700 | 186,300 | 342 | 5,590 | 39,800 | 26,400 | 282 |
| 30 | 23,100 | 217,600 | 174,400 | 362 | 5,330 | 37,400 | 24,900 | 284 |
| 令和元 | 23,000 | 239,000 | 195,000 | 361 | 5,190 | 38,300 | 25,800 | 263 |
| 2 | 22,400 | 234,700 | 192,600 | 382 | 5,020 | 38,900 | 26,500 | 273 |

| 年産 | さやえんどう | | | | グリーンピース | | | |
|---|---|---|---|---|---|---|---|---|
| | 作付面積 | 収穫量 | 出荷量 | 1)産出額 | 作付面積 | 収穫量 | 出荷量 | 産出額 |
| | ha | t | t | 億円 | ha | t | t | 億円 |
| 平成28年産 | 3,070 | 18,400 | 11,300 | 243 | 805 | 5,520 | 4,300 | … |
| 29 | 3,050 | 21,700 | 13,800 | 247 | 772 | 6,410 | 5,060 | … |
| 30 | 2,910 | 19,600 | 12,500 | 242 | 760 | 5,940 | 4,680 | … |
| 令和元 | 2,870 | 20,000 | 12,800 | 224 | 731 | 6,290 | 5,000 | … |
| 2 | 2,800 | 19,500 | 12,500 | 218 | 685 | 5,600 | 4,450 | … |

| 年産 | そらまめ | | | | えだまめ | | | |
|---|---|---|---|---|---|---|---|---|
| | 作付面積 | 収穫量 | 出荷量 | 産出額 | 作付面積 | 収穫量 | 出荷量 | 産出額 |
| | ha | t | t | 億円 | ha | t | t | 億円 |
| 平成28年産 | 1,980 | 14,700 | 9,990 | 59 | 12,800 | 66,000 | 49,700 | 418 |
| 29 | 1,900 | 15,500 | 10,700 | 64 | 12,900 | 67,700 | 51,800 | 400 |
| 30 | 1,810 | 14,500 | 10,100 | 60 | 12,800 | 63,800 | 48,700 | 411 |
| 令和元 | 1,790 | 14,100 | 9,970 | 55 | 13,000 | 66,100 | 50,500 | 383 |
| 2 | 1,770 | 15,300 | 10,900 | 50 | 12,800 | 66,300 | 51,200 | 401 |

| 年産 | しょうが | | | | いちご | | | |
|---|---|---|---|---|---|---|---|---|
| | 作付面積 | 収穫量 | 出荷量 | 産出額 | 作付面積 | 収穫量 | 出荷量 | 産出額 |
| | ha | t | t | 億円 | ha | t | t | 億円 |
| 平成28年産 | 1,810 | 50,800 | 40,100 | 260 | 5,370 | 159,000 | 145,000 | 1,749 |
| 29 | 1,780 | 48,300 | 38,100 | 276 | 5,280 | 163,700 | 150,200 | 1,752 |
| 30 | 1,750 | 46,600 | 36,400 | 257 | 5,200 | 161,800 | 148,600 | 1,774 |
| 令和元 | 1,740 | 46,500 | 36,400 | 248 | 5,110 | 165,200 | 152,100 | 1,829 |
| 2 | 1,750 | 44,700 | 35,100 | 235 | 5,020 | 159,200 | 146,800 | 1,809 |

| 年産 | メロン | | | | すいか | | | |
|---|---|---|---|---|---|---|---|---|
| | 作付面積 | 収穫量 | 出荷量 | 産出額 | 作付面積 | 収穫量 | 出荷量 | 産出額 |
| | ha | t | t | 億円 | ha | t | t | 億円 |
| 平成28年産 | 6,950 | 158,200 | 143,600 | 669 | 10,400 | 344,800 | 296,400 | 588 |
| 29 | 6,770 | 155,000 | 140,700 | 645 | 10,200 | 331,100 | 284,400 | 572 |
| 30 | 6,630 | 152,900 | 138,700 | 614 | 9,970 | 320,600 | 276,500 | 588 |
| 令和元 | 6,410 | 156,000 | 141,900 | 605 | 9,640 | 324,200 | 279,100 | 555 |
| 2 | 6,250 | 147,900 | 134,700 | 600 | 9,350 | 310,900 | 268,100 | 580 |

注：1)は、グリーンピースを含む。

6　野菜（続き）
(2)　生産量及び出荷量（続き）
　　イ　主要野菜の季節区分別収穫量（令和2年産）

単位：t

| 区分 | 収穫量 | 区分 | 収穫量 | 区分 | 収穫量 |
|---|---|---|---|---|---|
| **だいこん** | | **ばれいしょ** | | **はくさい** | |
| **春（4～6月）** | | **春植え（都府県産）** | | **春（4～6月）** | |
| 千葉 | 58,000 | **（4～8月）** | | 茨城 | 51,000 |
| 青森 | 18,800 | 鹿児島 | 76,000 | 長野 | 23,100 |
| 長崎 | 17,400 | 長崎 | 66,500 | 長崎 | 12,900 |
| 茨城 | 14,500 | 茨城 | 42,000 | 熊本 | 7,300 |
| 鹿児島 | 12,200 | 千葉 | 28,100 | 大分 | 2,850 |
| **夏（7～9月）** | | 長野 | 16,400 | **夏（7～9月）** | |
| 北海道 | 113,900 | **春植え（北海道産）** | | 長野 | 137,000 |
| 青森 | 64,800 | **（9～10月）** | | 北海道 | 13,700 |
| 岩手 | 11,200 | 北海道 | 1,733,000 | 群馬 | 8,940 |
| 群馬 | 10,100 | **秋植え（11～3月）** | | 青森 | 1,150 |
| 岐阜 | 5,880 | 長崎 | 18,100 | | |
| **秋冬（10～3月）** | | 鹿児島 | 9,420 | **秋冬（10～3月）** | |
| 千葉 | 89,300 | 広島 | 1,910 | 茨城 | 192,900 |
| 鹿児島 | 73,100 | 宮崎 | 721 | 長野 | 64,100 |
| 神奈川 | 68,900 | 熊本 | 615 | 埼玉 | 22,700 |
| 宮崎 | 65,600 | | | 鹿児島 | 22,300 |
| 新潟 | 44,300 | | | 大分 | 21,400 |
| | | | | | |
| **にんじん** | | **さといも** | | **キャベツ** | |
| **春夏（4～7月）** | | **秋冬（6～3月）** | | **春（4～6月）** | |
| 徳島 | 49,500 | 埼玉 | 17,700 | 愛知 | 62,500 |
| 青森 | 22,100 | 千葉 | 14,700 | 千葉 | 56,000 |
| 千葉 | 21,600 | 宮崎 | 13,400 | 茨城 | 44,700 |
| 長崎 | 11,400 | 愛媛 | 9,720 | 神奈川 | 41,400 |
| 茨城 | 8,570 | 栃木 | 7,560 | 鹿児島 | 19,100 |
| **秋（8～10月）** | | | | **夏秋（7～10月）** | |
| 北海道 | 177,100 | | | 群馬 | 244,100 |
| 青森 | 10,000 | | | 長野 | 56,700 |
| 福井 | 24 | | | 北海道 | 45,400 |
| | | | | 岩手 | 28,800 |
| | | | | 茨城 | 21,400 |
| **冬（11～3月）** | | | | **冬（11～3月）** | |
| 千葉 | 83,800 | | | 愛知 | 199,600 |
| 長崎 | 19,800 | | | 千葉 | 60,400 |
| 愛知 | 18,500 | | | 鹿児島 | 52,500 |
| 鹿児島 | 18,000 | | | 茨城 | 39,700 |
| 茨城 | 16,400 | | | 神奈川 | 23,200 |

注：季節区分別に全国及び上位5都道府県の収穫量を掲載した。

単位：t

| 区分 | 収穫量 | 区分 | 収穫量 | 区分 | 収穫量 |
|---|---|---|---|---|---|
| **レタス** | | **きゅうり** | | **トマト** | |
| 春（4～5月） | | 冬春（12～6月） | | 冬春（12～6月） | |
| 茨城 | 37,800 | 宮崎 | 57,000 | 熊本 | 112,400 |
| 長野 | 16,900 | 群馬 | 32,500 | 愛知 | 39,900 |
| 群馬 | 10,900 | 埼玉 | 30,900 | 栃木 | 25,900 |
| 長崎 | 9,750 | 高知 | 23,900 | 福岡 | 17,300 |
| 兵庫 | 6,670 | 千葉 | 19,500 | 千葉 | 15,700 |
| 夏秋（6～10月） | | 夏秋（7～11月） | | 夏秋（7～11月） | |
| 長野 | 165,300 | 福島 | 31,100 | 北海道 | 55,700 |
| 群馬 | 42,700 | 群馬 | 23,300 | 茨城 | 32,400 |
| 茨城 | 20,000 | 埼玉 | 15,200 | 熊本 | 22,900 |
| 北海道 | 11,000 | 北海道 | 14,100 | 青森 | 18,200 |
| 岩手 | 9,150 | 岩手 | 12,000 | 福島 | 17,800 |
| 冬（11～3月） | | | | | |
| 茨城 | 33,900 | | | | |
| 長崎 | 24,800 | | | | |
| 静岡 | 23,300 | | | | |
| 兵庫 | 22,500 | | | | |
| 香川 | 14,400 | | | | |
| | | | | | |
| **ねぎ** | | **なす** | | **ピーマン** | |
| 春（4～6月） | | 冬春（12～6月） | | 冬春（11～5月） | |
| 千葉 | 18,700 | 高知 | 37,900 | 宮崎 | 23,400 |
| 茨城 | 15,600 | 熊本 | 26,400 | 茨城 | 21,900 |
| 埼玉 | 6,000 | 福岡 | 13,400 | 高知 | 11,800 |
| 大分 | 4,180 | 愛知 | 7,560 | 鹿児島 | 11,200 |
| 群馬 | 3,240 | 群馬 | 6,870 | 沖縄 | 2,300 |
| 夏（7～9月） | | 夏秋（7～11月） | | 夏秋（6～10月） | |
| 茨城 | 14,600 | 群馬 | 20,800 | 茨城 | 10,600 |
| 北海道 | 11,000 | 茨城 | 17,500 | 岩手 | 8,210 |
| 千葉 | 8,220 | 栃木 | 11,300 | 大分 | 6,870 |
| 埼玉 | 6,040 | 埼玉 | 7,990 | 北海道 | 5,630 |
| 青森 | 4,130 | 熊本 | 7,780 | 青森 | 3,940 |
| 秋冬（10～3月） | | | | | |
| 埼玉 | 38,600 | | | | |
| 千葉 | 30,000 | | | | |
| 茨城 | 18,800 | | | | |
| 群馬 | 14,500 | | | | |
| 長野 | 12,600 | | | | |

6 野菜 (続き)
(2) 生産量及び出荷量 (続き)
ウ その他野菜の収穫量

| 品目 | 平成30年産 | | 令和2 | | 主産県収穫量 (令和2年産) | |
|---|---|---|---|---|---|---|
| | 作付面積 | 収穫量 | 作付面積 | 収穫量 | | |
| | ha | t | ha | t | (主産県) | t |
| 1) つけな | 2,118 | 46,550 | 2,080 | 43,700 | 長野 | 25,600 |
| 非結球レタス | 3,365 | 67,362 | 3,480 | 70,600 | 長野 | 30,100 |
| わけぎ | 60 | 827 | 56 | 698 | 広島 | 346 |
| らっきょう | 635 | 7,767 | 533 | 7,400 | 鳥取 | 2,850 |
| オクラ | 837 | 11,665 | 878 | 12,000 | 鹿児島 | 5,210 |
| とうがん | 200 | 9,202 | 203 | 8,750 | 沖縄 | 2,900 |
| にがうり | 705 | 18,077 | 667 | 17,900 | 沖縄 | 7,130 |
| しろうり | 65 | 3,836 | 67 | 3,080 | 徳島 | 1,800 |
| かんぴょう | 114 | 3) 258 | 96 | 3) 210 | 栃木 | 209 |
| 葉しょうが | 55 | 1,086 | 35 | 599 | 静岡 | 279 |
| しそ | 487 | 8,122 | 489 | 8,470 | 愛知 | 3,870 |
| パセリ | 148 | 2,586 | 170 | 2,780 | 千葉 | 1,170 |
| マッシュルーム | 2) 178 | 6,527 | 2) 21 | 6,980 | 千葉 | 2,890 |

資料:農林水産省統計部「地域特産野菜生産状況調査」
注: 2年ごとの調査である。
　1)のつけなは、こまつな及びみずなを除いたものである。
　2)の単位は、千㎡である。
　3)は、乾燥重量である。

エ 主要野菜の用途別出荷量

単位:t

| 品目 | 令和元年産 | | | | 2 | | | |
|---|---|---|---|---|---|---|---|---|
| | 出荷量 | 用途別 | | | 出荷量 | 用途別 | | |
| | | 生食向け | 加工向け | 業務用 | | 生食向け | 加工向け | 業務用 |
| だいこん | 1,073,000 | 787,100 | 268,100 | 17,600 | 1,035,000 | 773,300 | 246,100 | 15,600 |
| にんじん | 533,800 | 462,900 | 64,600 | 6,270 | 525,900 | 454,600 | 67,100 | 4,220 |
| ばれいしょ | 2,027,000 | 624,900 | 1,402,000 | … | 1,857,000 | 569,000 | 1,288,000 | … |
| さといも | 92,100 | 87,700 | 4,350 | 30 | 92,400 | 87,600 | 4,750 | 24 |
| はくさい | 726,500 | 681,200 | 38,400 | 6,960 | 741,100 | 694,400 | 40,000 | 6,710 |
| キャベツ | 1,325,000 | 1,081,000 | 155,100 | 88,900 | 1,293,000 | 1,057,000 | 159,900 | 75,700 |
| ほうれんそう | 184,900 | 163,800 | 19,700 | 1,420 | 182,700 | 166,500 | 15,200 | 971 |
| レタス | 545,600 | 471,900 | 40,400 | 33,300 | 531,600 | 459,200 | 39,300 | 33,100 |
| ねぎ | 382,500 | 362,800 | 13,900 | 5,740 | 364,100 | 345,800 | 13,200 | 5,090 |
| たまねぎ | 1,211,000 | 958,000 | 231,500 | 21,100 | 1,218,000 | 963,800 | 234,100 | 20,100 |
| きゅうり | 474,700 | 468,600 | 4,950 | 1,180 | 468,000 | 462,900 | 4,100 | 1,030 |
| なす | 239,500 | 236,200 | 2,950 | 275 | 236,400 | 233,700 | 2,520 | 216 |
| トマト | 653,800 | 621,700 | 28,600 | 3,500 | 640,900 | 613,900 | 24,100 | 2,880 |
| ピーマン | 129,500 | 129,300 | 65 | 196 | 127,400 | 127,200 | 56 | 182 |

資料:農林水産省統計部「野菜生産出荷統計」

(3) 需給

ア 野菜需給表

| 区分 | 国内生産量 | 1)外国貿易 | | 2)在庫の増減量 | 国内消費仕向量 | | | 一人1年当たり供給量 | 一人1日当たり供給量 |
| | | 輸入量 | 輸出量 | | | 加工用 | 3)純食料 | | |
|---|---|---|---|---|---|---|---|---|---|
| | 千t | 千t | 千t | 千t | 千t | 千t | 千t | kg | g |
| 野菜 | | | | | | | | | |
| 平成29年度 | 11,549 | 3,126 | 21 | 0 | 14,654 | 0 | 11,399 | 89.8 | 246.1 |
| 30 | 11,468 | 3,310 | 11 | 0 | 14,767 | 0 | 11,418 | 90.1 | 246.8 |
| 令和元 | 11,590 | 3,031 | 20 | 0 | 14,601 | 0 | 11,298 | 89.3 | 243.9 |
| 2 | 11,440 | 2,987 | 60 | 0 | 14,367 | 0 | 11,182 | 88.6 | 242.9 |
| 3 （概算値） | 11,015 | 2,895 | 23 | 0 | 13,887 | 0 | 10,754 | 85.7 | 234.8 |
| 緑黄色野菜 | | | | | | | | | |
| 平成29年度 | 2,534 | 1,595 | 4 | 0 | 4,125 | 0 | 3,417 | 26.9 | 73.8 |
| 30 | 2,454 | 1,664 | 2 | 0 | 4,116 | 0 | 3,379 | 26.7 | 73.0 |
| 令和元 | 2,508 | 1,545 | 2 | 0 | 4,051 | 0 | 3,324 | 26.3 | 71.8 |
| 2 | 2,484 | 1,610 | 4 | 0 | 4,090 | 0 | 3,368 | 26.7 | 73.1 |
| 3 （概算値） | 2,513 | 1,538 | 4 | 0 | 4,047 | 0 | 3,325 | 26.5 | 72.6 |
| その他の野菜 | | | | | | | | | |
| 平成29年度 | 9,015 | 1,531 | 17 | 0 | 10,529 | 0 | 7,982 | 62.9 | 172.3 |
| 30 | 9,014 | 1,646 | 9 | 0 | 10,651 | 0 | 8,039 | 63.1 | 172.9 |
| 令和元 | 9,082 | 1,486 | 18 | 0 | 10,550 | 0 | 7,974 | 63.0 | 172.2 |
| 2 | 8,956 | 1,377 | 56 | 0 | 10,277 | 0 | 7,814 | 61.9 | 169.7 |
| 3 （概算値） | 8,502 | 1,357 | 19 | 0 | 9,840 | 0 | 7,429 | 59.2 | 162.2 |

資料：農林水産省大臣官房政策課食料安全保障室「食料需給表」
注： 1)のうち、いわゆる加工食品は、生鮮換算して計上している。なお、全く国内に流通しないものや、全く食料になり得ないものなどは計上していない。
2)は、当年度末繰越量と当年度始め持越量との差である。
3)は、粗食料に歩留率を乗じたもので、人間の消費に直接に利用可能な食料の実際の量を表している。

イ 1世帯当たり年間の購入数量（二人以上の世帯・全国）

単位：g

| 品目 | | 平成29年 | 30 | 令和元 | 2 | 3 |
|---|---|---|---|---|---|---|
| 生鮮野菜 | キャベツ | 17,878 | 17,020 | 17,151 | 18,232 | 18,661 |
| | ほうれんそう | 2,937 | 3,054 | 2,728 | 2,994 | 3,033 |
| | はくさい | 8,240 | 7,787 | 8,064 | 8,661 | 8,586 |
| | ねぎ | 4,777 | 4,415 | 4,508 | 5,053 | 4,629 |
| | レタス | 6,389 | 6,282 | 5,975 | 6,290 | 6,447 |
| | さといも | 1,750 | 1,502 | 1,400 | 1,516 | 1,434 |
| | だいこん | 13,356 | 11,698 | 11,898 | 12,399 | 11,687 |
| | にんじん | 8,429 | 8,037 | 7,994 | 8,423 | 8,123 |
| | たまねぎ | 16,226 | 15,997 | 15,996 | 18,589 | 16,744 |
| | きゅうり | 7,797 | 7,715 | 7,688 | 7,978 | 7,920 |
| | なす | 4,195 | 4,140 | 4,079 | 4,244 | 4,440 |
| | トマト | 12,107 | 11,888 | 11,845 | 11,707 | 11,998 |
| | ピーマン | 2,947 | 2,925 | 2,891 | 2,951 | 3,063 |
| 生鮮果物 | すいか | 3,803 | 3,555 | 3,586 | 3,009 | 3,040 |
| | メロン | 1,695 | 1,801 | 1,619 | 1,706 | 1,478 |
| | いちご | 2,336 | 2,242 | 2,289 | 2,284 | 2,310 |

資料：総務省統計局「家計調査年報」

6 野菜（続き）
(3) 需給（続き）
　ウ　輸出入量及び金額

| 品目 | 令和2年 | | 3 | |
|---|---|---|---|---|
| | 数量 | 金額 | 数量 | 金額 |
| | t | 千円 | t | 千円 |
| **輸出** | | | | |
| 野菜（生鮮、冷蔵） | | | | |
| 1)キャベツ（芽キャベツ除く）等 | 1,669 | 358,316 | 1,938 | 327,277 |
| レタス | 6 | 3,728 | 29 | 6,371 |
| 2)だいこん・ごぼう等 | 665 | 160,131 | 769 | 231,327 |
| ながいも等 | 5,992 | 2,128,632 | 6,773 | 2,313,602 |
| 果実（生鮮・乾燥） | | | | |
| メロン | 941 | 811,749 | 1,109 | 1,065,640 |
| いちご | 1,179 | 2,630,157 | 1,776 | 4,060,834 |
| **輸入** | | | | |
| 野菜・その調整品 | | | | |
| 野菜（生鮮・冷蔵） | | | | |
| トマト | 8,743 | 3,734,816 | 8,389 | 3,711,283 |
| たまねぎ | 219,961 | 10,427,062 | 234,585 | 14,027,649 |
| にんにく | 22,832 | 5,218,700 | 24,480 | 5,952,320 |
| ねぎ | 52,769 | 6,535,499 | 44,429 | 7,227,716 |
| ブロッコリー | 7,066 | 1,657,513 | 5,799 | 1,420,966 |
| 結球キャベツ | 32,391 | 1,255,588 | 14,224 | 554,914 |
| はくさい | 5,591 | 296,083 | 1,344 | 69,070 |
| 結球レタス | 7,941 | 1,049,064 | 6,033 | 881,677 |
| レタス（結球のもの除く） | 73 | 37,347 | 79 | 51,433 |
| にんじん・かぶ | 84,449 | 3,593,367 | 74,726 | 3,805,021 |
| ごぼう | 40,504 | 2,312,684 | 47,019 | 3,041,962 |
| きゅうり・ガーキン | 38 | 14,145 | 15 | 11,196 |
| えんどう | 870 | 478,131 | 850 | 519,706 |
| ささげ属・いんげんまめ属の豆 | 890 | 371,535 | 568 | 292,741 |
| アスパラガス | 9,307 | 6,119,370 | 9,037 | 5,815,572 |
| なす | 46 | 11,067 | 19 | 4,886 |
| セルリー | 5,117 | 653,877 | 4,487 | 616,707 |
| とうがらし属・ピメンタ属 | 37,479 | 13,290,898 | 33,705 | 12,621,454 |
| スイートコーン | 2 | 1,427 | 32 | 16,215 |
| かぼちゃ類 | 91,410 | 8,072,435 | 92,100 | 8,542,548 |

資料：財務省関税局「貿易統計」をもとに農林水産省統計部にて作成。
注：　1)は、キャベツ、コールラビー、ケールその他これらに類するあぶらな属の食用野菜のうち、
　カリフラワー及び芽キャベツを除いたものである。
　　　2)は、サラダ用のビート、サルシファイ、セルリアク、大根その他これらに類する食用の根
　のうち、にんじん及びかぶを除いたものである。

| 品目 | 令和2年 | | 3 | |
|---|---|---|---|---|
| | 数量 | 金額 | 数量 | 金額 |
| | t | 千円 | t | 千円 |
| 輸入（続き） | | | | |
| 3）冷凍野菜 | | | | |
| 　枝豆 | 71,122 | 15,925,608 | 64,250 | 14,883,408 |
| 　ほうれん草、つる菜 | 48,053 | 7,450,670 | 49,207 | 8,062,187 |
| 　スイートコーン | 47,583 | 7,766,710 | 47,494 | 8,252,183 |
| 　ブロッコリー | 58,619 | 11,961,938 | 65,070 | 13,759,032 |
| 果実（生鮮） | | | | |
| 　すいか | 670 | 153,882 | 1,068 | 200,376 |
| 　メロン | 17,183 | 2,339,000 | 13,902 | 2,498,826 |
| 　いちご | 3,318 | 3,917,571 | 3,253 | 4,243,473 |

注：3）は、調理していないもの及び蒸気又は水煮による調理をしたものに限る。

## (4) 保険・共済

| 区分 | 単位 | スイートコーン | | たまねぎ | | かぼちゃ | |
|---|---|---|---|---|---|---|---|
| | | 令和2年産（概算値） | 3（概算値） | 令和2年産（概算値） | 3（概算値） | 令和2年産（概算値） | 3（概算値） |
| 引受組合等数 | 組合 | 7 | 7 | 4 | 4 | 6 | 6 |
| 引受戸数 | 戸 | 1,772 | 1,415 | 1,265 | 793 | 1,346 | 1,110 |
| 引受面積 | ha | 5,414 | 4,419 | 10,035 | 5,118 | 3,108 | 2,456 |
| 共済金額 | 100万円 | 2,399 | 1,924 | 23,032 | 10,696 | 2,376 | 1,982 |
| 共済掛金 | 〃 | 171 | 130 | 1,060 | 505 | 211 | 168 |
| 支払対象戸数 | 戸 | 314 | 337 | 39 | 492 | 287 | 289 |
| 支払対象面積 | ha | 876 | 831 | 160 | 3,148 | 640 | 689 |
| 支払共済金 | 100万円 | 93 | 166 | 72 | 1,297 | 100 | 134 |

資料：農林水産省経営局資料
注：農業保険法による畑作物共済の実績である。

6 野菜（続き）
(5) 価格
ア 農産物価格指数

平成27年＝100

| 品目 | 平成29年 | 30 | 令和元 | 2 | 3 |
|---|---|---|---|---|---|
| きゅうり | 89.2 | 101.0 | 94.0 | 100.2 | 82.2 |
| なす | 96.1 | 102.4 | 95.2 | 102.1 | 91.4 |
| トマト | 94.3 | 95.6 | 86.1 | 95.7 | 86.7 |
| すいか | 115.4 | 115.0 | 103.5 | 117.1 | 121.2 |
| いちご | 106.6 | 104.7 | 110.9 | 117.4 | 110.5 |
| ピーマン | 89.1 | 97.6 | 91.4 | 110.5 | 86.8 |
| メロン（アンデスメロン） | 100.7 | 104.0 | 106.4 | 97.5 | 101.2 |
| 〃 （温室メロン） | 103.2 | 99.2 | 102.4 | 98.5 | 105.9 |
| はくさい（結球） | 115.6 | 127.8 | 77.8 | 93.9 | 66.5 |
| キャベツ | 89.6 | 106.1 | 75.1 | 87.3 | 62.3 |
| レタス | 84.5 | 82.2 | 71.3 | 71.5 | 64.3 |
| ほうれんそう | 111.1 | 110.9 | 103.0 | 102.7 | 92.9 |
| ねぎ | 108.6 | 123.0 | 97.7 | 101.2 | 106.5 |
| たまねぎ | 96.4 | 114.8 | 109.9 | 85.1 | 131.1 |
| だいこん | 102.0 | 125.8 | 87.1 | 93.1 | 89.3 |
| にんじん | 97.4 | 140.0 | 90.8 | 119.7 | 103.7 |

資料：農林水産省統計部「農業物価統計」

イ 1kg当たり卸売価格（東京都）

単位：円

| 品目 | 平成28年 | 29 | 30 | 令和元 | 2 |
|---|---|---|---|---|---|
| きゅうり | 335 | 311 | 343 | 316 | 354 |
| なす | 402 | 384 | 400 | 389 | 416 |
| トマト | 389 | 359 | 368 | 341 | 368 |
| すいか | 213 | 221 | 237 | 222 | 250 |
| いちご | 1,317 | 1,309 | 1,372 | 1,397 | 1,420 |
| ピーマン | 469 | 437 | 480 | 460 | 538 |
| メロン（アンデスメロン） | 452 | 467 | 448 | 453 | 468 |
| 〃 （温室メロン） | 885 | 934 | 895 | 930 | 883 |
| はくさい | 88 | 89 | 95 | 59 | 75 |
| キャベツ | 101 | 99 | 107 | 83 | 99 |
| レタス | 224 | 202 | 189 | 182 | 170 |
| ほうれんそう | 572 | 547 | 539 | 522 | 523 |
| ねぎ | 403 | 391 | 412 | 355 | 377 |
| たまねぎ | 107 | 100 | 107 | 102 | 84 |
| だいこん | 106 | 97 | 107 | 83 | 90 |
| にんじん | 161 | 128 | 160 | 115 | 148 |

資料：農林水産省統計部「青果物卸売市場調査報告」
注：東京都の卸売市場における卸売価額を卸売数量で除して求めた価格である。

## ウ　1 kg当たり年平均小売価格（東京都区部）

単位：円

| 品目 | 銘柄 | 平成29年 | 30 | 令和元 | 2 | 3 |
|---|---|---|---|---|---|---|
| キャベツ | | 191 | 214 | 169 | 189 | 160 |
| ほうれんそう | | 966 | 965 | 928 | 931 | 856 |
| はくさい | 山東菜を除く。 | 234 | 247 | 183 | 254 | 183 |
| ねぎ | 白ねぎ | 698 | 745 | 672 | 705 | 737 |
| レタス | 玉レタス | 497 | 503 | 429 | 432 | 419 |
| だいこん | | 177 | 208 | 160 | 174 | 165 |
| にんじん | | 368 | 420 | 359 | 426 | 406 |
| たまねぎ | 赤たまねぎを除く。 | 248 | 250 | 262 | 249 | 279 |
| きゅうり | | 563 | 595 | 593 | 628 | 575 |
| なす | | 734 | 740 | 744 | 789 | 727 |
| 1) トマト | ミニトマト(プチトマト)を除く。 | 661 | 706 | 706 | 716 | 688 |
| ピーマン | | 907 | 961 | 959 | 1,082 | 937 |
| すいか | 赤肉(小玉すいかを除く。) | 404 | 417 | 423 | 429 | 445 |
| メロン | ネット系メロン | 715 | 714 | 727 | 720 | 751 |
| いちご | 国産品 | 1,751 | 1,805 | 1,919 | 1,970 | 1,914 |

資料：総務省統計局「小売物価統計調査年報」
注：1)は、平成30年1月に基本銘柄を改正した。

7 果樹
(1) 果樹栽培経営体（各年2月1日現在）
  ア 販売目的の主要果樹の品目別栽培経営体数

単位：経営体

| 区分 | 温州みかん | その他の<br>かんきつ類 | りんご | ぶどう | 日本なし | 西洋なし | もも |
|------|----------|------------------|-------|--------|---------|---------|------|
| 平成27年 | 50,842 | 36,770 | 39,680 | 32,169 | 18,177 | 5,703 | 24,146 |
| 令和2 | 36,797 | 29,064 | 31,821 | 27,115 | 13,768 | 4,329 | 18,695 |

| 区分 | おうとう | びわ | かき | くり | うめ | すもも | キウイ<br>フルーツ | パイン<br>アップル |
|------|---------|------|------|------|------|-------|----------------|----------------|
| 平成27年 | 12,216 | 3,321 | 36,197 | 22,076 | 22,156 | 8,685 | 8,605 | 402 |
| 令和2 | 9,889 | 1,939 | 24,499 | 13,077 | 12,584 | 5,719 | 5,847 | 312 |

資料：農林水産省統計部「農林業センサス」（以下ウまで同じ。）

  イ 販売目的の果樹（露地）の栽培面積規模別経営体数

単位：経営体

| 区分 | 計 | 0.1ha未満 | 0.1～0.3 | 0.3～0.5 | 0.5～1.0 | 1.0ha以上 |
|------|-----|----------|----------|----------|----------|----------|
| 平成27年 | 216,836 | 21,671 | 62,236 | 41,043 | 47,720 | 44,166 |
| 令和2 | 167,166 | 13,032 | 44,500 | 31,623 | 39,219 | 38,792 |

  ウ 販売目的の果樹（施設）の栽培面積規模別経営体数

単位：経営体

| 区分 | 計 | 0.1ha未満 | 0.1～0.3 | 0.3～0.5 | 0.5～1.0 | 1.0ha以上 |
|------|-----|----------|----------|----------|----------|----------|
| 平成27年 | 15,061 | 5,183 | 5,235 | 2,346 | 1,816 | 481 |
| 令和2 | 15,106 | 5,480 | 5,054 | 2,294 | 1,776 | 502 |

## (2) 生産量及び出荷量
### ア　主要果樹の面積、生産量、出荷量及び産出額

| 年産 | 栽培面積 | 結果樹面積 | 収穫量 | 2)出荷量 | 産出額 |
|---|---|---|---|---|---|
| | ha | ha | t | t | 億円 |
| **みかん** | | | | | |
| 平成29年 | 42,800 | 40,600 | 741,300 | 661,300 | 1,722 |
| 30 | 41,800 | 39,600 | 773,700 | 691,200 | 1,736 |
| 令和元 | 40,800 | 38,700 | 746,700 | 668,400 | 1,561 |
| 2 | 39,800 | 37,800 | 765,800 | 690,000 | 1,594 |
| 1)　3 | 38,900 | 37,000 | 749,000 | 676,900 | ‥ |
| **りんご** | | | | | |
| 平成29年 | 38,100 | 36,500 | 735,200 | 655,800 | 1,384 |
| 30 | 37,700 | 36,200 | 756,100 | 679,600 | 1,449 |
| 令和元 | 37,400 | 36,000 | 701,600 | 632,800 | 1,557 |
| 2 | 37,100 | 35,800 | 763,300 | 690,500 | 1,547 |
| 1)　3 | 36,800 | 35,300 | 661,900 | 599,500 | ‥ |
| **日本なし** | | | | | |
| 平成29年 | 12,100 | 11,700 | 245,400 | 226,600 | 764 |
| 30 | 11,700 | 11,400 | 231,800 | 214,300 | 713 |
| 令和元 | 11,400 | 11,100 | 209,700 | 193,900 | 674 |
| 2 | 11,000 | 10,700 | 170,500 | 158,500 | 708 |
| 1)　3 | 10,700 | 10,300 | 184,700 | 172,700 | ‥ |
| **西洋なし** | | | | | |
| 平成29年 | 1,550 | 1,490 | 29,100 | 25,700 | 86 |
| 30 | 1,530 | 1,470 | 26,900 | 23,700 | 82 |
| 令和元 | 1,510 | 1,450 | 28,900 | 25,500 | 86 |
| 2 | 1,480 | 1,420 | 27,700 | 24,500 | 90 |
| 1)　3 | 1,460 | 1,400 | 21,500 | 18,900 | ‥ |
| **かき** | | | | | |
| 平成29年 | 20,300 | 19,800 | 224,900 | 186,400 | 401 |
| 30 | 19,700 | 19,100 | 208,000 | 172,200 | 388 |
| 令和元 | 19,400 | 18,900 | 208,200 | 175,300 | 400 |
| 2 | 19,000 | 18,500 | 193,200 | 165,900 | 434 |
| 1)　3 | 18,600 | 18,100 | 187,900 | 162,300 | ‥ |
| **びわ** | | | | | |
| 平成29年 | 1,270 | 1,240 | 3,630 | 2,950 | 34 |
| 30 | 1,190 | 1,170 | 2,790 | 2,300 | 32 |
| 令和元 | 1,140 | 1,110 | 3,430 | 2,820 | 34 |
| 2 | 1,070 | 1,050 | 2,650 | 2,170 | 31 |
| 1)　3 | 972 | 950 | 2,890 | 2,380 | ‥ |
| **もも** | | | | | |
| 平成29年 | 10,400 | 9,700 | 124,900 | 115,100 | 576 |
| 30 | 10,400 | 9,680 | 113,200 | 104,400 | 558 |
| 令和元 | 10,300 | 9,540 | 107,900 | 99,500 | 555 |
| 2 | 10,100 | 9,290 | 98,900 | 91,300 | 592 |
| 1)　3 | 10,100 | 9,300 | 107,300 | 99,600 | ‥ |

資料：農林水産省統計部「耕地及び作付面積統計」、「果樹生産出荷統計」、「生産農業所得統計」
注：　令和2年産を除く調査結果については、主産県を対象に調査を行い、主産県の調査結果をもとに
全国値を推計している。
　　　なお、主産県とは、全国の栽培面積のおおむね80％を占めるまでの上位都道府県に加え、果樹共
済事業を実施する都道府県である。
　　1)のうち結果樹面積、収穫量及び出荷量は、「作物統計調査」の結果によるもので概数値である。
　　2)は、生食用又は加工用として販売したものをいい、生産者が自家消費したものは含まない。

7 果樹（続き）
(2) 生産量及び出荷量（続き）
ア 主要果樹の面積、生産量、出荷量及び産出額（続き）

| 年産 | 栽培面積 | 結果樹面積 | 収穫量 | 2)出荷量 | 産出額 |
|---|---|---|---|---|---|
| | ha | ha | t | t | 億円 |
| **すもも** | | | | | |
| 平成29年 | 3,000 | 2,810 | 19,600 | 17,100 | 91 |
| 30 | 2,960 | 2,780 | 23,100 | 20,400 | 98 |
| 令和元 | 2,930 | 2,770 | 18,100 | 16,000 | 88 |
| 2 | 2,880 | 2,730 | 16,500 | 14,800 | 92 |
| 1) 3 | 2,840 | 2,680 | 18,800 | 17,000 | ‥ |
| **おうとう** | | | | | |
| 平成29年 | 4,700 | 4,360 | 19,100 | 17,200 | 445 |
| 30 | 4,690 | 4,350 | 18,100 | 16,200 | 448 |
| 令和元 | 4,690 | 4,320 | 16,100 | 14,400 | 437 |
| 2 | 4,680 | 4,320 | 17,200 | 15,400 | 417 |
| 1) 3 | 4,620 | 4,260 | 13,100 | 11,800 | ‥ |
| **うめ** | | | | | |
| 平成29年 | 15,900 | 15,100 | 86,800 | 75,600 | 308 |
| 30 | 15,600 | 14,800 | 112,400 | 99,200 | 280 |
| 令和元 | 15,200 | 14,500 | 88,100 | 77,700 | 309 |
| 2 | 14,800 | 14,100 | 71,100 | 62,200 | 333 |
| 1) 3 | 14,500 | 13,800 | 104,600 | 93,200 | ‥ |
| **ぶどう** | | | | | |
| 平成29年 | 18,000 | 16,900 | 176,100 | 161,900 | 1,381 |
| 30 | 17,900 | 16,700 | 174,700 | 161,500 | 1,464 |
| 令和元 | 17,800 | 16,600 | 172,700 | 160,500 | 1,533 |
| 2 | 17,800 | 16,500 | 163,400 | 152,100 | 1,732 |
| 1) 3 | 17,700 | 16,500 | 165,100 | 153,900 | ‥ |
| **くり** | | | | | |
| 平成29年 | 19,300 | 18,800 | 18,700 | 14,500 | 108 |
| 30 | 18,900 | 18,300 | 16,500 | 13,000 | 81 |
| 令和元 | 18,400 | 17,800 | 15,700 | 12,500 | 84 |
| 2 | 17,900 | 17,400 | 16,900 | 13,600 | 86 |
| 1) 3 | 17,400 | 16,800 | 15,700 | 12,800 | ‥ |
| **3)パインアップル** | | | | | |
| 平成29年 | 542 | 317 | 8,500 | 8,310 | 14 |
| 30 | 565 | 319 | 7,340 | 7,160 | 12 |
| 令和元 | 580 | 320 | 7,460 | 7,280 | 13 |
| 2 | 584 | 320 | 7,390 | 7,210 | 13 |
| 1) 3 | 594 | 308 | 6,990 | 6,750 | ‥ |
| **キウイフルーツ** | | | | | |
| 平成29年 | 2,100 | 2,000 | 30,000 | 26,200 | 131 |
| 30 | 2,090 | 1,950 | 25,000 | 21,800 | 93 |
| 令和元 | 2,050 | 1,900 | 25,300 | 22,500 | 99 |
| 2 | 2,050 | 1,900 | 22,500 | 19,900 | 94 |
| 1) 3 | 2,020 | 1,880 | 19,700 | 17,400 | ‥ |

注：1)のうち結果樹面積、収穫量及び出荷量は、「作物統計調査」の結果によるもので概数値である。
　　2)は、生食用又は加工用として販売したものをいい、生産者が自家消費したものは含まない。
　　3)は、栽培面積を除き沖縄県のみの数値である。また、結果樹面積は収穫面積を掲載した。

イ 主要果樹の面積、生産量及び出荷量（主要生産県）（令和3年産）

| 品目名・主要生産県 | 栽培面積 | 結果樹面積 | 収穫量 | 出荷量 | 品目名・主要生産県 | 栽培面積 | 結果樹面積 | 収穫量 | 出荷量 |
|---|---|---|---|---|---|---|---|---|---|
| | ha | ha | t | t | | ha | ha | t | t |
| みかん | 38,900 | 37,000 | 749,000 | 676,900 | すもも | 2,840 | 2,680 | 18,800 | 17,000 |
| 和歌山 | 7,260 | 6,780 | 147,800 | 133,600 | 山梨 | 860 | 788 | 6,680 | 6,150 |
| 愛媛 | 5,550 | 5,460 | 127,800 | 117,900 | 長野 | 364 | 362 | 2,590 | 2,400 |
| 静岡 | 5,350 | 4,920 | 99,700 | 90,400 | 和歌山 | 287 | 287 | 2,130 | 1,960 |
| 熊本 | 3,730 | 3,630 | 90,000 | 81,800 | 山形 | 265 | 250 | 1,700 | 1,500 |
| 長崎 | 2,640 | 2,560 | 52,000 | 45,800 | 青森 | 110 | 108 | 878 | 795 |
| りんご | 36,800 | 35,300 | 661,900 | 599,500 | おうとう | 4,620 | 4,260 | 13,100 | 11,800 |
| 青森 | 20,400 | 19,700 | 415,700 | 377,000 | 山形 | 3,020 | 2,800 | 9,160 | 8,150 |
| 長野 | 7,330 | 6,980 | 110,300 | 102,500 | 北海道 | 548 | 486 | 1,500 | 1,460 |
| 岩手 | 2,380 | 2,270 | 42,400 | 36,500 | 山梨 | 330 | 300 | 942 | 880 |
| 山形 | 2,170 | 2,110 | 32,300 | 28,200 | 秋田 | 96 | 93 | 356 | 310 |
| 福島 | 1,230 | 1,170 | 18,600 | 16,200 | | | | | |
| 日本なし | 10,700 | 10,300 | 184,700 | 172,700 | うめ | 14,500 | 13,800 | 104,600 | 93,200 |
| 千葉 | 1,340 | 1,290 | 20,500 | 20,200 | 和歌山 | 5,320 | 4,890 | 67,500 | 65,200 |
| 茨城 | 914 | 894 | 19,100 | 17,700 | 群馬 | 906 | 894 | 5,770 | 5,290 |
| 栃木 | 735 | 730 | 15,900 | 14,900 | 三重 | 255 | 235 | 1,620 | 1,150 |
| 長野 | 664 | 648 | 12,000 | 11,500 | 神奈川 | 339 | 338 | 1,590 | 1,430 |
| 福島 | 831 | 789 | 11,900 | 11,000 | 福井 | 470 | 464 | 1,580 | 1,480 |
| 西洋なし | 1,460 | 1,400 | 21,500 | 18,900 | ぶどう | 17,700 | 16,500 | 165,100 | 153,900 |
| 山形 | 859 | 826 | 13,900 | 12,300 | 山梨 | 4,050 | 3,790 | 40,600 | 38,800 |
| 新潟 | 108 | 105 | 1,790 | 1,580 | 長野 | 2,630 | 2,380 | 28,800 | 27,100 |
| 青森 | 141 | 128 | 1,780 | 1,430 | 岡山 | 1,230 | 1,150 | 15,100 | 13,700 |
| 長野 | 80 | 79 | 1,280 | 1,170 | 山形 | 1,550 | 1,460 | 14,600 | 13,200 |
| 福島 | 38 | 36 | 565 | 507 | 福岡 | 715 | 696 | 6,910 | 6,460 |
| かき | 18,600 | 18,100 | 187,900 | 162,300 | くり | 17,400 | 16,800 | 15,700 | 12,800 |
| 和歌山 | 2,510 | 2,480 | 39,700 | 35,900 | 茨城 | 3,260 | 3,190 | 3,800 | 3,550 |
| 奈良 | 1,800 | 1,780 | 28,300 | 26,300 | 熊本 | 2,440 | 2,300 | 2,210 | 1,990 |
| 福岡 | 1,170 | 1,140 | 15,800 | 14,400 | 愛媛 | 2,040 | 2,030 | 1,300 | 1,090 |
| 岐阜 | 1,240 | 1,210 | 12,600 | 11,400 | 岐阜 | 436 | 423 | 685 | 562 |
| 長野 | 674 | 658 | 9,870 | 9,210 | 埼玉 | 586 | 581 | 581 | 491 |
| びわ | 972 | 950 | 2,890 | 2,380 | 1) パインアップル | 592 | 308 | 6,990 | 6,750 |
| 長崎 | 309 | 300 | 876 | 772 | | | | | |
| 千葉 | 139 | 134 | 444 | 412 | 沖縄 | 592 | 308 | 6,990 | 6,750 |
| 香川 | 69 | 68 | 229 | 187 | | | | | |
| 鹿児島 | 92 | 92 | 195 | 165 | キウイフルーツ | 2,020 | 1,880 | 19,700 | 17,400 |
| 愛媛 | 58 | 58 | 176 | 148 | 福岡 | 282 | 262 | 3,880 | 3,650 |
| もも | 10,100 | 9,300 | 107,300 | 99,600 | 愛媛 | 386 | 344 | 3,390 | 3,200 |
| 山梨 | 3,350 | 3,090 | 34,600 | 33,100 | 和歌山 | 163 | 159 | 2,420 | 2,230 |
| 福島 | 1,760 | 1,540 | 24,300 | 22,500 | 神奈川 | 129 | 127 | 1,210 | 1,150 |
| 長野 | 970 | 942 | 10,600 | 9,940 | 群馬 | 73 | 70 | 959 | 851 |
| 山形 | 687 | 630 | 8,880 | 8,120 | | | | | |
| 和歌山 | 719 | 703 | 7,310 | 6,700 | | | | | |

資料：農林水産省統計部「作物統計調査」（以下ウ(イ)まで同じ。）

注：1　栽培面積を除き概数値である。
2　出荷量とは、生食用又は加工用として販売したものをいい、生産者が自家消費したものは含まない。
3　主要生産県は、令和3年産の調査を行った全都道府県のうち収穫量上位5都道府県を掲載した。
1)は、栽培面積を除き沖縄県のみ調査を実施している。また、結果樹面積は収穫面積を掲載した。

7 果樹（続き）
(2) 生産量及び出荷量（続き）
　ウ　主要生産県におけるみかん及びりんごの品種別収穫量（令和3年産）
　　(ア)　みかん　　　　　　　　　　　　　(イ)　りんご

単位：t

| 主要生産県 | みかん | | | 主要生産県 | りんご | | | | |
|---|---|---|---|---|---|---|---|---|---|
| | 収穫量計 | 早生温州 | 普通温州 | | 収穫量計 | ふじ | つがる | ジョナゴールド | 王林 |
| 和歌山 | 147,800 | 90,600 | 57,200 | 青森 | 415,700 | 199,500 | 41,100 | 35,200 | 40,200 |
| 愛媛 | 127,800 | 76,800 | 51,100 | 長野 | 110,300 | 62,100 | 17,200 | 68 | 1,220 |
| 静岡 | 99,700 | 29,700 | 70,000 | 岩手 | 42,400 | 19,800 | 4,510 | 6,350 | 2,400 |
| 熊本 | 90,000 | 61,100 | 28,800 | 山形 | 32,300 | 18,900 | 3,400 | 202 | 1,720 |
| 長崎 | 52,000 | 31,900 | 20,100 | 福島 | 18,600 | 13,700 | 1,340 | 590 | 555 |

注：概数値である（以下(イ)まで同じ。）。

　エ　主産県におけるみかん及びりんごの用途別出荷量

単位：t

| 品目 | 令和元年産 | | | 2 | | |
|---|---|---|---|---|---|---|
| | 出荷量（主産県計） | 用途別 | | 出荷量（主産県計） | 用途別 | |
| | | 生食向け | 加工向け | | 生食向け | 加工向け |
| みかん | 665,200 | 598,200 | 67,000 | 684,500 | 629,500 | 55,000 |
| りんご | 626,400 | 525,600 | 100,800 | 684,600 | 574,700 | 109,800 |

資料：農林水産省統計部「果樹生産出荷統計」

　オ　その他果樹の生産量

| 品目 | 平成30年産 | | | 令和元 | | | |
|---|---|---|---|---|---|---|---|
| | 栽培面積 | 収穫量 | 出荷量 | 栽培面積 | 収穫量 | 出荷量 | 主産県収穫量 |
| | ha | t | t | ha | t | t | t |
| かんきつ類 | | | | | | | |
| いよかん | 2,109 | 30,111 | 28,495 | 1,961 | 28,138 | 26,383 | 愛媛(25,640) |
| 不知火（デコポン） | 2,690 | 44,597 | 38,691 | 2,627 | 40,516 | 34,126 | 熊本(11,740) |
| ゆず | 2,236 | 22,044 | 21,033 | 2,245 | 23,191 | 21,653 | 高知(12,130) |
| ぽんかん | 1,629 | 21,499 | 18,446 | 1,582 | 19,378 | 17,635 | 愛媛(7,042) |
| なつみかん | 1,552 | 32,693 | 28,575 | 1,509 | 32,130 | 27,148 | 鹿児島(10,707) |
| はっさく | 1,557 | 28,175 | 23,837 | 1,523 | 26,484 | 22,221 | 和歌山(18,578) |
| 清見 | 855 | 14,729 | 13,345 | 861 | 13,394 | 12,011 | 愛媛(5,871) |
| たんかん | 773 | 4,294 | 3,898 | 781 | 3,692 | 3,340 | 鹿児島(3,085) |
| かぼす | 541 | 5,460 | 3,377 | 542 | 5,859 | 2,673 | 大分(5,800) |
| ネーブルオレンジ | 386 | 5,703 | 4,435 | 359 | 3,950 | 3,038 | 広島(1,895) |
| 落葉果樹 | | | | | | | |
| いちじく | 934 | 11,861 | 10,474 | 907 | 11,578 | 10,441 | 和歌山(2,114) |
| ブルーベリー | 1,068 | 2,388 | 1,521 | 1,075 | 2,394 | 1,510 | 東京(372) |
| ぎんなん | 662 | 835 | 633 | 648 | 1,102 | 880 | 大分(474) |
| あんず | 185 | 2,068 | 1,628 | 188 | 2,010 | 1,598 | 青森(1,257) |
| 常緑果樹 | | | | | | | |
| マンゴー | 443 | 3,452 | 3,329 | 442 | 3,519 | 3,410 | 沖縄(1,837) |
| オリーブ | 493 | 462 | 451 | 499 | 618 | 587 | 香川(540) |

資料：農林水産省生産局「特産果樹生産動態等調査」

(3) 需給
　ア　果実需給表

| 区分 | 国内生産量 | 1)外国貿易 | | 2)在庫の増減量 | 国内消費仕向量 | | 3)純食料 | 一人1年当たり供給量 | 一人1日当たり供給量 |
|---|---|---|---|---|---|---|---|---|---|
| | | 輸入量 | 輸出量 | | | 加工用 | | | |
| | 千t | 千t | 千t | 千t | 千t | 千t | 千t | kg | g |
| 果実 | | | | | | | | | |
| 平成29年度 | 2,809 | 4,339 | 56 | 0 | 7,092 | 19 | 4,337 | 34.2 | 93.6 |
| 30 | 2,839 | 4,661 | 66 | △ 3 | 7,437 | 19 | 4,484 | 35.4 | 96.9 |
| 令和元 | 2,697 | 4,466 | 76 | 19 | 7,068 | 20 | 4,291 | 33.9 | 92.6 |
| 2 | 2,674 | 4,504 | 61 | 13 | 7,104 | 20 | 4,305 | 34.1 | 93.5 |
| 3 （概算値） | 2,599 | 4,157 | 84 | 12 | 6,660 | 18 | 4,070 | 32.4 | 88.8 |
| うんしゅうみかん | | | | | | | | | |
| 平成29年度 | 741 | 0 | 2 | 0 | 739 | 0 | 471 | 3.7 | 10.2 |
| 30 | 774 | 0 | 1 | △ 4 | 777 | 0 | 492 | 3.9 | 10.6 |
| 令和元 | 747 | 0 | 1 | 21 | 725 | 0 | 461 | 3.6 | 10.0 |
| 2 | 766 | 0 | 1 | 11 | 754 | 0 | 481 | 3.8 | 10.4 |
| 3 （概算値） | 749 | 0 | 2 | 13 | 734 | 0 | 468 | 3.7 | 10.2 |
| りんご | | | | | | | | | |
| 平成29年度 | 735 | 582 | 35 | 0 | 1,282 | 0 | 981 | 7.7 | 21.2 |
| 30 | 756 | 537 | 41 | 1 | 1,251 | 0 | 952 | 7.5 | 20.6 |
| 令和元 | 702 | 595 | 44 | △ 2 | 1,255 | 0 | 956 | 7.6 | 20.6 |
| 2 | 763 | 531 | 38 | 2 | 1,254 | 0 | 960 | 7.6 | 20.8 |
| 3 （概算値） | 662 | 528 | 55 | △ 1 | 1,136 | 0 | 869 | 6.9 | 19.0 |
| その他の果実 | | | | | | | | | |
| 平成29年度 | 1,333 | 3,757 | 19 | 0 | 5,071 | 19 | 2,885 | 22.7 | 62.3 |
| 30 | 1,309 | 4,124 | 24 | 0 | 5,409 | 19 | 3,040 | 24.0 | 65.7 |
| 令和元 | 1,248 | 3,871 | 31 | 0 | 5,088 | 20 | 2,874 | 22.7 | 62.0 |
| 2 | 1,145 | 3,973 | 22 | 0 | 5,096 | 20 | 2,864 | 22.7 | 62.2 |
| 3 （概算値） | 1,188 | 3,629 | 27 | 0 | 4,790 | 18 | 2,733 | 21.8 | 59.7 |

資料：農林水産省大臣官房政策課食料安全保障室「食料需給表」
注：　1)のうち、いわゆる加工食品は、生鮮換算して計上している。なお、全く国内に流通しないものや、
　　　全く食料になり得ないものなどは計上していない。
　　　2)は、当年度末繰越量と当年度始め持越量との差である。
　　　3)は、粗食料に歩留率を乗じたもので、人間の消費に直接に利用可能な食料の実際の量を表している。

　イ　1世帯当たり年間の購入数量（二人以上の世帯・全国）

単位：g

| 品目 | 平成29年 | 30 | 令和元 | 2 | 3 |
|---|---|---|---|---|---|
| りんご | 12,209 | 10,363 | 10,784 | 10,175 | 10,016 |
| みかん | 10,060 | 9,476 | 9,456 | 9,974 | 9,749 |
| オレンジ | 1,479 | 1,332 | 1,357 | 1,681 | 1,386 |
| 他の柑きつ類 | 5,928 | 5,131 | 5,074 | 5,374 | 4,899 |
| 梨 | 3,686 | 3,354 | 3,092 | 2,497 | 2,617 |
| ぶどう | 2,309 | 2,272 | 2,432 | 2,262 | 2,127 |
| 柿 | 2,955 | 2,440 | 2,395 | 2,369 | 2,172 |
| 桃 | 1,419 | 1,299 | 1,205 | 1,074 | 1,025 |
| バナナ | 18,481 | 18,448 | 18,436 | 19,204 | 19,791 |
| キウイフルーツ | 2,023 | 2,339 | 2,455 | 2,482 | 2,590 |

資料：総務省統計局「家計調査年報」

7 果樹（続き）
(3) 需給（続き）
　　ウ　輸出入量及び金額

| 品目 | 令和2年 | | 3 | |
|---|---|---|---|---|
| | 数量 | 金額 | 数量 | 金額 |
| | t | 千円 | t | 千円 |
| 輸出 | | | | |
| 　果実・その調整品 | | | | |
| 　　くり | 533 | 191,518 | 732 | 382,922 |
| 　　うんしゅうみかん等 | 1,138 | 586,784 | 1,698 | 943,691 |
| 　　ぶどう（生鮮） | 1,712 | 4,117,903 | 1,837 | 4,628,655 |
| 　　りんご | 26,927 | 10,701,822 | 37,729 | 16,212,201 |
| 　　なし | 1,189 | 762,890 | 1,313 | 960,741 |
| 　　桃（ネクタリン含む） | 1,599 | 1,870,907 | 1,926 | 2,322,178 |
| 　　柿 | 729 | 440,503 | 645 | 439,953 |
| 輸入 | | | | |
| 　果実・その調整品 | | | | |
| 　　くり（生鮮・乾燥） | 4,261 | 2,382,874 | 5,128 | 3,427,192 |
| 　　バナナ（生鮮） | 1,068,355 | 105,212,604 | 1,109,356 | 107,551,476 |
| 　　パイナップル（生鮮） | 157,033 | 13,390,376 | 180,482 | 16,627,515 |
| 　　マンゴー（生鮮） | 6,720 | 3,148,381 | 8,885 | 4,188,174 |
| 　　オレンジ（生鮮・乾燥） | 92,909 | 14,157,207 | 81,460 | 13,373,331 |
| 　　グレープフルーツ（生鮮・乾燥） | 62,685 | 8,207,130 | 51,341 | 6,467,865 |
| 　　ぶどう（生鮮） | 44,370 | 14,144,682 | 36,672 | 12,755,921 |
| 　　りんご（生鮮） | 7,446 | 1,796,744 | 8,284 | 2,134,376 |
| 　　さくらんぼ（生鮮） | 4,262 | 4,818,380 | 5,828 | 6,291,826 |
| 　　キウイフルーツ（生鮮） | 113,432 | 48,967,760 | 118,221 | 50,376,983 |

資料：財務省関税局「貿易統計」をもとに農林水産省統計部にて作成。

## (4) 保険・共済
### ア 収穫共済

| 区分 | 単位 | 計 令和元年産（概数値） | 2（概数値） | 温州みかん 令和元年産（概数値） | 2（概数値） | なつみかん 令和元年産（概数値） | 2（概数値） | いよかん 令和元年産（概数値） | 2（概数値） |
|---|---|---|---|---|---|---|---|---|---|
| 引受組合等数 | 組合 | 210 | 189 | 26 | 27 | 5 | 5 | 2 | 2 |
| 1) 引受戸数 | 戸 | 65,877 | 59,092 | 8,453 | 7,695 | 176 | 140 | 1,263 | 1,045 |
| 引受面積 | ha | 26,750 | 23,671 | 6,098 | 5,435 | 59 | 40 | 677 | 538 |
| 引受本数 | 千本 | 12,532 | 11,019 | 5,390 | 4,811 | 38 | 23 | 782 | 619 |
| 共済金額 | 100万円 | 72,985 | 64,936 | 13,381 | 11,777 | 71 | 47 | 872 | 728 |
| 共済掛金 | 〃 | 2,997 | 2,733 | 625 | 550 | 6 | 3 | 67 | 54 |
| 1) 支払対象戸数 | 戸 | 9,619 | 8,910 | 1,537 | 1,218 | 26 | 21 | 288 | 242 |
| 支払対象面積 | ha | 4,380 | 3,984 | 1,338 | 539 | 12 | 6 | 171 | 126 |
| 支払共済金 | 100万円 | 3,215 | 3,209 | 538 | 243 | 3 | 2 | 62 | 51 |

| 区分 | 単位 | 2)指定かんきつ 令和元年産（概数値） | 2（概数値） | りんご 令和元年産（概数値） | 2（概数値） | なし 令和元年産（概数値） | 2（概数値） | かき 令和元年産（概数値） | 2（概数値） |
|---|---|---|---|---|---|---|---|---|---|
| 引受組合等数 | 組合 | 14 | 14 | 19 | 17 | 46 | 43 | 19 | 19 |
| 1) 引受戸数 | 戸 | 2,887 | 2,552 | 23,281 | 21,255 | 9,681 | 8,379 | 3,271 | 2,729 |
| 引受面積 | ha | 871 | 729 | 9,595 | 8,592 | 2,362 | 1,974 | 1,194 | 976 |
| 引受本数 | 千本 | 809 | 665 | 2,696 | 2,395 | 782 | 653 | 423 | 338 |
| 共済金額 | 100万円 | 2,082 | 1,836 | 26,726 | 23,828 | 10,164 | 8,515 | 1,862 | 1,343 |
| 共済掛金 | 〃 | 152 | 128 | 752 | 687 | 390 | 328 | 115 | 81 |
| 1) 支払対象戸数 | 戸 | 578 | 536 | 1,833 | 457 | 1,318 | 1,659 | 565 | 534 |
| 支払対象面積 | ha | 191 | 161 | 804 | 179 | 352 | 675 | 210 | 219 |
| 支払共済金 | 100万円 | 135 | 110 | 631 | 68 | 477 | 838 | 58 | 64 |

資料：農林水産省経営局資料（以下イまで同じ。）
注：1 農業保険法による果樹共済事業の実績であり、対象果樹は結果樹齢に達した果樹である
　　（以下イまで同じ。）
　　2 年々の果実の損害を対象とするものである。
　　1)は、延べ戸数である。
　　2)は、はっさく、ぽんかん、ネーブルオレンジ、ぶんたん、たんかん、さんぼうかん、清見、
　　日向夏、セミノール、不知火、河内晩柑、ゆず、はるみ、レモン、せとか、愛媛果試第28号及
　　び甘平である。

7 果樹（続き）
(4) 保険・共済（続き）
ア 収穫共済（続き）

| 区分 | 単位 | びわ | | もも | | すもも | | おうとう | |
|---|---|---|---|---|---|---|---|---|---|
| | | 令和元年産（概数値） | 2（概数値） | 令和元年産（概数値） | 2（概数値） | 令和元年産（概数値） | 2（概数値） | 令和元年産（概数値） | 2（概数値） |
| 引受組合等数 | 組合 | 3 | 3 | 15 | 12 | 4 | 4 | 2 | 2 |
| 1) 引受戸数 | 戸 | 371 | 333 | 4,622 | 4,122 | 739 | 638 | 1,013 | 934 |
| 引受面積 | ha | 101 | 90 | 976 | 835 | 151 | 128 | 187 | 173 |
| 引受本数 | 千本 | 43 | 39 | 192 | 163 | 35 | 28 | 32 | 30 |
| 共済金額 | 100万円 | 186 | 158 | 3,132 | 2,608 | 361 | 307 | 849 | 806 |
| 共済掛金 | 〃 | 14 | 14 | 126 | 103 | 33 | 27 | 52 | 52 |
| 1) 支払対象戸数 | 戸 | 35 | 51 | 948 | 855 | 291 | 220 | 210 | 161 |
| 支払対象面積 | ha | 6 | 11 | 263 | 257 | 64 | 51 | 36 | 28 |
| 支払共済金 | 100万円 | 3 | 7 | 289 | 237 | 48 | 52 | 46 | 34 |

| 区分 | 単位 | うめ | | ぶどう | | くり | | キウイフルーツ | |
|---|---|---|---|---|---|---|---|---|---|
| | | 令和元年産（概数値） | 2（概数値） | 令和元年産（概数値） | 2（概数値） | 令和元年産（概数値） | 2（概数値） | 令和元年産（概数値） | 2（概数値） |
| 引受組合等数 | 組合 | 4 | 4 | 36 | 23 | 9 | 8 | 6 | 6 |
| 1) 引受戸数 | 戸 | 2,893 | 2,756 | 5,416 | 4,890 | 977 | 901 | 834 | 723 |
| 引受面積 | ha | 2,104 | 2,024 | 1,430 | 1,314 | 728 | 642 | 217 | 183 |
| 引受本数 | 千本 | 651 | 623 | 363 | 373 | 233 | 205 | 64 | 53 |
| 共済金額 | 100万円 | 5,502 | 5,554 | 6,539 | 6,309 | 274 | 246 | 987 | 873 |
| 共済掛金 | 〃 | 449 | 493 | 151 | 153 | 25 | 23 | 40 | 36 |
| 1) 支払対象戸数 | 戸 | 674 | 1,259 | 951 | 1,124 | 163 | 307 | 202 | 266 |
| 支払対象面積 | ha | 478 | 1,087 | 289 | 344 | 122 | 230 | 45 | 72 |
| 支払共済金 | 100万円 | 543 | 950 | 318 | 445 | 10 | 20 | 54 | 88 |

イ 樹体共済

| 区分 | 単位 | 計 | | 温州みかん | | 2)指定かんきつ | | りんご | |
|---|---|---|---|---|---|---|---|---|---|
| | | 令和元年産（概数値） | 2（概数値） | 令和元年産（概数値） | 2（概数値） | 令和元年産（概数値） | 2（概数値） | 令和元年産（概数値） | 2（概数値） |
| 引受組合等数 | 組合 | 30 | 32 | 6 | 7 | － | 1 | 2 | 2 |
| 引受戸数 | 戸 | 2,012 | 1,787 | 190 | 170 | － | 2 | 225 | 205 |
| 引受面積 | ha | 695 | 605 | 85 | 74 | － | 1 | 93 | 88 |
| 引受本数 | 千本 | 226 | 195 | 72 | 64 | － | 0 | 16 | 16 |
| 共済金額 | 100万円 | 9,371 | 8,190 | 449 | 435 | － | 14 | 904 | 829 |
| 共済掛金 | 〃 | 84 | 114 | 1 | 1 | － | 0 | 10 | 12 |
| 支払対象戸数 | 戸 | 485 | 365 | 10 | 15 | － | 0 | 56 | 39 |
| 支払対象面積 | ha | 218 | 165 | 10 | 8 | － | 0 | 28 | 22 |
| 支払共済金 | 100万円 | 354 | 169 | 3 | 7 | － | 0 | 8 | 5 |

| 区分 | 単位 | なし | | かき | | もも | | おうとう | |
|---|---|---|---|---|---|---|---|---|---|
| | | 令和元年産（概数値） | 2（概数値） | 令和元年産（概数値） | 2（概数値） | 令和元年産（概数値） | 2（概数値） | 令和元年産（概数値） | 2（概数値） |
| 引受組合等数 | 組合 | 9 | 8 | 3 | 3 | 1 | 1 | 1 | 1 |
| 引受戸数 | 戸 | 428 | 391 | 81 | 75 | 88 | 87 | 450 | 425 |
| 引受面積 | ha | 168 | 150 | 29 | 25 | 26 | 25 | 103 | 94 |
| 引受本数 | 千本 | 53 | 47 | 8 | 6 | 5 | 4 | 16 | 15 |
| 共済金額 | 100万円 | 2,851 | 2,619 | 89 | 60 | 160 | 164 | 1,776 | 1,679 |
| 共済掛金 | 〃 | 19 | 20 | 0 | 0 | 5 | 7 | 28 | 26 |
| 支払対象戸数 | 戸 | 75 | 66 | 0 | 0 | 32 | 28 | 107 | 100 |
| 支払対象面積 | ha | 47 | 39 | 0 | 0 | 11 | 9 | 34 | 30 |
| 支払共済金 | 100万円 | 26 | 24 | 0 | 0 | 5 | 4 | 25 | 19 |

| 区分 | 単位 | ぶどう | | キウイフルーツ | |
|---|---|---|---|---|---|
| | | 令和元年産（概数値） | 2（概数値） | 令和元年産（概数値） | 2（概数値） |
| 引受組合等数 | 組合 | 5 | 6 | 3 | 3 |
| 引受戸数 | 戸 | 124 | 119 | 426 | 313 |
| 引受面積 | ha | 42 | 39 | 149 | 109 |
| 引受本数 | 千本 | 8 | 8 | 48 | 35 |
| 共済金額 | 100万円 | 495 | 461 | 2,646 | 1,928 |
| 共済掛金 | 〃 | 4 | 4 | 17 | 44 |
| 支払対象戸数 | 戸 | 21 | 19 | 184 | 98 |
| 支払対象面積 | ha | 14 | 14 | 75 | 43 |
| 支払共済金 | 100万円 | 4 | 4 | 283 | 106 |

注：将来にわたって果実を生む資産としての樹体そのものの損害を対象とするものである。

7 果樹（続き）
(5) 価格
ア 農産物価格指数

平成27年＝100

| 年次 | みかん 普通温州 （優－M） | なつみかん 甘なつ （優－L） | りんご | | 日本なし 豊水 （秀28玉） |
|---|---|---|---|---|---|
| | | | ふじ （秀32玉） | つがる （秀32玉） | |
| 平成29年 | 124.2 | 104.7 | 104.4 | 110.7 | 104.4 |
| 30 | 136.4 | 106.2 | 122.8 | 129.9 | 106.5 |
| 令和元 | 119.9 | 100.2 | 108.8 | 121.6 | 123.1 |
| 2 | 114.3 | 102.9 | 125.1 | 143.8 | 187.1 |
| 3 | 113.9 | 116.0 | 117.7 | 139.9 | 141.7 |

| 年次 | 日本なし（続き） 幸水 （秀28玉） | かき （秀－M） | もも （秀18～20玉） | ぶどう | |
|---|---|---|---|---|---|
| | | | | デラウェア （秀－L） | 巨峰 （秀－L） |
| 平成29年 | 103.0 | 111.1 | 104.4 | 117.1 | 104.4 |
| 30 | 94.2 | 113.0 | 117.8 | 116.8 | 114.2 |
| 令和元 | 102.8 | 108.9 | 128.6 | 127.0 | 120.1 |
| 2 | 136.0 | 132.6 | 157.2 | 137.2 | 132.7 |
| 3 | 149.8 | 129.7 | 149.7 | 130.7 | 137.3 |

資料：農林水産省統計部「農業物価統計」

イ 1kg当たり卸売価格（東京都）

単位：円

| 年次 | みかん | 甘なつみかん | りんご（ふじ） | なし（幸水） | ぶどう（デラウェア） | かき | もも | バナナ |
|---|---|---|---|---|---|---|---|---|
| 平成28年 | 310 | 207 | 342 | 337 | 728 | 285 | 512 | 167 |
| 29 | 306 | 203 | 292 | 365 | 827 | 256 | 547 | 153 |
| 30 | 318 | 203 | 335 | 357 | 855 | 281 | 607 | 168 |
| 令和元 | 301 | 195 | 311 | 391 | 883 | 280 | 618 | 167 |
| 2 | 301 | 203 | 372 | 501 | 1,021 | 325 | 724 | 163 |

資料：農林水産省統計部「青果物卸売市場調査報告」
注：東京都の卸売市場における卸売額を卸売数量で除して求めた価格である。

ウ 1kg当たり年平均小売価格（東京都区部）

単位：円

| 品目 | 銘柄 | 平成29年 | 30 | 令和元 | 2 | 3 |
|---|---|---|---|---|---|---|
| 1) りんご | ふじ又はつがる、1個200～400g | 535 | 574 | 537 | 683 | 568 |
| みかん | 温州みかん（ハウスミカンを除く）、1個70～130g | 660 | 700 | 686 | 704 | 688 |
| 梨 | 幸水又は豊水、1個300～450g | 551 | 533 | 616 | 909 | 863 |
| ぶどう | デラウェア | 1,459 | 1,505 | 1,577 | 1,721 | 1,751 |
| 柿 | 1個190～260g | 510 | 551 | 539 | 587 | 644 |
| 桃 | 1個200～350g | 956 | 1,043 | 1,070 | 1,246 | 1,271 |
| バナナ | フィリピン産（高地栽培などを除く） | 243 | 243 | 255 | 259 | 248 |

資料：総務省統計局「小売物価統計調査年報」
注：1)は、令和2年1月に基本銘柄を改正した。

8 工芸農作物
(1) 茶
ア 販売目的の茶の栽培
経営体数
（各年2月1日現在）

単位：経営体

| 年次 | 茶栽培経営体数 |
|---|---|
| 平成27年 | 20,144 |
| 令和2 | 12,929 |

資料：農林水産省統計部「農林業センサス」

イ 茶栽培面積

| 年次 | 茶栽培面積 |
|---|---|
| | ha |
| 平成29年 | 1) 42,400 |
| 30 | 1) 41,500 |
| 令和元 | 1) 40,600 |
| 2 | 39,100 |
| 3 | 1) 38,000 |

資料：農林水産省統計部「耕地及び作付面積統計」
注： 平成29年から調査の範囲を全国から主産県に
変更し、主産県の調査結果をもとに全国値を推計
している。1)は主産県調査である。
なお、主産県とは、直近の全国調査年における
全国の栽培面積のおおむね80%を占めるまでの上
位都道府県及び、茶の畑作物共済事業等を実施す
る都道府県である。

ウ 生葉収穫量と荒茶生産量

単位：t

| 区分 | 生葉収穫量 | 荒茶生産量 |
|---|---|---|
| 平成29年産 | (369,800) | 82,000 |
| 30 | (383,600) | 86,300 |
| 令和元 | (357,400) | 81,700 |
| 2 | 328,800 | 69,800 |
| 3 | (332,200) | 78,100 |
| うち静岡 | 134,700 | 29,700 |

資料：農林水産省統計部「作物統計」
注： （ ）内の値については、主産県計の値を掲載している。
主産県とは、令和2年産までについては、直近の全国調査年における全国の茶栽培面積のおおむね
80%を占めるまでの上位都道府県、強い農業づくり交付金（令和元年産及び2年産は「強い農業・担い
手づくり総合支援交付金」）による茶に係る事業を実施する都道府県及び畑作物共済事業を実施し、
半相殺方式を採用している都道府県である。
令和3年産においては、直近の全国調査年における全国の栽培面積のおおむね80%を占めるまでの
上位都道府県及び茶の畑作物共済事業を実施し、半相殺方式を採用している都道府県である。

エ 需給
(ア) 1世帯当たり年間の購入数量（二人以上の世帯・全国）

単位：g

| 品目 | 平成29年 | 30 | 令和元 | 2 | 3 |
|---|---|---|---|---|---|
| 緑茶 | 850 | 798 | 791 | 827 | 759 |
| 紅茶 | 188 | 173 | 186 | 189 | 193 |

資料：総務省統計局「家計調査年報」

(イ) 輸出入量及び金額

| 品目 | 令和2年 | | 3 | |
|---|---|---|---|---|
| | 数量 | 金額 | 数量 | 金額 |
| 輸出 | t | 千円 | t | 千円 |
| 緑茶 | 5,274 | 16,187,625 | 6,179 | 20,418,246 |
| 輸入 | | | | |
| 緑茶 | 3,917 | 2,615,578 | 3,194 | 2,319,427 |
| 紅茶 | 14,958 | 9,648,963 | 17,627 | 12,517,999 |

資料：財務省関税局「貿易統計」をもとに農林水産省統計部にて作成。

8 工芸農作物（続き）
(1) 茶（続き）
　オ　保険・共済

| 区分 | 単位 | 茶 | |
|---|---|---|---|
| | | 令和2年産<br>（概数値） | 3<br>（概数値） |
| 引受組合等数 | 組合 | 10 | 10 |
| 引受戸数 | 戸 | 366 | 308 |
| 引受面積 | ha | 257 | 204 |
| 共済金額 | 100万円 | 289 | 215 |
| 共済掛金 | 〃 | 13 | 10 |
| 支払対象戸数 | 戸 | 174 | 160 |
| 支払対象面積 | ha | 133 | 124 |
| 支払共済金 | 100万円 | 35 | 36 |

資料：農林水産省経営局資料
注：農業保険法による畑作物共済の実績である。

　カ　価格
　　(ア)　農産物価格指数

平成27年＝100

| 品目 | 平成29年 | 30 | 令和元 | 2 | 3 |
|---|---|---|---|---|---|
| 生葉 | 123.3 | 108.7 | 102.5 | 90.4 | 119.9 |
| 荒茶 | 126.4 | 108.8 | 104.0 | 94.5 | 117.4 |

資料：農林水産省統計部「農業物価統計」

　　(イ)　年平均小売価格（東京都区部）

単位：円

| 品目 | 銘柄 | 数量<br>単位 | 平成29年 | 30 | 令和元 | 2 | 3 |
|---|---|---|---|---|---|---|---|
| 緑茶 | 煎茶（抹茶入りを含む）、<br>100～300g袋入り | 100g | 558 | 560 | 557 | 567 | 573 |
| 1) 紅茶 | ティーバッグ、20～30袋入り | 10袋 | 105 | 104 | 106 | 104 | 115 |

資料：総務省統計局「小売物価統計調査年報」
注：1)は、令和3年10月に基本銘柄を改正した。

(2)　その他の工芸農作物

　ア　販売目的の工芸農作物の作物別作付（栽培）経営体数
　　（各年2月1日現在）

単位：経営体

| 年次 | なたね | こんにゃくいも | てんさい | さとうきび |
|---|---|---|---|---|
| 平成27年 | … | 3,085 | 7,338 | 15,350 |
| **令和2** | 829 | 1,918 | 6,645 | 10,909 |

資料：農林水産省統計部「農林業センサス」

　イ　生産量

| 年産・主要生産県 | 1)てんさい | | 年産・主要生産県 | 3)い | |
|---|---|---|---|---|---|
| | 作付面積 | 収穫量 | | 作付面積 | 収穫量（乾燥茎） |
| | ha | t | | ha | t |
| 平成29年産 | 58,200 | 3,901,000 | 平成29年産 | 578 | 8,530 |
| 30 | 57,300 | 3,611,000 | 30 | 541 | 7,500 |
| 令和元 | 56,700 | 3,986,000 | 令和元 | 476 | 7,130 |
| 2 | 56,800 | 3,912,000 | 2 | 424 | 6,300 |
| 3 | 57,700 | 4,061,000 | 3 | 451 | 6,390 |
| | | | 熊本 | 448 | 6,360 |

| 年産・主要生産県 | 2)さとうきび | | 年産・主要生産県 | 葉たばこ | |
|---|---|---|---|---|---|
| | 収穫面積 | 収穫量 | | 収穫面積 | 収穫量 |
| | ha | t | | ha | t |
| 平成29年産 | 23,700 | 1,297,000 | 平成29年産 | 7,572 | 19,023 |
| 30 | 22,600 | 1,196,000 | 30 | 7,065 | 16,998 |
| 令和元 | 22,100 | 1,174,000 | 令和元 | 6,484 | 16,798 |
| 2 | 22,500 | 1,336,000 | 2 | 6,079 | 13,748 |
| 3 | 23,300 | 1,359,000 | 3 | 5,661 | 14,237 |
| 沖縄 | 13,800 | 815,500 | 熊本県 | 877 | 2,684 |
| | | | 沖縄県 | 728 | 1,687 |
| | | | 岩手県 | 628 | 1,592 |
| | | | 青森県 | 596 | 1,448 |
| | | | 長崎県 | 493 | 1,299 |

| 年産・主要生産県 | なたね | | 年産・主要生産県 | こんにゃくいも | | |
|---|---|---|---|---|---|---|
| | 作付面積 | 収穫量 | | 栽培面積 | 収穫面積 | 収穫量 |
| | ha | t | | ha | ha | t |
| 平成29年産 | 1,980 | 3,670 | 平成29年産 | 4) 3,860 | 4) 2,330 | 4) 64,700 |
| 30 | 1,920 | 3,120 | 30 | 3,700 | 2,160 | 55,900 |
| 令和元 | 1,900 | 4,130 | 令和元 | 4) 3,660 | 4) 2,150 | 4) 59,100 |
| 2 | 1,830 | 3,580 | 2 | 4) 3,570 | 4) 2,140 | 4) 53,700 |
| 3 | 1,640 | 3,230 | 3 | 4) 3,430 | 4) 2,050 | 4) 54,200 |
| 北海道 | 907 | 2,540 | 群馬 | 3,130 | 1,870 | 51,200 |

資料：農林水産省統計部「作物統計」
　　　葉たばこは、全国たばこ耕作組合中央会「府県別の販売実績」
注：1　葉たばこについては、収穫面積と販売重量（乾燥）である。
　　2　こんにゃくいもの栽培面積とは、収穫までの養成期間中のものを含む全ての面積をいう。
　　3　こんにゃくいもの主産県は、令和元年産までは栃木県及び群馬県の2県であったが、令和2年
　　　産からは群馬県のみである。
　　1)は、北海道の調査結果である。
　　2)は、鹿児島県及び沖縄県の調査結果である。
　　3)は、福岡県及び熊本県の調査結果である。
　　4)は、主産県の調査結果から推計したものである。

8 工芸農作物（続き）
(2) その他の工芸農作物（続き）
　ウ 輸出入量及び金額

| 品目名 | 令和2年 | | 3 | |
|---|---|---|---|---|
| | 数量 | 金額 | 数量 | 金額 |
| | t | 千円 | t | 千円 |
| 輸出 | | | | |
| 砂糖類 | 6,250 | 2,163,465 | 6,554 | 2,367,047 |
| たばこ | 6,565 | 14,202,611 | 3,954 | 14,552,698 |
| | | | | |
| 輸入 | | | | |
| こんにゃく芋 | 111 | 137,057 | 104 | 104,770 |
| 砂糖類 | 1,310,595 | 63,732,297 | 1,233,884 | 80,909,245 |
| こんにゃく（調製食料品） | 12,666 | 2,182,891 | 11,883 | 2,276,291 |
| たばこ | 108,990 | 580,975,813 | 105,606 | 596,703,411 |
| 畳表 | 12,366 | 4,950,685 | 11,508 | 4,667,683 |

資料：財務省関税局「貿易統計」をもとに農林水産省統計部にて作成。

　エ 保険・共済

| 区分 | 単位 | さとうきび | | てんさい | | ホップ | |
|---|---|---|---|---|---|---|---|
| | | 令和2年産（概数値） | 3（概数値） | 令和2年産（概数値） | 3（概数値） | 令和2年産（概数値） | 3（概数値） |
| 引受組合等数 | 組合 | 4 | 4 | 5 | 5 | 5 | 4 |
| 引受戸数 | 戸 | 7,485 | 7,178 | 6,022 | 5,603 | 110 | 83 |
| 引受面積 | ha | 9,476 | 9,323 | 51,961 | 50,736 | 75 | 60 |
| 共済金額 | 100万円 | 8,548 | 8,600 | 52,299 | 51,766 | 258 | 206 |
| 共済掛金 | 〃 | 504 | 486 | 2,250 | 2,103 | 10 | 8 |
| 支払対象戸数 | 戸 | 821 | 779 | 561 | 1,021 | 19 | 9 |
| 支払対象面積 | ha | 753 | 744 | 4,297 | 9,072 | 12 | 9 |
| 支払共済金 | 100万円 | 91 | 86 | 292 | 829 | 6 | 5 |

資料：農林水産省経営局資料
注：農業保険法による畑作物共済の実績である。

オ 生産費（令和3年産）

単位：円

| 区分 | 生産費（10 a 当たり） | | |
| --- | --- | --- | --- |
| | 生産費<br>（副産物価額差引） | 支払利子・<br>地代算入生産費 | 資本利子・<br>地代全額算入生産費 |
| てんさい | *94,290 | *96,242 | *106,245 |
| さとうきび | *127,332 | *133,915 | *143,176 |
| なたね | 42,424 | 43,749 | 53,440 |

資料：農林水産省統計部「農業経営統計調査 農産物生産費統計」
注：1 調査期間は、てんさいが令和2年1月から令和2年12月まで、さとうきびが令和2年4月
から令和3年3月まで、なたねが令和2年9月から令和3年8月までの1年間である。
2 生産費とは、生産物の一定単位量の生産のために消費した経済費用の合計をいう。ここで
いう費用の合計とは、生産物の生産に要した材料、賃借料及び料金、用役等（労働・固定資
産等）の価額の合計である。
3 本調査は、てんさい及びさとうきびについては2015年農林業センサスに基づく農業経営体、
なたねについては平成26年度経営所得安定対策等加入申請者情報の経営体のうち、世帯によ
る農業経営を行い、調査対象作目を10 a 以上作付けし、販売した経営体（個別経営）を対象
に実施した。
4 「＊」を付したてんさい及びさとうきびの値は、令和2年産の結果である。

カ 価格
(ｱ) 農産物価格指数

平成27年＝100

| 品目・銘柄等級 | 平成29年 | 30 | 令和元 | 2 | 3 |
| --- | --- | --- | --- | --- | --- |
| てんさい | 101.9 | 96.9 | 94.6 | 93.1 | 99.4 |
| こんにゃくいも（生いも） | 75.4 | 91.6 | 74.1 | 74.3 | 84.1 |
| 葉たばこ（中葉、Aタイプ） | 97.9 | 100.5 | 102.6 | 103.5 | 104.0 |
| い草（草丈120cm、上） | 119.7 | 93.7 | 95.6 | 93.8 | 87.9 |
| い表（3種表、綿糸） | 119.9 | 111.2 | 101.1 | 109.4 | 113.3 |

資料：農林水産省統計部「農業物価統計」

(ｲ) さとうきびに係る甘味資源作物交付金単価

単位：円

| 区分 | 令和3年産 | 4 |
| --- | --- | --- |
| 交付金単価（1 t 当たり） | 16,860 | 16,860 |

資料：農林水産省農産局地域作物課資料
注：1 この単価は、四捨五入により小数点以下第一位まで算出された糖度（以下単に
「糖度」という。）が13.1度以上14.3度以下のさとうきびに適用する。
2 糖度が5.5度以上13.1度未満のさとうきびに係る甘味資源作物交付金の単価は、
糖度が13.1度を0.1度下回るごとに100円を、この単価から差し引いた額とする。
3 糖度が14.3度を超えるさとうきびに係る甘味資源作物の交付金の単価は、糖度
が14.3度を0.1度上回るごとに100円を、この単価に加えた額とする。

8 工芸農作物（続き）
(2) その他の工芸農作物（続き）
キ 加工
(ア) 精製糖生産量

単位：t

| 年度 | 計 | グラニュ | 白双 | 中双 | 上白 |
|---|---|---|---|---|---|
| 平成28年度 | 1,689,217 | 508,716 | 36,926 | 31,417 | 592,490 |
| 29 | 1,640,807 | 510,403 | 35,467 | 29,538 | 564,105 |
| 30 | 1,620,781 | 515,775 | 33,476 | 25,006 | 551,242 |
| 令和元 | 1,575,585 | 499,505 | 32,076 | 25,362 | 539,692 |
| 2 | 1,450,505 | 450,172 | 24,357 | 22,068 | 485,929 |

| 年度 | 中白 | 三温 | 角糖 | 氷糖 | 液糖 |
|---|---|---|---|---|---|
| 平成28年度 | 394 | 86,486 | 2,751 | 16,080 | 413,957 |
| 29 | 322 | 84,937 | 2,078 | 12,092 | 401,866 |
| 30 | 332 | 84,867 | 1,513 | 15,009 | 393,561 |
| 令和元 | 313 | 81,997 | 1,430 | 15,814 | 379,396 |
| 2 | 283 | 81,019 | 1,172 | 12,316 | 373,189 |

資料：精糖工業会館「ポケット砂糖統計2021」（以下(ウ)まで同じ。）
注：最終製品生産量であり、液糖は固形換算していない。

(イ) 甘蔗糖及びビート糖生産量

単位：t

| 砂糖年度<br>（10月～９月） | 甘蔗糖（さとうきび） | | | ビート糖（てんさい） | |
|---|---|---|---|---|---|
| | 砂糖生産量 | | | 製品 | |
| | 計 | 分蜜糖 | 含蜜糖 | ビート糖 | ビートパルプ |
| 平成28年度 | 191,902 | 181,552 | 10,350 | 505,193 | 138,850 |
| 29 | 143,861 | 134,084 | 9,776 | 656,669 | 177,842 |
| 30 | 135,763 | 125,995 | 9,768 | 614,718 | 164,959 |
| 令和元 | 141,258 | 132,739 | 8,519 | 651,155 | 185,388 |
| 2 | 159,116 | 148,946 | 10,170 | 631,241 | 179,137 |

(ウ) 砂糖需給表

単位：t

| 年次 | 生産 | 輸入 | 輸出 | 純輸入 | 消費 | 年末在庫 |
|---|---|---|---|---|---|---|
| 平成28年 | 735,000 | 1,264,223 | 1,531 | 1,262,692 | 2,110,000 | 602,058 |
| 29 | 710,000 | 1,236,711 | 1,555 | 1,235,156 | 2,115,000 | 432,214 |
| 30 | 774,000 | 1,184,473 | 1,646 | 1,182,827 | 2,100,000 | 289,041 |
| 令和元 | 777,000 | 1,208,261 | 1,756 | 1,206,505 | 2,050,000 | 222,546 |
| 2 | 703,000 | 1,351,915 | 2,469 | 1,349,446 | 1,975,000 | 299,992 |

注：粗糖換算数量である。

(エ) 1世帯当たり年間の砂糖購入数量（二人以上の世帯・全国）

単位：g

| 品目 | 平成29年 | 30 | 令和元 | 2 | 3 |
|---|---|---|---|---|---|
| 砂糖 | 5,143 | 4,736 | 4,446 | 4,427 | 4,420 |

資料：総務省統計局「家計調査年報」

9　花き
(1)　販売目的の花き類の品目別作付（栽培）経営体数
（各年2月1日現在）

単位：経営体

| 区分 | 切り花類 | 球根類 | 鉢もの類 | 花壇用苗もの類 |
|---|---|---|---|---|
| 平成27年 | 38,083 | 2,862 | 6,043 | 4,292 |
| 令和2 | 30,152 | 2,097 | 4,548 | 3,495 |

資料：農林水産省統計部「農林業センサス」

(2)　主要花きの作付（収穫）面積及び出荷量

| 品目 | 令和2年産 | | 3 | |
|---|---|---|---|---|
| | 1)作付面積 | 2)出荷量 | 1)作付面積 | 2)出荷量 |
| | ha | 100万本（球・鉢） | ha | 100万本（球・鉢） |
| 切り花類 | 13,410 | 3,252 | 13,280 | 3,249 |
| うちきく | 4,314 | 1,300 | 4,258 | 1,298 |
| 　カーネーション | 262 | 206 | 252 | 202 |
| 　ばら | 291 | 201 | 284 | 194 |
| 　りんどう | 407 | 82 | 413 | 75 |
| 　宿根かすみそう | 196 | 47 | 201 | 51 |
| 3)洋ラン類 | 109 | 13 | … | … |
| 　スターチス | 168 | 118 | 167 | 122 |
| 　ガーベラ | 80 | 127 | 78 | 123 |
| 　トルコギキョウ | 411 | 88 | 402 | 85 |
| 　ゆり | 659 | 116 | 659 | 115 |
| 　アルストロメリア | 79 | 54 | 80 | 56 |
| 　切り葉 | 581 | 92 | 573 | 92 |
| 　切り枝 | 3,625 | 206 | 3,621 | 203 |
| 球根類 | 255 | 74 | 239 | 74 |
| 鉢もの類 | 1,503 | 191 | 1,474 | 189 |
| うちシクラメン | 162 | 15 | 160 | 15 |
| 　洋ラン類 | 174 | 12 | 170 | 12 |
| 　観葉植物 | 262 | 41 | 265 | 43 |
| 　花木類 | 313 | 34 | 301 | 34 |
| 花壇用苗もの類 | 1,301 | 566 | 1,277 | 554 |
| うちパンジー | 243 | 113 | 239 | 109 |

資料：農林水産省統計部「花き生産出荷統計」
注：　1)の球根類及び鉢もの類は、収穫面積である。
　　　2)の単位は、切り花類及び花壇用苗もの類が100万本、球根類が100万球、鉢もの類が
　　100万鉢である。
　　　3)の洋ラン類（切り花類）は、直近の2年間連続して花き計の生産額に占める割合が
　　1％を満たさなかったため、令和3年産より調査品目から外した。

9 花き（続き）
(3) 花木等の作付面積及び出荷数量

| 品目 | 令和元年産 | | 2 | |
| --- | --- | --- | --- | --- |
| | 作付面積 | 出荷数量 | 作付面積 | 出荷数量 |
| | ha | 千本 | ha | 千本 |
| 花木類 | 2,777 | 54,363 | 2,459 | 44,559 |
| ツツジ | 242 | 4,575 | 159 | 3,937 |
| サツキ | 229 | 4,571 | 160 | 3,818 |
| カイヅカイブキ | 40 | 390 | 39 | 385 |
| タマイブキ | 2 | 20 | 2 | 20 |
| ツバキ | 73 | 617 | 69 | 563 |
| モミジ | 80 | 889 | 75 | 881 |
| ヒバ類 | 189 | 3,642 | 178 | 3,385 |
| ツゲ類 | 109 | 1,570 | 102 | 2,167 |
| その他 | 1,813 | 38,089 | 1,675 | 29,403 |
| 芝 | 4,529 | 1) 3,263 | 4,542 | 1) 3,346 |
| 地被植物類 | 75 | 1) 34 | 77 | 1) 40 |

資料：農林水産省「花木等生産状況調査」
注： 令和元年、2年は主産県を対象に調査を実施し、県別に主産県となっている品目の数値を
積み上げた値である。
1)の単位は、haである。

(4) 産出額

単位：億円

| 品目 | 平成28年 | 29 | 30 | 令和元 | 2 |
| --- | --- | --- | --- | --- | --- |
| きく | 680 | 625 | 614 | 597 | 537 |
| トルコギキョウ | 120 | 127 | 121 | 116 | 111 |
| ゆり | 217 | 214 | 202 | 190 | 176 |
| ばら | 180 | 178 | 164 | 156 | 137 |
| カーネーション | 117 | 111 | 103 | 99 | 88 |
| 切り枝 | 167 | 169 | 180 | 186 | 202 |
| シクラメン | 87 | 74 | 73 | 69 | 69 |
| 洋ラン類 | 348 | 364 | 353 | 355 | 327 |
| 観葉植物 | 118 | 125 | 122 | 116 | 143 |
| 花木類 | 161 | 155 | 146 | 138 | 105 |
| 芝 | 67 | 66 | 65 | 63 | 66 |

資料：農林水産省統計部「生産農業所得統計」

(5) 輸出入実績
　ア　輸出入量及び金額

| 品目 | 単位 | 令和2年 | | 3 | |
|---|---|---|---|---|---|
| | | 数量 | 金額 | 数量 | 金額 |
| | | | 千円 | | 千円 |
| 輸出 | | | | | |
| 1)球根 | 千個 | 626 | 64,064 | 594 | 49,381 |
| 2)植木等 | — | … | 10,551,859 | … | 6,930,731 |
| 3)切花 | kg | 214,104 | 811,365 | 392,210 | 1,344,081 |
| 輸入 | | | | | |
| 1)球根 | 千個 | 283,941 | 5,347,697 | 303,179 | 6,042,288 |
| 3)切花 | kg | 39,886,315 | 34,663,653 | 41,259,161 | 37,724,726 |

資料：財務省関税局「貿易統計」をもとに農林水産省統計部にて作成。（以下イまで同じ。）
注： 1)は、りん茎、塊茎、塊根、球茎、冠根及び根茎（休眠し、生長し又は花が付いている
　　ものに限る。）並びにチコリー及びその根。（主として食用に供するものを除く。）
　　2)は、球根を除く生きている植物及びきのこ菌糸のうち、根を有しない挿穂及び接ぎ穂
　　並びに樹木及び灌木（食用果実又はナットのもの）を除く。
　　3)は、生鮮のもの及び乾燥し、染色し、漂白し、染み込ませ又はその他の加工をしたも
　　ので、花束用又は装飾用に適するものに限る。

　イ　国・地域別輸出入数量及び金額

| 区分 | 単位 | 令和2年 | | 3 | |
|---|---|---|---|---|---|
| | | 数量 | 金額 | 数量 | 金額 |
| | | | 千円 | | 千円 |
| 輸出 | | | | | |
| 球根 | 千個 | 626 | 64,064 | 594 | 49,381 |
| うちオランダ | 〃 | 231 | 19,993 | 378 | 22,337 |
| ブラジル | 〃 | 110 | 13,419 | 69 | 10,076 |
| アメリカ合衆国 | 〃 | 112 | 10,809 | 67 | 7,133 |
| 切花 | kg | 214,104 | 811,365 | 392,210 | 1,344,081 |
| うち中華人民共和国 | 〃 | 125,906 | 315,264 | 258,345 | 610,567 |
| アメリカ合衆国 | 〃 | 26,984 | 165,302 | 39,267 | 250,742 |
| 大韓民国 | 〃 | 13,683 | 87,370 | 22,790 | 125,946 |
| 輸入 | | | | | |
| 球根 | 千個 | 283,941 | 5,347,697 | 303,179 | 6,042,288 |
| うちオランダ | 〃 | 246,977 | 4,096,842 | 262,875 | 4,575,240 |
| ニュージーランド | 〃 | 15,915 | 583,159 | 15,089 | 643,643 |
| チリ | 〃 | 5,459 | 235,885 | 6,733 | 329,765 |
| 切花 | kg | 39,886,315 | 34,663,653 | 41,259,161 | 37,724,726 |
| うちコロンビア | 〃 | 7,460,228 | 8,079,720 | 7,739,175 | 9,146,112 |
| マレーシア | 〃 | 9,343,671 | 7,529,668 | 8,950,540 | 6,941,905 |
| 中華人民共和国 | 〃 | 7,283,300 | 4,846,492 | 8,309,715 | 5,619,920 |

注：令和3年の輸出入金額が多い国・地域について、上位3か国を掲載した。

9 花き（続き）
(6) 年平均小売価格（東京都区部）

単位：円

| 品目 | 銘柄 | 数量単位 | 平成29年 | 30 | 令和元 | 2 | 3 |
|---|---|---|---|---|---|---|---|
| 切り花 | | | | | | | |
| カーネーション | スタンダードタイプ（輪もの） | 本 | 194 | 197 | 196 | 198 | 199 |
| きく | 輪もの | 〃 | 222 | 224 | 227 | 227 | 229 |
| バラ | 輪もの | 〃 | 328 | 334 | 335 | 337 | 340 |
| 鉢植え | 観葉植物、ポトス、5号鉢（上口直径15cm程度）、土栽培、普通品 | 鉢 | 555 | 600 | 587 | 586 | 615 |

資料：総務省統計局「小売物価統計調査年報」

(7) 1世帯当たり年間の支出金額（二人以上の世帯・全国）

単位：円

| 品目 | 平成29年 | 30 | 令和元 | 2 | 3 |
|---|---|---|---|---|---|
| 切り花 | 8,757 | 8,255 | 8,401 | 8,152 | 7,899 |
| 園芸用植物 | 4,121 | 3,784 | 3,543 | 3,947 | 4,139 |

資料：総務省統計局「家計調査年報」

## 10　施設園芸
### (1)　施設園芸に利用したハウス・ガラス室の面積規模別経営体数
（各年2月1日現在）

単位：経営体

| 区分 | 計 | 5a未満 | 5 ～ 10 | 10 ～ 20 | 20 ～ 30 | 30 ～ 50 | 50a以上 |
|---|---|---|---|---|---|---|---|
| 平成27年 | 174,729 | 51,862 | 21,129 | 33,415 | 24,465 | 24,534 | 19,324 |
| 令和2 | 139,540 | 39,570 | 16,359 | 27,377 | 19,672 | 19,725 | 16,837 |

資料：農林水産省統計部 「農林業センサス」

### (2)　園芸用ガラス室・ハウスの設置実面積及び栽培延べ面積

単位：ha

| 区分 | 平成24年 | 26 | 28 | 30 | 令和2 |
|---|---|---|---|---|---|
| 設置実面積 | | | | | |
| 　ガラス室・ハウス計 | 46,449 | 43,232 | 43,220 | 42,164 | 40,615 |
| 　　野菜 | 32,469 | 30,330 | 31,342 | 30,924 | 29,975 |
| 　　花き | 7,188 | 6,500 | 6,589 | 6,062 | 5,539 |
| 　　果樹 | 6,791 | 6,402 | 5,290 | 5,179 | 5,101 |
| 　ガラス室 | 1,889 | 1,658 | 1,663 | 1,595 | 1,870 |
| 　　野菜 | 797 | 753 | 792 | 764 | 1,063 |
| 　　花き | 962 | 862 | 840 | 820 | 786 |
| 　　果樹 | 130 | 43 | 31 | 11 | 21 |
| 　ハウス | 44,560 | 41,574 | 41,558 | 40,569 | 38,745 |
| 　　野菜 | 31,672 | 29,577 | 30,548 | 30,159 | 28,849 |
| 　　花き | 6,227 | 5,638 | 5,750 | 5,242 | 4,932 |
| 　　果樹 | 6,661 | 6,359 | 5,260 | 5,168 | 4,964 |
| 栽培延べ面積 | | | | | |
| 　ガラス室・ハウス計 | 56,226 | 53,249 | 57,168 | 54,791 | 53,592 |
| 　　野菜 | 41,948 | 39,635 | 44,698 | 42,489 | 39,657 |
| 　　花き | 8,090 | 7,412 | 7,264 | 7,117 | 8,379 |
| 　　果樹 | 6,189 | 6,202 | 5,206 | 5,185 | 5,556 |

資料：農林水産省農産局 「園芸用施設の設置等の状況」
注：1　平成24年は、前年の7月から当年の6月までの対象期間である。
　　　　平成26、28、30、令和2年は、前年の11月から当年の10月までの対象期間である。
　　2　同一施設に、二つ以上の作目が栽培された場合は、その栽培期間が最長である作目に分類した。

10 施設園芸（続き）
(3) 保険・共済

| 区分 | 単位 | 計 | | ガラス室 | | プラスチックハウス | |
|---|---|---|---|---|---|---|---|
| | | 令和元年度<br>（概数値） | 2<br>（概数値） | 令和元年度<br>（概数値） | 2<br>（概数値） | 令和元年度<br>（概数値） | 2<br>（概数値） |
| 1) 引受組合等数 | 組合 | 123 | 77 | 84 | 65 | 123 | 77 |
| 2) 引受戸数 | 戸 | 136,551 | 140,028 | 3,751 | 3,694 | 134,870 | 139,433 |
| 引受棟数 | 棟 | 585,101 | 622,272 | 9,827 | 9,715 | 575,274 | 631,987 |
| 引受面積 | a | 2,186,300 | 2,389,287 | 57,511 | 57,749 | 2,128,789 | 2,447,036 |
| 共済金額 | 100万円 | 622,287 | 724,311 | 61,391 | 64,005 | 560,895 | 788,316 |
| 共済掛金 | 〃 | 5,592 | 6,062 | 100 | 97 | 5,492 | 6,158 |
| 保険料 | 〃 | 1,554 | 1,047 | 41 | 15 | 1,513 | 1,062 |
| 再保険料 | 〃 | 1,364 | 1,491 | 15 | 15 | 1,348 | 1,506 |
| 3) うち1棟ごと | 〃 | 923 | 1,024 | 7 | 7 | 916 | 1,031 |
| 4) 年間超過 | 〃 | 440 | 467 | 8 | 8 | 432 | 475 |
| 2) 支払対象戸数 | 戸 | 15,505 | 17,466 | 373 | 386 | 15,203 | 18,755 |
| 支払対象棟数 | 棟 | 39,014 | 31,141 | 593 | 391 | 38,421 | 31,532 |
| 被害額 | 100万円 | 7,238 | 4,854 | 536 | 66 | 6,702 | 4,919 |
| 支払共済金 | 〃 | 5,707 | 3,914 | 424 | 49 | 5,282 | 3,963 |
| 支払保険金 | 〃 | 3,448 | 1,300 | 325 | 16 | 3,123 | 1,315 |
| 支払再保険金 | 〃 | 2,241 | 878 | 132 | 0 | 1,101 | 869 |
| 3) うち1棟ごと | 〃 | 1,233 | 869 | 132 | 0 | 1,101 | 869 |
| 4) 年間超過 | 〃 | 1,008 | 9 | … | … | … | … |

資料：農林水産省経営局資料
注：農業保険法による園芸施設共済の実績である。
　　1)の引受組合等数は、実組合等数である。
　　2)の引受戸数及び被害戸数は、延べ戸数である。
　　3)は、1棟ごとの超過損害歩合再保険方式に係るものである。
　　4)は、年間超過損害歩合再保険方式に係るものである。

## Ⅸ 畜産

### 1 家畜飼養

#### (1) 乳用牛（各年2月1日現在）

##### ア 乳用牛の飼養戸数・飼養頭数

| 年次 | 飼養戸数 | 飼養頭数 | | | | | | 子畜（2歳未満の未経産牛） | 1戸当たり飼養頭数 |
|---|---|---|---|---|---|---|---|---|---|
| | | 合計 | 成畜（2歳以上） | | | | | | |
| | | | 計 | 経産牛 | | | | | |
| | | | | 小計 | 搾乳牛 | 乾乳牛 | | | |
| | 戸 | 千頭 | 千頭 | 千頭 | 千頭 | 千頭 | | 千頭 | 頭 |
| 平成30年 | 15,700 | 1,328 | 907 | 847 | 731 | 116 | | 421 | 84.6 |
| 31 | 15,000 | 1,332 | 901 | 839 | 730 | 110 | | 431 | 88.8 |
| 令和2 | 14,400 | 1,352 | 900 | 839 | 715 | 124 | | 452 | 93.9 |
| 3 | 13,800 | 1,356 | 910 | 849 | 726 | 123 | | 446 | 98.3 |
| 4 | 13,300 | 1,371 | 924 | 862 | 737 | 125 | | 447 | 103.1 |

資料：農林水産省統計部「畜産統計」（以下(2)まで同じ。）
注： 令和2年以降の数値は、牛個体識別全国データベース等の行政記録情報及び関係統計を用いて集計
した加工統計である（以下(2)まで同じ。）。

##### イ 乳用牛の成畜飼養頭数規模別飼養戸数

単位：戸

| 年次・全国農業地域 | 計 | 成畜飼養頭数規模 | | | | | | | 子畜のみ |
|---|---|---|---|---|---|---|---|---|---|
| | | 1～19頭 | 20～29 | 30～49 | 50～79 | 80～99 | 100～199 | 200頭以上 | |
| 平成30年 | 15,400 | 2,900 | 2,160 | 3,810 | 3,140 | 1,120 | 1) 1,940 | … | 361 |
| 31 | 14,800 | 2,910 | 1,910 | 3,690 | 2,950 | 924 | 1) 2,000 | … | 410 |
| 令和2 | 14,400 | 2,890 | 1,880 | 3,500 | 2,870 | 952 | 1,400 | 561 | 320 |
| 3 | 13,800 | 2,710 | 1,740 | 3,280 | 2,820 | 946 | 1,420 | 610 | 296 |
| 4 | 13,300 | 2,510 | 1,590 | 3,120 | 2,750 | 917 | 1,450 | 669 | 310 |
| 北海道 | 5,560 | 445 | 279 | 1,050 | 1,610 | 617 | 968 | 429 | 169 |
| 東北 | 1,900 | 705 | 330 | 442 | 216 | 46 | 62 | 30 | 65 |
| 北陸 | 253 | 65 | 54 | 76 | 37 | 11 | 4 | 3 | 3 |
| 関東・東山 | 2,430 | 617 | 433 | 676 | 354 | 92 | 143 | 83 | 33 |
| 東海 | 549 | 92 | 79 | 160 | 97 | 27 | 64 | 26 | 4 |
| 近畿 | 392 | 110 | 70 | 104 | 52 | 14 | 26 | 12 | 4 |
| 中国 | 577 | 153 | 95 | 152 | 73 | 27 | 40 | 27 | 10 |
| 四国 | 274 | 83 | 44 | 76 | 37 | 10 | 9 | 12 | 3 |
| 九州 | 1,300 | 224 | 196 | 359 | 259 | 69 | 131 | 46 | 18 |
| 沖縄 | 65 | 11 | 6 | 18 | 18 | 4 | 6 | 1 | 1 |

注：1 平成31年以前の数値は、学校、試験場などの非営利的な飼養者を含まない。
   2 令和2年から階層区分を変更したため、「100頭以上」は、「100～199」及び「200頭以上」
   とした。
1)は「200頭以上」を含む。

#### (2) 肉用牛（各年2月1日現在）

##### ア 肉用牛の飼養戸数・飼養頭数

| 年次 | 飼養戸数 | | 飼養頭数 | | | | | | | 1戸当たり飼養頭数 |
|---|---|---|---|---|---|---|---|---|---|---|
| | | 乳用種のいる戸数 | 計 | 肉用種 | | | | | 乳用種 | |
| | | | | めす | | おす | | | | |
| | | | | 小計 | 2歳以上 | 小計 | 2歳以上 | | | |
| | 戸 | 戸 | 千頭 | 千頭 | 千頭 | 千頭 | 千頭 | | 千頭 | 頭 |
| 平成30年 | 48,300 | 4,850 | 2,514 | 1,091 | 651 | 610 | 106 | | 813 | 52.0 |
| 31 | 46,300 | 4,670 | 2,503 | 1,114 | 655 | 620 | 103 | | 769 | 54.1 |
| 令和2 | 43,900 | 4,560 | 2,555 | 1,138 | 655 | 654 | 105 | | 763 | 58.2 |
| 3 | 42,100 | 4,390 | 2,605 | 1,162 | 662 | 667 | 108 | | 776 | 61.9 |
| 4 | 40,400 | 4,270 | 2,614 | 1,158 | 681 | 654 | 120 | | 802 | 64.7 |

注：乳用種の数値には、ホルスタイン種などの肉用を目的としている乳用種のほか交雑種を含む。

1　家畜飼養（続き）
　(2)　肉用牛（各年2月1日現在）（続き）
　　イ　肉用牛の総飼養頭数規模別飼養戸数

単位：戸

| 年次 | 計 | 1～4頭 | 5～9 | 10～19 | 20～29 | 30～49 | 50～99 | 100～199 | 200～499 | 500頭以上 |
|---|---|---|---|---|---|---|---|---|---|---|
| 平成30年 | 48,000 | 12,400 | 9,620 | 9,480 | 1) 8,070 | … | 4,150 | 2,090 | 2) 2,210 | 769 |
| 31 | 46,000 | 11,000 | 9,520 | 9,120 | 1) 8,020 | … | 3,910 | 2,180 | 2) 2,250 | 759 |
| 令和2 | 43,900 | 10,700 | 8,890 | 8,070 | 4,010 | 4,020 | 3,920 | 2,180 | 1,400 | 743 |
| 3 | 42,100 | 9,700 | 8,260 | 7,760 | 3,880 | 4,130 | 3,950 | 2,210 | 1,420 | 763 |
| 4 | 40,400 | 9,020 | 8,260 | 7,410 | 3,760 | 4,060 | 3,860 | 2,220 | 1,430 | 783 |

注：1　平成31年以前の数値は、学校、試験場などの非営利的な飼養者を含まない。
　　2　令和2年から階層区分を変更し、「20～49」を「20～29」及び「30～49」に、
　　　「200頭以上」を「200～499」及び「500頭以上」にした。
　　1)は「30～49」を含む。
　　2)は「500頭以上」を含む。

　　ウ　肉用牛の種類別飼養頭数規模別飼養戸数（令和4年）
　　　(ア)　子取り用めす牛

単位：戸

| 区分 | 計 | 1～4頭 | 5～9 | 10～19 | 20～49 | 50～99 | 100頭以上 |
|---|---|---|---|---|---|---|---|
| 全国 | 35,500 | 13,400 | 7,960 | 6,520 | 5,510 | 1,520 | 583 |

注：　階層区分に用いた子取り用めす牛飼養頭数は、牛個体識別全国データベースにおいて出産経験の
　　ある肉用種めすの頭数である。

　　　(イ)　肉用種の肥育用牛

単位：戸

| 区分 | 計 | 1～9頭 | 10～19 | 20～29 | 30～49 | 50～99 | 100～199 | 200～499 | 500頭以上 |
|---|---|---|---|---|---|---|---|---|---|
| 全国 | 6,660 | 3,470 | 660 | 399 | 530 | 651 | 529 | 294 | 129 |

注：　階層区分に用いた肉用種の肥育用牛飼養頭数は、牛個体識別全国データベースにおいて1歳以上
　　の肉用種おすの頭数である。

　　　(ウ)　乳用種

単位：戸

| 区分 | 計 | 1～4頭 | 5～19 | 20～29 | 30～49 | 50～99 | 100～199 | 200～499 | 500頭以上 |
|---|---|---|---|---|---|---|---|---|---|
| 全国 | 4,270 | 1,660 | 772 | 165 | 182 | 287 | 389 | 446 | 370 |

　(3)　種おす牛の飼養頭数（各年2月1日現在）

単位：頭

| 年次 | 計 | 肉用牛 | | | | | 乳用牛 | | |
|---|---|---|---|---|---|---|---|---|---|
| | | 小計 | 黒毛和種 | 褐毛和種 | 日本短角種 | その他 | 小計 | ホルスタイン種 | ジャージー種とその他 |
| 平成29年 | 2,135 | 1,439 | 1,234 | 75 | 91 | 39 | 696 | 689 | 7 |
| 30 | 2,089 | 1,426 | 1,225 | 72 | 95 | 34 | 663 | 658 | 5 |
| 31 | 2,029 | 1,397 | 1,196 | 74 | 94 | 33 | 632 | 626 | 6 |
| 令和2 | 2,012 | 1,361 | 1,168 | 76 | 83 | 34 | 651 | 645 | 6 |
| 3 | 1,954 | 1,330 | 1,142 | 79 | 80 | 29 | 624 | 620 | 4 |

資料：農林水産省畜産局資料
注：対象は家畜改良増殖法に基づく種畜検査に合格して飼養されているものである。

(4) 豚（各年2月1日現在）
ア 豚の飼養戸数・飼養頭数

| 年次 | 飼養戸数 | 飼養頭数 | | | | | | 1戸当たり飼養頭数 |
|---|---|---|---|---|---|---|---|---|
| | | 計 | 子取り用めす豚 | 種おす豚 | 肥育豚 | その他 | | |
| | 戸 | 千頭 | 千頭 | 千頭 | 千頭 | 千頭 | | 頭 |
| 平成30年 | 4,470 | 9,189 | 824 | 39 | 7,677 | 650 | | 2,055.7 |
| 31 | 4,320 | 9,156 | 853 | 36 | 7,594 | 673 | | 2,119.4 |
| 令和2 | … | … | … | … | … | … | | nc |
| 3 | 3,850 | 9,290 | 823 | 32 | 7,676 | 759 | | 2,413.0 |
| 4 | 3,590 | 8,949 | 789 | 30 | 7,515 | 615 | | 2,492.8 |

資料：農林水産省統計部「畜産統計」（以下(7)まで同じ。）
注：令和2年は、2020年農林業センサス実施年のため調査を休止した（以下(5)ウまで同じ。）。

イ 肥育豚の飼養頭数規模別飼養戸数

単位：戸

| 年次 | 計 | 肥育豚飼養頭数規模 | | | | | | | 肥育豚なし |
|---|---|---|---|---|---|---|---|---|---|
| | | 小計 | 1～99頭 | 100～299 | 300～499 | 500～999 | 1,000～1.999 | 2,000頭以上 | |
| 平成30年 | 4,310 | 4,080 | 533 | 530 | 405 | 798 | 789 | 1,030 | 232 |
| 31 | 4,170 | 3,950 | 479 | 448 | 428 | 813 | 756 | 1,030 | 213 |
| 令和2 | … | … | … | … | … | … | … | … | … |
| 3 | 3,710 | 3,490 | 350 | 386 | 358 | 679 | 718 | 997 | 224 |
| 4 | 3,450 | 3,230 | 320 | 316 | 318 | 686 | 633 | 958 | 221 |

注：1 階層区分に用いた肥育豚頭数は、調査日現在における肥育中の成豚（繁殖用を除く。）と自家で肥育する予定の子豚（販売予定の子豚を除く。）の合計頭数である。
2 学校、試験場などの非営利的な飼養者を含まない（以下ウまで同じ。）。

ウ 子取り用めす豚の飼養頭数規模別飼養戸数

単位：戸

| 年次 | 計 | 子取り用めす豚飼養頭数規模 | | | | | | | 子取り用めす豚なし |
|---|---|---|---|---|---|---|---|---|---|
| | | 小計 | 1～9頭 | 10～29 | 30～49 | 50～99 | 100～199 | 200頭以上 | |
| 平成30年 | 4,310 | 3,490 | 249 | 368 | 362 | 698 | 725 | 1,090 | 821 |
| 31 | 4,170 | 3,320 | 227 | 337 | 303 | 706 | 689 | 1,050 | 851 |
| 令和2 | … | … | … | … | … | … | … | … | … |
| 3 | 3,710 | 2,910 | 185 | 272 | 238 | 564 | 616 | 1,030 | 803 |
| 4 | 3,450 | 2,620 | 170 | 224 | 228 | 488 | 585 | 923 | 834 |

1 家畜飼養（続き）
(5) 採卵鶏・ブロイラー（各年2月1日現在）
ア 採卵鶏及びブロイラーの飼養戸数・飼養羽数

| 年次 | 採卵鶏 | | | | | | | ブロイラー | | |
|---|---|---|---|---|---|---|---|---|---|---|
| | 飼養戸数 | | 飼養羽数 | | | | 1戸当たり成鶏めす飼養羽数（種鶏を除く。） | 飼養戸数 | 飼養羽数 | 1戸当たり飼養羽数 |
| | | 採卵鶏（種鶏のみの飼養者を除く。） | 計 | 採卵鶏（めす） | | 種鶏 | | | | |
| | | | | ひな（6か月未満） | 成鶏めす（6か月以上） | | | | | |
| | 戸 | 戸 | 千羽 | 千羽 | 千羽 | 千羽 | 千羽 | 戸 | 千羽 | 千羽 |
| 平成30年 | 2,280 | 2,200 | 184,350 | 42,914 | 139,036 | 2,400 | 63.2 | 2,260 | 138,776 | 61.4 |
| 31 | 2,190 | 2,120 | 184,917 | 40,576 | 141,792 | 2,549 | 66.9 | 2,250 | 138,228 | 61.4 |
| 令和2 | … | … | … | … | … | … | nc | … | … | nc |
| 3 | 1,960 | 1,880 | 183,373 | 40,221 | 140,697 | 2,455 | 74.8 | 2,160 | 139,658 | 64.7 |
| 4 | 1,880 | 1,810 | 182,661 | 42,805 | 137,291 | 2,565 | 75.9 | 2,100 | 139,230 | 66.3 |

注：採卵鶏は1,000羽未満の飼養者、ブロイラーは年間出荷羽数3,000羽未満の飼養者を含まない。

イ 採卵鶏の成鶏めす飼養羽数規模別飼養戸数

単位：戸

| 年次 | 計 | 成鶏めす飼養羽数規模 | | | | | | ひなのみ |
|---|---|---|---|---|---|---|---|---|
| | | 小計 | 1,000～9,999羽 | 10,000～49,999 | 50,000～99,999 | 100,000～499,999 | 500,000羽以上 | |
| 平成30年 | 2,180 | 1,990 | 1) 823 | 613 | 226 | 2) 332 | … | 184 |
| 31 | 2,100 | 1,920 | 1) 767 | 598 | 230 | 2) 329 | … | 173 |
| 令和2 | … | … | … | … | … | … | … | … |
| 3 | 1,850 | 1,700 | 1) 679 | 499 | 192 | 2) 334 | … | 150 |
| 4 | 1,790 | 1,630 | 624 | 462 | 214 | 279 | 55 | 157 |

注：1 1,000羽未満の飼養者及び学校、試験場などの非営利的な飼養者を含まない。
　　2 令和4年から階層区分を変更し、「1,000～4,999羽」及び「5,000～9,999」を「1,000～9,999羽」に、「100,000以上」を「100,000～499,999」及び「500,000羽以上」にした。
1)は、「1,000～4,999羽」及び「5,000～9,999」を合計した数値である。
2)は、「500,000羽以上」を含む。

ウ ブロイラーの出荷羽数規模別出荷戸数

単位：戸

| 年次 | 計 | 3,000～99,999羽 | 100,000～199,999 | 200,000～299,999 | 300,000～499,999 | 500,000羽以上 |
|---|---|---|---|---|---|---|
| 平成30年 | 2,270 | 1) 553 | 673 | 431 | 338 | 272 |
| 31 | 2,250 | 1) 555 | 692 | 363 | 362 | 282 |
| 令和2 | … | … | … | … | … | … |
| 3 | 2,180 | 1) 493 | 665 | 360 | 368 | 298 |
| 4 | 2,150 | 479 | 597 | 389 | 370 | 313 |

注：1 年間出荷羽数3,000羽未満の飼養者及び学校、試験場などの非営利的な飼養者を含まない。
　　2 令和4年から階層区分を変更し、「3,000～49,999羽」及び「50,000～99,999」を「3,000～99,999羽」にした。
1)は、「3,000～49,999羽」及び「50,000～99,999」を合計した数値である。

(6) 都道府県別主要家畜の飼養戸数・飼養頭数
　　(乳用牛・肉用牛) (令和4年)

| 全国・都道府県 | 乳用牛 | | 肉用牛 | | |
| --- | --- | --- | --- | --- | --- |
| | 飼養戸数 | 飼養頭数 | 飼養戸数 | 飼養頭数 | |
| | | | | | 乳用種 |
| | 戸 | 千頭 | 戸 | 千頭 | 千頭 |
| **全国** | **13,300** | **1,371** | **40,400** | **2,614** | **802** |
| 北海道 | 5,560 | 846 | 2,240 | 553 | 352 |
| 青森 | 156 | 12 | 763 | 55 | 24 |
| 岩手 | 765 | 40 | 3,650 | 89 | 18 |
| 宮城 | 430 | 18 | 2,690 | 80 | 10 |
| 秋田 | 82 | 4 | 681 | 19 | 1 |
| 山形 | 200 | 12 | 581 | 42 | 1 |
| 福島 | 263 | 12 | 1,650 | 49 | 10 |
| 茨城 | 292 | 24 | 442 | 49 | 19 |
| 栃木 | 615 | 55 | 799 | 84 | 41 |
| 群馬 | 412 | 34 | 502 | 57 | 25 |
| 埼玉 | 162 | 8 | 136 | 18 | 6 |
| 千葉 | 453 | 28 | 247 | 41 | 30 |
| 東京 | 45 | 1 | 18 | 1 | x |
| 神奈川 | 142 | 5 | 58 | 5 | 3 |
| 新潟 | 155 | 6 | 178 | 11 | 6 |
| 富山 | 34 | 2 | 30 | 4 | 1 |
| 石川 | 42 | 3 | 76 | 4 | 0 |
| 福井 | 22 | 1 | 44 | 2 | 1 |
| 山梨 | 52 | 4 | 60 | 5 | 3 |
| 長野 | 258 | 14 | 343 | 21 | 5 |
| 岐阜 | 95 | 5 | 452 | 33 | 2 |
| 静岡 | 175 | 14 | 110 | 20 | 12 |
| 愛知 | 247 | 21 | 340 | 42 | 30 |
| 三重 | 32 | 7 | 148 | 30 | 4 |
| 滋賀 | 42 | 3 | 89 | 21 | 4 |
| 京都 | 46 | 4 | 67 | 5 | 0 |
| 大阪 | 24 | 1 | 9 | 1 | 0 |
| 兵庫 | 232 | 13 | 1,140 | 56 | 8 |
| 奈良 | 39 | 3 | 41 | 4 | 0 |
| 和歌山 | 9 | 1 | 47 | 3 | 0 |
| 鳥取 | 109 | 9 | 257 | 21 | 8 |
| 島根 | 86 | 11 | 746 | 33 | 7 |
| 岡山 | 207 | 17 | 406 | 35 | 20 |
| 広島 | 121 | 9 | 460 | 26 | 12 |
| 山口 | 54 | 2 | 350 | 15 | 3 |
| 徳島 | 81 | 4 | 170 | 23 | 13 |
| 香川 | 61 | 5 | 159 | 22 | 13 |
| 愛媛 | 88 | 5 | 154 | 10 | 5 |
| 高知 | 44 | 3 | 135 | 6 | 1 |
| 福岡 | 183 | 12 | 169 | 23 | 8 |
| 佐賀 | 39 | 2 | 532 | 53 | 1 |
| 長崎 | 132 | 7 | 2,180 | 88 | 15 |
| 熊本 | 494 | 44 | 2,170 | 134 | 29 |
| 大分 | 98 | 13 | 1,050 | 52 | 11 |
| 宮崎 | 209 | 14 | 4,940 | 255 | 26 |
| 鹿児島 | 147 | 13 | 6,690 | 338 | 15 |
| 沖縄 | 65 | 4 | 2,170 | 78 | 0 |

注：牛個体識別全国データベース等の行政記録情報及び関連統計を用いて集計した加工統計である。

(7) 都道府県別主要家畜の飼養戸数・飼養頭羽数 (豚・鶏) (令和4年)

| 全国・都道府県 | 豚 | | 鶏 | | | |
|---|---|---|---|---|---|---|
| | 飼養戸数 | 飼養頭数 | 1) 採卵鶏 | | 4) ブロイラー | |
| | | | 2) 飼養戸数 | 3) 飼養羽数 | 飼養戸数 | 飼養羽数 |
| | 戸 | 千頭 | 戸 | 千羽 | 戸 | 千羽 |
| 全国 | 3,590 | 8,949 | 1,810 | 180,096 | 2,100 | 139,230 |
| 北海道 | 203 | 728 | 56 | 6,453 | 9 | 5,180 |
| 青森 | 60 | 359 | 25 | 6,497 | 63 | 8,058 |
| 岩手 | 86 | 492 | 21 | 5,149 | 280 | 21,095 |
| 宮城 | 94 | 187 | 38 | 3,947 | 37 | 1,958 |
| 秋田 | 66 | 260 | 15 | 2,209 | 1 | x |
| 山形 | 74 | 185 | 12 | 468 | 15 | x |
| 福島 | 55 | 122 | 44 | 5,882 | 35 | 841 |
| 茨城 | 264 | 421 | 101 | 15,142 | 40 | 1,435 |
| 栃木 | 92 | 356 | 42 | 6,103 | 10 | x |
| 群馬 | 185 | 605 | 53 | 8,968 | 27 | 1,562 |
| 埼玉 | 66 | 76 | 61 | 4,294 | 1 | x |
| 千葉 | 215 | 583 | 103 | 12,837 | 25 | 1,671 |
| 東京 | 9 | 2 | 12 | 76 | – | – |
| 神奈川 | 41 | 61 | 41 | 1,206 | – | – |
| 新潟 | 92 | 167 | 37 | 6,304 | 9 | x |
| 富山 | 14 | 22 | 17 | 831 | – | – |
| 石川 | 12 | 18 | 11 | 1,268 | – | – |
| 福井 | 3 | 1 | 12 | 771 | 2 | x |
| 山梨 | 14 | 11 | 22 | 585 | 8 | 351 |
| 長野 | 51 | 56 | 18 | 538 | 17 | 670 |
| 岐阜 | 27 | 90 | 49 | 4,945 | 15 | 1,001 |
| 静岡 | 80 | 95 | 42 | 5,496 | 25 | 996 |
| 愛知 | 142 | 306 | 121 | 9,750 | 11 | 997 |
| 三重 | 43 | 85 | 70 | 6,429 | 10 | 706 |
| 滋賀 | 5 | 4 | 16 | 255 | 2 | x |
| 京都 | 9 | 13 | 25 | 1,655 | 11 | 593 |
| 大阪 | 5 | 2 | 11 | 42 | – | – |
| 兵庫 | 19 | 18 | 41 | 5,571 | 50 | 2,120 |
| 奈良 | 8 | 4 | 23 | 307 | 2 | x |
| 和歌山 | 7 | 2 | 20 | 300 | 16 | 239 |
| 鳥取 | 16 | 60 | 8 | 261 | 10 | 3,111 |
| 島根 | 5 | 36 | 15 | 939 | 3 | 396 |
| 岡山 | 20 | 47 | 62 | 9,323 | 17 | 2,842 |
| 広島 | 24 | 138 | 43 | 9,926 | 8 | 731 |
| 山口 | 8 | 33 | 14 | 1,778 | 26 | 1,552 |
| 徳島 | 20 | 47 | 17 | 831 | 146 | 4,254 |
| 香川 | 22 | 31 | 52 | 5,310 | 33 | 2,500 |
| 愛媛 | 74 | 192 | 37 | 2,275 | 25 | 817 |
| 高知 | 15 | 24 | 11 | 260 | 8 | 471 |
| 福岡 | 43 | 82 | 64 | 3,244 | 38 | 1,444 |
| 佐賀 | 34 | 83 | 24 | 267 | 63 | 3,637 |
| 長崎 | 79 | 196 | 56 | 1,798 | 50 | 3,117 |
| 熊本 | 146 | 339 | 38 | 2,493 | 67 | 3,848 |
| 大分 | 38 | 137 | 18 | 1,067 | 51 | 2,291 |
| 宮崎 | 335 | 764 | 54 | 2,768 | 446 | 27,599 |
| 鹿児島 | 452 | 1,199 | 103 | 11,731 | 378 | 28,090 |
| 沖縄 | 219 | 212 | 38 | 1,547 | 14 | 685 |

注：1)は、1,000羽未満の飼養者を含まない。
　　2)は、種鶏のみの飼養者を除く数値である。
　　3)は、種鶏を除く採卵鶏の飼養羽数の数値である。
　　4)は、ブロイラーの年間出荷羽数3,000羽未満の飼養者を含まない。

## 2 生産量及び出荷量(頭羽数)
### (1) 生乳生産量及び用途別処理量

| 年次 | 1)生乳生産量 | 用途別処理量 | | | | 搾乳牛頭数 (各年2月1日現在) |
| --- | --- | --- | --- | --- | --- | --- |
| | | 2)牛乳等向け | 業務用向け | 乳製品向け | その他 | |
| | t | t | t | t | t | 千頭 |
| 平成29年 | 7,276,523 | 3,986,478 | 322,564 | 3,240,814 | 49,231 | 735 |
| 30 | 7,289,227 | 3,999,805 | 350,351 | 3,243,275 | 46,147 | 731 |
| 令和元 | 7,313,530 | 3,999,655 | 346,127 | 3,269,669 | 44,206 | 730 |
| 2 | 7,438,218 | 4,019,561 | 300,580 | 3,374,111 | 44,546 | 715 |
| 3 | 7,592,061 | 4,000,979 | 323,820 | 3,542,626 | 48,456 | 726 |

資料:農林水産省統計部「牛乳乳製品統計」(以下(2)まで同じ。)
　　　搾乳牛頭数は、農林水産省統計部「畜産統計」
注: 1)は、生産者の自家飲用、子牛のほ乳用を含む。
　　 2)は、牛乳、加工乳・成分調整牛乳、乳飲料、はっ酵乳及び乳酸菌飲料の飲用向けに仕向けたものである。

### (2) 牛乳等の生産量

単位:kl

| 年次 | 飲用牛乳等 | | | | | | 乳飲料 | はっ酵乳 | 乳酸菌飲料 |
| --- | --- | --- | --- | --- | --- | --- | --- | --- | --- |
| | 計 | 牛乳 | 業務用 | 加工乳・成分調整牛乳 | 業務用 | 成分調整牛乳 | | | |
| 平成29年 | 3,538,986 | 3,090,779 | 299,317 | 448,207 | 53,573 | 352,642 | 1,177,800 | 1,072,051 | 124,495 |
| 30 | 3,556,019 | 3,141,688 | 326,726 | 414,331 | 49,866 | 317,415 | 1,129,372 | 1,067,820 | 125,563 |
| 令和元 | 3,571,543 | 3,160,464 | 322,321 | 411,079 | 58,478 | 288,215 | 1,127,879 | 1,029,592 | 115,992 |
| 2 | 3,573,856 | 3,179,724 | 280,924 | 394,132 | 42,612 | 282,329 | 1,108,195 | 1,059,866 | 117,248 |
| 3 | 3,575,929 | 3,193,854 | 299,665 | 382,075 | 43,682 | 264,289 | 1,058,886 | 1,033,721 | 113,009 |

### (3) 枝肉生産量

単位:t

| 年次 | 豚 | 牛 | | | | | | | 子牛 | 馬 |
| --- | --- | --- | --- | --- | --- | --- | --- | --- | --- | --- |
| | | 計 | 成牛 | 和牛 | 乳牛 | 交雑牛 | その他の牛 | | | |
| 平成29年 | 1,272,301 | 469,096 | 468,497 | 205,909 | 135,421 | 122,021 | 5,146 | | 598 | 3,916 |
| 30 | 1,284,213 | 475,336 | 474,820 | 212,052 | 130,494 | 127,089 | 5,185 | | 516 | 3,850 |
| 令和元 | 1,278,886 | 470,918 | 470,434 | 215,854 | 127,537 | 121,414 | 5,630 | | 484 | 4,102 |
| 2 | 1,305,823 | 477,457 | 476,990 | 226,931 | 125,474 | 117,690 | 6,895 | | 467 | 4,025 |
| 3 | 1,318,203 | 477,854 | 477,391 | 228,765 | 123,698 | 117,721 | 7,207 | | 463 | 4,551 |

資料:農林水産省統計部「畜産物流通統計」(以下(6)まで同じ。)
注: 枝肉生産量は、食肉卸売市場調査及びと畜場統計調査結果から1頭当たり枝肉重量を算出し、この1頭当たり枝肉重量にと畜頭数を乗じて推計したものである(以下(4)まで同じ。)。

2 生産量及び出荷量 (頭羽数) (続き)
(4) 肉豚・肉牛のと畜頭数及び枝肉生産量 (令和3年)

| 主要生産県 | と畜頭数 | 枝肉生産量 | 主要生産県 | と畜頭数 | 枝肉生産量 |
|---|---|---|---|---|---|
| | 頭 | t | | 頭 | t |
| 肉豚 | | | 肉牛 (成牛) | | |
| **全国** | 16,837,870 | 1,318,203 | **全国** | 1,051,307 | 477,391 |
| 鹿児島 | 2,755,450 | 215,729 | 北海道 | 229,959 | 94,716 |
| 北海道 | 1,313,291 | 102,804 | 鹿児島 | 99,213 | 47,558 |
| 茨城 | 1,302,388 | 101,972 | 東京 | 87,074 | 42,416 |
| 青森 | 1,116,589 | 87,401 | 兵庫 | 59,881 | 27,381 |
| 宮崎 | 1,026,699 | 80,379 | 福岡 | 53,130 | 25,193 |
| 千葉 | 889,884 | 69,679 | 宮崎 | 51,732 | 25,061 |
| 群馬 | 764,162 | 59,843 | 茨城 | 36,756 | 15,457 |
| 神奈川 | 605,779 | 47,429 | 埼玉 | 31,002 | 13,875 |
| 長崎 | 587,139 | 45,965 | 熊本 | 30,867 | 14,244 |
| 埼玉 | 577,957 | 45,254 | 大阪 | 29,392 | 14,282 |

注 : と畜頭数上位10都道府県について掲載した。

(5) 肉用若鶏 (ブロイラー) の処理量

| 区分 | 単位 | 平成29年 | 30 | 令和元 | 2 | 3 |
|---|---|---|---|---|---|---|
| 処理羽数 | 千羽 | 685,105 | 700,571 | 712,493 | 725,190 | 732,901 |
| 処理重量 | t | 2,052,065 | 2,082,914 | 2,131,953 | 2,163,628 | 2,216,307 |

注 : 年間の処理羽数30万羽を超える食鳥処理場のみを調査対象者として調査を実施した結果である。

(6) 鶏卵の主要生産県別生産量

単位 : t

| 主要生産県 | 平成29年 | 30 | 令和元 | 2 | 3 |
|---|---|---|---|---|---|
| 全国 | 2,601,173 | 2,627,764 | 2,639,733 | 2,632,882 | 2,574,255 |
| 茨城 | 232,533 | 224,245 | 234,209 | 232,686 | 216,195 |
| 鹿児島 | 175,578 | 181,956 | 187,797 | 190,021 | 183,220 |
| 岡山 | 131,815 | 129,953 | 136,443 | 127,841 | 137,575 |
| 広島 | 130,768 | 129,712 | 135,443 | 140,323 | 134,739 |
| 栃木 | 67,456 | 94,330 | 107,030 | 105,387 | 110,016 |
| 群馬 | 77,987 | 82,493 | 84,897 | 89,829 | 108,882 |
| 静岡 | 68,311 | 70,878 | 73,674 | 73,347 | 107,316 |
| 千葉 | 171,679 | 167,795 | 166,471 | 156,998 | 106,605 |
| 愛知 | 107,038 | 108,133 | 104,732 | 104,192 | 103,490 |
| 青森 | 101,721 | 107,212 | 105,236 | 104,399 | 103,192 |

注 : 1 令和3年結果には採卵養鶏農家における自家消費量を含まない。
　　 2 令和3年生産量上位10都道府県について掲載した。

## 3 需給

### (1) 肉類需給表

| 年度・種類別 | | 国内生産量 | 輸入量 | 在庫の増減量 | 国内消費仕向量 | 純食料 | 一人1年当たり供給量 | 一人1日当たり供給量 |
|---|---|---|---|---|---|---|---|---|
| | | 千t | 千t | 千t | 千t | 千t | kg | g |
| 平成29年度 | 肉類計 | 3,325 | 3,127 | 23 | 6,412 | 4,147 | 32.7 | 89.5 |
| | うち牛肉 | 471 | 817 | △ 7 | 1,291 | 797 | 6.3 | 17.2 |
| | 豚肉 | 1,272 | 1,357 | 5 | 2,621 | 1,618 | 12.7 | 34.9 |
| | 鶏肉 | 1,575 | 905 | 22 | 2,448 | 1,703 | 13.4 | 36.8 |
| 30 | 肉類計 | 3,365 | 3,195 | △ 2 | 6,544 | 4,212 | 33.2 | 91.0 |
| | うち牛肉 | 476 | 886 | 26 | 1,331 | 817 | 6.4 | 17.7 |
| | 豚肉 | 1,282 | 1,344 | △ 21 | 2,644 | 1,624 | 12.8 | 35.1 |
| | 鶏肉 | 1,599 | 914 | △ 8 | 2,511 | 1,738 | 13.7 | 37.6 |
| 令和元 | 肉類計 | 3,399 | 3,255 | 81 | 6,556 | 4,229 | 33.4 | 91.3 |
| | うち牛肉 | 471 | 890 | 16 | 1,339 | 824 | 6.5 | 17.8 |
| | 豚肉 | 1,290 | 1,400 | 62 | 2,626 | 1,616 | 12.8 | 34.9 |
| | 鶏肉 | 1,632 | 916 | 2 | 2,537 | 1,759 | 13.9 | 38.0 |
| 2 | 肉類計 | 3,449 | 3,037 | △ 67 | 6,531 | 4,226 | 33.5 | 91.8 |
| | うち牛肉 | 479 | 845 | △ 13 | 1,329 | 820 | 6.5 | 17.8 |
| | 豚肉 | 1,310 | 1,292 | △ 40 | 2,638 | 1,629 | 12.9 | 35.4 |
| | 鶏肉 | 1,653 | 859 | △ 11 | 2,513 | 1,749 | 13.9 | 38.0 |
| 3 (概算値) | 肉類計 | 3,484 | 3,138 | 9 | 6,594 | 4,271 | 34.0 | 93.2 |
| | うち牛肉 | 480 | 813 | 15 | 1,267 | 782 | 6.2 | 17.1 |
| | 豚肉 | 1,318 | 1,357 | △ 3 | 2,675 | 1,651 | 13.2 | 36.0 |
| | 鶏肉 | 1,678 | 927 | △ 1 | 2,601 | 1,810 | 14.4 | 39.5 |

資料：農林水産省大臣官房政策課食料安全保障室「食料需給表」（以下(2)まで同じ。）
注：1 肉類計には、くじら、その他の肉を含む。
　　2 輸入は枝肉（鶏肉は骨付き肉）に換算した。

### (2) 生乳需給表

| 年度・種類別 | | 国内生産量 | 輸入量 | 在庫の増減量 | 国内消費仕向量 | 純食料 | 一人1年当たり供給量 | 一人1日当たり供給量 |
|---|---|---|---|---|---|---|---|---|
| | | 千t | 千t | 千t | 千t | 千t | kg | g |
| 平成29年度 | 飲用向け | 3,984 | 0 | 0 | 3,979 | 3,939 | 31.0 | 85.0 |
| | 乳製品向け | 3,258 | 5,000 | 110 | 8,122 | 7,878 | 62.1 | 170.1 |
| 30 | 飲用向け | 4,006 | 0 | 0 | 4,001 | 3,940 | 31.1 | 85.2 |
| | 乳製品向け | 3,231 | 5,164 | △ 11 | 8,379 | 8,085 | 63.8 | 174.8 |
| 令和元 | 飲用向け | 3,997 | 0 | 0 | 3,991 | 3,938 | 31.1 | 85.0 |
| | 乳製品向け | 3,321 | 5,238 | 152 | 8,378 | 8,100 | 64.0 | 174.9 |
| 2 | 飲用向け | 4,034 | 0 | 0 | 4,026 | 3,986 | 31.6 | 86.6 |
| | 乳製品向け | 3,355 | 4,987 | 159 | 8,148 | 7,904 | 62.7 | 171.7 |
| 3 (概算値) | 飲用向け | 3,998 | 0 | 0 | 3,990 | 3,950 | 31.5 | 86.2 |
| | 乳製品向け | 3,599 | 4,690 | 110 | 8,123 | 7,879 | 62.8 | 172.0 |

注：農家自家用生乳を含まない。

3 需給（続き）
(3) 1世帯当たり年間の購入数量（二人以上の世帯・全国）

| 品目 | 単位 | 平成29年 | 30 | 令和元 | 2 | 3 |
|---|---|---|---|---|---|---|
| 生鮮肉 | g | 47,792 | 49,047 | 48,694 | 53,573 | 52,227 |
| うち牛肉 | 〃 | 6,581 | 6,717 | 6,538 | 7,186 | 6,738 |
| 豚肉 | 〃 | 20,788 | 21,518 | 21,179 | 22,990 | 22,554 |
| 鶏肉 | 〃 | 16,315 | 16,865 | 16,912 | 18,774 | 18,295 |
| 牛乳 | l | 78.03 | 76.24 | 75.80 | 78.17 | 74.19 |
| 卵 | g | 31,264 | 31,933 | 31,746 | 34,000 | 32,860 |

資料：総務省統計局「家計調査年報」

(4) 畜産物の輸出入実績
ア 輸出入量及び金額

| 品目 | 令和2年 | | 3 | |
|---|---|---|---|---|
| | 数量 | 金額 | 数量 | 金額 |
| | t | 千円 | t | 千円 |
| **輸出** | | | | |
| 食肉及びその調整品 | | | | |
| 牛肉（くず肉含む） | 4,845 | 28,873,653 | 7,879 | 53,678,469 |
| 豚肉（くず肉含む） | 2,454 | 1,757,617 | 2,144 | 2,012,985 |
| 鶏肉（くず肉含む） | 9,882 | 2,063,489 | 5,301 | 1,295,081 |
| 酪農品・鳥卵 | | | | |
| 牛乳・部分脱脂乳 | 7,829 | 1,777,216 | 7,681 | 1,765,950 |
| 粉乳等 | 9,524 | 13,713,744 | 10,731 | 13,917,717 |
| 乳幼児用調整品 | 8,897 | 13,626,293 | 8,653 | 13,271,247 |
| チーズ・カード | 988 | 1,461,538 | 1,397 | 2,021,490 |
| **輸入** | | | | |
| 食肉及びその調整品 | | | | |
| 食肉 | | | | |
| 牛肉（くず肉含む） | 601,132 | 357,371,803 | 585,276 | 407,857,347 |
| 牛の臓器・舌 | 76,719 | 96,018,941 | 79,135 | 126,782,060 |
| 豚肉（くず肉含む） | 891,848 | 475,105,797 | 903,468 | 488,190,982 |
| 豚の臓器 | 21,283 | 6,297,101 | 21,723 | 8,185,811 |
| 鶏肉 | 534,995 | 117,266,717 | 595,803 | 131,706,387 |
| 馬肉 | 4,646 | 3,732,234 | 4,414 | 3,746,652 |
| 食肉調整品 | | | | |
| ソーセージ等 | 29,505 | 17,102,619 | 26,795 | 16,397,350 |
| ハム・ベーコン等 | 4,611 | 5,869,083 | 3,446 | 4,707,217 |
| 酪農品・鳥卵 | | | | |
| 脱脂粉乳 | 38,856 | 11,148,652 | 21,801 | 6,501,231 |
| 全粉乳 | 1,822 | 770,318 | 2,146 | 946,399 |
| バター | 17,851 | 9,413,406 | 11,600 | 6,568,569 |
| プロセスチーズ | 9,043 | 5,599,772 | 9,473 | 6,158,788 |
| ナチュラルチーズ | 282,507 | 130,725,255 | 278,249 | 134,788,861 |

資料：財務省関税局「貿易統計」をもとに農林水産省統計部にて作成。（以下イまで同じ。）

イ 国・地域別輸入量及び金額

| 品目 | 令和2年 | | 3 | |
|---|---|---|---|---|
| | 数量 | 金額 | 数量 | 金額 |
| | t | 千円 | t | 千円 |
| 牛肉（くず肉含む） | 601,132 | 357,371,803 | 585,276 | 407,857,347 |
| うちアメリカ合衆国 | 255,077 | 150,702,445 | 232,852 | 171,993,010 |
| オーストラリア | 263,313 | 162,213,965 | 238,626 | 165,380,882 |
| カナダ | 38,021 | 17,880,758 | 49,722 | 28,102,569 |
| 豚肉（くず肉含む） | 891,848 | 475,105,797 | 903,468 | 488,190,982 |
| うちアメリカ合衆国 | 254,336 | 133,328,181 | 245,888 | 132,426,840 |
| カナダ | 233,421 | 124,019,940 | 228,627 | 125,302,207 |
| スペイン | 103,684 | 56,376,125 | 121,058 | 65,457,351 |
| 鶏肉 | 534,995 | 117,266,717 | 595,803 | 131,706,387 |
| うちブラジル | 396,970 | 79,086,143 | 433,265 | 88,947,753 |
| タイ | 123,614 | 35,408,339 | 143,576 | 38,995,348 |
| アメリカ合衆国 | 12,137 | 2,169,669 | 16,040 | 3,059,523 |
| 馬肉 | 4,646 | 3,732,234 | 4,414 | 3,746,652 |
| うちカナダ | 2,235 | 1,943,991 | 1,483 | 1,448,749 |
| アルゼンチン | 702 | 493,907 | 1,058 | 820,031 |
| ポーランド | 563 | 514,391 | 559 | 536,284 |

注：令和3年の輸入量が多い国・地域について、上位3か国を掲載した。

## 4 疾病、事故及び保険・共済
### (1) 家畜伝染病発生状況

単位：戸

| 年次 | 豚熱 | | 流行性脳炎 | 結核 | | ヨーネ病 | | | 伝染性海綿状脳症 | 高病原性鳥インフルエンザ | | 腐蛆病 |
|---|---|---|---|---|---|---|---|---|---|---|---|---|
| | 豚 | 1)いのしし | 豚 | 牛 | 牛 | めん羊 | 山羊 | めん羊 | 鶏 | あひる | 蜜蜂 |
| 平成29年 | – | – | – | – | 374 | – | 1 | 1 | 5 | – | 30 |
| 30 | 5 | 1 | – | – | 321 | 1 | 2 | – | 1 | – | 42 |
| 令和元 | 45 | – | – | – | 380 | 1 | 3 | – | – | – | 33 |
| 2 | 10 | – | 1 | – | 399 | 1 | – | – | 33 | – | 39 |
| 3 | 15 | – | – | – | 446 | – | 3 | – | 25 | 3 | 33 |

資料：農林水産省消費・安全局「監視伝染病の発生状況」
注： 家畜伝染病予防法第13条に基づく患畜届出農家戸数である。
（ただし、豚熱及び高病原性鳥インフルエンザは疑似患畜の件数を含む。）
1)は飼養いのししに限り、野生のいのししは含まない。

## 4 疾病、事故及び保険・共済 (続き)
### (2) 年度別家畜共済
(旧制度)

| 区分 | 単位 | 平成28年度 | 29 | 30 | 令和元(概数値) |
|---|---|---|---|---|---|
| 加入 | | | | | |
| 　頭数 | 千頭 | 6,479 | 6,724 | 5,917 | － |
| 　共済価額 | 100万円 | 1,793,375 | 2,178,245 | 2,115,058 | － |
| 　共済金額 | 〃 | 772,496 | 890,133 | 830,188 | － |
| 　共済掛金 | 〃 | 60,634 | 60,143 | 57,165 | － |
| 　保険料 | 〃 | 26,513 | 25,158 | 24,254 | － |
| 　再保険料 | 〃 | 20,751 | 21,307 | 20,232 | － |
| 共済事故 | | | | | |
| 死廃 | | | | | |
| 　頭数 | 千頭 | 387 | 412 | 447 | 118 |
| 　支払共済金 | 100万円 | 30,196 | 34,203 | 36,330 | 6,553 |
| 　支払保険金 | 〃 | 20,085 | 21,726 | 21,823 | 3,072 |
| 　支払再保険金 | 〃 | 15,098 | 17,101 | 18,165 | 3,276 |
| 病傷 | | | | | |
| 　件数 | 千件 | 2,429 | 2,437 | 2,460 | 666 |
| 　支払共済金 | 100万円 | 28,034 | 27,617 | 28,367 | 7,269 |
| 　支払保険金 | 〃 | 6,784 | 5,996 | 5,611 | 1,126 |
| 　支払再保険金 | 〃 | 5,583 | 5,337 | 5,482 | 1,333 |

資料：農林水産省経営局「家畜共済統計表」。ただし、令和元年度は経営局資料。
注：1　農業保険法による家畜共済事業の実績である (以下(4)まで同じ。)。
　　2　旧制度は、平成30年12月末までに共済掛金期間が開始したものの実績である (以下(3)まで同じ。)。

(新制度)

| 区分 | 単位 | 平成30年度(概数値) | 令和元(概数値) | 2(概数値) |
|---|---|---|---|---|
| 加入 | | | | |
| 死亡廃用 | | | | |
| 　頭数 | 千頭 | 983 | 7,367 | 7,358 |
| 　共済価額 | 100万円 | 410,502 | 3,581,368 | 3,741,164 |
| 　共済金額 | 〃 | 161,760 | 1,537,586 | 1,624,742 |
| 　共済掛金 | 〃 | 3,112 | 38,026 | 44,054 |
| 疾病傷害 | | | | |
| 　頭数 | 千頭 | 304 | 2,853 | 2,868 |
| 　支払限度額 | 100万円 | 10,123 | 101,161 | 104,640 |
| 　共済金額 | 〃 | 3,628 | 48,686 | 49,835 |
| 　共済掛金 | 〃 | 1,926 | 23,644 | 21,424 |
| 共済事故 | | | | |
| 死亡廃用 | | | | |
| 　頭数 | 千頭 | 6 | 343 | 457 |
| 　支払共済金 | 100万円 | 518 | 34,860 | 44,188 |
| 疾病傷害 | | | | |
| 　件数 | 千件 | 28 | 1,770 | 2,359 |
| 　支払共済金 | 100万円 | 290 | 21,076 | 27,932 |

資料：農林水産省経営局資料
注：新制度は、平成31年1月以降に共済掛金期間が開始したものの実績である (以下(4)まで同じ。)。

### (3) 畜種別共済事故別頭数

| 畜種 | 単位 | 平成28年度 | 29 | 30（概数値） | 令和元（概数値） | 2（概数値） |
|---|---|---|---|---|---|---|
| 共済事故 死廃 | | | | | | |
| 乳用牛等 | 頭 | 151,116 | 148,001 | 149,336 / 1,463 | 15,053 / 114,879 | 123,792 |
| 肉用牛等 | 〃 | 59,508 | 62,930 | 65,314 / 1,358 | 18,163 / 75,806 | 101,443 |
| 馬 | 〃 | 517 | 549 | 515 / 3 | 176 / 367 | 568 |
| 種豚 | 〃 | 4,519 | 4,568 | 4,661 / 65 | 908 / 4,276 | 4,627 |
| 肉豚 | 〃 | 171,700 | 195,640 | 226,684 / 3,236 | 83,739 / 147,926 | 226,660 |
| 病傷 | | | | | | |
| 乳用牛等 | 件 | 1,334,996 | 1,313,387 | 1,317,982 / 9,711 | 250,978 / 975,824 | 1,172,901 |
| 肉用牛等 | 〃 | 1,072,624 | 1,101,477 | 1,120,232 / 18,081 | 405,650 / 783,463 | 1,167,361 |
| 馬 | 〃 | 13,905 | 13,211 | 13,849 / 29 | 8,414 / 5,107 | 12,794 |
| 種豚 | 〃 | 7,166 | 9,089 | 8,176 / 182 | 833 / 5,648 | 6,043 |
| 肉豚 | 〃 | － | － | － | － | － |

資料：農林水産省経営局「家畜共済統計表」。ただし、平成30年度は経営局資料。
注：平成30年度及び令和元年度は、上段が旧制度、下段が新制度である。

### (4) 畜種別家畜共済（令和2年度）（概数値）

| 区分 | 単位 | 乳用牛等 | 肉用牛等 | 馬 | 種豚 | 肉豚 |
|---|---|---|---|---|---|---|
| 加入 | | | | | | |
| 死亡廃用 | | | | | | |
| 頭数 | 千頭 | 1,819 | 3,090 | 21 | 288 | 2,141 |
| 共済価額 | 100万円 | 1,282,003 | 2,363,700 | 39,910 | 21,843 | 33,708 |
| 共済金額 | 〃 | 539,239 | 1,023,183 | 23,242 | 15,113 | 23,966 |
| 共済掛金 | 〃 | 23,912 | 17,199 | 459 | 213 | 2,271 |
| 疾病傷害 | | | | | | |
| 頭数 | 千頭 | 1,223 | 1,570 | 18 | 57 | － |
| 支払限度額 | 100万円 | 54,294 | 49,576 | 381 | 390 | － |
| 共済金額 | 〃 | 28,934 | 20,381 | 351 | 169 | － |
| 共済掛金 | 〃 | 13,538 | 7,640 | 202 | 45 | － |
| 共済事故 | | | | | | |
| 死亡廃用 | | | | | | |
| 頭数 | 千頭 | 124 | 101 | 1 | 5 | 227 |
| 支払共済金 | 100万円 | 23,632 | 17,685 | 513 | 219 | 2,138 |
| 疾病傷害 | | | | | | |
| 件数 | 千件 | 1,173 | 1,167 | 13 | 6 | － |
| 支払共済金 | 100万円 | 15,653 | 12,014 | 215 | 49 | － |

資料：農林水産省経営局資料

5 生産費

(1) 牛乳生産費（生乳100kg当たり）

| 費目 | 単位 | 令和元年 | | 2 | |
|---|---|---|---|---|---|
| | | 実数 | 2)費目割合 | 実数 | 2)費目割合 |
| | | | % | | % |
| 物財費 | 円 | 7,920 | 82.0 | 7,978 | 82.5 |
| 種付料 | 〃 | 165 | 1.7 | 171 | 1.8 |
| 飼料費 | 〃 | 4,258 | 44.1 | 4,308 | 44.6 |
| 敷料費 | 〃 | 113 | 1.2 | 123 | 1.3 |
| 光熱水料及び動力費 | 〃 | 293 | 3.0 | 278 | 2.9 |
| その他の諸材料費 | 〃 | 17 | 0.2 | 18 | 0.2 |
| 獣医師料及び医薬品費 | 〃 | 311 | 3.2 | 313 | 3.2 |
| 賃借料及び料金 | 〃 | 178 | 1.8 | 177 | 1.8 |
| 物件税及び公課諸負担 | 〃 | 117 | 1.2 | 113 | 1.2 |
| 乳牛償却費 | 〃 | 1,772 | 18.4 | 1,781 | 18.4 |
| 建物費 | 〃 | 220 | 2.3 | 234 | 2.4 |
| 自動車費 | 〃 | 53 | 0.5 | 48 | 0.5 |
| 農機具費 | 〃 | 398 | 4.1 | 391 | 4.0 |
| 生産管理費 | 〃 | 25 | 0.3 | 23 | 0.2 |
| 労働費 | 〃 | 1,735 | 18.0 | 1,692 | 17.5 |
| 費用合計 | 〃 | 9,655 | 100.0 | 9,670 | 100.0 |
| 生産費（副産物価額差引） | 〃 | 7,769 | - | 7,986 | - |
| 支払利子・地代算入生産費 | 〃 | 7,844 | - | 8,058 | - |
| 資本利子・地代全額算入生産費 | 〃 | 8,236 | - | 8,441 | - |
| 1経営体当たり搾乳牛飼養頭数（通年換算） | 頭 | 58.7 | - | 61.2 | - |
| 1頭当たり3.5%換算乳量 | kg | 9,670 | - | 9,811 | - |
| 1) 〃 粗収益 | 円 | 1,083,744 | - | 1,085,852 | - |
| 〃 所得 | 〃 | 278,479 | - | 261,994 | - |
| 〃 投下労働時間 | 時間 | 99.56 | - | 96.88 | - |

資料：農林水産省統計部「農業経営統計調査 畜産物生産費統計」（以下(4)まで同じ。）
注：1 乳脂肪分3.5%に換算した牛乳（生乳）100kg当たり生産費である（以下(2)まで同じ。）。
　　2 調査期間は、当年1月から12月までの1年間である（以下(4)まで同じ。）。
　　1)は、加工原料乳生産者補給金及び集送乳調整金を含む。
　　2)は、四捨五入の関係で計と内訳の合計は一致しない。

(2) 飼養頭数規模別牛乳生産費（生乳100kg当たり）（令和2年）

| 飼養頭数規模 | 費用合計 | 飼料費 | 乳牛償却費 | 労働費 | 生産費副産物価額差引 | 支払利子・地代算入生産費 | 資本利子・地代全額算入生産費 | 1頭当たり投下労働時間 | 1)1日当たり家族労働報酬 |
|---|---|---|---|---|---|---|---|---|---|
| | 円 | 円 | 円 | 円 | 円 | 円 | 円 | 時間 | 円 |
| 平均 | 9,670 | 4,308 | 1,781 | 1,692 | 7,986 | 8,058 | 8,441 | 96.88 | 24,464 |
| 1 ～ 20頭未満 | 11,841 | 4,779 | 1,707 | 3,618 | 9,764 | 9,866 | 10,275 | 185.76 | 12,054 |
| 20 ～ 30 | 11,360 | 5,073 | 1,499 | 2,882 | 9,555 | 9,639 | 10,014 | 148.43 | 14,720 |
| 30 ～ 50 | 10,247 | 4,469 | 1,606 | 2,338 | 8,478 | 8,561 | 8,934 | 124.04 | 18,660 |
| 50 ～ 100 | 9,574 | 4,221 | 1,754 | 1,744 | 7,889 | 7,962 | 8,385 | 97.55 | 23,125 |
| 100 ～ 200 | 8,854 | 3,972 | 1,827 | 1,166 | 7,320 | 7,378 | 7,742 | 74.00 | 39,589 |
| 200頭以上 | 9,518 | 4,461 | 1,997 | 1,058 | 7,827 | 7,902 | 8,257 | 64.08 | 51,558 |

注：1)は、家族労働報酬÷家族労働時間×8時間（1日換算）。
　　なお、家族労働報酬＝粗収益－（生産費総額－家族労働費）である。

(3)　肉用牛生産費（1頭当たり）

| 費目 | 単位 | 去勢若齢肥育牛 | | 子牛 | |
|---|---|---|---|---|---|
| | | 令和元年 | 2 | 令和元年 | 2 |
| 物財費 | 円 | 1,245,936 | 1,246,351 | 415,680 | 422,324 |
| 種付料 | 〃 | – | – | 21,467 | 22,775 |
| もと畜費 | 〃 | 844,283 | 830,447 | – | – |
| 飼料費 | 〃 | 323,576 | 334,711 | 235,611 | 237,993 |
| 敷料費 | 〃 | 12,873 | 13,731 | 8,608 | 9,141 |
| 光熱水料及び動力費 | 〃 | 13,592 | 12,663 | 11,528 | 10,854 |
| その他の諸材料費 | 〃 | 338 | 381 | 872 | 898 |
| 獣医師料及び医薬品費 | 〃 | 10,055 | 10,910 | 23,616 | 21,879 |
| 賃借料及び料金 | 〃 | 6,500 | 6,618 | 14,380 | 14,312 |
| 物件税及び公課諸負担 | 〃 | 6,014 | 5,120 | 9,075 | 8,756 |
| 繁殖雌牛償却費 | 〃 | – | – | 48,909 | 52,091 |
| 建物費 | 〃 | 11,144 | 12,966 | 15,339 | 17,551 |
| 自動車費 | 〃 | 6,078 | 6,551 | 8,824 | 9,124 |
| 農機具費 | 〃 | 9,734 | 10,801 | 15,576 | 15,131 |
| 生産管理費 | 〃 | 1,749 | 1,452 | 1,875 | 1,819 |
| 労働費 | 〃 | 77,887 | 81,525 | 183,010 | 183,863 |
| 費用合計 | 〃 | 1,323,823 | 1,327,876 | 598,690 | 606,187 |
| 生産費（副産物価額差引） | 〃 | 1,313,460 | 1,317,708 | 575,293 | 581,804 |
| 支払利子・地代算入生産費 | 〃 | 1,328,937 | 1,326,635 | 585,466 | 592,530 |
| 資本利子・地代全額算入生産費 | 〃 | 1,336,990 | 1,336,382 | 655,600 | 664,026 |
| 1経営体当たり販売頭数 | 頭 | 42.4 | 42.3 | 12.7 | 13.4 |
| 1)粗収益 | 円 | 1,342,042 | 1,215,713 | 764,005 | 686,251 |
| 1)所得 | 〃 | 70,929 | △ 49,813 | 327,905 | 243,981 |
| 投下労働時間 | 時間 | 50.00 | 50.80 | 124.20 | 120.71 |

| 費目 | 単位 | 乳用雄肥育牛 | | 乳用雄育成牛 | |
|---|---|---|---|---|---|
| | | 令和元年 | 2 | 令和元年 | 2 |
| 物財費 | 円 | 510,114 | 521,087 | 236,575 | 227,934 |
| もと畜費 | 〃 | 253,603 | 264,912 | 147,756 | 130,396 |
| 飼料費 | 〃 | 219,937 | 216,993 | 64,443 | 70,093 |
| 敷料費 | 〃 | 9,036 | 11,444 | 9,479 | 9,869 |
| 光熱水料及び動力費 | 〃 | 8,262 | 7,980 | 2,849 | 2,818 |
| その他の諸材料費 | 〃 | 162 | 138 | 17 | 23 |
| 獣医師料及び医薬品費 | 〃 | 2,814 | 2,620 | 6,303 | 7,559 |
| 賃借料及び料金 | 〃 | 2,848 | 2,888 | 829 | 817 |
| 物件税及び公課諸負担 | 〃 | 2,031 | 2,081 | 927 | 939 |
| 建物費 | 〃 | 5,157 | 5,071 | 1,278 | 1,653 |
| 自動車費 | 〃 | 1,905 | 1,997 | 506 | 566 |
| 農機具費 | 〃 | 3,874 | 4,532 | 1,991 | 3,003 |
| 生産管理費 | 〃 | 485 | 431 | 197 | 198 |
| 労働費 | 〃 | 22,320 | 22,936 | 10,647 | 11,446 |
| 費用合計 | 〃 | 532,434 | 544,023 | 247,222 | 239,380 |
| 生産費（副産物価額差引） | 〃 | 527,772 | 538,176 | 243,284 | 235,507 |
| 支払利子・地代算入生産費 | 〃 | 529,273 | 539,809 | 244,025 | 236,281 |
| 資本利子・地代全額算入生産費 | 〃 | 534,792 | 545,428 | 245,369 | 238,039 |
| 1経営体当たり販売頭数 | 頭 | 110.6 | 149.8 | 446.8 | 367.7 |
| 粗収益 | 円 | 515,860 | 503,558 | 258,746 | 239,038 |
| 所得 | 〃 | 2,065 | △ 22,421 | 20,178 | 8,695 |
| 投下労働時間 | 時間 | 13.12 | 12.89 | 5.93 | 6.22 |

注 : 1)の子牛については、繁殖雌牛の1頭当たりの数値である。

5 生産費（続き）
(3) 肉用牛生産費（1頭当たり）（続き）

| 費目 | 単位 | 交雑種肥育牛 | | 交雑種育成牛 | |
|---|---|---|---|---|---|
| | | 令和元年 | 2 | 令和元年 | 2 |
| 物財費 | 円 | 748,809 | 786,657 | 363,829 | 330,240 |
| もと畜費 | 〃 | 405,634 | 455,172 | 262,548 | 226,765 |
| 飼料費 | 〃 | 297,952 | 288,525 | 77,021 | 79,468 |
| 敷料費 | 〃 | 8,200 | 9,005 | 5,564 | 5,298 |
| 光熱水料及び動力費 | 〃 | 9,251 | 8,923 | 3,611 | 3,488 |
| その他の諸材料費 | 〃 | 235 | 259 | 229 | 164 |
| 獣医師料及び医薬品費 | 〃 | 3,677 | 3,107 | 6,086 | 5,822 |
| 賃借料及び料金 | 〃 | 3,362 | 3,275 | 758 | 559 |
| 物件税及び公課諸負担 | 〃 | 2,706 | 2,367 | 1,437 | 1,247 |
| 建物費 | 〃 | 9,105 | 7,980 | 2,938 | 3,212 |
| 自動車費 | 〃 | 2,300 | 2,655 | 1,099 | 1,463 |
| 農機具費 | 〃 | 5,513 | 4,560 | 2,321 | 2,512 |
| 生産管理費 | 〃 | 874 | 829 | 217 | 242 |
| 労働費 | 〃 | 40,181 | 38,957 | 14,929 | 15,724 |
| 費用合計 | 〃 | 788,990 | 825,614 | 378,758 | 345,964 |
| 生産費（副産物価額差引） | 〃 | 781,801 | 817,220 | 374,140 | 341,230 |
| 支払利子・地代算入生産費 | 〃 | 786,870 | 821,835 | 374,963 | 342,271 |
| 資本利子・地代全額算入生産費 | 〃 | 794,770 | 828,217 | 378,006 | 345,292 |
| 1経営体当たり販売頭数 | 頭 | 101.9 | 117.8 | 253.1 | 246.3 |
| 粗収益 | 円 | 807,056 | 700,107 | 415,967 | 365,381 |
| 所得 | 〃 | 46,254 | △ 97,467 | 48,731 | 32,222 |
| 投下労働時間 | 時間 | 24.31 | 23.12 | 9.06 | 9.36 |

(4) 肥育豚生産費（1頭当たり）

| 費目 | 単位 | 令和元年 | 2 |
|---|---|---|---|
| 物財費 | 円 | 29,219 | 29,116 |
| 種付料 | 〃 | 171 | 164 |
| もと畜費 | 〃 | 87 | 24 |
| 飼料費 | 〃 | 20,957 | 20,292 |
| 敷料費 | 〃 | 116 | 142 |
| 光熱水料及び動力費 | 〃 | 1,730 | 1,752 |
| その他の諸材料費 | 〃 | 102 | 111 |
| 獣医師料及び医薬品費 | 〃 | 1,917 | 2,143 |
| 賃借料及び料金 | 〃 | 284 | 345 |
| 物件税及び公課諸負担 | 〃 | 210 | 228 |
| 繁殖雌豚費 | 〃 | 741 | 803 |
| 種雄豚費 | 〃 | 98 | 121 |
| 建物費 | 〃 | 1,456 | 1,630 |
| 自動車費 | 〃 | 319 | 319 |
| 農機具費 | 〃 | 894 | 895 |
| 生産管理費 | 〃 | 137 | 147 |
| 労働費 | 〃 | 4,767 | 4,761 |
| 費用合計 | 〃 | 33,986 | 33,877 |
| 生産費（副産物価額差引） | 〃 | 33,077 | 32,884 |
| 支払利子・地代算入生産費 | 〃 | 33,159 | 32,968 |
| 資本利子・地代全額算入生産費 | 〃 | 33,824 | 33,622 |
| 1経営体当たり販売頭数 | 頭 | 1,300.6 | 1,373.8 |
| 粗収益 | 円 | 37,538 | 39,716 |
| 所得 | 〃 | 7,596 | 9,712 |
| 投下労働時間 | 時間 | 2.95 | 2.91 |

## 6 価格

### (1) 肉用子牛生産者補給金制度における保証基準価格及び合理化目標価格

単位：円／頭

| 品種区分 | | 平成30年度<br>(12/30〜3/31) | 令和元<br>(4/1〜9/30) | 元<br>(10/1〜3/31) | 2 | 3 | 4 |
|---|---|---|---|---|---|---|---|
| 黒毛和種 | 保証基準価格 | 531,000 | 531,000 | 541,000 | 541,000 | 541,000 | 541,000 |
| | 合理化目標価格 | 421,000 | 421,000 | 429,000 | 429,000 | 429,000 | 429,000 |
| 褐毛和種 | 保証基準価格 | 489,000 | 489,000 | 498,000 | 498,000 | 498,000 | 498,000 |
| | 合理化目標価格 | 388,000 | 388,000 | 395,000 | 395,000 | 395,000 | 395,000 |
| その他の肉専用種 | 保証基準価格 | 314,000 | 314,000 | 320,000 | 320,000 | 320,000 | 320,000 |
| | 合理化目標価格 | 249,000 | 249,000 | 253,000 | 253,000 | 253,000 | 253,000 |
| 乳用種 | 保証基準価格 | 161,000 | 161,000 | 164,000 | 164,000 | 164,000 | 164,000 |
| | 合理化目標価格 | 108,000 | 108,000 | 110,000 | 110,000 | 110,000 | 110,000 |
| 交雑種 | 保証基準価格 | 269,000 | 269,000 | 274,000 | 274,000 | 274,000 | 274,000 |
| | 合理化目標価格 | 212,000 | 212,000 | 216,000 | 216,000 | 216,000 | 216,000 |

資料：農林水産省畜産局資料（以下(2)まで同じ。）
注： 1 肉用子牛生産安定等特別措置法に基づくものである。
　　 2 ＴＰＰ11の発効に伴い、平成30年度中に改定。
　　 3 消費税率の引上げに伴い、令和元年度中に改定。

### (2) 加工原料乳生産者補給金及び集送乳調整金単価

単位：円

| 1kg当たり補給金等単価 | 平成30年度 | 令和元 | 2 | 3 | 4 |
|---|---|---|---|---|---|
| 加工原料乳生産者補給金 | 8.23 | 8.31 | 8.31 | 8.26 | 8.26 |
| 集送乳調整金 | 2.43 | 2.49 | 2.54 | 2.59 | 2.59 |

注：畜産経営の安定に関する法律に基づくものである。

6 価格（続き）
(3) 家畜類の価格指数

平成27年＝100

| 年次 | 農産物価格指数 | | | | | |
|---|---|---|---|---|---|---|
| | 肉用牛 | | | 鶏卵 | 生乳 | 肉豚 |
| | 去勢肥育和牛若齢 | 雌肥育和牛 | 乳雄肥育（ホルスタイン種） | M、1級 | 総合乳価 | 肥育豚 |
| 平成29年 | 106.7 | 105.3 | 100.1 | 94.0 | 103.0 | 102.7 |
| 30 | 107.5 | 105.3 | 103.8 | 85.4 | 103.7 | 90.7 |
| 令和元 | 106.3 | 105.0 | 105.8 | 80.2 | 105.6 | 92.2 |
| 2 | 95.9 | 93.5 | 99.0 | 81.3 | 106.1 | 97.5 |
| 3 | **107.9** | **106.3** | **102.4** | **102.2** | **105.1** | **94.4** |

| 年次 | 農産物価格指数（続き） | | | | |
|---|---|---|---|---|---|
| | 肉鶏 | 乳子牛 | 和子牛 | | 子豚 |
| | ブロイラー | ホルスタイン純粋種雌生後6か月程度 | 雌生後10か月程度 | 雄生後10か月程度 | 生後90〜110日 |
| 平成29年 | 99.5 | 168.5 | 121.2 | 123.7 | 98.7 |
| 30 | 98.2 | 156.3 | 116.1 | 118.7 | 95.9 |
| 令和元 | 97.2 | 136.8 | 116.8 | 118.5 | 97.2 |
| 2 | 99.0 | 130.5 | 103.7 | 104.4 | 102.5 |
| 3 | **101.4** | **119.7** | **114.4** | **115.2** | **98.5** |

資料：農林水産省統計部「農業物価統計」

(4) 主要食肉中央卸売市場の豚・牛枝肉1kg当たり卸売価格

単位：円

| 年次 | 豚 | | | | | 牛（成牛） | | | | |
|---|---|---|---|---|---|---|---|---|---|---|
| | さいたま | 東京 | 名古屋 | 大阪 | 福岡 | さいたま | 東京 | 名古屋 | 大阪 | 福岡 |
| 平成29年 | 509 | 525 | 535 | 499 | 532 | 1,079 | 1,972 | 1,995 | 1,929 | 1,876 |
| 30 | 452 | 477 | 477 | 427 | 485 | 1,060 | 2,009 | 2,068 | 1,919 | 1,864 |
| 令和元 | 458 | 479 | 492 | 439 | 485 | 1,099 | 2,053 | 2,069 | 1,984 | 1,829 |
| 2 | 492 | 515 | 529 | 458 | 514 | 1,012 | 1,854 | 1,896 | 1,801 | 1,734 |
| 3 | **484** | **503** | **502** | **427** | **498** | **1,064** | **2,080** | **2,067** | **2,032** | **1,999** |

資料：農林水産省統計部「畜産物流通統計」（以下(5)まで同じ。）
注：価格は、年間枝肉卸売総価額を年間枝肉卸売総重量で除して算出したものである。

(5) 食肉中央卸売市場（東京・大阪）の豚・牛枝肉規格別卸売価格（令和3年平均）
　ア　豚枝肉1kg当たり卸売価格

単位：円

| 種類 | 東京 | | | | 大阪 | | | |
|---|---|---|---|---|---|---|---|---|
| | 極上 | 上 | 中 | 並 | 極上 | 上 | 中 | 並 |
| 豚 | 591 | 546 | 511 | 472 | 661 | 533 | 485 | 428 |

注：　価格は、規格別の年間枝肉卸売総価額を年間枝肉卸売総重量で除して算出したものである
（以下エまで同じ。）。

イ　牛枝肉1kg当たり卸売価格

単位：円

| 種類 | 東京 | | | | 大阪 | | | |
|------|------|------|------|------|------|------|------|------|
| | A5<br>（B5） | A4<br>（B4） | B4<br>（B3） | B3<br>（B2） | A5<br>（B5） | A4<br>（B4） | B4<br>（B3） | B3<br>（B2） |
| 和牛めす | 2,893 | 2,428 | 2,093 | 1,514 | 2,698 | 2,430 | 2,217 | 1,840 |
| 和牛去勢 | 2,703 | 2,433 | 2,244 | 1,974 | 2,767 | 2,451 | 2,294 | 2,093 |
| 乳牛めす | － | － | 866 | 758 | － | － | 1,098 | 954 |
| 乳牛去勢 | － | － | 1,036 | 1,015 | － | － | 1,151 | 1,057 |
| 交雑牛めす | 1,972 | 1,753 | 1,651 | 1,477 | 2,117 | 1,857 | 1,789 | 1,548 |
| 交雑牛去勢 | 2,014 | 1,804 | 1,719 | 1,553 | 2,041 | 1,848 | 1,795 | 1,573 |

注：（　）内は乳牛めす及び乳牛去勢の規格である。

(6)　年平均小売価格（東京都区部）

単位：円

| 品目 | 銘柄 | 数量<br>単位 | 平成<br>29年 | 30 | 令和元 | 2 | 3 |
|------|------|------|------|------|------|------|------|
| 牛肉 | 国産品、ロース | 100g | 906 | 901 | 897 | 924 | 913 |
| 〃 | 輸入品、チルド（冷蔵）、肩ロース又はもも | 〃 | 288 | 281 | 269 | 267 | 276 |
| 1) 豚肉 | 国産品、バラ（黒豚を除く） | 〃 | 229 | 233 | 236 | 239 | 243 |
| 〃 | もも（黒豚を除く） | 〃 | 198 | 202 | 202 | 199 | 197 |
| 鶏肉 | ブロイラー、もも肉 | 〃 | 136 | 135 | 130 | 128 | 131 |
| 牛乳 | 店頭売り、1,000mL紙容器入り | 1本 | 221 | 208 | 214 | 216 | 216 |
| 2) 鶏卵 | 白色卵、パック詰（10個入り）、サイズ混合、〔卵重〕「MS52g～LL76g未満」、「MS52g～L70g未満」又は「M58g～L70g未満」 | 1パック | 245 | 230 | 223 | 223 | 228 |

資料：総務省統計局「小売物価統計調査年報」
注：1)は、令和2年1月に基本銘柄を改正した。
　　2)は、平成30年1月に基本銘柄を改正した。

7　畜産加工
(1)　生産量
　　ア　乳製品

単位：t

| 品目 | 平成29年 | 30 | 令和元 | 2 | 3 |
|------|------|------|------|------|------|
| 全粉乳 | 9,415 | 9,795 | 9,994 | 9,067 | 8,959 |
| 脱脂粉乳 | 121,063 | 120,004 | 124,900 | 139,953 | 154,890 |
| 調製粉乳 | 26,728 | 27,771 | 27,336 | 28,232 | 26,157 |
| ホエイパウダー | 19,008 | 19,367 | 19,371 | 18,859 | 19,238 |
| バター | 59,808 | 59,499 | 62,441 | 71,520 | 73,317 |
| クリーム | 115,848 | 116,190 | 116,297 | 110,125 | 119,710 |
| チーズ | 154,923 | 162,360 | 160,880 | 164,667 | 167,910 |
| うち直接消費用ナチュラルチーズ | 29,384 | 29,535 | 29,955 | 31,082 | 33,752 |
| 加糖れん乳 | 34,635 | 32,412 | 34,203 | 30,329 | 30,652 |
| 無糖れん乳 | 470 | 461 | 419 | 388 | 375 |
| 脱脂加糖れん乳 | 3,985 | 3,845 | 3,831 | 3,321 | 3,243 |
| 1) アイスクリーム(kl) | 147,708 | 148,253 | 146,909 | 131,543 | 137,382 |

資料：農林水産省統計部「牛乳乳製品統計」
注：1)は、乳脂肪分8％以上のものを計上している。

7　畜産加工（続き）
(1)　生産量（続き）
　　イ　年次食肉加工品生産数量

単位：t

| 年次 | ベーコン類 | ハム類 | プレスハム類 | ソーセージ類 | ウィンナー<br>ソーセージ |
|---|---|---|---|---|---|
| 平成29年 | 95,233 | 111,064 | 29,163 | 318,802 | 239,494 |
| 30 | 96,880 | 112,106 | 25,896 | 319,460 | 238,921 |
| 令和元 | 96,940 | 112,546 | 24,354 | 317,085 | 238,520 |
| 2 | 98,137 | 112,340 | 21,107 | 318,239 | 243,491 |
| 3 | 97,333 | 109,680 | 19,772 | 317,164 | 237,369 |

資料：日本ハム・ソーセージ工業協同組合「年次食肉加工品生産数量」

(2)　需給
　　1世帯当たり年間の購入数量（二人以上の世帯・全国）

単位：g

| 品目 | | 平成29年 | 30 | 令和元 | 2 | 3 |
|---|---|---|---|---|---|---|
| 加工肉 | ハム | 2,777 | 2,592 | 2,709 | 2,714 | 2,707 |
| | ソーセージ | 5,315 | 5,301 | 5,322 | 5,742 | 5,544 |
| | ベーコン | 1,514 | 1,546 | 1,535 | 1,754 | 1,699 |
| 乳製品 | 粉ミルク | 306 | 287 | 330 | … | … |
| | バター | 492 | 503 | 532 | 650 | 639 |
| | チーズ | 3,309 | 3,488 | 3,548 | 4,051 | 4,074 |

資料：総務省統計局「家計調査年報」

8　飼料
(1)　配合飼料の生産量

単位：千t

| 年度 | 配合・<br>混合飼料 | 配合飼料の用途別 | | | | | | | |
|---|---|---|---|---|---|---|---|---|---|
| | | 計 | 養鶏用 | | | 養豚用 | 乳牛用 | 肉牛用 | 1)その他 |
| | | | 育すう用 | ブロイラー用 | 成鶏用 | | | | |
| 平成29年度 | 23,867 | 23,385 | 713 | 3,853 | 5,751 | 5,579 | 2,991 | 4,442 | 57 |
| 30 | 23,803 | 23,308 | 710 | 3,803 | 5,769 | 5,548 | 2,982 | 4,437 | 58 |
| 令和元 | 24,138 | 23,608 | 680 | 3,859 | 5,812 | 5,642 | 3,034 | 4,520 | 60 |
| 2 | 24,149 | 23,612 | 668 | 3,816 | 5,699 | 5,722 | 3,078 | 4,569 | 60 |
| 3 | 24,234 | 23,707 | 683 | 3,847 | 5,666 | 5,659 | 3,161 | 4,631 | 59 |

資料：（公社）配合飼料供給安定機構「飼料月報」
注：1)は、うずら用とその他の家畜家きん用である。

(2)　植物油かす等の生産量

単位：千t

| 年次 | 1)ふすま | 1)とうもろこし | 1)米ぬか | 米ぬか油かす | 大豆油かす | なたね油かす | 魚粉 |
|---|---|---|---|---|---|---|---|
| 平成29年 | 966 | 11,258 | 60 | 257 | 1,834 | 1,331 | 182 |
| 30 | 973 | 11,522 | 64 | 255 | 1,813 | 1,294 | 181 |
| 令和元 | 966 | 11,768 | 62 | 261 | 1,864 | 1,310 | 189 |
| 2 | 976 | 11,841 | 62 | 273 | 1,746 | 1,238 | 195 |
| 3 | 991 | 11,422 | 59 | 273 | 1,817 | 1,325 | 205 |

資料：米ぬか油かす・大豆油かす・なたね油かすは、農林水産省統計部「油糧生産実績」
　　　ふすま・とうもろこし・米ぬかは、（公社）配合飼料供給安定機構「飼料月報」
　　　魚粉は、日本水産油脂協会「水産油脂統計年鑑」
注：1)は、配合・混合飼料の原料使用量であり、会計年度の数値である。

(3)　主要飼料用作物の収穫量

| 年産 | 牧草 | | 青刈りとうもろこし | | ソルゴー | |
|---|---|---|---|---|---|---|
| | 作付（栽培）面積 | 収穫量 | 作付面積 | 収穫量 | 作付面積 | 収穫量 |
| | 千ha | 千t | 千ha | 千t | 千ha | 千t |
| 平成29年産 | 728 | 25,497 | 95 | 4,782 | 14 | 665 |
| 30 | 1) 726 | 1) 24,621 | 1) 95 | 1) 4,488 | 1) 14 | 1) 618 |
| 令和元 | 1) 724 | 1) 24,850 | 1) 95 | 1) 4,841 | 1) 13 | 1) 578 |
| 2 | 719 | 1) 24,244 | 95 | 1) 4,718 | 13 | 1) 538 |
| 3 | 718 | 1) 23,979 | 1) 96 | 1) 4,904 | 1) 13 | 1) 514 |

資料：農林水産省統計部「作物統計」（以下(4)まで同じ。）
注：　1)は、主産県の調査結果から推計したものである。
　　　なお、主産県とは、直近の全国調査年における全国の作付（栽培）面積のおおむね80％を占める
　　　までの上位都道府県及び農業競争力強化基盤整備事業のうち飼料作物に係るものを実施する都道府
　　　県である。

8 飼料（続き）
(4) 主要飼料用作物の収穫量（都道府県別）（令和3年産）

| 都道府県 | 牧草 | | 青刈りとうもろこし | | ソルゴー | |
|---|---|---|---|---|---|---|
| | 作付（栽培）面積 | 収穫量 | 作付面積 | 収穫量 | 作付面積 | 収穫量 |
| | ha | t | ha | t | ha | t |
| 全国 | 717,600 | 23,979,000 | 95,500 | 4,904,000 | 12,500 | 514,300 |
| 北海道 | 529,700 | 16,686,000 | 58,000 | 3,173,000 | x | x |
| 青森 | … | … | … | … | … | … |
| 岩手 | 35,400 | 934,600 | 5,000 | 209,000 | 8 | 187 |
| 宮城 | … | … | … | … | … | … |
| 秋田 | … | … | … | … | … | … |
| 山形 | … | … | … | … | … | … |
| 福島 | … | … | … | … | … | … |
| 茨城 | 1,430 | 64,500 | 2,480 | 130,700 | 272 | 12,800 |
| 栃木 | 7,490 | 265,900 | 5,200 | 253,800 | 316 | 6,860 |
| 群馬 | 2,620 | 99,300 | 2,470 | 119,500 | 69 | 2,170 |
| 埼玉 | … | … | … | … | … | … |
| 千葉 | 949 | 32,800 | 946 | 43,400 | 416 | 17,600 |
| 東京 | … | … | … | … | … | … |
| 神奈川 | … | … | … | … | … | … |
| 新潟 | … | … | … | … | … | … |
| 富山 | … | … | … | … | … | … |
| 石川 | … | … | … | … | … | … |
| 福井 | … | … | … | … | … | … |
| 山梨 | … | … | … | … | … | … |
| 長野 | … | … | … | … | … | … |
| 岐阜 | … | … | … | … | … | … |
| 静岡 | … | … | … | … | … | … |
| 愛知 | 688 | 22,200 | 178 | 6,510 | 338 | 8,620 |
| 三重 | … | … | … | … | … | … |
| 滋賀 | … | … | … | … | … | … |
| 京都 | … | … | … | … | … | … |
| 大阪 | … | … | … | … | … | … |
| 兵庫 | 901 | 31,700 | 141 | 4,330 | 696 | 17,100 |
| 奈良 | … | … | … | … | … | … |
| 和歌山 | … | … | … | … | … | … |
| 鳥取 | … | … | … | … | … | … |
| 島根 | 1,370 | 41,800 | 48 | 1,510 | 136 | 4,010 |
| 岡山 | … | … | … | … | … | … |
| 広島 | … | … | … | … | … | … |
| 山口 | 1,140 | 24,400 | 8 | 213 | 370 | 5,590 |
| 徳島 | … | … | … | … | … | … |
| 香川 | … | … | … | … | … | … |
| 愛媛 | … | … | … | … | … | … |
| 高知 | … | … | … | … | … | … |
| 福岡 | … | … | … | … | … | … |
| 佐賀 | 903 | 29,300 | 9 | 167 | 317 | 11,100 |
| 長崎 | 5,770 | 286,800 | 430 | 18,600 | 2,100 | 90,500 |
| 熊本 | 14,400 | 563,000 | 3,060 | 129,700 | 713 | 36,300 |
| 大分 | 5,070 | 219,500 | 645 | 27,700 | 735 | 37,500 |
| 宮崎 | 15,600 | 918,800 | 4,700 | 205,400 | 2,490 | 123,300 |
| 鹿児島 | 18,600 | 1,118,000 | 1,600 | 72,200 | 1,330 | 68,900 |
| 沖縄 | 5,840 | 654,100 | 1 | 32 | 2 | 109 |

注：全国の作付（栽培）面積及び収穫量は、主産県の調査結果から推計したものである。

(5) 飼料総合需給表（可消化養分総量換算）

単位：千TDN t，%

| 区分 | 需要量 | 供給量 | | | | |
|---|---|---|---|---|---|---|
| | | 粗飼料 | | 濃厚飼料 | | |
| | | | 国内供給 | | 純国内産原料 | |
| | a | b | c | d | e | |
| 平成29年度 | 24,593 | 5,125 | 3,989 | 19,468 | 2,497 | |
| 30 | 24,498 | 5,021 | 3,835 | 19,477 | 2,362 | |
| 令和元 | 24,772 | 5,041 | 3,873 | 19,731 | 2,375 | |
| 2 | 24,937 | 4,971 | 3,793 | 19,967 | 2,337 | |
| 3 （概算） | 25,299 | 5,006 | 3,807 | 20,293 | 2,641 | |

| 区分 | 純国内産自給率 | | |
|---|---|---|---|
| | 飼料自給率 | 粗飼料自給率 | 濃厚飼料自給率 |
| | (c+e)/a | c/b | e/d |
| 平成29年度 | 26 | 78 | 13 |
| 30 | 25 | 76 | 12 |
| 令和元 | 25 | 77 | 12 |
| 2 | 25 | 76 | 12 |
| 3 （概算） | 25 | 76 | 13 |

資料：農林水産省畜産局資料
注：1　可消化養分総量（TDN:Total Digestible Nutrients）とは、エネルギー含量を示す単位であり、飼料の実量とは異なる。
　　2　純国内産原料とは、国内産に由来する濃厚飼料（国内産飼料用小麦・大麦等）であり、輸入食料原料から発生した副産物（輸入大豆から搾油した後発生する大豆油かす等）を除いたものである。

(6) 飼料の輸出入量及び金額

| 品目 | 令和2年 | | 3 | |
|---|---|---|---|---|
| | 数量 | 金額 | 数量 | 金額 |
| | t | 千円 | t | 千円 |
| 輸出 | | | | |
| 配合調整飼料 | 20,152 | 7,791,844 | 23,458 | 8,337,455 |
| 輸入 | | | | |
| 脱脂粉乳（飼料用） | 28,699 | 7,891,022 | 14,174 | 4,001,951 |
| ホエイ（飼料用） | 34,795 | 4,913,927 | 33,370 | 5,818,948 |
| 大麦（裸麦を含む） | 1,209,211 | 32,360,755 | 1,148,481 | 35,602,805 |
| オート | 46,627 | 2,169,899 | 47,632 | 2,500,470 |
| とうもろこし | 15,772,166 | 351,651,969 | 15,239,624 | 520,077,535 |
| うち飼料用 | 11,639,691 | 253,628,509 | 11,447,087 | 386,648,624 |
| グレインソルガム | 380,037 | 9,058,515 | 301,505 | 10,627,262 |
| 魚粉 | 203,110 | 29,540,436 | 146,095 | 23,154,493 |
| 大豆油粕（調整飼料用） | 1,916,281 | 85,326,634 | 1,730,453 | 103,077,345 |

資料：財務省関税局「貿易統計」をもとに農林水産省統計部にて作成。
注：飼料用と記述していないものは、他用途のものを含む。

8 飼料（続き）
(7) 主要飼料の卸売価格

単位：円

| 年度 | 単体飼料用とうもろこし工場渡し(20kg) | 大豆油かす工場置場渡し(kg) | 配合飼料（生産者価格・工場渡し） | | | | |
|---|---|---|---|---|---|---|---|
| | | | 養鶏用(採卵鶏・成鶏用)(20kg) | 養鶏用(ブロイラー用(後期))(20kg) | 乳牛用(20kg) | 肉牛用(肥育用)(20kg) | 肉豚用(20kg) |
| 平成29年度 | 853 | 56 | 1,388 | 1,418 | 1,331 | 1,274 | 1,310 |
| 30 | 874 | 60 | 1,457 | 1,484 | 1,399 | 1,337 | 1,371 |
| 令和元 | 890 | 58 | 1,451 | 1,474 | 1,392 | 1,344 | 1,373 |
| 2 | 892 | 62 | 1,479 | 1,484 | 1,404 | 1,350 | 1,390 |
| 3 | 1,161 | 78 | 1,756 | 1,774 | 1,629 | 1,552 | 1,666 |

資料：（公社）配合飼料供給安定機構「飼料月報」

(8) 飼料の価格指数

平成27年＝100

| 年次 | 一般ふすま | 大豆油かす | ビートパルプ(外国産) | 配合飼料 | |
|---|---|---|---|---|---|
| | | | | 鶏(成鶏用)粗たん白質15～19% | 鶏(ブロイラー用(後期))粗たん白質15～19% |
| 平成29年 | 89.0 | 92.8 | 89.2 | 90.9 | 92.3 |
| 30 | 92.1 | 94.9 | 93.3 | 93.9 | 95.3 |
| 令和元 | 96.1 | 90.0 | 96.9 | 94.9 | 95.1 |
| 2 | 98.5 | 91.4 | 98.4 | 95.7 | 95.1 |
| 3 | 105.3 | 104.5 | 101.7 | 107.6 | 110.5 |

| 年次 | 配合飼料（続き） | | | |
|---|---|---|---|---|
| | 乳用牛（飼育用）粗たん白質15～18% | 豚(幼豚(育成用))粗たん白質15～19% | 豚(若豚(育成用))粗たん白質12.5～16.5% | 肉用牛（肥育用）粗たん白質12～15% |
| 平成29年 | 94.8 | 92.4 | 92.6 | 92.2 |
| 30 | 98.5 | 95.7 | 96.3 | 96.0 |
| 令和元 | 99.2 | 96.2 | 97.1 | 98.5 |
| 2 | 100.3 | 96.1 | 97.1 | 99.3 |
| 3 | 114.7 | 111.9 | 112.6 | 112.6 |

資料：農林水産省統計部「農業物価統計」

9 養蚕
(1) 輸出入実績
ア 輸出入量及び金額

| 品目 | 令和2年 | | 3 | |
| --- | --- | --- | --- | --- |
| | 数量 | 金額 | 数量 | 金額 |
| | kg | 千円 | kg | 千円 |
| 輸出 | | | | |
| 生糸 | - | - | 6 | 500 |
| その他の蚕糸 | 7,755 | 33,370 | 9,460 | 55,867 |
| 輸入 | | | | |
| 生糸 | 147,310 | 943,581 | 185,027 | 1,265,044 |
| 生糸（野蚕のもの） | 733 | 6,199 | 1,063 | 8,875 |
| 生糸・玉糸 | 146,577 | 937,382 | 183,964 | 1,256,169 |
| その他の蚕糸 | 92,888 | 231,614 | 183,629 | 620,295 |

資料：財務省関税局「貿易統計」をもとに農林水産省統計部にて作成。 （以下イまで同じ。）

イ 生糸の国別輸入量及び金額

| 区分 | 令和2年 | | 3 | |
| --- | --- | --- | --- | --- |
| | 数量 | 金額 | 数量 | 金額 |
| | kg | 千円 | kg | 千円 |
| 生糸・玉糸 | 146,577 | 937,382 | 183,964 | 1,256,169 |
| 中華人民共和国 | 77,622 | 484,226 | 112,655 | 799,401 |
| ブラジル | 68,712 | 452,205 | 71,309 | 456,768 |
| - | - | - | - | - |

注：令和3年の輸入量が多い国・地域について、上位3か国を掲載した。

(2) 保険・共済

| 区分 | 単位 | 蚕繭 | |
| --- | --- | --- | --- |
| | | 令和2年産<br>（概数値） | 3<br>（概数値） |
| 引受組合等数 | 組合 | 11 | 10 |
| 引受戸数 | 戸 | 117 | 90 |
| 引受箱数 | 箱 | 1,158 | 853 |
| 共済金額 | 100万円 | 74 | 54 |
| 共済掛金 | 〃 | 1 | 1 |
| 支払対象戸数 | 戸 | 16 | 24 |
| 支払対象箱数 | 箱 | 69 | 95 |
| 支払共済金 | 100万円 | 1 | 1 |

資料：農林水産省経営局資料
注：農業保険法による畑作物共済の実績である。

## X その他の農産加工品
### 1 油脂
#### (1) 植物油脂生産量

単位：千 t

| 区分 | 平成29年 | 30 | 令和元 | 2 | 3 |
|---|---|---|---|---|---|
| 計 | 2,731 | 2,780 | 2,837 | 2,734 | 2,660 |
| 国産 | 66 | 66 | 68 | 70 | 71 |
| 大豆油 | 0 | 0 | 0 | 0 | 0 |
| なたね・からし油 | 0 | 1 | 1 | 1 | 1 |
| 米油 | 66 | 64 | 67 | 69 | 70 |
| らっかせい油 | 0 | 1 | 0 | 0 | 0 |
| その他 | 0 | 0 | 0 | 0 | 0 |
| 輸入 | 2,665 | 2,714 | 2,769 | 2,664 | 2,589 |
| 大豆油 | 480 | 476 | 500 | 456 | 478 |
| なたね・からし油 | 1,075 | 1,044 | 1,052 | 1,011 | 1,010 |
| 綿実油 | 7 | 9 | 8 | 6 | 6 |
| サフラワー油 | 6 | 6 | 7 | 5 | 4 |
| ごま油 | 54 | 56 | 56 | 57 | 60 |
| とうもろこし油 | 79 | 83 | 81 | 73 | 73 |
| らっかせい油 | 0 | 0 | 0 | 0 | 0 |
| ひまわり油 | 24 | 24 | 28 | 28 | 24 |
| 米油 | 24 | 34 | 33 | 32 | 37 |
| オリーブ油 | 57 | 60 | 73 | 70 | 59 |
| やし油 | 42 | 40 | 39 | 37 | 42 |
| パーム核油 | 72 | 79 | 74 | 73 | 120 |
| パーム油 | 708 | 754 | 779 | 761 | 638 |
| あまに油 | 7 | 8 | 11 | 9 | 10 |
| ひまし油 | 18 | 25 | 18 | 21 | 18 |
| 桐油 | 1 | 1 | 1 | 1 | 1 |
| その他 | 11 | 15 | 9 | 24 | 9 |

資料：農林水産省大臣官房新事業・食品産業部食品製造課資料（以下(2)まで同じ。）
注：輸入は、原料を輸入して国内で搾油したもの及び製品を直接輸入したものの計である。

#### (2) 食用加工油脂生産量

単位：t

| 区分 | 平成29年 | 30 | 令和元 | 2 | 3 |
|---|---|---|---|---|---|
| マーガリン | 167,836 | 165,765 | 170,189 | 158,631 | 151,700 |
| 家庭用 | 14,150 | 14,230 | 14,669 | 13,550 | 9,910 |
| 学校給食用 | 957 | 875 | 908 | 639 | 577 |
| 業務用 | 152,729 | 150,660 | 154,612 | 144,442 | 141,213 |
| ファットスプレッド | 56,530 | 52,683 | 51,450 | 52,721 | 51,547 |
| ショートニング | 236,080 | 229,261 | 220,438 | 204,955 | 212,810 |
| 精製ラード | 24,071 | 24,020 | 24,744 | 23,807 | 22,547 |

(3)　輸出入量及び金額

| 品目 | 令和2年 | | 3 | |
|---|---|---|---|---|
| | 数量 | 金額 | 数量 | 金額 |
| | t | 千円 | t | 千円 |
| 輸出 | | | | |
| 植物性油脂（原料） | … | 10,789,162 | … | 13,807,949 |
| 　油脂原料 | 266 | 1,717,965 | 275 | 2,113,941 |
| 　油脂 | 16,460 | 8,750,850 | 21,057 | 11,203,791 |
| 　　大豆油 | 528 | 70,247 | 459 | 99,422 |
| 　　菜種油・からし種油 | 2,869 | 544,223 | 4,324 | 933,631 |
| 　　あまに油 | 17 | 8,614 | 22 | 12,521 |
| 　　パーム油 | 9 | 5,135 | 11 | 10,637 |
| 　　ひまし油 | 332 | 127,328 | 654 | 236,948 |
| 　　ごま油 | 8,550 | 6,578,609 | 10,055 | 7,743,247 |
| 　油粕 | 6,095 | 320,347 | 8,804 | 490,217 |
| 　　大豆油粕 | 616 | 84,298 | 1,069 | 154,672 |
| 輸入 | | | | |
| 植物性油脂（原料） | … | 558,203,090 | … | 743,087,440 |
| 　油脂原料 | 5,768,256 | 309,969,709 | 5,906,166 | 440,041,293 |
| 　　大豆 | 3,163,360 | 159,160,006 | 3,271,214 | 227,701,164 |
| 　　落花生（調製していないもの） | 32,018 | 7,021,183 | 27,808 | 6,175,534 |
| 　　菜種（採油用） | 2,252,378 | 103,038,180 | 2,342,162 | 175,889,328 |
| 　　ごま（採油用） | 204,864 | 34,458,409 | 150,975 | 23,393,986 |
| 　　からし菜の種（採油用） | 3,816 | 408,287 | 3,830 | 436,533 |
| 　　綿実（採油用） | 98,816 | 2,973,718 | 97,127 | 3,695,859 |
| 　　サフラワーの種（採油用） | 561 | 38,372 | 549 | 45,823 |
| 　　亜麻の種（採油用） | 3,719 | 223,332 | 3,238 | 270,927 |
| 　　ひまわりの種（採油用） | 1,937 | 1,004,467 | 1,878 | 876,883 |
| 　油脂 | 1,111,280 | 131,305,889 | 974,394 | 160,363,535 |
| 　　なたね油 | 35,826 | 3,768,395 | 16,985 | 2,966,056 |
| 　　綿実油 | 1,459 | 176,372 | 1,931 | 314,698 |
| 　　オリーブ油 | 70,127 | 29,884,920 | 61,461 | 30,968,391 |
| 　　やし油 | 37,025 | 4,604,624 | 41,660 | 8,357,508 |
| 　　パーム油 | 681,942 | 52,281,528 | 604,576 | 69,977,074 |
| 　　パーム核油 | 72,855 | 6,807,597 | 78,144 | 12,048,826 |
| 　　植物性油脂 | 18,332 | 4,952,011 | 21,596 | 6,382,716 |
| 　油粕 | 4,220,181 | 116,927,492 | 4,316,479 | 142,682,612 |
| 　　大豆油粕（調製飼料用） | 1,916,281 | 85,326,634 | 1,730,453 | 103,077,345 |
| 動物性油脂 | 75,060 | 16,691,180 | 55,660 | 13,910,036 |
| 　牛脂 | 9,891 | 893,967 | 7,708 | 1,000,454 |

資料：財務省関税局「貿易統計」をもとに農林水産省統計部にて作成。

## 2　でん粉・水あめ・ぶどう糖
### (1)　でん粉・水あめ・ぶどう糖生産量

単位：千 t

| でん粉年度 | ばれいしょでん粉 | かんしょでん粉 | 小麦でん粉 | コーンスターチ | 水あめ | ぶどう糖 規格内 結晶ぶどう糖 | ぶどう糖 規格内 精製ぶどう糖 | ぶどう糖 規格外ぶどう糖 |
|---|---|---|---|---|---|---|---|---|
| 平成28年度 | 151 | 39 | 17 | 2,271 | 602 | 49 | 11 | 30 |
| 29 | 182 | 29 | 17 | 2,303 | 571 | 50 | 11 | 28 |
| 30 | 169 | 27 | 17 | 2,295 | 581 | 50 | 10 | 30 |
| 令和元 | 178 | 28 | 16 | 2,108 | 540 | 48 | 10 | 31 |
| 2 | 162 | 21 | 15 | 2,048 | 514 | 50 | 9 | 30 |

資料：農林水産省農産局地域作物課資料
注：沖縄県を含まない。

### (2)　でん粉の輸入実績

| 品目 | （統計番号） | 令和2年 数量 | 令和2年 1kg当たり単価 | 3 数量 | 3 1kg当たり単価 |
|---|---|---|---|---|---|
| | | kg | 円 | kg | 円 |
| とうもろこしでん粉　計<br>(1108.12.010)　(1108.12.020)　(1108.12.090)<br>(1108.12.091)　(1108.12.099) | | 2,581,939 | 112 | 3,648,525 | 99 |
| ばれいしょでん粉　計<br>(1108.13.010)　(1108.13.020)　(1108.13.090)<br>(1108.13.091)　(1108.13.099) | | 11,368,189 | 86 | 10,059,340 | 94 |
| マニオカでん粉　計<br>(1108.14.010)　(1108.14.020)　(1108.14.090)<br>(1108.14.091)　(1108.14.099) | | 121,438,407 | 46 | 134,679,500 | 54 |
| サゴでん粉　計<br>(1108.19.011)　(1108.19.012)　(1108.19.017)<br>(1108.19.018)　(1108.19.019) | | 15,016,906 | 57 | 14,586,000 | 59 |
| 小麦でん粉　計<br>(1108.11.010)　(1108.11.090) | | − | − | − | − |
| その他でん粉　計<br>(1108.19.091)　(1108.19.092)　(1108.19.097)<br>(1108.19.098)　(1108.19.099) | | 1,008,180 | 334 | 1,219,315 | 289 |

資料：農畜産業振興機構「でん粉の輸入実績」（以下(3)まで同じ。）
注：1　財務省関税局「貿易統計」を集計したものであり、統計番号はそのコードである。
　　　　（以下(3)まで同じ。）
　　2　令和2年は、確々報値である。（以下(3)まで同じ。）

### (3)　化工でん粉の輸入実績

| 品目 | （統計番号） | 令和2年 数量 | 令和2年 1kg当たり単価 | 3 数量 | 3 1kg当たり単価 |
|---|---|---|---|---|---|
| | | kg | 円 | kg | 円 |
| でん粉誘導体　計 | (3505.10.100) | 401,519,415 | 88 | 418,305,267 | 95 |
| デキストリン　計 | (3505.10.200) | 12,868,033 | 119 | 15,522,829 | 131 |
| 膠着剤　計 | (3505.20.000) | 162,669 | 216 | 207,911 | 211 |
| 仕上剤、促染剤、媒染剤等　計 | (3809.10.000) | 1,246 | 182 | 3,494 | 432 |

## 3 調味料
### (1) 生産量

| 年次 | みそ | しょうゆ | グルタミン酸ソーダ | 1)食酢 | 2)マヨネーズ |
|---|---|---|---|---|---|
| | 千t | 千kl | 千t | 千kl | 千t |
| 平成29年 | 482 | 769 | 18 | 428 | 416 |
| 30 | 478 | 757 | 20 | 430 | 411 |
| 令和元 | 482 | 744 | 18 | 432 | 410 |
| 2 | 475 | 702 | 15 | 406 | 400 |
| 3 | 462 | 704 | 15 | ‥ | 404 |

資料：みそ及びしょうゆは、農林水産省大臣官房政策課食料安全保障室「食品産業動態調査」
　　　それ以外は、農林水産省大臣官房新事業・食品産業部資料による。
注：1)は、会計年度である。
　　2)は、ドレッシングを含む。

### (2) 1世帯当たり年間の購入数量（二人以上の世帯・全国）

| 品目 | 単位 | 平成29年 | 30 | 令和元 | 2 | 3 |
|---|---|---|---|---|---|---|
| しょう油 | ml | 5,249 | 4,981 | 4,708 | 4,832 | 4,963 |
| みそ | g | 5,168 | 5,194 | 5,076 | 5,262 | 4,871 |
| 酢 | ml | 1,954 | 2,180 | 2,008 | 1,960 | 1,748 |
| マヨネーズ・マヨネーズ風調味料 | g | 2,474 | 2,520 | 2,617 | 2,817 | 2,683 |
| カレールウ | 〃 | 1,418 | 1,441 | 1,412 | 1,455 | 1,339 |

資料：総務省統計局「家計調査年報」

### (3) 輸出量及び金額

| 品目 | 令和2年 | | 3 | |
|---|---|---|---|---|
| | 数量 | 金額 | 数量 | 金額 |
| | t | 千円 | t | 千円 |
| 輸出 | | | | |
| 　調味料 | … | 50,524,219 | … | 60,722,643 |
| 　醤油 | 39,336 | 7,513,280 | 48,090 | 9,142,582 |
| 　味噌 | 15,995 | 3,843,903 | 19,654 | 4,447,918 |

資料：財務省関税局「貿易統計」をもとに農林水産省統計部にて作成。

## 4　菓子類の出荷額

単位：100万円

| 年次 | 食パン | 菓子パン（イーストドーナッツを含む） | 洋生菓子 | 和生菓子 | ビスケット類・干菓子 | 米菓 | あめ菓子 | チョコレート類 | 他に分類されない菓子 |
|---|---|---|---|---|---|---|---|---|---|
| 平成27年 | 361,910 | 936,023 | 808,941 | 539,450 | 424,305 | 342,561 | 182,664 | 445,666 | 765,552 |
| 28 | 338,998 | 992,416 | 793,738 | 563,595 | 457,260 | 359,289 | 169,628 | 512,574 | 749,958 |
| 29 | 336,350 | 1,013,719 | 824,243 | 561,229 | 465,029 | 298,841 | 166,823 | 564,642 | 773,993 |
| 30 | 339,508 | 1,002,095 | 848,788 | 553,936 | 469,745 | 382,202 | 170,953 | 590,009 | 808,149 |
| 令和元 | 349,382 | 1,001,101 | 855,314 | 547,097 | 473,121 | 384,364 | 176,111 | 615,718 | 809,729 |

資料：　経済産業省大臣官房調査統計グループ「工業統計表（品目編）」ただし、平成27年は
　　　　「平成28年経済センサス－活動調査　製造業（品目編）」による。（以下6まで同じ。）
注：従業者4人以上の事業所の数値である。（以下6まで同じ。）

## 5　飲料類の出荷額

単位：100万円

| 年次 | 炭酸飲料 | ジュース | コーヒー飲料（ミルク入りを含む） | 茶系飲料 | ミネラルウォーター | その他の清涼飲料 |
|---|---|---|---|---|---|---|
| 平成27年 | 224,824 | 420,419 | 377,249 | 640,140 | 108,903 | 416,051 |
| 28 | 280,603 | 417,896 | 313,461 | 539,124 | 134,386 | 391,876 |
| 29 | 273,590 | 400,323 | 305,466 | 587,581 | 166,095 | 410,058 |
| 30 | 314,143 | 383,709 | 345,859 | 627,552 | 184,685 | 539,896 |
| 令和元 | 353,601 | 366,874 | 358,591 | 654,858 | 178,289 | 451,624 |

## 6　酒類の出荷額

単位：100万円

| 年次 | 果実酒 | ビール | 発泡酒 | 清酒（濁酒を含む） | 焼酎 | 合成清酒 | ウイスキー | 味りん（本直しを含む） | チューハイ・カクテル |
|---|---|---|---|---|---|---|---|---|---|
| 平成27年 | 80,040 | 1,142,210 | 218,970 | 434,995 | 517,555 | 8,126 | 158,645 | 45,728 | 217,454 |
| 28 | 62,232 | 1,175,930 | 228,280 | 443,582 | 504,898 | 8,998 | 156,975 | 45,310 | 186,197 |
| 29 | 64,853 | 1,100,848 | 216,892 | 455,281 | 476,214 | 9,006 | 155,649 | 43,416 | 177,597 |
| 30 | 64,520 | 1,055,594 | 198,380 | 434,105 | 471,166 | 8,483 | 158,700 | 33,738 | 191,323 |
| 令和元 | 61,208 | 1,011,264 | 183,131 | 409,876 | 454,587 | 5,407 | 173,083 | 31,444 | 213,195 |

## 7　缶・瓶詰
### (1)　生産数量（内容重量）

単位：kg

| 品目 | 平成29年 | 30 | 令和元 | 2 | 3 |
|---|---|---|---|---|---|
| 総計 | 2,982,939,127 | 2,736,976,289 | 2,575,416,983 | 2,312,867,741 | 2,206,103,293 |
| 1) 丸缶 | 2,891,374,349 | 2,657,436,465 | 2,496,274,224 | 2,237,442,362 | 2,133,231,928 |
| 　水産 | 98,566,147 | 104,410,499 | 98,716,047 | 93,327,346 | 87,026,364 |
| 　果実 | 29,524,056 | 28,773,457 | 28,153,917 | 28,791,119 | 26,950,215 |
| 　野菜 | 38,355,729 | 34,983,221 | 33,594,353 | 32,145,228 | 31,774,772 |
| 　ジャム | 337,329 | 235,720 | 176,750 | 157,291 | 193,979 |
| 　食肉 | 6,028,578 | 6,340,063 | 6,827,992 | 6,293,027 | 5,122,878 |
| 　調理・特殊 | 41,823,653 | 40,452,463 | 37,858,228 | 37,326,849 | 33,688,043 |
| 　飲料 | 2,676,738,857 | 2,442,241,042 | 2,290,946,937 | 2,039,401,502 | 1,948,475,677 |
| 2) 大缶 | 29,709,489 | 29,162,317 | 29,842,002 | 26,471,117 | 25,762,555 |
| 3) びん詰 | 61,855,289 | 50,377,507 | 49,300,757 | 48,954,262 | 47,108,810 |

資料：日本缶詰びん詰レトルト食品協会「缶詰時報」（以下(2)まで同じ。）
注：　内容重量は、内容総量を基礎として算出したものである。ただし、アスパラガス、スイートコーン
　　及びなめこ以外の野菜水煮にあっては固形量によった。
　　　1)は、主として一般に流通している食料缶詰の総称であり、炭酸飲料、スポーツドリンク、ビール、
　　酒、練粉乳の缶詰及び缶入りは除外した。
　　　2)は、18L缶、9L缶など、業務用として作られる大型缶詰であり、飲料は除外した。
　　　3)は、飲料、酒類、乳製品などの、びん入りを除外した。

### (2)　輸出入量及び金額

| 品目 | 令和2年 | | 3 | |
|---|---|---|---|---|
| | 数量 | 金額 | 数量 | 金額 |
| | kg | 千円 | kg | 千円 |
| 輸出 | | | | |
| 　総計 | 15,633,646 | 9,685,032 | 17,418,641 | 11,238,783 |
| 　水産 | 3,758,975 | 3,300,879 | 2,943,383 | 3,012,971 |
| 　果実 | 1,851,151 | 2,071,224 | 2,558,148 | 2,722,915 |
| 　野菜 | 268,108 | 254,414 | 381,269 | 349,539 |
| 　ジャム | 283,490 | 245,111 | 435,995 | 391,535 |
| 　食肉 | 1,416 | 1,791 | – | – |
| 　ジュース | 9,470,506 | 3,811,613 | 11,099,846 | 4,761,823 |
| 輸入 | | | | |
| 　総計 | 671,656,202 | 167,782,878 | 668,602,568 | 178,563,055 |
| 　水産 | 60,080,942 | 45,388,359 | 56,431,256 | 43,859,640 |
| 　果実合計 | 243,954,390 | 49,364,043 | 248,729,910 | 53,115,094 |
| 　　果実 | 238,987,037 | 47,882,762 | 244,785,987 | 51,856,209 |
| 　　果実パルプ | 4,967,353 | 1,481,281 | 3,943,923 | 1,258,885 |
| 　野菜 | 316,594,264 | 50,595,869 | 301,910,186 | 52,431,180 |
| 　ジャム | 14,514,956 | 3,784,004 | 16,986,047 | 4,730,209 |
| 　食肉 | 36,511,650 | 18,650,603 | 44,545,169 | 24,426,932 |
| (参考) | | | | |
| 　ジュース | 222,107,947 | 59,733,421 | 192,570,973 | 54,608,985 |
| 　その他水及び炭酸水 | 79,471,960 | 21,179,997 | 100,715,301 | 21,112,849 |

注：　輸出入統計は、財務省「日本貿易月表」より缶びん詰と思われる品目を抜粋している。

## XI 環境等

### 1 環境保全型農業の推進

(1) 有機農業に取り組んでいる経営体の取組品目別作付（栽培）経営体数
と作付（栽培）面積（令和2年2月1日現在）

| 年次・全国農業地域 | 計 | 有機農業に取り組んでいる | | | | | | |
|---|---|---|---|---|---|---|---|---|
| | | 計 | | 水稲 | | 大豆 | |
| | | 作付（栽培）実経営体数 | 作付（栽培）面積 | 作付経営体数 | 作付面積 | 作付経営体数 | 作付面積 |
| | 経営体 | 経営体 | ha | 経営体 | ha | 経営体 | ha |
| 全国 | 1,075,705 | 69,309 | 115,269 | 35,244 | 60,624 | 2,862 | 5,122 |
| 北海道 | 34,913 | 2,731 | 18,162 | 660 | 3,712 | 374 | 1,349 |
| 都府県 | 1,040,792 | 66,578 | 97,107 | 34,584 | 56,912 | 2,488 | 3,773 |
| 東北 | 194,193 | 11,603 | 25,315 | 7,408 | 16,917 | 490 | 1,580 |
| 北陸 | 76,294 | 5,694 | 11,806 | 4,680 | 10,156 | 138 | 368 |
| 関東・東山 | 235,938 | 16,353 | 20,792 | 5,654 | 8,381 | 522 | 432 |
| 東海 | 92,650 | 5,189 | 6,162 | 2,367 | 3,257 | 193 | 368 |
| 近畿 | 103,835 | 7,589 | 8,860 | 4,816 | 6,284 | 534 | 464 |
| 中国 | 96,594 | 5,020 | 5,468 | 3,089 | 3,872 | 311 | 147 |
| 四国 | 65,418 | 3,583 | 2,893 | 1,462 | 1,255 | 38 | 7 |
| 九州 | 164,560 | 10,944 | 15,267 | 5,087 | 6,760 | 260 | 407 |
| 沖縄 | 11,310 | 603 | 544 | 21 | 29 | 2 | 0 |

| 年次・全国農業地域 | 有機農業に取り組んでいる（続き） | | | | | | 有機農業に取り組んでいない |
|---|---|---|---|---|---|---|---|
| | 野菜 | | 果樹 | | その他 | |
| | 作付（栽培）経営体数 | 作付（栽培）面積 | 栽培経営体数 | 栽培面積 | 作付（栽培）経営体数 | 作付（栽培）面積 |
| | 経営体 | ha | 経営体 | ha | 経営体 | ha | 経営体 |
| 全国 | 24,647 | 18,435 | 12,750 | 9,630 | 6,598 | 21,458 | 1,006,396 |
| 北海道 | 1,463 | 3,562 | 201 | 309 | 775 | 9,230 | 32,182 |
| 都府県 | 23,184 | 14,873 | 12,549 | 9,321 | 5,823 | 12,228 | 974,214 |
| 東北 | 3,189 | 2,295 | 1,837 | 1,996 | 660 | 2,527 | 182,590 |
| 北陸 | 837 | 357 | 452 | 262 | 253 | 662 | 70,600 |
| 関東・東山 | 7,563 | 6,171 | 4,346 | 3,027 | 1,239 | 2,781 | 219,585 |
| 東海 | 1,777 | 867 | 928 | 574 | 853 | 1,096 | 87,461 |
| 近畿 | 2,220 | 700 | 1,140 | 869 | 546 | 543 | 96,246 |
| 中国 | 1,528 | 605 | 817 | 371 | 347 | 473 | 91,574 |
| 四国 | 1,327 | 610 | 1,063 | 670 | 303 | 351 | 61,835 |
| 九州 | 4,454 | 3,154 | 1,781 | 1,469 | 1,439 | 3,477 | 153,616 |
| 沖縄 | 289 | 114 | 185 | 83 | 183 | 318 | 10,707 |

資料：農林水産省統計部「2020年農林業センサス」

(2) エコファーマー認定状況（各年度末現在）

単位：件

| 農政局名等 | 平成28年度 | 29 | 30 | 令和元 | 2 |
|---|---|---|---|---|---|
| 全国 | 129,389 | 111,864 | 95,207 | 83,767 | 74,861 |
| 北海道 | 4,610 | 4,149 | 3,363 | 2,397 | 1,787 |
| 東北 | 28,945 | 26,180 | 23,094 | 20,423 | 18,100 |
| 関東 | 25,106 | 22,842 | 18,171 | 16,535 | 14,311 |
| 北陸 | 34,695 | 28,627 | 24,837 | 23,312 | 22,264 |
| 東海 | 3,484 | 3,283 | 3,110 | 1,978 | 1,877 |
| 近畿 | 5,860 | 4,822 | 4,018 | 2,954 | 2,575 |
| 中国四国 | 7,271 | 6,680 | 5,764 | 5,031 | 4,373 |
| 九州 | 18,924 | 14,757 | 12,362 | 10,464 | 8,866 |
| 沖縄 | 494 | 524 | 488 | 673 | 708 |

資料：農林水産省農産局資料
注： エコファーマーとは、「持続性の高い農業生産方式の導入の促進に関する法律（以下「持続農業法」という。）」に基づき、「持続性の高い農業生産方式の導入に関する計画」を都道府県知事に提出し認定を受けた農業者の愛称である。

## 2 新エネルギーの導入量

| 年度 | 太陽光発電 | | 風力発電 | | 廃棄物発電＋バイオマス発電 | |
|---|---|---|---|---|---|---|
| | 万kl | 万kW | 万kl | 万kW | 万kl | 万kW |
| 平成7年度(1995年度) | 1.1 | – | 0.4 | 1.0 | 81 | 65 |
| 12 (2000) | 8.1 | 33.0 | 5.9 | 14.4 | 120 | 110 |
| 17 (2005) | 34.7 | 142.2 | 44.2 | 108.5 | 252 | 215 |
| 22 (2010) | 88.4 | 361.8 | 99.4 | 244.2 | 327 | 240 |
| 27 (2015) | 793.8 | 3,248.0 | 123.6 | 303.4 | 401 | 293 |
| 29 (2017) | 1,078.9 | 4,414.6 | 143.4 | 351.9 | 503 | 367 |
| 30 (2018) | 1,216.6 | 4,978.1 | 150.4 | 369.1 | 565 | 412 |
| 令和元 (2019) | 1,354.5 | 5,542.0 | 169.4 | 415.9 | 632 | 461 |
| 2 (2020) | 1,494.8 | 6,116.4 | 184.4 | 452.5 | 694 | 506 |

| 年度 | バイオマス熱利用 | 太陽熱利用 | 廃棄物熱利用 | 1)未利用エネルギー | 黒液・廃材等 | 合計 |
|---|---|---|---|---|---|---|
| | 万kl | 万kl | 万kl | 万kl | 万kl | 万kl |
| 平成7年度(1995年度) | … | 135 | 3.8 | 3.0 | 472 | 696 |
| 12 (2000) | … | 89 | 4.5 | 4.5 | 490 | 722 |
| 17 (2005) | 142.0 | 61 | 149.0 | 4.9 | 470 | 1,159 |
| 22 (2010) | 173.7 | 44 | 137.8 | 4.7 | 492 | 1,368 |
| 27 (2015) | … | 28 | … | … | … | … |
| 29 (2017) | … | 24 | … | … | … | … |
| 30 (2018) | … | 22 | … | … | … | … |
| 令和元 (2019) | … | 20 | … | … | … | … |
| 2 (2020) | … | 18 | … | … | … | … |

資料：日本エネルギー経済研究所「EDMC／エネルギー・経済統計要覧（2022年版）」
注：平成24年度（2012年度）以降はEDMCで推計した結果である。
　　1)は、雪氷熱利用を含む。

## 3 温室効果ガスの排出量

| 区分 | 単位 | 平成2年度(1990年度) | 17(2005) | 25(2013) | 令和元(2019) | 2(2020) |
|---|---|---|---|---|---|---|
| 二酸化炭素（CO$_2$）合計 | 100万 t CO$_2$ | 1,164 | 1,294 | 1,318 | 1,108 | **1,044** |
| エネルギー起源 | 〃 | 1,068 | 1,201 | 1,235 | 1,029 | **967** |
| 非エネルギー起源 | 〃 | 96.1 | 93.3 | 82.5 | 79.5 | **76.8** |
| うちその他（農業・間接CO$_2$等） | 〃 | 6.7 | 4.6 | 3.6 | 3.0 | **3.0** |
| メタン（CH$_4$）合計 | 100万 t CO$_2$換算 | 44.1 | 34.7 | 30.1 | 28.5 | **28.4** |
| うち農業（家畜の消化管内発酵、稲作等） | 〃 | 25.0 | 23.8 | 22.3 | 22.0 | **22.1** |
| 一酸化二窒素（N$_2$O）合計 | 〃 | 32.4 | 25.5 | 22.0 | 20.3 | **20.0** |
| うち農業（家畜排せつ物の管理、農用地の土壌等） | 〃 | 11.9 | 10.5 | 10.0 | 9.7 | **9.7** |

資料：環境省地球環境局「2020年度（令和2年度）の温室効果ガス排出量（確報値）について」

## 4 食品産業における食品廃棄物等の年間発生量、発生抑制の実施量及び再生利用等実施率（平成29年度）

| 区分 | 食品廃棄物等の年間発生量 | | | | | | 発生抑制の実施量 | 3)再生利用等実施率 |
|---|---|---|---|---|---|---|---|---|
| | 計 | 1)食品リサイクル法で規定している用途への実施量 | 熱回収の実施量 | 減量した量 | 2)その他 | 廃棄物としての処分量 | | |
| | 千t | 千t | 千t | 千t | 千t | 千t | 千t | ％ |
| 食品産業計 | 17,666 | 12,297 | 444 | 1,640 | 411 | 2,873 | 2,958 | 84 |
| うち食品製造業 | 14,106 | 11,252 | 443 | 1,605 | 380 | 427 | 2,292 | 95 |
| 食品卸売業 | 268 | 153 | 1 | 14 | 20 | 80 | 36 | 67 |
| 食品小売業 | 1,230 | 474 | 0 | 4 | 3 | 748 | 290 | 51 |
| 外食産業 | 2,062 | 419 | 0 | 17 | 8 | 1,617 | 339 | 32 |

資料：農林水産省統計部「食品循環資源の再生利用等実態調査」
注： 食品循環資源の再生利用等実態調査結果と食品リサイクル法第9条第1項に基づく定期報告結果を用いて推計したものである。
　　1)食品リサイクル法で規定している用途とは、肥料、飼料、メタン、油脂及び油脂製品、炭化製品（燃料及び還元剤）又はエタノールの原材料としての再生利用である。
　　2)その他とは、再生利用の実施量として、1)以外の食用品（食品添加物や調味料、健康食品等）、工業資材用（舗装資材、塗料の原料等）、工芸用等の用途に仕向けた量及び不明のものをいう。
　　3)再生利用等実施率

$$= \frac{当該年度の（発生抑制の実施量＋食品リサイクル法で規定している用途への実施量＋熱回収の実施量×0.95＋減量した量）}{当該年度の（発生抑制の実施量＋食品廃棄物等の年間発生量）}$$

## XII　農業団体等

### 1　農業協同組合・同連合会

#### (1)　農業協同組合・同連合会数（各年3月31日現在）

| 年次 | 単位農協 | | | | 連合会 | | |
|---|---|---|---|---|---|---|---|
| | 計 | 総合農協<br>（出資組合） | 専門農協 | | 計 | 出資<br>連合会 | 非出資<br>連合会 |
| | | | 出資組合 | 非出資<br>組合 | | | |
| | 組合 | 組合 | 組合 | 組合 | 連合会 | 連合会 | 連合会 |
| 平成30年 | 2,209 | 672 | 811 | 726 | 182 | 177 | 5 |
| 31 | 1,964 | 649 | 664 | 651 | 182 | 177 | 5 |
| 令和2 | 1,736 | 627 | 582 | 527 | 180 | 175 | 5 |
| 3 | 1,621 | 598 | 532 | 491 | 178 | 174 | 4 |
| 4 | 1,584 | 585 | 516 | 483 | 174 | 170 | 4 |

資料：農林水産省経営局「農業協同組合等現在数統計」（以下(3)まで同じ。）

#### (2)　主要業種別出資農業協同組合数（各年3月31日現在）

単位：組合

| 年次 | 専門農協 | 畜産 | 酪農 | 養鶏 | 園芸特産 | 農村工業 |
|---|---|---|---|---|---|---|
| 平成30年 | 811 | 95 | 149 | 61 | 211 | 43 |
| 31 | 664 | 81 | 135 | 46 | 184 | 25 |
| 令和2 | 582 | 62 | 115 | 40 | 172 | 17 |
| 3 | 532 | 56 | 106 | 38 | 166 | 10 |
| 4 | 516 | 52 | 104 | 37 | 156 | 10 |

#### (3)　農業協同組合・同連合会の設立・合併・解散等の状況

| 区分 | 平成29年度 | | 30 | | 令和元 | | 2 | | 3 | |
|---|---|---|---|---|---|---|---|---|---|---|
| | 単位<br>農協 | 連合会 | 単位<br>農協 | 連合会 | 単位<br>農協 | 連合会 | 単位<br>農協 | 連合会 | 単位<br>農協 | 連合会 |
| | 組合 | 連合会 | 組合 | 連合会 | 組合 | 連合会 | 組合 | 連合会 | 組合 | 連合会 |
| 増加 | 3 | － | 3 | － | 3 | － | 5 | － | 3 | 1 |
| 　新設認可 | － | － | 1 | － | 1 | － | 1 | － | 3 | － |
| 　合併設立 | 1 | － | 2 | － | 2 | － | 1 | － | － | － |
| 　定款変更 | 2 | － | － | － | － | － | 3 | － | － | 1 |
| 　行政区域の変更 | － | － | － | － | － | － | － | － | － | － |
| 減少 | 60 | 4 | 253 | － | 96 | 3 | 100 | 2 | 38 | 5 |
| 　普通解散 | 12 | － | 23 | － | 21 | 3 | 11 | － | 15 | － |
| 　吸収合併解散 | 1 | － | 21 | － | 12 | － | 22 | － | 13 | － |
| 　設立合併解散 | 3 | － | 6 | － | 14 | － | 4 | － | － | － |
| 　包括承継による消滅 | － | 2 | － | － | － | － | － | 1 | － | 4 |
| 　認可後登記前取消 | － | － | － | － | － | － | － | － | － | － |
| 　承認取消解散 | － | － | － | － | － | － | － | － | － | － |
| 　解散命令による解散 | 1 | － | － | － | － | － | － | － | 1 | － |
| 　定款変更 | 2 | － | － | － | － | － | 3 | － | － | 1 |
| 　行政区域の変更 | － | － | － | － | － | － | － | － | － | － |
| 　みなし解散 | 35 | － | 195 | － | 45 | － | 57 | 1 | 7 | － |
| 　組織変更 | 6 | 2 | 8 | － | 4 | － | 3 | － | 2 | － |
| 増減 | △ 57 | △ 4 | △ 250 | － | △ 93 | △ 3 | △ 95 | △ 2 | △ 35 | △ 4 |

注：1　単位農協・連合会とも増減数が「1(1) 農業協同組合・同連合会数」の差と一致しな
　　　いのは、前期末現在数を修正しているためである。
　　2　「みなし解散」及び「組織変更」は、平成28年度から新たに追加された項目である。

1 農業協同組合・同連合会（続き）
(4) 総合農協の組合員数

| 事業年度 | 合計 | 正組合員 | | | 准組合員 | | |
|---|---|---|---|---|---|---|---|
| | | 計 | 個人 | 法人 | 計 | 個人 | 団体 |
| | 人＋団体 | 人＋団体 | 人 | 団体 | 人＋団体 | 人 | 団体 |
| 平成28年 | 10,444,428 | 4,367,858 | 4,348,560 | 19,298 | 6,076,570 | 5,997,642 | 78,928 |
| 29 | 10,511,348 | 4,304,501 | 4,283,685 | 20,816 | 6,206,847 | 6,128,521 | 78,326 |
| 30 | 10,490,707 | 4,247,743 | 4,225,505 | 22,238 | 6,242,964 | 6,165,396 | 77,568 |
| 令和元 | 10,465,781 | 4,178,595 | 4,154,980 | 23,615 | 6,287,186 | 6,210,117 | 77,069 |
| 2 | 10,418,309 | 4,098,568 | 4,073,527 | 25,041 | 6,319,741 | 6,243,371 | 76,370 |

資料：農林水産省統計部「総合農協統計表」（以下(5)まで同じ。）

(5) 総合農協の事業実績
   ア 購買事業

| 品目 | 令和元年事業年度 | | | | 2 | | | |
|---|---|---|---|---|---|---|---|---|
| | 当期受入高 | 1)系統利用率 | 当期供給・取扱高 | 購買利益（購買手数料を含む。） | 当期受入高 | 1)系統利用率 | 当期供給・取扱高 | 購買利益（購買手数料を含む。） |
| | 100万円 | % | 100万円 | 100万円 | 100万円 | % | 100万円 | 100万円 |
| 計 | 2,106,288 | 64.7 | 2,400,928 | 296,295 | 1,976,189 | 64.6 | 2,264,816 | 295,304 |
| 生産資材 | 1,626,906 | 66.8 | 1,803,181 | 177,225 | 1,555,769 | 66.6 | 1,736,921 | 182,456 |
| 肥料 | 237,137 | 80.8 | 269,589 | 33,721 | 231,173 | 79.9 | 266,289 | 34,153 |
| 農薬 | 192,440 | 65.0 | 219,168 | 26,449 | 191,768 | 64.8 | 220,925 | 27,796 |
| 飼料 | 315,587 | 60.5 | 327,674 | 12,257 | 311,686 | 61.2 | 323,185 | 12,125 |
| 農業機械 | 206,516 | 65.5 | 232,342 | 23,551 | 212,604 | 65.9 | 237,134 | 24,794 |
| 燃料 | 251,844 | 85.6 | 285,771 | 33,678 | 201,185 | 86.8 | 238,176 | 36,568 |
| 自動車（二輪車を除く。） | 47,221 | 40.3 | 51,847 | 4,700 | 41,286 | 39.3 | 45,862 | 4,473 |
| その他 | 376,159 | 55.5 | 416,789 | 42,866 | 366,065 | 56.1 | 405,350 | 42,545 |
| 生活物資 | 479,382 | 57.8 | 597,747 | 119,070 | 420,420 | 57.0 | 527,895 | 112,847 |
| 食料品 | 135,457 | 49.3 | 163,289 | 27,355 | 125,389 | 50.3 | 151,551 | 25,830 |
| 衣料品 | 3,649 | 62.2 | 4,317 | 644 | 2,683 | 61.0 | 3,196 | 494 |
| 耐久消費財 | 25,872 | 55.8 | 28,810 | 2,907 | 23,430 | 53.0 | 26,233 | 2,755 |
| 日用保健雑貨用品 | 33,814 | 48.9 | 38,157 | 4,327 | 31,046 | 45.3 | 35,226 | 4,114 |
| 家庭燃料 | 135,827 | 84.9 | 190,775 | 54,217 | 102,262 | 82.0 | 150,662 | 53,403 |
| その他 | 144,763 | 42.8 | 172,397 | 29,620 | 135,609 | 47.6 | 161,026 | 26,250 |

注：1)は、当期受入高のうち農協又は同連合会からの当期受入高の占める割合である。

イ 販売事業

| 品目 | 令和元年事業年度 | | | 2 | | |
|---|---|---|---|---|---|---|
| | 当期販売・取扱高 | 1) 系統利用率 | 販売手数料（販売利益を含む。） | 当期販売・取扱高 | 1) 系統利用率 | 販売手数料（販売利益を含む。） |
| | 100万円 | % | 100万円 | 100万円 | % | 100万円 |
| 計 | 4,525,128 | 81.1 | 143,513 | 4,468,886 | 80.9 | 144,116 |
| 米 | 854,539 | 69.2 | 36,376 | 821,666 | 69.4 | 34,977 |
| 麦 | 63,476 | 92.7 | 4,896 | 65,360 | 93.1 | 4,790 |
| 雑穀・豆類 | 72,899 | 74.0 | 5,135 | 70,937 | 78.7 | 4,434 |
| 野菜 | 1,260,192 | 85.6 | 35,563 | 1,295,210 | 85.3 | 37,257 |
| 果実 | 417,309 | 89.5 | 12,752 | 416,946 | 89.3 | 13,044 |
| 花き・花木 | 120,088 | 78.8 | 3,429 | 111,599 | 78.4 | 3,185 |
| 畜産物 | 1,353,102 | 90.3 | 17,486 | 1,309,105 | 89.9 | 16,811 |
| うち生乳 | 497,476 | 97.3 | 5,519 | 508,763 | 97.2 | 5,700 |
| 肉用牛 | 577,273 | 85.5 | 8,101 | 536,522 | 84.7 | 7,307 |
| 肉豚 | 100,142 | 91.1 | 1,118 | 105,882 | 88.8 | 1,212 |
| 肉鶏 | 4,103 | 19.2 | 35 | 4,086 | 25.2 | 36 |
| 鶏卵 | 17,253 | 65.8 | 249 | 16,278 | 65.0 | 289 |
| その他 | 383,523 | 51.7 | 27,876 | 378,063 | 49.9 | 29,618 |
| うち茶 | 31,963 | 78.7 | 547 | 29,652 | 81.5 | 727 |

注：1)は、当期販売・取扱高のうち農協又は同連合会への当期販売・取扱高の占める割合である。

2 農業委員会数及び委員数
（各年10月1日現在）

| 年次 | 委員会数 | 農業委員数 | 農地利用最適化推進委員数 |
|---|---|---|---|
| | 委員会 | 人 | 人 |
| 平成29年 | 1,703 | 26,119 | 13,465 |
| 30 | 1,703 | 23,196 | 17,824 |
| 令和元 | 1,703 | 23,125 | 17,770 |
| 2 | 1,702 | 23,201 | 17,698 |
| 3 | 1,702 | 23,177 | 17,696 |

資料：農林水産省経営局資料

3 土地改良区数、面積及び組合員数
（各年3月31日現在）

| 年次 | 土地改良区数 | 面積 | 組合員数 |
|---|---|---|---|
| | 改良区 | ha | 人 |
| 平成30年 | 4,504 | 2,530,213 | 3,568,616 |
| 31 | 4,455 | 2,513,828 | 3,533,664 |
| 令和2 | 4,403 | 2,497,912 | 3,504,527 |
| 3 | 4,325 | 2,481,069 | 3,460,184 |
| 4 | 4,203 | 2,464,059 | 3,425,254 |

資料：農林水産省農村振興局資料

4 普及職員数及び普及指導センター数

| 年度 | 普及職員数 | 農業革新支援専門員数 | 普及指導センター数 |
|---|---|---|---|
| | 人 | 人 | 箇所 |
| 平成29年度 | 7,321 | 594 | 361 |
| 30 | 7,292 | 607 | 360 |
| 令和元 | 7,267 | 606 | 360 |
| 2 | 7,225 | 618 | 359 |
| 3 | 7,202 | 634 | 361 |

資料：農林水産省農産局資料
注：1 データは年度末時点のものである。
　　2 普及職員数とは、普及指導員及び実務経験中職員等の合計である。

農 山 村 編

## I 農業集落

### 1 最も近いDID（人口集中地区）までの 所要時間別農業集落数（令和2年2月1日現在）

単位：集落

| 全国農業地域 | 自動車利用 | | | | | | 計測不能 |
|---|---|---|---|---|---|---|---|
| | 計 | 15分未満 | 15分～30分 | 30分～1時間 | 1時間～1時間半 | 1時間半以上 | |
| **全国** | 138,243 | 48,426 | 50,702 | 32 251 | 4 146 | 404 | 2,314 |
| 北海道 | 7,066 | 1,878 | 2,426 | 2,114 | 513 | 63 | 72 |
| 都府県 | 131,177 | 46,548 | 48,276 | 30,137 | 3,633 | 341 | 2,242 |
| 東北 | 17,590 | 5,390 | 7,161 | 4,416 | 534 | 74 | 15 |
| 北陸 | 11,046 | 4,583 | 4,436 | 1,561 | 104 | 1 | 361 |
| 関東・東山 | 24,260 | 11,670 | 8,936 | 3,388 | 228 | 8 | 30 |
| 東海 | 11,556 | 5,589 | 3,730 | 1,910 | 290 | 23 | 14 |
| 近畿 | 10,795 | 4,476 | 3,745 | 2,268 | 281 | 16 | 9 |
| 中国 | 19,616 | 4,451 | 8,012 | 6,469 | 391 | 3 | 290 |
| 四国 | 11,059 | 3,355 | 3,908 | 2,821 | 638 | 69 | 268 |
| 九州 | 24,515 | 6,648 | 8,185 | 7,227 | 1,159 | 147 | 1,149 |
| 沖縄 | 740 | 386 | 163 | 77 | 8 | － | 106 |

資料：農林水産省統計部「2020年農林業センサス」（以下5（2）まで同じ。）
注：1 DIDとは、国勢調査において人口密度約4,000人／km²以上の国勢調査基本単位区が
　　いくつか隣接し、合わせて人口5,000人以上を有する地域をいう
　　（DID：Densely Inhabited District）。
　　2 DID中心施設は、農業集落の中心地から最も近いDIDの地域内にある施設のなか
　　でDIDの重心位置から直線距離が最も近い施設を設定した。ただし、重心位置から1
　　km圏内の施設については、別途定めた施設分類の優先度により中心施設を設定した。
　　なお、農業集落の中心地から直線距離100km圏外の施設は除いた。
　　3 最も近いDIDまでの所要時間とは、農業集落の中心地から直線距離が近く、かつ2
　　の条件を満たした施設を最大で3施設抽出し、抽出した3つの施設を自動車による移動
　　として経路検索したうえで、所要時間が最も短い施設までの結果を採用した。

### 2 耕地面積規模別農業集落数（令和2年2月1日現在）

単位：集落

| 全国農業地域 | 耕地のある農業集落 | | | | | | | 耕地がない農業集落 |
|---|---|---|---|---|---|---|---|---|
| | 計 | 10ha未満 | 10～20 | 20～30 | 30～50 | 50～100 | 100ha以上 | |
| **全国** | 135,999 | 48,331 | 29,729 | 17,680 | 18,275 | 14,362 | 7,622 | 2,244 |
| 北海道 | 6,759 | 695 | 304 | 276 | 600 | 1,423 | 3,461 | 307 |
| 都府県 | 129,240 | 47,636 | 29,425 | 17,404 | 17,675 | 12,939 | 4,161 | 1,937 |
| 東北 | 17,320 | 3,255 | 2,634 | 2,323 | 3,366 | 3,785 | 1,957 | 270 |
| 北陸 | 10,861 | 3,112 | 2,364 | 1,682 | 1,943 | 1,391 | 369 | 185 |
| 関東・東山 | 24,056 | 7,204 | 4,939 | 3,507 | 4,125 | 3,393 | 888 | 204 |
| 東海 | 11,459 | 4,345 | 2,827 | 1,645 | 1,455 | 979 | 208 | 97 |
| 近畿 | 10,675 | 3,762 | 2,915 | 1,678 | 1,504 | 702 | 114 | 120 |
| 中国 | 19,276 | 10,444 | 5,270 | 2,013 | 1,164 | 346 | 39 | 340 |
| 四国 | 10,862 | 6,029 | 2,857 | 1,056 | 636 | 263 | 21 | 197 |
| 九州 | 24,019 | 9,269 | 5,514 | 3,413 | 3,380 | 1,986 | 457 | 496 |
| 沖縄 | 712 | 216 | 105 | 87 | 102 | 94 | 108 | 28 |

3 耕地率別農業集落数（令和2年2月1日現在）

単位：集落

| 全国農業地域 | 耕地のある農業集落 | | | | | | 耕地がない農業集落 |
|---|---|---|---|---|---|---|---|
| | 計 | 10%未満 | 10～20 | 20～30 | 30～50 | 50%以上 | |
| **全国** | 135,999 | 51,159 | 24,444 | 16,388 | 22,484 | 21,524 | 2,244 |
| 北海道 | 6,759 | 1,723 | 839 | 603 | 1,097 | 2,497 | 307 |
| 都府県 | 129,240 | 49,436 | 23,605 | 15,785 | 21,387 | 19,027 | 1,937 |
| 東北 | 17,320 | 5,465 | 3,090 | 2,038 | 2,706 | 4,021 | 270 |
| 北陸 | 10,861 | 3,444 | 1,738 | 1,039 | 1,656 | 2,984 | 185 |
| 関東・東山 | 24,056 | 6,572 | 3,747 | 3,322 | 5,747 | 4,668 | 204 |
| 東海 | 11,459 | 4,669 | 1,869 | 1,525 | 2,246 | 1,150 | 97 |
| 近畿 | 10,675 | 4,665 | 2,152 | 1,359 | 1,574 | 925 | 120 |
| 中国 | 19,276 | 10,595 | 4,216 | 1,923 | 1,659 | 883 | 340 |
| 四国 | 10,862 | 4,911 | 1,824 | 1,207 | 1,661 | 1,259 | 197 |
| 九州 | 24,019 | 8,849 | 4,823 | 3,276 | 4,020 | 3,051 | 496 |
| 沖縄 | 712 | 266 | 146 | 96 | 118 | 86 | 28 |

4 実行組合のある農業集落数（令和2年2月1日現在）

単位：集落

| 全国農業地域 | 計 | 実行組合がある | 実行組合がない |
|---|---|---|---|
| **全国** | 138,243 | 94,519 | 43,724 |
| 北海道 | 7,066 | 5,012 | 2,054 |
| 都府県 | 131,177 | 89,507 | 41,670 |
| 東北 | 17,590 | 13,288 | 4,302 |
| 北陸 | 11,046 | 9,764 | 1,282 |
| 関東・東山 | 24,260 | 18,791 | 5,469 |
| 東海 | 11,556 | 9,187 | 2,369 |
| 近畿 | 10,795 | 8,012 | 2,783 |
| 中国 | 19,616 | 10,121 | 9,495 |
| 四国 | 11,059 | 5,542 | 5,517 |
| 九州 | 24,515 | 14,600 | 9,915 |
| 沖縄 | 740 | 202 | 538 |

5 農業集落の寄り合いの状況（令和2年2月1日現在）
(1) 過去1年間に開催された寄り合いの回数規模別農業集落数

単位：集落

| 全国農業地域 | 合計 | 寄り合いがある | | | | | | 寄り合いがない |
|---|---|---|---|---|---|---|---|---|
| | | 計 | 1～2回 | 3～5 | 6～11 | 12～23 | 24回以上 | |
| 全国 | 138,243 | 129,340 | 19,683 | 32,668 | 35,089 | 34,001 | 7,899 | 8,903 |
| 北海道 | 7,066 | 6,153 | 891 | 2,046 | 1,950 | 1,102 | 164 | 913 |
| 都府県 | 131,177 | 123,187 | 18,792 | 30,622 | 33,139 | 32,899 | 7,735 | 7,990 |
| 東北 | 17,590 | 16,765 | 1,575 | 3,671 | 5,396 | 4,630 | 1,493 | 825 |
| 北陸 | 11,046 | 10,479 | 1,058 | 2,368 | 3,244 | 2,969 | 840 | 567 |
| 関東・東山 | 24,260 | 22,983 | 3,301 | 6,029 | 6,796 | 5,285 | 1,572 | 1,277 |
| 東海 | 11,556 | 10,806 | 1,846 | 2,389 | 2,424 | 3,469 | 678 | 750 |
| 近畿 | 10,795 | 10,321 | 1,299 | 2,116 | 2,498 | 3,425 | 983 | 474 |
| 中国 | 19,616 | 17,968 | 3,411 | 4,805 | 4,160 | 4,888 | 704 | 1,648 |
| 四国 | 11,059 | 10,088 | 2,461 | 3,057 | 2,261 | 2,080 | 229 | 971 |
| 九州 | 24,515 | 23,092 | 3,776 | 6,074 | 6,210 | 5,905 | 1,127 | 1,423 |
| 沖縄 | 740 | 685 | 65 | 113 | 150 | 248 | 109 | 55 |

(2) 寄り合いの議題別農業集落数

単位：集落

| 全国農業地域 | 寄り合いを開催した農業集落数 | 寄り合いの議題（複数回答） | | | | | | | 寄り合いを開催しなかった農業集落数 |
|---|---|---|---|---|---|---|---|---|---|
| | | 農業生産に係る事項 | 農道・農業用用排水路・ため池の管理 | 集落共有財産・共用施設の管理 | 環境美化・自然環境の保全 | 農業集落行事（祭り・イベントなど）の実施 | 農業集落内の福祉・厚生 | 再生可能エネルギーへの取組 | |
| 全国 | 129,340 | 77,811 | 98,276 | 87,105 | 114,843 | 112,704 | 74,774 | 4,639 | 8,903 |
| 北海道 | 6,153 | 4,560 | 3,865 | 3,719 | 5,261 | 5,381 | 3,549 | 281 | 913 |
| 都府県 | 123,187 | 73,251 | 94,411 | 83,386 | 109,582 | 107,323 | 71,225 | 4,358 | 7,990 |
| 東北 | 16,765 | 13,270 | 13,728 | 12,508 | 15,313 | 14,507 | 10,267 | 592 | 825 |
| 北陸 | 10,479 | 8,606 | 9,324 | 8,359 | 9,314 | 9,375 | 6,100 | 240 | 567 |
| 関東・東山 | 22,983 | 11,831 | 16,569 | 15,110 | 20,604 | 20,281 | 13,539 | 923 | 1,277 |
| 東海 | 10,806 | 5,786 | 8,056 | 6,866 | 9,267 | 9,269 | 5,717 | 438 | 750 |
| 近畿 | 10,321 | 7,505 | 8,877 | 7,773 | 9,145 | 9,127 | 6,235 | 473 | 474 |
| 中国 | 17,968 | 8,937 | 13,156 | 11,630 | 15,934 | 15,654 | 10,505 | 592 | 1,648 |
| 四国 | 10,088 | 4,207 | 7,230 | 6,037 | 8,242 | 8,743 | 4,592 | 256 | 971 |
| 九州 | 23,092 | 12,837 | 17,148 | 14,683 | 21,125 | 19,735 | 13,806 | 807 | 1,423 |
| 沖縄 | 685 | 272 | 323 | 420 | 638 | 632 | 464 | 37 | 55 |

## Ⅱ 農村の振興と活性化

### 1 多面的機能支払交付金の実施状況

#### (1) 農地維持支払交付金

| 年度・地域ブロック | 対象組織数 A | 広域活動組織数 | 認定農用地面積 B | 1)農用地面積 C | 1組織当たりの平均認定農用地面積 B／A | カバー率 B／C |
|---|---|---|---|---|---|---|
| | 組織 | 組織 | ha | 千ha | ha | ％ |
| 平成29年度 | 28,290 | 853 | 2,265,742 | 4,180.5 | 80 | 54 |
| 30 | 28,348 | 899 | 2,292,522 | 4,166.9 | 81 | 55 |
| 令和元 | 26,618 | 947 | 2,274,027 | 4,153.9 | 85 | 55 |
| 2 | 26,233 | 991 | 2,290,820 | 4,146.1 | 87 | 55 |
| 3 | 26,258 | 1,010 | 2,311,040 | 4,138.2 | 88 | 56 |
| 北海道 | 741 | 47 | 784,204 | 1,163.2 | 1,058 | 67 |
| 東北 | 5,660 | 253 | 444,437 | 816.7 | 79 | 54 |
| 関東 | 3,470 | 82 | 222,802 | 632.7 | 64 | 35 |
| 北陸 | 2,946 | 216 | 225,476 | 301.5 | 77 | 75 |
| 東海 | 1,681 | 47 | 87,967 | 153.5 | 52 | 57 |
| 近畿 | 3,493 | 42 | 118,748 | 183.5 | 34 | 65 |
| 中国 | 2,855 | 91 | 95,346 | 217.0 | 33 | 44 |
| 四国 | 1,266 | 27 | 49,719 | 126.5 | 39 | 39 |
| 九州 | 4,091 | 179 | 259,530 | 500.9 | 63 | 52 |
| 沖縄 | 55 | 26 | 22,810 | 42.7 | 415 | 53 |

資料：農林水産省農村振興局「多面的機能支払交付金の実施状況」（以下(3)まで同じ。）
注： 農地維持支払交付金とは、水路の草刈り、泥上げなどの農用地、水路、農道等の地域資源の基礎的な保全等の取組への支援である。
　　　1)は、「農用地区域内の農地面積調査」における農地面積に「農用地区域内の採草放牧地面積」（農村振興局調べ）を基に「都道府県別農用地区域内の地目別面積比率」（農村振興局調べ）による採草放牧地面積比率により推計した面積を加えた面積である（以下(3)まで同じ。）。

#### (2) 資源向上支払交付金（地域資源の質的向上を図る共同活動）

| 年度・地域ブロック | 対象組織数 A | 広域活動組織数 | 認定農用地面積 B | 1)農用地面積 C | 1組織当たりの平均認定農用地面積 B／A | カバー率 B／C |
|---|---|---|---|---|---|---|
| | 組織 | 組織 | ha | 千ha | ha | ％ |
| 平成29年度 | 22,299 | 786 | 2,001,220 | 4,180.5 | 90 | 48 |
| 30 | 22,223 | 832 | 2,023,175 | 4,166.9 | 91 | 49 |
| 令和元 | 20,923 | 877 | 2,013,793 | 4,153.9 | 96 | 48 |
| 2 | 20,815 | 925 | 2,042,052 | 4,146.1 | 98 | 49 |
| 3 | 20,878 | 948 | 2,063,282 | 4,138.2 | 99 | 50 |
| 北海道 | 702 | 43 | 727,111 | 1,163.2 | 1,036 | 63 |
| 東北 | 4,401 | 223 | 385,857 | 816.7 | 88 | 47 |
| 関東 | 2,430 | 70 | 167,482 | 632.7 | 69 | 26 |
| 北陸 | 2,472 | 215 | 213,712 | 301.5 | 86 | 71 |
| 東海 | 1,359 | 45 | 77,787 | 153.5 | 57 | 51 |
| 近畿 | 3,056 | 38 | 108,253 | 183.5 | 35 | 59 |
| 中国 | 2,170 | 91 | 84,732 | 217.0 | 39 | 39 |
| 四国 | 947 | 27 | 42,715 | 126.5 | 45 | 34 |
| 九州 | 3,290 | 171 | 236,425 | 500.9 | 72 | 47 |
| 沖縄 | 51 | 25 | 19,207 | 42.7 | 377 | 45 |

注： 資源向上支払交付金（地域資源の質的向上を図る共同活動）とは、水路、農道等の施設の軽微な補修、農村環境の保全等の取組への支援である。

(3)　資源向上支払交付金（施設の長寿命化のための活動）

| 年度・地域ブロック | 対象組織数 A | 広域活動組織数 | 対象農用地面積 B | 1)農用地面積 C | 1組織当たりの平均対象農用地面積 B／A | カバー率 B／C |
|---|---|---|---|---|---|---|
| | 組織 | 組織 | ha | 千ha | ha | ％ |
| 平成29年度 | 11,586 | 575 | 689,393 | 4,180.5 | 60 | 16 |
| 30 | 11,616 | 616 | 710,587 | 4,166.9 | 61 | 17 |
| 令和元 | 11,134 | 686 | 741,169 | 4,153.9 | 67 | 18 |
| 2 | 11,116 | 719 | 757,628 | 4,146.1 | 68 | 18 |
| 3 | 11,175 | 733 | 764,660 | 4,138.2 | 68 | 18 |
| 北海道 | 10 | 1 | 4,797 | 1,163.2 | 480 | 0.4 |
| 東北 | 1,830 | 129 | 153,402 | 816.7 | 84 | 19 |
| 関東 | 1,448 | 68 | 106,096 | 632.7 | 73 | 17 |
| 北陸 | 1,101 | 171 | 114,204 | 301.5 | 104 | 38 |
| 東海 | 773 | 41 | 51,182 | 153.5 | 66 | 33 |
| 近畿 | 2,225 | 35 | 72,160 | 183.5 | 32 | 39 |
| 中国 | 1,286 | 85 | 61,003 | 217.0 | 47 | 28 |
| 四国 | 719 | 26 | 34,484 | 126.5 | 48 | 27 |
| 九州 | 1,760 | 159 | 158,094 | 500.9 | 90 | 32 |
| 沖縄 | 23 | 18 | 9,238 | 42.7 | 402 | 22 |

注：　資源向上支払交付金（施設の長寿命化のための活動）とは、農業用用排水路等の施設の長寿命化のための補修・更新等の取組への支援である。

## 2　中山間地域等直接支払制度
### (1)　集落協定に基づく「多面的機能を増進する活動」の実施状況

単位：協定

| 年度・<br>地方<br>農政局等 | 国土保全機能<br>を高める取組 | | 保険休養機能を高める取組 | | | | 自然生態系の<br>保全に資する取組 | |
|---|---|---|---|---|---|---|---|---|
| | 周辺林地<br>の下草刈 | 土壌流亡<br>に配慮<br>した営農 | 棚田<br>オーナー<br>制度 | 市民農園<br>等の開設<br>・運営 | 体験民宿<br>（グリーン<br>・ツーリズ<br>ム） | 景観作物<br>の作付け | 魚類・<br>昆虫類の<br>保護 | 鳥類の<br>餌場の<br>確保 |
| 平成29年度 | 16,915 | 389 | 90 | 129 | 163 | 7,368 | 472 | 298 |
| 30 | 16,980 | 381 | 90 | 137 | 161 | 7,405 | 428 | 291 |
| 令和元 | 17,006 | 384 | 85 | 136 | 154 | 7,409 | 420 | 290 |
| 2 | 15,920 | 296 | 75 | 97 | 102 | 6,491 | 373 | 292 |
| 3 | 16,320 | 428 | 116 | 110 | 122 | 6,403 | 393 | 271 |
| 北海道 | 30 | 1 | 0 | 5 | 9 | 88 | 5 | 3 |
| 東北 | 2,654 | 67 | 1 | 14 | 34 | 1,066 | 79 | 20 |
| 関東 | 1,219 | 84 | 17 | 20 | 14 | 758 | 69 | 4 |
| 北陸 | 1,188 | 8 | 18 | 9 | 11 | 506 | 72 | 106 |
| 東海 | 1,144 | 5 | 5 | 5 | 1 | 208 | 22 | 23 |
| 近畿 | 1,702 | 83 | 15 | 8 | 7 | 396 | 24 | 17 |
| 中国四国 | 5,170 | 100 | 44 | 29 | 27 | 1,498 | 75 | 45 |
| 九州 | 3,211 | 77 | 16 | 20 | 19 | 1,879 | 47 | 53 |
| 沖縄 | 2 | 0 | 0 | 0 | 0 | 4 | 0 | 0 |

| 年度・<br>地方<br>農政局等 | 自然生態系の保全に資する取組（続き） | | | | | | | 7）その他<br>活動 |
|---|---|---|---|---|---|---|---|---|
| | 粗放的<br>畜産 | 1）堆きゅ<br>う肥の<br>施肥 | 2）拮抗<br>植物<br>の利用 | 3）合鴨・<br>鯉<br>の利用 | 4）輪作の<br>徹底 | 5）緑肥<br>作物<br>の作付け | 6）「堆きゅう<br>肥の施肥」<br>〜<br>「緑肥作物<br>の作付け」 | |
| 平成29年度 | 190 | 2,559 | 37 | 66 | 49 | 332 | － | 765 |
| 30 | 191 | 2,533 | 39 | 69 | 50 | 325 | － | 770 |
| 令和元 | 191 | 2,533 | 28 | 68 | 50 | 338 | － | 763 |
| 2 | 168 | 1,988 | 55 | 48 | 47 | 271 | － | 812 |
| 3 | 179 | － | － | － | － | － | 2,273 | 724 |
| 北海道 | 23 | － | － | － | － | － | 80 | 203 |
| 東北 | 17 | － | － | － | － | － | 273 | 147 |
| 関東 | 6 | － | － | － | － | － | 111 | 50 |
| 北陸 | 5 | － | － | － | － | － | 87 | 23 |
| 東海 | 0 | － | － | － | － | － | 31 | 45 |
| 近畿 | 13 | － | － | － | － | － | 128 | 72 |
| 中国四国 | 48 | － | － | － | － | － | 761 | 91 |
| 九州 | 67 | － | － | － | － | － | 799 | 91 |
| 沖縄 | 0 | － | － | － | － | － | 3 | 2 |

資料：農林水産省農村振興局「中山間地域等直接支払交付金の実施状況」（以下(2)まで同じ。）
注：各都道府県からの報告を基に各年3月31日現在の制度の実施状況を取りまとめたものである。
　　1）から5）については、令和3年度に調査項目を見直し、6）に取組の実数を取りまとめたものである。
　　7）には、「都市農村交流イベントの実施」、「学童等の農業体験の受入れ」等がある。

## (2)　制度への取組状況

| 全国<br>都道府県 | 令和2年度 | | | | 3 | | | |
|---|---|---|---|---|---|---|---|---|
| | 交付<br>市町村数 | 協定数 | 協定面積 | 交付金<br>交付面積 | 交付<br>市町村数 | 協定数 | 協定面積 | 交付金<br>交付面積 |
| | 市町村 | 協定 | 100ha | 100ha | 市町村 | 協定 | 100ha | 100ha |
| 全国 | 990 | 23,985 | 6,411 | 6,389 | 996 | 24,171 | 6,526 | 5,965 |
| 北海道 | 98 | 322 | 3,145 | 3,126 | 98 | 328 | 3,217 | 2,660 |
| 青森 | 26 | 438 | 87 | 87 | 26 | 440 | 88 | 88 |
| 岩手 | 30 | 1,061 | 231 | 231 | 30 | 1,068 | 234 | 234 |
| 宮城 | 13 | 212 | 22 | 22 | 13 | 216 | 23 | 22 |
| 秋田 | 22 | 483 | 98 | 98 | 22 | 484 | 98 | 98 |
| 山形 | 34 | 477 | 84 | 84 | 34 | 486 | 89 | 89 |
| 福島 | 46 | 1,078 | 149 | 149 | 47 | 1,079 | 151 | 151 |
| 茨城 | 9 | 88 | 5 | 5 | 9 | 88 | 5 | 5 |
| 栃木 | 12 | 134 | 21 | 21 | 12 | 134 | 21 | 21 |
| 群馬 | 18 | 168 | 14 | 14 | 18 | 170 | 14 | 14 |
| 埼玉 | 12 | 50 | 3 | 3 | 12 | 51 | 3 | 3 |
| 千葉 | 13 | 120 | 9 | 9 | 13 | 120 | 9 | 9 |
| 東京 | 0 | 0 | 0 | 0 | 0 | 0 | 0 | 0 |
| 神奈川 | 4 | 7 | 0 | 0 | 5 | 8 | 0 | 0 |
| 山梨 | 17 | 298 | 35 | 35 | 17 | 300 | 35 | 35 |
| 長野 | 69 | 1,013 | 91 | 91 | 69 | 1,019 | 92 | 92 |
| 静岡 | 15 | 169 | 21 | 20 | 16 | 172 | 21 | 21 |
| 新潟 | 22 | 759 | 220 | 220 | 22 | 767 | 223 | 223 |
| 富山 | 13 | 307 | 47 | 47 | 13 | 315 | 49 | 49 |
| 石川 | 16 | 432 | 49 | 49 | 16 | 437 | 49 | 49 |
| 福井 | 17 | 266 | 24 | 24 | 17 | 267 | 24 | 24 |
| 岐阜 | 25 | 852 | 90 | 90 | 25 | 859 | 91 | 91 |
| 愛知 | 6 | 276 | 18 | 18 | 6 | 276 | 19 | 19 |
| 三重 | 16 | 220 | 19 | 19 | 16 | 227 | 21 | 21 |
| 滋賀 | 10 | 162 | 21 | 21 | 11 | 176 | 23 | 23 |
| 京都 | 16 | 485 | 51 | 50 | 16 | 489 | 51 | 51 |
| 大阪 | 0 | 0 | 0 | 0 | 1 | 1 | 0 | 0 |
| 兵庫 | 27 | 590 | 55 | 55 | 27 | 596 | 56 | 56 |
| 奈良 | 13 | 288 | 27 | 27 | 13 | 290 | 27 | 27 |
| 和歌山 | 23 | 554 | 91 | 91 | 23 | 555 | 91 | 90 |
| 鳥取 | 17 | 599 | 76 | 76 | 17 | 605 | 77 | 77 |
| 島根 | 17 | 1,077 | 120 | 120 | 17 | 1,070 | 121 | 121 |
| 岡山 | 25 | 1,243 | 115 | 115 | 25 | 1,254 | 117 | 117 |
| 広島 | 18 | 1,502 | 201 | 201 | 18 | 1,505 | 203 | 203 |
| 山口 | 17 | 726 | 112 | 112 | 17 | 748 | 116 | 116 |
| 徳島 | 17 | 410 | 25 | 25 | 17 | 410 | 25 | 25 |
| 香川 | 12 | 384 | 24 | 24 | 12 | 391 | 25 | 25 |
| 愛媛 | 17 | 782 | 106 | 106 | 17 | 783 | 106 | 106 |
| 高知 | 31 | 543 | 64 | 64 | 31 | 544 | 65 | 65 |
| 福岡 | 30 | 526 | 49 | 49 | 30 | 528 | 50 | 49 |
| 佐賀 | 19 | 465 | 65 | 65 | 19 | 463 | 65 | 65 |
| 長崎 | 19 | 928 | 93 | 93 | 19 | 928 | 93 | 93 |
| 熊本 | 36 | 1,309 | 315 | 315 | 36 | 1,314 | 316 | 316 |
| 大分 | 17 | 1,197 | 154 | 154 | 17 | 1,214 | 157 | 157 |
| 宮崎 | 20 | 345 | 51 | 51 | 21 | 349 | 52 | 52 |
| 鹿児島 | 26 | 627 | 71 | 71 | 26 | 634 | 71 | 71 |
| 沖縄 | 10 | 13 | 42 | 42 | 10 | 13 | 42 | 42 |

注：各年3月31日現在の実施状況を取りまとめた結果である。

## 3 環境保全型農業直接支払交付金の実施状況
### (1) 実施市町村数、実施件数及び実施面積

| 年度・地方農政局等 | 実施市町村数 | 実施市町村割合 | 実施件数 | 実施面積 |
|---|---|---|---|---|
| | 市町村 | ％ | 件 | ha |
| 平成30年度 | 885 | 52 | 3,609 | 79,465 |
| 令和元 | 887 | 52 | 3,479 | 79,839 |
| 2 | 841 | 49 | 3,155 | 80,789 |
| 3 | 846 | 49 | 3,144 | 81,743 |
| 北海道 | 83 | 46% | 120 | 19,472 |
| 東北 | 115 | 51% | 555 | 21,033 |
| 関東 | 186 | 43% | 482 | 5,794 |
| 北陸 | 72 | 89% | 354 | 7,749 |
| 東海 | 41 | 33% | 86 | 959 |
| 近畿 | 84 | 42% | 714 | 15,876 |
| 中国四国 | 115 | 57% | 374 | 3,887 |
| 九州 | 150 | 64% | 459 | 6,973 |
| 沖縄 | ― | ― | ― | ― |

資料：農林水産省農産局「環境保全型農業直接支払交付金の実施状況」（以下(2)まで同じ。）
注： 平成30年度から令和3年度における実施市町村割合は、全国の市町村数1,718市町村
（総務省調べ）における割合を記載。

### (2) 支援対象取組別の実施面積

単位：ha

| 年度・地方農政局等 | 全国共通取組 | | | | | | | | 地域特認取組 |
|---|---|---|---|---|---|---|---|---|---|
| | 堆肥の施用 | カバークロップ | リビングマルチ | 草生栽培 | 不耕起播種 | 長期中干し | 秋耕 | 有機農業 | |
| 令和3年度 | 20,284 | 16,867 | 2,866 | 66 | 269 | 3,324 | 884 | 11,610 | 25,574 |
| 北海道 | 5,354 | 6,719 | 2,780 | 7 | ― | ― | 36 | 1,873 | 2,704 |
| 東北 | 7,866 | 3,095 | 3 | ― | 205 | 2,803 | 194 | 2,286 | 4,582 |
| 関東 | 548 | 3,150 | 4 | 20 | ― | ― | 60 | 1,831 | 181 |
| 北陸 | 1,656 | 505 | ― | ― | ― | 365 | 424 | 970 | 3,829 |
| 東海 | 272 | 338 | ― | ― | ― | ― | 36 | 222 | 90 |
| 近畿 | 1,715 | 671 | 79 | 13 | ― | 127 | 30 | 993 | 12,247 |
| 中国四国 | 1,462 | 994 | ― | 1 | 5 | 28 | 99 | 1,015 | 284 |
| 九州 | 1,412 | 1,395 | 0 | 25 | 60 | ― | 3 | 2,420 | 1,657 |
| 沖縄 | ― | ― | ― | ― | ― | ― | ― | ― | ― |

注：1 カバークロップとは、主作物の栽培期間の前後のいずれかにカバークロップ（緑肥）を作付け
する取組をいう。
　2 リビングマルチとは、主作物の畝間に緑肥を作付けする取組をいう。
　3 草生栽培とは、果樹又は茶の園地に緑肥を作付けする取組をいう。
　4 不耕起播種とは、前作の畝を利用し、畝の播種部分のみ耕起する専用播種機によって播種を行
う取組をいう。
　5 長期中干しとは、通常よりも長期間の中干しを実施する取組をいう。
　6 秋耕とは、水稲収穫後の作物残さを秋季にすき込む取組をいう。
　7 有機農業の取組は、化学肥料及び化学合成農薬を使用しない取組をいう。
　8 地域特認取組とは、地域の環境や農業の実態等を勘案した上で、地域を限定して支援の対象と
する取組をいう。

## 4 農林漁業体験民宿の登録数（各年度末現在）

単位：軒

| 年度 | 地方農政局等 | | | | | | | | | |
|---|---|---|---|---|---|---|---|---|---|---|
| | 計 | 北海道 | 東北 | 関東 | 北陸 | 東海 | 近畿 | 中国四国 | 九州 | 沖縄 |
| 令和元年度 | 338 | 10 | 61 | 74 | 80 | 20 | 25 | 26 | 39 | 3 |
| 2 | 327 | 10 | 57 | 71 | 79 | 21 | 23 | 25 | 38 | 3 |
| 3 | 282 | 9 | 44 | 66 | 64 | 19 | 19 | 25 | 34 | 2 |

資料：都市農山漁村交流活性化機構資料及び㈱百戦錬磨資料

## 5 市民農園数及び面積の推移

| 開設主体 | 単位 | 平成28年度末 | 29 | 30 | 令和元 | 2 |
|---|---|---|---|---|---|---|
| 農園数 | | | | | | |
| 合計 | 農園 | 4,223 | 4,165 | 4,147 | 4,169 | 4,211 |
| 地方公共団体 | 〃 | 2,260 | 2,208 | 2,197 | 2,153 | 2,142 |
| 農業協同組合 | 〃 | 526 | 491 | 474 | 478 | 475 |
| 農業者 | 〃 | 1,108 | 1,148 | 1,162 | 1,188 | 1,229 |
| その他（NPO等） | 〃 | 329 | 318 | 314 | 350 | 365 |
| 面積 | | | | | | |
| 合計 | ha | 1,370.8 | 1,312.2 | 1,299.9 | 1,296.0 | 1,293.6 |
| 地方公共団体 | 〃 | 868.8 | 811.9 | 815.0 | 804.5 | 798.8 |
| 農業協同組合 | 〃 | 117.4 | 113.3 | 111.7 | 111.7 | 110.8 |
| 農業者 | 〃 | 293.1 | 306.0 | 290.1 | 292.2 | 294.3 |
| その他（NPO等） | 〃 | 91.4 | 81.0 | 83.1 | 87.5 | 89.7 |

資料：農林水産省農村振興局資料
注： これは、市民農園整備促進法（平成2年法律第44号）、特定農地貸付けに関する農地法等の
特例に関する法律（平成元年法律第58号）及び都市農地の貸借の円滑化に関する法律（平成30
年法律第68号）に基づき開設した市民農園数及びその面積である。

6 地域資源の保全状況別農業集落数（令和２年２月１日現在）

単位：集落

| 区分 | 農地 | 森林 | ため池・湖沼 | 河川・水路 | 農業用用排水路 |
|---|---|---|---|---|---|
| 当該地域資源のある農業集落 | 135,999 | 104,372 | 46,927 | 123,666 | 125,891 |
| うち保全している | 71,472 | 28,564 | 30,459 | 74,694 | 102,188 |
| 構成比（％） | 52.6 | 27.4 | 64.9 | 60.4 | 81.2 |

資料：農林水産省統計部「2020年農林業センサス」
注：構成比は、それぞれの地域資源のある農業集落を100として算出した。

7 農業用水量の推移（用途別）（１年間当たり）

単位：億㎥

| 区分 | 平成26年<br>(2014年) | 27<br>(2015) | 28<br>(2016) | 29<br>(2017) | 30<br>(2018) |
|---|---|---|---|---|---|
| 計 | 541 | 540 | 538 | 537 | 535 |
| 水田かんがい用水 | 507 | 506 | 504 | 503 | 502 |
| 畑地かんがい用水 | 30 | 29 | 29 | 29 | 29 |
| 畜産用水 | 4 | 4 | 4 | 4 | 4 |

資料：国土交通省水管理・国土保全局「令和３年版　日本の水資源の現況」
注：　農業用水量は、実際の使用量の計測が難しいため、耕地の整備状況、かんがい面積、単位
　　用水量（減水深）、家畜飼養頭羽数などから、国土交通省水資源部で推計した数値である。

## 8　野生鳥獣資源利用実態
### (1)　食肉処理施設の解体実績等
#### ア　解体頭・羽数規模別食肉処理施設数

単位：施設

| 区分 | 計 | 解体頭・羽数規模 | | | | | | |
|---|---|---|---|---|---|---|---|---|
| | | 50頭・羽数以下 | 51～100 | 101～300 | 301～500 | 501～1,000 | 1,001～1,500 | 1,501頭・羽数以上 |
| 平成30年度 | 633 | 275 | 127 | 141 | 41 | 27 | 10 | 12 |
| 令和元 | 667 | 302 | 121 | 146 | 43 | 34 | 8 | 13 |
| 2 | 691 | 294 | 143 | 143 | 47 | 41 | 10 | 13 |

資料：農林水産省統計部「野生鳥獣資源利用実態調査報告」（以下(2)イまで同じ。）

#### イ　鳥獣種別の解体頭・羽数

| 区分 | 計 | イノシシ | シカ | その他鳥獣 | | | | |
|---|---|---|---|---|---|---|---|---|
| | | | | 小計 | クマ | アナグマ | 鳥類 | 1)その他 |
| | 頭・羽 | 頭 | 頭 | 頭・羽 | 頭 | 頭 | 羽 | 頭・羽 |
| 平成30年度 | 114,655 | 34,600 | 74,136 | 5,919 | 240 | 535 | 4,960 | 184 |
| 令和元 | 122,203 | 34,481 | 81,869 | 5,853 | 357 | 480 | 4,744 | 272 |
| 2 | 134,270 | 34,769 | 85,840 | 13,661 | 273 | 900 | 12,176 | 312 |

注：1)は、ノウサギ等である。

#### ウ　ジビエ利用量

単位：t

| 区分 | 合計 | 食肉処理施設が販売 | | | | | | | 解体処理のみを請け負って依頼者へ渡した食肉 | 自家消費向け食肉 |
|---|---|---|---|---|---|---|---|---|---|---|
| | | 計 | 食肉 | | | | | ペットフード | | |
| | | | 小計 | イノシシ | シカ | その他鳥獣 | | | | |
| 平成30年度 | 1,887 | 1,774 | 1,400 | 426 | 957 | 17 | | 374 | 17 | 96 |
| 令和元 | 2,008 | 1,905 | 1,392 | 406 | 973 | 13 | | 513 | 15 | 88 |
| 2 | 1,810 | 1,674 | 1,185 | 427 | 743 | 15 | | 489 | 24 | 112 |

8　野生鳥獣資源利用実態（続き）
　(2)　食肉処理施設の販売実績等
　　　ア　食肉処理施設で野生鳥獣を処理して得た金額

単位：100万円

| 区分 | 合計 | 販売金額 | | | | | |
|---|---|---|---|---|---|---|---|
| | | 計 | 食肉 | | | | |
| | | | 小計 | イノシシ | シカ | その他鳥獣 | |
| 平成30年度 | 3,821 | 3,795 | 3,577 | 1,618 | 1,892 | 67 | |
| 令和元 | 3,769 | 3,737 | 3,427 | 1,486 | 1,875 | 66 | |
| 2 | 3,497 | 3,465 | 3,107 | 1,598 | 1,452 | 57 | |

| 区分 | 販売金額（続き） | | | | | 解体処理の請負料金 |
|---|---|---|---|---|---|---|
| | 食肉以外 | | | | | |
| | 小計 | ペットフード | 皮革 | 鹿角製品（鹿茸等） | その他 | |
| 平成30年度 | 218 | 201 | 8 | 8 | 1 | 26 |
| 令和元 | 310 | 293 | 6 | 10 | 1 | 32 |
| 2 | 358 | 324 | 6 | 7 | 21 | 32 |

　　　イ　イノシシ、シカの部位別等販売数量及び販売金額（令和2年度）

| 区分 | 単位 | 合計 | 食肉卸売・小売 | | | | | | |
|---|---|---|---|---|---|---|---|---|---|
| | | | 計 | 部位 | | | | | |
| | | | | 小計 | モモ | ロース | ヒレ | その他 | |
| 販売数量 | | | | | | | | | |
| イノシシ | kg | 427,435 | 374,143 | 215,277 | 71,103 | 44,482 | 2,672 | 97,020 | |
| シカ | kg | 743,110 | 627,256 | 478,023 | 194,396 | 71,198 | 8,356 | 204,073 | |
| 販売金額 | | | | | | | | | |
| イノシシ | 万円 | 159,829 | 133,035 | 82,754 | 22,979 | 30,768 | 886 | 28,121 | |
| シカ | 万円 | 145,192 | 115,456 | 95,448 | 38,466 | 21,312 | 2,433 | 33,237 | |

| 区分 | 単位 | 食肉卸売・小売（続き） | | 加工仕向け | 調理仕向け |
|---|---|---|---|---|---|
| | | 枝肉 | その他 | | |
| 販売数量 | | | | | |
| イノシシ | kg | 42,202 | 116,664 | 35,643 | 17,649 |
| シカ | kg | 52,488 | 96,745 | 100,686 | 15,168 |
| 販売金額 | | | | | |
| イノシシ | 万円 | 20,918 | 29,363 | 14,510 | 12,284 |
| シカ | 万円 | 5,519 | 14,489 | 25,274 | 4,462 |

注：食肉卸売・小売のその他は、部位及び枝肉以外のもの（分類不可を含む。）である。

(3)　野生鳥獣による農作物被害及び森林被害
　ア　農作物被害面積、被害量及び被害金額

| 区分 | 単位 | 計 | 獣類 | | | | |
| | | | 小計 | イノシシ | シカ | サル | その他獣類 |
|---|---|---|---|---|---|---|---|
| 被害面積 | | | | | | | |
| 平成30年度 | 千ha | 51.8 | 45.5 | 5.9 | 35.8 | 1.0 | 2.8 |
| 令和元 | 〃 | 48.4 | 42.9 | 5.5 | 33.8 | 1.0 | 2.6 |
| 2 | 〃 | 43.4 | 38.7 | 5.2 | 29.7 | 0.9 | 2.9 |
| 被害量 | | | | | | | |
| 平成30年度 | 千t | 495.6 | 464.5 | 31.5 | 392.1 | 4.6 | 36.3 |
| 令和元 | 〃 | 457.5 | 429.2 | 31.6 | 360.7 | 4.9 | 32.0 |
| 2 | 〃 | 459.3 | 430.8 | 29.2 | 359.5 | 4.5 | 37.6 |
| 被害金額 | | | | | | | |
| 平成30年度 | 100万円 | 15,777 | 12,881 | 4,733 | 5,410 | 823 | 1,915 |
| 令和元 | 〃 | 15,801 | 12,660 | 4,619 | 5,304 | 860 | 1,877 |
| 2 | 〃 | 16,109 | 13,093 | 4,553 | 5,642 | 855 | 2,043 |

| 区分 | 単位 | 鳥類 | | |
| | | 小計 | カラス | その他鳥類 |
|---|---|---|---|---|
| 被害面積 | | | | |
| 平成30年度 | 千ha | 6.3 | 2.6 | 3.7 |
| 令和元 | 〃 | 5.5 | 2.3 | 3.2 |
| 2 | 〃 | 4.7 | 1.9 | 2.8 |
| 被害量 | | | | |
| 平成30年度 | 千t | 31.1 | 21.0 | 10.1 |
| 令和元 | 〃 | 28.4 | 16.9 | 11.5 |
| 2 | 〃 | 28.5 | 18.1 | 10.4 |
| 被害金額 | | | | |
| 平成30年度 | 100万円 | 2,897 | 1,425 | 1,472 |
| 令和元 | 〃 | 3,141 | 1,329 | 1,812 |
| 2 | 〃 | 3,016 | 1,379 | 1,637 |

資料：農林水産省農村振興局調べ
注：表示単位未満の数値から算出しているため、掲載数値による算出と一致しないことがある。

8 野生鳥獣資源利用実態（続き）
(3) 野生鳥獣による農作物被害及び森林被害（続き）
イ 主な野生鳥獣による森林被害面積

単位：ha

| 区分 | 計 | イノシシ | シカ | クマ |
|---|---|---|---|---|
| 森林被害面積 | | | | |
| 平成30年度 | 5,880 | 67 | 4,249 | 569 |
| 令和元 | 4,870 | 62 | 3,469 | 432 |
| 2 | 5,742 | 145 | 4,185 | 334 |

| 区分 | ノネズミ | カモシカ | ノウサギ | サル |
|---|---|---|---|---|
| 森林被害面積 | | | | |
| 平成30年度 | 699 | 209 | 81 | 6 |
| 令和元 | 601 | 167 | 138 | 1 |
| 2 | 723 | 152 | 201 | 1 |

資料：林野庁調べ
注：主な野生鳥獣とは、イノシシ、シカ、クマ、ノネズミ、カモシカ、ノウサギ、サルを指す。

(4) 狩猟及び有害捕獲等による主な野生鳥獣の捕獲頭・羽数

| 区分 | 獣類 | | | | | カワウ |
|---|---|---|---|---|---|---|
| | イノシシ | シカ | サル | カモシカ | クマ | |
| | 頭 | 頭 | 頭 | 頭 | 頭 | 羽 |
| 平成27年度 | | | | | | |
| 計 | 553,741 | 620,573 | 25,087 | 668 | 2,354 | 27,833 |
| 狩猟 | 166,118 | 168,689 | – | – | 430 | 4,576 |
| 1) 有害捕獲等 | 387,623 | 451,884 | 25,087 | 668 | 1,924 | 23,257 |
| 平成28年度 | | | | | | |
| 計 | 620,454 | 579,283 | 25,091 | 578 | 4,210 | 25,427 |
| 狩猟 | 162,731 | 161,134 | – | – | 383 | 4,516 |
| 2) 有害捕獲等 | 457,723 | 418,149 | 25,091 | 578 | 3,827 | 20,911 |
| 平成29年度 | | | | | | |
| 計 | 552,560 | 600,819 | 23,220 | 573 | 4,358 | 21,440 |
| 狩猟 | 143,338 | 157,795 | – | – | 498 | 4,485 |
| 2) 有害捕獲等 | 409,222 | 443,024 | 23,220 | 573 | 3,860 | 16,955 |

資料：環境省「鳥獣関係統計」
注：1) 環境大臣、都道府県知事、市町村長による鳥獣捕獲許可の中の「被害の防止」、
「第一種特定鳥獣保護計画に基づく鳥獣の保護（平成26年の法改正で創設）」、
「第二種特定鳥獣管理計画に基づく鳥獣の数の調整（平成26年の法改正で創設）」、
「特定鳥獣保護管理計画に基づく数の調整」及び「指定管理鳥獣捕獲等事業（平
成26年の法改正で創設）」による捕獲頭・羽数である。
2) 環境大臣、都道府県知事、市町村長による鳥獣捕獲許可の中の「被害の防止」、
「第一種特定鳥獣保護計画に基づく鳥獣の保護（平成26年の法改正で創設）」、
「第二種特定鳥獣管理計画に基づく鳥獣の数の調整（平成26年の法改正で創設）」、
「指定管理鳥獣捕獲等事業（平成26年の法改正で創設）」による捕獲頭・羽数である。

8 野生鳥獣資源利用実態 (続き)
(5) 都道府県別被害防止計画の作成状況等 (令和3年4月末現在)

| 全国・<br>都道府県 | 全市町村数 | 被害防止計画<br>作成済み | 鳥獣被害対策<br>実施隊設置済み | 鳥獣被害対策<br>実施隊員数 |
|---|---|---|---|---|
| | 市町村 | 市町村 | 市町村 | 人 |
| 全国 | 1,741 | 1,507 | 1,229 | 41,396 |
| 北海道 | 179 | 176 | 167 | 4,565 |
| 青森 | 40 | 37 | 32 | 912 |
| 岩手 | 33 | 33 | 32 | 1,493 |
| 宮城 | 35 | 32 | 28 | 1,075 |
| 秋田 | 25 | 25 | 25 | 1,607 |
| 山形 | 35 | 34 | 33 | 1,731 |
| 福島 | 59 | 58 | 51 | 1,712 |
| 茨城 | 44 | 32 | 11 | 291 |
| 栃木 | 25 | 25 | 12 | 637 |
| 群馬 | 35 | 33 | 26 | 1,501 |
| 埼玉 | 63 | 32 | 3 | 43 |
| 千葉 | 54 | 45 | 16 | 275 |
| 東京 | 62 | 1 | 0 | 0 |
| 神奈川 | 33 | 19 | 17 | 479 |
| 山梨 | 27 | 26 | 26 | 1,912 |
| 長野 | 77 | 77 | 74 | 3,860 |
| 静岡 | 35 | 34 | 26 | 398 |
| 新潟 | 30 | 30 | 19 | 1,308 |
| 富山 | 15 | 15 | 14 | 657 |
| 石川 | 19 | 19 | 19 | 364 |
| 福井 | 17 | 17 | 17 | 464 |
| 岐阜 | 42 | 35 | 27 | 1,491 |
| 愛知 | 54 | 37 | 13 | 315 |
| 三重 | 29 | 25 | 23 | 187 |
| 滋賀 | 19 | 17 | 17 | 289 |
| 京都 | 26 | 23 | 23 | 393 |
| 大阪 | 43 | 24 | 2 | 23 |
| 兵庫 | 41 | 35 | 31 | 373 |
| 奈良 | 39 | 31 | 16 | 200 |
| 和歌山 | 30 | 30 | 20 | 909 |
| 鳥取 | 19 | 19 | 15 | 339 |
| 島根 | 19 | 17 | 11 | 592 |
| 岡山 | 27 | 26 | 25 | 1,956 |
| 広島 | 23 | 23 | 22 | 722 |
| 山口 | 19 | 19 | 18 | 1,060 |
| 徳島 | 24 | 23 | 20 | 156 |
| 香川 | 17 | 16 | 15 | 1,032 |
| 愛媛 | 20 | 19 | 19 | 266 |
| 高知 | 34 | 34 | 33 | 1,017 |
| 福岡 | 60 | 57 | 54 | 752 |
| 佐賀 | 20 | 20 | 20 | 161 |
| 長崎 | 21 | 21 | 21 | 301 |
| 熊本 | 45 | 45 | 38 | 1,464 |
| 大分 | 18 | 17 | 17 | 188 |
| 宮崎 | 26 | 26 | 26 | 751 |
| 鹿児島 | 43 | 41 | 40 | 900 |
| 沖縄 | 41 | 27 | 15 | 275 |

資料:農林水産省農村振興局資料
注: 「鳥獣による農林水産業等に係る被害の防止のための特別措置に関する法律」に基づき、
　　市町村が地域の実情に応じて作成した被害防止計画の作成状況及び鳥獣被害対策実施隊の
　　設置状況等をとりまとめたものである。

林　業　編

## I 森林資源

### 1 林野面積（令和2年2月1日現在）

単位：千ha

| 全国・都道府県 | 林野面積 | | |
|---|---|---|---|
| | 計 | 現況森林面積 | 森林以外の草生地 |
| 全国 | 24,770 | 24,436 | 334 |
| 北海道 | 5,504 | 5,313 | 191 |
| 青森 | 626 | 613 | 13 |
| 岩手 | 1,152 | 1,140 | 12 |
| 宮城 | 408 | 404 | 4 |
| 秋田 | 833 | 818 | 15 |
| 山形 | 645 | 644 | 1 |
| 福島 | 942 | 938 | 5 |
| 茨城 | 199 | 198 | 1 |
| 栃木 | 339 | 339 | 0 |
| 群馬 | 409 | 407 | 2 |
| 埼玉 | 119 | 119 | 0 |
| 千葉 | 161 | 155 | 6 |
| 東京 | 77 | 76 | 1 |
| 神奈川 | 94 | 93 | 0 |
| 新潟 | 803 | 799 | 4 |
| 富山 | 241 | 241 | – |
| 石川 | 278 | 278 | 1 |
| 福井 | 310 | 310 | 0 |
| 山梨 | 349 | 347 | 2 |
| 長野 | 1,029 | 1,022 | 8 |
| 岐阜 | 841 | 839 | 2 |
| 静岡 | 493 | 488 | 5 |
| 愛知 | 218 | 218 | 0 |
| 三重 | 371 | 371 | 0 |
| 滋賀 | 204 | 204 | 1 |
| 京都 | 342 | 342 | 0 |
| 大阪 | 57 | 57 | 0 |
| 兵庫 | 563 | 562 | 1 |
| 奈良 | 284 | 284 | 0 |
| 和歌山 | 360 | 360 | 0 |
| 鳥取 | 258 | 257 | 1 |
| 島根 | 528 | 524 | 4 |
| 岡山 | 489 | 485 | 4 |
| 広島 | 618 | 610 | 8 |
| 山口 | 440 | 437 | 3 |
| 徳島 | 313 | 313 | 0 |
| 香川 | 87 | 87 | 0 |
| 愛媛 | 401 | 400 | 1 |
| 高知 | 594 | 592 | 2 |
| 福岡 | 222 | 222 | 0 |
| 佐賀 | 111 | 111 | 0 |
| 長崎 | 246 | 242 | 5 |
| 熊本 | 466 | 458 | 9 |
| 大分 | 455 | 449 | 6 |
| 宮崎 | 586 | 584 | 2 |
| 鹿児島 | 589 | 585 | 4 |
| 沖縄 | 116 | 106 | 9 |

資料：農林水産省統計部「2020年農林業センサス」

## 2 所有形態別林野面積（各年2月1日現在）

| 年次・都道府県 | | 林野面積合計 | 国有 | | | 計 | 独立行政法人等 |
|---|---|---|---|---|---|---|---|
| | | | 計 | 林野庁 | 林野庁以外の官庁 | | |
| 平成27年 | (1) | 24,802 | 7,176 | 7,037 | 138 | 17,627 | 693 |
| 令和2 | (2) | 24,770 | 7,153 | 7,013 | 140 | 17,617 | 648 |
| 北海道 | (3) | 5,504 | 2,916 | 2,826 | 89 | 2,588 | 144 |
| 青森 | (4) | 626 | 380 | 378 | 3 | 245 | 12 |
| 岩手 | (5) | 1,152 | 365 | 363 | 2 | 787 | 21 |
| 宮城 | (6) | 408 | 122 | 117 | 5 | 286 | 12 |
| 秋田 | (7) | 833 | 372 | 372 | 0 | 461 | 14 |
| 山形 | (8) | 645 | 328 | 328 | 0 | 317 | 7 |
| 福島 | (9) | 942 | 373 | 371 | 2 | 569 | 13 |
| 茨城 | (10) | 199 | 44 | 44 | 0 | 155 | 0 |
| 栃木 | (11) | 339 | 119 | 119 | 0 | 220 | 6 |
| 群馬 | (12) | 409 | 179 | 177 | 1 | 231 | 9 |
| 埼玉 | (13) | 119 | 12 | 12 | 0 | 108 | 6 |
| 千葉 | (14) | 161 | 8 | 7 | 0 | 153 | 1 |
| 東京 | (15) | 77 | 6 | 6 | 0 | 71 | 0 |
| 神奈川 | (16) | 94 | 9 | 9 | 0 | 84 | 1 |
| 新潟 | (17) | 803 | 225 | 223 | 2 | 578 | 8 |
| 富山 | (18) | 241 | 61 | 60 | 1 | 180 | 14 |
| 石川 | (19) | 278 | 26 | 25 | 1 | 252 | 7 |
| 福井 | (20) | 310 | 37 | 36 | 1 | 273 | 14 |
| 山梨 | (21) | 349 | 6 | 4 | 2 | 343 | 10 |
| 長野 | (22) | 1,029 | 325 | 325 | 0 | 704 | 30 |
| 岐阜 | (23) | 841 | 155 | 155 | 0 | 686 | 23 |
| 静岡 | (24) | 493 | 85 | 82 | 3 | 408 | 14 |
| 愛知 | (25) | 218 | 11 | 10 | 0 | 207 | 2 |
| 三重 | (26) | 371 | 22 | 22 | 0 | 349 | 13 |
| 滋賀 | (27) | 204 | 19 | 17 | 2 | 185 | 1 |
| 京都 | (28) | 342 | 7 | 6 | 1 | 335 | 16 |
| 大阪 | (29) | 57 | 1 | 1 | 0 | 56 | 0 |
| 兵庫 | (30) | 563 | 30 | 28 | 1 | 534 | 27 |
| 奈良 | (31) | 284 | 13 | 11 | 1 | 271 | 11 |
| 和歌山 | (32) | 360 | 16 | 16 | 0 | 344 | 12 |
| 鳥取 | (34) | 258 | 30 | 30 | 0 | 228 | 14 |
| 島根 | (35) | 528 | 32 | 32 | 0 | 496 | 33 |
| 岡山 | (36) | 489 | 37 | 35 | 2 | 452 | 9 |
| 広島 | (37) | 618 | 47 | 46 | 1 | 571 | 16 |
| 山口 | (38) | 440 | 11 | 11 | 0 | 428 | 12 |
| 徳島 | (39) | 313 | 17 | 16 | 0 | 296 | 12 |
| 香川 | (40) | 87 | 8 | 7 | 1 | 79 | 0 |
| 愛媛 | (41) | 401 | 39 | 38 | 0 | 362 | 8 |
| 高知 | (42) | 594 | 124 | 124 | 0 | 470 | 17 |
| 福岡 | (43) | 222 | 25 | 24 | 1 | 198 | 3 |
| 佐賀 | (44) | 111 | 15 | 15 | 0 | 95 | 3 |
| 長崎 | (45) | 246 | 24 | 23 | 1 | 222 | 2 |
| 熊本 | (46) | 466 | 63 | 61 | 2 | 403 | 14 |
| 大分 | (47) | 455 | 50 | 44 | 6 | 404 | 15 |
| 宮崎 | (48) | 586 | 177 | 175 | 2 | 409 | 26 |
| 鹿児島 | (49) | 589 | 150 | 149 | 1 | 438 | 10 |
| 沖縄 | (50) | 116 | 32 | 31 | 1 | 84 | 0 |

資料：農林水産省統計部「農林業センサス」
注：林野面積は、現況森林面積と森林以外の草生地を加えた面積である。

単位：千ha

| 民有 | | | | | | |
| --- | --- | --- | --- | --- | --- | --- |
| | 公有 | | | | 私有 | |
| 小計 | 都道府県 | 森林整備法人(林業・造林公社) | 市区町村 | 財産区 | | |
| 3,370 | 1,272 | 391 | 1,406 | 302 | 13,564 | (1) |
| **3,408** | **1,310** | **352** | **1,435** | **311** | **13,561** | (2) |
| 964 | 621 | 0 | 344 | – | 1,480 | (3) |
| 45 | 15 | – | 16 | 13 | 188 | (4) |
| 157 | 86 | – | 63 | 9 | 609 | (5) |
| 61 | 14 | 10 | 36 | 1 | 213 | (6) |
| 110 | 12 | 28 | 54 | 16 | 337 | (7) |
| 51 | 3 | 16 | 15 | 17 | 259 | (8) |
| 96 | 11 | 16 | 45 | 25 | 461 | (9) |
| 6 | 2 | – | 4 | 1 | 148 | (10) |
| 22 | 12 | 0 | 4 | 7 | 193 | (11) |
| 24 | 7 | 2 | 14 | 0 | 198 | (12) |
| 19 | 10 | 3 | 6 | – | 83 | (13) |
| 10 | 8 | – | 1 | 0 | 143 | (14) |
| 24 | 14 | 1 | 8 | 1 | 47 | (15) |
| 36 | 28 | – | 4 | 5 | 47 | (16) |
| 78 | 6 | 11 | 54 | 6 | 492 | (17) |
| 39 | 14 | 9 | 12 | 4 | 127 | (18) |
| 35 | 12 | 15 | 8 | 0 | 210 | (19) |
| 39 | 26 | – | 12 | 1 | 220 | (20) |
| 199 | 177 | – | 12 | 11 | 133 | (21) |
| 197 | 19 | 18 | 111 | 49 | 478 | (22) |
| 115 | 20 | 27 | 51 | 17 | 548 | (23) |
| 45 | 7 | – | 22 | 16 | 349 | (24) |
| 25 | 12 | – | 6 | 8 | 179 | (25) |
| 31 | 4 | – | 22 | 6 | 304 | (26) |
| 39 | 6 | 23 | 3 | 7 | 145 | (27) |
| 28 | 10 | – | 7 | 11 | 291 | (28) |
| 5 | 1 | – | 1 | 3 | 51 | (29) |
| 75 | 7 | 25 | 34 | 9 | 432 | (30) |
| 23 | 8 | – | 11 | 4 | 236 | (31) |
| 21 | 5 | 4 | 8 | 4 | 311 | (32) |
| 41 | 5 | 15 | 9 | 12 | 173 | (34) |
| 53 | 3 | 24 | 24 | 2 | 410 | (35) |
| 79 | 7 | 24 | 36 | 12 | 364 | (36) |
| 69 | 26 | – | 35 | 8 | 485 | (37) |
| 72 | 1 | 14 | 56 | 1 | 344 | (38) |
| 26 | 7 | 10 | 8 | 1 | 258 | (39) |
| 14 | 2 | – | 6 | 5 | 65 | (40) |
| 36 | 7 | 0 | 21 | 8 | 318 | (41) |
| 48 | 10 | 15 | 23 | 0 | 406 | (42) |
| 25 | 6 | – | 15 | 4 | 169 | (43) |
| 12 | 3 | – | 10 | – | 80 | (44) |
| 43 | 7 | 14 | 21 | 1 | 176 | (45) |
| 64 | 11 | 9 | 37 | 7 | 325 | (46) |
| 36 | 15 | – | 20 | 1 | 352 | (47) |
| 51 | 14 | 10 | 27 | 0 | 332 | (48) |
| 74 | 7 | 10 | 58 | – | 354 | (49) |
| 48 | 6 | – | 43 | – | 36 | (50) |

3 都道府県別林種別森林面積（森林計画対象以外の森林も含む。）
(平成29年3月31日現在)

単位：千ha

| 全国・都道府県 | 森林面積計 | 立木地 | | | 天然林 | | 竹林 | 伐採跡地 | 未立木地 |
|---|---|---|---|---|---|---|---|---|---|
| | | 小計 | 人工林 | 森林計画対象のみ | | 森林計画対象のみ | | | |
| 全国 | 25,048 | 23,684 | 10,204 | 10,184 | 13,481 | 13,401 | 167 | 109 | 1,088 |
| 北海道 | 5,538 | 5,230 | 1,475 | 1,474 | 3,755 | 3,731 | – | 36 | 273 |
| 青森 | 633 | 607 | 269 | 269 | 337 | 336 | – | 6 | 20 |
| 岩手 | 1,171 | 1,101 | 489 | 489 | 612 | 610 | 0 | 21 | 49 |
| 宮城 | 417 | 400 | 198 | 197 | 201 | 197 | 2 | 2 | 14 |
| 秋田 | 839 | 815 | 410 | 409 | 406 | 405 | 0 | 3 | 21 |
| 山形 | 669 | 627 | 186 | 186 | 441 | 441 | 0 | 2 | 41 |
| 福島 | 974 | 925 | 341 | 340 | 584 | 583 | 1 | 4 | 44 |
| 茨城 | 187 | 178 | 111 | 111 | 67 | 67 | 2 | 1 | 6 |
| 栃木 | 349 | 336 | 156 | 155 | 180 | 178 | 1 | 1 | 12 |
| 群馬 | 423 | 397 | 177 | 177 | 220 | 220 | 1 | 1 | 23 |
| 埼玉 | 120 | 118 | 59 | 59 | 59 | 58 | 0 | 0 | 1 |
| 千葉 | 157 | 136 | 61 | 60 | 74 | 73 | 6 | 0 | 16 |
| 東京 | 79 | 74 | 35 | 35 | 39 | 39 | 0 | 1 | 3 |
| 神奈川 | 95 | 90 | 36 | 36 | 54 | 50 | 1 | 0 | 3 |
| 新潟 | 855 | 726 | 162 | 162 | 564 | 562 | 2 | 0 | 127 |
| 富山 | 285 | 224 | 55 | 54 | 169 | 169 | 1 | 1 | 60 |
| 石川 | 286 | 267 | 102 | 101 | 165 | 165 | 2 | 0 | 17 |
| 福井 | 312 | 303 | 124 | 124 | 178 | 178 | 1 | 0 | 8 |
| 山梨 | 348 | 326 | 154 | 153 | 172 | 172 | 1 | 1 | 21 |
| 長野 | 1,069 | 1,001 | 445 | 440 | 557 | 548 | 2 | 1 | 65 |
| 岐阜 | 862 | 815 | 385 | 384 | 430 | 430 | 1 | 3 | 43 |
| 静岡 | 497 | 470 | 280 | 278 | 189 | 187 | 4 | 1 | 23 |
| 愛知 | 218 | 212 | 140 | 140 | 72 | 71 | 2 | 1 | 2 |
| 三重 | 372 | 363 | 230 | 230 | 133 | 133 | 2 | 2 | 6 |
| 滋賀 | 203 | 196 | 85 | 85 | 111 | 110 | 1 | 0 | 6 |
| 京都 | 342 | 332 | 132 | 131 | 200 | 199 | 5 | 0 | 5 |
| 大阪 | 57 | 54 | 28 | 28 | 26 | 25 | 2 | 0 | 1 |
| 兵庫 | 560 | 545 | 238 | 238 | 306 | 306 | 3 | 0 | 12 |
| 奈良 | 284 | 279 | 172 | 172 | 107 | 105 | 1 | 0 | 3 |
| 和歌山 | 361 | 356 | 220 | 220 | 136 | 136 | 1 | 1 | 2 |
| 鳥取 | 259 | 250 | 140 | 140 | 110 | 110 | 3 | 0 | 5 |
| 島根 | 524 | 503 | 205 | 205 | 298 | 298 | 11 | 0 | 10 |
| 岡山 | 483 | 466 | 205 | 205 | 261 | 259 | 5 | 1 | 11 |
| 広島 | 611 | 597 | 201 | 201 | 396 | 395 | 2 | 0 | 12 |
| 山口 | 437 | 420 | 195 | 195 | 225 | 224 | 12 | 0 | 5 |
| 徳島 | 315 | 305 | 190 | 190 | 116 | 116 | 4 | 1 | 4 |
| 香川 | 88 | 81 | 23 | 23 | 58 | 57 | 3 | 0 | 3 |
| 愛媛 | 401 | 386 | 245 | 244 | 141 | 141 | 4 | 0 | 10 |
| 高知 | 595 | 583 | 388 | 388 | 195 | 195 | 5 | 2 | 5 |
| 福岡 | 222 | 202 | 140 | 140 | 62 | 59 | 14 | 0 | 6 |
| 佐賀 | 110 | 101 | 74 | 74 | 27 | 27 | 3 | 0 | 6 |
| 長崎 | 243 | 229 | 105 | 105 | 124 | 124 | 4 | 0 | 10 |
| 熊本 | 463 | 429 | 280 | 280 | 149 | 149 | 10 | 1 | 22 |
| 大分 | 453 | 411 | 233 | 233 | 178 | 174 | 14 | 3 | 24 |
| 宮崎 | 586 | 564 | 333 | 332 | 231 | 231 | 6 | 8 | 7 |
| 鹿児島 | 588 | 555 | 279 | 278 | 276 | 276 | 18 | 2 | 13 |
| 沖縄 | 107 | 100 | 12 | 12 | 88 | 88 | 0 | 0 | 6 |

資料：林野庁資料（以下7(2)まで同じ。）

## 4　人工林の齢級別立木地面積（平成29年3月31日現在）

単位：千ha

| 全国<br>農業地域 | 計 | 10年生<br>以下 | 11～20 | 21～30 | 31～40 | 41～50 | 51～60 | 61～70 | 71年生<br>以上 |
|---|---|---|---|---|---|---|---|---|---|
| 全国 | 10,184 | 170 | 278 | 572 | 1,428 | 2,637 | 3,020 | 1,233 | 847 |
| 北海道 | 1,474 | 74 | 74 | 100 | 257 | 457 | 374 | 103 | 35 |
| 東北 | 1,889 | 21 | 40 | 110 | 310 | 539 | 543 | 207 | 120 |
| 北陸 | 442 | 3 | 10 | 30 | 72 | 93 | 103 | 57 | 74 |
| 関東・東山 | 1,227 | 8 | 19 | 50 | 125 | 256 | 406 | 218 | 145 |
| 東海 | 1,033 | 3 | 13 | 42 | 107 | 200 | 318 | 167 | 182 |
| 近畿 | 874 | 4 | 16 | 43 | 111 | 212 | 262 | 105 | 121 |
| 中国 | 947 | 13 | 32 | 74 | 157 | 239 | 283 | 97 | 53 |
| 四国 | 845 | 4 | 14 | 40 | 93 | 219 | 293 | 123 | 60 |
| 九州 | 1,442 | 41 | 59 | 81 | 195 | 419 | 434 | 156 | 57 |
| 沖縄 | 12 | 0 | 0 | 1 | 2 | 5 | 4 | 1 | 0 |

注：森林計画対象の森林面積である。

## 5　樹種別立木地面積（平成29年3月31日現在）

単位：千ha

| 全国<br>農業地域 | 立木地計 | 人工林 | | | | | | 天然林 | |
|---|---|---|---|---|---|---|---|---|---|
| | | 針葉樹 | すぎ | ひのき | まつ類 | からまつ | 広葉樹 | 針葉樹 | 広葉樹 |
| 全国 | 23,586 | 9,867 | 4,438 | 2,595 | 818 | 977 | 318 | 2,167 | 11,234 |
| 北海道 | 5,205 | 1,428 | 32 | 0 | 2 | 398 | 46 | 766 | 2,965 |
| 東北 | 4,460 | 1,843 | 1,245 | 39 | 350 | 204 | 46 | 259 | 2,312 |
| 北陸 | 1,515 | 430 | 372 | 12 | 28 | 4 | 12 | 60 | 1,013 |
| 関東・東山 | 2,631 | 1,191 | 429 | 288 | 120 | 340 | 36 | 299 | 1,105 |
| 東海 | 1,853 | 1,011 | 385 | 529 | 62 | 28 | 22 | 150 | 670 |
| 近畿 | 1,754 | 859 | 426 | 392 | 40 | 0 | 15 | 211 | 669 |
| 中国 | 2,232 | 920 | 322 | 447 | 148 | 2 | 27 | 305 | 980 |
| 四国 | 1,354 | 821 | 405 | 391 | 23 | 0 | 24 | 58 | 451 |
| 九州 | 2,481 | 1,357 | 821 | 497 | 37 | 0 | 85 | 47 | 992 |
| 沖縄 | 100 | 8 | 0 | – | 7 | – | 5 | 12 | 76 |

注：森林計画対象の森林面積である。

## 6 保安林面積

単位：千ha

| 保安林種 | 平成28年度 | 29 | 30 | 令和元 | 2 |
|---|---|---|---|---|---|
| **保安林面積計** | 12,184 | 12,197 | 12,214 | 12,230 | 12,245 |
| 水源かん養保安林 | 9,195 | 9,204 | 9,224 | 9,235 | 9,244 |
| 土砂流出・崩壊防備保安林 | 2,649 | 2,656 | 2,662 | 2,666 | 2,670 |
| 飛砂防備保安林 | 16 | 16 | 16 | 16 | 16 |
| 防風保安林 | 56 | 56 | 56 | 56 | 56 |
| 水害・潮害防備保安林 | 15 | 14 | 15 | 15 | 15 |
| なだれ・落石防止保安林 | 22 | 22 | 22 | 22 | 22 |
| 魚つき保安林 | 60 | 60 | 60 | 60 | 60 |
| 保健保安林 | 701 | 704 | 704 | 704 | 704 |
| 風致保安林 | 28 | 28 | 28 | 28 | 28 |
| 1) その他の保安林 | 189 | 189 | 189 | 189 | 189 |

注： 1　同一箇所で2種類以上の保安林に指定されている場合、それぞれの保安林種に計上している。
　　 2　保安林面積計は1の重複を除いた実面積であるため、保安林種別の面積の合計とは一致しない。
　　1)は、干害防備保安林、防雪保安林、防霧保安林、防火保安林及び航行目標保安林である。

## 7 林道
### (1) 林道の現況

単位：km

| 年度 | 計 | 国有林 | 併用林道 | 民有林 | 森林組合が管理 |
|---|---|---|---|---|---|
| 平成28年度 | 139,236 | 45,818 | 8,017 | 93,418 | 2,800 |
| 29 | 139,417 | 45,951 | 7,987 | 93,466 | 2,778 |
| 30 | 139,551 | 46,081 | 8,061 | 93,471 | 2,743 |
| 令和元 | 139,679 | 46,195 | 8,065 | 93,484 | 2,715 |
| 2 | 139,770 | 46,278 | 8,058 | 93,493 | 2,632 |

### (2) 林道新設（自動車道）

単位：km

| 年度 | 計 | 国有林林道 | 民有林林道 | | | | | | | | | 融資林道・自力林道 |
|---|---|---|---|---|---|---|---|---|---|---|---|---|
| | | | 小計 | 補助林道 | | | | | | | 県単独補助 | |
| | | | | 国庫補助 | 一般 | 道整備交付金 | 農免 | 公団 | 林業構造改善 | | | |
| 平成28年度 | 364 | 147 | 217 | 202 | 147 | 55 | － | － | － | | 12 | 3 |
| 29 | 356 | 163 | 193 | 183 | 136 | 48 | － | － | － | | 8 | 1 |
| 30 | 305 | 129 | 175 | 169 | 127 | 42 | － | － | － | | 6 | 0 |
| 令和元 | 294 | 131 | 162 | 155 | 116 | 38 | － | － | － | | 7 | 1 |
| 2 | 297 | 118 | 179 | 174 | 132 | 43 | － | － | － | | 5 | 0 |

## Ⅱ 林業経営

### 1 林業経営体（各年2月1日現在）

#### (1) 都道府県別組織形態別経営体数

単位：経営体

| 年次・都道府県 | 計 | 法人化している | | | | 地方公共団体・財産区 | 法人化していない | |
|---|---|---|---|---|---|---|---|---|
| | | 農事組合法人 | 会社 | 各種団体 | その他の法人 | | | 個人経営体 |
| 平成27年 | 87,284 | 145 | 2,456 | 2,337 | 661 | 1,289 | 80,396 | 77,692 |
| 令和2 | 34,001 | 72 | 1,994 | 1,608 | 419 | 828 | 29,080 | 27,776 |
| 北海道 | 4,565 | 16 | 495 | 124 | 40 | 62 | 3,828 | 3,806 |
| 青森 | 678 | 3 | 68 | 44 | 2 | 34 | 527 | 521 |
| 岩手 | 1,728 | 7 | 89 | 78 | 19 | 22 | 1,513 | 1,435 |
| 宮城 | 489 | 1 | 32 | 39 | 6 | 13 | 398 | 354 |
| 秋田 | 1,010 | 6 | 68 | 43 | 16 | 37 | 840 | 754 |
| 山形 | 451 | – | 29 | 34 | 5 | 23 | 360 | 323 |
| 福島 | 777 | 2 | 43 | 31 | 18 | 37 | 646 | 620 |
| 茨城 | 407 | – | 27 | 11 | 1 | 2 | 366 | 362 |
| 栃木 | 1,015 | – | 40 | 15 | 9 | 20 | 931 | 897 |
| 群馬 | 358 | – | 36 | 30 | 10 | 15 | 267 | 253 |
| 埼玉 | 129 | – | 8 | 4 | 4 | 1 | 112 | 110 |
| 千葉 | 199 | – | 10 | 3 | 1 | – | 185 | 185 |
| 東京 | 152 | – | 24 | 3 | 11 | 3 | 111 | 107 |
| 神奈川 | 139 | – | 14 | 27 | 3 | 11 | 84 | 77 |
| 新潟 | 637 | – | 20 | 79 | 12 | 13 | 513 | 491 |
| 富山 | 181 | – | 9 | 18 | 2 | 1 | 151 | 147 |
| 石川 | 416 | 2 | 15 | 13 | 5 | 3 | 378 | 374 |
| 福井 | 356 | 1 | 5 | 31 | 8 | 5 | 306 | 300 |
| 山梨 | 153 | – | 43 | 14 | 3 | 23 | 70 | 64 |
| 長野 | 1,008 | 8 | 58 | 115 | 20 | 91 | 716 | 613 |
| 岐阜 | 1,584 | 1 | 70 | 67 | 12 | 40 | 1,394 | 1,338 |
| 静岡 | 837 | 1 | 53 | 27 | 22 | 24 | 710 | 643 |
| 愛知 | 498 | – | 16 | 7 | 6 | 12 | 457 | 443 |
| 三重 | 527 | – | 39 | 31 | 8 | 4 | 445 | 432 |
| 滋賀 | 306 | 1 | 6 | 43 | 13 | 11 | 232 | 211 |
| 京都 | 619 | 1 | 20 | 86 | 12 | 19 | 481 | 409 |
| 大阪 | 128 | – | 10 | 7 | 4 | 1 | 106 | 103 |
| 兵庫 | 514 | – | 18 | 86 | 11 | 15 | 384 | 328 |
| 奈良 | 652 | 1 | 27 | 23 | 8 | 13 | 580 | 561 |
| 和歌山 | 340 | – | 27 | 21 | 9 | 12 | 271 | 256 |
| 鳥取 | 843 | – | 20 | 33 | 11 | 32 | 747 | 701 |
| 島根 | 875 | – | 21 | 20 | 9 | 14 | 811 | 787 |
| 岡山 | 1,174 | 2 | 43 | 17 | 20 | 22 | 1,070 | 1,029 |
| 広島 | 1,453 | 2 | 48 | 53 | 20 | 15 | 1,315 | 1,294 |
| 山口 | 543 | 1 | 11 | 12 | 1 | 7 | 511 | 502 |
| 徳島 | 264 | – | 10 | 12 | 2 | 9 | 231 | 231 |
| 香川 | 88 | – | 5 | 6 | – | 5 | 72 | 72 |
| 愛媛 | 968 | 1 | 40 | 23 | 7 | 16 | 881 | 869 |
| 高知 | 882 | – | 38 | 39 | 5 | 18 | 782 | 729 |
| 福岡 | 719 | – | 18 | 23 | 4 | 32 | 642 | 606 |
| 佐賀 | 406 | 1 | 9 | 39 | 9 | 13 | 335 | 300 |
| 長崎 | 178 | 1 | 7 | 35 | 3 | 12 | 120 | 114 |
| 熊本 | 1,255 | 4 | 81 | 20 | 5 | 33 | 1,112 | 1,076 |
| 大分 | 1,329 | 6 | 42 | 39 | 6 | 12 | 1,224 | 1,177 |
| 宮崎 | 1,796 | 1 | 126 | 43 | 5 | 9 | 1,612 | 1,535 |
| 鹿児島 | 367 | 2 | 56 | 35 | 12 | 12 | 250 | 234 |
| 沖縄 | 8 | – | – | 5 | – | – | 3 | 3 |

資料：農林水産省統計部「農林業センサス」（以下2(6)まで同じ。）

## 1 林業経営体（各年2月1日現在）（続き）
### (2) 保有山林面積規模別経営体数

単位：経営体

| 年次・全国農業地域 | 計 | 1) 3 ha 未満 | 3～5 | 5～10 | 10～20 | 20～30 | 30～50 | 50～100 | 100ha 以上 |
|---|---|---|---|---|---|---|---|---|---|
| 平成27年 | 87,284 | 2,247 | 23,767 | 24,391 | 17,494 | 6,832 | 5,361 | 3,572 | 3,620 |
| 令和2 | 34,001 | 1,520 | 6,236 | 8,197 | 7,023 | 3,191 | 2,854 | 2,151 | 2,829 |
| 北海道 | 4,565 | 150 | 704 | 1,187 | 1,049 | 436 | 380 | 273 | 386 |
| 都府県 | 29,436 | 1,370 | 5,532 | 7,010 | 5,974 | 2,755 | 2,474 | 1,878 | 2,443 |
| 東北 | 5,133 | 304 | 879 | 1,198 | 1,041 | 457 | 449 | 343 | 462 |
| 北陸 | 1,590 | 80 | 385 | 422 | 280 | 122 | 103 | 71 | 127 |
| 関東・東山 | 3,560 | 264 | 753 | 858 | 642 | 268 | 235 | 209 | 331 |
| 東海 | 3,446 | 119 | 556 | 765 | 688 | 363 | 341 | 258 | 356 |
| 近畿 | 2,559 | 111 | 431 | 570 | 435 | 216 | 217 | 229 | 350 |
| 中国 | 4,888 | 110 | 1,031 | 1,349 | 1,206 | 420 | 323 | 209 | 240 |
| 四国 | 2,202 | 65 | 327 | 486 | 515 | 292 | 211 | 146 | 160 |
| 九州 | 6,050 | 313 | 1,166 | 1,362 | 1,167 | 617 | 595 | 413 | 417 |
| 沖縄 | 8 | 4 | 4 | – | – | – | – | – | – |

注：1)は、保有山林なしの林業経営体を含む。

### (3) 保有山林の状況

| 年次 | 所有山林 | | 貸付山林 | | 借入山林 | | 保有山林 | |
|---|---|---|---|---|---|---|---|---|
| | 経営体数 | 面積 | 経営体数 | 面積 | 経営体数 | 面積 | 経営体数 | 面積 |
| | 経営体 | ha | 経営体 | ha | 経営体 | ha | 経営体 | ha |
| 平成27年 | 85,529 | 4,027,399 | 2,834 | 222,712 | 2,178 | 568,687 | 86,027 | 4,373,374 |
| 令和2 | 32,623 | 2,992,198 | 1,624 | 210,048 | 1,272 | 540,541 | 32,973 | 3,322,691 |

### (4) 林業労働力

| 年次 | 雇い入れた実経営体数 | 実人数 | 延べ人日 |
|---|---|---|---|
| | 経営体 | 人 | 人日 |
| 平成27年 | 8,524 | 63,834 | 7,008,284 |
| 令和2 | 3,897 | 43,415 | 5,670,875 |

| 年次 | 常雇い | | | 臨時雇い（手伝い等を含む。） | | |
|---|---|---|---|---|---|---|
| | 経営体数 | 実人数 | 延べ人日 | 経営体数 | 実人数 | 延べ人日 |
| | 経営体 | 人 | 人日 | 経営体 | 人 | 人日 |
| 平成27年 | 3,743 | 32,726 | 6,145,949 | 6,319 | 31,108 | 862,335 |
| 令和2 | 2,536 | 22,929 | 4,916,735 | 2,375 | 20,486 | 754,140 |

(5) 素材生産を行った経営体数と素材生産量

| 年次 | 計 | | 保有山林の素材生産量 | | 受託もしくは立木買いによる素材生産量 | | | |
|---|---|---|---|---|---|---|---|---|
| | 実経営体数 | 素材生産量 | 経営体数 | 素材生産量 | 経営体数 | 立木買い | 素材生産量 | 立木買い |
| | 経営体 | m³ | 経営体 | m³ | 経営体 | 経営体 | m³ | m³ |
| 平成27年 | 10,490 | 19,888,089 | 7,939 | 4,342,650 | 3,712 | 1,811 | 15,545,439 | 6,133,040 |
| 令和2 | 5,839 | 20,414,409 | 3,886 | 4,344,838 | 2,695 | 1,410 | 16,069,571 | 6,990,778 |

(6) 林業作業の受託を行った経営体数と受託面積

| 年次 | 林業作業の受託を行った実経営体数 | 植林 | | 下刈りなど | |
|---|---|---|---|---|---|
| | | 経営体数 | 面積 | 経営体数 | 面積 |
| | 経営体 | 経営体 | ha | 経営体 | ha |
| 平成27年 | 5,159 | 1,309 | 24,401 | 2,406 | 148,833 |
| 令和2 | 3,349 | 1,212 | 26,190 | 1,697 | 129,788 |

| 年次 | 間伐 | | 主伐（請負） | | 主伐（立木買い） | |
|---|---|---|---|---|---|---|
| | 経営体数 | 面積 | 経営体数 | 面積 | 経営体数 | 面積 |
| | 経営体 | ha | 経営体 | ha | 経営体 | ha |
| 平成27年 | 3,415 | 215,771 | 976 | 18,368 | 1,413 | 25,457 |
| 令和2 | 2,251 | 164,906 | 987 | 27,798 | 876 | 20,975 |

(7) 林業作業の受託料金収入規模別経営体数

単位：経営体

| 年次・全国農業地域 | 計 | 収入なし | 100万円未満 | 100〜300 | 300〜500 | 500〜1,000 | 1,000〜3,000 | 3,000〜5,000 | 5,000万円以上 |
|---|---|---|---|---|---|---|---|---|---|
| 平成27年 | 87,284 | 82,125 | 1,536 | 603 | 289 | 597 | 747 | 396 | 991 |
| 令和2 | 34,001 | 30,652 | 606 | 340 | 204 | 317 | 534 | 342 | 1,006 |
| 北海道 | 4,565 | 4,183 | 36 | 13 | 6 | 23 | 73 | 58 | 173 |
| 都府県 | 29,436 | 26,469 | 570 | 327 | 198 | 294 | 461 | 284 | 833 |
| 東北 | 5,133 | 4,511 | 93 | 51 | 37 | 70 | 95 | 64 | 212 |
| 北陸 | 1,590 | 1,468 | 21 | 11 | 6 | 14 | 21 | 13 | 36 |
| 関東・東山 | 3,560 | 3,202 | 48 | 30 | 27 | 32 | 61 | 40 | 120 |
| 東海 | 3,446 | 3,157 | 58 | 26 | 22 | 28 | 50 | 31 | 74 |
| 近畿 | 2,559 | 2,271 | 64 | 42 | 21 | 27 | 36 | 28 | 70 |
| 中国 | 4,888 | 4,585 | 67 | 37 | 18 | 25 | 40 | 27 | 89 |
| 四国 | 2,202 | 1,971 | 48 | 39 | 17 | 16 | 30 | 20 | 61 |
| 九州 | 6,050 | 5,301 | 171 | 91 | 50 | 82 | 126 | 61 | 168 |
| 沖縄 | 8 | 3 | – | – | – | – | 2 | – | 3 |

注： 受託料金収入には、立木買いによる素材生産の受託料金収入（素材売却額と立木購入額の差額）を含む。

2 林業経営体のうち団体経営（各年2月1日現在）
(1) 保有山林面積規模別経営体数

単位：経営体

| 年次・<br>全国<br>農業地域 | 計 | 1) 3 ha<br>未満 | 3～5 | 5～10 | 10～20 | 20～30 | 30～50 | 50～100 | 100ha<br>以上 |
|---|---|---|---|---|---|---|---|---|---|
| 平成27年 | 9,592 | 1,174 | 845 | 1,206 | 1,352 | 772 | 846 | 1,078 | 2,319 |
| 令和2 | 6,225 | 1,026 | 353 | 557 | 723 | 421 | 531 | 667 | 1,947 |
| 北海道 | 759 | 137 | 35 | 76 | 82 | 45 | 59 | 61 | 264 |
| 都府県 | 5,466 | 889 | 318 | 481 | 641 | 376 | 472 | 606 | 1,683 |
| 東北 | 1,126 | 182 | 67 | 99 | 130 | 79 | 101 | 127 | 341 |
| 北陸 | 278 | 51 | 20 | 22 | 20 | 19 | 17 | 28 | 101 |
| 関東・東山 | 892 | 215 | 51 | 59 | 107 | 50 | 60 | 88 | 262 |
| 東海 | 590 | 94 | 21 | 55 | 59 | 36 | 57 | 62 | 206 |
| 近畿 | 691 | 71 | 28 | 45 | 84 | 51 | 68 | 108 | 236 |
| 中国 | 575 | 79 | 36 | 61 | 76 | 34 | 53 | 59 | 177 |
| 四国 | 301 | 48 | 21 | 32 | 41 | 20 | 20 | 24 | 95 |
| 九州 | 1,008 | 146 | 72 | 108 | 124 | 87 | 96 | 110 | 265 |
| 沖縄 | 5 | 3 | 2 | － | － | － | － | － | － |

注：1) は、保有山林なしの林業経営体を含む。

(2) 保有山林の状況

| 年次 | 所有山林 | | 貸付山林 | | 借入山林 | | 保有山林 | |
|---|---|---|---|---|---|---|---|---|
| | 経営体数 | 面積 | 経営体数 | 面積 | 経営体数 | 面積 | 経営体数 | 面積 |
| | 経営体 | ha | 経営体 | ha | 経営体 | ha | 経営体 | ha |
| 平成27年 | 8,202 | 2,792,809 | 991 | 195,368 | 964 | 560,721 | 8,627 | 3,158,161 |
| 令和2 | 5,059 | 2,362,943 | 787 | 192,691 | 746 | 536,216 | 5,372 | 2,706,468 |

(3) 林業労働力

| 年次 | 雇い入れた実経営体数 | 実人数 | 延べ人日 |
|---|---|---|---|
| | 経営体 | 人 | 人日 |
| 平成27年 | 3,141 | 43,746 | 6,404,740 |
| 令和2 | 2,624 | 36,941 | 5,367,462 |

| 年次 | 常雇い | | | 臨時雇い（手伝い等を含む。） | | |
|---|---|---|---|---|---|---|
| | 経営体数 | 実人数 | 延べ人日 | 経営体数 | 実人数 | 延べ人日 |
| | 経営体 | 人 | 人日 | 経営体 | 人 | 人日 |
| 平成27年 | 2,447 | 28,486 | 5,744,806 | 1,841 | 15,260 | 659,934 |
| 令和2 | 2,116 | 22,034 | 4,748,092 | 1,354 | 14,907 | 619,370 |

## (4)　素材生産を行った経営体数と素材生産量

| 年次 | 計 | | 保有山林の素材生産量 | | 受託もしくは立木買いによる素材生産量 | | | |
|---|---|---|---|---|---|---|---|---|
| | 実経営体数 | 素材生産量 | 経営体数 | 素材生産量 | 経営体数 | 立木買い | 素材生産量 | 立木買い |
| | 経営体 | ㎥ | 経営体 | ㎥ | 経営体 | 経営体 | ㎥ | ㎥ |
| 平成27年 | 2,971 | 16,048,897 | 1,422 | 2,614,690 | 2,026 | 1,071 | 13,434,207 | 5,044,646 |
| 令和2 | 2,257 | 17,343,614 | 998 | 3,087,650 | 1,634 | 864 | 14,255,964 | 6,170,201 |

## (5)　林業作業の受託を行った経営体数と受託面積

| 年次 | 林業作業の受託を行った実経営体数 | 植林 | | 下刈りなど | |
|---|---|---|---|---|---|
| | | 経営体数 | 面積 | 経営体数 | 面積 |
| | 経営体 | 経営体 | ha | 経営体 | ha |
| 平成27年 | 2,360 | 961 | 22,491 | 1,344 | 140,424 |
| 令和2 | 2,113 | 986 | 23,855 | 1,269 | 123,832 |

| 年次 | 間伐 | | 主伐（請負） | | 主伐（立木買い） | |
|---|---|---|---|---|---|---|
| | 経営体数 | 面積 | 経営体数 | 面積 | 経営体数 | 面積 |
| | 経営体 | ha | 経営体 | ha | 経営体 | ha |
| 平成27年 | 1,827 | 200,127 | 591 | 15,178 | 829 | 21,583 |
| 令和2 | 1,600 | 157,509 | 703 | 25,747 | 608 | 19,339 |

## (6)　林業作業の受託料金収入規模別経営体数

単位：経営体

| 年次・全国農業地域 | 計 | 収入なし | 100万円未満 | 100～300 | 300～500 | 500～1,000 | 1,000～3,000 | 3,000～5,000 | 5,000万円以上 |
|---|---|---|---|---|---|---|---|---|---|
| 平成27年 | 9,592 | 7,232 | 138 | 120 | 94 | 242 | 489 | 321 | 956 |
| 令和2 | 6,225 | 4,112 | 116 | 102 | 85 | 169 | 363 | 291 | 987 |
| 北海道 | 759 | 435 | 12 | 7 | 3 | 17 | 62 | 51 | 172 |
| 都府県 | 5,466 | 3,677 | 104 | 95 | 82 | 152 | 301 | 240 | 815 |
| 東北 | 1,126 | 727 | 28 | 17 | 7 | 36 | 57 | 47 | 207 |
| 北陸 | 278 | 179 | 9 | 7 | 6 | 12 | 17 | 13 | 35 |
| 関東・東山 | 892 | 604 | 15 | 13 | 17 | 28 | 56 | 39 | 120 |
| 東海 | 590 | 405 | 12 | 8 | 13 | 14 | 36 | 30 | 72 |
| 近畿 | 691 | 539 | 12 | 11 | 8 | 14 | 23 | 17 | 67 |
| 中国 | 575 | 389 | 6 | 16 | 10 | 12 | 30 | 25 | 87 |
| 四国 | 301 | 178 | 1 | 8 | 6 | 8 | 21 | 19 | 60 |
| 九州 | 1,008 | 656 | 21 | 15 | 15 | 28 | 59 | 50 | 164 |
| 沖縄 | 5 | － | － | － | － | － | 2 | － | 3 |

注：　受託料金収入には、立木買いによる素材生産の受託料金収入（素材生産売却額と立木購入額の
　　　差額）を含む。

3　林業就業人口（各年10月1日現在）

単位：万人

| 区分 | 平成12年 | 17 | 22 | 27 | 令和2 |
|---|---|---|---|---|---|
| 林業就業者 | 6.7 | 4.7 | 6.9 | 6.4 | 6.1 |
| うち65歳以上 | 1.7 | 1.2 | 1.2 | 1.4 | 1.4 |

資料：総務省統計局「国勢調査」
注：　平成19年の「日本標準産業分類」の改定により、平成22年以降のデータは、平成17年までのデータと
　　必ずしも連続していない。

4　林業分野の新規就業者の動向

単位：人

| 区分 | 平成28年度 | 29 | 30 | 令和元 | 2 |
|---|---|---|---|---|---|
| 新規林業就業者数 | 3,055 | 3,114 | 2,984 | 2,855 | 2,903 |

資料：林野庁資料

5　家族経営体（1経営当たり）（全国平均）　（平成30年）
(1)　林業経営の総括

| 区分 | 林業所得 | 林業粗収益 | 林業経営費 | 保有山林面積 | | |
|---|---|---|---|---|---|---|
| | | | | 計 | 人工林 | 天然林・その他 |
| | 千円 | 千円 | 千円 | ha | ha | ha |
| **全国** | 1,038 | 3,780 | 2,742 | 64.4 | 46.4 | 18.0 |
| 保有山林面積規模別 | | | | | | |
| 20 ～ 50 ha未満 | 671 | 2,168 | 1,497 | 30.4 | 22.8 | 7.6 |
| 50 ～ 100 | 1,314 | 5,549 | 4,235 | 67.6 | 46.7 | 20.9 |
| 100 ～ 500 | 2,163 | 7,803 | 5,640 | 187.3 | 140.4 | 46.8 |
| 500ha以上 | 4,634 | 14,415 | 9,781 | 681.6 | 423.5 | 258.1 |

資料：農林水産省統計部「林業経営統計調査報告」　（以下6(2)まで同じ。）

### (2) 林業粗収益と林業経営費

単位：千円

| 区分 | 部門別粗収益 | | | | 林業経営費 | | | |
|---|---|---|---|---|---|---|---|---|
| | 計 | 立木販売 | 素材生産 | その他 | | 雇用労賃 | 原木費 | 請負わせ料金 |
| **全国** | 3,780 | 207 | 2,144 | 1,429 | 2,742 | 306 | 298 | 1,065 |
| 保有山林面積規模別 | | | | | | | | |
| 20 ～ 50 ha未満 | 2,168 | 140 | 1,126 | 902 | 1,497 | 168 | 116 | 502 |
| 50 ～ 100 | 5,549 | 122 | 3,212 | 2,215 | 4,235 | 640 | 849 | 1,092 |
| 100 ～ 500 | 7,803 | 575 | 4,775 | 2,453 | 5,640 | 272 | 91 | 3,810 |
| 500ha以上 | 14,415 | 2,256 | 8,973 | 3,186 | 9,781 | 1,056 | 495 | 3,566 |

### (3) 林業投下労働時間

単位：時間

| 区分 | 計 | 家族労働 | 雇用労働 |
|---|---|---|---|
| **全国** | 807 | 653 | 154 |
| 保有山林面積規模別 | | | |
| 20 ～ 50 ha未満 | 702 | 614 | 88 |
| 50 ～ 100 | 1,031 | 745 | 286 |
| 100 ～ 500 | 824 | 664 | 160 |
| 500ha以上 | 1,348 | 407 | 941 |

### (4) 部門別林業投下労働時間

| 区分 | 単位 | 部門別投下労働時間 | | | | |
|---|---|---|---|---|---|---|
| | | 計 | 育林 | 素材生産 | 受託 | その他 |
| **全国** | 時間 | 807 | 181 | 318 | 90 | 218 |
| 構成比 | ％ | 100.0 | 22.4 | 39.4 | 11.2 | 27.0 |
| 保有山林面積規模別 | | | | | | |
| 20 ～ 50 ha未満 | 時間 | 702 | 175 | 239 | 68 | 220 |
| 50 ～ 100 | 〃 | 1,031 | 178 | 429 | 177 | 247 |
| 100 ～ 500 | 〃 | 824 | 203 | 469 | － | 152 |
| 500ha以上 | 〃 | 1,348 | 191 | 701 | 239 | 217 |

6 会社経営体（1経営体当たり）（全国平均）（平成30年度）
(1) 総括

| 区分 | 収益 | | | | | 費用 | | | | | 営業外費用⑥ |
|---|---|---|---|---|---|---|---|---|---|---|---|
| | 合計 | 売上高 | | | 営業外収益③ | 合計 | 営業費用 | | | | |
| | | 計 | 林業事業売上高① | 林業事業外売上高② | | | 計 | 林業事業営業費用④ | 林業事業外営業費用⑤ | |
| 全国 | 197,944 | 192,447 | 121,130 | 71,317 | 5,497 | 190,917 | 189,748 | 127,502 | 62,246 | 1,169 |
| 林業事業売上高別 | | | | | | | | | | |
| 5,000万円未満 | 51,171 | 47,869 | 27,787 | 20,082 | 3,302 | 53,129 | 52,938 | 35,846 | 17,092 | 191 |
| 5,000万〜1億 | 108,436 | 104,073 | 76,261 | 27,812 | 4,363 | 104,697 | 104,082 | 81,493 | 22,589 | 615 |
| 1 〜3 | 360,556 | 352,377 | 170,015 | 182,362 | 8,179 | 347,939 | 345,429 | 182,199 | 163,230 | 2,510 |
| 3億円以上 | 521,761 | 513,735 | 464,607 | 49,128 | 8,026 | 491,891 | 489,862 | 450,945 | 38,917 | 2,029 |

単位：千円

| 区分 | 営業利益 | | | 経常利益⑩ | 特別利益⑪ | 特別損失⑫ | 法人税、住民税及び事業税⑬ | 当期純利益⑭ |
|---|---|---|---|---|---|---|---|---|
| | 計⑦ | 林業事業営業利益⑧ | 林業事業外営業利益⑨ | | | | | |
| 全国 | 2,699 | △ 6,372 | 9,071 | 7,027 | 2,704 | 1,891 | 2,645 | 5,195 |
| 林業事業売上高別 | | | | | | | | |
| 5,000万円未満 | △ 5,069 | △ 8,059 | 2,990 | △ 1,958 | 1,333 | 3,731 | 325 | △ 4,681 |
| 5,000万〜1億 | △ 9 | △ 5,232 | 5,223 | 3,739 | 1,001 | 495 | 1,130 | 3,115 |
| 1 〜3 | 6,948 | △12,184 | 19,132 | 12,617 | 6,716 | 3,443 | 5,590 | 10,300 |
| 3億円以上 | 23,873 | 13,662 | 10,211 | 29,870 | 1,497 | 6 | 6,935 | 24,426 |

注：1 調査対象経営体は、直近の農林業センサスに基づく林業経営体のうち、株式会
社、合名・合資会社等により林業を営む経営体で、①過去1年間の素材生産量が
1,000㎥以上、②過去1年間の受託収入が2,000万円以上のいずれかに該当する経
営体である（以下(2)まで同じ。）。
2 計算方法は以下のとおりである。
⑧＝①－④　　　⑨＝②－⑤
⑩＝⑦＋③－⑥　　⑭＝⑩＋⑪－⑫－⑬

(2) 林業事業経営収支

単位：千円

| 区分 | 林業事業売上高 | | | | 林業事業営業費用 | | | | | |
|---|---|---|---|---|---|---|---|---|---|---|
| | 計 | 保有山林 | 請負収入 | 立木買い素材生産収入 | 計 | 売上原価 | 賃金 | 原木購入費 | 減価償却費 | 販売費及び一般管理費 |
| 全国 | 121,130 | 856 | 79,826 | 40,448 | 127,502 | 98,133 | 33,345 | 14,523 | 13,127 | 29,369 |
| 林業事業売上高別 | | | | | | | | | | |
| 5,000万円未満 | 27,787 | 169 | 17,197 | 10,421 | 35,846 | 24,045 | 10,553 | 484 | 5,000 | 11,801 |
| 5,000万〜1億 | 76,261 | 351 | 63,885 | 12,025 | 81,493 | 55,574 | 24,019 | 2,449 | 6,690 | 25,919 |
| 1 〜3 | 170,015 | 880 | 97,099 | 72,036 | 182,199 | 142,444 | 43,429 | 27,457 | 21,568 | 39,755 |
| 3億円以上 | 464,607 | 5,840 | 279,592 | 179,175 | 450,945 | 394,159 | 113,943 | 78,749 | 42,929 | 56,786 |

## 7 林業機械の普及

### (1) 民有林の主な在来型林業機械所有台数

単位：台

| 年度 | チェーンソー | 小型集材機 | 大型集材機 | 刈払機 |
|---|---|---|---|---|
| 平成28年 | 157,197 | 2,893 | 3,774 | 167,232 |
| 29 | 130,544 | 2,631 | 3,493 | 134,860 |
| 30 | 123,031 | 2,359 | 3,295 | 126,427 |
| 令和元 | 110,158 | 2,108 | 3,019 | 107,615 |
| 2 | 97,114 | 2,000 | 2,987 | 93,779 |

資料：林野庁「森林・林業統計要覧」（以下(2)まで同じ。）

### (2) 高性能林業機械の年度別普及状況

単位：台

| 年度 | フェラーバンチャ | ハーベスタ | プロセッサ | スキッダ | フォワーダ | タワーヤーダ | スイングヤーダ | その他の高性能林業機械 |
|---|---|---|---|---|---|---|---|---|
| 平成28年 | 156 | 1,572 | 1,851 | 118 | 2,328 | 151 | 1,012 | 1,014 |
| 29 | 166 | 1,757 | 1,985 | 123 | 2,474 | 150 | 1,059 | 1,225 |
| 30 | 161 | 1,849 | 2,069 | 115 | 2,650 | 152 | 1,082 | 1,581 |
| 令和元 | 166 | 1,918 | 2,155 | 111 | 2,784 | 149 | 1,095 | 1,840 |
| 2 | 172 | 1,997 | 2,210 | 106 | 2,888 | 141 | 1,117 | 2,224 |

### (3) 木材加工機械の生産台数

単位：台

| 年次 | 木工機械及び製材機械 | 合板機械（繊維板機械を含む。） |
|---|---|---|
| 平成29年 | 2,902 | 297 |
| 30 | 2,458 | 334 |
| 令和元 | 3,324 | 424 |
| 2 | 3,229 | 256 |
| 3 | 2,862 | 278 |

資料：経済産業省調査統計グループ「2021年経済産業省生産動態統計年報」

8 治山事業
(1) 国有林野内治山事業

単位：100万円

| 事業種類 | 平成28年度 | 29 | 30 | 令和元 | 2 |
|---|---|---|---|---|---|
| 治山事業計 | 20,829 | 20,163 | 24,655 | 29,709 | 31,027 |
| 直轄治山事業 | 19,065 | 17,960 | 21,855 | 26,086 | 26,855 |
| 山地治山 | 15,845 | 15,284 | 19,416 | 24,039 | 25,155 |
| 山地復旧 | 15,337 | 14,773 | 18,242 | 23,092 | 24,003 |
| 復旧治山 | 10,903 | 10,995 | 14,471 | 19,117 | 20,362 |
| 山地災害重点地域総合対策 | | | | 98 | 155 |
| 流木防止総合対策 | | | | 548 | 814 |
| 地域防災対策総合治山 | 937 | 950 | 525 | 616 | 655 |
| 地すべり防止 | 450 | 648 | 532 | 1,008 | 722 |
| 防災林造成 | 3,047 | 2,180 | 2,715 | 1,705 | 1,296 |
| 予防治山 | 507 | 511 | 1,173 | 947 | 1,151 |
| 水源地域等保安林整備 | 3,220 | 2,676 | 2,439 | 2,047 | 1,701 |
| 水源地域整備 | 1,460 | 1,086 | 942 | 631 | 515 |
| 保安林整備 | 1,635 | 1,558 | 1,454 | 1,310 | 1,099 |
| 保安林管理道整備 | 0 | 16 | 15 | 59 | 36 |
| 共生保安林整備 | 125 | 15 | 28 | 47 | 51 |
| その他 | 1,764 | 2,203 | 2,801 | 3,623 | 4,171 |

資料：林野庁資料（以下(2)まで同じ。）
注：1 数値は、各年度の実績額である。
　　2 その他は、測量設計費、船舶及び機械器具費、営繕宿舎費を指す。
　　3 平成24年度より東日本大震災復興特会分を加算している。

(2) 民有林の治山事業

単位：100万円

| 事業種類 | 平成30年度 | 31 | 令和2 | 3 | 4 |
|---|---|---|---|---|---|
| 治山事業費計 | 47,012 | 61,948 | 57,597 | 41,701 | 41,777 |
| 治山事業費 | 45,501 | 60,437 | 56,110 | 40,246 | 40,365 |
| 直轄治山事業費 | 8,736 | 12,730 | 12,037 | 9,064 | 8,652 |
| 直轄地すべり防止事業費 | 3,384 | 4,145 | 3,964 | 2,288 | 2,762 |
| 治山事業調査費 | 173 | 176 | 176 | 176 | 180 |
| 治山事業費補助 | 31,732 | 41,402 | 37,597 | 26,337 | 26,234 |
| 山地治山総合対策 | 25,629 | 33,681 | 30,160 | 20,236 | 21,114 |
| 流域保全総合治山等 | 4,203 | 4,456 | 3,874 | 2,521 | 2,630 |
| 治山等激甚災害対策特別緊急 | 1,900 | 3,265 | 3,563 | 3,580 | 2,490 |
| 後進地域特例法適用団体補助率差額 | 1,457 | 1,944 | 2,322 | 2,362 | 2,521 |
| 営繕宿舎費 | 18 | 40 | 14 | 19 | 16 |
| 治山事業工事諸費 | 1,511 | 1,511 | 1,487 | 1,455 | 1,412 |

注：1 数値は、当初予算額（国費）である。
　　2 このほかに農山漁村地域整備交付金（平成30年度：91,650百万円の内数、平成31年度：97,714百万円の内数、令和2年度：98,475百万円の内数、令和3年度：80,725百万円の内数、令和4年度：78,398百万円の内数がある。）
　　3 平成24年度より東日本大震災復興特別会計分を加算している。

## Ⅲ　育林と伐採

### 1　樹種別人工造林面積の推移

単位：ha

| 年度 | 計 | 針葉樹 | | | | | | 広葉樹 |
|---|---|---|---|---|---|---|---|---|
| | | すぎ | ひのき | まつ類 | からまつ | その他 | | |
| 平成28年度 | 21,106 | 6,766 | 1,972 | 291 | 5,017 | 4,983 | | 2,077 |
| 29 | 22,069 | 7,102 | 1,979 | 406 | 5,388 | 5,423 | | 1,771 |
| 30 | 21,568 | 6,899 | 1,845 | 277 | 5,486 | 5,106 | | 1,956 |
| 令和元 | 22,788 | 7,189 | 1,821 | 311 | 6,466 | 5,046 | | 1,954 |
| 2 | 22,777 | 7,571 | 1,894 | 309 | 6,681 | 4,412 | | 1,910 |

資料：林野庁「森林・林業統計要覧」（以下3まで同じ。）
注：民有林における人工造林面積であり、樹下植栽による面積を含む。

### 2　再造林、拡大造林別人工造林面積

単位：ha

| 年度 | 人工造林面積 | | | 国有林 | | | 民有林 | | |
|---|---|---|---|---|---|---|---|---|---|
| | 計 | 再造林 | 拡大造林 | 小計 | 再造林 | 拡大造林 | 小計 | 再造林 | 拡大造林 |
| 平成28年度 | 27,050 | 22,421 | 4,629 | 5,944 | 5,918 | 25 | 21,106 | 16,502 | 4,603 |
| 29 | 30,212 | 25,660 | 4,552 | 8,143 | 8,125 | 18 | 22,069 | 17,535 | 4,534 |
| 30 | 30,182 | 25,967 | 4,216 | 8,614 | 8,614 | 0 | 21,568 | 17,353 | 4,216 |
| 令和元 | 33,404 | 28,955 | 4,449 | 10,616 | 10,616 | 0 | 22,788 | 18,339 | 4,449 |
| 2 | 33,707 | 29,437 | 4,270 | 10,930 | 10,930 | 0 | 22,777 | 18,507 | 4,270 |

注：1　樹下植栽による面積を含む。
　　2　国有林には、新植のほか改植、人工下種及び官行造林面積を含む。
　　3　民有林には、水源林造成事業による造林面積を含む。

### 3　伐採立木材積

単位：千㎥

| 年度 | 計 | 国有林 | | | 民有林 |
|---|---|---|---|---|---|
| | | 小計 | 1)林野庁所管 | 2)官行造林地 | |
| 平成28年度 | 45,682 | 8,718 | 8,277 | 441 | 36,964 |
| 29 | 48,051 | 9,246 | 8,654 | 592 | 38,805 |
| 30 | 47,630 | 9,155 | 8,588 | 567 | 38,475 |
| 令和元 | 48,390 | 9,105 | 8,582 | 523 | 39,285 |
| 2 | 47,733 | 8,094 | 7,535 | 559 | 39,639 |

注：主伐と間伐の合計材積であり、民有林は推計値である。
　　1)は、立木竹及び幼齢木補償に該当するもの、事業支障木等の伐採であって当年度に販売を
　　行わないもの、立木販売による緑化用立木竹及び環境緑化樹木生産事業による資材、分収造林、
　　分収育林及び林野・土地と共に売り払ったものを含む（民収分を含む。）。
　　2)は、国持分譲渡に係るもの、立木竹及び幼齢木補償に該当するもの及び事業支障木等の伐
　　採であって当年度に販売を行わないものを含む（民収分を含む。）。

## Ⅳ 素材生産量

### 1 都道府県別主要部門別素材生産量

単位：千m³

| 年次・都道府県 | 計 | 製材用 | 合板等用 | 1）木材チップ用 |
|---|---|---|---|---|
| 平成29年 | 21,408 | 12,632 | 4,122 | 4,654 |
| 30 | 21,640 | 12,563 | 4,492 | 4,585 |
| 令和元 | 21,883 | 12,875 | 4,745 | 4,263 |
| 2 | 19,882 | 11,615 | 4,195 | 4,072 |
| 3 （概数値） | 21,847 | 12,861 | 4,661 | 4,325 |
| 北海道 | 3,163 | 1,630 | 652 | 881 |
| 青森 | 971 | 360 | 397 | 214 |
| 岩手 | 1,431 | 525 | 547 | 359 |
| 宮城 | 627 | 218 | 292 | 117 |
| 秋田 | 1,183 | 486 | 554 | 143 |
| 山形 | 305 | 223 | 75 | 7 |
| 福島 | 890 | 444 | 64 | 382 |
| 茨城 | 401 | 320 | 4 | 77 |
| 栃木 | 658 | 463 | 5 | 190 |
| 群馬 | 252 | 162 | 31 | 59 |
| 埼玉 | 67 | 31 | x | x |
| 千葉 | 50 | 16 | 4 | 30 |
| 東京 | 64 | 17 | 8 | 39 |
| 神奈川 | 10 | 8 | x | x |
| 新潟 | 119 | 81 | 23 | 15 |
| 富山 | 112 | 57 | 21 | 34 |
| 石川 | 108 | 52 | 37 | 19 |
| 福井 | 122 | 57 | 30 | 35 |
| 山梨 | 125 | 27 | x | x |
| 長野 | 460 | 188 | 207 | 65 |
| 岐阜 | 385 | 256 | 80 | 49 |
| 静岡 | 608 | 199 | 99 | 310 |
| 愛知 | 139 | 96 | 28 | 15 |
| 三重 | 277 | 189 | 81 | 7 |
| 滋賀 | 72 | 15 | 14 | 43 |
| 京都 | 159 | 51 | 41 | 67 |
| 大阪 | x | 7 | – | x |
| 兵庫 | 301 | 98 | 143 | 60 |
| 奈良 | 125 | 107 | x | x |
| 和歌山 | 206 | 138 | 24 | 44 |
| 鳥取 | 232 | 83 | 101 | 48 |
| 島根 | 346 | 120 | 124 | 102 |
| 岡山 | 427 | 348 | 23 | 56 |
| 広島 | 347 | 152 | 81 | 114 |
| 山口 | 221 | 123 | 46 | 52 |
| 徳島 | 333 | 175 | x | x |
| 香川 | 13 | 5 | – | 8 |
| 愛媛 | 563 | 528 | 3 | 32 |
| 高知 | 519 | x | x | 94 |
| 福岡 | 167 | 124 | 7 | 36 |
| 佐賀 | 145 | 124 | 1 | 20 |
| 長崎 | 139 | 77 | 12 | 50 |
| 熊本 | 1,013 | 811 | 123 | 79 |
| 大分 | 1,185 | 948 | 210 | 27 |
| 宮崎 | 2,131 | 1,919 | 164 | 48 |
| 鹿児島 | 664 | 417 | 132 | 115 |
| 沖縄 | x | x | – | x |

資料：農林水産省統計部「木材需給報告書」。ただし令和3年は「令和3年　木材統計」。

注：1　素材とは、用材（薪炭材及びしいたけ原木を除く。）に供される丸太及びそま角をいい、輸入木材にあっては、大中角、盤及びその他の半製品を含めた。

　　2　素材生産量は、調査対象工場に入荷した素材の入荷量（輸入材を除く。）をもって生産量とした。

　　1）は、木材チップ工場に入荷した原料のうち、素材の入荷量のみを計上した。

## 2　樹種別、需要部門別素材生産量（令和3年）（概数値）

単位：千㎥

| 樹種 | 計 | 製材用 | 合板等用 | 木材チップ用 |
|---|---|---|---|---|
| 計 | 21,847 | 12,861 | 4,661 | 4,325 |
| 針葉樹小計 | 20,088 | 12,722 | 4,643 | 2,723 |
| あかまつ・くろまつ | 529 | 100 | 195 | 234 |
| すぎ | 12,917 | 8,630 | 2,822 | 1,465 |
| ひのき | 3,079 | 2,275 | 552 | 252 |
| からまつ | 1,987 | 962 | 741 | 284 |
| えぞまつ・とどまつ | 1,196 | 714 | 303 | 179 |
| その他 | 380 | 41 | 30 | 309 |
| 広葉樹 | 1,759 | 139 | 18 | 1,602 |

資料：農林水産省統計部「令和3年　木材統計」

## 3　間伐実績及び間伐材の利用状況

| 年度 | 1)間伐実績 | | | 2)間伐材利用量 | | | | | | |
|---|---|---|---|---|---|---|---|---|---|---|
| | | | | 計 | 民有林 | | | | | 国有林 |
| | 計 | 民有林 | 国有林 | | 小計 | 3)製材 | 4)丸太 | 5)原材料 | | |
| | 千ha | 千ha | 千ha | 万㎥ | 万㎥ | 万㎥ | 万㎥ | 万㎥ | | 万㎥ |
| 平成30年度 | 370 | 269 | 101 | 746 | 494 | 237 | 25 | 232 | | 252 |
| 令和元 | 365 | 268 | 98 | 768 | 521 | 253 | 30 | 237 | | 247 |
| 2 | 357 | 261 | 96 | 729 | 479 | 226 | 29 | 225 | | 250 |

資料：林野庁「森林・林業統計要覧」
注：1)は、森林吸収源対策の実績として把握した数値である。
　　2)は、丸太材積に換算した量（推計値）である。
　　3)は、建築材、梱包材等である。
　　4)は、足場丸太、支柱等である。
　　5)は、木材チップ、おが粉等である。

## Ⅴ　特用林産物

### 1　主要特用林産物生産量

| 区分 | 単位 | 生産量 | 区分 | 単位 | 生産量 | 区分 | 単位 | 生産量 |
|---|---|---|---|---|---|---|---|---|
| 乾しいたけ | | | ひらたけ | | | 1)きくらげ類 | | |
| 平成29年 | t | 2,544 | 平成29年 | t | 3,828 | 平成29年 | t | 1,710 |
| 30 | 〃 | 2,635 | 30 | 〃 | 4,001 | 30 | 〃 | 2,309 |
| 令和元 | 〃 | 2,414 | 令和元 | 〃 | 3,862 | 令和元 | 〃 | 2,315 |
| 2 | 〃 | 2,302 | 2 | 〃 | 3,824 | 2 | 〃 | 3,132 |
| 3 | 〃 | 2,216 | 3 | 〃 | 4,463 | 3 | 〃 | 3,031 |
| 大分 | 〃 | 840 | 新潟 | 〃 | 1,871 | (乾きくらげ類) | | |
| 宮崎 | 〃 | 388 | 福岡 | 〃 | 1,134 | 山口 | 〃 | 26 |
| 熊本 | 〃 | 226 | 長野 | 〃 | 679 | 大分 | 〃 | 22 |
| 愛媛 | 〃 | 127 | 茨城 | 〃 | 301 | 鳥取 | 〃 | 20 |
| 岩手 | 〃 | 98 | 三重 | 〃 | 98 | 宮城 | 〃 | 18 |
| | | | | | | 大阪 | 〃 | x |
| 生しいたけ | | | ぶなしめじ | | | まつたけ | | |
| 平成29年 | t | 68,961 | 平成29年 | t | 117,712 | 平成29年 | t | 18 |
| 30 | 〃 | 69,754 | 30 | 〃 | 117,916 | 30 | 〃 | 56 |
| 令和元 | 〃 | 71,071 | 令和元 | 〃 | 118,597 | 令和元 | 〃 | 14 |
| 2 | 〃 | 70,280 | 2 | 〃 | 122,802 | 2 | 〃 | 32 |
| 3 | 〃 | 71,058 | 3 | 〃 | 119,545 | 3 | 〃 | 39 |
| 徳島 | 〃 | 7,048 | 長野 | 〃 | 51,122 | 長野 | 〃 | 32 |
| 北海道 | 〃 | 5,632 | 新潟 | 〃 | 22,045 | 岩手 | 〃 | 6 |
| 岩手 | 〃 | 4,660 | 福岡 | 〃 | 14,636 | 宮城 | 〃 | 1 |
| 群馬 | 〃 | 4,103 | 香川 | 〃 | x | 岡山 | 〃 | 0 |
| 秋田 | 〃 | 3,900 | 静岡 | 〃 | 3,181 | 石川 | 〃 | 0 |
| なめこ | | | まいたけ | | | たけのこ | | |
| 平成29年 | t | 22,946 | 平成29年 | t | 47,728 | 平成29年 | t | 23,582 |
| 30 | 〃 | 22,809 | 30 | 〃 | 49,670 | 30 | 〃 | 25,364 |
| 令和元 | 〃 | 23,285 | 令和元 | 〃 | 51,108 | 令和元 | 〃 | 22,285 |
| 2 | 〃 | 22,835 | 2 | 〃 | 54,993 | 2 | 〃 | 26,449 |
| 3 | 〃 | 24,063 | 3 | 〃 | 54,521 | 3 | 〃 | 19,917 |
| 長野 | 〃 | 5,687 | 新潟 | 〃 | 36,680 | 福岡 | 〃 | 4,386 |
| 新潟 | 〃 | 5,017 | 静岡 | 〃 | 5,102 | 鹿児島 | 〃 | 3,999 |
| 山形 | 〃 | 4,405 | 福岡 | 〃 | 3,768 | 京都 | 〃 | 3,164 |
| 福島 | 〃 | 1,622 | 長野 | 〃 | 2,729 | 熊本 | 〃 | 2,287 |
| 北海道 | 〃 | 1,320 | 北海道 | 〃 | 2,409 | 香川 | 〃 | 986 |
| えのきたけ | | | エリンギ | | | わさび | | |
| | | | | | | (根茎＋葉柄) | | |
| 平成29年 | t | 135,615 | 平成29年 | t | 39,088 | 平成29年 | t | 2,214 |
| 30 | 〃 | 140,038 | 30 | 〃 | 39,413 | 30 | 〃 | 2,080 |
| 令和元 | 〃 | 128,974 | 令和元 | 〃 | 37,635 | 令和元 | 〃 | 1,973 |
| 2 | 〃 | 127,914 | 2 | 〃 | 38,500 | 2 | 〃 | 2,017 |
| 3 | 〃 | 129,587 | 3 | 〃 | 38,344 | 3 | 〃 | 1,886 |
| 長野 | 〃 | 79,018 | 長野 | 〃 | 16,434 | (根茎) | | |
| 新潟 | 〃 | 19,386 | 新潟 | 〃 | 12,007 | 静岡 | 〃 | 235 |
| 宮崎 | 〃 | x | 広島 | 〃 | x | 長野 | 〃 | 136 |
| 福岡 | 〃 | 4,933 | 福岡 | 〃 | 2,149 | 岩手 | 〃 | 15 |
| 長崎 | 〃 | x | 香川 | 〃 | 1,455 | 東京 | 〃 | 9 |
| | | | | | | 北海道 | 〃 | 8 |

資料：農林水産省「特用林産基礎資料」（以下４(2)まで同じ。）
注：都道府県は、生産量上位５都道府県を表章した。なお、生産量が同じ場合は都道府県番号順で掲載した。
　　1)は、乾きくらげ類を生換算（×10）と生きくらげ類の合計したものである。

| 区分 | 単位 | 生産量 | 区分 | 単位 | 生産量 | 区分 | 単位 | 生産量 |
|---|---|---|---|---|---|---|---|---|
| 木ろう | | | 桐材 | | | 木酢液 | | |
| 平成29年 | t | 15 | 平成29年 | m³ | 465 | 平成29年 | kl | 2,410 |
| 30 | 〃 | 41 | 30 | 〃 | 404 | 30 | 〃 | 2,450 |
| 令和元 | 〃 | 26 | 令和元 | 〃 | 264 | 令和元 | 〃 | 2,087 |
| 2 | 〃 | 21 | 2 | 〃 | 200 | 2 | 〃 | 1,743 |
| 3 | 〃 | 22 | 3 | 〃 | 187 | 3 | 〃 | 1,708 |
| 福岡 | 〃 | 11 | 福島 | 〃 | 123 | 岩手 | 〃 | 764 |
| 愛媛 | 〃 | 10 | 群馬 | 〃 | 64 | 宮崎 | 〃 | x |
| 長崎 | 〃 | 1 | | | | 静岡 | 〃 | x |
| 石川 | 〃 | 0 | | | | 熊本 | 〃 | 197 |
| 和歌山 | 〃 | 0 | | | | 福島 | 〃 | x |
| | | | | | | | | |
| 生うるし | | | 竹炭 | | | 竹酢液 | | |
| 平成29年 | kg | 1,434 | 平成29年 | t | 526 | 平成29年 | kl | 193 |
| 30 | 〃 | 1,845 | 30 | 〃 | 534 | 30 | 〃 | 197 |
| 令和元 | 〃 | 1,997 | 令和元 | 〃 | 447 | 令和元 | 〃 | 193 |
| 2 | 〃 | 2,051 | 2 | 〃 | 451 | 2 | 〃 | 151 |
| 3 | 〃 | 2,036 | 3 | 〃 | 459 | 3 | 〃 | 192 |
| 岩手 | 〃 | 1,672 | 福岡 | 〃 | 234 | 香川 | 〃 | x |
| 茨城 | 〃 | 273 | 鳥取 | 〃 | 97 | 熊本 | 〃 | 24 |
| 福島 | 〃 | 37 | 熊本 | 〃 | 26 | 徳島 | 〃 | x |
| 青森 | 〃 | 12 | 徳島 | 〃 | x | 佐賀 | 〃 | x |
| 長野 | 〃 | 10 | 宮崎 | 〃 | x | 愛媛 | 〃 | x |
| | | | | | | | | |
| つばき油 | | | 木炭 | | | 薪 | | |
| 平成29年 | kl | 61 | 平成29年 | t | 15,942 | 平成29年 | 千層積m³ | 83 |
| 30 | 〃 | 45 | 30 | 〃 | 14,699 | 30 | 〃 | 77 |
| 令和元 | 〃 | 40 | 令和元 | 〃 | 14,393 | 令和元 | 〃 | 74 |
| 2 | 〃 | 42 | 2 | 〃 | 12,945 | 2 | 〃 | 84 |
| 3 | 〃 | 78 | 3 | 〃 | 11,806 | 3 | 〃 | 92 |
| 長崎 | 〃 | 34 | （白炭） | | | 長野 | 〃 | 23 |
| 東京 | 〃 | 22 | 高知 | | 1,318 | 北海道 | 〃 | 12 |
| 山口 | 〃 | 17 | 和歌山 | 〃 | 988 | 鹿児島 | 〃 | 8 |
| 鹿児島 | 〃 | 5 | 宮崎 | 〃 | 262 | 福島 | 〃 | 5 |
| 福井 | 〃 | 1 | 大分 | 〃 | 100 | 高知 | 〃 | 5 |
| | | | 三重 | 〃 | x | | | |
| | | | （黒炭） | | | | | |
| 竹材 | | | 岩手 | 〃 | 1,788 | オガライト | | |
| 平成29年 | 千束 | 1,196 | 北海道 | 〃 | 639 | 平成29年 | t | 88 |
| 30 | 〃 | 1,143 | 熊本 | 〃 | 370 | 30 | 〃 | 79 |
| 令和元 | 〃 | 1,071 | 鹿児島 | 〃 | 329 | 令和元 | 〃 | 66 |
| 2 | 〃 | 1,030 | 大分 | 〃 | 304 | 2 | 〃 | 31 |
| 3 | 〃 | 916 | （粉炭） | | | 3 | 〃 | 19 |
| 鹿児島 | 〃 | 617 | 島根 | | 1,605 | 北海道 | 〃 | x |
| 熊本 | 〃 | 132 | 奈良 | 〃 | x | 高知 | 〃 | x |
| 大分 | 〃 | 33 | 岐阜 | 〃 | x | 兵庫 | 〃 | 0 |
| 岡山 | 〃 | 23 | 長野 | 〃 | 472 | | | |
| 京都 | 〃 | 22 | 宮崎 | 〃 | x | | | |

1 主要特用林産物生産量（続き）

| 区分 | 単位 | 生産量 | 区分 | 単位 | 生産量 | 区分 | 単位 | 生産量 |
|---|---|---|---|---|---|---|---|---|
| オガ炭 | | | れん炭 | | | 豆炭 | | |
| 平成29年 | t | 6,628 | 平成29年 | t | 6,615 | 平成29年 | t | 7,306 |
| 30 | 〃 | 6,479 | 30 | 〃 | 5,936 | 30 | 〃 | 6,846 |
| 令和元 | 〃 | 6,481 | 令和元 | 〃 | 4,728 | 令和元 | 〃 | 6,093 |
| 2 | 〃 | 6,363 | 2 | 〃 | 4,054 | 2 | 〃 | 5,735 |
| 3 | 〃 | 5,156 | 3 | 〃 | 3,972 | 3 | 〃 | 5,123 |
| 鳥取 | 〃 | x | 福島 | 〃 | x | 新潟 | 〃 | x |
| 奈良 | 〃 | x | 新潟 | 〃 | x | 山口 | 〃 | x |
| 山口 | 〃 | x | 山口 | 〃 | x | | | |
| 愛媛 | 〃 | x | | | | | | |
| 宮崎 | 〃 | 506 | | | | | | |

2 栽培きのこ類生産者数
(1) ほだ木所有本数規模別原木しいたけ生産者数

単位：戸

| 年次 | 計 | 600本未満 | 600 ～ 3,000 | 3,000 ～ 10,000 | 10,000 ～ 30,000 | 30,000本以上 |
|---|---|---|---|---|---|---|
| 平成29年 | 18,117 | 8,328 | 4,562 | 3,420 | 1,502 | 305 |
| 30 | 18,077 | 8,853 | 4,248 | 3,217 | 1,468 | 291 |
| 令和元 | 16,622 | 8,531 | 3,948 | 2,678 | 1,198 | 267 |
| 2 | 15,192 | 7,878 | 3,286 | 2,693 | 1,097 | 238 |
| 3 | 12,483 | 4,927 | 3,075 | 2,697 | 1,368 | 416 |

(2) なめこ、えのきたけ、ひらたけ等の生産者数

単位：戸

| 年次 | なめこ | えのきたけ | ひらたけ | ぶなしめじ | まいたけ | まつたけ |
|---|---|---|---|---|---|---|
| 平成29年 | 1,600 | 522 | 727 | 360 | 934 | 2,208 |
| 30 | 1,565 | 455 | 732 | 346 | 956 | 2,953 |
| 令和元 | 1,577 | 446 | 658 | 388 | 825 | 2,426 |
| 2 | 1,706 | 385 | 756 | 381 | 1,116 | 2,519 |
| 3 | 1,720 | 356 | 800 | 362 | 1,176 | 2,768 |

3 しいたけ原木伏込量（材積）

単位：100㎥

| 年次 | 乾しいたけ | | | | 生しいたけ | | | |
|---|---|---|---|---|---|---|---|---|
| | 計 | なら | くぬぎ | その他 | 計 | なら | くぬぎ | その他 |
| 平成29年 | 1,979 | 467 | 1,466 | 46 | 1,134 | 626 | 489 | 19 |
| 30 | 1,724 | 413 | 1,274 | 37 | 1,021 | 593 | 411 | 17 |
| 令和元 | 1,587 | 385 | 1,182 | 20 | 919 | 538 | 345 | 18 |
| 2 | 1,531 | 482 | 1,038 | 12 | 891 | 520 | 353 | 19 |
| 3 | 1,549 | 361 | 1,177 | 12 | 912 | 488 | 400 | 25 |

## 4 特用林産物の主要国別輸出入量
### (1) 輸出

| 区分 | 単位 | 令和2年 | | 3 | |
|---|---|---|---|---|---|
| | | 数量 | 金額 | 数量 | 金額 |
| | | | 千円 | | 千円 |
| 乾しいたけ (0712.39-100) | t | 33 | 220,201 | 41 | 255,212 |
| アメリカ | 〃 | 14 | 83,223 | 18 | 100,495 |
| 香港 | 〃 | 12 | 72,361 | 14 | 96,237 |
| 台湾 | 〃 | 2 | 23,968 | 5 | 32,879 |
| オランダ | 〃 | 0 | 607 | 1 | 6,630 |
| その他 | 〃 | 5 | 40,042 | 3 | 18,971 |
| その他きのこ (生鮮・冷蔵) (0709.59-000) | 〃 | 1,049 | 538,935 | 1,173 | 631,771 |
| 香港 | 〃 | 586 | 308,613 | 590 | 312,613 |
| アメリカ | 〃 | 67 | 46,255 | 214 | 129,593 |
| 台湾 | 〃 | 241 | 104,413 | 204 | 107,998 |
| シンガポール | 〃 | 90 | 46,230 | 109 | 55,744 |
| マレーシア | 〃 | 41 | 20,849 | 33 | 17,391 |
| その他 | 〃 | 24 | 12,575 | 22 | 8,432 |
| きのこ (調整したもの) (2003.90-000) | kg | 93,036 | 71,378 | 143,224 | 118,107 |
| アメリカ | 〃 | 35,988 | 27,190 | 72,748 | 57,253 |
| 台湾 | 〃 | 35,349 | 29,557 | 53,567 | 42,643 |
| カナダ | 〃 | 3,370 | 2,668 | 6,878 | 6,307 |
| 香港 | 〃 | 1,796 | 2,550 | 5,505 | 7,713 |
| その他 | 〃 | 16,533 | 9,413 | 4,526 | 4,191 |
| 漆ろう及びはぜろう (1515.90-100) | 〃 | 4,490 | 16,776 | 4,852 | 16,802 |
| ドイツ | 〃 | 3,870 | 13,439 | 3,000 | 10,414 |
| 韓国 | 〃 | − | − | 632 | 2,138 |
| イタリア | 〃 | 220 | 924 | 600 | 2,520 |
| フランス | 〃 | − | − | 440 | 1,188 |
| その他 | 〃 | 400 | 2,413 | 180 | 542 |
| 竹材 (1401.10-000) | t | 13 | 7,735 | 8 | 5,081 |
| インドネシア | 〃 | 7 | 4,980 | 8 | 4,748 |
| 中国 | 〃 | 4 | 2,043 | − | − |
| フランス | 〃 | − | − | 0 | 333 |
| その他 | 〃 | 2 | 712 | − | − |
| その他木炭 (4402.90-000) | 〃 | 439 | 283,901 | 270 | 189,988 |
| 台湾 | 〃 | 150 | 24,721 | 125 | 20,346 |
| アラブ首長国連邦 | 〃 | 156 | 122,725 | 55 | 48,851 |
| 中国 | 〃 | 75 | 29,160 | 20 | 22,475 |
| 香港 | 〃 | 0 | 4,783 | 12 | 9,448 |
| カタール | 〃 | 16 | 23,114 | 8 | 11,822 |
| アメリカ | 〃 | 1 | 6,062 | 6 | 14,179 |
| シンガポール | 〃 | 4 | 6,893 | 6 | 13,123 |
| その他 | 〃 | 37 | 66,443 | 38 | 49,780 |

注：財務省「貿易統計」を集計したものであり、（　）のコードは統計品目番号である（以下(2)まで同じ。）。

4 特用林産物の主要国別輸出入量（続き）
(2) 輸入

| 区分 | 単位 | 令和2年 | | 3 | |
|---|---|---|---|---|---|
| | | 数量 | 金額 | 数量 | 金額 |
| | | | 千円 | | 千円 |
| 乾しいたけ (0712.39-010) | t | 4,354 | 4,903,169 | 4,575 | 5,235,001 |
| 中国 | 〃 | 4,278 | 4,798,465 | 4,506 | 5,134,411 |
| 香港 | 〃 | 55 | 75,314 | 50 | 70,693 |
| ベトナム | 〃 | 21 | 29,390 | 18 | 28,003 |
| 韓国 | 〃 | − | − | 2 | 1,894 |
| しいたけ（生及び冷蔵） (0709.59-020) | 〃 | 1,785 | 502,041 | 1,988 | 552,023 |
| 中国 | 〃 | 1,785 | 502,041 | 1,988 | 552,023 |
| その他のきのこ（生及び冷蔵） (0709.59-090) | 〃 | 167 | 186,002 | 184 | 170,717 |
| 韓国 | 〃 | 125 | 36,653 | 152 | 43,712 |
| フランス | 〃 | 17 | 57,098 | 12 | 38,241 |
| ルーマニア | 〃 | 5 | 24,902 | 7 | 35,396 |
| ロシア | 〃 | − | − | 4 | 12,268 |
| その他 | 〃 | 21 | 67,349 | 9 | 41,100 |
| 乾きくらげ (0712.32-000、0712.33-000) | 〃 | 2,319 | 2,252,115 | 2,206 | 2,247,767 |
| 中国 | 〃 | 2,249 | 2,164,549 | 2,128 | 2,150,068 |
| 香港 | 〃 | 63 | 82,045 | 66 | 84,166 |
| ベトナム | 〃 | 6 | 5,521 | 12 | 13,533 |
| まつたけ (0709.59-011) | 〃 | 630 | 4,078,257 | 524 | 4,096,236 |
| 中国 | 〃 | 454 | 3,145,716 | 364 | 3,098,604 |
| アメリカ | 〃 | 68 | 403,314 | 80 | 466,038 |
| カナダ | 〃 | 75 | 381,217 | 59 | 369,138 |
| トルコ | 〃 | 22 | 52,868 | 13 | 40,401 |
| メキシコ | 〃 | 6 | 35,020 | 4 | 22,494 |
| ブータン | 〃 | 3 | 22,479 | 3 | 27,829 |
| 韓国 | 〃 | 1 | 37,643 | 1 | 71,732 |
| 1) きのこ調整品 | 〃 | 12,782 | 5,258,829 | 12,294 | 5,361,045 |
| 木炭 (4402.90-092、4402.90-099、440290-010 の合計) | 〃 | 79,739 | 7,295,619 | 84,224 | 8,324,786 |
| フィリピン | 〃 | 19,010 | 1,353,149 | 25,039 | 2,468,893 |
| マレーシア | 〃 | 17,483 | 1,444,322 | 18,344 | 1,554,869 |
| インドネシア | 〃 | 17,518 | 1,370,430 | 16,563 | 1,349,665 |
| ラオス | 〃 | 9,247 | 1,572,572 | 7,623 | 1,310,339 |
| ベトナム | 〃 | 7,567 | 653,836 | 7,416 | 679,598 |
| 中国 | 〃 | 3,909 | 46,763 | 4,856 | 527,944 |
| その他 | 〃 | 5,005 | 431,547 | 4,383 | 433,478 |
| きのこ菌糸（しいたけ以外） (0602.90-019) | 〃 | 6,287 | 393,775 | 4,090 | 328,765 |
| オランダ | 〃 | 3,821 | 193,393 | 3,207 | 189,924 |
| 中国 | 〃 | 704 | 34,961 | 486 | 35,168 |
| フランス | 〃 | 113 | 37,263 | 160 | 56,355 |
| アメリカ | 〃 | 171 | 51,184 | 133 | 40,815 |
| ベルギー | 〃 | 1,445 | 72,277 | 67 | 3,774 |
| その他 | 〃 | 33 | 4,697 | 37 | 2,729 |

注： 1)の統計品目番号は、2003.10-100、2003.10-219、2003.10-220、2003.90-100、
2003.90-210、2003.90-220である。

## Ⅵ 被害と保険

### 1 林野の気象災害

| 年次 | 1) 気象災害面積（民有林のみ） | | | | | | | |
|---|---|---|---|---|---|---|---|---|
| | 計 | 風害 | 水害 | 雪害 | 干害 | 凍害 | 潮害 | ひょう害 |
| | ha | ha | ha | ha | ha | ha | ha | ha |
| 平成28年 | 14,575 | 12,879 | 482 | 383 | 155 | 676 | － | － |
| 29 | 3,766 | 907 | 686 | 1,412 | 617 | 144 | － | － |
| 30 | 3,985 | 3,233 | 198 | 111 | 228 | 216 | － | － |
| 令和元 | 1,952 | 1,022 | 81 | 27 | 449 | 90 | 282 | － |
| 2 | 674 | 192 | 83 | 4 | 187 | 208 | 0 | － |

資料：林野庁「森林・林業統計要覧」
注：1)は、被害区域面積である。

### 2 林野の火災被害

| 年次 | 出火件数 | 焼損面積 | 損害額 |
|---|---|---|---|
| | 件 | ha | 100万円 |
| 平成28年 | 1,027 | 384 | 157 |
| 29 | 1,284 | 938 | 900 |
| 30 | 1,363 | 606 | 202 |
| 令和元 | 1,391 | 837 | 269 |
| 2 | 1,239 | 449 | 201 |

資料：総務省消防庁「消防白書」

### 3 主な森林病害虫等による被害

| 年度 | から まつ 先枯病 | 松くい虫 （マツ材 線虫病） | カシノ ナガキ クイムシ | くり たま ばち | すぎ たま ばえ | まつば のたま ばえ | すぎ はだに | のねずみ | まいまい が | 松毛虫 |
|---|---|---|---|---|---|---|---|---|---|---|
| | 千ha | 千m³ | 千m³ | 千ha | 千ha | 千ha | 千ha | 千ha | 千ha | 千ha |
| 平成28年度 | － | 440 | 84 | － | － | － | － | 1 | － | 0 |
| 29 | － | 399 | 93 | － | － | － | － | 1 | － | 0 |
| 30 | － | 352 | 45 | － | － | － | － | 1 | － | 0 |
| 令和元 | － | 302 | 60 | － | － | － | － | 1 | － | 0 |
| 2 | － | 298 | 192 | － | － | － | － | 1 | － | － |

資料：林野庁「森林・林業統計要覧」
注：林野庁所管国有林及び民有林の合計である。

### 4 森林保険

| 年度 | 年度末保有高 | | | 損害てん補実績 | | 支払保険金額 |
|---|---|---|---|---|---|---|
| | 件数 | 面積 | 責任保険金額 | 件数 | 面積 | |
| | 件 | ha | 100万円 | 件 | ha | 100万円 |
| 平成28年度 | 102,161 | 703,759 | 769,831 | 2,077 | 876 | 737 |
| 29 | 97,525 | 673,235 | 741,946 | 1,779 | 729 | 591 |
| 30 | 93,253 | 651,816 | 718,837 | 1,865 | 883 | 701 |
| 令和元 | 89,011 | 614,560 | 683,338 | 1,467 | 495 | 394 |
| 2 | 85,394 | 591,463 | 660,542 | 1,207 | 440 | 304 |

資料：森林研究・整備機構「森林保険に関する統計資料」

## Ⅶ 需給

### 1 木材需給表

#### (1) 需要

単位：千㎥

| 年次 | 総需要量 | | | | | | | | |
|---|---|---|---|---|---|---|---|---|---|
| | 計 | 用材 | | | | | しいたけ原木 | 燃料材 | |
| | | 小計 | 製材用材 | パルプ・チップ用材 | | 合板用材 | その他用材 | | |
| 平成29年 | 81,854 | 73,742 | 26,370 | 32,302 | ( 7,107) | 10,667 | 4,403 | 311 | 7,800 ( 12,484) |
| 30 | 82,478 | 73,184 | 25,708 | 32,009 | ( 6,792) | 11,003 | 4,465 | 274 | 9,020 ( 12,918) |
| 令和元 | 81,905 | 71,269 | 25,270 | 31,061 | ( 6,258) | 10,474 | 4,464 | 251 | 10,386 ( 12,827) |
| 2 | 74,439 | 61,392 | 24,597 | 26,064 | ( 5,634) | 8,919 | 1,812 | 242 | 12,805 ( 13,029) |
| 3 | 82,132 | 67,142 | 26,179 | 28,743 | ( 7,210) | 10,294 | 1,926 | 246 | 14,744 ( 12,855) |

| 年次 | 国内消費 | | | | 輸出 | | |
|---|---|---|---|---|---|---|---|
| | 小計 | 用材 | しいたけ原木 | 燃料材 | 小計 | 用材 | 燃料材 |
| 平成29年 | 79,235 | 71,128 | 311 | 7,795 | 2,619 | 2,614 | 5 |
| 30 | 79,643 | 70,353 | 274 | 9,016 | 2,836 | 2,831 | 4 |
| 令和元 | 79,190 | 68,558 | 251 | 10,382 | 2,715 | 2,711 | 4 |
| 2 | 71,430 | 58,387 | 242 | 12,800 | 3,009 | 3,005 | 5 |
| 3 | 78,881 | 63,895 | 246 | 14,740 | 3,251 | 3,247 | 4 |

資料：林野庁「木材需給表」（以下(2)まで同じ。）

注：1　この需給表は、木材が製材工場・パルプ工場、その他各需要部門に入荷する1年間の数量を基に、需要量＝供給量として作成した。製材品・木材パルプ・合板等の丸太以外で輸入・輸出されたものは、全て丸太材積に換算した。

2　パルプ・チップ用及び燃料材の（）書は外数であり、工場残材及び解体材・廃材から生産された木材チップ等である。

3　令和2年から、貿易統計により把握する集成材、構造用集成材、セルラーウッドパネル及び加工材の数量は「製材用材」に、再生木材の数量は「パルプ・チップ用材」に計上。（いずれも令和元年までは「その他用材」に計上。）

#### (2) 供給

| 年次 | 総供給量 | | | | | | |
|---|---|---|---|---|---|---|---|
| | 計 | 用材 | | | しいたけ原木 | 燃料材 | |
| | | 小計 | 丸太 | その他 | | | |
| | 千㎥ | 千㎥ | 千㎥ | 千㎥ | 千㎥ | 千㎥ | |
| 平成29年 | 81,854 | 73,742 | 27,713 | 46,029 | 311 | 7,800 | |
| 30 | 82,478 | 73,184 | 27,990 | 45,194 | 274 | 9,020 | |
| 令和元 | 81,905 | 71,269 | 27,804 | 43,465 | 251 | 10,386 | |
| 2 | 74,439 | 61,392 | 25,180 | 36,212 | 242 | 12,805 | |
| 3 | 82,132 | 67,142 | 27,845 | 39,297 | 246 | 14,744 | |

| 年次 | 国内生産 | | | | 輸入 | | | 自給率 |
|---|---|---|---|---|---|---|---|---|
| | 小計 | 用材 | しいたけ原木 | 燃料材 | 小計 | 用材 | 燃料材 | |
| | 千㎥ | 千㎥ | 千㎥ | 千㎥ | 千㎥ | 千㎥ | 千㎥ | ％ |
| 平成29年 | 29,660 | 23,312 | 311 | 6,037 | 52,194 | 50,430 | 1,764 | 36.2 |
| 30 | 30,201 | 23,680 | 274 | 6,248 | 52,277 | 49,505 | 2,772 | 36.6 |
| 令和元 | 30,988 | 23,805 | 251 | 6,932 | 50,917 | 47,464 | 3,454 | 37.8 |
| 2 | 31,149 | 21,980 | 242 | 8,927 | 43,290 | 39,412 | 3,878 | 41.8 |
| 3 | 33,723 | 24,127 | 246 | 9,350 | 48,409 | 43,015 | 5,394 | 41.1 |

## 2 材種別、需要部門別素材需要量

単位：千㎥

| 年次・材種 | 計 | 製材用 | 合板等用 | 1) 木材チップ用 |
|---|---|---|---|---|
| 平成29年 | 26,466 | 16,802 | 5,004 | 4,660 |
| 30 | 26,545 | 16,672 | 5,287 | 4,586 |
| 令和元 | 26,348 | 16,637 | 5,448 | 4,263 |
| 2 | 23,550 | 14,851 | 4,626 | 4,073 |
| 3 （概数値） | 26,085 | 16,650 | 5,093 | 4,342 |
| 国産材 | 21,847 | 12,861 | 4,661 | 4,325 |
| 輸入材計 | 4,238 | 3,789 | 432 | 17 |
| 南洋材 | 49 | 37 | 12 | － |
| 米材 | 3,446 | 3,057 | 384 | 5 |
| 北洋材 | 213 | 190 | 23 | 0 |
| ニュージーランド材 | 359 | 346 | 13 | 0 |
| その他 | 171 | 159 | 0 | 12 |

資料： 農林水産省統計部「木材需給報告書」。ただし、令和3年は「令和3年木材統計」
（以下4まで同じ。）。
注：1)は、木材チップ工場に入荷した原料のうち、素材の入荷量のみを計上した。

## 3 材種別素材供給量

単位：千㎥

| 年次 | 計 | 国産材 | | |
|---|---|---|---|---|
| | | 小計 | 針葉樹 | 広葉樹 |
| 平成29年 | 26,466 | 21,408 | 19,258 | 2,153 |
| 30 | 26,545 | 21,640 | 19,462 | 2,178 |
| 令和元 | 26,348 | 21,883 | 19,876 | 2,007 |
| 2 | 23,550 | 19,882 | 18,037 | 1,845 |
| 3 （概数値） | 26,085 | 21,847 | 20,088 | 1,759 |

| 年次 | 1)輸入材 | | | | | |
|---|---|---|---|---|---|---|
| | 小計 | 南洋材 | 米材 | 北洋材 | ニュージーランド材 | その他 |
| 平成29年 | 5,059 | 217 | 3,882 | 348 | 466 | 149 |
| 30 | 4,905 | 175 | 3,746 | 359 | 440 | 185 |
| 令和元 | 4,465 | 164 | 3,423 | 321 | 393 | 164 |
| 2 | 3,668 | 103 | 2,841 | 270 | 322 | 132 |
| 3 （概数値） | 4,238 | 49 | 3,446 | 213 | 359 | 171 |

注：1)は、輸入材半製品を含む。

## 4 需要部門別素材の輸入材依存割合

単位：%

| 年次 | 素材需要量計 | 製材用 | 合板等用 | 木材チップ用 |
|---|---|---|---|---|
| 平成29年 | 19.1 | 24.8 | 17.6 | 0.1 |
| 30 | 18.5 | 24.6 | 15.0 | 0.0 |
| 令和元 | 16.9 | 22.6 | 12.9 | 0.0 |
| 2 | 15.6 | 21.8 | 9.3 | 0.0 |
| 3 （概数値） | 16.2 | 22.8 | 8.5 | 0.4 |

注：輸入材依存割合は、木材統計調査による材種別素材供給量に占める輸入材の割合である。

## 5 木材の輸出入量及び金額

| 品目 | 単位 | 令和2年 | | 3 | |
|---|---|---|---|---|---|
| | | 数量 | 金額 | 数量 | 金額 |
| | | | 千円 | | 千円 |
| 輸出 | | | | | |
| 　素材（丸太） | 千m³ | 1,384 | 16,339,283 | 1,459 | 21,058,547 |
| 　製材 | 〃 | 173 | 6,756,974 | 208 | 9,753,564 |
| 　パーティクルボード | t | 9,291 | 449,703 | 14,051 | 682,892 |
| 　合板 | 千m² | 7,387 | 5,558,180 | 9,905 | 7,524,277 |
| 　繊維板 | t | 3,031 | 356,803 | 2,545 | 311,152 |
| 輸入 | | | | | |
| 　素材（丸太） | 千m³ | 2,301 | 60,623,834 | 2,639 | 85,169,977 |
| 　製材 | 〃 | 4,933 | 184,474,910 | 4,830 | 283,080,258 |
| 　合板用単板 | t | 136,655 | 7,840,391 | 182,965 | 10,204,730 |
| 　パーティクルボード | 〃 | 311,230 | 17,642,722 | 317,394 | 20,905,618 |
| 　繊維板 | 〃 | 349,413 | 23,929,087 | 346,022 | 25,649,207 |
| 　合板 | 千m² | 209,836 | 92,366,354 | 238,723 | 121,769,522 |

資料：財務省関税局「貿易統計」をもとに農林水産省統計部にて作成。

## 6 丸太・製材の輸入

| 材種・国名 | 4) 丸太 | | | | | |
| --- | --- | --- | --- | --- | --- | --- |
| | 令和元年 | | 2 | | 3 | |
| | 数量 | 金額 | 数量 | 金額 | 数量 | 金額 |
| | 千m³ | 億円 | 千m³ | 億円 | 千m³ | 億円 |
| 合計 | 3,019 | 807 | 2,301 | 606 | 2,639 | 852 |
| 1) 米材 | 2,372 | 664 | 1,852 | 517 | 2,257 | 768 |
| 米国 | 1,517 | 438 | 1,579 | 445 | 1,511 | 547 |
| カナダ | 855 | 226 | 272 | 72 | 746 | 220 |
| 2) 南洋材 | 135 | 46 | 82 | 25 | 21 | 7 |
| インドネシア | 0 | 2 | 0 | 1 | 0 | 0 |
| マレーシア | 33 | 11 | 28 | 9 | 8 | 4 |
| パプアニューギニア | 102 | 32 | 53 | 15 | 13 | 3 |
| 北洋材 | 129 | 30 | 62 | 15 | 35 | 9 |
| ニュージーランド材 | 355 | 53 | 284 | 38 | 306 | 56 |
| チリ材 | – | – | – | – | – | – |
| 3) 欧州材 | 20 | 7 | 14 | 6 | 13 | 6 |
| スウェーデン | – | – | – | – | – | – |
| フィンランド | – | – | – | – | – | – |
| EU計 | 20 | 7 | 14 | 6 | 13 | 6 |
| アフリカ材 | 4 | 3 | 2 | 2 | 2 | 2 |
| 中国 | 1 | 1 | 1 | 1 | 1 | 1 |
| その他 | 2 | 3 | 3 | 3 | 3 | 3 |

| 材種・国名 | 5) 製材 | | | | | |
| --- | --- | --- | --- | --- | --- | --- |
| | 令和元年 | | 2 | | 3 | |
| | 数量 | 金額 | 数量 | 金額 | 数量 | 金額 |
| | 千m³ | 億円 | 千m³ | 億円 | 千m³ | 億円 |
| 合計 | 5,700 | 2,294 | 4,933 | 1,845 | 4,830 | 2,831 |
| 1) 米材 | 1,727 | 789 | 1,372 | 595 | 1,361 | 1,107 |
| 米国 | 244 | 179 | 192 | 132 | 135 | 134 |
| カナダ | 1,483 | 610 | 1,180 | 463 | 1,226 | 973 |
| 2) 南洋材 | 79 | 67 | 60 | 50 | 56 | 49 |
| インドネシア | 24 | 19 | 20 | 16 | 20 | 17 |
| マレーシア | 53 | 47 | 37 | 32 | 34 | 30 |
| パプアニューギニア | 0 | 0 | 0 | 0 | 0 | 0 |
| 北洋材 | 916 | 364 | 812 | 309 | 846 | 435 |
| ニュージーランド材 | 67 | 24 | 51 | 18 | 57 | 23 |
| チリ材 | 294 | 95 | 210 | 60 | 226 | 76 |
| 3) 欧州材 | 2,565 | 886 | 2,384 | 758 | 2,210 | 1,062 |
| スウェーデン | 718 | 230 | 787 | 229 | 756 | 367 |
| フィンランド | 897 | 283 | 786 | 232 | 729 | 319 |
| EU計 | 2,532 | 873 | 2,339 | 742 | 2,148 | 1,031 |
| アフリカ材 | 4 | 5 | 2 | 3 | 2 | 3 |
| 中国 | 33 | 42 | 32 | 36 | 64 | 64 |
| その他 | 15 | 21 | 11 | 16 | 9 | 12 |

資料：財務省「貿易統計」をもとに林野庁にて作成。

注： 1)は、米国、カナダより輸入された材である。
　　 2)は、インドネシア、マレーシア、パプアニューギニア、ソロモン諸島、フィリピン、
　　 シンガポール、ブルネイの7カ国より輸入された材である。
　　 3)は、ロシアを除く全ての欧州各国より輸入された材である。
　　 4)は、輸入統計品目表第 4403 項の合計である。
　　 5)は、輸入統計品目表第 4407 項の合計である。

## Ⅷ 価格

### 1 木材価格

#### (1) 素材価格（1 ㎥当たり）

単位：円

| 年次 | 製材用素材 | | | |
| --- | --- | --- | --- | --- |
| | まつ中丸太〔径 24〜28cm 長3.65〜4.0m 込み〕 | すぎ中丸太〔径 14〜22cm 長3.65〜4.0m 込み〕 | ひのき中丸太〔径 14〜22cm 長3.65〜4.0m 込み〕 | 米つが丸太〔径 30cm上 長 6.0m上 No.3〕 |
| 令和元年 | 12,900 | 13,500 | 18,100 | 26,900 |
| 2 | 12,400 | 12,700 | 17,200 | … |
| 3 | 13,800 | 16,100 | 25,900 | … |

資料：農林水産省統計部「木材需給報告書」（以下（3）まで同じ。）
注：1 この統計は、当該都道府県の年間の素材の消費量により加重平均して算出した
　　　（以下（2）まで同じ。）。
　　2 製材用素材価格は製材工場、合単板用素材価格は合単板工場、木材チップ用素材価格は木材
　　　チップ工場における工場着購入価格である（以下（3）まで同じ。）。
　　3 ここに掲載した全国の年価格は、月別の全国価格を単純平均により算出し下2桁で四捨五入
　　　した。ただし、針葉樹合板の価格については、下1桁で四捨五入した（以下（3）まで同じ。）。

#### (2) 木材製品価格（1 ㎥当たり）

単位：円

| 年次 | すぎ正角〔厚 10.5cm 幅 10.5cm 長 3.0m 2級〕 | すぎ正角（乾燥材）〔厚 10.5cm 幅 10.5cm 長 3.0m 2級〕 | ひのき正角〔厚 10.5cm 幅 10.5cm 長 3.0m 2級〕 | ひのき正角（乾燥材）〔厚 10.5cm 幅 10.5cm 長 3.0m 2級〕 |
| --- | --- | --- | --- | --- |
| 令和元年 | 61,900 | 66,700 | 76,900 | 85,900 |
| 2 | 62,400 | 66,700 | 77,600 | 85,500 |
| 3 | 66,800 | 105,700 | 88,700 | 132,500 |

| 年次 | 米つが正角（防腐処理材）〔厚 10.5cm 幅 10.5cm 長 4.0m 2級〕 | 米つが正角（防腐処理材・乾燥材）〔厚 10.5cm 幅 10.5cm 長 4.0m 2級〕 | 1）針葉樹合板〔厚 1.2cm 幅 91.0cm 長 1.82m 1類〕 |
| --- | --- | --- | --- |
| 令和元年 | … | … | 1,290 |
| 2 | 79,600 | 97,900 | 1,250 |
| 3 | 109,600 | 116,200 | 1,360 |

注：「すぎ正角」及び「ひのき正角」の令和3年値は令和3年8月の調査対象の変更に伴う数値の変更
　　が含まれるため、令和2年以前の数値とは接続しない。
　1）は、1枚当たりの価格である。

#### (3) 木材チップ価格（1 t 当たり）

単位：円

| 年次 | 針葉樹〔パルプ向け〕 | 広葉樹〔パルプ向け〕 |
| --- | --- | --- |
| 令和元年 | 14,500 | 19,100 |
| 2 | 14,800 | 19,400 |
| 3 | 14,700 | 19,300 |

注：当該都道府県の年間の木材チップの生産量により加重平均して算出した。

## 2　地区別平均山林素地価格（普通品等10 a 当たり）

単位：円

| 地区 | 用材林地 | | | | |
|---|---|---|---|---|---|
| | 平成29年 | 30 | 令和元 | 2 | 3 |
| 全国平均 | 42,800 | 42,262 | 41,930 | 41,372 | 41,080 |
| 東北 | 44,309 | 43,622 | 43,175 | 42,550 | 42,237 |
| 関東 | 81,236 | 79,507 | 78,341 | 77,012 | 76,510 |
| 北陸 | 47,158 | 46,522 | 46,141 | 45,431 | 45,088 |
| 東山 | 48,673 | 47,989 | 47,627 | 47,400 | 46,923 |
| 東海 | 37,422 | 36,868 | 36,609 | 36,337 | 36,156 |
| 近畿 | 33,622 | 33,361 | 33,301 | 32,919 | 32,840 |
| 中国 | 35,170 | 34,801 | 34,558 | 34,084 | 33,821 |
| 四国 | 24,160 | 23,991 | 23,894 | 23,706 | 23,567 |
| 九州 | 44,663 | 44,236 | 43,931 | 43,086 | 42,739 |
| 北海道 | 10,486 | 10,447 | 10,391 | 10,343 | 10,332 |

| 地区 | 薪炭林地 | | | | |
|---|---|---|---|---|---|
| | 平成29年 | 30 | 令和元 | 2 | 3 |
| 全国平均 | 29,503 | 29,235 | 29,074 | 28,719 | 28,513 |
| 東北 | 33,426 | 33,288 | 33,096 | 32,850 | 32,623 |
| 関東 | 50,588 | 49,640 | 49,545 | 48,834 | 48,590 |
| 北陸 | 29,960 | 29,819 | 29,683 | 29,646 | 29,445 |
| 東山 | 36,897 | 36,457 | 36,333 | 36,024 | 35,993 |
| 東海 | 25,048 | 24,610 | 24,433 | 24,326 | 24,112 |
| 近畿 | 20,492 | 20,429 | 20,336 | 20,133 | 19,971 |
| 中国 | 26,253 | 26,058 | 25,948 | 25,398 | 25,148 |
| 四国 | 17,056 | 16,929 | 16,857 | 16,630 | 16,561 |
| 九州 | 28,805 | 28,425 | 28,136 | 27,500 | 27,221 |
| 北海道 | 8,685 | 8,681 | 8,681 | 8,685 | 8,678 |

資料：　日本不動産研究所「山林素地及び山元立木価格調（2021年3月末現在）」
　　　（以下 3 まで同じ。）

注：1　山林素地価格とは、林地として利用する場合の売買価格で、売り手・買い手に相応と認められて取引される実測（なわのびがない）10 a 当たりの素地価格であり、素地価格は、用材林地（杉・桧・松等主として針葉樹が植生している林地）と薪炭林地（くぬぎ・なら・かし等主として広葉樹が植生している林地）の価格である。

　　2　全国及び各地区の集計対象は次のとおりである。

　　　　全国：北海道・千葉県・東京都・神奈川県・滋賀県（令和元年のみ）・大阪府・奈良県・香川県・沖縄県を除く。
　　　　東北：青森県・岩手県・宮城県・秋田県・山形県・福島県
　　　　関東：茨城県・栃木県・群馬県・埼玉県
　　　　北陸：新潟県・富山県・石川県・福井県
　　　　東山：山梨県・長野県・岐阜県
　　　　東海：静岡県・愛知県・三重県
　　　　近畿：滋賀県（令和元年は除く）・京都府・兵庫県・和歌山県
　　　　中国：鳥取県・島根県・岡山県・広島県・山口県
　　　　四国：徳島県・愛媛県・高知県
　　　　九州：福岡県・佐賀県・長崎県・熊本県・大分県・宮崎県・鹿児島県

　　　なお、千葉県・東京都・神奈川県・滋賀県・大阪府・奈良県及び香川県のほとんどの市町村の山林素地価格が宅地及び観光開発等への転用が見込まれ高額のため、地区別平均及び全国平均の集計対象から除いている。また、前記 6 都府県以外で宅地及び観光開発等への転用が見込まれ高額な山林素地価格の市町村も除いている。また、北海道は都道府県と林相が異なること、沖縄県は調査市町村数が少ないこと等のため、全国平均の集計対象から除いている。

3 平均山元立木価格（普通品等利用材積1㎥当たり）

単位：円

| 樹種 | 平成29年 | 30 | 令和元 | 2 | 3 |
|---|---|---|---|---|---|
| すぎ | 2,881 | 2,995 | 3,061 | 2,900 | 3,200 |
| ひのき | 6,200 | 6,589 | 6,747 | 6,358 | 7,137 |
| 1）まつ | 1,705 | 1,733 | 1,799 | 1,814 | 1,989 |

注： 1　山元立木価格とは、山に立っている樹木の、1㎥当たりの利用材積売渡価格であり、
　　　最寄木材市場渡し素材価格から生産諸経費等を差し引いた価格をいう。
　　2　林相が異なる北海道と集計客体数が少なかった都府県を、次の種別ごとに除いた全国
　　　平均価格である。
　　　すぎは、北海道・千葉県・東京都・大阪府・香川県・沖縄県を除く。
　　　ひのきは、北海道・青森県・岩手県・秋田県・山形県・千葉県・東京都・神奈川県・
　　　新潟県・富山県・大阪府・香川県・沖縄県を除く。
　　　まつは、茨城県・栃木県・埼玉県・千葉県・東京都・富山県・福井県・静岡県・三重県・大阪
　　　府・兵庫県・奈良県・和歌山県・鳥取県・香川県・高知県・福岡県・佐賀県・長崎県・
　　　鹿児島県・沖縄県を除く。
　　1）は、平成29年まで奈良県、平成30年まで栃木県を含む。

## IX　流通と木材関連産業

### 1　製材工場・出荷量等総括表

| 年次 | 工場数<br>(12月31日現在) | 製材用<br>動力の<br>総出力数 | 製材用素材入荷量 | | 1)製材用<br>素材消費量 | 製材品<br>出荷量 |
|---|---|---|---|---|---|---|
| | | | 国産材 | 1)輸入材 | | |
| | 工場 | 千kW | 千㎥ | 千㎥ | 千㎥ | 千㎥ |
| 平成29年 | 4,814 | 632 | 12,632 | 4,171 | 16,861 | 9,457 |
| 30 | 4,582 | 625 | 12,563 | 4,109 | 16,645 | 9,202 |
| 令和元 | 4,382 | 619 | 12,875 | 3,762 | 16,440 | 9,032 |
| 2 | 4,115 | 600 | 11,615 | 3,236 | 14,979 | 8,203 |
| 3　(概数値) | 3,948 | 738 | 12,861 | 3,789 | 16,535 | 9,091 |

資料：　農林水産省統計部「木材需給報告書」。ただし、令和3年は「令和3年　木材統計」
　　　　(以下2(2)まで同じ。)。

注：7.5kW未満の工場分を含まない。

　　1)は、輸入材半製品を含む。

### 2　製材用素材入荷量
#### (1)　国産材・輸入材別素材入荷量

単位：千㎥

| 年次 | 計 | 国産材 | 1)輸入材 | | | | | |
|---|---|---|---|---|---|---|---|---|
| | | | 小計 | 南洋材 | 米材 | 北洋材 | ニュー<br>ジーラ<br>ンド材 | その他 |
| 平成29年 | 16,802 | 12,632 | 4,171 | 83 | 3,283 | 242 | 421 | 145 |
| 30 | 16,672 | 12,563 | 4,109 | 43 | 3,224 | 243 | 415 | 184 |
| 令和元 | 16,637 | 12,875 | 3,762 | x | 2,961 | 230 | 364 | x |
| 2 | 14,851 | 11,615 | 3,236 | 34 | 2,557 | 210 | 303 | 132 |
| 3　(概数値) | 16,650 | 12,861 | 3,789 | 37 | 3,057 | 190 | 346 | 159 |

注：1)は、輸入材半製品を含む。

#### (2)　製材用素材の国産材・輸入材入荷別工場数及び入荷量

| 年次 | 計 | | 国産材のみ | | 国産材と輸入材 | | 輸入材のみ | |
|---|---|---|---|---|---|---|---|---|
| | 工場数 | 1)入荷量 | 工場数 | 入荷量 | 工場数 | 1)入荷量 | 工場数 | 1)入荷量 |
| | 工場 | 千㎥ | 工場 | 千㎥ | 工場 | 千㎥ | 工場 | 千㎥ |
| 平成29年 | 4,782 | 16,802 | 3,642 | 11,449 | 872 | 3,007 | 268 | 2,344 |
| 30 | 4,551 | 16,672 | 3,521 | 11,628 | 792 | 2,726 | 238 | 2,318 |
| 令和元 | 4,340 | 16,637 | 3,358 | 11,890 | 771 | 2,798 | 211 | 1,949 |
| 2 | 4,067 | 14,851 | 3,237 | 10,842 | 653 | 2,356 | 177 | 1,653 |
| 3　(概数値) | 3,892 | 16,650 | 3,138 | 11,744 | 607 | 3,122 | 147 | 1,784 |

注：工場数は、各年に製材用素材の入荷のあった工場である。

　　1)は、輸入材半製品を含む。

## 3 木材の入荷量
### 素材の入荷先別入荷量及び仕入金額（平成30年）

| 区分 | 単位 | 計 | 素材生産者 | | | 流通業者 | |
|---|---|---|---|---|---|---|---|
| | | | 直接、国・公共機関から | 自ら素材生産したもの | 素材生産業者から | 製材工場から | 合単板・LVL工場から |
| **入荷量** | | | | | | | |
| 　工場計 | 千㎥ | 26,544 | 1,050 | 1,418 | 7,116 | 482 | 168 |
| 　　製材工場 | 〃 | 16,672 | 760 | 1,042 | 2,984 | 402 | － |
| 　　合単板工場 | 〃 | 5,019 | 78 | 48 | 1,678 | 8 | 5 |
| 　　ＬＶＬ工場 | 〃 | 267 | 0 | － | 38 | － | 19 |
| 　　木材チップ工場 | 〃 | 4,586 | 212 | 328 | 2,416 | 72 | 144 |
| 　木材流通業者計 | 〃 | 28,472 | 2,547 | 3,324 | 11,001 | 1,514 | 147 |
| 　　木材市売市場等 | 〃 | 11,992 | 2,048 | 1,768 | 7,676 | 91 | 2 |
| 　　木材市売市場 | 〃 | 11,178 | 1,847 | 1,734 | 7,142 | 74 | 2 |
| 　　木材センター | 〃 | 814 | 201 | 34 | 534 | 17 | － |
| 　　木材販売業者 | 〃 | 16,480 | 499 | 1,556 | 3,325 | 1,423 | 145 |
| **仕入金額** | | | | | | | |
| 　工場計 | 100万円 | 371,231 | 10,797 | 13,743 | 74,607 | 15,499 | 1,232 |
| 　　製材工場 | 〃 | 263,106 | 8,385 | 10,541 | 37,158 | 14,468 | － |
| 　　合単板工場 | 〃 | 76,250 | 1,053 | 614 | 20,646 | 77 | 107 |
| 　　ＬＶＬ工場 | 〃 | 3,510 | 1 | － | 387 | － | 374 |
| 　　木材チップ工場 | 〃 | 28,365 | 1,358 | 2,588 | 16,416 | 954 | 751 |
| 　木材流通業者計 | 〃 | 635,355 | 21,694 | 37,085 | 142,900 | 62,342 | 4,468 |
| 　　木材市売市場等 | 〃 | 155,873 | 17,119 | 21,745 | 104,722 | 4,234 | 23 |
| 　　木材市売市場 | 〃 | 145,172 | 15,429 | 21,494 | 98,838 | 3,246 | 23 |
| 　　木材センター | 〃 | 10,701 | 1,690 | 251 | 5,884 | 988 | － |
| 　　木材販売業者 | 〃 | 479,482 | 4,575 | 15,340 | 38,178 | 58,108 | 4,445 |

| 区分 | 単位 | 流通業者（続き） | | | | | |
|---|---|---|---|---|---|---|---|
| | | プレカット工場から | 集成材・ＣＬＴ工場から | 木材市売市場から | 競り売り | 競り売り以外 | 木材センターから |
| **入荷量** | | | | | | | |
| 　工場計 | 千㎥ | 4 | … | 5,693 | 3,746 | 1,754 | 996 |
| 　　製材工場 | 〃 | … | … | 5,421 | 3,716 | 1,705 | 608 |
| 　　合単板工場 | 〃 | … | … | 79 | 30 | 49 | 310 |
| 　　ＬＶＬ工場 | 〃 | … | … | 0 | 0 | － | 24 |
| 　　木材チップ工場 | 〃 | 4 | － | 193 | … | … | 54 |
| 　木材流通業者計 | 〃 | … | … | 1,525 | 1,081 | 444 | 171 |
| 　　木材市売市場等 | 〃 | … | … | 42 | 31 | 11 | 6 |
| 　　木材市売市場 | 〃 | … | … | 40 | 29 | 11 | 6 |
| 　　木材センター | 〃 | … | … | 2 | 2 | 0 | － |
| 　　木材販売業者 | 〃 | … | … | 1,483 | 1,050 | 433 | 165 |
| **仕入金額** | | | | | | | |
| 　工場計 | 100万円 | 19 | … | 78,398 | 52,154 | 25,084 | 13,253 |
| 　　製材工場 | 〃 | … | … | 76,298 | 51,710 | 24,588 | 8,217 |
| 　　合単板工場 | 〃 | … | … | 928 | 432 | 496 | 4,226 |
| 　　ＬＶＬ工場 | 〃 | … | … | 12 | 12 | － | 430 |
| 　　木材チップ工場 | 〃 | 19 | － | 1,160 | … | … | 380 |
| 　木材流通業者計 | 〃 | … | … | 34,008 | 19,907 | 14,101 | 6,564 |
| 　　木材市売市場等 | 〃 | … | … | 748 | 594 | 154 | 112 |
| 　　木材市売市場 | 〃 | … | … | 665 | 515 | 150 | 112 |
| 　　木材センター | 〃 | … | … | 83 | 79 | 4 | － |
| 　　木材販売業者 | 〃 | … | … | 33,260 | 19,313 | 13,947 | 6,452 |

| 区分 | 単位 | 流通業者（続き） | | その他 | | |
|---|---|---|---|---|---|---|
| | | 木材販売業者から | 総合商社から | 外国から直接輸入 | 産業廃棄物処理業者から | その他から |
| 入荷量 | | | | | | |
| 　工場計 | 千m³ | 3,278 | 3,494 | … | 620 | 2,223 |
| 　　製材工場 | 〃 | 1,964 | 2,036 | … | … | 1,453 |
| 　　合単板工場 | 〃 | 798 | 1,293 | … | … | 723 |
| 　　ＬＶＬ工場 | 〃 | 148 | 39 | … | … | – |
| 　　木材チップ工場 | 〃 | 368 | 126 | – | 620 | 47 |
| 　木材流通業者計 | 〃 | 2,875 | 2,986 | … | … | 2,382 |
| 　　木材市売市場等 | 〃 | 106 | 24 | … | … | 228 |
| 　　木材市売市場 | 〃 | 84 | 22 | … | … | 228 |
| 　　木材センター | 〃 | 22 | 2 | … | … | – |
| 　　木材販売業者 | 〃 | 2,769 | 2,962 | … | … | 2,154 |
| 仕入金額 | | | | | | |
| 　工場計 | 100万円 | 54,857 | 69,349 | … | 237 | 39,239 |
| 　　製材工場 | 〃 | 38,169 | 42,295 | … | … | 27,575 |
| 　　合単板工場 | 〃 | 12,366 | 24,795 | … | … | 11,438 |
| 　　ＬＶＬ工場 | 〃 | 1,411 | 895 | … | … | – |
| 　　木材チップ工場 | 〃 | 2,911 | 1,364 | – | 237 | 226 |
| 　木材流通業者計 | 〃 | 105,877 | 131,605 | … | … | 88,813 |
| 　　木材市売市場等 | 〃 | 2,861 | 816 | … | … | 3,493 |
| 　　木材市売市場 | 〃 | 1,211 | 661 | … | … | 3,493 |
| 　　木材センター | 〃 | 1,650 | 155 | … | … | – |
| 　　木材販売業者 | 〃 | 103,016 | 130,789 | … | … | 85,320 |

資料：農林水産省統計部「平成30年　木材流通構造調査報告書」

## 4　製材品出荷量
### (1)　用途別製材品出荷量

単位：千m³

| 年次 | 計 | 建築用材 | 土木建設用材 | 木箱仕組板・こん包用材 | 家具建具用材 | その他用材 |
|---|---|---|---|---|---|---|
| 平成29年 | 9,457 | 7,766 | 371 | 1,067 | 61 | 193 |
| 　　30 | 9,202 | 7,468 | 376 | 1,125 | 61 | 172 |
| 令和元 | 9,032 | 7,269 | 445 | 1,122 | 56 | 140 |
| 　　2 | 8,203 | 6,646 | 395 | 973 | 63 | 126 |
| 　　3　（概数値） | 9,091 | 7,277 | 406 | 1,146 | 84 | 178 |

資料：農林水産省統計部「木材需給報告書」。ただし、令和3年は「令和3年　木材統計」。
注：工場出荷時における用途別の出荷量である。

4 製材品出荷量（続き）
(2) 製材品の販売先別出荷量及び販売金額（平成30年）

| 区分 | 単位 | 計 | 工場 | | | | |
|---|---|---|---|---|---|---|---|
| | | | 製材工場へ | 合単板・LVL工場へ | プレカット工場へ | 枠組壁工法住宅用部材組立工場へ | 集成材・CLT工場へ |
| 出荷量 | | | | | | | |
| 製材工場 | 千m³ | 9,202 | 349 | 0 | 959 | 42 | 1,193 |
| 木材流通業者計 | 〃 | 19,589 | 518 | 175 | 1,681 | 74 | 72 |
| 木材市売市場等 | 〃 | 2,392 | 194 | 131 | 235 | 12 | 31 |
| 木材市売市場 | 〃 | 2,224 | 194 | 131 | 219 | 12 | 31 |
| 木材センター | 〃 | 168 | – | – | 16 | – | – |
| 木材販売業者 | 〃 | 17,197 | 324 | 44 | 1,446 | 62 | 41 |
| 販売金額 | | | | | | | |
| 製材工場 | 100万円 | 414,687 | 11,349 | 7 | 52,075 | 1,855 | 37,410 |
| 木材流通業者計 | 〃 | 1,073,337 | 23,326 | 2,977 | 108,166 | 1,840 | 4,346 |
| 木材市売市場等 | 〃 | 134,425 | 4,318 | 2,259 | 14,932 | 598 | 862 |
| 木材市売市場 | 〃 | 124,290 | 4,318 | 2,259 | 14,049 | 598 | 862 |
| 木材センター | 〃 | 10,135 | – | – | 883 | – | – |
| 木材販売業者 | 〃 | 938,912 | 19,008 | 718 | 93,234 | 1,242 | 3,484 |

| 区分 | 単位 | 流通業者 | | | | その他 | | | | |
|---|---|---|---|---|---|---|---|---|---|---|
| | | 木材市売市場へ | 木材センターへ | 木材販売業者へ | 総合商社へ | こん包業へ | 木材薬品処理工場へ | 建築業者へ | ホームセンターへ | その他へ |
| 出荷量 | | | | | | | | | | |
| 製材工場 | 千m³ | 1,265 | 971 | 1,530 | 993 | 707 | 26 | 426 | 105 | 636 |
| 木材流通業者計 | 〃 | 586 | 95 | 6,438 | 66 | 421 | 5 | 7,824 | 46 | 1,591 |
| 木材市売市場等 | 〃 | 247 | 60 | 1,201 | 7 | – | 2 | 245 | 16 | 13 |
| 木材市売市場 | 〃 | 236 | 54 | 1,099 | 7 | – | 2 | 215 | 16 | 10 |
| 木材センター | 〃 | 11 | 6 | 102 | – | – | – | 30 | 0 | 3 |
| 木材販売業者 | 〃 | 339 | 35 | 5,237 | 59 | 421 | 3 | 7,579 | 30 | 1,578 |
| 販売金額 | | | | | | | | | | |
| 製材工場 | 100万円 | 57,415 | 53,986 | 73,635 | 45,949 | 27,304 | 1,363 | 21,699 | 5,435 | 25,205 |
| 木材流通業者計 | 〃 | 42,246 | 5,425 | 301,897 | 4,021 | 16,665 | 114 | 494,831 | 1,937 | 65,546 |
| 木材市売市場等 | 〃 | 17,104 | 3,265 | 72,720 | 416 | – | 76 | 16,410 | 681 | 784 |
| 木材市売市場 | 〃 | 16,436 | 2,934 | 66,166 | 416 | – | 76 | 14,897 | 664 | 614 |
| 木材センター | 〃 | 668 | 331 | 6,554 | – | – | – | 1,513 | 17 | 170 |
| 木材販売業者 | 〃 | 25,142 | 2,160 | 229,177 | 3,605 | 16,665 | 38 | 478,421 | 1,256 | 64,762 |

資料：農林水産省統計部「平成30年 木材流通構造調査報告書」

5　製材品別
(1)　合板
　ア　単板製造用素材入荷量

単位：千m³

| 年次 | 入荷量 | | |
|---|---|---|---|
| | 計 | 国産材 | 輸入材 |
| 平成29年 | 5,004 | 4,122 | 882 |
| 30 | 5,287 | 4,492 | 795 |
| 令和元 | 5,448 | 4,745 | 703 |
| 2 | 4,626 | 4,195 | 431 |
| 3　（概数値） | 5,093 | 4,661 | 432 |

資料：農林水産省統計部「木材需給報告書」。ただし、令和3年は「令和3年　木材統計」
　　（以下ウまで同じ。）。

　イ　普通合板生産量

単位：千m³

| 年次 | 計 |
|---|---|
| 平成29年 | 3,287 |
| 30 | 3,298 |
| 令和元 | 3,337 |
| 2 | 2,999 |
| 3　（概数値） | 3,172 |

　ウ　特殊合板生産量

単位：千m³

| 年次 | 計 |
|---|---|
| 平成29年 | 623 |
| 30 | 580 |
| 令和元 | 562 |
| 2 | 488 |
| 3　（概数値） | 620 |

5　製材品別（続き）
(1)　合板（続き）
　エ　合板の販売先別出荷量及び販売金額（平成30年）

| 区分 | 単位 | 計 | 工場 | | | | |
| --- | --- | --- | --- | --- | --- | --- | --- |
| | | | 製材工場へ | 合単板・LVL工場へ | プレカット工場へ | 枠組壁工法住宅用部材組立工場へ | 集成材・CLT工場へ |
| 出荷量 | | | | | | | |
| 　合単板工場 | 千m³ | 3,878 | 1 | 84 | 159 | 59 | – |
| 　木材流通業者計 | 〃 | 12,146 | 8 | 10 | 909 | 78 | 0 |
| 　　木材市売市場等 | 〃 | 84 | – | 9 | 15 | 3 | 0 |
| 　　木材市売市場 | 〃 | 60 | – | 9 | 15 | 3 | 0 |
| 　　木材センター | 〃 | 24 | – | – | – | – | – |
| 　　木材販売業者 | 〃 | 12,062 | 8 | 1 | 894 | 75 | – |
| 販売金額 | | | | | | | |
| 　合単板工場 | 100万円 | 258,585 | 35 | 5,070 | 8,652 | 3,172 | – |
| 　木材流通業者計 | 〃 | 732,261 | 689 | 129 | 43,665 | 3,660 | 22 |
| 　　木材市売市場等 | 〃 | 4,958 | – | 114 | 807 | 173 | 22 |
| 　　木材市売市場 | 〃 | 3,125 | – | 114 | 807 | 173 | 22 |
| 　　木材センター | 〃 | 1,833 | – | – | – | – | – |
| 　　木材販売業者 | 〃 | 727,303 | 689 | 15 | 42,858 | 3,487 | – |

| 区分 | 単位 | 流通業者 | | | | その他 | | | | |
| --- | --- | --- | --- | --- | --- | --- | --- | --- | --- | --- |
| | | 木材市売市場へ | 木材センターへ | 木材販売業者へ | 総合商社へ | こん包業へ | 木材薬品処理工場へ | 建築業者へ | ホームセンターへ | その他へ |
| 出荷量 | | | | | | | | | | |
| 　合単板工場 | 千m³ | 5 | 0 | 336 | 2,776 | 0 | – | 149 | 51 | 259 |
| 　木材流通業者計 | 〃 | 2 | 1 | 4,258 | 467 | 52 | – | 5,198 | 732 | 433 |
| 　　木材市売市場等 | 〃 | 2 | 0 | 51 | – | – | – | 5 | – | 0 |
| 　　木材市売市場 | 〃 | 2 | 0 | 28 | – | – | – | 3 | – | 0 |
| 　　木材センター | 〃 | – | – | 23 | – | – | – | 2 | – | – |
| 　　木材販売業者 | 〃 | 0 | 1 | 4,207 | 467 | 52 | – | 5,193 | 732 | 433 |
| 販売金額 | | | | | | | | | | |
| 　合単板工場 | 100万円 | 266 | 1 | 25,409 | 181,887 | 1 | – | 8,635 | 1,556 | 23,902 |
| 　木材流通業者計 | 〃 | 101 | 42 | 286,748 | 39,946 | 2,191 | – | 249,292 | 54,345 | 51,431 |
| 　　木材市売市場等 | 〃 | 94 | 9 | 3,402 | – | – | – | 330 | – | 7 |
| 　　木材市売市場 | 〃 | 94 | 9 | 1,680 | – | – | – | 219 | – | 7 |
| 　　木材センター | 〃 | – | – | 1,722 | – | – | – | 111 | – | – |
| 　　木材販売業者 | 〃 | 7 | 33 | 283,346 | 39,946 | 2,191 | – | 248,962 | 54,345 | 51,424 |

資料：農林水産省統計部「平成30年　木材流通構造調査報告書」

(2)　LVL
　ア　生産量（令和3年）

単位：千m³

| 区分 | 計 | 構造用 | その他 |
| --- | --- | --- | --- |
| 全国 | 337 | 223 | 114 |

資料：農林水産省統計部「令和3年　木材統計」
注：自工場で生産されたLVLの量をいい、自社他工場から受け入れたものは除く。

イ LVLの販売先別出荷量及び販売金額（平成30年）

| 区分 | 単位 | 計 | 工場 | | | | |
|---|---|---|---|---|---|---|---|
| | | | 製材工場へ | 合単板・LVL工場へ | プレカット工場へ | 枠組壁工法住宅用部材組立工場へ | 集成材・CLT工場へ |
| 出荷量 | | | | | | | |
| LVL工場 | 千m³ | 181 | – | 14 | 46 | 1 | 0 |
| 木材流通業者計 | 〃 | 1,007 | 1 | – | 11 | 0 | – |
| 木材市売市場等 | 〃 | 11 | – | – | 0 | 0 | – |
| 木材市売市場 | 〃 | 10 | – | – | 0 | 0 | – |
| 木材センター | 〃 | 1 | – | – | – | – | – |
| 木材販売業者 | 〃 | 996 | 1 | – | 11 | 0 | – |
| 販売金額 | | | | | | | |
| LVL工場 | 100万円 | 12,492 | – | 981 | 2,273 | 53 | 12 |
| 木材流通業者計 | 〃 | 71,847 | 77 | – | 893 | 9 | – |
| 木材市売市場等 | 〃 | 634 | – | – | 13 | 9 | – |
| 木材市売市場 | 〃 | 595 | – | – | 13 | 9 | – |
| 木材センター | 〃 | 39 | – | – | – | – | – |
| 木材販売業者 | 〃 | 71,213 | 77 | – | 880 | 0 | – |

| 区分 | 単位 | 流通業者 | | | | その他 | | | | |
|---|---|---|---|---|---|---|---|---|---|---|
| | | 木材市売市場へ | 木材センターへ | 木材販売業者へ | 総合商社へ | こん包業へ | 木材薬品処理工場へ | 建築業者へ | ホームセンターへ | その他へ |
| 出荷量 | | | | | | | | | | |
| LVL工場 | 千m³ | 0 | – | 1 | 113 | 0 | – | 1 | – | 6 |
| 木材流通業者計 | 〃 | 0 | 0 | 111 | 0 | 33 | – | 126 | – | 723 |
| 木材市売市場等 | 〃 | 0 | 0 | 9 | – | – | – | 1 | – | – |
| 木材市売市場 | 〃 | 0 | 0 | 8 | – | – | – | 1 | – | – |
| 木材センター | 〃 | – | 0 | 1 | – | – | – | – | – | – |
| 木材販売業者 | 〃 | – | 0 | 102 | 0 | 33 | – | 125 | – | 723 |
| 販売金額 | | | | | | | | | | |
| LVL工場 | 100万円 | 0 | – | 58 | 8,678 | 11 | – | 67 | – | 359 |
| 木材流通業者計 | 〃 | 5 | 30 | 12,858 | 4 | 1,492 | – | 10,900 | – | 45,577 |
| 木材市売市場等 | 〃 | 5 | 8 | 542 | – | – | – | 56 | – | – |
| 木材市売市場 | 〃 | 5 | 5 | 507 | – | – | – | 56 | – | – |
| 木材センター | 〃 | – | 3 | 35 | – | – | – | – | – | – |
| 木材販売業者 | 〃 | – | 22 | 12,316 | 4 | 1,492 | – | 10,844 | – | 45,577 |

資料：農林水産省統計部「平成30年 木材流通構造調査報告書」

(3) 集成材
ア 生産量（令和3年）

単位：千m³

| 区分 | 計 | 構造用 | | | | その他 |
|---|---|---|---|---|---|---|
| | | 小計 | 大断面 | 中断面 | 小断面 | |
| 全国 | 1,982 | 1,896 | 18 | 894 | 984 | 86 |

資料：農林水産省統計部「令和3年 木材統計」
注：自工場で生産された集成材の量をいい、自社他工場から受け入れた物は除く。

5　製材品別（続き）
(3)　集成材（続き）
イ　集成材の販売先別出荷量及び販売金額（平成30年）

| 区分 | 単位 | 計 | 工場 | | | | |
|---|---|---|---|---|---|---|---|
| | | | 製材工場へ | 合単板・LVL工場へ | プレカット工場へ | 枠組壁工法住宅用部材組立工場へ | 集成材・CLT工場へ |
| 出荷量 | | | | | | | |
| 　集成材工場 | 千m³ | 1,919 | 11 | 0 | 904 | – | 6 |
| 　木材流通業者計 | 〃 | 2,444 | 8 | 0 | 534 | 1 | 75 |
| 　　木材市売市場等 | 〃 | 154 | – | 0 | 35 | 1 | 0 |
| 　　　木材市売市場 | 〃 | 141 | – | – | 35 | – | 0 |
| 　　　木材センター | 〃 | 13 | – | 0 | – | – | – |
| 　　木材販売業者 | 〃 | 2,290 | 8 | | 499 | 1 | 75 |
| 販売金額 | | | | | | | |
| 　集成材工場 | 100万円 | 133,859 | 590 | 1 | 58,886 | – | 488 |
| 　木材流通業者計 | 〃 | 226,594 | 507 | 26 | 40,358 | 183 | 10,376 |
| 　　木材市売市場等 | 〃 | 17,743 | – | 26 | 2,448 | – | 24 |
| 　　　木材市売市場 | 〃 | 16,852 | – | – | 2,448 | – | 24 |
| 　　　木材センター | 〃 | 891 | – | 26 | – | – | – |
| 　　木材販売業者 | 〃 | 208,851 | 507 | – | 37,910 | 183 | 10,352 |

| 区分 | 単位 | 流通業者 | | | | その他 | | | | |
|---|---|---|---|---|---|---|---|---|---|---|
| | | 木材市場へ | 木材センターへ | 木材販売業者へ | 総合商社へ | こん包業へ | 木材薬品処理工場へ | 建築業者へ | ホームセンターへ | その他へ |
| 出荷量 | | | | | | | | | | |
| 　集成材工場 | 千m³ | 12 | 147 | 283 | 338 | – | 16 | 79 | 0 | 122 |
| 　木材流通業者計 | 〃 | 10 | 9 | 638 | 6 | 0 | 0 | 1,124 | 4 | 35 |
| 　　木材市売市場等 | 〃 | 0 | 0 | 108 | 1 | – | – | 10 | 0 | – |
| 　　　木材市売市場 | 〃 | 0 | 0 | 104 | – | – | – | 2 | – | – |
| 　　　木材センター | 〃 | – | – | 4 | 1 | – | – | 8 | 0 | – |
| 　　木材販売業者 | 〃 | 10 | 9 | 530 | 5 | 0 | 0 | 1,114 | 4 | 35 |
| 販売金額 | | | | | | | | | | |
| 　集成材工場 | 100万円 | 922 | 11,541 | 20,376 | 25,721 | – | 1,044 | 6,811 | 20 | 7,460 |
| 　木材流通業者計 | 〃 | 940 | 695 | 65,314 | 478 | 15 | 19 | 102,085 | 488 | 5,112 |
| 　　木材市売市場等 | 〃 | 14 | 4 | 14,450 | 45 | – | – | 732 | 1 | – |
| 　　　木材市売市場 | 〃 | 14 | 4 | 14,186 | – | – | – | 177 | – | – |
| 　　　木材センター | 〃 | – | – | 264 | 45 | – | – | 555 | 1 | – |
| 　　木材販売業者 | 〃 | 926 | 691 | 50,864 | 433 | 15 | 19 | 101,353 | 487 | 5,112 |

資料：農林水産省統計部「平成30年　木材流通構造調査報告書」

ウ　輸入実績

| 品目 | 令和元年 | | 2 | | 3 | |
|---|---|---|---|---|---|---|
| | 数量 | 価額 | 数量 | 価額 | 数量 | 価額 |
| | 千㎥ | 100万円 | 千㎥ | 100万円 | 千㎥ | 100万円 |
| 集成材 | 973 | 50,922 | 1,022 | 51,090 | 967 | 65,193 |
| うち構造用集成材 | 838 | 40,424 | 910 | 42,038 | 832 | 53,655 |

資料：財務省「貿易統計」をもとに林野庁にて作成。

(4)　CLT
　ア　生産量（令和3年）

単位：千㎥

| 区分 | 計 | 構造用 | その他 |
|---|---|---|---|
| 全国 | 15 | 14 | 1 |

資料：農林水産省統計部「令和3年　木材統計」
注：自工場で生産されたCLTの量をいい、自社他工場から受け入れたものは除く。

5 製材品別(続き)
(4) CLT(続き)
  イ CLTの販売先別出荷量及び販売金額(平成30年)

| 区分 | 単位 | 計 | 工場 | | | | |
| --- | --- | --- | --- | --- | --- | --- | --- |
| | | | 製材工場へ | 合単板・LVL工場へ | プレカット工場へ | 枠組壁工法住宅用部材組立工場へ | 集成材・CLT工場へ |
| 出荷量 | | | | | | | |
| CLT工場 | 千m³ | 14 | 0 | – | 1 | – | 0 |
| 木材流通業者計 | 〃 | 44 | 3 | 1 | – | – | – |
| 木材市売市場等 | 〃 | 7 | 3 | 1 | – | – | – |
| 木材市売市場 | 〃 | 7 | 3 | 1 | – | – | – |
| 木材センター | 〃 | – | – | – | – | – | – |
| 木材販売業者 | 〃 | 37 | – | – | – | – | – |
| 販売金額 | | | | | | | |
| CLT工場 | 100万円 | 1,791 | 15 | – | 148 | – | 21 |
| 木材流通業者計 | 〃 | 4,948 | 355 | 124 | – | – | – |
| 木材市売市場等 | 〃 | 882 | 355 | 124 | – | – | – |
| 木材市売市場 | 〃 | 882 | 355 | 124 | – | – | – |
| 木材センター | 〃 | – | – | – | – | – | – |
| 木材販売業者 | 〃 | 4,066 | – | – | – | – | – |

| 区分 | 単位 | 流通業者 | | | | その他 | | | | |
| --- | --- | --- | --- | --- | --- | --- | --- | --- | --- | --- |
| | | 木材市売市場へ | 木材センターへ | 木材販売業者へ | 総合商社へ | こん包業へ | 木材薬品処理工場へ | 建築業者へ | ホームセンターへ | その他へ |
| 出荷量 | | | | | | | | | | |
| CLT工場 | 千m³ | 0 | – | 1 | 1 | – | 0 | 11 | – | 0 |
| 木材流通業者計 | 〃 | 6 | – | 7 | – | – | – | 19 | – | 7 |
| 木材市売市場等 | 〃 | – | – | – | – | – | – | 0 | – | 2 |
| 木材市売市場 | 〃 | – | – | – | – | – | – | 0 | – | 2 |
| 木材センター | 〃 | – | – | – | – | – | – | – | – | – |
| 木材販売業者 | 〃 | 6 | – | 7 | – | – | – | 19 | – | 5 |
| 販売金額 | | | | | | | | | | |
| CLT工場 | 100万円 | 1 | – | 77 | 82 | – | 1 | 1,402 | – | 43 |
| 木材流通業者計 | 〃 | 309 | – | 1,421 | – | – | – | 1,884 | – | 857 |
| 木材市売市場等 | 〃 | – | – | – | – | – | – | 4 | – | 400 |
| 木材市売市場 | 〃 | – | – | – | – | – | – | 4 | – | 400 |
| 木材センター | 〃 | – | – | – | – | – | – | – | – | – |
| 木材販売業者 | 〃 | 309 | – | 1,421 | – | – | – | 1,880 | – | 457 |

資料:農林水産省統計部「平成30年 木材流通構造調査報告書」

## (5)　木材チップ
### 原材料入手区分別木材チップ生産量

単位：千t

| 年次 | 計 | 素材<br>（原木） | 工場残材 | | 林地残材 | 解体材・<br>廃材 |
| | | | 自己の工場か<br>ら振り向けた<br>もの | 他の工場から<br>購入したもの | | |
|---|---|---|---|---|---|---|
| 平成29年 | 5,954 | 2,555 | 1,906 | 282 | 127 | 1,087 |
| 30 | 5,706 | 2,481 | 1,823 | 274 | 105 | 1,023 |
| 令和元 | 5,266 | 2,328 | 1,679 | 235 | 57 | 967 |
| 2 | 4,753 | 2,119 | 1,570 | 209 | 49 | 806 |
| 3　（概数値） | 6,070 | 2,661 | 2,408 | 215 | 75 | 711 |

資料：農林水産省統計部「木材需給報告書」。ただし、令和3年は「令和3年　木材統計」。

## (6)　パルプ
### ア　製品生産量

単位：千t

| 年次 | 製紙パルプ | | | | | |
| | 計 | クラフト<br>パルプ | サーモメカニカ<br>ルパルプ | リファイナーグ<br>ラウンド<br>パルプ | 砕木パルプ | その他<br>製紙パルプ |
|---|---|---|---|---|---|---|
| 平成29年 | 8,742 | 8,169 | 336 | 126 | 88 | 23 |
| 30 | 8,627 | 8,059 | 317 | 137 | 90 | 24 |
| 令和元 | 8,374 | 7,840 | 297 | 130 | 86 | 20 |
| 2 | 7,057 | 6,605 | 247 | 107 | 79 | 18 |
| 3 | 7,613 | 7,130 | 282 | 105 | 77 | 17 |

資料：経済産業省調査統計グループ「2021年経済産業省生産動態統計年報」（以下イまで同じ。）

### イ　原材料消費量

単位：千m³

| 年次 | 合計 | 国産材 | | | | | 輸入材 | | | | |
| | | 計 | 原木 | チップ | | | 計 | 原木 | チップ | | |
| | | | | 小計 | 針葉樹 | 広葉樹 | | | 小計 | 針葉樹 | 広葉樹 |
|---|---|---|---|---|---|---|---|---|---|---|---|
| 平成29年 | 29,723 | 9,498 | 276 | 9,222 | 7,274 | 1,948 | 20,225 | － | 20,225 | 3,269 | 16,956 |
| 30 | 29,292 | 8,802 | 274 | 8,529 | 6,844 | 1,685 | 20,490 | － | 20,490 | 3,374 | 17,116 |
| 令和元 | 28,667 | 8,764 | 262 | 8,502 | 6,791 | 1,711 | 19,903 | － | 19,903 | 3,090 | 16,813 |
| 2 | 24,361 | 8,158 | 247 | 7,910 | 6,388 | 1,522 | 16,203 | － | 16,203 | 2,621 | 13,582 |
| 3 | 25,620 | 8,227 | 256 | 7,971 | 6,492 | 1,479 | 17,392 | － | 17,392 | 3,098 | 14,295 |

5 製材品別 (続き)
(7) 工場残材
工場残材の販売先別出荷量等及び販売金額 (平成30年)

| 区分 | 計 | 出 | | | | | |
|---|---|---|---|---|---|---|---|
| | | 小計 | 自社のチップ工場へ | 他社のチップ工場へ | 木質ボード工場へ | ペレット製造業者へ | 畜産業者等へ |
| 出荷量 | | | | | | | |
| 工場計 | 12,927 | 10,658 | 2,555 | 721 | 432 | 53 | 2,759 |
| 製材工場 | 8,747 | 7,659 | 2,511 | 460 | 8 | 10 | 1,986 |
| 合単板工場 | 1,330 | 706 | 28 | 182 | 384 | 1 | 12 |
| LVL工場 | 72 | 56 | - | 1 | 2 | - | 4 |
| プレカット工場 | 968 | 893 | 10 | 73 | 38 | 13 | 186 |
| 集成材工場 | 756 | 486 | 6 | 3 | 0 | 7 | 204 |
| CLT工場 | 8 | 7 | - | 2 | - | - | 1 |
| 木材チップ工場 | 1,046 | 851 | … | … | - | 22 | 366 |

| 区分 | 計 | 自社のチップ工場へ | 他社のチップ工場へ | 木質ボード工場へ | ペレット製造業者へ | 畜産業者等へ | おが粉製造業者等へ |
|---|---|---|---|---|---|---|---|
| 販売金額 | | | | | | | |
| 工場計 | 34,758 | 12,449 | 2,265 | 421 | 106 | 4,149 | 1,265 |
| 製材工場 | 28,227 | 12,245 | 2,097 | 58 | 11 | 3,128 | 1,033 |
| 合単板工場 | 755 | 102 | 52 | 320 | 5 | 6 | 0 |
| LVL工場 | 145 | - | 3 | 1 | - | 2 | 15 |
| プレカット工場 | 1,738 | 83 | 106 | 39 | 47 | 186 | 115 |
| 集成材工場 | 2,767 | 19 | 1 | 3 | 24 | 223 | 42 |
| CLT工場 | 36 | - | 6 | - | - | 0 | - |
| 木材チップ工場 | 1,090 | … | … | - | 19 | 604 | 60 |

資料：農林水産省統計部「平成30年 木材流通構造調査報告書」

単位：千m³

| 荷 | | | | | 産業廃棄物として処理 | 自工場で消費（熱利用等） | その他へ |
|---|---|---|---|---|---|---|---|
| おが粉製造業者等へ | 堆肥製造業者等へ | 発電・熱利用及び併用施設へ | チップ等集荷業者・木材流通業者等へ | その他へ | | | |
| 685 | 205 | 1,033 | 1,714 | 500 | 183 | 2,001 | 88 |
| 435 | 67 | 717 | 1,140 | 324 | 116 | 934 | 39 |
| 0 | – | 5 | 75 | 20 | 18 | 606 | 0 |
| 6 | – | 22 | 22 | – | – | 16 | – |
| 164 | 86 | 17 | 247 | 58 | 14 | 58 | 4 |
| 39 | – | 135 | 65 | 26 | 2 | 267 | 2 |
| – | 1 | 3 | 0 | – | – | 2 | – |
| 41 | 51 | 134 | 165 | 72 | 33 | 118 | 43 |

単位：100万円

| 堆肥製造業者等へ | 発電・熱利用及び併用施設へ | チップ等集荷業者・木材流通業者等へ | その他へ |
|---|---|---|---|
| 185 | 5,304 | 6,157 | 2,456 |
| 61 | 2,756 | 4,663 | 2,175 |
| – | 4 | 257 | 9 |
| – | 56 | 69 | – |
| 80 | 46 | 908 | 127 |
| – | 2,347 | 74 | 33 |
| 1 | 27 | 2 | – |
| 43 | 68 | 184 | 112 |

6 木質バイオマスのエネルギー利用
(1) 業種別木質バイオマスエネルギー利用事業所数及び木質バイオマス利用量
(令和2年)

| 業種 | 事業所数 | 事業所内で利用した木質バイオマス | | | | |
|---|---|---|---|---|---|---|
| | | 木材チップ | 木質ペレット | 薪 | 木粉(おが粉) | 左記以外の木質バイオマス |
| | 事業所 | 絶乾 t | t | t | t | t |
| 計 | 1,374 | 10,416,745 | 1,404,082 | 43,848 | 452,249 | 732,538 |
| 製造業 | 511 | 4,839,806 | 50,380 | 34,251 | 415,523 | 387,534 |
| 製材業、木製品製造業 | 231 | 427,366 | 385 | 18,345 | 202,774 | 300,079 |
| 合板製造業 | 33 | 539,791 | 5,604 | 1,415 | 10,584 | 43,860 |
| 集成材製造業 | 46 | 151,192 | 208 | 3,642 | 28,061 | 13,864 |
| 建築用木製組立材料製造業(プレカット) | 14 | 24,682 | − | 1,059 | − | 764 |
| パーティクルボード製造業 | 6 | 81,737 | − | − | 8,286 | − |
| 繊維板製造業 | 4 | 121,162 | − | − | − | 349 |
| 床板(フローリング)製造業 | 17 | 9,276 | 46 | 4,896 | 18,578 | 4,320 |
| 木製容器製造業(木材加工業) | 1 | 26 | − | − | − | − |
| その他の木材産業 | 42 | 66,619 | 2,009 | 1,789 | 11,590 | 14,609 |
| 食料品製造業 | 16 | 210,780 | 513 | 910 | 935 | 820 |
| 繊維工業 | 7 | 91,780 | 82 | − | − | − |
| 家具・装備品製造業 | 16 | 1,804 | 196 | 2,179 | 1,038 | 5,061 |
| パルプ・紙・紙加工品製造業 | 36 | 2,418,460 | 4,924 | − | 130,614 | 2,588 |
| 印刷・同関連業 | − | − | − | − | − | − |
| 化学工場 | 11 | 227,393 | 103 | − | − | 980 |
| その他 | 31 | 467,738 | 36,310 | 16 | 3,063 | 240 |
| 農業 | 85 | 59,758 | 6,771 | 1,378 | 12,402 | 285 |
| 電気・ガス・熱供給・水道業 | 123 | 5,088,113 | 1,321,850 | 235 | 16,120 | 329,267 |
| 宿泊業・飲食サービス業 | 82 | 11,478 | 2,736 | 1,792 | 4 | 354 |
| 宿泊業 | 78 | 11,470 | 2,674 | 1,545 | 4 | 354 |
| 飲食店 | 4 | 8 | 62 | 247 | − | − |
| 生活関連サービス・娯楽業 | 167 | 48,243 | 6,592 | 3,981 | 47 | 211 |
| 洗濯業、理容業、美容業 | 5 | 19,490 | − | − | − | − |
| 一般公衆浴場業、その他の公衆浴場業(温泉) | 128 | 25,734 | 4,699 | 3,969 | 47 | 211 |
| スポーツ施設提供業 | 24 | 2,646 | 1,575 | 10 | − | − |
| 公園、遊園地、その他の娯楽業 | 10 | 373 | 318 | 2 | − | − |
| 教育 | 97 | 2,219 | 2,307 | 49 | − | 2 |
| 学校教育 | 66 | 1,784 | 1,682 | − | − | − |
| その他教育、学習支援業 | 31 | 435 | 625 | 49 | − | 2 |
| 医療・福祉 | 124 | 7,389 | 7,444 | 826 | − | 856 |
| 医療業 | 22 | 2,646 | 1,595 | − | − | 856 |
| 老人福祉、介護事業、障害者福祉事業 | 69 | 4,522 | 5,047 | 755 | − | − |
| 児童福祉事業(保育所) | 30 | 70 | 704 | 71 | − | − |
| その他 | 3 | 151 | 98 | − | − | − |
| 協同組合 | 22 | 65,246 | 646 | 51 | 7,736 | 12,519 |
| その他 | 163 | 294,493 | 5,356 | 1,285 | 417 | 1,510 |

資料：林野庁「木質バイオマスエネルギー利用動向調査」（以下(3)まで同じ。）
注：絶乾 t とは、絶乾比重（含水率0％）に基づき算出された実重量である。

(2)　事業所における利用機器の所有形態別木質バイオマスの種類別利用量
　　（令和2年）

| 利用機器の所有形態 | 事業所内で利用した木質バイオマス | | | | |
|---|---|---|---|---|---|
| | 木材<br>チップ | 木質<br>ペレット | 薪 | 木粉<br>（おが粉） | 左記以外の<br>木質バイオマス |
| | 絶乾 t | t | t | t | t |
| 計 | 10,416,745 | 1,404,082 | 43,848 | 452,249 | 732,538 |
| 発電機のみ所有 | 6,337,024 | 1,358,126 | – | 114,148 | 327,331 |
| ボイラーのみ所有 | 1,122,354 | 39,589 | 42,459 | 138,557 | 306,935 |
| 発電機及びボイラー<br>の両方を所有 | 2,957,367 | 6,367 | 1,389 | 199,544 | 98,272 |

(3)　事業所における利用機器の所有形態別木材チップの由来別利用量
　　（令和2年）

単位：絶乾 t

| 利用機器の所有形態 | 利用した木材チップの由来 | | | | | | |
|---|---|---|---|---|---|---|---|
| | 計 | 間伐材・<br>林地残材等 | 製材等<br>残材 | 建設資材廃<br>棄物（解体<br>材、廃材） | 輸入<br>チップ | 輸入丸太<br>を用いて<br>国内で<br>製造 | 左記以外<br>の木材<br>（剪定<br>枝等） |
| 計 | 10,416,745 | 3,910,289 | 1,674,169 | 4,197,519 | 304,386 | – | 330,382 |
| うちパルプ等の原料用<br>から燃料用に転用<br>した量 | 110,452 | 913 | 81,677 | 27,862 | – | – | – |
| 発電機のみ所有 | 6,337,024 | 3,334,078 | 592,315 | 1,859,141 | 304,360 | – | 247,130 |
| ボイラーのみ所有 | 1,122,354 | 122,585 | 498,832 | 496,543 | – | – | 4,394 |
| 発電機及びボイラーの<br>両方を所有 | 2,957,367 | 453,626 | 583,022 | 1,841,835 | 26 | – | 78,858 |

## X　森林組合
### 1　森林組合（各年度末現在）

| 年度 | 組合数 | 組合員数 | 正組合員数 | 払込済出資金 | 組合員所有森林面積 | 設立登記組合数 |
|---|---|---|---|---|---|---|
| | 組合 | 人 | 人 | 百万円 | 千ha | 組合 |
| 平成28年度 | 622 | 1,524,538 | 1,466,118 | 54,329 | 10,665 | 624 |
| 29 | 621 | 1,511,674 | 1,453,248 | 54,381 | 10,643 | 621 |
| 30 | 617 | 1,502,962 | 1,444,890 | 54,294 | 10,554 | 617 |
| 令和元 | 613 | 1,495,048 | 1,437,705 | 54,293 | 10,562 | 613 |
| 2 | 613 | 1,486,979 | 1,429,148 | 54,216 | 10,561 | 613 |

資料：林野庁「森林組合統計」（以下3まで同じ。）
注：「森林組合一斉調査」の調査票提出組合の数値である（以下3まで同じ。）。

### 2　森林組合の部門別事業実績

単位：100万円

| 区分 | | 計 | 指導 | 販売、加工 | 森林整備 | | 金融 |
|---|---|---|---|---|---|---|---|
| | | | | | 購買、養苗 | 森林整備、利用・福利厚生、林地供給 | |
| 平成30年度 | 実績 | 271,051 | 1,529 | 137,146 | 8,849 | 123,483 | 45 |
| | 構成比(%) | 100.0 | 0.6 | 50.6 | 3.3 | 45.6 | 0.0 |
| 令和元 | 実績 | 273,447 | 1,516 | 136,830 | 9,175 | 125,894 | 31 |
| | 構成比(%) | 100.0 | 0.6 | 50.0 | 3.4 | 46.0 | 0.0 |
| 2 | 実績 | 262,477 | 1,406 | 126,639 | 9,199 | 125,207 | 26 |
| | 構成比(%) | 100.0 | 0.5 | 48.2 | 3.5 | 47.7 | 0.0 |

### 3　生産森林組合（各年度末現在）

| 年度 | 組合数 | 組合員数 | 払込済出資金 | 組合経営森林面積 | 設立登記組合数 |
|---|---|---|---|---|---|
| | 組合 | 人 | 100万円 | 千ha | 組合 |
| 平成28年度 | 2,300 | 201,545 | 24,259 | 319 | 2,949 |
| 29 | 2,226 | 196,453 | 23,347 | 322 | 2,913 |
| 30 | 2,102 | 183,611 | 22,091 | 308 | 2,844 |
| 令和元 | 2,067 | 178,014 | 21,791 | 309 | 2,765 |
| 2 | 2,015 | 172,760 | 20,998 | 296 | 2,693 |

水　産　業　編

## I 漁業構造

### 1 海面漁業経営体

#### (1) 漁業経営体の基本構成(各年11月1日現在)

| 年次 | 漁業経営体数 | 漁船 | | | |
|---|---|---|---|---|---|
| | | 無動力漁船隻数 | 船外機付漁船隻数 | 動力漁船 | |
| | | | | 隻数 | トン数 |
| | 経営体 | 隻 | 隻 | 隻 | T |
| 平成25年 | 94,507 | 3,779 | 67,572 | 81,647 | 612,269.9 |
| 30 | 79,067 | 3,080 | 59,201 | 69,920 | 547,521.4 |

| 年次 | 11月1日現在の海上作業従事者数 | | | | | |
|---|---|---|---|---|---|---|
| | 計 | 家族 | | | 団体経営体の責任のある者 | 雇用者 |
| | | 小計 | 男 | 女 | | |
| | 人 | 人 | 人 | 人 | 人 | 人 |
| 平成25年 | 177,728 | 95,414 | 81,181 | 14,233 | … | 82,314 |
| 30 | 155,692 | 82,593 | 71,433 | 11,160 | 6,847 | 66,252 |

資料:農林水産省統計部「漁業センサス」(以下(4)まで同じ。)
注:1 漁業経営体とは、過去1年間に利潤又は生活の資を得るために、生産物を販売すること
　を目的として、海面において水産動植物の採捕又は養殖の事業を行った世帯又は事業所を
　いう。ただし、過去1年間における漁業の海上作業従事日数が30日未満の個人漁業経営体
　は除く(以下(5)まで同じ。)。
　2 平成30年調査において「雇用者」から「団体経営体の責任のある者」を分離して新たに
　調査項目として設定しており、平成25年値は「雇用者」に「団体経営体の責任のある者」
　を含んでいる。

#### (2) 経営体階層別経営体数(各年11月1日現在)

単位:経営体

| 年次 | 計 | 漁船非使用 | 無動力漁船 | 船外機付漁船 | 動力漁船使用 | | |
|---|---|---|---|---|---|---|---|
| | | | | | 1T未満 | 1〜3 | 3〜5 |
| 平成25年 | 94,507 | 3,032 | 97 | 20,709 | 2,770 | 14,109 | 21,080 |
| 30 | 79,067 | 2,595 | 47 | 17,364 | 2,002 | 10,652 | 16,810 |

| 年次 | 動力漁船使用 (続き) | | | | | | |
|---|---|---|---|---|---|---|---|
| | 5〜10 | 10〜20 | 20〜30 | 30〜50 | 50〜100 | 100〜200 | 200〜500 |
| 平成25年 | 8,247 | 3,643 | 559 | 466 | 293 | 252 | 76 |
| 30 | 7,495 | 3,339 | 494 | 430 | 252 | 233 | 64 |

| 年次 | 動力漁船使用 (続き) | | | 大型定置網 | さけ定置網 | 小型定置網 | 海面養殖 |
|---|---|---|---|---|---|---|---|
| | 500〜1,000 | 1,000〜3,000 | 3,000T以上 | | | | |
| 平成25年 | 55 | 53 | 3 | 431 | 821 | 2,867 | 14,944 |
| 30 | 50 | 52 | 2 | 409 | 534 | 2,293 | 13,950 |

注:階層区分は、販売金額1位の漁業種類及び使用した動力漁船の合計トン数によって区分した。

1 海面漁業経営体（続き）
(3) 経営組織別経営体数（全国・都道府県・大海区）（各年11月1日現在）

単位：経営体

| 区分 | 計 | 個人経営体 | 会社 | 漁業協同組合 | 漁業生産組合 | 共同経営 | その他 |
|---|---|---|---|---|---|---|---|
| 平成25年 | 94,507 | 89,470 | 2,534 | 211 | 110 | 2,147 | 35 |
| 30 | 79,067 | 74,526 | 2,548 | 163 | 94 | 1,700 | 36 |
| 北海道 | 11,089 | 10,006 | 411 | 26 | 12 | 629 | 5 |
| 青森 | 3,702 | 3,567 | 48 | 9 | 5 | 72 | 1 |
| 岩手 | 3,406 | 3,317 | 17 | 24 | 10 | 37 | 1 |
| 宮城 | 2,326 | 2,214 | 80 | 3 | 13 | 16 | － |
| 秋田 | 632 | 590 | 14 | － | － | 26 | 2 |
| 山形 | 284 | 271 | 5 | － | － | 6 | 2 |
| 福島 | 377 | 354 | 14 | － | － | 9 | － |
| 茨城 | 343 | 318 | 23 | 2 | － | － | － |
| 千葉 | 1,796 | 1,739 | 37 | 11 | 3 | 6 | － |
| 東京 | 512 | 503 | 4 | 3 | － | － | 2 |
| 神奈川 | 1,005 | 920 | 65 | 5 | 3 | 12 | － |
| 新潟 | 1,338 | 1,307 | 18 | 2 | 1 | 9 | 1 |
| 富山 | 250 | 204 | 24 | 2 | 5 | 15 | － |
| 石川 | 1,255 | 1,176 | 65 | － | 1 | 11 | 2 |
| 福井 | 816 | 778 | 21 | 1 | － | 16 | － |
| 静岡 | 2,200 | 2,095 | 75 | 4 | 4 | 21 | 1 |
| 愛知 | 1,924 | 1,849 | 15 | 1 | － | 59 | － |
| 三重 | 3,178 | 3,054 | 60 | 4 | 2 | 57 | 1 |
| 京都 | 636 | 618 | 12 | － | 3 | 2 | 1 |
| 大阪 | 519 | 493 | 5 | － | 1 | 20 | － |
| 兵庫 | 2,712 | 2,247 | 67 | － | 1 | 397 | － |
| 和歌山 | 1,581 | 1,535 | 19 | 4 | 1 | 21 | 1 |
| 鳥取 | 586 | 538 | 42 | 5 | － | － | 1 |
| 島根 | 1,576 | 1,487 | 54 | － | 3 | 31 | 1 |
| 岡山 | 872 | 843 | 13 | 1 | － | 15 | － |
| 広島 | 2,162 | 2,059 | 101 | － | 1 | 1 | － |
| 山口 | 2,858 | 2,790 | 45 | 11 | － | 8 | 4 |
| 徳島 | 1,321 | 1,276 | 34 | － | 1 | 9 | 1 |
| 香川 | 1,234 | 1,125 | 106 | － | － | 3 | － |
| 愛媛 | 3,444 | 3,284 | 146 | 2 | 1 | 10 | 1 |
| 高知 | 1,599 | 1,507 | 69 | 3 | － | 20 | － |
| 福岡 | 2,386 | 2,277 | 35 | 7 | － | 66 | 1 |
| 佐賀 | 1,609 | 1,554 | 10 | 3 | － | 42 | － |
| 長崎 | 5,998 | 5,740 | 226 | 12 | － | 18 | 2 |
| 熊本 | 2,829 | 2,734 | 78 | 4 | 2 | 10 | 1 |
| 大分 | 1,914 | 1,807 | 102 | － | 1 | 4 | － |
| 宮崎 | 950 | 790 | 149 | － | 9 | 1 | 1 |
| 鹿児島 | 3,115 | 2,877 | 210 | 7 | 11 | 9 | 1 |
| 沖縄 | 2,733 | 2,683 | 29 | 7 | － | 12 | 2 |
| 北海道太平洋北区 | 6,964 | 6,364 | 281 | 21 | 3 | 291 | 4 |
| 太平洋北区 | 8,163 | 7,828 | 171 | 37 | 27 | 98 | 2 |
| 太平洋中区 | 10,615 | 10,160 | 256 | 28 | 12 | 155 | 4 |
| 太平洋南区 | 6,581 | 6,055 | 454 | 8 | 13 | 47 | 4 |
| 北海道日本海北区 | 4,125 | 3,642 | 130 | 5 | 9 | 338 | 1 |
| 日本海北区 | 4,495 | 4,314 | 72 | 5 | 7 | 92 | 5 |
| 日本海西区 | 5,187 | 4,877 | 230 | 6 | 8 | 61 | 5 |
| 東シナ海区 | 19,740 | 18,898 | 625 | 49 | 13 | 147 | 8 |
| 瀬戸内海区 | 13,197 | 12,388 | 329 | 4 | 2 | 471 | 3 |

注：1 個人経営体は、漁業経営体のうち、個人で漁業を営んだものをいう。会社は、会社法に基づき設立された株式会社、合名会社、合資会社及び合同会社をいう。なお、特例有限会社は株式会社に含む。
2 漁業協同組合は、水産業協同組合法に規定する漁業協同組合及び漁業協同組合連合会をいう。漁業生産組合は、水産業協同組合法に規定する漁業生産組合をいう。
3 共同経営は、二つ以上の漁業経営体（個人又は法人）が、漁船、漁網等の主要生産手段を共有し、漁業経営を共同で行ったものであり、その経営に資本又は現物を出資しているものをいう。これに該当する漁業経営体の調査は、代表者に対してのみ実施した。

## (4) 営んだ漁業種類別経営体数（複数回答）（各年11月1日現在）

単位：経営体

| 年次 | 計（実数） | 底びき網 | | 沖合底びき網 | | 小型底びき網 | 船びき網 | まき網 大中型まき網 1そうまき遠洋かつお・まぐろ |
| | | 遠洋底びき網 | 以西底びき網 | 1そうびき | 2そうびき | | | |
|---|---|---|---|---|---|---|---|---|
| 平成25年 | 94,507 | 5 | 2 | 223 | 19 | 10,710 | 3,348 | 17 |
| 30 | 79,067 | 3 | 3 | 239 | 25 | 8,857 | 3,145 | 17 |

| 年次 | まき網（続き） 大中型まき網（続き） | | | 中・小型まき網 | 刺網 | | | さんま棒受網 |
| | 1そうまき近海かつお・まぐろ | 1そうまきその他 | 2そうまき | | さけ・ます流し網 | かじき等流し網 | その他の刺網 | |
|---|---|---|---|---|---|---|---|---|
| 平成25年 | 6 | 51 | 11 | 514 | 102 | 45 | 23,398 | 237 |
| 30 | 11 | 45 | 12 | 384 | 42 | 24 | 19,033 | 135 |

| 年次 | 大型定置網 | さけ定置網 | 小型定置網 | その他の網漁業 | はえ縄 | | | |
| | | | | | 遠洋まぐろはえ縄 | 近海まぐろはえ縄 | 沿岸まぐろはえ縄 | その他のはえ縄 |
|---|---|---|---|---|---|---|---|---|
| 平成25年 | 467 | 1,089 | 5,142 | 4,401 | 74 | 217 | 451 | 4,575 |
| 30 | 439 | 792 | 3,869 | 3,784 | 63 | 176 | 364 | 3,812 |

| 年次 | 釣 | | | | | | | |
| | 遠洋かつお一本釣 | 近海かつお一本釣 | 沿岸かつお一本釣 | 遠洋いか釣 | 近海いか釣 | 沿岸いか釣 | ひき縄釣 | その他の釣 |
|---|---|---|---|---|---|---|---|---|
| 平成25年 | 20 | 53 | 537 | 2 | 59 | 7,567 | 7,031 | 27,024 |
| 30 | 21 | 41 | 403 | 1 | 44 | 5,782 | 5,409 | 22,070 |

| 年次 | 小型捕鯨 | 潜水器漁業 | 採貝・採藻 | その他の漁業 | 海面養殖 魚類養殖 | | | |
| | | | | | ぎんざけ養殖 | ぶり類養殖 | まだい養殖 | ひらめ養殖 |
|---|---|---|---|---|---|---|---|---|
| 平成25年 | 4 | 1,642 | 32,493 | 25,081 | 18 | 795 | 830 | 120 |
| 30 | 3 | 1,595 | 26,097 | 22,568 | 66 | 643 | 699 | 96 |

| 年次 | 海面養殖（続き） 魚類養殖（続き） | | | ほたてがい養殖 | かき類養殖 | その他の貝類養殖 | くるまえび養殖 | ほや類養殖 |
| | とらふぐ養殖 | くろまぐろ養殖 | その他の魚類養殖 | | | | | |
|---|---|---|---|---|---|---|---|---|
| 平成25年 | … | 92 | 695 | 2,950 | 2,977 | 695 | 90 | 552 |
| 30 | 200 | 96 | 464 | 3,019 | 3,021 | 635 | 90 | 856 |

| 年次 | 海面養殖（続き） | | | | | | |
| | その他の水産動物類養殖 | こんぶ類養殖 | わかめ類養殖 | のり類養殖 | その他の海藻類養殖 | 真珠養殖 | 真珠母貝養殖 |
|---|---|---|---|---|---|---|---|
| 平成25年 | 187 | 1,980 | 3,794 | 4,021 | 744 | 722 | 519 |
| 30 | 143 | 1,628 | 3,442 | 3,414 | 790 | 615 | 405 |

注：平成25年の「くろまぐろ養殖」は「まぐろ類養殖」である。

1 海面漁業経営体（続き）
(5) 経営体階層別、漁獲物・収穫物の販売金額規模別経営体数
（平成30年11月1日現在）

単位：経営体

| 区分 | 計 | 100万円未満 | 100～500 | 500～1,000 | 1,000～2,000 | 2,000～5,000 | 5,000万～1億 | 1～5 | 5～10 | 10億円以上 |
|---|---|---|---|---|---|---|---|---|---|---|
| 計 | 79,067 | 23,668 | 27,760 | 10,992 | 6,763 | 5,848 | 2,120 | 1,603 | 186 | 127 |
| 漁船非使用 | 2,595 | 1,775 | 735 | 71 | 10 | 2 | - | - | 1 | 1 |
| 漁船使用 | | | | | | | | | | |
| 無動力漁船 | 47 | 33 | 13 | 1 | - | - | - | - | - | - |
| 船外機付漁船 | 17,364 | 9,159 | 6,519 | 1,345 | 291 | 39 | 8 | 3 | - | - |
| 動力漁船使用 | | | | | | | | | | |
| 1 T未満 | 2,002 | 1,361 | 591 | 43 | 5 | 1 | 1 | - | - | - |
| 1～3 | 10,652 | 5,525 | 4,437 | 563 | 107 | 18 | 1 | 1 | - | - |
| 3～5 | 16,810 | 3,444 | 8,353 | 3,275 | 1,334 | 378 | 24 | 2 | - | - |
| 5～10 | 7,495 | 811 | 2,622 | 2,006 | 1,264 | 677 | 97 | 18 | - | - |
| 10～20 | 3,339 | 191 | 461 | 655 | 715 | 863 | 324 | 127 | 2 | 1 |
| 20～30 | 494 | 15 | 25 | 42 | 110 | 208 | 67 | 26 | 1 | - |
| 30～50 | 430 | 14 | 11 | 15 | 33 | 164 | 123 | 64 | 5 | 1 |
| 50～100 | 252 | 4 | 6 | 3 | 6 | 11 | 56 | 165 | 1 | - |
| 100～200 | 233 | 2 | 2 | 1 | - | 1 | 13 | 186 | 21 | 7 |
| 200～500 | 64 | 2 | - | - | - | 1 | - | 29 | 26 | 6 |
| 500～1,000 | 50 | - | - | - | - | - | 1 | 6 | 24 | 19 |
| 1,000～3,000 | 52 | - | - | - | - | - | - | - | 11 | 41 |
| 3,000T以上 | 2 | - | - | - | - | - | - | - | - | 2 |
| 大型定置網 | 409 | 3 | 12 | 11 | 26 | 65 | 126 | 156 | 9 | 1 |
| さけ定置網 | 534 | 21 | 52 | 53 | 72 | 134 | 100 | 94 | 5 | 3 |
| 小型定置網 | 2,293 | 317 | 994 | 454 | 271 | 183 | 58 | 16 | - | - |
| 海面養殖 | | | | | | | | | | |
| 魚類養殖 | | | | | | | | | | |
| ぎんざけ養殖 | 60 | - | - | - | 1 | 3 | 14 | 40 | - | 2 |
| ぶり類養殖 | 520 | 4 | 7 | 7 | 28 | 65 | 154 | 198 | 41 | 16 |
| まだい養殖 | 445 | 7 | 22 | 20 | 45 | 98 | 73 | 149 | 16 | 15 |
| ひらめ養殖 | 54 | 2 | 9 | 4 | 7 | 16 | 8 | 7 | 1 | - |
| とらふぐ養殖 | 139 | 8 | 14 | 9 | 14 | 44 | 26 | 21 | 2 | 1 |
| くろまぐろ養殖 | 69 | 8 | - | - | - | 1 | 8 | 27 | 15 | 10 |
| その他の魚類養殖 | 105 | 10 | 22 | 9 | 19 | 17 | 14 | 13 | 1 | - |
| ほたてがい養殖 | 2,496 | 40 | 270 | 430 | 702 | 786 | 213 | 55 | - | - |
| かき類養殖 | 2,067 | 247 | 598 | 437 | 314 | 304 | 122 | 44 | 1 | - |
| その他の貝類養殖 | 235 | 113 | 76 | 19 | 17 | 6 | 3 | 1 | - | - |
| くるまえび養殖 | 75 | 1 | 6 | 3 | 9 | 16 | 15 | 24 | 1 | - |
| ほや類養殖 | 167 | 24 | 59 | 47 | 31 | 6 | - | - | - | - |
| その他の水産動物類養殖 | 50 | 2 | 11 | 20 | 12 | 3 | 2 | - | - | - |
| こんぶ類養殖 | 916 | 18 | 135 | 289 | 384 | 86 | 3 | - | - | 1 |
| わかめ類養殖 | 1,835 | 285 | 818 | 436 | 211 | 66 | 16 | 3 | - | - |
| のり類養殖 | 3,214 | 141 | 255 | 327 | 535 | 1,445 | 406 | 103 | 2 | - |
| その他の海藻類養殖 | 661 | 60 | 398 | 155 | 40 | 4 | 2 | 2 | - | - |
| 真珠養殖 | 594 | 15 | 122 | 126 | 132 | 135 | 42 | 22 | - | - |
| 真珠母貝養殖 | 248 | 6 | 105 | 116 | 18 | 2 | - | 1 | - | - |

資料：農林水産省統計部「2018年漁業センサス」
注：「100万円未満」は、「販売金額なし」及び漁獲物・収穫物の販売金額の調査項目に回答を得られな
　　かった経営体を含む。

## 2　内水面漁業経営体
### (1)　内水面漁業経営体数(各年11月1日現在)

単位：経営体

| 区分 | 計<br>(実数) | 湖沼で漁業を営んだ経営体 | 湖沼で養殖業を営んだ経営体 | 湖沼は採捕のみで湖沼以外で養殖業を営んだ経営体 | 養殖業を営んだ経営体 | 湖沼漁業を営んだ経営体 |
|---|---|---|---|---|---|---|
| 平成25年 | 5,503 | 2,484 | 82 | 28 | 3,129 | 110 |
| 30 | 4,772 | 2,133 | 59 | 6 | 2,704 | 65 |

資料：農林水産省統計部「漁業センサス」(以下(3)まで同じ。)
注：「湖沼で漁業を営んだ経営体」には、年間湖上作業従事日数が29日以下の個人経営体を含む。

### (2)　湖沼漁業経営体の基本構成(各年11月1日現在)

| 区分 | 経営体数 | 保有漁船隻数 | | | 使用動力漁船合計トン数 | 湖上作業従事者数 | | | |
|---|---|---|---|---|---|---|---|---|---|
| | | 無動力漁船 | 船外機付漁船 | 動力漁船 | | 家族・雇用者別 | | 男女別 | |
| | | | | | | 家族 | 雇用者 | 男 | 女 |
| | 経営体 | 隻 | 隻 | 隻 | T | 人 | 人 | 人 | 人 |
| 平成25年 | 2,266 | 227 | 1,990 | 1,373 | 2,803 | 3,296 | 822 | 3,159 | 959 |
| 30 | 1,930 | 148 | 1,655 | 1,079 | 2,062 | 2,562 | 632 | 2,610 | 584 |

注：年間湖上作業従事日数29日以下の個人経営体を除く。

### (3)　内水面養殖業経営体の基本構成(各年11月1日現在)

| 区分 | 経営体総数 | 養殖池数 | 養殖面積 | 養殖業従事者数 | | | |
|---|---|---|---|---|---|---|---|
| | | | | 家族・雇用者別 | | 男女別 | |
| | | | | 家族 | 雇用者 | 男 | 女 |
| | 経営体 | 面 | m² | 人 | 人 | 人 | 人 |
| 平成25年 | 3,129 | 51,228 | 37,744,862 | 4,276 | 6,272 | 7,520 | 3,028 |
| 30 | 2,704 | 48,884 | 25,857,944 | 3,353 | 6,085 | 6,900 | 2,538 |

## 2 内水面漁業経営体 (続き)

### (4) 販売金額1位の養殖種類別経営組織別経営体数 (平成30年11月1日現在)

単位：経営体

| 区分 | 計 | 個人 | 会社 | 漁業協同組合 | 漁業生産組合 | 共同経営 | その他 |
|---|---|---|---|---|---|---|---|
| 計 | 2,704 | 1,868 | 597 | 71 | 54 | 49 | 65 |
| 食用 | 1,788 | 1,134 | 487 | 37 | 45 | 49 | 36 |
| にじます | 210 | 116 | 68 | 10 | 14 | 1 | 1 |
| その他のます類 | 411 | 279 | 73 | 11 | 16 | 20 | 12 |
| あゆ | 123 | 51 | 52 | 10 | 7 | 1 | 2 |
| こい | 105 | 75 | 26 | 1 | 1 | 1 | 1 |
| ふな | 107 | 99 | 3 | － | － | 4 | 1 |
| うなぎ | 396 | 194 | 187 | 3 | 3 | 7 | 2 |
| すっぽん | 49 | 26 | 20 | 1 | － | － | 2 |
| 海水魚種 | 30 | 17 | 9 | 1 | － | 2 | 1 |
| その他 | 357 | 277 | 49 | － | 4 | 13 | 14 |
| 種苗用 | 125 | 26 | 28 | 34 | 8 | － | 29 |
| ます類 | 54 | 14 | 16 | 10 | 5 | － | 9 |
| あゆ | 50 | 2 | 10 | 20 | 2 | － | 16 |
| こい | 7 | 6 | 1 | － | － | － | － |
| その他 | 14 | 4 | 1 | 4 | 1 | － | 4 |
| 観賞用 | 782 | 707 | 74 | － | 1 | － | － |
| 錦ごい | 512 | 458 | 53 | － | 1 | － | － |
| その他 | 270 | 249 | 21 | － | － | － | － |
| 真珠 | 9 | 1 | 8 | － | － | － | － |

資料：農林水産省統計部「2018年漁業センサス」（以下3まで同じ。）

## 3 大海区別漁業集落数 (平成30年11月1日現在)

単位：集落

| 区分 | 全国 | 北海道太平洋北区 | 太平洋北区 | 太平洋中区 | 太平洋南区 | 北海道日本海北区 | 日本海北区 | 日本海西区 | 東シナ海区 | 瀬戸内海区 |
|---|---|---|---|---|---|---|---|---|---|---|
| 漁業集落数 | 6,298 | 275 | 564 | 736 | 598 | 318 | 457 | 632 | 1,704 | 1,014 |

## 4 漁港
### 漁港種類別漁港数

単位：漁港

| 年次 | 総数 | | | 1) 第1種 | | | 2) 第2種 | 3) 第3種 | 4) 特3種 | 5) 第4種 |
|---|---|---|---|---|---|---|---|---|---|---|
| | 計 | 海面 | 内水面 | 小計 | 海面 | 内水面 | 海面 | 海面 | 海面 | 海面 |
| 平成30年 | 2,823 | 2,784 | 39 | 2,089 | 2,050 | 39 | 521 | 101 | 13 | 99 |
| 31 | 2,806 | 2,767 | 39 | 2,069 | 2,030 | 39 | 524 | 101 | 13 | 99 |
| 令和2 | 2,790 | 2,751 | 39 | 2,052 | 2,013 | 39 | 525 | 101 | 13 | 99 |
| 3 | 2,785 | 2,746 | 39 | 2,047 | 2,008 | 39 | 525 | 101 | 13 | 99 |
| 4 | 2,780 | 2,741 | 39 | 2,042 | 2,003 | 39 | 525 | 101 | 13 | 99 |

資料：水産庁「漁港一覧」
注：1) は、利用範囲が地元漁業を主とするものをいう。
　　2) は、利用範囲が第1種漁港よりも広く第3種漁港に属さないものをいう。
　　3) は、利用範囲が全国的なものをいう。
　　4) は、第3種漁港のうち水産業の振興上特に重要な漁港で政令で定めるものをいう。
　　5) は、離島、その他辺地にあって、漁場開発又は漁船の避難上特に必要なものをいう。

## 5 漁船 (各年12月31日現在)
### (1) 漁船の勢力 (総括表)

| 年次 | 総隻数 | 推進機関有無別 | | | 海水・淡水別 | | | |
| | | 動力漁船 | | 無動力漁船 | 海水漁業 | | 淡水漁業 | |
| | | 隻数 | 総トン数 | 隻数 | 動力漁船 | 無動力漁船 | 動力漁船 | 無動力漁船 |
|---|---|---|---|---|---|---|---|---|
| | 隻 | 隻 | 千T | 隻 | 隻 | 隻 | 隻 | 隻 |
| 平成28年 | 244,569 | 237,953 | 949 | 6,616 | 231,418 | 4,001 | 6,535 | 2,615 |
| 29 | 237,503 | 230,886 | 929 | 6,617 | 224,575 | 3,735 | 6,311 | 2,882 |
| 30 | 230,504 | 224,791 | 923 | 5,713 | 218,720 | 3,764 | 6,071 | 1,949 |
| 令和元 | 225,276 | 218,734 | 905 | 6,542 | 212,939 | 3,961 | 5,795 | 2,581 |
| 2 | 219,485 | 213,521 | 897 | 5,964 | 207,823 | 3,520 | 5,698 | 2,444 |

資料:水産庁「漁船統計表」(以下(3)まで同じ。)
注:1 この統計調査の対象漁船は、漁船法及び漁船法施行規則に基づく漁船登録票を有する次の日本
　船舶とする (以下(3)まで同じ。)。
　　ア もっぱら漁業に従事する船舶
　　イ 漁業に従事する船舶で漁獲物の保蔵又は製造の設備を有するもの
　　ウ もっぱら漁場から漁獲物又はその製品を運搬する船舶
　　エ もっぱら漁業に関する試験、調査、指導若しくは練習に従事する船舶又は漁業の取締に従
　　　事する船舶であって漁ろう設備を有するもの
　2 漁船には、漁船法に基づく登録漁船のほかに、対象外の総トン数1トン未満の無動力漁船を含む。

### (2) 総トン数規模別海水漁業動力漁船数

単位:隻

| 年次 | 計 | 5T未満 | 5〜10 | 10〜15 | 15〜20 | 20〜30 |
|---|---|---|---|---|---|---|
| 平成28年 | 231,418 | 205,823 | 14,985 | 4,969 | 4,343 | 35 |
| 29 | 224,575 | 199,320 | 14,746 | 4,919 | 4,326 | 34 |
| 30 | 218,720 | 193,695 | 14,583 | 4,880 | 4,322 | 34 |
| 令和元 | 212,939 | 188,277 | 14,321 | 4,824 | 4,307 | 34 |
| 2 | 207,823 | 183,422 | 14,148 | 4,767 | 4,286 | 34 |

| 年次 | 30〜50 | 50〜100 | 100〜200 | 200〜500 | 500〜1,000 | 1,000T以上 |
|---|---|---|---|---|---|---|
| 平成28年 | 87 | 292 | 386 | 451 | 33 | 14 |
| 29 | 87 | 282 | 377 | 436 | 34 | 14 |
| 30 | 82 | 276 | 369 | 427 | 34 | 18 |
| 令和元 | 83 | 259 | 365 | 417 | 35 | 17 |
| 2 | 83 | 246 | 363 | 417 | 40 | 17 |

### (3) 機関種類別及び船質別海水漁業動力漁船数

単位:隻

| 年次 | 機関種類別 | | | 船質別 | | |
| | ジーゼル | 焼玉 | 電気点火 | 鋼船 | 木船 | FRP船 |
|---|---|---|---|---|---|---|
| 平成28年 | 115,217 | - | 116,201 | 3,314 | 2,593 | 225,511 |
| 29 | 111,414 | - | 113,161 | 3,293 | 2,306 | 218,976 |
| 30 | 108,255 | - | 110,465 | 3,282 | 2,034 | 213,404 |
| 令和元 | 105,005 | - | 107,934 | 3,250 | 1,811 | 207,878 |
| 2 | 102,036 | - | 105,787 | 3,267 | 1,620 | 202,936 |

## II 漁業労働力

### 1 世帯員数（個人経営体出身）（各年11月1日現在）

単位：千人

| 年次 | 計 | 男 | | | 女 | | |
|---|---|---|---|---|---|---|---|
| | | 小計 | 14歳以下 | 15歳以上 | 小計 | 14歳以下 | 15歳以上 |
| 平成29年 | 222.6 | 116.9 | 9.1 | 107.8 | 105.7 | 9.2 | 96.4 |
| 30 | 223.0 | 118.5 | 9.8 | 108.7 | 104.5 | 9.3 | 95.2 |
| 令和元 | 198.9 | 106.3 | 8.9 | 97.4 | 92.6 | 8.2 | 84.4 |
| 2 | 188.2 | 100.9 | 8.1 | 92.9 | 87.3 | 8.0 | 79.3 |

資料：農林水産省統計部「漁業就業動向調査（平成29年）」、「2018年漁業センサス」、
「漁業構造動態調査（令和元年～2年）」

### 2 漁業従事世帯員・役員数（平成30年11月1日現在）
#### (1) 年齢階層別漁業従事世帯員・役員数

| 区分 | 計 | 15～29歳 | 30～39 | 40～49 | 50～59 | 60～64 | 65～69 | 70～74 | 75歳以上 |
|---|---|---|---|---|---|---|---|---|---|
| **数（人）** | | | | | | | | | |
| 計 | 134,466 | 4,832 | 9,335 | 15,612 | 24,128 | 15,987 | 21,239 | 17,106 | 26,227 |
| 漁業従事世帯員 | 123,685 | 4,488 | 8,292 | 13,723 | 21,355 | 14,536 | 19,806 | 16,159 | 25,326 |
| 漁業従事役員 | 10,781 | 344 | 1,043 | 1,889 | 2,773 | 1,451 | 1,433 | 947 | 901 |
| **構成比（％）** | | | | | | | | | |
| 計 | 100.0 | 3.6 | 6.9 | 11.6 | 17.9 | 11.9 | 15.8 | 12.7 | 19.5 |
| 漁業従事世帯員 | 100.0 | 3.6 | 6.7 | 11.1 | 17.3 | 11.8 | 16.0 | 13.1 | 20.5 |
| 漁業従事役員 | 100.0 | 3.2 | 9.7 | 17.5 | 25.7 | 13.5 | 13.3 | 8.8 | 8.4 |

資料：農林水産省統計部「2018年漁業センサス」（以下(2)まで同じ。）

#### (2) 責任のある者の状況
##### ア 年齢階層別責任のある者数

| 区分 | 計 | 15～29歳 | 30～39 | 40～49 | 50～59 | 60～64 | 65～69 | 70～74 | 75歳以上 |
|---|---|---|---|---|---|---|---|---|---|
| **数（人）** | | | | | | | | | |
| 計 | 95,392 | 1,540 | 5,222 | 10,719 | 18,213 | 12,150 | 15,942 | 12,930 | 18,676 |
| 個人経営体 | 84,611 | 1,196 | 4,179 | 8,830 | 15,440 | 10,699 | 14,509 | 11,983 | 17,775 |
| 団体経営体 | 10,781 | 344 | 1,043 | 1,889 | 2,773 | 1,451 | 1,433 | 947 | 901 |
| **構成比（％）** | | | | | | | | | |
| 計 | 100.0 | 1.6 | 5.5 | 11.2 | 19.1 | 12.7 | 16.7 | 13.6 | 19.6 |
| 個人経営体 | 100.0 | 1.4 | 4.9 | 10.4 | 18.2 | 12.6 | 17.1 | 14.2 | 21.0 |
| 団体経営体 | 100.0 | 3.2 | 9.7 | 17.5 | 25.7 | 13.5 | 13.3 | 8.8 | 8.4 |

##### イ 団体経営体における役職別責任のある者数

| 区分 | 計（実数） | 経営主 | 海上作業において責任のある者 | | | | | 陸上作業において責任のある者 |
|---|---|---|---|---|---|---|---|---|
| | | | 漁ろう長 | 船長 | 機関長 | 養殖場長 | 左記以外 | |
| 数（人） | 10,781 | 5,584 | 1,663 | 3,587 | 839 | 798 | 2,892 | 3,875 |
| 割合（％） | 100.0 | 51.8 | 15.4 | 33.3 | 7.8 | 7.4 | 26.8 | 35.9 |
| 平均年齢（歳） | - | 59.0 | 57.5 | 55.3 | 54.9 | 53.5 | 53.7 | 59.9 |

## 3　漁業就業者
### (1)　自家漁業のみ・漁業雇われ別漁業就業者数(各年11月 1 日現在)

単位：千人

| 年次 | 計 | 個人経営体の自家漁業のみ | 漁業従事役員 | 漁業雇われ |
|---|---|---|---|---|
| 平成29年 | 153.5 | 92.0 | … | 61.5 |
| 30 | 151.7 | 86.9 | 8.7 | 56.0 |
| 令和元 | 144.7 | 80.3 | 7.6 | 56.8 |
| 2 | 135.7 | 75.8 | 7.4 | 52.4 |
| 3 （概数値） | 129.3 | 71.8 | 6.9 | 50.6 |

資料：　農林水産省統計部「漁業就業動向調査(平成29年)」、「2018年漁業センサス」、「漁業構造
　　　動態調査（令和元～ 3 年）」
注：　平成30年調査において「漁業雇われ」から「漁業従事役員」を分離して新たに調査項目として
　　　設定しており、平成29年以前は「漁業雇われ」に11月 1 日現在で漁業に従事した「漁業従事役員」
　　　を含んでいる。

### (2)　新規就業者数（平成30年11月 1 日現在）

単位：人

| 区分 | 計 | 個人経営体の自家漁業のみ | 漁業雇われ |
|---|---|---|---|
| 新規就業者 | 1,862 | 469 | 1,393 |

資料：農林水産省統計部「2018年漁業センサス」

### (3)　卒業者の漁業就業者数（各年 3 月卒業）

単位：人

| 区分 | 漁業就業者 令和 2 年 | 3 | 区分 | 漁業就業者 令和 2 年 | 3 |
|---|---|---|---|---|---|
| 中学校 | | | 大学 | | |
| 　計 | (76) | (95) | 　計 | 108 | 94 |
| 　男 | (65) | (83) | 　男 | 83 | 67 |
| 　女 | (11) | (12) | 　女 | 25 | 27 |
| 特別支援学校中学部 | | | 大学院修士課程 | | |
| 　計 | (1) | (-) | 　計 | 19 | 22 |
| 　男 | (-) | (-) | 　男 | 15 | 16 |
| 　女 | (1) | (-) | 　女 | 4 | 6 |
| 高等学校（全日・定時制） | | | 大学院博士課程 | | |
| 　計 | 390 | 453 | 　計 | 3 | 7 |
| 　男 | 354 | 424 | 　男 | - | 6 |
| 　女 | 36 | 29 | 　女 | 3 | 1 |
| 高等学校（通信制） | | | 大学院専門職学位課程 | | |
| 　計 | 16 | 30 | 　計 | - | - |
| 　男 | 12 | 27 | 　男 | - | - |
| 　女 | 4 | 3 | 　女 | - | - |
| 中等教育学校（後期課程） | | | 短期大学 | | |
| 　計 | - | - | 　計 | 6 | 6 |
| 　男 | - | - | 　男 | 2 | 1 |
| 　女 | - | - | 　女 | 4 | 5 |
| 特別支援学校高等部 | | | 高等専門学校 | | |
| 　計 | 7 | 8 | 　計 | - | 1 |
| 　男 | 7 | 8 | 　男 | - | 1 |
| 　女 | - | - | 　女 | - | - |

資料：文部科学省総合教育政策局「学校基本調査」
注：1　卒業後の状況調査における、産業別の就職者数である。
　　2　進学しかつ就職した者を含む。
　　3　中学校及び特別支援学校（中学部）は漁業就業者の区分をされていないため、農業・林業
　　　を含む一次産業への就業者を（ ）で掲載した。

## Ⅲ 漁業経営

### 1 個人経営体（1経営体当たり）（全国平均）（令和2年）

(1) 漁船漁業及び小型定置網漁業

ア 概要及び分析指標

| 区分 | 使用動力船総トン数 | 事業所得 | | | 漁労所得率 | 付加価値額（純生産） | 物的経費 | 純生産性 | 漁業固定資本装備率 |
|---|---|---|---|---|---|---|---|---|---|
| | | 計 | 漁労所得 | 漁労外事業所得 | | | | | |
| | T | 千円 | 千円 | 千円 | % | 千円 | 千円 | 千円 | 千円 |
| **漁船漁業** | | | | | | | | | |
| 平均 | 4.52 | 2,608 | 2,348 | 260 | 29.5 | 4,169 | 3,795 | 1,985 | 1,671 |
| 3 T 未満 | 0.98 | 1,714 | 1,597 | 117 | 46.2 | 2,124 | 1,333 | 1,249 | 859 |
| 3〜5 | 4.70 | 2,565 | 2,184 | 381 | 33.6 | 3,175 | 3,324 | 1,764 | 1,755 |
| 5〜10 | 8.00 | 3,609 | 3,310 | 299 | 24.7 | 6,947 | 6,459 | 2,481 | 2,811 |
| 10〜20 | 15.14 | 6,899 | 6,672 | 227 | 21.3 | 15,740 | 15,519 | 3,577 | 1,945 |
| 20〜30 | 24.38 | 8,779 | 8,333 | 446 | 30.1 | 16,143 | 11,514 | 3,587 | 1,676 |
| 30〜50 | 36.94 | 12,796 | 9,725 | 3,071 | 19.7 | 30,087 | 19,257 | 3,306 | 1,227 |
| 50〜100 | 70.63 | 8,508 | 6,394 | 2,114 | 5.8 | 48,999 | 62,154 | 3,889 | 2,293 |
| 100 T 以上 | 247.76 | △ 30,794 | △ 32,327 | 1,533 | nc | 119,543 | 164,734 | 5,977 | 4,446 |
| うち100〜200 | 145.71 | 11,947 | 10,107 | 1,840 | 6.6 | 77,787 | 74,407 | 5,256 | 1,786 |
| 200 T 以上 | x | x | x | x | x | x | x | x | x |
| **小型定置網漁業** | 4.89 | 4,388 | 4,116 | 272 | 33.9 | 7,672 | 4,473 | 1,668 | 678 |

資料：農林水産省統計部「令和2年漁業経営統計調査報告」（以下2まで同じ。）

注：1　調査対象経営体は、第2種兼業を除く個人漁業経営体のうち、主として漁船漁業を営む経営体
　　　及び主として小型定置網漁業を営む経営体並びに主として養殖業（ぶり類、まだい、ほたてがい、
　　　かき類及びのり類）を営む経営体である（以下(2)まで同じ。）。

　　2　東日本大震災の影響により、2013 年漁業センサス結果に福島県の個人経営体は含まれていない
　　　ため、個人経営体調査については福島県を含まない。

### イ 経営収支

単位：千円

| 区分 | 漁労収入 | 漁業生産物収入 | 漁労支出 | 雇用労賃 | 漁船・漁具費 | 油費 | 修繕費 | 販売手数料 | 減価償却費 |
|---|---|---|---|---|---|---|---|---|---|
| **漁船漁業** | | | | | | | | | |
| 平均 | 7,964 | 6,810 | 5,616 | 920 | 475 | 832 | 482 | 467 | 775 |
| 3 T 未満 | 3,457 | 2,751 | 1,860 | 156 | 172 | 211 | 138 | 220 | 293 |
| 3〜5 | 6,499 | 5,453 | 4,315 | 210 | 421 | 747 | 473 | 387 | 697 |
| 5〜10 | 13,406 | 11,702 | 10,096 | 2,221 | 728 | 1,357 | 787 | 780 | 1,653 |
| 10〜20 | 31,259 | 27,948 | 24,587 | 5,481 | 2,114 | 3,886 | 1,770 | 1,878 | 2,052 |
| 20〜30 | 27,657 | 24,017 | 19,324 | 5,133 | 1,137 | 2,535 | 2,174 | 1,303 | 2,257 |
| 30〜50 | 49,344 | 43,629 | 39,619 | 15,673 | 2,527 | 4,360 | 3,012 | 2,054 | 3,350 |
| 50〜100 | 111,153 | 107,861 | 104,759 | 34,637 | 8,375 | 16,361 | 9,767 | 5,796 | 10,998 |
| 100 T 以上 | 284,277 | 247,593 | 316,604 | 85,899 | 12,272 | 53,281 | 24,601 | 9,715 | 24,777 |
| うち100〜200 | 152,194 | 122,406 | 142,087 | 51,031 | 6,548 | 29,617 | 15,896 | 5,780 | 4,867 |
| 200 T 以上 | x | x | x | x | x | x | x | x | x |
| **小型定置網漁業** | 12,145 | 10,473 | 8,029 | 2,032 | 775 | 340 | 604 | 765 | 955 |

(2)　海面養殖業
　　ア　概要及び分析指標

| 区分 | 1)養殖施設面積 | 事業所得 | | | 漁労所得率 | 付加価値額（純生産） | 物的経費 | 純生産性 | 漁業固定資本装備率 |
|---|---|---|---|---|---|---|---|---|---|
| | | 計 | 漁労所得 | 漁労外事業所得 | | | | | |
| | ㎡ | 千円 | 千円 | 千円 | ％ | 千円 | 千円 | 千円 | 千円 |
| ぶり類養殖業 | 960 | 7,192 | 6,961 | 231 | 6.2 | 8,846 | 103,253 | 885 | 1,601 |
| まだい養殖業 | 1,472 | △ 9,120 | △ 9,288 | 168 | nc | △ 8,741 | 79,851 | nc | 2,726 |
| ほたてがい養殖業 | 10,109 | 5,384 | 5,338 | 46 | 25.1 | 11,083 | 10,188 | 1,056 | 1,071 |
| かき類養殖業 | 4,212 | 7,588 | 7,040 | 548 | 23.5 | 19,754 | 10,152 | 2,599 | 1,524 |
| のり類養殖業 | 12,833 | 12,300 | 12,163 | 137 | 36.3 | 19,438 | 14,104 | 3,187 | 2,852 |

注：1)は、主とする養殖業の養殖施設面積である。

　　イ　経営収支

単位：千円

| 区分 | 漁労収入 | 養殖業生産物収入 | 漁労支出 | 雇用労賃 | 漁船・漁具費 | 油費 | 修繕費 | 販売手数料 | 減価償却費 |
|---|---|---|---|---|---|---|---|---|---|
| ぶり類養殖業 | 112,099 | 103,979 | 105,138 | 2,494 | 735 | 1,241 | 1,058 | 1,993 | 5,279 |
| まだい養殖業 | 71,110 | 69,014 | 80,398 | 2,060 | 674 | 646 | 650 | 1,420 | 4,030 |
| ほたてがい養殖業 | 21,271 | 14,971 | 15,933 | 3,795 | 1,473 | 849 | 1,338 | 1,010 | 3,211 |
| かき類養殖業 | 29,906 | 27,091 | 22,866 | 6,920 | 644 | 666 | 1,056 | 530 | 2,512 |
| のり類養殖業 | 33,542 | 32,454 | 21,379 | 2,150 | 1,033 | 1,974 | 2,325 | 1,325 | 3,800 |

## 2 会社経営体（1経営体当たり）（全国平均）（令和2年度）
### (1) 漁船漁業及び海面養殖業の総括

| 区分 | 収入 | | | | 支出 | | | |
|---|---|---|---|---|---|---|---|---|
| | 計 | 漁労売上高 | 漁労外売上高 | 営業外収益 | 計 | 漁労売上原価 | 漁労販売費及び一般管理費 | 漁労外売上原価 |
| | 千円 | 千円 | 千円 | 千円 | 千円 | 千円 | 千円 | 千円 |
| **漁船漁業** | | | | | | | | |
| 平均 | 355,796 | 292,934 | 62,862 | 17,017 | 304,296 | 279,224 | 55,827 | 25,072 |
| 10～20T未満 | 68,298 | 52,323 | 15,975 | 1,944 | 50,625 | 47,213 | 16,838 | 3,412 |
| 20～50 | 68,478 | 51,736 | 16,742 | 1,477 | 52,359 | 49,636 | 15,179 | 2,723 |
| 50～100 | 171,993 | 140,056 | 31,937 | 5,052 | 129,041 | 112,591 | 42,788 | 16,450 |
| 100～200 | 356,726 | 306,593 | 50,133 | 14,004 | 289,995 | 265,523 | 74,723 | 24,472 |
| 200～500 | 564,935 | 525,222 | 39,713 | 13,950 | 477,915 | 462,425 | 94,543 | 15,490 |
| 500T以上 | 2,126,160 | 1,686,186 | 439,974 | 123,733 | 1,941,414 | 1,751,688 | 227,211 | 189,726 |
| 500～1,000 | 1,006,256 | 875,051 | 131,205 | 77,020 | 861,486 | 841,106 | 121,677 | 20,380 |
| 1,000T以上 | 3,022,084 | 2,335,095 | 686,989 | 161,103 | 2,805,358 | 2,480,155 | 311,640 | 325,203 |
| 1,000～3,000 | 2,998,577 | 2,259,123 | 739,454 | 169,723 | 2,800,878 | 2,440,115 | 300,624 | 360,763 |
| 3,000T以上 | x | x | x | x | x | x | x | x |
| **海面養殖業** | | | | | | | | |
| ぶり類養殖業 | 325,167 | 297,398 | 27,769 | 8,250 | 300,876 | 281,961 | 27,651 | 18,915 |
| まだい養殖業 | 210,061 | 196,388 | 13,673 | 9,463 | 216,555 | 205,304 | 32,299 | 11,251 |

| 区分 | 支出（続き） | | 1) | 2) | | | | 3) | 4) | 5) |
|---|---|---|---|---|---|---|---|---|---|---|
| | 漁労外販売費及び一般管理費 | 営業外費用 | 漁労利益 | 漁労外利益 | 営業利益 | 経常利益 | 当期純利益 | 漁業投下資本利益率 | 売上利益率 | 自己資本比率 |
| | 千円 | 千円 | 千円 | 千円 | 千円 | 千円 | 千円 | % | % | % |
| **漁船漁業** | | | | | | | | | | |
| 平均 | 5,257 | 3,504 | △ 42,117 | 32,533 | △ 9,584 | 3,929 | 4,071 | nc | nc | 26.9 |
| 10～20T未満 | 2,648 | 589 | △ 11,728 | 9,915 | △ 1,813 | 458 | 83 | nc | nc | 6.4 |
| 20～50 | 6,693 | 296 | △ 13,079 | 7,326 | △ 5,753 | △ 4,572 | 4,758 | nc | nc | 16.1 |
| 50～100 | 2,379 | 1,500 | △ 15,323 | 13,108 | 2,215 | 1,337 | 10,757 | nc | nc | nc |
| 100～200 | 4,906 | 2,791 | △ 33,653 | 20,755 | 12,898 | △ 1,685 | 4,939 | nc | nc | 40.0 |
| 200～500 | 611 | 5,265 | △ 31,746 | 23,612 | 8,134 | 551 | 636 | nc | nc | 38.4 |
| 500T以上 | 25,046 | 23,479 | △ 292,713 | 225,202 | 67,511 | 32,743 | 33,088 | nc | nc | 26.7 |
| 500～1,000 | 994 | 15,362 | △ 87,732 | 109,831 | 22,099 | 83,757 | 58,126 | nc | nc | 22.0 |
| 1,000T以上 | 44,288 | 29,973 | △ 456,700 | 317,498 | △ 139,202 | △ 8,072 | 13,055 | nc | nc | 27.9 |
| 1,000～3,000 | 51,102 | 30,412 | △ 481,616 | 327,589 | △ 154,027 | △ 14,716 | 13,177 | nc | nc | 30.1 |
| 3,000T以上 | x | x | x | x | x | x | x | x | x | x |
| **海面養殖業** | | | | | | | | | | |
| ぶり類養殖業 | 469 | 5,053 | △ 12,214 | 8,385 | △ 3,829 | △ 632 | △ 1,404 | nc | nc | 6.9 |
| まだい養殖業 | 669 | 5,841 | △ 41,215 | 1,753 | △ 39,462 | △ 35,840 | △ 27,374 | nc | nc | 16.2 |

注： 調査対象経営体は、会社経営体のうち、主として漁船漁業を営み、かつ、使用する動力漁船の
　　合計総トン数が10トン以上の経営体及び主として養殖業（ぶり類、まだい）を営む経営体である
　　（以下(2)まで同じ。）。
　　1)は、漁労売上高－（漁労売上原価＋漁労販売費及び一般管理費）である。
　　2)は、漁労外売上高－（漁労外売上原価＋漁労外販売費及び一般管理費）である。
　　3)は、漁労利益÷漁業投下資本額×100である。
　　4)は、漁労利益÷漁労売上高×100である。
　　5)は、（株主資本合計(期首)＋評価・換算差額等(期首)）÷負債・純資産合計（期首）×100である。

(2) 漁船漁業経営体の主とする漁業種類別の階層別

単位:千円

| 区分 | 漁労売上高 | 漁労売上原価 | 労務費 | 油費 | 減価償却費 | 漁労販売費及び一般管理費 | 1)漁労利益 |
|---|---|---|---|---|---|---|---|
| 沖合底びき網 | | | | | | | |
| 　50～100T未満 | 158,366 | 128,993 | 59,564 | 20,616 | 10,147 | 30,055 | △　　682 |
| 　100～200 | 342,250 | 296,465 | 125,878 | 47,629 | 31,094 | 68,783 | △ 22,998 |
| 船びき網 | | | | | | | |
| 　10～20T未満 | 11,987 | 17,202 | 9,758 | 3,146 | 1,438 | 9,390 | △ 14,605 |
| 　20～50 | 31,135 | 29,126 | 13,880 | 4,131 | 3,297 | 10,650 | △ 8,641 |
| 　50～100 | 65,340 | 64,726 | 20,959 | 15,997 | 8,568 | 21,493 | △ 20,879 |
| 大中型まき網 | | | | | | | |
| 　500T以上 | 2,346,615 | 2,563,893 | 827,301 | 370,314 | 429,179 | 321,035 | △ 538,313 |
| 　うち500～1,000T未満 | 1,073,613 | 1,090,637 | 394,218 | 101,527 | 244,156 | 171,420 | △ 188,444 |
| 　1,000T以上 | 3,195,283 | 3,546,066 | 1,116,023 | 549,506 | 552,528 | 420,778 | △ 771,561 |
| 　うち1,000～3,000 | 3,195,283 | 3,546,066 | 1,116,023 | 549,506 | 552,528 | 420,778 | △ 771,561 |
| 中・小型まき網 | | | | | | | |
| 　50～100T未満 | 159,638 | 123,625 | 66,490 | 16,868 | 7,869 | 57,800 | △ 21,787 |
| 　100～200 | 301,474 | 277,076 | 131,092 | 29,516 | 44,972 | 81,689 | △ 57,291 |
| 遠洋・近海まぐろはえ縄 | | | | | | | |
| 　10～20T未満 | 89,913 | 74,636 | 24,612 | 13,117 | 3,298 | 21,628 | △ 6,351 |
| 　500T以上 | 1,471,178 | 1,482,113 | 452,834 | 302,533 | 161,585 | 186,538 | △ 197,473 |
| 　うち500～1,000T未満 | 630,365 | 540,107 | 175,646 | 148,798 | 23,240 | 54,910 | 35,348 |
| 　1,000T以上 | 1,786,483 | 1,835,366 | 556,779 | 360,183 | 213,465 | 235,900 | △ 284,783 |
| 　うち1,000～3,000 | 1,439,006 | 1,533,681 | 445,178 | 282,439 | 163,839 | 186,786 | △ 281,461 |
| 遠洋・近海かつお一本釣 | | | | | | | |
| 　100～200T未満 | 343,079 | 262,378 | 101,396 | 57,177 | 22,081 | 100,833 | △ 20,132 |
| 　500T以上 | 982,399 | 931,174 | 288,532 | 240,896 | 88,828 | 151,814 | △ 100,589 |
| その他の漁業 | | | | | | | |
| 　10～20T未満 | 44,165 | 39,908 | 18,813 | 6,732 | 3,979 | 16,736 | △ 12,479 |

注:1)は、漁労売上高－(漁労売上原価＋漁労販売費及び一般管理費)である。

## 3 沿岸漁家の漁労所得

単位:万円

| 区分 | 平成29年 | 30 | 令和元 | 2 | 3 (概数) |
|---|---|---|---|---|---|
| 沿岸漁家平均 | 348 | 273 | 216 | 177 | 179 |
| 沿岸漁船漁家 | 219 | 186 | 169 | 112 | 114 |
| 海面養殖漁家 | 1,166 | 763 | 491 | 527 | 496 |

資料:水産庁資料
注 : 1　農林水産省統計部「漁業経営調査報告」及び「漁業センサス」の結果を用いて水産庁が
　　　　算出した数値である。
　　 2　沿岸漁家平均は、「漁業経営調査報告」の個人経営体調査の結果を「漁業センサス」の
　　　　10トン未満の漁船漁業、小型定置網漁業、海面養殖業の経営体数の比に応じて加重平均し
　　　　て算出した。
　　 3　沿岸漁船漁家は、「漁業経営調査報告」の個人経営体調査の結果から、10トン未満分を
　　　　再集計し作成した。
　　 4　漁船漁業については、東日本大震災により漁業が行えなかったこと等から、福島県の経
　　　　営体を除く結果である。
　　 5　漁労収入には、制度受取金等(漁業)を含めていない。

## 4 生産資材 (燃油1kl当たり価格の推移)

単位:円

| 区分 | 平均30年 | 令和元 | 2 | 3 | 4 |
|---|---|---|---|---|---|
| 燃油価格 | 86,517 | 84,350 | 70,121 | 87,808 | 102,421 |

資料:水産庁資料
注 : 1　全漁連系浜地区のA重油の価格であり、主に20トン未満の漁船への供給について適用する。
　　 2　価格は、各年の平均価格であり、令和4年は1月から同年7月までの平均価格である。

## Ⅳ　水産業・漁業地域の活性化と女性の活動

### 1　漁業地域の活性化の取組状況（平成30年11月1日現在）

#### (1)　会合・集会等の議題別漁業地区数（複数回答）

単位：地区

| 区分 | 会合・集会等を開催した漁業地区数（実数） | 会合・集会等の議題（複数回答） | | | | | | | |
|---|---|---|---|---|---|---|---|---|---|
| | | 特定区画漁業権・共同漁業権の変更 | 企業参入 | 漁業権放棄 | 漁業補償 | 漁業地区の共有財産・共有施設の管理 | 自然環境の保全 | 漁業地区の行事（祭り・イベント等） | その他 |
| 実数<br>全国 | 1,468 | 687 | 19 | 35 | 111 | 166 | 244 | 611 | 931 |
| 割合(%)<br>全国 | 100.0 | 46.8 | 1.3 | 2.4 | 7.6 | 11.3 | 16.6 | 41.6 | 63.4 |

資料：農林水産省統計部「2018年漁業センサス」（以下(5)まで同じ。）

#### (2)　漁業協同組合が関係する活動別漁業地区数（複数回答）

単位：地区

| 区分 | 計（実数） | 関係する活動（複数回答） | | | | | |
|---|---|---|---|---|---|---|---|
| | | 新規漁業就業者・後継者を確保する取組 | ゴミ（海岸・海上・海底）の清掃活動 | 6次産業化への取組 | ブルー・ツーリズムの取組 | 水産に関する伝統的な祭り・文化・芸能の保存 | 各種イベントの開催 |
| 実数<br>全国 | 1,520 | 453 | 1,336 | 167 | 71 | 416 | 564 |
| 割合(%)<br>全国 | 100.0 | 29.8 | 87.9 | 11.0 | 4.7 | 27.4 | 37.1 |

#### (3)　漁業体験参加人数規模別漁業地区数及び年間延べ参加人数

| 区分 | 漁業体験を行った漁業地区数 | 参加人数規模別 | | | | | | 漁業体験の年間延べ参加人数 |
|---|---|---|---|---|---|---|---|---|
| | | 10人未満 | 10〜20 | 20〜50 | 50〜100 | 100〜200 | 200人以上 | |
| | 地区 | 地区 | 地区 | 地区 | 地区 | 地区 | 地区 | 人 |
| **全国** | 320 | 73 | 29 | 83 | 47 | 27 | 61 | 132,028 |
| 北海道太平洋北区 | 10 | – | 1 | 6 | 2 | – | 1 | 2,943 |
| 太平洋北区 | 37 | 9 | 5 | 13 | 3 | 2 | 5 | 3,268 |
| 太平洋中区 | 46 | 9 | 3 | 11 | 6 | 4 | 13 | 82,810 |
| 太平洋南区 | 15 | 3 | 1 | 2 | 3 | 3 | 3 | 3,051 |
| 北海道日本海北区 | 15 | 5 | – | 6 | 2 | – | 2 | 4,673 |
| 日本海北区 | 25 | 5 | 1 | 7 | 7 | 2 | 3 | 2,006 |
| 日本海西区 | 18 | 3 | 1 | 3 | 5 | 2 | 4 | 2,229 |
| 東シナ海区 | 69 | 20 | 4 | 21 | 7 | 6 | 11 | 11,756 |
| 瀬戸内海区 | 85 | 19 | 13 | 14 | 12 | 8 | 19 | 19,292 |

(4)　魚食普及活動参加人数規模別漁業地区数及び年間延べ参加人数

| 区分 | 魚食普及活動を行った漁業地区数 | 参加人数規模別 | | | | | | 魚食普及活動の年間延べ参加人数 |
|---|---|---|---|---|---|---|---|---|
| | | 10人未満 | 10〜20 | 20〜50 | 50〜100 | 100〜200 | 200人以上 | |
| | 地区 | 地区 | 地区 | 地区 | 地区 | 地区 | 地区 | 人 |
| **全国** | 377 | 53 | 51 | 96 | 47 | 41 | 89 | 381,723 |
| 北海道太平洋北区 | 21 | 4 | 1 | 5 | 6 | 1 | 4 | 1,953 |
| 太平洋北区 | 36 | 4 | 6 | 13 | 7 | 1 | 5 | 23,596 |
| 太平洋中区 | 52 | 10 | 4 | 6 | 3 | 11 | 18 | 64,729 |
| 太平洋南区 | 21 | 3 | 2 | 6 | 1 | 2 | 7 | 6,915 |
| 北海道日本海北区 | 19 | 2 | 4 | 7 | 1 | 2 | 3 | 1,597 |
| 日本海北区 | 23 | – | 5 | 3 | 2 | 4 | 9 | 138,349 |
| 日本海西区 | 21 | 4 | 1 | 3 | 5 | 3 | 5 | 5,743 |
| 東シナ海区 | 81 | 8 | 11 | 25 | 9 | 10 | 18 | 46,103 |
| 瀬戸内海区 | 103 | 18 | 17 | 28 | 13 | 7 | 20 | 92,738 |

(5)　水産物直売所利用者数規模別漁業地区数及び年間延べ利用者数

| 区分 | 水産物直売所がある漁業地区数 | 利用者数規模別 | | | | | 水産物直売所の施設数 | 水産物直売所の年間延べ利用者数 |
|---|---|---|---|---|---|---|---|---|
| | | 500人未満 | 500〜1,000 | 1,000〜5,000 | 5,000〜10,000 | 10,000人以上 | | |
| | 地区 | 地区 | 地区 | 地区 | 地区 | 地区 | 施設 | 人 |
| **全国** | 316 | 50 | 25 | 83 | 39 | 119 | 343 | 13,145,300 |
| 北海道太平洋北区 | 12 | 1 | – | 3 | – | 8 | 12 | 279,900 |
| 太平洋北区 | 13 | 3 | 2 | 4 | 1 | 3 | 14 | 77,900 |
| 太平洋中区 | 57 | 3 | 4 | 12 | 15 | 23 | 62 | 1,486,600 |
| 太平洋南区 | 13 | 1 | 1 | 3 | 2 | 6 | 13 | 3,693,300 |
| 北海道日本海北区 | 20 | 2 | 1 | 5 | 4 | 8 | 21 | 1,249,100 |
| 日本海北区 | 14 | 1 | 1 | 4 | – | 8 | 14 | 726,000 |
| 日本海西区 | 20 | 4 | 3 | 5 | 1 | 7 | 22 | 311,900 |
| 東シナ海区 | 92 | 13 | 7 | 27 | 11 | 34 | 100 | 3,475,000 |
| 瀬戸内海区 | 75 | 22 | 6 | 20 | 5 | 22 | 85 | 1,845,600 |

## 2　漁協への女性の参画状況

単位：人

| 区分 | 平成28年度 | 29 | 30 | 令和元 | 2 |
|---|---|---|---|---|---|
| 漁協個人正組合員数 | 138,988 | 134,570 | 129,373 | 124,702 | 118,101 |
| 　男 | 131,017 | 126,891 | 122,215 | 117,538 | 111,805 |
| 　女 | 7,971 | 7,679 | 7,158 | 7,164 | 6,296 |
| 漁協役員数 | 9,373 | 9,330 | 9,195 | 9,075 | 8,433 |
| 　男 | 9,323 | 9,279 | 9,148 | 9,037 | 8,394 |
| 　女 | 50 | 51 | 47 | 38 | 39 |

資料：水産庁「水産業協同組合統計表」
注：漁協は、各年4月1日から翌年3月末までの間に終了した事業年度ごとの数値である。

## 3　漁業・水産加工場における女性の就業者数及び従事者数（平成30年11月1日現在）

| 区分 | 実数 | | | 割合 | | |
|---|---|---|---|---|---|---|
| | 計 | 男 | 女 | 計 | 男 | 女 |
| | 人 | 人 | 人 | ％ | ％ | ％ |
| 漁業就業者数 | 151,701 | 134,186 | 17,515 | 100.0 | 88.5 | 11.5 |
| 水産加工場従業者数 | 171,354 | 68,357 | 102,997 | 100.0 | 39.9 | 60.1 |

資料：農林水産省統計部「2018年漁業センサス」
注：1　「漁業就業者」とは、満15歳以上で過去1年間に漁業の海上作業に30日以上従事した者をいう。
　　2　「水産加工場従業者数」とは、平成30年11月1日現在に従事した者をいう。

## V 生産量
### 1 生産量の推移

| 年次 | 1)総生産量 | 海面 | | | | | |
|---|---|---|---|---|---|---|---|
| | | 計 | 漁業 | | | | |
| | | | 小計 | 遠洋 | 沖合 | 沿岸 | |
| | 千t | 千t | 千t | 千t | 千t | 千t | |
| 平成29年 | 4,306 | 4,244 | 3,258 | 314 | 2,051 | 893 | |
| 30 | 4,421 | 4,364 | 3,360 | 349 | 2,042 | 969 | |
| 令和元年 | 4,197 | 4,144 | 3,229 | 329 | 1,970 | 930 | |
| 2 | 4,234 | 4,183 | 3,213 | 298 | 2,044 | 871 | |
| 3 （概数値） | 4,173 | 4,122 | 3,191 | 254 | 2,000 | 938 | |

| 年次 | 海面（続き） | 2)内水面 | | | 3)捕鯨業 |
|---|---|---|---|---|---|
| | 養殖業 | 計 | 漁業 | 養殖業 | |
| | 千t | 千t | 千t | 千t | 頭 |
| 平成29年 | 986 | 62 | 25 | 37 | 30 |
| 30 | 1,005 | 57 | 27 | 30 | 55 |
| 令和元年 | 915 | 53 | 22 | 31 | 86 |
| 2 | 970 | 51 | 22 | 29 | 115 |
| 3 （概数値） | 931 | 51 | 18 | 33 | ‥ |

資料：農林水産省統計部「漁業・養殖業生産統計」（以下4まで同じ。）
注： 海面漁業における「遠洋漁業」、「沖合漁業」及び「沿岸漁業」の内訳については、本調査
で定義した次の漁業種類ごとの漁獲量の積上げである。
　　遠洋漁業： 遠洋底びき網漁業、以西底びき網漁業、大中型1そうまき遠洋かつお・まぐろ
　　　　　まき網漁業、太平洋底刺し網等漁業、遠洋まぐろはえ縄漁業、大西洋等はえ縄等
　　　　　漁業、遠洋かつお一本釣漁業及び沖合いか釣漁業（沖合漁業に属するものを除く。）
　　沖合漁業： 沖合底びき網漁業、小型底びき網漁業、大中型1そうまきその他のまき網漁業、
　　　　　大中型2そうまき網漁業、中・小型まき網漁業、さけ・ます流し網漁業、かじき
　　　　　等流し網漁業、さんま棒受網漁業、近海まぐろはえ縄漁業、沿岸まぐろはえ縄漁
　　　　　業、東シナ海はえ縄漁業、近海かつお一本釣漁業、沿岸かつお一本釣漁業、沖合
　　　　　いか釣漁業（遠洋漁業に属するものを除く。）、沿岸いか釣漁業、日本海べにず
　　　　　わいがに漁業及びずわいがに漁業
　　沿岸漁業： 船びき網漁業、その他の刺網漁業（遠洋漁業に属するものを除く。）、大型定
　　　　　置網漁業、さけ定置網漁業、小型定置網漁業、その他の網漁業、その他のはえ縄
　　　　　漁業（遠洋漁業又は沖合漁業に属するものを除く。）、ひき縄釣漁業、その他の
　　　　　釣漁業及びその他の漁業（遠洋漁業又は沖合漁業に属するものを除く。）
　　1)は、捕鯨業を除く。
　　2)のうち、内水面漁業については、平成29年及び30年は主要112河川24湖沼、令和元年以降は
　　主要113河川24湖沼を調査の対象とした。なお、調査の範囲が販売を目的として漁獲された量の
　　みであることから、遊漁者（レクリエーションを主な目的として水産動植物を採捕するもの）
　　による採捕量は含まない。内水面養殖業については、ます類、あゆ、こい及びうなぎを調査の
　　対象とした。
　　3)は、調査捕鯨による捕獲頭数を含まない。

## 2 海面漁業
### (1) 都道府県・大海区別漁獲量

単位：千 t

| 都道府県・大海区 | 平成29年 | 30 | 令和元 | 2 | 3<br>(概数値) |
|---|---|---|---|---|---|
| 全国 | 3,258 | 3,360 | 3,229 | 3,213 | 3,191 |
| 北海道 | 739 | 877 | 882 | 895 | 910 |
| 青森 | 102 | 90 | 80 | 91 | 66 |
| 岩手 | 76 | 90 | 93 | 66 | 79 |
| 宮城 | 158 | 185 | 195 | 165 | 162 |
| 秋田 | 6 | 6 | 6 | 6 | 6 |
| 山形 | 4 | 4 | 4 | 4 | 4 |
| 福島 | 53 | 50 | 69 | 72 | 62 |
| 茨城 | 295 | 259 | 291 | 302 | 299 |
| 千葉 | 120 | 133 | 111 | 99 | 105 |
| 東京 | 41 | 47 | 52 | 46 | 29 |
| 神奈川 | 32 | 33 | 34 | 31 | 26 |
| 新潟 | 30 | 29 | 29 | 27 | 22 |
| 富山 | 24 | 42 | 23 | 26 | 23 |
| 石川 | 37 | 62 | 40 | 53 | 46 |
| 福井 | 12 | 11 | 12 | 12 | 9 |
| 静岡 | 202 | 195 | 173 | 184 | 244 |
| 愛知 | 70 | 62 | 60 | 53 | 53 |
| 三重 | 155 | 132 | 131 | 125 | 107 |
| 京都 | 9 | 11 | 9 | 10 | 9 |
| 大阪 | 19 | 9 | 14 | 15 | 18 |
| 兵庫 | 41 | 40 | 41 | 42 | 48 |
| 和歌山 | 19 | 15 | 14 | 13 | 17 |
| 鳥取 | 74 | 83 | 82 | 91 | 82 |
| 島根 | 133 | 113 | 80 | 89 | 89 |
| 岡山 | 4 | 3 | 3 | 3 | 3 |
| 広島 | 16 | 16 | 14 | 19 | 18 |
| 山口 | 26 | 26 | 22 | 23 | 21 |
| 徳島 | 11 | 10 | 10 | 9 | 11 |
| 香川 | 16 | 19 | 16 | 12 | 10 |
| 愛媛 | 80 | 75 | 74 | 81 | 75 |
| 高知 | 66 | 73 | 63 | 65 | 60 |
| 福岡 | 26 | 29 | 18 | 16 | 24 |
| 佐賀 | 8 | 8 | 10 | 7 | 8 |
| 長崎 | 317 | 291 | 251 | 228 | 243 |
| 熊本 | 18 | 18 | 16 | 13 | 12 |
| 大分 | 32 | 32 | 31 | 36 | 30 |
| 宮崎 | 97 | 103 | 100 | 119 | 101 |
| 鹿児島 | 75 | 64 | 59 | 54 | 47 |
| 沖縄 | 16 | 16 | 16 | 13 | 15 |
| 北海道太平洋北区 | 362 | 394 | 364 | 350 | 385 |
| 太平洋北区 | 670 | 661 | 715 | 682 | 656 |
| 太平洋中区 | 620 | 601 | 562 | 537 | 564 |
| 太平洋南区 | 256 | 267 | 249 | 284 | 254 |
| 北海道日本海北区 | 377 | 482 | 518 | 545 | 525 |
| 日本海北区 | 79 | 94 | 75 | 77 | 65 |
| 日本海西区 | 279 | 292 | 234 | 267 | 246 |
| 東シナ海区 | 477 | 443 | 383 | 344 | 362 |
| 瀬戸内海区 | 138 | 124 | 128 | 127 | 134 |

注：捕鯨業を除く。

2 海面漁業 (続き)
(2) 魚種別漁獲量

単位：千 t

| 魚種 | 平成29年 | 30 | 令和元 | 2 | 3<br>（概数値） |
|---|---|---|---|---|---|
| 海面漁業計 | 3,258 | 3,360 | 3,229 | 3,213 | 3,191 |
| 魚類計 | 2,690 | 2,739 | 2,591 | 2,602 | 2,587 |
| まぐろ類計 | 169 | 165 | 161 | 177 | 142 |
| くろまぐろ | 10 | 8 | 10 | 11 | 11 |
| みなみまぐろ | 4 | 5 | 6 | 6 | 7 |
| びんなが | 46 | 42 | 30 | 63 | 37 |
| めばち | 39 | 37 | 34 | 32 | 31 |
| きはだ | 69 | 72 | 80 | 64 | 55 |
| その他のまぐろ類 | 1 | 1 | 1 | 1 | 1 |
| まかじき | 2 | 2 | 2 | 2 | 2 |
| めかじき | 8 | 8 | 6 | 6 | 6 |
| くろかじき類 | 3 | 2 | 2 | 2 | 2 |
| その他のかじき類 | 1 | 1 | 1 | 1 | 1 |
| かつお | 219 | 248 | 229 | 188 | 224 |
| そうだがつお類 | 8 | 12 | 8 | 8 | 7 |
| さめ類 | 32 | 32 | 24 | 22 | 19 |
| さけ・ます類計 | 72 | 95 | 60 | 63 | 61 |
| さけ類 | 69 | 84 | 56 | 56 | 57 |
| ます類 | 3 | 12 | 4 | 7 | 4 |
| このしろ | 5 | 5 | 5 | 4 | 4 |
| にしん | 9 | 12 | 15 | 14 | 14 |
| まいわし | 500 | 522 | 556 | 698 | 682 |
| うるめいわし | 72 | 55 | 61 | 43 | 73 |
| かたくちいわし | 146 | 111 | 130 | 144 | 117 |
| しらす | 51 | 51 | 60 | 59 | 69 |
| まあじ | 145 | 118 | 97 | 98 | 90 |
| むろあじ類 | 20 | 17 | 17 | 12 | 17 |
| さば類 | 518 | 542 | 450 | 390 | 434 |
| さんま | 84 | 129 | 46 | 30 | 20 |
| ぶり類 | 118 | 100 | 109 | 101 | 94 |
| ひらめ | 7 | 7 | 7 | 6 | 6 |
| かれい類 | 47 | 41 | 41 | 40 | 35 |
| まだら | 44 | 51 | 53 | 56 | 57 |
| すけとうだら | 129 | 127 | 154 | 160 | 174 |
| ほっけ | 18 | 34 | 34 | 41 | 46 |
| きちじ | 1 | 1 | 1 | 1 | 1 |
| はたはた | 6 | 5 | 5 | 5 | 4 |
| にぎす類 | 3 | 3 | 3 | 2 | 2 |
| あなご類 | 3 | 3 | 3 | 3 | 3 |
| たちうお | 6 | 6 | 6 | 6 | 7 |
| まだい | 15 | 16 | 16 | 15 | 16 |
| 1)ちだい | … | … | 2 | 2 | 2 |
| 1)きだい | … | … | 4 | 4 | 4 |

注：令和元年調査から、以下の魚種分類の見直しを行った。
　　1)は、「ちだい・きだい」を細分化し、「ちだい」、「きだい」とした。
　　2)は、「くろだい・へだい」を細分化し、「くろだい」、「へだい」とした。
　　3)は、「その他の水産動物類」から、「なまこ類」を分離した。

単位：千 t

| 魚種 | 平成29年 | 30 | 令和元 | 2 | 3<br>（概数値） |
|---|---|---|---|---|---|
| 2）くろだい | … | … | 2 | 2 | 2 |
| 2）へだい | … | … | 1 | 0 | 0 |
| いさき | 4 | 4 | 3 | 3 | 3 |
| さわら類 | 15 | 16 | 16 | 16 | 14 |
| すずき類 | 7 | 6 | 6 | 6 | 6 |
| いかなご | 12 | 15 | 11 | 6 | 3 |
| あまだい類 | 1 | 1 | 1 | 1 | 1 |
| ふぐ類 | 4 | 5 | 5 | 4 | 6 |
| その他の魚類 | 176 | 162 | 176 | 159 | 121 |
| えび類計 | 17 | 15 | 13 | 12 | 13 |
| いせえび | 1 | 1 | 1 | 1 | 1 |
| くるまえび | 0 | 0 | 0 | 0 | 0 |
| その他のえび類 | 16 | 13 | 12 | 11 | 12 |
| かに類計 | 26 | 24 | 23 | 21 | 21 |
| ずわいがに | 4 | 4 | 4 | 3 | 3 |
| べにずわいがに | 15 | 14 | 13 | 13 | 13 |
| がざみ類 | 2 | 2 | 2 | 2 | 2 |
| その他のかに類 | 4 | 4 | 4 | 3 | 4 |
| おきあみ類 | 14 | 14 | 20 | 2 | 5 |
| 貝類計 | 284 | 350 | 386 | 382 | 389 |
| あわび類 | 1 | 1 | 1 | 1 | 1 |
| さざえ | 6 | 5 | 5 | 5 | 4 |
| あさり類 | 7 | 8 | 8 | 4 | 5 |
| ほたてがい | 236 | 305 | 339 | 346 | 356 |
| その他の貝類 | 34 | 32 | 33 | 27 | 23 |
| いか類計 | 103 | 84 | 73 | 82 | 62 |
| するめいか | 64 | 48 | 40 | 48 | 31 |
| あかいか | 4 | 5 | 7 | 8 | 4 |
| その他のいか類 | 35 | 31 | 26 | 26 | 26 |
| たこ類 | 35 | 36 | 35 | 33 | 27 |
| 3）なまこ類 | … | … | 7 | 6 | 6 |
| うに類 | 8 | 8 | 8 | 7 | 7 |
| 海産ほ乳類 | 1 | 0 | 0 | 0 | 0 |
| その他の水産動物類 | 11 | 11 | 5 | 3 | 13 |
| 海藻類計 | 70 | 79 | 67 | 63 | 62 |
| こんぶ類 | 46 | 56 | 47 | 45 | 45 |
| その他の海藻類 | 24 | 23 | 20 | 18 | 17 |

## 2 海面漁業（続き）
### (3) 漁業種類別漁獲量

単位：千 t

| 漁業種類 | 平成29年 | 30 | 令和元 | 2 | 3<br>（概数値） |
|---|---|---|---|---|---|
| 海面漁業計 | 3,258 | 3,360 | 3,229 | 3,213 | 3,191 |
| 遠洋底びき網 | 9 | 8 | 8 | x | x |
| 以西底びき網 | x | x | 4 | 3 | 3 |
| 1)沖合底びき網 | 207 | 215 | 250 | 269 | 238 |
| 小型底びき網 | 317 | 383 | 418 | 417 | 422 |
| 船びき網 | 177 | 171 | 170 | 153 | 157 |
| 大中型まき網 | | | | | |
| 1そうまき　遠洋かつお・まぐろ | 176 | 206 | 202 | 182 | 143 |
| 2)　〃　　その他 | 780 | 693 | 734 | 774 | 800 |
| 2そうまき | 38 | 52 | 39 | 28 | 32 |
| 中・小型まき網 | 464 | 427 | 362 | 405 | 365 |
| さけ・ます流し網 | 1 | 1 | 1 | x | x |
| かじき等流し網 | 4 | 4 | 4 | 4 | 4 |
| その他の刺網 | 121 | 124 | 128 | 110 | 130 |
| さんま棒受網 | 84 | 129 | 46 | 30 | 20 |
| 定置網　大型 | 194 | 235 | 226 | 239 | 279 |
| 〃　　さけ | 59 | 77 | 62 | 63 | 76 |
| 〃　　小型 | 73 | 90 | 82 | 81 | 81 |
| その他の網漁業 | 50 | 48 | 52 | 38 | 38 |
| まぐろはえ縄　遠洋 | 74 | 74 | 69 | 64 | 63 |
| 〃　　　近海 | 43 | 38 | 40 | 32 | 37 |
| 〃　　　沿岸 | 5 | 4 | 4 | 4 | 5 |
| その他のはえ縄 | 24 | 22 | 24 | 19 | 18 |
| かつお一本釣　遠洋 | 48 | 55 | 45 | 43 | 40 |
| 〃　　　近海 | 29 | 30 | 23 | 24 | 22 |
| 〃　　　沿岸 | 13 | 16 | 12 | 13 | 21 |
| 3)いか釣　沖合 | 23 | 15 | 10 | 13 | 10 |
| 〃　　沿岸 | 34 | 27 | 21 | 26 | 19 |
| ひき縄釣 | 13 | 14 | 13 | 12 | 11 |
| その他の釣 | 29 | 28 | 28 | 26 | 23 |
| 4)その他の漁業 | 164 | 170 | 154 | 138 | 133 |

注：令和元年調査から、以下の漁業種類分類の見直しを行った。
　　1)は、「沖合底びき網1そうびき」、「沖合底びき網2そうびき」を統合し、「沖合底びき網」とした。
　　2)は、「大中型まき網1そうまき近海かつお・まぐろ」、「大中型まき網1そうまきその他」を統合し、「大中型まき網1そうまきその他」とした。
　　3)は、平成30年までは「近海いか釣」の値である。令和元年以降は「沖合いか釣」の値である。
　　4)は、「採貝・採藻」、「その他の漁業」を統合し、「その他の漁業」とした。

(4)　漁業種類別魚種別漁獲量
　　ア　底びき網
　　　(ア)　遠洋底びき網

単位：t

| 年次 | 漁獲量 | かれい類 | すけとうだら | いか類 |
|---|---|---|---|---|
| 平成29年 | 9,466 | 2,157 | － | － |
| 30 | 8,078 | 1,819 | － | － |
| 令和元 | 7,595 | 1,489 | 71 | － |
| 2 | x | x | x | x |
| 3　(概数値) | x | x | x | x |

注：1　この漁業は、北緯10度20秒の線以北、次に掲げる線から成る線以西の太平洋の海域以外の海域に
　　　おいて、総トン数15トン以上の動力漁船により底びき網を使用して行うもの（大臣許可漁業）である。
　　　①　北緯25度17秒以北の東経152度59分46秒の線
　　　②　北緯25度17秒東経152度59分46秒の点から北緯25度15秒東経128度29分53秒の点に至る直線
　　　③　北緯25度15秒東経128度29分53秒の点から北緯25度15秒東経120度59分55秒の点に至る直線
　　　④　北緯25度15秒以南の東経120度59分55秒の線
　　　2　魚種については、「平成29年漁業・養殖業生産統計年報」漁業種類別・魚種別漁獲量における
　　　当該漁業種類の漁獲量上位（その他の魚類を除く。）を掲載した（以下クまで同じ。）。

　　　(イ)　沖合底びき網

単位：t

| 年次 | 漁獲量 | にしん | ひらめ・かれい類 | まだら | すけとうだら | するめいか | その他のいか類 |
|---|---|---|---|---|---|---|---|
| 平成29年 | 207,498 | 5,303 | 15,417 | 22,876 | 87,209 | 11,349 | 9,357 |
| 30 | 214,566 | 3,912 | 13,098 | 25,827 | 84,190 | 10,115 | 8,503 |
| 令和元 | 250,223 | 6,190 | 12,515 | 24,315 | 111,502 | 8,838 | 8,818 |
| 2 | 268,801 | 3,853 | 13,393 | 27,885 | 126,301 | 11,314 | 7,351 |
| 3　(概数値) | 238,000 | 1,600 | 10,500 | 23,000 | 130,300 | 4,800 | 7,100 |

注：　この漁業は、北緯25度15秒東経128度29分53秒の点から北緯25度17秒東経152度59分46秒の点に至る
　　　直線以北、次の①、②及び③からなる線以東、東経152度59分46秒の線以西の太平洋の海域において
　　　総トン数15トン以上の動力漁船により底びき網を使用して行うもの（大臣許可漁業）である。
　　　①　北緯33度9分27秒以北の東経127度59分52秒の線
　　　②　北緯33度9分27秒東経127度59分52秒の点から北緯33度9分27秒東経128度29分52秒の点に至る直線
　　　③　北緯33度9分27秒東経128度29分52秒の点から北緯25度15秒東経128度29分53秒の点に至る直線

2　海面漁業（続き）
(4)　漁業種類別魚種別漁獲量（続き）
　　ア　底びき網（続き）
　　　(ｳ)　小型底びき網

単位：t

| 年次 | 漁獲量 | ひらめ・かれい類 | たい類 | えび類 | ほたてがい | いか類 | たこ類 |
|---|---|---|---|---|---|---|---|
| 平成29年 | 317,378 | 9,840 | 5,189 | 7,708 | 235,381 | 6,696 | 2,780 |
| 30 | 382,650 | 9,488 | 5,339 | 6,661 | 304,345 | 4,999 | 2,135 |
| 令和元 | 418,082 | 8,280 | 5,651 | 5,642 | 339,207 | 5,970 | 2,357 |
| 2 | 417,299 | 7,532 | 5,783 | 5,168 | 345,643 | 5,999 | 2,407 |
| 3　(概数値) | 421,600 | 6,900 | 7,000 | 4,800 | 355,700 | 6,000 | 1,400 |

注：　この漁業は、総トン数15トン未満の動力漁船により底びき網を使用して行うもの（知事許可漁業）である。

　　イ　船びき網

単位：t

| 年次 | 漁獲量 | まいわし | かたくちいわし | しらす | たい類 | いかなご | おきあみ類 |
|---|---|---|---|---|---|---|---|
| 平成29年 | 177,002 | 42,864 | 52,380 | 50,057 | 5,888 | 2,034 | 13,755 |
| 30 | 170,902 | 43,210 | 46,853 | 49,574 | 6,243 | 3,173 | 13,697 |
| 令和元 | 169,524 | 15,767 | 57,623 | 59,028 | 6,531 | 1,397 | 20,335 |
| 2 | 153,410 | 11,755 | 68,424 | 58,435 | 6,000 | 264 | 2,022 |
| 3　(概数値) | 156,700 | 20,500 | 49,200 | 67,800 | 5,500 | 1,600 | 4,500 |

注：　この漁業は、海底以外の中層若しくは表層をえい網する網具（ひき回し網）又は停止した船（いかりで固定するほか、潮帆又はエンジンを使用して対地速度をほぼゼロにしたものを含む。）にひき寄せる網具（ひき寄せ網）を使用して行うもの（瀬戸内海において総トン数5トン以上の動力漁船を使用して行うものは、知事許可漁業）である。

## ウ　まき網
### (ア)　大中型まき網1そうまき遠洋かつお・まぐろ

単位：t

| 年次 | 漁獲量 | びんなが | めばち | きはだ | かつお | そうだ かつお類 |
|---|---|---|---|---|---|---|
| 平成29年 | 175,647 | 11 | 3,629 | 41,303 | 130,585 | 20 |
| 30 | 205,783 | 3 | 4,781 | 41,005 | 159,916 | 3 |
| 令和元 | 201,530 | 1 | 3,492 | 47,861 | 150,132 | 0 |
| 2 | 181,632 | 2 | 3,403 | 39,929 | 138,040 | 24 |
| 3　(概数値) | 143,400 | 0 | 2,800 | 26,600 | 113,800 | 0 |

注：1　この漁業（大中型まき網漁業）は、総トン数40トン（北海道恵山岬灯台から青森県尻屋崎
　　　灯台に至る直線の中心点を通る正東の線以南、同中心点から尻屋崎灯台に至る直線のうち同
　　　中心点から同直線と青森県の最大高潮時海岸線との最初の交点までの部分、同交点から最大
　　　高潮時海岸線を千葉県野島崎灯台正南の線と同海岸線との交点に至る線及び同点正南の線か
　　　ら成る線以東の太平洋の海域にあっては、総トン数15トン）以上の動力漁船によりまき網を
　　　使用して行うもの（大臣許可漁業）である。
　　2　大中型まき網漁業のうち、1そうまきでかつお・まぐろ類をとることを目的として、遠洋
　　　（太平洋中央海区（東経179度59分43秒以西の北緯20度21秒の線、北緯20度21秒以北、北緯40
　　　度16秒以南の東経179度59分43秒の線及び東経179度59分43秒以東の北緯40度16秒の線から成
　　　る線以南の太平洋の海域（南シナ海の海域を除く。）））又はインド洋海区（南緯19度59分
　　　35秒以北（ただし、東経95度4秒から東経119度59分56秒の間の海域については、南緯9度59
　　　分36秒以北）のインド洋の海域）で操業するものである。

### (イ)　大中型まき網1そうまきその他

単位：t

| 年次 | 漁獲量 | かつお | まいわし | うるめ いわし | まあじ | さば類 | ぶり類 |
|---|---|---|---|---|---|---|---|
| 平成29年 | 780,090 | 23,991 | 273,755 | 11,512 | 57,398 | 353,916 | 29,533 |
| 30 | 692,826 | 8,620 | 258,244 | 4,714 | 41,359 | 330,479 | 24,188 |
| 令和元 | 734,315 | 9,724 | 391,774 | 6,453 | 34,260 | 248,742 | 21,333 |
| 2 | 774,203 | 9,616 | 472,719 | 4,966 | 39,395 | 205,959 | 16,323 |
| 3　(概数値) | 799,900 | 39,000 | 441,300 | 7,300 | 36,400 | 241,000 | 14,100 |

注：　この漁業は、大中型まき網漁業のうち1そうまきで大中型遠洋かつお・まぐろまき網に
　　　係る海域以外で操業するものである。

2 海面漁業（続き）
(4) 漁業種類別魚種別漁獲量（続き）
　ウ　まき網（続き）
　　(ウ)　大中型まき網2そうまき

単位：t

| 年次 | 漁獲量 | まいわし | かたくち いわし | まあじ | さば類 | ぶり類 |
|---|---|---|---|---|---|---|
| 平成29年 | 37,936 | 25,225 | 673 | 2,216 | 3,751 | 3,454 |
| 30 | 52,492 | 40,553 | 632 | 1,172 | 3,820 | 5,691 |
| 令和元 | 38,597 | 26,587 | 646 | 1,227 | 4,419 | 4,971 |
| 2 | 27,502 | 11,740 | 319 | 3,510 | 3,595 | 2,279 |
| 3　（概数値） | 31,900 | 22,000 | 800 | 600 | 1,900 | 6,300 |

注：この漁業は、大中型まき網漁業のうち2そうまきで行うものである。

　　(エ)　中・小型まき網

単位：t

| 年次 | 漁獲量 | まいわし | うるめ いわし | かたくち いわし | まあじ | さば類 | ぶり類 |
|---|---|---|---|---|---|---|---|
| 平成29年 | 464,150 | 105,482 | 52,610 | 71,669 | 63,495 | 110,847 | 18,393 |
| 30 | 426,726 | 76,615 | 43,632 | 50,061 | 53,549 | 150,087 | 13,196 |
| 令和元 | 361,551 | 40,582 | 48,424 | 57,288 | 41,127 | 122,833 | 13,450 |
| 2 | 404,732 | 119,978 | 32,922 | 57,429 | 36,917 | 110,164 | 14,798 |
| 3　（概数値） | 365,000 | 72,000 | 61,400 | 55,000 | 34,500 | 93,400 | 16,300 |

注：　この漁業は、大臣許可漁業以外のまき網（総トン数5トン以上40トン未満の船舶により行う漁業は、
　　　知事許可漁業）である。

エ　敷網
### さんま棒受網

単位：t

| 年次 | 漁獲量 | さんま |
|---|---|---|
| 平成29年 | 84,040 | 83,574 |
| 30 | 128,947 | 128,422 |
| 令和元 | 45,529 | 45,528 |
| 2 | 29,600 | 29,600 |
| 3 （概数値） | 19,500 | 19,500 |

注：　この漁業は、棒受網を使用してさんまをとることを目的とするもの
　　　（北緯34度54分6秒の線以北、東経139度53分18秒の線以東の太平洋
　　　の海域（オホーツク海及び日本海の海域を除く。）において総トン数
　　　10トン以上の動力漁船により行うものは、大臣許可漁業）である。

オ　定置網
(ｱ)　大型定置網

単位：t

| 年次 | 漁獲量 | まいわし | かたくち いわし | まあじ | さば類 | ぶり類 | いか類 |
|---|---|---|---|---|---|---|---|
| 平成29年 | 194,236 | 32,460 | 11,499 | 12,522 | 33,724 | 46,868 | 8,133 |
| 30 | 235,124 | 79,691 | 5,335 | 11,819 | 40,112 | 39,808 | 8,474 |
| 令和元 | 225,866 | 49,299 | 7,753 | 11,031 | 60,276 | 49,594 | 6,602 |
| 2 | 238,595 | 61,185 | 10,483 | 9,904 | 52,333 | 48,999 | 8,002 |
| 3 （概数値） | 278,900 | 101,100 | 7,400 | 10,400 | 63,800 | 37,600 | 7,600 |

注：　この漁業は、漁具を定置して営むものであって、身網の設置される場所の最深部が最高潮時
　　　において水深27メートル（沖縄県にあっては、15メートル）以上であるもの（瀬戸内海におけ
　　　るます網漁業並びに陸奥湾（青森県焼山崎から同県明神崎灯台に至る直線及び陸岸によって囲
　　　まれた海面をいう。）における落とし網漁業及びます網漁業を除く。）である。

(ｲ)　さけ定置網

単位：t

| 年次 | 漁獲量 | さけ類 | ます類 | ほっけ | いか類 |
|---|---|---|---|---|---|
| 平成29年 | 59,076 | 51,150 | 347 | 284 | 157 |
| 30 | 76,510 | 63,996 | 2,411 | 1,742 | 161 |
| 令和元 | 62,004 | 46,771 | 671 | 2,572 | 2,230 |
| 2 | 63,405 | 47,520 | 718 | 2,702 | 157 |
| 3 （概数値） | 75,500 | 49,100 | 700 | 4,500 | 1,000 |

注：　この漁業は、漁具を定置して営むものであって、身網の設置される場所の最深部が最高潮時
　　　において水深27メートル以上であるものであり、北海道においてさけを主たる漁獲物とするも
　　　のである。

2 海面漁業 (続き)
(4) 漁業種類別魚種別漁獲量 (続き)
オ 定置網 (続き)
(ウ) 小型定置網

単位：t

| 年次 | 漁獲量 | さけ類 | まあじ | さば類 | ぶり類 | ひらめ・かれい類 | ほっけ |
|---|---|---|---|---|---|---|---|
| 平成29年 | 73,005 | 7,286 | 5,411 | 2,964 | 7,486 | 3,842 | 5,394 |
| 30 | 90,160 | 8,293 | 6,093 | 3,326 | 5,127 | 3,346 | 7,510 |
| 令和元 | 81,893 | 6,282 | 5,292 | 3,465 | 6,784 | 3,944 | 10,985 |
| 2 | 80,704 | 5,609 | 5,155 | 4,573 | 6,521 | 4,272 | 7,635 |
| 3 (概数値) | 81,000 | 6,000 | 4,900 | 5,000 | 6,300 | 4,000 | 5,800 |

注：この漁業は、定置網であって大型定置網及びさけ定置網以外のものである。

カ はえ縄
(ア) 遠洋まぐろはえ縄

単位：t

| 年次 | 漁獲量 | みなみまぐろ | びんなが | めばち | きはだ | めかじき | さめ類 |
|---|---|---|---|---|---|---|---|
| 平成29年 | 73,672 | 4,072 | 6,821 | 25,456 | 11,871 | 4,632 | 14,836 |
| 30 | 74,247 | 5,293 | 8,371 | 22,556 | 11,159 | 4,080 | 15,853 |
| 令和元 | 68,730 | 5,969 | 8,329 | 21,893 | 13,715 | 3,017 | 7,882 |
| 2 | 64,306 | 5,929 | 7,132 | 20,940 | 9,611 | 2,977 | 10,848 |
| 3 (概数値) | 62,700 | 6,500 | 7,500 | 21,200 | 9,000 | 3,000 | 8,900 |

注： この漁業は、総トン数120トン (昭和57年7月17日以前に建造され、又は建造に着手された
ものにあっては、80トン。以下釣漁業において同じ。) 以上の動力漁船により、浮きはえ縄
を使用してまぐろ、かじき又はさめをとることを目的とするもの (大臣許可漁業) である。

(イ) 近海まぐろはえ縄

単位：t

| 年次 | 漁獲量 | びんなが | めばち | きはだ | まかじき | めかじき | さめ類 |
|---|---|---|---|---|---|---|---|
| 平成29年 | 42,757 | 15,713 | 6,992 | 4,755 | 753 | 2,228 | 10,800 |
| 30 | 38,426 | 11,959 | 6,924 | 4,876 | 640 | 2,381 | 10,279 |
| 令和元 | 39,875 | 11,090 | 7,170 | 7,024 | 938 | 1,921 | 10,034 |
| 2 | 32,401 | 11,364 | 5,947 | 3,936 | 978 | 2,425 | 6,165 |
| 3 (概数値) | 36,900 | 18,400 | 3,900 | 5,800 | 800 | 1,600 | 4,700 |

注： この漁業は、総トン数10トン (我が国の排他的経済水域、領海及び内水並びに我が国の排他的
経済水域によって囲まれた海域から成る海域 (東京都小笠原村南鳥島に係る排他的経済水域及び
領海を除く。) にあっては、総トン数20トン) 以上120トン未満の動力漁船により、浮きはえ縄
を使用してまぐろ、かじき又はさめをとることを目的とするもの (大臣許可漁業) である。

キ　はえ縄以外の釣
(ア)　遠洋かつお一本釣

単位：t

| 年次 | 漁獲量 | くろまぐろ | びんなが | めばち | きはだ | かつお | そうだがつお類 |
|---|---|---|---|---|---|---|---|
| 平成29年 | 47,860 | - | 12,110 | 676 | 533 | 34,404 | 1 |
| 30 | 54,808 | - | 9,401 | 637 | 351 | 44,238 | 0 |
| 令和元 | 45,183 | 2 | 4,694 | 273 | 185 | 40,021 | 1 |
| 2 | 43,084 | 17 | 23,807 | 606 | 322 | 18,318 | 0 |
| 3　(概数値) | 39,700 | 0 | 4,900 | 600 | 500 | 33,600 | 0 |

注：　この漁業は、総トン数120トン以上の動力漁船により、釣りによってかつお又はまぐろをとる
　　　ことを目的とするもの（大臣許可漁業）である。

(イ)　近海かつお一本釣

単位：t

| 年次 | 漁獲量 | くろまぐろ | びんなが | めばち | きはだ | かつお | そうだがつお類 |
|---|---|---|---|---|---|---|---|
| 平成29年 | 28,530 | 67 | 8,753 | 816 | 1,570 | 16,812 | 35 |
| 30 | 30,333 | 7 | 8,394 | 705 | 1,507 | 19,510 | 27 |
| 令和元 | 23,248 | 0 | 3,662 | 165 | 1,344 | 17,686 | 40 |
| 2 | 24,123 | 0 | 12,578 | 372 | 1,019 | 9,919 | 15 |
| 3　(概数値) | 22,200 | 0 | 3,800 | 400 | 1,200 | 16,500 | 0 |

注：　この漁業は、総トン数10トン（我が国の排他的経済水域、領海及び内水並びに我が国の排他的
　　　経済水域によって囲まれた海域から成る海域（東京都小笠原村南鳥島に係る排他的経済水域及び
　　　領海を除く。）にあっては、総トン数20トン）以上120トン未満の動力漁船により、釣りによっ
　　　てかつお又はまぐろをとることを目的とするもの（大臣許可漁業）である。

(ウ)　沖合いか釣

単位：t

| 年次 | 漁獲量 | するめいか | あかいか | その他のいか類 |
|---|---|---|---|---|
| 平成29年 | 22,541 | 18,274 | 4,163 | 104 |
| 30 | 14,657 | 10,144 | 4,499 | 14 |
| 令和元 | 10,449 | 3,562 | 6,836 | 51 |
| 2 | 13,201 | 5,531 | 7,623 | 47 |
| 3　(概数値) | 10,400 | 6,100 | 4,300 | 0 |

注：　1　平成30年までは、総トン数30トン以上200トン未満の動力漁船により釣りによっていかをとる
　　　　ことを目的とした「近海いか釣」の値である。
　　　2　令和元年以降は、総トン数30トン以上の動力漁船により釣りによっていかをとることを目的
　　　　とした「沖合いか釣」の値である。

2　海面漁業（続き）
(4)　漁業種類別魚種別漁獲量（続き）
　　キ　はえ縄以外の釣（続き）
　　　(エ)　沿岸いか釣

単位：t

| 年次 | 漁獲量 | するめいか | あかいか | その他のいか類 |
|---|---|---|---|---|
| 平成29年 | 34,341 | 25,248 | 9 | 9,035 |
| 30 | 27,467 | 18,493 | 7 | 8,944 |
| 令和元 | 21,253 | 15,813 | 3 | 5,425 |
| 2 | 25,661 | 20,100 | 6 | 5,533 |
| 3　（概数値） | 18,600 | 12,100 | 0 | 6,400 |

注：　この漁業は、釣りによっていかをとることを目的とする漁業であって、沖合いか釣以外
　　のものである。（総トン数5トン以上30トン未満の動力漁船により行うものは、届出漁業。）

　　ク　その他の漁業

単位：t

| 年次 | 漁獲量 | あわび類 | さざえ | あさり類 | その他の貝類 | こんぶ類 | その他の海藻類 |
|---|---|---|---|---|---|---|---|
| 平成29年 | 163,520 | 958 | 5,068 | 6,745 | 19,237 | 45,506 | 24,462 |
| 30 | 170,483 | 903 | 4,465 | 7,628 | 17,298 | 55,877 | 23,021 |
| 令和元 | 154,273 | 823 | 4,669 | 7,658 | 15,627 | 46,543 | 20,293 |
| 2 | 138,128 | 665 | 3,964 | 4,231 | 12,488 | 45,045 | 18,344 |
| 3　（概数値） | 133,300 | 700 | 3,800 | 4,400 | 12,200 | 45,200 | 16,700 |

注：この漁業は、網漁業、釣漁業、捕鯨業以外の全ての漁業をいう。

3 海面養殖業
魚種別収獲量

単位：t

| 魚種 | 平成29年 | 30 | 令和元 | 2 | 3<br>（概数値） |
|---|---|---|---|---|---|
| 海面養殖業計 | 986,056 | 1,004,871 | 915,228 | 969,649 | 930,900 |
| 魚類計 | 247,633 | 249,491 | 248,137 | 251,920 | 254,500 |
| ぎんざけ | 15,648 | 18,053 | 15,938 | 17,333 | 18,500 |
| ぶり類 | 138,999 | 138,229 | 136,367 | 137,511 | 132,700 |
| まあじ | 810 | 848 | 839 | 595 | 600 |
| しまあじ | 4,435 | 4,763 | 4,409 | 4,042 | 3,800 |
| まだい | 62,850 | 60,736 | 62,301 | 65,973 | 68,900 |
| ひらめ | 2,250 | 2,186 | 2,006 | 1,790 | 1,700 |
| ふぐ類 | 3,924 | 4,166 | 3,824 | 3,393 | 2,900 |
| くろまぐろ | 15,858 | 17,641 | 19,584 | 18,167 | 21,400 |
| その他の魚類 | 2,859 | 2,868 | 2,869 | 3,117 | 4,000 |
| 貝類計 | 309,437 | 351,104 | 306,561 | 308,450 | 323,300 |
| ほたてがい | 135,090 | 173,959 | 144,466 | 149,061 | 164,500 |
| かき類（殻付き） | 173,900 | 176,698 | 161,646 | 159,019 | 158,400 |
| その他の貝類 | 447 | 448 | 449 | 370 | 400 |
| くるまえび | 1,354 | 1,478 | 1,458 | 1,369 | 1,300 |
| ほや類 | 19,639 | 11,962 | 12,484 | 9,390 | 9,400 |
| その他の水産動物類 | 137 | 168 | 179 | 190 | 200 |
| 海藻類計 | 407,835 | 390,647 | 346,389 | 398,316 | 342,200 |
| こんぶ類 | 32,463 | 33,532 | 32,812 | 30,304 | 31,500 |
| わかめ類 | 51,114 | 50,775 | 45,099 | 53,809 | 43,500 |
| のり類（生重量） | 304,308 | 283,688 | 251,362 | 289,396 | 244,200 |
| 1)うち板のり（千枚） | 7,845,680 | 7,285,399 | 6,483,349 | 7,525,614 | 6,350,000 |
| もずく類 | 19,392 | 22,036 | 16,470 | 24,305 | 22,400 |
| その他の海藻類 | 557 | 616 | 646 | 501 | 500 |
| 真珠 | 20 | 21 | 19 | 16 | 13 |

注：種苗養殖を除く。
　　1)は、のり類（生重量）のうち板のりの生産量を枚数換算したものである。

4 内水面漁業及び内水面養殖業
(1) 内水面漁業魚種別漁獲量

単位：t

| 年次 | 漁獲量 | さけ類 | わかさぎ | あゆ | こい | ふな | うなぎ | しじみ |
|---|---|---|---|---|---|---|---|---|
| 平成29年 | 25,215 | 5,802 | 943 | 2,168 | 213 | 512 | 71 | 9,868 |
| 30 | 26,957 | 6,696 | 1,146 | 2,140 | 210 | 456 | 69 | 9,646 |
| 令和元 | 21,767 | 6,240 | 981 | 2,053 | 175 | 423 | 66 | 9,520 |
| 2 | 21,745 | 6,609 | 935 | 2,084 | 162 | 396 | 66 | 8,894 |
| 3（概数値） | 18,251 | 4,872 | 501 | 1,788 | 77 | 365 | 63 | 8,940 |

注： 1 主要魚種のみ掲載しており、積み上げても漁獲量に一致しない（以下(2)まで同じ。）。
   2 内水面漁業については、平成29年及び30年は主要112河川及び24湖沼、令和元年以降は主要
    113河川24湖沼を調査の対象とした。
   3 内水面漁業販売を目的として漁獲された量であるため、遊漁者（レクリエーションを主な
    目的として水産動植物を採捕するもの）による採捕量を含まない。

(2) 内水面養殖業魚種別収獲量

単位：t

| 年次 | 収獲量 | ます類 | あゆ | こい | うなぎ |
|---|---|---|---|---|---|
| 平成29年 | 36,839 | 7,639 | 5,053 | 3,015 | 20,979 |
| 30 | 29,849 | 7,342 | 4,310 | 2,932 | 15,111 |
| 令和元 | 31,216 | 7,188 | 4,089 | 2,741 | 17,071 |
| 2 | 29,087 | 5,884 | 4,044 | 2,247 | 16,806 |
| 3 （概数値） | 32,716 | 6,102 | 3,907 | 2,064 | 20,573 |

## Ⅵ 水産加工
### 1 水産加工品生産量

単位：t

| 品目 | 平成28年 | 29 | 30 | 令和元 | 2 |
|---|---|---|---|---|---|
| ねり製品 | 514,397 | 505,116 | 509,569 | 499,920 | 473,292 |
| かまぼこ類 | 454,821 | 444,116 | 448,861 | 440,095 | 410,526 |
| 魚肉ハム・ソーセージ類 | 59,576 | 61,000 | 60,709 | 59,825 | 62,766 |
| 1) 冷凍食品 | 253,851 | 248,443 | 255,888 | 250,432 | 229,581 |
| 素干し品 | 11,489 | 8,644 | 7,051 | 6,835 | 6,458 |
| するめ | 5,600 | 2,423 | 2,244 | 2,106 | 2,362 |
| いわし | 717 | 603 | 665 | 747 | 691 |
| その他 | 5,172 | 5,618 | 4,142 | 3,982 | 3,405 |
| 塩干品 | 156,310 | 148,119 | 139,569 | 134,784 | 120,775 |
| うちいわし | 12,049 | 10,935 | 10,267 | 8,930 | 8,585 |
| あじ | 31,236 | 30,043 | 27,276 | 24,606 | 24,327 |
| 煮干し品 | 56,243 | 50,224 | 59,031 | 55,191 | 52,817 |
| うちいわし | 18,988 | 18,992 | 21,951 | 18,397 | 17,810 |
| しらす干し | 31,953 | 26,428 | 29,905 | 30,451 | 30,859 |
| 塩蔵品 | 171,171 | 166,340 | 181,630 | 169,955 | 156,386 |
| いわし | 1,070 | 1,109 | 992 | 874 | 859 |
| さば | 37,622 | 37,900 | 38,608 | 36,600 | 36,256 |
| さけ・ます | 84,774 | 83,813 | 91,383 | 89,480 | 85,304 |
| たら・すけとうだら | 12,694 | 11,876 | 13,240 | 12,558 | 10,591 |
| さんま | 6,692 | 5,925 | 5,685 | 3,362 | 1,631 |
| その他 | 28,319 | 25,717 | 31,721 | 27,081 | 21,745 |
| くん製品 | 7,304 | 6,335 | 6,843 | 6,626 | 6,923 |
| 節製品 | 81,523 | 81,061 | 79,595 | 78,643 | 71,801 |
| うちかつお節 | 29,352 | 29,240 | 28,712 | 29,104 | 27,055 |
| けずり節 | 29,681 | 28,924 | 27,429 | 27,031 | 24,833 |
| 2) その他の食用加工品 | 378,059 | 354,266 | 347,628 | 336,120 | 318,847 |
| うち水産物つくだ煮類 | 75,141 | 72,587 | … | … | … |
| 水産物漬物 | 62,884 | 57,742 | 53,808 | 48,216 | 45,049 |
| 3) 生鮮冷凍水産物 | 1,401,661 | 1,366,166 | 1,397,203 | 1,281,265 | 1,111,074 |
| うちまぐろ類 | 20,270 | 21,898 | 24,789 | 16,280 | 28,244 |
| かつお類 | 12,199 | 17,921 | 17,884 | 15,845 | 14,460 |
| さけ・ます類 | 83,781 | 63,609 | 77,891 | 61,987 | 61,092 |
| いわし類 | 381,506 | 393,409 | 345,009 | 382,449 | 387,625 |
| さば類 | 410,327 | 425,576 | 458,239 | 360,029 | 268,078 |
| いかなご・こうなご | 9,565 | 6,001 | 9,064 | 8,717 | 3,434 |
| すり身 | 41,850 | 40,645 | 40,380 | 52,543 | 54,369 |

資料： 農林水産省統計部「水産物流通調査　水産加工統計調査」。ただし、平成30年は「2018年
　　　漁業センサス」による。

注：1　水産加工品とは、水産動植物を主原料（原料割合で50%以上）として製造された、食用加
　　　工品及び生鮮冷凍水産物をいう。
　　2　船上加工品の生産量を含まない。
　　3　一度加工された製品を購入し、再加工して新製品としたときは、その生産量もそれぞれの
　　　品目に計上した。
　　　1)は、水産物を主原料として加工又は調理した後、マイナス18℃以下で凍結し、凍結状態で保
　　　持した「包装食品」である。
　　　2)は、塩辛、水産物漬物、調味加工品等である。
　　　3)は、水産物の生鮮品を凍結室において凍結したもので、水産物の丸、フィレー、すり身等
　　　のものをいう。なお、すり身については、原料魚ではなく「すり身」に計上した。

## 2 水産缶詰・瓶詰生産量 (内容重量)

単位：t

| 品目 | 平成29年 | 30 | 令和元 | 2 | 3 |
|---|---|---|---|---|---|
| 丸缶 | 98,566 | 104,410 | 98,716 | 93,327 | 87,026 |
| かに | 2,366 | 1,498 | 1,291 | 1,040 | 1,069 |
| さけ | 2,284 | 2,096 | 2,176 | 1,957 | 1,963 |
| まぐろ・かつお類 | 33,945 | 31,756 | 31,345 | 33,064 | 32,695 |
| まぐろ | 24,429 | 23,556 | 22,280 | 23,517 | 21,583 |
| かつお | 9,516 | 8,200 | 9,066 | 9,547 | 11,113 |
| さば | 38,977 | 49,349 | 44,878 | 39,034 | 34,915 |
| いわし | 4,749 | 7,233 | 7,854 | 7,606 | 7,059 |
| さんま | 9,748 | 6,732 | 5,381 | 5,007 | 4,133 |
| くじら | 458 | 370 | 365 | 369 | 315 |
| いか | 1,142 | 977 | 930 | 804 | 645 |
| その他魚類 | 423 | 457 | 493 | 494 | 504 |
| かき | 61 | 66 | 108 | 114 | 120 |
| 赤貝 | 522 | 209 | 326 | 413 | 337 |
| あさり | 520 | 530 | 550 | 559 | 561 |
| ほたて貝 | 1,201 | 975 | 865 | 796 | 791 |
| その他貝類 | 588 | 532 | 692 | 617 | 669 |
| 水産加工品 | 1,581 | 1,630 | 1,460 | 1,452 | 1,248 |
| 大缶 | 14 | 28 | 29 | 69 | 30 |
| 瓶詰 | 7,727 | 7,456 | 7,408 | 7,740 | 7,127 |
| のり | 5,487 | 5,201 | 5,201 | 5,548 | 5,020 |
| その他水産 | 2,239 | 2,254 | 2,206 | 2,192 | 2,107 |

資料：日本缶詰びん詰レトルト食品協会「水産缶びん詰生産数量の推移」

## Ⅶ　保険・共済

### 1　漁船保険（各年度末現在）

#### (1)　引受実績

| 区分 | 単位 | 平成28年度 | 29 | 30 | 令和元 | 2 |
|---|---|---|---|---|---|---|
| 計 | | | | | | |
| 　隻数 | 隻 | 167,711 | 164,784 | 161,759 | 158,242 | 155,960 |
| 　総トン数 | 千T | 772 | 763 | 750 | 737 | 733 |
| 　保険価額 | 100万円 | 1,072,642 | 1,087,807 | 1,087,843 | 1,101,634 | 1,118,227 |
| 　保険金額 | 〃 | 1,019,676 | 1,035,054 | 1,038,094 | 1,054,078 | 1,069,500 |
| 　純保険料 | 〃 | 16,935 | 16,865 | 16,605 | 16,541 | 15,812 |
| 　再保険料 | 〃 | 14,962 | － | － | － | － |
| 動力漁船 | | | | | | |
| 　隻数 | 隻 | 167,450 | 164,525 | 161,499 | 157,988 | 155,719 |
| 　総トン数 | 千T | 770 | 761 | 748 | 734 | 731 |
| 　保険価額 | 100万円 | 1,071,932 | 1,087,192 | 1,087,235 | 1,101,019 | 1,117,576 |
| 　保険金額 | 〃 | 1,018,983 | 1,034,454 | 1,037,501 | 1,053,475 | 1,068,862 |
| 　純保険料 | 〃 | 16,921 | 16,854 | 16,594 | 16,530 | 15,801 |
| 　再保険料 | 〃 | 14,950 | － | － | － | － |
| 無動力漁船 | | | | | | |
| 　隻数 | 隻 | 261 | 259 | 260 | 254 | 241 |
| 　総トン数 | 千T | 2 | 2 | 2 | 2 | 2 |
| 　保険価額 | 100万円 | 710 | 615 | 608 | 615 | 651 |
| 　保険金額 | 〃 | 693 | 599 | 593 | 603 | 638 |
| 　純保険料 | 〃 | 14 | 11 | 11 | 11 | 11 |
| 　再保険料 | 〃 | 12 | － | － | － | － |

資料：　平成28年度まで水産庁「漁船保険統計表」。ただし、平成29年度以降は日本漁船保険組合資料
　　　をもとに水産庁において作成（以下(2)まで同じ。）。
注：1　平成29年度改正（H29.4.1施行）により、普通保険から漁船保険に名称変更。
　　2　平成29年4月日本漁船保険組合が設立されたことにより、再保険料は「－」とした。
　　3　漁船保険（普通損害＋満期）の実績である（以下(2)まで同じ。）。

#### (2)　支払保険金

| 区分 | 単位 | 平成28年度 | 29 | 30 | 令和元 | 2 |
|---|---|---|---|---|---|---|
| 計 | | | | | | |
| 　件数 | 件 | 28,711 | 33,601 | 32,644 | 30,811 | 30,267 |
| 　損害額 | 100万円 | 9,749 | 12,506 | 12,597 | 12,372 | 11,817 |
| 　支払保険金 | 〃 | 9,538 | 12,299 | 12,250 | 12,162 | 11,619 |
| 全損 | | | | | | |
| 　件数 | 件 | 205 | 272 | 287 | 311 | 290 |
| 　損害額 | 100万円 | 1,067 | 1,545 | 1,554 | 1,505 | 1,320 |
| 　支払保険金 | 〃 | 1,064 | 1,540 | 1,471 | 1,488 | 1,287 |
| 1) 分損 | | | | | | |
| 　件数 | 件 | 27,986 | 32,640 | 31,685 | 29,803 | 29,295 |
| 　損害額 | 100万円 | 8,639 | 10,600 | 10,822 | 10,425 | 10,360 |
| 　支払保険金 | 〃 | 8,432 | 10,397 | 10,558 | 10,233 | 10,062 |
| 救助費 | | | | | | |
| 　件数 | 件 | 520 | 689 | 672 | 697 | 682 |
| 　損害額 | 100万円 | 42 | 362 | 221 | 442 | 137 |
| 　支払保険金 | 〃 | 42 | 361 | 221 | 441 | 270 |

注：1)は、特別救助費・特定分損及び救助を必要とした分損事故の救助費を含む。

## 2 漁業共済
### (1) 契約実績

| 区分 | 単位 | 平成28年度 | 29 | 30 | 令和元 | 2 |
|---|---|---|---|---|---|---|
| 漁獲共済 | | | | | | |
| 件数 | 件 | 14,481 | 14,411 | 14,428 | 14,397 | 14,938 |
| 共済限度額 | 100万円 | 513,373 | 531,026 | 558,213 | 561,132 | 558,714 |
| 共済金額 | 〃 | 328,131 | 340,899 | 361,797 | 367,827 | 374,304 |
| 純共済掛金 | 〃 | 12,897 | 12,653 | 13,162 | 14,739 | 17,347 |
| 養殖共済 | | | | | | |
| 件数 | 件 | 5,601 | 5,515 | 5,469 | 5,661 | 5,966 |
| 共済価額 | 100万円 | 255,339 | 277,183 | 281,402 | 298,889 | 344,807 |
| 共済金額 | 〃 | 163,035 | 180,193 | 187,319 | 204,408 | 236,679 |
| 純共済掛金 | 〃 | 3,369 | 3,603 | 3,614 | 4,052 | 4,892 |
| 特定養殖共済 | | | | | | |
| 件数 | 件 | 8,321 | 8,574 | 8,433 | 8,215 | 8,173 |
| 共済限度額 | 100万円 | 121,987 | 131,366 | 140,052 | 143,629 | 144,343 |
| 共済金額 | 〃 | 92,123 | 100,729 | 109,929 | 117,836 | 120,547 |
| 純共済掛金 | 〃 | 5,398 | 4,744 | 5,546 | 5,868 | 7,101 |
| 漁業施設共済 | | | | | | |
| 件数 | 件 | 29,847 | 29,039 | 28,892 | 28,072 | 27,174 |
| 共済価額 | 100万円 | 29,037 | 29,916 | 30,797 | 31,123 | 32,398 |
| 共済金額 | 〃 | 16,301 | 17,810 | 18,147 | 18,555 | 19,647 |
| 純共済掛金 | 〃 | 682 | 656 | 679 | 670 | 629 |

資料：全国漁業共済組合連合会資料をもとに水産庁において作成（以下(2)まで同じ。）。
注：各年度の契約実績の数値は、各当該年度内に開始した共済契約を集計。（令和3年3月末時点）

### (2) 支払実績

| 区分 | 単位 | 平成28年度 | 29 | 30 | 令和元 | 2 |
|---|---|---|---|---|---|---|
| 漁獲共済 | | | | | | |
| 件数 | 件 | 5,758 | 6,199 | 6,683 | 6,477 | 753 |
| 支払共済金 | 100万円 | 11,446 | 15,964 | 16,032 | 27,349 | 8,398 |
| 養殖共済 | | | | | | |
| 件数 | 件 | 1,110 | 1,013 | 952 | 1,299 | 928 |
| 支払共済金 | 100万円 | 1,833 | 3,111 | 2,727 | 2,219 | 1,270 |
| 特定養殖共済 | | | | | | |
| 件数 | 件 | 1,021 | 1,686 | 2,968 | 3,224 | 53 |
| 支払共済金 | 100万円 | 1,193 | 2,610 | 6,254 | 6,329 | 1,279 |
| 漁業施設共済 | | | | | | |
| 件数 | 件 | 751 | 589 | 268 | 720 | 63 |
| 支払共済金 | 100万円 | 342 | 521 | 250 | 366 | 136 |

注： 各年度の数値は、(1)の各年度内に開始した共済契約に基づき支払われた共済金の実績を
集計したものである。（令和3年3月末現在）

## Ⅷ 需給と流通
### 1 水産物需給表
#### (1) 魚介類

| 区分 | 単位 | 平成29年度 | 30 | 令和元 | 2 | 3（概数値） |
|---|---|---|---|---|---|---|
| 魚介類 | | | | | | |
| 国内生産 | 千t | 3,828 | 3,952 | 3,783 | 3,772 | 3,770 |
| 　生鮮・冷凍 | 〃 | 1,806 | 1,655 | 1,527 | 1,516 | 1,515 |
| 　塩干・くん製・その他 | 〃 | 1,244 | 1,497 | 1,413 | 1,350 | 1,375 |
| 　かん詰 | 〃 | 187 | 187 | 178 | 171 | 161 |
| 　飼肥料 | 〃 | 591 | 613 | 665 | 735 | 719 |
| 輸入 | 〃 | 4,086 | 4,049 | 4,210 | 3,885 | 3,650 |
| 　生鮮・冷凍 | 〃 | 1,013 | 954 | 959 | 897 | 904 |
| 　塩干・くん製・その他 | 〃 | 2,060 | 2,005 | 2,040 | 1,838 | 1,885 |
| 　缶詰 | 〃 | 160 | 163 | 166 | 155 | 145 |
| 　飼肥料 | 〃 | 853 | 927 | 1,045 | 995 | 716 |
| 輸出 | 〃 | 656 | 808 | 715 | 721 | 828 |
| 　生鮮・冷凍 | 〃 | 551 | 722 | 626 | 627 | 710 |
| 　塩干・くん製・その他 | 〃 | 75 | 59 | 57 | 47 | 68 |
| 　缶詰 | 〃 | 8 | 6 | 5 | 6 | 4 |
| 　飼肥料 | 〃 | 22 | 21 | 27 | 41 | 46 |
| 国内消費仕向 | 〃 | 7,382 | 7,154 | 7,192 | 6,838 | 6,641 |
| 　生鮮・冷凍 | 〃 | 2,250 | 1,889 | 1,886 | 1,797 | 1,691 |
| 　塩干・くん製・その他 | 〃 | 3,228 | 3,439 | 3,413 | 3,161 | 3,177 |
| 　缶詰 | 〃 | 340 | 348 | 341 | 325 | 297 |
| 　飼肥料 | 〃 | 1,564 | 1,478 | 1,552 | 1,555 | 1,476 |
| 国民一人1日当たり供給純食料 | g | 66.8 | 64.7 | 68.9 | 64.7 | 63.6 |
| 　生鮮・冷凍 | 〃 | 25.8 | 21.5 | 23.1 | 22.0 | 20.8 |
| 　塩干・くん製・その他 | 〃 | 37.1 | 39.2 | 41.7 | 38.7 | 39.1 |
| 　缶詰 | 〃 | 3.9 | 4.0 | 4.2 | 4.0 | 3.7 |
| 　飼肥料 | 〃 | 0.0 | 0.0 | 0.0 | 0.0 | 0.0 |

資料：農林水産省大臣官房政策課食料安全保障室「食料需給表」（以下(2)まで同じ。）

#### (2) 海藻類・鯨肉

単位：千t

| 区分 | 平成29年度 | 30 | 令和元 | 2 | 3（概数値） |
|---|---|---|---|---|---|
| 海藻類 | | | | | |
| 　国内生産 | 96 | 94 | 83 | 92 | 81 |
| 　輸入 | 46 | 46 | 46 | 42 | 39 |
| 　輸出 | 2 | 2 | 2 | 2 | 2 |
| 　国内消費仕向 | 140 | 138 | 127 | 132 | 118 |
| 　　食用 | 117 | 115 | 106 | 114 | 102 |
| 　　加工用 | 23 | 22 | 21 | 18 | 16 |
| 鯨肉 | | | | | |
| 　国内生産 | 2 | 3 | 1 | 2 | 2 |
| 　輸入 | 1 | 0 | 1 | 0 | 0 |
| 　輸出 | 0 | 0 | 0 | 0 | 0 |
| 　国内消費仕向 | 2 | 4 | 2 | 2 | 1 |

注：海藻類は、乾燥重量である。

## 2 産地品目別上場水揚量

単位：t

| 品目 | | 平成28年 | 29 | 30 | 令和元 | 2 |
|---|---|---|---|---|---|---|
| まぐろ | （生鮮） | 3,793 | 4,198 | 3,784 | 4,225 | 5,078 |
| 〃 | （冷凍） | 2,895 | 2,945 | 3,333 | 3,990 | 3,841 |
| びんなが | （生鮮） | 26,542 | 29,838 | 28,239 | 18,225 | 39,286 |
| 〃 | （冷凍） | 10,583 | 11,567 | 8,283 | 6,610 | 19,976 |
| めばち | （生鮮） | 4,404 | 4,806 | 4,139 | 4,640 | 4,265 |
| 〃 | （冷凍） | 22,728 | 18,910 | 16,606 | 17,302 | 17,274 |
| きはだ | （生鮮） | 10,973 | 7,422 | 10,681 | 9,488 | 7,648 |
| 〃 | （冷凍） | 27,908 | 35,193 | 27,452 | 34,763 | 33,686 |
| かつお | （生鮮） | 53,829 | 50,928 | 48,502 | 43,944 | 32,731 |
| 〃 | （冷凍） | 177,808 | 158,614 | 196,512 | 192,389 | 162,416 |
| まいわし | | 333,389 | 458,970 | 459,324 | 509,483 | 642,362 |
| うるめいわし | | 76,071 | 57,496 | 35,017 | 47,472 | 30,923 |
| かたくちいわし | | 69,379 | 51,874 | 33,942 | 59,715 | 55,087 |
| まあじ | | 113,255 | 124,505 | 94,421 | 84,686 | 87,656 |
| むろあじ | | 19,176 | 13,946 | 8,354 | 11,605 | 7,700 |
| さば類 | | 509,346 | 489,826 | 530,564 | 425,010 | 356,668 |
| さんま | | 109,876 | 77,638 | 112,845 | 46,880 | 30,248 |
| ぶり類 | | 84,014 | 95,275 | 80,560 | 89,809 | 85,553 |
| かれい類 | （生鮮） | 25,556 | 28,838 | 24,097 | 25,381 | 27,126 |
| たら | （生鮮） | 35,453 | 36,936 | 41,271 | 41,693 | 45,561 |
| ほっけ | | 7,997 | 8,710 | 19,219 | 15,740 | 24,235 |
| 1) するめいか | （生鮮） | 41,949 | 35,630 | 27,715 | 32,257 | 38,227 |
| 1) 〃 | （冷凍） | 21,492 | 18,690 | 12,571 | 3,764 | 5,611 |

資料：水産庁「水産物流通調査　産地水産物流通調査」
注：1　産地卸売市場に上場された水産物の数量である（搬入量は除く。）。
　　2　水揚げ量は、市場上場量のみである。
　　1)は、「まついか類」を含む。

## 3 産地市場の用途別出荷量 (令和2年)

単位：t

| 品目 | 計 | 生鮮食用向け | ねり製品・すり身向け | 缶詰向け | その他の食用加工品向け | 魚油・飼肥料向け | 養殖用又は漁業用餌料向け |
|---|---|---|---|---|---|---|---|
| 1) 合計 | 1,125,647 | 300,063 | 4,787 | 109,206 | 240,144 | 166,034 | 305,413 |
| 生鮮品計 | 931,211 | 207,046 | 4,787 | 97,789 | 150,142 | 166,034 | 305,413 |
| まぐろ | 4,288 | 4,284 | – | – | 2 | – | 2 |
| めばち | 3,178 | 3,085 | – | – | 93 | – | – |
| きはだ | 2,578 | 2,519 | – | 0 | 58 | – | 1 |
| かつお | 18,804 | 16,738 | – | 664 | 893 | – | 509 |
| さけ・ます類 | 10,256 | 1,557 | – | 53 | 8,646 | – | – |
| まいわし | 436,632 | 70,657 | 2,412 | 18,069 | 12,867 | 162,220 | 170,407 |
| かたくちいわし | 14,697 | 2,473 | – | – | 5,093 | 1,033 | 6,098 |
| まあじ | 69,812 | 27,264 | 582 | – | 20,380 | 581 | 21,005 |
| さば類 | 261,892 | 31,153 | 502 | 76,659 | 45,324 | 1,423 | 106,831 |
| さんま | 14,934 | 7,992 | – | 1,934 | 3,727 | 777 | 504 |
| ぶり類 | 37,677 | 16,868 | – | – | 20,808 | – | 1 |
| かれい類 | 9,335 | 5,147 | – | – | 4,188 | – | – |
| たら | 28,822 | 9,397 | 1,291 | – | 18,134 | – | – |
| するめいか | 18,306 | 7,912 | – | 410 | 9,929 | – | 55 |
| 冷凍品計 | 194,436 | 93,017 | – | 11,417 | 90,002 | – | – |
| まぐろ | 2,662 | 2,645 | – | – | 17 | – | – |
| めばち | 16,139 | 12,549 | – | 369 | 3,221 | – | – |
| きはだ | 41,150 | 38,722 | – | 2,185 | 243 | – | – |
| かつお | 132,861 | 38,695 | – | 8,814 | 85,352 | – | – |
| するめいか | 1,624 | 406 | – | 49 | 1,169 | – | – |

資料：農林水産省「水産物流通調査 産地水産物用途別出荷量調査」

注： 有効回答を得た調査対象31漁港において19品目別に最終的な用途別（生鮮食用向け、ね
り製品・すり身向け、缶詰向け、その他の食用加工品向け、魚油・飼肥料向け、養殖用又
は漁業用餌料向け）の出荷量を合計した結果である。

　　1)の合計は、調査した19品目の積上げ値であり、生鮮品及び冷凍品の各計は、それぞれ
の品目の積上げ値である。

## 4 魚市場数及び年間取扱高

| 年次 | 魚市場数 | 年間取扱高 | | | | | | | |
|---|---|---|---|---|---|---|---|---|---|
| | | 数量 | | | | | 金額 | | |
| | | 総数 | 活魚 | 水揚量 | 搬入量 | 輸入品 | 総額 | 活魚 | 輸入品 |
| | 市場 | 千t | 千t | 千t | 千t | 千t | 億円 | 億円 | 億円 |
| 平成25年 | 859 | 5,870 | 219 | 3,465 | 2,405 | 283 | 27,626 | 1,867 | 2,745 |
| 30 | 803 | 5,043 | 228 | 3,148 | 1,895 | 148 | 26,347 | 2,316 | 1,774 |

資料：農林水産省統計部「漁業センサス」（以下6まで同じ。）

注：平成25年は平成26年1月1日現在、30年は平成31年1月1日現在の結果である（以下6まで同じ。）。

### 5 冷凍・冷蔵工場数、冷蔵能力及び従業者数

| 年次 | 冷凍・冷蔵工場数計 | 冷蔵能力計 | 1日当たり凍結能力 | 従業者数 | 外国人 |
|---|---|---|---|---|---|
| | 工場 | 千 t | t | 人 | 人 |
| 平成25年 | 5,357 | 11,326 | 212,672 | 150,559 | 10,154 |
| 30 | 4,904 | 11,536 | 243,604 | 141,546 | 14,016 |

### 6 営んだ加工種類別水産加工場数及び従業者数

| 年次 | 水産加工場数計（実数） | 缶・びん詰 | 焼・味付のり | 寒天 | 油脂 | 飼肥料 | ねり製品（実数） | かまぼこ類 | 魚肉ハム・ソーセージ類 | 冷凍食品 |
|---|---|---|---|---|---|---|---|---|---|---|
| | 工場 | 工場 | 工場 | 工場 | 工場 | 工場 | 工場 | 工場 | 工場 | 工場 |
| 平成25年 | 8,514 | 155 | 355 | 42 | 23 | 141 | 1,432 | 1,413 | 34 | 883 |
| 30 | 7,289 | 161 | 312 | 30 | 27 | 114 | 1,143 | 1,130 | 26 | 919 |

| 年次 | 素干し品 | 塩干品 | 煮干し品 | 塩蔵品 | くん製品 | 節製品 | その他の食用加工品 | 生鮮冷凍水産物 | 従業者数 | 外国人 |
|---|---|---|---|---|---|---|---|---|---|---|
| | 工場 | 工場 | 工場 | 工場 | 工場 | 工場 | 工場 | 工場 | 人 | 人 |
| 平成25年 | 742 | 1,922 | 1,280 | 842 | 206 | 641 | 2,769 | 1,580 | 188,235 | 13,458 |
| 30 | 550 | 1,645 | 1,049 | 770 | 215 | 528 | 2,442 | 1,400 | 171,354 | 17,336 |

## 7 1世帯当たり年間の購入数量（二人以上の世帯・全国）

単位：g

| 品目 | 平成29年 | 30 | 令和元 | 2 | 3 |
|---|---|---|---|---|---|
| 魚介類 | | | | | |
| 鮮魚 | | | | | |
| まぐろ | 2,122 | 1,929 | 1,930 | 2,029 | 1,996 |
| あじ | 1,120 | 932 | 844 | 821 | 775 |
| いわし | 726 | 642 | 550 | 577 | 443 |
| かつお | 803 | 815 | 884 | 718 | 966 |
| かれい | 823 | 713 | 699 | 743 | 687 |
| さけ | 2,487 | 2,507 | 2,520 | 2,839 | 2,734 |
| さば | 906 | 966 | 864 | 894 | 815 |
| さんま | 918 | 1,135 | 767 | 440 | 332 |
| たい | 529 | 423 | 409 | 557 | 597 |
| ぶり | 1,873 | 1,617 | 1,536 | 1,737 | 1,620 |
| 1)いか | 1,226 | 1,154 | 1,103 | 1,220 | 1,155 |
| 1)たこ | 697 | 539 | 539 | 646 | 522 |
| 2)えび | 1,337 | 1,347 | 1,343 | 1,470 | 1,456 |
| 2)かに | 439 | 358 | 362 | 393 | 381 |
| 他の鮮魚 | 4,415 | 4,333 | 4,358 | 4,712 | 4,366 |
| さしみ盛合わせ | 1,670 | 1,468 | 1,561 | 1,463 | 1,473 |
| 3)貝類 | | | | | |
| あさり | 849 | 705 | 725 | 743 | 645 |
| しじみ | 270 | 286 | 307 | 260 | 188 |
| かき（貝） | 502 | 467 | 416 | 436 | 518 |
| ほたて貝 | 330 | 393 | 452 | 571 | 560 |
| 他の貝 | 249 | 202 | 233 | 243 | 224 |
| 塩干魚介 | | | | | |
| 塩さけ | 1,419 | 1,278 | 1,322 | 1,430 | 1,359 |
| たらこ | 689 | 665 | 664 | 696 | 680 |
| しらす干し | 537 | 398 | 470 | 506 | 530 |
| 干しあじ | 652 | 575 | 506 | 506 | 445 |
| 他の塩干魚介 | 4,405 | 4,051 | 3,802 | 4,121 | 3,617 |
| 他の魚介加工品 | | | | | |
| かつお節・削り節 | 236 | 227 | 220 | 223 | 209 |
| 乾物・海藻 | | | | | |
| 4)わかめ | 876 | 865 | 861 | 866 | 745 |
| 5)こんぶ | 263 | 277 | 253 | 229 | 210 |

資料：総務省統計局「家計調査年報」
注：1)は、ゆでを含む。
　　2)は、ゆで、蒸しを含む。
　　3)は、殻付き、むき身、ゆで、蒸しを含む。
　　4)は、生わかめ、干わかめなどをいう。
　　5)は、だしこんぶ、とろろこんぶ、蒸しこんぶなどをいう。

8　輸出入量及び金額

| 品目名 | 単位 | 令和2年 | | 3 | |
|---|---|---|---|---|---|
| | | 数量 | 金額 | 数量 | 金額 |
| | | | 千円 | | 千円 |
| 輸出 | | | | | |
| たい（活） | t | 4,016 | 2,188,911 | 4,681 | 3,218,767 |
| さけ・ます（生鮮・冷蔵・冷凍） | 〃 | 10,329 | 3,937,997 | 8,434 | 3,540,311 |
| ひらめ・かれい（生鮮・冷蔵・冷凍） | 〃 | 5,081 | 1,186,018 | 4,738 | 1,365,231 |
| まぐろ類（生鮮・冷蔵・冷凍） | 〃 | 38,520 | 16,590,362 | 18,687 | 14,432,164 |
| かつお類（生鮮・冷蔵・冷凍） | 〃 | 25,390 | 3,797,668 | 39,693 | 5,980,410 |
| いわし（生鮮・冷蔵・冷凍） | 〃 | 91,422 | 7,748,909 | 89,787 | 7,445,143 |
| さば（生鮮・冷蔵・冷凍） | 〃 | 171,739 | 20,444,123 | 176,729 | 22,024,712 |
| すけそうだら（生鮮・冷蔵・冷凍） | 〃 | 10,977 | 1,663,040 | 14,177 | 1,997,410 |
| さめ（生鮮・冷蔵・冷凍） | 〃 | 2,436 | 191,358 | 2,130 | 162,514 |
| さんま（冷凍） | 〃 | 2,849 | 550,719 | 2,296 | 634,673 |
| ぶり（生鮮・冷蔵・冷凍） | 〃 | 37,673 | 17,262,424 | 44,875 | 24,619,691 |
| えび（冷凍） | 〃 | 556 | 451,250 | 617 | 753,101 |
| かに（冷凍） | 〃 | 871 | 1,303,293 | 738 | 1,239,849 |
| ホタテ貝（生鮮・冷蔵・冷凍・塩蔵・乾燥） | 〃 | 77,558 | 31,396,515 | 115,701 | 63,942,906 |
| いか（活・生鮮・冷蔵・冷凍） | 〃 | 2,817 | 1,885,833 | 3,097 | 2,090,720 |
| たこ（活・生鮮・冷蔵・冷凍・塩蔵・乾燥） | 〃 | 281 | 319,535 | 335 | 383,487 |
| ほや（活・生鮮・冷蔵） | 〃 | 3,577 | 846,970 | 3,352 | 797,334 |
| 乾こんぶ | 〃 | 435 | 808,988 | 463 | 930,622 |
| いわし（缶詰） | 〃 | 161 | 96,159 | 252 | 167,336 |
| まぐろ類（缶詰） | 〃 | 418 | 581,003 | 348 | 477,003 |
| かつお類（缶詰） | 〃 | 54 | 103,026 | 79 | 125,461 |
| さば（缶詰） | 〃 | 2,433 | 1,290,530 | 1,680 | 904,944 |
| 練り製品 | 〃 | 11,639 | 10,381,513 | 12,981 | 11,258,144 |
| かき（缶詰） | 〃 | 108 | 265,799 | 16 | 26,520 |
| 真珠 | kg | 22,046 | 8,445,165 | 22,400 | 20,022,757 |

資料：財務省関税局「貿易統計」をもとに農林水産省統計部にて作成。
注：1　（活）は、生きているものである。
　　2　（塩蔵）は、塩水漬けを含む。

8 輸出入量及び金額（続き）

| 品目名 | 単位 | 令和2年 | | 3 | |
|---|---|---|---|---|---|
| | | 数量 | 金額 | 数量 | 金額 |
| | | | 千円 | | 千円 |
| 輸入 | | | | | |
| うなぎ（稚魚） | t | 6 | 6,094,615 | 8 | 5,449,474 |
| うなぎ（活） | 〃 | 5,441 | 16,962,793 | 7,034 | 15,088,286 |
| さけ・ます（生鮮・冷蔵・冷凍） | 〃 | 250,762 | 200,760,303 | 245,257 | 220,001,798 |
| ひらめ・かれい（生鮮・冷蔵・冷凍） | 〃 | 36,967 | 22,219,579 | 34,884 | 19,993,365 |
| まぐろ類（生鮮・冷蔵・冷凍） | 〃 | 180,669 | 155,481,036 | 174,991 | 182,385,560 |
| かつお類（生鮮・冷蔵・冷凍） | 〃 | 29,914 | 4,269,191 | 23,853 | 3,763,621 |
| にしん（生鮮・冷蔵・冷凍） | 〃 | 13,179 | 2,408,211 | 25,985 | 4,942,936 |
| いわし（生鮮・冷蔵・冷凍） | 〃 | 7,241 | 364,169 | 296 | 42,894 |
| さば（生鮮・冷蔵・冷凍） | 〃 | 52,751 | 12,919,350 | 73,810 | 16,710,117 |
| あじ（冷凍） | 〃 | 18,562 | 3,639,011 | 19,063 | 4,047,456 |
| かじき（生鮮・冷蔵・冷凍、めかじき含む） | 〃 | 11,501 | 6,691,648 | 10,123 | 6,692,622 |
| まだら（生鮮・冷蔵・冷凍） | 〃 | 12,302 | 5,032,366 | 11,658 | 5,321,978 |
| たい（生鮮・冷蔵・冷凍） | 〃 | 141 | 30,923 | 35 | 7,702 |
| ぶり（生鮮・冷蔵・冷凍） | 〃 | 278 | 64,065 | 208 | 42,042 |
| さわら（生鮮・冷蔵・冷凍） | 〃 | 1,248 | 661,190 | 979 | 495,911 |
| ふぐ（生鮮・冷蔵・冷凍） | 〃 | 2,607 | 725,882 | 2,256 | 846,266 |
| さんま（冷凍） | 〃 | 3,427 | 1,068,304 | 4,548 | 1,762,289 |
| えび（活・生鮮・冷蔵・冷凍） | 〃 | 150,406 | 160,034,238 | 158,714 | 178,381,960 |
| かに（活・生鮮・冷蔵・冷凍） | 〃 | 20,655 | 47,431,583 | 21,983 | 67,329,177 |
| ホタテ貝（活・生鮮・冷蔵・冷凍） | 〃 | 193 | 149,933 | 200 | 160,124 |
| いか（活・生鮮・冷蔵・冷凍もんごう含む） | 〃 | 101,954 | 57,002,346 | 102,834 | 53,606,251 |
| たこ（活・生鮮・冷蔵・冷凍） | 〃 | 37,748 | 33,734,576 | 26,411 | 31,810,325 |
| あさり（活・生鮮・冷蔵・冷凍） | 〃 | 36,110 | 7,240,701 | 31,752 | 6,861,764 |
| あわび（活・生鮮・冷蔵・冷凍） | 〃 | 2,076 | 5,963,067 | 2,365 | 6,830,819 |
| しじみ（活・生鮮・冷蔵・冷凍） | 〃 | 1,156 | 275,701 | 908 | 226,463 |
| うに（活・生鮮・冷蔵・冷凍） | 〃 | 11,174 | 21,838,357 | 10,613 | 21,028,672 |
| 乾のり | 〃 | 2,385 | 6,214,686 | 2,034 | 4,764,742 |
| わかめ | 〃 | 25,112 | 8,864,334 | 21,682 | 9,112,417 |
| かつお（缶詰） | 〃 | 18,032 | 9,774,333 | 16,681 | 9,129,752 |
| まぐろ（缶詰） | 〃 | 28,490 | 17,217,380 | 27,949 | 16,831,479 |
| かつお節 | 〃 | 4,629 | 3,579,900 | 2,455 | 2,025,281 |
| 真珠 | － | … | 14,111,621 | … | 22,818,916 |

## IX 価格

### 1 品目別産地市場卸売価格（1kg当たり）

単位：円

| 品目 | | 平成28年 | 29 | 30 | 令和元 | 2 |
|---|---|---|---|---|---|---|
| まぐろ | （生鮮） | 1,776 | 1,899 | 2,021 | 2,090 | 1,920 |
| 〃 | （冷凍） | 1,789 | 1,784 | 1,713 | 1,738 | 1,659 |
| びんなが | （生鮮） | 413 | 384 | 425 | 478 | 336 |
| 〃 | （冷凍） | 350 | 345 | 368 | 449 | 288 |
| めばち | （生鮮） | 1,461 | 1,339 | 1,423 | 1,287 | 1,241 |
| 〃 | （冷凍） | 1,025 | 1,149 | 1,065 | 975 | 827 |
| きはだ | （生鮮） | 739 | 937 | 877 | 898 | 845 |
| 〃 | （冷凍） | 402 | 447 | 474 | 389 | 327 |
| かつお | （生鮮） | 354 | 378 | 316 | 314 | 350 |
| 〃 | （冷凍） | 203 | 256 | 192 | 171 | 189 |
| まいわし | | 52 | 49 | 42 | 41 | 41 |
| うるめいわし | | 62 | 57 | 68 | 83 | 75 |
| かたくちいわし | | 50 | 52 | 63 | 64 | 51 |
| まあじ | | 191 | 175 | 199 | 239 | 229 |
| むろあじ | | 120 | 93 | 106 | 118 | 117 |
| さば類 | | 80 | 85 | 96 | 105 | 109 |
| さんま | | 214 | 278 | 185 | 293 | 473 |
| ぶり類 | | 379 | 359 | 377 | 370 | 328 |
| かれい類 | （生鮮） | 372 | 347 | 364 | 344 | 299 |
| たら | （生鮮） | 327 | 299 | 250 | 225 | 193 |
| ほっけ | | 213 | 152 | 96 | 74 | 50 |
| 1) するめいか | （生鮮） | 532 | 570 | 567 | 645 | 561 |
| 1) 〃 | （冷凍） | 633 | 618 | 609 | 876 | 775 |

資料：水産庁「水産物流通調査　産地水産物流通調査」
注：1　産地卸売市場に上場された水産物の数量である（搬入量は除く。）。
　　2　水揚げ量は、市場上場量のみである。
　　1)は、「まついか類」を含む。

## 2 年平均小売価格（東京都区部）

単位：円

| 品目 | 銘柄 | 数量単位 | 平成29年 | 30 | 令和元 | 2 | 3 |
|---|---|---|---|---|---|---|---|
| まぐろ | めばち又はきはだ、刺身用、さく、赤身 | 100 g | 422 | 453 | 454 | 433 | 455 |
| あじ | まあじ、丸（長さ約15cm以上） | 〃 | 109 | 110 | 110 | 114 | 105 |
| いわし | まいわし、丸（長さ約12cm以上） | 〃 | 83 | 88 | 89 | 95 | 100 |
| かつお | たたき、刺身用、さく | 〃 | 206 | 196 | 194 | 205 | 200 |
| 1) さけ | トラウトサーモン、ぎんざけ、アトランティックサーモン（ノルウェーサーモン）、べにざけ又はキングサーモン、切り身、塩加工を除く。 | 〃 | 311 | 324 | 326 | 366 | 363 |
| さば | まさば又はごまさば、切り身 | 〃 | 122 | 120 | 116 | 113 | 115 |
| さんま | 丸（長さ約25cm以上） | 〃 | 95 | 104 | 100 | 118 | 145 |
| たい | まだい、刺身用、さく | 〃 | 595 | 631 | 653 | 626 | 609 |
| ぶり | 切り身（刺身用を除く。） | 〃 | 262 | 276 | 289 | 277 | 289 |
| いか | するめいか、丸 | 〃 | 141 | 140 | 161 | 156 | 162 |
| たこ | まだこ、ゆでもの又は蒸しもの | 〃 | 297 | 374 | 368 | 347 | 379 |
| えび | 輸入品、冷凍、パック包装又は真空包装、無頭（10〜14尾入り） | 〃 | 321 | 316 | 326 | 324 | 312 |
| あさり | 殻付き | 〃 | 122 | 120 | 123 | 125 | 134 |
| かき（貝） | まがき、むき身 | 〃 | 359 | 349 | 365 | 373 | 369 |
| ほたて貝 | むき身（天然ものを除く。）、ゆでもの又は蒸しもの | 〃 | 295 | 294 | 276 | 270 | 279 |
| 塩さけ | ぎんざけ、切り身 | 〃 | 210 | 216 | 227 | 224 | 228 |
| 2) たらこ | 切れ子を含む、並 | 〃 | 439 | 456 | 444 | 450 | 447 |
| しらす干し | 並 | 〃 | 472 | 563 | 577 | 586 | 583 |

資料：総務省統計局「小売物価統計調査年報」

単位：円

| 品目 | 銘柄 | 数量単位 | 平成29年 | 30 | 令和元 | 2 | 3 |
|---|---|---|---|---|---|---|---|
| 干しあじ | まあじ、開き、並 | 100 g | 168 | 167 | 164 | 163 | 169 |
| 煮干し | かたくちいわし、並 | 〃 | 241 | 232 | 236 | 239 | 242 |
| ししゃも | 子持ちししゃも、カラフトシシャモ（カペリン）、8〜12匹入り、並 | 〃 | 197 | 178 | 181 | 207 | 228 |
| 揚げかまぼこ | さつま揚げ、並 | 〃 | 110 | 111 | 114 | 116 | 114 |
| ちくわ | 焼きちくわ(煮込み用を除く。)、袋入り（3〜6本入り）、並 | 〃 | 103 | 103 | 104 | 104 | 105 |
| かまぼこ | 蒸かまぼこ、板付き、内容量80〜140 g、普通品 | 〃 | 154 | 155 | 163 | 165 | 164 |
| かつお節 | かつおかれぶし削りぶし、パック入り（2.5 g×10袋入り）、普通品 | 1パック | 250 | 266 | 271 | 264 | 267 |
| 塩辛 | いかの塩辛、並 | 100 g | 205 | 245 | 246 | 244 | 226 |
| 魚介漬物 | みそ漬、さわら又はさけ、並 | 〃 | 233 | 235 | 232 | 216 | 217 |
| 3) 魚介つくだ煮 | 小女子、ちりめん又はしらす、パック入り又は袋入り（50〜150g入り）、並 | 〃 | 488 | 524 | 506 | 494 | 485 |
| いくら | さけ卵、塩漬又はしょう油漬、並 | 〃 | 1,505 | 1,951 | 1,822 | 1,709 | 1,840 |
| 魚介缶詰 | まぐろ缶詰、油漬、きはだまぐろ、フレーク、内容量70 g入り、3缶又は4缶パック | 1缶 | 120 | 118 | 123 | 126 | 123 |
| 干しのり | 焼きのり、袋入り（全形10枚入り）、普通品 | 1袋 | 433 | 439 | 445 | 445 | 447 |
| わかめ | 生わかめ、湯通し塩蔵わかめ(天然ものを除く。)、国産品、並 | 100 g | 274 | 289 | 285 | 290 | 284 |
| こんぶ | だしこんぶ、国産品、並 | 〃 | 628 | 639 | 662 | 718 | 760 |
| ひじき | 乾燥ひじき、芽ひじき、国産品、並 | 〃 | 1,573 | 1,826 | 1,894 | 1,869 | 1,879 |

注：1)は、令和2年1月に基本銘柄を改正した。
　　2)は、令和元年1月に基本銘柄を改正した。
　　3)は、平成30年7月に基本銘柄を改正した。

## X 水産資源の管理

### 1 資源管理・漁場改善の取組（平成30年11月1日現在）

#### (1) 管理対象魚種別延べ取組数（複数回答）

単位：取組

| 区分 | 計<br>(実数) | ひらめ | あわび類 | まだい | かれい類 | いか類 | その他のたい類 | たこ類 | さざえ | なまこ類 | うに類 |
|---|---|---|---|---|---|---|---|---|---|---|---|
| 全国 | 5,476 | 1,013 | 765 | 710 | 582 | 496 | 442 | 439 | 435 | 402 | 333 |

資料：農林水産省統計部「2018年漁業センサス」（以下2まで同じ。）

#### (2) 漁業資源の管理内容別取組数（複数回答）

単位：取組

| 区分 | 計<br>(実数) | 漁獲（採捕・収獲）枠の設定 | 漁業資源の増殖 | その他 |
|---|---|---|---|---|
| 全国 | 3,006 | 872 | 1,930 | 681 |

#### (3) 漁場の保全・管理内容別取組数（複数回答）

単位：取組

| 区分 | 計<br>(実数) | 漁場の保全 | 藻場・干潟の維持管理 | 薬品等の不使用の取組 | 漁場の造成 | 漁場利用の取決め | その他 |
|---|---|---|---|---|---|---|---|
| 全国 | 2,160 | 1,025 | 379 | 168 | 431 | 1,135 | 482 |

#### (4) 漁獲の管理内容別取組数（複数回答）

単位：取組

| 区分 | 漁法（養殖方法）の規制 | 漁船の使用規制 | 漁具の規制 | 漁期の規制 | 出漁日数、操業時間の規制 | 漁獲（採捕、収獲）サイズの規制 | 漁獲量（採捕量、収獲量）の規制 | その他 |
|---|---|---|---|---|---|---|---|---|
| 全国 | 768 | 539 | 1,447 | 2,555 | 1,807 | 2,197 | 797 | 373 |

2　遊漁関係団体との連携の具体的な取組別漁業地区数（平成30年11月 1 日現在）

単位：地区

| 区分 | 遊漁関係団体との連携がある漁業地区数 | 連携した取組の具体的内容 | | | | | | |
|---|---|---|---|---|---|---|---|---|
| | | 漁業資源の管理 | | | | 漁場の保全・管理 | | |
| | | 小計（実数） | 漁獲（採捕・収獲）枠の設定 | 漁業資源の増殖 | その他 | 小計（実数） | 漁場の保全 | 藻場・干潟の維持管理 |
| 全国 | 168 | 49 | 17 | 31 | 8 | 69 | 17 | 4 |

| 区分 | 連携した取組の具体的内容（続き） | | | | | | | |
|---|---|---|---|---|---|---|---|---|
| | 漁場の保全・管理(続き) | | | | 漁獲の管理 | | | |
| | 薬品等の不使用の取組 | 漁場の造成 | 漁場利用の取決め | その他 | 小計（実数） | 漁法(養殖方法)の規制 | 漁船の使用規制 | 漁具の規制 |
| 全国 | 3 | 6 | 45 | 16 | 119 | 10 | 4 | 31 |

| 区分 | 連携した取組の具体的内容（続き） | | | | |
|---|---|---|---|---|---|
| | 漁獲の管理(続き) | | | | |
| | 漁期の規制 | 出漁日数、操業時間の規制 | 漁獲(採捕、収獲)サイズの規制 | 漁獲量(採捕量、収獲量)の規制 | その他 |
| 全国 | 38 | 31 | 60 | 43 | 33 |

## XI 水産業協同組合

### 1 水産業協同組合・同連合会数（各年度末現在）

単位：組合

| 区分 | | 平成29年度 | 30 | 令和元 | 2 | 3 | 事業別組合数（令和3年度） | | |
|---|---|---|---|---|---|---|---|---|---|
| | | | | | | | 1)信用事業 | 購買事業 | 販売事業 |
| 単位組合合計 | | 2,435 | 2,406 | 2,392 | 2,328 | 2,251 | 75 | 918 | 885 |
| 沿海地区 | 出資漁協 | 953 | 943 | 937 | 879 | 871 | 73 | 778 | 728 |
| 〃 | 非出資漁協 | 2 | 2 | 2 | 2 | 2 | 0 | 1 | 0 |
| 内水面地区 | 出資漁協 | 660 | 654 | 649 | 645 | 644 | 1 | 38 | 79 |
| 〃 | 非出資漁協 | 153 | 154 | 153 | 153 | 152 | 0 | 0 | 1 |
| 業種別 | 出資漁協 | 89 | 88 | 89 | 89 | 88 | 1 | 38 | 41 |
| 〃 | 非出資漁協 | 4 | 4 | 4 | 4 | 4 | 0 | 1 | 1 |
| 漁業生産組合 | | 478 | 467 | 466 | 466 | 401 | 0 | 0 | 0 |
| 水産加工業協同組合 | | 96 | 94 | 92 | 90 | 89 | 0 | 62 | 35 |
| 連合会合計 | | 144 | 144 | 143 | 143 | 128 | 13 | 52 | 47 |
| 出資漁連 | | 96 | 96 | 95 | 95 | 95 | 0 | 45 | 43 |
| 非出資漁連 | | 10 | 10 | 10 | 10 | 10 | 0 | 0 | 0 |
| 信用漁連 | | 28 | 28 | 28 | 28 | 13 | 13 | 0 | 0 |
| 水産加工連 | | 9 | 9 | 9 | 9 | 9 | 0 | 7 | 4 |
| 共水連 | | 1 | 1 | 1 | 1 | 1 | 0 | 0 | 0 |

資料：水産庁「水産業協同組合年次報告」
注：1　大臣認可及び知事認可による単位組合及び連合会である。
　　2　本表では、当該組合において水産業協同組合法（昭和23年法律第242号）に基づき行うことができる業務でない場合は「－」と表示し、当該業務を水産業協同組合法上行うことができるが、当該事業年度において実績がなかった場合には「0」と表示した。
1)は、信用事業を行う組合のうち、貯金残高を有する組合の数である。

### 2 沿海地区出資漁業協同組合（令和2事業年度末現在）

#### (1) 組合員数

単位：人

| 組合 | 合計 | 正組合員数 | | | | | | | 准組合員数 |
|---|---|---|---|---|---|---|---|---|---|
| | | 計 | 漁民 | | | | 漁業生産組合 | 漁業を営む法人（漁業生産組合を除く。） | |
| | | | 小計 | 漁業者 | 漁業従事者 | | | | |
| 沿海地区出資漁協 | 268,095 | 120,324 | 118,101 | 101,275 | 16,826 | | 96 | 2,127 | 147,771 |

資料：水産庁「水産業協同組合統計表」（以下(3)まで同じ。）

#### (2) 正組合員数別漁業協同組合数

単位：組合

| 組合 | 計 | 50人未満 | 50～99 | 100～199 | 200～299 | 300～499 | 500～999 | 1,000人以上 |
|---|---|---|---|---|---|---|---|---|
| 沿海地区出資漁協 | 850 | 337 | 214 | 158 | 57 | 55 | 17 | 12 |

#### (3) 出資金額別漁業協同組合数

単位：組合

| 組合 | 計 | 100万円未満 | 100～500 | 500～1,000 | 1,000～2,000 | 2,000～5,000 | 5,000～1億 | 1億円以上 |
|---|---|---|---|---|---|---|---|---|
| 沿海地区出資漁協 | 850 | 10 | 44 | 50 | 115 | 207 | 147 | 277 |

東日本大震災からの復旧・復興状況編

### 東日本大震災からの復旧・復興状況

1 甚大な被害を受けた3県（岩手県、宮城県及び福島県）の農林業経営体数
の状況

(1) 被災3県の農林業経営体数

単位：経営体

| 区分 | 農林業経営体 | 農業経営体 | | | | 林業経営体 |
|---|---|---|---|---|---|---|
| | | 計 | 個人経営体 | 団体経営体 | 法人経営 | |
| 平成22年 | 183,315 | 179,396 | 175,912 | 3,484 | 1,552 | 15,853 |
| 27 | 141,102 | 139,022 | 135,480 | 3,542 | 2,007 | 9,073 |
| **令和2** | **109,319** | **107,983** | **104,518** | **3,465** | **2,284** | **2,994** |
| 対前回増減率（%） | | | | | | |
| 平成27年 | △ 23.0 | △ 22.5 | △ 23.0 | 1.7 | 29.3 | △ 42.8 |
| **令和2** | **△ 22.5** | **△ 22.3** | **△ 22.9** | **△ 2.2** | **13.8** | **△ 67.0** |
| (参考) 全国増減率(%) | | | | | | |
| 平成27年 | △ 18.7 | △ 18.0 | △ 18.5 | 4.9 | 25.3 | △ 37.7 |
| **令和2** | **△ 22.2** | **△ 21.9** | **△ 22.6** | **2.8** | **13.3** | **△ 61.0** |

資料：農林水産省統計部「農林業センサス」 （以下(2)まで同じ。）

(2) 農業経営体の推移

単位：経営体

| 区分 | 平成22年 | | 27 | | 令和2 | |
|---|---|---|---|---|---|---|
| | 農業経営体 | 個人経営体 | 農業経営体 | 個人経営体 | **農業経営体** | **個人経営体** |
| 被災3県計 | 179,396 | 175,912 | 139,022 | 135,480 | **107,983** | **104,518** |
| 1) 沿海市区町村 | 33,493 | 32,913 | 20,959 | 20,470 | **14,817** | **14,267** |
| 2) 内陸市区町村 | 145,903 | 142,999 | 118,063 | 115,010 | **93,166** | **90,251** |
| 岩手県 | 57,001 | 55,693 | 46,993 | 45,598 | **35,380** | **34,133** |
| 宮城県 | 50,741 | 49,534 | 38,872 | 37,578 | **30,005** | **28,714** |
| 福島県 | 71,654 | 70,685 | 53,157 | 52,304 | **42,598** | **41,671** |
| 増減率（%） | | | | | | |
| 被災3県計 | | | △ 22.5 | △ 23.0 | **△ 22.3** | **△ 22.9** |
| 1) 沿海市区町村 | | | △ 37.4 | △ 37.8 | **△ 29.3** | **△ 30.3** |
| 2) 内陸市区町村 | | | △ 19.1 | △ 19.6 | **△ 21.1** | **△ 21.5** |
| 岩手県 | | | △ 17.6 | △ 18.1 | **△ 24.7** | **△ 25.1** |
| 宮城県 | | | △ 23.4 | △ 24.1 | **△ 22.8** | **△ 23.6** |
| 福島県 | | | △ 25.8 | △ 26.0 | **△ 19.9** | **△ 20.3** |

注：1)は、次に掲げる市区町村（令和2年2月1日現在）である。

　岩手県：宮古市、大船渡市、久慈市、陸前高田市、釜石市、大槌町、山田町、岩泉町、田野畑村、
　　　　　普代村、野田村及び洋野町

　宮城県：宮城野区、若林区、石巻市、塩竈市、気仙沼市、名取市、多賀城市、岩沼市、東松島市、
　　　　　亘理町、山元町、松島町、七ヶ浜町、利府町、女川町及び南三陸町

　福島県：いわき市、相馬市、南相馬市、広野町、楢葉町、富岡町、大熊町、双葉町、浪江町及び
　　　　　新地町

　2)は岩手県、宮城県及び福島県に所在する市区町村のうち、1)に掲げる市区町村を除く市区町村である。

2 津波被災農地における年度ごとの営農再開可能面積の見通し

| 区分 | 単位 | 令和3年度まで累計 | 4年度 | 1)5年度 | 1)6年度以降 | 小計 | 2)避難指示区域 | 復旧対象農地計 | 3)転用(見込み含む) | 津波被災農地合計 |
|---|---|---|---|---|---|---|---|---|---|---|
| 計 | ha | 18,630 | 260 | 50 | 630 | 19,570 | 90 | 19,660 | 1,820 | 21,480 |
| 岩手県 | 〃 | 550 | – | – | – | 550 | – | 550 | 180 | 730 |
| 宮城県 | 〃 | 13,710 | | – | – | 13,710 | – | 13,710 | 630 | 14,340 |
| 福島県 | 〃 | 3,420 | 260 | 50 | 630 | 4,360 | 90 | 4,450 | 1,010 | 5,460 |
| 青森県・茨城県・千葉県 | 〃 | 950 | – | – | – | 950 | – | 950 | – | 950 |
| 復旧対象農地に対する割合 | % | 95 | 1 | 0 | 3 | 100 | 0 | 100 | | |
| 小計に対する割合 | 〃 | 95 | 1 | 0 | 3 | 100 | | | | |
| 津波被災農地に対する割合 | 〃 | 87 | 1 | 0 | 3 | 91 | 0 | 92 | 8 | 100 |

資料：農林水産省農村振興局資料
注： 1)は、農地復旧と一体的に農地の大区画化等を実施する予定の農地（5年度以降：320ha）
　　及び海水が浸入しているなど被害が甚大な農地の一部やまちづくり等で他の復旧・復興事業
　　との調整が必要な農地（5年度以降：360ha）である。
　　 2)は、原子力発電所事故に伴い設定されている避難指示区域の中で、避難指示解除や除染
　　の完了等の状況を踏まえつつ、復旧に向けて取り組む農地である。
　　 3)は、農地の転用等により復旧不要となる農地（見込みを含む。）である。

3 東日本大震災による甚大な被害を受けた3県における漁業関係の動向
(1) 漁業経営体数

| 県 | 平成20年 | 25<br>① | 休廃業<br>経営体<br>② | 新規着業<br>経営体<br>③ | 30<br>④<br>(①-②+③) | 対前回比<br>(30/25) |
|---|---|---|---|---|---|---|
| | 経営体 | 経営体 | 経営体 | 経営体 | 経営体 | 経営体 |
| 3県計 | 10,062 | 5,690 | 1,588 | 2,007 | 6,109 | 107.4 |
| 岩手県 | 5,313 | 3,365 | 946 | 987 | 3,406 | 101.2 |
| 宮城県 | 4,006 | 2,311 | 640 | 655 | 2,326 | 100.6 |
| 福島県 | 743 | 14 | 2 | 365 | 377 | 2,692.9 |

資料:農林水産省統計部「漁業センサス」(以下(2)まで同じ。)
注: 1 「休廃業経営体」とは、2013年漁業センサスの漁業経営体であって、2018年漁業センサスの漁業経営体(継続経営体)にならなかった経営体をいう。なお、漁業地区をまたがって転出した経営体については、実質的に経営が継続している経営体であっても休廃業経営体としている。
   また、「継続経営体」とは、2013年漁業センサスと2018年漁業センサスの海面漁業調査客体名簿を照合して、同一漁業地区内で世帯主氏名、事業所名又は代表者名が一致し、かつ経営組織が一致した経営体をいう。
  2 「新規着業経営体」とは、2018年漁業センサスの漁業経営体であって、継続経営体以外の経営体をいう。なお、漁業地区をまたがって転入した経営体については、実質的に経営が継続している経営体であっても新規着業経営体としている。

(2) 漁協等が管理・運営する漁業経営体数及び漁業従事者数

| 区分 | 単位 | 計 | | | 漁業協同組合等 | | | 個人経営体、会社、共同経営等 | | |
|---|---|---|---|---|---|---|---|---|---|---|
| | | 平成25年 | 30 | 対前回比 | 平成25年 | 30 | 対前回比 | 平成25年 | 30 | 対前回比 |
| | | | | % | | | % | | | % |
| 漁業経営体 | | | | | | | | | | |
| 3県計 | 経営体 | 5,690 | 6,109 | 107.4 | 85 | 50 | 58.8 | 5,605 | 6,059 | 108.1 |
| 岩手県 | 〃 | 3,365 | 3,406 | 101.2 | 33 | 34 | 103.0 | 3,332 | 3,372 | 101.2 |
| 宮城県 | 〃 | 2,311 | 2,326 | 100.6 | 52 | 16 | 30.8 | 2,259 | 2,310 | 102.3 |
| 福島県 | 〃 | 14 | 377 | 2,692.9 | - | - | nc | 14 | 377 | 2,692.9 |
| 漁業従事者 | | | | | | | | | | |
| 3県計 | 人 | 13,827 | 14,548 | 105.2 | 2,525 | 922 | 36.5 | 11,302 | 13,626 | 120.6 |
| 岩手県 | 〃 | 6,173 | 6,187 | 100.2 | 1,202 | 776 | 64.6 | 4,971 | 5,411 | 108.9 |
| 宮城県 | 〃 | 7,245 | 7,255 | 100.1 | 1,323 | 146 | 11.0 | 5,922 | 7,109 | 120.0 |
| 福島県 | 〃 | 409 | 1,106 | 270.4 | - | - | nc | 409 | 1,106 | 270.4 |

注: 1 漁業従事者とは、満15歳以上で平成25、30年11月1日現在で海上作業に従事した者をいう。
  2 漁業協同組合等とは、漁業協同組合(支所等含む。)と漁業生産組合をいい、復興支援事業等を活用し、支所ごと又は養殖種類ごとに復興計画を策定し認定を受けた漁業協同組合(支所等含む。)を含む。

3 東日本大震災による甚大な被害を受けた3県における漁業関係の動向（続き）
(3) 岩手県における漁業関係の動向
ア 漁業センサスにおける主な調査結果

| 区分 | 単位 | 平成25年 | 30 | 対前回増減率<br>（30／25） |
|---|---|---|---|---|
| | | | | ％ |
| 海面漁業経営体 | 経営体 | 3,365 | 3,406 | 1.2 |
| 個人経営体 | 〃 | 3,278 | 3,317 | 1.2 |
| 団体経営体 | 〃 | 87 | 89 | 2.3 |
| 会社、共同経営、その他 | 〃 | 54 | 55 | 1.9 |
| 漁業協同組合等 | 〃 | 33 | 34 | 3.0 |
| 海上作業従事者 | 人 | 6,173 | 6,187 | 0.2 |
| 個人経営体 | 〃 | 4,004 | 4,564 | 14.0 |
| 団体経営体 | 〃 | 2,169 | 1,623 | △ 25.2 |
| 会社、共同経営、その他 | 〃 | 967 | 847 | △ 12.4 |
| 漁業協同組合等 | 〃 | 1,202 | 776 | △ 35.4 |
| 漁船 | 隻 | 5,740 | 5,791 | 0.9 |
| 販売金額1位の漁業種類別 | | | | |
| かき類養殖 | 〃 | 79 | 165 | 108.9 |
| わかめ類養殖 | 〃 | 195 | 143 | △ 26.7 |
| 大型定置網 | 〃 | 149 | 156 | 4.7 |

資料：農林水産省統計部「漁業センサス」

イ 海面漁業生産量及び漁業産出額

| 区分 | | 単位 | 平成27年 | 29 | 30 | 令和元 |
|---|---|---|---|---|---|---|
| 海面漁業生産量 | (1) | t | 151,506 | 113,231 | 126,589 | 122,344 |
| 海面漁業 | (2) | 〃 | 108,752 | 75,792 | 90,087 | 92,774 |
| たら類 | (3) | 〃 | 15,217 | 7,423 | 6,177 | 9,061 |
| おきあみ類 | (4) | 〃 | 13,817 | 6,346 | 11,380 | 10,519 |
| さば類 | (5) | 〃 | 17,046 | 10,101 | 9,199 | 19,197 |
| まぐろ類 | (6) | 〃 | 5,289 | 5,014 | 4,332 | 5,550 |
| あわび類 | (7) | 〃 | 344 | 181 | 168 | 145 |
| 海面養殖業 | (8) | 〃 | 42,754 | 37,439 | 36,502 | 29,570 |
| わかめ類 | (9) | 〃 | 18,972 | 18,908 | 18,220 | 12,647 |
| こんぶ類 | (10) | 〃 | 13,926 | 7,460 | 8,079 | 7,666 |
| ほたてがい | (11) | 〃 | 3,621 | x | x | x |
| かき類 | (12) | 〃 | 5,755 | 6,420 | 6,646 | 6,341 |
| 海面漁業産出額 | (13) | 100万円 | 38,347 | 39,738 | 37,883 | 34,605 |
| 海面漁業 | (14) | 〃 | 30,638 | 30,244 | 28,652 | 25,748 |
| たら類 | (15) | 〃 | 2,843 | 1,616 | 1,316 | 1,336 |
| おきあみ類 | (16) | 〃 | 444 | 622 | 1,306 | 574 |
| さば類 | (17) | 〃 | 1,185 | 1,048 | 869 | 1,568 |
| まぐろ類 | (18) | 〃 | 5,263 | 5,377 | 4,382 | 6,445 |
| あわび類 | (19) | 〃 | 3,587 | 1,763 | 2,173 | 2,021 |
| 海面養殖業 | (20) | 〃 | 7,708 | 9,494 | 9,231 | 8,857 |
| わかめ類 | (21) | 〃 | 2,783 | 4,200 | 3,874 | 3,882 |
| こんぶ類 | (22) | 〃 | 1,877 | 1,285 | 1,545 | 1,534 |
| ほたてがい | (23) | 〃 | 1,688 | x | x | x |
| かき類 | (24) | 〃 | 1,205 | 1,781 | 1,866 | 1,744 |

資料：海面漁業生産量は農林水産省統計部「漁業・養殖業生産統計」
　　　海面漁業産出額は農林水産省統計部「漁業産出額」

| 区分 | 単位 | 平成25年 | 30 | 対前回増減率<br>(30／25) |
|---|---|---|---|---|
| | | | | % |
| 魚市場 | 市場 | 14 | **14** | 0.0 |
| 水産物取扱数量 | t | 136,169 | **113,826** | △ 16.4 |
| 水産物取扱金額 | 万円 | 3,759,894 | **4,012,709** | 6.7 |
| 冷凍・冷蔵工場 | 工場 | 145 | **128** | △ 11.7 |
| 従業者 | 人 | 3,824 | **3,430** | △ 10.3 |
| 冷蔵能力 | t | 144,650 | **172,902** | 19.5 |
| 水産加工場 | 工場 | 154 | **135** | △ 12.3 |
| 従業者 | 人 | 4,302 | **3,377** | △ 21.5 |
| 生産量（生鮮冷凍水産物） | t | 90,063 | **72,829** | △ 19.1 |

| 2 | 3<br>(概数値) | 震災前との対比 | | | | | |
|---|---|---|---|---|---|---|---|
| | | (29／22) | (30／22) | (元／22) | (2／22) | (3／22) | |
| | | % | % | % | % | % | |
| 96,102 | **109,900** | 60.3 | 67.4 | 65.1 | 51.2 | 58.5 | (1) |
| 65,683 | **78,900** | 55.6 | 66.0 | 68.0 | 48.1 | 57.8 | (2) |
| 4,952 | **9,000** | 31.5 | 26.2 | 38.5 | 21.0 | 38.2 | (3) |
| 1,561 | **3,000** | 34.2 | 61.3 | 56.7 | 8.4 | 16.2 | (4) |
| 12,804 | **25,700** | 52.3 | 47.6 | 99.3 | 66.3 | 133.0 | (5) |
| 5,265 | **5,000** | 92.0 | 79.5 | 101.8 | 96.6 | 91.7 | (6) |
| 119 | **100** | 64.0 | 59.4 | 51.2 | 42.0 | 35.3 | (7) |
| 30,419 | **31,000** | 72.8 | 71.0 | 57.5 | 59.1 | 60.3 | (8) |
| 16,423 | **13,400** | 97.0 | 93.5 | 64.9 | 84.3 | 68.7 | (9) |
| 5,179 | **6,900** | 51.4 | 55.7 | 52.8 | 35.7 | 47.5 | (10) |
| x | **x** | x | x | x | x | x | (11) |
| 6,159 | **6,200** | 67.0 | 69.4 | 66.2 | 64.3 | 64.7 | (12) |
| 30,568 | ‥ | 103.3 | 98.5 | 90.0 | 79.5 | nc | (13) |
| 23,776 | ‥ | 105.3 | 99.8 | 89.6 | 82.8 | nc | (14) |
| 911 | ‥ | 103.9 | 84.6 | 85.9 | 58.5 | nc | (15) |
| 154 | ‥ | 65.0 | 136.5 | 60.0 | 16.1 | nc | (16) |
| 1,171 | ‥ | 85.0 | 70.5 | 127.2 | 95.0 | nc | (17) |
| 6,183 | ‥ | 141.4 | 115.2 | 169.5 | 162.6 | nc | (18) |
| 1,244 | ‥ | 67.1 | 82.7 | 76.9 | 47.4 | nc | (19) |
| 6,793 | ‥ | 97.4 | 94.7 | 90.9 | 69.7 | nc | (20) |
| 2,781 | ‥ | 138.3 | 127.6 | 127.9 | 91.6 | nc | (21) |
| 1,132 | ‥ | 66.0 | 79.4 | 78.8 | 58.1 | nc | (22) |
| x | ‥ | x | x | x | x | nc | (23) |
| 1,749 | ‥ | 80.4 | 84.2 | 78.7 | 78.9 | nc | (24) |

3　東日本大震災による甚大な被害を受けた3県における漁業関係の動向（続き）
(4)　宮城県における漁業関係の動向
　　　ア　漁業センサスにおける主な調査結果

| 区分 | 単位 | 平成25年 | 30 | 対前回増減率<br>（30／25） |
|---|---|---|---|---|
| | | | | ％ |
| 海面漁業経営体 | 経営体 | 2,311 | 2,326 | 0.6 |
| 　個人経営体 | 〃 | 2,191 | 2,214 | 1.0 |
| 　団体経営体 | 〃 | 120 | 112 | △ 6.7 |
| 　　会社、共同経営、その他 | 〃 | 68 | 96 | 41.2 |
| 　　漁業協同組合等 | 〃 | 52 | 16 | △ 69.2 |
| 海上作業従事者 | 人 | 7,245 | 7,255 | 0.1 |
| 　個人経営体 | 〃 | 4,405 | 5,284 | 20.0 |
| 　団体経営体 | 〃 | 2,840 | 1,971 | △ 30.6 |
| 　　会社、共同経営、その他 | 〃 | 1,517 | 1,825 | 20.3 |
| 　　漁業協同組合等 | 〃 | 1,323 | 146 | △ 89.0 |
| 漁船 | 隻 | 4,704 | 5,318 | 13.1 |
| 　販売金額1位の漁業種類別 | | | | |
| 　　かき類養殖 | 〃 | 168 | 241 | 43.5 |
| 　　ほたてがい養殖 | 〃 | 104 | 119 | 14.4 |
| 　　大型定置網 | 〃 | 38 | 39 | 2.6 |

資料：農林水産省統計部「漁業センサス」


　　　イ　海面漁業生産量及び漁業産出額

| 区分 | | 単位 | 平成27年 | 29 | 30 | 令和元 |
|---|---|---|---|---|---|---|
| 海面漁業生産量 | (1) | t | 242,072 | 249,746 | 265,911 | 270,728 |
| 　海面漁業 | (2) | 〃 | 165,320 | 158,328 | 184,738 | 195,460 |
| 　　たら類 | (3) | 〃 | 14,410 | 5,574 | 4,508 | 5,003 |
| 　　いわし類 | (4) | 〃 | 12,678 | 18,717 | 38,766 | 47,203 |
| 　　ぶり類 | (5) | 〃 | 2,711 | 5,597 | 3,257 | 3,790 |
| 　　あじ類 | (6) | 〃 | 1,949 | 1,853 | 616 | 804 |
| 　　その他の魚類 | (7) | 〃 | 6,116 | 10,746 | 14,326 | 26,739 |
| 　海面養殖業 | (8) | 〃 | 76,752 | 91,418 | 81,173 | 75,268 |
| 　　わかめ類 | (9) | 〃 | 15,702 | 19,113 | 16,939 | 18,309 |
| 　　のり類 | (10) | 〃 | 14,923 | 16,079 | 13,075 | 11,616 |
| 　　かき類 | (11) | 〃 | 18,691 | 24,417 | 26,086 | 21,406 |
| 　　ほたてがい | (12) | 〃 | 8,670 | 4,695 | 2,759 | 3,343 |
| 海面漁業産出額 | (13) | 100万円 | 73,405 | 81,992 | 78,871 | 83,445 |
| 　海面漁業 | (14) | 〃 | 53,049 | 56,375 | 56,319 | 58,483 |
| 　　たら類 | (15) | 〃 | 3,357 | 1,453 | 1,110 | 930 |
| 　　いわし類 | (16) | 〃 | 734 | 986 | 1,765 | 2,303 |
| 　　ぶり類 | (17) | 〃 | 569 | 1,052 | 752 | 672 |
| 　　あじ類 | (18) | 〃 | 618 | 571 | 213 | 215 |
| 　　その他の魚類 | (19) | 〃 | 2,206 | 4,535 | 6,760 | 11,594 |
| 　海面養殖業 | (20) | 〃 | 20,356 | 25,618 | 22,552 | 24,961 |
| 　　わかめ類 | (21) | 〃 | 3,042 | 4,432 | 3,928 | 5,948 |
| 　　のり類 | (22) | 〃 | 3,946 | 5,874 | 3,958 | 4,348 |
| 　　かき類 | (23) | 〃 | 3,217 | 3,214 | 3,185 | 3,250 |
| 　　ほたてがい | (24) | 〃 | 3,402 | 2,465 | 1,129 | 1,507 |

資料：海面漁業生産量は農林水産省統計部「漁業・養殖業生産統計」
　　　海面漁業産出額は農林水産省統計部「漁業産出額」

| 区分 | 単位 | 平成25年 | 30 | 対前回増減率<br>(30／25) |
|---|---|---|---|---|
| | | | | % |
| 魚市場 | 市場 | 10 | 10 | 0.0 |
| 水産物取扱数量 | t | 317,815 | 334,686 | 5.3 |
| 水産物取扱金額 | 万円 | 12,536,124 | 13,659,700 | 9.0 |
| 冷凍・冷蔵工場 | 工場 | 183 | 208 | 13.7 |
| 従業者 | 人 | 5,364 | 7,601 | 41.7 |
| 冷蔵能力 | t | 494,183 | 503,434 | 1.9 |
| 水産加工場 | 工場 | 293 | 291 | △ 0.7 |
| 従業者 | 人 | 8,644 | 9,964 | 15.3 |
| 生産量（生鮮冷凍水産物） | t | 113,507 | 162,391 | 43.1 |

| 2 | 3<br>(概数値) | 震災前との対比 | | | | | |
|---|---|---|---|---|---|---|---|
| | | (29／22) | (30／22) | (元／22) | (2／22) | (3／22) | |
| | | % | % | % | % | % | |
| 248,959 | 243,500 | 71.8 | 76.4 | 77.8 | 71.6 | 70.0 | (1) |
| 165,161 | 161,500 | 70.5 | 82.3 | 87.0 | 73.5 | 71.9 | (2) |
| 3,673 | 5,500 | 36.8 | 29.8 | 33.0 | 24.2 | 36.3 | (3) |
| 53,107 | 69,900 | 100.7 | 208.5 | 253.9 | 285.6 | 375.9 | (4) |
| 3,254 | 2,300 | 239.6 | 139.4 | 162.2 | 139.3 | 98.5 | (5) |
| 468 | 500 | 279.9 | 93.1 | 121.5 | 70.7 | 75.5 | (6) |
| 15,081 | 3,100 | 53.7 | 71.6 | 133.6 | 75.3 | 15.5 | (7) |
| 83,798 | 82,000 | 74.1 | 65.8 | 61.0 | 68.0 | 66.5 | (8) |
| 23,447 | 18,600 | 98.2 | 87.0 | 94.0 | 120.4 | 95.5 | (9) |
| 15,463 | 13,000 | 65.9 | 53.5 | 47.6 | 63.3 | 53.2 | (10) |
| 18,432 | 22,000 | 58.6 | 62.6 | 51.4 | 44.3 | 52.8 | (11) |
| 6,185 | 7,300 | 36.6 | 21.5 | 26.1 | 48.2 | 56.9 | (12) |
| 71,847 | ‥ | 106.4 | 102.3 | 108.3 | 93.2 | nc | (13) |
| 48,732 | ‥ | 107.7 | 107.6 | 111.7 | 93.1 | nc | (14) |
| 660 | ‥ | 56.8 | 43.4 | 36.3 | 25.8 | nc | (15) |
| 2,451 | ‥ | 102.3 | 183.1 | 238.9 | 254.3 | nc | (16) |
| 467 | ‥ | 290.6 | 207.7 | 185.6 | 129.0 | nc | (17) |
| 198 | ‥ | 671.8 | 250.6 | 252.9 | 232.9 | nc | (18) |
| 5,782 | ‥ | 91.0 | 135.6 | 232.6 | 116.0 | nc | (19) |
| 23,116 | ‥ | 103.6 | 91.2 | 100.9 | 93.5 | nc | (20) |
| 5,095 | ‥ | 133.9 | 118.7 | 179.7 | 153.9 | nc | (21) |
| 5,485 | ‥ | 110.0 | 74.1 | 81.4 | 102.7 | nc | (22) |
| 2,574 | ‥ | 65.5 | 64.9 | 66.3 | 52.5 | nc | (23) |
| 1,802 | ‥ | 72.8 | 33.4 | 44.5 | 53.2 | nc | (24) |

3 東日本大震災による甚大な被害を受けた3県における漁業関係の動向（続き）
(5) 福島県における漁業関係の動向
ア 漁業センサスにおける主な調査結果

| 区分 | 単位 | 平成25年 | 30 | 対前回増減率<br>(30／25) |
|---|---|---|---|---|
| | | | | ％ |
| 海面漁業経営体 | 経営体 | 14 | 377 | 2,592.9 |
| 個人経営体 | 〃 | – | 354 | nc |
| 団体経営体 | 〃 | 14 | 23 | 64.3 |
| 会社、共同経営、その他 | 〃 | 14 | 23 | 64.3 |
| 漁業協同組合等 | 〃 | – | – | nc |
| 海上作業従事者 | 人 | 409 | 1,106 | 170.4 |
| 個人経営体 | 〃 | – | 776 | nc |
| 団体経営体 | 〃 | 409 | 330 | △ 19.3 |
| 会社、共同経営、その他 | 〃 | 409 | 330 | △ 19.3 |
| 漁業協同組合等 | 〃 | – | – | nc |
| 漁船 | 隻 | 32 | 444 | 1,287.5 |

資料：農林水産省統計部「漁業センサス」

イ 海面漁業生産量及び漁業産出額

| 区分 | | 単位 | 平成27年 | 29 | 30 | 令和元 |
|---|---|---|---|---|---|---|
| 海面漁業生産量 | (1) | t | 45,446 | 52,846 | 50,077 | 69,540 |
| 海面漁業 | (2) | 〃 | 45,446 | 52,846 | 50,033 | 69,415 |
| まぐろ類 | (3) | 〃 | 3,449 | 2,990 | 3,213 | 1,312 |
| かつお | (4) | 〃 | 2,451 | 2,247 | 1,007 | 821 |
| さんま | (5) | 〃 | 8,314 | 5,080 | 7,615 | 3,055 |
| するめいか | (6) | 〃 | 1,074 | 531 | 161 | 415 |
| 海面養殖業 | (7) | 〃 | – | – | 44 | 125 |
| 海面漁業産出額 | (8) | 100万円 | 9,531 | 10,132 | 9,679 | 8,752 |
| 海面漁業 | (9) | 〃 | 9,531 | 10,132 | 9,666 | 8,698 |
| まぐろ類 | (10) | 〃 | 3,845 | 3,302 | 2,675 | 1,274 |
| かつお | (11) | 〃 | 674 | 733 | 258 | 194 |
| さんま | (12) | 〃 | 1,920 | 1,448 | 1,439 | 980 |
| するめいか | (13) | 〃 | 315 | 300 | 88 | 268 |
| 海面養殖業 | (14) | 〃 | – | – | 13 | 53 |

資料：海面漁業生産量は農林水産省統計部「漁業・養殖業生産統計」
　　　海面漁業産出額は農林水産省統計部「漁業産出額」

| 区分 | 単位 | 平成25年 | 30 | 対前回増減率<br>(30／25) |
|---|---|---|---|---|
| | | | | ％ |
| 魚市場 | 市場 | 1 | 5 | 400.0 |
| 　水産物取扱数量 | t | 4,071 | 9,887 | 142.9 |
| 　水産物取扱金額 | 万円 | 64,966 | 309,713 | 376.7 |
| 冷凍・冷蔵工場 | 工場 | 63 | 65 | 3.2 |
| 　従業者 | 人 | 1,780 | 1,778 | △ 0.1 |
| 　冷蔵能力 | t | 80,000 | 78,847 | △ 1.4 |
| 水産加工場 | 工場 | 87 | 102 | 17.2 |
| 　従業者 | 人 | 1,781 | 2,079 | 16.7 |
| 　生産量（生鮮冷凍水産物） | t | 6,859 | 9,454 | 37.8 |

| 2 | 3<br>（概数値） | 震災前との対比 | | | | | |
|---|---|---|---|---|---|---|---|
| | | (29／22) | (30／22) | (元／22) | (2／22) | (3／22) | |
| | | ％ | ％ | ％ | ％ | ％ | |
| 71,582 | 62,000 | 65.7 | 62.3 | 86.5 | 89.0 | 77.1 | (1) |
| 71,505 | 61,800 | 66.9 | 63.4 | 87.9 | 90.6 | 78.3 | (2) |
| 3,113 | 1,900 | 75.1 | 80.7 | 33.0 | 78.2 | 47.7 | (3) |
| 992 | 2,100 | 79.0 | 35.4 | 28.9 | 34.9 | 73.8 | (4) |
| 2,379 | 1,700 | 29.7 | 44.5 | 17.9 | 13.9 | 9.9 | (5) |
| 414 | 700 | 24.7 | 7.5 | 19.3 | 19.3 | 32.6 | (6) |
| 77 | 200 | － | 3.0 | 8.6 | 5.3 | 13.7 | (7) |
| 9,919 | ‥ | 54.1 | 51.7 | 46.8 | 53.0 | nc | (8) |
| 9,888 | ‥ | 55.7 | 53.2 | 47.8 | 54.4 | nc | (9) |
| 2,194 | ‥ | 99.0 | 80.2 | 38.2 | 65.7 | nc | (10) |
| 254 | ‥ | 105.8 | 37.2 | 28.0 | 36.7 | nc | (11) |
| 1,169 | ‥ | 70.6 | 70.1 | 47.8 | 57.0 | nc | (12) |
| 248 | ‥ | 59.4 | 17.4 | 53.1 | 49.1 | nc | (13) |
| 31 | ‥ | － | 2.4 | 10.0 | 5.8 | nc | (14) |

付　　　表

## I　目標・計画・評価

### 1　食料・農業・農村基本計画

#### (1)　令和12年度における食料消費の見通し及び生産努力目標

| 主要品目 | 食料消費の見通し | | | | 4)生産努力目標 | |
| --- | --- | --- | --- | --- | --- | --- |
| | 2)1人・1年当たり消費量 | | 3)国内消費仕向量 | | | |
| | 平成30年度 | 令和12 | 平成30年度 | 令和12 | 平成30年度 | 令和12 |
| | kg | kg | 万 t | 万 t | 万 t | 万 t |
| 米 | 54 | 51 | 845 | 797 | 821 | 806 |
| 　米（米粉用米・飼料用米を除く。） | 54 | 50 | 799 | 714 | 775 | 723 |
| 　米粉用米 | 0.2 | 0.9 | 2.8 | 13 | 2.8 | 13 |
| 　飼料用米 | － | － | 43 | 70 | 43 | 70 |
| 小麦 | 32 | 31 | 651 | 579 | 76 | 108 |
| 大麦・はだか麦 | 0.3 | 0.3 | 198 | 196 | 17 | 23 |
| 大豆 | 6.7 | 6.4 | 356 | 336 | 21 | 34 |
| そば | 0.7 | 0.7 | 14 | 13 | 2.9 | 4.0 |
| かんしょ | 3.8 | 4.0 | 84 | 85 | 80 | 86 |
| ばれいしょ | 17 | 17 | 336 | 330 | 226 | 239 |
| なたね | － | － | 257 | 264 | 0.3 | 0.4 |
| 野菜 | 90 | 93 | 1,461 | 1,431 | 1,131 | 1,302 |
| 果実 | 36 | 36 | 743 | 707 | 283 | 308 |
| 砂糖　　　　（精糖換算） | 18 | 17 | 231 | 206 | 75 | 80 |
| 　てん菜 | － | － | － | － | 361 | 368 |
| 　〃　（精糖換算） | － | － | － | － | 61 | 62 |
| 　さとうきび | － | － | － | － | 120 | 153 |
| 　〃　（精糖換算） | － | － | － | － | 13 | 18 |
| 茶 | 0.7 | 0.7 | 8.6 | 7.9 | 8.6 | 9.9 |
| 畜産物 | － | － | － | － | － | － |
| 　生乳 | 96 | 107 | 1,243 | 1,302 | 728 | 780 |
| 　牛肉 | 6.5 | 6.9 | 93 | 94 | 33 | 40 |
| 　豚肉 | 13 | 13 | 185 | 179 | 90 | 92 |
| 　鶏肉 | 14 | 15 | 251 | 262 | 160 | 170 |
| 　鶏卵 | 18 | 18 | 274 | 261 | 263 | 264 |
| 1) 飼料作物 | － | － | 435 | 519 | 350 | 519 |
| (参考) | | | | | | |
| 魚介類 | 24 | 25 | 716 | 711 | 392 | 536 |
| 　　　　（うち食用） | 24 | 25 | 569 | 553 | 335 | 474 |
| 海藻類 | 0.9 | 0.9 | 14 | 13 | 9.3 | 9.8 |
| きのこ類 | 3.5 | 3.8 | 53 | 54 | 47 | 49 |

資料：「食料・農業・農村基本計画」（令和2年3月31日閣議決定）（以下(3)まで同じ。）
注：本表においては、事実不詳の項目も「－」で表記している。
　　1)は、可消化養分総量（TDN）である。
　　2)は、飼料用等を含まず、かつ、皮や芯などを除いた部分である。
　　3)は、飼料用等も含む。
　　4)は、輸出目標を踏まえたものである。

1 食料・農業・農村基本計画（続き）
(2) 農地面積の見通し、延べ作付面積及び耕地利用率

| 区分 | 単位 | 平成30年 | 令和12 |
|---|---|---|---|
| 農地面積 | 万ha | 442.0 | 414 |
| | 〃 | （令和元年　439.7） | |
| 延べ作付け面積 | 〃 | 404.8 | 431 |
| 耕地利用率 | ％ | 92 | 104 |

(3) 食料自給率等の目標
　ア　食料自給率
　　a　供給熱量ベースの総合食料自給率

単位：％、Kcal

| 区分 | 平成30年度 | 令和12 |
|---|---|---|
| 1) 供給熱量ベースの総合食料自給率 | 37 | 45 |
| 1人・1日当たり国産供給熱量（分子） | 912 | 1,031 |
| 1人・1日当たり総供給熱量（分母） | 2,443 | 2,314 |

注：　1)食料のカロリー（熱量）に着目した、国内に供給される食料の熱量に対する国内生産の
　　　割合である。

　　b　生産額ベースの総合食料自給率

単位：％、億円

| 区分 | 平成30年度 | 令和12 |
|---|---|---|
| 1) 生産額ベースの総合食料自給率 | 66 | 75 |
| 食料の国内生産額（分子） | 106,211 | 118,914 |
| 食料の国内消費仕向額（分母） | 162,110 | 158,178 |

注：　1)食料の経済的価値に着目した、国内に供給される食料の生産額に対する国内生産の割合で
　　　ある。令和12年度は、各品目の現状の単価を基準に、ＴＰＰの影響等を見込んでいる。

イ　飼料自給率及び食料国産率

単位：％

| 区分 | 平成30年度 | 令和12 |
|---|---|---|
| 1) 飼料自給率 | 25 | 34 |
| 　供給熱量ベースの食料国産率 2) | 46 | 53 |
| 　生産額ベースの食料国産率 2)3) | 69 | 79 |

注：　1)国内に供給される飼料に対する国内生産の割合である。粗飼料及び濃厚飼料を可消化養
　　　分総量（ＴＤＮ）に換算して算出したものである。
　　　2)食料国産率は、国内に供給される食料に対する国内生産の割合である。
　　　3)令和12年度は、各品目の現状の単価を基準に、TPPの影響等を見込んでいる。

## 2　第5次男女共同参画基本計画における成果目標
### 地域における男女共同参画の推進＜成果目標＞

| 項目 | 現状 | 成果目標（期限） |
|---|---|---|
| 農業委員に占める女性の割合 | ・女性委員が登用されていない組織数<br>273/1,703<br>(2019年度) | ・女性委員が登用されていない組織数<br>0<br>(2025年度) |
| | ・農業委員に占める女性の割合<br>12.1%<br>(2019年度) | ・農業委員に占める女性の割合<br>20%(早期)、更に30%を目指す<br>(2025年度) |
| 農業協同組合の役員に占める女性の割合 | ・女性役員が登用されていない組織数<br>107/639<br>(2018年度) | ・女性役員が登用されていない組織数<br>0<br>(2025年度) |
| | ・役員に占める女性の割合<br>8.0%<br>(2018年度) | ・役員に占める女性の割合<br>10%(早期)、更に15%を目指す<br>(2025年度) |
| 土地改良区（土地改良区連合を含む。）の理事に占める女性の割合 | ・女性理事が登用されていない組織数<br>3,737/3,900<br>(2016年度) | ・女性理事が登用されていない組織数<br>0<br>(2025年度) |
| | ・理事に占める女性の割合<br>0.6%<br>(2016年度) | ・理事に占める女性の割合<br>10%<br>(2025年度) |
| 認定農業者数に占める女性の割合 | 4.8%<br>(2019年3月) | 5.5%<br>(2025年度) |
| 家族経営協定の締結数 | 58,799件<br>(2019年度) | 70,000件<br>(2025年度) |

資料：第5次男女共同参画基本計画〜すべての女性が輝く令和の社会へ〜（令和2年12月25日閣議決定）
注：農林水産関係のみ抜粋

## 3 多面的機能の評価額
### (1) 農業の有する多面的機能の評価額

単位：1年当たり億円

| 区分 | 洪水防止機能 | 河川流況安定機能 | 地下水かん養機能 | 土壌侵食（流出）防止機能 | 土砂崩壊防止機能 | 有機性廃棄物処理機能 | 気候緩和機能 | 保健休養・やすらぎ機能 |
|---|---|---|---|---|---|---|---|---|
| 評価額 | 34,988 | 14,633 | 537 | 3,318 | 4,782 | 123 | 87 | 23,758 |

資料： 日本学術会議「地球環境・人間生活にかかわる農業及び森林の多面的な機能の評価について
　　　（答申）」（平成13年11月）及び（株）三菱総合研究所「地球環境・人間生活にかかわる農業及
　　　び森林の多面的な機能の評価に関する調査研究報告書」（平成13年11月）による（以下(2)ま
　　　で同じ。）。
注： 1　農業及び森林の多面的機能のうち、物理的な機能を中心に貨幣評価が可能な一部の機能につ
　　　いて、日本学術会議の特別委員会等の討議内容を踏まえて評価を行ったものである（以下(2)
　　　まで同じ。）。
　　 2　機能によって評価手法が異なっていること、また、評価されている機能が多面的機能全体
　　　のうち一部の機能にすぎないこと等から、合計額は記載していない（以下(2)まで同じ。）。
　　 3　保健休養・やすらぎ機能については、機能のごく一部を対象とした試算である。

### (2) 森林の有する多面的機能の評価額

単位：1年当たり億円

| 区分 | 二酸化炭素吸収機能 | 化石燃料代替機能 | 表面侵食防止機能 | 表層崩壊防止機能 | 洪水緩和機能 | 水資源貯留機能 | 水質浄化機能 | 保健・レクリエーション機能 |
|---|---|---|---|---|---|---|---|---|
| 評価額 | 12,391 | 2,261 | 282,565 | 84,421 | 64,686 | 87,407 | 146,361 | 22,546 |

注：保健・レクリエーション機能については、機能のごく一部を対象とした試算である。

### (3) 水産業・漁村の有する多面的機能の評価額

単位：1年当たり億円

| 区分 | 物質循環補完機能 | 環境保全機能 | 生態系保全機能 | 生命財産保全機能 | 防災・救援機能 | 保養・交流・教育機能 |
|---|---|---|---|---|---|---|
| 評価額 | 22,675 | 63,347 | 7,684 | 2,017 | 6 | 13,846 |

資料： 日本学術会議「地球環境・人間生活にかかわる水産業及び漁村の多面的な機能の内容及び評価
　　　について（答申）」（平成16年8月3日）の別紙「水産業・漁村の持つ多面的な機能の評価（試
　　　算）」（株式会社三菱総合研究所による試算（2004年））
注： 1　水産業・漁村の多面的機能の経済価値の全体を表すものではない。
　　 2　各項目の表す機能のうち、貨幣評価が可能な一部の機能について代替法により評価額を算出し
　　　た。
　　 3　保養・交流・教育機能は、都市から漁村への旅行における支出額合計の推定値（総市場規模）。

## 4　森林・林業基本計画
### (1)　森林の有する多面的機能の発揮に関する目標

| 区分 | 単位 | 令和2年<br>（現況） | 目標とする森林の状態 | | |
| --- | --- | --- | --- | --- | --- |
| | | | 令和7年 | 12 | 22 |
| 森林面積 | | | | | |
| 　合計 | 万ha | 2,510 | 2,510 | 2,510 | 2,510 |
| 　　育成単層林 | 〃 | 1,010 | 1,000 | 990 | 970 |
| 　　育成複層林 | 〃 | 110 | 130 | 150 | 190 |
| 　　天然生林 | 〃 | 1,380 | 1,370 | 1,360 | 1,340 |
| 総蓄積 | 100万㎥ | 5,410 | 5,660 | 5,860 | 6,180 |
| 1ha当たり蓄積 | ㎥ | 216 | 225 | 233 | 246 |
| 総成長量 | 100万㎥/年 | 70 | 67 | 65 | 63 |
| 1ha当たり成長量 | ㎥/年 | 2.8 | 2.7 | 2.6 | 2.5 |

資料：「森林・林業基本計画」（令和3年6月15日閣議決定）　（以下(2)まで同じ。）
注：1　本計画では、「指向する森林の状態」として育成単層林660万ha、育成複層林
　　　680万ha、天然生林1,170万ha、合計2,510万haを参考として提示している。
　　2　森林面積は、10万ha単位で四捨五入しているため、計が一致しないものがある。
　　3　目標とする森林の状態及び指向する森林の状態は、令和2年を基準として算出
　　　している。
　　4　令和2年の値は、令和2年4月1日の数値である。

### (2)　林産物の供給及び利用に関する目標
#### ア　木材供給量の目標

単位：100万㎥

| 区分 | 令和元年<br>（実績） | 7<br>（目標） | 12<br>（目標） |
| --- | --- | --- | --- |
| 木材供給量 | 31 | 40 | 42 |

#### イ　木材の用途別利用量の目標と総需要量の見通し

単位：100万㎥

| 用途区分 | 利用量 | | | 総需要量 | | |
| --- | --- | --- | --- | --- | --- | --- |
| | 令和元年<br>（実績） | 7<br>（目標） | 12<br>（目標） | 令和元年<br>（実績） | 7<br>（見通し） | 12<br>（見通し） |
| 建築用材等 計 | 18 | 25 | 26 | 38 | 40 | 41 |
| 　製材用材 | 13 | 17 | 19 | 28 | 29 | 30 |
| 　合板用材 | 5 | 7 | 7 | 10 | 11 | 11 |
| 非建築用材等 計 | 13 | 15 | 16 | 44 | 47 | 47 |
| 　パルプ・チップ用材 | 5 | 5 | 5 | 32 | 30 | 29 |
| 　燃料材 | 7 | 8 | 9 | 10 | 15 | 16 |
| 　その他 | 2 | 2 | 2 | 2 | 2 | 2 |
| 合計 | 31 | 40 | 42 | 82 | 87 | 87 |

注：1　用途別の利用量は、国産材に係るものである。
　　2　「燃料材」とは、ペレット、薪、炭、燃料用チップである。
　　3　「その他」とは、しいたけ原木、原木輸出等である。
　　4　百万㎥単位で四捨五入しているため、計が一致しないものがある。

5 水産基本計画
(1) 令和14年度における食用魚介類、魚介類全体及び海藻類の生産量及び
消費量の目標

| 区分 | 単位 | 令和元年度 | 2<br>(概数値) | 14<br>(すう勢値) | 14<br>(目標値) |
|---|---|---|---|---|---|
| 食用魚介類 | | | | | |
| 生産量目標 | 万t | 312 | 301 | 263 | 439 |
| 消費量目標 | 〃 | 562 | 562 | 422 | 468 |
| 人口一人1年当たり消費量<br>（粗食料ベース） | kg | 44.6 | 41.7 | 35.9 | 39.8 |
| 魚介類全体 | | | | | |
| 生産量目標 | 万t | 378 | 371 | 326 | 535 |
| 消費量目標 | 〃 | 719 | 679 | 575 | 700 |
| 海藻類 | | | | | |
| 生産量目標 | 万t | 41 | 46 | 35 | 46 |
| 消費量目標 | 〃 | 64 | 66 | 52 | 64 |
| 人口一人1年当たり消費量<br>（粗食料ベース） | kg | 0.8 | 0.9 | 0.7 | 0.9 |

資料：「水産基本計画」（令和4年3月25日閣議決定）（以下(2)まで同じ。）

(2) 水産物の自給率の目標

単位：％

| 区分 | 令和元年度 | 2<br>(概算値) | 14<br>(目標値) |
|---|---|---|---|
| 食用魚介類 | 55 | 57 | 94 |
| 魚介類全体 | 53 | 55 | 76 |
| 海藻類 | 65 | 70 | 72 |

## II 参考資料
### 1 世界の国の数と地域経済機構加盟国数

| 区分 | 国数 | 加盟国 |
|---|---|---|
| 世界の国の数 | 196 | 日本が承認している国の数195か国と日本 |
| 国連加盟国数 | 193 | |
| 地域経済機構 | | |
| ASEAN<br>Association of Southeast Asian Nations<br>東南アジア諸国連合 | 10 | 1967年8月設立<br>インドネシア、シンガポール、タイ、フィリピン、マレーシア、ブルネイ、ベトナム、ミャンマー、ラオス、カンボジア |
| EU<br>European Union<br>欧州連合 | 27 | 1952年7月設立<br>イタリア、オランダ、ドイツ、フランス、ベルギー、ルクセンブルク、アイルランド、デンマーク、ギリシャ、スペイン、ポルトガル、オーストリア、スウェーデン、フィンランド、エストニア、キプロス、スロバキア、スロベニア、チェコ、ハンガリー、ポーランド、マルタ、ラトビア、リトアニア、ブルガリア、ルーマニア、クロアチア |
| うちユーロ参加国 | 19 | アイルランド、イタリア、オーストリア、オランダ、スペイン、ドイツ、フィンランド、フランス、ベルギー、ポルトガル、ルクセンブルク、ギリシャ、スロベニア、キプロス、マルタ、スロバキア、エストニア、ラトビア、リトアニア |
| OECD<br>Organisation for Economic Co-operation and Development<br>経済協力開発機構 | 38 | 1961年9月設立<br>アイスランド、アイルランド、アメリカ合衆国、イギリス、イタリア、オーストリア、オランダ、カナダ、ギリシャ、スイス、スウェーデン、スペイン、デンマーク、ドイツ、トルコ、ノルウェー、フランス、ベルギー、ポルトガル、ルクセンブルク、日本、フィンランド、オーストラリア、ニュージーランド、メキシコ、チェコ、ハンガリー、ポーランド、韓国、スロバキア、チリ、スロベニア、イスラエル、エストニア、ラトビア、リトアニア、コロンビア、コスタリカ |
| うちDAC加盟国<br>Development Assistance Committee<br>開発援助委員会 | 29 | アイスランド、アイルランド、アメリカ合衆国、イギリス、イタリア、オーストリア、オランダ、カナダ、ギリシャ、スイス、スウェーデン、スペイン、デンマーク、ドイツ、ノルウェー、フランス、ベルギー、ポルトガル、ルクセンブルク、日本、フィンランド、オーストラリア、ニュージーランド、チェコ、ハンガリー、ポーランド、韓国、スロバキア、スロベニア |

資料：総務省統計局「世界の統計 2022」
注：令和4年1月1日現在

## 2 計量単位
### (1) 計量法における計量単位

| 物象の状態の量・<br>計量単位（特殊の計量） | 標準と<br>なるべき<br>単位記号 | 物象の状態の量・<br>計量単位（特殊の計量） | 標準と<br>なるべき<br>単位記号 |
|---|---|---|---|
| **長さ** | | **体積** | |
| 1)メートル | m | 1)立方メートル | $m^3$ |
| 2)海里（海面又は空中に<br>　　おける長さの計） | M又はnm | 1)リットル | l又はL |
| | | 2)トン（船舶の体積の計量） | T |
| 3)ヤード | yd | 3)立方ヤード | $yd^3$ |
| 3)インチ | in | 3)立方インチ | $in^3$ |
| 3)フート又はフィート | ft | 3)立方フート又は立方フィート | $ft^3$ |
| | | 3)ガロン | gal |
| **質量** | | | |
| 1)キログラム | kg | **仕事** | |
| 1)グラム | g | 1)ジュール又はワット秒 | J 又はW・s |
| 1)トン | t | | |
| 2)もんめ（真珠の質量の計量） | mom | **工率** | |
| 3)ポンド | lb | 1)ワット | W |
| 3)オンス | oz | | |
| | | **熱量** | |
| **温度** | | 1)ワット時 | W・h |
| 1)セルシウス度又は度 | ℃ | 2)カロリー（人若しくは動物が<br>　　　　摂取する物の熱量<br>　　　　又は人若しくは動<br>　　　　物が代謝により消<br>　　　　費する熱量の計量） | cal |
| **面積** | | | |
| 1)平方メートル | $m^2$ | | |
| 2)アール（土地の面積の計量） | a | | |
| 2)ヘクタール（　〃　） | ha | 2)キロカロリー（　〃　） | kcal |
| 3)平方ヤード | $yd^2$ | | |
| 3)平方インチ | $in^2$ | | |
| 3)平方フート又は平方フィート | $ft^2$ | | |
| 3)平方マイル | $mile^2$ | | |

資料：　経済産業省「計量法における単位規制の概要」表1、4、5及び8より農林水産省統計部で抜粋
　　　　（以下(2)まで同じ。）
注：1)は、SI単位（国際度量衡総会で決議された国際単位系）に係る計量単位
　　 2)は、用途を限定する非SI単位
　　 3)は、ヤード・ポンド法における単位

### (2) 10の整数乗を表す接頭語

| 接頭語 | 接頭語が表す乗数 | 標準と<br>なるべき<br>単位記号 | 接頭語 | 接頭語が表す乗数 | 標準と<br>なるべき<br>単位記号 |
|---|---|---|---|---|---|
| ヨタ | 十の二十四乗 | Y | デシ | 十分の一 | d |
| ゼタ | 十の二十一乗 | Z | センチ | 十の二乗分の一 | c |
| エクサ | 十の十八乗 | E | ミリ | 十の三乗分の一 | m |
| ペタ | 十の十五乗 | P | マイクロ | 十の六乗分の一 | $\mu$ |
| テラ | 十の十二乗 | T | ナノ | 十の九乗分の一 | n |
| ギガ | 十の九乗 | G | ピコ | 十の十二乗分の一 | p |
| メガ | 十の六乗 | M | フェムト | 十の十五乗分の一 | f |
| キロ | 十の三乗 | k | アト | 十の十八乗分の一 | a |
| ヘクト | 十の二乗 | h | ゼプト | 十の二十一乗分の一 | z |
| デカ | 十 | da | ヨクト | 十の二十四乗分の一 | y |

## (3)　計量単位換算表

| 計量単位（定義等） | | メートル法換算 | 計量単位（定義等） | | メートル法換算 |
|---|---|---|---|---|---|
| **長さ** | | | **体積** | | |
| 海里 | | 1,852m | トン（船舶） | （1,000/353㎥、 | 2.832㎥ |
| インチ | （1/36ヤード） | 2.540cm | | 100立方フィート） | |
| フィート | （1/3ヤード） | 30.480cm | 立方インチ | （1/46,656立方 | 16.3871c㎥ |
| ヤード | | 0.9144m | | ヤード） | |
| マイル | （1,760ヤード） | 1,609.344m | 立方フィート | （1/27立方ヤード） | 0.0283168㎥ |
| 寸 | （1/10尺） | 3.0303cm | 立方ヤード | （0.9144の3乗立方 | 0.76455486㎥ |
| 尺 | （10/33メートル） | 0.30303m | | メートル） | |
| 間 | （6尺） | 1.8182m | 英ガロン | | 4.546092L |
| 里 | （12,960尺） | 3.9273km | 米ガロン | （0.003785412立方 | 3.78541L |
| | | | | メートル） | |
| **質量** | | | 英ブッシェル | （7.996英ガロン） | 36.368735L |
| オンス | （1/16ポンド） | 28.3495g | 米ブッシェル | （9.309米ガロン） | 35.239067L |
| ポンド | | 0.45359237kg | 立方寸 | （1/1,000立方尺） | 27.826c㎥ |
| 米トン | （2,000ポンド） | 0.907185t | 立方尺 | （10/33の3乗立方 | 0.027826㎥ |
| (short ton) | | | | メートル） | |
| 英トン | （2,240ポンド） | 1.01605t | 勺（しゃく） | （1/100升） | 0.018039L |
| (long ton) | | | 合 | （1/10升） | 180.39c㎥ |
| 匁（もんめ） | （1/1,000貫） | 3.75g | 升 | （2,401/1,331,000 | 1.8039L |
| 貫 | | 3.75kg | | 立方メートル） | |
| 斤 | （0.16貫） | 600g | 斗 | （10升） | 18.039L |
| | | | 石 | （100升） | 0.18039kl |
| **面積** | | | | （10斗） | 180.39L |
| アール | | 100㎡ | 石（木材） | （10立方尺） | 0.27826㎥ |
| ヘクタール | （100アール） | 10,000㎡ | | | |
| 平方インチ | （1/1,296平方 | 6.4516c㎡ | **工率** | | |
| | ヤード） | | 英馬力 | | 746W |
| 平方フィート | （1/9平方ヤード） | 929.03c㎡ | 仏馬力 | | 735.5W |
| 平方ヤード | （0.9144の2乗平方 | 0.836127㎡ | | | |
| | メートル） | | **熱量** | | |
| 平方マイル | （3,097,600平方 | 2.58999k㎡ | カロリー | （4.184ジュール） | 4,184J |
| | ヤード） | | | （4.184ワット秒） | 4,184W・s |
| エーカー | | 0.404686ha | キロカロリー | （1,000カロリー） | 1,000cal |
| | | 4,046.86㎡ | | | |
| 平方寸 | （1/100平方尺） | 9.1827c㎡ | | | |
| 平方尺 | （10/33の2乗平方 | 0.091827㎡ | | | |
| | メートル） | | | | |
| 歩又は坪 | （400/121平方メー | 3.3058㎡ | | | |
| | トル、1平方間） | | | | |
| 畝（せ） | （30歩） | 99.174㎡ | | | |
| 反 | （300歩） | 991.74㎡ | | | |
| 町 | （3,000歩） | 9917.4㎡ | | | |

3　農林水産省業務運営体制図

(1)　本省庁（令和 4 年10月 1 日現在）

| 農林水産大臣 | 副 大 臣 | 大臣政務官 | 農林水産事務次官 | 農林水産審議官 | 農林水産大臣秘書官 |

| 大 臣 官 房 長 | | 消費・安全局長 | 輸出・国際局長 | 農 産 局 長 | 畜 産 局 長 |

**大 臣 官 房 長**

- 総 括 審 議 官
- 総 括 審 議 官（新事業・食品産業）
- 技 術 総 括 審 議 官
- 危 機 管 理 ・ 政 策 立 案 総 括 審 議 官
- 公 文 書 監 理 官（サイバーセキュリティ・情報化審議官が兼務）
- サイバーセキュリティ・情 報 化 審 議 官
- 輸 出 促 進 審 議 官
- 生 産 振 興 審 議 官
- 審 議 官
- 参 事 官
- 参 事 官
- 報 道 官
- 秘 書 課 長
- 文 書 課 長
- 予 算 課 長
- 政 策 課 長
- 技術政策室長
- 食料安全保障室長
- 広 報 評 価 課 長
- 広報室長
- 報道室長
- 情報管理室長
- 情報分析室長
- 地 方 課 長
- 災害総合対策室長
- 環境バイオマス政策課長
- 地球環境対策室長
- 再生可能エネルギー室長

**新 事 業 ・ 食 品 産 業 部 長**

- 新事業・食品産業政策課長
- ファイナンス室長
- 商品取引室長
- 食 品 流 通 課 長
- 卸売市場室長
- 食 品 製 造 課 長
- 食品企業行動室長
- 基準認証室長
- 食品ロス・リサイクル対策室長
- 食文化室長

**統 計 部 長**

- 管 理 課 長
- 統計品質向上室長
- 経営・構造統計課長
- センサス統計室長
- 生産流通消費統計課長
- 消費統計室長
- 統 計 企 画 管 理 官

**検 査 ・ 監 察 部 長**

- 調整・監察課長
- 審査室長
- 行政監察室長
- 会計監査室長
- 検 査 課 長

**消費・安全局長**

- 総 務 課 長
- 消費者行政・食育課長
- 食品表示調整室長
- 米穀流通・食品表示監視室長
- 食 品 安 全 政 策 課 長
- 食品安全科学室長
- 国際基準室長
- 農 畜 水 産 安 全 管 理 課 長
- 農業安全対策室長
- 畜水産安全管理室長
- 水産安全室長
- 植 物 防 疫 課 長
- 防疫対策室長
- 国際室長
- 動 物 衛 生 課 長
- 家畜防疫対策室長
- 国際衛生対策室長

**輸出・国際局長**

- 総 務 課 長
- 国際政策室長
- 輸 出 企 画 課 長
- 輸 出 支 援 課 長
- 輸出産地形成室長
- 輸出環境整備室長
- 国 際 地 域 課 長
- 国 際 経 済 課 長
- 知 的 財 産 課 長
- 地理的表示保護推進室長
- 種 苗 室 長
- 参 事 官

**農 産 局 長**

- 総 務 課 長
- 生産推進室長
- 国際室長
- 会計室長
- 穀 物 課 長
- 米麦流通加工対策室長
- 経営安定対策室長
- 園 芸 作 物 課 長
- 園芸流通加工対策室長
- 花き産業・施設園芸振興室長
- 地 域 対 策 課 長
- 地 域 作 物 課 長

**農 産 政 策 部 長**

- 企 画 課 長
- 米穀貿易企画室長
- 水田農業対策室長
- 貿 易 業 務 課 長
- 米麦品質保証室長
- 技 術 普 及 課 長
- 生産資材対策室長
- 農 業 環 境 対 策 課 長

**畜 産 局 長**

- 総 務 課 長
- 畜産総合推進室長
- 企 画 課 長
- 畜産経営安定対策室長
- 畜 産 振 興 課 長
- 畜産技術室長
- 家畜遺伝資源管理保護室長
- 飼 料 課 長
- 流通飼料対策室長
- 牛 乳 乳 製 品 課 長
- 食 肉 鶏 卵 課 長
- 食肉需給対策室長
- 競 馬 監 督 課 長

経営局長

総務課長
調整室長
経営政策課長
担い手総合対策室長
農地政策課長
農地集積・集約化促進室長
就農・女性課長
女性活躍推進室長
協同組織課長
経理・組織対策室長
金融調整課長
保険課長
農業経営収入保険室長
保険監理官

農村振興局長

次長
総務課長

農村政策部長
農村計画課長
農村政策推進室長
都市農業室長
地域振興課長
中山間地域・日本型直接支払室長
都市農村交流課長
農泊推進室長
農福連携推進室長
鳥獣対策・農村環境課長
鳥獣対策室長
農村環境対策室長

整備部長
設計課長
計画調整室長
施工企画調整室長
海外土地改良技術室長
土地改良企画室長
水資源課長
農業用水対策室長
施設保全管理室長
農地資源課長
経営体育成基盤整備推進室長
多面的機能支払推進室長
地域整備課長
防災課長
防災・減災対策室長
災害対策室長

農林水産技術会議

会長
委員

事務局長
(技術総括審議官が兼務)

研究総務官
研究統括官
研究開発官
研究調整課長
研究企画課長
イノベーション戦略室長
研究推進課長
産学連携室長
国際研究官
筑波産学連携支援センター

林野庁長官

次長

林政部長
林政課長
企画課長
経営課長
林業労働・経営対策室長
特用林産対策室長
木材産業課長
木材製品技術室長
木材利用課長
木材貿易対策室長

森林整備部長
計画課長
施工企画調整室長
海外林業協力室長
森林利用課長
森林集積推進室長
山村振興・緑化推進室長
整備課長
造林間伐対策室長
治山課長
山地災害対策室長
研究指導課長
技術開発推進室長
森林保護対策室長

国有林野部長
管理課長
福利厚生室長
経営企画課長
国有林野総合利用推進室長
国有林野生態系保全室長
業務課長
国有林野管理室長

水産庁長官

次長

漁政部長　※
参事官
漁政課長
船舶管理室長
企画課長
水産業体質強化推進室長
水産経営課長
指導室長
加工流通課長
水産物貿易対策室長
水産流通適正化推進室長
漁業保険管理官

資源管理部長　※
審議官　※
参事官　※
管理調整課長　※
資源管理推進室長
沿岸・遊漁室長
国際課長　※
捕鯨室長
かつお・まぐろ漁業室長
海外漁業協力室長
漁業取締課長　※
外国漁船対策室長

増殖推進部長
参事官
研究指導課長
海洋技術室長
漁場資源課長
生態系保全室長
栽培養殖課長
内水面漁業振興室長

漁港漁場整備部長
計画課長
整備課長
防災漁村課長
水産施設災害対策室長

漁業取締本部長　*1
副本部長　*2
本部員　*3

*1 水産庁長官をもって充てる。

*2 水産庁次長をもって充てる。

*3 ※印の者をもって充てる。

3　農林水産省業務運営体制図（続き）
(2)　地方農政局等

## 4　地方農政局等所在地

| 地方農政局等 | 郵便番号 | 所在地 | 電話番号<br>（代表） | インターネット<br>ホームページアドレス |
|---|---|---|---|---|
| 北海道農政事務所 | 064-8518 | 北海道札幌市中央区南22条西6-2-22<br>エムズ南22条第2ビル | 011-330-8800 | https://www.maff.go.jp/hokkaido/ |
| 札幌地域拠点 | 064-8518 | 北海道札幌市中央区南22条西6-2-22<br>エムズ南22条第2ビル | 011-330-8821 | https://www.maff.go.jp/hokkaido/sapporo/index.html |
| 函館地域拠点 | 040-0032 | 北海道函館市新川町25-18<br>函館地方合同庁舎 | 0138-26-7800 | https://www.maff.go.jp/hokkaido/hakodate/index.html |
| 旭川地域拠点 | 078-8506 | 北海道旭川市宮前1条3-3-15<br>旭川地方合同庁舎 | 0166-30-9300 | https://www.maff.go.jp/hokkaido/asahikawa/index.html |
| 釧路地域拠点 | 085-0017 | 北海道釧路市幸町10-3<br>釧路地方合同庁舎 | 0154-23-4401 | https://www.maff.go.jp/hokkaido/kushiro/index.html |
| 帯広地域拠点 | 080-0016 | 北海道帯広市西6条南7-3<br>帯広地方合同庁舎 | 0155-24-2401 | https://www.maff.go.jp/hokkaido/obihiro/index.html |
| 北見地域拠点 | 090-0018 | 北海道北見市青葉町6-8<br>北見地方合同庁舎 | 0157-23-4171 | https://www.maff.go.jp/hokkaido/kitami/index.html |
| 東北農政局 | 980-0014 | 宮城県仙台市青葉区本町3-3-1<br>仙台合同庁舎A棟 | 022-263-1111 | https://www.maff.go.jp/tohoku/index.html |
| 青森県拠点 | 030-0861 | 青森県青森市長島1-3-25<br>青森法務総合庁舎 | 017-775-2151 | https://www.maff.go.jp/tohoku/tiiki/aomori/index.html |
| 岩手県拠点 | 020-0033 | 岩手県盛岡市盛岡駅前北通1-10<br>橘市盛岡ビル5階 | 019-624-1125 | https://www.maff.go.jp/tohoku/tiiki/iwate/index.html |
| 宮城県拠点 | 980-0014 | 宮城県仙台市青葉区本町3-3-1<br>仙台合同庁舎A棟 | 022-263-1111 | https://www.maff.go.jp/tohoku/tiiki/miyagi/index.html |
| 秋田県拠点 | 010-0951 | 秋田県秋田市山王7-1-5 | 018-862-5611 | https://www.maff.go.jp/tohoku/tiiki/akita/index.html |
| 山形県拠点 | 990-0023 | 山形県山形市松波1-3-7 | 023-622-7231 | https://www.maff.go.jp/tohoku/tiiki/yamagata/index.html |
| 福島県拠点 | 960-8073 | 福島県福島市南中央3-36<br>福島県土地改良会館3階 | 024-534-4141 | https://www.maff.go.jp/tohoku/tiiki/hukusima/index.html |
| 関東農政局 | 330-9722 | 埼玉県さいたま市中央区新都心2-1<br>さいたま新都心合同庁舎2号館 | 048-600-0600 | https://www.maff.go.jp/kanto/index.html |
| 茨城県拠点 | 310-0061 | 茨城県水戸市北見町1-9 | 029-221-2184 | https://www.maff.go.jp/kanto/chiikinet/ibaraki/index.html |
| 栃木県拠点 | 320-0806 | 栃木県宇都宮市中央2-1-16 | 028-633-3311 | https://www.maff.go.jp/kanto/chiikinet/tochigi/index.html |
| 群馬県拠点 | 371-0025 | 群馬県前橋市紅雲町1-2-2 | 027-221-1181 | https://www.maff.go.jp/kanto/chiikinet/gunma/index.html |
| 埼玉県拠点 | 330-9722 | 埼玉県さいたま市中央区新都心2-1<br>さいたま新都心合同庁舎2号館 | 048-600-0600 | https://www.maff.go.jp/kanto/chiikinet/saitama/index.html |
| 千葉県拠点 | 260-0014 | 千葉県千葉市中央区本千葉町10-18 | 043-224-5611 | https://www.maff.go.jp/kanto/chiikinet/chiba/index.html |

| 地方農政局等 | 郵便番号 | 所在地 | 電話番号<br>（代表） | インターネット<br>ホームページアドレス |
|---|---|---|---|---|
| 東京都拠点 | 135-0062 | 東京都江東区東雲1-9-5<br>東雲合同庁舎 | 03-5144-5255 | https://www.maff.go.jp/kanto/c<br>hiikinet/tokyo/index.html |
| 神奈川県拠点 | 231-0003 | 神奈川県横浜市中区北仲通5-57<br>横浜第2合同庁舎 | 045-211-1331 | https://www.maff.go.jp/kanto/c<br>hiikinet/kanagawa/index.html |
| 山梨県拠点 | 400-0031 | 山梨県甲府市丸の内1-1-18<br>甲府合同庁舎 | 055-254-6055 | https://www.maff.go.jp/kanto/c<br>hiikinet/yamanashi/index.html |
| 長野県拠点 | 380-0846 | 長野県長野市旭町1108<br>長野第1合同庁舎 | 026-233-2500 | https://www.maff.go.jp/kanto/c<br>hiikinet/nagano/index.html |
| 静岡県拠点 | 420-8618 | 静岡県静岡市葵区東草深町7-18 | 054-246-6121 | https://www.maff.go.jp/kanto/c<br>hiikinet/shizuoka/index.html |
| 北陸農政局 | 920-8566 | 石川県金沢市広坂2-2-60<br>金沢広坂合同庁舎 | 076-263-2161 | https://www.maff.go.jp/hokurik<br>u/index.html |
| 新潟県拠点 | 951-8035 | 新潟県新潟市中央区船場町2-3435-1 | 025-228-5211 | https://www.maff.go.jp/hokurik<br>u/nousei/niigata.html |
| 富山県拠点 | 930-0856 | 富山県富山市牛島新町11-7<br>富山地方合同庁舎 | 076-441-9300 | https://www.maff.go.jp/hokurik<br>u/nousei/toyama.html |
| 石川県拠点 | 921-8031 | 石川県金沢市野町3-1-23<br>金沢野町庁舎 | 076-241-3154 | https://www.maff.go.jp/hokurik<br>u/nousei/ishikawa.html |
| 福井県拠点 | 910-0859 | 福井県福井市日之出3-14-15<br>福井地方合同庁舎 | 0776-30-1610 | https://www.maff.go.jp/hokurik<br>u/nousei/fukui.html |
| 東海農政局 | 460-8516 | 愛知県名古屋市中区三の丸1-2-2<br>名古屋農林総合庁舎1号館 | 052-201-7271 | https://www.maff.go.jp/tokai/i<br>ndex.html |
| 岐阜県拠点 | 500-8288 | 岐阜県岐阜市中鶉2-26 | 058-271-4044 | https://www.maff.go.jp/tokai/a<br>rea/gifu/index.html |
| 愛知県拠点 | 466-0857 | 愛知県名古屋市昭和区安田通4-8 | 052-763-4492 | https://www.maff.go.jp/tokai/a<br>rea/aichi/index.html |
| 三重県拠点 | 514-0006 | 三重県津市広明町415-1 | 059-228-3151 | https://www.maff.go.jp/tokai/a<br>rea/mie/index.html |
| 近畿農政局 | 602-8054 | 京都府京都市上京区西洞院通下長者町<br>下る丁子風呂町<br>京都農林水産総合庁舎 | 075-451-9161 | https://www.maff.go.jp/kinki/in<br>dex.html |
| 滋賀県拠点 | 520-0044 | 滋賀県大津市京町3-1-1<br>大津びわ湖合同庁舎 | 077-522-4261 | https://www.maff.go.jp/kinki/ti<br>iki/siga/index_2012.html |
| 京都府拠点 | 602-8054 | 京都府京都市上京区西洞院通下長者町<br>下る丁子風呂町<br>京都農林水産総合庁舎 | 075-451-9161 | https://www.maff.go.jp/kinki/ti<br>iki/kyoto/index.html |
| 大阪府拠点 | 540-0008 | 大阪府大阪市中央区大手前1-5-44<br>大阪合同庁舎1号館 | 06-6943-9691 | https://www.maff.go.jp/kinki/ti<br>iki/osaka/index_2012.html |
| 兵庫県拠点 | 650-0024 | 兵庫県神戸市中央区海岸通29<br>神戸地方合同庁舎 | 078-331-9941 | https://www.maff.go.jp/kinki/ti<br>iki/kobe/index.html |
| 奈良県拠点 | 630-8113 | 奈良県奈良市法蓮町387<br>奈良第3地方合同庁舎 | 0742-32-1870 | https://www.maff.go.jp/kinki/ti<br>iki/nara/index_2.html |

## 4　地方農政局等所在地（続き）

| 地方農政局等 | 郵便番号 | 所在地 | 電話番号<br>（代表） | インターネット<br>ホームページアドレス |
|---|---|---|---|---|
| 和歌山県拠点 | 640-8143 | 和歌山県和歌山市二番丁3<br>和歌山地方合同庁舎 | 073-436-3831 | https://www.maff.go.jp/kinki/tiiki/wakayama/index2012.html |
| 中国四国農政局 | 700-8532 | 岡山県岡山市北区下石井1-4-1<br>岡山第2合同庁舎 | 086-224-4511 | https://www.maff.go.jp/chushi/index.html |
| 鳥取県拠点 | 680-0845 | 鳥取県鳥取市富安2-89-4<br>鳥取第1地方合同庁舎 | 0857-22-3131 | https://www.maff.go.jp/chushi/nousei/tottori/index.html |
| 島根県拠点 | 690-0001 | 島根県松江市東朝日町192 | 0852-24-7311 | https://www.maff.go.jp/chushi/nousei/shimane/index.html |
| 岡山県拠点 | 700-0927 | 岡山県岡山市北区西古松2-6-18<br>西古松合同庁舎 | 086-899-8610 | https://www.maff.go.jp/chushi/nousei/okayama/okayama.html |
| 広島県拠点 | 730-0012 | 広島県広島市中区上八丁堀6-30<br>広島合同庁舎2号館 | 082-228-5840 | https://www.maff.go.jp/chushi/nousei/hiroshima/index.html |
| 山口県拠点 | 753-0088 | 山口県山口市中河原町6-16<br>山口地方合同庁舎 | 083-922-5200 | https://www.maff.go.jp/chushi/nousei/yamaguchi/index.html |
| 徳島県拠点 | 770-0943 | 徳島県徳島市中昭和町2-32 | 088-622-6131 | https://www.maff.go.jp/chushi/nousei/tokushima/index.html |
| 香川県拠点 | 760-0019 | 香川県高松市サンポート3-33<br>高松サンポート合同庁舎南館 | 087-883-6500 | https://www.maff.go.jp/chushi/nousei/kagawa/index.html |
| 愛媛県拠点 | 790-8519 | 愛媛県松山市宮田町188<br>松山地方合同庁舎 | 089-932-1177 | https://www.maff.go.jp/chushi/nousei/ehime/index.html |
| 高知県拠点 | 780-0870 | 高知県高知市本町4-3-41<br>高知地方合同庁舎 | 088-875-7236 | https://www.maff.go.jp/chushi/nousei/kochi/index.html |
| 九州農政局 | 860-8527 | 熊本県熊本市西区春日2-10-1<br>熊本地方合同庁舎 | 096-211-9111 | https://www.maff.go.jp/kyusyu/index.html |
| 福岡県拠点 | 812-0018 | 福岡県福岡市博多区住吉3-17-21 | 092-281-8261 | https://www.maff.go.jp/kyusyu/fukuoka/index.html |
| 佐賀県拠点 | 840-0803 | 佐賀県佐賀市栄町3-51 | 0952-23-3131 | https://www.maff.go.jp/kyusyu/saga/index.html |
| 長崎県拠点 | 852-8106 | 長崎県長崎市岩川町16-16<br>長崎地方合同庁舎 | 095-845-7121 | https://www.maff.go.jp/kyusyu/nagasaki/index.html |
| 熊本県拠点 | 860-8527 | 熊本県熊本市西区春日2-10-1<br>熊本地方合同庁舎 | 096-300-6020 | https://www.maff.go.jp/kyusyu/kumamoto/index.html |
| 大分県拠点 | 870-0047 | 大分県大分市中島西1-2-28 | 097-532-6131 | https://www.maff.go.jp/kyusyu/oita/index.html |
| 宮崎県拠点 | 880-0801 | 宮崎県宮崎市老松2-3-17 | 0985-22-3181 | https://www.maff.go.jp/kyusyu/miyazaki/index.html |
| 鹿児島県拠点 | 892-0816 | 鹿児島県鹿児島市山下町13-21<br>鹿児島合同庁舎 | 099-222-5840 | https://www.maff.go.jp/kyusyu/kagoshima/index.html |
| 内閣府<br>沖縄総合事務局<br>農林水産部農政課 | 900-0006 | 沖縄県那覇市おもろまち2-1-1<br>那覇第2地方合同庁舎2号館 | 098-866-1627 | http://www.ogb.go.jp/nousui |

5 「ポケット農林水産統計－令和4年版－2022」府省等別資料

府省等の名称は、令和4年8月1日現在による。
日本の政府統計が閲覧できる、政府統計ポータルサイト「e-Stat」もご利用下さい。
　　　　　https://www.e-stat.go.jp/

| 府省等 | 電話番号（代表） | ホームページアドレス・資料名 |
|---|---|---|
| **内閣府** | 03-5253-2111 | https://www.cao.go.jp/ |
| 政策統括官（経済財政分析担当） | | 「海外経済データ」 |
| 男女共同参画局 | | 「第5次男女共同参画基本計画」 |
| 経済社会総合研究所 | | http://www.esri.cao.go.jp/ |
| | | 「国民経済計算年報」 |
| 日本学術会議 | 03-3403-3793 | http://www.scj.go.jp/ |
| **総務省** | 03-5253-5111 | https://www.soumu.go.jp/ |
| 自治財政局 | | 「地方財政白書」 |
| 統計局 | 03-5273-2020 | https://www.stat.go.jp/ |
| | | 「国勢調査」 |
| | | 「人口推計」 |
| | | 「家計調査年報」 |
| | | 「小売物価統計調査年報」 |
| | | 「消費者物価指数年報」 |
| | | 「労働力調査年報」 |
| | | 「経済センサス」 |
| | | 「世界の統計」 |
| 消防庁 | 03-5253-5111 | https://www.fdma.go.jp/ |
| | | 「消防白書」 |
| **財務省** | 03-3581-4111 | https://www.mof.go.jp/ |
| 関税局 | | 「貿易統計」 |
| **文部科学省** | 03-5253-4111 | https://www.mext.go.jp/ |
| 総合教育政策局 | | 「学校基本調査報告書」 |
| **厚生労働省** | 03-5253-1111 | https://www.mhlw.go.jp/ |
| 健康局 | | 「国民健康・栄養調査報告」 |
| 政策統括官 | | 「人口動態統計」 |
| | | 「毎月勤労統計調査年報」 |
| 国立社会保障・人口問題研究所 | | http://www.ipss.go.jp/ |
| | 03-3595-2984 | 「日本の将来推計人口」 |
| **農林水産省** | 03-3502-8111 | https://www.maff.go.jp/ |
| 大臣官房 | | 「食料・農業・農村基本計画」 |
| | | 「食料需給表」 |
| | | 「食品産業動態調査」 |
| 新事業・食品産業部 | | 「卸売市場をめぐる情勢について」 |
| 統計部 | | 「農業経営統計調査 営農類型別経営統計」 |
| | | 「農業経営統計調査 農産物生産費統計」 |
| | | 「農業経営統計調査 畜産物生産費統計」 |
| | | 「生産農業所得統計」 |
| | | 「市町村別農業産出額（推計）」 |
| | | 「林業産出額」 |
| | | 「漁業経営統計調査報告」 |
| | | 「農業物価統計」 |
| | | 「生産者の米穀在庫等調査結果」 |
| | | 「林業経営統計調査報告」 |

5　「ポケット農林水産統計－令和4年版－2022」府省等別資料（続き）

| 府省等 | 電話番号（代表） | ホームページアドレス・資料名 |
|---|---|---|

統計部（続き）

「農林業センサス報告書」
「漁業センサス報告書」
「新規就農者調査」
「漁業構造動態調査」
「農業構造動態調査報告書」
「集落営農実態調査報告書」
「総合農協統計表」
「森林組合統計」
「耕地及び作付面積統計」
「作物統計」
「野菜生産出荷統計」
「地域特産野菜生産状況調査」
「果樹生産出荷統計」
「花き生産出荷統計」
「花木等生産状況調査」
「土壌改良資材の農業用払出量調査」
「畜産統計」
「油糧生産実績」
「木材需給報告書」
「木材流通構造調査報告書」
「特用林産基礎資料」
「木質バイオマスエネルギー利用動向調査」
「漁業・養殖業生産統計年報」
「6次産業化総合調査」
「野生鳥獣資源利用実態調査報告」
「食品流通段階別価格形成調査報告」
「青果物卸売市場調査報告」
「畜産物流通統計」
「水産加工統計調査」
「産地水産物用途別出荷量調査」
「牛乳乳製品統計」
「食品循環資源の再生利用等実態調査」
「食品製造業におけるHACCPに沿った衛生管理の
　導入状況実態調査」
「農林漁業及び関連産業を中心とした産業連関表」
「農業・食料関連産業の経済計算」

消費・安全局

「食品表示法の食品表示基準に係る指示及び命令件数」
「監視伝染病の発生状況」

輸出・国際局

「農林水産物輸出入概況」

農産局

「特産果樹生産動態等調査」
「園芸用施設の設置等の状況」
「農作業死亡事故」
「新規需要米等の用途別作付・生産状況の推移」
「米穀の取引に関する報告」
「全国の生産数量目標、主食用米生産量等の推移」
「都道府県別の生産数量目標、主食用米生産量等の状況」

畜産局

「飼料月報」

5　「ポケット農林水産統計－令和4年版－2022」府省等別資料（続き）

| 府省等 | 電話番号（代表） | ホームページアドレス・資料名 |
|---|---|---|
| 経営局 | | 「認定農業者の認定状況」<br>「家族経営協定に関する実態調査」<br>「人・農地プラン実質化の取組状況」<br>「農地中間管理機構の実績等に関する資料」<br>「農地の移動と転用」<br>「農業協同組合等現在数統計」<br>「農作物共済統計表」<br>「果樹共済統計表」<br>「家畜共済統計表」 |
| 農村振興局 | | 「農業基盤情報基礎調査」<br>「荒廃農地面積について」<br>「中山間地域等直接支払交付金の実施状況」<br>「多面的機能支払交付金の取組状況」 |
| 林野庁 | 03-3502-8111 | https://www.rinya.maff.go.jp/<br>「森林・林業基本計画」<br>「森林・林業統計要覧」<br>「木材需給表」<br>「木材輸入実績」 |
| 水産庁 | 03-3502-8111 | https://www.jfa.maff.go.jp/<br>「水産基本計画」<br>「漁船統計表」<br>「漁船保険統計表」<br>「水産業協同組合統計表」<br>「水産業協同組合年次報告」<br>「漁港一覧」 |
| **経済産業省**<br>大臣官房調査統計グループ | 03-3501-1511 | https://www.meti.go.jp/<br>「工業統計表」<br>「経済産業省生産動態統計年報」<br>「商業統計表」<br>「海外事業活動基本調査」<br>「経済センサス」 |
| 商務情報政策局 | | 「電子商取引に関する市場調査」 |
| **国土交通省**<br>水管理・国土保全局 | 03-5253-8111 | https://www.mlit.go.jp/<br>「日本の水資源の現況」 |
| 国土地理院 | 029-864-1111 | https://www.gsi.go.jp/<br>「全国都道府県市区町村別面積調」 |
| 海上保安庁 | 03-3591-6361 | https://www.kaiho.mlit.go.jp/<br>「日本の領海等概念図」 |
| **環境省** | 03-3581-3351 | https://www.env.go.jp/<br>「温室効果ガス排出量」<br>「鳥獣関係統計」 |

5　「ポケット農林水産統計－令和4年版－2022」府省等別資料（続き）

| 府省等 | 電話番号（代表） | ホームページアドレス・資料名 |
|---|---|---|

**国立研究開発法人**
森林研究・整備機構
森林保険センター044-382-3500
　https://www.ffpri.affrc.go.jp/
　「森林保険に関する統計資料」

**中央銀行**
日本銀行　　03-3279-1111
　調査統計局
　https://www.boj.or.jp/
　「企業物価指数」

**政府関係機関**
株式会社　日本政策金融公庫
農林水産事業本部 03-3270-5585
　https://www.jfc.go.jp/
　「業務統計年報」

**独立行政法人**
独立行政法人　労働政策研究・研修機構
　　　　　　　03-5903-6111
　https://www.jil.go.jp/
　「データブック国際労働比較」

独立行政法人　農業者年金基金
　　　　　　　03-3502-3941
　https://www.nounen.go.jp/

独立行政法人　農林漁業信用基金
　　　　　　　03-3434-7812
　https://www.jaffic.go.jp/

独立行政法人　農畜産業振興機構
　　　　　　　03-3583-8196
　https://www.alic.go.jp/
　「でん粉の輸入実績」

**団体その他**
全国たばこ耕作組合中央会
　　　　　　　03-3432-4401
　http://www.jtga.or.jp/
　「府県別の販売実績」

日本ハム・ソーセージ工業協同組合
　　　　　　　03-3444-1211
　https://hamukumi.or.jp/
　「年次食肉加工品生産数量」

一般社団法人　全国農業会議所
　　　　　　　03-6910-1121
　https://www.nca.or.jp/
　「田畑売買価格等に関する調査結果」

一般社団法人　全国米麦改良協会
　　　　　　　03-3262-1325
　https://www.zenkokubeibaku.or.jp/
　「民間流通麦の入札における落札決定状況」

一般社団法人　日本自動販売システム機械工業会
　　　　　　　03-5579-8131
　https://www.jvma.or.jp/
　「自販機普及台数」

一般社団法人　日本農業機械工業会
　　　　　　　03-3433-0415
　http://www.jfmma.or.jp/
　「農業機械輸出実績」「農業機械輸入実績」

一般社団法人　日本フードサービス協会
　　　　　　　03-5403-1060
　http://www.jfnet.or.jp/
　「外食産業市場規模推計について」

一般財団法人　日本エネルギー経済研究所
　　　　　　　03-5547-0222
　https://eneken.ieej.or.jp/
　「EDMC/エネルギー・経済統計要覧」

一般財団法人　日本水産油脂協会
　　　　　　　03-3469-6891
　http://www.suisan.or.jp/
　「水産油脂統計年鑑」

一般財団法人　日本不動産研究所
　　　　　　　03-3503-5331
　https://www.reinet.or.jp/
　「山林素地及び山元立木価格調」

5 「ポケット農林水産統計－令和4年版－2022」府省等別資料（続き）

| 府省等 | 電話番号（代表） | ホームページアドレス・資料名 |
|---|---|---|

**団体その他（続き）**

公益社団法人 日本缶詰びん詰レトルト食品協会
03-5256-4801
https://www.jca-can.or.jp/
　「缶詰時報」

株式会社 精糖工業会館
03-3511-2085
https://seitokogyokai.com/
　「ポケット砂糖統計」

株式会社 農林中金総合研究所
03-6362-7700
https://www.nochuri.co.jp/
　「農林漁業金融統計」

# 索　引

　この索引は、各表のタイトルに含まれるキーワードを抽出して作成したものです。
　原則として、表頭・表側の単語は含まれませんので、小さい概念については、その上位概念で検索するなど、利用に当たっては留意願います。
　右側の数値は掲載ページで、はじめの1文字（概、食、農、村、林、水、震、付）はそれぞれの編（概況編・食料編、農業編、農山村編、林業編、水産業編、東日本大震災からの復旧・復興状況編及び付表）を示しています。

**ポケット農林水産統計 —令和4年版—**

令和5年3月 発行　　　　　　定価は表紙に表示しています。

編　集　農林水産省大臣官房統計部
　　　　〒100-8950　東京都千代田区霞が関1丁目2番1号

発　行　一般財団法人 農 林 統 計 協 会
　　　　〒141-0031　東京都品川区西五反田7-22-17　TOCビル
　　　　電話(03)3492-2987　　振替 00190-5-70255

ISBN978-4-541-04432-7　C3061